U0664306

国家林业和草原局普通高等教育"十四五"规划教材

兽医内科学

（第 2 版）

庞全海　　杨亮宇　　主编

中国林业出版社
China Forestry Publishing House

内 容 简 介

　　本教材是国家林业和草原局普通高等教育"十四五"规划教材，内容包括绪论、消化系统疾病、呼吸系统疾病、血液及造血器官疾病、心血管系统疾病、泌尿系统疾病、神经系统疾病、内分泌系统疾病、营养及代谢紊乱性疾病、中毒性疾病、其他内科病及不明原因的疾病。对临床常见的、危害严重的内科疾病，力求全面和深入地介绍，对不常见的疾病则简明扼要。

　　本教材内容丰富，科学性强，定义准确，概念清楚，结构严谨，层次清晰，重点突出，言之有据，可操作性强，能反映国内外兽医内科学的最新进展，对临床工作具有指导作用。本教材主要供全国高等院校动物医学类本科生使用，也可供兽医临床医师和参加全国执业兽医资格考试人员参考。

图书在版编目（CIP）数据

兽医内科学/庞全海，杨亮宇主编 . —2 版 .

北京：中国林业出版社，2025. 5. -- （国家林业和草原局普通高等教育"十四五"规划教材）. -- ISBN 978-7-5219-3301-7

Ⅰ. S856

中国国家版本馆 CIP 数据核字第 2025QK5172 号

策划编辑：李树梅　　高红岩
责任编辑：李树梅
责任校对：曹　慧
封面设计：睿思视界视觉设计

出版发行：中国林业出版社
　　　　　（100009，北京市西城区刘海胡同 7 号，电话 010-83143531）
电子邮箱：jiaocaipublic@163. com
网　　址：https：//www. cfph. net
印　　刷：北京盛通印刷股份有限公司
版　　次：2015 年 9 月第 1 版（共印 2 次）
　　　　　2025 年 5 月第 2 版
印　　次：2025 年 5 月第 1 次印刷
开　　本：787mm×1092mm　1/16
印　　张：30
字　　数：800 千字
定　　价：79. 00 元

《兽医内科学》（第2版）编写人员

主　编　庞全海　杨亮宇
副主编　高英杰　胡国良　吴金节　罗胜军
编　者　（以姓氏笔画排序）

王希春（安徽农业大学）

王宏伟（河南科技大学）

王金明（山西农业大学）

王建国（西北农林科技大学）

王捍东（扬州大学）

尹志红（河南科技学院）

刘建柱（山东农业大学）

孙卫东（南京农业大学）

孙子龙（山西农业大学）

杨亮宇（云南农业大学）

吴金节（安徽农业大学）

罗胜军（广东省农业科学院）

庞全海（山西农业大学）

赵宝玉（西北农林科技大学）

胡国良（江西农业大学）

洪　金（青海大学）

姚　华（北京农学院）

贺建忠（塔里木大学）

莫重辉（青海大学）

顾小龙（云南农业大学）

高英杰（吉林大学）

曹华斌（江西农业大学）

蒋加进（金陵科技学院）

韩　博（中国农业大学）

路　浩（西北农林科技大学）

主　审　黄克和（南京农业大学）

前 言(第2版)

《兽医内科学》教材出版以来，经过国内十余所高等院校动物医学专业及相关兽医专业工作者近十年的使用，获得了较好评价，也发现了诸多问题与不足，尤其是随着兽医科学的发展，许多院校对动物医学专业的培养方案进行了修订，相应的对于本门课程的学习也提出了新的、更高的要求。为了更好地适应兽医内科学教学需要，我们征求了相关使用单位师生的意见和建议，对该教材进行了修订。此次修订充分发挥青年教师思想活跃和老教师经验丰富的作用，大部分章节的修订由从事兽医内科学教学的青年教师和老教师合作完成。除主审外，本教材的所有编写人员均参与了稿件修订。

考虑到各高校本课程的设置情况以及动物内科病的发生及畜禽养殖需要，本次修订除了修正一些表述不当外，对部分课程内容和编排做了调整，如将马属动物胃肠疾病单独设为一节，以期使教材更适应动物医学专业教学需要。

加快推进教育高质量发展，是党的二十大对教育提出的根本要求，是当前和今后相当长一个时期教育改革发展的重要任务。为落实这一重要任务，适应教育部关于本科生教育教学由传授知识向传授知识、获得能力、提高素养转变，培养中国式现代化建设高级兽医专门人才的需要，本教材在原有基础上，更注重思政元素的融入，实践中使用知识和技能的展示，以及在本科课程中融入提高学生整体素质的内容。

本教材共11章，分别是绪论、消化系统疾病、呼吸系统疾病、血液及造血器官疾病、心血管系统疾病、泌尿系统疾病、神经系统疾病、内分泌系统疾病、营养及代谢紊乱性疾病、中毒性疾病，以及其他内科病及不明原因的疾病，供本科生兽医内科学授课使用，也可以供其他层次的兽医学相关学生和兽医人员学习兽医内科学参考。

不断适应兽医内科学教学的需要是我们的宗旨，虽然经过各位编者的共同努力，对教材在使用中发现的问题进行了修正，但兽医内科学的发展日新月异，肯定还存在不足之处甚至错误，敬请使用本教材的师生和同行们批评指正，以期使教材更好地适应兽医内科学教学的需要。

特别感谢山西农业大学教务部和各兄弟院校领导的大力支持！

编 者

2024 年 6 月

前 言(第1版)

兽医内科学是研究畜禽内部器官（系统）疾病和常见、多发、群发性疾病的发生发展和转归规律、诊断、预防和治疗的临床学科，是临床兽医基础理论和知识的系统概括和高度浓缩，它着重探讨畜禽内科病的理论和实践问题，是动物医学专业的重要专业课之一，也是动物医学基础课程和其他临床课程的桥梁和纽带。一名合格的动物医学（兽医学）专业的高级专门人才，除了需要具备丰富的兽医学基础理论之外，还必须掌握兽医内科学的基本知识和基本技能，才能适应兽医科学发展的需要，从而保障畜牧业生产的健康发展和公共卫生安全。

畜禽内科病，特别是一些群发、多发的内科疾病对动物群体的危害以及造成的经济损失和社会影响非常严重，一些疾病很可能通过食物链或与人类的直接或间接接触而严重影响人类的健康、危害公共卫生与食品安全。工厂化、集约化、产业化的畜牧业生产模式又使得动物不可避免地受到畜禽舍的建筑结构、管理设施和制度、内外理化生物学环境因素、日粮配合、饲养方法及对营养需求等一系列生产流程等的制约，其中任何与健康和生产不相适应的内外环境因素的变化，均可引起动物机体代谢失衡及营养障碍，直接影响到规模化动物生产的经济效益和动物产品品质，所以阐明动物营养代谢疾病的病因与防治问题，具有十分重要的实践意义。动物中毒病也是不容忽视的一类群发性疾病，由于工业污染、农药污染、饲料及药物添加剂的不合理应用、霉菌毒素及自然地理环境中某些高浓度的毒物，常导致动物中毒。随着现代社会发展，一些伴侣动物、特种动物的饲养逐渐增加，这些动物的内科病也直接或间接地影响人类和其他动物的健康和公共安全，需要兽医临床工作者熟悉和掌握这些疾病。

阐明畜禽内科疾病的发生发展和转归规律，探索和改进诊疗技术，不仅可以防治内科疾病对畜禽造成的危害，而且兽医内科学的许多诊断和治疗技术也常常应用到兽医学的其他临床实践之中，可见，理解和掌握兽医内科学的理论和技术对于整个兽医科学的学习和应用具有十分重要的意义。

本书是根据动物医学专业学生学习的实际需要，在已拥有兽医科学和其他相关学科，如畜禽解剖学、动物组织胚胎学、动物生理学、动物生物化学、动物病理学、兽医药理学、兽医微生物学及免疫学、兽医诊断学、动物营养及饲养学、动物遗传学等的基础上，系统地学习兽医内科学的基础理论和实践技能，使学生具备处理畜禽内科病能力，同时为学习动物医学（兽医）专业其他临床课程提供基础。

本书编写大纲是编写者调研了我国大部分高等农业院校动物医学专业现行兽医内科学及其相关课程开设情况及教学需要，充分汲取此前各版本的精华，经过反复酝酿、征求各方意见的基础上形成的。本书的编写者主要是我国高校和研究单位直接从事兽医内科学及其相关课程教学和实践的中青年教师和科研人员，编写中查阅了大量的资料，融入了编者的教学、科研和实践经验。在编写内容安排上，尽量发挥各位编者的教学和科研特长，并兼顾我国各地区的特殊性。本书适合于作为动物医学专业本科生专业必修课40~80学时的教学需要。

　　本书编写出版过程中，得到了中国林业出版社、山西农业大学教材科以及各位编者和审校者所在单位领导的大力支持，不少同行热情提供了他们积累的宝贵资料。为保证质量，编审者对初稿进行了交叉反复审校，对一些重大问题进行了专门讨论，并由南京农业大学黄克和教授对全书进行了细致认真的审校。在本书付梓之际，我们谨向中国林业出版社、山西农业大学教材科、各位编者所在单位、为我们把关的黄克和教授以及各位支持本书编写出版的同仁表示衷心的感谢！

　　兽医内科学内容极其广泛，且实践性很强，尽管在编写过程中编者尽其所能，希望能很好地将兽医科学的基本知识阐述清楚，但是由于兽医科学发展相当迅速，编者理论和实践水平有限，加之时间较紧，书中难免会有遗漏、不当、缺点甚至错误之处，敬请各位老师、同学、同行等读者在使用过程中提出宝贵意见和建议，以便再版时更正。

编　者

2015 年 6 月

目　录

第一节　兽医内科学的概念、内容和特点

一、兽医内科学的概念

兽医内科学(Veterinary Internal Medicine)是研究动物内部器官疾病和非传染性群发性疾病为主的一门综合性临床学科，是运用系统的理论及相应的诊疗手段，研究疾病的发生与发展规律、临床症状、病理变化、转归、诊断和防治等的理论与临床实践问题。

兽医内科学是动物临床医学的核心学科，是临床兽医学的主要课程，也是兽医学其他临床课程的基础。临床兽医学的共性诊断与治疗思维，集中表达在兽医内科学中；且在临床疾病中，内科疾病也最为常见，故有兽医学之母或兽医学鼻祖之称。兽医内科学的内容涉及面广，整体性强，它既有自身的理论体系，又与基础兽医学密切相关，其诊疗原则与方法也适用于兽医临床其他学科。

二、兽医内科学的研究内容

兽医内科学的主要内容包括：消化系统疾病、呼吸系统疾病、血液及造血器官疾病、心血管系统疾病、泌尿系统疾病、神经系统疾病、内分泌系统疾病、营养及代谢紊乱性疾病、中毒性疾病以及遗传性疾病、特殊和不明原因的疾病等。

广义的兽医内科学更包含了动物福利、动物健康与公共安全、环境兽医等用非外科方式治疗的疾病。兽医内科学与兽医外科学并称为临床医学的两大支柱学科，为兽医临床各科从医者必须精读的专业课程。

随着现代经济和社会的发展，兽医内科学的研究内容不断丰富，范围越来越广泛，包括家畜、家禽、伴侣动物、特种经济动物、观赏动物、毛皮动物、实验动物、野生动物和水生动物等动物疾病也越来越引起人们的重视。其研究范围和层次逐渐增加，已经深入生物医学和比较医学的研究领域。

由于动物的种属、品系、分布、生理和生活习性非常复杂，在长期的生活过程中，受到内外不利因素的作用，导致不同种类的内科疾病发生，尤其是消化系统疾病、营养代谢性疾病及中毒性疾病等，这些疾病多为群发病，常呈地方性和季节性发生，造成严重的经济损失和危害，也给畜产品质量带来严重影响。所以，兽医内科学越来越受到世界各国的重视，许多国家将其列为兽医临床科学的重点研究领域，以保证畜牧业生产和公共卫生事业的发展及减少经济损失。

三、兽医内科学的课程特点

兽医内科学课程是以兽医内科学基本理论为依据，紧密结合生产实际的需要而开设的课程。

本课程突出了动物非传染群发性疾病，如常发的营养代谢病和中毒病；也突出了国内外有研究进展的、新发现和确诊的疾病，如硒不足与缺乏症、肉鸡腹水综合征等；以及突出我国研究得比较深入且取得较大成果的疾病，如栎树叶中毒、棘豆属和黄芪属植物中毒等；同时，充实并增加了犬、猫等伴侣动物疾病和家禽疾病，突出了马属动物消化系统疾病。

因此，兽医内科学教学的任务和目的是通过教学使学生掌握动物的常见、多发的内科病病因、发病机理、临床症状、诊断要点和防治的理论知识及技能，为今后从事临床医学实践以及学习其他临床学科或基础研究奠定坚实的基础。

具体来讲，就是让学生掌握常见的内科疾病的基本诊断和治疗方法，并通过实验课的学习使学生进一步理解兽医内科学的基本知识、基本理论，增强学生的动手能力，丰富临床知识，提高分析和解决问题的能力。通过对本课程的学习，掌握动物内科疾病的病因、临床症状、诊断要点、发病机理和防治措施等，使学生能掌握常见内科疾病诊断和治疗的基本理论和基本操作技能，学会临床分析病例的方法，增强动手解决实际问题的能力，培养学生分析临床病例和提出科学合理的防治措施的能力，让学生能够通过对疾病的分析而学会撰写临床病例报告，为今后在临床工作中能正确诊断、治疗和预防动物内科疾病，解决生产实际问题奠定坚实的基础。同时，巩固先修课程和综合运用先学知识的能力，从而掌握常发病、多发病的诊疗技术。对非兽医学(动物医学)专业而言，兽医内科学属于选修课，通过本课程的学习，了解兽医内科学研究的理论及技术，拓宽知识点，培养关爱动物、保护动物、保护大自然的意识，并具备一定的对动物进行诊断和防治的能力。

第二节　兽医内科学的发展简史及进展

一、兽医内科学的兴起和发展

兽医内科学的形成和发展与中国传统兽医科学、兽医普通病学、现代兽医临床科学乃至社会进步和生产实践的需要息息相关。

中国是历史悠久的农业大国，也是世界上栽培植物、圈养动物、医药卫生的重要起源中心之一，故我国的兽医内科学源远流长，成就辉煌，传统兽医科学历史悠久，在古代曾位居世界前列。在历代兽医文献中均有引用和传播有关动物内科疾病的诊疗措施。

晋代名医葛洪(281—341年)在《肘后备急方》中记述了马起卧、胞转及肠结等内科病症的治疗，并首次提出"古道入手法"治疗便秘的简便措施。783—845年，行军司马李石对隋以前的兽医著作和经验进行整理汇编而成《司牧安骥集》，全面系统地论述了兽医学的理论及诊疗技术，代表着唐代以前的兽医成就，是我国最早的一部兽医教科书。书中将动物内科病单独设章，记述了数十种马内科病的诊疗方法，最先提出"三十六起卧"病症，对马的十余种真性腹痛进行了分类，对于直肠检查和掏取结粪的诊疗方法记述得颇为详尽。唐贞元年间(约804年)日本兽医平仲国等来我国西安学习，使中兽医理论和治疗技术在日本得到广泛传播。在宋朝，建立兽医院，出版了多部专著，如《贾枕医牛经》《贾朴牛书》《疗驼经》等。

明清时期，兽医发展达到新高峰，兽医著作有《本草纲目》《元亨疗马集》《牛经大全》《猪经切要》《相牛心境要览》《活兽慈单》等，除了马外，还涉及黄牛、水牛、猪、羊、犬等。

1608年付梓的《元亨疗马集》，搜集了众多古代、同代兽医的经验，编撰成明代最有代表性的兽医学典籍，成为400多年来流传海内外的兽医界传世珍宝。书中有关马病的"三十六起卧"和

"七十二症"以及"牛病分类治疗"等，图文并茂，歌方齐备，对各器官系统内科病的病因、发病机理、鉴别诊断、预后和治疗等均有详尽记述。李时珍的《本草纲目》，记载多种解毒药物，如砒霜毒用鸡羊血、半夏毒用生姜汁、丹砂毒用兰青汁、钟乳毒用鸡子清、雄黄毒用防风、水银毒用炭末、硇砂毒用绿豆汁等。还提出"牛误食毒草，以至肚胀，气急不能食草，宜先以菜油解其毒，再服枳壳宽胸散气，如便秘胀甚者加大黄""鸡中毒者，麻油灌之，或茱萸碾末啜"等。

此外，针灸术是我国医学先驱独创的一种动物医疗技术，相传源于石器时代。商代已有金属针具，西汉刘向著《列仙传》中有马师皇用"针其唇下及口中和甘草汤"治疗马病的记载，隋代的《马经孔穴图》、唐代的《司牧安骥集》收载了"伯乐针经""穴位歌""伯乐画烙图"和"放血法"等采用针药并用治疗家畜内科疾病的综合技术。《元亨疗马集》中有针灸专篇，用针药结合技术治疗马、牛、驼的多种内科疾病。约公元5世纪起，中国的针灸技术先后传到朝鲜、日本以及法国等欧美国家。

我国早期兽医内科病的防治与实践，有着辉煌历史和学术成就，由于历史局限性，没有建立起真正的"兽医内科学"。随后，开办的北洋马医学堂、清华学校、南通学院、国立中央大学等学校，高等兽医教育和近代兽医内科学科开始建立。1949年，中华人民共和国成立后，兽医内科学学科建设有了长足的进步，迄今已有多种版本的《家畜内科学》《兽医内科学》《家畜普通病学》等著作(或译著)出版。20世纪70年代以来，兽医内科学开始快速发展，建立了本科、硕士、博士等兽医内科学教学体系。1982年，中国畜牧兽医学会家畜内科学研究会(现为兽医内科及临床诊疗学分会)正式成立，标志着我国兽医内科学的发展进入了一个崭新的历史发展阶段。

二、兽医内科学的发展状况

经过历代兽医内科学工作者的不懈努力，特别是改革开放以来，我国兽医内科学在科学研究、教育、临床实践等方面均取得了举世瞩目的成就。到2025年，中国畜牧兽医学会兽医内科学及临床诊疗学分会已经走过了40多个年头，为我国的兽医内科学作出了巨大贡献。当前，兽医内科学的研究状况表现为如下特点：

①研究范围不断扩大：现在的兽医内科学研究领域，已经不仅仅局限于常见的动物内科疾病，许多研究涉及比较医学、动物特征基因改造等领域。

②阐明了一些原来原因不清楚的疾病，如某些遗传病；利用动物基因特点，采用现代分子细胞生物学技术人工干预动物基因的转录和翻译等生物过程，从而使之更适合物种进化和人类对畜禽产品的需求。

③随着兽医临床科学的发展，原来属于兽医内科学范围的一些研究领域，已发展成为相应的独立学科(如动物营养代谢病、动物遗传病等)。

④新的技术手段在兽医内科学的应用，使兽医内科学理论和实践水平都在迅速提高。能充分利用现代诊疗手段，如病理组织学、化验(血液、生化、尿液等)、影像学诊断(B超、彩超、X线检查、CT检查、MRI检查等)、免疫学、分子生物学等，服务于兽医临床诊疗工作。

⑤兽医内科学的科研成果卓著：改革开放以来，特别是党的二十大以来，兽医内科学工作者承担了多项重大研究项目，多项研究成果获得国家级、省部级奖励、发明专利、实用新型专利，并发表了多篇高水平学术研究论文，出版了多部兽医内科学教材(著作)。

⑥兽医内科学高层次人才教育发展迅速：目前，我国多所高等院校及研究机构拥有兽医学学术学位和专业学位博士、硕士授权点，以及兽医学博士后科研流动站或兽医学博士后工作站，培养了大批兽医内科学的高层次人才。

⑦越来越多的受过正规兽医本、专科教育的、有执业兽医师资格的人从事临床治疗工作的兽医内科学工作者。

⑧我国越来越重视家畜内科疾病的发生与发展，有望提高小动物内科疾病的诊疗技术，提高临床兽医的诊疗技术，提高家畜遗传病和肿瘤的诊疗技术和针灸技术。

目前，我国已经进入全面建设中国式现代化的新时代，广大兽医内科学工作者在习近平新时代中国特色社会主义思想指引下，致力于新发现的、对国民经济建设具有重大影响的动物疾病的研究，使动物内科病的研究和实践取得了丰硕成果。本教材力图将课程思政、动物内科病研究的新进展等融入教学实践之中，丰富兽医内科学的教学内容，为提高学生的专业能力和培养高素质兽医人才创造条件。

三、兽医内科学的展望

随着国家经济的发展，人民生活水平迅速提高，对高产、优质的畜产品需求日益增高，畜禽数量也相应扩大。在兽医内科学方面，根据"防重于治"的原则，必须注意两个问题：一是集约化饲养管理和工厂化生产程序导致亚临床营养代谢紊乱疾病的发病率不断增高，而这类疾病正是临床上觉察不到明显症状但却能严重影响动物正常发育、生殖和生产能力的疾病，也是一些严重影响畜种及畜产品数量和质量的疾病。二是由于工业和农药污染程度日益加剧，导致自然环境和生态平衡的破坏，动物中毒的发病率增高及体内普遍残留有毒物质，再加上饲料添加剂的滥用，严重影响饲料安全。为了预防这些问题，人类已经采取了诸多措施。世界许多畜牧业发达的国家已经开始建立各种卫生监测预警系统进行监视，如在高产母牛体内代谢水平最容易呈现波动性变化的围产期，通过多项血液化学自动分析仪进行测试，并做出预报等。同时，通过提高国民的安全卫生意识、加强对公共卫生的重视，来解决这一系列问题，还有望于颁布一些相关法规条例，从而在社会性、法律性、强制性、国际性和科学性等方面表现兽医工作的重要性。

第三节　兽医内科学在兽医科学中的地位

一、兽医内科学的学科基础

兽医内科学是一门涉及面广和整体性强的学科，是临床兽医各科的基础学科，所阐述的内容在临床兽医的理论和实践中有其普遍意义，是学习和掌握其他兽医学科的重要基础。其任务是通过教学使学生掌握内科常见病、多发病的病因、发病机制、临床表现、诊断和防治的基本知识、基本理论和实践技能。本课程重点阐述常见病，注重提高从业者的临床思维及提高预防和治疗疾病的实际能力，在临床的理论和实践中有重要意义。

近年来，由于生物化学、化学、物理学、病理学、免疫学、药理学等基础理论和技术的迅速发展，使与这些基础学科密切相关的兽医内科学，在内容上不断更新和深入。兽医内科学所阐述的疾病诊断原则和临床思维方法，对临床各学科的理论和实践，均具有普遍性意义。

二、兽医内科学与其他学科的关系

兽医内科学是以家畜解剖学、家畜生理学、兽医病理学、兽医临床诊断学、兽医药理学、动物遗传学、兽医微生物学、兽医免疫学、中兽医学、动物生物化学以及家畜饲养学和动物营养学为基础，并与其他临床学科(家畜传染病学、寄生虫病学、家畜外科学、家畜产科学)横向联系的学科。研究内科疾病的病因，阐明疾病的发病机制，观察疾病的病理变化，掌握疾病的临床症状特征，确定疾病的性质与诊断，掌握疾病的发生和发展规律，都离不开以上各学科的发展和贡献，更需要与以上各学科的交叉、渗透和协作。

现代兽医科学已经突破了"兽医就是治疗家畜疾病"的传统的观念，而是与现代生物学和现代医学有机地结合成为一个不可分割的整体，只有这种结合才能促进有关科学的发展，这是现代科学发展的必然趋势，也是多学科相互交叉渗透的结果。

三、学习兽医内科学对学习兽医学其他课程的影响

本门课程涉及解剖学、动物生理学、兽医药理学、动物病理学、兽医微生物学、免疫学、兽医临床诊断学以及畜牧专业的饲养学、营养分析等学科的知识。开设本课程的主要目的是为动物医学专业的学生提供兽医内科学的基本知识。通过本课程的学习，使学生能掌握常见内科疾病诊断和治疗的基本理论和基本操作技能，培养其分析临床病例和提出科学合理的防治措施的能力，学生通过病例分析和撰写临床病例报告，为今后在临床工作中能正确诊断、治疗和预防动物内科疾病，解决生产实际问题奠定坚实的基础。

第四节　兽医内科学的学习方法和要求

一、兽医内科学的学习方法

兽医内科学是一门理论性和实践性都很强的临床专业课。本课程的学习目的在于使学生掌握扎实的兽医内科学基础理论知识，并熟练地掌握动物内科疾病的临床诊断和防控技术。然而，由于兽医内科学课堂内容较为抽象、教学方法枯燥，特别是一些疾病如营养代谢性疾病常表现为动物机体抵抗力的降低，并易继发传染病等其他疾病，内科病的征象可能被继发病的症状所掩盖，加大学习难度。因而，必须在较好地掌握前期基础课程和相关专业基础课程，熟悉各种常见动物的正常生理现象的基础上，学习内科的发病特点，把握动物新型突发疾病发展趋势和动态，才能学好本课程，具体提出如下建议。

①坚持辩证唯物主义的思想方法。除了学习掌握前人的知识之外，更要注重应用内科学的理论和方法解决生产实际问题能力的培养，尤其应注意学生素质的培养和提高。

②坚持理论联系实践，学好相关的基础和专业基础课程，要从理论上、实践上掌握各种动物的生理病理特点。兽医内科学是建立在畜禽解剖学、动物生理学、动物病理学等学科基础上的临床学科，每一个疾病的内容无不渗透着上述相关学科的基础理论知识。因此，学习与研究兽医内科学，必须密切联系并能熟练地应用相关专业基础理论和技术方法，只有这样才能理解疾病发生发展规律，描述临床症状和病理变化，制订治疗与预防措施，并要及时吸纳相关学科的新理论与新技术，保证兽医内科学得以不断充实、更新与提高。

③熟悉动物内科病发生发展的一般规律。坚持科学的认识论，立足于临床实践，防治常见病、研究疑难病、探索新出现的疾病及其他实践和理论问题，使兽医内科学在认识论的科学理论和方法指导下，不断发展与提高。

④应用分子生物学、分子生物化学、现代电子技术等先进科学理论和技术方法，同时不断学习新的理论和方法。只有应用现代科学理论和先进技术手段武装兽医内科学，才能实现在崭新角度、更深层面上，阐明发病机制、弄清实验室指标变化的特点，解释症状间的内在联系，进而明

确疾病的演变规律，促进兽医内科学进入新的发展阶段，切实理解掌握兽医内科学的内容。

⑤坚持不断学习、向实践学习。随着社会经济的不断发展、生存环境的不断变化、物种进化，动物内科疾病也在不断变化发展，兽医内科学的学生和临床工作者也必须与时俱进、树立终身学习的理念，才能够适应日益变化的内科病诊断和防控的需要。

二、兽医内科学的学习要求

熟练掌握动物常见内部器官疾病、营养代谢性疾病、中毒性疾病的发生发展规律、临床特征及病理学变化、诊断技术和基本防治技能。能够熟练使用兽医临床诊断学的各种检查方法，依据检查的结果分析病情，对疾病建立正确的诊断，提出合理的治疗和预防方案。

牢固掌握常见内科疾病的治疗药物的药理、用途、用法、配伍禁忌等。掌握营养代谢病及中毒病的发病机制及实验室检验方法，掌握中毒病的快速诊断及急救方法。了解疑难杂症等内科病及中西医结合在内科病诊疗中的应用，提出预防和治疗方案，能将内科病与传染病、寄生虫病等鉴别。

本课程主要学习：消化系统疾病、呼吸系统疾病、血液及造血器官疾病、心血管系统疾病、泌尿系统疾病、神经系统疾病、内分泌系统疾病、营养及代谢紊乱性疾病、中毒性疾病、其他内科病及不明原因的疾病。在教学中，应以国家教育方针为导向，以培养新时代高素质中国式现代化建设的高级兽医人才为目标，学会运用辩证唯物主义的思想方法分析、判断、认识动物临床疾病的主要临床症状、病理变化，并根据主要的临床症状和病理变化提出诊断和治疗方案。

（庞全海）

第一章

消化系统疾病

第一节 口腔、唾液腺、咽、食管及相关器官疾病

口炎（stomatitis）

口炎是口腔黏膜炎症的总称，包括腭炎、舌炎、唇炎等，中兽医称为舌疮、口疮。临床上多以口腔黏膜潮红、肿胀、流涎、采食和咀嚼障碍为特征。

口炎按其炎症性质可分为卡他性口炎、水疱性口炎、糜烂性口炎、溃疡性口炎、脓疱性口炎、蜂窝织炎性口炎、丘疹性口炎、坏死性口炎、中毒性口炎、口疮性口炎以及真菌性口炎等，其中以卡他性口炎、水疱性口炎、溃疡性口炎和真菌性口炎较为常见。

本病在各种动物都有发生，以牛、马、犬、猫及幼畜和衰老体弱的动物最为常见。

【病因】

口炎的类型不同，其病因也各异。常见口炎的特征及病因如下：

（1）卡他性口炎（catarrhal stomatitis） 是一种单纯性口炎，为口腔黏膜表层轻度的炎症。主要病因有：①采食粗硬、有芒刺或刚毛的饲料；②不正确地使用口衔、开口器；③乳齿长出期和换齿期，引起齿龈及周围组织发炎，或锐齿直接损伤口腔黏膜；④抢食过热的饲料或灌服过热的药液；⑤采食冰冻饲料或霉败饲料；⑥采食有毒植物（如毛茛、白头翁等）；⑦不适当地或长期服用刺激性或腐蚀性药物，如汞、砷和碘制剂；⑧当受寒或过劳，防卫机能降低时，可因口腔内的条件致病菌侵害而引起；⑨常继发于咽炎、唾液腺炎、前胃疾病、胃炎、肝炎以及某些维生素缺乏症。

（2）水疱性口炎（vesicular stomatitis） 是一种以口腔黏膜上生成充满透明浆液水疱为特征的炎症。主要的病因有：①采食了带有锈病菌和黑穗病菌的饲料、发芽的马铃薯及毛虫的细毛；②不适当地内服刺激性或腐蚀性药物；③抢食过热的饲料或灌服过热的药液；④继发于口蹄疫、传染性水疱性口炎等传染病。

（3）溃疡性口炎（ulcerative stomatitis） 是一种以口腔黏膜糜烂、坏死为特征的炎症。主要是由于口腔不洁，被细菌或病毒感染所致。此外，还常继发或伴发于咽炎、喉炎、唾液腺炎、急性胃卡他、肝炎、血斑病、贫血、维生素 A 缺乏症、佝偻病和汞、铜、铅、氟中毒，以及牛瘟、牛恶性卡他热、坏死杆菌病、放线菌病等疾病。

（4）真菌性口炎（mycotic stomatitis） 是一种口腔黏膜表层发生的膜和糜烂的疾病。常见于禽类、羔羊、犊牛、幼驹和犬、猫等动物。病因是因口腔不洁，受到白色念珠菌侵害所引起。长期

使用广谱抗生素的幼畜最易发生和流行。

【症状】

口炎发病初期大多具有卡他性口炎的反应，表现采食和咀嚼障碍、流涎、口腔黏膜红肿及口温增高等病征，传染性口炎还伴发全身症状。各型口炎有其特有症状。

(1)卡他性口炎　口腔黏膜弥漫性或斑块状潮红，硬腭肿胀；唇部黏膜的黏液腺阻塞时，则有散在的小结节和烂斑；由植物芒或刚毛所致的病例，在口腔内的不同部位形成大小不等的丘疹，顶端呈针头大的黑点，触之坚实、敏感；舌苔为灰白色或草绿色。严重病例，唇、齿龈、颊部、腭部黏膜肿胀甚至发生糜烂，大量流涎。

(2)水疱性口炎　在唇部、颊部、腭部、齿龈、舌面的黏膜上有散在或密集的粟粒大至蚕豆大的透明水疱，2~4 d后水疱破溃形成鲜红色烂斑。间或有轻微的体温升高。

(3)溃疡性口炎　口腔内有糜烂坏死和溃疡，齿龈出血，口腔内流出灰白色恶臭的唾液，采食困难，食欲有所减退，颌下淋巴结和唾液腺轻微肿胀。一般经10~15 d可愈。肉食动物发病时，首先表现为门齿和犬齿的齿龈部分肿胀，呈暗红色、疼痛、出血。1~2 d后，病变部变为苍黄色或黄绿色糜烂性坏死。炎症常蔓延至口腔其他部位，导致溃疡、坏死甚至颌骨外露，散发出腐败臭味。流涎，混有血丝并有恶臭(图1-1)。牛、马因异物损伤口腔黏膜未得到及时治疗时，病变部形成溃疡，溃疡面覆盖着暗褐色痂样物，揭去痂样物时，溃疡底面为暗红色；病重者，体温升高。

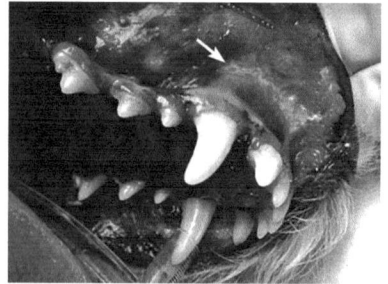

图1-1　犬慢性溃疡性口炎
(引自 J. G. Anderson et al.，2017)

(4)真菌性口炎　口腔黏膜上有灰白色略微隆起的斑点，主要见于犬、猫和禽类。疾病的初期，口腔黏膜发生白色或灰白色小斑点，逐病情发展后逐渐增大，变为灰色乃至黄色伪膜，周围有红晕。剥离去伪膜，现出鲜红色烂斑，易出血。末期，上皮新生，伪膜脱落，自然康复。病程中，病畜和病禽出现采食障碍、吞咽困难、流涎、口有恶臭、便秘或腹泻等症状，多因营养衰竭而死亡。

【诊断】

首先应判断是原发性口炎还是继发性口炎。原发性口炎，根据病史及口腔黏膜炎症变化，不难做出诊断。继发性口炎，则必须通过流行病学调查、实验室诊断、结合病因及临床特征，进行鉴别诊断，找出原发病。

【治疗】

治疗原则：消除病因，加强护理，净化口腔，抗菌消炎。

(1)消除病因　摘除刺入口腔黏膜中的麦芒、铁丝等异物，剪断并锉平过长齿等。

(2)加强护理　给予病畜柔软而易消化的饲料，以维持其营养。草食动物可给予营养丰富的青绿饲料、优质的青干草和麸皮粥；肉食动物和杂食动物可给予牛奶、肉汤、鸡蛋等。对于不能采食或咀嚼的动物，应及时补糖输液，或者经胃导管给予流质食物。

(3)净化口腔　口炎初期，可用弱的消毒收敛剂冲洗口腔。炎症轻时，可用1%食盐水或2%~3%硼酸溶液洗涤口腔；炎症重而有口臭时，用0.1%高锰酸钾溶液或0.1%雷夫奴尔溶液洗涤口腔；不断流涎时，则用2%~4%硼酸溶液或1%~2%明矾溶液或鞣酸(单宁酸)溶液洗涤后，涂以2%龙胆紫溶液。水疱性、溃疡性和真菌性口炎时，可在病变部涂擦10%硝酸银溶液，然后用灭菌生理盐水充分洗涤，再涂擦碘酊甘油(5%碘酊1份、甘油9份)或2%硼酸甘油、1%磺胺甘油于患部。

（4）抗菌消炎 为防止继发感染或病情较重者，除口腔的局部处理外，应全身使用抗菌类药物，如磺胺类药物或喹诺酮类药物等，同时给予维生素制剂配合治疗。

中兽医称口炎为口舌生疮，治疗以清火消炎、消肿止痛为主。牛、马宜用青黛散，研为细末，装入布袋内，在水中浸湿，噙于口内，给食时取下，吃完后再噙上，每日或隔日换药一次；也可在蜂蜜内加冰片和复方磺胺甲噁唑片（SMZ+TMP）各 5 g 噙于口内。

【预防】

做好平时的饲养管理，合理调配饲料，防止尖锐的异物、有毒的植物混于饲料中；不喂发霉变质的饲草、饲料；服用带有刺激性或腐蚀性的药物时，一定按要求使用；正确使用口衔和开口器；定期检查口腔，牙齿磨灭不齐时，应及时修整，并积极治疗继发性口炎的原发病。

齿龈炎（gingivitis）

齿龈炎是指齿龈发生的急性或慢性炎症，以齿龈的充血和肿胀为特征。笼统地讲，也可将其归于口炎之中。临床上，犬、猫比较常见。

【病因】

齿龈炎主要由齿石、隔齿、异物等损伤性刺激引起。有时因撕咬致使牙齿松动或齿龈损伤而继发感染。另外，齿龈上齿斑的积聚也会侵袭齿龈而形成齿龈炎。慢性胃炎、营养不良、犬瘟热、尿毒症、维生素 C 或 B 族维生素缺乏、重金属中毒等，均可继发本病。

【症状】

单纯性齿龈炎的初期，口臭，齿龈边缘红斑、肿胀，似海绵状，增厚和变质，随着炎症加重可呈现齿龈出血。并发口炎时，疼痛明显，采食和咀嚼困难，大量流涎。严重病例，形成溃疡，齿龈萎缩，齿根大半露出，牙齿松动。

【诊断】

根据病史和临床症状，结合 X 线检查可以做出诊断，但应与免疫介导性口腔疾病、传染性疾病和肿瘤等相区别。出血严重时，要与丙酮苄羟香豆素中毒和血小板减少症相区别。

【防治】

清除齿石，治疗龋齿等。可以应用刮牙器、刮匙或超声波、旋转刮刀，刮除齿斑和结石。局部用温生理盐水清洗，涂搽复方碘甘油或抗生素、磺胺制剂等。病变严重时，使用普鲁卡因青霉素和地塞米松，肌内注射，连用 3~6 d。辅助使用维生素 K_1，皮下注射，每日 1 次。内服 B 族维生素，每日 3 次。也可中西医结合治疗，将抗生素注入开关、廉泉等穴；局部炎症严重时，可喷洒青黛散。同时，注意饲养管理，饲喂无刺激性食物。

唾液腺炎（sialoadenitis）

唾液腺包括腮腺（耳下腺）、颌下腺和舌下腺。当腺体受到损害或感染时，即可引起炎性反应。其中，最常见的是腮腺炎（parotitis），其次是颌下腺炎（submaxillaritis），较少见舌下腺炎（sublinguitis）。本病以马、牛和猪多发，犬和猫有时呈地方性流行。

唾液腺炎按病程可分为急性或慢性，按病性可分为实质性、间质性、化脓性，按病原可分为原发性与继发性。

【病因】

唾液腺炎主要是由于微生物感染、变态反应、异物、物理性和化学性因素的刺激而引起。原发性唾液腺炎的病因是饲料芒刺或尖锐异物刺伤腮腺管(或颌下腺管、舌下腺导管),并受到附着的病原微生物的侵害而引起。继发性唾液腺炎,常继发于口炎、咽炎、唾液腺管结石、维生素 A 缺乏症、马腺疫、马传染性胸膜肺炎、犬瘟热等疾病。

【症状】

唾液腺炎的共同症状为流涎,头颈伸展或歪斜,采食、咀嚼和吞咽障碍;腺体局部肿胀、增温、疼痛等。但也有各自特有的临床症状。

(1)腮腺炎　急性腮腺炎时,病畜单侧或双侧腮腺部位及其周围肿胀、增温、敏感,腮腺管口红肿,触诊腺体较坚实。化脓性腮腺炎时,肿胀部增温,触诊有波动感,并有脓液从腮腺管口流出,口腔有恶臭气味;严重的化脓性腮腺炎可波及颊、口腔底壁及颈部,病畜体温升高。慢性间质性腮腺炎较为少见,除有局部的硬肿外,通常无发热症状,局部疼痛也不明显,血液学检查见白细胞数增多。慢性腮腺炎时,临床症状不明显,触诊肿胀部硬固。

(2)颌下腺炎　颌下腺口腔黏膜充血、肿胀、增温、敏感,舌下肉阜(颌下腺开口处)红肿。常伴有下颌间隙蜂窝织炎,病畜头颈伸直。当腺体化脓时,触压舌尖旁侧、口腔底壁的颌下腺管时,有脓液流出,口腔恶臭。

(3)舌下腺炎　口腔底部和舌下皱襞红肿,颌下间隙肿胀、增温、疼痛,腺叶突出于舌下两侧黏膜表面,最后化脓并溃烂,口腔恶臭。

【诊断】

根据唾液腺的解剖部位和临床症状,结合病史调查和病因分析,可做出诊断。慢性经过时,由于腺体组织的增殖,触诊局部肿大而坚硬,感染初期体温升高,在采食和吞咽时流涎严重。本病与咽炎、腮腺下淋巴结炎或皮下蜂窝织炎、马腺疫、犬瘟热等疾病临床症状相似,应进行鉴别诊断。例如,口炎的主症在口腔,口腔黏膜潮红、肿胀或有水疱、溃疡;咽炎的主症为吞咽障碍,触诊咽部,对疼痛敏感。

【治疗】

疾病的初期,着重消炎。轻症的腮腺炎,肿胀部的皮肤用热水袋或50%乙醇温敷后,涂擦碘软膏或鱼石脂软膏;并应用抗生素、磺胺类药物或喹诺酮类药物等抗菌药物。如已化脓,应切开排脓,用3%过氧化氢或0.1%高锰酸钾溶液冲洗脓腔,并注射抗生素。此外,应注意护理,畜圈要清洁、通风,给予易消化而富有营养的饲料,役畜停止使役。

中兽医称腮腺炎为腮痈或腮肿,治疗以清热解毒、消黄止痛、活血排脓为主,可肌内注射板蓝根或鱼腥草注射液(牛、马20~30 mL)。马、牛可内服加味消黄散,患部外敷白及拔毒散。马、牛颌下腺炎可服加味黄连栀子汤。

【预防】

应做好平时的饲料管理工作,注意饲料的质量和调配,防止受寒;对于口炎、咽炎等邻近器官的炎症,应及时治疗,以防炎症蔓延。

流涎综合征(salivation syndrome)

口腔中的分泌物(正常的或病理性的)流出口外称为流涎,是由于诸多病理因素引起的唾液分泌增加或唾液吞咽障碍所致。单从口中流出的,称为流口涎;兼从口腔和鼻腔流出的,称为口、鼻流涎。

流涎不仅是口腔、唾液腺、咽及食管疾病的共同症状，还见于口蹄疫、狂犬病等传染病，有机磷农药和食盐等中毒及其他许多疾病的过程中。因此，流涎综合征是兽医临床上一个比较常见的体征。

【病因】

唾液分泌过多所致的流涎常见于口蹄疫、牛瘟、牛病毒性腹泻、牛恶性卡他热、牛流行热、猪水疱性口炎、猪水疱病、绵羊的蓝舌病和颌骨放线菌病等产生口腔黏膜炎性损害的传染病过程中，也见于有机磷农药中毒、砷及汞等重金属中毒、亚硝酸盐中毒、有副交感神经兴奋效应的植物中毒、牛的铅中毒、舌损伤、口腔肿瘤、牙齿疾病、腮腺炎、下颌骨骨折等。

唾液吞咽障碍所致的流涎常见于狂犬病（咽麻痹）、破伤风、脑病、食管疾病（如食管阻塞、食管狭窄、食管麻痹等）、贲门括约肌弛缓、肉毒毒素中毒（延髓球麻痹）、食盐中毒、纤维性骨营养不良过程中。

老龄的马或由于面神经麻痹而引起下唇弛缓时，也可见流涎现象。猪口吐大量白色泡沫状物，可见于中暑和心力衰竭等疾病。

【症状】

患畜的唾液由口角或下唇不自主地流出，有时流出的唾液稀薄呈浆液性，有时黏稠呈牵缕样，有时则混有饲料残渣。伴有流涎症状的传染病会表现其原发病的特征性症状，如放线菌病患牛，局部软组织和骨组织肿胀，逐渐增大变硬，破溃后流脓，可形成一个或数个瘘管，伴有咀嚼和吞咽障碍以及流涎的症状；发生在马、牛、猪和其他一些动物的水疱性口炎主要表现为口腔黏膜，偶尔在蹄部和趾间皮肤上出现水疱，流出唾液呈泡沫样；蓝舌病多发生于绵羊，也见于牛，患畜发热、流涎、流鼻液和口鼻黏膜溃烂；狂犬病患畜易惊恐、体温升高，眼神凶恶，具有攻击性，因吞咽肌麻痹而大量流涎。

【诊断】

通过临床病史调查，了解流涎发生的时间、性质、伴随的症状、是否有传染性及可能的病因。口腔炎症引起的流涎，唾液中常混有血液、脓汁、黏膜上皮、食物等，口腔有明显的臭味，口腔温度升高，伴有采食和咀嚼障碍，应重点检查口腔黏膜的完整性。口蹄疫、水疱性口炎、牛瘟、牛黏膜病、猪水疱病、羊传染性脓疱等不仅口腔糜烂、体温升高、流涎，而且有高度传染性。非炎性唾液分泌亢进引起的流涎，应检查是否伴有吞咽困难、神经症状或腹泻等。突然发生的流涎可能与食管阻塞、毒物中毒等有关，食管阻塞具有采食块茎状饲料的病史，并伴有头颈伸直、不断吞咽等临床症状；颈部食管阻塞时，外部触诊可感知阻塞物；用胃管进行探诊，当触及阻塞物时，感到阻力，不能推进。中毒病或药物引起的流涎，往往有接触毒物或药物的病史，中毒病多伴有肌肉震颤等神经症状。对疑似传染病或中毒病的动物应立即采集病料进行病原（病因）学检查，以便及时确诊。采用特殊诊断方法，如X线诊断对食管阻塞、放线菌病等具有较大的诊断意义。

【治疗】

首先根据临床调查和症状，找出引起流涎的原发性疾病，并针对原发病予以治疗。对药物或毒物中毒引起的流涎应催吐或洗胃；对严重持续流涎未确定病因的，可使用阿托品，内服或皮下注射，制止流涎；对神经性或反射性障碍引起的流涎，可使用镇静剂、安定剂。

咽炎(pharyngitis)

咽炎又称咽峡炎(angina)或扁桃体炎(tonsillitis)，是指咽黏膜、黏膜下组织和淋巴组织的炎症。临床上以咽部肿痛，头颈伸展、转动不灵活，触诊咽部敏感，吞咽障碍和口鼻流涎为特征。按其炎症性质可分为卡他性咽炎(catarrhal pharyngitis)、格鲁布性咽炎(croupous pharyngitis)和化脓性咽炎(suppurative pharyngitis)。

各种家畜均可发生。马和犬多为卡他性和化脓性咽炎；牛和猪则常见格鲁布性咽炎，但牛常伴发喉炎。若咽背淋巴结与咽后黏膜被侵害，则病情急剧，可引起呼吸困难甚至窒息。

【病因】

咽炎根据病因不同，可分为原发性咽炎和继发性咽炎。

(1)原发性咽炎　常见于机械性、温热性和化学性刺激，例如：①采食粗硬的饲料或霉败的饲料；②采食过冷或过热的饲料或饮水，以及胃管的直接刺激和损伤，或者受刺激性强的药物、强烈的烟雾、刺激性气体的刺激和损伤；③受寒或过劳时，机体抵抗力降低，防卫能力减弱，受到条件性致病菌的侵害并引起内在感染。因此，在早春晚秋、气候剧变、车船长途输送、劳役过度的情况下，容易引起咽炎的发生。幼驹受到腺疫链球菌、副伤寒沙门菌感染时，发生传染性咽炎，常呈地方性流行。

(2)继发性咽炎　常继发于口炎、鼻炎、喉炎、流感、马腺疫、炭疽、巴氏杆菌病、口蹄疫、恶性卡他热、犬瘟热、狂犬病、猫泛白细胞减少症、猪瘟、结核、鼻疽、尿毒症、维生素A缺乏症等。

【发病机理】

咽是呼吸道和消化道的共同通道，从咽的层次结构而言，上为鼻咽、中为口咽、下为喉咽，易受到物理、化学因素的刺激和损伤。咽的两侧、鼻咽部和口咽部均有扁桃体，咽的黏膜组织中有丰富的血管和神经纤维分布，黏膜极其敏感。因此，当机体抵抗力降低、黏膜防卫机能减弱时，极易受到条件致病菌的侵害，导致咽黏膜的炎性反应。特别是扁桃体为各种微生物居留及其侵入机体的门户，容易引起炎性变化。

在咽炎的发生、发展过程中，由于咽部血液循环障碍，咽黏膜及其黏膜下组织呈现炎性浸润，扁桃体肿胀，咽部组织水肿，引起卡他性、格鲁布性或化脓性咽炎的病理反应。并因炎症的影响，咽部红、肿、热、痛和吞咽障碍，因而病畜头颈伸展、流涎、食糜及炎性渗出物从鼻孔逆出甚至因会厌不能完全闭合而发生误咽，引起腐败性支气管炎或肺坏疽。当炎症波及喉时，引起咽喉炎，喉黏膜受到刺激而频频咳嗽。在重剧性咽炎，由于炎性产物的吸收，引起恶寒战栗、体温升高，并因扁桃体高度肿胀，深部组织胶样浸润，喉口狭窄，呼吸困难甚至发生窒息。

【症状】

各型咽炎的共同症状为头颈伸展，吞咽困难，流涎；牛呈现哽噎运动，猪、犬、猫出现呕吐或干呕，马则有饮水或嚼碎的饲料从鼻孔返流于外的症状；当炎症波及喉时，病畜咳嗽；触诊咽喉部，病畜敏感。动物的喉在咽下方，咽炎多伴发喉炎。病畜每当吞咽时，常常咳嗽，初干咳，后湿咳，有疼痛表现，常咳出食糜和黏液。但不同类型的咽炎还有其特有的症状。

(1)卡他性咽炎　病情发展较缓慢，最初不易引起人们的注意，经3~4 d后，头颈伸展、吞咽困难等症状逐渐明显，全身症状一般较轻。咽部视诊(用鼻咽镜)，咽部的黏膜、扁桃体潮红、轻度肿胀。

（2）格鲁布性咽炎　起病较急，体温升高，精神沉郁，厌忌采食，腮腺、颌下及舌下淋巴结间或肿胀，鼻液中混有灰白色伪膜，鼻端污秽不洁，鼻黏膜发炎；咽部视诊，扁桃体红肿，咽部黏膜表面覆盖有灰白色伪膜，将伪膜剥离后，见黏膜充血、肿胀，有的可见溃疡。

（3）化脓性咽炎　病畜咽痛拒食，高热，精神沉郁，脉率增快，呼吸急促，鼻孔流出脓性鼻液。咽部视诊，咽部黏膜肿胀、充血，有黄白色脓点和较大的黄白色突起；扁桃体肿大、充血，并有黄白色脓点。血液检查：白细胞数增多，中性粒细胞显著增加，核型左移。咽部涂片检查：可发现大量的葡萄球菌、链球菌等化脓性细菌。

【病理变化】

（1）卡他性咽炎　急性病例表现为咽黏膜潮红、肿胀，有充血性斑纹或红斑。慢性则表现为咽黏膜苍白、肥厚，形成皱襞，被覆黏液。有的病例表现为咽黏膜糜烂，上皮缺损。

（2）格鲁布性咽炎　咽黏膜表面有渗出纤维蛋白形成的伪膜覆盖。

（3）化脓性咽炎　咽黏膜下疏松结缔组织，呈现弥漫性化脓性炎症病变。

凡咽炎病例，多伴有口腔和鼻腔的卡他性炎症，咽周围淋巴结肿胀、化脓，声门水肿、喉炎，甚至出现支气管炎和异物性肺炎等病理变化。

【病程和预后】

原发性急性咽炎，病情发展急剧，如无并发症，1～2周可治愈，预后良好。格鲁布性咽炎或蜂窝织性咽炎，病程长，常继发卡他性肺炎、肺坏疽、声门浮肿、急性肾炎或全身败血症。马和猪多因窒息而死亡，预后不良。

重剧性咽炎，病畜血细胞崩解，白细胞显著减少，防卫机能降低，预后判断应慎重。如果病情稳定，白细胞数已回升，抵抗力增强，是病情好转的象征。

【诊断】

根据病畜头颈伸展、流涎、吞咽障碍以及咽部视诊的特征病理变化明显，可做出诊断。但需与咽麻痹、咽腔内异物、咽腔内肿瘤、腮腺炎、喉卡他、食管阻塞、腺疫、流感、炭疽、猪瘟、巴氏杆菌病等疾病进行鉴别。

（1）咽麻痹　咽部触诊无任何反应，刺激咽黏膜也无吞咽动作。

（2）咽腔内异物　牛和犬常见，多突然发病，吞咽困难，通过咽腔检查或 X 线透视可发现异物。

（3）咽腔内肿瘤　咽部无炎症变化，触诊无疼痛现象，缺乏急性症状，经久不愈。

（4）腮腺炎　咽部肿胀，多发于一侧，头向健侧歪斜，舌根无压痛，无鼻液，也无食糜逆流现象。

（5）喉卡他　病畜咳嗽，流鼻液，吞咽无异常。马喉囊卡他，多为一侧性，局部肿胀，触压时同侧流出鼻液，无疼痛现象。

（6）食管阻塞　吞咽障碍，咽部无疼痛，通过触诊或胃管探诊发现阻塞物，牛易继发瘤胃臌气。

【治疗】

治疗原则：加强护理，抗菌消炎，局部处理，非特异疗法和封闭疗法。

（1）加强护理　停喂粗硬饲料，注意饲料调配，草食动物给予青草、优质青干草、多汁易消化饲料和麸皮粥；肉食动物和杂食动物可给予稀粥、牛奶、肉汤、鸡蛋等，多给饮水。对于咽痛拒食的动物，应及时补糖输液，种畜和宠物还可静脉输给氨基酸。同时，注意保持畜舍卫生，保持清洁、通风、干燥。对疑似传染病畜，应隔离观察。严禁经口投药，防止误咽。

(2)抗菌消炎　青霉素为首选抗生素，并与磺胺类药物或其他抗生素，如土霉素、多西环素、链霉素、庆大霉素等联合应用。并适时应用解热止痛剂，如水杨酸钠或安乃近、氨基比林。并酌情使用肾上腺皮质激素，如可的松。

(3)局部处理　病初，咽喉部先冷敷，后热敷，每日3~4次，每次20~30 min。也可涂抹樟脑酒精或鱼石脂软膏，止痛消炎膏，或用复方醋酸铅散(醋酸铅10 g、明矾5 g、薄荷脑1 g、白陶土80 g)做成膏剂外敷。同时，用复方磺胺甲噁唑片10~15 g、碳酸氢钠10 g、碘喉片10~15 g，研磨混合后装于布袋，衔于病畜口内。小动物可用碘酊甘油涂布咽黏膜，或用碘片0.6 g、碘化钾1.2 g、薄荷油0.25 mL、甘油30 mL，制成擦剂，直接涂抹于咽黏膜。必要时，可用3%食盐水喷雾吸入，效果良好。

重剧性咽炎，宜用10%水杨酸钠溶液，牛、马100 mL，猪、羊、犬10~20 mL，静脉注射，或用普鲁卡因青霉素，牛、马200万~300万 IU，驹、犊、猪、羊、犬40万~80万 IU，肌内注射，每日1次。蜂窝织炎性咽炎最好早用注射用盐酸土霉素，牛、马2~4 g，猪、羊、犬0.5~1 g，以生理盐水或5%葡萄糖溶液作溶媒，分上午、下午2次静脉注射。此外，应用磺胺制剂也可见效。

(4)非特异疗法　在应用抗生素和磺胺类药物的前提下，牛、猪咽炎，可用异种动物血清(牛20~30 mL、猪5~10 mL)皮下或肌内注射。也可用脱脂乳，皮下或肌内注射，具有良好效果。

(5)封闭疗法　用0.25%盐酸普鲁卡因注射液(牛、马50 mL，猪、羊20 mL)稀释青霉素(牛、马240万~320万 IU，猪、羊40万~80万 IU)，进行咽喉部封闭，具有一定急救功效。必要时，再采取气管切开术，进行急救。

中兽医称咽炎为内颡黄，治疗以清热解毒、止痛为主。可注射银黄提取物注射液，噙服青黛散或磺胺明矾合剂。

【预防】

做好平时的饲养管理工作，注意饲料的质量和调制；做好圈舍卫生，防止受寒、过劳，增强防卫机能；避免条件致病菌的侵害；对于咽部邻近器官炎症应及时治疗，防止炎症的蔓延；应用诊断与治疗器械(如胃管、投药管等)时，操作应细心，避免损伤咽黏膜，以防本病的发生。

食管阻塞(esophageal obstruction)

食管阻塞又称食道梗阻，俗称"草噎"，是由于吞咽的食物或异物过于粗大和/或咽下机能障碍，导致食管梗阻的一种疾病。临床上多以突然发病、口鼻流涎、咽下障碍为特征，一般病情较重，发展较快，胸部食管阻塞在临床上易被误诊，牛的食管阻塞因继发急性瘤胃臌气而病情险恶。食管阻塞按阻塞程度分为完全阻塞与不完全阻塞；按阻塞部位分为颈部食管阻塞、胸部食管阻塞、腹部食管阻塞。

本病常见于牛、马、猪和犬，羊偶尔发生。

【病因】

(1)牛的原发性食管阻塞　通常发生于采食未切碎的萝卜、甘蓝、芜菁、甘薯、马铃薯、甜菜、苹果、梨、西瓜皮、玉米穗、大块豆饼、花生饼等时，因咀嚼不充分，吞咽过急而引起，此外还由于误咽毛巾、破布、塑料薄膜、毛线球、木片或胎衣而发病。

(2)马的原发性食管阻塞　多因车船运输、长途赶运或行军，陷于饥饿状态，当饲喂时，采食过急，摄取大口草料(如谷物和糠麸)，咀嚼不全，唾液混合不充分，匆忙吞咽而阻塞于食管中;在采食草料、小块豆饼、胡萝卜等时,因突然受到惊吓,吞咽过急而引起。也有因全身麻醉,食管神经功能尚未完全恢复即采食,从而导致阻塞。

(3)猪、羊的原发性食管阻塞 多因抢食甘薯、萝卜、马铃薯块、未拌湿均匀的粉料,咀嚼不充分就忙于吞咽而引起。猪采食混有骨头、鱼刺的饲料,也常发生食管阻塞。

(4)犬的原发性食管阻塞 多见于群犬争食软骨、骨头和不易嚼烂的肌腱而引起。幼犬常因嬉戏,误咽瓶塞、煤块、小石子、手套、木球等异物而发病。此外,由于饥饿过甚、采食过急或采食中受到惊扰,而突然仰头吞咽或呕吐过程中从胃内反逆异物进入食管后突然滞留等均可引起食管阻塞。

(5)继发性食管阻塞 常继发于异嗜癖、脑部肿瘤,以及食管的炎症、狭窄、扩张、痉挛、麻痹、憩室等疾病。

【症状】

各种动物食管阻塞的共同症状是采食中突然发病,停止采食,恐惧不安,头颈伸展,张口伸舌,大量流涎,呈现吞咽动作,呼吸急促。颈部食管阻塞时,外部触诊可感阻塞物;胸部食管阻塞时,在阻塞部位上方的食管内积满唾液,触诊能感到波动并引起哽噎运动。用胃导管进行探诊,当触及阻塞物时,感到阻力,不能推进。X线检查:在完全性阻塞时,阻塞部呈块状密影;食管造影检查,显示钡剂蓄积该处不能通过。

马食管阻塞时,突然退槽,停止采食,神情紧张,苦闷不安,头颈伸展,呈现吞咽动作,张口伸舌,大量流涎,饲料与唾液从鼻孔逆出,咳嗽。约1 h后,强迫或痉挛性吞咽的频率减少,患畜变得安静。

牛食管阻塞时,瘤胃臌胀及流涎是其特征性症状。臌胀的程度随阻塞的程度及时间而变化,完全性阻塞时,则迅速发生瘤胃臌胀,往往因窒息而导致死亡。

猪食管阻塞时,离群、垂头站立,张口流涎,表现吞咽动作,时而试图饮水、采食,但饮进的水立即逆出口腔。

犬食管不完全阻塞时,表现明显的骚动不安、呕吐和吞咽动作,摄食缓慢,吞咽小心,仅液体能通过食管入胃,固体食物则往往被呕吐出,有疼痛表现。完全阻塞及被尖锐或穿孔性异物阻塞时,则完全拒食,高度不安,头颈伸直,大量流涎,出现吞咽和呕吐动作,吐出带泡沫的黏液和血液,常用四肢搔抓颈部。另外,因阻塞物压迫颈静脉,引起头部血液循环障碍而发生水肿。

【病程和预后】

视阻塞物的性质、阻塞的部位以及治疗的结果而定。谷物及干草引起的轻度食管阻塞,一般通过唾液的软化能自行消散,病程可能是几小时至2 d。小块坚硬饲料引起的食管阻塞,常由于食管收缩运动,通过呕吐排出或被纳入胃内,经1~8 h即可恢复健康。大块饲料或异物引起的阻塞,经过2~3 d,若不能排出,即引起食管壁组织坏死甚至穿孔。颈部食管穿孔,可引起颈部的化脓性炎症;而胸部食管穿孔,可引起胸膜炎、纵隔炎、脓胸。阻塞后的误咽,常引起腐败性支气管炎或肺坏疽,预后不良。

就食管的阻塞部位而言,食管起始部和接近贲门部阻塞,比其他部位的阻塞容易治愈。

【诊断】

根据病史和大量流涎、呈现吞咽动作等症状,结合食管外部触诊、胃管探诊或用X线等检查可以获得正确诊断。但需要与以下疾病进行鉴别诊断。

(1)食管狭窄 呈慢性经过,饮水及液状食物能通过食管,食管探诊时,细导管通过而粗导管受阻,通过X线检查,以观察到食管狭窄部位而确定诊断。应格外注意的是,本病由于常继发狭窄部前方的食管扩张或食管阻塞(呈灌肠状),因此,与食管阻塞的鉴别要点实际上只有一个,即食管狭窄呈慢性经过。

(2)食管炎　呈疼痛性咽下障碍,触诊或探诊食管时,病畜敏感疼痛,流涎量不太大,其中往往含有黏液、血液和坏死组织等炎性产物。

(3)食管痉挛　病情呈阵发性和一过性,缓解期吞咽正常。病情发作时,触诊食管如硬索状,探诊时胃管不能通过,用解痉药治疗效果确实。

(4)食管麻痹　探诊时胃导管插入无阻力,无呕逆动作,并伴有咽麻痹和舌麻痹。

(5)食管憩室　是食管壁的一侧性扩张,病情呈缓慢经过,常继发食管阻塞。胃导管探诊时,如胃导管插抵憩室壁则不能通过,胃导管未抵憩室壁则可顺利通过。

【治疗】

治疗原则:解除阻塞,疏通食管,消除炎症,加强护理和预防并发症的发生。

(1)解除阻塞　咽后食管起始部阻塞时,体型大的家畜装上开口器后,可徒手取出阻塞物。颈部与胸部食管阻塞时,应根据阻塞物的性状及其阻塞的程度,采取相应的治疗措施。

(2)缓解疼痛及痉挛,润滑管腔　牛、马可用水合氯醛10~25 g,配成2%溶液灌肠,或者静脉注射5%水合氯醛酒精注射液100~200 mL,也可皮下或肌内注射30%安乃近注射液20~30 mL。此外,也可应用阿托品、盐酸氯丙嗪等药物,然后用植物油(或液体石蜡)50~100 mL、1%盐酸普鲁卡因注射液10 mL,灌入食管内。

(3)解除阻塞,疏通食管　常用排除食管阻塞物的方法有挤压法、下送法、打气法、打水法、通噎法等。

①挤压法:牛、马采食胡萝卜等块根(茎)类饲料而阻塞于颈部食管时,将病畜横卧保定,用平板或砖垫在食管阻塞部位,然后以手掌抵于阻塞物下端,朝咽部方向挤压,将阻塞物挤压到口腔,即可排除。若为谷物与糠麸引起的颈部食管阻塞,病畜站立保定,用双手手指从左右两侧挤压阻塞物,将阻塞物压沟、压碎,促进阻塞物软化,使其自行咽下。

②下送法:又称疏导法,即将胃管插入食管内抵住阻塞物,徐徐把阻塞物推入胃中。主要用于胸部食管阻塞和腹部食管阻塞。

③打气法:应用下送法经1~2 h不见效时,可先插入胃管,装上胶皮球,吸出食管内的唾液和食糜,灌入少量植物油或温水。将病畜保定好后,把打气管接在胃管上,颈部勒上绳子以防气体回流,然后适量打气,并趁势推动胃管,将阻塞物推入胃内。但不能打气过多和推送过猛,以免造成食管破裂。

④打水法:当阻塞物是颗粒状或粉状饲料时,可插入胃管,用清水反复泵吸或虹吸,以便把阻塞物溶化、洗出,或者将阻塞物冲下。

⑤通噎法:主要用于治疗马的食管阻塞。按中兽医传统的治疗方法,是将病马缰绳拴在左前肢系凹部,使马头尽量低下,然后驱赶病马前进或上坡、下坡,往返运动20~30 min,借助颈部肌肉收缩,使阻塞物纳入胃内。如果先灌入少量植物油,鼻吹芸苔散(芸苔子、瓜蒂、胡椒、皂角各等份、麝香少许,研为细末),更能增进其效果。

⑥药物疗法:先向食管内灌入植物油(或液体石蜡)100~200 mL,然后皮下注射甲硫酸新斯的明注射液4~10 mg,促进食管肌肉收缩和分泌,往往经3~4 h奏效。为了缓解食管痉挛,牛、马可用硫酸阿托品0.03 g,皮下注射,或用36%安乃近注射液20~30 mL,皮下或肌内注射,具有解痉止痛的功效。猪宜藜芦0.02~0.03 g,皮下注射,促使呕吐,使阻塞物呕出。

⑦手术疗法:若上述方法不见效,应施行手术疗法。颈部食管阻塞,采用食管切开术。牛、

羊食管阻塞，常因继发瘤胃臌气引起窒息，首先应及时实施瘤胃穿刺排气，并向瘤胃内注入防腐止酵剂，再采用必要的急救措施，进行治疗。在靠近膈的食管裂孔的胸部食管及腹部食管阻塞，可采用剖腹按压法治疗。在牛，若此法不见效时，还可施行瘤胃切开术，通过贲门将阻塞物排除。

另外，犬、猫因异物(如骨头、鱼刺等)引起的颈部食管阻塞，应配合使用内窥镜和镊子将异物取出。对于大型犬，可使用食管镜，而小型犬和猫，则使用直肠镜。在整个操作过程中都应小心进行，以免刺伤或过度撕伤食管壁。

(4)加强护理　暂停饲喂饲料和饮水，以免误咽而引起异物性肺炎。病程较长者，应注意消炎、强心、输液补糖或营养液灌肠，以维持机体营养，增进治疗效果。排除阻塞物后1~3 d，应使用抗菌药物，防治食管炎，并给予流质饲料或柔软易消化的饲料。

【预防】

加强饲养管理，保持神情安静，避免惊恐不安，定时饲喂，防止饥饿。过于饥饿的牛、马，应先喂草，后喂饲料，少喂勤添。饲喂块根(茎)类饲料时，应切碎后再喂，豆饼、花生饼等饼粕类饲料，应经水泡制后，按量给予。堆放马铃薯、甘薯、胡萝卜、萝卜、苹果、梨的地方，不能让牛、马、猪等家畜通过或放牧，防止骤然采食。施行全身麻醉者，在食管机能未复苏前，更应注意护理，以防发生食管阻塞。创伤、感染、疼痛、刺激等病理现象，都应及时治疗，以免呈现应激反应，防止食管阻塞。

食管炎(oesophagitis)

食管炎是指各种病因所致食管黏膜及其深层组织的炎症。在各种家畜都有发生，其中以马、牛、猪最为常见。

【病因】

(1)原发性食管炎　多因机械性刺激引起，如粗硬的饲草、尖锐的异物、粗暴的胃管探诊；温热性刺激，如过热的饲料或饮水；化学性刺激，如氨水、盐酸、酒石酸锑钾等腐蚀性物质等，直接损伤食管黏膜引起炎症，并常伴有口腔和咽的炎症过程。

(2)继发性食管炎　常见于食管阻塞、食管狭窄或扩张、口炎、咽炎、胃肠炎、马蝇幼虫或鸽毛滴虫重度感染、犬食管虫症、食管肿瘤等疾病，还可继发于口蹄疫、牛瘟、痘疮、恶性卡他热、牛黏膜病、传染性鼻气管炎以及坏死杆菌病等。此外，饲料维生素缺乏、使用肌肉松弛类药物、食管周围肿瘤和淤血及感染食管虫等均可导致食管炎。

【发病机理】

食管黏膜是由复层扁平上皮所形成，具有较强的抗刺激功能，通常不引起炎性反应。但是在物理、化学性损伤和刺激性强的因素，乃至某些传染性和侵袭性因素的侵害和影响下，往往导致一段或全段食管黏膜及其深层组织炎性变化。急性食管炎，黏膜发生弥漫性或斑点状充血、肿胀，分泌大量黏液。重剧性炎症，黏膜表面形成伪膜，甚至黏膜下组织发生脓性浸润，或者形成局限性脓肿，以及蜂窝织炎。继发性食管炎，主要是食管局部黏膜发生溃疡，甚至肥厚，乳头状增生。

无论是原发性的还是继发性的食管炎，由于炎性反应，红、肿、热、痛，紧张性增高，必然导致食管机能障碍，体温上升，食欲废绝和疼痛不安现象。

【症状】

一般都具有食管疼痛敏感和咽下困难的表现。特别是马在急性期有流涎，吞咽时，头颈不断伸展，体温上升，神情紧张，前肢刨地，呻吟，表现剧烈疼痛。触诊或探诊，食管一段或全段敏感，并诱发呕吐运动，从口鼻逆出混有黏液、新鲜血液、伪膜的食糜。颈部食管炎，于左侧颈沟可触诊到肿胀的食管。若颈部食管穿孔，常继发蜂窝织炎，局部疼痛、肿胀，触诊有捻发音，最终形成食管瘘或食管狭窄和扩张后遗症。胸部食管穿孔，多继发化脓性纵隔炎、胸膜炎，以及脓毒败血症，呼吸、体温、脉搏、精神状态均有变化，全身症状明显。

【病程和预后】

食管轻度炎症，如及时治疗，经过1~2周可愈。重剧性食管炎，由于吞咽障碍，体质衰竭。蜂窝织炎性食管炎，常因食管穿孔，继发纵隔炎、胸膜炎乃至心包炎而死亡。部分病例，即使治愈，往往形成瘢痕，继发食管狭窄和扩张，预后不良。

【诊断】

触诊颈部食管，病畜表现疼痛不安，间或发生呕吐动作，可作为诊断依据。但泛发性食管炎，颈部食管感疼痛，病畜畏惧触诊，忧郁不安；局部性食管炎，仅炎症部位肿胀，触诊疼痛；蜂窝织炎性食管炎，食管部位肿胀、疼痛、增温。

急性食管炎，插入胃管时，病畜骚动不安，并因食管收缩，胃管不能深入。部分病畜由于食管局限性狭窄和扩张，胃管插入困难。但可以用纤维内窥镜进行观察，即可诊断。

【治疗】

首先对病畜禁食观察2~3 d，如吞咽无障碍，可饲喂优质饲料，或大麦粥、小米粥、米汤；重剧性食管炎，若咽下困难，可施行营养灌肠，小家畜宜饲喂微温食物；体质衰弱的病畜，可用葡萄糖进行静脉注射，或用红砂糖、葡萄糖等营养物质灌肠。

病初可在食管部冷敷，以后进行热敷，促进消炎。内服少量消毒剂或收敛剂，可用1%高锰酸钾溶液、1%~2%明矾溶液或0.5%~1%鞣酸溶液。病畜疼痛剧烈时，可给予镇静药，如水合氯醛、氯丙嗪等。应用抗菌消炎药：青霉素为首选抗生素，并与磺胺类药物或其他抗生素，如土霉素、多西环素、链霉素、庆大霉素等联合应用。适时应用解热止痛剂，如水杨酸钠或安乃近、氨基比林。酌情使用肾上腺皮质激素，如氢化可的松。

(胡国良、曹华斌)

第二节　禽嗉囊疾病

嗉囊阻塞(obstruction of ingluvies)

嗉囊阻塞又称嗉囊弛缓、硬嗉囊。本病可发生于任何年龄的家禽，但最主要发生于幼鸡和火鸡，影响营养物质的消化和吸收，患禽生长发育迟缓。成年家禽则产蛋量下降或停产，重者造成死亡。

【病因】

长期饲喂粗硬多纤维和发霉的饲料；饲喂干草、麦秸、籽实、硬壳的谷物；或将破布、麻绳、尼龙绳等混入饲料内；日粮配合不当、缺乏维生素及矿物质饲料，都可诱发本病。

【症状】

患禽食欲减退，精神不振，发生贫血及消瘦。嗉囊膨大而紧张，其中充满坚实的内容物，长时间不能排空。当患禽张口时，则有恶臭的淡色液体流出。若不及时抢救，有时造成嗉囊破裂或者穿孔，多数死亡。

【病理变化】

嗉囊内有粗硬、带壳的谷粒等堆积,内容物坚实。嗉囊壁弛缓而胀满,如图1-2所示。

【治疗】

为了排出嗉囊内容物,首先注入20~30 mL植物油或50~100 mL水,然后按摩嗉囊,再将病禽头向下垂,尾部抬高,由口排出内容物。若无效,必须做嗉囊切开术,排出阻塞的内容物。

手术方法:术部拔毛,用2%碘酊消毒,做1.5~2 cm长的切口,取出异物,用消毒液冲洗嗉囊。然后先缝合嗉囊,再缝皮肤。术后1~2 d饲喂易消化的饲料。

图1-2 嗉囊阻塞
(示嗉囊内容物)

嗉囊扩张(dilation of ingluvies)

嗉囊扩张是指由于嗉囊收缩力减退,排泄孔阻塞,大量内容物积滞,引起消化障碍的一种疾病,鸡、鸭较易发生。食糜在嗉囊中积滞,腐败发酵,并可能产生毒素,引起自体中毒。如不及时处理,火鸡群的死亡率可高达2%。在许多鸡群和火鸡群中,嗉囊扩张都有少量发生,在一些群体发病率可达5%。

【病因】

嗉囊扩张主要见于采食大量的粗硬谷物或石子、布条、尼龙绳头等阻塞排泄孔,从而引起嗉囊扩张,也有由于嗉囊排泄孔狭窄,或因嗉囊收缩力减退,陷于弛缓,导致慢性嗉囊扩张现象。本病也可继发于嗉囊阻塞、嗉囊卡他的病程中。

【症状】

病禽嗉囊膨胀,硬度增加,不愿采食,喜饮水,神情萎靡,呼吸促迫,甚至张口呼吸。低头采食时,往往从口腔流出污秽不洁的分泌物,有恶臭,有时下痢。采用X线检查,可发现阻塞物的性质及积滞的部位。急性嗉囊扩张,如能及时确诊和治疗,经过良好。慢性嗉囊扩张,伴发下痢,逐渐消瘦,预后不良。

【治疗】

可先用10~20 mL植物油加温,注入嗉囊,然后按摩捏碎嗉囊内容物,使病禽低头,逐渐向喙方向挤压,经喙排出。或用细胶皮管经口插入食管,注入1%碳酸氢钠溶液,或其他弱消毒液,进行嗉囊洗涤。若不见效,参照嗉囊阻塞,可实施外科手术切开,取出积滞的内容物,疏通排泄孔,进行适当的治疗。慢性嗉囊扩张,可实施按摩,用弱消毒剂反复洗涤,增进治疗效果。

嗉囊炎(ingluvitis)

嗉囊炎即嗉囊卡他,又称软嗉,是嗉囊黏膜的炎症性疾病。各种家禽和鸽及其幼雏均可发生。

【病因】

(1)原发性病因 主要由于采食发霉变质的饲料或易发酵的饲料,如霉变种子、霉败鱼粉、酒糟、糖糟、粉渣、肉渣;采食其他异物,如烂布团、细绳、塑料碎片、化肥、污水和不易消化的杂草等。这些饲料或异物在嗉囊中不易或不能被消化,并在嗉囊中停滞时间过长,腐败发酵并产生大量气体,使嗉囊胀满,诱发本病。

（2）继发性病因　多见于某些中毒病，如瞿麦、磷、砷、食盐及汞的化合物等中毒；某些寄生虫病，如鸡胃虫病、毛滴虫病等；某些传染病，如白色念珠菌感染(鹅口疮)、鸡新城疫等；某些营养代谢病，如维生素缺乏症等。

【症状】

病禽食欲减退或废绝，倦怠无力，头颈伸展，两翅下垂，鸡冠发紫，嗉囊膨胀，内容柔软，有的因其内容物酵解，发生气胀，常有喘气和呕吐现象。触诊嗉囊，有恶臭气体和污黄色液体从喙和鼻孔排出。严重病例，频频张口，呼吸困难，迅速衰竭，发生窒息而死亡。部分病例转为慢性病理过程，消化障碍，逐渐消瘦，继发嗉囊扩张而下垂。

【治疗】

清除嗉囊内容物，消炎和消毒。首先将病禽尾部抬高，头向下，按摩嗉囊，将其中内容物捏碎从喙排出。然后用2%硼酸溶液，或0.5%鞣酸溶液、5%碳酸氢钠溶液、0.1%高锰酸钾溶液，注入嗉囊中冲洗，或用0.1%~0.2%磺胺二甲基嘧啶钠，混入饮水内服，均有一定效果。但必须禁食1~2 d后，再饲喂易消化饲料。

（姚　华）

第三节　反刍动物胃肠疾病

一、反刍动物前胃的解剖结构特点

1. 瘤胃的位置、解剖结构

瘤胃呈侧扁的大囊，几乎占据整个腹腔左半侧，前至膈，后达骨盆腔入口；后腹侧部越过正中矢面而突入左腹腔。瘤胃内面形成无数圆锥状至叶状的瘤胃乳头，与瘤胃的吸收功能有关。

2. 网胃的位置、解剖结构

网胃位于瘤胃房之前，二者间以瘤网胃沟为界；贲门开口于瘤胃与网胃移行处。网胃位于季肋部正中矢状面两侧，与第6~9肋间隙相对。食管沟起自贲门，沿瘤胃前庭和网胃右侧壁向下伸延至网瓣口。网胃黏膜以黏膜褶(网胃嵴)形成许多如蜂房状的小室(网胃房)。网胃在相当于瓣胃颈处以网瓣胃口通瓣胃。

3. 瓣胃的位置、解剖结构

牛的瓣胃为略侧扁的球形，在体表的投影位置，相当于第6~11肋间隙的下半部，与右腹壁相接近。羊的瓣胃为卵圆形，较小，体表投影位置相当于第8~10肋骨的下半部，与右腹壁不相接近。瓣胃的内部形成许多互相平行的皱襞，称为瓣胃叶，因此瓣胃又称百叶胃。瓣胃叶的黏膜上分布有许多小乳头。

4. 前胃的生理特点

前胃的黏膜面无腺体，食物在前胃内正常消化和运转，取决于食管沟、瘤网孔、网瓣孔、贲门、幽门、回盲口、盲结口等是否通畅，以及胃肠平滑肌和括约肌固有的自律性运动。这些都是由胃肠神经机制(交感与副交感)、体液机制(肠神经肽、血钙、血钾)以及肠道内环境尤其酸碱环境刺激，通过内脏-内脏反射进行调控的。瘤胃内有大量的微生物，饲料纤维素的分解依赖于微生物区系的发酵作用以及大、中、小三型纤毛虫的机械作用。微生物的代谢产物，如挥发性脂肪酸等可刺激胃肠道，促进前胃和大肠的发育。在营养利用方面，微生物与宿主之间相互供给，构成了共生关系。

5. 前胃的结构特点

前胃仅在瘤胃背囊处直接而牢固地以结缔组织连接于膈脚和腰肌，向后直至第4(牛)或第2(羊)腰椎处，此处与胃相联系的有脾及大网膜和小网膜。脾紧贴于瘤胃背侧缘和背囊的壁面上。小网膜起始于肝的脏面，附着于肝门到食管切迹处，然后越过瓣胃而连接到皱胃小弯和十二指肠的前部，将瓣胃罩于其中。大网膜很发达。小网膜与瘤胃及肝之间形成网膜囊前庭，瓣胃藏于其内。网膜囊前庭经网膜孔与腹膜腔相通，瘤胃背囊的壁面游离，与左腹壁直接相贴，常以此作为瘤胃手术的入口。

出生后的犊牛约从第8周开始，前胃约为皱胃的50%，10~12周后，由于瘤胃发育较快，约相当于皱胃容积的2倍。这时，瓣胃因无机能活动，仍然很小。4个月后，随着消化植物性饲料能力的出现，前胃迅速增大，瘤胃和网胃的总容积约为瓣胃和皱胃总容积的4倍，到1岁左右，瓣胃和皱胃的容积几乎相等，这时前胃的容积已达到成年胃的比例。

二、瘤胃的生理特点

1. 瘤胃内环境的特点

瘤胃内的温度、湿度和营养物质，适合其中的微生物群系共生和繁殖；瘤胃运动使其中的内容物和微生物混合、运转，有利于消化和营养；瘤胃内容物的含水量相对稳定，使其渗透压维持接近于血液的水平；其中，微生物发酵作用，产生热量，使瘤胃内的温度常达 39~41℃；瘤胃内容物发酵产生的大量酸类，受到唾液中碳酸氢盐的调节和缓冲，pH 值保持在 5.5~7.5；随饲料进入瘤胃的氧，能被微生物迅速地利用。

2. 瘤胃内微生物群系及其作用

瘤胃内微生物多为厌氧性纤毛虫和细菌，其种类多而复杂，约占瘤胃总容积的 3.6%。

(1)瘤胃纤毛虫 瘤胃内纤毛虫共 3 属 33 种。每克内容物含纤毛虫 60 万~180 万个，能发酵糖类，产生乙酸(醋酸)、丁酸和乳酸、二氧化碳、氢气以及少量丙酸。此外，具有水解脂类，氢化不饱和脂肪酸，降解蛋白质和吞噬细菌的能力。纤毛虫蛋白质的生物价值与细菌相同，约为80%，是反刍动物蛋白质的主要来源之一。瘤胃内纤毛虫的种类和数量极易受到饲料和饲喂方法的影响。pH 值是其中的一个重要影响因素，当 pH 值低于 5.5 时，纤毛虫活力降低，甚至消失，特别是饲喂高水平淀粉时更为严重，常导致瘤胃炎或酸中毒。

(2)细菌 瘤胃内的微生物最主要的是细菌，种类多，数量大。目前，已知有 29 个属 63 种，每克瘤胃内容物中含有细菌 $15 \times 10^9 \sim 25 \times 10^9$ 个(也有资料记载为 $50 \times 10^9 \sim 85 \times 10^9$ 个)。除发酵糖类和分解乳酸的菌群外，主要有分解纤维素和蛋白质以及合成蛋白质和维生素等的细菌。纤维素分解菌类约占瘤胃内活菌的 25%，特别是厌氧杆菌属更为重要，能分解纤维素、纤维二糖及果胶等，产生甲酸、乙酸和琥珀酸。嗜碘菌属主要合成蛋白质，同时在乳酸杆菌、丙酸杆菌和甲烷杆菌等的协同作用下，将纤维素分解产生乙酸、丙酸、丁酸、二氧化碳和甲烷等。

(3)共生关系 瘤胃内的微生物与宿主之间及其微生物群系之间有着相互依存，制约和共生的关系。纤毛虫能吞噬和消化细菌，除菌体提供纤毛虫营养外，还可利用菌体酶类，以消化营养物。且其本身随同内容物进入皱胃和小肠时也被消化和利用，成为反刍动物蛋白质的主要来源之一。如果瘤胃内微生物群系的共生关系遭到破坏时，即导致前胃疾病的发生发展，乃至菌血症或毒血症的严重自体中毒现象。

3. 瘤胃内的消化、营养和代谢

反刍动物瘤胃内容物，绵羊 4~6 kg，成年牛可达 30~60 kg。在微生物作用下，进行一系列的复杂消化过程。

(1)纤维素的分解和利用　饲料中的纤维素主要依靠瘤胃细菌和纤毛虫体内的纤维素分解酶作用，产生挥发性脂肪酸，即乙酸、丙酸、丁酸和少量高级脂肪酸。

(2)糖类的分解和合成　瘤胃内微生物分解淀粉、葡萄糖及其他糖类，产生低级脂肪酸、二氧化碳和甲烷及少量氢气、氧气、氮气和硫化二氢等。同时，合成糖原贮存在体内，伴随食糜进入小肠时被消化和利用，成为反刍动物的葡萄糖来源之一。

(3)蛋白质的分解和合成　第一，食进瘤胃内的饲料中蛋白质，有50%~70%被其中微生物蛋白酶分解为氨基酸，经脱氨基酶的作用，形成氨，供微生物利用、瘤胃壁吸收和代谢。第二，瘤胃内微生物能直接利用氨基酸合成蛋白质。第三，瘤胃内的氨，除被微生物利用外，其余的被吸收在肝脏内经鸟氨酸循环转变为尿素，若这一循环被破坏，即引起氨中毒。

(4)维生素的分解和合成　瘤胃内微生物能合成维生素B_1、核黄素、泛酸、吡哆醇、烟酸、生物素、肌醇、叶酸、维生素B_{12}等B族维生素和维生素K，这对维持反刍动物的生命活动和健康具有重要作用。

由此可知，所有这些物质的合成、吸收和利用，成为反刍动物能量代谢和蛋白质代谢的重要来源。如果反刍动物的前胃功能紊乱，即引起营养代谢障碍，乃至发生感染和免疫应答反应，影响其健康和生命活动。

三、前胃运动及神经体液调节作用

反刍动物的前胃运动是在网胃前壁运动中枢神经节的调节下，使前胃运动互相协调一致，呈现有节奏、有规律的连贯性运动。

从网胃连续两次双相收缩开始，收缩1~2次/min。反刍时，在网胃开始收缩前，增加一次附加收缩，使其中内容物逆呕至口腔。

瘤胃紧接着网胃第二次收缩，先从瘤胃前庭开始，瘤胃前背囊发生强烈收缩，将网胃液状内容物挤洒到瘤胃的泡沫状食糜上，继而瘤胃腹囊收缩，使其中内容物搅拌和运转。瘤胃收缩次数，采食时，每分钟平均2.8次，反刍时2.3次，休息时1.8次。每次收缩持续15~25 s。

瓣胃运动与网胃和瘤胃收缩相互衔接和配合，起到唧筒的作用，将吸入瓣胃的液状内容物，进行必要的筛滤和加工(研磨)。

支配前胃运动的神经中枢位于延髓，在大脑皮层统一控制下，通过副交感(迷走)神经和交感(内脏)神经进行调节；如果切断颈部两侧迷走神经，前胃运动停止，陷于弛缓，瘤胃臌胀。切断交感神经却与此相反，胃壁的紧张度和运动都增强，蠕动亢进。

当然，前胃运动也受体液的调节，神情紧张时，交感神经抑制性增强，肾上腺皮质激素分泌增多，呈现应激状态，前胃运动减弱，乃至消失。应用乙酸钠、丙酸钠或丁酸钠静脉注射时，瘤胃运动被抑制，其后逐渐恢复。血糖升高时，瘤胃运动也受到抑制。反之，血糖下降时，瘤胃运动先减弱后增强。故在临床实践中，诊断与治疗都应注意。

迷走神经性消化不良(vagus indigestion)

迷走神经性消化不良是指支配前胃和皱胃的迷走神经腹支受到机械性或物理性损伤，引起前胃和皱胃发生不同程度的麻痹和弛缓，致使瘤胃功能障碍、瘤胃内容物转运迟滞，发生以瘤胃臌气、消化障碍和排泄糊状粪便等为特征的综合征。本病多见于牛，绵羊偶有发生。

【病因】

多数病例是由创伤性网胃腹膜炎引起，原因是炎性组织和瘢痕组织使分布于网胃前壁的迷走神经腹支受到损伤；部分病例虽然迷走神经未受到损伤、侵害，却因瘤胃和皱胃发生粘连或因前胃与皱胃受到物理性损伤，影响食管沟的反射机能，从而引起消化不良；在迷走神经牵张感受器所在处的网胃内侧壁有硬结生长时，可直接影响食管沟的正常反射作用；也有因迷走神经的胸支受到肺结核或淋巴肿瘤的侵害或影响，导致本病的发生；此外，瘤胃和网胃的放线菌病、膈疝、绵羊肉孢子虫病、细颈囊尾蚴病，也可引起迷走神经性消化不良。

【症状】

迷走神经性消化不良是一种临床综合征，通常分为以下 3 种类型。

（1）瘤胃弛缓型　常见于母牛妊娠后期乃至产犊后。病牛食欲减退、反刍迟缓，肚腹臌胀，消化不良，瘤胃收缩减弱或停止，用润滑性泻药、副交感神经兴奋药物等治疗无明显效果，迅速消瘦，体质虚弱，疾病的末期病畜营养衰竭，卧地不起，陷于虚脱状态。

（2）瘤胃臌胀型　本病的发生与妊娠和分娩无关，临床主要特征是瘤胃运动增强，充满气体，肚腹臌胀。在食欲减少、消化障碍、迅速消瘦的情况下，瘤胃收缩仍然有力，蠕动持续不断，粪便量少或正常，呈糊状，心率减慢，有时可出现缩期杂音，瘤胃臌胀消失时心脏杂音也随之消失，用常规治疗，久治不愈。

（3）幽门阻塞型　多数病例常在妊娠后期发生，病牛厌食，消化机能障碍，粪便排泄减少，呈糊状，直到后期，肚腹不胀大，无全身反应，末期心脏衰弱，脉搏急速。尤其引人注意的是皱胃阻塞，右下腹部臌起。直肠检查时，可摸到充满而坚实的皱胃，瘤胃收缩力完全丧失，陷于高度弛缓，大量积液，终因营养衰竭而死亡。

上述 3 种主要类型可能会联合发生。

【诊断】

根据前胃和皱胃的高度弛缓和麻痹，对刺激的感受性降低，食欲、反刍减弱或消失，呈现消化障碍，伴发前胃弛缓、皱胃阻塞、瓣胃秘结，应用拟胆碱类药物治疗无效，久治不愈等主要病症，可做出初步诊断。但临床上需与创伤性网胃腹膜炎、瘤胃臌气、皱胃阻塞、瓣胃秘结以及母牛产后皱胃变位等疾病进行鉴别诊断。

【治疗】

瘤胃弛缓型和幽门阻塞型通常用手术疗法，但临床疗效往往不佳；用液体石蜡 1~3 L 排除胃内容物及软化内容物，疏通胃肠，效果也不理想；妊娠母牛在临产前静脉注射、平衡电解质，或用地塞米松引产等，也许有一定效果。瘤胃臌胀型采用瘤胃切开术，取出内容物，可逐渐恢复。

前胃弛缓（atony of forestomach）

前胃弛缓是由各种病因导致前胃神经兴奋性降低，肌肉收缩力减弱，瘤胃内容物运转缓慢，微生物区系失调，产生大量发酵和腐败的物质，引起食欲减退、反刍减少、前胃运动减弱或停止、消化障碍乃至全身机能紊乱的一种疾病。

【病因】

（1）原发性前胃弛缓　又称单纯性消化不良，主要由饲养不当和管理不当引起。

①饲养不当：几乎所有能改变瘤胃环境的食物性因素均可引起单纯性消化不良。a. 精饲料喂量过多，或突然摄入过量的优质适口性饲料；b. 摄入过量不易消化的粗饲料；c. 饲喂霉败变质的

饲草饲料或冻结饲料；d. 饲料突然发生改变，日粮中突然加入不适量的尿素或使牛群转向茂盛的禾谷类草地；e. 误食塑料袋、化纤布或分娩后的母牛食入胎衣；f. 在严冬早春，水冷草枯，牛、羊被迫食入大量的秸秆、垫草或灌木；g. 日粮配合不当，矿物质和维生素缺乏，特别是缺钙时，血钙水平低，致使神经-体液调节机能紊乱，引起单纯性消化不良。

②管理不当：伴有饲养不当时，更易促进本病的发生。a. 由放牧迅速转变为舍饲或舍饲突然转为放牧；b. 使役与休闲不均，受寒，圈舍阴暗、潮湿；c. 经常更换饲养员和调换圈舍或牛床，都会破坏前胃正常消化反射，造成前胃机能紊乱，导致单纯性消化不良的发生；d. 应激反应。

（2）继发性前胃弛缓　又称症状性消化不良，常见于以下疾病。

①消化系统疾病：口、舌、咽、食管等上部消化道疾病以及创伤性网胃腹膜炎、肝脓肿等肝胆、腹膜疾病。

②营养代谢病：如牛生产瘫痪、酮血病、骨软症、运输搐搦、泌乳搐搦、青草搐搦、低磷酸盐血症性产后血红蛋白尿病、低钾血症、维生素 B_1 缺乏症以及锌、硒、铜、钴等微量元素缺乏症。

③中毒性疾病：如霉稻草中毒、黄曲霉毒素中毒、棉籽饼中毒、亚硝酸盐中毒、酒糟中毒、生豆粕中毒等饲料中毒；有机氯、五氯酚钠等农药中毒。

④传染性疾病：如流感、结核、副结核、牛肺疫、布鲁菌病等。

⑤寄生虫性疾病：如前后盘吸虫病、肝片吸虫病、细颈囊尾蚴病、泰勒焦虫病、锥虫病等。

⑥医源性因素：用药不当，如长期大量服用抗生素或磺胺类等抗菌药物，使瘤胃内正常微生物区系受到破坏，而发生消化不良，造成医源性前胃弛缓。

【发病机理】

在致病因素作用下，中枢神经系统和植物性神经系统的功能紊乱，导致平滑肌收缩力降低。由迷走神经所支配的神经兴奋与分泌的偶联作用及肌肉兴奋与收缩的偶联作用所致，需要通过迷走神经胆碱能纤维释放乙酰胆碱来实现，尤其是当钙水平降低或受到各种应激因素影响时，乙酰胆碱释放减少，神经体液调节功能减退，从而导致前胃弛缓的发生和发展。

前胃弛缓时，前胃收缩力减弱，使瘤胃内容物得不到充分的搅拌，引起瘤胃内微生物区系活动的不平衡，某些微生物异常增殖，导致瘤胃内容物异常分解，产生大量的有机酸(乙酸、丙酸、丁酸、乳酸等)和气体(二氧化碳、甲烷等)，使瘤胃内环境尤其是酸碱环境的改变，正常瘤胃内微生物区系共生关系遭到破坏，微生物区系的活性降低(沉降活性试验结果表明，瘤胃液中微粒物质的漂浮时间延长，正常漂浮时间为 3~9 min；纤维素消化试验表明，棉线消化时间超过 30 h)，纤毛虫的活力减弱或消失。而致病性微生物却异常增殖，产生多量的有毒物质，消化道反射活动受到抑制，食欲减退或废绝，反刍减弱或停止，前胃内容物不能正常运转排出，瓣胃内容物停滞，消化机能更加紊乱。随着疾病的发展，前胃内容物异常腐败分解，产生大量的氨等含氮物质(酰胺、组胺等)，血液中尿素和铵盐增高，出现有毒的酰胺和胺，进而损害肝脏，解毒功能降低，并因肝糖原异生作用旺盛，形成大量酸性产物，引起酸血症、毒血症或轻度酮血症，同时由于有毒物质的强烈刺激引起前胃炎、皱胃炎、肠炎和腹膜炎，肠道渗透性增强，发生脱水，病情急剧恶化，严重者可迅速死亡。

【症状】

前胃弛缓按其病程，可分为急性型和慢性型两种类型。

（1）急性型　病畜食欲减退或废绝；反刍减少、无力，时而嗳气并带有酸臭味；瘤胃收缩力量减弱、次数减少，瓣胃蠕动音稀弱；瘤胃内容物充满，触诊背囊感到黏硬如生面团样，腹囊则比较稀软（粥状）；奶牛和奶山羊泌乳量下降。原发性病例，体温、脉搏、呼吸等生命体征多无明显异常，血液生化指标也无明显改变，经过 2~3 d，若饲养管理条件得到改善，给予一般的健胃促反刍处理即可康复。继发性病例，除上述前胃弛缓的基本症状外，还显现相关原发病的症状，相应的血液生化指标也有明显改变，病情复杂而重剧。

（2）慢性型　通常由急性型转变而来。病畜食欲不定，有时减退或废绝；常常虚嚼、磨牙，发生异嗜、舔砖、吃土或采食被粪尿污染的褥草和污物的行为；反刍不规则，短促、无力或停止；嗳气减少、嗳出的气体带臭味。病情弛张，时而好转，时而恶化，日渐消瘦；被毛干枯、无光泽，皮肤干燥、弹性减退；精神不振，体质虚弱；瘤胃蠕动音减弱或消失，内容物黏硬或稀软，瘤胃轻度臌胀；多数病例，网胃、瓣胃及肠蠕动音微弱；病畜便秘，粪便干硬、呈暗褐色，附着黏液；有时腹泻，粪便呈糊状，腥臭，或者腹泻与便秘相交替；高龄牛病重时，呈现贫血、眼球下陷、卧地不起等衰竭体征，常有死亡。

【病理变化】

瘤胃胀满，可视黏膜潮红，有出血斑。瓣胃容积增大甚至可达正常时的 3 倍；瓣叶间内容物干燥，形同胶合板状，其上覆盖脱落的黏膜，有时伴有瓣胃叶片坏死组织。部分病例出现瓣胃叶片组织坏死、溃疡和穿孔，局限性或弥漫性腹膜炎以及全身败血症等病理变化。

【病程和预后】

原发性病例，经过 2~3 d，预后较好。继发性病例，病情复杂而重剧，病程 1 周左右，预后慎重。

【诊断】

前胃弛缓的诊断一般按如下程序进行。

（1）临床症状　主要表现为食欲减退，反刍障碍以及前胃（主要是瘤胃和瓣胃）运动减弱，奶牛和奶山羊泌乳量突然下降等。

（2）原发性前胃弛缓与继发性前胃弛缓的鉴别　主要依据是疾病经过和全身状态。原发性前胃弛缓仅表现前胃弛缓的基本症状，而全身状态相对良好，体温、脉搏、呼吸等生命体征无大的改变，且在改善饲养管理并给予一般健胃促反刍处理后 48~72 h 即趋向康复；而继发性前胃弛缓则在改善饲养管理并给予常规健胃促反刍处置数日后，病情仍继续恶化。再依据瘤胃液 pH 值、总酸度、挥发性脂肪酸含量，以及纤毛虫数目、活力和瘤胃内漂浮物沉降时间等瘤胃液性状检验结果，确定是酸性前胃弛缓还是碱性前胃弛缓，有针对性地实施治疗。

（3）确定原发病性质　主要依据流行病学和临床表现。凡单个零散发生，且主要表现消化病症的，要考虑各种消化系统疾病，如瘤胃食滞、瘤胃炎、创伤性网胃腹膜炎、瓣胃秘结、瓣胃炎、皱胃阻塞、皱胃变位、皱胃溃疡、皱胃炎、盲肠弛缓和扩张以及肝脓肿、迷走神经性消化不良等，可进一步依据各自的典型症状、特征性检验结果，分层逐步地加以鉴别论证。凡群体成批发病的，要着重考虑各类群发性疾病，包括各种传染病、寄生虫病、中毒病和营养代谢病。可依据有无传染性、有无相关虫体大量寄生、有无相关毒物接触史以及酮体、血钙、血钾等相关病原学和病理学检验结果，按类、分层次、逐步加以鉴别论证。

【治疗】

治疗原则：消除病因，加强护理，清理胃肠，改善瘤胃内环境，增强前胃机能，防止脱水和自体中毒，中兽医治疗。

（1）消除病因　改善饲养与管理，立即停止饲喂霉败变质的饲料。

（2）加强护理　病初在给予充足的清洁饮水的前提下禁食 1~2 d，再饲喂适量的易消化的青草或优质干草。轻症病例可在 1~2 d 自愈。

（3）**清理胃肠** 为了促进胃肠内容物的运转与排出，可用硫酸钠（或硫酸镁）300～500 g、鱼石脂 20 g、乙醇 50 mL、温水 6～10 L，一次内服；或用液体石蜡 1～3 L、苦味酊 20～30 mL，一次内服。对于采食多量的精饲料而症状又比较重的病牛，可采用洗胃的方法，排除瘤胃内容物，洗胃后应向瘤胃内接种健康牛的瘤胃液。重症病例应先强心、补液，后洗胃。

（4）**改善瘤胃内环境** 应用缓冲剂调节瘤胃内容物的 pH 值，改善瘤胃内环境，恢复正常微生物区系，增进前胃功能。在应用前，必须测定瘤胃内容物 pH 值，然后选用缓冲剂。当瘤胃内容物 pH 值降低时，宜用碳酸盐缓冲剂（CBM）：碳酸钠 50 g、碳酸氢钠 350～420 g、氯化钠 100 g、氯化钾 100～140 g、常水 10 L，牛一次内服，每日 1 次，可连用数天；也可应用氢氧化镁（或氢氧化铝）200～300 g、碳酸氢钠 50 g、常水适量，牛一次内服。当瘤胃内容物 pH 值升高时，宜用醋酸盐缓冲剂（ABM）：乙酸钠 130 g、冰醋酸 30 mL、常水 10 L，牛一次内服，每日 1 次，可连用数次；也可应用稀醋酸（牛 30～100 mL，羊 5～10 mL）或常醋（牛 300～1 000 mL，羊 50～100 mL），加常水适量，一次内服。必要时，给病牛投服从健康牛口中取得的反刍食团或灌服健康牛的瘤胃液 4～8 L，进行接种。采取健康牛的瘤胃液的方法是先用胃管给健康牛灌服生理盐水 10 L、乙醇 50 mL，然后以虹吸引流的方法取出瘤胃液。

（5）**增强前胃机能** 应用促反刍液（5% 葡萄糖注射液 500～1 000 mL、10% 氯化钠注射液 250～500 mL，5% 碳酸氢钠注射液 1 000～1 500 mL、复方氯化钠注射液 500～1 000 mL、10% 高渗氯化钠溶液 300～500 mL、维生素 B_1 注射液 20～30 mL、ATP 注射液 30～50 mg）一次静脉注射，并肌内注射维生素 B_1。因过敏性因素或应激反应所致的前胃弛缓，在应用促反刍液的同时，肌内注射 2% 盐酸苯海拉明注射液 10 mL。对洗胃后的病畜可静脉注射 10% 氯化钠注射液 150～300 mL、10% 安钠咖注射液 10 mL，每日 1～2 次。此外，还可皮下注射新斯的明（牛 10～20 mg，羊 2～5 mg）或毛果芸香碱（牛 30～100 mg，羊 5～10 mg），但对于病情重剧，心脏衰弱，老龄和妊娠母牛则禁止应用，以防虚脱和流产。

（6）**防止脱水和自体中毒** 当病畜呈现轻度脱水和自体中毒时，应用 25% 葡萄糖注射液 0.5～1 L、40% 乌洛托品注射液 20～50 mL、20% 安钠咖注射液 10～20 mL，静脉注射；并用胰岛素 100～200 IU，皮下注射。此外，还可用樟脑酒精注射液 100～200 mL，静脉注射；并配合应用抗生素药物。

（7）**中兽医治疗** 根据辨证施治原则，对脾胃虚弱、水草迟细、消化不良的牛，着重健脾和胃，补中益气，宜用加味四君子汤灌服，每日 1 剂，连服数剂；对体壮实、口温偏高、口津黏滑、粪干、尿短的病牛，应清泻胃火，宜用加味大承气汤或大戟散灌服，每日 1 剂，连服数剂；对久病虚弱、气血双亏的病牛，应补中益气、养气益血为主，宜用加味八珍散灌服，每日 1 剂，连服数剂；对口色淡白、耳鼻俱冷、口流清涎、水泻的病牛，应温中散寒、补脾燥湿，宜用加味厚朴温中汤灌服，每日 1 剂，连服数剂。此外，还可取舌底、脾俞、百合、关元俞等穴位进行针灸。

对于继发性前胃弛缓，应着重治疗原发病，并配合上述前胃弛缓的相关治疗，促进病情好转。例如，伴发臌胀的病牛（羊），可灌服鱼石脂、松节油等制酵剂；伴发瓣胃阻塞时，应向瓣胃内注射液体石蜡 300～500 mL 或 10% 硫酸钠 2～3 L。必要时，采取瓣胃冲洗疗法，即施行瘤胃切开术，用胃管插入网瓣孔，冲洗瓣胃。

【预防】

加强饲料的选择、保管，防止霉败变质；奶牛和奶羊、肉牛和肉羊应依据饲养标准合理配制日粮，不随意增加饲料量或突然变更饲料；严格规范饲喂制度；耕牛应注意适度使役和休闲；圈舍须保持安静，避免寒流、酷暑、奇异声音、光线等不良应激性刺激；注意圈舍的卫生和通风、保暖，做好预防接种工作。

瘤胃上皮角化不全（ruminal parakeratosis）

瘤胃上皮角化不全是指瘤胃黏膜复层扁平上皮细胞角化不全，残核鳞状角化上皮细胞过度堆积，以致发生瘤胃黏膜乳头硬化、增厚等病变的一种疾病。本病成年牛都可发生，多发生于犊牛、肥育期肉牛及绵羊，发病率可达40%。

【病因】

多因精料饲喂过多（尤其是谷类精料），或采食粉碎过细的精料制成颗粒料，引起瘤胃角化不全；青绿饲料不足，维生素A缺乏，有加热处理的含有大量精料的苜蓿颗粒饲料等可使瘤胃黏膜受到损伤，而引起上皮角化不全；反复投服广谱抗生素也可诱发本病。

【发病机理】

正常的瘤胃黏膜被覆重层扁平角化上皮细胞，其最外角化层上皮细胞为无核扁平细胞。当食物里精料过多而粗饲料太少时，易造成瘤胃内容物中挥发性脂肪酸产生过多、过快，瘤胃内pH值下降（低于6.0），而粗饲料的不足又使瘤胃的兴奋性降低，唾液分泌受到反射性抑制，瘤胃内的酸度得不到调节与缓冲，使瘤胃黏膜受到酸的作用而发生损伤，而过细无刺激性的饲料又不能促进上皮细胞的角化过程，从而导致瘤胃上皮角化不全。

【症状】

本病无明显的特征性临床症状，故不引人注意，病初仅有食欲不振，瘤胃蠕动减弱，喜食干草、秸秆等粗饲料，异嗜、舔食自体或同群的牛，并出现前胃弛缓、瘤胃臌胀、瘤胃pH值下降（至6.0以下）等症状。当病情进一步发展，病畜的食欲时好时差，进行性消瘦、虚弱，被毛粗糙、无光泽，有的病牛呈现顽固性消化不良。奶牛（羊）泌乳性能下降、乳脂率降低。

【病理变化】

病死动物的瘤胃黏膜上有食糜样附着物，用水冲洗不易脱落，冲洗后检查有角化不全的乳头区，其中乳头变硬呈褐黑色，无乳头区的黏膜（背前盲囊）常有多发性角化不全的病灶，每个病灶都有黑褐色的痂块。

【诊断】

本病生前不易诊断，只有通过瘤胃切开探查术或瘤胃内窥镜检查等方可建立诊断，但多数是在死后剖检时才能确诊。

【治疗】

治疗原则：消除病因，改善瘤胃内环境。

（1）消除病因 治疗本病的关键是控制精料的饲喂量，给予一些容易消化的干牧草、作物秸秆等。

（2）改善瘤胃内环境 改善瘤胃内容物性状，特别是纠正调节瘤胃内pH值，可内服碳酸氢钠，使pH值恢复至6.35以上。也可应用健康牛的瘤胃液（2~5 L）进行胃管投服（即移植疗法）。同时，配合维生素A治疗。

【预防】

首先要改善饲养方法，如限制精料的用量、多喂粗料及青干草等，奶牛每100 kg体重粗料量不应少于1.5 kg。肉用牛群由育成期过渡到肥育期，由粗料改饲精料的过程，应经过2~3周的缓慢过渡。不要将饲草铡侧切过短（2.5 cm以下），不要将精料粉得太细或将其加工调制成颗粒料。

其次是加强管理工作，如注意牛舍、放牧草场以及运动场地的清洁卫生，清除饲料中和牛群活动场地范围内一切可损伤瘤胃黏膜的尖锐异物，尤其是金属异物。平时注意调整瘤胃液的 pH 值，可投服碳酸氢钠粉剂(以占精料的 3%~7.5% 为宜)，也可在饲料中添加一定量的乙酸钠粉剂饲喂，并补饲必需量的维生素 A 制剂。

瘤胃积食(impaction of rumen)

瘤胃积食又称急性瘤胃扩张，中兽医叫蓿草不转或瘤胃食滞，是反刍动物贪食大量粗纤维饲料或容易膨胀的饲料引起瘤胃扩张，瘤胃体积增大，内容物停滞和阻塞以及整个前胃机能障碍，形成脱水和毒血症的一种严重疾病。牛、羊均可发病，其中以老龄体弱的舍饲牛多见，发病率占前胃疾病的 12%~18%。

【病因】

(1)原发性瘤胃积食　多因贪食，使瘤胃接纳过多所致。①贪食大量适口性好且易于膨胀的青绿饲料或块根(茎)类饲料；②由放牧突然变为舍饲，特别是饥饿时采食过量的含粗纤维多的饲料，缺乏饮水，难以消化，而引起积食；③过食糟粕类饲料；④采食过量谷物饲料，大量饮水，饲料膨胀而引起积食；⑤长期舍饲的牛、羊，运动不足，神经反应性降低，一旦变化饲料，易贪食致病；⑥耕牛也有因采食后立即犁田、耙地或使役后立即饲喂而影响消化功能，或产后、长途运输等因素诱发此病。

(2)继发性瘤胃积食　多因胃肠疾病等引起的瘤胃内容物后送障碍所致。①胃肠疾病，如前胃弛缓、皱胃及瓣胃疾病、创伤性网胃腹膜炎、迷走神经性消化不良等；②其他，如黑斑病甘薯中毒、受到饲养管理过程中各种不利因素的刺激而产生应激反应等也能引起瘤胃积食。

【发病机理】

瘤胃是反刍动物微生物酵解纤维素的主要场所。纤维素的正常酵解、酵解产物挥发性脂肪酸的跨膜转运以及瘤胃平滑肌所固有的自律性运动，均依赖瘤胃内环境尤其酸碱环境的相对稳定(瘤胃内 pH 值为 6.5~7.0)。由于采食大量的饲料，使瘤胃内容物大量增加，刺激瘤胃的感受器，使其兴奋性升高，蠕动增强，产生腹痛，久之就会由兴奋转为抑制，瘤胃蠕动减弱，内容物逐渐积聚，进而积聚的内容物发生发酵腐败，造成瘤胃内酸碱环境改变，无论是在过食谷类、块根(茎)类高糖饲料酵解过程中乳酸等酸性产物增多，使酸度降低至 pH 值 6.0 以下(酸过多性瘤胃积食)，还是在过食豆类、尿素等高氮饲料腐败过程中胺类等碱性产物增多，使碱度增高至 pH 值7.5 以上(碱过多性瘤胃积食)，都会使纤维素酵解菌群的活性和纤毛虫的活力降低，瘤胃平滑肌的自律性运动减弱以至消失，而诱发本病。

瘤胃内容物的正常后送，不仅依赖于瘤胃平滑肌的自律性运动，而且依赖于后送通道的畅通。在瓣胃阻塞、皱胃变位、皱胃阻塞、肠便秘等胃肠疾病过程中，由于交感神经兴奋性增高，使网瓣孔、贲门、幽门、回盲口、盲结口等关卡的括约肌失弛缓，或通过内脏-内脏反射，使瘤胃平滑肌的自动运动性受到抑制，以致瘤胃内容物后送发生障碍，而引起继发性瘤胃积食。

【症状】

常在采食后数小时内发病，病畜初期神情不安，目光呆滞，拱背站立，回头顾腹或后肢踢腹，间或不断起卧，常有呻吟；食欲废绝，反刍停止，空嚼，磨牙，摆尾，流涎，嗳气，有时作呕或呕吐，时而努责。开始时排粪次数增加，但粪便量并不多，以后排粪次数减少，粪便变干，后期坚硬呈饼状，有些病例排淡灰色带恶臭的软粪。瘤胃早期听诊时蠕动次数增加，但随着病程的延长，则蠕动音减弱或消失；触诊瘤胃，病畜不安，有的病例内容物坚实或黏硬，有的病例柔软呈粥状；腹部膨胀，肷窝部或稍显突出，瘤胃穿刺时可排出少量气体或带有腐败酸臭气味混有泡沫的液体；腹部听诊，肠音微弱或沉衰。

晚期病例，病情恶化，奶牛、奶山羊泌乳量明显减少或停止。腹部胀满，瘤胃积液，呼吸促迫，心动亢进，脉搏极速，皮温不整，四肢下部、角根和耳冰凉，全身肌颤，眼球下陷，黏膜发绀，运动失调乃至卧地不起，陷入昏迷，最后因脱水和自体中毒而死亡。

【病理变化】

瘤胃极度扩张，其内含有气体和大量腐败内容物，胃黏膜潮红，有散在出血点；瓣胃叶片坏死；各实质器官淤血。

【病程和预后】

病程的发展取决于积滞内容物的性质和数量。轻症病例，应激因素引起的，常于短时间内康复；一般病例，及时治疗 3~5 d 也可痊愈；继发性瘤胃食滞，病程较长，持续 7 d 以上的，瘤胃高度弛缓，陷入弛缓性麻痹状态，往往预后不良。

【诊断】

根据腹围增大、肷窝部瘤胃内容物黏硬或柔软、呼吸困难、黏膜发绀、肚腹疼痛等症状，可做出初步诊断。根据过食或其他胃肠疾病的病史，可确定其为原发性或继发性瘤胃积食。根据瘤胃内容物 pH 值测定结果，可确定其为酸过多性或碱过多性瘤胃积食。此外，应与前胃弛缓、急性瘤胃臌气、创伤性网胃炎、皱胃阻塞、黑斑病甘薯中毒进行鉴别诊断。

（1）前胃弛缓 虽有食欲减退，反刍减少，触诊瘤胃内容物呈面团样或粥状，但无肚腹疼痛表现，全身症状轻微或无症状。

（2）急性瘤胃臌气 肚腹臌胀，肷窝突出，且病情发展急剧，呼吸高度困难，伴有窒息危象，触诊瘤胃壁紧张而有弹性，叩诊呈鼓音或金属性鼓音，泡沫性瘤胃臌气尤甚。

（3）创伤性网胃炎 病畜精神沉郁，头颈伸展，姿势异常，不喜运动，触诊网胃区敏感，伴有周期性瘤胃臌气，应用拟胆碱类药物则病情加剧。

（4）皱胃阻塞 瘤胃积液，下腹部膨隆，而肷窝不平满，直肠检查或右下腹部皱胃区冲击式触诊，感有黏硬的皱胃内容物，病牛表现疼痛。

（5）黑斑病甘薯中毒 多为群体大批发生，急性肺气肿以至间质性肺气肿等气喘综合征非常突出，常伴有皮下气肿，必要时做霉烂甘薯饲喂发病试验，以免误诊。

【治疗】

治疗原则：增强瘤胃蠕动功能，消食化积，制止发酵，调整与改善瘤胃内生物学环境，防止脱水与自体中毒。

（1）增强瘤胃蠕动功能 病初，禁食 1~2 d，施行瘤胃按摩，每次 5~10 min，每隔 0.5 h 按摩 1 次，或先灌服大量温水，然后按摩；或用酵母粉 500~1 000 g（或神曲 400 g、食母生 200 片、红糖 500 g）、常水 3~5 L，每日 2 次分服。在瘤胃内容物软化后，神曲、食母生用量减半，为防止发酵过盛，产酸过多，可服用适量的人工盐（或内服土霉素，间隔 12 h 再投药一次）。

（2）清肠消导 牛可用硫酸镁（或硫酸钠）300~500 g、液体石蜡（或植物油）0.5~1 L、鱼石脂 15~20 g、乙醇 50~100 mL、常水 6~10 L，一次内服。投服泻剂后，用毛果芸香碱 0.05~0.2 g 或新斯的明 0.01~0.02 g 等拟胆碱类药物皮下注射，同时配合用 1% 盐酸普鲁卡因注射液 80~100 mL，分注于双侧胸膜外封闭穴位以阻断胸腰段交感神经干的兴奋传导，每日 1~2 次，以兴奋前胃神经，促进瘤胃内容物运化。或先用 1% 食盐水冲洗瘤胃，再输注促反刍液，以改善胃肠蠕动，促进反刍。若治疗如不见效，应进行瘤胃切开术，取出其中的内容物。

(3)调整与改善瘤胃内环境　碳酸盐缓冲合剂(或先用碳酸氢钠30～50 g、常水适量，内服，每日2次，再用5%碳酸氢钠注射液300～500 mL或11.2%乳酸钠注射液200～300 mL，静脉注射)灌服，适用于酸过多性瘤胃积食；醋酸盐缓冲合剂(或用稀盐酸15～40 mL或食醋200～300 mL，加水后内服，并用复方氯化钠注射液1～2 L)灌服，适用于碱过多性瘤胃积食。反复洗涤瘤胃后，应接种健康牛的瘤胃液。

(4)防止脱水与自体中毒　及时用5%葡萄糖生理盐水2～3 L、10%安钠咖注射液10～20 mL、5%维生素C注射液10～20 mL，静脉注射，每日2次，以纠正脱水。用5%维生素B_1注射液40～60 mL(或1%呋喃硫胺注射液20 mL)，静脉注射，以促进丙酮酸氧化脱羧，缓解酸血症。

(5)中兽医疗法　治疗以健脾开胃、消食行气、泻下为主。给牛用加味大承气汤，也可在瘤胃内容物已排空而食欲尚未恢复时，用大蒜酊、木鳖酊、龙胆末等健胃剂。

继发性瘤胃积食，应及时治疗原发病。

【预防】

加强饲养管理，防止突然变换饲料或过食；奶牛、奶山羊、肉牛和肉羊按日粮标准饲喂；耕牛不要劳役过度；避免外界各种不良因素的影响和刺激。

瘤胃臌气(ruminal tympany)

瘤胃臌气也称瘤胃臌胀，是因支配反刍动物前胃的神经反应性降低，收缩力减弱，采食过量容易发酵的饲料在瘤胃微生物的作用下，迅速发酵，产生大量的气体，引起瘤胃和网胃急剧膨胀，呈气体与瘤胃内容物混合的持久泡沫型和呈气体与食物分开的游离气体型的一种疾病。临床上以呼吸极度困难，反刍、嗳气障碍和腹围急剧增大为特征。

本病多发生于牛和绵羊，山羊少见，夏季放牧的牛、羊可能成群发生，病死率可达30%。

【病因】

(1)原发性瘤胃臌气　常常是反刍动物直接饱食容易发酵的饲草、饲料后而引起。

①泡沫性瘤胃臌气：由于反刍动物采食了大量含蛋白质、皂苷、果胶等物质的豆科牧草，如新鲜的苜蓿、豌豆藤、红三叶草、苕子蔓叶、花生蔓叶、草木樨、紫云英等生成稳定的泡沫所致；或喂饲较多量磨细的谷物性饲料，如玉米粉、小麦粉等。

②非泡沫性瘤胃臌气：又称游离气体性瘤胃臌气，主要是采食了产生一般性气体的牧草，如幼嫩多汁的青草、沼泽地区的水草、湖滩的芦苗等或采食带有露水、雨水或堆积发热的青草、腐败变质的草料、冻的马铃薯和萝卜、品质不良的青贮饲料、酒糟等，有毒植物(如毒芹、毛茛科有毒植物)或桃、李、杏、梅等富含苷类毒物的幼枝嫩叶等，均能在短时间内迅速发酵产生大量的气体而引起发病。

(2)继发性瘤胃臌气　见于由食管阻塞和麻痹，瓣胃阻塞、皱胃阻塞、变位、溃疡，创伤性网胃炎，纵隔淋巴结肿大(结核病)、肿瘤、结石、毛球病、食管痉挛、迷走神经胸支或腹支受损等引起的瘤胃机能减弱，嗳气机能障碍，瘤胃内气体排出障碍所致。

【发病机理】

健康反刍动物瘤胃内容物发酵和消化过程中产生的气体中，二氧化碳占66%、甲烷占26%、氮气和氢气占7%、硫化氢占0.1%、氧气占0.9%等。牛采食后每小时可产生20 L气体，4 h后每小时产气5～10 L，正常情况下，这些气体是由纤毛虫、鞭毛虫、根足虫和某些生产多糖黏液的细菌参与瘤胃代谢所形成，这些气体除覆盖于瘤胃内容物表面外，其余大部分通过反刍、咀嚼和嗳气排出，而另一小部分气体并随同瘤胃内容物经皱胃进入肠道和血液被吸收，从而保持着产气与排气的动态平衡。但在病理情况下，由于采食了多量易发酵的饲料，经瘤胃发酵生成大量的气体，这些气体既不能通过嗳气排出，又不能随同内容物通过消化道排出和吸收，因而导致瘤胃的急剧扩张和臌气。瘤胃臌气按性质分为泡沫性瘤胃臌气和非泡沫性瘤胃臌气。

（1）泡沫性瘤胃臌气　泡沫的形成主要取决于瘤胃液的表面张力、黏稠度和泡沫表面的吸附性能 3 种胶体化学因素的作用。促使瘤胃臌气形成的基本因素有以下 4 个。

①有相当数量的可溶性蛋白存在：易发酵的饲料，特别是豆科植物，含有多量的蛋白质、皂苷、果胶等物质，都可产生气泡，其中核糖 RNA（rRNA）18S 更具有形成泡沫的特性。

②瘤胃的 pH 值下降：瘤胃内容物发酵过程所产生的有机酸（特别是柠檬酸、丙二酸、琥珀酸等非挥发性酸）使瘤胃液 pH 值下降至 5.2～6.0 时，泡沫的稳定性显著增高。

③有大量的气体生成：现已知，在豆科植物引起的臌气中，叶的细胞质蛋白是主要的起泡因素，也有人认为与瘤胃产生黏滞性物质的细菌增多有关，细菌产气可使泡沫形成。此外，起初瘤胃臌气可引起瘤胃兴奋而运动，而运动过强又可加剧瘤胃内容物的起泡。

④有足够数量的阳离子与表面膜的蛋白质分子结合：舍饲育肥牛瘤胃臌气中泡沫的成因尚未肯定，一般认为是在给牛喂饲高碳水化合物食物时，某些种类产黏液的瘤胃细菌在 1～2 个月内增殖到能引起臌气的足够数量，或者是产生的黏液吸收了小颗粒性磨碎饲料发酵产生的气体。

（2）非泡沫性瘤胃臌气　由于瘤胃内碳酸氢盐发酵过程产生的大量游离二氧化碳和甲烷，以及饲料中所含氰苷和脱氢黄体酮化合物（类似维生素 PP），降低了前胃神经的兴奋性，并对瘤胃收缩有抑制作用。

【症状】

（1）原发性瘤胃臌气　发病快而且急，可在采食易发酵饲料过程中或采食后 15 min 内产生臌气，病畜初期表现兴奋不安，回头顾腹，吼叫等特有症状；腹围明显增大，左肷部凸起，严重时可突出脊背，按压时腹壁紧张而有弹性，叩诊呈鼓音，下部触诊，内容物不硬，腹痛明显，后肢踢腹，频频起卧，甚至打滚；饮食欲废绝，反刍、嗳气停止，起初瘤胃蠕动增强，但很快就减弱甚至消失；泡沫性臌气的病牛常有泡沫状唾液从口腔逆出或喷出，瘤胃穿刺时只能断断续续地排出少量气体，同时瘤胃液随着胃壁收缩向上涌出，放气困难；呼吸高度困难，严重时张口呼吸，舌伸出，流涎和头颈伸展，眼球震颤、凸出；呼吸加快达 68～80 次/min，脉搏细弱，增数达 100～120 次/min，而体温一般正常；结膜先充血而后发绀，颈静脉及浅表静脉怒张。病牛后期精神沉郁，耳根、肷部、肘后有明显出汗，不断排尿，病至末期，病畜运动失调，行走摇摆，站立不稳，倒卧不起，不断呻吟，最终因窒息和心脏骤停而死亡。

（2）继发性瘤胃臌气　大多数发病缓慢，病牛食欲减少，左腹部臌胀，触诊腹部紧张但较原发性低，通常臌气呈周期性，经一定时间而反复发作，有时呈现不规则的间歇，发作时呼吸困难，间歇时呼吸困难又转为平静，瘤胃蠕动一般均减弱，反刍、嗳气减少，轻症时可能正常，重症时则完全停止，病程可达几周甚至数月，发生便秘或下痢，逐渐消瘦、衰弱。继发于食管阻塞或食管痉挛的病例，发病快而急。

【病理变化】

死后立即剖检的病例，可见瘤胃壁过度紧张，充满大量的气体及含有泡沫的内容物；死后数小时剖检的病例，瘤胃内容物泡沫消失，部分病例出现皮下出现气肿，偶见部分病例瘤胃或膈肌破裂。瘤胃腹囊黏膜有出血斑，角化上皮脱落；头颈部淋巴结、心外膜充血和出血；肺脏充血，颈部气管充血和出血;肝脏和脾脏呈贫血状,浆膜下出血。

【病程和预后】

(1)急性瘤胃膨气　病程急促,如不及时抢救,可在数小时内窒息死亡。轻症病例,若治疗及时可迅速痊愈。但部分病例,经过治疗消胀后又复发,则预后可疑。

(2)慢性瘤胃膨气　病程可持续数周至数月,由于原发病不同,预后不一,如继发于前胃弛缓者,原发病治愈后,慢性膨气也随之消失;若继发于创伤性网胃腹膜炎、腹腔脏器粘连、肿瘤等疾病者,则久治不愈,预后不良。

【诊断】

(1)原发性瘤胃膨气　根据采食大量易发酵性饲料的病史,病情急剧,腹部膨胀,左肷窝凸出,叩诊呈鼓音,血液循环障碍,呼吸极度困难,结膜发绀等不难做出初步诊断。

(2)继发性瘤胃膨气　特征为周期性的或间隔时间不规则的反复膨气,故也不难诊断,但病因不易确定,必须进行详细的临床检查,分析才可做出诊断。

插入胃管是区别泡沫性膨气与非泡沫性膨气的有效方法,瘤胃穿刺也可作为鉴别诊断的方法,瘤胃穿刺时只能断断续续从导管针内排出少量气体,针孔常被堵塞,排气困难的为泡沫性膨气;而非泡沫性膨气,则排气顺畅,膨胀明显减轻。

此外,还应与炭疽、中暑、食管阻塞、单纯性消化不良、创伤性网胃心包炎、某些毒草或蛇毒中毒等疾病进行鉴别诊断。

【治疗】

治疗原则:及时排出气体,理气消胀,健胃消导,强心、补液。

(1)及时排出气体　轻症病例,使病畜立于斜坡上,保持前高后低姿势,不断牵引其舌或在木棒上涂煤油或菜油后给病畜衔在口内,同时按摩瘤胃,促进气体排出。若通过上述处理,效果不显著时,可用松节油20~30 mL、鱼石脂10~20 g、乙醇30~50 mL、温水适量,牛一次内服,或者内服8%氧化镁溶液(600~1 500 mL)或生石灰水(1~3 L上清液),具有止酵消胀作用。也可灌服胡麻油合剂:胡麻油(或清油)500 mL、芳香氨醑40 mL、松节油30 mL、樟脑醑30 mL、常水适量,成年牛一次灌服(羊30~50 mL)。严重病例,当有窒息危险时,首先应实行胃管放气或用套管针穿刺放气(注意:放气速度不宜过快,以防止血液重新分配后引起大脑缺血而发生昏迷)。非泡沫性膨胀放气后,为防止内容物发酵,除了运用上述方法外,还可从套管针向瘤胃内注入稀盐酸(牛10~30 mL,羊2~5 mL,加水适量)或0.25%普鲁卡因溶液50~100 mL、青霉素200万~500万IU,已达到制酵的目的。

(2)理气消胀　泡沫性膨胀,以灭沫消胀为目的,宜内服表面活性药物,如二甲硅油(牛2~4 g,羊0.5~1 g)、消胀片(每片含二甲硅油25 mg、氢氧化铝40 mg;牛100~150片/次,羊25~50片/次)。也可用松节油30~40 mL(羊3~10 mL)、液体石蜡0.5~1 L(羊30~100 mL)、常水适量,一次内服,或者用菜籽油(豆油、棉籽油、花生油)300~500 mL(羊30~50 mL)、温水0.5~1 L(羊50~100 mL)制成油乳剂,一次内服。民间用油脚料或奶油(牛、骆驼400~500 g,羊50~100 g)灭沫消胀。当药物治疗效果不显著时,应立即施行瘤胃切开术,取出其内容物。

(3)健胃消导,调节瘤胃内容物 pH 值　可用2%~3%碳酸氢钠溶液洗胃或灌服。排出胃内容物,可用盐类或油类泻剂,如硫酸镁、硫酸钠400~500 g,加水8~10 L内服,或用液体石蜡0.5~1 L内服。兴奋副交感神经、促进瘤胃蠕动,有利于反刍和嗳气,必要时可用毛果芸香碱20~50 mg或新斯的明10~20 mg皮下注射。在排出瘤胃气体或瘤胃手术后,采取健康牛的瘤胃液3~6 L进行接种。

（4）强心、补液　在治疗过程中，应注意全身机能状态，及时强心、补液，提高治疗效果。

（5）中兽医疗法　治疗以行气消胀，通便止痛为主。牛用消胀散，加清油 300 mL、大蒜 60 g（捣碎），水冲服，或用水冲服木香顺气散。也可取脾俞、百会、苏气、山根、耳尖、舌阴、顺气等穴针灸。

继发性瘤胃臌气，除应用上述疗法，缓解臌胀症状外，还必须治疗原发病。

【预防】

应着重做好饲养管理。由舍饲转为放牧时，最初几天在出牧前先喂一些干草后再出牧，并且还应限制放牧时间及采食量；在饲喂易发酵的青绿饲料时，应先饲喂干草，然后饲喂青绿饲料；尽量少喂堆积发酵或被雨露浸湿的青草；管理好畜群，不让牛、羊进入苜子地，苜蓿地暴食幼嫩多汁豆科植物；不到雨后或有露水、下霜的草地上放牧。舍饲育肥动物，在全价日粮中应该含有 10%～15% 铡短的粗料（长度>2.5 cm），粗料最好是禾谷类秸秆或青干草。对于奶牛还可用油和聚乙烯等阻断异分子的聚合物每日喷洒草地或制成制剂，每日灌服 2 次，对放牧肉牛的预防方法是在危险期间内，每日喂一些加入表面活化剂的干草，将不引起臌气的粗饲料至少以 10% 含量掺入谷物日粮中以及不饲喂磨细的谷物。此外，应注意采食后不要立即饮水，也可在放牧中准备一些预防器械（如套管针等），以备及早处理病情。

创伤性网胃腹膜炎（traumatic reticulo-peritonitis）

创伤性网胃腹膜炎又称创伤性消化不良，俗称"铁器病"，是由于金属异物（针、钉、碎铁丝等）混杂在饲料内，被误食进入网胃，导致网胃和腹膜损伤及炎症的一种疾病。本病多发于舍饲的耕牛、奶牛和肉牛，2 岁以上的耕牛和奶牛尤为常见。其他反刍动物，如山羊、绵羊乃至骆驼也有发生，但较为少见。

【病因】

耕牛多因缺少饲养管理制度，随意舍饲和放牧所致。牛在采食时，不依靠唇采食，主要依靠高度灵活的舌头进行采食饲料且不经过仔细咀嚼，而是迅速用舌卷食饲料，常将混有碎铁丝、铁钉、钢笔尖、回形针、大头钉、缝针、发卡、废弃的小剪刀、指甲剪、铅笔刀和碎铁片等饲草或饲料囫囵吞咽入胃，造成本病的发生。奶牛主要因饲料加工粗放，饲养粗心大意，对饲料中的金属异物的检查和处理不细致而引起。在饲草、饲料中的金属异物最常见的是饲料粉碎机与铡草机上的铁钉，其他如碎铁丝、铁钉、缝针、别针、注射针头、发卡及各种有关的尖锐金属异物等。根据文献资料，牛吞下的金属异物中，碎金属丝占 43.6%，铁钉占 41.9%，缝针占 9.1%，发卡占 5.4%。

牛误食的金属异物常沉于网胃下部，是否发病不仅取决于异物的形状、硬度、直径、长度、尖锐性，而且与腹内压的急剧变化有关。例如，在瘤胃食滞、瘤胃臌气、重剧劳役，或妊娠、分娩及奔跑、跳沟、滑倒、手术保定等情况下，腹内压急剧升高，网胃强烈收缩，可促进本病发生。

【发病机理】

牛的口腔对不能消化的异物辨别能力比较迟钝（口腔黏膜的敏感性、舌背和颊部的角质化乳头等结构），同时牛的吃食习惯（容易囫囵吞枣）和网胃解剖生理特征，都与吞食异物而导致网胃创伤有密切关系。被吞咽的异物可停留在上部食管，造成食管部分阻塞和创伤，或停留于食管沟内，引起逆呕，但大多数病例，直接到达瘤胃或网胃，通常沉积在网胃底部，当网胃收缩时，由于前后壁加压式地紧密接触，导致胃壁穿孔。由于异物尖锐程度、存置部位及其与胃壁之间呈现的角度不同，创伤的性质大体上分为穿孔型、壁间型和叶间型。在异物对向胃壁之间越接近于90°角就越容易导致胃壁穿孔，越接近于0°或180°（即与胃壁呈同一水平面）角穿刺胃壁的机会就越少。穿孔型必然伴有腹膜炎，最初常呈局部性，以后痊愈或发展为弥漫性。重度感染则呈急性死亡或转为慢性。也可继发膈肌脓肿或膈肌薄弱及破裂，形成膈疝。若穿刺到脾、肝、肺等器官，也可引起这些器官的炎症或脓肿，最常继发的是创伤性心包炎。异物往往暂时性地保留在脓肿或瘘管之内。随异物穿刺方向而定，还可向两侧胸壁穿刺，以致形成胸壁脓肿。

（1）壁间型　引起前胃弛缓，或损伤网胃前壁的迷走神经支，导致迷走神经性消化不良或壁间脓肿，若异物被结缔组织所包围，则形成硬结。

（2）叶间型　损害是极其轻微的，叶间穿孔时无出血，临床上缺乏可见病症，有时则牢固地刺入蜂窝状小槽中。这种情况由于异物暂时被固定而不能任意游走，可减少向其他重要器官转移的风险。

（3）穿孔型　在病理上有典型变化，呈发热、前腹区疼痛、消化功能紊乱及特征性的血象变化。由于异物的游走性及其所产生的不良后果，可导致全身性脓毒症和败血症。

【症状】

典型病例主要表现为消化功能紊乱，通常呈现前胃弛缓，食欲减退，有时异嗜，瘤胃蠕动减弱，反刍缓慢，不断嗳气，常呈周期性瘤胃臌气。肠蠕动音减弱，有时发生顽固性便秘，后期下痢，粪有恶臭。奶牛（羊）的泌乳量减少。网胃和腹膜的疼痛，病牛四肢集拢于腹下，肘外展，肘肌震颤，或突然起卧不安，用力压迫胸椎棘突和剑状软骨时，或网胃区叩诊时病牛畏惧、回避、退让、呻吟或抵抗等。随着病情的逐渐发展，久治不愈，还呈现出下列临床症状。

（1）站立姿势　多数病例拱背站立，头颈伸展，眼睑半闭，两肘外展，保持前高后低姿势，呆立而不愿移动。

（2）运动异常　病牛动作缓慢，迫使运动时，畏惧上坡、下坡、跨沟或急转弯；在砖石、水泥路面上行走，止步不前，神情忧郁。

（3）起卧姿势　有些病例，经常躺卧，起卧时极为小心，肘部肌肉颤动，时而呻吟或磨牙。有的呈犬坐姿态，这是表明膈肌被刺损的一种示病症状。

（4）网胃敏感区检查　网胃敏感区指的是鬐甲部皮肤，即第6～8对脊神经上支分布的区域。用双手将鬐甲部皮肤紧捏成皱襞，病牛即因感疼痛而凹腰。

（5）异常动作　有的病例，反刍、咀嚼、吞咽动作异常。反刍时先将食团吃力地逆呕到口腔，小心咀嚼；吞咽时伸头缩颈，颜貌忧苦，食团进入食管后，做片刻停顿再继续下咽。整个吞咽动作显得不太顺畅，极不自然。这种现象常见于金属异物刺入网胃前壁，或在食管沟内嵌留时。这样的病牛若用拟胆碱制剂皮下注射，则疼痛不安加剧，上述反刍、咀嚼、吞咽动作异常更为明显。

（6）全身症状　呈急性经过时，病牛精神沉郁，体温在穿孔后第1～3天升高1℃以上，达39.5～40℃，以后可维持正常，或变成慢性，不食和消瘦。若异物再度转移导致新的穿刺伤时，体温又可能升高，出现鼻镜干燥，眼结膜充血，流泪，颈静脉怒张等。有全身明显反应时，呈现寒战，呼吸浅表急促，呼吸数30～50次/min；脉搏极速，可达100～120次/min，脉性细硬，乳牛突出的症状是在发病的一开始泌乳量就显著下降。当伴有急性弥漫性腹膜炎时，上述全身症状表现得更加明显。

本病的病程随异物形成创伤的程度而异。部分病例，由于结缔组织增生或异物被包埋，形成瘢痕而自愈。多数病例则呈现慢性前胃弛缓、周期性瘤胃臌气，迟迟不能治愈。重症病例，伴发穿孔性腹膜炎，病情发展急剧，往往于数天内死亡。部分病例可能继发肝脓肿、脾脓肿、膈脓肿，乃至局限性或弥漫性腹膜炎，造成腹腔脏器广泛粘连，陷于长期消化不良，逐渐消瘦，生产性能降低，最后淘汰。

【病理变化】

剖检可见网胃内存在着或多或少的金属异物，如钉、针或铁丝等(图1-3)，刺进网骨皱襞上，或刺入胃壁中，局部黏膜有炎性反应。但多数病例网胃背面的前壁或后壁浆膜上有瘢痕或瘘管，乃至一个或数个扁平硬块，其中包埋着铁钉或销钉，周围结缔组织增生，形成脓腔或干酪腔。有的因网胃壁穿孔，形成局限性或弥漫性腹膜炎。腹腔有少量或大量渗出的纤维蛋白，致使部分或全部脏器互相粘连，膈、肝、脾上形成一个或数个脓肿。在慢性病例，有的可见网胃同邻近器官形成瘘管。

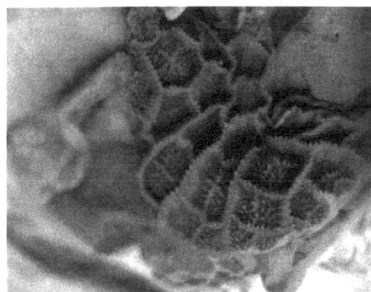
图1-3 刺入网胃的异物

【诊断】

通过临床症状，网胃区的叩诊与强压触诊检查，金属探测器检查可做出初步诊断。而症状不明显的病例则需要辅以实验室检查和X线检查才能确诊。

(1)X线检查 可确定金属异物损伤网胃壁的部位和性质。根据X线影像、临床其他检查结果，可确定是否进行手术及手术方法，并做出较准确的预后。

(2)金属异物探测器检查 可查明网胃内金属异物存在情况，但须将探测的结果结合病情分析才具有实际意义，主要原因是不少耕牛与舍饲牛的网胃内虽然存在金属异物，但无临床症状。

(3)实验室检查 血液学变化往往是典型的，对诊断和预后有重要参考意义。典型的病例，第1天白细胞总数即可增高至 $8×10^9$～$12×10^9$/L，此后持续增高，12～24 h后白细胞总数可高达 $14×10^9$/L，中性粒细胞比例由正常的30%～35%增高至50%～70%，而淋巴细胞比例则由正常的40%～70%降低至30%～45%，淋巴细胞与中性粒细胞比率呈现倒置(由正常的1.7∶1.0反转为1.0∶1.7)。重症病例，伴有明显的核左移现象，以及出现中毒性粒细胞(细胞质空泡化、着色异常、细胞膜破裂、核脱出、核不规则等)。部分病例在早期就可见到白细胞的核脱出现象。对于慢性病例，白细胞水平在很长时间内不能得到恢复，并且单核细胞持久地升高达5%～9%，而缺乏嗜酸性粒细胞这一点颇有诊断意义。伴发急性弥漫性腹膜炎时，粒细胞总数显著减少，甚至低于 $4×10^9$ 个/L，而幼稚型和杆状核的绝对数比分叶核还高，呈退化性左移，表明病情重剧。感染应激的病例，淋巴细胞减少至25%～30%，病情更为严重。腹腔穿刺液呈浆液-纤维蛋白性，能在15～20 min凝固，Rivalta反应呈阳性。

【治疗】

治疗原则：及时摘除异物，抗菌消炎，加速创伤愈合，恢复胃肠功能。治疗方法有两种，即保守疗法和手术疗法。

(1)保守疗法

①将病牛置于站台上，使病牛前躯升高，以减低腹腔网胃承受的压力，促使异物由胃壁上退回到胃内，即"站台疗法"。同时，用青霉素300万IU与链霉素5 g，以0.5%普鲁卡因溶液作溶媒肌内注射或用磺胺二甲嘧啶，按每千克体重0.15 g剂量内服，每日1次，连续3～5 d。并且在临床症状出现后24 h以内就开始治疗，经治疗后48～72 h若病畜开始采食、反刍，可获得较高的痊愈率，但有少数病例仍可能复发。

②用磁铁棒(如由铅、钴、镍合金制成，长5.7～6.4 cm，宽1.3～2.5 cm)经口投至网胃，吸取金属异物；同时，肌肉或腹腔内注射青霉素300万～500万IU、链霉素5 g(腹腔内注射，须混于

橄榄油中),可有50%的痊愈率,但约有10%的病例可能复发。

③暂时减轻瘤胃和网胃的压力,可投服油类泻剂,并随后投服制酵剂(如鱼石脂15 g、乙醇40 mL、加水至50 mL),每日2~3次。此外,对伴有弥漫性腹膜炎的病例,若能早期确诊,及时应用广谱抗生素(如盐酸土霉素2~3 g或四环素3~4 g、生理盐水4 L,腹腔注入,每日1次,连续3次)进行治疗,往往可获得良好的疗效。

(2)手术疗法　是目前治疗本病的一种比较确实的办法。一种是瘤胃切开术,另一种是网胃切开术,采用前者较多。但对大体型的牛,常不能达到检查网胃的目的,这时以采用后者为宜。

①瘤胃切开术:如图1-4所示。

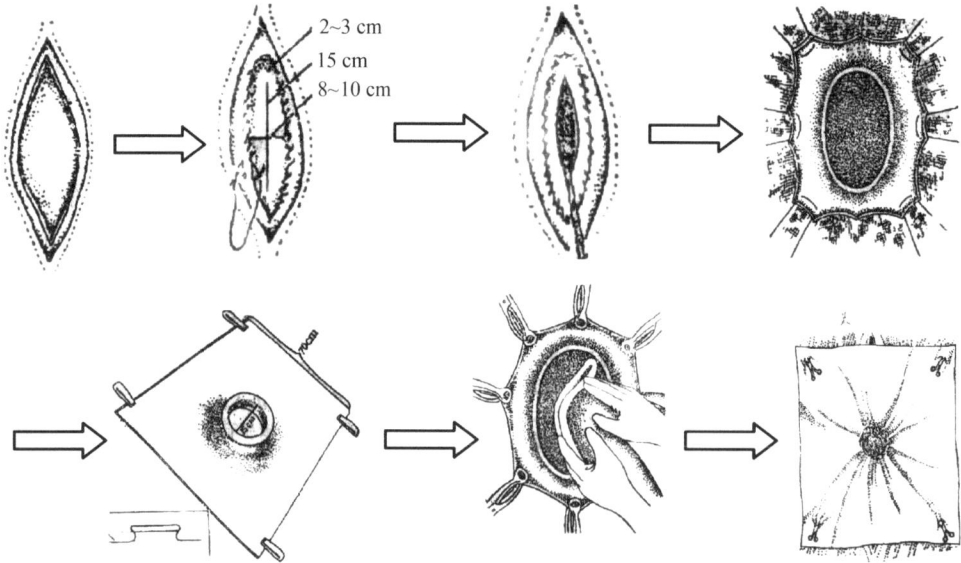

2~3 cm
15 cm
8~10 cm

图1-4　瘤胃切开术示意(引自魏锁成,2001)

切口位置:经常在左肷部做手术通路。体型很大的病牛采用左肷部前切口;一般体型的病牛常左肷部中切口(左肷部中切口也用于胃冲洗及右侧腹腔部分探术)。

手术方法:由于牛的腹壁肌层较薄,切开与分离时要仔细,注意腹膜与瘤胃壁的区别,以免过早地切开胃壁,造成术部污染。

瘤胃固定:一般采用瘤胃四角吊线固定法。将胃壁预定切口部分牵引至腹壁切口外,在胃壁与腹壁切口间填塞大块无菌纱布,并保证大纱布牢固地固定在局部。在瘤胃壁切口的左上角与右上角、左下角与右下角依次用缝合线穿入胃壁浆膜肌层,做成预置缝线。每个预置缝线相距5~8 cm。切开胃壁以后,再由助手牵引预置线使胃壁浆膜紧贴术部皮肤,并将其缝合固定于皮肤上。

瘤胃切开:此阶段为污染手术,所用器械、敷料应与无菌器械分类放置。切口长度一般为15~20 cm。

放置洞巾:在15 cm的胃壁切口内,放入橡胶洞巾。橡胶洞巾由70 cm正方形的防水材料制成(橡胶布、油布、塑料布等)。洞孔直径为15 cm,洞孔弹性环是用弹性胶管或弹性钢丝缝于防水洞孔边缘制成的。应用时将洞巾弹性环压成椭圆形,把环的一端塞入胃壁切口下缘,另一端塞入胃壁切口的上缘,将洞巾四周拉紧展开,并用巾钳固定在隔离巾上,准备掏取瘤胃内容物和网胃探查。

网胃的探查与处理：术者手臂进入瘤胃后，自瘤胃前背盲囊向前下方，经瘤网胃孔进入网胃。首先检查网胃前壁和胃底部每个多角形黏膜隆起褶——网胃小房，确定有无针、钉、铁丝、木片、竹片等异物刺入胃壁或胃壁是否有硬结和脓肿。已刺入网胃壁上及游离于网胃底部的异物要全部取出，尤其对小铁钉、图钉等较小的异物更应仔细探查，胃壁上的脓肿可用手术刀片小心切开，排出脓汁，检查脓腔内有无异物并取出。网胃壁上的硬结往往是异物刺入点，应注意检查异物是否已穿出胃壁，向网胃腔方向提拉胃壁，可确定网胃是否与周围组织器官粘连。若自网胃硬结处与附近组织形成索状瘘管，可判断其异物穿出后所损伤器官的位置。网胃底部常存有大量泥沙、石粒及多量铁屑，探查时可用手或磁铁吸附取出，也可用金属探测器做一次最后的彻底复查。

②网胃切开术：动物取站立保定，用两根皮带垂直地分别在胸骨区和髋骨区固定在保定栏上。用3%普鲁卡因溶液10 mL，分别在第8、9、10肋骨前缘略高于切口，进行肋间神经封闭麻醉。手术是从左侧第9肋骨中部软组织中（在肋软骨接合处以上不超过10 cm处）向下做一切口至肋软骨一部分。先切开皮肤，顺序是皮下结缔组织、具有皮肌的浅筋膜、深筋膜，在肋骨上端部分是胸部腹侧筋膜，到肋骨下端部分则是腹外斜肌，最后切至骨膜（用剪刀），并沿肋骨内侧剥离骨膜。在切口上部膈肌附着点的下方锯断肋骨，而其下部则保留部分软骨。然后靠近肋骨后缘切开骨膜并打开腹腔，此时务必防止损伤膈肌。为了防止瘤胃或网胃内容物流入腹腔，若打开瘤胃，事先须将瘤胃壁缝合在腹壁创周围的皮肤上；若打开网胃，事先须将网胃内容物引出。经探查后，切口用二层缝合（第一道为全层缝合，第二道为浆膜-肌层缝合），最后缝合腹壁创。常可达到第一期愈合。

选择手术疗法时，先研究病牛术前体温和血象变化情况，再考虑术中及术后可能发生哪些问题。据报道，Carroll等从乳牛200例的体温和血象变化情况（表1-1），分析它们手术可能会出现4种预后：第一种手术危险性小，第二种手术危险性不大，第三种手术危险性最大，第四种手术很少有希望。

表1-1　手术治疗200例乳牛创伤性网胃腹膜炎的体温和血象比较

临床诊断	体温/℃	中性粒细胞/%	淋巴细胞/%	单核细胞/%	嗜酸性粒细胞/%	嗜碱性粒细胞/%
正常乳牛	38.6	33	62	2	3	0
早期伴有腹膜炎	39.4~41.7	68	29	1	2	0
伴有局部性腹膜炎及粘连	38.8~40.0	57	38	2	3	0
伴有广泛粘连	38.6~38.8	46	45	6	3	0
创伤性腹膜炎	40.5~41.6	71	15	9	5	0

但须注意，在手术疗法时，取出异物之后和缝合瘤胃之前，须用金属探测器做一次补充检查，确定为阴性结果才能缝合。此外，在没有确诊之前，不宜用瘤胃兴奋剂。

慢性病例，可能由于异物已被包埋于网胃壁内，必须采用手术疗法。穿孔后的急性局部性腹膜炎，结合持续的抗生素的应用，手术疗法的痊愈率也比较高。然而有一部分病例，由于转为慢性弥漫性腹膜炎，虽无明显临床症状，但实际上已极大地丧失了生产性能或使役性能。

【预防】

主要是杜绝饲料（草）中混入金属等异物，特别是收割饲草时更应注意检查。奶牛、肉牛饲养场和种牛繁殖场，可应用电磁筛、磁性吸引器、水池洗涤等方式清除混杂在饲料中的金属等异物。饲养场内设置废品回收箱，常将废铜铁等金属物品收集起来。做好垃圾分类，不可随地乱扔碎铁丝、铁钉、缝针及其他各种金属物。有人成功地应用一种"笼磁铁"(磁铁环)通过食管投入已达1岁牛的网胃内，能吸附铁器异物，放置6~7年后更换一次。新建饲养场应远离工矿区、仓库和作坊，乡镇、农村牛房均应离开铁匠铺、木工房及修配车间。必要时定期应用金属探测器检查牛群，并用金属异物摘除器从瘤胃和网胃中摘除异物。

瓣胃阻塞(impaction of omasum)

瓣胃阻塞又称瓣胃秘结，中兽医称为"百叶干"，是指因前胃弛缓，瓣胃收缩力减弱，瓣胃内容物滞留，水分被吸收而干涸，导致瓣胃阻塞、扩张的一种疾病。本病多发于耕牛，奶牛也时有发生。

【病因】

(1)原发性瓣胃阻塞　耕牛常因使役过度，饲养粗放，长期饲喂干草，特别是粗纤维坚韧的甘薯蔓、花生秧、豆秸、青茅草、红茅草、豆荚、砻糠等，或用过短的上述草料饲喂，往往促进本病发生。奶牛多因长期饲喂麸糠、粉渣、酒糟或含有泥沙的饲料，或受到外界不良因素的刺激，惊恐不安，导致本病的发生。正常饲养的牛，突然变换饲料，或由放牧转为舍饲，饲料质量过差，缺乏蛋白质、维生素及某些必需的微量元素，如铜、铁、钴、硒等；或饲养管理不规范，饲喂后缺乏饮水，运动不足，消化不良，也能诱发本病。

(2)继发性瓣胃阻塞　常继发于前胃弛缓，瘤胃积食，皱胃(真胃)阻塞、变位或溃疡，创伤性网胃腹膜炎，腹腔脏器粘连，生产瘫痪，牛产后血红蛋白尿病，牛黑斑病甘薯中毒，牛恶性卡他热，急性肝炎，血液原虫病等。

【发病机理】

上述原因导致瓣胃阻塞时，瓣胃的收缩力降低，其内容物停滞，使瓣胃受到机械性刺激和压迫而过度扩张。同时，因内容物腐败分解形成大量有毒物质，引起瓣胃壁发炎和坏死，神经肌肉装置受到破坏，胃壁平滑肌麻痹，形成肌原性瓣胃弛缓；有毒物质被吸收，还可引起自体中毒和脱水。瓣胃内容物酸碱度的改变，造成酸过多性或碱过多性瓣胃阻塞。患病动物晚期的尿液呈酸性反应，密度高，含大量蛋白、尿蓝母及尿酸盐；微血管再充盈时间延长。

【症状】

疾病初期，精神迟钝，时而呻吟，奶牛泌乳量下降。食欲减退，便秘，粪便干燥成饼状、色暗，瘤胃轻度臌气，瓣胃蠕动音微弱或消失。触诊右侧腹壁(第7~9肋间的中央)于瓣胃区，病牛退让、不安；叩诊瓣胃，浊音区扩大。

随着病程的进展，全身症状逐渐加重，病畜鼻镜干燥、龟裂，虚嚼、磨牙，精神沉郁，反应减退，食欲、反刍消失。呼吸浅快，心搏亢进，脉搏可达80~100次/min，瘤胃收缩力减弱；直肠检查时肛门括约肌痉挛性收缩，直肠内空虚，有黏液和少量暗褐色粪便。用15~18 cm长穿刺针，于右侧第9肋间与肩关节水平线相交点进行瓣胃穿刺，进针时感到有较大的阻力。

疾病后期，精神极度沉郁，体温上升至40℃左右，呼吸急促，脉搏增至100~140次/min，脉搏节律不齐；食欲废绝，排粪停止，或排出少量黑褐色粥状粪便，附着黏液，味恶臭；尿量减少、呈黄色或无尿；最后出现皮温不整，末梢部冷凉，结膜发绀，眼球塌陷，卧地不起，以至死亡。

【病程和预后】

本病轻症病例，病程较缓，经及时治疗，1~2周多可痊愈；重剧病例，经过3~5 d，卧地不起，陷于昏迷状态，预后不良。

【诊断】

主要根据食欲不振或废绝，瘤胃蠕动减弱，瓣胃蠕动音低沉或消失，触诊瓣胃敏感性增高，排粪迟滞甚至停止等，可做出初步诊断。酸碱性瓣胃阻塞的鉴别，可根据瘤胃内容物 pH 值测定结果进行推断。必要时可进行剖腹探查，以便确诊。

【治疗】

治疗原则：增强前胃运动功能，软化瓣胃内容物、促进瓣胃内容物排出，改善瓣胃内环境等。

（1）增强前胃运动功能　疾病初期，可服泻剂，如硫酸镁或硫酸钠（400~500 g，水 8~10 L）或液体石蜡（或植物油）1~2 L，一次内服；用 10% 氯化钠溶液 100~200 mL、安钠咖注射液 10~20 mL，静脉注射，以增强前胃神经兴奋性，促进前胃内容物运转与排出。氨甲酰胆碱、新斯的明、盐酸毛果芸香碱等拟胆碱药，应依据病情选择应用，妊娠母牛及心肺功能不全、体质弱的病牛忌用。

（2）软化瓣胃内容物、促进瓣胃内容物排出　可用 10% 硫酸钠溶液 2~3 L、液体石蜡（或甘油）300~500 mL、普鲁卡因 2 g、盐酸土霉素 3~5 g（或氨苄西林 3 g），一次瓣胃内注入；或者在确诊后施行瘤胃切开术，用胃管插入网瓣孔，冲洗瓣胃，效果较好。

（3）改善瓣胃内环境　依据酸碱性胃肠弛缓发病论假说所研制的碳酸盐缓冲合剂（CBM）和醋酸盐缓冲合剂（ABM）分别适用于酸、碱性瓣胃阻塞，已取得较满意的疗效。

（4）防止脱水和自体中毒　用撒乌安注射液 100~200 mL 或樟脑酒精注射液 200~300 mL，静脉注射。伴发肠炎或败血症时，可用氢化可的松 0.2~0.5 g、生理盐水 40~100 mL，静脉注射，同时用庆大霉素、链霉素等抗生素，并及时输糖补液，缓解病情。

（5）中兽医疗法　治疗以养阴润胃、清热通便为主，宜用藜芦润肠汤内服。

（6）加强护理　在治疗中，耕牛应停止使役，充分饮水，给予青绿饲料，有利于恢复健康。

【预防】

避免长期应用混有泥沙的糠麸、糟粕饲料喂养；注意适当减少坚韧粗硬的纤维饲料；铡草喂牛，也不宜铡得过短（长度应大于 2.5 cm）；注意补充蛋白质与矿物质饲料；平时加强运动，给予充足的饮水。

皱胃阻塞（abomasal impaction）

皱胃阻塞又称皱（真）胃积食，是由于受纳过多和/或排空不畅所造成的皱胃内食（异）物停滞、胃壁扩张和体积增大的一种阻塞性疾病。按发病原因，分为原发性阻塞和继发性阻塞；按阻塞物性质，分为食物性阻塞和异物性阻塞。在我国，黄牛、水牛、肉牛和乳牛均有发生，尤其是农忙季节的役用牛、肥育期的肉牛和妊娠后期的母牛等，常有本病发生。

【病因】

（1）原发性皱胃阻塞

①长期大量采食粗硬、发霉变质而难以消化饲草，尤其被粉碎的饲草：农户散养的黄牛、水牛，在冬春季节缺乏青绿饲料，日粮营养水平低下，主要用谷草、麦秸、玉米秆、稻草等经铡碎、酒精谷壳糟喂牛；规模养殖的牛场，用粉碎的粗硬秸秆与谷粒组成混合日粮饲喂肥育牛和妊娠后期的乳牛，可造成本病的发病率提高。

②吞食异物：如成年牛吞食塑料薄膜、塑料袋、棉线团或啃舔被毛在胃内形成毛球；犊牛、羔羊误食破布、木屑、塑料袋以及啃舔被毛在胃内形成毛球等，可导致皱胃异物阻塞，曾有报道，

犊牛因异嗜被毛而在胃内形成毛球引起的皱胃阻塞，并伴发皱胃炎或皱胃溃疡；饲料(草)混有泥沙，可引起皱胃沙土性阻塞。

③使役过度、饮水不足、精神紧张、各种应激(如气温突变、运输应激)等均可促使本病发生。

(2)继发性皱胃阻塞　常见病因包括由腹侧迷走神经受损伤导致的幽门排空障碍，由皱胃扭转、腹内粘连、幽门肿块或粘连以及淋巴肉瘤导致的血管和神经损伤，尤其是创伤性网胃腹膜炎和因穿孔性皱胃溃疡引发的腹膜炎等疾患。

【发病机理】

饲料经前胃消化吸收后，其中残留的糖类、脂肪和蛋白质等营养成分连同纤毛虫、纤维素分解菌等微生物蛋白，随食糜源源不断地通过瓣胃孔进入皱胃、小肠、大肠，分别由胃液、肠液、胰液中的相关酶类进一步消化吸收。食糜由瓣胃孔进入皱胃并经幽门口向小肠排空后送，是通过皱胃泵功能而实现的，其基础是皱胃壁平滑肌固有的自律性运动。大脑皮质通过皮质下中枢和植物神经系统等神经体液机制加以调控。交感神经抑制胃壁平滑肌收缩，兴奋幽门括约肌收缩，而迷走神经兴奋胃壁平滑肌收缩，抑制幽门括约肌收缩。两者相辅相成，协调控制皱胃泵的正常运转，保证皱胃的正常消化吸收过程，使皱胃的进入量和排空后送量处于动态平衡，从而保持一定的容积。

切细或粉碎的粗饲料和谷粒饲料，比粗长的饲草能更快地通过反刍动物的前胃，大量未经消化或消化不全的纤维素和粗纤维提前进入皱胃，随同进入的纤维素分解菌和纤毛虫在强酸性胃液作用下迅速失活，以致含纤维素和粗纤维的食糜不得消化，逐渐积滞而发生阻塞。食入并积聚于皱胃内的泥沙，可直接引起皱胃壁弛缓和慢性扩张。

继发性皱胃阻塞，主要是由于植物神经对皱胃运动的调控障碍，即交感神经紧张性增高和/或迷走神经紧张性降低(神经性皱胃弛缓)。前者发生于饥饿、寒冷、惊恐、疲劳等应激情况下；后者则发生于迷走神经节、干、丛受到损伤时，如迷走神经性消化不良。但两者的生物学效应是一致的，即皱胃壁平滑肌弛缓而幽门括约肌紧缩，导致胃排空后送缓慢或中断，造成皱胃内容物积滞，产生气体，液体回渗，体积增大。皱胃炎、皱胃溃疡、皱胃淋巴肉瘤病程中所继发的皱胃阻塞，主要是由于胃壁平滑肌自主性运动减退或丧失所致的肌源性皱胃弛缓。

皱胃阻塞一旦发生，无论原发还是继发，也无论起病于肌源性弛缓还是神经性弛缓，都将因大量回渗的液体以及分泌的氢离子、氯离子和钾离子不能从皱胃流至小肠回收，而发生不同程度的脱水、低氯血症、低钾血症以及代谢性碱中毒，使胃壁弛缓日益增重，内容物更加蓄积(有的多达30 kg)，体积显著增大，极度扩张和伸展直至皱胃的永久性弛缓。

皱胃阻塞后，通过内脏-内脏反射途径，使前胃机能受到抑制，以致食欲废绝，反刍停止，瘤胃内微生物区系发生紊乱，内容物腐败分解过程加剧，产生大量的刺激性有毒物质，引起胃壁的炎性浸润，渗透性增强，瘤胃内大量积液，而发生严重的脱水和自体中毒。

【症状】

病初病牛食欲减退、反刍减少，因脱水鼻镜干燥或龟裂。瘤胃蠕动音短促、稀少、低弱，瓣胃音低沉，排粪迟滞，粪便干燥，肚腹外观无明显异常，临床表现如同一般的前胃弛缓。随着病情的发展，病牛食欲废绝，反刍停止，瘤胃运动极弱以至完全绝止，瓣胃蠕动音消失，肠音稀弱，常常呈排粪姿势，粪便量少、糊状、棕褐色、恶臭，或干硬呈粒状，混少量黏液、血丝或血块，体重迅速明显减轻，而右侧腹部显著增大，腹痛，脱水，右腹部叩诊有"钢管音"、冲击式触诊有振水音，瘤胃内容物稀软或有积气积液等。全身状态逐渐恶化，呼吸促迫，脉搏增数(60~80 次/min)，部分病例体温升高，出现中度发热。

疾病的后期，病牛精神沉郁，甚至嗜睡，卧地不起，体质虚弱，鼻镜干燥，常流出少量黏液性鼻液，眼球塌陷，结膜发绀，舌面皱缩，血液黏稠，脉搏细弱而极速，达到或超过 100 次/min，呈现严重的脱水和自体中毒症状，多在几周内死亡。

典型病例，视诊右侧中腹部直至肋弓后下方局限性膨隆，冲击式触诊可感知有黏硬或坚实的皱胃，病畜则表现呻吟、退让、蹴腹、抵角等疼痛反应。直肠检查，入手盆腔前口即可摸到充满捏粉样内容物的瘤胃从左腹腔一直扩延到右腹腔的后部，犹如拐了个弯而呈"L"字形。特征性的改变是可触及伸展扩张的皱胃，其后壁远远超出右肋弓部向下后方延伸，呈捏粉样硬度，轻压留痕，或质地黏硬，重压留痕。

有报道称，皱胃阻塞多继发瓣胃阻塞，皱胃阻塞时其蓄积的饲草饲料量较多，可多达 24 kg，致使皱胃体积急剧扩张，此时直肠探查除怀孕后期母牛外，一般可触摸到阻塞的皱胃。

【实验室检验】

由于皱胃阻塞是渐进过程，尽管发生了阻塞和皱胃弛缓，但其仍继续分泌氢离子、氯离子、钾离子和回渗到胃脏的液体，不能从皱胃流至小肠回收，而发生不同程度的低氯血症、低钾血症、代谢性碱中毒和脱水等病理过程。但有时由于饥饿和消耗引起贫血、低蛋白血症和代谢性酸中毒，而使红细胞压积、血浆总蛋白以及二氧化碳结合力等碱中毒和脱水检验指征的变化被抵消或掩盖，应做具体分析。

【诊断】

主要根据病史调查、临床特征、血液生化指标检验诊断，直肠检查或必要时开腹探查可发现阻塞的皱胃。如长期饲喂粗硬或细碎的草料，腹部视诊、触诊右肋弓后下方有局限性膨隆，低氯血症、低钾血症及代谢性碱中毒。

(1) 原发性皱胃阻塞　根据长期饲喂粗硬、细碎草料的生活史，腹部视诊、触诊右肋弓后下方的局限性膨隆，直肠检查结果以及低氯血症、代谢性碱中毒等检验所见，一般不难做出诊断。必要时进行开腹探查，以确定或排除可能的异物性皱胃阻塞，并相应地施行皱胃切开术。

(2) 继发性皱胃阻塞　无论其起因是肌源性皱胃弛缓、神经性皱胃弛缓还是小肠阻塞，皱胃内积滞的都是稀软食糜、液体和气体，瘤胃内也常伴有液状食糜或气液，因而在左右肋弓部叩诊可发现清脆铿锵的"钢管音"，腹冲击式触诊可听到振水音，很容易误诊为迷走神经性消化不良和皱胃左方变位或右方变位，应根据生活史、病史和病程，进行综合分析，仔细加以鉴别，必要时进行剖腹探查。

(3) 类症鉴别　创伤性网胃腹膜炎并发的皱胃阻塞，多发生于妊娠后期，偶有轻度体温升高，触诊剑状软骨处可引起疼痛反应，常出现白细胞增多现象，瘤胃体积增大并有反复发作的慢性臌气。

【治疗】

目前，本病缺乏简便有效的治疗方法。对于病程长、卧地不起、心跳过速、全身衰弱的重症牛，建议淘汰。对于病情较轻或初期病例，按照恢复胃泵功能，消除积滞食(异)物，纠正机体脱水，缓解自体中毒原则进行治疗。

(1) 恢复胃泵功能　增强胃壁平滑肌的自主性运动，解除幽门痉挛，从而恢复皱胃的排空后送功能，是治疗皱胃阻塞尤其继发性皱胃阻塞的基本原则。主要措施是药物阻断胸腰段交感神经干和小量多次注射拟副交感神经药(参见急性胃扩张的治疗)，使植物神经对胃肠运动的调控趋向平衡，可采用 1%~2% 盐酸普鲁卡因 80~100 mL，做两侧胸腰段交感神经干药物阻断，并多次少量肌内注射甲硫酸新斯的明注射液。

(2)清除积滞食(异)物　是治疗皱胃阻塞尤其食(异)物性皱胃阻塞的中心环节。初期或轻症病牛，可投服盐类泻剂(如硫酸镁或氧化镁)，油类泻剂(如植物油和液体石蜡或25%磺琥辛脂钠溶液120~180 mL)，经胃管投服，每日1次，连续3~5 d。中后期或重症病牛，宜施行瘤胃切开术和瓣胃皱胃冲洗排空术，即首先施行瘤胃切开术，取出瘤胃内容物，然后应用胃导管插入网瓣孔，通过胃导管灌注温生理盐水，逐步深入地冲洗瓣胃及皱胃，直至积滞的内容物排空为止。对塑料薄膜、胎盘等异物阻塞，则必须施行皱胃切开术取出，但效果较差，并发症较多。

(3)纠正脱水和缓解自体中毒　是各病程阶段病牛，特别是中后期重症病牛必须施行的急救措施。通常应用5%葡萄糖生理盐水5~10 L、10%氯化钾溶液20~50 mL、20%安钠咖注射液10~20 mL，静脉注射，每日2次。也可用10%氯化钠溶液300~500 mL、20%安钠咖10~30 mL，静脉注射，每日2次，连续2~3 d，兼有兴奋胃肠蠕动的作用。但在任何情况下，皱胃阻塞的病牛都不得内服或注射碳酸氢钠，否则将会加剧碱中毒。在皱胃阻塞已基本疏通的恢复期病牛，可用含氯化钠50~100 g、氯化钾30~50 g、氯化铵40~80 g的合剂，加水4~6 L灌服，每日1次，连续使用，直至恢复正常食欲为止。

皱胃变位(abomasal displacement)

皱胃变位即皱胃解剖学位置发生改变的疾病，有两种类型(图1-5)。

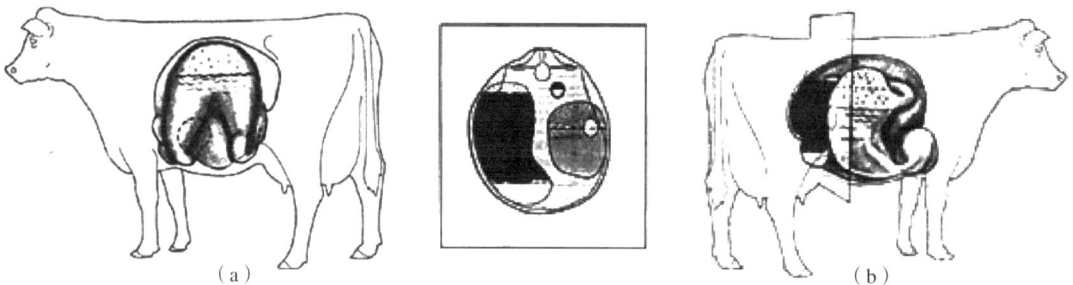

图1-5　牛皱胃变位

(a)左方变位　(b)右方变位

皱胃左方变位(left displacement of abomasum，LDA)是指皱胃由腹中线偏右的正常位置，经瘤胃腹囊与腹腔底壁间潜在空隙移位于腹腔左壁与瘤胃之间的位置改变，是临床常见病型。

皱胃右方变位(right displaced abomasum，RDA)及其继发的皱胃扭转(abomasal torsion，AT)，是皱胃在右侧腹腔内各种位置改变的总称，有4种病理类型。皱胃后方变位又称皱胃扩张，是指皱胃因迟缓、膨胀而离开腹底壁正常位置，做顺时针方向偏转约90°，移位至瓣胃后方、肝脏与右腹壁之间，大弯部朝后，瓣胃皱胃结合部和幽门十二指肠区发生轻度折曲或扭曲。皱胃前方变位，即皱胃逆时针方向偏转约90°，移位至网胃与膈肌之间，大弯部朝前，瓣胃皱胃结合部和幽门十二指肠区常发生较明显的折曲和扭曲，并造成幽门口的部分或完全闭塞。皱胃右方扭转，即皱胃逆时针方向转动180°~270°，移位至瓣胃上方或后上方，肝脏的旁侧，大弯朝上，瓣胃皱胃结合部和幽门十二指肠区均发生严重扭转，导致瓣皱孔和幽门口的完全闭塞。瓣胃皱胃扭转，是皱胃连同瓣胃逆时针方向转动180°~270°，皱胃原位扭转，皱胃移至瓣胃后上方和肝脏旁侧，大弯朝上，网胃瓣胃结合部和幽门十二指肠区均发生严重拧转，导致网瓣孔和幽门口的完全闭锁。

皱胃变位主要发生于乳牛，尤其多发于 4~6 岁经产乳牛和冬季舍饲期间，发病高峰在分娩后 6 周内；左方变位极少发生于妊娠期乳牛、公牛、青年母牛及肉用牛；而右方变位常见于公牛、肉用牛和犊牛；一般断乳前多发右方变位，断乳后右方变位与左方变位均可发生。

【病因】

皱胃变位的发病原因说法不一，但基本致病因素已被公认。胃壁平滑肌弛缓，或胃肠停滞，是发生皱胃膨胀和变位的病理学基础，即各种引发皱胃和胃肠弛缓的因素，是本病的发病原因。现代奶牛日粮中含高水平的酸性成分（如玉米青贮、低水分青贮）和易发酵成分（如高水分玉米）等优质谷类饲料，可加快瘤胃食糜的后送速度，并因其过多的产生挥发性脂肪酸使皱胃内酸浓度剧增，抑制胃壁平滑肌的运动和幽门的开放，食物滞留并产生二氧化碳、甲烷、氨气等有害气体，导致皱胃弛缓、膨胀和变位。某些代谢性和感染性疾病，是导致本病的重要诱发因素，如子宫内膜炎（反射性皱胃弛缓）、低钙血症（液递性皱胃弛缓）、皱胃炎及溃疡（肌源性皱胃弛缓）、迷走神经性消化不良（神经性皱胃弛缓）等疾病时，容易发生皱胃变位。车船运输、环境突变等应激状态，以及横卧保定、剧烈运动也是皱胃变位的诱发因素。另外，代谢性碱中毒，妊娠与分娩过程机械性的改变子宫、瘤胃间相对位置，常是本病发生的促进因素或前提条件。

【发病机理】

（1）LDA 发生发展过程　一般认为是皱胃在上述致病因素作用下发生弛缓、积气与膨胀，在妊娠后期随胎儿增大，子宫下沉，机械性地将瘤胃向上抬高并向前推移，使瘤胃腹囊与腹腔底壁间出现潜在空隙，此时弛缓与气胀的皱胃即沿此空隙移向体中线左侧，分娩后瘤胃下沉，将皱胃的大部分嵌留于腹腔左侧壁之间，整个皱胃顺时针方向轻度扭转，先后引起胃底部和大弯部、幽门和十二指肠变位。其后，皱胃沿左腹壁逐渐向前上方移位，向上可抵达脾脏和瘤胃的背囊的外侧，向前可达瘤胃前盲囊与胃网之间。

（2）RDA 发生发展过程　同 LDA 一样，在致病因素作用下，皱胃弛缓、积气与膨胀，向后方或前方移位，历时数日或更长，皱胃继续分泌盐酸、氯化钠，由于排空不畅，液体和电解质不能进入小肠，胃壁更加膨胀和弛缓，导致脱水和碱中毒，并伴有低氯血症和低钾血症。在上述皱胃弛缓和/或扩张的基础上，如因分娩、起卧、跳跃等而使体位或腹压剧烈运动，造成固定皱胃位置的网膜破裂，则皱胃沿逆时针方向做不同程度的偏转而出现皱胃扭转或瓣胃皱胃扭转，导致幽门口或瓣皱孔和网瓣孔的完全闭锁，引发皱胃急性梗阻，加剧了积液、积气和膨胀，严重的胃壁出血、坏死以及破裂，最终因循环衰竭而死亡。

【症状】

一般症状出现在分娩数日至 1~2 周（LDA）或 3~6 周（RDA）。患单纯性 LDA 或 RDA 的奶牛，主要表现食欲减退，厌食谷物饲料而对粗饲料的食欲降低或正常，产奶量下降 30%~50%，精神沉郁，瘤胃弛缓，排粪量减少并含有较多黏液，有时排粪迟滞或腹泻，但体温、脉搏和呼吸正常。当发生皱胃右方扭转与瓣胃皱胃扭转，多呈急性过程，症状明显加剧，表现食欲废绝，泌乳量急剧下降，突发剧烈腹痛；粪便混血或呈柏油状，心动过缓（低于 60 次/min），呼吸正常或减少（重度碱中毒时），脱水，末梢发凉，常引发循环衰竭或皱胃破裂。

腹部检查：发生 LDA 的病牛，视诊腹围缩小，两侧肷窝部塌陷，左侧肋部后下方、左肷窝的前下方显现局限性凸起，有时凸起部由肋弓后方向上延伸到肷窝部，对其触诊有气囊性感觉，叩诊发鼓音。听诊左侧腹壁，在第 9~12 肋弓下缘、肩-膝水平线上下听到皱胃音，似流水音或嘀嗒音（丁零音），在此处做冲击式触诊，可感知有局限性振水音。用听-叩诊结合方法，即用手指叩击肋骨同时在附近的腹壁上听诊，可听到类似铁锤叩击钢管发出的共鸣音——钢管音（砰音）；钢管音区域一般出现于左侧肋弓的前后，向前可达第8~9肋骨部，向下抵肩关节-膝关节水平线，大小不等，呈卵圆形，直径10~12 cm或35~45 cm。犊牛LDA典型钢管音区在肋弓后缘、向背侧可延伸至肷窝。

RDA时，视诊右腹部明显膨大，右肋弓部后侧尤为明显，在此处冲击式触诊可感有振水音。进行听-叩诊结合检查，在右肋弓部至右腹中部可发现较大范围的钢管音区域，向前可达第8~9肋，向后可延伸至第13肋或肷窝部。早期的皱胃变位与扭转，除应用手术探查外很难区别，但相比较而言，皱胃变位一般病情较重，心动过速，"砰音"区较大，冲击式触诊时发出振水音的液体量较多。

【实验室检验】

患皱胃变位无其他并发症时，常见轻度或中度代谢性碱中毒，伴有低氯血症和低钾血症。其原因是皱胃弛缓、变位、扩张期内，皱胃继续分泌盐酸、钠离子和钾离子，在皱胃继续膨胀及部分排出受阻后而聚集皱胃内，或高钾食物摄入减少和肾脏连续排钾等病理过程所致。皱胃变位伴有长期或重度碱中毒时，病牛出现酸性尿液，推测这一反常现象可能与大量钾离子的排出导致体内氢离子强制性减少而随尿排出有关。皱胃变位伴发严重酮病时会出现酮酸血症，血液呈酸性，阴离子差增大和碳酸氢钠浓度低于患单纯皱胃变位时的水平，因此临床上常有部分病牛并不出现代谢性碱中毒。此现象强烈提示，对任何皱胃变位病畜均应检查尿酮。

典型的皱胃扭转(AT)，血液黏稠，中度至重度的低氯血症、低钾血症和代谢性碱中毒。血清中氯化物浓度在AT早期为80~90 mmol/L，未治疗或严重病例低于70 mmol/L，血液pH值及电解质变化范围见表1-2所列。多数病例血浆氯化物浓度和剩余碱基值多与临床预后直接相关，但判定预后必须考虑其整体状态。在晚期的AT病例，由于皱胃缺血性坏死，及其他器官衰竭，机体脱水、休克，最终出现较原代谢性碱中毒占优势的酸中毒，全身症状迅速恶化，预后不良。

表1-2　牛发生皱胃变位(DA)和扭转(AT)时血液酸碱度与电解质变化的比较

	pH值	Cl^-/(mmol/L)	K^+/(mmol/L)	HCO_3^-/(mmol/L)	剩余碱
正常静脉血	7.35~7.50	97~111	3.7~4.9	20~30	-2.5~2.5
典型LDA	7.45~7.55	85~95	3.5~4.5	25~35	0~10
典型RDA	7.45~7.60	85~95	3.0~4.0	30~40	5~15
重度RDA	7.45~7.60	80~90	3.0~6.5	35~45	5~20
典型AT	7.45~7.60	75~90	2.5~3.5	35~50	10~25
晚期AT	7.45~7.65	60~80	2.0~3.5	35~55	10~35
晚期AT并发皱胃坏死	7.30~7.45	85~95	3.0~4.5	15~25	-10~0
典型AT并发重度酮病	7.15~7.30	85~95	3.5~4.5	15~30	-10~0

注：引自威廉·C.雷布汉，1999。

【诊断】

(1)LDA诊断要点　分娩或流产后出现食欲缺乏，产奶量下降，轻度腹痛及酮病综合征，对症治疗无效或复发；视诊左肋弓部后上方有局限性膨隆，触压有弹性，叩诊发鼓音；冲击式触诊感有振水音；在特定区域听叩结合检查可听有砰音，在砰音区做深部穿刺可抽取褐色、酸臭的浑浊的皱胃液，pH 2.0~4.0，无纤毛虫。皱胃顺时针前方变位，因病变部位深，在听叩检查无砰音。左侧肋弓部无膨隆，开腹探查可在网胃与膈之间摸到膨胀的皱胃。

(2)RDA的诊断要点　多在产犊后3~6周起病，症状为轻度腹痛、脱水，常伴有低氯血症、低钾血症、代谢性碱中毒；右肋弓后腹中部显著膨胀，听-叩诊检查有较大范围的砰音区，在此冲击式触诊有振水音；砰音区深部穿刺可取得皱胃液；直肠检查可摸到积气积液的皱胃后壁。皱胃逆时针前方变位与后方变化比较，其临床表现和血液检验变化更明显和重剧，但它不具备后腹部局部膨隆及听-叩诊检查和冲击式触诊的相关变化，在心区后上方可发现砰音和振水音等症状。

（3）AT诊断要点　呈急性过程；中度或重度腹痛，全身症状重剧，常迅速出现循环衰竭体征和休克危症；排柏油样粪便，在砰音区穿刺皱胃抽取液混血；右侧腹中部显著膨胀，右肋弓后至腹中部有范围较大的砰音区，在此做冲击式触诊有振水音；严重的代谢性碱中毒，尿液呈酸性，后期病例会出现较原代谢性碱中毒占优势的代谢性酸中毒。

（4）鉴别诊断　重点是对有腹痛并在右侧和左侧腹壁出现砰音的类症进行鉴别，如瘤胃臌胀、迷走神经性消化不良、瘤胃排空综合征（rumen void syndrome）、腹腔积气、十二指肠和空肠积液积气、盲肠扭转与扩张、子宫扭转并积气等。依据砰音区的位置、范围和形状，然后结合可能患病器官的解剖位置，通过直肠检查、阴道检查、体外穿刺以及其他临床特征，逐一鉴别和准确判断。

【治疗】

（1）LDA治疗　有药物疗法、滚转疗法和手术整复法3种治疗方法。考虑到费用、并发症及术后护理等方面的限制因素，药物疗法常作为治疗单纯皱胃变位的首选方法。

①药物疗法：常用内服轻泻剂、促反刍剂、抗酸药和拟胆碱药，借助胃肠蠕动机能和胃排空机能加强，促进皱胃的复位；存在低血钙时可静脉注射钙剂；用氯化钾30~120 g，每日2次，溶于水中胃管投服；药物治疗（或配合滚转疗法）后，应让病畜多采干草填充瘤胃，既可防止LDA复发，又可促进胃肠蠕动；在食欲完全恢复前，其日粮中酸性成分应逐渐增加；有并发症时要及时对症治疗。

②滚转疗法：据文献记载有70%的成功率。其方法：饥饿数日并限制饮水，病牛左侧横卧，再转成仰卧；以背轴为轴心，先向左滚转45°，回到正中，然后向右滚转45°，再回到正中，如此左右摇晃3~5 min；突然停止，恢复左侧横卧姿势，转成俯卧，最后站立。经过仰卧状态下的左右反复摇晃，瘤胃内容物向背部下沉，含大量气体的皱胃随着摇晃上升到腹底空隙处，并逐渐移向右侧而复位。

③手术整复法：上述方法若无效，尤其是皱胃与瘤胃或腹壁发生粘连时，必须进行手术整复。常用右肋部切口及网膜固定术。其方法是病牛左侧卧保定，腰旁及术部浸润麻醉，于右腹下乳静脉4~5指宽上部，以季肋下缘为中心，横切口20~25 cm，打开腹腔，术者手沿下腹部向左侧，将皱胃牵引过来，若皱胃臌气扩张时，可将网膜向后挤压，把皱胃拉到创口外，将其小弯上部网胃固定在腹肌上。手术后24 h内即可康复，成功率达95%。中国人民解放军兽医大学（现吉林大学）建立了一种LDA简易手术整复固定法，简便易行，疗效确实，已治愈的病例中无一复发。其主要特点是行站立保定，在左侧腰椎横突下方30 cm、季肋后6~8 cm处，做一长15~20 cm的垂直切口，打开腹腔后穿刺皱胃并排出其中气体，牵拉皱胃寻找大网膜并将其引至切口处；用1 m长的肠线，一端在皱胃大弯的大网膜附着部做一褥式缝合并打结，剪去余端；另一端带有缝合针放在腹壁切口外备用。术者将皱胃沿左腹壁推到瘤胃下方的右侧腹底正常位置；皱胃复位无误后，术者右手掌心握着带肠线的备用缝针，紧贴左腹壁伸向右腹底部，令助手在右腹壁下指出皱胃正常体表投影位置，术者按助手所指示部位将缝针向外穿透腹壁，助手将缝针带缝线一起拔出腹腔，拉紧缝线，在术者确认皱胃复位固定后，助手用缝针刺入旁边1~2 cm处的皮下再穿出皮肤，引出缝线将其与入针处留线在皮外打结固定。最后，向腹腔内注入青霉素、链霉素溶液，常规法闭

合腹壁切口。术后第5天可剪断腹壁固定肠线。术后第7~9天拆除皮肤切口缝线。

(2)RDA的治疗　RDA一般病情重且发展快,治疗效果决定于能否早期诊断与矫正。多数病例在起病后12 h内做出诊断与矫正则预后良好;病程超过24 h,手术矫正后50%预后良好;病程超过48 h,通常预后不良。因此有人建议,对于有商品价值的牛急宰是最好的办法,具有相当大经济价值的母牛,可用手术整复配合药物治疗。单纯的皱胃右方变位尤其是右侧后方变位,经及时手术整复并配合药物治疗,一般预后良好。药物治疗,尤其对皱胃扭转的病例,应当在术前进行适当体液疗法,防止出现进行性低血钾引发弥漫性肌肉无力;术后用药重点在纠正脱水和酸碱平衡失调及电解质紊乱,为此对早期病例或仅有轻度脱水的,内服常水20~40 L、氯化钾30~120 g/次,每日2次;中度或严重脱水和代谢性碱中毒的用高渗盐水3~4 L,静脉滴注,或含40 mmol/L氯化钾生理盐水20~60 L,静脉注射。并发低血钙、酮病等疾病时同时进行治疗。

【预防】

应合理配合日粮,对高产乳牛增加精料的同时要保证有足够的粗饲料;妊娠后期,应少喂精料,多喂优质干草,适量运动;产后要避免出现低血钙。对围产期疾病应及时治疗,减少或避免并发症的发生。

皱胃炎(abomasitis)

皱胃炎也称真胃炎,主要是由于饲料品质不良或饲养管理不当引起的皱胃组织的炎症,临床上以严重的消化障碍为特征。本病多发生于老年牛和犊牛,体质虚弱的成年牛也可发生。

【病因】

食入大量调制不当的粗硬饲料,腐败发霉的饲料,或长期大量饲喂糟粕、豆渣等酿造副产品,以及饲养管理不当,饲喂不定时定量,突然变换饲料等,都能导致皱胃炎的发生。另外,某些传染病、代谢病、化学物质和有毒植物中毒等均可引起本病的发生。

【症状】

(1)急性病例　患畜精神沉郁,食欲减退,反刍无力、稀少,甚至停止,鼻镜干燥,结膜潮红黄染,口腔黏膜被覆黏稠唾液,舌苔白腻,口腔甘臭。瘤胃蠕动音减弱,触诊右侧皱胃区敏感,病牛表现抗拒,粪便坚硬,呈暗黑色,表面被覆黏液,体温通常无变化,个别病例,体温有时低于正常或出现短时间的升高,病程1~2周,及时治疗有望康复。严重的病例,胃壁穿孔,伴发腹膜炎或继发肠炎时,则预后不良。

(2)慢性病例　主要表现长期消化不良,异嗜;口腔黏膜苍白,蓄有黏液,口臭;瘤胃蠕动无力,粪便干硬,呈球状。病的后期,体质虚弱,贫血、腹泻,有时陷入昏迷状态。病程可持续数月或年余,预后多不良。

【治疗】

治疗原则:清理胃肠,消炎止痛。

(1)清理胃肠　病初,绝食1~2 d,清除胃肠道有害的内容物,可用硫酸镁400~500 g,水6 L;或植物油0.5~1 L,牛一次内服;为提高治疗效果,可用10%诺氟沙星20~40 mL,或用小檗碱2~4 g,蒸馏水50 mL,配成溶液,进行瓣胃或皱胃注射,每日1次,连续3~5 d,效果较好。

(2)消炎止痛　病程的末期,病情严重,除用抗生素消炎外,还要用5%葡萄糖生理盐水2~3 L、20%安钠咖溶液10~20 mL、40%乌洛托品溶液20~40 mL,静脉注射,以促进新陈代谢,改善全身机能状态。

病情好转时，可适当内服健胃剂，增进消化机能。

（王宏伟　杨亮宇）

幼畜消化不良（dyspepsia of young animal）

幼畜消化不良是幼畜胃肠消化机能障碍的统称，是哺乳期幼畜较为常发的一种胃肠疾病。以明显的消化机能障碍和腹泻为临床特征。按病性可分为单纯性消化不良（或食饵性消化不良）和中毒性消化不良。前者主要表现为消化和营养的急性障碍和轻微的全身症状；后者主要呈现严重的消化障碍和营养不良以及明显的自体中毒等全身症状。

本病一年四季均可发生。出生 1 周内犊牛、羔羊易发，具有群发性，但一般无传染性。约占幼畜内科病总数的 40%。2~3 月龄以后发病率逐渐降低。

【病因】

本病病因很多，单纯性消化不良可概括为以下两个方面。

（1）母畜方面的因素　妊娠期母畜不全价饲养是引起本病的主要原因。

①妊娠母畜特别是妊娠后期，饲料营养物质不足，尤其是蛋白质、维生素和某些矿物质缺乏，可使出生的胎儿体质弱小、抵抗力低下，易患本病。

②妊娠期母畜不全价饲养，或患乳房炎以及其他疾病，能严重影响母乳量及其质量，特别是初乳，不仅使乳中蛋白质、脂肪、维生素、溶菌酶等多种物质缺乏，导致母乳不足，且乳中含有各种病原微生物和病理产物。所以，当幼畜吃不到充足的乳汁或乳汁不佳时，极易发生消化不良。但是，母畜营养过剩，乳汁过浓，也同样能引起本病。

（2）幼畜方面的因素　幼畜的饲养、管理及护理不当，也是引起本病的重要因素。

①畜舍条件差、环境卫生不良，使畜舍通风不良、缺乏阳光、保温不好、阴暗潮湿，加上乳头、乳具及畜舍不清洁等使幼畜易发生消化不良。

②初生幼畜的饲喂不当，如吃初乳过晚，舔食污物，人工哺乳使用劣质代乳品，不定时、定量，乳汁过凉等；或哺乳期补料不当，如过早饲喂品质不良的饲料，或饲料调制不当等。所有这些因素均能引起消化道机能异常而诱发本病。

中毒性消化不良，多是对单纯性消化不良的治疗不当或不及时，引发机体中毒的结果。此外，遗传因素和应激因素对幼畜消化不良的发病，也具有一定作用。

【发病机理】

初生幼畜大脑皮层的活动机能、神经系统的调节作用尚未健全；消化器官的发育和机能不完善，肠黏膜柔嫩易损伤，血管丰富，渗透性强；初生的犊牛、羔羊具有胃酸度低，酶活性低，消化能力弱，杀菌作用不强及肝脏的屏障机能微弱等生理解剖弱点。使初生幼畜的胃肠，只能适应初乳和母乳的消化，而对其他营养物质（饲料）的消化能力很差。

当幼畜机体遭受上述各种不良因素的作用时，极易破坏哺乳幼畜的消化适应性，使幼畜胃液的酸度与酶的活性更为低下，母乳或饲料进入胃肠后，不能进行正常的消化而发生异常分解或发酵。分解不完全产物以及发酵的低级有机酸能刺激肠壁使肠蠕动增强，同时也改变了肠道内环境，使肠道微生物群大量繁殖。由于大量微生物的参与，产生大量的发酵、腐败产物以及细菌毒素，对幼畜机体产生三方面的有害作用：一是对肠黏膜刺激使肠道的分泌、蠕动和吸收机能障碍而发生腹泻，而腹泻使机体丧失大量水分和电解质，引起机体脱水、血液浓缩、循环障碍，进而影响心脏的活动机能，加重病情；二是这些有害物质能轻易地通过幼畜的肠黏膜吸收入血液，破坏肝脏屏障和解毒机能而发生自体中毒,从而引起中毒性消化不良;三是肠内毒素及毒物进入血液循环,直接刺激中枢神经系统,使其机能紊乱,患病幼畜呈现精神沉郁、昏睡、昏迷、兴奋、痉挛等神经症状。

【症状】

(1)单纯性消化不良　幼畜表现精神不振,喜卧,食欲减退或废绝,体温正常或偏低;腹泻,粪便结构和颜色多样。

①犊牛:被毛粗乱,头下垂,腹部紧缩,夹尾;目光无神,反应迟钝;粪水污染后躯并可在肛门周围附着,有腥臭味。逐渐消瘦,步态不稳,有的伴发瘤胃膨胀。腹泻的粪便变化不一,1月龄内粪呈柠檬色、质地较干、表面附有血丝,或白色水样、腥臭,其中混有绿豆大或絮片状未消化的乳块,或呈黄绿色鸡蛋样。1月龄以上粪呈血汤样暗红或暗绿或黑褐色,其中含质地硬的干粪及气泡。病初肠音增强,以后减弱,有的卧地、不安。体温、心跳、呼吸初期均无明显变化。

晚期,严重的粪中带有血液、黏液或伪膜,特别腥臭。消瘦,眼窝凹陷,皮肤干燥,弹性下降。尿少、口干、血液浓缩。出现体温低下,脉快而无力,四肢末端发凉等虚脱和休克体征而死。

②羔羊:与犊牛基本类似,粪便多呈灰绿色,其中混有气泡和白色小凝块。

(2)中毒性消化不良　犊牛及羔羊精神沉郁,目光迟滞,食欲废绝,全身衰弱,头颈伸直后仰。严重腹泻,频排水样稀便,内含大量黏液和血液,并有恶臭或腐臭气味。持续腹泻时,肛门松弛,排粪失禁,脱水。病至后期,四肢及耳尖鼻端厥冷,终因昏迷而死。

实验室检查,腹泻幼畜血液黏稠,白细胞总数减少,中性粒细胞减少,血钠降低。单纯性消化不良,粪多呈酸性反应,而中毒性消化不良,粪多呈碱性反应。

【病理变化】

幼畜尸体消瘦,皮肤干燥,被毛蓬松,眼球深陷,尾根及肛门部位湿润,并被粪便污染。胃肠道有卡他性炎症,黏膜充血潮红,轻度肿胀,表面覆有黏液,严重时,浆膜、黏膜有出血。脂肪呈浆液性萎缩。肝脏轻度脂肪变性,心肌弛缓,心内、外膜有出血点,脾脏及肠系膜淋巴结肿胀。

【诊断】

根据病史、临床症状、病理变化及肠道微生物群系检查,必要时进行粪便和血液的实验室检验,以确立诊断。

鉴别诊断,应与传染性腹泻、球虫病和硒等相区别。

【治疗】

治疗原则:改善畜舍卫生,加强护理,调整胃肠功能,抑菌消炎,防止酸中毒及防腐止酵。

(1)改善畜舍卫生,加强护理　加强护理,除去病因,改善畜舍卫生环境,保证幼畜生活在干燥、清洁、通风良好的畜舍内。同时,对患病幼畜应采取饥饿疗法,禁食 8~12 h,但需供应充足的温水,或糖盐水,犊牛 200 mL,每日 3 次,羔羊酌减,然后应用缓泻剂排出胃内容物。

(2)调整胃肠功能　给予稀释乳或人工初乳(鱼肝油 10~15 mL、氯化钠 10 g、鲜鸡蛋 3~5 个、鲜温牛乳 1 L 混匀),犊牛 1 L,羔羊 50~100 mL,每日 5~6 次;给予胃液(采自空腹时的健康牛)、人工胃液(胃蛋白酶 10 g、稀盐酸 5 mL、常水 10 mL,可添加适量维生素 B)或胃蛋白酶。

(3)抑菌消炎　可选用新霉素、硫酸卡那霉素等抗生素,或选用磺胺类药物或呋喃类药物。

(4)防止酸中毒及防腐止酵　对存在剧烈腹泻,但无腥臭味的,可用止泻药,如次硝酸铋、鞣酸蛋白、活性炭等。根据情况补充水及电解质,酸碱平衡,并注意保护机体代谢机能。中药可选用白苦汤、白龙散、黄金汤等。

因畜龄的大小、体质强弱、并发症的有无以及护理的情况而不同。通常单纯性消化不良，及时、正确的治疗，一般预后良好；中毒性消化不良，症状重剧。治疗不及时，多于1~5 d死亡，故预后多不良。

【预防】

主要是改善饲养，加强护理，注意卫生。

(1)加强妊娠母畜的饲养管理　首先保证母畜以充足的营养物质，应增喂富含蛋白、脂肪、矿物质及维生素的优质饲料。特别是在妊娠后期，应给予足量维生素 A、维生素 D、维生素 E 等。日粮中也必须补给微量元素，尤其钴(Co)、硒(Se)等。其次改善妊娠母畜的卫生条件，经常刷拭皮肤。对哺乳母畜应保持乳房的清洁并给予适当的舍外运动。

(2)加强对幼畜的护理　首先使新生幼畜能在出生后 2 d 内吃到初乳。对体质孱弱的幼畜，初乳应采取少量多次人工饮喂的方式。母乳不足或质量不佳时，可采取人工哺乳。人工哺乳应定时、定量，且应保持适宜的温度。其次畜舍应保持温暖、干燥、清洁，防止幼畜受寒感冒。畜舍及畜栏应定期消毒，垫草应经常更换，粪尿应及时清除。幼畜的饲具必须经常洗刷干净，并定期消毒。

(3)加强母畜、幼畜的疾病防治工作　定期进行防疫、检疫及驱虫工作，及时发现疾病，及时隔离，积极治疗，保证母畜、幼畜的健康。

(尹志红　王金明)

第四节　马属动物胃肠疾病

马骡的胃肠疾病分为两大类，即以消化障碍为主症的胃肠病和以腹痛为主症的胃肠病。

一、马属动物以消化障碍为主症的胃肠病的诊断要领

以消化障碍为主症的胃肠病，主要包括消化不良、胃肠炎和急性出血性盲结肠炎，发病率较高，危害性较大，原因比较复杂，更因胃和肠在解剖上互相连接，机能上紧密相关，胃病和肠病以及各种胃肠病之间可以互相影响，或互为因果，关系错综复杂。例如，急性消化不良病马，如治疗护理不当，则病程延缓，可转为慢性消化不良，或使病情加剧，转为胃肠炎；而胃肠炎若治疗不彻底，又往往会伴随慢性消化不良。所以对家畜的胃肠病，应根据病史调查、临床特点及粪便检查结果，综合分析，确定诊断，辨证施治，彻底治愈。

以消化障碍为主症的胃肠病，都有如下的基本症状：食欲障碍，口腔有舌苔、口臭，粪便稀软，混有多量粗纤维或谷粒料，臭味较大，可能出现不同程度的消瘦。

对消化障碍为主症的胃肠病，单从症状下诊断，并不困难，只要病马出现上述症状，就可以诊断为以消化障碍为主症的胃肠病。但要鉴别诊断消化不良和胃肠炎、胃机能紊乱为主的消化障碍和肠机能紊乱为主的消化障碍、传染性消化障碍和非传染性消化障碍，以及引起消化障碍的原因。确定引起的消化障碍的原因比较复杂，一般可按以下 3 个步骤来分析。

1. 定部位

鉴别胃为主和肠为主的消化障碍。

(1)胃机能紊乱为主的消化障碍　病畜食欲大减，舌苔厚，口臭大；结膜黄染明显，腹泻轻，粪球多数干燥。

(2)肠机能紊乱为主的消化障碍　病畜食欲减少、口腔变化和结膜黄染都比较轻，而腹泻和粪便变化重。

2. 辨病性

主要是鉴别传染性和非传染性的消化障碍。

(1)传染性的消化障碍　传染性胃肠炎常见于马出血性败血症及沙门菌病等。

①马出血性败血症，除呈现出血性胃肠炎外，呈疫状发生，且在胃肠以外的其他脏器内可证明有巴氏杆菌。

②沙门菌病，可根据病原及血清凝集反应等进行鉴别诊断。

(2)非传染性的消化障碍　有消化不良和胃肠炎两种情况。

①消化不良：即胃肠黏膜轻度炎症或功能障碍所引起的消化障碍，精神、体温、脉搏等全身状态概无明显变化。

②胃肠炎：即重剧的胃肠炎症所引起的消化障碍，则精神、体温、脉搏等全身症状和自体中毒症状重剧，泻粪常混杂脓血等异常混合物，镜检粪渣见多量白细胞或脓细胞。

3. 找原因

消化障碍的原因诊断是重要而比较复杂的，主要可从以下几方面考虑。

(1)饲养管理不当引起的消化障碍　着重了解草料质量、草料变换情况，有无过量饲喂谷物等精料史；饮水及运动量等。

(2)牙齿不良引起的消化障碍　开口检查，可发现病齿。

(3)胃肠道寄生引起的消化障碍　粪内虫卵多，不驱虫不易恢复。

(4)缺钙引起的消化障碍　病马喜卧、嗜食沙土等，骨骼可出现变形。

(5)肝病引起的消化障碍　结膜黄染明显，粪油润、色淡、臭味大，可能出现肝区触、叩诊变化和肝功能改变，单纯治疗消化障碍效果不大。

(6)过劳引起的消化障碍　有过劳史，同时有明显的心、肺机能障碍和全身无力等症状。

二、马属动物以腹痛为主症的胃肠病的诊断要领

腹痛又称"疝痛"，泛指马属动物由于胃肠疾病所引起的以腹痛症状为主的临床综合征，是马属动物的常见病、多发病，也称腹危象，急腹症，中兽医称"起卧症"，它包括马、骡、驴的几十种疾病。本节叙述的是以腹痛为主症的胃肠病，包括急性胃扩张、慢性胃扩张、肠痉挛、肠臌胀、肠变位、肠便秘、肠结石、肠积沙及肠系膜动脉栓塞等病。马较多发生，骡和驴次之。

1. 腹痛病的概念

腹痛病是由胃肠机能障碍所引起的腹痛性疾病的总称。腹痛病不但发病率高(据吉林大学近十年病例统计，马骡腹痛病占消化系统病的47.92%)，而且病程短急、病情危重、容易发生并发症和继发症，故病征错综复杂，在诊断上，必须全面系统，快速准确；治疗上，必须抓住主要矛盾，兼顾全局，及时抢救。

2. 腹痛病的分类

腹痛病的分类方法较多，通常把呈现腹痛综合征的疾病分为三大类，即症候性腹痛病、假性腹痛病和真性腹痛病。症候性腹痛病，如传染病中的肠型炭疽、马出血性败血症，寄生虫病中的圆虫病、蛔虫病，产科病中的输卵管病及腹腔内妊娠等。假性腹痛病，如膀胱括约肌痉挛(尿疝)、输尿管结石、尿道结石、肾炎、子宫套叠、子宫扭转等。真性腹痛病，是指许多胃肠疾病所引起的腹痛病。

对真性腹痛病一种比较实用的分类方法，是把腹痛病分为胃性腹痛病和肠性腹痛病。胃性腹痛病包括急性胃扩张、慢性胃扩张。肠性腹痛病又分为有腹膜炎和无腹膜炎两类，有腹膜炎的肠

性腹痛病包括肠系膜动脉栓塞和肠变位，无腹膜炎的肠性腹痛病包括沙石阻塞、便秘、肠臌胀及肠痉挛。

3. 腹痛的程度及表现

根据腹痛病马的表现，将腹痛分为轻度、中度和剧烈 3 种。

（1）轻度腹痛　病马前肢刨地，后肢踢腹，伸展背腰（类似公马排尿姿势），回顾腹部，有的卧地，并长时间取侧卧姿势，仅偶尔抬头回顾体侧和腹部，一般不滚转。腹痛的间歇期长，往往在 30 min 以上，多见于不完全阻塞的大肠便秘。

（2）中度腹痛　除有刨地、顾腹等表现外，病马往往低头蹲尻，细步急走，有时低头闻地，寻地试卧，卧地后偶尔滚转。腹痛的间歇期较短，一般为 10~30 min，多见于完全阻塞的大肠便秘。

（3）剧烈腹痛　病马躁动不安，急起急卧，有时猛然摔倒，急剧滚转，不听吆喝，甚至驱赶不起，部分患马仰卧抱胸，部分患马呈犬坐姿势。腹痛的间歇期很短，甚至呈持续性腹痛，多见于肠变位或急性胃扩张。

腹痛程度，依腹痛病的种类及其发展阶段而有所不同，一般来说，腹痛逐渐减弱，则病情趋于好转，剧烈的腹痛，也可由于胃肠破裂或肠麻痹而腹痛减轻或消失，但其全身症状却迅速增剧。

4. 腹痛产生的原因

按腹痛产生的原因，有痉挛性疼痛、膨胀性疼痛、牵引性（肠系膜性）疼痛和腹膜性疼痛 4 种。

（1）痉挛性疼痛　是由于异常刺激作用于胃肠壁感受器，使胃肠平滑肌强烈的痉挛性收缩所致。其特点是短时间的腹痛发作和间歇交替出现。腹痛发作时，病马常急起急卧，或倒地滚转，呈中等程度或剧烈腹痛。在腹痛间歇期，则安静站立，似乎无病，有的甚至采食饮水。肠音一般高朗。临床上多见于肠痉挛。

（2）膨胀性疼痛　是由于胃肠内积聚过量的食物、气体或液体，胃肠壁膨胀，黏膜上的神经末梢受刺激所致。其特点是腹痛为持续性，几乎没有间歇期，或仅有极短的间歇期。临床上多见于急性胃扩张、肠臌胀等。

（3）牵引性（肠系膜性）疼痛　是由于肠管位置改变，肠系膜受到强烈牵拉所致。其特点是腹痛持续而剧烈。病马为了缓解疼痛，有时做较长时间的弓背、仰卧抱胸或四肢集于腹下等姿势。直肠检查时，触到某肠段或被牵拉的肠系膜时，病马出现疼痛不安。临床上多见于肠变位。

（4）腹膜性疼痛　是由于肠变位、胃肠破裂等腹痛病继发了腹膜炎，腹膜感受器受刺激而引起。其特点是呈持续性、弥漫性疼痛，肚腹紧缩，拱背，运动拘谨，不愿走动，触诊腹膜或腹壁时疼痛加剧。

腹痛产生的原因中，上述 4 种疼痛往往是合并发生或相继出现。例如，在便秘初期，由于结粪刺激肠壁和重力下沉的作用，既有痉挛性疼痛，又有一定程度的牵引性疼痛，到中后期，由于继发了肠臌胀或秘结肠段的移位，肠系膜受到牵拉，还可能出现膨胀性疼痛，或使牵引性疼痛进一步加剧。

5. 腹痛病的发生

马骡的腹痛病之所以多发，其原因是多方面的，除草料、饮水质量不良，饮水和运动不足外，还与下述因素有关。

（1）缺血性肠病　马骡肠缺血最常见于前肠系膜动脉分布的肠段，如盲肠、结肠等。其原因，多半是由于普通圆虫幼虫移行至前肠系膜动脉时，在该处栖留，损伤前肠系膜动脉，轻则损伤血管内膜，结缔组织增生，管壁变粗，管腔变细，障碍供血，因而可引起肠肌痉挛性收缩，发生缺血性肠绞痛；重则于前肠系膜动脉根部形成肿瘤，使植物神经系统的腹腔神经丛和肠系膜神经丛发生压迫性萎缩，进而引起肠壁的神经调节作用和血液供应发生障碍，影响肠管的运动机能，而促进肠系膜动脉栓塞、便秘、肠变位等病的发生。由于这种肠性腹痛病是由于肠缺血所引起，故其临床特点是当动物在运动耗氧量增多时，或在采食后胃肠负担增重时，突然出现剧烈腹痛。

(2)应激反应　肠管的血管和皮肤血管一样，对儿茶酚胺极为敏感，在草料骤变、气候剧变以及长期紧张剧役等情况下，马骡受草料、气候骤变等因素的强烈刺激，处于应激状态，交感反应增强，儿茶酚胺分泌增多，引起微动脉、毛细血管前括约肌收缩，肠管毛细血管的血液分流，而使血液供应减少，肠管的运动机能和内环境发生改变，因而容易促进便秘等腹痛病的发生。

此外，马属动物的解剖生理学特点，对腹痛病的发生也有一定的影响。胃容量较小，贲门紧缩，呕吐中枢不发达，肠管内径粗细悬殊，曲折回转多，肠系膜长而肠管不固定诸特点，在草料不良等因素作用下，可促进急性胃扩张，便秘、肠管缠结和扭转等病发生。

消化不良(dyspepsia)

消化不良是胃肠黏膜因轻度炎症或功能障碍所致的消化机能障碍的统称，临床上以口腔变化、粪便异常为主要症状，是马骡的常见多发病，平时都可发生。

消化不良的分类方法甚多，从解剖部位上分，有以胃机能紊乱为主的消化不良和以肠机能紊乱为主的消化不良；从原因上分，有原发性消化不良和继发性消化不良；从病程上分，有急性消化不良和慢性消化不良。

【病因】

原发性消化不良的发病原因是多方面的，主要包括饲养失宜和管理不当。

(1)饲养失宜　是引起消化不良的主要原因，最常见的有以下3个方面。

①草料质量不良：如草料过于粗硬，草料腐败、生霉或虫蛀，草料内泥沙太多，霜冻饲料等。用这些饲料喂马，容易损伤胃肠黏膜，使胃肠黏膜发生轻度的炎症。

②草料加工调制不当：如饲草铡的过长或过短，蚕豆等粒料不粉碎，行军、运动途中，豆饼等硬料未泡软，或粒料与粉料搭配不均匀等。饲草过长，大粒料不粉碎，或大粒过多，豆饼未泡软，对胃肠黏膜的刺激性过强，影响胃肠功能，发生消化不良。铡草过短，或长期喂粉料，或用水泡软草喂马，一方面马骡咀嚼的时间短，或不经咀嚼即囫囵吞咽，唾液和胃肠消化液的反射性分泌都减少，消化液不足，饲料不能很好消化；另一方面对胃肠黏膜的刺激性太弱，不足以兴奋胃肠的蠕动和分泌机能，使消化功能减退，均易引起消化不良。

③饮喂失宜：马骡对饮喂顺序、饮喂时间等都具有一定的适应性，如果饮喂不当，破坏了这种适应性，可能引起消化机能紊乱，发生消化不良。最常见的原因为饮水不足。饮水不足可直接影响消化液的分泌，为保证消化液的正常分泌，每采食1 kg饲料干物质，其饮水量：马2~3 L，牛4~6 L，猪7~8 L，羊2~3 L。水温对保证饮水量也很重要，以10℃左右为宜，如水温过低，马不愿喝，也易造成饮水不足，促进本病发生。

④水质不良：马骡对饮水的气味、清浊度等，有比较强的辨别力和选择性。一般情况，不饮有味的水、浊水和脏水，如果给马骡饮污水，不仅饮水不足，而且污水中往往有各种病原微生物，经肠道感染后，易发生消化不良。

⑤暴饮：渴后暴饮，特别是在冬天，一时暴饮大量冷水，容易刺激胃肠黏膜，而发生消化

不良。

⑥草料饲喂：草料骤变或经常变换饲喂顺序，以及饲喂不定时、不定量等，都能影响胃肠机能，引起胃肠功能失调，发生消化不良。

（2）管理不当 运动管理不当，容易使马发生消化不良，最常见的有如下几种情况。

①劳逸不均：长期休闲，运动不足，胃肠平滑肌的紧张性降低，蠕动机能减弱，消化腺的兴奋性减退，分泌机能降低，如果饲养失宜，容易发生消化不良。同样，长期服剧役，或过累时，由于血液的再分配，大量血液流入骨骼肌内，而胃肠的血液供应相对地减少，蠕动和分泌机能也相对地降低，如果饲喂不当，也易发生消化不良。

②役饲关系失调：如饲喂后立即服重役，或重役后立即饲喂，由于胃肠道血液供应不足，消化液分泌减少，胃肠机能一时不易适应，使食物在胃肠内得不到充分消化，以致腐败发酵，刺激胃肠壁而发生消化不良。

③继发性消化不良：常见于胃肠道寄生虫病、牙齿病、过劳、纤维性骨营养不良等病程中。在胃肠道寄生虫病、过劳时，由于胃肠机能紊乱；在牙齿病时，由于草料咀嚼不全；在纤维性骨营养不良时，由于缺钙，胃肠机能处于弛缓状态，加上牙齿容易松动，影响咀嚼，以及经常伴发异嗜等原因，均易引起消化不良。

【发病机理】

胃肠黏膜有一定的屏障机能。例如，胃黏膜屏障，具有防止胃腔内氢离子快速弥散入胃壁及防止胃壁内钠离子迅速进入胃腔的作用，故在正常情况下，虽胃的壁细胞分泌至胃腔的盐酸，在马达 0.24%，猪达 0.3%~0.4%，牛皱胃内的总酸度达 0.2%~0.35% 乃至 0.46%，对胃黏膜上皮细胞并无损害作用。当胃肠黏膜受不良草料刺激，或胃肠道血液供应的动态平衡发生紊乱时，则胃肠黏膜的屏障机能（包括分泌机能）发生紊乱，消化液和消化酶的分泌和活力发生改变，消化机能减退，而发生消化不良。例如，胰液缺乏时，蛋白质有 40%~60% 不能消化，脂肪有 70%~80% 不能消化，淀粉的消化也发生障碍。

消化机能低下，一方面，消化不全产物、细菌毒素及炎性产物等在肠道内积聚，或腐败或发酵，并刺激肠管，使肠蠕动增强，引起腹泻，把大量有毒物质排出体外，从而减少了有毒物质的吸收，在一定程度上起保护作用。但是，腹泻可使大量的体液、电解质和碱随之丢失，引起一定程度的脱水和酸中毒。另一方面，由于营养物质消化不全，不能很好地吸收利用，经久，则病畜逐渐消瘦衰弱，尤其是慢性消化不良的病畜，更因造血物质铁的吸收减少以及蛋白质的缺乏，血红蛋白合成减少，继而发生营养性贫血。

【症状】

（1）消化不良的共同症状 病马食欲多减退，食量常减少，往往在采食中退槽，甚至一点也不吃，有的病马吃草不吃料或吃料不吃草，还有的病马出现异嗜现象。开口检查，口腔或干燥或湿润，口色或红黄或青白，舌体多皱缩，覆有数量不等的舌苔，口腔有臭味。肠音或减弱或增强，粪便或干燥或稀软，粪内夹杂有消化不全的粗纤维及谷粒，以及不同程度的臭味。全身症状不明显，体温、脉搏、呼吸一般无大变化。有的病马有轻微腹痛，刨地喜卧，表现不安。

（2）胃机能障碍为主（含小肠）的急性消化不良的症状 以胃机能障碍为主的消化不良，病马精神沉郁，常打哈欠和"蹇唇似笑"。食欲明显减退，采食和咀嚼缓慢，有的病马有异嗜现象，常喜舔冷铁和饲喂用具，或吃尿湿的垫草，或舔食咸碱的沙土等。口腔变化明显，多干燥，恶臭，有多量舌苔。可视黏膜黄染明显。疾病的初期，肠音多减弱，粪球干小而色清，表面被覆黏液。病程稍长的，粪由干变软，发生腹泻。

(3)肠机能障碍为主的急性消化不良的症状 以肠机能障碍为主的消化不良，主症在肠。病马口腔湿润，结膜黄染较轻微，肠音多增强，呈不同程度的腹泻，粪便稀软或呈水样，甚至排粪失禁。

(4)慢性消化不良的症状 病马食欲不定，往往发生异嗜，舔食平时不愿吃的东西，如石灰、煤渣、沙土和被粪尿污染的垫草等，部分患马出现食粪等症状。肠音不定，有时便秘，有时腹泻，粪便干稀交替。病马逐渐消瘦，毛焦欣吊，并出现贫血等症状。

【病程和预后】

消化不良的经过及预后，根据发病的原因和病情的轻重而有所不同。若适当治疗，及时消除原因，在急性消化不良未进一步发展时，容易治愈，病程一至数周。治疗失时失宜，或原因不除去，转成慢性消化不良，则病程数月乃至数年，胃肠黏膜呈现增生性或萎缩性病理改变，病畜日渐消瘦，全身机能日渐衰弱，最后多因衰竭症而死亡。

【诊断】

根据口腔和粪便的变化，从症状上不难诊断，主要是消化不良的病性和原因诊断，比较复杂，而原因诊断又很重要，其诊断要领参见以消化障碍为主症的胃肠病的诊断要领。

【治疗】

治疗原则：精心护理，清肠制酵，调整胃肠机能。消化不良的根本矛盾是消化机能障碍，精心护理对恢复胃肠机能，促进消化不良病马康复，具有重要的意义。在实施中，应切实做好以下几点。

(1)消除原因 治疗消化不良的病马，如果不除去原因，不但胃肠机能不易恢复，不易彻底治愈，即使暂时治愈，也往往容易复发。因此，对消化不良发生的原因，务必调查清楚，及时除去。草料不好的改换优质草料；饮水不足的，充分饮水；休闲的马骡，给以适当运动；役饲关系失调的，调整役饲关系；牙齿不良的，修整牙齿；胃肠道有寄生虫的，及时驱虫；钙或食盐不足的，补充钙或食盐等。

(2)保护胃肠黏膜 避免不良因素的继续刺激，对病马胃肠机能的恢复是十分必要的。因此，对具有一定消化功能并能自行采食的消化不良病马，要尽量创造条件，饲喂柔软易消化的草料，如青草、青干草、麦麸粥，但量不要过多，次数不宜过频；条件许可的，最好是放牧，吃青草、晒太阳、结合运动，实践证明，这样做可加速治愈。对消化功能高度障碍而食欲废绝的病马，不宜灌服淀粉浆等谷物营养品，以免增加胃肠负担，反使病情加重，甚至转成胃肠炎。

(3)逐渐恢复常饲，防止复发 消化不良病马治愈后，到胃肠机能完全恢复，需要一个过程，在这恢复期间，应逐步过渡到正常饲养。经常有这样的实例，病马刚出院，就改为正常饲养，不出三五日，旧病复发。这种复发性消化不良，一般疗程较长，必须引起注意。

(4)清肠制酵 为了减轻对胃肠黏膜的刺激，防止和缓解自体中毒，对排粪迟滞的，胃肠道积滞较多量消化不全产物的病马，必须清理胃肠，制止发酵，给以清肠制酵剂。常用硫酸钠或食盐 200~300 g、自来水 4~6 L，加硫桐脂(鱼石脂的代用品)15~20 g，一次内服。应用敌百虫 10~15 g、温水 1~2 L，一次内服，清理胃肠的效果也比较好，同时还可以驱除胃肠道内的寄生虫。

(5)调整胃肠机能 清理胃肠后，可应用健胃剂。例如，大蒜酊 40~80 mL、加水 500 mL，一次内服，每日 1~2 次。也可用大蒜 80~100 g、食盐 40~60 g，共同捣碎后，加白酒 250 mL、常水 1 L，一次灌服，每日 1~2 次，或内服黄柏食盐散(即黄柏末、食盐各 100 g，开水冲，温服)。在滨海地区，还可就地取材，内服海水 1.5~2 L，每日 1~2 次。

病马口腔干燥，肠音减弱，排粪迟滞，粪球干小的，可应用苦味健胃剂，如龙胆酊或苦味酊 50~80 mL，或稀盐酸 10~30 mL，加水 500 mL，一次内服，每日 1~2 次。

病马口腔湿润，肠音增强，不断腹泻的，可用人工盐或碳酸氢钠 50~80 g，或健胃散 80~100 g，加水适量，一次内服，每日 1~2 次。应用健胃剂的同时，配合应用一些消化酶类，效果更好，如胃蛋白酶、胰蛋白酶，均一次内服 2~5 g。病马水泻不止，粪便无明显臭味时，可内服 0.1% 高锰酸钾液 3~5 L，每日 1 次，连服数日，或用磺胺脒、碳酸氢钠、乳酸钙各 40~60 g，加淀粉适量，做成丸剂，每日 3 次分服，连服 2~3 日；或用木炭末 50~150 g，加水 1 L，配成悬浮液内服，也可就地取材，用柞树根等木材烧成木炭，或用锅底上的黑灰，代替木炭末应用。

【预防】

防止饲料突然变更，不喂酸败、霉变饲料，给以优质易消化的草料，饮水要充足，定时定量喂料，避免喂饱后立即重役。

马胃溃疡综合征（equine gastric ulcer syndrome）

马胃溃疡综合征是指马食管末端、非腺（鳞状）胃黏膜和腺胃黏膜以及十二指肠近端的溃疡。本病可见于马驹和成年马，并且随着年龄的增长，阉割后的马更易发病。

马胃溃疡综合征一般分为两类，一类是马鳞状胃病（ESGD），描述了涉及鳞状黏膜的病变，包括皱襞边缘、较大和较小的曲率以及背部鳞状底；另一类是马腺性胃病（EGGD），描述了涉及贲门、腹侧腺底、胃窦、幽门和十二指肠近端的腺黏膜病变。

【病因】

马胃溃疡综合征是一种具有多因素病因的疾病。压力和应激、饮食管理、运动类型和强度、缺乏运动和马房类型，以及非甾体抗炎药的使用等都是其发病的因素。

【发病机理】

马胃 24 h 不间断分泌胃酸，导致胃组织长时间暴露在酸性环境下，正常生理条件下，胃内壁表面有一层黏膜保护层，防止胃酸消化胃内壁。在进食或哺乳期以及剧烈运动等诱因下，胃内壁被胃酸和消化酶损坏，胃部鳞状区域（即胃的上半部分）上皮黏膜长期暴露在胃酸中，导致炎症侵蚀，最后深入胃壁导致溃疡。

【症状】

许多情况下，溃疡并不引起明显的临床症状。

成年马胃溃疡的临床症状包括食欲不佳或"挑食"、身体状况不佳或体重减轻、慢性腹泻、皮毛状况不佳、磨牙症、行为变化（包括攻击性或神经性倾向）、急性或复发性绞痛以及表现不佳。

在较幼小（6 个月到 2 年）的马匹中，通常表现出嗜睡、绞痛、不收缩、频繁卧位、磨牙症、口吐白沫或流涎、舌头下垂、腹泻以及频繁滚动到背部卧位的迹象。

有临床症状（食欲不佳、身体状况不佳和腹部不适）的马其患病率和严重程度明显高于没有临床症状的马。

【诊断】

临床体征和临床病理学实验室检查均不具有胃溃疡诊断的特异性，实验室检查的异常并不能排除可能存在其他疾病的可能性。

胃溃疡诊断的主要依据是通过胃镜检查。胃镜可以清楚地确定其病灶位置及严重程度。做胃镜前需要禁食禁水 12~24 h，检查时最好在马匹镇静下进行。在进行胃镜检查时，必须检查整个胃,包括幽门和十二指肠近端,因为这些区域的病变很容易被遗漏。

【治疗】

一旦诊断出马胃溃疡综合征,只有4%～6%的马胃溃疡会自行愈合。因此,为了实现显著的愈合,大多数马需要药物治疗,尤其是当它们仍在运动训练中时。治疗本病有很多方法,但抑酸治疗和在胃中建立一个允许溃疡愈合的环境是主要方法。

(1)质子泵抑制剂　奥美拉唑是治疗马胃溃疡综合征的首选药物,通过结合和改变胃壁细胞管腔表面氢钾腺苷三磷酸酶(H^+、K^+-ATPase)的构型来阻断氢离子(酸)分泌,抑制胃酸的产生。奥美拉唑糊剂只能口服。胃反流或吞咽困难的马口服药物是禁忌。

(2)H_2受体拮抗剂　通过竞争性阻断顶叶细胞H_2受体发挥作用,其疗效取决于维持药物的血浆浓度。组胺2型受体拮抗剂通过可逆结合和竞争性抑制顶叶细胞H_2受体来抑制盐酸的分泌。雷尼替丁是用于马的此类药物,雷尼替丁有片剂、糖浆、悬浮液和注射形式。与奥美拉唑(28 d)相比,雷尼替丁需要每日口服3次,治疗时间更长(45～60 d)才能达到类似的疗效。

(3)应用抗酸剂　如铝镁混悬液(250 mL/500 kg,口服,每8 h/次),可以辅助治疗溃疡或者减少复发率。

(4)黏膜保护剂　硫糖铝(2～4 g/500 kg,口服,6～12 h/次)可黏附于损伤胃黏膜并刺激局部血流和胃液分泌,促进愈合。

如果胃排空迟缓,应用甲氨酰甲基胆碱(0.25 mg/kg,皮下注射,4 h/次)对某些病例有帮助。

【预防】

选用优质草料;合理控制马匹训练强度,平时避免让其空腹运动;马匹只有在进食时通过咀嚼才能分泌出大量的唾液,唾液是胃酸的天然缓冲剂,所以尽量不要限制马匹的进食时间;有条件多放牧马匹,让马匹自由采食新鲜草;适当增加植物油代替精饲料的比例,因为植物油可以缓解胃酸的分泌。

胃肠炎(gastroenteritis)

胃肠炎是胃肠黏膜及黏膜下深层组织的重剧炎症过程。临床上以经过短急,胃肠机能障碍和自体中毒症状重剧为特征。

胃肠炎从炎症的性质分,有黏液性、出血性、化脓性、纤维素性和坏死性胃肠炎;从病程经过分,有急性胃肠炎和慢性胃肠炎;从发生原因分,有原发性和继发性胃肠炎。临床上以急性继发性胃肠炎较多见。

马、骡胃肠炎的发生,不分地区,南方、北方、高原、平地,四季都可发生。

【病因】

胃肠炎的原因,比较复杂,因素是多方面的。

(1)原发性胃肠炎　发病原因与消化不良的原因基本相同,或因其刺激较强烈,或因其作用时间比较持久而引起重剧的胃肠炎。一般常见的原因是长期饲喂发霉的草料,有毒霉菌分泌的毒素不断蓄积,刺激胃肠黏膜而引起霉性胃肠炎。我国江南地区,湿度大,温度较高,草料容易发霉,发生霉性胃肠炎的较多。草料或气候骤变,胃肠机能或机体处于应激状态,也易发生胃肠炎。粗硬草料或异物损伤胃肠黏膜,肠道菌容易进入黏膜下组织,也易引起原发性胃肠炎。

(2)继发性胃肠炎　最常见于消化不良、便秘和肠变位的病程中。消化不良时,常因病程持久,治疗不及时,或因胃肠屏障机能紊乱,在某种原因刺激下而突然转成胃肠炎。便秘时,由于病程持久，结粪持续压迫肠壁，局部血液循环和屏障机能障碍，梗死局部产气荚膜梭菌增多，细菌毒素的吸收也增多，容易继发胃肠炎；用药不当，如泻剂用量过大，蓖麻油未煮沸，硫酸钠浓度过大(8%以上)或过于频繁地应用泻剂，护理不周，如结粪刚刚疏通即喂多量粗硬草料，或饮大量的冷水等原因，均易继发胃肠炎。肠变位经过中，因变位局部血液供应减少乃至局部缺血，进而血流减慢或停滞，渗出增多，局部发生水肿、出血，以及弥散性血管内凝血，极易继发胃肠炎。

【发病机理】

在胃肠炎的发生上，虽然不良草料、应激因素等对马骡的刺激起着重要的作用，但发病与否，主要取决于马骡的抵抗力，尤其是其胃肠的结构和屏障机能。临床资料表明，多数胃肠炎马，胃肠道原先就有增生性或萎缩性病理改变，这样的马骡，在不良草料等外因刺激下，容易破坏胃肠的屏障机能使慢性病急性发作，而发生胃肠炎。

胃肠发炎后，机体在病原因素、炎性产物等的刺激下，为了减轻这些不良因素对胃肠黏膜的刺激，减少炎性产物等有毒物质的吸收，并清除处理吸收入血的循环毒素，动员了一系列的应答性保护反应。

首先，胃肠黏膜在致病因素和炎性产物等的刺激下，黏液分泌增多，肠蠕动增强。大量黏液被覆在胃肠黏膜上，既可保护胃肠黏膜少受刺激，又可阻碍有毒物质与胃肠黏膜接触，减少其吸收，肠蠕动增强，引起腹泻，使肠道内的部分有毒物质随粪便排出体外，从根本上减少有毒物质的吸收。

其次，当肠道内有毒物质吸收入血后，随门脉循环进入肝脏，经过肝脏加工处理，可变为无毒或毒力减弱的化合物，连同处理不了或一时处理不过来的部分有毒物质，经肝静脉、后腔静脉流入心脏，再沿体循环流入肾脏，随尿排出一部分。

以上应答性保护反应，对机体固有一定的保护作用，但是，黏液分泌过多，既可影响消化液与消化酶类的分泌，又可包裹食糜，阻碍食糜颗粒与消化酶类接触，进一步加重消化障碍，尤其重要的是，随着黏液蛋白大量进入肠腔，进而为肠道内腐败菌(如大肠杆菌、腐败梭菌以及沙门菌等)的发育繁殖，造成良好的环境，使之过度繁殖，使肠道内的菌群在比例上发生急剧的改变，如果大肠杆菌等革兰阴性杆菌过度繁殖，其菌体大量崩解，释放出大量的内毒素，吸收入血，则可发生内毒素血症，甚至引起内毒素休克。黏液中的碱随泻粪大量丢失，则可加重胃肠炎经过中的酸中毒。随着炎症进一步的发展，消化不全产物、炎性产物、腐败产物和细菌毒素等有毒物质不断地积聚，对胃肠黏膜的刺激日益增强，使黏膜坏死、剥脱，甚至黏膜下的深层组织也发生出血、坏死，以致肠壁的防御屏障机能被破坏，选择性吸收功能丧失，肠道内的有毒物质更易迅速地弥散或吸收入血，尤其是在炎症主要侵害胃和小肠时，排粪迟滞，以致积滞在肠内的大量有毒物质被吸收，其自体中毒的发展极快，程度也极严重。

吸收入血的有毒物质，在经过肝脾等网状内皮系统加工处理和肾脏排毒时，毒素又刺激肝、肾细胞，进而使网状内皮系统和肾脏发生不同程度的变性、坏死和功能障碍。同样地，腹泻尤其是持续而重剧的腹泻，大量体液、电解质(主要是 Na^+、K^+)和碱性物质(主要是 HCO_3^-)随泻粪丢失，发生不同程度的脱水、失盐和酸中毒。

脱水，特别是高度脱水，由于血液浓稠，有效循环血量减少，血流速度缓慢，加上细菌内毒素的作用，使微循环高度淤血，进而引起弥散性血管内凝血(DIC)，使回心血量和心输出量减少，造成脑、心等重要器官供血不足，则会发生进行性休克，使病畜迅速死亡。

【症状】

疾病初起，多呈现消化不良的症状，以后逐渐或迅速地呈现胃肠炎的症状。

病马精神沉郁或高度沉郁,闭目呆立,驻立时不注意周围事物,卧地时常以唇触地支持头部。食欲废绝,而饮欲增进,结膜暗红黄染,皮温不整,耳和四肢末端发凉。口腔干燥,口色深红、红紫或蓝紫,乃至蓝紫带黑色,舌面皱缩,被覆多量舌苔。常有轻微的腹痛,喜卧或回顾腹部,也有腹痛剧烈的。持续重剧腹泻,是胃肠炎的主要症状,不断排稀软或水样恶臭或腥臭粪,粪内夹杂数量不等的黏液、血液或坏死组织片,肠音在腹泻时增强。病至后期,则肠音减弱或消失,肛门松弛,排粪失禁,部分病马则不断努责而无粪便排出。但在炎症主要侵害胃和小肠时,肠音往往减弱或消失,多数病马排粪迟滞,粪便干小而硬,色暗,表面被覆大量胶冻样黏液,后期可能出现腹泻。小肠炎,由于小肠内容物逆流,往往继发胃扩张,尽管食欲废绝,病经数日,每隔数小时插入胃管,仍能流出数千至万余毫升不等的微黄色酸臭的液状胃内容物。

胃肠炎症重剧的病马,脱水症状明显,皮肤干燥,弹力减退,眼球凹陷,肚腹蜷缩,角膜干燥,暗淡无光,尿少色浓,血液浓稠暗黑。自体中毒明显,全身症状重剧,大多数病马体温突然升高至 40℃以上,少数病马至末期体温才升高,个别病马则体温始终不升高。心搏动初期增强,以后减弱。脉搏增数,达 100 次/min,初尚充实有力,以后很快减弱,甚至不感于手。随着疾病的发展,全身症状很快增重,病马全身无力,极度衰弱,全身肌肉震颤,出汗,甚至出现兴奋、痉挛或昏睡等神经症状。

胃肠炎病马,血、尿变化比较明显,白细胞总数增多,中性幼稚型、杆状核白细胞百分率增高。血液浓稠,红细胞压容值和血红蛋白量均升高。尿呈酸性反应,尿中出现蛋白质或血液,尿沉渣内可能有数量不等的肾上皮细胞、白细胞,严重的病例,可出现管型。

霉性胃肠炎的特点:有喂发霉草料的生活史,在饲喂发霉草料后,同厩或同槽的马骡同时或相继发病。病初呈现急性消化不良的症状,常不易发现,往往在运动中症状突然增重。病至后期和严重的病例,神经症状比较明显,病马精神高度沉郁,有的狂躁不安,盲目运动。体温一般在39℃左右,有的后期升至 40℃以上。呼吸加快,脉搏增数。往往排污泥样恶臭粪便,也有不断排淡红色腥臭水样粪便的。病情发展迅速,治疗不及时,可于 1~2 d 死亡。

【病理变化】

胃肠黏膜呈卡他性、出血性乃至坏死性炎症,黏膜肿胀、潮红,点状或条状出血,黏膜下水肿,溃疡性肠炎则肠黏膜出现溃疡。肠内容物稀软恶臭,有血液和上皮细胞碎片。肠系膜淋巴结不同程度充血、肿胀。

(1)卡他性胃肠炎 剖检可见胃肠黏膜潮红、肿胀,黏膜表面被覆多量浆性或黏性渗出物,点状或线状出血或糜烂。镜检可见胃肠黏膜上皮变性脱落,杯状细胞数量增多和黏液分泌亢进,黏膜固有层及下层充血及炎性细胞浸润。

(2)出血性胃肠炎 剖检可见胃肠黏膜肿胀,弥漫性、斑点状出血,黏膜表面被覆多量红褐色黏液或混杂少量血凝块。镜检可见胃肠黏膜上皮变性,坏死和脱落,黏膜固有层和黏膜下层发生水肿、充血、出血等。

(3)纤维素性胃肠炎 剖检可见胃肠黏膜被覆灰黄色或黄褐色纤维素性伪膜,剥离伪膜后,黏膜肿胀、充血、出血和糜烂。内容物稀薄如水样,混有纤维蛋白凝块。镜检可见黏膜固有层和黏膜下层显示充血、出血、水肿和炎性细胞浸润。

(4)化脓性胃肠炎 胃肠黏膜被覆多量脓性渗出物,黏膜固有层和肠腔内有多量中性粒细胞。其他变化同卡他性胃肠炎。

(5)坏死性胃肠炎 剖检可见胃黏膜溃疡大小、形状不定,黏膜糜烂或穿孔。溃疡中心柔软液化,呈污秽褐色,肠壁形成黄白色或黄绿色干硬伪膜,不易剥离,剥离留有溃疡。镜检可见溃疡部坏死和活组织间充血、出血、炎性细胞浸润、成纤维细胞增生。

【实验室检验】

(1)血液检查　出现相对性红细胞增多症指征，如血液浓稠，血沉减慢，红细胞比容增高，血红蛋白含量增多，红细胞数、白细胞数增多；中性粒细胞增多、核左移；血小板显著增多。

(2)尿液检验　尿少色暗，密度增高，呈酸性反应，有时含多量蛋白；继发肾炎时，尿沉渣内有肾上皮、红细胞、白血病及各种管型。

【病程和预后】

(1)急性胃肠炎　病程短急，经过 2~3 h，治疗及时，护理好，多数有望恢复；若治疗不及时，则预后不良。

(2)慢性胃肠炎　病程较长，病势缓慢，病程数周至数月不等，最终因衰竭而死。

【诊断】

根据脱水和腹痛、口臭、舌苔黄腻以及腹泻、重剧等全身症状，结合病史、饲养管理及流行病学调查，即可做出诊断。

病因诊断和原发病的确定比较复杂和困难。主要根据流行病学调查，血、粪、尿的化验，草料和胃内容物的毒物检验，以区分单纯性胃肠炎、传染性胃肠炎、寄生虫性胃肠炎和中毒性胃肠炎；必要时，可进行有关病原学的检查。

【治疗】

胃肠炎应根据病马的个体特点和疾病的发展阶段，从实际条件出发，制订具体的治疗方案，在治疗中，应当抓住一个根本(消炎)、掌握两个时机(缓泻或止泻)、贯彻三早原则(早发现，早确诊，早治疗)、把好四个关口(护理、补液、解毒和强心)。既要抓住一个根本，集中全力消除炎症，又要兼顾全局，适时控制脱水和缓解自体中毒，保证消炎措施得以充分发挥作用，使病马痊愈。

(1)护理　对重症胃肠炎马，要安静休息，在心脏机能未稳定前，尽量少活动或禁止活动。病马卧地不起时，厚垫褥草，以防褥疮。病马饮欲增进时，勤饮含盐(1%左右)饮水，但在肠管吸收机能高度减退，肠腔内大量积液，而病马贪饮不止时，宜适当限制饮水量，以免徒然增加胃肠负担。病马食欲废绝，须人工维持营养时，以静脉注射葡萄糖液为宜，病愈后恢复期，则宜逐渐恢复正常饲养，突然喂饲过多，容易导致疾病复发。

(2)抑菌消炎　制止炎症发展，是治疗胃肠炎的根本措施，适用于各种病型，应贯穿于整个病程。消炎剂，可根据病情，选用高锰酸钾，配成 0.1% 溶液，内服，马一次 3~5 L，每日 1~2 次。

(3)缓泻或止泻　用药适时，既能减少肠道内有毒物质吸收，又可适时控制脱水，是治疗胃肠炎的两种重要措施。如果肠道马排粪迟滞时不缓泻，或刚刚腹泻就急于止泻，细菌毒素等有毒物质就会在肠内积滞，既刺激肠壁，加剧炎症发展，又可能大量吸收，加重自体中毒。反之，肠内积粪已基本上排出，且泻粪的臭味已不太大而仍剧泻不止时不止泻，甚至反而盲目地投服泻剂，则病马可因剧泻不止，高度脱水而死亡。故掌握好用药时机，是十分重要的。

①缓泻：适用于病马排粪迟滞，或虽排恶臭稀便，而排粪并不通畅时。在病的早期，可用硫酸钠或人工盐或食盐 300~400 g，加适量防腐消毒药内服。晚期，胃肠机能处于弛缓时，则以无刺激性的油类泻剂(如液状石蜡等)为宜。资料报道，槟榔碱 0.008 g，皮下注射，每 20 min 一次，直至病状改善和稳定为止，有一定的效果。

②止泻：适用于肠内积粪已基本排出，粪便的臭味不大而仍剧泻不止的非传染性胃肠炎马。

常用吸附剂，如木炭末，一次100~200 g，加水1~2 L，配成悬浮液内服。也可应用收敛剂，如鞣酸蛋白20 g，加水适量，一次内服。

胃肠炎马，虽已大量腹泻，但泻粪仍具恶臭味或夹杂多量脓血等异物的，不可再用泻剂，也不能急于止泻，首要的治疗措施在于消除胃肠炎症，应用消炎剂。炎症消除后，腹泻自止。

(4)补液、解毒、强心　胃肠炎经过中，脱水是严重的，重剧的脱水可达体重10%~12%，是抢救危重胃肠炎的三项关键措施。马急性腹泻，12 h失水量达50 L，而高度脱水，往往是引起微循环障碍、急性心力衰竭和促使病马急速死亡的直接原因，故应及时补液、解毒、强心，三者相辅相成，而以补液为主、补足有效循环血容量，是抢救微循环障碍胃肠炎马的基础。静脉补液时，药液的选择以复方氯化钠溶液或生理盐水为宜。当日一般先给1/2或2/3的缺水估计量，边补充边观察，其余量可在次日补完。临床上，补液用复方氯化钠溶液、生理盐水或5%糖盐水3~4 L，静脉注射，每日2~3次。一般以开始大量排尿作为液体基本补足的监护指标。

补充碳酸氢钠时，可先输2/3量，另1/3可视具体情况而定。有条件的可应用pH试纸检测尿液的酸碱性。临床上，5%碳酸氢钠溶液，5~10 mL/kg，静脉注射。

当静脉补氯化钾时，浓度不超过0.3%，输入速度不宜过快，先输2/3的量，另1/3视具体情况而定；内服时以饮水方式给药。

为了维护心脏功能，可应用乙酰毛花苷、毒毛旋花子苷K、安钠咖等药物。当心力衰竭时，禁止大量快速输液，但为了及时补足循环容量，可用5%葡萄糖生理盐水或复方氯化钠溶液施行腹腔补液，或1%温盐水灌肠。

中兽医治疗以清热解毒、消炎止痛、活血化瘀为主。宜用郁金散、白头翁汤或银白汤，煎汤给牛内服。

实施补液时，应切实注意以下几个问题。

①药液选择：胃肠炎经过中，无论是腹泻或肠道内积液所引起的脱水，均近于等渗性脱水，以输注复方氯化钠液或生理盐水或2/3等渗盐液加1/3液体为宜。输注5%葡萄糖生理盐水，兼有补液、解毒和营养的作用。出现微循环障碍时，加输一定量的10%低分子右旋糖酐溶液，兼有扩充血容量和疏通微循环的作用。

②补液速度：视脱水程度和心、肾机能状态而定，脱水严重而微循环障碍重剧时，初起，可按每千克体重0.5 mL/min的速度，快速输液，2~3 h后减半速输液。

③补液量：必须根据脱水的程度而定，一般根据皮肤的弹性、口腔湿度及眼球凹陷程度，大致推断脱水的程度。当脱水不超过体重3%时，无明显的临床症状；脱水占体重6%时，眼球凹陷，皮肤显著干燥而且弹性减退，可视黏膜和角膜面干燥；脱水达体重的20%~25%时，多数病马死亡。在冬季休闲时，体重300 kg的马，如不自饮，每日必须静脉注射5%葡萄糖液4~7 L，才能维持其水分的平衡。重症胃肠炎，一般每次静脉注射2~4 L，每日2~4次。当病马精神显著好转，心律变整齐，脉数逐渐恢复，且脉搏较充实，并开始排尿时，可以少量输液。在实施输液过程中，如病马高度脱水而心力极度衰竭，大量快速输液，心脏不易耐受，少量慢速输液又不能及时补足体液容量时，可用5%葡萄糖生理盐水或复方氯化钠液实施腹腔输液，资料报道，每分钟注入100 mL左右，腹膜吸收机能良好时，每小时可吸收2~4 L。临床上，大量静脉输液，需要大量液体，不易静脉输液时，可在静脉输注一定量液体而肠管吸收机能有所改善后，经胃肠道配合输液，以1%温盐水内服或灌肠，每次3~4 L，隔4~6 h一次。

④补钾：胃肠炎经过中，血钾往往降低，在马可按氯化钾0.75 g/L的浓度，静脉滴注，适时补钾，至血钾水平矫正为止。

⑤维护心脏机能：在补充液体的基础上，可适当选用速效强心剂，如西地兰、洋地黄毒苷等，参见急性心力衰竭的治疗。

⑥纠正酸中毒：在马可根据血浆二氧化碳结合力测定结果，计算补碱量。具体应根据病例血液红细胞比容容量（PCV）、血糖、血钾、血浆二氧化碳结合力（CO_2CP）等化验数据，计算出应该给予病例静脉输入的生理盐水、林格氏液、葡萄糖、碳酸氢钠、氯化钠和低分子右旋糖酐等注射液的剂量。根据病情对输液药物数量、先后及速度等进行适宜的安排。具体计算公式：

补充等渗氯化钠溶液估计量（mL）=（PCV 测定值-PCV 正常值）÷PCV 正常值×体重（kg）×0.25×1 000 [动物细胞外液以25%（0.25）计算，以下同此]

补充氯化钾估计量（g）=（血清 K^+ 正常值-血清 K^+ 测定值）×体重（kg）×0.25÷14（1 g KCl≈14 mmol K^+）

补 5%碳酸氢钠液（mL）=（50-测定血浆二氧化碳结合力）×0.5×体重（kg）

例如，300 kg 体重马脱水时，测得血浆二氧化碳结合力为 40 容积%，则应补 5%碳酸氢钠液（mL）=（50-40）×0.5×300=1 500 mL，按上式计算的补碱量，在补足碱液值后，可使血浆二氧化碳结合力恢复至正常水平，与正常血浆二氧化碳结合力平均值比较，差异不显著。

（5）对症处置　胃肠炎经过中，腹痛明显的，可针刺三江、分水等穴，或应用镇静剂，如30%安乃近液 20 mL，一次肌内注射。胃肠道出血严重的，可用10%氯化钙液 100 mL，一次静脉注射，或0.5%兽用止血针注射液 5~10 mL，肌内注射，每日 1 次。病马恢复期，为促进食欲，恢复胃肠机能，可选用适当的健胃剂，参见消化不良的治疗。

（6）中药疗法　常按以下 3 种类型辨证施治。

①湿热型：病马发热不食，贪饮，倦怠无神，口色红紫，苔黄而腻，臭味大，荡泻，泻粪腥臭，尿少，脉由洪数急变细数的，用白头翁汤加减，以清热解毒，渗湿利水。方以：白头翁 100 g，黄连、黄柏、秦皮各 50 g，苦参 50 g，猪苓、泽泻各 25 g，水煎去渣灌服。

②实热型：病马发热不食，嗳气贪饮，肠音弱，粪干小，或先干后稀，口色红紫，苔黄厚，脉初沉数有力，后细数无力的，用郁金散加减，以清热解毒，导滞通便。方以：郁金 75 g、黄连 25 g、黄芩 50 g、黄柏 50 g、茵陈 25 g、厚朴 25 g、白芍 25 g、大黄 75 g、芒硝 200 g，水煎去渣灌服。

③热毒型：病马发热不食，气促喘粗，泻粪如浆，腥臭带血，口干舌燥，口色红紫，苔灰黄，脉沉细数，精神痴呆或躁狂不安，冲墙撞壁，转圈运动的，用凉血地黄汤加减，以清热、解毒、凉血、止血。方以：水牛角 50 g、生地 100 g、丹皮 50 g、栀子 40 g、双花 40 g、连翘 35 g、槐花 25 g、钩藤 50 g，水煎去渣灌服。

以上各方，可随症加减，加减的原则是：

腹痛剧烈的，加乳香、没药、白芍、甘草等理气止痛药。

里热过盛的，加或重用双花、连翘、栀子、蒲公英等清热药。

泻粪脓血较多的，加瞿麦、地榆、蒲黄等止血药。

尿少色红的，加或重用木通、车前子、滑石等利水药。

口干耗津的，加或重用玄参、生地、石斛、寸冬等滋阴生津药。

热毒已除、仍峻泻不止的，减硝、黄等攻下药，加乌梅、制诃子等收涩药。

四肢冰凉、出冷汗、脉微欲绝的，单用参附汤（制附子、党参、黄芪等）。

病至后期、气血两虚的，减苦寒药，酌用党参、黄芪、白术、甘草、当归、白芍等补养药。

【预防】

胃肠炎的预防措施,基本同消化不良,主在加强饲养管理,减少草料、气温骤变等应激因素的刺激。及时治疗容易继发胃肠炎的便秘和消化不良等原发病。

马属动物急性结肠炎(acute colitis in horses)

急性结肠炎是盲肠、结肠黏膜及其深层组织的重剧性炎症,又称马急性盲结肠炎(acute caeco-colitis of equine)或急性结肠炎综合征(acute colitis syndrome)等。其临床特征为突然发病,重剧性腹泻,进展急速的休克和短急的病程。多见于马、骡,驴发病较少,各种年龄的马、骡均可患病,但以壮龄者为多。

【病因】

饲料突然改变,尤其突然过饲高淀粉饲料(尤其玉米粉)时,气候骤变、过度疲劳、车船运输、手术、妊娠、分娩等应激因素的影响下,或继发于流感、传贫、烧伤、骨折、呼吸道感染等各种疾病的经过中,还见于滥用抗生素时,如内服或注射土霉素、四环素等广谱抗生素等。

【发病机理】

一般认为,马属动物的急性盲结肠炎在病的发生上与肠道菌群失调(即重感染)有关。在上述致病因素的作用下,动物交感神经反应性增强,儿茶酚胺等缩血管物质分泌增多,腹腔血管收缩,肠管血液供应减少,肠道屏障机能及内环境发生改变,常在菌数量比例失常,造成肠道菌群失调;尤其滥用抗生素时,使肠道微生态群被破坏严重,大多数常在菌被抑制或杀灭,而某些耐药菌株大量繁殖取而代之,如大肠杆菌、副大肠杆菌、沙门菌等异常增殖并大量崩解,释放出大量肠毒素和内毒素。前者直接作用于肠壁,发生盲肠和大结肠黏膜及其深层组织的淤血、水肿、出血以及坏死;后者则经肠壁和腹膜吸收入血,引起内毒素血症,进而导致内毒素休克并激发弥漫性血管内凝血。

【症状】

本病无明显的前驱症状,突然起病。突然发生腹泻,粪便呈粥样或水样、腥臭;食欲废绝,大多思饮,口腔干燥,病畜精神高度沉郁,肌肉震颤,局部或全身出汗,耳、鼻、四肢末端发凉,体温升高(39~42℃),可视黏膜发绀,呈红紫色、蓝紫色乃至紫黑色,呼吸浅表而快速,脉搏细数乃至不感于手。心率100次/min以上,心音减弱,心律失常。大小肠音减弱或废绝,腹围逐渐增大,腹部冲击式触诊可感到肠管内潴留大量液体。少尿以及无尿。血压显著降低,尾动脉舒张压低于5.3 kPa,微血管再充盈时间延迟至5~10 s或更长。

【病理变化】

尸体高度脱水,皮下血管充满不凝固的煤焦油样血液,皮下出血。盲肠及大结肠的病变明显,其浆膜呈蓝紫色,肠内积满恶臭泡沫状内容物,黏膜充血、水肿,并有散在小点出血和坏死,结肠淋巴结充血、水肿。

肝脏充满浓稠不凝固血液,由切面溢出。脾脏充血,淋巴滤泡及淋巴组织萎缩。肾上腺、鼻腔、喉囊和肺脏充血、水肿。心脏扩张,心肌质地较软,切面呈煮肉色。

【实验室检验】

拭取粪便涂片,做革兰染色,可观察到密集而单一的革兰阴性小杆菌,而革兰阳性菌极少乃至绝迹。血液黏稠而色暗;红细胞比容容量(PCV)增高,可达40%~70%;血液pH值下降,常低于7.3,严重的可接近7.0;血小板数减少,低于1×10^{11}/L;全血凝血时间(WBCT)延长,可达

20 min；一期法凝血酶原时间（OSPT）延长，可至 16~30 s。白细胞总数减少至 $5×10^9$/L 甚至 $1×10^9$/L 以下，中性粒细胞比例降低，并出现中毒性颗粒。血乳酸含量显著增高，可达 3.33~5.55 mmol/L（30~50 mg/dL）；血浆二氧化碳结合力降低，可达 40% 以至 20%。腹腔液、血液乃至脑脊液做鲎试验呈阳性反应（鲎试验阳性是内毒素血症指征）；鱼精蛋白副凝集（3P）试验，多呈阳性反应（3P 试验是弥漫性血管内凝血指征）。尿呈酸性，pH 6.0 左右。

【病程和预后】

病程很短，发展极快，一般在数小时至 24 h 内死亡，极少数病例拖延 3~5 d。多数病例预后不良，病死率在 70% 左右。

【诊断】

根据病史调查、临床特征及实验室检验可做出诊断。

（1）病史调查 饲养失宜、环境应激、滥用药物或继发其他疾病过程中。

（2）临床特征 起病突然，暴发性重剧腹泻，休克危象进展急速，病程短急等。

（3）实验室检验 粪便细菌学检查和内毒素血症检验，对本病的诊断有一定的帮助。

应注意与肠型炭疽及普通胃肠炎进行鉴别诊断。

（4）鉴别诊断 ①肠型炭疽，巴氏杆菌病和沙门菌病鉴别，可根据血液细菌学检查及血清学检验确立诊断；②普通胃肠炎鉴别，一般性胃肠炎，尤其胃和小肠炎症为主的，口征明显；急性盲结肠炎，口征轻微。一般胃肠炎多在中后期出现休克危象；而急性盲结肠炎在起病后的数小时内至多 10 h 前后即显现休克危象。一般胃肠炎的脱水体征渐进性增重，急性盲结肠炎脱水体征来势凶猛、迅速。

【治疗】

治疗原则：抑菌消炎、复容解痉、解除酸中毒和维护心肾机能。

（1）抑菌消炎 是治疗急性结肠炎的中心环节。可用庆大霉素 1 500~3 000 IU/kg，静脉注射；头孢噻吩钠 15~20 mg/kg，或诺氟沙星 10 mg/kg，或环丙沙星 2~5 mg/kg，肌内注射。

（2）复容解痉 是抗休克、急救的核心措施。切记扩容在前，解痉继后，不容颠倒。实施输液时，要注意掌握补液数量、种类、顺序和速度，严密监护补液效应，并适时应用扩血管药。

补液量可参照胃肠炎，但应结合临床具体情况，适当调整。液体种类，初中期宜输等渗盐水和低分子右旋糖酐溶液，后期可加输葡萄糖盐水。输注顺序，应先为等渗盐溶液，继之 5% 碳酸氢钠溶液，然后低分子右旋糖酐溶液，最后葡萄糖盐水加速效强心剂或肾上腺皮质激素滴注。输液速度，开始 30 min 内应全速输注，每千克体重输入 1 mL/min，即每分钟要输注 500 mL 液体。为此，可用粗针头做加压输注或双侧颈静脉输注，必要时并用腹膜腔内注入。以后即改为平速输注，每千克体重输入 0.25~0.5 mL/min，即 4~6 min 输进 500 mL 液体。

补液的同时，务必监测心脏的功能状态，如心率、心音强度和心音节律等，有条件应测定中心静脉压，如果中心静脉压低，表示血容量不足，此时必须大量快速输液，改善循环功能，改善心脏功能指标；中心静脉压高，表示心脏功能不全，往往心跳极速，心音减弱，必须先强心，后补液，输液速度不宜过快，输液量不宜过多。

在补足血容量的基础上，要及时应用扩血管药，以改善组织的微循环灌注。常用 2.5% 氯丙嗪肌内注射或静脉注射，每次 10~20 mL，每隔 6~8 h 一次；1% 多巴胺注射液 10~20 mL 或 0.5% 盐酸异丙肾上腺素 2~4 mL，静脉滴注。

（3）缓解酸中毒 本病经过中伴有重度酸中毒且进展极快，及时大量补碱，输注 5% 碳酸氢钠溶液十分必要。补充量依据血浆二氧化碳结合力的数值估算，体重 300 kg 的马骡，血浆二氧化碳结合力测定值每降低3.5%，即补充5%碳酸氢钠500 mL。

（4）维护心肾机能   可静脉滴注西地兰注射液1.6~3.2 mg，4~6 h后再注射0.8~1.6 mg，也可注射毒毛旋花子苷K注射液1.5~3.7 mg。可内服氢氯噻嗪或静脉注射呋塞米（又称速尿）等强力的利尿剂。

（5）输氧疗法   能及时解除患畜的缺氧。

马胃扩张(gastric dilatationin equine)

马胃扩张在中兽医上称为大肚结，是马属动物常见的真性腹痛病之一，约占马腹痛病的6%，在某些高发地区，可占腹痛病的32.12%乃至44.8%。胃扩张多发于马，较少发生于骡和驴。按病程，分为急性胃扩张和慢性胃扩张；按发病原因，分为原发性和继发性胃扩张；按胃内容物的性状，又分为食滞性、气胀性及液性胃扩张。

(一)急性胃扩张

急性胃扩张是由于采食过多或胃的后送机能障碍所引起的胃急性膨胀或持久性胃容积增大的一种急性腹痛病。临床上以采食后突然发病，呈中等或剧烈的腹痛，腹围变化不大而呼吸促迫，以及导胃可排出大量气体、食糜或液体为特征。据吉林大学兽医内科教研室近10年的病例统计，急性胃扩张约占腹痛病的2%，本病经过急，如发现过晚或延误治疗，往往造成死亡。

【病因】

（1）原发性胃扩张   主要是采食过量难以消化和容易膨胀与发酵的饲料，如黏团的谷粉或糠麸、冻坏的块根类、堆积发霉的青草；饲养管理不当，如饲喂失时、过度疲劳、饱饲后立即重役，采食精料后立即大量饮水等；病畜原来患有慢性消化不良、肠道蠕虫病，或饲料中混有大量沙土砾石，使胃壁的分泌和运动机能遭到破坏而发生本病。

饲喂不及时，马骡过度饥饿，饲喂时又过多过早地添加精料，马骡由于饥饿，狼吞虎咽，贪食过多而发生胃扩张。突然改变饲养制度，如由舍饲突然改为放牧时，马骡容易采食过量的幼嫩青草、青稞、或豆科植物(豌豆茎叶、青苜蓿)等，由放牧突然改为舍饲时，马骡容易贪食过多的精料。贪食大量幼嫩青草容易发酵产气，贪食过多精料容易膨胀，均易引起急性胃扩张。

在马骡，常有因脱缰，偷吃大量精料或饱食后饮大量冷水，或立即服重役而发病的。偶尔也有因过饮大量的水而发生液性胃扩张的。

（2）继发性胃扩张   急性型病例常继发于小肠积食、小肠变位等剧烈的腹痛经过中；肠阻塞，胃后送障碍；肠阻塞前部肠段分泌激增，过多的肠内容物经肠逆蠕动而返回胃内。慢性胃扩张，继发于慢性胃排空机能障碍，如胃内肿瘤和脓肿压迫、瘢痕性收缩而致使胃幽部狭窄，或因胃蝇蛆密集寄生、溃疡等慢性刺激的持续作用而致使幽门括约肌失弛缓。

这是由于肠腔阻塞，阻塞部前方分泌增加，以及肠管的逆蠕动，肠内容物返回到胃内，使胃过度膨满而发生的。个别的胃状膨大部便秘病马，也可继发胃扩张，这可能是因为便秘的胃状膨大部压迫十二指肠，使胃内容物的后送发生障碍的缘故。此外，小肠炎时，由于小肠内容物逆流，也往往继发胃扩张。

【发病机理】

生理情况下，胃内的食物，在神经体液因素调节下，借助胃肠分泌的消化液，胃壁的蠕动，幽门的开放，将食物不断搅拌，不断消化后送，使胃内容物的进入量和后送量保持着动态平衡。

当马骡处于饥饿状态，或突然增喂马喜欢吃的精料，特别是容易发酵和膨胀的精料，贪食过多时，使胃的容受量超过了生理限度，过度膨满的胃壁受强烈的刺激，分泌和蠕动机能发生紊乱，幽门痉挛，进而使胃排空机能障碍，导致胃内容物积聚而发病，尤其是消化机能减弱的马骡更易发病。

胃扩张发生后，一方面，机体积极动员其适应调节机能，如胃的分泌增加和蠕动增强等，将堆积的胃内容物消化后送，临床上也偶尔见到轻度胃扩张病马不治而愈的实例。另一方面，胃内堆积的大量食物，使胃壁膨胀，刺激胃壁，引起胃壁痉挛，从而导致腹痛；与此同时，胃液大量分泌，血中氢离子、氯离子大量丧失，加上因腹痛出汗，而使机体脱水。随着食物积聚时间的延长，胃内容物在细菌的作用下腐败发酵，产生大量的气体和有毒物质(胺、酚等)，导致胃壁过度膨胀，一方面，使胃液分泌增多，由于过多的分泌加上体液的丧失，血中氢离子、氯离子越来越少，使脱水增重，有的甚至引起碱中毒；另一方面，由于胃过度膨胀，使腹痛更加剧烈，剧烈的腹痛可使交感神经兴奋、肾上腺素分泌增多，幽门进一步痉挛，胃后送机能障碍加重，病情不断恶化。

膨胀的胃，引起剧烈腹痛和压迫膈，膈的位置前移，胸腔内压增高，不但引起呼吸困难，而且影响血液环流，加上机体严重的脱水，血液浓稠，因而加重心脏负担，甚至造成心脏衰弱或心力衰竭。严重的胃扩张病马，胃内压增高，加重对膈的压迫，在病马剧烈滚转或摔倒的情况，往往造成胃和膈破裂。资料表明，当胃内压力达 6.67~18.67 kPa 时，即可发生胃破裂。

【症状】

原发性急性胃扩张多在采食后或经 3~5 h 后突然发病，继发性的一般先出现其原发病症状，以后才出现胃扩张的症状。急性胃扩张的综合症状包括：

(1)腹痛剧烈　病初呈中度的间歇性腹痛，但很快变成持续性剧烈腹痛，病马不断倒地滚转，急起急卧，或快步急走，向前猛冲，个别病马呈犬坐姿势。

(2)消化系统　病初口腔湿润或黏滑有酸臭味，口腔 pH 值在 6 左右。病马饮食欲废绝，肠音初活泼，频频排少量而松软粪便，有灰黄色舌苔，后肠音减弱或消失，初期排粪减少以后停止，有嗳气表现，个别病马发生呕吐或干呕，呕吐时鼻孔张开并流出酸臭的食糜。多数病马呼吸促迫而腹围不大，多数病马可在左侧第 14~17 肋间，髋结节水平线上听到短促的胃蠕动音，类似沙沙音、流水音或金属音，3~5 次/min，或达 10 次，当导出胃内容物后，此种音响便逐渐减弱或消失。不少病马出现嗳气，嗳气时，可在左侧颈静脉沟部看到食管的逆蠕动波，并能听到含漱样的蠕动音。个别重症病马发生呕吐，呕吐时，病马低头伸颈，鼻孔开张，腹肌强烈收缩，由口腔或鼻孔流出酸臭食糜。

(3)胃管插入　对胃扩张的病马行胃管插入时，感到食管松弛，阻力小而容易推进。而胃管进入胃内后，若是气性胃扩张，可排出大量酸臭气体和少量粥样食糜，食滞性胃扩张时，仅排出少量气体，胃内容物不易导出，但胃排空试验阳性，液性胃扩张时，则排出多量液状胃内容物。随着气体、液体和胃内容物的排出，腹痛立即减轻或消失，呼吸也平稳下来。

(4)直肠检查　胃扩张的病马，脾脏后移，其后缘可达髋结节垂直线处。但须注意，不能单纯把脾脏后移作为胃扩张的重要诊断依据，因为有些马骡，特别是骡，在生理状态下，脾的后缘就在髋结节的下方。由于胃过度膨胀，可在左肾前下方摸到膨大的胃盲囊，随呼吸而前后移动，如感到胃壁紧张、光滑、并富有弹性，是气胀性胃扩张的特征，如有黏硬感，则是食滞性胃扩张的特征。

(5)全身症状明显　结膜潮红或暗红，脉搏增数，呼吸促迫、可达 20~50 次/min，鼻翼扇动，在胸前、肘后、耳根等局部出汗或全身出汗，重症的伴有脱水体征，血氯化物含量减少、血液碱储增多等碱中毒指征。胃管检查,如从胃管中排出大量酸臭气体和少量食糜后,腹痛减轻或消失,即表明为气胀性胃扩张;若仅能排出少量气体,腹痛不减轻,表明可能是食滞性胃扩张。直肠检查,在左肾下方常能摸到膨大的胃后壁,随呼吸前后移动,触压紧张而有弹性,多为气胀性或积液性;触压呈捏粉样硬度,多为食滞性,而这三种胃扩张病例的脾脏位置都后移。

继发性胃扩张,先有原发病的表现,以后才出现嗳气、呼吸促迫、胃蠕动音等胃扩张的主要症状。全身症状较重,脉搏细弱而快。插入胃管时,立即喷出大量黄绿色的酸臭液体,其量可达10 L左右。液体排出后,病畜腹痛暂时缓解,若原发病不除,则经数小时后,又现腹痛。对胃内容物行胆色素检查,呈阳性反应。检查方法:取未经滤过的胃液4~5滴,滴在滤纸上,再滴加一滴稀薄(0.5%)美蓝液,出现淡绿色的,表示有胆色素存在。

【病程和预后】

急性胃扩张,尤其是食滞性胃扩张,能洗出少量胃内容物,适当治疗,通常数小时内康复,仅于数日内遗留轻微的胃炎。重剧的胃扩张,则可因呼吸、循环衰竭、胃破裂或膈破裂而死亡。继发性胃扩张的经过,随原发病而定,原因不除去,经常反复发生。

【诊断】

急性胃扩张经过急剧,发展迅速,拖延时间就有可能造成死亡。因此,对急性胃扩张应尽快做出诊断,实施治疗。

诊断要点和诊断程序:首先,根据起病情况、腹痛特点、腹围大小与呼吸促迫、胃的听诊以及胃管插入等来判定是不是胃扩张。遇到有嗳气、腹围不大而呼吸促迫的剧烈腹痛病马,就应考虑可能是胃扩张。若是采食后突然起病或在其他腹痛病的经过中病情突然加重,表现剧烈腹痛、口腔湿润而酸臭、频频嗳气、腹围不大而呼吸促迫,可考虑是急性胃扩张。此时应当做胃管及胃的听诊,如能听到食管的逆蠕动音和胃蠕动音,可初步诊断为急性胃扩张。随即插入胃管,如自动排出多量气体及一定量食糜,或胃排空机能有障碍(灌入1~2 L温水后,能导出大部分甚至超过灌入量),可确诊为急性胃扩张。若从胃管喷出大量酸臭气体和粥样食糜,腹痛随之缓和或消失,全身症状好转,不再复发,且直肠检查肠管无明显异常的,病史调查有食入大量易发酵的饲料,腹痛剧烈,胃管插入时喷出大量酸臭气体和粥样食糜,直肠检查时胃壁紧张而有弹性,是原发性气胀性胃扩张;如仅排出少量酸臭气体,导出少量或全然导不出食糜,腹痛无明显减轻,反复灌以1~2 L温水能证实胃后送机能障碍,且直肠检查能摸到质地黏硬或呈捏粉样的胃壁,有采食大量易膨胀的精料病史,则提示可能为胃食滞性胃扩张;如从胃管自行流出大量黄绿色或黄褐色酸臭液体,而气体和食糜均甚少,其中含有胆色素,导胃后腹痛仅暂时减轻,不久又加重,且有喝了大量的水后发生剧烈腹痛病史,则为积液性胃扩张,若直肠检查确定有便秘或肠变位的,多是继发性的,要注意探索其原发病,包括小肠积食、小肠变位、小肠炎、小肠蛔虫性阻塞等,依据各原发病的临床特点,逐一加以鉴别。

【治疗】

治疗原则:排出胃内容物、制酵减压、镇痛解痉、强心、补液为主,辅以加强护理。

(1)排出胃内容物　为了排出胃内积聚的气体、液体和食糜,应抓紧时间进行导胃。若是原发性气胀性胃扩张,经过导胃排气之后,再灌服适量的制酵剂,病畜很快就变安静,症状随即减轻、消失,而不再复发;若是食滞性胃扩张,可在排出部分胃内容物后,反复进行洗胃。但要注意,在反复洗胃时,每次灌水不能过多,以1~2 L为宜。

(2)制止胃内腐败发酵和降低胃内压　对气胀性胃扩张,在导胃减压后经胃管灌服适量制酵剂即可,用乳酸10~20 mL或食醋0.5~1 L、75%乙醇100~200 mL、液体石蜡0.5~1 L、加水适量一次灌服；或用乳酸 15~20 mL、75%乙醇 50~100 mL、松节油 40~60 mL、樟脑 3~5 g，加水适量混匀灌服。食滞性的，重点是反复洗胃，直至导出胃内容物无酸味为止。积液性的多为继发，重点是治疗原发性，导胃减压只是治标，仅能暂时缓解症状。

（3）镇痛解痉　①腹痛合剂：水合氯醛 100 g、樟脑 20 g、95%乙醇 120 mL、乳酸 60 mL、松节油 240 mL，临用时充分振荡，取 80~120 mL，加水适量内服。②水合氯醛 25~35 g、乙醇 30~40 mL、福尔马林 15~20 mL、温水 500 mL，一次内服，对气胀性胃扩张，可收到满意的效果。③5%水合氯醛酒精液 300~500 mL，一次静脉注射。④乳酸 10~20 mL 或乙酸 30~60 mL，加水 500 mL，一次内服。⑤醋姜盐合剂：醋 250 mL、姜(切碎)100 g、食盐 50 g，同调内服。⑥如缺少上述药品，可内服食醋 0.5~1 L。⑦据资料报道，对食滞性胃扩张，可应用普鲁卡因粉 3~4 g、稀盐酸溶液 15~20 mL、液体石蜡 0.5~1 L、常水 500 mL，混合，一次灌服。⑧据报道对急性胃扩张病马，可先以戊巴比妥钠 2 g、灭菌蒸馏水 20 mL、溶解后肌内注射，15 min 后，病马呈现嗜睡状态，稍后，用冰醋酸 5 mL 或乙酸 30~60 mL、水 500 mL，或食醋 0.5~1 L，内服，1 h 后肠音恢复，症状消失。

（4）防止脱水和自体中毒，保护心脏　重症胃扩张或病的后期，病马精神沉郁，心力衰竭，脱水和自体中毒时，可依据脱水失盐性质，最好补给等渗或高渗氯化钠或复方氯化钠溶液，切莫补给碳酸氢钠溶液，及时进行强心、补液(详见胃肠炎的治疗)。

对继发性急性胃扩张，上述疗法都是治标，根本措施在于治疗原发病，解除肠阻塞。

中药疗法，可应用调气攻坚散加减。

处方：香附 50 g、苍术 40 g、枳壳 50 g、青皮 40 g、三棱 30 g、莪术 30 g、莱菔子 40 g，水煎过滤，取煎液 500 mL，加醋、麻油各 250 mL，内服。

加减：胃中气胀较重的，重用莱菔子，加砂仁、台乌；胃中液体较多的，减莱菔子，加大腹皮、泽泻；胃中积料较多的，加焦三仙。

（5）加强护理　专人守护，注意防止病马因剧烈滚转造成胃、膈破裂。病马不需要牵遛。治愈后，停喂 1 d，然后逐渐恢复正常饲养。

【预防】

预防本病在于加强饲养管理，在劳役过度、极度饥饿时，应少喂勤添，避免采食过急，在由舍饲改为放牧或由放牧改为舍饲时，应逐渐过渡，避免贪食过多；加强管理，防止马、骡脱缰后潜入饲料房或仓库偷吃大量精料。

（二）慢性胃扩张

慢性胃扩张是胃持续膨大、反复发作的慢性腹痛病，临床上以每次采食后出现腹痛症状为特征。马有时发生。

【病因】

（1）原发性慢性胃扩张　多因长期饲喂粗硬难以消化而排空缓慢的饲料，如蒿秆、豆萁等而引起，尤其是老龄衰弱、胃壁弛缓的马骡，更易发病。咽气癖，也是引起慢性胃扩张的一个因素。

（2）继发性慢性胃扩张　多因幽门阻塞，如幽门部肿瘤压迫、瘢痕狭窄等，或小肠阻塞，妨碍胃内容物排空而发生。

【症状】

病马食欲废绝，有中等程度的、持续的或反复发生的腹痛，在幽门狭窄的病例，腹痛于采食之后立即发生，由其他原因引起的慢性胃扩张，则在采食后短时间内发生腹痛，这种腹痛常可持续数小时。直肠检查可以摸到胃脏。排粪量少，通常稀软呈糊状，恶臭，可能含有消化不全的植物纤维和谷粒。病畜逐渐消瘦，可经数月乃至经年，最终多因胃破裂或窒息而死亡。

【诊断】

本病临床上根据饲喂后腹痛反复发作，胃管插入后可排出一定量的胃内容物(胃内容物或呕吐物由胃而来的，呈酸性反应；由肠反流而来的，则呈碱性反应，并含有胆汁)，以及直肠检查能摸到膨大的胃，不难诊断。但需与以胃和小肠充满大量液体和气体为特征的一种疾病进行鉴别诊断。

【治疗】

目前，本病尚无理想的治疗方法，主要是改善饲养管理，喂以多汁、柔软易消化的饲料。兴奋胃蠕动的药物(如士的宁)，也无满意的效果，可适当试用。

肠便秘(intestinal impaction)

肠便秘是因肠运动与分泌机能紊乱，内容物停滞而使某几段或某段肠管发生完全或不完全阻塞的一种腹痛病。其临床特征是食欲减退或废绝，口腔干燥，肠音沉衰或消失，排粪减少或停止，有腹痛，直检可摸到秘结的粪块。肠便秘是马属动物最常见的内科病，也是最多发的一种胃肠性腹痛病。

马肠便秘按秘结部位，可分为小肠便秘和大肠便秘；按秘结的程度，可分为完全阻塞性便秘和不完全阻塞性便秘等。详细分类有十余种之多。

【病因】

目前，公认的发病原因是粗硬饲草，这是决定肠便秘发生的基本因素，激发因素和易发因素也可促进本病的发生与发展。

(1)基本因素 包括长期饲喂小麦秸、蚕豆秸、花生藤、甘薯蔓、谷草等粗硬饲草，其中含粗纤维、木质素和鞣质较多，尤其在受潮霉败后，湿而坚韧，不易咀嚼与消化，或因其中含有某种或某些能干扰大肠纤维素消化的因素，降低粗硬饲料的可消化性等诱发本病。

(2)激发因素 是指在饲喂上述粗硬饲草的前提下，促使具备易发便秘因素的马匹发生便秘的各种直接原因，主要包括：饮水不足，机体缺水，使血浆水分向大结肠内净渗出(每昼夜至少10 L)减少而重吸收过度，肠运动机能减退，肠内容物逐渐停滞或干涸；盐摄入量不足，致使消化液分泌不足，肠内水分减少，内容物 pH 值降低，肠肌弛缓，常激发各种不全阻塞性大肠便秘；饲养突变如草料种类、日粮、组分、饲喂方法，或气候骤变如温度、湿度、气压等急剧变化形成的饲养应激和气象应激，导致胃肠的植物神经控制失去平衡，肠内容物停滞而发生便秘。

(3)易发因素 是指马骡个体存在的易发便秘的各种内在原因，即预置因素。这些因素包括抢食或吞食，由于采食过急，咀嚼不细，与唾液混合不充分，胃肠反射性分泌不足，妨碍消化；长期休闲与运动不足，引起胃肠平滑肌紧张性降低，消化腺兴奋性减退，导致胃肠运动弛缓和消化液分泌减少；另外，牙齿磨灭不整、慢性消化不良、肠道寄生虫重度感染等，也易引起胃肠的运动与分泌机能障碍或结构异常，成为肠便秘的诱发因素。

【发病机理】

传统的肠便秘发生机理认为，在上述致病因素作用下，机体植物神经系统机能紊乱，副交感神经兴奋性降低，交感神经兴奋性增高，使肠蠕动减弱，消化液分泌减少，以致草料消化不全，粪便停滞阻塞肠腔而发生。

我国学者李毓义等，提出马骡肠便秘的发生未必都是肠管运动减弱和消化液分泌减少的结果。认为完全阻塞性肠便秘，可能起病于肠肌痉挛或失弛缓；而不完全阻塞性肠便秘，可能起病于肠弛缓或弛缓性麻痹。究其原因，前者主要是由于胃肠植物神经调节功能失调所致；后者则主要起因于肠道内环境的改变，特别是纤维素微生物消化所需条件，如大肠内酸碱度和含水量的改变。

马属动物是单胃草食兽，饲草中的纤维素是在大肠内经纤毛虫、细菌等微生物发酵，产生挥发性脂肪酸而被吸收利用。马主要在采食咀嚼期间分泌唾液，其中腮腺唾液日分泌量为 10~12 L，碳酸氢盐含量为 50 mmol/L，能为中和发酵的酸性产物提供充足的碱基。马胰腺分泌是连续性的，饲喂咀嚼可长时间地显著提高胰液的分泌速率，其分泌量大(5~12 L/d)，碳酸氢盐浓度低，氯化钠含量高(1 800 mmol/L)；马胆汁分泌同样是连续性的，也含有大量氯化钠。马与其他动物一样，可向回肠终末端和结肠内分泌碳酸氢盐，吸收氯化钠，进行离子交换。因此，马胰液和胆汁内高含量的氯化钠可给回肠和结肠内的阴离子交换提供媒介物，以换取碳酸氢根，为缓冲盲肠和腹侧大结肠内纤维素发酵生成的挥发性脂肪酸提供大量碱基，将盲结肠液的 pH 值控制在 5.94~7.55，保证大肠运动正常。由此设想，马不完全阻塞性大肠便秘时的肠弛缓性麻痹，可能是粗硬饲料咀嚼不细，与唾液混合不完全，胰液和胆汁反射性分泌不足、或其中氯化钠含量过低，以致换取碳酸氢根过少，使大肠内环境特别是酸碱度和含水量发生改变，纤维素发酵过程发生障碍的结果。

【症状】

肠便秘的临床症状因阻塞程度和部位而异。

(1)完全阻塞性便秘　呈中等或剧烈腹痛；口舌干燥，病程超过 24 h，口臭难闻，舌苔灰黄；初期排干小粪球，数小时后排粪停止；肠音沉衰或消失；初期除食欲废绝、脉搏增数外，全身状态尚好，但 8~12 h 后即开始增重，表现结膜潮红，脉极速，常继发胃扩张而呼吸粗迫，继发肠臌气而肷窝平满，或继发肠炎和腹膜炎而体温升高，腹壁紧张；病程短急，多为 1~2 d 或 3~5 d。

(2)不完全阻塞性便秘　多表现轻微腹痛，个别的呈中度腹痛；口腔不干或稍干，口臭和舌苔不明显；排粪迟滞、稀软、色暗、恶臭，有的排粪停止；肠音减弱，有的肠音消失；饮食欲多减退；全身病态不明显，一旦显现结膜发绀、肌肉震颤、局部出汗等休克危象，则表明阻塞肠段已发生穿孔或破裂。病程缓长，多为 1~2 周或更长。

(3)不同部位肠便秘的临床特点

①小肠便秘(完全阻塞)：多在采食中或采食后数小时内突然发病。剧烈腹痛，全身症状明显，并在数小时迅速增重。常继发胃扩张，鼻流粪水，肚腹不大而呼吸促迫，导胃则排出大量酸臭气体和液体，腹痛暂时减轻但很快又复发。病程短急，一般 12~48 h，常死于胃破裂。直肠检查，秘结部如手腕粗，呈圆柱形或椭圆形，位于前肠系膜根后方、横行于两肾之间，位置较固定的，是十二指肠后段便秘；其位于耻骨前缘，由左肾的后方斜向右后方，左端游离可牵动，右端连接盲肠而位置固定的，是回肠便秘；其位置游离，且有部分空肠膨胀的，是空肠便秘。十二指肠前段便秘，位置靠前，直肠检查触摸不到。

②小结肠、骨盆曲、左上大结肠便秘(完全阻塞)：起病较急，呈中等度或剧烈腹痛，起病6~8 h 后显现继发性肠臌气，病程多在 1~3 d。直肠检查，小结肠中后段便秘，多位于耻骨前缘的水平线上或体中线左侧，呈椭圆形或圆柱状，拳头至小儿头大小，坚硬且移动性大；小结肠起始部便秘，多呈弯柱形，位于左肾内下方、胃状膨大部左后侧，位置固定，不能后移。骨盆曲便秘，秘结部位于耻骨前缘，体中线两侧，呈弧形或椭圆形，如小臂粗细，与膨满的左下大结肠相连，移动性较小。左上大结肠便秘，可在耻骨前缘、体中线左右摸到，秘结部呈球形、椭圆形，如小儿头大，或呈圆柱形，如小臂至大臂粗，与骨盆曲以及左下大结肠相连。

③盲肠和左下大结肠便秘(不全阻塞)：表现不全阻塞性便秘的一般临床症状。直肠检查，盲肠便秘，可在右肷部及肋弓部摸到秘结部，如排球或篮球大，质地呈捏粉样，位置固定。左下大

结肠便秘,可在左腹腔中下部摸到长扁圆形秘结部,质地黏硬或坚硬,可感到有多数肠袋和两三条纵带,由膈走向盆腔前口,后端常偏向右上方,抵盲肠底内侧。

④胃状膨大部便秘(多为不全阻塞):起病缓慢,腹痛轻微或中度腹痛,全身症状多在3~5 d后开始增重,常伴有明显的黄疸。有的因秘结部压迫了第二段十二指肠而继发胃扩张。多数病例排粪停止,也有排出少量稀粪或粪水。直肠检查,秘结部位于前肠系膜根部右下方,盲肠体部的前内侧,比排球、篮球还大,后侧缘呈球形,随呼吸而前后移动。

⑤直肠便秘(完全阻塞):起病较急,腹痛轻微或中度腹痛,不时拱腰举尾做排粪姿势,但无粪便排出。直肠检查,在直肠内即可触及秘结的粪块。

⑥泛大结肠便秘和全小结肠便秘:均为不全阻塞性便秘,表现为起病缓慢,轻微或中度腹痛,排粪停止,大小肠音沉衰,病程较长,多为1周左右,最终发生肠弛缓性麻痹,转归死亡。

【诊断】

根据腹痛、肠音、排粪及全身症状等临床表现,结合起病情况、疾病经过和继发病症,一般可做出初步诊断,判断是小肠便秘还是大肠便秘、是完全阻塞性便秘还是不全阻塞性便秘,然后通过直肠检查即可确定诊断。

【治疗】

治疗原则:疏通肠道为主,结合镇痛、减压、补液、强心。

(1)镇痛 用于完全阻塞性便秘。常用针刺三江、分水、姜牙等穴位;0.25%~0.5%普鲁卡因液肾脂肪囊内注射;5%水合氯醛酒精和20%硫酸镁液静脉注射;30%安乃近液20~40 mL或用布洛芬、扶他林肌内注射。禁用阿托品、吗啡等制剂。

(2)减压 旨在减低胃肠内压,消除膨胀性疼痛,缓解循环与呼吸障碍,防止胃肠破裂。用于继发胃扩张和肠臌气的病例。可用胃管导胃排液和穿肠放气。

(3)补液、强心 旨在纠正脱水失盐,调整酸碱平衡,缓解自体中毒,维护心脏功能。用于重症便秘或便秘中后期。对小肠便秘,宜大量静脉注射含氯化钠和氯化钾的等渗平衡液;完全阻塞性大肠便秘,宜静脉注射葡萄糖、氯化钠液和碳酸氢钠液;各种不全阻塞性大肠便秘,应用含等渗氯化钠和适量氯化钾的温水反复大量灌服或灌肠,实施胃肠补液,效果确切。

(4)疏通肠道 泛用于各病型,贯穿于全病程。

①小肠便秘:首先导胃排液减压,随即灌服镇痛合剂60~100 mL;然后直肠检查并施行直肠按压术,使粪块变形或破碎;必要时内服容积小的泻剂,液体石蜡或植物油0.5~1.0 L、松节油30~40 mL、克辽林15~20 mL、温水0.5~1.0 L,坚持反复导胃;静脉注射复方氯化钠液,适量添加氯化钾液,忌用碳酸氢钠液。经6~8 h仍不疏通的,则应实施剖腹按压。

②小结肠、骨盆曲、左上大结肠便秘:早期除注意穿肠放气、减压、镇痛解痉外,主要是破除结粪疏通肠道,最好的方法是施行直肠按压或捶结术,治疗效果好,见效快;或灌服各种泻剂,如常用配方:硫酸钠200~300 g、液体石蜡0.5~1 L、水合氯醛15~25 g、芳香氨醑30~60 mL、陈皮酊50~80 mL,加适量水1次灌服。发病10 h以后,一般治疗不能奏效时,即采用直肠内按压或捶结,若按压或捶结有困难,可做深部灌肠,仍不见效且全身症状尚未重剧的,应随即剖腹按压。病程超过20 h,全身症状已经重剧的,应用泻剂显然无效,只有依靠直肠按压、捶结或深部灌肠、或剖腹按压。

③胃状膨大部、盲肠、左下大结肠便秘及泛大结肠便秘、全小结肠便秘及该类型不完全阻塞性便秘:该类便秘历来是治疗上的难点。李毓义提出,不完全阻塞性便秘肠弛缓性麻痹的起因,除胃肠植物神经调控失衡,即交感神经紧张性增高和/或副交感神经紧张性减低外,可能主要是肠

道内环境特别是酸碱环境的改变。并据此筛选了一个以碳酸钠和碳酸氢钠缓冲为主药的碳酸盐缓冲合剂，对104例不完全阻塞性大肠便秘自然病马进行了试验性治疗，治愈率高达98.1%。投用方剂数1.2副，结粪消散时间为26.7 h。对47例重症盲肠便秘的治愈率为93.6%，投用方剂数为1.5副，结粪消散时间为35.5 h，迅速而且平和，对妊娠后期病马也未发现其毒副作用。其方剂组成：干燥碳酸钠150 g、干燥碳酸氢钠250 g、氯化钠100 g、氯化钾20 g、温水8~14 L。用法：每日1次灌服，可连用数天。如配合用1%普鲁卡因液80~120 mL，做双侧胸腰交感神经干阻断，每日1或2次；对泛大结肠便秘和全小肠便秘，配合用温水5~10 L，液体石蜡0.5~1.0 L，深部灌肠，少量多次肌内注射甲硫酸新斯的明注射液等，则疗效更佳。此外，依据全身状态要适时补液、强心、加强饲养管理。

【预防】

加强饲养管理，防止饲草受潮霉败，不喂粗硬难以消化的草料，适当运动，及时治疗胃肠道某些慢性疾病，增强胃肠消化功能。有关研究确认，马骡肠便秘的首要病因是饲草坚韧和咀嚼不全，并经实践验证："干草干料增加食盐"饲喂法是一项切实可行、行之有效的马骡肠便秘预防办法。

肠痉挛 (enterospasm)

肠痉挛是肠管平滑肌痉挛性收缩所引起的腹痛病，又称卡他性肠痉挛，中兽医称冷痛或伤水起卧。临床上以肠音增强及间歇性腹痛为特征。马多发，据本教研室近十年的病例统计，肠痉挛约占腹痛病的27.61%。

【病因】

肠痉挛主因马骡受寒冷刺激而引起，如出汗之后被雨浇淋，寒夜露宿，风雪侵袭，气温骤变，剧烈作业后暴饮大量冷水，以及采食霜草或冰冻的饲料等。

马骡患消化不良及肠道寄生虫病等的经过中，由于肠壁神经的敏感性增高，反射地引起肠管痉挛收缩，也可诱发本病。

【发病机理】

生理情况下，胃肠平滑肌在副交感神经和交感神经的双重支配下，处于有节奏的运动，以维持食物正常的消化和吸收。当马骡遭受寒冷等因素作用时，首先引起肌肉神经丛和黏膜下神经丛的兴奋，反射地引起副交感神经兴奋性增高，交感神经兴奋性相对降低，肠液分泌增多以及肠平滑肌发生强烈的痉挛性收缩运动。由于部分肠段的平滑肌出现痉挛性收缩，而该段肠腔呈暂时性完全闭塞状态，内容物移动一时受阻，同时与其连接的两端肠管则相应地出现舒张，二者之间交替进行着，从而出现肠音增强和不断排出松散带水的粪便乃至间歇性剧烈腹痛。大多数患畜，肠内容物一经排空，肠痉挛便随之减轻并逐渐恢复正常。但也偶见少数病例，由于间歇期的缩短和痉挛期的延长，导致腹痛持续而剧烈甚至发生肠变位。

【症状】

(1) 间歇性腹痛　肠痉挛的腹痛特点是间歇性发作。在发作时，病马呈现中等度或剧烈的腹痛，起卧不安，倒地滚转，持续5~10 min，便进入间歇期。在间歇期间，病马似乎健康无病，往往照常采食饮水。但经过15~30 min，腹痛又复发作。一般情况下，腹痛越来越轻，间歇期越来越长，部分病马不治而愈。但在改良种马，腹痛表现比较剧烈，间歇期也往往不吃不喝，诊断时应注意。

（2）排粪次数增多　由于肠蠕动加快，肠液分泌增多，病马不断排出少量松散带水或稀软粪便，含粗纤维及未消化谷粒，有的粪便酸臭味较大，并混有黏液。

（3）肠音增强　大小肠音高朗，连绵不断，往往在数步之外即可听到肠音。由于液状内容物在紧张且含气的肠腔内移动，有时出现金属性肠音。

此外，肠痉挛病马口腔湿润，耳、鼻发凉，而体温、脉搏、呼吸等全身状态变化不大。经过数小时后，如腹痛不减轻，变为持续而剧烈，肠音迅速减弱，且全身症状突然增重，则可能是继发了肠变位或便秘，应引起注意。

【诊断】

根据在受凉以后发病，口腔湿润，间歇性腹痛，肠音增强，不断排出少量稀粪，便可做出诊断。但肠痉挛后期要注意与便秘初期相鉴别。

肠痉挛后期，口腔微干，结膜色泽正常或稍淡，腹痛逐渐减轻。直肠检查，肛门紧缩，直肠内蓄积稀粪，肠壁紧压手臂。

便秘初期，口腔稍干燥，眼结膜潮红，腹痛逐渐增重。直肠检查可发现结粪块。

【治疗】

解除肠管痉挛是本病的根本治疗措施，通常应用新针疗法和镇静药物。

（1）新针疗法　操作简便，对制止肠痉挛、缓解腹痛的效果很好，绝大部分病马，针刺后30 min左右，腹痛消失而痊愈。针刺穴位为三江、分水、姜牙，或针刺两耳尖穴(进针1~1.5寸)。

（2）镇痛解痉　可应用镇静剂，如30%安乃近注射液20~40 mL，一次皮下或肌内注射；水合氯醛20~30 g，加适量淀粉浆，一次内服或灌肠；福尔马林15 mL、氨制八角茴香醑60 mL、乙醇60~80 mL、松节油30 mL，混合后，加水500 mL，一次内服。

（3）内服白酒　通常用白酒250~500 mL，加水0.5~1 L，一次内服，用药后1 h左右，腹痛消失。

（4）辣椒散　米椒(或辣椒)7.5 g、白头翁50~100 g、滑石粉150 g，研成细末，每次用2.5 g，吹入鼻腔内。

在腹痛消失，肠痉挛解除之后，如果是由于消化不良引起的肠痉挛，则应针对消化不良进行治疗，应用清理胃肠和调整胃肠机能的药物，参看消化不良的治疗。

【预防】

加强马匹的饲养管理和合理的劳役。在气温变化较大季节，防止马匹受寒。冬天勿喂冷冻草料，勿饮冷水。

肠臌胀 (meteorismus intestini)

肠臌胀是由于采食大量易发酵的饲料，肠内产气过盛，而排气不畅，使肠管过度膨胀的腹痛病，中兽医称胀肚。临床以经过短急，腹围急剧膨大，剧烈而持续的腹痛为特征。肠膨胀分原发性和继发性肠臌胀两种。

肠臌胀在我国西南和西北高原地区发生较多，占腹痛病的16%~60%。

【病因】

（1）原发性肠臌胀　主要是由于采食了大量容易发酵的幼嫩青草、豆类精料，或吃了发霉、冰冻、腐败等质量不良的饲料所引起，特别是当马匹饥饿时，采食过急，咀嚼不充分，或由舍饲突然改为放牧，消化机能一时不能适应，更容易发生肠臌胀。有咽气癖的马，由于长期吞咽多量气体，引起消化障碍，也易诱发本病。初到高原的马骡，对环境一时不适应，往往多发肠臌胀，其原因还不清楚，一般认为与气压低、氧不足和过劳有关。

（2）继发性肠臌胀 多见于完全阻塞性大肠便秘、大肠变位的经过中。此外，在弥漫性腹膜炎，由于反射性地引起肠弛缓，也可继发肠臌胀。

临床上，也可见肠臌胀与气胀性胃扩张合并发生。

【发病机理】

在正常的消化过程中，食糜在肠内通过消化，所产生的气体是少量的，并随即吸收或不断地排出体外，产气量与排气量保持着动态的平衡。当马骡过食易发酵的草料时，由于改变了胃肠的正常消化机能，肠内食糜急剧发酵分解，迅速产生大量气体（二氧化碳、甲烷、氢气、硫化氢等），此时，动物如能以加强肠蠕动和分泌等调节机能，使肠内的食糜和气体后送加快，可能不致发病，如果调节适应机能失常，或肠内一时产气过盛，以致肠内气体积聚过多，就易发生肠臌胀。

由于肠内气体增多，刺激肠壁，使肠平滑肌特别是小结肠和直肠前端的环状肌，发生痉挛性收缩，引起腹痛。肠肌痉挛性收缩，致使排气不畅，加上发酵过程的猛烈进行，短时间内形成大量气体，蓄积于肠道内，造成大肠、小肠乃至胃发生过度膨胀。膨胀的肠管互相挤压，位置发生改变，造成肠移位甚至发生肠变位，因此，肠臌胀的病畜呈现剧烈而持续的腹痛。

肠内过度积气，刺激肠壁，分泌增加，同时由于患畜剧烈腹痛，全身出汗，可引起不同程度的脱水；肠管膨胀，使腹腔内压增大，妨碍膈的活动，引起呼吸困难，甚至窒息；膈受压迫，致使胸膜腔负压降低，影响血液回流，严重时，可引起心力衰竭；肠管膨胀，膈受到强大的压力，在剧烈滚转时，可引起肠或膈破裂。

【症状】

原发性肠臌胀，通常在采食容易发酵的饲料后数小时内发病。病初呈间歇性腹痛，但迅速转为剧烈而持续的腹痛。局部或全身出汗，结膜暗红，脉搏增数。腹围急剧膨大，肷部膨隆，腹壁紧张，多数病马右肷部膨大明显。呼吸困难，呼吸数可增加2~3倍，严重的可窒息死亡。

病初口腔湿润，肠音增强，带金属音，排粪频数，每次排出少量稀软的粪便，并不断排出少量气体。随着病情的加重，口腔变为干燥，肠音逐渐减弱，以致消失，排粪排气也停止。

直肠检查，除直肠和小结肠外，全部肠管均充满气体，腹压增高，检手活动困难，触摸充满气体的肠管，肠管紧张而有弹性，晃动肠管，可感到有少量气体排出。肠管位置也随之发生改变，如骨盆曲往往进入骨盆腔或向右侧移位，左下大结肠向上移至左肾的下方，而左上大结肠则移位于左下大结肠的内侧方。

原发性肠臌胀的病情发展迅速，如抢救不及时，或护理不周，往往由于动物的剧烈闹动或反复滚转，造成膈破裂或肠破裂而死亡。

继发性肠臌胀，先有原发病（便秘、肠变位等）的症状，通常是经过4~6 h，才逐渐出现腹围膨大、呼吸促迫等肠臌胀的症状。

【诊断】

根据剧烈而持续的腹痛，腹围急剧膨大，呼吸促迫，便可做出诊断。如采食易发酵草料后不久发病，经对症治疗或穿肠放气，臌胀即消失的，为原发性肠臌胀。若于穿肠放气后数小时又发臌胀，则为继发性肠臌胀，须进一步调查发病原因，找出原发病。

【治疗】

肠臌胀发展迅速，病程短急，延误治疗，病马可能因窒息、肠破裂或膈破裂而迅速死亡。因此，对肠臌胀的病马，应做到早期确诊，尽快治疗。临床上对原发性肠臌胀，通常采用排气减压、镇痛解痉和清肠制酵等综合治疗原则，并须加强护理。

(1)排气减压 在疾病初期，肠臌胀不太严重时，针刺后海、气海俞、大肠俞等穴，都有较好的效果，通常在针刺后15 min开始不断排气，一般经1~2 h痊愈。当病马腹围显著膨大，呼吸高度困难时，应尽快穿肠放气。放气后，可由穿刺针头注入适量制酵剂，制止继续发酵。

在肠臌胀的经过中，往往由于肠管的互相挤压，使肠管位置发生轻度改变，阻碍积气排出，此时，若行直肠检查，用检手轻轻晃动肠管，往往能促进肠内积气排出。

(2)镇痛解痉 肠臌胀的病马，腹痛剧烈，应尽早使用镇痛解痉药物，常用的有：水合氯醛15~25 g，加淀粉浆500 mL，一次灌服，或30%安乃近注射液20~30 mL，肌内注射，或用0.25%盐酸普鲁卡因液200~300 mL，静脉注射，对一般的病例，均有较好的镇痛效果。

(3)清肠制酵 清理胃肠和制止发酵是密切相关的，临床上经常并用，即在应用缓泻剂的同时加入适量的制酵剂，如人工盐200~300 g、克辽林15~20 mL，水5~6 L，一次内服。也可以先灌服制酵剂，待肠臌胀基本解除后，再灌适量的缓泻剂，以清理胃肠。常用的制酵剂有鱼石脂、克辽林或煤酚皂溶液10~15 mL、福尔马林8~10 mL、薄荷脑0.2~1 g，加水适量，一次内服。或氨制八角茴香醑60 mL、福尔马林15 mL、松节油30 mL、水合氯醛25 g、常水500 mL，混合内服。或用水合氯醛25 g、樟脑粉7.5 g、乙醇60 mL、乳酸20 mL、松节油20 mL，混合后，加水500 mL一次内服，兼有镇痛和制酵作用。高原地区，内服浓茶水1~1.5 L，或氨水5~10 mL、乙醇60~80 mL、浓茶水0.5~1 L，一次内服，也有较好的效果。据报道一般在20~120 min可痊愈。

(4)对症处置 心力衰竭时，适当应用强心剂，并发或继发胃扩张时，须插入胃管，排出胃内积气和胃内容物。

(5)中药疗法 应以消胀破气，宽肠通便为主。方用丁香散或牵牛子散，并配合针刺及按摩臌胀部。若为结症继发的，当治结症。

①丁香散：丁香50 g、木香20 g、藿香30 g、青皮35 g、陈皮35 g、槟榔35 g、生二丑50 g，研为末，开水冲，麻油250 mL为引，内服。加减：腹痛急剧的，加乌药、香附；阳气衰微，耳鼻发凉，脉细弱的，先以党参、附子、肉桂，煎汤内服。

②牵牛子散：黑丑75 g、陈醋250 mL、干姜30 g、食盐(炒)100 g、葱白3支、白酒150 mL，同调灌服。

(6)护理 专人守护，注意防止病马因滚转造成肠、膈破裂。治愈后1~2 d适当减少饲量，以后逐渐转为正常饲养。

【预防】

预防本病，应注重饲养管理，不喂霉败饲料，初喂幼嫩青草时可少量多次给予。开始放牧时应补喂干草，逐渐增加青草采食量。

肠套叠(intestinal invagination)

肠套叠是指一段肠管套入与其相连接的另一段肠腔中，相互套入的肠段发生循环障碍、渗出等，致使肠管粘连、肠腔闭塞不通的一种病症。

【病因】

在剧烈的跳跃、奔跑、难产、交配、便秘、里急后重或肠膨气时，由于腹压的突然增大，致使肠管在机械力的作用下套入与其相连接的肠腔而发生。长时间的剧烈腹泻也常继发本病，因为此时肠管的蠕动机能失常，加之肠内容物稀薄或较空虚，某一段肠管蠕动较强，而与其相邻的另一段却处于弛缓状态，易形成肠套叠。

【发病机理】

由于各种不良因素的影响，肠道平滑肌的自动运动性发生改变，即某段肠管蠕动增强或痉挛性收缩，而与其相邻的另一段肠管蠕动正常或迟缓、麻痹，加之肠内容物稀薄或空虚的情况下，从而一段肠管套入另一段肠管中。一旦发生肠套叠，套叠肠管就会出现血液循环障碍，出现充血、淤血和水肿等病理变化，严重时出现肠管的坏死现象，导致起初的功能性障碍转变为以后的器质性改变。因肠套叠导致肠管的闭塞，可继发胃扩张、肠臌气等病症，发病时间较长后导致机体脱水、自体中毒、心力衰竭以及腹膜炎等，从而加重病情而导致死亡。

【症状】

发病动物精神沉郁、食欲废绝，有时虽有食饮，但不久便会全部吐出；动物腹痛较剧烈，呼吸急促，黏膜发绀。随着疾病的发展和不断的呕吐，脱水症状越来越明显，预后一般不良。

【诊断】

根据动物出现的顽固性呕吐，腹痛剧烈，黏膜发绀，急性脱水等临床症状，结合腹部触诊就可对本病做出初步诊断。腹部触诊时，多可触到套叠肠段形成的肉柱状硬块。进一步确诊还需进行剖腹探查术。

【治疗】

早期病例可用温口服补液盐溶液反复灌肠，并配合腹部按摩，以促进套叠部位肠道复原。若灌肠和按摩无效时，可进行剖腹整复手术。对晚期病例，由于肠管套叠的时间较长，肠管往往已出现坏死和粘连，故应进行肠管切除术和肠管吻合术。

在手术治疗时应缓慢分离已进入到肠管中的肠浆膜，禁止采用强力拉出的办法，特别对套叠部分较长和严重淤血、水肿的肠管，要防止造成肠壁撕裂、大出血及因严重肠壁缺损而引发的感染。

【预防】

采取科学的饲养和管理，饲喂要定时定量，注意饮食饮水温度，饲料饮水要清洁，要注意卫生，防止误食泥沙和污物。在运动时要防止剧烈奔跑和摔倒。避免过度刺激，禁止粗暴追赶、捕捉、按压，勿使动物剧烈挣扎等。

肠嵌闭（intestinal incarceration）

肠嵌闭是肠管嵌入（疝入）与腹腔相通的天然孔或破裂口所致的一种肠变位性疾病，使肠腔闭塞，血液循环中断，又称肠嵌顿（旧名疝气）。

以空肠或小结肠嵌入大网膜孔、腹股沟以至阴囊、肠系（间）膜破裂口、膈破裂口、胃脾韧带破裂口，以及腹壁疝环内多见。

【病因】

主要是奔跑、跳跃、难产或交配时腹内压急剧增大。

【发病机理】

由于肠管运动机能失调、病畜起卧滚转、体位猛然改变等因素的作用，肠管的自然位置发生改变造成。

【症状】

剧烈腹痛、肠音消失、排粪停止、胃积液和肠臌气、腹腔穿刺液混有血液、全身状态危重等症状。一般在12~48 h死于心力衰竭和内毒素休克。

【诊断】

确诊依据直肠检查和剖腹探查。胃管探诊常呈阳性，但经导胃后疝痛不减。直肠检查：无肠阻塞；直肠多空虚；在一侧或两侧腹股沟管腹环处可摸到有肠管陷入，有时该处肠管紧张如索状，触诊或牵引该处肠管时患畜剧痛。患马全身状况急剧恶化，往往在发病后1 d内死亡。

【治疗】

可采用手术疗法。

【预防】

预防本病，应加强饲养管理，饲喂要定时定量，注意饮食饮水温度，避免马受到惊吓、剧烈运动和过度运动。

肠变位（intestinal dislocation）

肠变位又称机械性肠阻塞、变位疝，是指因肠管自然位置发生改变，致使肠系膜或肠间膜受到挤压绞窄，肠壁局部血液循环障碍，肠腔陷于部分或完全闭塞的一组重剧性腹痛病。其临床特征是腹痛剧烈，全身症状迅速增重，病程短急，直肠检查，肠管位置有特征性改变。在胃肠腹痛病中，肠变位发病率较低（约占1%），但病死率最高。

肠变位主要分为肠扭转、肠缠结、肠嵌闭、肠套叠4种类型。

（1）**肠扭转**　即为肠管沿自身的纵轴或以肠系膜基部为轴而做不同程度的偏转，多发生于左侧大结肠。部分病例前肠系膜连同空肠一起扭转的，称为肠扭结。

（2）**肠缠结**　又名肠缠络或肠绞窄，即一段肠管以其他肠管、肠系膜基部、精索或韧带为轴心进行缠绕而形成络结。较常见的有空肠、小结肠缠结。临床上曾见到空肠沿胃和胃状膨大部缠绕的病例。

（3）**肠嵌闭**　即一段肠管嵌入天然孔或腹腔内的破裂口，使肠管遭受挤压而闭塞。常见的有小肠或小结肠嵌入大网膜孔、腹股沟管乃至阴囊及腹壁疝环内，并致使肠腔完全或部分闭塞。

（4）**肠套叠**　即一段肠管套入其邻接的肠管内。套叠的肠管分为鞘部（被套的）和套入部（套入的）。如空肠套入空肠（一级套叠）、空肠套入空肠再套入回肠（二级套叠）、空肠套入空肠又套入回肠再套入盲肠（三级套叠）。

【病因】

（1）**原发性肠变位**　主要是饲养失常，胃肠机能紊乱所致。各部肠管失去正常充盈度，肠管的蠕动机能增强，或强弱不一，以及马匹体位猛然而剧烈的改变，都可能是引起肠变位的原因。见于肠嵌闭和肠扭转。因在奔跑、跳跃、难产、交配等腹内压急剧增大的条件下，小肠或小结肠被挤入腹腔天然孔穴和病理裂口而发生闭塞。或在重剧腹痛病经过中，由于马体连续滚转，左侧大结肠与腹壁之间无系膜韧带固定而处于相对游离状态，此时上行结肠和下行结肠即可沿其纵轴偏转或发生扭转。

（2）**继发性肠变位**　多发生于肠痉挛、肠臌气、肠便秘等腹痛病的经过中。因肠管运动机能紊乱而失去固有的运动协调性，肠管发生痉挛性收缩时，各段肠管的蠕动有强有弱，蠕动强的肠段容易发生变位；肠管充满状态发生改变，由于肠管积粪或积气，腹腔内压增高，有的膨胀紧张，有的空虚松弛，或因起卧滚转与体位急促变换，肠管互相挤压而致位置改变等，均可致使肠管原来的相对位置发生改变。

【发病机理】

由于肠管运动机能失调，病畜起卧滚转，体位猛然改变等因素的作用，肠管的自然位置发生改变，引起肠扭转、肠缠结、肠嵌闭、肠套叠，造成肠腔机械性闭塞。

由于肠腔闭塞，前部胃肠内容物停滞，腐败发酵，加上胃肠液的大量分泌，而引起胃肠膨胀。小肠变位，则常继发胃扩张。

由于变位的肠管及其肠系膜互相绞压，使肠壁发生淤血、浆液出血性浸润乃至坏死，血液成分向腹腔内渗漏，甚至胃肠道内的微生物也可进入腹膜腔，而引起腹膜炎。

由于胃肠膨胀，变位的肠管及肠系膜受挤压和牵拉，加上变位部前方的肠管痉挛性收缩以及腹膜炎，而引起剧烈而沉重的腹痛。

由于大量分泌出来的胃肠液不能进入大肠重新吸收，以及血液成分陆续向腹腔内渗漏，加上腹痛时的全身出汗，而引起剧烈的脱水。

由于胃肠内容物腐败发酵产物，肠壁组织坏死产物以及腹膜炎性产物的吸收，加上脱水失盐所造成的酸碱平衡失调，而引起严重的自体中毒，甚至引起中毒性休克。

高度膨胀的胃肠，剧烈持续的腹痛，特别是急剧的脱水和严重的自体中毒，可迅速地导致心力衰竭，这正是肠变位病程短急、病情危重的主要原因。

【症状】

典型的临床症状，呈现剧烈腹痛，排粪停止而常排出黏液和血液，迅速出现休克危象。

（1）腹痛　肠腔完全闭塞的肠变位，初期腹痛剧烈而持续，或只有短暂的中度间歇性腹痛；2~4 h后即转为持续性剧烈腹痛，病马急起急卧，左右滚转，前冲后撞，极度不安，乃至无所顾忌，即使应用大剂量的镇痛剂，腹痛也不明显减轻，大剂量镇痛剂难以奏效；至病后期，腹痛则变得持续而沉重，显示典型的腹膜性疼痛表现，肌肉震颤，站立而不愿走动，趴着而不敢滚转，拱背站立而腹紧缩等。肠腔不完全阻塞性肠变位，如骨盆曲折转等，腹痛相对较轻。后期若继发腹膜炎时，虽有腹痛，但病马表现想卧而又不敢卧，卧地之后不敢滚转，往往拱背呆立，不愿移动。若强使行走，则小心谨慎地细步前进。肠腔未完全闭塞的肠变位，如骨盆曲的轻度折转，或肠管坠入较宽大的破裂孔内，肠管遭受挤压较轻，腹痛也比较轻。

（2）消化系统症　肠管完全闭塞的肠变位，主要表现食欲废绝，口腔干燥，肠音沉衰或消失，排粪停止，均继发胃扩张和或肠臌气，有的可排出少量恶臭稀粪并混有黏液和血液。不完全闭塞的肠变位，如肠套叠或肠嵌闭等，肠音不整或减弱，排恶臭稀粪，混有多量的黏液或少量血液。

（3）全身症状　完全闭塞的肠变位，病势猛烈，全身症状多在数小时内迅速增重，肌肉震颤，全身出汗，脉搏细数（80次以上），呼吸促迫，结膜暗红，体温大多升高（39℃以上）。后期主要表现休克危象，病马精神高度沉郁，呆然站立或卧地不起，舌色青紫或灰白，四肢及耳鼻发凉，脉弱不感手，微血管再充盈时间延长（4 s以上），血液暗红而黏滞等。

（4）腹腔穿刺　一般在发病后2~4 h，腹腔穿刺液即明显增多，初为浑浊的淡红黄色，后转为血水样，其中含有多量红细胞、白细胞及蛋白质。小肠的腹股沟管嵌闭，腹腔液可无变化。

（5）直肠检查　直肠内空虚，有较多量的黏液或黏液块，腹压较大，检手前进困难，一般可摸到局部气肠；肠系膜紧张如索状，朝一定方向倾斜而拽拉不动；如加以触压或牵拉，病马则剧烈闹动，疼痛不安。某段肠管的位置、形状及走向发生改变，触压或牵引则病畜剧痛不安；排气减压后触摸，仍如同往常。不同肠段、不同类型的肠变位，其直肠探查变化也各有特点。如左侧大结肠呈180°扭转时，可摸到表面光滑无纵带的左上大结肠，颠倒于粗大而有肠袋和纵带的左下大结肠之下，且纵带呈螺旋状，若呈360°的扭转，左侧上、下大结肠的相对位置似乎没有改变，但纵带呈螺旋状，在小肠缠结，可摸到肠系膜紧张成索状，并呈螺旋状走向，肠套叠可摸到圆柱形肉样肠管，并可能触到套叠部。

【诊断】

根据剧烈腹痛的典型临床症状，迅速增重的全身症状，以及腹腔穿刺液变化及直肠检查等结果，进行综合分析，建立诊断。如遇有肠变位可疑而又难确诊时，应及时开腹探查。

【治疗】

本病的病情危重，病程短急，一般经过12~48 h，多因急性心力衰竭和内毒素休克而死亡。因此，尽早实施手术整复，严禁投服一切泻剂，是治疗肠变位的基本原则。推荐下述开腹整复手术方案。

(1)术前准备　先采取减压、补液、强心、镇痛措施，维护全身机能；灌服新霉素或链霉素，制止肠道菌群紊乱，减少内毒素生成。

(2)手术实施　全麻，仰卧或半卧保定；确定手术径路，做腹中线切开、肋弓后平行切开或腹胁部切开；创口不短于20~30 cm，力争直视下操作；尽量吸除闭塞部前侧的胃肠内容物；切除变位肠段，进行断端吻合。

(3)术后监护　一是进行常规护理，如维护心肾功能、调整水盐代谢和酸碱平衡以及防止术后感染；二是要重点治疗肠弛缓，防止内毒素性休克，因此应通过临床观察、内毒素检验和凝血检验等，进行临床监查病程进展。

【预防】

预防本病，主要在于对腹痛病马应注意防止反复滚转。饲喂要定时定量，防止过度饥饿或过饮凉水，引起肠管运动机能失调而导致肠变位。

(王宏伟　尹志红)

肠结石(intestinal calculus)

肠结石是马属动物大结肠内形成一种矿物质凝结物，堵塞肠腔所引起的一种腹痛病。马骡较少发生，但据报道，南京地区肠结石可占腹痛病的1/3左右。肠结石可分真性肠结石和假性肠结石，通常见到的是真性肠结石。

【病因】

肠结石的形成，主要是在马骡患有慢性消化不良的情况下，长期喂给含有多量磷酸镁的饲料(如麦类或麸皮)，以及伴有异嗜癖，不断吃进沙石、泥土、铁片等杂质所致。

【发病机理】

根据化学分析，肠结石的主要成分为磷酸铵镁($MgNH_4PO_4 \cdot 6H_2O$)，占90%以上。由于马骡患有慢性消化不良，肠内腐败过程旺盛，产生多量的氨(NH_3)，使肠内处于弱碱性环境，当马匹长期饲喂富含磷酸镁的精料时，磷酸镁便与氨化合，生成磷酸铵镁，当有一定的异物(如沙石等)作为基础时，磷酸铵镁就迅速沉积在这种基础物质的外围，如此多次沉积，即形成层状结构的肠结石，如果不被排出，随即逐渐增大，以致发病。

从上述情况看来，肠结石的形成必须具备如下条件：①食入多量的含磷饲料；②肠内有足够的氨；③有中性或弱碱性的环境；④有异物作为基础。

【症状】

在肠结石形成初期，由于体积小，不呈现致病作用，随着结石的逐渐增大，临床症状逐渐显现出来。当结石未将肠腔完全堵塞时，病马表现轻度的周期性腹痛，回顾腹部，前肢刨地，或喜卧地。间歇期间，患畜能采食饮水，排粪排气，但粪便干稀不定。体温、脉搏、呼吸多无变化。当结石将肠腔完全堵塞时，则呈现剧烈腹痛，病马不断起卧滚转，肠音消失，呼吸、脉搏增数，口腔干燥，结膜暗红或黄染。当结石堵塞小结肠末端或直肠狭窄部时，病马不断取排粪姿势，阴茎勃起，且常常出现会阴部水肿。病至后期，可继发肠臌胀或肠炎。

直肠检查，在胃状膨大部、骨盆曲或小结肠等部位，常可摸到如石头样坚硬的肠结石，球形或卵形，表面凸凹不平，或呈结节状。使动物前肢站在高处，或取仰卧姿势，更易摸到肠结石。

【诊断】

根据具有慢性消化不良的病畜，有不完全阻塞或完全阻塞性便秘的临床表现，但按便秘实施治疗不见效果，腹痛呈周期性发作，直肠检查摸到结石，便可做出诊断。须注意与肠系膜动脉栓塞相鉴别。肠系膜动脉栓塞，腹痛虽也呈周期性发作，但直肠检查时，可在前肠系膜动脉根部摸到动脉瘤，而摸不到肠结石。

真性肠结石与假性肠结石的区别：真性肠结石外形圆滑，结构致密、坚实和沉重。主要化学成分是磷酸铵镁。假性肠结石，表面粗糙，不平整，硬度和质量比同体积的真性结石软而轻。主要化学成分除磷酸钙和碳酸钙外，还混有沙石、泥土及其他杂物。

【治疗】

进入小结肠内的结石，可反复进行高压灌肠，使结石退回到胃状膨大部，达到相对治愈。尽早施行剖腹术，取出结石，才是肠结石的根本疗法。

在治疗过程中，根据病畜的状态，应采取相应的对症疗法，如镇痛、穿肠、导胃、维护心脏机能、防止脱水和自体中毒等。

【预防】

主要在于维护胃肠的正常消化功能，发生消化不良时要及时治疗。此外，要适当控制饲喂含磷酸镁多的饲料。

肠积沙（intestinal sabulous）

肠积沙是由于马骡异嗜或误食大量沙子，积于肠内所引起的一种腹痛病。多发生在牧区和多沙石的地区。

【病因】

肠积沙主要是由于吃进大量沙子所引起的，多见于下列几种情况。

①饲料内混有多量的沙子，随着马骡的采食而进入胃肠。在沙地放牧，特别是在雨后，由于沙地疏松，马骡采食时，将草连根拔起，这样草根部所带的沙子，便随草进入胃肠。

②大群马骡同时在浅河滩饮水，由于马骡边饮边走动，微细的沙粒便浮游起来，随饮水而进入胃肠。

③在碱土地区放牧的马骡，如果喂盐量不足，就常常啃吃碱土，吃进多量沙子。

【发病机理】

随草、料、饮水或异嗜啃舔而进入胃肠的沙石和煤渣，均不被消化，一部分随粪便排出，另一部分则沉积于胃肠。沉积量少的，有 3~5 kg，多的可达 20~30 kg。

主要沉积部位是盲肠尖，大结肠的胸曲、盆曲、膈曲和胃状膨大部。沉积于胃、小肠和小结肠的较少。实验证明，马在一昼夜间可随饲料和饮水吞进3~4 kg细沙。剖检实验马则发现，所沉积的细沙，胃内约4%，小肠内约7.5%，盲肠内约42%，而大结肠内约46%。

胃肠内容物中沙石等不消化混杂物，长期机械性地刺激肠壁感受器，致使分泌活动与运动机能陷于紊乱，起初发生卡他性炎症，以后因局部压迫而导致肠壁的出血和坏死。病初，肠肌紧张度增高，直至痉挛性收缩。以后，随着炎性病变的进展，导致肠弛缓性麻痹的发生。夹杂沙石的肠内容物逐渐停滞沉积，有的造成盲肠、左下大结肠及胃状膨大部不全堵塞，有的则造成十二指肠第二弯曲部、回盲瓣前、大结肠盆曲部完全堵塞，甚至造成肠穿孔或破裂。

【症状】

轻症病马，饮食欲无明显改变，但患畜逐渐消瘦，喜卧，有时腹泻，或粪便粗糙，粪便中混有沙子。重症病马，由于肠内积聚大量沙子，形成沙包，病马呈现轻度、中等度或剧烈的腹痛症状，食欲废绝，口腔干燥，肠音减弱，有时带金属音，排粪停止，脉搏和呼吸增数，结膜潮红，皮肤干燥而缺乏弹力。直肠检查，在胃状膨大部、左下大结肠、盲肠或十二指肠第二弯曲部等易发生积沙的部位，可感到有黏硬的沙包(沙子和肠内容物混在一起)，且在直肠检查的过程中，往往发现手臂上有沙粒。

【治疗】

据报道，应用动物油治疗肠积沙有良好的效果。如灌服獾子油500 g，在12 h内就可以将沙子全部排出，也可用猪油代替獾子油。此外，还可选用下列疗法：植物油(豆油、胡麻油等)0.5 L、鱼石脂10 g、温水3 L，混合内服；液体石蜡1.5~2 L，一次内服。当粪便软化并开始排粪时，用盐酸毛果芸香碱0.2 g皮下注射，能促进沙子排出。若积沙部位在胃状膨大部或左下大结肠时，可先行体外按压，即用木杠在积沙部位的腹壁，撬压50~100次，然后进行深部灌肠，每次灌水20~25 L，每日1~2次。

【预防】

饲料要干净，如果饲草中混有多量沙子，则应采取措施清除沙子后再饲喂。对经常啃土的马骡，应查明原因，并增加喂盐量。

肠系膜动脉栓塞(thrombosis et embolia arteriarum mesenterialium)

肠系膜动脉栓塞是由于普通圆虫幼虫，在肠系膜动脉壁内寄生，形成栓塞，导致该动脉所分布的肠段血液供应障碍而引起的腹痛病。临床上以反复发生腹痛为特征。马有时发生。

【病因】

马肠系膜动脉栓塞，常因普通圆虫幼虫的寄生而发生，幼虫通常随饲料、饮水、牧草或因舔食寝草，被吞入而感染。

少数情况，也有因心内膜炎尤其是溃疡性心内膜炎脱落的赘生组织，堵塞前肠系膜动脉而发病的。

【发病机理】

经口进入消化道的普通圆虫的幼虫，可穿过大肠黏膜进入黏膜下层，侵入肠壁的小动脉中，然后沿血管壁移行，进入肠管的大动脉，尤其是移行至前肠系膜动脉及其分支处，在该处栖留，刺激血管壁，首先引起动脉中层炎，继而引起动脉内膜炎，血管的内层和中层发生淋巴细胞和组织细胞浸润的慢性炎症，加上虫体毒素和慢性的物理性刺激，轻的管腔变得狭窄，重的因局部结缔组织增生，形成动脉瘤。由于普通圆虫广泛存在，有相当数量的马骡患有动脉瘤，但由于马骡肠系膜动脉的吻合支极其丰富，所以当发现动脉瘤之后，一旦发生缺血、缺氧时，很快形成侧支循环，故大多数的动脉瘤患畜，不出现临床症状。如果局部侧支循环没有形成，则该血管分布的相应肠段血液供应减少，局部缺血、缺氧，乳酸等酸性代谢产物堆积，刺激神经末梢，导致肠管痉挛性收缩而反复发生腹痛。由于这种腹痛是因肠管缺血、缺氧所引起的，故每当动物运动或在采食以后，耗氧量增多或肠管需氧量增多时，则出现腹痛或使腹痛加剧。

栓塞区肠壁发生严重缺血时，可进而引起肠壁坏死。肠内微生物通过肠壁进入腹腔，可引起腹膜炎或全身感染，坏死产物被吸收，则可发生自体中毒，而使病情加剧，甚至死亡。

【症状】

（1）腹痛　是肠系膜动脉栓塞最常见的症状，腹痛程度有轻有重，其特点是在既无饲养上的错误，又无其他外界因素作用下，常在运动或运动中突然发生腹痛。据临床观察，部分病例于饲喂后的休息中发生腹痛，腹痛出现前，往往颈部开始出汗，而后股内侧乃至全身出汗，接着出现刨地、急起急卧等腹痛表现，腹痛呈间歇性发作。

（2）肠音　病初增强，随后减弱。由于肠阻塞是逐渐形成的，多是不全阻塞，其排粪常呈一块一块地排出，而非连续地排粪。有时发生腹泻，排出带血的粪便。

（3）直肠检查　于前肠系膜动脉及其分支处可摸到血管粗糙或动脉瘤或肠管的血管壁增厚，搏动减弱或消失，并可发现局部肠管积气。

（4）腹腔穿刺　重剧的肠系膜动脉栓塞，腹腔穿刺常有多量暗红色、樱桃红色或红色血样的浆液性液体，内含红细胞、白细胞和血红蛋白。

【诊断】

本病在临床上，根据在运动或运动中反复发生腹痛，直肠检查于前肠系膜动脉根部摸到动脉瘤或血管变粗增厚，则可建立诊断，必要时，可配合腹腔穿刺，观察有无血样腹腔液。

【治疗】

目前，本病尚无理想的疗法，旨在对症施治。如病畜腹痛不安时，适当应用镇静剂，如水合氯醛、安溴液、安乃近液等，局部肠管积气时，应用胃肠道消毒剂，如鱼石脂、克辽林等。为了提高血压，促进栓塞区侧支循环，可用复方氯化钠液 1~2 L，20% 安钠咖注射液 10~20 mL，静脉注射。据资料报道，应用内脏血管扩张剂，如 25% 葡萄糖酸钠 400 mL，静脉注射，每 30 min 1 次，可重复用药 5 次，有一定的效果。

【预防】

预防本病，主要是对粪便实行发酵处理，减少感染源，定期检查粪便中虫卵，及时发现感染的马骡，并定期驱虫。

（罗胜军　高英杰）

第五节　禽胃肠疾病

禽肌胃炎（muscular stomach gastritis in poultry）

禽肌胃炎由多种病因引起的家禽的一种消化道疾病，以家禽生长不良、消瘦、整齐度差，粪便过料等外观症状及腺胃大小失常，肌胃内壁变硬、增厚，并伴有不同程度的溃疡、糜烂，甚至穿孔为主要特征的群发性疾病。

【病因】

禽肌胃炎的病因分为非传染性因素和传染性因素两种。

（1）非传染性因素　饲料营养不良、硫酸铜过量、日粮氨基酸不平衡、生物胺（如鱼粉、玉米、豆饼、维生素预混料、脂肪、禽肉粉和肉骨粉等含有高水平的生物胺）过量、粗纤维缺乏、禁食、断水等对禽的消化道产生长期刺激，都易发生此病。饲养密度过大，雏鸡早期育雏不良，雏鸡运输时间长，脱水等是此病发生的诱因。细菌和霉菌产生的毒素，对禽胃肠道的腐蚀作用也引发此病。

（2）传染性因素　引起禽眼炎的疾病是本病的诱因，如传染性支气管炎、传染性喉气管炎、流感等，都会导致肌胃发炎。细菌（如厌氧梭状芽孢杆菌、幽门螺杆菌、白色念珠菌等）感染会导致禽肌胃炎。一些免疫抑制病也是本病的诱因，如禽白血病、禽传染性贫血、禽网状内皮组织增生症和马立克氏病等。

【症状】

病禽精神状态基本正常，没有呼吸道症状，采食量下降，一般下降幅度在10%左右，羽毛松乱，粪便中含有大量未消化的饲料。鸡群生长均匀度差，大小参差不齐，严重发育不良。蛋鸡产蛋率下降，种鸡无产蛋高峰。发病初期死亡率较低，随着病程的增长，由于继发感染而导致死亡率增加，死亡率大约在3%。

【病理变化】

病禽呈现消瘦，肌肉苍白，胸腺、法氏囊萎缩，嗉囊扩张，内有黑褐色米汤样物。病禽肌胃病变具有特征性。肌胃内壁增厚、变硬易裂开，肌胃内壁近腺胃侧有溃疡线，两侧或中间部分出现条纹或溃疡灶，严重的可见穿孔或呈火山口样。部分病死鸡出现肾肿大，尿酸盐沉积，排出粪便多数呈黄色含未消化的饲料。肠壁菲薄无物，肠道有不同程度的出血性炎症。胆囊扩张为暗绿色，胆汁外溢。

【诊断】

目前，还没有血清学试验用于肌胃炎的诊断，所以有混合感染的禽群很容易误诊，要特别注意鉴别诊断。

本病的主要病理变化是腺胃增大，肌胃溃疡、糜烂，细菌与霉菌毒素是本病重要的发病原因。眼炎是本病传染性的重要诱因。本病易与腺胃炎同时发生，排未经消化饲料的粪便，生长程度参差不齐。在临床中，应注意与腺胃型传染性支气管炎、新城疫、硒/维生素E缺乏症和马立克氏病相区别。

发病初期，因临床症状基本一致，容易误诊为腺胃型传染性支气管炎，两者都有腺胃肿胀，但腺胃型传支有严重的呼吸道症状，死亡率很高，腺胃乳头间有出血，肌胃一般无病变。病中期容易误诊为新城疫或硒/维生素E缺乏症。新城疫感染时，病禽有神经症状，除腺胃乳头出血外，喉头、气管、肠道、泄殖腔及心冠脂肪均见出血，气囊浑浊，多呈急性、全身性败血症，病死禽往往不表现生长迟缓等症状而突然死亡。而肌胃炎主要表现为患病家禽生长迟缓、消瘦，病死禽除腺胃壁水肿增厚或软化、肌胃内壁溃疡外，其他器官病变少见。而硒/维生素E缺乏症，主要表现为小脑软化、渗出性素质、鸡营养不良、胰腺萎缩纤维化等症状和病变，部分病禽纤维水肿，肌肉苍白，但通过补充亚硒酸钠、维生素E，可以很快治愈，死亡率不高。

发病后期腺胃肿胀明显，容易误诊为马立克氏病，腺胃型马立克氏病的发病日龄主要发生于性成熟前后，而肌胃炎发病日龄远远早于马立克氏病的发病日龄，而且不见特殊姿势；肌胃炎的腺胃肿胀是腺泡的肿胀而不是肿瘤，由此可与马立克氏病相区别。

【治疗】

发生本病后，可采取加强护理、抗菌消炎、修复溃疡、保肝护肾、调节采食量的方法进行治疗。

肌胃炎不可忽视的一个病原是幽门螺杆菌，可使用克拉霉素或泰利霉素加酮康唑进行治疗；保肝护肾，肝肾病变可继发传染性法氏囊病，导致肝肾损伤更加严重，因此，加入保肝护肾的中草药对本病的治愈和后期的诊疗可起到决定性的作用。对霉菌毒素所导致的肌胃炎在饮水中加入维生素 C 和电解多维。

【预防】

加强管理，做好环境卫生，调整饲养密度，注意通风换气，可有效地防治本病的发生。饮水要清洁，不要用含有害物质的食物饲喂，以防受到各种有害物质的污染。

禽肌胃糜烂（gizzard erosion）

禽肌胃糜烂症又称肌胃腐蚀症、肌胃溃疡、黑色呕吐病、黑嗉子病，是由于各种致病因素引起禽类的肌胃角质膜糜烂、溃疡的一种消化道疾病，其特征是肌胃黏膜损伤，病变由轻度的表层糜烂到广泛的溃疡形成和出血，可造成病禽的死亡。

【病因】

配合饲料中的鱼粉含有导致肌肉糜烂的有毒物质，是导致本病发生的根本原因。另外，饲料中必需脂肪酸长期缺乏，影响机体对脂溶性维生素的吸收利用，维生素 B_6 和维生素 K 缺乏、硫酸铜过量使用、霉菌毒素等，均与本病发生有关。

【症状】

本病多呈慢性经过。病禽表现体重偏低，发育迟缓，食欲减退或消失，精神不振，闭眼缩颈，步态不稳，喜卧，羽毛蓬乱，缺少光泽。不少发病鸡的冠、肉髯发绀或贫血苍白，甚至萎缩。饲槽边、网架上常有米汤样或黑褐色的呕吐物。病鸡嗉囊胀满，外观呈淡褐色或淡黑色，故常称"黑嗉子病"。倒提病鸡或用手挤压病鸡嗉囊，可见有黑褐色稀薄的水样物从口腔中流出。死亡鸡只口腔中也可见有黑褐色物残留。病情较重者出现腹泻或排黑褐色软便，常突然死亡。

【病理变化】

食管和嗉囊扩张，充满黑色液体，腺胃体积增大，胃壁松弛，黏膜溃疡、溶解，两胃交界处有出血、溃疡病变，肌胃角质层增生呈树皮样；发病后期，在皱壁深部有小出血点或出血斑，以后出血斑点增多，逐渐演变为糜烂和溃疡，十二指肠出现黏液性、卡他性、出血性炎症变化，有泡沫样内容物。

【诊断】

根据日粮中鱼粉含量、发病特点，以及特征性的临床症状和病理化即可以做出诊断。并通过更换饲料或鱼粉等防治性措施帮助诊断。

【治疗】

发现家禽发生肌胃糜烂症后，可采取以下方法进行治疗：按维生素 K_3 1 mg/只，酚磺乙胺 80 mg/只，肌内注射，每日 2 次，连用 3~4 d，控制胃出血；维生素 B_6 5 mg/kg 饲料、维生素 C 40 mg/kg 饲料，拌料，以增强鸡的抵抗力；西咪替丁 4~5 mg/kg，拌料，连喂 7 d 左右，控制胃酸分泌，保护胃黏膜，以促进肌胃糜烂和溃疡面愈合。

【预防】

因本病的发生与鱼粉质量和用量有着密切的关系，因而本病的防治原则应以改变鸡日粮中鱼粉的用量为根本手段，在配合鸡饲料的过程中，应在保证鱼粉量的前提下，尽可能选用其他蛋白质饲料替代鱼粉用量。另外，应补充维生素饲喂量，增强鸡的抵抗力；应用止血剂减少肌胃出血，并防止患禽的症状加重。此外，还应防止家禽群体密度过大、空气污染、热应激、饥饿和摄入发霉的饲料及垫料等诱因的发生。在每千克日粮中补充维生素 K_3 2~8 mg、维生素 B_6 3~7 mg、维生素 C 30~50 mg、维生素 E 5~20 mg，具有排除应激因素和防治效果。

鸵鸟腺胃阻塞(ostrich proventriculus obstruction)

鸵鸟腺胃阻塞是由于鸵鸟摄入过量的沙石、木质素含量较高的草料或其他异物，在腺胃弛缓条件下，沉积于腺胃中，造成消化机能障碍，引起食欲减退、消瘦、体弱甚至死亡的一种常见消化系统疾病。胃阻塞大致可分为沙阻塞、草阻塞和异物阻塞 3 种。6 月龄内的育成鸵鸟发病多，发病率为 4%~20%，死亡率约为 50%。

【病因】

鸵鸟在采食过程中食入一些沙石是正常的生理需要，以帮助消化粗纤维等物质。然而，如果采食异物如大量沙石、金属片、木条、竹片、铁钉等也可因为其难以消化和不能从肌胃通过幽门进入肠道而引起胃阻塞。

①饲养管理不善，如日粮不恒定、时好时坏、喂饲不定时，从而造成过度饥饿，快速进食干草、异物、沙石等引起胃阻塞。

②突然更换饲料尤其是更换优质料，从而使鸵鸟过量进食而致病。

③垫料质次和使用不当，如长时间用沙石作垫料，或垫料中混杂碎塑料、铁钉、铁丝、碎木等杂物，鸵鸟误食后引起胃阻塞。

④饲养环境、气候等异常，影响其采食行为，从而出现误食或异嗜，食入大量沙石、铁丝、铁钉、碎木、碎布等异物引发胃阻塞。

⑤鸵鸟患有胃炎等疾病，影响食物的正常消化，从而诱发胃阻塞。

【症状】

腺胃膨大，用手触摸腺胃可摸到有干硬食物；病鸟精神沉郁、凝滞，食欲不振或废食，喜饮水，口腔有黏稠液体流出，气息酸臭；粪便松软，逐步变为干硬、形小，粪量日渐减少，以致后期全无；尿量减少，色深；病鸟脱水，羽毛松乱，不愿运动；消瘦，体重下降；如是群养的，会独自离群，步行迟缓无力；如得不到医治，很快衰弱、死亡。

【病理变化】

剖检时可见尸体消瘦，营养不良，腺胃和肌胃明显扩张，胃内充满大量沙石和异物，胃黏膜上有溃疡灶或糜烂，十二指肠、空肠、回肠充血、出血，直肠内存有多量硬粪球。

【诊断】

根据症状，结合腹部触诊常能做出确诊。将鸵鸟站立保定(戴上黑布袋头罩)，鸵鸟腹壁较薄，用手掌在腹中线左侧距胸骨后 15 cm 处，正常腹部触摸不到内脏器官。如经过腹壁触摸到腺胃的部位有坚固物，并稍突起，则可判定是本病。如阻塞物为沙石、异物，可感应沙石样坚实、膨胀的内容物；如为麦秆、草、树叶团块阻塞，也应是坚实膨大的内容物。因此，根据病情和触诊常可做出准确诊断。

【治疗】

对前、中期病例，可采用健胃、促进胃肠蠕动和刺激幽门开放等疗法。例如，取龙胆酊30 mL、大黄酊 20 mL、速补-14 3 g，用温水溶解、混合后，胃管一次灌服，每日 1 次，连服 3~7 d。内服泻剂，液体石蜡 200 mL、香油 200 mL，混合后胃管一次灌服，每日 1 次，至好转为止。此外，也可在胃部做人工按摩或驱赶走动等辅助疗法。必要时也可进行补液和防止继发感染等治疗。后期病例则无治疗价值，只能淘汰处理。腺胃切开手术，一般愈后都不良。

【预防】

重点在于加强饲养管理，保持饲养场环境安静、清洁、卫生，并对雏鸟进行正常采食行为的训练，防止异嗜癖形成。

蛋鸡开产前水样腹泻综合征（henwater-like diarrhea syndrome before laying）

产蛋率在 5%~60% 的蛋鸡称为初产蛋鸡，在这一阶段要经历生殖应激、更换蛋鸡料引起的应激、同时由于添加石粉造成的钙、磷比例不当而引起的腹泻，久治难愈，绝大多数发生于发育过快、早产而且产蛋率迅速上升的鸡群。

【病因】

（1）蛋鸡机体尚未发育健全　在育雏和青年鸡阶段不按鸡的生理需要，无限制、无规律地增加光照时间、光照强度，无限制地给料，造成鸡机能还未健全就提前产蛋。

（2）消化道处于失调状态　由于开产鸡要生产蛋品，机体需要从饲料中摄取比开产前更多的蛋白质等营养物质来满足生产需要，因此采食的饲料比开产前会突然增多。而此时鸡的消化系统尚未完全成熟，难以容纳突然增多的饲料，造成排泄机能增强，引起腹泻。

（3）开产后的钙质流失　快速上升的产蛋率使机体钙质大量流失，而此时机体消化道尚未完全成熟，消化吸收钙的功能欠缺，造成机体缺钙。钙对神经肌肉兴奋性、神经冲动的传导以及某些酶系的激活有关，钙离子缺乏易引起功能紊乱，引起腹泻。

（4）开产后更换饲料引起的应激　如突然增加钙质饲料的密度，容易造成贝壳粒或石粒刺激肠道使肠道蠕动加快，引起腹泻。

【症状】

初产母鸡发生水样腹泻，颜色接近饲料颜色，大量水分夹杂着未消化的饲料；肛门周围羽毛潮湿；部分初产母鸡产蛋量上升缓慢或无产蛋高峰期，蛋重减轻，鸡群伤亡率低；腹泻期间使用抗菌药物无效或暂时有效，停药后复发。

【病理变化】

剖检可见肠道扩张，肠内充满液体或气体，肠壁变薄，肠黏膜脱落；肝脏颜色变浅，有时表面有坏死灶；肾脏肿大或萎缩，颜色苍白或有白色尿酸盐沉积。

【诊断】

根据发病开产前的母鸡的特点，以及特征性的临床症状和病理化即可以做出诊断。并通过逐渐增加钙质饲料等防治性措施帮助诊断。

【防治】

本病以预防为主，在饲养过程中务必按要求进行饲养管理，控制好光照，科学饲养，做好防疫，使鸡按正常日龄开产，防止早产。在平时饲养管理应注意减少应激，尤其是控制好肠道病（球虫病、肠炎等）。严禁饲喂发霉变质饲料。开产前后饲料不要突然更换。钙质饲料应在开产前逐渐增加，以便机体提前贮存丰富的钙，以减少应激，使机体有一个适应期。

(1)提高、调整消化机能　每日早晨每只鸡空腹投服2片乳酶生，拌在少量饲料内使鸡同时服用，连用3~5 d；饲料中拌入中药大黄粉、黄芩粉、黄柏粉、神曲粉、小苏打，连用3~5 d；控制鸡的饮水量：饮水量控制在采食量的2~2.5倍，饮水中加入适量内服补液盐。

(2)清理消化道有害菌　根据鸡的采食量、季节的不同，控制鸡的饮水量；在饮水中添加作用于消化道的抗菌药，连用3~4 d，配合腐殖酸钠拌料，疗效更佳。

(3)恢复肠道正常菌群平衡　用益生素拌料或饮水。

(洪　金　莫重辉)

第六节　其他动物胃肠疾病

霉菌性肠炎(enteritis caused by mycotoxicosis)

霉菌性肠炎是指采食了被真菌及其代谢产物——真菌毒素(mycotoxin)污染的饲料后，引起胃肠黏膜及其深层组织的炎症。本病又称霉菌性胃肠炎(gastro-enteritismycotica)，属于真菌毒素中毒性胃肠炎。以黏液-出血性胃肠炎和神经症状等为临床特征。

牛、羊时有发生，但无传染性。具有地方性和季节性的流行特点，常见于梅雨季节和秋收季节。

【病因】

主要是长期采食被产毒真菌及其代谢产物污染的草料所致。常见的霉败草料有谷草、麦秸、稻草、麦类、玉米、糟粕类、根菜类等精料和多汁饲料。

常见的产毒真菌有镰刀菌属(Fusarium)、青霉属(Penicillium)和曲霉属(Aspergillus)3个属，多寄生在植物和谷物上。具体包括玉蜀黍曲霉(A. maydis)、毛霉菌属(Mucor)、麦角菌(Claviceps purpurea)、小麦网腥黑粉菌(Tilletia tritici)、小麦散黑粉菌(Ustilago tritici)、小麦赤霉菌(Gibberella saubinetis)、禾柄锈菌(Puccinia graminis)、玉蜀黍黑穗菌(U. maydis)、大麦黑粉菌(U. hordei)、大麦裸黑粉菌(U. nuda)、葡萄穗霉(Stachybotrys alterans)和稻曲霉(Ustilaginoideavirens)等。

【发病机理】

产毒真菌的代谢产物有T-2毒素、丁烯酸内酯等环氧单端孢霉烯族化合物，这些真菌代谢产物中可能含有胃肠毒素或血液毒素，可使胃肠黏膜发炎、出血和发生糜烂等。本病由于涉及病原的种类、毒素繁多，其发病机理也很复杂，许多方面仍待进一步研究。

【症状】

病畜突然发病，表现精神不振，可视黏膜潮红、黄染或发绀。饮食欲减退或废绝，口腔干燥，有舌苔、口臭；肠音减弱或个别亢盛，粪便稀呈粥样，混有黏液或血液，有恶臭；轻度腹痛；体温多在正常范围，个别可高达40℃左右；脉搏增数、节律不齐；呼吸促迫，流浆液、黏液性鼻液，肺泡呼吸音粗粝。偶发血尿或皮疹。牛、羊还可发生特征性神经症状，病畜兴奋不安、盲目冲撞，或嘴唇松弛垂下，流涎，步态不稳，反应迟钝，嗜睡甚至昏迷。

血液检查，白细胞明显减少，粪便潜血检验多呈阳性反应，尿检呈酸性反应、尿蛋白阳性，血尿。

【病理变化】

本病能引起胃肠卡他性、出血性和纤维素性等炎症，但以黏液-出血性炎症为主。剖检可见胃肠黏膜潮红、肿胀，或出血、糜烂等，黏膜表面被覆多量浆性或黏性渗出物，或红褐色黏液、黄色纤维素伪膜等。镜检可见胃肠黏膜上皮变性，或坏死、脱落，杯状细胞数量增多和黏液分泌亢进，黏膜固有层和黏膜下层发生水肿、充血，或出血、糜烂及炎性细胞浸润。

【诊断】

根据病史特点、发病与饲喂霉败草料有密切关系，临床表现有特征性的神经症状、血尿、皮疹以及血检白细胞明显减少等进行综合性分析，建立初步诊断。

确诊需采集霉败草料样品，进行产毒真菌的分离、培养和鉴定，结合毒性测定与人工复制发病试验结果，作为本病临床诊断的依据。

【治疗】

病初，为了清理胃肠和排毒，通常应用氧化剂（如0.1%~0.5%高锰酸钾溶液或0.1%~1%过氧化氢溶液），洗胃或内服；还可用盐类泻剂、鱼石脂、乙醇等与适量水混合内服；也有一次静脉注射20%~50%硫代硫酸钠溶液100~500 mL。为了阻止霉菌毒素的吸收，可内服鞣酸蛋白、淀粉或牛奶等。

为了防止细菌性继发感染，可用抗菌药物，如小檗碱或磺胺脒等。可考虑常用的抗霉菌兽药如灰黄霉素、制霉菌素、二性霉素B（两性霉素乙）、克霉唑等进行治疗，也可参考人常用的附子石榴皮诃子散，或先平胃散加减而后连理汤加减等中药方剂治疗。

此外，根据病情，参照胃肠炎的基本措施适时进行强心、止泻、补液以及纠正酸中毒等。

【预防】

防止收割谷物期间受雨淋、发热，禁止饲喂已经霉败的草料。

胃溃疡（stomach ulcer）

胃溃疡是指位于贲门至幽门之间的慢性溃疡，是消化性溃疡中最常见的一种，主要指胃黏膜被胃消化液自身消化造成的超过黏膜肌层的组织损伤，是发生于贲门与幽门之间的炎性坏死性病变。胃溃疡通常表现出间歇性的轻腹痛，患病动物的食欲变差，有便秘或腹泻。如果胃出现出血症状，排泄的粪便则呈深棕色乃至黑色焦油状或糊状，呕吐物中混杂血液，如果有大出血则会出现突然死亡的不良后果。一旦发生胃穿孔，机体会出现局限性的腹膜炎症，或出现急性休克，患病动物会在几个小时内死亡。常见于猪、牛、犬。

【病因】

胃溃疡发生主要与黏膜损害和黏膜自身防御修复等因素之间失衡有关。幽门螺杆菌感染、非甾体抗炎药、胃酸分泌异常是其常见病因，药物、应激、激素等也可导致溃疡，心理因素及不良生活习惯均可诱发。

（1）饲料因素　饲料质量直接影响动物体的生长发育，也是引发胃溃疡的关键因素。如当饲料粉碎过细时，食用后在胃内会形成糊化饲料，加重胃的消化负担，以致引发胃溃疡问题。当饲料中存在较多刺激性物质时，也会引发胃溃疡问题。而长时间饲喂玉米等能量水平较高的谷物饲料，会导致饲料脂肪出现酸败，引发胃溃疡。除此之外，当饲料中存在较多有害物质时也会降低动物免疫力，引发胃溃疡。

（2）管理因素　噪声、恐惧、闷热、疼痛、妊娠、分娩、饲舍狭窄、通风不良、环境卫生不佳、饲喂不定时、时饱时饥、突然变换饲料等，均可造成胃溃疡。此外，部分养殖人员为了增加经济效益，在饲料中增加各种药物（如瘦肉精、非甾体抗炎药），很容易导致消化不良等问题，从而引发胃溃疡。除此之外，本病可能由于持续性食欲不振引起，持续性食欲不振会引起真胃内的pH值长期较低，即俗称的"无酸无溃疡"。

（3）疾病因素　对胃溃疡更为重要的诱发因素为疾病，包括遗传疾病与外部诱发疾病两个方面。一是遗传疾病会由上一代传给下一代，即便有些遗传病不会发作，但依然会影响养殖场的经济效益，且遗传病会导致猪体在快速成长过程中免疫力较差，很容易诱发胃溃疡。二是外部因素诱发的疾病，如部分猪感染病毒、寄生虫及细菌等会影响正常消化，牛患有真胃淋巴肉瘤和病毒性疾病(如牛病毒性腹泻、牛瘟和牛恶性卡他热)均会造成胃溃疡。

【发病机理】

现代医学关于胃溃疡的发病机制，有无酸无溃疡学说、消化学说、天平学说、炎症学说、攻击因子和防御因子失衡学说、幽门螺杆菌感染学说，在这些学说中，被广泛接受的是攻击因子和防御因子失衡学说。大部分研究者认为，胃溃疡的发病机理主要是以胃酸与胃蛋白酶为主的攻击因子与胃肠黏膜防御机能之间失去平衡的结果，当黏膜损害因素大于防御因素时，易形成溃疡。

（1）胃黏膜攻击因子　包括胃酸和幽门螺杆菌，1910年，Schwatz提出"无酸无溃疡"的理论，至今已有百年历史，胃酸对胃黏膜起腐蚀作用，胃蛋白酶在酸性环境中活性增强，对黏膜产生消化作用。澳大利亚科学家巴里·马歇尔和罗宾·沃伦从胃黏膜中分离出导致胃溃疡的幽门螺杆菌，其致病性与其是否携带某种细胞毒素有关，它可通过释放尿素酶分解尿素产生氨、分泌空泡形成细胞毒素、磷脂酶等，损伤上皮细胞产生炎症，长期作用导致溃疡。

（2）胃黏膜防御因子　由黏液和胃黏膜柱状上皮组成的胃黏膜屏障是保护胃黏膜、避免被胃蛋白酶破坏的主要因素，胃黏膜屏障能阻止胃腔内的 H^+ 快速反弥散进入黏膜，减少 H^+ 对胃黏膜的损伤，胃黏膜分泌状态、胃黏膜血流及局部酸碱平衡等因素均能影响胃黏膜屏障功能。胃黏液与胃黏膜上皮细胞分泌的 HCO_3^- 共同构成胃黏液-碳酸氢盐屏障，HCO_3^- 能中和反弥散的 H^+，在胃黏液层形成由黏膜表面至胃腔从高到低的pH值梯度，保护胃黏膜是胃黏膜抗损伤的第一道防线。此外，胃黏膜血流为黏膜细胞带来氧气和营养物质，带走代谢废物和其他损伤因子，从而减少对胃黏膜的损害。

【症状】

（1）猪　可发生于任何品种、性别及年龄的猪体，其中8周龄以上的猪更易感染。猪胃溃疡发病较急，一般在兴奋与运动过后突然虚脱，严重时胃出血还会导致猪体死亡。猪胃溃疡症状包括急性、亚急性及慢性等类型，其中急性病猪会出现明显的贫血症状，机体虚弱，呼吸急促，甚至会因胃部疼痛而导致磨牙问题。部分病猪会出现阶段性厌食，甚至呕吐、便血。同时，急性症状还会出现排干粪，但猪体温保持正常或稍微降低。亚急性与慢性病猪会出现贫血、食欲不振、体重降低等症状，部分还会间歇或持续性排出黑色粪便。慢性病猪的症状比较轻微，只是排出弹丸样粪便，一般持续1~7周的病程。

（2）牛　牛胃溃疡常见的症状有轻微腹痛、磨牙、突然食欲减退、心动过速(90~100次/min)、粪便潜血或出现间歇性黑便。病牛大量出血时表现失血症状，如心动过速(100~140次/min)、黏膜苍白、脉搏微弱、肢端发凉、呼吸浅而急促以及排黑便等。严重时，表现为急性瘤胃淤滞，泛发型真胃疼痛，不愿走动，呼吸时发出呼噜声和呻吟声，衰弱和脱水等。随着病情的发展，病牛体温下降，呈斜卧姿势，6~8 h死亡。一般而言，出血性溃疡一般不会诱发穿孔，而穿孔性溃疡一般肠胃内不会出现血液。有时出血和穿孔也可同时发生，这种病例常见于病程较长的病例，且多与真胃变位有关。患有真胃溃疡且胃内有毛粪石的犊牛，真胃可能会被气体或液体充满而膨胀，很容易在右侧肋弓后面触诊到。深部触诊时，病牛可出现因穿孔性溃疡引起的局灶性腹膜炎有关的真胃疼痛。犊牛发生穿孔性溃疡的病例较出血性溃疡更为常见。

【病理变化】

剖检病死动物可见机体出现严重贫血，皮肤黏膜苍白，出现明显出血，部分胃食管出现坏死与糜烂，但主要为浅表性糜烂，呈圆形或椭圆形，直径在 3~50 mm。同时，十二指肠内存在大量黑色液体，伴随出现腹膜炎，但其他脏器官没有出现病变情况。成年牛的真胃溃疡通常发生在胃底部，而喂奶的犊牛溃疡常发生于幽门窦处。采食后，溃疡处的血管会变得非常明显，坏死组织可以从出血性溃疡灶脱落。大多数穿孔的病例形成直径 12~15 cm 的凹陷，凹陷内含有淤血和坏死组织碎片。凹陷内的物质可广泛浸入网膜的脂肪组织，溃疡与附近的组织器官或真胃壁之间可发生粘连。

【诊断】

一般情况下，对仅表现轻微出血和中度临床症状的病例很难做出诊断，还需要对患病动物粪便中的潜血进行多次检测。其他情况下，如部分病牛发生食欲不振和产奶量下降时，则需要进行体格检查和实验室检验，包括腹腔穿刺。在发生黑便的病例中，只需进行体格检查即可确诊。但实际确诊还应结合内窥镜检查。此外，猪胃溃疡主要与胃肠炎、猪附红细胞体病及黄曲霉素中毒等症状进行区别。

【治疗】

治疗原则：镇静止痛、止血消炎和对症治疗。

（1）镇静止痛　肌内注射盐酸氨溴索注射液，每日 1 次。为中和胃酸，患病动物可以口服适量的氯化镁、硅酸镁、碳酸氢钠等药物。

（2）止血消炎　止血治疗时，可以为患病动物注射酚磺乙胺注射液，或者肌内注射卡巴克洛，每日 2 次，连续使用 2~3 d。抗菌治疗时，养殖人员可以根据患病动物体重可肌内注射氟苯尼考，每日 1 次，连续使用 3 d。或根据病猪体重肌内注射阿莫西林，每日 2 次，连续使用 3 d。

（3）对症治疗　患病动物出现脱水或者为了避免出现脱水症状，应及时补液，静脉注射的葡萄糖生理盐水，并增加维生素 C，连续使用 3 d。为了有效保护胃黏膜，动物可以口服碱式硝酸铋，或者服用鞣酸蛋白，还应在饲料中增加维生素 B_2、维生素 E 及硒。当动物出现明显的贫血问题，且出现呕血现象，排出煤焦油样血便时表明病猪病情恶化，由胃溃疡变为弥漫性腹膜炎，此时应尽快淘汰。

由穿孔性真胃溃疡引起的局部腹膜炎，一般预后良好，本病一般需要 1~2 周即可恢复，且痊愈后一般不会复发。

【预防】

改善饲养管理，防止或减少饲喂、驱赶和运输中应激状态的发生，减少日粮中玉米的数量，增加日粮中纤维量和粗磨成分，定期驱虫，减少各种应激因素。

犬肠套叠（intestinal invagination in canine）

犬肠套叠是肠管异常蠕动，致使一段肠管及其肠系膜套入其邻近的肠管内所致的一种绞窄性肠梗阻，是肠变位的一种类型，是 1 岁以下特别 2~4 个月龄幼犬常见的急腹症之一。其发生与肠管解剖特点（如盲肠活动度过大）、病理因素（如息肉、肿瘤）以及肠功能失调、蠕动异常有关。当肠管套入后，肠系膜常同时被套入，导致血液供应障碍，时间过久常引起局部产生坏死或穿孔，即使发生单纯肠套叠时,凹入的肠段也会使血管受压,静脉血和淋巴液发生淤积,致使肠壁肿胀,甚至肠黏膜破裂,造成出血。肠套叠严重时,肠壁动脉也会阻塞,演变成肠管坏死、破裂,造成腹膜炎。故应早期发现、及时诊断和治疗,以免延误造成严重后遗症或死亡。临床上以顽固性呕吐、腹痛和排血样便为特征。

【病因】

临床发现肠套叠常发于春夏季节交接和初冬时期,一般肠套叠的起点并没有特殊的病灶,此时正值胃肠炎、犬瘟热、犬细小病毒性肠炎、传染性肝炎等疾病盛行之际,至今仍不清楚肠套叠真正的致病因素,但它可能和上述病毒感染有很大的联系,即病毒感染或其他不明原因引起肠蠕动和收缩不协调,导致近侧肠管套入远程肠管中而引发肠套叠。有些学者认为,肠套叠的发生与腺病毒感染有关,因为腺病毒感染时,肠壁淋巴组织发生炎性增殖,邻近肠系膜淋巴结也发生肿大,压迫肠管,同时肠运动机能常发生紊乱,易于发生肠套叠。肠套叠还可能与肠的解剖特点(回肠为易发肠段,经统计,75%的病例发生于回盲瓣附近,其次为小肠)、饮食的改变(如过多食冰冻饲料、饮冷水、突然更换饲料)、腹泻、肠炎、全身病毒感染、蛔虫感染等引起的肠蠕动紊乱有关,它们能使某段肠管发生强烈的蠕动和逆蠕动,或强弱不一,极易使肠管的一段套入另一段,形成肠套叠。

【发病机理】

由于上述各种不良的致病因素作用,使肠平滑肌自主运动性的改变,即某段肠管蠕动增强或痉挛性收缩,而与其相邻的另一段肠管蠕动正常或弛缓、麻痹,加之肠内容物稀薄或空虚的情况下,易发生肠套叠。起初属于机能性障碍,以后多导致器质性改变。一旦发生肠套叠,随着病程的延长,套叠肠管会出现血液循环障碍、充血、淤血和水肿等病理变化,还会继发胃扩张、肠臌气等病症,甚至出现脱水、自体中毒及心力衰竭和腹膜炎,加重病情甚至死亡。

【症状】

临床上以顽固性呕吐、腹痛和排血样便为特征。病犬突然不食,发生剧烈腹痛,表现高度不安,拱背,腹部收缩,有时前肢跪地,后肢抬高,头抵地面。严重者突然倒地,翻倒滚转,鸣叫,四肢划动,尾巴扭曲状摇摆,呻吟不止,有的四肢呈游泳样动作,呼吸、心跳加快,结膜潮红,反复呕吐。瘦小的病犬,触诊时可触到套叠肠管如香肠状,压迫时痛感明显,但肥胖个体,不易发现肠套叠的硬块。

病初排稀粪,常混有大量脱落的黏膜和血液,严重时可排出黑红色稀便,后期排粪停止。如无并发症,体温一般正常,如继发肠炎、肠坏死或腹膜炎时,则体温升高,腹部增大,触诊背、腹部有疼痛反应,不断呻吟、鸣叫。

【病理变化】

最明显的病变是血液循环障碍。肉眼可见套叠肠段呈灌肠状,肉样坚实,套入部呈青紫色,高度水肿,黏膜出血、溃疡,肠腔内容物呈紫酱色或黑绿色的黏稠液体,恶臭、黏膜大片脱落。晚期鞘部呈紫红色,肿胀明显,浆膜下可见血肿,肠系膜多散在或密布出血点,套入部和鞘部之间常有粘连。

【诊断】

通过问诊以了解腹痛、腹胀和不食发生的情况为主。

腹部触诊时表现敏感,可在左或右下腹摸到似香肠的肿块,有移动性,感觉肠管粗而有坚实感。此时,应注意与胰腺肿胀、肾脏和肠道寄生虫大量寄生相区别,有时因患犬躁动不易检查,可注射镇静剂,再仔细触摸腹部检查。如果做直肠检查,可见手套上粘有带血稀便。

钡餐造影后拍摄 X 线片有助于本病的诊断。必要时进行剖腹探查而确诊。

【治疗】

（1）保守疗法　若能早期确诊，可用温生理盐水或温肥皂水灌肠复位，或在 X 线透视下，进行钡剂灌肠复位。灌肠时，压力以不超过 1 274.8 Pa 为宜，以防压力过大造成肠壁损伤。复位后灌服活性炭 0.5~1.0 g，6~8 h 后观察有无黑色粪便排出，如有则证明肠道已通畅。

（2）手术疗法　如果已到肠套叠晚期，即病程已超过 2 d 以上，病犬一般出现高温、眼窝下陷、鼻镜干燥等症状，甚至有腹膜炎、脉搏细弱等危重症状，此时不能使用简便的气体灌肠法治疗，应进行急诊手术。另外，灌肠恢复术失败时，也必须尽早进行剖腹探查进一步确诊和实施手术整复，严禁投服一切泻剂。手术整复中，要缓慢分离已进入肠管中的肠浆膜，禁止强力拉出，特别对套叠部分较长和严重淤血、水肿的肠管，要防止造成肠壁撕裂、大出血及因严重肠壁缺损和随后的感染。对肠管已坏死不能整复，应做肠切除术。术后应做好术后护理工作：手术后静脉补液 3~4 d，以纠正水、电解质紊乱，并全身应用抗生素，控制感染。术后 2~4 d，逐渐给予易消化的流食。

由于病势急剧，不及时诊治很快死亡。确诊后采取手术治疗，一般预后良好。

【预防】

主要是科学的饲养和管理，饲料饮水要清洁，犬的生活环境要卫生，防止误食泥沙和污物。在运动时，要防止剧烈奔跑和摔倒；发现有阴囊疝、脐疝或腹壁疝时，要及时治疗；去势时，手术要规范，防止发炎并引起肠管粘连；饲喂要定时、定量，注意食温、水温，避免过度刺激，禁止剧烈地玩耍、奔跑及挣扎等。

犬急性肠梗阻（acute small intestine obstructionin canine）

犬急性肠梗阻是由于坚硬食物或异物，以及小肠正常生理位置发生不可逆变化，致使肠腔不通并伴有局部血液循环严重障碍的一种急性腹痛病。临床上以剧烈腹痛、呕吐和休克为特征。

【病因】

常见病因：不能消化的食物和异物卡住或堵塞肠道，如骨头、果核、布条、塑料、线团、毛球、纠集成团的蛔虫体，以及肿瘤、肉芽肿、脓肿等。肠变位引发肠腔闭塞，以肠套叠多见，通常发生在空肠或近端回肠以及回盲结合处。主要起因于受凉、采食冰冷的饮水饲料及其他异物的刺激，或因肠功能紊乱发生肠套叠而闭塞肠腔；其次为肠嵌闭或肠绞窄，即由于肠腔空虚、肠蠕动亢进、激烈运动等，使肠管坠入天然孔（腹股沟管）或肠系膜、腹肌等破裂口内，或肠管被腹腔某些韧带、结缔组织条索铰接，而致使肠腔不通。常见小肠掉入腹股沟管、大网膜孔、肠系膜破裂孔或膈破裂孔内，以及空肠缠结在肠系膜根上。

【症状】

由异物引起的肠梗阻，主要表现顽固性的呕吐或呕粪，食欲不振，饮欲亢进，精神沉郁并迅速变得淡漠或痛苦；腹痛，表现常变更躺卧地点，嚎叫，拱背；呼吸、心率加快，体温偏高；后期严重脱水，体温低于正常。十二指肠阻塞时，出现黄疸；腹部触诊，可摸到膨气肠段，有时可触及肠内异物和梗阻包块；若异物引起肠穿孔，则可发生弥漫性腹膜炎或出现腹胀肿，表现腹肌紧缩，触诊敏感、疼痛。

肠套叠，初期全身状况无明显变化，只表现排出带血的松馏油样粪便，反复呕吐，食欲减退；以后出现阵发性腹痛，排粪停止，常有里急后重现象，脱水；部分病例可突然呈现衰竭危象。触诊腹部发硬，并可在腹腔中摸到坚实而有弹性、弯曲而移动自如的香肠样肠段。

肠嵌闭和肠绞窄，其临床特征是腹痛剧烈，全身症状迅速增重，病程短急。患犬表情忧郁，痛苦；呼吸、心率加快，体温升高；呈持续而剧烈腹痛，不时嚎叫、呻吟或僵硬地伸直四肢，或急起急卧，极度不安，大剂量镇痛剂难以奏效；顽固呕吐，甚至呕粪；腹部触诊，可发现局部敏感性增高及臌气的肠段。后期呈高度昏迷、衰弱，体温降低，脉弱无力，常因腹膜炎、肠破裂引发中毒性休克而死亡。

【诊断】

根据呕吐，腹痛，触诊腹部敏感、腹壁紧张，及触诊到积气、积液肠管和梗阻部等做出初步诊断。确诊需经 X 线检查或腹部探查。

【治疗】

本病为急性腹痛病，治疗原则：止痛镇静，排除梗阻原因，恢复胃肠功能，补液及纠正电解质和酸碱平衡失调。关键在于应尽早地施行剖腹术等急救措施。在疼痛剧烈时，可用盐酸哌替啶（杜冷丁）注射液 5~10 mg/kg，皮下或肌内注射，或用安定注射液 0.1 mg/kg，一次肌内注射。对继发胃扩张或肠臌气的，可导胃、穿肠排气减压。对危重病犬，为抗炎抗休克，应及时用氢化可的松注射液，每次用 5~20 mg，用生理盐水或葡萄糖注射液稀释后静脉滴注；低分子右旋糖酐溶液 20~50 mL，一次静脉注射；术前可静脉注射复方氯化钠溶液或葡萄糖氯化钠溶液，以调整水盐代谢和酸碱平衡。排除梗阻原因，疏通肠道，根本的治疗措施是尽早施行手术疗法，即剖开腹腔，寻找梗阻部位，随后依据梗阻性质，松解粘连、整复变位的肠管，修补疝轮，或切除坏死肠段并行肠断端吻合术，或隔肠按压、侧切肠管排出堵塞异物等。术后要补液、强心，应用抗生素防止继发细菌感染，并加强护理。

犬胃扩张-扭转综合征(canine gastric dilation-volvulus complex)

胃扭转是指胃幽门部从右侧转向左侧，并被挤压于肝脏、食管的末端和胃底之间，导致胃内容物不能后送的疾病。胃扭转之后，由于胃内气体排出困难，快速引发胃扩张，因此称为胃扩张-扭转综合征。非完全性胃扭转可能不发生胃扩张，或发生轻度胃扩张。本病多发于大型犬和胸部狭长品种的犬，中型犬和小型犬也可以发生，但发病率较低，雄性犬发病率高于雌性犬。犬胃扩张-扭转综合征是一种急腹症，病情发展迅速，预后需慎重。

【病因】

本病的病因，目前尚不十分清楚，但是可以肯定犬的品种、饲养管理和环境因素等与本病发生有密切的关系。

胃扩张-扭转综合征可以发生于任何品种的犬。临床资料显示，大型犬和巨型犬，如大丹犬、圣伯纳犬、德国牧羊犬、杜宾犬和拳师犬等，比其他品种犬易发本病。胸部狭长的小型犬，如腊肠犬等也具有易发倾向。虽然犬的体型与本病的发病率有关，但并不表明具有相同体型犬的发病率相似。

饲养管理不当也是引发本病的重要原因。胃内食糜胀满，饲料质量不良，或过于稀薄，吃食过快，每日只喂 1 次，食后立即训练、配种、狩猎、玩耍等可促使本病的发生。

其他因素，如胃肠功能差、胆小恐惧的犬，或脾肿大、胃韧带松弛、应激等均为诱发因素。

【症状】

患犬多突然发病，主要表现为腹痛，口吐白沫，躺卧于地上，病情发展十分迅速，严重胃扭转时，由于胃贲门和幽门都闭塞，胃内气体、液体和食物，既不能上行呕吐出去，也不能下行进入肠管，导致发生急性胃扩张，在短时间内即可见到腹部逐渐胀大，叩诊腹部呈鼓音或金属音，冲击式触诊胃下部，有时可听到拍水音。病犬脉搏频数，呼吸困难，很快休克，在数小时内死亡，最多不超过 48 h 死亡。

临床上，也可以见到胃扭转不是十分严重的病例，病犬的贲门和/或幽门未被完全闭塞，这时病犬症状较轻，可以存活数天或更长。非完全胃扭转存活率与胃扭转的程度和胃扩张的程度有关。

【诊断】

主要根据犬的品种、体型、性别、饲养管理状况、病史、临床症状、X 线拍片或胃插管检查来确诊。

胃扩张-扭转综合征在症状上与单纯性胃扩张、肠扭转和脾扭转有相似之处，应注意鉴别诊断。简单易行的办法是以插胃导管进行区分。

单纯性胃扩张，胃导管易插到胃内，插到胃内以后，腹部胀满可以减轻；胃扭转时，胃导管插不到胃内，因而无法缓解胃扩张的状态；肠扭转或脾扭转时，胃导管容易插到胃内，但腹部胀满不能减轻，并且即使胃内气体消失，患犬仍然逐渐衰竭。

【治疗】

一旦患犬被诊断为胃扩张-扭转综合征，通常的治疗方法如下：

确诊本病以后，应立即输液，以保证血压，防止休克，在输液过程中应使用皮质类固醇药物和抗生素。穿刺放气，减轻腹压。在轻度麻醉的情况下，试插胃导管，或进行 X 线检查，决定是否需要立即手术。

手术矫正胃扭转和防止复发。严重的胃扭转病例必须立即进行手术。在麻醉的状态下，手术切开腹壁（由剑状软骨到脐的后方），将扭转的胃整复到正常位置。如胃整复困难，应先行穿刺放气后再进行整复。然后用插入的胃导管将胃内容物吸出或洗出来。必要时可行胃切开手术，取出胃内食物，然后清洗、缝合胃壁。扭转的胃被整复以后，为防止再次复发，可将胃壁固定到腹壁上。手术成功率较高，但患犬仍然会因休克、出血或心衰而死亡。

手术之后，患犬手术之后的恢复是缓慢的，手术后的前 3 d 十分重要，应密切观察。手术后一周之内，静脉输液，保持酸碱平衡、电解质平衡，使用抗生素治疗，甚至输血治疗是十分必要的。常用输液药物有林格氏液、乳酸林格氏液、糖盐水、复方氨基酸、三磷酸腺苷（ATP）、乙酰辅酶 A（CoA）、维生素 C 和碳酸氢钠等；常使用的抗生素有氨苄西林、头孢菌素、喹诺酮类药物等；如胃肠蠕动较差，也可以使用新斯的明或 B 族维生素皮下注射。

手术后一周之内，病犬应喂给少量易消化的流质食物，一周之后逐渐过渡到正常食物。食物的喂量应由少到多逐渐增加，分 3~4 次或更多次数饲喂。在手术的恢复期，应严格限制犬的锻炼。

【预防】

导致犬胃扩张-扭转综合征的因素很多，有些因素（如饲喂方式、食物、应激等）可以控制，有些因素（如品种、性别、年龄等）无法控制。总之，预防本病的发生应综合考虑，如不喂过于稀薄的食物，不喂得过饱，食后不立即运动，每日分 2 次饲喂等。

犬猫胃肠异物（gastric or intestine foreign bodies）

犬猫胃肠异物是指胃内长期滞留难以消化的异物，使胃黏膜损伤，影响胃的功能，严重时还能引起胃穿孔，继发腹膜炎。多见于幼犬、小型品种犬及老年猫。

【病因】

幼年或成年犬、猫可吞食各种异物，如果核、玉米棒、塑料(袋)、牵引带、绳索、骨骼、橡皮、石头、破布、线团、毛球、牙签、针、鱼钩等。特别是猫有梳理被毛的习惯，将脱落的被毛吞食，在胃内聚集形成毛球。此外，犬患有某种疾病时，如狂犬病、胰腺疾病、寄生虫病、维生素缺乏症或矿物质不足等，常伴有异嗜现象，甚至个别犬生来就有吞食石块的恶习。

【症状】

胃内存有异物的动物，根据异物的不同，在临床症状上有较大差异：部分病例胃内虽有异物，但不表现临床症状，长期不易被发现，此种患病动物在采食固体食物时，有间断性呕吐史，呈进行性消瘦；胃内存有大而硬的异物时，能使动物呈现胃炎症状(详见胃肠炎部分)；尖锐或具有刺激性异物伤及胃黏膜时，可引起出血或胃穿孔，但此种情况较为少见；猫胃内毛球往往引起呕吐或干呕，食欲差或废绝；有的猫特征性表现肚子饥饿觅食时鸣叫，饲喂食物时，出现贪食，但只吃几口就走开，动物逐渐消瘦，此类症状提示胃内可能存有异物。

【诊断】

可根据病史、临床症状、腹部触诊、X线检查和肠道造影可做出初步诊断。

(1)腹部触诊 小型犬和猫腹壁较柔软，胃内有较大异物时，用手触诊可察觉。如果触诊时肠壁敏感紧张而影响检查时，可施行镇静或麻醉后再进行检查。

(2)X线检查和肠道造影 有条件的医院可以使用X线拍片进行诊断，为了增加对比度，最好给予造影剂，肠道造影后可确诊异物的部位。

【治疗】

犬、猫可分别用阿扑吗啡、隆朋、硫酸铜溶液或过氧化氢溶液进行催吐，催吐只适用于胃内存有少量光滑异物。当胃内异物粗大、锐利时，催吐可能损伤食管，不宜用诱吐药物。

小而尖锐异物，如钉、针、别针等存在胃内时，可投服浸泡牛奶的脱脂小棉球(装于胶囊内)，或小的肉块等，常可使异物通过肠道排出体外。此外，给予大剂量甲基纤维素或琼脂化合物也有效。猫胃内小异物、毛球等，通过投服植物油或液体石蜡(每只5~10 mL)1或2次，也常能顺利排出。

上述方法不见效或大异物无法排出时，应进行外科手术，切开胃壁或肠壁取出异物。如异物存在部位已经发生坏死，应切除坏死部位，做胃壁(肠管)吻合术。手术以后，患犬应禁食2~3 d，并合理补充体液，供给能量，调节电解质平衡、酸碱平衡，选用广谱抗生素控制感染。与此同时，可应用皮质类固醇药物、B族维生素、维生素C等药物进行治疗。3~4 d以后，视病情给予患畜以易消化的流质食物，然后逐渐恢复到常规食物。对异嗜等引起的胃内异物则应投给微量元素、维生素等，以治疗其原发病。

【预防】

尽量避免让犬玩耍玻璃球、果核、橡皮、弹性玩具等；当犬在玩耍这类东西时，不要硬抢，这样会促使犬吞食这些东西。避免给犬投喂过多或过大的骨头。定期为犬驱虫，防止寄生虫过度繁殖，引起异物过多。对于犬的异嗜癖要及时治疗纠正，防止它们吃食破布、线团、毛球等引起异物梗阻。除此之外，还应加强犬的饲养管理，养成良好的进食习惯，定期进行免疫驱虫工作等。

黏液膜性肠炎（mucous membrane enteritis）

黏液膜性肠炎是动物肠黏膜表层的一种特殊炎症。由于动物机体发生变态反应，肠道渗出性纤维蛋白和大量黏液形成一种膜状物，被覆在肠黏膜上，引起动物的消化吸收机能障碍。黏液膜性肠炎常见于牛，而马、猪和肉食动物也有发生。牛多发生于空肠与回肠，马多在盲肠和结肠。

【病因】

黏液膜性肠炎的发生发展及其病理演变过程从黏液膜的产生和性质方面看主要是缺乏某种必要的营养物质、神经调节机能紊乱、自体中毒以及包括饲料和某些药物在内的各种因素的刺激引起的变态反应。根据传染与免疫学的观点，这种变态反应多数是由大肠杆菌、副伤寒杆菌、肝片吸虫或饲草与饲料霉败变质形成的特异性蛋白质、机体内某些异常代谢产物等，引起肠黏膜的一种非特异性炎症。因此，造成黏液膜性肠炎常见病因有饲料过于单纯，质量不良，缺乏维生素 A、B 族维生素、维生素 C，肠道机能紊乱，肠道菌群关系变化，产生多量的细菌毒素和发酵、腐败的产物，霉败饲料中的真菌素和霉败饲料变质的异性蛋白质，肠道和肝脏寄生虫及其代谢产物，服用敌百虫、硫双二氯酚、硫酸钠、汞制剂和砷制剂等药物。此外，过劳、车船运输、拥挤、卫生条件差和紧张等应激因素也可导致本病的发生。

【发病机理】

发病原因至今还不十分明确，发病机制只能是一种推理。在上述致病因素的作用下，动物机体神经调节机能紊乱，引起动物机体发生变态反应，释放出组胺，使肠壁毛细血管扩张。血液中的纤维蛋白原大量渗出，并因副交感神经紧张性增高，消化液分泌减少，黏液分泌增多，从而凝结成一种黏液膜状物，游离附着重叠在肠黏膜表面，引起消化障碍和腹痛现象。膜状物经过努责排出体外，这种附着物与附着部位的肠壁脱离时，可引起动物肠黏膜出血、腹痛。这种炎性变化，按其病理性质，属于肠黏膜的一种特殊性炎症。

【症状】

因动物品种、年龄不同，临床表现也不尽相同。发病轻者，食欲减退，精神较差，有轻微腹痛表现，四肢集于腹下，活动减少，排出腥臭黑色稀便，约 1 d 后可见患病动物排出白色或灰黄色的膜状管型或条索状黏膜液，有时排出的黏液呈珍珠状胶冻样，表面附着鲜红色血液或血丝。黏液膜排出后腹痛症状有所缓解或消失，但大便仍稀软腥臭呈黑色，或出现腹泻不止。发病急重者，可见患病动物表现明显而强烈的腹痛症状，病畜经常回顾腹部，表情痛苦，或以后肢蹴腹，或四肢集于腹下，呆立不动。重者卧地不起，对外界刺激反应淡漠，食欲完全废绝。直到病畜排出白色或灰黄色的膜状管型或条索状黏液膜后，腹痛症状有所缓解或消失。

（1）犬 病初精神不振，闭目嗜睡，结膜苍白，食欲减退，后期废绝。舌苔淡白微黄，腹痛、有时嗳气，肠蠕动音减弱，甚至后期消失，心跳加快，体温 39～40℃。拉稀，不断努责，排出白色、灰白色、灰黄色乃至粉红色膜状管型或索状黏液膜性物，结构均一致，长短不一。排便次数增多，反复排出膜状结构和腥臭粪便，里急后重，后腹卧嗜睡。随着病程的延长，患犬出现消瘦、脱水、甚至休克死亡。

（2）牛 一般以腹泻为主，开始较轻，随着病程的延长腹泻加剧，有的间歇性轻微腹痛，有的阵发性腹痛，表现起卧不安，排出恶臭稀软粪便，频频努责，里急后重。经 5～6 d，就会时而排出膜状黏液或条索状黏膜或黏液条片，有的似绦虫节节片，羊小肠样。黏液膜长短不一，短的只有 20～30 mm，长的可达 0.5～1 cm 或更长，有的达 8 cm。横断面层次分明，7～8 层，一般呈灰白色、黄白色、微黄色、紫棕色。病牛体温升高0.3~0.5℃。出现消化障碍,早期食欲变化不大。中后期随长期腹泻出现脱水、酸中毒、电解质失调、食欲减退、反刍停止等症状,泌乳量下降,部分病例出现流产、心力衰竭等。

(3)长颈鹿 食欲反刍减退,精神较差,开始大便正常或稍干硬,而后排便停止,有轻微腹痛表现。重者拒饮拒食,反刍停止,患病动物表现明显而强烈的腹痛症状,神情紧张,呆立或无目的不停走动,甚至全身肌肉震颤,约2 d后可见病鹿排出白色或灰黄色的膜状管型或条索状黏液膜,同时可见有较大的呈橄榄球状的软便一起排出。

(4)扭角羚、麋鹿、马鹿、大羚羊 轻症者,食欲反刍减退,精神较差,轻微腹痛,四肢集于腹下,活动减少,排出腥臭黑色稀便,约1 d后可见患病动物排出白色或灰黄色膜状管型或条索状黏液膜,有时排出的黏液呈珍珠状胶冻样,表面附着鲜红色血液或血丝,黏液膜排除后,腹痛症状有所缓解或消失,但大便仍稀软腥臭呈黑色,或出现腹泻不止。发病急重者,可见患病动物表现明显而强烈的腹痛症状,患兽经常回顾腹部,表情痛苦,或以后肢蹴腹,或四肢集于腹下,呆立不动。重者卧地不起,对外界刺激反应淡漠,食欲、反刍完全废绝。直到病兽排出白色或灰黄色的膜状管型或条索状黏液膜后,腹痛症状才有所缓解或消失。

(5)狼、豺等食肉动物 病初,表现为食欲减退、腹胀、腹痛症状,排恶臭稀便,粪便中混有黏液膜片,随着病情发展,精神沉郁,食欲废绝,腹痛加重,少数病例发展为重症肠炎。

【诊断】

当发现黏液膜性物质随粪便排出时,即可做出诊断。但在本病初期,虽有轻微的腹痛症状,往往不易确诊。由于这种黏液膜状物的质地均一,不同于其他性质的肠炎,如霉败饲料中毒或各种剧性药物刺激引起的肠炎,随着病情的发展,形成纤维蛋白性伪膜,一般多呈糠皮状,至于脱落的肠组织,其中主要是脱落的肠黏膜上皮细胞、中性粒细胞和渗出性纤维蛋白以及坏死组织,与本病的黏液膜状物明显不同。

鉴别诊断需与纤维蛋白性肠炎和绦虫区别。纤维蛋白性肠炎形成的纤维蛋白不呈伪膜状也不会成为很长的一串,而绦虫节片则是韭菜叶样的白色呈短节相连的链状体。

【治疗】

患有黏液膜性肠炎的病畜经3~5 d可康复,少数病例发展为重剧肠炎。病情较轻者,其炎性产物可以自行排出,有的不经治疗,也能康复。但病情重剧者,首先应根据病因,应用抗过敏药物,消除变态反应,并及时应用油类泻剂,清理胃肠,促进康复。通常应用的抗过敏药物有盐酸苯海拉明,马、牛0.5~1.1 mg/kg,羊、猪40~60 mg,猫3~5 mg,盐酸异丙嗪0.55~1.10 mg/kg,配合内服活性炭和注射维生素C、葡萄糖酸钙。清理胃肠用油类泻剂,如植物油或液体石蜡,牛、马0.5~1 L,猪、羊50~100 mL。重剧病例,需注意强心、补液和抗生素的使用,防止脱水、自体中毒和继发感染。

中药可用加味增液汤:玄参、麦冬、郁金、赤芍、青皮各30 g,生地、枳实、当归、香附各45 g,二花125 g,连翘120 g,生大黄120 g,蒲公英60 g,地丁50 g,研为末,开水调候温,加液体石蜡0.5~1 L灌服。

【预防】

加强饲养管理,给予营养全面、搭配合理的日粮、不喂发霉及变质的饲料;做好卫生防疫及定期驱虫工作;避免各种应激因素及对动物机体的损害。

犬猫肛门腺炎（perianal adenitis in canine and cats）

犬猫肛门腺炎是犬常见的疾病，偶尔发生于猫，是由于肛门腺囊内腺体分泌物滞留，腐败感染后刺激黏膜腺体，所引起的炎症。

【病因】

多半由金黄色葡萄球菌引起，有时可因链球菌、大肠杆菌、变形杆菌感染所致。本病也可由卫生状况差、摩擦、搔抓、外伤等引起。

【症状】

疾病的初期，因为肛门囊的刺激，会出现轻微的疼痛瘙痒状况，常在地面摩擦肛门区域，不愿意抬起尾巴，肛门周围红肿，肛门腺囊肿起，充盈，开始出现分泌物积聚；疾病发展到后期，肛门两侧出现破溃，不断向外流出分泌物，严重时可发展成蜂窝织炎，可能会出现高烧的情况，犬、猫会出现食欲废绝、排便困难、便秘等情况。

【诊断】

根据临床症状，即通常肛门周围出现红肿、肛门囊出现疼痛、肛门腺液出现化脓出血或者是排量增多的现象，严重的情况，可能挤不出肛门腺液，更加严重的情况会出现肛门两侧破溃，并且不断流出液体。取出肛门腺液，置玻片、染色、显微镜检查，发现过量增殖的细菌可做出诊断。

【治疗】

(1)冲洗治疗　对于轻微的病例，只需要将肛门腺的内容物挤出，并将液体抗生素制剂注入肛门腺内，进行反复地冲洗，针对肛门外的红肿可以擦一些外用的药膏，用药期间，避免病畜摩擦、舔舐肛门。

(2)手术治疗　针对已经产生脓肿的病例，需要将肛门囊切开引流冲洗，并且全身应用抗生素治疗；如果病情反复，常规的冲洗治疗以及抗生素治疗无效，则需要通过手术的方式将肛门囊切除。

（王金明　尹志红）

第七节　肝、胆、脾及胰腺疾病

急性实质性肝炎（acute parenchymatous hepatitis）

急性实质性肝炎是以肝细胞变性、坏死和肝组织炎性病变为病理特征的一种急性病，临床上以黄疸、消化紊乱及肝功能改变为特征。马、骡、猪比较多见，其他家畜、家禽及野生动物也有发生。

【病因】

长期饲喂霉变腐败草料，误食大量有毒植物以及砷、磷等毒物，是引起急性实质性肝炎的主要原因。某些直接损伤肝细胞的化学毒物，如四氯化碳、氯仿、鞣酸等；某些传染病、寄生虫病、胃肠病等，如马传染性贫血、猪瘟、猪丹毒、犬病毒性肝炎、犬疱疹病毒性肝炎、鸭病毒性肝炎、沙门菌病、钩端螺旋体病、血孢子虫病、肝片吸虫病及胃肠炎等，常伴发实质性肝炎。另外，某些微量元素、维生素 E、蛋氨酸、胱氨酸的缺乏也能引起本病的发生。有报道称牛患化脓性细菌感染时，如果饲喂高浓度谷物精料过多，粗饲料不足，缺乏多汁饲料也容易诱发本病。

【发病机理】

(1)胆色素代谢障碍　肝细胞变性、坏死,则处理胆红素的能力降低,胆红素可经破裂的毛细胆管进入窦状隙而进入血液,而肝细胞肿胀和炎性细胞浸润压迫毛细胆管,使胆红素排出受阻,以致胆汁进入血液,血中胆红素增多,出现黄疸,刺激迷走神经,发生心动徐缓。另外,由于进入肠管的胆汁减少,影响了脂肪的消化吸收,可能引发脂肪性腹泻,脂溶性维生素 K 吸收减少,凝血酶原形成也减少,易发出血倾向;胆汁对肠道菌的抑制力减弱,则蛋白质腐败过程旺盛,氨的产生和吸收都增多,粪内粪胆素原减少,可使粪色变淡。

(2)糖、脂肪及蛋白质的代谢障碍　肝细胞变性,肝糖原形成机能减弱,血糖降低,进而引起糖代谢障碍。糖不足时,ATP 相对减少,不仅对有毒物质的加工处理能力减弱,而且葡萄糖醛酸供应也降低,毒物则无法与葡萄糖醛酸结合而解毒,易发自体中毒。

(3)糖代谢障碍　三羧酸循环的草酰乙酸随血糖的减少而减少,由脂肪分解以及由丙酮酸所形成的乙酰辅酶 A 进入三羧酸循环也减少,大量地形成酮体,乃至发生酮血症和酸中毒;三羧酸循环中 α-酮戊二酸的减少,使蛋白质代谢的氨基酸联合脱氨的机能发生障碍。由肠道产生和吸收的氨增多,血氨也增多,而肝脏利用氨合成尿素的能力却降低,导致氨在体内潴留。处理体内过多的氨须动用大量 α-酮戊二酸,当脑细胞内的 α-酮戊二酸消耗过多时,易发功能紊乱,造成昏睡或昏迷。肝功能障碍,白蛋白合成减少,则可能发生水肿。

【症状和病理变化】

病畜精神沉郁,食欲下降,全身无力。部分病畜先兴奋,后转为昏睡、昏迷。眼结膜不同程度的黄染,部分病畜体温升高、脉数减少,常有轻微的腹痛,背拱起,或排粪带痛。常呈现慢性消化不良症状,粪便初干燥,后腹泻,臭味大,粪色变淡,呈灰白绿色。急性肝炎转为慢性时,除消化不良无其他明显症状。仔猪患实质性肝炎时,全身衰弱无力、呕吐、腹泻,有时阵发性痉挛、皮疹及皮肤出血。轻症的可自然痊愈,严重的在短时间内死亡。

肝区触诊,部分病畜有疼痛反应。肝脏叩诊,肝脏肿大明显时,肝浊音区增大。尿色发暗,尿中可检出胆红素、蛋白质、肾上皮细胞。血清胆红素增多,定性试验直接反应及间接反应均呈阳性。在肝损伤时,血清酶的活力发生改变,马、牛、猪、犬的谷草转氨酶活力均显著增高;仅犬的谷丙转氨酶活力增强;在马肝脏坏死时,山梨醇脱氢酶(SDH)由正常的 0.065 U/L 升高至 406 U/L,也可作为绵羊和牛肝脏损害的指标。

剖检可见肝脏肿大,边缘钝圆,血管充血,肝包膜下有时出血。肝实质脆弱,切面呈红褐色、灰褐色或灰红色,乃至黄褐色或灰黄色。组织学检查,可见肝细胞颗粒变性与脂肪变性,小细胞浸润及肝细胞坏死。

【诊断】

在临床上,根据黄疸、消化紊乱、粪便干稀不定、恶臭、粪色淡、肝区触诊和叩诊的变化,按一般消化不良治疗不见效等,可初步诊断为急性实质性肝炎,肝功能测定可准确诊断。

【治疗】

(1)排除原因,清除毒物　在饲养上,立即停喂霉变草料,喂富含糖类和维生素易消化的草料,如青草、优质干草、胡萝卜和谷粒饲料等。不喂富含脂肪的饲料,减少蛋白质饲料。如是误食有毒草料,可用 1∶5 000 高锰酸钾、1%~4% 鞣酸溶液等反复洗胃,同时补液利尿促使已吸收的毒物排出体外。

(2)保肝利胆　为了增强肝脏机能,可用 25% 葡萄糖液,静脉注射,马每次 1~1.5 L,每日 2 次。5% 维生素 C 注射液 20 mL,静脉注射,每日 2 次。5% 维生素 B_1 液 10 mL,静脉注射,每日 2

次。犬猫肝泰乐 50~200 mg/次，口服，每日 1 次；0.1 mL/kg，肌内注射或静脉注射，每日 1 次。肌苷 25~50 mg，肌内注射/口服。为促进胆汁排泄，可用人工盐或硫酸镁或硫酸钠，内服，马每次 300 g，加鱼石脂 15 g，兼有抑制肠道内蛋白质腐败发酵的作用。

（3）增强肝脏解毒机能　为了增强肝脏的解毒机能，可用葡萄糖、谷氨酸，谷氨酸与氨结合形成谷氨酰胺，其在肾脏内经谷氨酰胺酶水解出氨和谷氨酸，氨以铵盐的形式随尿排出，谷氨酰胺为氨的载体，从而解除氨中毒。

（4）对症治疗　根据病情，可适当应用清肠健胃剂。有出血倾向，应用止血剂，如 1%维生素K 液，肌内注射，马、牛 10~30 mL，也可应用钙制剂。

（5）中兽医疗法　可用茵陈蒿汤[茵陈 18 g、栀子 12 g、大黄(去皮)6 g]随证加减。

肝硬化（hepatic cirrhosis）

肝硬化即肝硬变，是一种常见的由不同病因引起的肝慢性、进行性、弥漫性病变。病理组织学上有广泛的肝细胞坏死、残存肝细胞结节性再生、结缔组织增生与纤维隔形成，导致肝小叶结构破坏和假小叶形成，肝脏逐渐变形、变硬而发展为肝硬化。猪和犬多发，马、牛等其他动物少见。

【病因】

（1）原发性肝硬化　主要病因是误食有毒植物引起的中毒，此外还有磷、砷、铅、四氯化碳、四氯乙烯、乙醇、沥青等化学物质中毒以及长期大量饲喂酒糟或霉败饲料等。

（2）继发性肝硬化　如犬传染性肝炎、鸭病毒性肝炎、马传染性贫血、犊牛副伤寒、猪肝结核等传染病；牛羊肝片吸虫、猪囊虫、犬心丝状虫等寄生虫病；慢性胆管炎、充血性心力衰竭等内科病均能诱发本病的发生。

【发病机理】

有毒物质可经门静脉、动脉或胆管进入肝脏。由门静脉进入肝脏的，肝小叶的中央部分首先受害且最严重；由动脉或胆管进入肝脏的，则小叶边缘和间组织受损害最重。由于毒物的性质以及不同部位肝组织对毒物的亲和力不同，可导致发生肝细胞原发性坏死，继以结缔组织、存活的肝细胞和胆管增生，也可导致发生间质组织的原发性增生，继以肝细胞受压迫和变性所致的继发性肝细胞萎缩。

肝硬化进一步发展，由于门静脉淤血，门静脉血压升高，血浆蛋白尤其是白蛋白减少，血浆胶体渗透压降低，以及肝静脉血液外流受阻，肝淋巴液增多，淋巴漏出等原因，而发生腹水，肝脾关系密切，70%的脾静脉血液汇入门静脉，肝硬化时，则脾静脉血液流入门静脉受阻，引起脾脏淤血，脾静脉窦扩张，脾髓纤维组织增生，导致脾脏肿大；门静脉血液淤滞，进而使胃肠黏膜淤血、水肿，以致胃肠消化液和消化酶类的分泌机能障碍，发生消化障碍；胆管受压迫，胆汁淤滞，而发生黄疸，并影响脂肪的消化和维生素 A、维生素 D、维生素 E、维生素 K 的吸收；肝细胞受损伤，其解毒机能降低，容易引起自体中毒等全身性症状。

【症状】

病初，呈现轻度消化不良的症状，随着疾病的发展，病畜食欲大减，消化障碍逐渐加重，便秘与腹泻交替发生，消瘦衰弱。反刍动物常有前胃弛缓和慢性瘤胃臌胀的症状，其他家畜常有肠臌胀的症状，猪常发生呕吐。后期，出现腹水，两侧腹围下方膨大，腹部叩诊、触诊和腹腔穿刺，均可证明有腹水。但在积液排出数日后再次出现腹水。

【病理变化】

特征病变是肝脏体积增大（肥大型）或缩小（萎缩型），质地坚硬，表面不平，呈颗粒状或结节状。肝脏触诊，硬度增加，肝脏叩诊，肝浊音区增大。脾脏肿大，通过腹壁或直肠内触诊，均可摸到脾脏显著肿大。

【诊断】

在临床上，根据顽固的消化障碍，腹水以及肝脏触诊、叩诊的变化，不难诊断，但原因诊断比较困难。

【治疗】

目前，本病尚无理想疗法，主要加强饲养管理，给予富含维生素而容易消化的草料，对症施治，并适当静脉注射高渗葡萄糖液，以维持和增强肝脏功能。出现腹水时，除适时穿刺排液外，可适当应用水解蛋白液，静脉注射，马每次 0.5~1 L，以提高血浆胶体渗透压，减轻腹水的发生。在犬、猫肝硬化的治疗上可选用辅酶 A，犬：25~50 单位/次，5% 葡萄糖溶解后静脉滴注。ATP，10~20 mg/次，每日 10~40 mg，肌内注射/静脉注射，生理盐水稀释。维生素 C，0.1~0.5 g/次，皮下注射/肌内注射射内/静脉注射。B 族维生素，犬：片剂 1~2 片，口服，每日 1~3 次；针剂 0.5~1 mL/次，肌内注射，或遵医嘱；猫：片剂 0.5~1 片，口服，每日 1~3 次；针剂 0.5~1 mL/次，肌内注射，或遵医嘱。肝泰乐，50~200 mg/次，口服，每日 1 次；0.1 mL/kg，肌内注射或静脉注射，每日 1 次。强力宁，2~4 mg/kg，加入 5% 葡萄糖或 0.9% 氯化钠 250~500 mL 注射液稀释后，缓慢滴注，每日 1 次。苦黄注射液，犬：30~40 mL/d。猫血白蛋白，用 5% 葡萄糖注射液或氯化钠注射液稀释后，静脉滴注。<5 kg，5 mL/d；5~10 kg，10 mL/d；>10 kg，20~40 mL/d。S-腺苷甲硫氨酸，0.1 g/5.5 kg，0.2 g/6~16 kg，口服每日 1 次。

【预防】

肝硬化的病因复杂，首先要加强饲养和管理，合理营养，避免误食有毒食物及各种化学品等，防止感染。对传染性肝炎、肝片吸虫等相关疾病要及早防治以防继发。

胆管炎和胆囊炎（cholangitis and cholcystitis）

胆管炎和胆囊炎是在致病因素作用下，引起胆管壁和胆囊壁的炎症。胆管炎和胆囊炎在各种家畜都有发生，马属动物虽无胆囊，但有时也发生胆管炎。

【病因】

（1）细菌感染　如大肠杆菌、沙门菌、葡萄球菌、链球菌感染等。

（2）胆囊出口梗阻　胆囊结石，胆管和胆囊内的寄生虫，如肝片吸虫、矛形双腔吸虫、钩端螺旋体病等。

（3）胰液反流　当胆总管和胰管的共同通道发生梗阻时，可导致胰液进入胆囊，胆汁中胆盐可激活胰酶原，引起化学性急性胆囊炎。

（4）十二指肠炎症的蔓延　继发于钩端螺旋体病、山羊传染性胸膜肺炎、猪瘟等疾病。

【发病机理】

在某些细菌、病毒或寄生虫等病原的作用下，胆囊及胆管平滑肌松弛，致使胆囊、胆管排空缓慢及胆汁淤积，同时降低胆囊、胆管黏膜对钠的调节，使胆囊、胆管黏膜吸收水分能力下降而影响浓缩功能；加之胆汁中胆固醇成分增多，胆汁酸盐及磷脂分泌减少，形成胆结石。

【症状和病理变化】

急性胆管炎和胆囊炎，病畜体温升高，恶寒战栗，轻微黄疸，腹痛；肝脏部触诊，病畜疼痛不安。血液检查：白细胞数及中性粒细胞增多，核左移；血清胆红素和碱性磷酸酶升高。中、小动物做超声检查，可显示胆管扩张，胆囊肿大，胰脏肿大，若由胆结石引起者，可见由胆结石形成的强回声光团，由于结石的大小、形态的不同，强回声可以呈斑点状或团块状。慢性胆管炎和胆囊炎，病畜表现食欲减退，便秘或腹泻，黄疸，腹痛，消瘦，贫血。超声检查，胆管壁和胆囊壁增厚。当继发肝硬化时，还出现浮肿和腹水等症状。

剖检可见黏膜充血水肿，上皮细胞变性、坏死脱落，管壁内不同程度的中性粒细胞浸润。常伴有黏膜腺分泌亢进（卡他性胆囊炎），如机体抵抗力强或及时治疗，炎症可吸收消退。如病变继续发展，胆囊壁各层均为白细胞弥漫浸润（蜂窝织炎性胆囊炎），浆膜面常有纤维素脓性渗出物覆盖。如胆囊管阻塞，可引起胆囊积脓。如因痉挛、水肿、梗阻及淤胆等导致胆管或胆囊壁的血液循环障碍时，该处可发生出血坏死（坏疽性胆囊炎），甚至发生穿孔，引起胆汁性腹膜炎。

慢性胆管炎和胆囊炎多由急性者反复发作迁延而来。此时，胆管及胆囊黏膜多发生萎缩，各层组织中均有淋巴细胞、单核细胞浸润和明显纤维化。有时管壁因水肿、纤维增生性肥厚而致管道狭窄。慢性胆囊炎时因囊壁受反复炎性损害，在修复过程中黏膜上皮向囊壁内凹陷生长，有时深达肌层，形成 Rokitansky-Aschoff 窦，此种现象可见于约 90% 的慢性胆囊炎病例。在此基础上，腺上皮有时可发生癌变（胆囊癌）。

【治疗】

使病畜保持安静，饲喂有营养、易消化的饲料。当病畜疼痛不安时，可内服水合氯醛，或者肌内注射阿托品、硝酸甘油、山莨菪碱。同时，应用青霉素、四环素或土霉素以及磺胺类药物消炎预防菌血症和治疗化脓性并发症等继发性感染。

病程中，应及时应用利胆剂，如去氢胆酸、消胆胺、人工盐、硫酸镁；静脉注射葡萄糖、维生素等保肝药物。对于化脓性胆管与胆囊炎、胆结石或穿孔，应采取外科手术疗法。

【预防】

加强饲养和管理，防止中毒与感染；对胆结石、肝脏寄生虫病等疾病，应及时进行防治；积极防治各种有关的传染病。

胆石症（gallstones）

胆石症主要是由于胆管或胆囊产生胆石而引起的剧烈腹痛、黄疸、发烧等症状的一种疾病。按发生的部位不同可分为胆囊结石、肝外胆管结石和肝内胆管结石，其中胆囊结石较多见。本病各种动物均有发生，公畜更易发，且呈地方性发生。

【病因】

(1)**胆囊结石**　正常情况下胆盐卵磷脂、胆固醇在胆囊胆汁中按比例聚集于一稳定的胶态离子团，但当代谢原因造成胆盐卵磷脂减少、胆固醇量增加时，胆固醇便沉淀析出，聚合形成较大结石。细菌感染在结石形成上有着重要作用，细菌感染时菌落、脱落上皮细胞及胆囊内炎性渗出物的蛋白成分等可形成结石。另外，胆汁 pH 值过低、维生素 A 缺乏等，也都是结石形成的原因之一。

(2)**胆管结石**　继发性胆管结石是某些原因胆囊结石下移至胆总管，多发生在结石性胆囊炎病程长、胆囊管扩张、结石较小的病例中；原发性胆管结石可能与胆道感染、梗阻、胆管狭窄、胆道寄生虫感染（尤其蛔虫感染）有关。

【症状和病理变化】

（1）急性　病畜上腹甚至背部剧烈绞痛，不同程度的发热，常有恶心、呕吐、腹胀和食欲下降等，还有不同程度的黄疸。

（2）慢性　无明显的临床表现，多为右上腹或上腹不同程度的隐痛或刺痛，易复发。

（3）剖检　可在胆囊、胆管内发现大小、数量不等的结石，有时附着黏膜上。阻塞部黏膜有损伤、炎症、出血甚至溃疡。

【诊断】

主要依据胆石症的临床表现、实验室及影像学检查结果而做出正确诊断。

【治疗】

（1）缓解疼痛　阿托品：每次 0.5 mg 皮下或肌内注射，每 3~4 h 肌内注射 1 次；山莨菪碱 20 mg 加入 10%葡萄糖 250 mL 中静脉点滴，每日 1~2 次。镇痛药：盐酸哌替啶注射液 50~100 mg 肌内注射，效果较好。

（2）利胆及抗感染治疗　50%硫酸镁 10~15 mL，每日 3 次，餐后内服（有严重腹泻者不宜采用）；胆盐能刺激肝脏分泌大量稀薄的胆汁，有利于冲洗胆道，用于症状缓解期并持续数周，可减少症状复发；去氢胆酸片 0.25 g 或胆酸片 0.2 g，每日 3 次，餐后内服（在胆道梗阻时不宜采用）。

选择抗生素应考虑其抗菌药谱、药物在胆汁中的浓度及其不良反应，常选用广谱抗生素，最好按照细菌培养结果来选择。若细菌感染的种类不明时，则应优先选择在胆汁中浓度最高的抗生素，必要时使用激素治疗，以减轻炎症反应、增强机体应激能力。

创伤性脾炎/肝炎（traumatic splenitis and hepatitis）

创伤性脾炎/肝炎是指由于误食的金属或其他异物刺入脾脏或肝脏，引起的异物性的坏疽性、化脓性炎症。

【病因】

大多是因为网胃刺入金属异物而后刺入脾脏或肝脏，引起异物性的坏疽性化脓性病变。病牛食欲迅速减退或废绝，明显消瘦。

【症状和病理变化】

患牛病初在外观上看不见明显的症状，仅表现食欲下降或者废绝；持续 3~4 周后，病牛迅速消瘦。整个病程体温增高，脉搏几乎没有变化，末期有增加的趋势，呼吸正常。眼结膜、口腔及阴道黏膜因贫血而呈现苍白。颈静脉怒张，将病牛向右侧做小回转运动时，有明显的疼痛症状。

剖检可见病牛的脾脏比健康牛的肿大 10 倍以上。实质坏死变黑，多处含有脓汁，整个脾脏表面被膜明显增厚，常见到与横膈膜、网胃、肝脏及瘤胃粘连。

【诊断】

本病仅靠临床症状很难诊断，通过血液检查早期就能确诊。血液检查：红细胞减少出现严重的贫血现象。一般进行输血疗法和给予含铁制剂后，白细胞数量迅速增加。在患有化脓性疾病时，增加的中性粒细胞占大部分，而且杆状核型中性粒细胞大约占中性粒细胞的 1/3，在这种情况下也见不到幼稚型中性粒细胞，这是本病特征性的血液变化。检验血清成分：血清总蛋白和纤维蛋白原明显增加，用电泳法分析血清总蛋白，出现白蛋白明显减少，而 α、β 及 γ 球蛋白明显增加的特征。

【治疗】

本病是预后不良的疾病，即使使用抗生素和输液等疗法进行治疗，也完全无效，应该尽早确诊予以淘汰。

【预防】

加强饲料管理，本病大多以金属性异物为起因，所以向网胃内投入磁铁棒对防止本病的发生，能起一定的效果。

胰腺炎(pancreatitis)

胰腺炎分急性胰腺炎和慢性胰腺炎两种，多发生在中成年犬、猫，母犬、母猫发病率比公犬、公猫高。其中，急性胰腺炎是胰酶在胰腺内被激活后引起胰腺组织自身消化的化学性炎症。临床以急性腹痛、呕吐、发热、血与尿淀粉酶增高为特点。病变轻重不等，轻者以胰腺水肿为主，数日后可完全恢复，预后良好。少数病情严重，胰腺出血坏死，伴发腹膜炎、休克等各种并发症，病死率高。慢性胰腺炎是指胰实质的反复性或持续性炎症，胰腺部分纤维化或钙化，腺泡萎缩，有不同程度的胰腺外、内分泌功能障碍。临床表现为不食、腹痛、腹泻、消瘦、黄疸等。

【病因】

引起急性胰腺炎的常见病因有胆道疾病、胰管阻塞、暴饮暴食、内分泌与代谢障碍和感染。

（1）胆道疾病 急性胰腺炎与胆道疾病关系密切，约有80%的胰管与胆总管汇合成共同通道开口于十二指肠壶腹部，可能与胆源性胰腺炎有关的因素：①胆石、蛔虫、胆道感染致壶腹部狭窄或括约肌痉挛，胆道内压力超过胰管内压力，造成胆汁逆流入胰管，胆盐改变胰管黏膜的完整性，使消化酶易于进入胰实质，引起急性胰腺炎。②胆石移行中损伤胆总管、壶腹部或胆道炎症引起暂时性括约肌松弛，使富含肠激酶的十二指肠液反流入胰管，激活胰酶，引起急性胰腺炎。③胆道炎症时细菌毒素、游离胆酸、非结合胆红素、溶血磷脂酰胆碱等，也可能通过胰管扩散到胰腺，引起急性胰腺炎。

（2）胰管阻塞 胰管结石或蛔虫、胰管狭窄、肿瘤等均能引起胰管阻塞；当胰液分泌旺盛时胰管内压增高，使胰管小分支和胰腺泡破裂，胰液与消化酶渗入间质，引起胰腺炎。

（3）暴饮暴食 暴饮暴食使短时间内大量食糜进入十二指肠，刺激肠上皮乳头水肿、括约肌痉挛，引起大量胰液分泌。

（4）内分泌与代谢障碍 任何引起高钙血症的原因均可产生胰管钙化，如甲状旁腺肿瘤、维生素D过多等，增加胰液分泌和促进胰蛋白酶原激活。高脂血症可使胰液内脂质沉着。有时糖尿病昏迷和尿毒症也可发生急性胰腺炎。

（5）感染 急性胰腺炎继发于急性传染性疾病者多数较轻，随感染痊愈而自行消退，如猫弓形虫病和猫传染性腹膜炎，可损害肝脏诱发胰腺炎。

（6）其他因素 如十二指肠溃疡、血管性疾病及遗传因素等。

【发病机理】

胰腺在各种病因作用下，其自身防御机制中某些环节破坏后，引起胰腺分泌过度旺盛、胰液排泄障碍、胰腺血液循环紊乱与生理性胰蛋白酶抑制物质减少等，发生胰腺自身消化的连锁反应。其中，起主要作用的活化酶有磷脂酶A、激肽释放酶或胰舒血管素、弹性蛋白酶和脂肪酶。磷脂酶 A_2 在少量胆酸参与下分解细胞膜的磷脂，产生溶血磷脂酰胆碱和溶血脑磷脂，其细胞毒作用引起胰实质凝固性坏死和脂肪组织坏死及溶血。激肽释放酶可使激肽酶原变为缓激肽和胰激肽，使血管舒张和通透性增加，引起水肿和休克；弹性蛋白酶可溶解血管弹性纤维引起出血和形成血栓。脂肪酶参与胰腺及周围脂肪坏死和液化作用。上述消化酶共同作用，造成胰腺实质及邻近组织的病变，细胞的损伤和坏死又促使消化酶释出，形成恶性循环。消化酶和坏死组织液又可通过血液循环和淋巴管途径，输送到全身，引起多脏器损害，成为急性胰腺炎的多种并发症和致死原因。

慢性胰腺炎以胆道疾病（结石、炎症、蛔虫）的长期存在为主要原因，炎症感染或结石引起胆总管开口部或胰胆管交界处狭窄或梗阻，使胰管胰液流出受阻，胰管内压力增高，导致胰腺腺泡、胰腺小导管破裂，损伤胰腺组织及胰管系统。胆道疾病引起的慢性胰腺炎主要是胰头部增大，纤维化和阻塞性黄疸。急性胰腺炎、胰腺外伤和胰腺分裂也与慢性胰腺炎有关。代谢障碍如高钙血症、高脂血症、遗传因素、免疫疾病也可发生慢性胰腺炎，还有少数原因不明的特发性慢性胰腺炎。

【症状和病理变化】

突然发生腹痛，腹胀，呕吐，发热，持续发热一周以上不退或逐日升高、白细胞升高应怀疑有继发感染，如胰腺脓肿或胆道感染等；有极少数突然发生休克，甚至猝死。重症者有明显脱水与代谢性酸中毒，伴血钾、血镁、血钙降低。其他症状还有呼吸困难、黏膜发绀、心力衰竭与心律失常。慢性胰腺炎的病程很长，症状多而无特异性，典型病例可出现五联征：腹痛、胰腺钙化、胰腺假性囊肿、糖尿病及脂肪泻。

（1）急性胰腺炎　病理变化一般分为两型。

①水肿型(间质型)：胰腺肿大、水肿、分叶模糊、质脆、胰腺周围有少量脂肪坏死。组织间质水肿、充血和炎症细胞浸润，可见散在点状脂肪坏死，无明显胰实质坏死和出血。

②出血坏死型：表现为红褐色或灰褐色，并有新鲜出血区，分叶结构消失。胰腺内及胰腺周围有较大范围的脂肪坏死灶和钙化斑。病程稍长者可并发脓肿、假性囊肿或瘘管形成。显微镜下胰腺组织的坏死主要为凝固性坏死，细胞结构消失，坏死灶周围有炎性细胞浸润。

（2）慢性胰腺炎　病变程度和范围可有较大不同：胰腺变硬，表面苍白呈不规则结节状。腺泡萎缩，有弥漫性纤维化或钙化。腺管有多发性狭窄和囊状扩张，管内有结石或钙化。腺管阻塞发生局灶性水肿、炎症和坏死，也可合并假性囊肿。胰岛也可萎缩。慢性胰腺炎按病理形态、病因、临床表现等各有不同的分类方法。临床常分为慢性复发性胰腺炎与慢性无痛性胰腺炎，前者是指慢性胰腺炎呈反复急性发作，具有腹痛的特点，反复发作病例胰腺遭受不同程度破坏，可出现脂肪泻和糖尿病；后者很少有发作性严重腹痛，而出现不同程度的胰腺内、外分泌功能不足，或发生胰腺假性囊肿，或有腹水，或有胰腺钙化。

【诊断】

根据典型的临床表现和实验室检查，常可做出诊断。水肿型有剧烈而持续的腹痛、呕吐、轻度发热、腹部压痛，同时有血清和（或）尿淀粉酶显著升高，据此可以诊断。出血坏死型早期诊断有以下表现：腹痛、烦躁不安、四肢厥冷，呈休克症状时；血钙显著下降至 2 mmol/L 以下；腹腔诊断性穿刺有高淀粉酶活性的腹水；血尿淀粉酶突然下降；肠鸣音显著降低、肠胀气等麻痹性肠梗阻；正铁血白蛋白阳性；消化道大量出血；低氧血症；白细胞 $>18×10^9/L$ 及血尿素氮 >14.3 mmol/L，血糖 >11.2 mmol/L（无糖尿病史）。多有白细胞增多及中性粒细胞核左移，超声检查可进一步确诊。

【治疗】

（1）急性水肿型胰腺炎　进行 3~5 d 连续治疗常可治愈。出血坏死型胰腺炎必须采取综合性措施治疗。

①减少胰腺分泌：禁食及胃肠减压以减少胃酸与食物刺激胰液分泌，并减轻呕吐和腹胀；H_2受体拮抗剂或质子泵抑制剂静脉给药，抑制胃酸分泌；胰升糖素、降钙素和生长抑素能抑制胰液分泌。犬、猫可以使用注射用甲磺酸加贝酯，仅供静脉滴注使用，100 mg/次，前 3 d 每日 300 mg，症状减轻后 100 mg，连续 6~10 d，先以 5 mL 注射用水溶解，后移注于 5% 葡萄糖液或林格液 500 mL 中。控制在 1~2.5 mg/h。

②解痉镇痛：用阿托品或山莨菪碱，肌内注射，每日 2 次。

③维持水、电解质平衡：保持血容量应积极补充体液及电解质，维持有效血容量。禁食时静脉注射葡萄糖、复合氨基酸，维持营养和调理酸碱平衡。重型患病动物常有休克，应给予白蛋白、鲜血。

④控制感染用抗菌药物：水肿型胰腺炎以化学性物质引起者，抗菌药物并非必要，但因多数急性胰腺炎与胆道疾病有关，故多应用抗菌药物。出血坏死型患病动物常有胰腺坏死组织继发感染或合并胆道系统感染，应及时、合理给予抗菌药物，选用氨苄西林、头孢菌素、喹诺酮类药物。联合应用甲硝唑，对各种厌氧菌均有强大杀菌作用。

⑤抑制胰酶活性：适用于出血坏死型胰腺炎的早期，如抑肽酶，每日 20 万~50 万 IU，分 2 次溶于葡萄糖液，静脉滴注；氟尿嘧啶可抑制 DNA 和 RNA 合成，减少胰液分泌，对磷脂酶 A 和胰蛋白酶有抑制作用，每日 500 mg，加入 5% 葡萄糖液 500 mL，静脉滴注。

（2）慢性胰腺炎 在进行治疗时，需消除病因，积极治疗胆道疾病。防止急性发作，常用食物疗法和补充缺乏的胰酶来减轻临床症状。给予低脂肪、高蛋白的易消化食物，少食多餐，每日至少喂 3 次。治疗胰腺外分泌功能不全症状，可用足量的胰酶制剂替代，如胰酶及多酶片；防止胃酸影响胰酶活性，可用抗酸药或 H_2 受体拮抗剂抑制胃酸分泌。营养不良者注意补充营养、脂溶性维生素及维生素 B_{12}、叶酸、铁剂、钙剂及多种微量元素。

（刘建柱）

第八节 腹腔疾病

腹膜炎（peritonitis）

腹膜炎是腹膜壁层和脏层各种炎症的统称，由感染、化学物质或损伤引起的腹膜炎症，多以细菌感染引起，临床上以腹壁疼痛和腹腔积有炎性渗出液为特征。马较多见，牛、猪次之。按渗出物的性质分为浆液性、浆液-纤维蛋白性、出血性、化脓性和腐败性腹膜炎；按炎症的范围分为弥漫性腹膜炎和局限性腹膜炎；按发病的原因分为原发性和继发性腹膜炎。

【病因】

（1）原发性腹膜炎 腹内脏器的急性穿孔与破裂，如腹壁透创、肠穿孔、胃破裂、腹腔和盆腔脏器穿孔或破裂等；腹腔手术，如剖腹术、穿肠术等，因消毒不严将外界细菌带至腹腔，也可因手术不慎使局部的感染扩散而导致本病的发生；马圆形线虫幼虫、禽前殖吸虫、牛和羊的幼年肝吸虫等腹腔寄生虫的重度侵袭(侵袭性腹膜炎)以及家禽的腹膜真菌感染，如孢子丝菌病(霉菌性腹膜炎)等。

（2）继发性腹膜炎 常发生于邻接蔓延。腹腔内脏器缺血，如肠炎、肠扭转、肠套叠、肠系膜血管栓塞等使肠壁失去正常的屏障作用，肠内细菌侵入腹腔，引起腹膜炎；盆腔脏器的炎症蔓延至腹膜、膀胱炎、膀胱破裂尿液刺激腹膜以及牛创伤性网胃炎，也可引起腹膜炎；另外，在一些全身性急性传染病，如巴氏杆菌病、猪丹毒、结核病和炭疽等病程中，病原微生物常侵入腹膜，而并发腹膜炎。

【发病机理】

腹膜的壁层和脏层中有大量的血管和淋巴管，淋巴管较多的部位发生渗出，血管较多的部位则主要是吸收。腹膜发炎后，在细菌毒素和炎性产物刺激下，腹膜血管的通透性增大，大量炎性渗出物渗入腹腔，腹腔积聚大量渗出液(马可达49 L，牛可达100 L)。不仅引起机体失水和电解质紊乱，而且出现大量的纤维蛋白沉积，造成腹膜与肠管等腹腔脏器粘连，引起肠管和相应脏器功能的障碍。因为腹膜内有一定数量的吞噬细胞和免疫物质，大量毒素及炎性渗出物被吸收，极易发生毒血症乃至中毒性休克，细菌进入血液后引起病畜急速死亡。

【症状】

(1)弥漫性腹膜炎　腹腔内有数量不等、性质不同的渗出液，整个腹膜面呈灰绿色，腹膜肥厚，有大量纤维蛋白沉积，或与腹腔脏器相粘连。病马全身症状重剧，精神沉郁，头低耳聋。体温升高，脉搏细数，呼吸浅表急速，呈胸式呼吸。病马不断回顾腹部，常拱腰屈背，四肢集于腹下，运步小心，想卧又不敢卧，或卧下后很快又起立。腹围不同程度地膨大，肠音减弱或消失，触压腹壁紧张，表现疼痛不安。腹腔穿刺有大量渗出液，渗出液内有大量纤维蛋白絮状物和红细胞、白细胞。Hirsch V. M. 等认为，腹腔积水中有核细胞>6 000/μL，总蛋白>3 g/100 mL即可判断为腹膜炎。

(2)局限性腹膜炎　局部腹膜潮红、粗糙或肥厚。全身症状较轻，触压腹壁时，可感到腹肌紧张，当触压到发炎的局部时，病马表现疼痛，躲避触压。牛患腹膜炎时，临床症状不明显，只表现轻度腹痛，当变换体位时常发呻吟。瘤胃及肠蠕动音减弱或消失，伴发中等度的瘤胃臌胀，脉搏快而弱。猪及犬患腹膜炎时，除具有腹膜炎的一般症状外，常出现呕吐现象。

【诊断】

原发性腹膜炎一般具有全身中毒症状，而腹部体征相对较轻的特点。临床上对腹腔积水、菌血症及免疫功能低下的病畜，如出现腹膜炎表现，需考虑原发性腹膜炎存在，进行腹腔穿刺镜检、生化检测及细菌学检查有助于诊断。

根据病史与腹膜穿刺液特征可做出初步诊断。若为脓性渗液，腹膜炎诊断即可确立，但仍应送其做细菌学检查。

【治疗】

治疗原则：护理，抗菌消炎，制止渗出，增强全身机能。

(1)护理　使病畜保持安静。病初减饲1~2 d，以减轻胃肠的负担，而后少量多次喂优质易消化的草料，如麦麸粥、优质干草等。

(2)抗菌消炎　腹膜炎往往因多种病原菌混合感染而引起，以广谱抗生素或多种抗生素联合应用，效果较好。如单独应用四环素、土霉素、卡那霉素(每千克体重用2万~4万IU，每日1次)或庆大霉素(每千克体重用2~4 mg，分2~3次注射)等；或青霉素、链霉素合并应用。若腹腔内有大量液体积聚时，可在腹腔穿刺排液后，以青霉素200万IU、链霉素100万IU溶于生理盐水500 mL内，腹腔内注射，效果较好。

(3)制止渗出　为了减少渗出，降低腹腔内压力，以减轻对心、肺的压迫，可静脉注射10%氯化钙液，一次100~150 mL，每日1次。

(4)增强全身机能　为了增强全身机能，可采取强心、补液、缓泻等综合措施，以改善心、肺机能。

（5）补液、矫正电解质与酸碱平衡失调　可用 5% 葡萄糖生理盐水或复方氯化钠液（每千克体重 20~40 mL）、5% 碳酸氢钠液 500 mL，静脉注射，每日 2 次。出现心律失常、全身无力及肠弛缓等缺钾现象的腹膜炎病畜，在糖盐水内加 10% 氯化钾液（25 mL/L），静脉滴注。条件许可时，可少量输给血浆或全血，以矫正血浆胶体渗透压。

（6）对症处置　为了防止败血症，可静脉注射撒乌安液 100 mL，每日 1 次。为了减轻腹痛，可肌内注射安乃近液或氯丙嗪液。为了防止肠管与腹膜粘连，每日适当牵遛运动或经直肠轻轻晃动肠管 1~2 次。

【预防】

主要在于防止腹膜继发感染，如对腹壁透创要彻底清洗，腹部手术要严格消毒，精心护理，防止创口感染等。

腹腔积水（ascites）

腹腔积水是由于腹腔内积聚大量漏出液的一种慢性疾病。按其病因可分为 3 种类型，即心源性腹腔积水、稀血性腹腔积水和淤血性腹腔积水。

【病因】

腹腔积水主要是门静脉淤血的结果，常见于肝硬化的门静脉淤血，肝门、幽门或胰脏肿瘤压迫门静脉。牛、犬的腹膜结核，结核性结节偶尔压迫较大的肠系膜静脉和淋巴管，也可发生腹腔积水。慢性心力衰竭也发生腹腔积水。

（1）心源性腹腔积水　作为心源性全身水肿的分症和心源性体腔积液的组成部分，出现于能造成肺动脉高压、右心充血性心力衰竭、体循环静脉系统淤滞的各种疾病。如填塞性心包炎、心丝虫病、心脏瓣膜病（失代偿期）、先天性心脏病、遗传性心肌病、痢特灵（呋喃唑酮）慢性中毒、肉鸡腹腔积水综合征等。

（2）稀血性腹腔积水　作为稀血（低渗）性全身水肿的分症和稀血（低渗）性体腔积液的组成部分，出现于能造成血液稀薄和胶体渗透压显著降低的各种疾病。如慢性贫血、蛋白质营养缺乏或丢失、浆细胞性胃肠炎、肝硬化、捻转血矛线虫病、钩虫病、锥虫病等。

（3）淤血性腹腔积水　唯独腹水不伴有全身水肿和其他体腔积液，故又称单纯性腹腔积水，出现于能造成门静脉淤血和肝硬化的各种疾病。如植物中毒、化学物质中毒、真菌毒素中毒、犬传染性肝炎、鸭病毒性肝炎、肝结核、犊牛副伤寒、血吸虫病、牛羊肝片吸虫病、肝棘球蚴病等。

【症状】

腹腔积水的典型症状是两侧下腹壁对称性膨大，叩诊腹部呈浊音，触诊时在对侧腹壁上可感知液体的撞击，且腹部的形状随动物体位的改变而改变，如动物在站立时，两侧下腹部最突出，背位仰卧时腹部最为臌起，而将后肢举起时，前腹部最为臌起，且呼吸困难，随即加重。病程持久的，由于腹肌松弛，下腹壁可能与地面接触，当腹腔积水充满整个腹腔时，腹部呈桶状。

腹腔穿刺，流出数量不等的液体，马可达 170 L，骡可达 157 L，犬可达 20 L。液体密度轻，静置后镜检仅见少数的红细胞、个别的白细胞和内皮细胞。Hirsch V. M. 等报道，腹腔积水时，腹腔积水中的有核细胞为 2.4×10^3/L，总蛋白为 16 g/L。

【病程和预后】

腹腔积水多为慢性经过，数月乃至数年，病程随原发病而定，预后多不良。

【诊断】

根据两侧下腹部对称膨大，冲击式触诊腹部有波动感，腹腔穿刺有大量的漏出液，临床不难诊断，但病因学诊断较难。腹腔积水伴有全身水肿的，可能有慢性心力衰竭、慢性肾脏病、衰竭症或饲料中缺乏蛋白质等原因存在；腹腔穿刺液和呼出的气体都带尿臭味的，是膀胱破裂或幼畜的脐尿管破裂所致；腹腔容积虽膨大，但腹部形态不随动物体位变化而变化，腹腔穿刺无漏出液的可能是腹腔或腹腔脏器有肿瘤，应进一步检查，确定诊断。

【治疗】

对腹腔积水的病畜，主要是适当治疗原发病。如源于心力衰竭的，适当应用强心剂，以增强心脏功能；源于低蛋白血症的，饲喂富含蛋白质的饲料，条件许可时，最好静脉注射水解蛋白液，效果较好。一般情况，可应用钙剂及利尿剂，如氯化钙，内服，犬每日量10~30 g，连用1~3周，有较好的效果。在饲养上，则应喂以低盐的饲料。

卵黄性腹膜炎(yolky peritonitis)

卵黄性腹膜炎是卵黄由卵巢落入腹腔或输卵管破裂所致的一种腐败性腹膜炎，多在2岁以上高产母鸡于产卵期中发生。

【病因】

饲喂蛋白质饲料过多，卵过早成熟，而输卵管及其伞部发育尚未完全，以致卵黄落入腹腔；或因母鸡突然受惊上下飞跃；或输卵管炎症、输卵管破裂等原因，卵黄落入腹腔，腐败刺激腹膜而引起腹膜炎。

【症状和病理变化】

急性型病鸡往往无明显临床症状而突然死亡。慢性型病鸡活动困难，精神抑郁，剧痛不安，食欲减退或废绝，产卵停止，体温升高。特征性症状为腹部下垂，行动困难。触压呈现疼痛症状，并感到柔软而有波动性。腹部皮肤呈暗紫色，最后因败血症而死亡。

剖检可见腹膜呈紫黑色，有坏死病变，腹腔液恶臭，并可见到破碎的卵黄，腹壁与肠管粘连。

【防治】

目前，本病尚无较好的治疗方法，可试用磺胺制剂及抗生素。预防本病，主在避免急促驱赶产卵鸡，栖木放置不宜过高，防止急速跳下，按比例饲喂蛋白性饲料。

(洪　金　莫重辉)

第九节　消化系统疾病的特点及类症鉴别

一、消化系统疾病的特点

消化系统最易遭受物理、化学、生物性(微生物、寄生虫)的刺激和侵害，引起生理功能和解剖形态的变化，从而影响机体其他器官、系统的功能活动，也易受到其他系统疾病的影响。与其他系统相比，消化系统疾病是兽医临床上常见的多发病，发病率高，且病因复杂，表现类型多样，涉及器官较多，如口腔、唾液腺、咽、食管及嗉囊疾病、胃肠疾病、肝脏、脾脏、胰脏及腹膜疾病等；急危重症较多，危害性大，其中特别是马属动物的腹痛性疾病和急性胃肠炎、反刍动物前胃疾病和皱胃疾病、幼畜消化不良等，常导致病畜死亡，严重影响畜牧业生产，造成很大的经济损失。因此，对于畜禽消化系统疾病，应当引起足够的重视。

二、消化系统疾病的类症鉴别

流涎、前胃弛缓和腹痛是消化系统疾病中最常见的临床综合征，发病原因非常复杂，给临床诊断带来一定的困难，因此有必要了解其鉴别诊断思路。

(一)流涎

临床上遇到流涎的病畜，可以按以下步骤进行鉴别诊断(图1-6)。

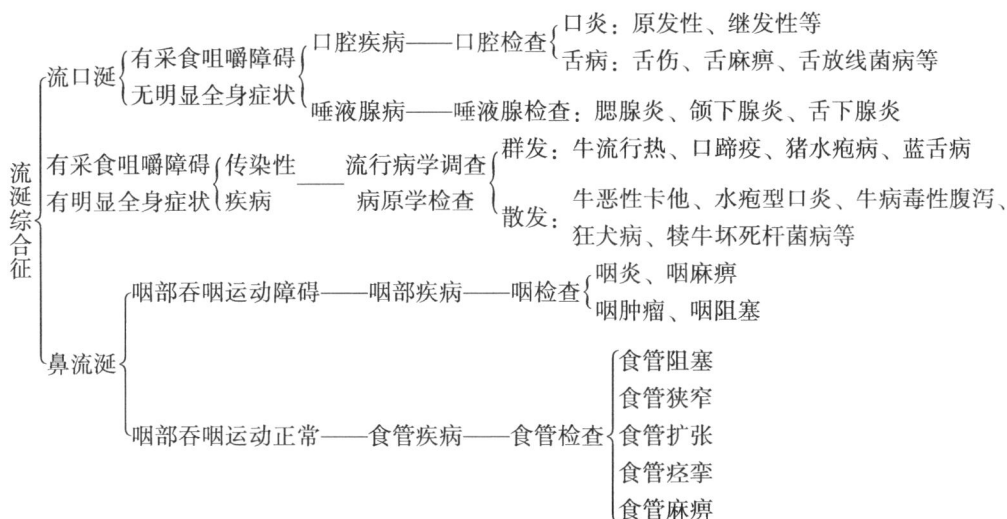

图1-6 流涎综合征类症鉴别

1. 观察并区分流涎的部位

观察并区分流涎的部位是流口涎，还是口、鼻流涎。流口涎，提示是唾液分泌增多所致，属分泌增多性流涎综合征，应着重考虑口腔疾病、唾液腺疾病，或者可促进唾液腺分泌增多的某些疾病和因素。口、鼻流涎，则提示是吞咽障碍所致，属吞咽障碍性流涎综合征，应着重考虑咽部疾病、食管疾病，或者可妨碍吞咽活动的其他一些疾病。

2. 观察有无采食和咀嚼障碍以及全身症状的轻重

流口涎的病畜，采食咀嚼障碍而全身症状轻微的，常提示口腔疾病或者唾液腺疾病，应着重进行口腔检查和唾液腺检查，并依据下列要点确定诊断。

(1)口炎 口腔黏膜潮红、增温、肿胀、疼痛，并有水疱、溃疡、坏死灶等示病症状。

(2)舌病 发现有舌伤、舌麻痹、舌放线菌病等各自的示病症状。

(3)齿病 可发现波状齿、阶状齿、锐齿、剪状齿等不整齿形和齿列，以及齿龈炎、齿槽骨膜炎等各自示病症状。

(4)唾液腺炎 在腮部、颌下腺部、舌下腺部出现温热、肿胀、疼痛等各自的示病症状。

采食咀嚼障碍而体温升高以及全身症状明显的，常提示某些传染性疾病，应详细进行流行病学调查和病原检查。对其中一般表现为群发的，应考虑口蹄疫、牛流行热、猪水疱病、蓝舌病等。对其一般表现为散发的，应考虑牛恶性卡他热、狂犬病、水疱性口炎、牛病毒性腹泻、犊牛坏死杆菌病、羊传染性脓疱等。

采食咀嚼正常而全身症状明显的，常提示某些可促进唾液腺分泌的疾病或因素，应详细询问用药史，并做全身的系统检查。对其中有一系列副交感神经兴奋效应(如肠音增强、肌肉阵挛等)的，应考虑毛果芸香碱、毒扁豆碱等胆碱能药物的使用，敌百虫、乐果等有机磷农药中毒和有机磷神经毒剂中毒，某些有毒植物和真菌毒素中毒(如流涎素中毒)。对其中无全身性副交感神经兴奋效应的，则应考虑砷中毒和汞、铅等重金属中毒，以及其他中毒或疾病。

3. 观察有无咽部吞咽运动障碍

对口、鼻流涎的病畜，有咽部吞咽运动障碍，常提示咽部疾病：咽炎、咽麻痹、咽肿瘤、咽阻塞等，通过咽部的视诊、触诊、X线检查及各自示病症状确定诊断。

无咽部吞咽运动障碍的，常提示食管疾病：食管阻塞、食管痉挛、食管麻痹、食管狭窄、食管扩张、食管炎等，通过食管的视诊、触诊、探诊、X线检查及各自示病症状确定诊断。

(二)前胃弛缓

前胃弛缓是反刍动物最常见多发的一种消化障碍综合征，有多种病因、病程和病理类型，广泛显现或伴随于几乎所有消化系统疾病以及众多动物群体性疾病的经过中。因此，前胃弛缓综合征的鉴别诊断应按以下步骤进行(图1-7)。

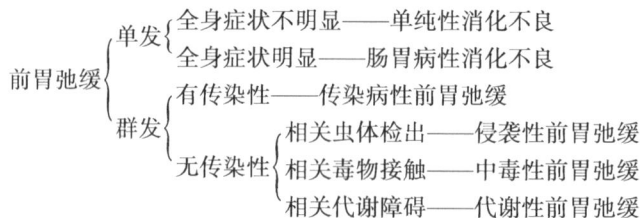

前胃弛缓
- 单发
  - 全身症状不明显——单纯性消化不良
  - 全身症状明显——肠胃病性消化不良
- 群发
  - 有传染性——传染病性前胃弛缓
  - 无传染性
    - 相关虫体检出——侵袭性前胃弛缓
    - 相关毒物接触——中毒性前胃弛缓
    - 相关代谢障碍——代谢性前胃弛缓

图1-7 前胃弛缓症状类症鉴别

确认前胃弛缓的依据十分明确，包括食欲减退、反刍障碍以及前胃(主要是瘤胃和瓣胃)运动减弱。在泌乳动物，表现为泌乳量突然下降。

1. 区分原发性前胃弛缓还是继发性前胃弛缓

仅表现前胃弛缓基本症状，而全身症状相对良好，体温、脉搏、呼吸等生命指标变化不明显，且在改善饲养管理并给予一般健胃促反刍处置后短期(48~72 h)内就趋向康复的，为原发性前胃弛缓，即单纯性消化不良。再依据瘤胃液pH值、总酸度、挥发性脂肪酸含量以及纤毛虫数目、大小、活力和漂浮沉降时间等瘤胃液性状的检验结果，确定是酸性前胃弛缓还是碱性前胃弛缓。最后分别用碳酸盐缓冲合剂或醋酸盐缓冲合剂，有针对性地实施治疗，效果显著。

除前胃弛缓基本症状外，体温、脉搏、呼吸等生命指标等也有明显改变，且在改善饲养管理并给予一般健胃促反刍处置后数日病情仍继续恶化的，为继发性前胃弛缓，即症状性消化不良。

2. 区分继发性前胃弛缓的原发病是消化器官疾病还是群发病

凡单个零散发生，其主要表现消化病征的，应考虑各种消化系统疾病，包括瘤胃食滞、创伤性网胃炎、瓣胃秘结、瓣胃炎、皱胃阻塞、皱胃变位、皱胃溃疡、皱胃炎、盲肠弛缓并扩张、迷走神经性消化不良等，可进一步依据各自的示病症状、特征性检验，分别逐步加以鉴别和论证。

凡群体发生的，要着重考虑各类群体病，包括各种传染病、侵袭病、中毒病和营养代谢病，可依据有无传染性、有无相关虫体大量寄生、有无相关毒物接触史以及酮体、血钙、血钾等相关病原学和病理学检验结果，按类、分层、逐步加以鉴别和论证。

（三）腹痛

腹痛即疝痛，中兽医统称"起卧症"，泛指动物对腹腔和盆腔各组织器官内感受器对疼痛性刺激发生反应所表现的综合征。腹痛综合征并非独立的疾病，而是许多相关疾病的一种共同的临床表现。临床上以马属动物最为常见，在此以马腹痛病进行类症鉴别。

马腹痛病分为症候性腹痛、假性腹痛和真性腹痛三大类。

（1）症候性腹痛　传染病的肠型炭疽、传染性流产、腹腔妊娠和某些中毒（有机磷农药、氨水和乙酸中毒）等疾病过程中发生的腹痛。

（2）假性腹痛　是指膀胱、肾、子宫、肝、胸膜和腹膜等胃肠以外的器官和组织疾患所致的疝痛。例如，膀胱炎、膀胱结石、急性肾炎和肾结石、子宫扭转、胎动性子宫痉挛和产痛、胆结石症、肝破裂、脾破裂和腹膜炎等。

（3）真性腹痛　是指许多胃肠疾病所引起的腹痛，如急性胃扩张、肠阻塞、肠痉挛、肠臌气、肠结石症、肠积沙和肠变位等。

常见的五大真性腹痛病鉴别要点：急性胃扩张、肠痉挛、肠臌气、肠变位和肠便秘，是常见多发的胃肠（真性）腹痛病，而且常相互继发或伴发，遇到腹痛病马时一般首先考虑这5种腹痛病。

①肠痉挛：呈间歇性腹痛，肠音连绵高朗，排稀软粪便，口腔湿润，耳鼻发凉或不发凉，而呼吸、脉搏和体温无明显变化，即可诊断。

②胃扩张：采食后短时间内发生腹痛，或在其他腹痛病经过中腹痛加剧，腹围不大而呼吸迫促，口腔黏滑、酸臭，间有嗳气，并听到食管逆蠕动音或有时听到胃蠕动音的，可初步诊断为急性胃扩张，插入胃管并做胃排空试验，进一步鉴别积气、积食、积液性胃扩张。

③肠臌气：腹痛剧烈、腹围膨大而胀窝平满乃至突出的，即可诊断为肠臌气。腹围膨大与腹痛出现的时间大体一致，为原发性肠臌气；腹痛数小时后腹围膨大的，是继发性肠臌气。

④肠变位：腹痛由剧烈狂暴转为沉重稳静，口腔干燥，肠音减弱或消失，排粪停止，全身症状重剧，腹腔穿刺液混血，且继发胃扩张和/或肠臌气的，应怀疑肠变位。其继发胃扩张的，可能是小肠变位；其继发肠臌气的，则可能是大肠变位，须通过直肠检查或剖腹探查加以确诊。

⑤肠便秘：呈各种程度腹痛，肠音沉衰或消失，口腔干燥，排粪迟滞或停止，全身症状逐渐增重的，应考虑肠便秘。

反复发作性腹痛病鉴别要点：在长时间（数周、数月或数年）内，不定期地反复发作腹痛，要考虑反复发作性腹痛病类，可按以下要点进行鉴别。

①肠系膜动脉血栓栓塞：轻症多误诊为肠痉挛；重症易误诊为肠变位或出血性肠炎。其特点为：轻热、中热乃至高热，全身症状重剧；直检肠系膜前动脉或其分支（主要是回盲结肠动脉）可摸到动脉瘤，且其搏动微弱而感有颤动；直检发现有触摸不感疼痛的局限性气肠（空肠、盲肠或结肠）；腹腔穿刺液深黄、微红、黄红、樱桃红乃至峭红色，镜检有大量红细胞；粪便内混血（多为潜血）。

②肠结石：不全堵塞时，多误诊为肠痉挛；完全堵塞时，易误诊为肠便秘。其特点为：有慢性消化不良的病史；有长期饲喂麸皮等富含磷酸镁饲料的生活史；直检可摸到肠结石；腹腔穿刺液无明显改变。

③肠积沙：多为不全堵塞，易误诊为不全阻塞性肠便秘。其特点为：有啃食泥沙或煤渣的生活史；淘洗所排粪便含沙质多；直检时，手臂常沾有沙粒，且可于十二指肠第二弯曲部、胃状膨大部、左下大结肠或骨盆曲摸到黏硬的沙包。

④慢性胃扩张：采食后有轻度腹痛乃至中等度腹痛；平时呼吸困难，胸式呼吸为主，饲喂之后尤其；导胃有气体及一定量食糜排出；直检可摸到极度膨满的胃壁，触压有黏硬感。

⑤蛔虫性堵塞：多见于1~3岁的幼驹，除反复发作性腹痛外，往往伴有明显的黄疸；可继发积液性胃扩张；腹痛剧烈而肠音强盛；直肠检查有时可摸到虫积的肉样小肠肠段；粪便检查发现有大量蛔虫卵，有时随粪便排出蛔虫。

⑥肥大性肠炎：是一种病因未明的慢性病，经过数月乃至数年，最终多死于肠破裂。当反复发作中等程度腹痛，肠音增强，粪便干、细小，易误诊为卡他性肠痉挛；又因每于采食后继发胃扩张而易误诊为慢性胃扩张。其特点为：直检小肠(主要是空肠)肥厚粗韧，如胃导管状。

⑦肠系膜淋巴结脓肿：常见于6岁以内的马、骡，有腺疫病史。直检前肠系膜根部可摸到铅球大、排球大乃至篮球大的肿物，通过直肠进行腹内穿刺，常能抽取到脓汁，必要时剖腹探查摘除。

⑧非胆囊性胆结石：多发生于老龄马，结石常堵塞于接近十二指肠开口处的肝胆管内。其特点为：每次发作时腹痛或轻或重，伴有发热，黄疸明显，肝脏肿大，肝功能有明显改变。胆色素代谢试验结果符合阻塞性黄疸和肝性黄疸，扇形超声扫描检查可发现肝胆管内的结石。必要时，可剖腹探查并取出结石。

取排粪排尿姿势的腹痛病鉴别要点：部分腹痛病马，表现弓腰举尾，不断努责，取排粪排尿姿势，应考虑直肠便秘、直肠破裂、膀胱括约肌痉挛、膀胱炎、输尿管结石、尿道结石、以及子宫扭转、子宫套叠等腹痛性产科病。

①直肠便秘：手探查直肠狭窄部，即可摸到秘结的粪块。

②直肠破裂：入手即知。

③膀胱括约肌痉挛：起病突然，腹痛剧烈，全身大汗，频做排尿姿势而排不出尿液。直肠探查膀胱高度膨满，触压也不排尿，导尿管插入膀胱颈口部受阻，给予解痉药则排尿，症状随即消失。

④膀胱炎：腹痛隐微，痛性尿淋漓，膀胱多空虚，触压有痛，尿液检查有蛋白、脓球、血块、黏液、膀胱上皮和磷酸铵镁结晶。

⑤输尿管结石：有反复发作性腹痛的病史，腹痛剧烈，伴有血尿，有时通过直检可摸到输尿管内的结石。必要时做静脉尿路造影而确定诊断。

⑥尿道结石：排尿带痛，血尿淋漓，慢性病程急性发作，插入尿道探管即可确诊。

⑦子宫扭转：发生于妊娠末期或分娩过程中，腹痛剧烈，频频阵缩而不见胎衣，不流水。扭转于子宫颈之后的，阴道检查可发现脏腔几乎变成管腔，越向内越窄，顶端有螺旋状裙；扭转在子宫颈之前的，则直肠检查可触到子宫体上的扭转部。

⑧子宫套叠：发生于产后的24 h内，呈中等度或轻度腹痛，产道检查可摸到子宫角尖端套入子宫体或阴道内。

伴有发热的腹痛病鉴别要点：腹痛而伴有高热的，鉴别如下。

①高热起病，腹痛剧烈，呼吸促迫，结膜发绀，全身症状明显的，要考虑肠炭疽、巴氏杆菌病、出血性小肠炎等。

肠炭疽：皮肤浮肿，脾脏肿大，病程短急，死前数小时耳尖末梢血涂片染色可见炭疽杆菌，死后天然孔出血；炭疽沉淀反应阳性。

巴氏杆菌病：病马大面积皮肤浮肿，病程短急，但脾脏不肿大，血液细菌学检查(硬质或培养)可见两极着染的巴氏杆菌。

出血性小肠炎：继发积液性胃扩张，胃内液体呈黄红色，腹腔穿刺液可能混血，直检不见肠阻塞(小肠便秘和小肠变位)。注意不要误诊为十二指肠前段便秘而贸然决定剖腹探查。

②高热起病，腹痛沉重而外观稳静，肚腹紧缩，背腰弓起，站立不动或细步轻移的，要怀疑急性弥漫性腹膜炎，可依据触压腹壁敏感和腹腔穿刺液为渗出液而确定。

③伴有轻热、中热或高热，并有反复发作性腹痛病史的，要考虑肠系膜动脉血栓-栓塞和非胆囊性胆结石。

④在腹痛病经过的中后期体温逐渐升高的，要考虑继发了肠炎、腹膜炎或肠变位。

（刘建柱）

第二章

呼吸系统疾病

第一节 概 述

一、呼吸系统的防御机能

呼吸道和肺由结构细胞(即固有细胞)和移动性细胞(即炎症免疫细胞)组成。移动性细胞在肺内起重要的防御作用,可对多种刺激产生高度的反应。

(一)呼吸系统非特异性防御机能

鼻腔的鼻毛和皱襞是防御尘埃等有害物质的第一天然屏障,起过滤作用。气管、支气管黏膜与鼻腔黏膜相似,吸入空气中的尘埃通过黏膜上皮的纤毛运动及喷嚏和咳嗽,将其排出,以维持肺泡的正常结构和生理功能。

肺泡巨噬细胞可清除侵入肺泡的异物,是肺防御吸入颗粒和病原的基础。非病原颗粒和微生物被吞噬,随后由血液或淋巴系统清除。病原微生物在黏液中溶菌酶、补体、干扰素、分泌型IgA(secretory IgA,sIgA)等免疫活性物质协助下被杀灭。另外,肺泡巨噬细胞又是分泌和调节细胞,能发动和延长炎症反应,刺激细胞外基质蛋白的合成。

(二)呼吸系统的特异性免疫防御机能

特异性防御机能主要由局部免疫和全身免疫组成。

1. 局部免疫

局部免疫即黏膜免疫,它构成了机体与外环境间一道有效的防御屏障。支气管相关的淋巴组织是免疫应答的传入淋巴区,抗原由此进入黏膜免疫系统,被抗原提呈细胞捕获、处理和提呈给T细胞、B细胞,引发免疫应答。呼吸道黏膜固有层中的浆细胞产生分泌型IgA,其不易被一般蛋白酶破坏,成为机体抗感染、抗过敏的重要免疫"屏障",主要表现为阻抑黏附、中和病毒和免疫排除作用。IgE在黏膜抗感染中也发挥一定的作用。

2. 全身免疫

全身免疫包括循环抗体的免疫作用和特异性细胞免疫。循环抗体的保护作用一般针对胞外寄生的病原体,对寄生于胞内的病原体也无能为力。根据感染病原的不同,呼吸道可发生细胞和抗体介导的多种免疫反应,主要包括调理作用、凝集作用、固定作用、毒素和病毒中和作用、阻断对细胞的吸附、裂解及趋化作用。

参与特异性细胞免疫的T细胞主要是迟发型超敏反应T细胞(TDTH)和细胞毒性T细胞(CTL)。TDTH细胞激活后,能释放多种细胞因子(cytokine,CK),使巨噬细胞被吸引、聚集、激活,最终发挥清除细胞内寄生菌的作用;CTL则能直接杀伤被微生物寄生的靶细胞。特异性细免疫对某些慢性细菌感染(如结核)和病毒性感染均有重要防御作用。

二、呼吸系统疾病的常见病因

呼吸器官与外界相通，环境中的病原微生物(包括细菌、病毒、衣原体、支原体、真菌、蠕虫等)、粉尘、烟雾、化学刺激剂、过敏原(变应原)和有害气体均易随空气进入呼吸道和肺部，直接引起呼吸系统发病。

①畜禽饲草、垫料中的粉尘、大气中的污染气体、烟雾等，吸入后刺激呼吸器官引起炎症，工业污染地区甚至发生尘肺。

②突然更换日粮、断奶、寒冷、贼风侵袭、环境潮湿及不同年龄的动物混群饲养、长途运输等因素，机体抵抗力下降，尤其存在通风换气不良、畜舍高浓度氨气刺激，均容易引起呼吸道疾病。

③外界环境中的病原菌侵入呼吸道或机体抵抗力下降时，呼吸道内寄生的病菌繁殖，引起呼吸系统感染、炎症。

④某些传染病和寄生虫病专门侵害呼吸系统，如流行性感冒、鼻疽、肺结核、传染性胸膜肺炎、猪传染性萎缩性鼻炎、猪繁殖呼吸综合征、猪肺疫、羊鼻蝇、肺包虫和肺线虫等。

⑤其他见于上呼吸道外伤、过敏原因素、肿瘤等。

三、呼吸系统疾病的主要症状

呼吸系统疾病的主要症状有流鼻液、咳嗽、呼吸困难、发绀和肺部听诊的啰音，在不同的疾病过程中有不同的特点。严重的呼吸系统疾病可引起肺通气和肺换气(即外呼吸)功能障碍，出现呼吸功能不全(respiratory insufficiency)，又称呼吸衰竭(respiratory failure)，呼吸衰竭时发生的低氧血症和高碳酸血症可影响全身各系统的代谢和功能，最终导致机体酸碱平衡失调及电解质紊乱，同时影响循环系统、中枢神经系统和消化系统的功能。

1. 鼻液

健康动物一般无鼻液，或仅有少量的浆液性鼻液。临床上所谓的鼻液是动物在病理状态下从鼻腔排出的异常分泌物。应注意检查鼻液的量、是一侧性还是两侧性、颜色、性状、气味以及混杂物等。

2. 咳嗽

咳嗽是一种强烈的呼气性动作。咳嗽发作的刺激主要来自呼吸道黏膜，部分来自呼吸道以外的器官和组织，咳嗽中枢位于延髓呼吸中枢近旁。呼吸道内的异物和分泌物，气道各相关脏器受压或牵拉，气管、支气管和胸膜炎症及其他病变，以及心脏、食管和胃等受到各种刺激，通过神经反射，发生咳嗽，并试图将呼吸道中的异物和分泌物咳出。

采集咳嗽的相关症状应注意咳嗽存在的时间、程度性质(干咳还是湿咳)、多发的时间、与咳嗽有关的姿势、体位或动作以及咳嗽的其他有关性状等。一般地，咳嗽次数多并呈持续性称为痉挛性咳嗽或咳嗽发作，见于呼吸道黏膜受到强烈的刺激。慢性呼吸系统疾病可出现经常性咳嗽，有的达数周或数月，甚至数年。犬、猫等小动物，在咳嗽之后，常出现恶心或发生呕吐。咳嗽的强度与呼吸肌的收缩和肺的弹性成正比，喉、气管患病时咳嗽声音强大而有力，表明肺组织弹性良好；细支气管和肺患病时咳嗽弱而无力，声音嘶哑，表明肺组织弹性降低。同时，呼吸道的分泌物少或仅有少量分泌物时，出现干而短的咳嗽，声音清脆；如呼吸道有大量稀薄的分泌物时，咳嗽声音钝浊、湿而长，随着咳嗽将分泌物排出体外。动物患胸膜炎、喉水肿、吸入性肺炎、呼吸道纤维素性和溃疡性炎症时，咳嗽伴有头颈伸直、摇头不安、呻吟等疼痛反应。

3. 呼吸困难

呼吸困难是复杂的呼吸障碍，不仅表现呼吸频率的增加和深度的变化，而且呼吸费力，伴有辅助呼吸肌的有意识活动，但气体的交换作用不完全。呼吸困难的主要原因是体内氧缺乏、二氧化碳和各种氧化不全的产物积聚于血液内，并循环至脑而使呼吸中枢受到刺激。呼吸困难是呼吸系统疾病的一个重要症状，高度的呼吸困难称为气喘。

临床检查时应注意辨别是吸气性、呼气性还是混合性呼吸困难。

4. 发绀

发绀或称紫绀，指皮肤和可视黏膜呈蓝紫色，是机体缺氧的典型表现，以口唇、舌、口腔黏膜、耳尖、四肢末端发绀最为明显。呼吸系统疾病，特别是上呼吸道高度狭窄发生吸入性呼吸困难或肺部疾病，均可引起动脉血氧饱和度降低，血液中还原血红蛋白增多而引起发绀。

5. 啰音

啰音是肺部疾病重要的病理性呼吸音，按其性质可分为干啰音和湿啰音。干啰音是支气管中的分泌物黏稠，呈块状、线状或膜样并黏着在管壁上，因气流经过的震动而发生，或由于支气管黏膜肿胀和支气管痉挛，引起支气管内径狭窄时气流通过也可产生干啰音，临床上常见于支气管炎、支气管肺炎、肺结核等。湿啰音是由于支气管内存在稀薄的分泌物，呼吸时因气流引起液体移动或水泡破裂而产生的一种声音，是支气管疾病最常见的症状，也为肺部许多疾病的症状之一。

四、呼吸系统疾病的诊断

详细地询问病史和临床检查是诊断呼吸系统疾病的基础，传统 X 线检查对肺部疾病具有重要价值。必要时进行实验室检查，包括血液常规检查、鼻液及痰液的显微镜检查、胸腔穿刺液的理化及细胞检查等。

随着影像诊断学技术的发展，支气管造影、肺血管造影、胸部 CT 扫描、超声检查、磁共振成像等，对呼吸系统疾病的诊断具有重要作用。免疫学和分子生物学技术的运用，如采用酶联免疫法、聚合酶链式反应技术等对结核病、支原体病、肺孢子虫病、病毒感染等做病原学诊断，对呼吸系统疾病的防治具有积极意义。

五、呼吸系统疾病的治疗原则

呼吸系统疾病的治疗主要包括抗菌消炎、祛痰镇咳、兴奋呼吸及对症治疗。

(1)抗菌消炎　细菌感染引起的呼吸道疾病均可用抗菌药物进行治疗。一般认为，对不同动物有效的药物：牛为土霉素、红霉素、青霉素和磺胺类，马为青霉素、磺胺类和四环素，羊为土霉素、青霉素和磺胺类，猪为林可霉素、大观霉素、青霉素和磺胺类，犬和猫为头孢菌素、红霉素、林可霉素、青霉素、四环素和磺胺类。如果没有检出特异性的细菌，应使用广谱抗生素。在治疗过程中，抗菌药物的剂量不宜太大或过小，抗菌药物的疗程应充足，一般应连续用药 3~5 d，直至症状消失后，再用 1~2 d，以求彻底治愈，切忌停药过早而导致疾病复发。对慢性呼吸系统疾病(如结核、鼻疽等)则应根据病情需要，延长疗程。对气管炎和支气管炎，除传统的给药途径外，可将青霉素等抗生素直接缓慢注入气管，有较好的效果。另外，对肉用或奶用动物，应注意动物性食品中的药物残留，严格执行有关肉用动物休药期和牛奶禁用时间的有关规定，以防止出现动物性食品中药物残留及其对公共健康造成危害。

(2)祛痰镇咳　咳嗽是呼吸道受刺激而引起的防御性反射，可将异物与痰液咳出，一般咳嗽不应轻率使用止咳药，轻度咳嗽有助于排痰，痰排出后，咳嗽自然缓解，但剧烈频繁的干咳对病畜的呼吸系统和循环系统产生不良影响。临床上常用的祛痰药物有氯化铵、碘化钠、碘化钾等。镇咳药主要用于缓解或抑制咳嗽，以减轻咳嗽的剧烈程度和频繁度，而不影响支气管和肺分泌物的排出，临床上常用的有咳必清、复方樟脑酊、复方甘草合剂等。另外，在痉挛性咳嗽、肺气肿或动物气喘严重时，可用平喘药，如麻黄碱、异丙肾上腺素、氨茶碱等。

（3）兴奋呼吸　当病畜呼吸中枢抑制时，应及时选用呼吸兴奋剂，临床上最有效的方法是将二氧化碳和氧气混合使用，其中二氧化碳占5%~10%，可使呼吸加深，增加氧的摄入，同时可改善肺循环，减少躺卧动物发生肺充血的机会。可使用的兴奋呼吸中枢的药物有尼可刹米（可拉明）、多普兰等，对延脑生命中枢有较高的选择性，临床上要特别注意用药剂量，剂量过大则引起痉挛性或强直性惊厥。

（4）对症治疗　主要包括氧气疗法，减少渗出、促进吸收，脱敏疗法等。当呼吸系统疾病由于呼吸困难引起机体缺氧时，应及时采用氧气疗法，特别是对于通气不足所致的血液氧分压降低和二氧化碳蓄积有显著效果。临床上大动物吸入氧气不常使用，主要用于犬、猫等宠物及某些种畜。

（王希春　吴金节）

第二节　上呼吸道疾病

感冒（common cold）

感冒是由于气候骤变，机体突受风寒侵袭而引起的以上呼吸道炎症为主的一种急性、热性、全身性疾病。临床上以鼻流清涕、羞明流泪、呼吸增快、体表温度不均为特征。各种畜禽都可发病，尤以幼龄畜禽多见。一年四季均可发生，但以早春、秋末，气温骤变季节多发。

【病因】

本病主要是由于对畜禽管理不当，寒冷突然袭击所致。例如，厩舍条件差，安全过冬措施跟不上，受贼风的侵袭；舍饲的家畜在寒冷气候下露宿；运动出汗后被雨淋风吹等。寒冷因素作用于机体，引起机体防御机能降低，上呼吸道黏膜血管收缩，分泌减少，气管黏膜上皮纤毛运动减弱，致使呼吸道条件致病菌大量繁殖，由于细菌产物的刺激引起上呼吸道炎症，因而出现咳嗽、鼻塞、流涕，甚至体温升高等症状。

此外，长途运输（特别是雏鸡）、重度使役、营养不良及患有其他疾病时，机体抵抗力减弱的情况下，更易发病。

【症状】

病畜精神不振，低头耷耳，食欲减退，体温升高，羞明流泪，结膜充血。耳尖、鼻端发凉，皮温不均。鼻黏膜充血、肿胀，鼻塞不通，初期流浆液性鼻液，以后变为黏性、脓性鼻液，常伴发咳嗽，呼吸、脉搏增快。病情严重的畏寒怕冷，弓腰战栗，行走不灵，甚至躺卧不起。牛则磨牙，鼻镜干燥，前胃弛缓，反刍停止。猪多便秘，怕冷，喜钻草堆，仔猪尤为明显。部分病畜眼红多眵，口舌干燥。一般如能及时治疗，可很快痊愈，如治疗不及时，幼畜则易继发支气管肺炎。

【诊断】

根据病因调查，结合身颤肢冷、发热、皮温不均、流清涕、咳嗽等主要症状可以诊断。在鉴别诊断上，应与流行性感冒相区别。流行性感冒为流行性感冒病毒引起，体温突然升高达40℃，传播迅速，有明显的流行性。

【治疗】

治疗原则：以清热镇痛、祛风散寒为主，有并发症时，可适当抗菌消炎。

可选用30%安乃近、复方氨基比林、复方奎宁(孕畜禁用)、柴胡等注射液，牛、马20~40 mL，猪、羊5~10 mL，一次肌内注射。

为预防继发感染，在用解热镇痛剂后，体温仍不下降或症状没有减轻时，可适当应用磺胺类药物或抗生素。

中药治疗以解表、散寒、清热为主。分为风寒、风热两种证型。风寒感冒宜用杏苏散、风热感冒可用银翘散。

针灸主要针刺山根、肺俞、血印、尾尖、蹄头、百会、六脉、鼻梁、大椎等穴。

【预防】

对感冒的预防应侧重于防止畜禽突然受寒和风雨侵袭(特别是运动出汗后)。建立合理的饲养管理和使役制度，冬天气温骤变时要做好防寒保温工作。

鼻出血(epistaxis)

鼻出血是指鼻腔或鼻旁窦血管破裂而发生的出血现象。它既是一种原发性疾病，也是许多疾病的临床症状。各种动物都可发生。

【病因】

本病最常见的原因是机械性损伤鼻腔黏膜，如粗暴地插入胃管、吸入异物、寄生虫寄生等。鼻黏膜严重的炎症、鼻腔肿瘤、高热等，也可引起鼻黏膜出血。中暑、脑充血等经过中，由于头部过度充血和血压升高，而使鼻腔毛细血管破裂，引起出血。

此外，一些具有出血素质的全身性疾病，如炭疽、鼻疽、马传贫(EIA)及牛的恶性卡他热等传染病，维生素C和维生素K缺乏症、血斑病，牛和猪的黄曲霉毒素中毒、慢性铜中毒等也常伴有鼻出血症状。

【症状】

血液从一侧或两侧鼻孔呈点滴状、线状或喷射状流出，一般呈鲜红色，不含气泡或仅有少量较大的气泡。如炎性出血，则混有黏液或脓汁；因机械性损伤而出血，一般多呈一侧性出血，其他因素引起的多呈两侧性出血。出血量取决于损伤范围及血管破裂的程度。出血时间短，无明显的全身症状；持续大量出血时，病畜惊恐不安，结膜苍白，心跳加快，呼吸促迫，如不及时止血，可在8~12 h死亡。

【诊断】

鼻出血容易诊断，但有时较难判定出血原因。在鉴别诊断上应与肺出血和胃出血相区别。

(1)肺出血　血鲜红，为两侧鼻孔流血，血中含有多量大小均匀的小气泡，常伴有咳嗽和气喘，气管及肺部有广泛的湿啰音，且全身症状明显。

(2)胃出血　血液呈暗褐色并带酸臭味，常混有饲料碎片。

【治疗】

治疗本病，首先应确定和消除引起出血的原因。出血量少不必特别治疗，使动物安静，头部稍抬高，并于额部和鼻部冷敷或冷水浇头，一般数分钟内即可止血。如出血不止时，可向鼻腔内注入 1%～2%明矾液或 1%鞣酸液等收敛剂。如果一侧鼻孔出血不止时，可用浸有 10%氯化铁液或 0.02%肾上腺素液等止血药剂的纱布填塞鼻腔，同时注射止血剂，10%氯化钙 50～100 mL（马、牛），静脉注射；安络血（马、牛 25 mg，猪、羊 5 mg），肌内注射；止血敏 1.5～3 g（马、牛），静脉注射。因维生素 C 或维生素 K 缺乏症引起的，应及时补给这些维生素。此外，中药冰片、生龙骨、生白矾各等份，研为末，吹入鼻腔内，也有良好的止血作用。

【预防】

注意日常的饲养管理和合理使役，避免家畜头部受伤害。使用胃管、鼻喉镜检查鼻腔时，应小心谨慎，切忌粗暴，避免损伤鼻黏膜。及时治疗具有出血素质的原发病。

鼻炎（rhinitis）

鼻炎是鼻黏膜的炎症。临床特征是鼻腔黏膜充血、肿胀、流鼻液、打喷嚏和呼吸困难等。按病因分为原发性和继发性；按炎症的性质，可分为卡他性、滤泡性和纤维素性；按病程分为急性和慢性。临床上的原发性以急性卡他性鼻炎最为多见。多发生在秋季、冬季、春初。

【病因】

（1）原发性鼻炎　主要是由于寒冷作用、吸入刺激性气体和化学药物以及机械刺激等引起。例如，畜舍通气不良，吸入氨、硫化氢以及农药、化肥等有刺激性的气体或吸入大量煤烟等；机械性刺激，如尘埃、饲料碎片、霉菌孢子、草茎、麦芒、昆虫等侵入鼻腔，粗暴地使用胃管、鼻喉镜。

（2）继发性鼻炎　伴发或继发于流感、出血性败血症、传染性鼻气管炎、牛恶性卡他热等传染病，以及咽炎、喉炎、支气管炎、肺炎和鼻旁窦炎等疾病的经过中。

【症状】

（1）急性鼻炎　病初鼻黏膜潮红、肿胀，敏感性增高，打喷嚏、摇头和擦鼻。随后由一侧或两侧鼻孔流出鼻液。鼻液由浆液性变为黏液性和黏液脓性，最后逐渐减少、变干，呈干痂状附于鼻孔周围。呼出气体温度高，鼻道狭窄，出现狭窄音（鼻塞音）。体温、呼吸、脉搏正常。部分病例出现下颌淋巴结肿胀。

（2）慢性鼻炎　长期、不定时、不定量地流出黏液和脓性鼻汁为主征。鼻黏膜肿胀、肥厚，凹凸不平，呈灰白色或蓝红色，严重者常见糜烂、溃疡及瘢痕。鼻孔周围皮肤色素缺失。部分病例出现鼻液溢，在运动或低头时，可突然地流出多量鼻液。

【诊断】

根据鼻黏膜充血、肿胀、流浆液至脓性鼻液，喷嚏、吸气性鼻呼吸杂音及体温、脉搏等全身变化不明显等症状，可以做出诊断。

【治疗】

治疗原则：加强护理（局部处理、对症治疗）、手术疗法、全身疗法。

（1）加强护理（局部处理、对症治疗）　首先除去致病因素，置于温暖通风良好的厩舍。局部处理，轻症可不治而愈。重症，常采用对症疗法：①用温生理盐水、1%小苏打溶液、2%～3%硼酸溶液、1%磺胺溶液、1%明矾溶液、0.1%鞣酸溶液或 0.1%高锰酸钾溶液，冲洗鼻腔，每日 1～2 次。清除鼻液，消炎收敛。冲洗后涂以青霉素或磺胺软膏，或注入青霉素溶液（将 20 万～40 万 IU 青霉素溶于 5 mL 蒸馏水中），或 0.1%蛋白银溶液。②鼻黏膜高度肿胀时，可涂布血管收缩剂，如 0.01%肾上腺素或滴鼻净。或滴入 3%麻黄素、0.1%肾上腺素。最好用 0.25%盐酸普鲁卡因

30 mL，稀释青霉素100万IU，再加0.1%肾上腺素4 mL，滴入鼻腔。或2%松节油或2%克辽林液蒸汽吸入，每日2~3次，每次15~20 min，效果良好。③慢性鼻炎涂擦1%氯化锌液或硝酸银液。内服或肌内注射地塞米松，剂量为0.125~1.00 mg/kg，每日1次。

（2）**手术疗法**　当鼻甲骨坏死时，可施行圆锯术，冲洗鼻腔并取出坏死组织。

（3）**全身疗法**　对体温高的、全身症状明显的，要及时应用磺胺类或抗生素进行治疗。对过敏性鼻炎的病畜，应离开草地约1周，并用抗组胺制剂治疗。

【预防】

加强饲养管理，保证舍内外的环境、饲料清洁，减少外来的刺激，重视疫病的防疫工作，注重定期消毒、驱虫和杀蚊蝇等，并及时治疗原发病。

鼻旁窦炎(paranasal sinusitis)

鼻旁窦炎是指颌窦和额窦黏膜的炎症，多呈慢性经过。马、牛多发。单侧性居多。

【病因】

常并发或继发于鼻卡他，草料残渣、麦芒等异物进入窦腔，以及面部挫伤、骨折、鼻咽黏膜炎、上臼齿齿槽骨膜炎、龋齿、骨软症、鼻疽、腺疫、恶性卡他热、禽痘等疾病。

【症状】

单侧或双侧鼻孔持续流浆液性、黏液性以至脓性、腐臭鼻液，低头或强力呼吸、咳嗽以及头部剧烈活动时鼻液量增多，提示窦孔被发炎组织或黏稠脓汁所堵塞。后期由于鼻腔黏膜肥厚和鼻窦蓄脓，出现吸气性呼吸困难和鼻狭窄音。

【诊断】

触诊额窦或颌窦知觉过敏，增温。窦壁骨骼膨隆，幼驹尤为明显。骨质变软时，指压有颤动感。叩诊患部疼痛，发浊音，穿刺可抽出脓性分泌物。全身症状通常不明显。

【治疗】

一般采用抗菌消炎或中药疗法，必要时进行手术疗法。

病初脓汁不多时，应用抗生素或磺胺类药物肌内注射或静脉注射，并配合应用20%硫酸镁溶液100 mL(马、牛)静脉注射或肌内注射，每日1次，4~5次为一个疗程，一般有效。

中药辛夷散疗效很好。处方：辛夷60 g、酒知母30 g、酒黄柏30 g、沙参20 g、木香10 g、郁金15 g、明矾10 g，共为细末，开水冲调，候温灌服，连用5~7剂(马、牛)。当药物治疗无效，骨折碎片落入窦内、脓汁潴留或肉芽组织过度增生时，应施行圆锯术，用连接胶管的注射器吸出窦腔内潴留的脓汁；彻底清除坏死组织和异物；用0.02%呋喃西林液或0.2%高锰酸钾液进行洗涤；脓汁黏稠的，可用2%~4%碳酸氢钠液冲洗。然后向窦腔内注入松碘油膏(松馏油5 mL、碘仿3 g、蓖麻油100 mL)20~30 mL，或0.25%普鲁卡因青霉素液，术后前几天应逐日或隔日换药一次。手术疗法并用辛夷散，效果更佳。

【预防】

加强饲养管理，保证舍内外的环境、饲料清洁，减少外来的刺激，重视疫病的防疫工作，注重定期消毒、驱虫等，并及时治疗原发病。

扁桃体炎(tonsillitis)

扁桃体炎是指扁桃体的急性或慢性炎症。扁桃体是咽的淋巴器官，犬的扁桃体表面平滑并形成小窝(隐窝)。扁桃体炎多见于犬,猫少见。

【病因】

许多物理性和生物性因素,如异物刺激(如停留在扁桃体隐窝内的植物纤维或其他异物)、过热的食物刺激、某些细菌(溶血性链球菌或葡萄球菌)和病毒(如犬传染性肝炎病毒)感染等均可引起本病。此外,邻近器官炎症(如口炎、咽炎、鼻炎)蔓延也可引发本病。

【症状】

急性扁桃体炎,病初表现体温升高,精神不振,厌食,流涎,吞咽困难。常有短、弱的咳嗽,继之呕出或排出少量黏液。

【病理变化】

打开口腔可见扁桃体表面潮红肿胀,有黏液性渗出物包绕在扁桃体周围。严重时,扁桃体可发生水肿,呈鲜红色并有小的坏死灶或化脓灶,扁桃体由隐窝向外突出。慢性扁桃体炎时多由急性炎症反复发作所致。扁桃体表面失去光泽,呈泥样,隐窝上皮组织增生,呈轻度肿胀。

【诊断】

根据临床症状可做出初步诊断。但应注意,扁桃体炎可以是全身或局部感染的一个症状,应在全身检查后,做出综合判断。

【治疗】

及时对因治疗、抗菌消炎。肌内注射青霉素 80 万 IU,每日 2 次。局部涂抹 2%碘甘油。对采食困难的病犬,可适量静脉滴注 5%葡萄糖生理盐水溶液,每日 1 次或 2 次。肌内注射 B 族维生素和维生素 C 各 2 mL,每日 1 次或 2 次。尽可能避免口腔投药,减少刺激。对反复发作扁桃体炎的病犬,在炎症缓和期可施扁桃体摘除术。

【预防】

加强饲养管理,保证环境卫生和饲料清洁,减少异物的刺激,重视传染性疾病的防疫工作,注重定期消毒、驱虫等,并及时治疗原发病。

(王希春 吴金节)

喉炎(laryngitis)

喉炎又称喉头炎,是指喉黏膜的炎症,以剧烈咳嗽、喉部敏感为特征。按其经过可分急性和慢性两种,而以急性为多见。根据炎症的性质,可分为急性卡他性喉炎、纤维素性喉炎和慢性喉炎。各种动物均可发生,而多发于马、牛。春秋季节气候多变也多发生。

【病因】

(1)原发性喉炎 主要是由于各种物理、化学因素对喉部的直接刺激所引起。如吸入刺激性的烟尘、氨、石灰、霉菌孢子等。

(2)继发性喉炎 可继发于受寒、感冒、咽炎、气管炎及支气管炎以及某些传染病经过中,如腺疫、流行性感冒、鼻疽、结核、猪肺疫、猪瘟、恶性卡他热、犬瘟热、禽白喉、犊白喉等。

【症状】

患畜剧烈疼痛性咳嗽,咳嗽的特点是病初呈短而干的痛咳,随后则变为湿而长的咳嗽。当饮凉水、采食干料及早晚吸入冷空气时,咳嗽加剧,甚至发生痉挛性咳嗽。犬、猪咳嗽时常伴发呕吐。喉部肿胀,头颈伸展,呈吸气性呼吸困难。触压喉部,病畜抗拒并发生连续痛咳,颌下淋巴结肿胀。喉部听诊,有明显的喉狭窄音和啰音。轻症病例,全身症状通常不明显;重症病例,精神沉郁,体温升高1~1.5℃,脉搏增数,结膜发绀,甚至引起窒息而死亡。慢性喉炎,患畜长期弱钝咳,尤以早晚更为明显。喉部稍敏感。当喉部结缔组织增生、黏膜显著肥厚、喉腔狭窄时,则呈持续的吸气性呼吸困难。全身症状一般不明显。

【病理变化】

急性卡他性喉炎时,黏膜充血肿胀。初期黏膜表面较干燥,随着病变的发展黏膜表面分泌物逐渐增多,分泌物初为黏液性的,随后转变为浆液性及化脓性。黏膜下组织水肿和大量渗出液的蓄积,使喉头明显肿胀。如果发生纤维素性喉炎,则以灰白色纤维素性渗出物为特征。喉头黏膜表面有灰白色纤维素性渗出物,并且纤维素性渗出物常常与下层坏死组织紧密结合。镜检可见黏膜表面覆盖的纤维素性渗出物形成网状结构,其网眼中可见炎症细胞和细菌团块,黏膜下层常有程度不等的坏死、充血、出血及炎性细胞浸润。慢性喉炎主要由急性转变而来。病变部黏膜增厚、粗糙,甚至可形成溃疡。

【诊断】

首先进行病因分析,常有受寒、机械和化学因素刺激等情况可查。然后根据临床症状,剧烈疼痛性咳嗽为本病主要症状,咳嗽的特点是病初呈短而干的痛咳,随后则变为湿而长的咳嗽为特征,可做出诊断。应与咽炎及喉水肿相鉴别:咽炎以吞咽障碍为主,咽下时,食物及饮水常从鼻孔逆出,触压咽部敏感;喉水肿发病短急,喉狭窄音明显,呼吸高度困难,往往有窒息危象。

【治疗】

治疗原则:消除病因,消炎镇痛,祛痰止咳,并注意加强护理。

(1)消除病因　将病畜置于温暖而通风良好的畜舍内,晴天可置于室外,让其自由运动,饲喂柔软易消化的饲料,勤给清洁饮水。尽量避免刺激喉部,尤其避免胃管插入。若怀疑有传染病时,应立即隔离饲养,进行原发病治疗。

(2)消炎镇痛　病初宜用冰水冷敷喉部,以减少炎性渗出和防止炎症扩大。而后可用10%食盐水温敷,每日2次,以加速局部渗出物的吸收。也可局部涂擦松节油或10%樟脑酒精或涂布复方醋酸铅散、鱼石脂软膏等。对重症喉炎病例,可应用磺胺类药物或抗生素制剂,如静脉注射10%磺胺二甲嘧啶液100~150 mL,每日1次;或肌内注射青霉素80万~120万 IU,每日2次;或0.5%~1%普鲁卡因30~40 mL、青霉素80万 IU喉囊封闭或喉头周围封闭,每日1次(马、牛)。

(3)祛痰止咳　当患畜频发咳嗽而鼻液黏稠时,可内服溶解性祛痰剂,常用人工盐20~30 g、茴香末50~100 g,制成舐剂,1次内服(马、牛);或碳酸氢钠15~30 g、远志酊30~40 mL、温水500 mL,1次内服(马、牛);或氯化铵15 g、杏仁水30 mL、远志酊30~40 mL、温水500 mL,1次内服(马、牛)。猪、羊药量酌减。小动物可内服复方甘草片、止咳糖浆等;也可内服化痰片(羧甲基半胱胺酸片),犬1次内服0.1~0.2 g,猫1次服0.05~0.1 g,每日3次。必要时,可行蒸气吸入或雾化吸入,患畜有窒息危象时,须行气管切开术。

【预防】

加强家畜饲养管理,加强耐寒能力的锻炼,防止受寒感冒,避免吸入刺激性气味,及时治疗原发病。

喘鸣症(roaring)

喘鸣症是由于喉后神经麻痹,导致声带迟缓和麻痹,舒张喉的肌肉萎缩,使喉腔狭窄,以致吸气发生异常音响的一种疾病。由于喉头肌肉萎缩与声带麻痹通常发生于左侧,故又称喉偏瘫。

本病主要发生于马、骡，特别易发于 3~6 岁的骑马，偶见于牛和犬。

【病因】

主要病因是喉后神经的萎缩和损伤，萎缩的原因目前尚无定论。有些病例由于颈静脉注射药液漏入血管周围，喉后神经受到损伤所致。但大多数病例喉后神经麻痹似乎是自然发生的。据观察，在所记录的病例中 92% 的麻痹发生于左侧。据此认为，由于左侧喉后神经在主动脉附近通过，所以它的变性在某些方面与主动脉搏动所产生的经常性刺激有关。

头颈的过度伸展对神经的意外损伤，主动脉肿瘤、淋巴结及甲状腺肿瘤压迫喉后神经也能引起麻痹。某些传染病、寄生虫病经过中也可继发本病，如腺疫、传染性胸膜肺炎以及媾疫等。此外，毒物中毒也可引起喉后神经麻痹。也有人认为本病与遗传因素有关。

【症状】

病初，患畜在安静状态或轻微活动时，喉狭窄音不明显，当重疫、压迫喉部或扭转马头偏向右侧时，即可出现喘鸣音。病情加重时，即使病畜处于安静状态下，其喘鸣音可远扬数十米之外。喉部触诊，左侧喉软骨较右侧凹陷，如压迫右侧的勺状软骨则可引起强烈的吸气性狭窄音，很难诱发咳嗽。喘鸣症时，可以看到两侧的勺状软骨活动范围和静止时的位置不对称，同时病侧的声带处于迟缓状态。

【诊断】

主要根据临床症状进行诊断，必要时，可使用鼻喉镜检查，以确定诊断。

本病特征性症状是在吸气时发生喉狭窄音，如笛声、拉风箱声。为进一步确诊，体型较大的家畜可用鼻喉镜检查，体型小的家畜可通过口腔直接视诊喉头，观察其是否麻痹及喉裂关闭情况。

【治疗】

对喉后神经完全麻痹的患畜，除施手术外，别无他法治疗。手术将麻痹的声带和勺状软骨切除，或将喉室的黏膜切除，可望收到满意的效果。对喉后神经不完全麻痹的，可使用药物或针灸疗法。喉后神经因受渗出物或肿胀的淋巴结压迫，可内服碘化钾 5 g，每日 2 次；喉周围涂擦汞软膏、斑蝥软膏，或注射 70% 乙醇 5 mL；也可皮下注射硝酸士的宁，马、牛 15~30 mg，羊、猪 2~4 mg，犬 0.5~0.8 mg。

电针疗法对喉后神经不全麻痹具有良好的效果，操作方法：从下颌骨和臂头肌的前缘引以水平线，下颌切迹至臂头肌前缘 1/2 处为 1 穴，向喉方向斜刺入 3 cm。另 1 穴在此穴下方 1 cm，向斜上方的气管刺入 7~10 cm，针尖抵气管环，但不刺伤气管。按要求进针后，连接电疗机两极，电压与频率的调节由低到高，由快到慢，以病畜能忍受为度。

【预防】

预防本病在于加强饲养管理，防止外源性毒物中毒，预防引起喘鸣症的原发病。对有喘鸣性的病畜，不宜用于繁殖。

喉囊病（laryngealcyst）

喉囊病是马属动物特有的疾病。马属动物具有一对喉囊（即耳咽管憩室）开口于耳咽管，并沟通中耳与咽腔。喉囊病是指喉囊黏膜和咽周围部分淋巴结发生的炎症，在喉囊中通常有脓性分泌物积聚。本病极少发生。病变多为单侧性，且多呈慢性经过。

【病因】

一般多继发于具有吞咽机能障碍的疾病，如咽炎、喉炎、腮腺炎、鼻炎、腺疫、鼻疽等疾病的经过中。因为喉囊与鼻咽相通，在吞咽机能障碍情况下，动物吞咽时耳咽管开放，部分饲料与细菌通过耳咽管侵入喉囊而发生感染，或因邻近炎症的蔓延，而引起炎症。也有因食物、木片、碎骨片等异物嵌留而引起炎症。

【症状】

患病马骡通常单侧鼻孔流出黏液或黏液脓性鼻液，污秽恶臭，特别在低头或咀嚼时突然大量流出。腮腺处肿胀，触之柔软具有波动性，触压时可使喉囊缩小，而鼻液则增多。在含有气体时，叩诊呈鼓音。吞咽困难，呼吸时发生喘鸣音，严重时有发生窒息的危险。下颌淋巴结肿大。本病病程缓慢，可持续数年或终生不愈。

【诊断】

主要根据临床症状及鼻喉镜检查咽部或X线检查，于喉囊内显示液面而确诊。应与咽炎、喉炎相区别：咽炎以吞咽障碍为主症，仅在饮水、采食、吞咽时由两侧鼻孔流出液体和饲料残片，无喉囊病的特殊鼻液；喉炎以强烈咳嗽为特征，喉部肿胀而知觉过敏。喉囊病有时虽有咳嗽，但不具有喉部疼痛。

【治疗】

首先应积极治疗引起本病的鼻炎、咽炎、喉炎等原发病。促进喉内炎性渗出物排出时，可压迫喉囊或将头放低，让其自然排脓；也可进行喉囊穿刺排脓，排出脓液后，用灭菌生理盐水100~200 mL加入青霉素20万~40万 IU，灌洗喉囊，配合应用磺胺类药物或抗生素类药物注射，每日1次，反复进行，多数病例能收到良好效果。也可使用喉囊封闭法：以静脉注射用16号针头于寰椎翼前外缘1横指处（幼驹为半横指），垂直刺入皮下，然后将针头转向对侧外眼角方向，慢慢刺入5~6 cm即能达到喉囊，将注射器活塞后抽，可见大量气泡，即为进入喉囊的确证，注入加青霉素80万 IU的1%普鲁卡因30~40 mL，在注入的同时，将马头高举并保持约20 min，以免药液自咽鼓管前口流出。每日封闭1~2次，两侧喉囊交替进行。用这种疗法治疗鼻窦炎、咽炎、喉炎也有较好的疗效。

【预防】

主要是加强饲料管理，减少上呼吸道疾病的发生，及时治疗原发病。

（王希春　吴金节）

第三节　支气管疾病

气管-支气管炎（trachea-bronchitis）

气管-支气管炎是各种原因引起的气管-支气管黏膜表层或深层的炎症，临床上以咳嗽、流鼻液和不定热型为特征。动物单纯性气管炎极少发生，常常是气管和支气管的炎症相互波及，因而在这里称为气管-支气管炎。可发生于各种动物，但幼龄和老龄动物比较常见。寒冷季节或气候突然变化时容易发病。根据疾病的性质和病程一般分为急性和慢性两种。

（一）急性气管-支气管炎

急性气管-支气管炎是由感染、物理、化学刺激或过敏等因素引起气管-支气管黏膜表层和深层的急性炎症，呈现黏膜充血、肿胀及敏感性升高，临床以咳嗽、流鼻液为主要特征。

【病因】

(1)感染　主要原因是受寒感冒导致机体抵抗力降低。在寒冷空气的刺激下，气管支气管黏膜下血管充血，黏膜细胞肿胀，一方面外界空气中的病毒、细菌乘虚而入而直接感染；另一方面呼吸道寄生菌(如肺炎球菌、巴氏杆菌、链球菌、葡萄球菌、化脓杆菌、霉菌孢子、副伤寒杆菌等)或外源性非特异性病原菌发育增殖，呈现致病作用。也可因急性上呼吸道感染如喉炎、咽炎或肺炎、胸膜炎等疾病时，由于炎症蔓延而继发急性支气管炎。

(2)物理、化学因素　吸入过冷的空气、粉尘、刺激性气体(如二氧化硫、氨气、氯气、烟雾等)均可直接刺激支气管黏膜而发病。投药或吞咽障碍时由于异物进入气管，可引起吸入性支气管炎。

(3)过敏反应　常见于吸入花粉、有机粉尘、真菌孢子等引起气管-支气管的过敏性炎症。主要见于犬，特征为按压气管容易引起短促的干而粗粝的咳嗽，支气管分泌物中有大量的嗜酸性细胞，无细菌。

(4)继发性因素　主要见于某些传染病，如马腺疫、流行性感冒、牛口蹄疫、恶性卡他热、家禽的慢性呼吸道病、羊痘、犬腺病毒、副流感病毒、犬瘟热、肺丝虫、猪蛔虫等疾病过程中，常表现支气管炎的症状。

(5)诱因　饲养管理不当，如畜舍卫生条件差、通风不良、闷热潮湿以及饲料营养不平衡等，导致机体抵抗力下降；因缺乏维生素 A、缺锌，造成支气管上皮代谢障碍，产生黏膜脱落，堵塞支气管，均可成为支气管炎发生的诱因。

【发病机理】

在上述致病因素作用下，呼吸道防御机能降低，外界环境中的非特异性病菌乘虚侵入，或呼吸道寄生的细菌乘机大量繁殖，刺激黏膜发生充血、肿胀，上皮细胞脱落，黏液分泌增加，炎性细胞浸润，刺激黏膜中的感觉神经末梢使黏膜的敏感性增高，出现反射性的咳嗽。同时，炎症变化可导致管腔狭窄，甚至堵塞支气管，炎症向下蔓延可造成细支气管狭窄、阻塞和肺泡气肿，出现高度呼吸困难和啰音。炎性产物和细菌毒素被吸收后，则引起不同程度的全身症状。

【症状】

急性支气管炎主要的症状是咳嗽。疾病初期，表现干、短和疼痛咳嗽，随着炎性渗出物的增多，变为湿而长的咳嗽。有时咳出较多的黏液或黏液脓性的痰液，呈灰白色或黄色。同时，鼻孔流出浆液性、黏液性或黏液脓性的鼻液。胸部听诊，病初肺泡呼吸音增强，随后出现干啰音，支气管呼吸音粗粝，以后当分泌物增多并稀薄时出现湿啰音，呈小水泡音。人工诱咳可出现声音高朗的持续性咳嗽。全身症状较轻，体温正常或轻度升高(0.5~1.0℃)。随着疾病的发展，炎症侵害细支气管，则全身症状加剧，体温升高1~2℃，呼吸加快，严重者出现吸气性呼吸困难，可视黏膜蓝紫色，咳嗽严重的动物表现精神萎靡，食欲减退。胸部叩诊一般无明显变化。

吸入异物引起的支气管炎，后期可发展为腐败性炎症，出现呼吸困难，呼出气体有腐败性恶臭，两侧鼻孔流出污秽不洁和有腐败臭味的鼻液。听诊肺部可能出现空瓮性呼吸音。病畜全身反应明显。血液检查，白细胞数增加，中性粒细胞比例升高。

X 线检查仅为肺纹理增粗，无明显其他异常。

【病理变化】

支气管黏膜充血，呈斑点状或条纹状发红，有些部位淤血。疾病初期，黏膜肿胀，渗出物少，主要为浆液性渗出物。中后期则有大量黏液性或黏液脓性渗出物。黏膜下层水肿，有淋巴细胞和分叶核细胞浸润。

【病程和预后】

炎症仅在大支气管，一般经 1~2 周，预后良好。炎症蔓延至细支气管，则可发生窒息，也可转变为慢性支气管炎而继发肺泡气肿,预后谨慎。腐败性支气管炎,病情严重,发展急剧,多死于败血症。

【诊断】

根据病史,结合咳嗽、流鼻液和肺部出现干、湿啰音等呼吸道症状即可初步诊断。X线检查可为诊断提供依据。本病应与流行性感冒、急性上呼吸道感染等疾病相鉴别:流行性感冒发病迅速,体温高,全身症状明显,并有传染性;急性上呼吸道感染,鼻咽部症状明显,一般无咳嗽,肺部听诊无异常。

【治疗】

治疗原则:消除病因,抑菌消炎,祛痰镇咳,必要时用抗过敏药,效果显著。

(1)消除病因　畜舍内通风良好且温暖,供给充足的清洁饮水和优质的饲草料。垫料要干净,避免用霉烂后晒干的草作垫草,以免霉菌孢子吸入,不要在充满沙灰的草地放牧等,可防止和减轻咳嗽。

(2)抑菌消炎　可选用抗生素或磺胺类、喹诺酮类药物。如肌内注射青霉素,剂量为:马、牛4 000~8 000 IU/kg,驹、犊、羊、猪、犬1万~1.5万IU/kg,每日2次,连用2~3 d。或者用青霉素100万IU、链霉素100万IU,溶于1%普鲁卡因溶液15~20 mL中,直接向气管内注射,每日1次,有良好的效果。病情严重者可用四环素,剂量为5~10 mg/kg,溶于5%葡萄糖溶液或生理盐水中静脉注射,每日2次。也可用10%磺胺嘧啶钠溶液,马、牛100~150 mL,猪、羊10~20 mL,肌内注射或静脉注射。另外,可选用大环内酯类(红霉素等)、喹诺酮类(氧氟沙星、盐酸环丙沙星等)及头孢菌素类(第一代头孢菌素、第二代头孢菌素等)。

(3)祛痰镇咳　对咳嗽频繁、支气管分泌物黏稠的病畜,可口服溶解性祛痰剂,如氯化铵,马、牛10~20 g,猪、羊0.2~2 g。对分泌物不多但咳嗽剧烈的病例,可选用镇痛止咳剂,如复方樟脑酊,马、牛30~50 mL,猪、羊5~10 mL,内服,每日1~2次;化痰可用复方甘草合剂,马、牛100~150 mL,猪、羊10~20 mL,内服,每日1~2次;杏仁水,马、牛30~60 mL,猪、羊2~5 mL,内服,每日1~2次;磷酸可待因,马、牛0.2~2 g,猪、羊0.05~0.1 g,犬、猫酌减,内服,每日1~2次;犬、猫等动物痛咳不止,可用盐酸吗啡0.1 g、杏仁水10 mL、茴香水300 mL,混合后内服,每次一食匙,每日2~3次。

(4)促进炎性渗出物的排出　可用克辽林、来苏儿、松节油、木馏油、薄荷脑、麝香草酚等蒸气反复吸入,也可用碳酸氢钠等无刺激性的药物进行雾化吸入。生理盐水气雾湿化吸入或溴己新、异丙托溴铵,可稀释气管中的分泌物,有利排出。对严重呼吸困难的病畜,应采用吸入氧气。

(5)抗过敏　在使用祛痰止咳剂同时,给予盐酸异丙嗪,马、牛0.25~0.5 g,猪、羊25~50 mg,犬、猫10~100 mg。马来酸氯苯那敏,马、牛80~100 mg,猪、羊12~16 mg,犬2~4 mg,猫1~2 mg。

(6)中药疗法　采用中西结合疗法治疗气管-支气管炎,西药用于抗菌消炎,中药止咳化痰、祛风散寒作用更为明显。外感风寒引起者,可选用荆防散和止咳散加减,或紫苏散冲服。

外感风热引起者,可选用款冬花散,或用桑菊银翘散冲服。

【预防】

主要是加强平时的饲养管理,圈舍应经常保持清洁卫生,注意通风透光以增强动物的抵抗力。动物运动或使役出汗后,应避免受寒冷和潮湿的刺激。

(二)慢性气管-支气管炎

慢性气管-支气管炎是指气管、支气管黏膜及其周围组织的慢性非特异性炎症。临床上以持续性咳嗽为特征，可迁延数月乃至数年。

【病因】

原发性慢性气管-支气管炎通常由急性转变而来，常见于致病因素未能及时消除，长期反复作用，或未能及时治疗，饲养管理及使役不当，均可使急性转变为慢性。老龄动物由于呼吸道防御功能下降，喉头反射减弱，单核-吞噬细胞系统功能减弱，慢性支气管炎发病率较高。动物维生素 C、维生素 A 缺乏，影响支气管黏膜上皮的修复，降低了溶菌酶的活力，也容易发生本病。另外，本病可由心脏瓣膜病、慢性肺脏疾病（如鼻疽、结核、肺蠕虫病、肺气肿等）或肾炎等继发引起。

【发病机理】

由于致病因素长期反复的刺激，引起支气管黏膜炎症性充血、水肿和分泌物渗出，上皮细胞增生、变性和炎性细胞浸润。初期，上皮细胞的纤毛粘连、倒伏和脱失，上皮细胞空泡变性、坏死、增生和鳞状上皮化生。随着病程延长，炎症由支气管壁向周围扩散，黏膜下层平滑肌束断裂、萎缩。后期，黏膜萎缩，气管和支气管周围结缔组织增生，管壁的收缩性降低，造成管腔僵硬或塌陷，发生支气管管腔狭窄或扩张。病变蔓延至细支气管和肺泡壁，可导致肺组织结构破坏或纤维结缔组织增生，进而发生阻塞性肺气肿和间质纤维化。

【症状】

持续性咳嗽是本病最突出的症状，咳嗽可拖延数月甚至数年，尤其是冬季、早春寒冷季节，或气候突然变化时即引起咳嗽。咳嗽严重程度视病情而定，一般在运动、采食、夜间或早晚气温较低时，常常出现剧烈咳嗽。痰量较少，有时混有少量血液，急性发作并有细菌感染时，则咳出大量黏液脓性的痰液。人工诱咳阳性。体温无明显变化，部分病畜因支气管狭窄和肺泡气肿而出现呼吸困难。肺部听诊，初期因黏膜有大量稀薄的渗出物，可听到湿啰音，后期由于支气管黏膜肿胀及结缔组织增生、管腔狭窄、渗出物黏稠，则出现干啰音；早期肺泡呼吸音增强，后期因肺泡气肿而使肺泡呼吸音减弱或消失。由于长期食欲不良和疾病消耗，病畜逐渐消瘦，有的发生贫血。

X 线检查早期无明显异常。后期由于支气管壁增厚，细支气管或肺泡间质炎症细胞浸润或纤维化，可见肺纹理增粗、紊乱，呈网状或条索状、斑点状阴影。

【病程和预后】

病程较长，可持续数周、数月甚至数年，往往导致肺膨胀不全、肺泡气肿、支气管狭窄、支气管扩张等，预后不良。

【诊断】

根据长期、持续性咳嗽、体温不高和肺部啰音等症状即可诊断。X 线检查肺纹理明显增粗等可为确诊本病提供依据。

【治疗】

治疗原则基本同急性支气管炎。控制感染、祛痰止咳均可选用治疗急性支气管炎的药物。由于呼吸道有大量黏稠的分泌物，首先应用蒸气吸入和祛痰剂稀释分泌物，有利于排出体外（见急性支气管炎）。也可用碘化钾，马、牛 5～10 g，猪、羊 1～2 g；或木馏油 25 g，加入蜂蜜 50 g，拌于 500 g 饲料中饲喂，有较好效果。

根据临床经验，马、牛可用盐酸异丙嗪片 10～20 片（每片 25 mg）、盐酸氯丙嗪 10～20 片（每片 25 mg）、复方甘草合剂 100～150 mL 或复方樟脑酊 30～40 mL、人工盐 80～200 g，加赋形剂适量，制成丸剂，一次投服，每日 1 次，连服 3 日，效果良好。

中药疗法可用人参胶益肺散冲服。

【预防】

动物发生咳嗽应及时治疗，加强护理，以防急性支气管炎转为慢性。寒冷天气应保暖，供给营养丰富、容易消化的饲草料。改善环境卫生，避免烟雾、粉尘和刺激性气体对呼吸道的影响。

(孙子龙)

气管阻塞(tracheal obstruction)

气管阻塞是指由于炎症、外伤、肿瘤、气管异物、声带麻痹等多种原因造成的气管腔逐渐阻塞，出现气短、呼吸困难、喘鸣等气流不畅的临床综合征。大多数情况下，气管阻塞并不是一个单独的疾病，而是全身性感染的一个症状。细菌、病毒、支原体的感染以及饲养管理不到位等都可造成畜禽气管阻塞的出现。本病常发生于禽类，特点为发病快、病程长、病因复杂、治疗困难、死亡率高，给养殖业生产带来巨大的经济损失。

【病因】

(1)非病原因素　由于禽类没有横膈膜，胸腹相通，所以禽类多发气管阻塞。这种特殊的结构既利于鸡进行呼吸活动，也利于贮存气体及进行气体交换，但这种特殊的结构也为病原体感染呼吸系统提供了便利条件。

(2)环境因素

①冷应激：当温度低于机体正常要求时，冷空气可刺激呼吸道黏膜及肺部组织，使局部血管收缩，循环障碍，造成局部营养不足，引起纤毛上皮活动减弱或停止。溶菌酶分泌也会减少，使屏障机能受到破坏，呼吸系统抗感染的能力随之降低。冷应激主要与通风操作失误有关。

②相对湿度：畜舍相对湿度小于30%，纤毛活动将于3~5 min停止；畜舍相对湿度低于40%，纤毛活动将在很大程度上减弱，从而降低对病原体的清除。另外，相对湿度较低时粉尘增多(尘土、粉料等)，粉尘经呼吸随空气进入呼吸系统，并在呼吸道中出现积聚，被呼吸道分泌液黏附并产生炎症反应。若长时间得不到有效缓解会造成气管阻塞，呼吸不畅。如微生物附着数量多，也易造成呼吸道感染。

③不良气体超标：畜舍中有害气体，如氨气浓度大于20 mg/m^3，硫化氢浓度大于15 mg/m^3，会损伤呼吸道黏膜造成呼吸纤毛脱落，致使呼吸纤毛清除异物的功能下降；二氧化碳浓度大于3 000 mg/m^{3}时影响气体交换，引起肺动脉高压从而造成肺损伤，导致呼吸系统感染。

(3)病原因素

①病原体感染：与支气管堵塞有关的病原体有传染性支气管炎病毒、巴氏杆菌、大肠杆菌、支原体、葡萄球菌、兽疫链球菌、低致病性禽流感(H9亚型和H3亚型较为多见)等，且多是两种或两种以上病原体混合感染，导致鸡群发病率和死亡率高，治疗效果不显著。

②气管肿瘤：临床症状按肿瘤的部位大小和性质而异，常见的早期症状为刺激性咳嗽。肿瘤长大逐渐阻塞气管腔50%以上时，则出现气短、呼吸困难、喘鸣等。

③气管异物：多是由于畜禽进食中突然发生呛咳、剧烈的阵咳，造成咳嗽气喘、紫绀和呼吸困难等。

【发病机理】

禽类具有特殊的解剖生理结构，其呼吸系统是由上呼吸道和下呼吸道两部分组成的，上呼吸道由鼻腔、喉和气管构成，而下呼吸道由肺脏和8个气囊相连形成。禽类的上呼吸道具有黏膜纤毛结构和免疫细胞等防御机制，主要通过上呼吸道黏膜纤毛定向摆动清除呼吸时进入的病原体，同时上皮吞噬细胞进行吞噬杀死病原体，避免有害的细菌和病毒入侵下呼吸道，故而确保气囊和机体其他器官不被感染；然而当呼吸道黏膜发生损伤时，其防御功能降低，病原体能够从上呼吸道进入气囊造成感染。气囊在禽类机体内形成半开放的状态，病原体入侵后易潜伏和增殖，在气体交换时就会蔓延至胸腔和腹腔器官。由于禽类胸腹腔之间无横膈膜，病原体可侵入其他器官造成进一步的全身性感染，导致动物死亡。

对于健康的禽类，外界环境中的有害因素会直接作用于呼吸道黏膜造成损伤。而对于携带病原体的禽类，外界环境中的有害因子会与自身携带的这些病原体联合作用，引发呼吸道疾病。禽类呼吸系统疾病引起的损伤是一个渐进的过程，早期不易被发现，而后期发现时大多数禽类都已表现出气短、呼吸困难、喘鸣等气流不畅的临床症状。

【症状】

气管阻塞主要发生于秋冬、冬春交替之时，流行范围广。在饲养管理条件差的养殖场发病率极高，各日龄动物均易感，病程 1 周左右，甚至更长。近几年，我国肉鸡呼吸道疾病发生较为普遍，其中由于干酪样物质阻塞气管、细支气管，导致呼吸不畅，鸡只出现呼吸困难，发生机械性窒息死亡的气管堵塞现象尤为严重。

鸡群突然发病，传播快，一般 1~2 d 可迅速波及全群，日龄越小的鸡群发病后死亡率越高，整个发病过程总死亡率超过 10%。发病动物常见剧烈阵发性咳嗽，多为干咳，若有痰，则痰少伴有血丝。胸闷、憋气、喘息声粗重；吸气费力、呼吸困难，甚至可能窒息；皮肤、指甲紫绀，喉中喘鸣音。发病初期鸡群精神变化不明显，采食量、饮水量、粪便和死亡率基本正常，鸡群只表现出轻微的呼吸道症状，以甩鼻为主，流清鼻液，眼睑变长，眼圈内有泡沫；2~3 d 后鸡群出现呼噜、湿性啰音等症状，随着病情的发展，病鸡出现结膜潮红、流泪、张口呼吸、伸颈怪叫（如喘鸣音）等症状，较严重的可见气管充血或出血，死淘率开始上升，亚健康鸡只常怪声尖叫，仰卧死亡。3~4 d 后，病重鸡采食量严重下降、羽毛蓬乱、缩颈闭眼、呆立，个别鸡排黄绿色稀便，最后出现支气管栓塞并发肺栓塞，窒息而亡。

【病理变化】

特征性剖检变化主要集中在呼吸系统，由于继发感染的不同，其他组织器官也表现出不同的病理变化。发病初期，可见喉头点状出血，气管环轻微充血、出血，但随着时间的推移，点状出血向气管下端蔓延，肺脏水肿、淤血，个别动物出现肺脏单侧坏死，气囊轻微混浊。疾病中后期可见喉头出血，气管黏膜出血有黏液，呈红色外观，支气管有黄白色干酪样物阻塞，严重时可延伸至次级支气管，呈树枝状；肺脏充血、淤血，同时肺脏内由于大量的渗出物、脱落的上皮细胞填满细支气管腔，严重可见结节样坏死；气囊混浊、增厚，有一层黄色干酪样物附着；继发感染可见心包炎、肝周炎；肾脏充血、肿胀。

【病程和预后】

本病发病快，病程长，可达 10~15 d，甚至更长，预后不良，继发感染严重。

【诊断】

首先询问养殖场主畜禽有无受伤史。如果动物在进食时，突然强力咳嗽，呼吸困难，结合咳嗽间有喘鸣音和嘈杂的空气流动声即可初步诊断。

对不明原因咳嗽、气促和经积极治疗无效的畜禽及时做胸平片、X 线检查及纤维支气管镜检查，结合病死畜的气管肺脏的剖解等可为确诊本病提供依据。

【治疗】

治疗应以控制继发感染和抗病毒为主，化痰为辅。控制炎症渗出，中期促进干酪物溶解，后期扩张支气管，溶解栓塞物。合理使用止咳药二氧丙嗪，祛痰药氯化铵、碘化钾等，平喘药氨茶碱、儿茶碱等，对于缓解支气管痉挛，减轻呼吸困难等具有一定的辅助治疗作用。

本病可以导致机体的免疫力下降，免疫功能下降，引起继发感染，如继发传支、冠状病毒、大肠杆菌病等。对气管阻塞的动物还可进行手术治疗。

在治疗本病的过程中，还会陆续出现鸡只死亡的现象，但是鸡群精神状态、采食量会有所好转，这是疾病的正常发展过程。此时，还应继续用药，用药1~2个疗程后每日病死鸡数量会明显减少，逐步治愈。

【预防】

(1)重视环境因素,加强饲养管理

①加强通风：可根据温度情况调整通风量，既达到通风目的，又不降低舍内温度。

②提高舍内空气湿度：保持舍内相对湿度在60%~70%。可通过自动喷雾消毒设备，不仅能够加湿保持空气湿润，还能做好消毒工作，降低空气中的有害物质。

③避免应激：根据畜禽品种和日龄饲喂适宜的全价饲料，保证饲料的品质，防止发霉。垫料在畜舍熏蒸消毒前铺好，保证垫料的质量和加强垫料的管理。降低噪声和舍内氨气的浓度，减少疫苗免疫、转群等应激，从而减少呼吸道疾病的诱因。同时，添加多种维生素及保健类中药以提高机体免疫力，增强抗病力，尽量减少发病诱因，降低发病概率。

(2)科学免疫接种,提高鸡群免疫力　制订科学合理的免疫程序。首次免疫选择含有肾型传支毒株、新城疫嗜呼吸道毒株的冻干苗，接种方法为滴鼻、点眼或喷雾免疫，建立可靠的黏膜免疫，避免新城疫或传染性支气管炎病毒的早期感染。在7日龄接种选用含新城疫、禽流感H9的二联灭活苗。购买疫苗要选用正规厂家生产的疫苗，保证疫苗的质量。接种要认真，避免漏防。另外，接种疫苗不能与换料、扩群同时进行。

(孙子龙)

第四节　肺脏疾病

肺充血和肺水肿(pulmonary congestion and edema)

肺充血是指肺部毛细血管内的血液过度充盈。一般分为主动性肺充血和被动性肺充血：主动性肺充血是流入肺内的血流量增多，流出正常。被动性肺充血是肺的血液流出量减少，而流入量正常或增加。肺水肿是指肺充血时间过长，血液中的浆液性成分渗漏到肺泡、细支气管及肺泡间质内。肺充血和肺水肿是同一病理过程的两个阶段。本病在临床上以心率过速、呼吸极度困难、黏膜发绀、泡沫样鼻液和湿性啰音为主要特征，严重程度与不能进行气体交换的肺泡数量有关。各种动物均可发病，但役用动物，尤其是牛、马、犬多见，夏季易突然发病。

【病因】

(1)主动性肺充血　常见于动物过度劳累，如马匹在炎热的天气下过度使役或奔跑；长时间用火车或轮船运输家畜，过度拥挤和闷热；吸入热空气、烟和刺激性气体及过敏反应，均可使血管迟缓，血液流入量增多，从而发生主动性充血和炎症性充血。长期躺卧的病畜，血液停滞于卧侧肺脏，容易发生沉积性肺充血。

(2)被动性肺充血　主要发生于代偿机能减退期的心脏疾病，如心肌炎、心脏扩张及传染病和各种中毒性疾病引起的心脏衰竭。有时也发生于左房室孔狭窄和二尖瓣关闭不全。

（3）肺水肿　主要是由于主动性和被动性肺充血的病因持续作用而引起，也常发生于急性过敏反应、再生草热和充血性心力衰竭之后。在吸入烟尘和一些毒血症（如猪桑葚心病和有机磷中毒等）的过程中也容易发生。此外，安妥中毒也能发生肺水肿。

【发病机理】

在病因作用下，大量血液进入并淤滞在肺脏，肺脏微血管过度充满，肺毛细血管充血而失去有效的肺泡腔。肺活量减少，血液氧合作用降低。后期，流经肺脏的血流缓慢，使血液氧合作用进一步降低，导致患病动物机体缺氧而出现呼吸困难，黏膜发绀。

由于缺氧或毒素损伤了肺脏毛细血管，或心力衰竭引起肺静脉压升高，均可导致血液中大量的液体漏出而进入肺泡和肺间质，而发生肺水肿。严重的病例支气管中充满漏出液，不仅影响肺泡内的气体代谢，而且直接影响肺组织的营养状况，加剧气体代谢功能障碍，肺活量更加降低。临床上出现呼吸机能不全等一系列症状。

【症状】

肺充血和肺水肿是同一病理过程的两个不同阶段，二者的共同症状是：动物突然发病，惊恐不安，呈进行性呼吸困难。初期呼吸加快而迫促，很快出现明显的呼吸困难，头颈伸直，鼻孔高度开张，甚至张口呼吸，胸部和腹部表现明显的起伏动作。严重的病畜，两前肢叉开站立，肘突外展，头下垂。呼吸频率超过正常的4~5倍，听诊肺泡呼吸音粗粝。眼球突出，可视黏膜潮红或发绀，静脉怒张。脉搏加快（100次/min），听诊第二心音增强，体温升高。病畜可因窒息而突然死亡。肺水肿时，两侧鼻孔流出多量浅黄色或白色甚至粉红色的细小泡沫状鼻液。肺部听诊，肺泡呼吸音减弱，出现广泛性的捻发音、支气管呼吸音及湿啰音。因漏出液进入肺泡，肺部叩诊出现半浊音或浊音。X线检查，肺野阴影普遍加重，肺门血管纹理显著。

【病理变化】

急性肺充血时，肺脏体积增大，呈暗红色。主动性肺充血时，切开病畜肺脏，有大量血液流出。慢性被动性肺充血者，肺脏因结缔组织增生而变硬，表面布满小出血点。沉积性充血则因血浆渗入肺泡而引起肺脏的脾样变。肺毛细血管明显充盈，肺泡中有漏出液和出血。肺水肿时肺脏肿胀，丧失弹性，按压形成凹陷，颜色比正常苍白，肺切面流出大量浆液。组织学检查，肺泡壁毛细血管高度扩张，充满红细胞，肺泡和实质中有液体聚集。

【病程和预后】

主动性肺充血和肺水肿，在心脏和肺脏状况良好时，若能及时治疗，短时间内即可痊愈，个别病例可拖延数天。严重病例，可因窒息或心力衰竭而死亡。被动性肺充血发展缓慢，病程取决于原发病。轻度肺水肿发展缓慢，临床症状不明显者一般预后良好；重剧的肺水肿，发展迅速，终因窒息而死。

【诊断】

根据过度劳累、吸入烟尘或刺激性气体的病史，结合突然发病，出现进行性呼吸困难、神情不安、眼球突出、静脉怒张、结膜发绀，尤其是伴有肺水肿时，出现浅黄色或粉红色鼻液等症状及X线检查，即可诊断。

临床上应与热射病和日射病、弥漫性支气管炎等疾病进行鉴别：热射病和日射病除呼吸困难外，全身衰弱，体温极度升高，并有中枢神经系统机能紊乱。弥漫性支气管炎缺乏泡沫状的鼻液。急性心力衰竭常伴有肺水肿，但前期症状是心力衰竭。肺出血特征为两侧鼻孔流出含泡沫的鲜红色血液，同时黏膜呈进行性贫血。

【治疗】

治疗原则：保持病畜安静，减轻心脏负荷，制止液体渗出，缓解呼吸困难。

首先将病畜安置在清洁、干燥和凉爽的环境中，避免运动和外界因素的刺激。对极度呼吸困难的病畜，颈静脉大量的放血有急救功效，能减轻心脏负担，降低肺中血压，使肺毛细血管充血减轻，增加进入肺脏的空气。一般放血量为马、牛 2~3 L，猪 250~500 mL，犬 6~19 mL/kg。被动性肺充血吸入氧气有良好效果，马、牛 10~15 L/min，共吸入 100~120 L，也可皮下注射 8~10 L。

制止渗出，可静脉注射 10%氯化钙溶液，马、牛 100~200 mL，猪、羊 20~50 mL，每日 2 次；或静脉注射 20%葡萄糖酸钙溶液，马、牛 500 mL，每日 1 次。因血管通透性增加引起的肺水肿，可适当应用大剂量糖皮质激素，如强的松龙 5~10 mg/kg，静脉注射。因弥漫性血管内凝血引起的肺水肿，可应用肝素或低分子右旋糖酐溶液。过敏反应引起的肺水肿，通常将抗组胺药与肾上腺素结合使用。有机磷中毒引起的肺水肿，应立即使用阿托品减少液体漏出。

对症治疗包括用强心剂加强心脏机能，对不安的病畜选用镇静剂。

【预防】

主要是保持环境清洁卫生，避免刺激性气体和其他不良因素的影响，在炎热的季节应减轻运动或使役强度。长途运输的动物，应避免过度拥挤，并注意通风，供给充足的清洁饮水。对卧地不起的动物，应多垫褥草，并注意每日多次翻身。患心脏病的动物，应及时治疗，以免心脏功能衰竭而发生肺充血。

肺气肿(pulmonary emphysema)

肺气肿是指终末细支气管远端(呼吸细支气管、肺泡管、肺泡囊和肺泡)的气道弹性减退，过度膨胀、充气和肺容积增大或同时伴有气道壁破坏的疾病。随着病程的发展可能伴有肺泡壁、肺间质及弹力纤维萎缩甚至崩解，本病常发生于马、骡、使役的牛、猎犬等。急剧、过度使役的动物多发，尤其多发生于老年动物。按其病性和病程可分为急性肺泡气肿、慢性肺泡气肿和间质性肺气肿。

【病因】

(1)急性肺泡气肿　主要发生于过度使役、剧烈运动，长期挣扎和鸣叫等紧张呼吸所致。特别是老龄动物，由于肺泡弹性降低，更容易发生。呼吸系统疾病引起持续剧烈的咳嗽也可发生急性肺气肿。另外，肺组织的局灶性炎症或一侧性气胸使病变部位肺组织呼吸机能丧失，健康肺组织呼吸机能相应增强，也可引起局限性代偿性肺气肿。

(2)慢性肺泡气肿　主要是对急性肺气肿治疗不及时，或因长时间刺激而转为慢性，也可继发于慢性支气管炎和毛细支气管卡他等。肺硬化、肺扩张不全、胸膜粘连等均可引起代偿性慢性肺气肿。

(3)间质性肺气肿　主要是肺泡内的气压急剧增加，导致肺泡壁破裂所致。例如，吸入刺激性气体、液体或肺脏被异物刺伤；继发于某些中毒病和流行热、牛的"再生草热"的后期等。

【发病机理】

(1)急性肺泡气肿　长期不合理剧烈运动，过度使役劳累，机体能量的需求增加，对氧的需求也大量增加，反射性地引起呼吸加深加快，肺泡的通气量过多。机体吸气加深，导致空气的吸入量增加，而呼气时由于呼气频速，不能将肺泡内的全部气体呼出，从而导致肺泡内积气增多而高度扩张。同时，肺泡内过多的余气，又可压迫肺泡壁的毛细血管，使肺泡壁营养障碍，进一步造成肺泡壁的弹性逐渐降低，引起肺气肿的发生。

（2）慢性肺泡气肿　在慢性支气管炎，由于上呼吸道内腔狭窄，吸气时，支气管扩张，空气尚能通过而进入肺泡；但在呼气时，往往因支气管腔的狭窄，气体不易排出，残留在肺泡内的气体过多，使肺泡充气过度，从而引起肺泡壁扩张，肺体积增大，融合成大囊状，引起慢性肺气肿的发生。

（3）间质性肺气肿　在各种病因的作用下，机体发生痉挛性咳嗽或用力地深呼吸，使肺内压力突然剧烈升高，细支气管和肺泡壁破裂，气体进入肺间质。进入间质的小气泡散布于整个肺脏中，部分还会合成大的气泡，大部分气体随肺脏的运动移动至纵隔，沿前胸口到达颈部、肩部以及背部皮下引起皮下气肿。

【症状】

（1）急性肺泡气肿　常在重度使役中突然发作，出现呼吸困难，张口伸颈，用力呼吸，频率增加，结膜发绀，胸外静脉怒张；胸部听诊有肺泡呼吸音（初期增强，后期减弱），可能伴有干啰音或湿啰音；叩诊呈现广泛性过清音，叩诊界后移。X线检查，两肺透明度增加，膈后移，运动减弱，肺的透明度不随呼吸运动而发生明显变化。

（2）慢性肺泡气肿　发展缓慢，初期症状不明显，不耐使役；随着病情发展，出现呼气性呼吸困难，特征是呈现二重式呼气，即在正常呼气运动之后，腹肌又强烈的收缩，出现连续两次呼气动作；同时，可沿肋骨弓出现较深的凹陷沟，称为"喘线"或"喘沟"；呼气用力，脊背拱曲，肷窝变平，腹围缩小，肛门突出；叩诊呈过清音，叩诊界后移，可达最后1~2肋间，心脏绝对浊音区缩小；听诊肺动脉第二心音高朗；X线检查，整个肺区异常透明，支气管影像模糊，膈穹窿后移。

（3）间质性肺气肿　突然发病，迅速呈现呼吸困难，甚至窒息；病畜张口呼吸，伸舌，流涎；惊恐不安，脉搏快而弱；胸部叩诊音高朗，呈过清音，肺界一般正常；听诊肺泡呼吸音减弱，可听到捻发音及破裂性啰音；多数病畜颈部和肩部出现皮下气肿；背部、胸颈部、肩部皮下触诊呈捻发音。

【病理变化】

（1）急慢性肺泡气肿　眼观肺脏体积增大、膨胀，充满整个胸腔，呈粉红色或苍白色；被膜紧张，边缘钝圆，质量减轻，表面突起呈大小不等的膨胀物；触之柔软，往往指压留痕；切开肺脏，发出特殊的爆破音，切面呈海绵状或蜂窝状；右心肥大或扩张；光镜下，病变部位肺泡极度扩张，肺泡壁变薄，有的肺泡则破裂并融合成较大的囊腔；肺泡毛细血管不显露。

（2）间质性肺气肿　眼观可见肺小叶间质明显增宽，在肺胸膜下和肺小叶间质中有大小不等的成串的气泡，严重时小气泡可见于全肺的间质，小的气泡可融合成大的气泡；如果胸膜下的气泡破裂，气体可以进入胸腔，引起气胸的发生；组织学变化，肺水肿，间质气肿，肺泡上皮增生，透明膜形成，嗜酸性粒细胞浸润等。

【诊断】

（1）急性肺泡气肿　根据病史，结合高度呼吸困难等临床症状，以及肺部叩诊、听诊、X线检查等即可确诊。

（2）慢性肺泡气肿　根据病史，结合严重的二重式呼气为特征的呼气性呼吸困难及X线检查即可确诊。

（3）间质性肺气肿　结合突然发病，肺脏叩诊界不扩大，肺部听诊出现破裂性啰音，气喘明显，皮下气肿，常见于颈部和肩部，严重时迅速扩散至全身皮下等症状可确诊。

【治疗】

(1)急性肺泡气肿　治疗原则：加强护理，消除病因，缓解呼吸困难，治疗原发病。

病畜置于通风良好，安静的畜舍，供给优质饲料和清洁清水。缓解呼吸困难，可用1%硫酸阿托品、2%氨茶碱或0.5%异丙肾上腺素雾化吸入，每次2~4 mL。也可用皮下注射1%硫酸阿托品溶液，大动物1~3 mL、小动物0.2~0.3 mL。出现窒息危险时，有条件的应及时输氧。

(2)慢性肺泡气肿　尚无根治疗法，治疗原则：加强护理，减轻使役，对症治疗，控制病情进一步发展等。

病畜应改善饲养环境，置于通风良好、清洁安静、无灰尘和烟雾的畜舍，给予充分休息，饲喂优质青草或潮湿的干草。缓解呼吸困难，应用抗胆碱药或茶碱类，如过敏因素存在可适当应用糖皮质激素。有条件的可予以每日吸氧，改善呼吸状态。可内服亚砷酸钾溶液，提高病畜的物质代谢，改善其营养和全身状态，恢复肺组织的机能，马、牛10~15 mL，每日2次。对于急性发作的病畜，可选用有效抗生素，如青霉素、庆大霉素、环丙沙星、头孢菌素等。

(3)间质性肺气肿　尚无根治疗法，治疗原则：加强护理，消除病因，防止空气进入间质组织和对症治疗。

病畜置于通风良好、安静的畜舍，供给优质饲料和清洁清水。对极度不安和剧烈咳嗽的病畜，应用镇静剂，如皮下注射吗啡或阿托品，也可内服磷酸可待因，可预防咳嗽而使空气不再进入肺间质。用肾上腺素、氨茶碱及皮质类固醇，也有一定疗效。对严重缺氧的并危及生命的病畜，有条件的应及时输氧。

【预防】

保持环境卫生，减少饲草中的粉尘、防止饲草霉变，避免过度使役、过度运动，注意畜舍的通风换气和冬季保暖，对呼吸疾病应及时治疗。

小叶性肺炎(lobular pneumonia)

小叶性肺炎又称支气管肺炎(bronchopneumonia)或卡他性肺炎(catarrhal pneumonia)，是畜禽肺炎的最常见形式，是病原微生物感染引起的以细支气管为中心的个别肺小叶或几个肺小叶的炎症。其病理学特征是肺泡内积聚卡他性炎性渗出物，包括脱落的上皮细胞、血浆和白细胞等，故又称卡他性肺炎。临床主要表现为弛张热，呼吸增数，咳嗽，流鼻，肺部叩诊有散在的局灶性浊音区，听诊有啰音和捻发音。本病早春和晚秋多发，各种动物均可发生，老龄、幼龄动物尤甚。

【病因】

小叶性肺炎多数是在支气管炎的基础上发生的，因此，凡是能引起支气管炎的各种致病因素均是小叶性肺炎的病因。

(1)不良因素的刺激　感冒受寒及饲养管理不当；某些营养物质缺乏，长途运输，物理、化学及机械性刺激；过度劳逸等导致机体抵抗力降低，特别是呼吸道的防御机能减弱，导致呼吸道黏膜上的寄生菌大量繁殖及外源性病原微生物入侵，成为致病菌而引起炎症过程。能引起支气管肺炎的病原体均为非特异性的，包括肺炎球菌、传染性支气管炎、猪嗜血杆菌、坏死杆菌、结核病、副伤寒杆菌、流感病毒、铜绿假单胞菌、化脓棒状杆菌、沙门菌、大肠杆菌、链球菌、葡萄球菌、衣原体属及腺病毒、鼻病毒、犬瘟热、牛恶性卡他热、猪肺疫、副伤寒、肺线虫病和疱疹病毒等。

（2）血源感染 主要是病原微生物经血流至肺脏，先引起间质的炎症，而后波及支气管壁，进入支气管腔，即经由支气管周围炎、支气管炎，最后发展为支气管肺炎。血源性感染也可先引起肺泡间隔的炎症，然后侵入肺泡腔，再通过肺泡管、细支气管和肺泡孔发展为支气管肺炎。常见于一些化脓性疾病，如子宫炎、乳房炎等。另外，鼻疽性支气管肺炎也是由血源感染途径而发生的。

（3）过敏反应或异物等多种变应原 如花粉、有机粉尘、真菌孢子、细菌蛋白等可引起过敏性支气管肺炎。在咽炎及神经系统发生紊乱时，常因吞咽障碍，将饲料、饮水或唾液等吸入肺内或经口投药，误将药液投入气管内引起异物性肺炎。

【发病机理】

机体在致病因素的作用下，组织蛋白溶解，血液中大分子胶体蛋白增多，阻塞、刺激肺毛细血管，引起毛细血管充血；另外，致病因素还可使单核巨噬系统的吞噬能力降低，活性减弱，降低白细胞对有害因素的反应，机体抵抗力降低，呼吸道的防御机能受损，呼吸道内的常住寄生菌就可大量繁殖，引起感染，发生支气管炎，然后炎症沿支气管黏膜向下蔓延至细支气管、肺泡管和肺泡，引起肺组织的炎症；或支气管炎向支气管周围发展，先引起支气管周围炎，然后向邻近的肺泡间隔向外扩散，波及肺泡。当支气管壁炎症明显时，因刺激黏膜分泌黏液增多，病畜出现咳嗽，并排出黏液脓性的痰液。同时，炎症使肺泡充血肿胀，并产生浆液性和黏液性渗出物，上皮细胞脱落。由于炎性渗出物充满肺泡腔和细支气管，导致肺脏有效呼吸面积缩小，随着炎症范围的增大，出现外呼吸障碍，严重时可发生呼吸衰竭。

【症状】

病初呈急性支气管炎的症状，患病动物咳嗽，多为弱咳，单声（1~2声）；初为干短，后为湿长，疼痛性逐渐减轻或消失，并有分泌物被咳出。此病具有明显的全身反应，精神沉郁，食欲减退甚至废绝，多饮，体温升高，弛张热型。牛的体温可升高至39.5~41℃；呼吸困难，其程度随炎症范围的大小而有差异，发炎的小叶越多，则呼吸越浅越困难，呼吸频率增加，可达60~100次。鼻液初期为浆液性，后期为脓性、恶臭，可视黏膜潮红或发绀。

（1）胸部叩诊 当病灶位于肺的表面时，可发现一个或多个局灶性的小浊音区。融合性肺炎，则出现大片浊音区；病灶较深，则浊音不明显。听诊病灶部，肺泡呼吸音减弱或消失，出现捻发音，病灶周围的健康肺组织，肺泡呼吸音增强。随着炎性渗出物的改变，可听到干啰音或湿啰音，当小叶炎症相互融合，肺泡及细支气管内充满渗出物时，肺泡呼吸音消失，有时出现支气管呼吸音。

（2）血液学检查 白细胞总数增多，中性粒细胞比例可达80%，出现核左移现象，部分细胞内出现中毒颗粒；年老体弱、免疫功能低下者，白细胞总数可能增加不明显，但中性粒细胞比例增高。

（3）X线检查 表现斑片状或斑点状的渗出性阴影，大小和形状不规则，密度不均匀，边缘模糊不清，可沿肺纹理分布。当病灶发生融合时，则形成较大片的云絮状阴影，但密度多不均匀。

【病程和预后】

本病的经过与发病原因和机体的状况有直接关系，自然病程一般1~2周，发病5~10 d，体温可自行骤降或逐渐降至正常。治疗及时与方法恰当，可使体温在1~3 d恢复正常，呼吸困难和咳嗽也随之减轻，逐渐康复；部分病畜发病后由于饲养管理不当，在不良因素的刺激下，疾病恶化，可在8~10 d死亡；若病期延长，则转变为慢性，少数并发化脓性肺炎或肺坏疽而死亡，存活的动物因肺脏结缔组织大量增生，使肺有效呼吸面积减少而出现呼吸困难或气喘，病畜极度消瘦而丧失生产性能;部分病畜病变广泛、多叶受损;部分病畜出现严重的并发症,如感染性休克;幼龄、老龄或营养不良的病畜,病情较重时,均预后不良。

【诊断】

根据咳嗽、呼吸困难、弛张热型、叩诊小片浊音区及听诊捻发音和啰音等典型症状,结合X线检查和血液学变化,即可诊断。本病与细支气管炎和大叶性肺炎有相似之处,应注意鉴别:细支气管炎,呼吸极度困难,因继发肺气肿,叩诊呈过清音,肺界扩大;大叶性肺炎,呈稽留热型,有时见铁锈色鼻液,叩诊有大片弓形浊音区,X线检查发现大片均匀的高密度阴影。

【治疗】

治疗原则:加强护理,抑菌消炎,祛痰止咳,制止渗出和促进渗出物吸收,以及对症治疗。

(1)加强护理　首先应将病畜置于光线充足、空气清新、通风良好且温暖的畜舍内,加强护理,注意营养,供给营养丰富、易消化的饲草料和清洁饮水,给予维生素A或B族维生素。保持安静,肺炎病灶易扩散,病畜要注意休息,吸收期或适当运动。

(2)抗菌消炎　临床上主要应用抗生素和磺胺类药物进行治疗,用药途径及剂量视病情轻重及有无并发症而定。常用的抗生素为青霉素、链霉素,对青霉素过敏者,可用红霉素、林可霉素;也可选用氟苯尼考、四环素等广谱抗生素;有条件的可在治疗前取鼻分泌物做细菌的药敏试验,以便对症用药。肺炎双球菌、链球菌对青霉素敏感,一般青霉素和链霉素联合应用效果更好;多杀性巴氏杆菌用氟苯尼考,颈部肌内注射,20 mg/kg,每两日1次,连用2次,疗效较好;诺氟沙星对大肠杆菌、绿脓杆菌、巴氏杆菌及嗜血杆菌等有效;对支气管炎症状明显的病畜(马、牛),可将青霉素200万~400万IU、链霉素1~2 g、1%~2%普鲁卡因溶液40~60 mL,气管注射,每日1次,连用2~4次,效果较好;病情严重者可用第一代或第二代头孢菌素,如头孢噻吩钠(先锋Ⅰ),头孢唑啉钠(先锋Ⅴ),肌内注射或静脉注射。抗菌药物疗程一般为5~7 d,或在退热后3 d停药。

(3)祛痰止咳　咳嗽频繁、分泌物黏稠时,可选用溶解性祛痰剂,如氯化铵,马、牛10~20 g,猪、羊0.2~2 g;剧烈频繁的咳嗽、无痰干咳时,可选用镇痛止咳剂,如复方樟脑酊,马、牛30~50 mL,猪、羊5~10 mL,内服,每日1~2次;复方甘草合剂,马、牛100~150 mL,猪、羊10~20 mL,内服,每日1~2次;杏仁水,马、牛30~60 mL,猪、羊2~5 mL,内服,每日1~2次等;磷酸可待因,牛、马0.2~2 g,猪、羊0.05~0.1 g,犬、猫酌量,内服,每日1~2次;犬、猫等动物镇咳不止,可用盐酸吗啡0.1g、杏仁水10 mL、茴香水300 mL,混合后内服,每次1食匀,每日2~3次。为促进炎性渗出物的排除,可用克辽林、甲酚、松节油、木榴油、薄荷脑、麝香草酚等蒸气反复吸入,也可用碳酸氢钠等无刺激性的药物进行雾化吸入;生理盐水气雾湿化吸入溴己新、异丙托溴铵,可稀释气管中固定分泌物,有利于将其排出。

(4)制止渗出　可静脉注射10%氯化钙溶液,马、牛100~150 mL,每日1次;促进渗出物吸收和排出,可用利尿剂,也可用10%安钠咖溶液10~20 mL、10%水杨酸钠溶液100~150 mL和40%乌洛托品溶液60~100 mL,马、牛一次静脉注射。

(5)对症疗法　体温过高时,可用解热药。常用复方氨基比林或安痛定注射液,马、牛20~50 mL,猪、羊5~10 mL,犬1~5 mL,肌内注射或皮下注射;呼吸困难严重者,有条件的可输入氧气;对体温过高、出汗过多引起脱水者,应适当补液,纠正水、电解质和酸碱平衡紊乱;输液量不宜过多,速度不宜过快,以免发生心力衰竭和肺水肿。对病情危重、全身毒血症严重的病畜,可短期(3~5 d)静脉注射氢化可的松或地塞米松等糖皮质激素。

(6)中药疗法　可用加味麻杏石甘汤开水冲服,也可用福橘(又称红柑、福建柑橘)灌服。治疗期间应停止使役，并饲喂易消化的饲料，给予新鲜饮水。

【预防】

避免淋雨受寒、过度劳役等诱发因素。供给全价日粮，健全完善的免疫接种制度，减少应激因素的刺激，增强机体的抗病能力，及时治疗原发病。

大叶性肺炎（lobar pneumonia）

大叶性肺炎是肺泡内以纤维蛋白渗出为主的急性炎症，又称纤维素性肺炎（fibrinous pneumonia），是一种急性、高热、且多呈定型经过，病变起始于局部肺泡，并迅速波及整个或多个大叶，甚至一侧或整个肺脏的炎症过程。临床上以高热稽留、铁锈色鼻液、肺部的广泛性浊音区和定型的病理经过为特征。

【病因】

本病主要是由病原微生物引起，但真正的病因仍不十分清楚。目前，认为有两类原因，一是由传染因素引起，如牛、羊和猪的巴氏杆菌、传染性胸膜肺炎、肺炎杆菌、金黄色葡萄球菌、绿脓杆菌、大肠杆菌、坏死杆菌、链球菌、支原体、Ⅲ型副流感病毒、溶血性链球菌等都可引起感染；二是由非传染性因素引起，变态反应是重要原因，也可因内中毒、自体感染或受寒感冒、饲养管理不当、过度劳役、长途运输、吸入刺激性气体等因素引起。

【发病机理】

病原微生物主要经气源性感染，通过支气管散播，炎症通常开始于细支气管，并迅速波及肺泡。细支气管黏膜比较脆弱，对病原微生物的抵抗力小，而且细支气管和肺泡壁的防御机能一般只能靠巨噬细胞的吞噬作用，由于巨噬细胞的功能有限和活动缓慢，特别是对那些宿主缺乏免疫力的病原微生物，巨噬细胞不仅不能有效地吞噬、消化，而且还可以被毒力强的微生物所破坏，从而发生感染。病原微生物引起呼吸性细支气管和肺泡发生炎症后，可沿支气管内和支气管周围的结缔组织及淋巴管散播，而沿后者散播可进一步引起支气管周围组织和小叶间质的炎症，从而导致间质水肿增宽，淋巴管高度扩张、发炎以及淋巴栓的形成。细菌侵入肺泡内，尤其在浆液性渗出物中迅速大量地繁殖，并通过肺泡间孔或呼吸性细支气管向邻近肺组织蔓延，散播形成整个或多个肺大叶的病变。

【症状】

病畜体温迅速升高（40～41℃），并稽留6～9 d，以后渐退或骤退至常温。脉搏加快（60～100次/min），一般初期体温升高1℃，脉搏增加10～15次/min，继续升高2～3℃时，脉搏则不再增加，后期脉搏逐渐变小而弱。呼吸迫促，频率增加（60次/min），严重时呈混合性呼吸困难，鼻孔开张，呼出气体温度较高。黏膜潮红或发绀。初期出现短而干的痛咳，溶解期则变为湿咳。疾病初期，有浆液性、黏液性或黏液脓性鼻液，在肝变期鼻孔中流出铁锈色或黄红色的鼻液，主要是渗出物中的红细胞被巨噬细胞吞噬，崩解后形成含铁血黄素混入鼻液形成。病畜精神沉郁，食欲减退或废绝，反刍停止，泌乳降低，病畜因呼吸困难而采取站立姿势，并发出呻吟或磨牙。

（1）肺部叩诊　因病程发展过程不同而有一定差异。充血渗出期，由于支气管黏膜充血肿胀，肺泡呼吸音增强，并出现干啰音；以后随肺泡腔内浆液渗出，听诊可闻湿啰音或捻发音，肺泡呼吸音减弱；当肺泡内充满渗出物时，肺泡呼吸音消失。肝变期，肺组织实变，出现支气管呼吸音。溶解期，渗出物逐渐溶解，液化和排出，支气管呼吸音逐渐消失，出现湿啰音或捻发音。最后随疾病的痊愈，呼吸音逐渐恢复正常。

（2）血液学检查　白细胞总数明显增多，可达 20×10^{10}/L 或更多，中性粒细胞比例增多，呈核左移，淋巴细胞比例减少，嗜酸性粒细胞和单核细胞缺乏。严重的病例，白细胞减少。

（3）X 线检查　充血期仅见肺纹理增重，肝变期发现肺脏发现有大片均匀的浓密阴影，溶解期表现散在的不均匀的片状阴影。2~3 周后，阴影完全消失。

【病理变化】

大叶性肺炎一般只侵害单侧肺脏，有时可侵害两侧，多见于左肺尖叶、心叶和膈叶。在未使用抗生素治疗的情况下，病变常表现典型的自然发病过程，一般分为以下 4 个时期。

（1）充血水肿期　炎症早期，发病 1~2 d。剖检可见肺叶肿大，质量增加，呈暗红色，挤压时有淡红色泡沫状液体流出，切面平滑，有带血的液体流出。组织学变化，肺泡壁毛细血管显著扩张、充血，肺泡腔内有较多浆液性渗出物，并有少量红细胞，中性粒细胞和肺泡巨噬细胞。

（2）红色肝变期　发病后 3~4 d。剖检可见肺叶肿大，呈暗红色，病变肺叶质实，切面稍干燥，呈粗糙颗粒状，近似肝脏，故有"红色肝变"之称。胸膜常有纤维蛋白性渗出物覆盖。组织学变化，肺泡壁毛细血管扩张充血，肺泡腔内充满含大量纤维蛋白和中等量红细胞的渗出物，应有一定数量的中性粒细胞和少量肺泡巨噬细胞。相邻肺泡间的纤维蛋白通过肺泡间孔连接成网，这有利于吞噬细胞吞噬病原菌，防止细菌扩散。支气管周围、小叶间质和胸膜下组织发生炎性水肿时，可明显增宽，其中充盈大量浆液纤维素性渗出物，还有一定数量的中性粒细胞。间质中淋巴管扩张，其中充满多量炎性渗出物，有的淋巴管发生炎症，并有淋巴栓形成。

（3）灰色肝变期　发病后 5~6 d。剖检可见肺叶仍肿胀，质实，切面干燥，颗粒状，由于充血消退，红细胞大量溶解消失，实变区颜色由暗红色逐渐变为灰白色，投入水中可完全下沉。组织学变化，肺泡腔内纤维蛋白性渗出物增多，肺泡壁毛细血管受压，病变肺组织呈贫血状；肺泡腔内纤维蛋白网中有大量中性粒细胞，极少量红细胞；纤维蛋白经肺泡间孔相互连接的网状结构更为明显。

（4）溶解消散期　发病后 1 周左右。机体充分发挥抗菌机制，形成特异性抗体，白细胞、巨噬细胞的吞噬作用增强，导致病原菌被消灭。剖检可见肺叶体积复原，质地变软，病变肺部呈黄色，挤压有少量脓性浑浊液体流出，胸膜渗出物被吸收或有轻度粘连。组织学变化，中性粒细胞大多变性、坏死、崩解，肺泡巨噬细胞数量明显增多，纤维蛋白网在白细胞释出的溶蛋白酶的作用下逐渐溶解，溶解物由气道咳出或经淋巴管被吸收。病变肺组织逐渐恢复正常结构和功能。

由于临床上大量抗生素的应用，大叶性肺炎的上述典型经过已不多见，分期也不明显，病变的部位有局限性。另外，动物的大叶性肺炎在发病过程中，往往造成淋巴管受害，肺泡腔内的纤维蛋白等渗出物不能完全被吸收清除，则由肺泡间隔和细支气管壁新生的肉芽组织加以肌化，使病变部分组织变成褐色肉样纤维组织，称为肺肉质变（carnification）。

大叶性肺炎常同时侵犯胸膜，引起浆液-纤维性胸膜炎，表现为胸膜粗糙，表面有数量不等的纤维素附着，胸腔内有浆液-纤维素渗出物蓄积。液体吸收后，胸膜表面的纤维蛋白渗出物也可因机化而使胸膜肥厚或粘连。化脓菌感染时，可引起肺脓肿、脓胸或脓气胸，甚至出现败血症、脓毒血症或感染性休克。

【病程和预后】

典型的大叶性肺炎，一般在 5~7 d 后，体温开始下降，并逐渐恢复，病程在 2 周左右。非典型大叶性肺炎，病程长短不一，病情较轻者在充血期即开始恢复，不再继续发展，预后良好；而病情严重者可出现许多并发症（如肺脓肿、肺坏疽、胸膜炎、败血症等），则常预后不良。

【诊断】

根据稽留热型、铁锈色鼻液、不同时期肺部叩诊和听诊的变化，即可诊断。X线检查肺部有大片高密度阴影，有助于诊断。本病还应与小叶性肺炎和胸膜炎相鉴别：小叶性肺炎多为弛张热型，肺部叩诊出现大小不等的浊音区，X线检查表现斑片状或斑点状的渗出性阴影；胸膜炎热型不定，听诊有胸膜摩擦音，当有大量渗出液时，叩诊呈水平浊音，听诊呼吸音和心音均减弱，胸腔穿刺有大量液体流出，且传染性胸膜肺炎有高度传染性。

【治疗】

治疗原则：加强饲养管理，抗菌消炎，控制继发感染，制止渗出，促进炎性产物吸收和对症治疗。

（1）加强饲养管理　首先应将病畜置于通风良好、清洁卫生的环境中，供给优质易消化的饲草料。

（2）抗菌消炎，控制继发感染　选用土霉素或四环素，每日 10~30 mg/kg，溶于 5% 葡萄糖溶液 0.5~1 L，分 2 次静脉注射，效果显著。也可静脉注射氢化可的松或地塞米松，降低机体对各种刺激的反应性，控制炎症发展。大叶性肺炎并发脓毒血症时，可用 10% 磺胺嘧啶钠溶液 100~150 mL、40% 乌洛托品溶液 60 mL、5% 葡萄糖溶液 500 mL，混合后，马、牛 1 次静脉注射（猪、羊酌减），每日 1 次。

（3）制止渗出和促进炎性产物吸收　可静脉注射 10% 氯化钙或葡萄糖酸钙溶液。促进炎性产物吸收，可用利尿剂。当渗出物消散太慢，为防止肌化，可用碘制剂，如碘化钾，马、牛 5~10 g；或碘酊，马、牛 10~20 mL（猪、羊酌减），加在流体饲料中或灌服，每日 2 次。

（4）对症治疗　体温过高可用解热镇痛药，如复方氨基比林、安痛定注射液等；剧烈咳嗽，可选用祛痰止咳药；严重呼吸困难可输入氧气；心力衰竭时用强心剂。

（5）中药治疗　可选用清瘟败毒散或加味麻杏石甘汤。

【预防】

本病的预防措施同小叶性肺炎及支气管炎，应特别注意提高机体的抵抗力，避免淋雨受寒、过度劳役等诱发因素。供给全价日粮，健全完善的免疫接种制度，减少应激因素的刺激，及时排除各种致病因素，积极治疗各种原发病。

霉菌性肺炎（fungal pneumonia）

霉菌性肺炎是指由于环境卫生不良及饲料受潮，导致霉菌及其孢子大量繁殖，经呼吸道侵入机体而引发的一种支气管肺炎。各种动物均可发生，而以家禽多发，幼禽尤甚。家禽常伴有气囊和浆膜的霉菌病。常见的致病性霉菌有曲霉菌属、隐球菌属、细胞质菌属、球孢子菌属、皮炎芽生菌属、毛菌属、青霉属及放线菌属等，上述霉菌的孢子广泛分布于自然界，温度适宜（35~40℃）、潮湿条件下极易生长发育。

【病因】

动物因采食发霉饲料或长期生活在过于潮湿的畜舍中，霉菌大量增殖，霉菌孢子经呼吸道进入动物肺脏而致病。牛、马主要由烟色曲霉菌引起，家禽常由淡蓝色曲霉菌、葡萄状白霉菌以及蓝色青霉菌等引起。在正常情况下，健康动物能抵抗浓度很大的曲霉菌孢子的感染，环境中灰尘过多时，机体抵抗力下降或呼吸道感染才发生本病。本病可通过水平接触传播而感染健康鸡，并以此途径向全鸡群扩散蔓延；鸡患本病后，病原菌可进入鸡蛋，垂直传播。

【症状】

畜禽患此病的共有症状为食欲减退，倦怠无力，喜卧，渐进性消瘦，常伴有下痢。马、牛具有支气管症状，鼻液污秽呈绿色，结膜苍白或发绀，咳嗽，呼吸增数，体温升高，日渐消瘦，个别病畜有神经症状。鼻液镜检可见霉菌菌丝。胸部听诊有啰音、捻发音，叩诊有较大浊音区。家禽对外界反应淡薄，离群独居，嗜睡，羽毛蓬松；流浆液性鼻液，呼吸困难，多张口呼吸，吸气时伴有"嘎嘎声"，夜间尤甚，一般2~7 d死亡。

X线检查，可发现支气管肺炎、大叶性肺炎、弥漫性小结节的影像，肿块状的阴影。

【病理变化】

(1)禽　呼吸道、肺脏、气囊或体腔浆膜出现粟粒至黄豆色结节或灰白色结节，结节质地柔软似橡皮或软骨，切面为层状结构，其中心为干酪样坏死，内含大量菌丝体。有时为弥漫性肺炎而无小结节，有肺肝变、炎症病灶和气肿。霉菌在增厚的气囊壁上呈毛状生长。组织学检查小结节病变是肉芽肿型炎症，PAS染色可清楚地看到紫红色菌丝壁和孢子壁。

(2)其他动物　肺坚实，肿大，质量增加，呈斑驳状，不萎缩。亚急性或慢性霉菌性肺炎时，肺内有多个单独存在的肉芽肿结节，大小不等，与结核病相似。组织学检查，可发现肉芽肿内有霉菌和多核巨细胞。此外，皮肤、乳房、淋巴结、肝脏、肾脏、消化道、脑及脑膜也发生病变。

【诊断】

根据病畜(禽)常有采食发霉饲料或畜舍潮湿、垫料发霉的生活史等流行病学、临床表现和典型的病理剖检变化，结合抗菌药物治疗无效，可初步诊断。

病理剖检变化：马、牛肺脏有大小不等的结节，具有结缔组织包膜，结节中心为化脓性或干酪样物质，散在或互相融合，有时肝脏中也可偶见此种结节。家禽呼吸道黏膜有炎症变化，支气管黏膜和气囊增厚，内有黄绿色霉菌菌苔。肺部和肋骨的浆膜表面黄色或灰白色小结节。

微生物学检查：取病料组织或鼻液少许，置载玻片上，加1~2滴生理盐水，用针将组织拨碎，显微镜下检查，若见菌丝或孢子即可确诊。

【治疗】

治疗原则：以加强饲养管理、抗真菌为主，辅以对症治疗。

(1)加强饲养管理　及时消除致病因素，更换饲料及垫料，及时干燥通风，保证畜舍环境卫生。

(2)抗真菌　制霉菌素，马、牛250万~500万IU/次，羊、猪50万~100万IU/次，犬10万~20万IU/次，每日3~4次，拌于饲料中喂给。家禽每千克饲料中添加50万~100万IU，连用1~3周。两性霉素B，0.12~0.25 mg/kg，溶于5%葡萄糖液稀释成每毫升溶液中含0.1 mg，缓缓静脉注射，隔日注射或每周注射2次。克霉唑抗真菌谱广、毒性小、内服易吸收，马、牛5~10 g，驹、犊、猪、羊0.75~1.5 g，分2次内服；雏鸡每100只用1 g，混于饲料中喂给。硫酸铜溶液1:3 000作为饮水，马、牛600~2 500 mL，猪、羊150~500 mL，家禽3~5 mL，每日1次，连饮3~5 d。幼龄畜禽用药量均酌减。

【预防】

保持畜舍通风干燥，保持良好的环境卫生。饲草必须晒干后才能堆垛存放，且应选择地势高、干燥的位置存放，防止雨淋受潮发霉。不饲喂霉变饲料，不用霉草作畜禽垫料等。

化脓性肺炎(suppurative pneumonia)

化脓性肺炎又称肺脓肿，是一种由化脓菌侵入肺脏，导致肺组织发生单一的或多发性的化脓性炎性疾病，根据病程可分为急性和慢性。引起化脓的细菌主要有链球菌、葡萄球菌、肺炎球菌及化脓棒状杆菌等。本病以呼吸道症状为主，多为继发，各种家畜均可发生，病死率高。

【病因】

（1）原发性因素　原发性化脓性肺炎极为少见，偶见异物刺伤胸壁而导致；创伤性网胃炎时，因锐物刺入肺脏而引起。

（2）继发性因素　继发性化脓性肺炎多继发于全身性脓毒败血症或化脓性疾病，细菌沿血行转移至肺脏而引起，如败血症、子宫炎、乳房炎、结核、鼻疽及去势感染等，也常由各种肺炎转化而致；或者由胸壁感染、膈下脓肿或肝脏脓肿直接蔓延累及肺脏。

【发病机理】

化脓性病原微生物往往通过两条途径侵入肺脏：一条途径是由上呼吸道感染而来，多与支气管肺炎（小叶性肺炎）并发，因此也称化脓性支气管肺炎，多见于牛、羊，如羊的败血性巴氏杆菌与化脓棒状杆菌共同感染所导致的进行性肺炎，羊伪结核分枝杆菌引起的肺脓肿等；另一条途径是通过血液由其他部分的化脓性炎灶转移而来，即转移性化脓性肺炎，多见于牛、猪和马。如猪的化脓性棒状杆菌、绿脓杆菌、沙门菌、坏死杆菌、放线菌以及猪出血性败血杆菌等细菌感染时，可导致转移性化脓性肺炎；在牛感染化脓棒状杆菌、链球菌等时往往也可引起转移性化脓性肺炎的发生；马的转移性化脓性肺炎常见于链球菌感染所致的马腺疫等时。

【症状】

初期，体温升高且有波动，精神沉郁，患畜呈渐进性消瘦，排出大量脓性鼻液，内含弹力纤维和脂肪粒或肺组织碎片。运动时呼吸困难明显加剧，咳嗽，支气管呼吸音增强。胸部听诊，可听到各种啰音，特别是响亮的湿性啰音。若大脓肿破溃，脓汁排出而形成肺空洞，则可听到空瓮性呼吸音；肺部叩诊，在脓肿区常为局限性浊音，但如脓肿深或较小时，则浊音不明显，且叩诊时易引起咳嗽；如肺空洞与支气管相通，叩诊呈破壶音，如与支气管不相通，洞内又充满气体，洞壁致密平滑，则叩诊呈金属音。

病重者，症状同慢性肺炎，静止时可见明显的呼吸困难，听诊有干性啰音；化脓灶靠近血管时，伴随咳嗽，鼻腔和口腔可见咯血；若出现坏死性支气管肺炎和胸膜肺炎，则出现口臭，在几天内死亡。

X线检查，早期肺脓肿呈大片高密度阴影，边缘模糊，常按肺的节段分布。慢性肺脓肿多呈大片密度不均的阴影。

【病理变化】

发生化脓性支气管肺炎的部位质地变实，呈灰黄色，化脓灶的形状不规则，粟粒大至核桃大呈岛屿状散布在肺组织各处；病灶的中心常见到一个小支气管，切面可见到散在的黄色病灶，病灶粗糙，突出于切面，质地较硬，用手挤压切面时可从小支气管断面流出脓性分泌物；位于肺胸膜的脓肿，往往突出于肺脏的表面。光镜下，炎灶内支气管腔中可见大量脓液，而支气管周围则可见散在大小不等的脓肿，脓肿内原有的肺组织崩解消失，出现大量的变形、坏死的中性粒细胞与坏死、渗出的物质共同形成脓液；脓液的外围有结缔组织形成的脓肿膜。时间较长的脓肿中脓液往往被钙化。

转移性化脓性肺炎的肺脏表面和实质均可见散在分布的粟粒大小或较小的，呈黄白色或灰黄色的化脓灶；化脓灶的周围有充血、水肿和肺炎区。随后在化脓灶或脓肿的周围出现结缔组织形成的脓肿膜。光镜下，化脓灶内的肺组织坏死，出现大量变性坏死的中性粒细胞与坏死、渗出的物质共同形成的脓液。较长时间的化脓灶，其外围也有结缔组织形成的脓肿膜。

【诊断】

根据患畜曾遭异物刺伤胸壁或有化脓性疾病病史。患畜有渐进性消瘦、高热、呼吸困难、咳嗽、脓性鼻液等典型临床症状及小叶性肺炎的病理学变化，且连续使用抗生素未见明显效果，X线检查等，可做出诊断。

【治疗】

主要是及时应用抗生素，给予充足的剂量和足够的疗程：病初给青霉素，每千克体重1万~1.5万IU/次，肌内注射或静脉注射，每日2次，对于厌氧菌感染有恶臭鼻液的，疗效显著，应持续到脓液被吸收或残留纤维束病变为止，一般需1~1.5个月；甲硝哒唑(灭滴灵)，对厌氧菌也有较好的疗效，30~50 mL/kg，内服，每日1次，连用5 d，或10 mL/kg配成5%注射液，静脉注射，每日1次，连用3 d。此外，可配合使用10%氯化钙或33%乙醇，静脉注射。脓肿破溃时，可吸入松节油或气管内注射薄荷脑液体石蜡。通常，任何一种治疗均需持续10 d以上，且治疗效果有限，尤其是由慢性肺炎转化而来的难以治愈的病畜，一般建议淘汰。

【预防】

防止创伤化脓，及时治疗化脓性疾病，防止扩散或继发化脓性肺炎。

坏疽性肺炎(gangrenous pneumonia)

坏疽性肺炎又称异物性肺炎(foreign body pneumonia)或吸入性肺炎(aspiratory pneumonia)，是因误咽食物、呕吐物或药物，腐败细菌侵入肺脏所引起的肺组织坏死分解的一种疾病。临床以高度呼吸困难，鼻流污秽恶臭鼻液，呼出气体具恶臭，肺部出现明显啰音并伴有重剧的全身症状为特征。临床上以马、骡、猪多发。

【病因】

多因吸入或误咽异物，如小块饲料、黏液、脓液、唾液、反刍物及其他异物进入呼吸道所致；灌药不当也是主要原因，如灌药时太快、头位过高、强拉舌头、病牛咳嗽、挣扎、鸣叫时强行灌药，偶见灌药胃管误插入气管内所致；咽炎、咽麻痹、生产瘫痪等伴有吞咽障碍的疾病，因护理不当常因误咽而发病；继发于其他型的肺炎及某些传染病，如鼻疽、结核、巴氏杆菌病及其他化脓性疾病；也可因外伤(肋骨骨刺伤)，牛、羊创伤性网胃炎损伤肺组织，同时带入腐败菌感染而引发本病。

【症状】

病初呈现肺炎症状而全身症状迅速加重，呼吸促迫，腹式呼吸，长声带痛性咳嗽，体温升高40℃以上，心跳、脉搏加快，伴寒战，出汗；呼出气有腐败恶臭味，严重时充满整个畜舍；两鼻孔流出污秽不洁、灰绿色或灰褐色恶臭鼻液，在低头或咳嗽时常大量流出，偶尔见到吸入的异物，镜检鼻液可见弹力纤维；肺部听诊，初期有支气管呼吸音、干啰音和水泡音，随后听到喘鸣音，后期因空洞与支气管相通，可听到空瓮性呼吸音；肺部叩诊，病灶多在胸前下部，面积大时叩诊呈浊音或半浊音；叩到空洞上呈鼓音，空洞被致密组织包围时呈金属音；血液学检查，白细胞总数显著增加，中性粒细胞比例增加，初期核左移，后期核右移；X线检查，可见组织炎性阴影和透明的肺空洞。

【病理变化】

坏疽性肺炎的眼观变化很不一致，肺组织通常表现为支气管肺炎和纤维素性炎症变化，在肺炎肝变区内则出现大小不等的腐败分解的区域，表现为呈灰绿色粟粒大小或更大的结节性病变，病变的范围可侵害整个肺叶或一群小叶，病灶内有液化的呈污绿色或污黄褐色、稀糊状、有恶臭的腐败内容物，病灶边缘不整，其边缘外围常常是水肿的支气管肺炎区。发生坏疽的腐败崩解产物经支气管排出后，往往在局部形成空洞。光镜下，早期呈明显的化脓性支气管炎，以后炎症性病灶沿支气管向周围肺实质呈放射性蔓延，形成许多类似的炎症病灶。进一步发展，这些炎症病灶相互融合并发生液化性坏疽。

【诊断】

根据病史和呼气恶臭、鼻孔流出污秽恶臭鼻液、叩诊、听诊的病理变化及 X 线检查即可确诊。注意与腐败性支气管炎、鼻腔、鼻旁窦坏疽性鼻炎、鼻疽相区别。腐败性支气管炎，缺乏高热和肺组织浸润的病症，胸部叩诊无浊音和肺空洞的特征音响，鼻液无弹力纤维。鼻腔、鼻旁窦坏疽性鼻炎时，缺乏肺的病理学变化，只有鼻旁窦局部的症状。

【治疗】

治疗原则：消除病因，迅速排出异物，抗菌消炎，制止肺组织腐败分解及对症治疗。

（1）消除病因，排出异物 药液误入气管时，立即使患牛处于前低后高的位置，将头放低，注射兴奋呼吸药物，尼可刹米注射液 5~10 mL 或 20%樟脑油 10~20 mL，皮下注射，每隔 2~4 h 一次。

（2）止咳平喘 应用氯化铵 10~20 g，一次内服。

（3）抑菌消炎 应用青霉素钠 320 万~1200 万 IU、链霉素 300 万~500 万 IU 溶解肌内注射，每日 2~3 次，连用数天；或乳糖酸、红霉素 300 万~500 万 IU 溶于 5%葡萄糖注射液 1 L 中，一次静脉注射，每日 2 次，连用 5~7 d；或 10%碘胺嘧啶钠注射液 100~400 mL，加入 0.5~1 L 生理盐水中，静脉注射，每日 2 次，连用 5~7 d；或使用广谱抗生素，如四环素、卡那霉素和庆大霉素等。

（4）防止败血症 可静脉注射樟酒糖液（0.4%樟脑、6%葡萄糖、30%乙醇、0.7%氯化钠），马、牛每次 200~300 mL（猪、羊酌减），每日 1 次。也可静脉注射撒乌安液（10%水杨酸钠、8%乌洛托品、1%安钠咖），马、牛 50~100 mL，猪、羊 20~50 mL，每日 1 次。

【预防】

把好投药关，加强投药技术训练，严防误投入肺；对有吞咽机能障碍的病畜，禁止强迫投药；对患有呼吸系统疾病的病畜，要及时恰当治疗，防止继发感染本病。

（刘建柱）

间质性肺炎（interstitial pneumonia）

间质性肺炎由于肺泡壁发生炎症反应而导致弥漫性肺泡损伤，同支气管肺炎相比，间质性肺炎主要波及肺泡壁和间质组织，而支气管肺炎主要波及细支气管（支气管和肺泡连接）。与支气管肺炎不同，间质性肺炎病变波及整个肺脏，肺泡通常不会塌陷。间质性肺炎通常由病毒感染引起。

【病因】

多数由病毒引起的，如革兰阴性败血菌（沙门菌、副猪嗜血杆菌）等，猪主要为腺病毒、呼吸道合胞病毒、副流感病毒、圆环病毒、流感病毒等。其中，以圆环病毒和流感病毒引起的间质性肺炎较多见，也较严重，常形成坏死性支气管炎及支气管肺炎，病程过长进而演变为慢性肺炎。

【发病机理】

肺部毛细血管损伤，通透性增强，白细胞渗出。例如，某些病毒感染可以导致间质性的肺炎，卡氏肺孢子虫感染也可引起间质性肺炎。免疫导致的肺损伤，包括某些特发性的间质性肺炎、结缔组织病继发的间质性肺炎、结节病等，都有可能因为免疫的损伤而引起间质性肺炎。其他原因如肿瘤有时也可以导致间质的浸润，引起间质性肺炎的表现。所以，间质性肺炎的发病机理各不相同，与具体病因有着一定的关系。

【症状】

间质性肺炎主要的临床表现为呼吸困难(气短)，疾病早期仅在活动时出现，随着疾病进展，病情逐渐加重；其次是咳嗽，多为持续性干咳；部分还可能伴有发热、乏力、呼吸加快、精神沉郁、食欲不振等全身症状。慢性时，表现为腹式呼吸。

【病理变化】

剖检可见弥漫性间质性肺炎，呈灰红色，肺泡腔内有透明蛋白。肺水肿、花斑肺、有肋骨压痕；有弹性，似橡胶。间质性肺炎的分期表现为：

(1)1 期　肺实质细胞受损，发生急性肺泡炎。炎性和免疫效应细胞呈增生、募集和活化现象。积极治疗、容易恢复。

(2)2 期　肺泡炎演变为慢性，肺泡的非细胞性和细胞性成分进行性地遭受损害，引起肺实质细胞的数目、类型、位置和(或)分化性质发生变化。

(3)3 期　其特征为间质胶原紊乱，镜检可见大量纤维组织增生。纤维组织增生并非单纯地由于成纤维细胞活化，而是各种复合因素如胶原合成和各种类型细胞异常所造成。胶原组织断裂，肺泡隔破坏，形成囊性变化。到了 3 期，肺泡结构大部分损害和显著紊乱，不可复原。

(4)4 期　为本病的晚期。肺泡结构完全损害，代之以弥漫性无功能的囊性变化。不能辨认各种类型间质性纤维化的基本结构和特征。

【诊断】

病理剖检变化为病灶呈弥漫性或局灶性分布，肺组织灰红色或灰白色，质地硬实，缺乏弹性，多形成形状不一、大小不等的局限病灶。病灶周围肺组织气肿、肺间质增宽水肿、慢性间质性肺炎，病变部纤维化、体积缩小、变硬，形成肉变样硬结。间质性肺炎应依靠病理组织学检查才能做出诊断。

病理组织学检查，肺泡间隔、支气管周围、小叶间质等间质增宽，增宽的间质中淋巴细胞、巨噬细胞浸润。肺泡间隔、小叶间隔内血管充血、水肿。后期，结缔组织明显增生，肺组织纤维化，严重时肺组织发生弥漫性纤维化。

【治疗】

间质性肺炎肺部的纤维化改变无法逆转，临床采用的治疗方法在于减轻炎症反应，阻止或减轻肺纤维化的进展，从而改善病畜的生活质量，延长生存期。治疗过程中，应首先避免已知的致病或诱发因素，对于结缔组织疾病继发的间质性肺炎，需要同时治疗原发疾病。

【预防】

动物的防控方案主要是改善养殖环境，提高动物生存环境的舒适性，提高抵抗力。改善动物的营养水平，增加维生素类物资的使用。做好生物安全工作，减少病原体感染。及时进行疫苗免疫，建立抗体保护水平。

肺萎陷(pulmonary collapse)

肺萎陷又称肺的膨胀不全、肺不张，是指肺泡受到某种压力，其气体消失而形成的抵消肺实质的萎缩病变，这种肺实质的萎缩病变，可使肺泡消失、肺部凹陷。它是一种肺部疾病，最常见的是磨损性空气逃逸，产生的肺实质的空洞使肺实质的组织受到压迫，形成肺部凹陷。

【病因】

按肺萎陷发生的原因，可将肺萎陷分为压迫性肺萎陷、阻塞性肺萎陷和收缩性肺萎陷 3 种类型。

（1）压迫性肺萎陷　由肺内外的各种压力所引起，比较常见。胸外压力、胸腔积液、积血、气胸、胸腔肿瘤压迫肺组织；腹水，胃扩张等腹压增高，通过膈肌前移压迫肺组织。

（2）阻塞性肺萎陷　主要由于支气管、细支气管被阻塞，肺泡内残留气体逐渐被吸收，肺泡因而增高。造成支气管、细支气管阻塞的原因有急、慢性支气管炎时的炎性渗出物、寄生虫、吸入的异物、支气管肿瘤等。

（3）收缩性肺萎陷　由于肺组织广泛纤维化，纤维收缩所致。

【症状】

病畜呼吸困难、胸痛、胸闷、咳嗽、咳痰，患侧胸廓塌陷，肋间隙变窄，呼吸运动减弱等。触诊可发现气管向患侧移位，叩诊患处呈浊音或实音，心脏向患侧移位，听诊见患侧呼吸音减弱或消失，语音共振减弱或消失。如肺不张时间较长，其周围肺泡可出现代偿性通气过度，患处叩诊可正常。

X 线检查，肺萎陷时肺叶容积缩小，密度增高，邻近肺叶向胸膜移位。纵隔向患侧移位，横膈升高。

血气分析以检查肺功能的状况，肺功能异常可出现在临床症状及 X 线改变出现以前。

【病理变化】

通常伴有局部肺组织的变性和坏死，病变部位体积变小，表面下陷，胸膜皱缩，肺组织缺乏弹性，质柔软，似肉样，切面平滑均匀、致密。压迫性肺萎陷的萎陷区因血管受压迫而呈苍白色，切面干燥，挤压无液体流出，阻塞性肺萎陷的萎陷区因淤血而呈暗红色或紫红色，切面较湿润，有时有液体流出。

病理组织学检查，可见肺泡壁彼此相互靠近、接触，呈平行排列，肺泡腔呈裂隙状。先天性肺萎陷表现为肺泡壁显著增厚，肺泡呈立方状上皮；阻塞性肺萎陷，细支气管、肺泡内可见炎症反应，肺泡壁毛细血管扩张充血，肺泡腔内常见水肿液和脱落的肺泡上皮；压迫性肺萎陷，细支气管和肺泡腔内无炎症反应。

【诊断】

通过临床症状，X 线、肺功能检查可做出诊断。支气管肺泡灌洗、CT、核磁共振成像（MRI）等检查，有助于原发病的鉴别诊断。

【治疗】

肺萎陷一般可通过手术、药物等方式进行治疗。手术治疗可以选择胸腔闭式引流，将胸腔内的气体引流出来，使被压缩的肺组织慢慢地复张来恢复正常的呼吸功能。如果患畜是由于各种原因引起的胸腔积液压迫肺部，使正常的肺组织萎缩，胸腔积液可能是细菌感染引起的胸膜炎，可以选择使用抗生素，如哌拉西林、头孢哌酮钠舒巴坦钠、克林霉素等。

【预防】

加强饲养管理，提高畜群抗病力。要做好舍内的清洁卫生和消毒工作；接产时，应擦干净新生动物体表的黏液，尤其是口鼻部；控制好饲养密度，谨防压迫。

（王金明　尹志红）

第五节 胸膜疾病

胸膜炎(pleuritis)

胸膜炎是胸膜发生以纤维蛋白沉着和胸腔积聚大量炎性渗出物为特征的一种炎症性疾病。临床表现为胸部疼痛、体温升高和胸部听诊出现摩擦音。根据病程,可分为急性和慢性;按病变的蔓延程度,可分为局限性和弥漫性;按渗出物的多少,可分为干性和湿性;按渗出物的性质,可分为浆液性、浆液-纤维蛋白性、出血性、化脓性、化脓-腐败性等。各种动物均可发病。

【病因】

原发性胸膜炎比较少见,可发生于胸壁创伤或穿孔而感染,肋骨骨折、食道破裂、胸腔肿瘤等,以及手术感染等;或因受寒冷刺激、过劳等致机体防御机能下降,病原微生物侵入而致病。继发性胸膜炎较为常见,常因邻近器官炎症的蔓延,如各种类型肺炎、肺脓肿、创伤性网胃-心包炎等。胸膜炎也常继发或伴发于某些传染病的过程中,如结核病、鼻疽、流行性感冒、马腺疫、牛肺疫、猪肺疫、马传染性贫血、支原体感染等。

【发病机理】

胸壁创伤感染或邻近器官炎症蔓延至胸膜腔,或传染病时病原微生物通过血液循环侵入胸膜腔,微生物繁殖并产生毒素,损害胸膜的间皮组织和毛细血管,使血管的神经肌肉装置发生麻痹,导致血管扩张,血管通透性升高,血液成分通过毛细血管壁渗出进入胸腔,产生大量的渗出液。渗出液的性质与感染的病原微生物有关,主要有浆液性、化脓性及纤维蛋白性渗出液,常见的致病性微生物有兽疫链球菌、大肠杆菌、巴氏杆菌、克雷伯菌、马棒状杆菌、某些厌氧菌、支原体等。渗出的纤维蛋白原,在损伤组织释放出的组织因子的作用下,凝固成淡黄色或灰黄色的纤维蛋白即纤维素(fibrin),当渗出的液体成分又被健康部位的胸膜吸收后,纤维素则沉积于胸膜上,呈网状、片状或膜状。

细菌产生的内毒素、炎性渗出物及组织分解产物被机体吸收,可致体温升高,严重时引起毒血症。炎症过程对胸膜的刺激,以及沉着于胸膜壁层和脏层的纤维蛋白,在呼吸运动时相互摩擦,均可刺激分布于胸膜的神经末梢,引起动物胸部疼痛,严重者出现腹式呼吸。当大量液体渗出蓄积时,肺脏受到液体的压迫,肺活量降低,影响气体的交换,致使呼吸困难。

【症状】

疾病初期,精神沉郁,食欲下降或废绝,体温升高(可达40℃);咳嗽明显,常呈干、痛短咳;呼吸迫促而浅表,出现腹式呼吸,脉搏加快。触诊或叩击胸壁,动物表现得非常敏感,疼痛而躲避,甚至发生战栗或呻吟。站立时两肘外展,不愿活动,有的病畜胸腹部及四肢皮下水肿。胸部听诊,病初出现胸膜摩擦音,随着渗出液蓄积增多,则摩擦音消失,至渗出吸收期可重新听到摩擦音。伴有肺炎时,可听到拍水音或捻发音,同时肺泡呼吸音减弱或消失,出现支气管呼吸音。当渗出液大量积聚时,胸部叩诊呈水平浊音。慢性病例表现食欲减退,消瘦,间歇性发热,呼吸困难,运动乏力,反复发作咳嗽,呼吸机能的某些损伤可能长期存在。

胸腔穿刺可抽出大量渗出液,一般浆液-纤维蛋白性渗出液最多,可在短时间内大量渗出,马两侧胸腔中平均可达20~50 L,猪、羊为2~10 L,犬0.5~3 L。同时,炎性渗出物表现浑浊,易凝固,蛋白质含量在40 g/L以上或有大量絮状纤维蛋白及凝块,显微镜检查发现大量炎性细胞和细菌。渗出液的白细胞常超过 $5×10^8/L$，脓胸时白细胞高达 $1×10^{10}/L$。中性粒细胞增多提示为急性炎症，淋巴细胞为主则可能是结核性或慢性炎症。

X 线检查，少量积液时，心膈三角区变钝或消失，密度增高。大量积液时，心脏、后腔静脉被积液阴影淹没，下部呈广泛性浓密阴影。严重病例，上界液平面可达肩端线以上，如体位变化，液平面也随之改变，腹壁冲击式触诊时液平面呈波动状。

超声检查有助于判断胸腔的积液量及分布，积液中有气泡表明是厌氧菌感染。

血液学检查，白细胞总数升高，中性粒细胞比例增加，呈核左移现象，淋巴细胞比例减少。慢性病例呈轻度贫血。

【病理变化】

（1）急性胸膜炎　胸膜明显充血、水肿和增厚，粗糙而干燥。胸膜面上附着一层主要由纤维蛋白、内皮细胞和白细胞组成的黄白色纤维蛋白性渗出物，容易剥离。在渗出期，胸膜腔有大量混浊液体，其中有纤维蛋白碎片和凝块，肺脏下部萎缩，体积减小呈暗红色。部分病例渗出物色污秽并有恶臭。本病常有肺炎变化，甚至伴发心包炎及心包积液。

（2）慢性胸膜炎　因渗出物中的水分被吸收，胸膜表面的纤维蛋白因结缔组织增生而机化，使胸膜肥厚，壁层和脏层及与肺脏表面发生粘连。

【病程和预后】

急性渗出性胸膜炎，全身症状较轻时，如能及时治疗，一般预后良好。因传染病引起的胸膜炎或化脓菌感染导致胸腔化脓腐败时，则预后不良。转变为慢性后，因胸膜发生粘连，绝大多数动物丧失生产性能和经济价值，预后应谨慎。继发于食道破裂或胸腔肿瘤的胸膜炎，预后不良。

【诊断】

根据胸膜摩擦音和叩诊出现的水平浊音等典型症状，结合 X 线和超声检查，即可诊断。胸腔穿刺对本病与胸腔积液的鉴别诊断有重要意义，穿刺部位为胸外静脉之上，马在左侧第 7 肋间隙或右侧第 6 肋间隙，反刍动物多在左侧第 6 肋间隙，猪在左侧第 8 肋间隙或右侧第 6 肋间隙，犬在第 5~8 肋间隙。对抽取的胸腔积液进行理化性质和细胞学检查。渗出液的细胞组成主要是白细胞，中性粒细胞常发生变性，特别是当病原微生物产生毒素时，白细胞出现核浓缩、溶解和破碎的现象。也有一些吞噬性巨噬细胞，常常吞噬细菌和其他病原体，有时可发现吞噬细胞胞质内有中性粒细胞和红细胞的残余。在慢性感染性胸膜炎，渗出液中可发现大量淋巴细胞及浆细胞。在某些肉芽肿性疾病，可发现单核细胞的集聚与巨细胞。

有条件的可取胸腔穿刺液涂片革兰染色做细菌镜检，进行细菌培养鉴定及药敏试验。

【治疗】

治疗原则：加强护理，抗菌消炎，制止渗出，促进渗出物吸收和排出。

（1）加强护理　将病畜置于通风良好、温暖和安静的畜舍，供给营养丰富、优质易消化的饲草料，并适当限制饮水。

（2）抗菌消炎　可选用广谱抗生素或磺胺类药物，如青霉素、链霉素、庆大霉素、四环素、土霉素等。也可根据细菌培养后的药敏试验结果，选用更有效的抗生素。支原体感染可用四环素，某些厌氧菌感染可用甲硝唑（灭滴灵）。

（3）制止渗出　可静脉注射5%氯化钙溶液或10%葡萄糖酸钙溶液，每日 1 次。

（4）促进渗出物吸收和排出　可用利尿剂、强心剂等。当胸腔有大量液体存在时，穿刺抽出液体可使病情暂时改善，并可将抗生素直接注入胸腔。胸腔穿刺时要严格按操作规程进行，以免针头在呼吸运动时刺伤肺脏；如穿刺针头或套管被纤维蛋白堵塞，可用注射器缓慢抽取。化脓性胸膜炎，在穿刺排出积液后，可用0.1%雷夫奴尔溶液、2%～4%硼酸溶液反复冲洗胸腔，然后直接注入抗生素。

（5）中药治疗　银柴胡30 g、瓜蒌皮60 g、薤白18 g、黄芩24 g、白芍30 g、牡蛎30 g、郁金24 g、甘草15 g，研为末，马、牛一次开水冲服，可用于治疗干性胸膜炎。渗出性胸膜炎可用归芍散随症加减。

【预防】

加强饲养管理，供给平衡日粮，增强机体的抵抗力。防止胸部创伤，及时治疗原发病。

胸腔积液(hydrothorax)

胸腔积液又称水胸，是指胸腔内积聚有大量的漏出液，胸膜无炎症变化。一般不是独立的疾病，而是全身水肿的一种表现，同时伴有腹水、心包积液及皮下水肿。临床上以呼吸困难为特征，可发生于各种动物。

胸腔积液即漏出性胸腔积液，通常意义上的胸腔积液包括多种原因引起的胸腔内积聚不同性质的液体，如胸膜炎时炎性渗出，化脓性胸膜炎时的脓液(即脓胸)，胸腔肿瘤时肿瘤性积液，乳糜胸时的乳糜性积液，胸腔出血时的血液(即血胸)，当然也包括胸腔积液时的漏出液。

【病因】

常见于充血性心力衰竭、肾功能不全、肝硬化及营养不良、各种贫血等，肺栓塞、肺扭转、膈疝等也可引起。也见于某些毒物中毒、机体缺氧等因素。另外，恶性淋巴瘤(特别是犬、猫)时常见胸腔积液。

【发病机理】

由脏层和壁层胸膜构成的胸膜腔，其表面衬有一层很薄的间皮细胞，并伴有弥漫网状结构的血管和淋巴管，以及神经纤维及结缔组织等。由体循环供应壁层胸膜不断地产生胸液，又不断地被脏层胸膜吸收归入肺循环，胸液的产生和吸收处于动态平衡。健康动物胸腔内有少量的液体即胸液，在呼吸运动时起润滑作用。当动物发生心力衰竭时，静脉回流障碍，使体循环静脉系统有大量血液淤积，充盈过度，压力上升，均可使组织液生成与回流失去平衡，胸膜腔内的液体形成过快，而发生胸腔积液。中毒、缺氧、组织代谢紊乱等，使酸性代谢产物及生物活性物质积聚，破坏毛细血管内皮细胞间的黏合物质，引起血管壁通透性升高而发生大量液体渗出。机体蛋白质生成不足、丧失过多及摄入减少等均可引起低蛋白血症，导致血浆胶体渗透压下降，可使液体漏入胸腔和其他器官而发生胸腔积液，甚至并发腹水及全身水肿。

胸腔大量漏出液积聚，压迫膈肌后移，胸腔负压降低，使肺脏扩张受到限制，导致肺通气功能障碍，肺泡通气不足而发生呼吸迫促或呼吸困难。

【症状】

少量胸腔积液，一般无明显症状。通常两侧胸腔几乎同时发生积液，当液体积聚过多时，压迫肺可致呼吸困难，呼吸频率加快，甚至出现腹式呼吸。体温正常，如因心脏衰竭或低蛋白血症所致，出现全身浮肿现象，也可能同时有腹水。心音减弱或模糊不清。胸部叩诊呈水平浊音，且多为两侧性，水平面随动物体位的改变而发生变化。胸腔穿刺，有大量淡黄色的液体流出。肺部听诊，叩诊浊音区内常听不到肺泡呼吸音，有时可听到支气管呼吸音。

X线检查，显示一片均匀浓密的水平阴影。

【病理变化】

胸腔漏出液的化学成分与发病的原因有关。通常情况下，漏出液呈无色或淡黄色，稀薄水样，透明清亮或微浑浊，无气味，相对密度低于1.015，蛋白质含量低于30 g/L，静置不凝固，其中含有少量纤维蛋白条索或絮片，细胞数常少于1×10^8/L（包括白细胞、红细胞、巨噬细胞及间皮细胞）。李凡他（Rivalta）试验阴性或弱阳性。非炎性漏出液中的中性粒细胞与外周血液中的完全相同，具有典型的形态，细胞核的细微结构清楚，变性极轻微。典型的漏出液一般没有嗜酸性粒细胞，有数量较少的淋巴细胞。

恶性淋巴瘤引起的胸腔积液，特征为出现肿瘤细胞，肿瘤性淋巴细胞的形态多种多样。典型的母细胞表现为胞核与胞质的比例增大，有核仁，胞质呈高度嗜碱性，核染色质比成熟淋巴细胞淡。

【诊断】

根据呼吸困难及叩诊胸壁呈水平浊音等特征症状，即可初步诊断。胸腔穿刺及抽出液体的物理、化学和细胞学检查，可为确诊提供依据。

根据全身症状，病畜体温正常、无痛、无咳嗽等临床症状及叩诊和胸腔液检查，判断胸腔积液并不困难，但应注意与胸膜炎相区别：胸膜炎时体温升高，胸部疼痛，咳嗽，多发生于一侧胸腔，胸腔穿刺液呈炎性渗出物，内含大量蛋白质、纤维素和破碎白细胞-脓球，李凡他试验强阳性。听诊可有心包-胸膜摩擦音等，与胸腔积液有明显差别。

【治疗】

本病治疗主要是针对原发病或去除病因，常在纠正病因后积液逐渐吸收。应加强饲养管理，限制饮水，供给蛋白质丰富的优质饲料。促进液体吸收和排除可选用强心剂和利尿剂，抑制渗出可静脉注射氯化钙有一定效果。当胸腔积液过多引起严重呼吸困难时，可通过胸腔穿刺排出积液，减轻其对肺组织压迫。

【预防】

本病主要是循环系统疾病、低蛋白血症等因素引起的全身疾病的局部表现。因此，及时诊断和治疗原发病是预防本病的关键。

乳糜胸（chylothorax）

乳糜胸是由于不同原因导致胸导管扩张、损伤破裂或阻塞，使乳糜液溢入胸腔所致。表现为咳嗽，慢慢进展为呼吸困难，容易气喘，运动不耐等。主要发生于犬、猫，牛也有发生。

【病因】

胸导管为体内最粗大的淋巴管，收集全身约75%的淋巴，起源最后胸椎到第三腰椎腹侧的乳糜池，在纵隔内沿胸主动脉右侧稍上方与胸椎椎体间前行，在胸腔入口处注入前腔静脉或左颈静脉。乳糜胸的发生有多种原因，以损伤、结核、丝虫病、肿瘤引起的最为常见。

（1）外伤性　胸部外伤或者胸内手术（如食管、主动脉、纵隔或心脏手术）可能引起胸导管或其分支的损伤，使乳糜液外溢入胸膜腔。有时脊柱过度伸展也可导致胸导管破损。

（2）梗阻性　膈疝、胸腔内肿瘤（如淋巴肉瘤、肺癌或食管癌）压迫胸导管发生梗死，梗阻胸导管的近端因过度扩张，压力升高，使胸导管或其侧支系统破裂。目前，心丝虫病引起的胸导管阻塞甚为罕见。

（3）其他因素　动物真正因胸导管创伤破裂所引起的乳糜胸并不多见。主要因为淋巴液增加，或者因静脉高压导致淋巴液吸收减少，使乳糜由扩张但结构完好的胸导管渗漏出来。对犬、猫而言，不同品种都可能发生，但犬中的柴犬及阿富汗猎犬、猫中的暹罗猫、喜马拉雅猫尤其好发，大部分原因不明，可能与遗传、胸导管先天性异常、先天性心脏病等因素有关。

【发病机理】

大量的乳糜液外渗入胸膜腔内，引起两个严重的后果：其一，富有营养的乳糜液大量损失必然引起机体的严重脱水、电解质紊乱、营养障碍以及大量抗体和淋巴细胞的耗损，降低了机体的抵抗力；其二，胸膜腔内大量乳糜液的积贮必然导致肺组织受压，纵隔向对侧移位以及回心血流的大静脉受到部分梗阻，血流不畅，进一步加剧了体循环血容量的不足和心肺功能衰竭。

【症状】

乳糜胸的症状分两部分：一是原发病的表现；二是乳糜胸本身的症状。创伤性胸导管破裂，乳糜液溢出迅速，可产生压迫症状。发病动物表现咳嗽，慢慢进展为呼吸困难，容易喘，不耐运动等。精神沉郁、心动过速、厌食，病程长的病例呈现消瘦、体重下降、黏膜苍白。叩诊、胸部X线或超声检查显示胸腔积液的存在。

【诊断】

根据咳嗽、气喘、易疲劳，胸片提示有胸腔积液，胸腔穿刺可抽出乳白色的液体，甘油三酯浓度超过 1.1 g/L，苏丹Ⅲ染色阳性，可以得出诊断。

【治疗】

对病例给予低脂饮食，使动物安静。因其他疾病而引发的乳糜胸，应针对原发病因进行有效的治疗，再配合胸腔穿刺排出胸腔乳糜性积液，往往需要较长时间才能获得效果。若内科治疗不见效果，或是因创伤造成的乳糜胸且快速累积大量液体，可进行胸腔手术，结扎胸导管，或去除引起阻塞的肿物等，并放置引流管。

(刘建柱)

第六节　呼吸系统疾病的特点及类症鉴别

一、呼吸系统疾病的特点

呼吸系统疾病常表现有以下四方面症状：

1. 缺氧

呼吸困难，气喘，运动后尤其严重，可视黏膜发绀，出现腹式呼吸，严重病例体表有息痨沟，肛门抽缩运动。呼吸困难可表现为吸气性呼吸困难，即吸气延长、用力，伴有狭窄音。多因上呼吸道狭窄，如鼻塞、喉头狭窄、气管支气管阻塞，鼻旁窦炎时都可出现。或表现呼气性呼吸困难，呈呼气延长、用力，在肋弓处出现喘线，多因细支气管和肺泡阻塞、气肿、弥漫性支气管炎、膈肌、肋间肌运动障碍时，都可出现呼气困难。混合性呼吸困难表现为吸气、呼气均用力，呼气相、吸气相均缩短或延长，呼吸浅而快。多见于胸壁透创、肋骨骨折、胸膜炎、腹膜炎、肺充血、肺水肿、肺炎、肺坏疽等。

需要注意的是，不仅肺部本身疾病可引起呼吸困难，导致心力衰竭；严重贫血或血红蛋白变性如亚硝酸盐中毒、一氧化碳中毒等，氰氢酸中毒，脑部疾病如脑膜炎、中暑、酸中毒、尿毒症等，都可出现呼吸困难。应注意与相关疾病的区别。

2. 咳嗽

咳嗽可发生在呼吸困难之前或相伴产生，这是机体的保护性反应，有干咳和湿咳两种。干咳多因喉炎，气管、支气管炎早期，喉炎咳嗽最明显、最严重。此外，肺炎、肺脓肿、肺水肿，也将出现咳嗽。在炎症早期多为干性咳嗽，炎症中后期为湿咳。

3. 呼吸音异常

呼吸音异常是肺部疾病典型特征，临床医师必须分清是支气管音粗糙还是干性啰音，前者于喉头处最明显，越向后越轻，而后者大多发生在炎症早期，呈猫鸣音、哨音或笛音，位置相对固定。因支气管黏膜肿胀或黏性分泌物引起。湿性啰音多见于肺炎中后期呈水泡音，咳嗽后啰音消失。啰音出现意味着肺部已发生病变。

4. 鼻分泌物增多

浆液性鼻涕多见于感冒、受寒，大多意味着呼吸道炎症。如鼻分泌物为黏性或脓性，则意味着鼻腔和鼻旁窦炎症。鼻出血除因鼻黏膜损伤可流血不止，呈鲜红色，多为一侧鼻孔出血外，喉头、气管、支气管黏膜损伤、扩张，伤及小血管时同样可引起两侧鼻孔出血，血也呈鲜红色，但内含气泡。当然，鼻出血也可来自胃，但胃出血时血色暗红，并有食物残渣。

根据鼻分泌物增多、咳嗽、呼吸困难及呼吸音改变可对呼吸系统疾病做出诊断。

二、常见呼吸系统疾病的诊断要点

1. 鼻卡他、鼻炎

流鼻液，可呈浆液性、黏性甚至脓性；打喷嚏；鼻黏膜充血、肿胀，有的出现水疱、脓疱甚至溃疡。

2. 喉囊炎、喉炎

脓性鼻液（喉囊炎），疼痛性咳嗽，喉囊或咽喉部肿胀、局部有压痛，可闻喉狭窄音。人工诱咳阳性，吞咽障碍，下颌淋巴结肿大。

3. 支气管炎

大、中支气管炎呈轻热，浓稠性鼻液，咳嗽，啰音；细支气管炎表现呼吸迫促甚至呼吸困难，干性或湿性弱咳，支气管呼吸音增强，出现干啰音或捻发音，易发肺气肿。

4. 肺充血、肺水肿

发病快，呼吸促迫乃至困难，心悸亢进，黏膜充血或发绀，肺部叩诊轻度浊音，肺叩诊区缩小，听诊出现啰音或捻发音（肺水肿）。

5. 肺气肿

呼吸困难，肺叩诊区扩大，叩诊音高朗（鼓音、过清音），慢性者呈二重呼气、喘息、肛门抽缩运动。

6. 肺炎

（1）大叶性肺炎 高热稽留，呼吸困难，肺部叩诊呈浊音，听诊现啰音，鼻液呈铁锈色。

（2）小叶性肺炎 高热，浓稠样鼻液，咳嗽，听诊有啰音，叩诊有较大浊音区时呼吸困难。

（3）支气管扩张 呼吸困难，弱咳，支气管呼吸音粗糙，叩诊鼓音。

（4）坏疽性肺炎 高热，脓性鼻液，啰音或支气管音明显，形成肺空洞时叩诊呈鼓音或金属音。

7. 胸膜炎

胸痛，呼吸浅表，腹式呼吸或二重呼吸，干性胸膜炎时胸痛剧烈，可闻胸膜摩擦音，湿性胸膜炎时胸部叩诊呈水平浊音；不愿活动，发热。

8. 胸腔积液

呼吸障碍，腹式呼吸，胸部有振荡音，水平浊音。多不发热，胸腔穿刺液为漏出液。

三、呼吸系统疾病的类症鉴别

呼吸系统疾病的区别诊断应区别疾病发生的部位(如鼻、喉、气管、肺等)，发生的原因，疾病发生发展所处状态，以便治疗时参考。呼吸系统疾病鉴别诊断见表2-1所列。

表2-1　呼吸系统疾病鉴别诊断

部位	疾病	鉴别要点	
鼻部	鼻出血	一侧性：损伤、齿鼻瘘	
		两侧性：寄生虫侵袭，喉、气管、支气管损伤出血	
	鼻液	卡他性：感冒、受寒、流感，散发或具流行性	
		黏性：腺疫，散在发生	
		脓性：低头、喷嚏、摇头时多，脓液奇臭。鼻疽，散在发生。鼻旁窦炎，多为一侧性	
喉部	喉炎	咳嗽明显，遇冷空气或刺激性气体时咳嗽更频，多呈干咳，肺部检查无异常	
	喉囊炎	马多发，其他动物少见；一侧鼻孔流脓液，触诊喉囊处可感肿、热、痛，甚至压诊时流脓	
	喉偏瘫	马、骡多发，吸气时可发出喘鸣声，似笛音或拉风箱音，运动后更响，喉部触诊一侧塌陷	
气管、支气管	气管-支气管炎	咳嗽、吸入冷空气咳嗽更频，有时显呼吸困难；喉头气管音粗糙，从喉头始，越向后越弱，肺部听诊基本正常	
肺部	小叶性肺炎	体温升高1~2℃，呈弛张热；灶性浊音区，干湿性啰音	
	大叶性肺炎	体温升高2~3℃，稽留热型；铁锈色鼻液	
	肺坏疽	体温升高2~3℃，稽留不退；呼出气臭、痰臭，湿性啰音	
	霉菌性肺炎	体温正常或略升高，咳嗽，于梅雨季节、温暖潮湿环境下发生；剖检可见在肺上有小结节，剖面为干酪样，气囊内有菌苔	
	肺癌、肺腺瘤	体温随癌变程度而变化	
	肺水肿	体温升高2~3℃，多因中暑引起；发病急，湿性啰音为主，无咳嗽，明显呼吸困难	
	肺气肿	体温基本正常 急性：湿性、干性啰音，叩诊界后移，高度呼吸困难，有息痨沟 慢性：静止状态下气喘明显，呼吸困难 间质性：典型的有皮下气肿，并从鬐甲部开始，呼吸高度困难	
胸膜腔	胸腔积液症	叩诊有水平浊音界，穿刺有清亮或呈乳白色、无臭味液体流出	
	胸膜炎	与呼吸一致	痛感，叩击胸廓避让，想咳而不敢咳，不敢深呼吸
	胸腔积液症		无痛感，有时胸前、腹下有水肿
	心包炎	与心跳一致	非创伤性：静脉淤血
			创伤性：血象变化明显，如白细胞、中性粒细胞升高，淋巴细胞相对减少，胸前、下颌水肿

(顾小龙)

第三章

血液及造血器官疾病

第一节 概　述

血液是一种流动在心脏和血管内的不透明红色的流体组织，是动物机体的内环境的重要组成部分，对维持生命起重要作用。它依靠血管不停地在全身循环，为细胞及组织传送氧气、电解质、各种营养物质、代谢产物、激素、酶以及抗体等，以此来沟通机体各部分之间的联系，调节内环境的温度、渗透压和酸碱平衡，参与凝血过程与机体免疫反应，是整个生命活动正常进行的基本条件。

正常的血液为暗红色或鲜红色黏稠液体，有腥味，由血浆和其中悬浮的有形成分——血细胞组成（包括红细胞、白细胞和血小板）。血液分为静脉血和动脉血，其颜色由其所含色素（血红蛋白）的氧合程度来决定，动脉血是在体循环（大循环）的动脉中流动的血液以及在肺循环（小循环）中从肺回到左心房的肺静脉中的血液，含氧较多，含二氧化碳较少，呈鲜红色。静脉血液中含较多二氧化碳，呈暗红色。

正常动物的血液总量由于家畜种类不同而不同，一般占体重的 5%～10%。血液成分包括血浆蛋白、水、无机盐、营养物质、代谢产物和激素等。血浆蛋白主要有白蛋白、球蛋白和纤维蛋白原 3 种。血液中的无机盐大部分以离子形式存在，主要包括 Na^+、K^+、Ca^{2+}、Mg^{2+} 等阳离子，Cl^-、HCO_3^-、SO_4^{2-} 及 HPO_4^- 等阴离子。血液中还含有许多种酶，如磷酸酶、胆碱酯酶、转氨酶、淀粉酶、乳酸脱氢酶等。血液中还含有氧、二氧化碳、氮等多种气体。

血液的有形成分包括红细胞、白细胞和血小板。

（1）红细胞（erythrocyte，red blood cell）　曾称红血球，是血细胞中数量最多的一种。红细胞或血红蛋白数量低于正常值时就称为贫血。健康哺乳动物成熟的红细胞呈圆盘状，中央凹陷，无细胞核（骆驼和鹿呈椭圆形）。红细胞能卷曲成形，其膜的通透性、渗透性和溶血及悬浮稳定性等生理特性是判断动物是否患病的重要指标。红细胞象的变化对于判定骨髓生成红细胞的功能，特别是对贫血的病情和预后判断极为重要。

①造血功能亢进：在末梢血液中出现成红细胞，含有嗜碱性颗粒红细胞、多染性红细胞、网织红细胞以及其他幼稚型红细胞，还有明显的红细胞大小不等或形态异常，说明造血功能旺盛，意味着红细胞再生能力很强。常见于大出血、贫血性疾病及其他血液性疾病的恢复期。

②造血功能减退：尽管贫血很明显，却看不到再生的红细胞，可能是造血功能减退或者丧失的结果。这种情况见于放射性损伤、中毒（三氯乙烯、羊齿植物、汞、升汞等中毒）以及严重的败血症等。

（2）白细胞（leukocyte，white blood cell）　为无色有核的球形细胞，体积比红细胞大，能做变形运动。它是由骨髓干细胞分化而来的无色有核的细胞，主要功能是消除和杀灭侵入机体的病原体、异物等，具有免疫功能。白细胞可分为粒细胞(中性粒细胞、嗜碱性粒细胞和嗜酸性粒细胞)和无粒细胞(单核细胞和淋巴细胞)两类。中性粒细胞的核(左、右)移动对了解病情和白细胞的功能具有非常重要的意义。

①核左移：在末梢血液中杆状粒细胞或髓细胞增多的现象称为中性粒细胞核左移，一般说明机体的造血机能旺盛。

②核右移：分叶核细胞的百分比增大或核的分叶增多称为核右移，可见于重度贫血。

淋巴细胞按其发生和功能可分为：有赖于胸腺存在的T淋巴细胞，参与细胞免疫；鸟类腔上囊或哺乳动物肠黏膜下集合淋巴结中发育成熟的B淋巴细胞，参与机体体液免疫。

(3)血小板　源于骨髓干细胞的无色无核的透明小体。血小板参与止血，促进或抑制纤维蛋白的溶解，对毛细血管内皮还具有营养和支持作用。

血液是动物体细胞间运输的载体，是体内免疫过程的媒介和参与者，也是激素和酶的输送者，它将从消化道吸收的营养成分送到全身各组织，收回各细胞的代谢产物，将从肺所得到的氧送到组织，组织所产生的二氧化碳送还到肺，同时将内分泌腺的分泌物送到全身。血液细胞发生质量和数量的改变都能产生相应的病理变化，这种病理变化不仅影响造血器官及其功能，而且也影响其他器官。反之，造血器官发生病理过程直接影响血细胞，其他器官障碍时也可反映到血液中来。

第二节　贫血

贫血(anemia)是指外周血液中单位容积的血红蛋白量、红细胞计数和(或)红细胞比容值低于正常水平最低值的综合征。在临床上是一种最常见的病理状态，主要表现是皮肤和可视黏膜的苍白，心率加快，心搏增强，肌肉无力及各器官由于组织缺氧而产生的各种综合征。

贫血不是一种独立的疾病，而是一种临床综合征。因此，引起贫血的病因有很多个方面，主要包括：①血液过度丧失；②红细胞被过度破坏；③产生无效的红细胞；④还可能是造血、神经和网状内皮系统的变化，物质代谢的破坏以及其他器官的影响和动物的饲养管理条件等。

贫血的类型按其病因可分为：出血性贫血、溶血性贫血、再生障碍性贫血和营养性贫血。

出血性贫血(haemorrhagic anemia)

(一)急性出血性贫血

急性出血性贫血(acute haemorrhagic anemia)是由于血管，特别是动脉血管被破坏，使机体发生快速大量的出血之后，而血库及造血器官又不能及时的代偿时所发生的贫血。

【病因】

由于外伤或外科手术使血管壁受损，动脉血管发生大出血后，机体血液丧失过多。如鼻腔、喉及肺受到损伤而出血，多见于牛的皱胃溃疡和猪的胃出血，母畜分娩时损伤产道，公畜去势止血不良所引起的血管断端出血及发生于某些部位的肿瘤等引起的长期大量出血。内脏器官受到损伤，特别是作为血库的肝和脾破裂时，引起严重的大出血。另外，血小板减少性紫癜、血友病等血凝障碍性疾病也可引起急性出血性贫血。

【发病机理】

急性出血性贫血的危害程度取决于出血时间的长短和出血量的多少，在短时间内失去全身血液量的 50%～60% 时，可引起休克或虚脱甚至死亡。但如果在 24 h 内慢出血达到血容量的 2/3，也可能没有生命危险。

机体由于失血，首先影响血流动力学，从而引起血压下降。一方面，由于机体为了排除出血引起的不适，通过反射作用，动员机体所有的代偿机能。大失血时，流入心脏的血液减少，动脉及肺动脉充盈不足，颈静脉窦的血压下降，交感神经兴奋性增高，促进分泌肾上腺素及去甲肾上腺素。另一方面，由于出血可激活肾素－血管紧张素－醛固酮系统，在发生心搏动加快、血管收缩的同时，动员血库(肝、脾及皮下血管丛)所储备的血液进入血管，补偿血液量。同时，心脏收缩加快，以增加心排血量，满足机体脏器的血液及氧气的供应。但依据出血量多少的不同，从红细胞生成到缓解贫血所需要时间的长短也并不相同。

急性出血性贫血时，红细胞数量急剧减少，血液携氧能力降低，血氧降低。由于血氧降低提高了血管壁的通透性，促进组织液进入血管，提高血管的充盈度。但由于血浆蛋白质缺乏和血液中有形成分的减少，血液黏稠度降低，导致血流加快，出现心搏动极速，瞳孔散大，汗腺分泌增加。大量出血后缺氧可通过神经反射刺激骨髓增殖，加强造血机能，在骨髓中有核红细胞和母体细胞增多。同时，在末梢血液中中性粒细胞增多。另外，红细胞数量减少时，氧化过程降低，机体会出现酸中毒，兴奋呼吸中枢，导致呼吸加深加快。

【症状】

根据机体状态、出血的速度、出血量的多少及出血时间的长短，临床表现不尽相同。

轻症时，病畜表现为贫血的一般症状，即衰弱无力，四肢叉开，运动不稳，可视黏膜苍白，易出汗，心搏加快。严重时常出现呼吸系统、循环系统及消化系统的症状，甚至出现休克死亡。由于脑贫血，常出现呕吐、肌肉痉挛、可视黏膜苍白。体温一般降低，皮肤松弛且干燥，出冷汗，四肢厥冷，瞳孔散大，反应迟钝。病畜常伴有明显的渴欲，然而由于胃酸不足，常表现消化及吸收系统的症状。在大量失血时，会导致血管充盈不良，脉搏细弱，心音微弱，表现出循环系统的症状。同时，可引起明显的生化过程的变化，组织呼吸受到破坏，血液中的酸性产物增加，乳酸增加尤为明显，加重酸中毒，低蛋白血症，残余氮增加。

血液学变化：出血后由于血管内血液总量减少，引起血流动力学的应答性反应，血管和脾脏代偿性收缩，毛细血管网及补充性的扩散性血库(肠系膜血管及皮下血管丛)排出血液，相应部分的动脉收缩，最后液体从组织中回流到血管。红细胞、血红蛋白和血细胞的比容无明显下降。此时血液稀薄，红细胞数及血红蛋白量降低，血沉加快。

在出血一段时间后，骨髓造血机能开始增强，到第 4、5 天时达到再生的最高峰。一般情况，幼畜比老畜再生能力强，单蹄动物比猪及部分牛的再生能力强。因此，在出血后血液中出现网织红细胞、多染性红细胞、嗜碱性颗粒红细胞增多，同时出现成红细胞。血液中未成熟的红细胞，其直径比正常的红细胞稍大。在红细胞中，由于血红蛋白的饱和度不足，因此血色指数低于 1.0，这是由于机体造血机能加强，铁的含量相对不足所致。

【诊断】

急性出血性贫血比较容易诊断，一般根据临床症状及发病情况可做出诊断。但对内出血所造成的贫血必须进行细致全面的检查才能做出确诊。如怀疑消化道出血，应抽取胃液或做直肠检查，如怀疑浆膜腔或组织间隙出血，应进行穿刺诊断，检查是否有血液。当脾脏和肝脏破裂时，腹腔穿刺有血液存在。

【治疗】

治疗原则：针对出血原因立即进行止血，增加血管充盈度，纠正酸中毒，防治急性肾衰竭，抢救休克状态，补充造血物质等。

（1）止血　出血性贫血时应立即止血，避免血液大量丢失。止血方法如下。

①局部止血：外部出血时，具有损伤且能找到出血的血管时，可应用外科止血方法进行结扎或局部压迫止血。较好的方法是电热烧烙止血。

②全身止血：主要是对内出血及加强局部止血时应用。选用 5% 安络血注射液，马、牛 $5\sim20$ mL，猪、羊 $2\sim4$ mL，肌内注射，每日 $2\sim3$ 次；4% 维生素 K_3 注射液，马、牛 $0.1\sim0.3$ g，猪、羊 $8\sim40$ mg，肌内注射，每日 $2\sim3$ 次；止血敏，马、牛 $10\sim20$ mL，猪、羊 $2\sim4$ mL，肌内注射或静脉注射；凝血质注射液，马、牛 $20\sim40$ mL，猪、羊 $5\sim10$ mL，皮下或肌内注射；10% 氯化钙注射液，马、牛 $100\sim150$ mL，静脉注射。对于犬、猫等小动物可使用 0.1% 肾上腺素止血。

③输血：少量输血不仅能加强血液凝固，还能刺激血管运动中枢，反射性地引起血管的痉挛性收缩，从而加强血液凝固的作用。同种家畜的相合血液，马、牛 100 mL，静脉输入。

（2）提高血管充盈度　急性失血时补充血容量可有效改善器官组织的血氧供应，预防和纠正失血性休克带来的危害。

①输血：大量输血不仅有止血作用，还可补充血液量和增加抗体，是治疗贫血最好的方法。病畜输入异体血后，不但可兴奋网状内皮系统，促进造血机能，还能够提高血压。马、牛可输 $2\sim3$ L。

②补液：可应用右旋糖酐和高渗葡萄糖溶液来补充血液量。右旋糖酐 30 g、葡萄糖 25 g、加水至 500 mL，静脉注射，马、牛 $0.5\sim1$ L，猪、羊 $250\sim500$ mL。

（3）纠正酸中毒，防止急性肾衰竭　低血压或休克，组织缺氧，导致酸中毒，可使用碳酸钠或乳酸钠。如出现急性肾衰竭，应及早输血，出现少尿或无尿时，可使用速尿等利尿剂。

（4）补充造血物质　硫酸亚铁，马、牛 $2\sim10$ g，猪、羊 $0.5\sim2$ g，内服；枸橼酸铁铵，马、牛 $5\sim10$ g，猪 $1\sim2$ g，内服，每日 $2\sim3$ 次；维生素 B_{12} 等肌内注射。

【预防】

加强饲养管理，防止各种跌倒损伤、动物打斗造成的损伤。

(二)慢性出血性贫血

慢性出血性贫血(chronic haemorrhagic anemia)是由少量反复的出血或突然的大量出血后长时间不能恢复所引起的低血红蛋白性及小细胞低色素性贫血。

【病因】

慢性出血性贫血是由于各种原因引起鼻、肺、胃肠、肾、膀胱、子宫内膜及出血性素质等长期反复地失血导致的。病畜由于胃肠器官机能减弱，影响对铁的吸收，使肝脏和骨髓的铁含量不足，造血原料缺乏引起慢性出血性贫血。

寄生虫病，特别是反刍动物的血矛线虫病、肝片吸虫病和血吸虫病，犊牛的球虫病及蜱、刺蝇的重度侵袭下引起慢性出血性贫血。中毒病、草木樨中毒、蕨中毒、牛的血尿症等也可导致发生慢性出血性贫血。

【发病机理】

由于长期失血，机体内蛋白质和铁质的储备减少，进入造血器官的数量相应减少，不能满足机体造血。此时，尽管造血器官反应性再生能力增强，在末梢血液中会出现幼稚型红细胞（网织红细胞、多染性红细胞及正常红细胞），但骨髓造血机能很快发生衰竭，网织红细胞及多染性红细胞减少，出现低色素性红细胞及异型红细胞，血色指数降低（低色素性贫血）。初期白细胞增多，以后逐渐减少，说明骨髓白细胞再生机能也在衰退。

长期而持久的贫血，能使心肌、肝脏及其他器官发生变性。血管内皮和毛细血管细胞发生脂肪变性，诱发稀血症，血管渗透压增高，导致水肿及体腔积液。

【症状】

慢性出血性贫血症状发展一般比较缓慢，初期症状不明显，但患畜呈渐进性消瘦及衰弱。严重时可视黏膜苍白，机体衰弱无力，精神不振，嗜睡，或有异食癖。血压降低，脉搏快而弱，轻微运动后脉搏显著加快，呼吸快而浅表。心脏听诊时，心音低沉而弱，心内有杂音，心浊音区扩大。

由于脑贫血及氧化不全的代谢产物中毒，可引起各种症状，如晕厥、视力障碍、膈肌痉挛性收缩和呕吐。贫血严重时，胸腹部、下颌间隙及四肢末端水肿。体腔积液，胃肠吸收和分泌机能降低，腹泻，最终因体力衰竭而死亡。

血液学检查：长期慢性出血性贫血时，心腔和血管内积有大量稀薄血液，并形成少量易碎的凝胶状凝块，所有实质器官具有脂肪变性。成年动物骨髓扩大，呈灰红色。血液中幼稚型红细胞及网织红细胞增多，血红蛋白减少，血液密度降低，干物质减少，血沉加快。显微镜检查有很多有核红细胞呈有丝分裂，白细胞及巨核胚细胞大量增多。骨髓中由于铁含量不足，常见到血红蛋白贫乏的大而淡染的红细胞。发现淡染的红细胞是慢性出血性贫血的重要特征之一。

【诊断】

临床症状结合血液学检查，一般可做出诊断。必要时进行全面检查，找出原发病及出血原因和部位，特别是少量出血的原因及部位要仔细查清楚。对内部少量出血，检查比较困难，如发现白细胞及血小板增多的低血素性贫血时，可说明有出血的存在。胃肠出血时粪便检查有潜血，泌尿器官出血时有血尿，大量时将尿静置后有红色沉淀，少量时将尿离心后，用显微镜检查沉淀，可发现红细胞。

【治疗】

治疗原则：止血及补充造血物质加强饲养管理等。

(1)止血及补充造血物质　可参照急性出血性贫血。补铁时，配合盐酸及抗坏血酸可促进铁的吸收，或配合铜、砷制剂可刺激骨髓造血机能。

(2)加强饲养管理　应给予病畜高蛋白、多种维生素和含铁的饲料，良好的青草或干草，以及豆类和麦麸等。

【预防】

当有慢性出血时，一定要找到出血的真正原因，然后根据病因，及早进行治疗。

溶血性贫血（haemolytic anemia）

溶血性贫血是由于某种原因使红细胞平均寿命缩短，破坏增加，并超过骨髓造血代偿能力所引起的贫血。主要临床特征为黄疸、肝脏及脾脏增大，血液学检查血红蛋白过多的巨细胞性贫血。本病可发生于幼驹、犊牛、仔猪、幼犬或幼猫。

【病因】

溶血性贫血不是独立的疾病，凡是有溶血症状的皆成为其发病的原因，主要有遗传性溶血性贫血(内在缺陷型)和获得性溶血性贫血(红细胞外因所致)两大类。遗传性溶血性贫血是红细胞膜结构异常，葡萄糖-6-磷酸脱氢酶(G-6-PD)和谷胱甘肽代谢中酶的缺乏，红细胞糖酵解酶缺乏及球蛋白构造和合成的缺陷所致的溶血性贫血；获得性溶血性贫血是由免疫性反应(血型不合的输血、新生幼畜溶血性贫血)及创伤、感染、物理、化学及生物性因素所致的溶血性贫血和脾功能亢进等引起的。

新生幼畜溶血性贫血(haemolytic anemia of newborn)属同族免疫溶血性疾病(isoimmunohaemolytic disease)。这是由于母畜与仔畜血型不同，仔畜在胚胎期间会产生一种抗原，刺激母畜产生免疫性抗体。在胚胎期，抗体不能通过胎盘屏障进入胎儿体内，但抗体存在于血液及初乳中。当初生幼畜食入含有免疫性抗体的初乳后，抗体通过肠黏膜进入血液，与带有抗原的仔畜红细胞凝集而发生溶血。

血液原虫病(如牛的焦虫病、边虫病、钩端螺旋体病)，马传染性贫血，猪、羊的附红细胞体病等，均可引起红细胞被大量破坏，出现溶血性贫血。链球菌、葡萄球菌、产气荚膜杆菌所引起的败血病和溶血病，也可诱发溶血性贫血。中毒病、大面积的烧伤、肠源性毒素，当机体吸收了这些未分解完全的产物时，也会引起溶血。

【发病机理】

正常的红细胞在血液循环中寿命约为 120 d，衰老的红细胞被不断地破坏与清除，新生红细胞不断生成与释放，保持动态平衡。当各种原因引起溶血时，红细胞生存时间不同程度的缩短，多数红细胞裂解时释放出大量的血红蛋白，血红蛋白被网状内皮细胞转变为胆红素，胆红素游离在血浆中，不溶于水而溶于有机溶剂中，所以它是脂溶性的，故直接胆红素测定呈间接反应强阳性，该反应是溶血性贫血的特征之一。当游离胆红素随血液循环到达肝脏后，经葡萄糖醛酶转换酶的作用，大部分与葡萄糖糖醛结合形成葡萄糖醛酸胆红素，其余部分与硫酸结合形成胆红素硫酸酯和极少部分的结合胆红素，直接胆红素测定呈直接反应阳性。

当游离胆红素进入肝脏后，经肝细胞的摄取、结合、排泄，随胆汁经胆总管排入肠道，在结肠被细菌还原为无色的粪(尿)胆原，在大肠下段与氧结合为粪胆素随粪排出体外。粪胆素增加时，粪色深暗。少部分尿胆素原进入血液循环，然后经肾脏随尿排出，尿胆素增加则尿色加深；大部分尿胆素原在肝脏经肝细胞氧化为结合胆红素，经胆汁排出，形成胆红素的肠肝循环。由于循环红细胞减少，引起骨髓代偿造血，故患畜经常出现髓外造血和骨髓变形。

由于血液将胆红素带到各组织器官，临床上就会出现黄疸。轻度的眼睛巩膜上有黄疸，严重时贫血、黄疸并发，可视黏膜黄染或苍白，是溶血性贫血的又一特征性症状。

【症状】

引起溶血的原因不同，其病情的发展及严重程度也不同，可分为急性和慢性两种。

(1)急性溶血或慢性溶血急性发作(溶血危象)　多为起病急，出现严重的背部疼痛，四肢酸痛，寒战，高热，患畜并发呕吐、恶心、狂躁、腹痛、腹泻等胃肠道症状。由于溶血迅速，血红蛋白呈大幅下降；血管内溶血出现血红蛋白尿，发病 12 h 后，出现黄疸。

(2)慢性溶血性贫血　一般起病较慢，可伴有贫血、黄疸及脾肿大三大类型，主要表现为皮肤苍白，气短。若溶血未超过骨髓代偿能力时不出现贫血。由于肝脏消除胆红素功能很强，故黄疸转为轻度。长期持续溶血，可并发胆石症和肝功能损害，血液中出现大量的胆固醇、类脂质和脂肪。

【诊断】

查明原发病，根据临床三大特征：贫血、黄疸、肝脾肿大，结合血清胆红素间接反应明显，尿胆素增加等进行综合分析，并通过血液学检查，红细胞减少、大小不等，尤其是网织红细胞增多，可以确诊。

鉴别诊断：①急性黄疸型肝炎：有黄疸或肝脾肿大，但无明显贫血，血液学指标正常。②先天性胆红素代谢功能缺陷：因先天性肝细胞酶的缺陷或肝细胞对胆红素的转运及排泄障碍所引起，具有先天性非溶血性黄疸，无明显贫血，网织红细胞不增高，脾不增大。

【治疗】

治疗原则：消除原发病，去除诱发因素，对症治疗，加强营养，输血并补充造血物质。

肾上腺皮质激素疗法：泼尼松注射液，肌内注射或静脉注射，马、牛 0.05～0.15 g，猪、羊 0.01～0.02 g。其他治疗方法参照急性出血性贫血。

再生障碍性贫血（aplastic anemia）

再生障碍性贫血（简称再障）是由多种原因引起骨髓造血干细胞和造血微环境损伤导致骨髓造血功能衰竭为特征的一组综合征。临床以造血干细胞数量减少和（或）功能异常所致的红细胞、中性粒细胞、血小板减少为主要特征，表现为贫血、感染和出血。

再障是较常见的血液病，可分为先天性和获得性两种。先天性再障与遗传、品种等有关。获得性再障可分为原发性和继发性两类，一般把不明原因引起的再障称为原发性再障；查出发病原因，且发病前接触过引起损害骨髓的物质的称为继发性再障。

【病因】

损伤骨髓造血的因素中，比较常见的因素有物理、化学、药物和病毒感染等，细胞毒类药物，特别是烷化剂是强烈的骨髓抑制性的药物，如剂量过大时即可损害骨髓造血功能，造成再生障碍性贫血。

（1）药物及化学物质　继发性再障中以药物引起较为常见。已知高度危险性的药物有：抗白血病药，如环磷酰胺、长春碱及氨甲蝶呤等，磺胺药、保泰松、苯巴比妥、青霉胺、抗癫痫药，如苯妥英等。

（2）物理因素　各种电离辐射，如 X 线、放射性同位素等超过一定剂量，可直接损害多能干细胞或造血微环境，从而抑制骨髓造血。

（3）生物性因素　急慢性感染，包括细菌、病毒（如肝炎病毒）、寄生虫（如严重晚期血吸虫）、马鼻疽、马传贫、牛结核病、副结核病、猪瘟以及牛细菌性肾盂肾炎、脓毒败血症，均可造成再生障碍性贫血。另外，血液原虫病如焦虫病、钩端螺旋体病等也可引起红细胞总数减少。

（4）其他因素　某些慢性贫血未及时发现或治疗，如慢性肾炎；某些恶性肿瘤等有时也可引起再障；也有部分为先天性再障，即范科尼氏贫血（Fanconi anemia），伴有多种畸形及染色体异常。

【发病机理】

再障的具体发病机理到目前为止仍未阐明，但有研究显示，再障的发生与造血干细胞异常、造血微环境缺陷及免疫细胞调节异常有关。

由于各种病因的刺激作用，使骨髓发生变性，破坏了神经体液的营养作用，红骨髓迅速并持续减少，并被脂肪组织取代，使骨髓开始萎缩，造血机能衰退，最终导致造血干细胞的质和量都降低，血液中各种血细胞减少，血小板减少甚至完全消失，破坏了凝血作用。与此同时，血细胞脆性和血管壁通透性增加，使机体各组织器官发生出血性素质。当骨髓萎缩及造血机能衰退时，白细胞减少，淋巴组织萎缩，导致机体免疫性反应降低，易于发生感染。

【症状】

由于全血细胞减少引起贫血、出血、感染和发热。可视黏膜及无色素皮肤苍白，周期性出血，机体衰弱，易于疲劳，气喘，心动过速。

（1）贫血　一般为进行性的，主要是骨髓造血功能衰竭引起的。骨髓尚有一定造血功能，但生成的幼红细胞从骨髓释放到血液前已被破坏，部分可能是骨髓内溶血所致。

（2）出血　血小板生成减少所致，也有毛细血管脆性和通透性增加。可见皮肤、鼻、消化道、阴道及内脏器官的出血，但一般无肝、脾、淋巴结肿大及骨髓外造血。

（3）感染　局部感染常反复发生，也有周身感染和败血症。由于粒细胞及单核细胞减少，机体防御机能下降，体温升高，皮肤发生局部坏死等症状。

（4）血液学变化　末梢血液中出现红细胞减少症的同时，血红蛋白量同时降低，再生型红细胞几乎完全消失。红细胞大小不均时，淋巴细胞相对减少。同时血小板减少，血沉加快。

（5）骨髓细胞检查　由于骨髓机能抑制，可见有较多的脂肪滴，所有的骨髓细胞缺乏，仅有淋巴细胞、网状内皮细胞及浆细胞的存在，一般看不到巨核细胞。

【诊断】

根据临床资料，结合外周血液学检查结果(红细胞、白细胞及血小板都减少)可初步诊断，确诊最好进行骨髓穿刺检查。骨髓象观察可见，急性型骨髓穿刺液稀薄，油滴增多，涂片中有核细胞显著减少；慢性型骨髓增生减少，油滴较多。活检可见红髓脂肪变性，急性再障时几乎全变成脂肪髓；慢性型脂肪组织中可见造血灶。

鉴别诊断：淋巴性白血病淋巴细胞显著增多，颗粒细胞显著减少，体表淋巴结、肝脏及脾脏显著肿大；穗状葡萄状菌病除具有局部坏死外，血液细胞的变化并不明显。

【治疗】

治疗原则：加强饲养，消除病因，提高造血机能，补充血液量。

（1）消除病因　找出致病因素，目前认为可引起再障的药物，应用时宜慎重，并严密观察。有感染时可选用广谱抗生素。

（2）一般处理　①给予足够的营养和适当的休息；②尽可能地避免不必要的肌内注射和静脉穿刺；③如白细胞数低于正常值较大，应予以短期隔离，以防感染。

（3）提高造血机能　目前，比较有效的药物是睾酮类，睾酮类具有刺激骨髓新生细胞的作用，如丙酸睾酮(testosterone propionate)，马、牛0.1~0.3 g，猪、羊0.1 g，肌内注射，每2~3天1次；氟羟甲睾酮(fluoxymesterone)，马、牛0.1~0.3 g；氯化钴，牛0.5 g，羊0.1 g内服。辅以中药治疗，效果明显。同时，可采用早期脾切除术。

（4）输血　参照急性出血性贫血。

【预防】

对原发病应及早进行治疗，避免慢性化过程、感染及进行性出血。慎重选用药物，禁止滥用药物，尽量避免使用对骨髓抑制的药物，必须使用时应定期检查血液学变化，以便及时减量或停药。

营养性贫血(nutritional anemia)

营养性贫血是指由于动物体内对铁的需要增加，但摄取不足、丢失过多或铁的吸收不良等造成体内铁缺乏，影响血红蛋白的合成而发生的贫血，故又称小细胞低色素性贫血。在营养性贫血中，其发生主要是铁的缺乏。另外，还有低蛋白血症，微量元素铜、钴等的缺乏症，维生素B_{12}、叶酸、烟酸、硫胺素、核黄素等缺乏症以及慢性消耗性疾病和饥饿。这里主要叙述缺铁性贫血。

仔猪缺铁性贫血(iron deficiency anemia in piglets)是由于饲料中或仔猪接触的土壤中缺乏铁，

导致铁的摄入不足所致的一种以仔猪贫血、疲劳、活力下降以及生长受阻为特征的疾病。多见于3~6周龄的仔猪，3周龄为发病高峰，发生在冬春季节。本病常见于仔猪出生后8~10 d开始发病，7~21 d发病率最高，长得越快，铁的消耗越多，发病也越快。黑毛猪更易患缺铁性贫血。

【病因】

原发性缺铁性贫血多见于新生仔猪，同时常伴有铜的缺乏。由于仔猪出生后8~10 d，由肝脏造血变为骨髓造血，使血液中血红蛋白含量降低，同时仔猪生长速度较快，出生后体内贮存的铁逐渐消耗，对铁的需求量随身体的增长日益加大，而母乳中铁的含量甚微，当外源性铁摄入不足时，影响血红蛋白的生成。进行放牧饲养的母猪及仔猪，可从青草和土壤中得到一定量的铁；若圈养，猪舍建筑的地面用水泥或石板，使仔猪出生后就不能与土壤接触，从而丧失了对铁的摄取来源，不能满足仔猪正常的生长需要。此外，饲料中蛋白质、铜、钴、锰、叶酸、维生素 B_{12} 缺乏也与本病的发生有关。本病在一定地区具有群发性。

【发病机理】

缺铁性贫血是一个渐进的发展过程。初期，由于骨髓、肝、脾及其他组织贮存的铁蛋白及含铁血黄素逐渐减少，而红细胞数量、血红蛋白含量及血清铁均维持在正常范围。随着机体贮存铁的消耗，血清铁降低，骨髓幼红细胞可利用铁逐渐或完全缺乏，骨髓中红细胞呈代偿性增生，出现小细胞低色素性贫血。

铁能与原卟啉结合形成血红素，并在甘氨酸与琥珀酰辅酶 A 结合为 δ-氨基-γ-戊酮酸过程中起辅酶作用。缺铁时这些作用减弱，含铁酶类活力降低导致红细胞内脂类、蛋白质及糖类合成障碍以及成熟红细胞内部缺陷，使红细胞寿命缩短，容易在脾内破坏，从而引起血红蛋白减少，机体氧化还原过程遭到破坏，消化吸收功能减弱，诱导贫血的发生。病畜抵抗力降低，容易继发感染性疾病。

初生仔猪血红蛋白浓度为 80 g/L，出生后可低至 40~50 g/L，属生理性血红蛋白浓度下降，如低至 20~40 g/L，当细胞数从正常时 5×10^{12}~8×10^{12}/L，降至 3×10^{12}/L，呈典型性的低染性小红细胞性贫血。

【症状】

本病发展缓慢，当缺铁到一定程度时出现贫血，有缺氧和含铁酶及铁依赖酶活性降低的表现。一般仔猪出生8~9 d时出现贫血症状，机体生长缓慢并衰弱，食欲减退，精神沉郁，呼吸增加，脉搏加快，可视黏膜淡染，甚至苍白。被毛粗乱无光泽。仔猪发生营养不良，极度消瘦，生长缓慢，严重时呼吸困难，昏睡。消化系统发生障碍，出现周期性下痢及便秘，腹壁蜷缩呈橄榄猪，并且很容易诱发仔猪白痢以及链球菌感染性心包炎。如能耐过6~7周龄，开始采食后，便逐渐恢复。

另一类型仔猪不消瘦，外观上很肥胖，生长发育较快，经3~4周后在奔跑中突然死亡。

【诊断】

根据仔猪生活的环境条件及日龄、临床表现及血红蛋白量显著减少、红细胞数量下降等特征不难诊断。剖检可见血液稀薄呈水样，不易凝固，全身轻度或中度水肿，肌肉呈淡红色，特别是臀肌和心肌。肝脏有脂肪变性且肿大，呈淡灰色，肝实质有时有少量出血。脾脏肿大，肾实质变性，肺水肿，腹腔充满淡黄色清亮液体。组织学检查：骨髓中红细胞生成加强，在肝脏、脾脏及淋巴结有髓外造血功能。

【治疗】

治疗原则：消除病因，补充铁剂，加强母畜饲养管理并尽早给幼畜补铁。

（1）消除病因　消除病因较治疗贫血更为重要，仔猪出生后要在舍饲栏内放入红土(含铁质)或泥炭土，以利于仔猪采食，对哺乳母猪应给予富含铁、铜、钴及各种维生素的饲料，以提高母乳抗贫血的能力。

（2）补充铁剂　硫酸亚铁75~100 mg，内服；焦磷醇铁钠，每日300 mg，内服，连用7 d；右旋糖酐铁注射液，2 mL(每毫升含铁50 mg)，深部肌内注射，一般1次即可，必要时隔1周再注射1次；或葡聚糖铁钴注射液，4~10日龄仔猪，在后肢深部肌内注射2 mL，重症隔2 d同剂量重复1次。或葡聚糖铁钴注射液(150~200 mgFe/mL)，每仔猪每次1 mL，肌内注射。也可用硫酸亚铁2.5 g、氯化钴2.5 g、硫酸铜1 g、常水加至500~1 000 mL，混合后用纱布过滤，内服或涂于母猪乳头上，让仔猪自饮、自食。

（3）加强母畜饲养管理　加强母畜的放牧，在气候条件允许时，尽量提早进行放牧，尤其在春夏季节进行放牧，可改善母畜血液循环并增进食欲，仔畜也应跟随母猪放牧或尽早补铁。

注意：过量摄入铁对猪有一定毒性，应严格控制用量。母猪饲料中硫酸亚铁应在0.5%以下，用于注射的铁注射液中铁元素含量应在0.05%以下。

（蒋加进　王捍东）

第三节　出血性素质

出血性素质(hemorrhagic diathesis)又称出血性倾向，是由于止血功能障碍所引起的自发性出血或损伤后难以止血，或止血、凝血明显延迟的一类疾病。出血倾向是自发的或轻微外伤所引起的流血不止。出血性素质是全身性的、多部位的出血或溢血。这与局部病变的出血性素质(如胃溃疡病出血)有本质的不同。

本病的发病机制极为复杂，可分为血管壁异常、血小板异常及凝血功能障碍3种主要因素。这3种因素单独或合并发生障碍均可导致自发性出血和创伤、手术后出血不止。

（1）血管壁异常　主要是血管通透性增加，结构发生异常引起抵抗力减弱。

①先天性出血性毛细血管扩张症：由遗传性慢性出血性疾病引起。主要特征是出血时间延长，血小板黏附力下降，部分病例兼有抗血友病球蛋白缺乏。

②变态反应性血管扩张：由于血管通透性增加，血液渗出，所以在黏膜及各组织器官有广泛的出血和水肿。

③中毒、感染并发血管壁损伤或免疫性损伤：动物毒(蛇毒或蜂毒)中毒、药物(磺胺类或水杨酸制剂)中毒，微生物感染引起。

（2）血小板异常　指血小板数量或质的不足。

①血小板数量减少：主要有血小板生成减少和血小板破坏过多两种。血小板生成减少多见于再生障碍性贫血、白血病、感染、药物副作用等；血小板破坏过多常见于免疫性血小板减少性紫癜和非免疫性血小板减少性紫癜。免疫性血小板减少性紫癜见于仔畜(仔猪、犊牛、仔犬、幼驹等)的同族免疫性血小板减少性紫癜；非免疫性血小板减少性紫癜见于血小板消耗过多，如血栓性血小板减少性紫癜、弥散性血管内凝血(DIC)等。

②血小板增多：原发性血小板增多症或继发于慢性粒细胞白血病、脾切除、感染、创伤等。

③血小板功能缺陷：遗传性血小板无力症、原发性血小板病或药物、尿毒症、肝病等继发感染引起。

（3）凝血异常

①凝血因子缺乏：血友病及类似疾病由于不同凝血因子缺乏，导致凝血时间延长，形成甲型血友病（第Ⅷ因子缺乏）；乙型血友病（第Ⅸ因子缺乏）；丙型血友病（第Ⅺ因子缺乏）。凝血酶原缺乏及类似疾病，主要有第Ⅱ、Ⅴ、Ⅷ、Ⅹ因子缺乏症，其特点是凝血酶原时间延长。第Ⅱ、Ⅷ、Ⅹ因子属于维生素 K 依赖凝血因子，均由肝脏合成。因此，肝脏疾病时肝细胞不能很好地利用维生素 K 来制成凝血酶原，血浆凝血酶原缺乏。另外，牛草木樨及华法林等中毒，常引起依赖维生素 K 的凝血酶原缺乏。

②循环中抗凝物质增多或纤维蛋白溶解亢进：抗凝物质增多主要见于慢性肾炎、血友病、白血病及再生障碍性贫血等；纤维蛋白溶解亢进主要由出血性休克、广泛烧伤、大手术、白血病等引起。

根据出血诱因、出血部位、程度、时间长短及止血效果，结合实验室检查综合分析做出正确诊断，并及时进行病因防治，避免外伤，慎用药物，手术前做好充分的术前准备工作，并施以必要止血措施，补充凝血因子或血小板等。

血友病（hemophilia）

血友病也称凝血因子缺乏症，是由于凝血因子缺乏或凝血活酶形成障碍所致凝血时间延长的一组疾病。在兽医临床实践中以遗传性出血性疾病报道较多，其中报道最多的是甲型血友病和血管性假血友病，其次是乙型血友病和凝血因子Ⅶ缺乏，而凝血因子Ⅰ、Ⅱ、Ⅹ和Ⅺ的缺乏症极罕见，其他凝血因子缺乏症在家畜未见报道。本节主要叙述血友病中甲型血友病、乙型血友病及血管性假血友病。

（一）甲型血友病

甲型血友病（hemophilia A）又称真性血友病（true hemophilia）或经典血友病（classic hemophilia）、先天性因子Ⅷ缺乏症（congenital factor Ⅷ deficiency）、抗血友球蛋白缺乏症（antihaemophilic globulin deficiency）。此病在 3 种血友病中最早发现，在家畜中普遍存在，犬的发病率较高，马、牛、绵羊、猫也有发病。在家禽中主要是由于抗血友球蛋白缺乏所致。

【病因及发病机理】

本病呈 X 连锁隐性遗传，常呈家族性发生。疾病呈典型的交叉遗传，即患病公畜与无亲缘关系的母畜交配，子代公畜正常，而子代母畜为携带者；正常公畜与患病母畜交配时，子代公畜全部发病，而母畜为携带者。早年的研究认为本病的发生是由于血浆中缺乏抗血友球蛋白（antihemophilic globulin，AHG）凝的血因子（因子Ⅷ），故本病又称抗血友球蛋白缺乏症或凝血因子Ⅷ缺乏症。近年的研究表明，甲型血友病的发生主要是因子Ⅷ的量（减少）或质（结构异常）的遗传性异常所致。

【症状】

本病多发于公畜，部分病例出生后即出现自发性出血症状，部分病例出生后数周或断奶后有不同程度的出血倾向，如在创伤或手术后持续或反复出血，幼畜换牙时齿龈出血不止。出血有轻微、中等或严重 3 种表现，重症内出血可导致突然死亡。出血时血液水样，不凝固，黏膜苍白，脉搏加快，疲劳，各系统和器官急性出血性贫血。未发生出血的动物末梢血液成分正常；发生出血后，红细胞及血红蛋白也能很快恢复正常，中性粒细胞稍增多，病畜的凝血时间普遍延长，一般在 20 min 以上，严重者可达到 1~2 h。

【诊断】

根据患畜绝大多数为公畜，进行家族史调查，母畜必为甲型血友病携带者。发现幼畜有不明原因的自发性出血或小手术和损伤后出血不止时，可怀疑本病。确诊需要进行实验室检查。

【治疗】

(1)输注新鲜全血、冰冻新鲜血浆或浓缩的 AHG 制剂　对控制出血有较好的效果。冰冻新鲜血浆，犬、猫 6~10 mL/kg，连用 2~5 d。为提高血液凝固性，可用 5%蛋白胨 10~15 mL，皮下注射。对病犬，可使用精氨酸加压素 0.4 μg/kg，用生理盐水稀释后，皮下注射或静脉注射，但其作用短暂(仅 1~2 h)，适用于手术过程。

(2)禁用干扰止血的药物　如抗凝药物，影响血小板功能的药物及安定剂等。

(3)应对病畜的直系血亲进行检查　包括其母亲和同窝等，对本病携带者应予以淘汰。也有报道指出长期应用卵巢激素可以预防本病。

(二)乙型血友病

乙型血友病(hemophilia B)是由于凝血因子Ⅸ(christmas factor)生成不足、活性降低或结构异常而引起的遗传性出血性疾病，又称因子Ⅸ缺乏症、Christmas 病或血浆凝血活酶成分(PTC)缺乏症(plasm thromboplastin component deficiency)。

迄今报道在 16 个品种的犬和英国短毛猫(British shorthain)中发生本病。本病呈 X 连锁隐性遗传，主要是公犬和公猫发病，临床表现与甲型血友病非常相似，但症状较轻，多在哺乳期和断奶后出现出血体征。

【发病机理】

因子Ⅸ是一种单链糖蛋白，属于维生素 K 依赖性因子，主要在肝脏中合成，参与内源性凝血系统，其活性降低或缺乏可影响血浆凝血活酶的形成，引起血液凝固缺陷。患畜因子Ⅸ活性降低，认为是血浆中缺乏具有凝血活性的因子Ⅸ，或其结构发生变异。

【症状】

患畜多数具有中等到严重程度的出血性素质。多发生于公畜断奶前后，皮肤多处青肿，四肢血囊肿或关节积血引起跛行。胃肠出血时可见有呕血和血便。幼畜一般精神尚好，对周围环境保持警觉。但高度贫血，呼吸加快，心动过速。小型品种的犬只有在严重损伤或感染引起血小板功能发生障碍时才表现出血倾向。病畜的凝血时间延长，严重者可达到 1 d。病犬的血浆凝血激酶(plasma thromboplastin component, PTC)活性只有正常犬的 1%~1.5%，携带者的 PTC 活性一般为正常犬的 40%~60%。

【诊断】

依据症状可做出初步诊断，进行实验室检查有助于与血友病甲进行鉴别。

【防治】

输注健康犬的新鲜全血(犬一次静脉注射 500 mL)、新鲜冰冻血浆(犬每次 10 mL/kg)，能有效地制止出血。检出携带有致病基因的母犬和母猫应给以预防和淘汰。

(三)血管性假血友病

血管性假血友病(von willebrand disease VWD)由血浆中血管性假血友病因子(von willebrand factor, VWF)的量和(或)质的异常而导致血小板黏附功能缺陷为特征的出血性疾病。本病是猪和犬最常见的遗传性出血病。某些品种的马、猫和兔中也有发病，呈常染色体不完全显性遗传或常染色体隐性遗传，常呈家族性发生。

【发病机理】

血浆中因子Ⅷ是低分子质量的Ⅷ：因子Ⅷ与高分子质量的因子Ⅷ相关糖蛋白（Ⅷ：R）组成的复合体，两者以二硫键相连接，共同发挥止血效应。Ⅷ：R又称血管性假血友病因子（VWF），由一系列大、中和小的多聚体所组成，在血管内皮细胞、巨核细胞及血小板小颗粒中合成。VWF因子合成减少或其裂解增加，导致VWF因子的数量减少、活性减低或结构异常造成疾病。

【症状】

本病临床主要表现为出血倾向，常见皮肤和黏膜的自发性出血，如齿龈出血、皮下瘀斑和血肿。轻症只有在严重损伤、某些传染病或侵袭病影响下才出现过度出血，重症则有明显的出血素质，如胃肠道出血和关节血肿、创伤及手术后出血不止。母畜发情期和产后出血延长，血小板黏附性降低，重则发生死亡，尸检可见有某些部位出血。血液学检查可见血浆VWF极度减少，患畜AHG活性为正常活性的20%～60%。

【诊断】

根据症状、出血时间显著延长（正常为1～5 min，VWD患犬和患猪可达10～22 min或更长），及实验室检查AHG活性可进行确诊。应注意鉴别诊断：甲型血友病显性连锁遗传，临床上以关节或肌肉等深部出血为特征；VWD是常染色体显性或隐性遗传，临床上以黏膜表面出血多见。与其他遗传性出血性疾病鉴别，VWD患畜血小板计数正常，可与血小板减少症区别，进行凝血因子活性的测定与其他凝血因子缺乏病相区别。

【防治】

（1）局部治疗　对出血部位进行表面止血，可使用微晶胶原（avitene）、氧化纤维素（oxycel oxide）、凝血酶浸润的明胶海绵（gelfoam）等。

（2）替代疗法　输注健康同种动物的新鲜全血或血浆、冻干血浆或血浆因子Ⅷ浓缩物等，进行止血。禁止使用干扰止血的药物及局部麻醉剂、抗炎剂和血浆增容剂等。此期间不可进行外科手术，并保护家畜免受损伤。

出血性紫癜（haemorrhagic purpura）

出血性紫癜也称血斑病（morbus maculous），是一种累及血管壁，致使血管性紫癜的第Ⅲ型（血管炎性速发型）变态反应性疾病。临床上以皮下组织广泛性水肿和出血性肿胀并伴发黏膜和内脏出血为主要特征。本病多发生于马，偶尔见于牛、猪和犬。在马，以皮下组织广泛性水肿和出血性肿胀为特征，并伴有黏膜和内脏出血。其发生与感染尤其是链球菌感染有密切的关系。

【病因及发病机理】

本病由于常伴随上呼吸道等器官感染而发生，因此认为本病的发生是一种对链球菌蛋白质变态性反应的结果。

本病是血管性出血性素质的疾病，多数学者认为发病是由于机体吸收化脓性和长期转移性坏死病灶的蛋白质分解物而产生的一种过敏反应；也有学者认为重复感染或中毒使已经致敏的机体出现全身血管变态反应，表现为血管渗透性增高和皮下浆液渗出。由于大面积的浆液性水肿和出血，使血浆中的蛋白质减少，血液的胶体渗透压降低，造成血液的吸收力减弱，从而使水肿更加严重。

【症状】

病初可视黏膜及其他部位有点状出血，随病程的延长逐渐融合成大的淤血斑，同时黏膜表面分泌淡黄色黏液状浆液。浆液干燥时形成黄色、黄褐色或污秽色的干痂。病情严重时，出血的黏膜发生坏死并形成溃疡。体躯各部位皮肤呈对称性肿胀，边界明显。肿胀一般多数在面部及鼻镜，既可突然发生，也可经几天逐渐发生，重症肿胀者可使颜面部轮廓呈河马头部的面貌，因此称为"河马头"。四肢肿胀2~3倍，形状如"象腿"。肿胀无热无痛，压迫有压痕，并且压迫到接近正常组织时，压痕就逐渐不显现。

肿胀皮肤可能是紧张的，甚至有血清漏出，干涸后形成黄褐色痂皮。病猪常伴有荨麻疹。内脏器官发生出血、水肿、坏死，则会引起相应的机能紊乱，出现心率加快，心浊音区增大，期前收缩和心杂音；因肿胀压迫咽部，导致采食、吞咽及呼吸困难，甚至窒息；血尿，蛋白尿，急性肾功能衰竭等。腕关节及跗关节以上发生水肿。由于肠壁出血和水肿引起出血性胃肠炎和严重的致死性疝痛。

血液学检查：重症者由于出血，红细胞和血红蛋白减少，有明显的中性粒细胞增多症，但血小板数量的抑制不明显。不严重的病例有白细胞增多症，核左移。

【诊断】

根据疾病的病史和临床特征，不难确诊。但需与下列疾病进行鉴别诊断。

（1）充血性心力衰竭　水肿发生于身体下垂部分，且无黏膜出血。

（2）血管神经性水肿　伴发大面积的皮下肿胀，但没有出血和损伤，而且这种肿胀在治疗后会很快消失。

（3）马传染性贫血　呈现黏膜瘀斑性出血和贫血，有地方性分布和慢性特征，且黄疸、水肿局限于下垂部分。

（4）血友病　由血凝障碍所致，是抗血友病球蛋白因子缺乏的后果。

（5）牛出血性败血症　蕨中毒和草木樨中毒及其他一些败血症，更易发生出血性综合征。

【治疗】

治疗原则：加强护理，缓解过敏反应，制止血液漏出，防止并发症及对症治疗。

首先应给予病畜足量的清洁饮水和柔软易消化的全价饲料及青干草，并安置在宽敞、通风良好的厩舍内。缓解过敏反应用盐酸苯海拉明，马0.2~1.0 g，牛0.6~1.2 g，猪、羊0.08~0.12 g，每日1~2次，内服。氢化可的松，牛、马0.2~0.5 g，肌内注射或静脉注射；强的松，牛、马100~300 mg，内服；地塞米松，牛5~20 mg，马2.5~5 mg，内服、肌内注射或静脉注射。

为降低血管通透性，防止出血可用10%氯化钙注射液100~150 mL或10%葡萄糖酸钙注射液200~500 mL，5%抗坏血酸注射液20~40 mL，葡萄糖生理盐水0.5~1 L，混合缓慢静脉注射，每日1次，连用数日。或用维生素K 0.3 g，加入饮水，每日2次。

输血对本病有良好效果，马、牛每次1~2 L，每日或隔日一次，连续数日。或用抗链球菌血清治疗，一般用多价抗链球菌血清，马80~100 mL，一次皮下注射，每日1次，连用2~3次。

（王捍东　蒋加进）

第四节　其他血液病

红细胞增多症（polycythemia）

红细胞增多症是一种以红细胞计数、血红蛋白浓度、红细胞压积等增高为特征的综合征。红细胞增多症可分为相对性和绝对性红细胞增多症两大类，前者是以红细胞总量正常为特征，后者则是以红细胞总量增加为特征的。

【病因】

绝对性红细胞增多症可分为原发性和继发性两类。原发性绝对性红细胞增多症是髓细胞增生性疾病，与获得性干细胞功能异常有关。可能是某些病毒感染导致多向干细胞异常的自身性的增生引起。继发性绝对性红细胞增多症与患畜体内促红细胞生成素浓度增高相关。适度促红细胞生成素增高通常是组织缺氧造成的，一些慢性肺脏疾病、慢性心脏病及高海拔的环境或肥胖病等都能够缓慢地引起血中氧分压降低，从而引发动物该型红细胞增多症。过度促红细胞生成素增高型的红细胞增多症主要是肾脏肿瘤、肾盂积水、多囊性肾脏疾病、肾上腺皮质功能亢进、嗜铬细胞瘤等疾病引起的。

相对性红细胞增多症可由血浆容量减少所引起，见于动物剧烈呕吐、严重腹泻和末梢循环衰竭时；脾脏收缩时血浆容量正常，也会出现红细胞增多症。

【症状】

患畜在发病初期常表现出倦怠，不愿行动，咳嗽，呼吸困难，血尿，双侧性鼻出血等症状。后来逐渐出现全身充血，部分病畜有心脏杂音，肺部有粗粝的呼吸音、脾肿大、体表有瘀斑，小动物在腹部肾脏部位常可触及肿块。由于血容量增加造成血管，特别是脑部静脉过度充盈，因而在临床上患畜常会表现出食欲不振、不愿行动、不安等状况。静脉过度充盈可能会造成频繁的双侧性鼻出血，心脏杂音可能与慢性先天性心脏病有关。

【诊断】

红细胞计数、红细胞压积和血红蛋白测定分别大于 $10.0×10^{12}/L$、0.65 L/L 和 220 g/L 则可诊断为红细胞增多症。实验室可测定促红细胞生成素水平，检查是否为绝对性继发性红细胞增多症的诊断。若促红细胞生成素水平升高，但有不严重的心肺疾病存在，则可诊断为促红细胞生成素产生增多性红细胞增多症。

【治疗】

治疗方法要依据病因采取不同措施。骨髓内红细胞前体细胞增生所导致的红细胞增多症应采用定期静脉放血技术，使红细胞压积降至 0.55 L/L 以下，一般对犬、猫每隔 3 d 按每千克体重放血 20 mL 为宜。对于顽固的病例可以试用苯丁酸氮芥。对于有慢性肺疾病的患畜可采用舒张支气管的药物、抗生素等治疗。对肥胖动物应以降低体重，提高肺脏气体交换能力，减少其促红细胞生成素的生成。对于有先天性心脏疾病的患畜宜尽早采用矫正手术，对于左心充血性心力衰竭的患畜也可采用强心、舒张血管药物、利尿药等，以改善肺脏氧气交换能力，继而降低红细胞压积。切除肾脏上的肿瘤能减低红细胞的压积。在肾上腺疾病中，对于肾上腺肿瘤宜行切除手术，对于垂体性依赖性肾上腺皮质功能亢进可用米托坦(O'P-DDD)，使皮质激素水平正常化以降低红细胞的相关指数。

白血病(leukaemia)

白血病是由于造血组织异常增生导致白细胞异常增殖，并出现于循环血液中的造血系统的一类恶性肿瘤性疾病。按增生的造血组织或白细胞系列不同，白血病可分为骨髓性白血病和淋巴性白血病两大类；按病程分为急性白血病和慢性白血病。在家畜中以慢性淋巴性白血病最多见。主要发生于牛、犬、猫、禽和猪，马和羊较少发生。

【病因】

目前，本病病因尚未完全确定，多数人认为与以下 3 种因素有关。

（1）病毒病因　到目前为止，已分离出牛白血病病毒C型粒子、猫白血病病毒、禽白血病病毒群等病原体，提示动物白血病有可能是由病毒引起的。但尚未弄清病毒是原发性病因还是继发性病因，是一元性还是多元性病因，所以不能下最终定论。

（2）免疫缺陷　在实验性发病中，人们要获取绵羊的白血病模型，必须给绵羊注射糖皮质激素，使其处于免疫抑制状态，然后将牛白血病细胞悬液接种于绵羊，才容易获得成功。

（3）遗传因素　已有研究证实，白血病在某些品系的猪、牛和鸡中呈家族性发生，且显示垂直传播。也有学者认为，只有具有遗传倾向的动物才会被白血病病毒感染而发病，具有遗传抗性的动物则不发病。

【症状】

（1）慢性淋巴性白血病　病程较长，发病缓慢，初期主要表现精神不振，呼吸迫促或呼吸减弱，食欲减退，体质消瘦，呈渐进性消瘦、水肿等全身症状。继而表现出全身淋巴结肿大以及肝、脾肿大等特征症状。当内脏淋巴结极度肿大时，常出现相应的临床表现：可视黏膜苍白，时有不明原因的发热、出血现象，皮下易形成多发性结节。血液学检查为白细胞数显著增多，常为 $2 \times 10^{10} \sim 3 \times 10^{10}$/L，淋巴细胞比例达90%。骨髓穿刺物涂片上，粒系、红系和巨核系细胞都显著减少，涂片上充满淋巴细胞，其中幼稚型淋巴细胞较多。

（2）慢性骨髓性白血病　临床表现与慢性淋巴性白血病基本相同，但肝、脾肿大更为明显，而淋巴结肿大则较轻一些，早期即可出现较严重的贫血症状，血液学检查为白细胞增多不明显，有时可出现白细胞下降现象。但粒细胞增多显著，且粒细胞比例可达70%～95%，主要为中性粒细胞。在血液涂片上，常可观察到较多的幼稚型细胞及原始粒细胞，骨髓象分析可见粒细胞极度增生，而红系细胞和巨核细胞明显减少。

慢性白血病的病程持续数月，甚至数年，病情时好时坏，最终死于出血、贫血、感染或衰竭。

【诊断】

根据淋巴结肿大及肝、脾肿大、极度贫血等临床症状，结合血液学和骨髓象检查结果，不难做出诊断。应注意鉴别诊断：慢性淋巴性白血病以淋巴结肿大为主要特征，白细胞总数极度增多，淋巴细胞比例高达80%；骨髓性白血病以肝、脾肿大为主要体征，白细胞总数增多不明显，粒细胞比例占70%以上。

【防治】

目前，本病尚无可靠的治疗方法，对犬和猫可尝试骨髓移植，结合支持疗法，也可运用放疗或化疗。目前，化疗常用的药物有氮芥、氨甲蝶呤、阿糖胞苷、环磷酰胺、L-天门冬酰胺等。另外，根据病情适当采取强心、保肝，并补充维生素、蛋白质等，以延长病畜的寿命。在预防上，应加强检疫、定期普查，扑杀白血病阳性动物。禁止从存在患病动物的场所引进动物。

第五节　血液及造血器官疾病的特点及类症鉴别

一、血液及造血器官疾病的特点

血液不是一个定型的器官，它以液体状态不停地在体内循环，灌注着每一个器官的微循环。血液与机体的各种组织存在相互依存、相互影响的特殊解剖和生理关系，当血液或造血器官发生病理变化时，各个组织器官可能发生疾病的症状和体征；而各个组织器官的疾病也可引起血液和造血器官的异常表现。因此，血液的特点决定了血液病的特点。

（1）血液病的症状和体征　常无特异性，常见血液病的症状体征如贫血、出血、淋巴结和肝脾大，也可见于其他许多疾病，因此掌握各种血液病的细微差别、特征及伴随症状具有重要意义。

（2）继发性血液学异常　比较多见，许多全身性疾病都能引起血象的改变，如各种感染、肝、肾、内分泌疾病和肿瘤都可出现贫血、出血等症状，找出原发病的病因，进行针对性的治疗是治疗血液疾病的关键。

（3）实验室检查　对血液病的确诊很重要，多种血液病都需要实验室检查予以确诊。在治疗过程中疗效的观察，也离不开实验室检查的结果。

血液及造血器官疾病主要临床特点是：贫血，出血倾向，淋巴组织、肝脏、脾脏肿大，口腔及黏膜病变，皮肤苍白病因病变，不明病因的发热。

二、血液及造血器官疾病的类症鉴别

贫血是临床上常见的一种症状，引起贫血的原因有很多种，需加以分类，以便检索或鉴别诊断。贫血的分类方法很多，目前常见的方法是依据红细胞形态或发生贫血的病理生理进行分类。

1. 根据红细胞形态特点分类

综合 MCV（平均红细胞体积）、MCH（平均红细胞血红蛋白含量）、MCHC（平均红细胞血红蛋白浓度）三者的变化，可将贫血分为三类：

（1）高色素大红细胞性贫血　MCV 增加，MCHC 正常。属于这类贫血的主要有叶酸及（或）维生素 B_{12} 缺乏引起的巨幼细胞贫血。溶血性贫血是当网织红细胞大量增多时、肝疾病、甲状腺功能减退时也可出现的大红细胞性贫血。

（2）正常色素正常红细胞性贫血　MCV 正常，MCHC 正常。此类贫血大多数为正常色素型，少数可有低色素型。属于此类贫血的主要是再生障碍性贫血、溶血性贫血和急性失血性贫血。脾功能亢进及慢性肾衰竭引起的贫血也可出现正常细胞性贫血。

（3）小细胞低色素性贫血　MCV 减少，MCHC 减少。属于此类贫血的有缺铁性贫血、珠蛋白生成障碍性贫血及铁粒幼细胞贫血。

健康动物红细胞参数参考值见表 3-1 所列。

表 3-1　健康动物红细胞参数参考值

动物	MCH/pg	MCV/fL	MCHC/%
马	10.0~20.0	26.0~58.0	280~400
骡	12.0~16.0	28.0~50.2	310~390
驴	16.8	52.1	322
黄牛	14.4	59.1	223
乳牛	12.0~22.0	44.0~59.0	250~380
水牛	19.9~22.9	53.8~88.7	331~419
骆驼	14.9	33.4	446
山羊	5.0~8.0	15.0~22.0	280~450
绵羊	8.2~12.3	28.0~34.9	300~380
猪	16.0~19.0	50.0~62.0	250~360
犬	15.0~29.0	50.0~88.0	230~420
猫	13.0~17.0	49.0~59.0	240~300
兔	16.0~31.0	57.0~90.0	220~387
鸡	25.0~48.0	100.0~139.0	200~340
鸭	32.0~71.0	115.0~170.0	201~525

2. 根据病因和发病机制分类

根据贫血的原因和发病的机制将贫血分为红细胞生成减少、红细胞破坏过多及失血三类(表3-2)。

表3-2 贫血病因及发病机制分类

病因及发病机理			临床症状
红细胞生成减少	骨髓干细胞损伤或异常		再生障碍性贫血
			纯红细胞再生障碍性贫血
			骨髓增生异常综合征
	骨髓被异常组织侵害		白血病、骨髓瘤、骨髓纤维化、恶性组织细胞病
	红细胞合成障碍	DNA合成障碍	巨幼细胞贫血
		Hb合成障碍	缺铁性贫血、珠蛋白合成障碍性贫血、铁粒幼细胞贫血
红细胞破坏过多	红细胞内在缺陷	红细胞膜异常	遗传性红细胞增多症
		红细胞酶缺陷	葡萄糖-6-磷酸脱氢酶或丙酮酸激酶的缺乏
		血红蛋白异常	血红蛋白病、珠蛋白合成障碍性贫血等
		卟啉代谢异常	红细胞生成性原卟啉病
	红细胞外在因素	免疫性溶血性	自身免疫性、新生幼畜免疫性、药物诱发等
		机械性溶血性	创伤性心源性、为血管性等
		其他	化学、物理、生物性因素所致的溶血性贫血及脾脏功能亢进
失血			急性失血性贫血
			慢性贫血性贫血

(蒋加进 孙卫东)

第四章

心血管系统疾病

第一节　心包疾病

心包炎（pericarditis）

心包炎是指心包壁层和脏层的炎症。按病因可分为创伤性和非创伤性心包炎；按病程分为急性和慢性心包炎；按渗出物性质可分为浆液性、纤维素性、浆液-纤维素性、出血性、化脓性和腐败性等多种类型心包炎，临床上以急性浆液性和浆液-纤维素性心包炎比较常见。本病最常见于牛和猪，马、羊、犬、鸡等多种动物均可发生。

【病因】

感染和创伤是引发本病的主要病因，常见于某些传染病如猫传染性腹膜炎病毒、传染性单核细胞增多症病毒和流感病毒等，见于犬、猫结核分枝杆菌和脑膜炎双球菌感染、寄生虫病、肿瘤、胸部外伤及各种脓毒败血症等。

【症状】

临床特征为发热，心动过速，心浊音区扩大，出现心包摩擦音或心包击水音。病至后期，常有颈静脉怒张、胸腹下水肿、脉搏细弱、结膜发绀和呼吸困难。心区敏感是最常见的症状。患病犬、猫躲避心区检查，强行检查时则表现呻吟或狂叫，呼吸急促等疼痛反应。患病犬、猫精神沉郁，食欲下降或废绝。多数患畜体温升高。听诊可见心包摩擦音及拍水音。

【诊断】

根据特征的临床症状，一般不难做出诊断，必要时可进行 X 线检查、超声检查、心包穿刺液检查和血液检查。病初白细胞总数增多，中性粒细胞增多。对穿刺液进行细菌培养，寻找有无肿瘤细胞可确诊肿瘤的性质。

【治疗】

伴发于传染病的心包炎采用抗生素疗法，常用青霉素、庆大霉素、头孢菌素，有条件者可根据心包穿刺液分离培养出的细菌药敏试验结果，选用高敏的抗菌制剂。为了减轻心脏负担，可试用心包穿刺疗法，排液后注入青霉素 100 万~200 万 IU，链霉素 1~2 g。对于出现严重心律失常的病畜，可选用硫酸奎尼丁、盐酸利多卡因、异搏定、心得安等制剂。伴发充血性心力衰竭时，可使用洋地黄制剂。

同时，应注意患畜需在安静的环境下进行饲养管理，避免兴奋和运动。

创伤性心包炎(traumatic pericarditis)

创伤性心包炎是指尖锐异物刺入心包或其他原因造成心包乃至心肌损伤，致心包发生化脓性腐败性炎症的疾病。本病最常见于舍饲的奶牛和农区放牧的耕牛，偶见于羊，其他动物如鹿、骆驼、猪、马、犬，甚至孔雀都有发病记载。牛的创伤性心包炎通常由尖锐异物穿透网胃壁、膈肌和心包引起，故称创伤性网胃-心包炎，常造成严重的经济损失。

【病因】

牛创伤性心包炎的病因与创伤性网胃炎相同，主要是因饲草饲料内、牛舍内外地面上以及房前屋后、田埂路边、工厂或作坊周围等地方的草丛中散在着各种各样的金属异物。牛的舌面角质化程度高，采食快，咀嚼粗糙，宜将异物误食而落入网胃内。存在于网胃里的尖锐异物未能及时清除，当瘤胃臌气、妊娠、分娩等使腹内压增高的情况下，刺透网胃前壁、膈肌而伤及心包壁，甚至刺入心肌而发病，牛胃的结构及相对位置如图4-1所示。

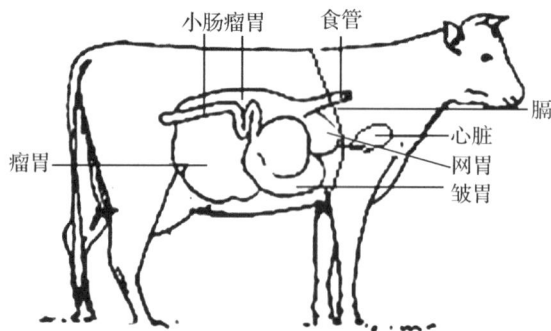

图4-1　牛胃的结构及相对位置

山羊、绵羊、鹿、骆驼的创伤性心包炎也由摄入尖锐异物，刺透网胃前壁、膈肌和心包引起，但较少见。马、犬的创伤性心包炎也多由外伤引起，如火器弹片直接穿透心区胸壁，损伤心包，或由胸骨或肋骨骨折，骨断端损伤心包，或由牛角顶撞胸壁创伤等致发本病。

【发病机理】

异物刺入心包后，网胃中的细菌及穿透物带进的细菌也随之进入心包。异物的刺激作用及细菌感染，使心包局部发生充血、出血、肿胀、渗出等炎症反应。炎性渗出物初期为浆液性、纤维素性或浆液-纤维素性，继而发展为化脓性、腐败性、纤维素性渗出物附着于心包的壁层和脏层表面，使其变得粗糙不平。心脏收缩与舒张时，心包壁层与脏层之间相互摩擦而产生心包摩擦音。随着渗出液的增加，将心包壁层与脏层隔开，心包摩擦音消失。侵入的细菌大量繁殖，产生气体，使心包腔内同时存在渗出液和气体，心脏收缩与舒张时，撞击渗出液而产生心包击水音，心音减弱。大量化脓腐败性渗出物积聚在心包腔内，引起心包扩张，体积增大，内压增高。当心包腔内压增高至2.13 kPa时，心脏的舒张受到限制，致使流入心脏的血量减少，心房充盈不足。腔静脉血回流受阻，使颈静脉如索状，出现明显的颈静脉阴性搏动，浅表静脉怒张；肺静脉血回流受阻，引起肺淤血，影响肺换气功能，血液中氧合血红蛋白含量减少，还原血红蛋白含量增加，当超过50 g/L时，就会出现黏膜发绀。静脉淤血的发展，淋巴回流受阻，毛细血管壁通透性增高，引起下颌间隙、颈垂、前胸部水肿。

动脉血含氧量下降，刺激主动脉和颈动脉的化学感受器，引起反射性心动过速。异物刺伤心肌或心包炎蔓延到心肌，常会引起期前收缩等心律失常。持续的心动过速，心肌耗氧量增加而血液供给减少，心脏储备力降低，代偿失调，最终使心排血量明显减少，而发生充血性心力衰竭。炎症过程中的病理产物和细菌毒素的作用引起体温升高。

【症状】

牛的创伤性心包炎多发生在创伤性网胃炎之后。在出现心包炎症状前通常有创伤性网胃炎的临床表现，运步小心谨慎、保持前高后低姿势，卧下及起立时呈现姿势异常，慢性前胃弛缓，反复发生轻度瘤胃臌气。在呼吸、努责、排粪及起卧等过程中，动物常出现磨牙或呻吟等现象。

当异物刺入牛心包之后则出现心包炎症状，病牛全身情况恶化，精神沉郁，眼半闭，肩胛部、肘头后方及肘肌肠发生震颤。病初体温升至40℃以上，甚至超过41℃，病至后期，体温降至常温。心率明显加快达100次/min，运动后可增至140~150次/min。后期体温降至常温时，心率仍然明显增加，是本病的重要特征症状之一。呼吸浅快，呈腹式呼吸，轻微运动即可出现呼吸迫促，甚至呼吸困难。病初脉搏充实，后期变为细弱。心区触诊有疼痛反应，心搏动增强。听诊可闻心包摩擦音，其音如抓搔声、软橡皮手套相互摩擦的声音，在整个心动周期均可听到，以心缩期明显。随着心包内渗出液的增多，心搏动减弱，心音遥远，心包摩擦音消失，出现心包击水声，其音性如含漱声或震摇盛有半量液体的玻璃瓶时产生的声音。叩诊心浊音区扩大，心浊音区上方常因存在气体而呈鼓音或浊鼓音。部分病牛出现期前收缩等心律失常。病程经过1~2周后，病牛的颈静脉充盈呈索状，出现明显的颈静脉阴性搏动。下颌间隙、颈垂及胸腹下水肿。病牛常因心力衰竭或脓毒败血症而死亡。

心电图检查表现特征性变化：窦性心动过速，QRS综合波低电压，T波低平或倒置和S-T段移位。当伴有心肌损伤时，常有室性期前收缩。

X线检查显示，疾病初期肺脏纹理正常，心膈间隙模糊不清，常可发现刺入异物的致密阴影；中期肺脏纹理增粗，心界不清晰，心包较大，心膈角消失或变钝，心膈间隙消失。

【实验室检验】

病初白细胞总数增多，有的达2.5×10^{10}/L，中性粒细胞比例增高，伴有核左移。病程延长转为慢性时，白细胞总数及分类计数的变化不明显。血清谷草转氨酶活性增高，血清乳酸脱氢酶活性较健康牛增加1倍以上，血清肌酸磷酸激酶活性较健康牛增加3~4倍。

【病理变化】

心包壁层和心外膜上沉积大量纤维素。心包腔内积聚大量污黄色、污绿色或污红褐色的化脓腐败性渗出液，带剧烈的腐败臭。心包腔内常可发现刺入的异物。病程较久者，网胃前壁、膈肌与心包粘连，心包与胸膜粘连，或心包壁层与心外膜粘连。由外伤引起的心包炎，还可见胸壁创伤、肋骨骨折。

【诊断】

根据顽固性前胃弛缓的病史，心区敏感，出现心包摩擦音或心包击水音，心浊音区扩大，心动极速，颈静脉呈索状和颈垂、前胸部水肿等临床表现，不难做出本病的诊断。X线检查对本病有重要的诊断价值，正常心脏在X线透视检查时，其界限较为清晰，即心脏的轮廓、心膈角（心脏与膈肌的夹角）、心膈间隙（心脏和膈肌之间的间隙）均较清楚，如果透视检查时具有下列表现之一时，可确诊为创伤性心包炎：①心膈间隙处有异物刺入心包；②心膈间隙模糊不清甚至消失；③心膈角、心膈间隙消失，心界扩大；④心包腔扩大，心包内有液气平面随心跳而出现波动。

超声探查利于诊断本病。用A型超声仪探查时，患牛站立保定，对心区探查时使牛左前肢自然前伸或助手将左前肢向前提举，以便充分暴露心区。用探头在心区探查，示波屏上显示胸壁波与左心室波之间有液平段,此平段随心脏收缩而变宽或缩短。根据液平段的宽度,可了解心包积液的多少,并可帮助心包穿刺,观察液体排出情况。

【治疗】

目前,尚无有效方法来治疗牛的创伤性心包炎。动物发病早期,尤其出现毒血症和充血性心力衰竭以前,可试用手术治疗,部分病牛可望痊愈。目前,大动物兽医临床采用的心包手术有两种术式:一种是"I"形胸壁切开术,沿左胸壁第5肋骨纵向切口25 cm;另一种为"U"形胸壁切开术,底边横切口在第6和第7肋骨与肋软骨接合部之间,其前后切口分别在第5和第8肋骨上,上起肩端水平线,下距横切口2~3 cm,然后以斜切方向与横切口两端连接,进一步去除部分第6肋骨,逐层打开,打开心包腔。此外,还可实行瘤胃切开术,手通过瘤胃切口进入网胃,清除网胃内的异物,拔出刺入网胃壁和心包的异物。

试用心包穿刺治疗:在X线或A型超声波穿刺探头的引导下,用穿刺针刺入心包腔,放出积聚的渗出液,用灭菌生理盐水反复冲洗心包腔,直到抽出液变清后向心包腔内注入抗生素溶液,隔2~3 d冲洗1次。进行手术治疗的同时,必须使用大剂量抗生素如青霉素、链霉素等,并给予促进前胃运动和促进反刍的药物,加强饲养管理和护理。

第二节　心脏疾病

心律不齐(arrhythmia)

心律不齐是指心脏冲动的频率、节律、起源部位、传导速度、传导顺序与搏动次数的异常,又称心律失常。临床上表现为脉搏异常和不规则心音。按其发生原理可分为冲动起源异常、冲动传导异常和冲动起源异常合并冲动传导异常三大类。临床上马、犬、猫多发,且犬、猫心律不齐主要表现为心房纤颤、窦性心动过速、窦性心动过缓、期前收缩和心脏传导阻滞等。

【病因】

本病病因复杂,各种原因引起的先天性或后天性心脏疾病、电解质紊乱等均可引起动物心律不齐。可见于心肌病、心肌炎和心肌营养不良等原发性心脏病,腹泻、肺炎和肠阻塞等内科疾病,中毒性疾病、细小病毒性心肌炎等传染病等的疾病过程中;另外,使用麻醉药、洋地黄类药物、奎尼丁、锑剂等有毒副作用的药物;新陈代谢紊乱;高原低氧环境以及进行手术过程中也可发生心律不齐。

【发病机理】

植物神经系统兴奋性改变或其内在病变,可使心脏的自律性受影响。此外,原来无自律性的心肌细胞,如心房、心室肌细胞,也可在病理状态下出现异常自律性,心肌缺血、药物及电解质紊乱、儿茶酚胺增多等可导致异常自律性的形成。

折返是所有快速性心律失常中最常见的发生机理。产生折返的基本条件是心脏两个或多个部位的传导性与不应性各不相同,相互联结形成一个闭合环;其中一条通道发生单向传导阻滞,另一条通道传导缓慢,使原先发生组织的通道有足够时间恢复兴奋性;原先组织的通道再次激动,从而完成一次折返激动。持续几次或快速起搏能诱发或中止折返性心律不齐,但不能诱发或中止自律性增高所致的心动过速。冲动传导至某处心肌,可形成生理性组织或干扰现象。传导障碍并非由于生理性不应期所致者,称为病理性传导组织。

【症状】

轻症动物心音和脉搏异常，易疲劳，运动后呼吸和心跳次数恢复较慢；重症动物表现为全身无力，安静时呼吸急促，严重心律不齐，呆滞，痉挛，昏睡，甚至突然死亡。听诊和触诊时可发现心音不整和脉搏不规则，窦性心动过速患畜，心率可达 180~240 次/min；窦性心动过缓，心率减少至 50~70 次/min；期前收缩可见动物全身无力、昏迷甚至意识丧失，听诊心律不齐，有较长的代偿性间歇期，第一心音多增强，第二心音多减弱，脉搏也有间歇。死后剖检并无眼观可见的病理变化。

【诊断】

根据病史调查、临床症状、心脏听诊，同时结合心电图检查可确诊本病。持续数分钟的听诊对于判断心律不齐很重要，听诊时要注意室率，来判断心动正常、过缓或过速；第一心音和第二心音的心律是否规则；有无漏搏或期前收缩。心电图检查对心律不齐的诊断最有意义，必要时可应用霍尔特监护仪进行 24 h 连续监控，以判断心律不齐及其严重程度，心电图分析时应注意：①明确主要心律，确定是窦性心律还是异位心律；②确定是否存在 P 波，可以大大缩小心律不齐的鉴别诊断范围；③房室分离时应确定 QRS 综合波的起源；④如果存在期前收缩，需确定其性质；⑤充分理解心电图上各波的起源和传导过程，可使用梯形图来表示心律不齐，将冲动的起源及传导过程形象化地描述出来。

【治疗】

尽快确诊本病，针对病因积极治疗原发病，避免心脏受到进一步损害，同时进行全身支持疗法和对症治疗，加强护理。

临床上，心动过缓可静脉注射或内服阿托品和去甲肾上腺素；出现心房停歇可静脉注射胰岛素；心动过速时可静脉注射硫氮酮，注射过程中要注意速度要缓慢；出现窦性心动过速时可内服地高辛和硫氮酮，每日 3 次；犬出现窦室早搏可静脉注射利多卡因，猫可静脉注射心得安；器质性期前收缩发生，可内服异搏定或心得安等进行急救。

使用中西医结合疗法，本病的病变部位在心，以虚为主，因此，虚实相兼，可使用丹参、赤芍、红花、党参、黄芪和末香等水煎内服；西药皮下注射剂可注入身柱、心俞、三教俞、百会等穴位处。

心力衰竭（cardiac failure）

心力衰竭是指心肌收缩力减弱，导致心输出血量减少，静脉血回流受阻，呈现皮下水肿、呼吸困难、黏膜发绀、浅表静脉过度充盈，乃至心搏骤停和突然死亡的一种临床综合征，又称心脏衰竭、心功能不全（cardiac insufficiency）。按病程有急性和慢性两种，慢性心力衰竭又称充血性心力衰竭（congestive cardiac failure）；按病因可分为原发性和继发性；按发生部位分为左心衰竭、右心衰竭和全心衰竭。各种动物均可发生，多发于马、犬和猫等。

【病因】

急性原发性心力衰竭主要发生于过重使役的家畜，尤其是长期饱食逸居的家畜突然使重役，长期舍饲的肥育牛或猪长途驱赶；赛马或未成年警犬开始调教和训练时，训练量过大或戒戒过严；在治疗过程中，静脉输液量过多，注射钙制剂、砷制剂、隆朋、浓氯化钾溶液等药物时速度过快；麻醉意外；雷击、电击；心肌脓肿、心房或心室破裂、主动脉或肺动脉破裂、急性心包积血等。急性心力衰竭还常继发于马传贫、马胸疫、口蹄疫、猪瘟等急性传染病；弓形虫病、猪肉孢子虫等寄生虫病；胃肠炎、肠阻塞、日射病等内科病以及中毒性疾病的经过中，多由病原菌及其毒素直接侵害心肌引起。

慢性心力衰竭常继发于心包疾病（心包炎、心包填塞）、心肌疾病（心肌炎、心肌变性、遗传性心肌病）、心脏瓣膜疾病（慢性心内膜炎、瓣膜破裂、腱索断裂、先天性心脏缺陷）、高血压（肺动脉高血压、高山病、心肺病）等心血管疾病；棉籽饼中毒、棘豆中毒、霉败饲料中毒、慢性呋喃唑酮中毒等中毒病；肉牛采食大量曾饲喂过马杜拉菌素或盐霉素作抗球虫药的肉鸡粪以及甲状腺机能亢进、慢性肾炎、慢性肺泡气肿、幼畜白肌病的经过中。

据报道，瑞士的红色荷斯坦和西门塔尔及其杂种牛，可能有遗传因素作用，在外源因素刺激下可触发慢性心力衰竭。

【发病机理】

健康动物的心脏具有强大的储备力，能胜任超过正常6~8倍的工作。在正常情况下，通过增加心率和增强心肌收缩力使心脏排血量增加，以满足运动、妊娠、泌乳、消化等生理需求。在病理情况下，心脏的主要代偿机制是加快心率，增加每搏排血量，增强组织对血中氧气的摄取力和血液向生命器官的再分布。

急性心力衰竭时，心肌的收缩力明显降低，心排血量减少，动脉压降低，组织高度缺氧，反射地引起交感神经兴奋，发生代偿性心率加快，增加排血量，可短暂地改善血液循环。然而，当心率超过一定限度时，心室舒张不全，充盈不足反而使心排血量降低。心动过速时心肌耗氧量增加，冠状血管血流量减少使心肌的氧供给量不足，使心肌收缩力减弱加剧，心排血量更加减少。交感神经兴奋还能引起外周血管收缩，心室的压力负荷加重，同时肾素-血管紧张素-醛固酮系统被激活，肾小管对钠的重吸收增加，引起钠和水潴留，心室的容量负荷加重，影响排血量，最终导致代偿失调。在超急性病例，对缺氧最敏感的脑组织首先受侵害而出现神经症状。病程较长的病例，因肺水肿而出现呼吸困难。

充血性心力衰竭是逐渐发生的。心跳加快及心脏负荷长期过重，心室肌张力过度，刺激心肌代谢，增加蛋白质合成，心肌纤维变粗，发生代偿性心肥大，心肌收缩力增强，排血量增加。一方面，肥大的心肌，其结构发展不均衡，心肌纤维容积增大，所需营养物质与氧增多，但心肌中的毛细血管数量没有相应增多，心肌得不到充分的营养物质和氧的供应；另一方面，心肌纤维肥大，细胞核的数量并未增加，细胞核与细胞质的比例失常，核内DNA减少，使心肌蛋白更新障碍。凡此种种都影响心肌的能量利用，使储备力和工作效率明显降低，心肌收缩力减退，收缩时不能将心室排空，发生心脏扩张，导致充血性心力衰竭的发生。

右心衰竭时，体循环淤血，引起皮下水肿和体腔积水。肾脏血流减少引起代偿性流体静压升高，尿量减少。肾小球缺血引起渗透性增高，血浆蛋白质漏出到尿中形成蛋白尿。门脉循环系统充血会伴发消化、吸收障碍及腹泻。

左心衰竭时，肺静脉压增加引起肺静脉淤血，使呼吸加深，频率加快，运动耐力下降。支气管毛细血管充血和水肿引起呼吸道变狭窄而影响肺通气。肺静脉流体静压异常增高，漏出液增加，引起肺水肿。然而，临床上是否发生肺水肿取决于心力衰竭发生的速度。心力衰竭发生较慢的病例因具有容量较大的淋巴导管系统可以阻止临床型肺水肿的发生。

【症状】

急性心力衰竭的病畜多表现高度呼吸困难，眼球突出，步态不稳，突然倒地，四肢呈阵发性抽搐，常在出现症状后数秒至数分钟内死亡。病程较长者，精神高度沉郁，卧地不起，结膜发绀，浅表静脉怒张，全身出汗，呼吸迫促。心动极速，第一心音高朗，第二心音微弱甚至听不到，心律不齐，脉搏细弱几乎不感于手，常在 12~24 h 死亡。

充血心力衰竭呈慢性经过。初期精神沉郁，食欲减退，易疲劳，易出汗。运动后呼吸和脉搏频率恢复所需的时间延长，结膜轻度发绀，浅表静脉怒张，心率略加快（马达 80 次/min），部分病例出现心律不齐和心杂音。随着病情的发展，病畜体重减轻，心率加快（在休息时牛达 130 次/min，马达 100 次/min），第一心音增强而第二心音微弱，有的出现相对闭锁不全性缩期杂音及心律不齐，心浊音区增大。左心衰竭时还伴有明显的呼吸困难，咳嗽，鼻流无色或粉红色泡沫样鼻液，肺区有广泛性湿性啰音等肺充血和肺水肿的表现；右心衰竭时，伴有结膜发绀，颈静脉怒张，胸腹下水肿，肝脏肿大，腹水等临床体征。由于各组织器官淤血和缺氧，还可出现腹泻、咳嗽、蛋白尿及反应迟钝、知觉障碍、痉挛等。

X 线检查常可见心肥大、肺淤血或胸腔积液的变化。心电图检查可见 QRS 复波时限延长和/或波峰分裂、房性或室性早搏、阵发性心动过速、房纤颤及房室阻滞。

【实验室检验】

严重心力衰竭动物的心房尿钠肽（atrial natriuretic peptide，ANP）含量显著增加，荷斯坦牛从正常的（14.5±1.8）pmol/L 增至（73.3±16.0）pmol/L，犬从正常的（8.3±3.5）pmol/L 增至（52.9±29.8）pmol/L。病畜醛固酮水平增高，其增加程度与病的严重性有直接的联系。如正常犬为（210.8±91.5）pmol/L，轻症犬为（527.1±360.6）pmol/L，重症犬为（1 109±610.3）pmol/L。病畜的血浆去甲肾上腺素含量显著增加，且与病的临床严重性呈正相关。

【病理变化】

急性心力衰竭病畜可能只有内脏器官淤血。病理组织学检查可见肺充血和早期肺水肿的变化。慢性心力衰竭多数伴有心脏肥大或扩张。左心衰竭时，有肺充血和肺水肿；右心衰竭时，有皮下水肿、腹水、胸腔积液和心包积液、肝充血肿大，如豆蔻样，同时伴有原发病的特征病理变化。

【诊断】

根据发病原因以及心率加快，第一心音增强，第二心音减弱，脉搏细弱，浅表静脉怒张，结膜发绀，水肿，呼吸困难和使役能力下降或丧失等临床表现，可做出诊断。心电图检查、X 线检查和超声心动图检查资料，有助于判定心脏扩张或肥大，对本病的诊断有辅助意义。应注意与其他伴有水肿（如寄生虫病、肾炎、贫血、妊娠等）、呼吸困难（如急性肺气肿、牛再生草热、过敏性疾病、有机磷中毒）和腹水（如腹膜炎、肝硬化等）的疾病进行鉴别诊断。

牛的右心衰竭比左心衰竭更为常见，右心衰竭在临床上常表现为：腹侧水肿，水肿可能弥散的或局限于特定部位如颌下、胸下、腹下、乳房或阴鞘部位及四肢下部；颈静脉或乳房静脉扩张，出现静脉搏动；运动不耐受，有时出现呼吸困难；持续的心动过速；产生腹水，或者胸腔积液。因此，静脉扩张和搏动加上异常心音或心律不齐是诊断奶牛右心衰竭的关键症状。临床上牛很少发生单纯性的左心衰竭，但左右心同时衰竭常见。

【治疗】

治疗原则：消除病因，增强心肌收缩力，改善心肌营养，恢复心脏泵功能。

为增强心肌收缩力，增加心输出量，恢复心脏泵功能，可选用洋地黄类药物。临床应用时一般先在短期内给予足够剂量（洋地黄化剂量），以后给予维持剂量。对牛可先用洋地黄毒苷 0.03 mg/kg 肌内注射，或地高辛 0.022 mg/kg 静脉注射，以后的维持剂量为上述剂量的 1/5~1/8。对马可先用地高辛 0.010~0.015 mg/kg 静脉注射，经 2.5~4 h 后再按 0.005~0.010 mg/kg 剂量注射第二次，当表现心脏情况改善、心率较原来缓慢、利尿等时为达到洋地黄化的指征，以后每日用维持剂量 0.005~0.010 mg/kg 静脉注射。对犬可用洋地黄毒苷 0.06~0.12 mg/kg 静脉注射，维持量为上述剂量的 1/4~1/8；或地高辛 0.02~0.06 mg/kg 分 2 次内服，连用 2 d，然后改用维持剂量 0.008~0.01 mg/kg，每日 2 次内服。甲地高辛(metildigoxin)的强心作用强于地高辛，具有增加心肌收缩力，降低心率，增加心排血量，改善体循环的作用，可用于各种动物急性和慢性心力衰竭。应该指出的是，洋地黄类药物长期应用易蓄积中毒，成年反刍动物不宜内服，由心肌炎等心肌损害引起的心力衰竭禁用，发热与感染时慎用。牛、马等大家畜还可使用安钠咖 2.5~5.0 g 内服，或 20%溶液 10~20 mL 肌内注射。

为消除钠、水滞留，促进水肿消退，应限制钠盐摄入，给予利尿剂，常用氢氯噻嗪，牛、马 0.5~1.0 g，猪、羊 0.05~0.1 g，犬 2~4 mg/kg(或 25~50 mg/kg)内服，每日 2 或 3 次；速尿，牛 2.5~5.0 mg/kg，马 0.25~1.0 mg/kg，犬 2~3 mg/kg 内服，或 0.5~1.0 mg/kg 肌内注射，每日 2 或 3 次，连用 3~4 d，停药数天后再使用 3~4 d。

对于心率过快的病畜，牛、马等大家畜用复方奎宁注射液 10~20 mL 肌内注射，每日 2 或 3 次；犬和猫用心得安 0.5~2.0 mg/kg 内服，每日 3 次，或 0.04~0.06 mg/kg，静脉滴注，直到心率恢复正常为止。对于伴发室性心动过速或心脏纤颤的病畜，可应用利多卡因，犊牛和山羊 4 mg/kg，犬 2~4 mg/kg，猫 0.15~0.75 mg/kg，按 25~80 μg/min 的速度静脉滴注，直到心律不齐消失。如发生室性早搏和阵发性心动过速，可应用硫酸奎尼丁，马开始用 20 mg/kg(赛马用 20~40 g/kg)，以后每隔 8 h 以 10 mg/kg 剂量内服；犬开始用 6~20 mg/kg，以后每隔 6~8 h 用 6~10 mg/kg 内服。

对于顽固性心力衰竭，在犬和猫中可使用小动脉扩张剂，如胼苯哒嗪 0.5~2.0 mg/kg 内服，每日 2 次；哌唑嗪 0.02~0.05 mg/kg 内服，每日 2 或 3 次。也可使用血管紧张素转化酶抑制剂，如用甲巯丙脯酸 0.5~1.0 mg/kg 内服，每日 2 或 3 次。

为改善心肌营养和促进心肌代谢，可使用 ATP、辅酶 A、细胞色素 C 等。还可试用辅酶 Q10 (泛癸利酮，ubidecarenone)，它能改善心肌对氧的利用率，增加心肌线粒体 ATP 的合成，改善心功能，保护心肌，增加心输出量，对轻度和中度心力衰竭有较好效果。

此外，应针对出现的症状，采用健胃、缓泻、镇静等对症治疗。同时要加强护理，限制运动，保持安静，以减轻心脏负担。

心肌炎(myocarditis)

心肌炎是心肌炎症性疾病的总称，心肌兴奋性增高和收缩机能减退是其病理生理学特征。按病程不同常分为急性和慢性；按病因不同可分为原发性和继发性；按病变范围不同可分为局限性和弥散性。临床上以急性非化脓性心肌炎比较常见。

新生犊牛脓毒性心肌损伤最常见的原因是 G⁻细菌引起的新生犊牛败血症、昏睡嗜血杆菌急性感染和由化脓性放线菌引起的慢性感染，犊牛如果出现心律不齐或其他心脏功能异常时，可怀疑是否患有脓毒性心肌炎。犬的原发性心肌炎占 32.7%，继发性心肌炎占 16.7%。

【病因】

本病通常继发或并发于某些传染病、寄生虫病、脓毒败血症和中毒病的经过中，多数是病原体直接侵害心肌的结果，或者是病原体的毒素和其他毒物对心肌的毒性作用。免疫反应在心肌炎的发生上起重要作用。慢性心肌炎常见于风湿病、慢性败血症和其他慢性疾病的经过中，多是急性心肌炎反复发作和延续发展的结果。

【发病机理】

在致病因素作用下，病原体直接侵害心肌，心肌发生病变致大部分心肌细胞发生坏死性变化而崩解，残存的心肌细胞处于营养不良状态，而不能正常收缩引起心肌收缩力减弱；同时，由于参与心脏收缩的心肌数量减少，兴奋性增高，轻微刺激影响，心率即骤然加速，恢复时间延长，心脏活动机能降低。心脏通过反射作用，增加收缩次数来进行调节，但由于收缩频繁，心肌容易疲劳而加重心脏衰弱，收缩越加频繁而形成恶性循环。

【症状】

由急性感染引起的心肌炎，绝大多数有发热症状。较为明显的临床表现是心率增快，且与体温升高的程度不相适应。安静时，患马心率可达 60~90 次/min，患牛可达 90~100 次/min；轻微运动后，心率即迅速增加至 100 次/min；运动停止后，心率增速仍然可以持续更长时间。

听诊心脏，病初第一心音增强，分裂或混浊，第二心音减弱。心腔扩大发生房室瓣相对闭锁不全时，可听到缩期杂音。重症病例出现奔马律，或有频发性期前收缩。濒死期心音微弱。疾病初期，脉搏增数而充实，而后变得细弱，严重者出现脉搏短缺、交替脉和脉律不齐。疾病后期，动脉血压下降，多数发生心力衰竭而出现相应的临床表现，心电图特征，病初呈窦性心动过速，继之出现程度不同的单源性或多源性期前收缩，以及各种心律不齐。

重症弥漫性心肌炎患畜，很快即陷入急性心力衰竭，浅表静脉怒张，颌下、颈部、胸腹下和四肢下部水肿，结膜发绀，高度呼吸困难。病程较长的患猪后期表现神经症状，因急性心力衰竭而死亡。

【诊断】

根据病史资料调查结果，结合临床症状进行综合诊断。尤其注意，患畜是否同时伴发急性感染或中毒病，或者在不久之前曾有急性感染史。临床症状重点关注，患畜心率增速与体温升高不相适应的情况，以及患畜心律不齐、心腔扩大、动脉血压下降和心力衰竭发生。

心功能试验对本病的诊断具有重要意义，即先测定患畜在安静状态下的心率，随后令其做驱赶运动再测定心率；病畜稍微运动心率会骤然加速，运动停止后心率仍然持续或继续增加，经过较长时间的休息之后才能逐步恢复到运动前的心率。

【治疗】

治疗原则：积极治疗原发病，增强心肌收缩功能，减轻心脏负担，并改善心肌营养。

首先，可根据病史使用抗生素、磺胺类药或特效解毒剂、高免血清等治疗原发病。病初不宜使用强心剂，以防心肌过度兴奋而迅速发生心力衰竭，此时宜在心区冷敷。对具有高度发绀和呼吸困难的病畜可给予氧气吸入。心肌炎后期可使用安钠咖或樟脑油，以增强心肌收缩机能，但禁用洋地黄及其制剂，以免增强心肌兴奋性，延缓传导性，延长心脏舒张期，使病畜过早发生心力衰竭，甚至死亡。为了增加心肌营养，改善心脏传导系统功能，可静脉注射 25% 葡萄糖溶液，也可使用 ATP、辅酶 A、肌苷、细胞色素 C 等促进心肌代谢的药物。同时，可参照心力衰竭，使用氢氯噻嗪、速尿等利尿药物以及血管扩张药。

【预防】

加强病畜护理，改善饲养管理和使役，限制运动，避免外界的刺激；同时，给予易消化而富有营养的饲料，限制钠盐的摄入等。

心肌变性 (myocardial degeneration)

心肌变性是以心肌纤维变性，乃至坏死等非炎症性病变为特征的一组心肌疾病，又称心肌病 (myocardiosis, cardiomyopathy)。临床上以慢性心肌变性最常见。各种家畜均可发生，奶牛、马、犬和猫更常见。

【病因】

本病的发生多数与感染、中毒和营养缺乏有关。硒和维生素 E 缺乏是心脏变性的最常见原因。遗传因素在本病发生上的作用已在牛、犬和猪等多种动物中得以证实。

【症状】

主要临床表现为心率增加，心音分裂，脉搏弱小，心浊音区扩大，心律失常和"夜间浮肿"。严重的病畜，尤其是犊牛常常出现腹水、腹部膨大。但上述症状常被原发病的症状所掩盖。

【诊断】

根据病史(感染、中毒或营养缺乏症)、临床症状、心功能试验以及超声检查和心电图检查等资料进行综合分析，可做出诊断，但应排除心肌炎的可能。

【治疗】

积极治疗原发病，如针对病原体采用抗生素、磺胺类药物、高免血清等治疗原发性感染，尽快使用特效解毒剂以及催吐、泻下、护肝、强心和其他对症治疗，处理急性中毒病畜。随着原发病治愈，心肌变性的症状逐渐消失，病畜康复。由某种营养成分缺乏引起的心肌变性，应根据饲料分析、病畜血液和肝脏的检验结果，补充相应的营养物质。对于特发性心肌病应减轻心脏负担，加强心肌营养，维持心脏机能，防止或延缓心力衰竭的发生。对出现充血性心力衰竭的病畜，可参照心力衰竭使用利尿、强心、血管扩张等制剂。

急性心内膜炎(acute endocarditis)

急性心内膜炎是心内膜及心脏瓣膜的急性炎症性疾病，临床特征为发热、心动过速和心内器质性杂音。各种家畜均可发生，但以猪发生最高，牛和马次之。牛最常受侵害的部位是三尖瓣，而猪、马、犬都为二尖瓣或主动脉瓣。4 岁及以上的中型和大型雄性犬中，本病有随年龄增加发病率增多的趋势。

【病因】

本病通常由细菌感染引起，化脓棒状杆菌和溶血性链球菌是最常见的病原菌。或由心包炎、心肌炎、胸膜炎等邻近器官的炎症蔓延，索状的腱或瓣膜基质迅速破坏和坏死，导致瓣膜功能不全和心衰而引起发病。

【症状】

患病动物常表现有体温升高至 40.5~41℃，精神状态抑郁，食欲减退；奶牛乳产量下降，消瘦，心动过速，心内器质性杂音，以及原发病的症状。疾病后期，患畜发生充血性心力衰竭，出现水肿，腹水，浅表静脉怒张，心浊音区扩大和呼吸困难。

患猪的临床症状并不明显，但母猪常在生产后第 2~3 周出现无乳，继而体重下降，不愿运动，休息时出现呼吸困难的表现。多数育肥猪和生长猪并不表现典型的临床症状。

患牛出现持续或间隔性发热、心动过速和缩期杂音，也常出现"高亢"心音或心音强度增强。患犬在疾病末期可能出现心杂音，血管栓塞可引起心肌梗死或心肌炎，并导致心律不齐；多数患犬还表现嗜睡，厌食，体重下降，间歇热，跛足，肌肉紧张，瘀斑或淤血性出血，呼吸困难和癫痫发作。感染直接扩散到一个或多个关节可导致脓性多发性关节炎，持久抗原刺激可引起免疫复合物沉积于关节膜，并出现非脓性免疫介导的多发性关节炎。

【诊断】

根据病史和临床症状，结合 X 线检查左心房充血性心衰、左心室肥大体征，心电图显示患畜节律和心律不齐等可做出诊断。心脏超声心动图检查对于细菌性心内膜的确诊，更加有效和确切，可见心脏瓣膜和心内膜壁上有一般大小的赘疣。犬的细菌性心内膜炎的诊断还包括：血液学检查是否有轻度和中度贫血发生；血清生物化学检查是否有损伤的肾或肝脏功能不全；尿液分析是否有原发或继发性病因的存在，明显的蛋白尿可能伴随有肾小球肾炎；血液培养可用来确诊细菌和微生物的存在，并确定其对抗微生物药物的敏感性。

【治疗】

积极治疗原发病，并控制细菌感染是治疗本病的关键。临床上常使用青霉素制剂(2 万~3 万 IU/kg)，或氨苄西林(10~20 mg/kg)，肌内注射，每日 2 次，或头孢菌素类抗生素，如头孢噻啶、头孢噻吩钠、头孢氨苄(20~35 mg/kg)内服或肌内注射，每日 2 次，至少连用 7 d。在体温下降恢复正常水平时，为防止复发，还应持续用药 1 周。

同时，根据患畜临床出现的症状，可选用强心药、利尿剂进行对症治疗；出现跛行的患牛，可使用阿司匹林，30 mg/kg，内服，每日 2 次，可取得较好效果。

心脏瓣膜病(valvular disease)

心脏瓣膜病是指引起瓣膜和瓣孔器质性病变，导致血流动力学紊乱的慢性心内膜疾病，又称慢性心内膜炎。本病多发生于马和犬，其中慢性瓣膜疾病是犬最常见的心脏疾病，尤其对中年至老年小型犬的影响较大。

【病因】

后天性心脏瓣膜病，绝大多数由急性心内膜炎转化而来，先天性心脏瓣膜病包括肺动脉瓣狭窄、主动脉瓣狭窄、房室瓣发育不全、法乐氏四联症、主动脉瓣发育不全等。

【症状】

(1)二尖瓣关闭不全 心搏动增强，心区收缩期震颤。左侧心区可听到响亮刺耳的全缩期心内杂音，在左房室孔区最明显。肺动脉第二心音增强，伴有心肥大时心浊音区扩大。在代偿期内，脉搏无明显变化；代偿机能减弱时，脉搏细弱；代偿失调时出现右心衰竭的临床表现。

(2)二尖瓣狭窄(左房室孔狭窄) 心搏动增强，心区震颤，脉搏弱小。第一心音正常或稍增强，第二心音多被杂音掩盖。常发生右心肥大和扩张，致使右侧心浊音区扩大。运动后出现呼吸困难和结膜发绀。

(3)三尖瓣关闭不全 颈静脉阳性搏动，右侧心区震颤，可听到响亮的全缩期心内杂音，脉搏微弱。当发生心力衰竭时，出现水肿、发绀、浅表静脉怒张等。

(4)三尖瓣狭窄(右房室孔狭窄) 心搏动减弱，脉搏细弱。右侧心区可听到舒张期后(缩期前)心内杂音。颈静脉怒张，有阴性搏动，全身水肿，呼吸迫促，常因心力衰竭而死亡。

(5)主动脉瓣关闭不全 心搏动增强，左侧心区震颤，可听到响亮的全舒期心内杂音。常因左心室肥大而心浊音区扩大。特征症状为出现骤来急去的跳脉。当左心衰竭时，出现相应的临床表现，跳脉消失。

(6)主动脉搏狭窄(主动脉孔狭窄) 左侧心区震颤，可听到刺耳的缩期心内杂音。特征症状为出现徐来缓去的徐脉，常并发左心肥大而使心搏动增强和心浊音区扩大。

(7)肺动脉瓣关闭不全 在左侧肺动脉区出现明显的舒期心内杂音，常将第二心音掩盖，易继发右心室肥大而使右侧心浊区扩大。并发右心衰竭时，出现发绀、水肿、腹水、浅表静脉怒张等临床体征。

(8)肺动脉瓣狭窄(肺动脉孔狭窄)　心区震颤，脉搏细弱。左侧心区可听到缩期心内杂音，常有呼吸困难和结膜发绀。右心肥大时，右侧心浊音区扩大。

(9)法乐氏四联症(tetralogy of fallot)　是伴有肺动脉狭窄、室间隔缺损、主动脉右位(骑跨于两侧心室)和右心室肥大4种心血管畸形的先天性心脏瓣膜病，常见于牛和犬。主要症状为易于疲劳、心动过速、发绀和呼吸困难。右心室的收缩压与左心室的相似，犬分别为 13.36 kPa 和 12.84 kPa。

临床上单纯的瓣膜关闭不全和狭窄比较少见，经常是几个瓣膜和瓣孔同时被侵害，或者瓣膜关闭不全与狭窄合并发生，使临床表现错综复杂。

【治疗】

在代偿期，一般不进行特殊的治疗措施，而是以限制使役、加强饲养管理等措施延长家畜使用年限。进入代偿失调期后，对于贵重的种畜和伴侣动物，可酌情采用强心、利尿、限制水和钠盐的摄入、保持安静等心力衰竭的治疗措施。

在犬的治疗中，有人采用手术治疗肺动脉狭窄的病犬。采用二尖瓣成形术，治疗由二尖瓣脱垂引起的犬瓣膜关闭不全。

心脏扩张(cardiac enlargement)

心脏扩张也称心脏衰弱，是各种心肌病或某些疾病的并发症。其发病机制为心肌兴奋性增强但收缩力减弱，输出血量减少，动脉压下降，静脉回流受阻，引起的一系列循环障碍。临床上表现为心肌收缩时不能将心室中的血液运输到主动脉中去，使心壁变薄和心脏增大。

【病因】

本病可分为原发性和继发性两大类，或分为急性和慢性两种心脏扩张。

急性原发性心脏扩张主要见于劳役过程中，突然的剧烈奔跑，使血压增高的心脏疲劳；急性继发性心脏扩张常并发于急性传染病、各种心肺疾病和中毒性疾病中；慢性继发性心脏扩张多继发于心肌疾病、心脏瓣膜疾病、贫血和慢性肾炎的疾病中。在维生素 E 和微量元素硒引起的硒/维生素 E 缺乏症中也可发生本病。

【症状】

急性心脏扩张患畜，多呈现食欲减退或废绝，精神沉郁，出汗量增加，心搏动强盛，严重时全身震颤；心脏浊音区扩大，听诊心音多呈现心音减弱、但心率加快，第一心音高朗而带有金属音；第二心音微弱，多出现缩期杂音，脉搏细弱、频数，脉率不齐。患畜稍做运动即可出现呼吸急促、呼吸困难、咳嗽，听诊有各种啰音。本病多呈慢性经过，疾病后期出现心脏骤停而突然死亡。

【治疗】

急性病例在避免兴奋的情况下，可给予营养性饲料的同时，静脉注射狄卡林、狄卡他林；慢性病例可内服洋地黄粉剂，一个疗程之后，停药几日，再进行一个疗程的治疗。

对于继发于急性传染病的病例，除治疗原发病所用的药物之外，宜用咖啡因、硫酸阿托品进行治疗；为促进患畜血液循环，可使用葡萄糖酸钙溶液，静脉注射；必要时，可使用氧气疗法。

心肥大（hypertrophia cordis）

心肥大是指心肌纤维增多，引起心壁增厚、心脏体积显著增大的疾病。有生理性心肥大和病理性心肥大两种类型。心肌疾病是猫最常见的获得性心脏疾病，由原发性或继发性甲状腺功能亢进引起。先天性心肌肥大通常影响青年至中年猫，尤其公猫易感。

【病因】

生理性心肥大常见于喜欢奔跑、性情暴躁的动物，由于心脏活动不断增强，血液循环迅速，血压不断升高，心脏为适应这种变化而肥大。病理性心肥大则常继发于动脉硬化、肾脏疾病、心脏瓣膜病、心肌病、肺气肿、慢性间质性肺炎等。

心肌肥大致左心室壁和心室中膈可变的增厚，出现动态的左心室外流障碍，增厚的心肌层顺延性降低，限制心室填充；由于心肌活动性受损，冠状动脉重塑，减少了小脉管直径，可能导致心肌细胞坏死和结缔组织纤维化。

【症状】

生理性心肥大，除心搏增强和心浊音区扩大以外，在临床上并不表现其他体征。病理性心肥大时，心浊音区扩大，病初心率变慢，心搏动增强，心音增强尤其是第二心音增强更加明显，脉搏充实有力。疾病后期或末期，患畜常发生心力衰竭而出现脉搏细弱、浅表静脉怒张、水肿、呼吸困难等。猫的后肢可能出现疼痛、局部麻痹或全身麻痹、四肢厥冷是动脉栓塞的特征。

【诊断】

X线检查对于肥大变化并不明显，由于左、右心房肥大，在腹背位投影时可能显示心肌扩大症；心电图检查显示窦性心动过速，左心房肥大、左心室肥大等特征。结合病史调查和临床检查的结果，综合诊断本病。

【治疗】

目前，本病尚无特效治疗方法，只能进行对症治疗。对于病理性心肥大患畜，可加强饲养管理，以维持其代偿机能；当发生心力衰竭时，可给予休息、限制运动，按心力衰竭进行治疗。

高山病（high mountain disease）

高山病是指在高原低氧条件下，动物对低氧环境适应不全而产生的高原反应性疾病，在牛上称为胸病（brisket disease）。按病程，高山病分为急性和慢性两种。急性高山病表现为高原肺水肿；慢性高山病的常见病型是：高原红细胞增多症和由低氧性肺动脉高压引起的右心充血性心力衰竭。

本病以牛，尤其1岁以上的牛最易发生，常呈慢性经过；其他动物如马、山羊、绵羊等也可发生，多呈急性经过。在海拔2 200 m地区生活的牛群，以及新引进到海拔3 000 m以上地区的马、牛、绵羊、鸡易发本病。牛的发病率为0.5%~5.0%，通常低于2%，高山病的发病率随海拔的上升而增加。牦牛、藏羊、骡、羊驼和骆马等世居高原的动物极少发病。

【病因】

高海拔地区的空气稀薄，氧分压低（海拔2 000 m、3 000 m和4 000 m地区的大气氧分压分别只有16.66 kPa、14.66 kPa和12.93 kPa，仅是海平面地区21.19 kPa的78.33%、69.18%和60.02%），家畜尤其新进入高原地区的家畜，不能适应低氧环境而引起的机体缺氧，是发病的根本原因。感冒、贫血、肺部疾病、肺线虫感染、植物中毒（尤其是棘豆中毒）、严寒天气、剧烈运动和重剧劳役都能促使机体对缺氧的代偿失调而诱发本病。已经证明，遗传因素在牛高山病的发生上具有重要作用。例如，高山病的发生存在品种差别，据在青海省的调查，黑白花品种牛最易发生高山病，其次为西门塔尔牛，而本地黄牛、牦牛和犏牛具有较强的遗传抗病性。并已发现血红蛋白(HB)与高山病的发生之间具有一定的联系，HBAB 型牛对高山病有遗传抗病性，而 HBAA 型牛为易感牛。携带 *HBA* 基因的绵羊对低氧环境有较强的适应性。

【症状】

牛多呈慢性经过，病初表现精神沉郁，不愿运动，犊牛生长停滞，奶牛的乳产量急剧下降。随着病程的进展，颈静脉怒张，胸部水肿，并逐渐扩展到颈部、颌下和四肢下部，腹围因腹水而增大。多数病牛有间歇性腹泻，肝浊音区扩大。心率加快，心音增强。当有心包积水时，心音遥远，心浊音区扩大。休息时呼吸快而深，运动后发生呼吸困难加剧，全身症状更加明显，最终因充血性心力衰竭而死。实验室检查可见，平均肺动脉压明显增高(从正常牛的 3.33~4.00 kPa 增至 10.67~13.33 kPa)，红细胞数、血红蛋白含量和红细胞压积显著增加(增加 22%~34%)，血液黏滞度明显增高。

新进入高原地区的马多呈急性经过，常在使役或行军途中发病。轻者精神沉郁，结膜呈树枝状充血，脉搏和呼吸频率加快；重者精神高度沉郁，无力，步态不稳，肌肉震颤，结膜高度发绀。有的病马有短时间的兴奋不安。心率加快，达 90~130 次/min。病初心音增强，尤以肺动脉瓣第二心音更加明显。随着心力衰竭的发生，变为第一心音增强，第二心音减弱，有时出现心律不齐和期前收缩。脉搏细弱，浅表静脉怒张，有明显的颈静脉搏动。呼吸浅表，频率加快，达 60~80 次/min。因呼吸困难，呼吸时鼻翼明显张开。发生高原肺水肿时，肺部可听到广泛性湿性啰音和严重的呼吸困难。最严重者突然倒地，四肢呈游泳样划动，在短时间内死亡。

【诊断】

根据久居高原的家畜或新引入的动物出现皮下水肿、颈静脉怒张、腹水、肝肿大、肺动脉高压等有心充血性心力衰竭的临床表现，可做出诊断，但应与牛创伤性心包炎、心肌炎、先天性心脏缺陷、幼畜白肌病等伴有充血性心力衰竭的疾病进行鉴别诊断。James 等(1979)认为，只有存在右心室心肌增厚、右心室腔扩大和肺小动脉中层肌肉增厚等病理变化，才能确诊牛的胸病。

【治疗】

发现病畜后应立即隔离休息，限制运动，尽快转移到海拔较低的地区。早期给予病畜吸入氧气(牛、马 15 L/min)，有较好效果。对发生高原肺水肿，伴有高度呼吸困难的病畜，应迅速采取静脉放血，输氧，给予抗胆碱能药物如山莨菪碱(654-2，0.5~1.0 mg/kg，静脉注射)或东莨菪碱(0.01~0.02 mg/kg，静脉注射)等急救措施。对伴发充血性心力衰竭的病畜，应参照心力衰竭的治疗措施，给予洋地黄强心制剂和利尿剂，以改善和维持心脏机能，减轻心脏负担，改善血液循环。

家畜引入高原地区要逐步进行，应先在海拔较低地区适应一段时间。用于高原家畜改良的种公畜可在海拔较低地区饲养，仅在配种季节移至高原地区，配种结束后重新回到海拔较低地区，或在海拔较低地区采取精液，制成冻精，置于液氮罐内运到高原地区进行人工授精。

圆心病(round heart disease)

圆心病是指心脏增大变圆，心力衰竭而致突然死亡的一种禽类心脏病。鸡、鹅、火鸡均可发生，体况好的 4~8 月龄青年鸡和产蛋母鸡，1~4 周的火鸡以及 6 周龄的幼鹅最易患病。本病的发病率不高，死亡率不等，最高可达 75%。病后幸存者多发育不良。

【病因】

一般认为，圆心病有遗传性与非遗传性两种病性，非遗传性圆心病的发生可能与维生素 D 和维生素 E 缺乏、饲喂食盐过多，应激，锌中毒和呋喃唑酮中毒有关。多氯酚、汞、甲醛、氯丹、铝、黄曲霉素等也可能引起本病。遗传性圆心病仅发生于火鸡，由 α-抗胰蛋白酶先天性缺乏所致。

【症状】

多数病禽突然发病，迅速死亡。部分外观健康的产蛋母鸡突然高度紧张，继而倒地，翼肌和大腿肌剧烈收缩，常在几分钟内死亡。病程较长的病禽突然发生虚弱，精神沉郁，冠呈暗红色并侧倒垂下，羽毛蓬乱，长时间将头藏在羽毛内呈嗜睡状。

【诊断】

圆心病火鸡心肌内乳酸脱氢酶、异柠檬酸脱氢酶和肌酸磷酸激酶活性显著低于正常火鸡。遗传性圆心病常在一定品系火鸡内呈家族性发生，且雄性多于雌性。通常在幼年期起病，病程数月至数年不等。主要表现生长停滞，精神极度沉郁，常惊恐不安，羽毛蓬乱逆立，呼吸窘迫。听诊可闻心内杂音，X 线检查与心电图检查多显示右心室或两侧心室扩张。病禽一旦发生冠髯青紫，即很快死于心力衰竭。根据突然发病及右心室腔扩张，使心脏呈圆形的病变，火鸡呈家族性发生，可做出诊断。

【治疗】

目前，本病尚无有效的治疗方法。应注意全价饲养，保证供应充足的维生素和微量元素，排除应激因素的影响，防止中毒，以预防本病的发生。

（杨亮宇　顾小龙）

第三节　血管疾病

外周循环衰竭（peripheral circulatory failure）

外周循环衰竭是指在心脏功能正常的情况下，由血管舒缩功能紊乱或血容量不足引起血压下降、低体温、浅表静脉塌陷、肌无力乃至昏迷和痉挛的一种临床综合征，又称循环虚脱（circulatory collapse）。由血管舒缩功能障碍引起的外周循环衰竭，称为血管源性衰竭（vasogenic failure）。由血容量不足引起的，称为血液源性衰竭（haematogenic failure）。各种动物都能发生。

【病因】

主要见于急性大失血、剧烈呕吐和腹泻、重剧胃肠道疾病、反刍动物前胃和周围疾病等引起的严重脱水、大面积烧伤等引起的血容量减少；大肠埃希菌、金黄色葡萄球菌、绿脓杆菌、病毒、支原体等感染也会导致外周循环衰竭的发生；注射血清等生物制剂，使用青霉素、磺胺类药物等所产生的过敏反应和过敏性疾病，外伤、手术及其他伴有剧烈疼痛性的疾病，脑脊髓损伤和麻醉意外等引起的神经损伤，均可引起血管舒缩功能紊乱，血容量相对不足从而导致本病发生。

【症状】

病初有短暂的兴奋现象，烦躁不安，耳尖和四肢末端厥冷，结膜苍白，出冷汗。心率加快，脉搏微弱，少尿或无尿。随病程发展，病畜精神沉郁，反应迟钝，甚至出现昏睡，血压下降，浅表静脉充盈不良，毛细血管再充盈时间延长至 3 s 以上（正常为 1~1.5 s），肌肉无力，站立不稳，步态踉跄，体温下降。第一心音增强而第二心音微弱，甚至消失，脉搏细弱或短促，脉律失常。

呼吸浅表而极速，后期出现陈施二氏呼吸或间断性呼吸。病畜处于昏迷状态，病情垂危。出血因素引发本病，动物尚有结膜高度苍白、红细胞压积增加等表现；过敏反应引发本病，患畜往往突然发生抽搐和肌肉痉挛、粪尿失禁、呼吸微弱；感染引发本病，患畜多伴有体温升高及原发病的相应症状。

【诊断】

根据有失血、脱水、过敏反应或剧痛手术、创伤等病史，以及心动过速、血压下降、低体温、末梢不厥冷、浅表静脉塌陷、肌无力等临床表现，即可做出诊断，但应与心力衰竭进行鉴别诊断。同时，应区分外周循环衰竭的具体病因是否失血、脱水或休克引起。

【治疗】

治疗原则：补充血容量，纠正酸中毒，调整血管舒缩机能，保护重要器官功能，及时采用抗凝治疗。

补充血容量，常用乳酸林格氏液(0.167 mol/L乳酸钠溶液与林格氏液按1∶2混合)静脉注射，同时可给予10%低分子(相对分子质量为$2×10^4$~$4×10^4$)右旋糖酐注射液(牛、马2~4 L)，用于维持有效循环血量、保护肾功能、降低血液黏滞度、疏通微循环、防止发生弥漫性血管内凝血。或使用5%葡萄糖生理盐水、生理盐水、复方生理盐水及5%~10%葡萄糖注射液。可根据皮肤皱褶试验、眼球凹陷程度、红细胞压积及中心静脉压等判断脱水程度，并估算补液量。

防止和纠正酸中毒，可使用5%碳酸氢钠注射液，牛、马300~500 mL，猪、羊50~100 mL，犬10~30 mL，静脉注射，使用时应以生理盐水稀释3~4倍，注射速度要慢；或在乳酸林格氏液中按0.75 g/L加入碳酸氢钠，与补充血容量同时进行。

当采取补充血容量和纠正酸中毒的措施以后，如血压仍不稳定，则应使用调节血管舒缩机能的药物。如山莨菪碱，牛、马100~200 mg静脉滴注或直接静脉注射，每隔1~2 h重复用药1次，连用3~5次。对其他家畜或病情严重的牛和马，可按1~2 mg/kg静脉注射，待病畜可视黏膜变红、皮肤变温，血压回升时，即可停止用药；硫酸阿托品，牛、马50 mg，猪、羊8 mg，皮下注射；多巴胺，牛60~100 mg，马100~200 mg，静脉注射。

当病畜处于昏迷状态伴发脑水肿时，为了降低颅内压，改善脑循环，常用20%甘露醇或25%山梨醇静脉注射，也可用25%葡萄糖注射液，牛、马0.500~1 L，猪、羊40~120 mL静脉注射。

对于存在弥漫性血管内凝血的病畜，为减少血栓的形成，可以使用肝素100~150 U/kg，溶于5%葡萄糖溶液或生理盐水500 mL中，以30滴/min的速度静脉注射。

进行外周循环衰竭治疗的同时，必须积极治疗原发病，加强护理，改善饲养管理。

（洪　全）

第四节　心血管系统疾病的特点及类症鉴别

一、血液及循环系统疾病的特点

在临床上血液系统疾病主要集中在各种贫血的类型鉴别和诊断，心血管系统疾病则主要表现为心脏和心肌的实质性病变上。

病因上不同：各种导致失血、缺血的一系列病因在临床上均可表现贫血；而引起心脏实质和心肌功能发挥的病因则多集中在传染性因素、炎症和肿瘤等。

诊断方法：贫血的诊断主要是血液学检查各种血细胞、血小板的数量和比例的变化；心血管系统则主要采用心脏听诊、心电图检查。

二、血液及心血管系统疾病的类症鉴别

急性心肌炎和心包炎均表现心率增速、心脏增大和心力衰竭，但心包炎发生时会出现心包摩擦音或心包拍水音。

急性心肌炎和急性心内膜炎均可出现心跳极速和心力衰竭，但急性心内膜炎有位置比较固定的心内性杂音，心脏超声表现可见瓣膜病变。

急性心肌炎和心肌变性的病因和临床表现都比较相似，心功能试验对两者的鉴别诊断具有重要价值，心肌变性的病畜在进行驱赶运动之后，心率恢复的时间与健康动物相似。

急性化脓性心肌炎，炎症初期表现为病理性充血、浆液和白细胞浸润。心肌脆弱、松弛、无光泽，心腔扩大。随病程进展，心肌细胞会出现颗粒变性、脂肪变性等。心肌组织发生坏死，坏死处结缔组织增生，留有瘢痕，形成心肌硬化。心肌多呈苍白色、灰红色或灰白色。局灶性心肌炎发生时，心肌患病部分和心肌健康部分相互交织，当沿着心冠横切心脏时，其切面是灰黄色瘢痕，形成特异的虎斑心。

（莫重辉　洪　金）

第五章

泌尿系统疾病

第一节　概　述

　　家畜的泌尿器官疾病多发于春秋两季，其发病率特别是原发性泌尿器官疾病的发病率要低于其他器官疾病。尽管如此，但由于泌尿器官是机体最主要的排泄器官，当肾脏机能障碍时，不仅使尿液和体内的有害代谢产物不能排出，同时，还会引起水盐代谢紊乱和酸碱平衡失调，因而严重影响家畜机体的生命活动，甚至导致死亡。因此，对泌尿器官疾病的预防和治疗应给予足够的重视。

一、泌尿系统疾病的病因

　　(1)病原微生物　感染分血源性和尿源性两种。血源性感染是病原微生物由血液流至肾、肾盂而致病。尿原性感染指由细菌、病毒等经尿道或损伤的直肠(直肠膀胱穿刺)进入膀胱，进而引起肾、肾盂损伤。

　　(2)有毒物质的作用　外源性有毒物质及代谢性毒物到达肾脏时，引起局部组织损伤。

　　(3)变态反应性损伤　由菌体蛋白、变应原物质所产生的抗原-抗体反应及其复合物对肾小球基膜的损伤，造成肾及尿路细胞变性、坏死、脱落以至炎症反应。

　　(4)代谢性影响　因维生素 A 缺乏、钙过多而磷不足，或钙、磷比例失调，致使肾细胞在其他因子的作用下，产生坏死、脱落，影响维生素 D 在肾脏内的转化和钙结合蛋白质的合成，使钙、磷代谢进一步紊乱，最终产生钙的异位沉着，形成结石，由此对周围组织产生机械性压迫与刺激，并引起局部的炎症。

　　(5)环境因素　受寒、感冒可成为本病的诱因。

　　(6)其他因素　劳役过度、肿瘤、插入导尿管等机械性压迫与损伤，肾线虫，泌尿器官附近组织炎症扩散，如前列腺炎、子宫内膜炎、盆腔炎等也会波及泌尿器官，引起炎症、坏死等。

二、泌尿系统疾病的临床症状

　　(1)排尿障碍　表现为排尿困难、疼痛、频尿及失禁。

　　(2)尿液变化　表现为尿量改变和尿液成分改变，如少尿、多尿、蛋白尿、血尿及管型尿等。

　　①尿量改变：当泌尿器官患病时，有规律的排尿次数与尿量受到破坏，临床上表现为少尿、无尿、多尿或尿闭。

　　②尿液成分改变：泌尿器官疾病时，由于肾及尿路的机能障碍，尤其是肾病变时，肾小球滤过膜的通透性增大，肾小管的重吸收机能障碍，导致尿液成分改变，临床上出现蛋白尿、血尿和

管型(尿圆柱)尿等。

(3)肾性水肿 水肿是肾脏疾病的重要症状之一，但动物并非必然出现。肾性水肿一般发生在有疏松结缔组织的部位，如眼睑、颌下、胸腹下、四肢末端及阴囊处。

(4)肾性高血压 见具体疾病介绍。

(5)尿毒症 是肾功能不全的最严重表现。

(6)血液化学成分改变 如低钠血症、高钾血症、低蛋白血症、氮血症、酸中毒及肾性贫血等。

三、泌尿系统疾病的诊断

泌尿系统疾病的诊断，应根据病史和特征性临床症状，并结合尿液化验、血液某些化学成分、肾功能测定及辅助检查来进行判断。

(1)尿常规检查 发生泌尿系统疾病时，可见蛋白尿、管型尿、血尿、糖尿或酮尿等异常尿液。

(2)血液化学成分 主要包括尿素氮、肌酸、肌酐、非蛋白氮、尿酸盐浓度等。

(3)肾功能检查 如清除率测定、肾血流量测定、尿液浓缩试验、靛卡红试验、酚红排泄试验等。

(4)其他辅助检查 如尿液培养、肾盂及输尿管造影、尿道探查、膀胱镜窥探、肾活体组织检查、肾脏和膀胱的超声检查和X线影像检查等。

四、泌尿系统疾病的治疗原则

泌尿系统疾病的治疗原则是除去特异性病因，控制感染，消除水肿，实施非特异性和支持性治疗。在临床上，除中西医结合应用中草药外，还采用了肾上腺皮质激素、免疫抑制药物等治疗方法。

(王希春 吴金节)

第二节 肾脏疾病

肾炎(nephritis)

肾炎通常是指肾小球、肾小管或间质组织发生炎症的总称。临床上以水肿、肾区敏感与疼痛、尿量改变及尿液中含多量肾上皮细胞和各种管型为主要特征。按其病程分为急性肾炎和慢性肾炎两种；按炎症的发生部位可分为肾小球性肾炎和间质性肾炎；按炎症发生的范围可分为弥漫性肾炎和局灶性肾炎；按病因可分为原发性肾炎和继发性肾炎。

肾炎可发生于各种家畜，临床上主要以马和猪较为多见，且以急性肾炎、慢性肾炎及间质性肾炎多发。

【病因】

肾炎的病因尚不十分清楚，但目前认为本病的发生与感染、毒物刺激、外伤及变态反应等因素有关。

(1)感染因素 多继发于某些传染病经过中，其原因是病毒和细菌及其毒素作用于肾脏，引起肾脏损伤或导致变态反应的发生。

（2）中毒性因素　主要是有毒植物、霉变饲料、农药或重金属污染的饲料和饮水、或误食有强烈刺激性的药物；内源性毒物主要是重剧型胃肠炎症、代谢障碍性疾病、大面积烧伤等疾病中所产生的毒素与组织分解产物，经肾脏排出时产生强烈刺激而致病。

（3）诱发性因素　过劳、创伤、营养不良和受寒感冒均为肾炎的诱发因素。此外，本病也可由邻近器官炎症的蔓延，或致病菌通过血液循环进入肾组织而引起。

肾间质对某些药物呈现一种超敏反应，可引起药源性间质性肾炎，已知的致病药物有：二甲氧西林、氨苄西林、头孢菌素、噻嗪类及磺胺类药物。犬的急性间质性肾炎多发生于钩端螺旋体感染之后。

慢性肾炎的原发性病因，基本上与急性肾炎相同，只是作用时间较长，性质较为缓和。

【发病机理】

免疫生物学的发展、动物模型的改进、荧光抗体、电镜技术和肾脏活体组织检查的应用，使肾炎发病机理的研究取得较大的进展。研究表明，大约有70%的临床肾炎病例属于免疫复合物性肾炎，约有5%的病例属于抗肾小球基底膜性肾炎，其余为非免疫性所致。

（1）免疫复合物性肾炎　机体在外源性（链球菌的膜抗原、病毒颗粒和异种蛋白质等）或内源性抗原（如感染或自身组织破坏而产生的变性物质）刺激下产生相应的抗体，当抗原与抗体在循环血液中形成可溶性抗原抗体复合物，并随血循环到达肾小球，且沉积在肾小球血管内皮下、血管间质内，或肾小球囊脏层的上皮细胞下。由于激活了补体（C_3b、C_3a、C_4a、C_5a），促使肥大细胞释放组胺，使血管的通透性升高，同时吸引中性粒细胞在肾小球内聚集，并促使毛细血管内形成血栓，毛细血管内皮细胞、上皮细胞与系膜细胞增生，引起肾小球肾炎。20世纪90年代以来，进一步的研究表明，这种由免疫介导引起的肾炎与淋巴因子、溶酶体的释放有关，此外氧自由基也起到重要作用。研究发现，免疫复合物可刺激肾小球系膜释放超氧阴离子自由基和过氧化物，导致肾小球结构改变、内皮细胞肿胀、上皮细胞突触融合、肾小球基底膜降解等一系列组织细胞损伤。

（2）抗肾小球基底膜性肾炎　抗体直接与肾小球基底膜结合所致。其产生的过程是在感染或其他因素的作用下，细菌或病毒的某些成分与肾小球基底膜结合，形成自身抗原，刺激机体产生抗自身肾小球基底膜抗原的抗体，或某些细菌及其他物质与肾小球毛细血管基底膜有共同抗原性，刺激机体产生抗体，即可与该抗原物质反应，也可与肾小球基底膜反应（交叉免疫反应），并激活补体等炎症介质引起肾小球的炎症反应。

（3）非免疫性肾炎　病原微生物或其毒素，以及有毒物质或有害的代谢产物，经血液循环进入肾脏时直接刺激或阻塞、损伤肾小球或肾小管的毛细血管而导致肾炎。

肾炎初期，因变态反应引起肾小球毛细血管痉挛性收缩，肾小球缺血，或因炎症致使肾毛细血管壁肿胀，肾小球滤过面积减少，导致滤过率下降，而出现少尿或无尿。进一步发展，水、钠在体内大量蓄积而发生不同程度的水肿。

肾炎的中后期，由于肾小球毛细血管的基底膜变性、坏死、结构疏松或出现裂痕，使血浆蛋白和红细胞漏出，形成蛋白尿和血尿。由于肾小球缺血，导致肾小管缺血，结果肾小管上皮细胞发生变性、坏死，甚至脱落。渗出、漏出物及脱落的上皮细胞在肾小管内凝集成各种管型。肾小球滤过机能下降，水、钠潴留，血容量增加；肾素分泌增多，血浆内血管紧张素增加，小动脉平滑肌收缩，导致血压升高，主动脉第二心音增强。由于肾脏的滤过机能障碍，使机体内代谢产物（非蛋白氮）不能及时从尿中排出而蓄积，引起尿毒症。

慢性肾炎，由于炎症反复发作，肾脏结缔组织增生以及体积缩小导致临床症状时好时坏，终因肾小球滤过机能障碍，尿量改变，残余氮不能完全排除，滞留在血液中，引起慢性氮质血症性尿毒症。

【症状】

（1）急性肾炎　患畜食欲减退或废绝，精神沉郁，结膜发白，消化不良，体温升高。由于肾区敏感、疼痛，患畜不愿行动。站立时腰背拱起，后肢叉开或齐收腹下，强迫行走时腰背弯曲，发硬，后肢僵硬，步态强拘，小步前进，尤其侧转弯困难。患畜频频排尿，但每次尿量较少，严重者无尿。尿色浓暗，相对密度增高。有时出现血尿，颜色依据严重程度可为粉红色、深红色和红褐色等。肾区触诊，患畜有痛感，直肠触摸，手感肾脏肿大，压之感觉过敏，患畜站立不安，甚至躺下或抗拒检查。由于血管痉挛，动脉血压可升高达 29.26 kPa（正常值为 15.96 ~ 18.62 kPa）。主动脉第二心音增高，脉搏强硬。重症病例，眼睑、颌下、胸腹下和阴囊等部位发生水肿，对于牛来说，偶见垂皮处水肿。急性肾炎后期，患畜出现尿毒症、呼吸困难、嗜睡、昏迷。尿液检查，蛋白质呈阳性。镜检尿沉渣，可见管型、白细胞、红细胞及多量的肾上皮细胞。血液检查，血液稀薄，血浆蛋白含量下降，血液非蛋白氮可达 1.785 mmol/L（正常值为 1.428 ~ 1.785 mmol/L）。

（2）慢性肾炎　患畜逐渐消瘦，血压升高，脉搏增数，硬脉，主动脉第二心音增强。疾病后期，眼睑、颌下、胸前、腹下或四肢末端出现水肿，重症者出现体腔积水。尿量不定，尿中有少量蛋白质，尿沉渣中有大量肾上皮细胞和各种管型。血中非蛋白氮含量增高，尿蓝母增多，最终导致慢性氮质血症性尿毒症。后期，患畜倦怠、消瘦、贫血、抽搐、有出血性倾向，直至死亡。典型病例主要是水肿、血压升高和尿液异常。

（3）间质性肾炎　肾的损害程度不同，临床症状各异。一般情况下病初尿量增多，后期尿量减少，尿沉渣中见有少量蛋白质，红细胞、白细胞及肾上皮，有时可发现颗粒管型和透明管型。血清肌酸酐和尿素氮升高。血压升高，心肌肥大，第二心音增强。大动物直肠检查和小动物腹壁触诊肾区，可摸到体积缩小，呈坚硬感，但无疼痛和敏感现象。

【病理变化】

急性肾炎，肉眼可见肾脏体积轻度肿大、充血、质地柔软、被膜紧张、容易剥离、表面和切面皮质部见到散在的针尖状小红点。

慢性肾炎，肉眼可见肾脏体积增大、色苍白，晚期肾脏缩小和纤维化。

间质性肾炎根据炎症波及的范围可分为弥漫性间质性肾炎和局灶性间质性肾炎。弥漫性间质性肾炎眼观肾脏肿大，被膜紧张容易剥离，颜色苍白或灰白，切面间质明显增厚，灰白色，皮质纹理不清，髓质淤血暗红。局灶性间质性肾炎眼观肾表面及切面皮质部散在多数点状、斑状或结节状病灶，病灶的外观依动物种类不同而略有差异。

【诊断与预后】

根据病史（多发生于某些传染病或链球菌感染之后，或有中毒史），临床症状（少尿或无尿，肾区敏感、疼痛、主动脉第二心音增强和水肿）和尿液化验（尿蛋白、血尿、尿沉渣中有多量肾上皮细胞和各种管型）进行综合诊断。本病应与肾病区别：肾病在临床上有明显水肿和低蛋白血症，尿中有大量蛋白质，但无血尿和肾性高血压现象。

急性肾炎一般可持续 1 ~ 2 周，经适当治疗和良好护理，预后良好。慢性肾炎，病程可达数月或数年，若周期性出现时好时坏现象，多难以治愈。重症者，多因肾功能不全或伴发尿毒症死亡。间质性肾炎，病程缓慢，多预后不良。

【治疗】

治疗原则:消除病因,加强护理,消炎利尿,抑制免疫反应及对症治疗。

(1)消除炎症、控制感染 一般选用青霉素,肌内注射量:牛、马1万~2万IU/kg,猪、羊、马驹、犊牛2万~3万IU/kg,每日3~4次,连用1周。链霉素、诺氟沙星、环丙沙星合并使用可提高疗效。

(2)免疫抑制疗法 多采用激素治疗,一般选用氢化可的松注射液,肌内注射或静脉注射,牛、马200~500 mg,猪、羊20~80 mg,犬5~10 mg,每日1次;也可选用地塞米松,肌内注射或静脉注射,牛、马10~20 mg,猪、羊5~10 mg,犬0.25~1 mg,猫0.125~0.5 mg,每日1次。有条件时可配合使用超氧化物歧化酶(SOD)、别嘌呤及去铁敏等抗氧化剂,在清除氧自由基、防止肾小球组织损伤中起重要作用。

(3)利尿消肿 可选用利尿剂,氢氯噻嗪,牛、马0.5~2 g,猪、羊50~200 mg,加水适量内服,每日1次,连用3~5 d。

中兽医称急性肾炎为湿热蕴结证,代表方剂秦艽散加减。慢性肾炎属水湿困脾证,方用平胃散和五皮饮加减。

肾病(nephrosis)

肾病又称肾病变,是一种以肾小管上皮弥漫性变性、坏死为病理特征的非炎症性肾脏疾病。其病理特征是肾小管上皮浑浊肿胀、脂肪变性与淀粉样变性及坏死。临床上以大量蛋白尿、明显水肿和低蛋白血症为特征。各种动物均可发生,但临床上以马和犬多见。

【病因】

肾病的病因有多种,但主要与感染、中毒和缺血等因素有关。

(1)感染性因素 主要见于某些传染病,如马传染性贫血、口蹄疫、流感、猪丹毒和传染性胸膜肺炎等。

(2)中毒性因素 是肾遭受内源性或外源性毒物的侵害,外源性毒物如化学毒物(汞、砷、氯仿、吖啶黄、铅等)、真菌毒素(如采食霉败饲料)等。肝脏疾病、消化道疾病、化脓性炎症、大量的内源性毒素,经肾排出时,刺激肾小管上皮细胞,引起变性、坏死。

(3)缺血性因素 肾局部组织缺血主要见于循环衰竭,如休克、大失血、急性心力衰竭和重度脱水等,由于肾组织局部长时间缺血,引起肾小管上皮细胞变性、坏死。

此外,外力撞击、肌红蛋白尿、血红蛋白尿等也可以引发本病。

【发病机理】

目前,本病的发病机理尚不清楚。比较普遍的观点认为,肾病是全身疾病的一种局部反应,肾病实质上是组织胶体理化性状发生改变,它主要表现为蛋白质、类脂质的代谢紊乱和电解质的代谢障碍。

研究表明,中毒性肾病主要是病原微生物和机体的代谢产物等内源性毒素与外源性毒物经肾脏排出时,肾小管比肾小球对毒素更为敏感;同时,肾小管对尿液有浓缩作用,使有毒物质含量升高,肾小管受到强烈的刺激而产生变性,严重时发生坏死。低氧性肾病则是肾小管对缺氧甚为敏感,一些缺氧性疾病和能诱发红细胞破裂的疾病可使肾缺血或因红细胞破裂后基质对肾小管的损伤,引起肾小管髓袢和远曲小管上皮细胞发生变性和坏死。当肾病出现之后产生以下几个特征的变化。

（1）蛋白尿和管型尿 肾病时，尽管肾小球的损害不严重，但由于肾小管的变性和坏死，重吸收功能障碍，使尿液中出现大量的蛋白质。当尿呈酸性时，进入尿中的部分蛋白质发生凝结形成管型，随尿排出而形成管型尿。

（2）低蛋白血症 由于大量的蛋白由尿中漏失，造成血浆蛋白明显降低而出现低蛋白血症。

（3）水肿 主要是由于大量蛋白质从尿中排出，血浆蛋白含量显著降低，使血浆胶体渗透压下降，液体成分进入并蓄积于组织间隙而发生水肿。

（4）高脂血症 原因尚不明，患畜血中胆固醇及三酰甘油均明显增高，其程度与血浆蛋白下降呈负相关。

【症状】

一般症状与肾炎相似，与肾炎的根本区别是肾病不出现血尿，尿沉渣中无红细胞及红细胞管型。

轻症病例，仅呈现原发病固有的症状。尿中有少量的蛋白质和肾上皮细胞。当尿呈酸性反应时可见少量的管型。严重病例，则出现不同程度的消化障碍，如食欲减退、周期性腹泻等，患畜逐渐消瘦，衰弱和贫血，并出现水肿和体腔积水。尿量减少，相对密度增高，尿中含有大量蛋白质，尿沉渣中见有大量肾小管上皮细胞及颗粒管型和透明管型。

血液学检查，轻症无明显异常，重症者红细胞数减少，白细胞数正常或轻度增加，血小板计数偏高。血红蛋白降低，血沉加快，血浆总蛋白降低至 20~40 g/L（低蛋白血症），血液中总脂、胆固醇和三酰甘油均明显增高。

【病理变化】

眼观病变为肾肿大、被膜易剥离、质地软、皮质增厚、切面有散在灰白色条纹、皮质与髓质分界模糊、肾小球一般不易辨认。

【诊断与预后】

肾病的诊断，主要根据尿液化验，尿液中含有大量蛋白质、肾上皮细胞、透明管型和颗粒管型，但无红细胞和红细胞管型，然后结合病史（中毒或缺氧等）及临床症状建立诊断。

轻症病例，通过消除病因，合理治疗，预后良好。慢性者则预后慎重。重症者，一旦出现全身水肿或血浆总的蛋白含量明显下降，或由于尿闭而发生尿毒症时，预后不良。

【治疗】

治疗原则：消除病因，利尿消肿和对症治疗。

（1）病因治疗 针对中毒性肾病、低氧性肾病及其他原因引起的原发性肾病，采取消除病因和控制治疗。注射抑菌消炎药以控制病原微生物的感染，采用清理体内毒物与毒素的方法来处理由毒性物质所致的原发病等。

（2）对症治疗 给患畜饲喂富含蛋白质的饲料，以补充机体漏失的蛋白质，纠正低蛋白血症，对肉食动物饲喂牛奶，草食家畜应饲喂优质豆科植物，配合少量块根类饲料。

（3）利尿消肿 适当使用利尿剂，可以控制和消除水肿，改善患畜病情。胃肠道水肿消退后，患畜食欲增加，对防治感染有利。常用的利尿剂有以下几种。

①髓袢利尿药：可用呋塞米静脉注射或内服，适合于肾功能减退者，其用量可根据水肿程度及肾功能情况而定，一般用量，犬、猫 5~10 mg/kg，牛、马 0.25~0.5 mg/kg，每日 1 次或 2 次，连用 3~5 d。

②噻嗪类：一般病例可用氢氯噻嗪，内服或肌内注射，牛、马 0.5~2 g，猪、羊 50~100 mg。或用丙酸睾丸素，牛、马 100~300 mg，猪、羊 50~100 mg，2~3 d 肌内注射 1 次。

(4)免疫抑制治疗 若以上治疗效果不满意可采用免疫抑制治疗,常用环磷酰胺,可作用于细胞内脱氧核糖核酸或核糖核酸,影响B淋巴细胞抗体生成,减弱免疫反应。使用剂量可参考人的用量做静脉注射,5~7 d 为一疗程。

肾盂炎(pyelitis)

肾盂炎是肾盂黏膜的炎症,临床上单纯的肾盂炎极少见,常与肾实质同时感染细菌而发生肾盂肾炎(pyelonephritis),但因肾盂病变占优势,因此习惯上称为肾盂炎。肾盂炎多为化脓性,呈慢性经过。临床上以肾区敏感、高热、尿频、尿痛和脓尿为特征。本病可发生于各种动物,但临床上多见于母畜,以牛、猪和犬多发,马则较少发生。

【病因】

肾盂炎的主要病因是感染,多发于在全身和局部化脓性疾病的经过中,病原菌沿血液循环达到肾盂而致病,也可因尿道、膀胱、子宫的炎症上行蔓延而发病,产后的胎衣滞留也可造成肾盂的感染。

本病常见的病原菌是大肠杆菌、化脓杆菌、变形杆菌、链球菌、绿脓杆菌以及肾盂炎棒状杆菌(Corynebacterium renale)等。由于母畜的尿道短而宽,常常发生创伤,病原微生物易通过尿道口进入膀胱,因而母畜易发生上行感染而导致肾盂炎。肾盂炎棒状杆菌分为Ⅰ、Ⅱ和Ⅲ型。由Ⅲ型菌引起的肾盂炎更为严重,它对泌尿道有特殊的亲和力,极易引起尿路的炎症,对其他组织则很少引起病变。此外,有毒物质(如松节油、棉酚和斑蝥等)经过肾脏排出,以及肾结石的刺激,也能引起肾盂炎。

【发病机理】

病原微生物一般可经血源、尿源和淋巴源3种感染途径侵入肾盂。侵入的病原微生物并不一定都能引起炎症,只有当机体的抵抗力下降时,尤其是尿道流通不畅,尿路有梗阻或肾盂发生淤血、黏膜损伤、尿液积蓄时,病原微生物才大量繁殖引起感染,导致肾盂炎。

肾盂炎初期,由于炎症刺激肾盂黏膜和邻近的输尿管,黏膜发生肿胀、增厚,因而输尿管管腔变窄导致排尿困难,结果引起肾内压升高,压迫感觉神经,引起疼痛;当尿液和炎性产物蓄积,炎症进一步发展,肾盂黏膜下组织发生脓性浸润,尿液中出现大量黏液、肾盂上皮细胞、病原微生物,使积滞的尿液发酵,产生游离的氨、三价磷酸盐、磷酸铵及尿酸盐等,尿液变为浓稠、浑浊。

肾盂炎后期,因尿液长期不能排出,肾盂发生肌层肥厚,进而弛缓,造成尿液排出更加困难。使混有炎性产物的尿液大量积蓄于肾盂内,肾盂组织受到压迫而遭受破坏,久之,肾盂内可形成一个充满脓液的大脓腔,出现化脓性肾盂肾炎。若病原微生物及其毒素和炎性产物不断被吸收而进入血液,则可引起机体全身性反应,出现体温升高、精神沉郁、食欲减退和消化紊乱等症状。

【症状】

全身症状较为明显,患畜精神沉郁,食欲减退,消化不良,呈渐进性消瘦,经常发生腹痛。急性病例,体温升高,可达41℃,多呈弛张热或间歇热。

肾区疼痛,患畜多拱背站立,行走时背腰僵硬。中小动物,腹部触诊,肾脏体积增大,敏感性升高。牛、马等大动物,直肠检查可触摸到肿大的肾脏,按压时患畜疼痛不安。当肾盂内有尿液、脓液蓄积时，输尿管膨胀，扩张，有波动感。

多数患畜频频排尿，拱背，努责。病初，尿量减少，排尿次数增多，后期，尿量增多，尿中有病理性产物，尿液混浊，可见多量黏液、脓汁和大量蛋白质。镜检，尿沉渣中有大量白细胞和脓细胞，肾盂上皮细胞及肾上皮细胞，少量的透明管型，以及磷酸铵镁和尿酸盐结晶。做尿沉渣直接涂片或做尿细菌培养，可发现肾盂炎棒状杆菌。除上述基本症状外，肾盂炎还表现出动物的种间差异。

【病理变化】

肾盂炎大多侵害两肾，特征性眼观病变是肾盂和肾乳头的坏死和溃疡，肾盂通常显著扩张并蓄积脓性渗出物和脓液，并布满呈放射状的灰白色条纹。晚期，髓质常严重破坏，在皮质和髓质外出现斑块状分布的纤维化与疤痕。肾盂也可能是单侧性，偶见炎症蔓延至肾脏表面，引起被膜下严重炎症和腹膜炎。

【诊断与预后】

肾盂炎可根据病史调查、临床症状、直肠检查或肾区触诊及尿液化验做出诊断，有条件的，可采用放射和超声检查。急性肾盂炎可见肾肿大，慢性者可见肾变小和不规则。尿路造影可将肾盂炎与输尿管炎进行鉴别。

肾盂炎易与肾炎相混淆，必须进行鉴别。肾炎病例，尿中含有大量红细胞和红细胞管型，尿液培养多呈阴性，有大量肾上皮细胞，一般会出现全身性水肿。而肾盂炎，尿中多以白细胞及脓细胞为主，常有感染与尿路刺激症状，无水肿，尿液培养可见肾盂炎棒状杆菌。

急性肾盂炎可能与膀胱炎相互影响，因此，有必要与膀胱炎相区别，后者有脓尿和大量膀胱细胞，尿中无尿管型和蛋白质，也无肾功能衰竭表现。临床上如果患畜有脓尿、尿频和排尿带痛、排尿终末出现血尿，可作为膀胱炎的诊断依据。

肾盂炎一般预后不良，多因排尿障碍或并发其他疾病而死亡。重症患畜多于短期内死亡，一般患畜可延续数月乃至数年，不易痊愈；少数患畜经适当治疗后，可恢复健康。

【治疗】

治疗原则：加强护理，抑菌消炎和尿路消毒。

(1) 抑菌消炎　可使用大量的青霉素和链霉素。青霉素按 0.6 万～1.2 万 IU/kg，链霉素按 6～12 mg/kg，每日 2 次，肌内注射。较严重的病例可选用氨苄西林、诺氟沙星或头孢菌素，肌内注射或静脉注射。

(2) 尿路消毒　可用呋喃妥因，各种动物内服，每日 12～15 mg/kg，2 次或 3 次分服。还可使用 40% 乌洛托品溶液 10～50 mL 做静脉注射。

(3) 中兽医治疗　宜清热、利湿、通淋，方用八正散加减。此外，治疗牛肾盂炎时还可用冬瓜子、赤小豆、赤茯苓各 62 g，黄柏、车前草、通草各 36 g，炒杜仲、炒泽泻各 25 g，混合，开水冲调，候温灌服。

由于肾盂炎的复发率较高，因此，治疗必须彻底，应注意观察疗效，当用药后肾盂炎症完全消失，尿检查转阴性，可以认为已经临床治愈；若仍能发现细菌或脓细胞，应继续用药，切忌过早停药或停药不追踪观察，导致感染复发或迁延不愈而转入慢性。另外，诱导多尿已被证明有助于排出肾髓质部的微生物。给高盐食物、利尿剂，可促进患畜多喝液体。调整尿液 pH 值，为所选的抗生素提供最适作用环境。

（姚　华）

第三节　膀胱疾病

膀胱炎(cystitis)

膀胱炎是膀胱黏膜或黏膜下层的炎症。临床上以疼痛性尿频和尿中出现较多的膀胱上皮细胞、炎性细胞、血液和磷酸铵镁结晶为特征。按膀胱炎的性质,可分为卡他性、纤维蛋白性、化脓性和出血性4种。各种动物均可发生,但临床上以牛、马、犬和猫多见,其他家畜很少发生。

【病因】

膀胱炎的发生与创伤、尿潴留、难产、导尿、膀胱结石等有关。常见病因有以下几种。

(1)细菌感染　除某些传染病的特异性细菌继发感染外,主要是化脓杆菌和大肠杆菌,其次是葡萄球菌、绿脓杆菌、变形杆菌等经过血液循环或尿路感染而致病。有人认为膀胱炎是牛肾盂肾炎的先兆,因此,肾棒状杆菌也是肾盂炎的病原菌。

(2)机械性刺激或损伤　导尿管过于粗硬,插入粗暴,或膀胱镜使用不当以致损伤膀胱黏膜。膀胱结石、膀胱内赘生物、尿潴留时的分解产物以及刺激性药物,如松节油、乙醇、斑蝥等的强烈刺激,也容易引发膀胱炎。

(3)邻近器官炎症的蔓延　肾炎、输尿管炎、尿道炎,尤其是母畜的阴道炎、子宫内膜炎等,极易蔓延至膀胱而引起炎症。

(4)毒物影响或某种矿物质元素缺乏　缺碘可引起动物的膀胱炎,牛蕨中毒时因毛细血管的通透性升高,会导致出血性膀胱炎。

(5)脊柱损伤　由脊椎骨折、椎间盘突出及脊髓炎所致的神经损伤或膀胱憩室等引起的尿潴留,使尿液发酵、腐败,易产生膀胱炎。

(6)其他因素　由尿毒症、肾上腺皮质机能亢进以及使用肾上腺皮质激素或其他免疫抑制剂等引起的免疫功能降低,诱发膀胱炎的形成。

【发病机理】

病原微生物经尿道上行到膀胱直接作用于膀胱黏膜,或经尿液到达膀胱的有毒物质,以及尿潴留时产生的氨和其他有害物对膀胱黏膜产生强烈的刺激,都可引起膀胱黏膜的炎症,严重者膀胱黏膜组织坏死。

膀胱黏膜炎症发生后,其炎性产物、脱落的膀胱上皮细胞和坏死组织等混入尿中,引起尿液成分改变,即尿中出现脓液、血液、上皮细胞和坏死组织碎片。此种质变的尿液成分又成为病原微生物繁殖的良好条件,可加剧炎症的发展。

发炎的膀胱黏膜受到炎性产物刺激后,其兴奋性、紧张性升高,膀胱频频收缩,故患畜出现疼痛性排尿,甚至出现尿淋漓。若膀胱黏膜受到过强刺激,则引起膀胱括约肌反射性痉挛,从而导致排尿困难或尿闭。当炎性产物被吸收后则会出现全身症状。

【症状】

(1)急性膀胱炎　典型的临床表现是频频排尿,或屡做排尿姿势,但无尿排出,患畜尾巴翘起,阴户不断抽动,有时出现持续性尿淋漓、痛苦不安等症状。直肠检查,患畜抗拒,表现疼痛不安,触诊膀胱,手感空虚。若膀胱括约肌受炎性产物刺激,长时间痉挛收缩可引起尿闭,严重者可导致膀胱自发性穿孔破裂。

(2)慢性膀胱炎 由于病程长，患畜营养不良，消瘦，被毛粗乱，无光泽，其排尿姿势和尿液成分与急性略同。若伴有尿路梗阻，则出现排尿困难，但排尿疼痛不明显。

【病理变化】

急性膀胱炎可见膀胱黏膜充血、出血、肿胀和水肿。尿液混浊并含黏液。在犬有弥漫性充血、多灶性黏膜下出血、浅层黏膜水肿、黏膜有脓性白细胞浸润，通常不涉及肌层。慢性病例，膀胱壁明显增厚，黏膜表面粗糙且有颗粒。血管丰富的乳头突起可能受到侵蚀，使尿中混有血液和含有大的血凝块。

【实验室检验】

(1)尿液的常规检查 尿液的检查在诊断上最为重要。尿中若混有大量的白细胞，特别是有中性粒细胞时尿浑浊(脓尿)，若尿中混有红细胞则呈红褐色(血尿)。尿沉渣中出现白细胞、红细胞、膀胱上皮细胞及细菌，可怀疑泌尿系感染。患急性膀胱炎时，终末尿为血尿，尿液混浊并混有黏液、坏死组织碎片和血凝块，以及有强烈的氨臭味。尿沉渣检查可见到大量膀胱上皮细胞、白细胞、红细胞和磷酸铵镁结晶等。

(2)血液学检查 一般无白细胞增加和中性粒细胞核左移现象。有时会出现血红蛋白降低及低蛋白血症。

【诊断与预后】

急性膀胱炎可根据疼痛性尿频、排尿姿势变化等临床特征，以及尿液检查有大量的膀胱上皮细胞和磷酸铵镁结晶，进行综合判断。在临床上，膀胱炎与肾盂炎、尿道炎有相似之处，需要通过实验室检查，尤其是尿沉渣检查才能加以区分。肾盂炎，表现为肾区疼痛，肾脏肿大，尿液中有大量肾盂上皮细胞。尿道炎，镜检尿液无膀胱上皮细胞。急性卡他性膀胱炎，若能及时治疗可迅速痊愈，预后良好。重剧病例，可继发败血症而死亡，也可出现尿道阻塞，预后不良。

【治疗】

治疗原则：加强护理，抑菌消炎，防腐消毒及对症治疗。

(1)抑菌消炎 与肾炎的治疗基本相同。重症病例，可先用0.1%高锰酸钾或1%~3%硼酸，或0.1%雷夫奴尔液，或0.01%新洁尔灭液，或1%亚甲蓝做膀胱冲洗，在反复冲洗后，膀胱内注射青霉素80万~120万IU，每日1~2次，效果良好。同时，肌内注射抗生素配合治疗。犬、猫一般注射氨苄西林，每次0.5 g，每日2次；肌内注射庆大霉素，每次8万IU，每日2次。

(2)尿路消毒 内服呋喃妥因，每日12~15 mg/kg，2~3次分服；或40%乌洛托品，马、牛50~100 mL，静脉注射。

(3)膀胱冲洗 用2%硼酸溶液经膀胱插管进行冲洗，冲洗后向膀胱内注入庆大霉素。

(4)净化尿液 内服氯化铵，20~80 mg/kg，每日1次，能使尿液净化，并增加抗菌药物的效果。

中兽医称膀胱炎为气淋，方可用沉香、石苇、滑石(布包)、当归、陈皮、白芍、冬葵子、知母、黄柏、枸杞子、甘草、王不留行，水煎服。对于出血性膀胱炎，可服用秦艽散。单胃动物膀胱炎或尿路感染时，用鲜鱼腥草打浆灌服，效果较好。

膀胱麻痹(paralysis of bladder)

膀胱麻痹是膀胱平滑肌的收缩力减弱或丧失，使尿液不能随意排出而潴留在膀胱内所引起的一种非炎症性膀胱疾病。临床上以不随意排尿，膀胱充满且无明显疼痛为主要特征。本病多数是暂时性的不完全麻痹,常发生于牛、马和犬。

【病因与发病机理】

膀胱麻痹多属继发性,主要原因有以下两种。

(1)神经源性　由于脑膜炎、脑部挫伤、中暑、电击、生产瘫痪或因脊髓震荡和肿瘤等引起中枢神经系统的损伤,支配膀胱的神经功能发生障碍或调节排尿中枢功能障碍,对膀胱的控制及支配作用丧失,因而膀胱平滑肌或括约肌失去收缩力而发生麻痹。

(2)肌源性　因膀胱或邻近器官组织炎症波及膀胱深层组织,使之发炎而导致膀胱肌层的紧张度降低,或因役用动物长时间使役而得不到排尿的机会,或因尿路阻塞、大量尿液积滞在膀胱内,以致膀胱过度伸张而弛缓,降低了收缩力,导致一时性膀胱麻痹。

膀胱麻痹后,一方面大量尿液积滞于膀胱内,膀胱尿液充满,患畜屡做排尿姿势,但无尿液排出,或呈现尿淋漓;另一方面,由于尿的潴留造成细菌大量发育繁殖,尿液发酵产氨,刺激膀胱黏膜而导致膀胱炎。

【症状】

临床症状可因病因不同而有差异。

(1)脑性麻痹　丧失对排尿的调节作用,只有膀胱内压超过括约肌紧张度时,才排出少量尿液。直肠触诊膀胱,尿液高度充满,按压膀胱,尿液呈细流状喷射而出。

(2)脊髓型麻痹　排尿反射减弱或消失,膀胱充满时才被动地排出少量尿液,直肠内触压膀胱,尿液充满。当膀胱括约肌发生麻痹时,则尿失禁,尿液不自主地呈滴状或线状排出,触摸膀胱空虚,导尿管易于插入。

(3)肌源性麻痹　一时性排尿障碍,膀胱内尿液充盈,患畜频频做排尿姿势,但每次却排尿量不大。按压膀胱时有尿液排出。各种原因所引起的膀胱麻痹,尿液中均无尿管型。

【诊断与预后】

根据病史,结合特征性临床症状,如不随意排尿、膀胱尿液充满等;直肠内触压膀胱及导尿管探诊结果,不难做出判断。膀胱不完全麻痹或一时性麻痹,通过适当治疗,一般预后良好。若膀胱完全麻痹或脑、脊髓损伤性膀胱麻痹,预后慎重。

【治疗】

治疗原则:消除病因和对症治疗。

针对原发病病因采取相应的治疗措施。对症治疗可先实施导尿,防止膀胱破裂。大家畜可通过直肠内刺穿肠壁,再刺入膀胱内;小动物可通过腹下壁骨盆底的耻骨前缘部位施行穿刺以排出尿液。膀胱穿刺排尿不宜多次实施,否则易引起膀胱出血、膀胱炎、腹膜炎或直肠黏膜粘连等继发症。膀胱积尿不是特别严重的病例,可实施膀胱按摩,以排出积尿。对大家畜可采用直肠内按摩,每日 2 次或 3 次,每次 5~10 min。

选用神经兴奋剂和提高膀胱肌肉收缩力的药物,有助于膀胱排尿。可皮下注射硝酸士的宁,剂量:牛、马 15~30 mg,猪、羊 2~4 mg,犬 0.5~0.8 mg。每日或隔日 1 次。也可采用电针治疗,两电极分别插入百会穴和后海穴,调整到合适频率,每日 1~2 次,每次 20 min。应用氯化钡治疗牛的膀胱麻痹,效果良好。剂量为 0.1 g/kg,配成 1% 灭菌溶液,静脉注射。据报道,犬患膀胱麻痹时,可内服氯化氨甲酰甲胆碱 5~15 mg,每日 3 次,对提高膀胱肌肉的收缩力有一定的作用。为防止感染,可使用抗生素和尿路消毒。

中兽医称膀胱麻痹为胞虚。肾气虚弱型用肾气丸加减,脾肺气虚型用补中益气汤加减。

第四节　尿路疾病

尿道炎（urethritis）

尿道炎是指尿道黏膜的炎症，其临床特征为尿频、尿痛、局部肿胀。各种家畜均可发生，多见于牛、犬和猫，而某些地区公牛多发。

【病因与发病机理】

尿道炎主要是尿道的细菌感染，如导尿时手指及导尿管消毒不严，或操作粗暴，造成尿道感染及损伤；或尿结石的机械刺激及刺激性药物与化学刺激，损伤尿道黏膜，再继发细菌感染。此外，公畜的包皮炎、母畜子宫内膜炎症的蔓延，也可导致尿道炎。犬、猫尿道炎多由泌尿道及邻近器官感染所致，如膀胱炎、阴道炎或子宫内膜炎等；交配时过度舔舐或其他异物（如草刺等）刺入尿道等。

【症状】

患畜频频排尿，尿呈断续状流出，并表现疼痛不安，公畜阴茎勃起，母畜阴唇不断开张，黏液性或脓性分泌物不时自尿道口流出。做导尿管探诊时，手感紧张，甚至导尿管难以插入。患畜表现疼痛不安，并抗拒或躲避检查。尿液混浊，混有黏液、血液或脓液，甚至混有坏死和脱落的阴道黏膜。局部尿道损伤为明显的一过性，或仅在每次排尿开始时滴出血液，也可见不排尿。病犬或病猫常在导尿时极度痛苦、惨叫或呻吟。有时患病犬、猫频频舔舐外阴部，视诊可见尿道口潮红、水肿或流出脓性分泌物。

【诊断及预后】

根据临床特征，如疼痛性排尿，尿道肿胀、敏感，尿道逆行性造影，以及导尿管探诊和外部触诊即可确诊。尿道炎的排尿姿势很像膀胱炎，但采集尿液检查，尿液中无膀胱上皮细胞，应做尿液细菌培养以确定病原，单纯性尿道炎尿中无管型和膀胱以上的上皮细胞。

尿道炎通常预后良好，如果发生尿路梗阻、尿潴留或膀胱破裂，则预后不良。

【治疗】

治疗原则：消除病因，控制感染和对症治疗。

当尿潴留而膀胱高度充盈时，可施行手术治疗或膀胱穿刺。其他治疗法可参考膀胱炎。犬、猫抗菌消炎可肌内注射庆大霉素，每次8万IU/kg，每日2次；内服头孢羟氨苄，每次50~100 mg，每日2次；用0.1%高锰酸钾溶液清洗尿道及外阴部，然后向尿道内推注适量抗生素溶液。猪发生尿道炎时可用夏枯草90~100 g，煎水、候温内服，早晚各一剂，连用5~7 d。

尿石症（urolithiasis）

尿石症也称尿结石，是指尿路中盐类结晶成大小不一、数量不等的凝结物，刺激尿路黏膜而引起的出血性炎症和尿路阻塞性疾病。临床上根据阻塞部位分为肾结石、输尿管结石、膀胱结石和尿道结石。临床上以腹痛、排尿障碍和血尿为特征。各种动物均可发生，但主要发生于公畜，且以牛、羊、猪、犬和鸡等常见。

【病因】

尿石症的病因不是十分清楚，但普遍认为和以下因素有关。

(1)高钙、低磷和富硅、富磷的饲料　长期饲喂高钙低磷的饲料和饮水，可促进尿石症的形成。尿石症的形成与饲料的品种密切相关。例如，产棉地区棉饼是牛、羊的主要饲料，而长期饲喂棉饼的牛、羊，极易形成磷酸盐尿结石；有些地区，习惯用甜菜根、萝卜、马铃薯为主要饲料饲喂猪，结果易形成硅酸盐尿石症；安徽皖北及其他小麦和玉米产区的家畜易患尿石症，其原因是麸皮和玉米等饲料中富含磷。另外，如饲喂高蛋白、高镁离子的日粮，易促进磷酸铵镁结石的形成。

(2)缺乏饮水　饮水不足是尿石症形成的重要因素，如天气炎热、农忙季节或过度使役，饮水不足，机体出现不同程度的脱水，使尿中盐类浓度增高，促使尿结石的形成。

(3)维生素 A 缺乏　可导致尿路上皮组织角化，促进尿石症形成，但实验性羊维生素 A 缺乏病，未发现尿石症。

(4)尿液酶活性的改变　由于尿液中尿素酶的活性升高及柠檬酸浓度降到最低，引起尿液 pH 值的变化，而促进尿石症的形成。

(5)感染因素　肾和尿路感染发炎时，炎性产物、脱落的上皮细胞及细菌积聚，可成为尿结石的核心物质。

(6)遗传因素　由于某些代谢的遗传缺陷，如英国斗牛犬、约克夏梗等的尿酸遗传代谢缺陷易形成尿酸铵结石，或机体代谢紊乱利于胱氨酸结石的形成。

(7)其他因素　甲状旁腺机能亢进，维生素 D 过多，周期性尿液潴留，大量应用磺胺类药物等均可促进尿石症的形成。

【发病机理】

尿结石不但受饲料品种的影响，而且尿结石的化学成分因家畜种类不同，也不一致。犬和猫的尿结石是钙、镁和磷酸铵及尿酸铵；猪的尿结石是磷酸铵镁、钙和碳酸镁或草酸镁；马的结石是碳酸钙、磷酸镁和碳酸镁；而牛、羊的结石多属于碳酸钙和磷酸铵镁。

目前，形成尿结石的真正机制还不很清楚，一般认为与以下 3 个因素有关。

(1)尿结石形成的核心物质　这是形成尿结石的基质，多为黏液、凝血块、脱落的上皮细胞、坏死的组织碎片、红细胞、微生物、纤维蛋白和沙石颗粒等，均可作为尿结石的核心物质，促使尿结石的形成。

(2)尿中溶质的沉淀　当预防尿中溶质的保护性胶体被破坏时，尿中大量矿物质盐类结晶发生沉淀，成为尿结石的实体，一般盐类结晶有碳酸盐、磷酸盐、硅酸盐、草酸盐和尿酸盐，它们以核心物质为基础，环绕、逐渐沉积成结石。

(3)尿液的理化性质　其发生改变，可成为尿结石形成的诱因。如尿液的 pH 值改变，可影响一些盐类的溶解度。尿液潴留或浓稠，因其中尿素分解产生氨，使尿液变成碱性，形成碳酸钙、磷酸铵和磷酸铵镁等沉淀。酸性尿也容易促使尿酸盐结石的形成。尿中的柠檬酸盐含量下降，易发生钙盐的沉淀，形成尿结石。

总之，尿结石形成的条件是结石核心物质的存在，尿中保护性胶体环境的破坏，尿中盐类结晶不断析出并沉积，常在输尿管和尿道形成阻塞。尿结石形成后，于阻塞部位刺激尿路黏膜，引起黏膜损伤、炎症、出血，并使局部的敏感性增高，由于刺激，尿路平滑肌出现痉挛性收缩，因而患畜发生腹痛，尿频和尿痛现象。当结石阻塞尿路时，则出现尿闭，腹痛尤为明显，甚至可以发生尿毒症和膀胱破裂。

【症状】

（1）刺激症状 患畜排尿困难，频频做排尿姿势，叉腿、拱背、缩腹、举尾、阴户抽动、努责、嘶鸣，线状或点滴状排出混有脓汁和血凝块的红色尿液。

（2）阻塞症状 当结石阻塞尿路时，患畜排出的尿流变细或无尿排出而发生尿潴留。因阻塞部位和阻塞程度不同，其临床症状也有一定的差异。

结石位于肾盂时，多呈肾盂肾炎症状，有血尿。阻塞严重时，有肾盂积水，患畜肾区疼痛，运步强拘，步态紧张。当结石移行至输尿管并发生阻塞时，患畜腹痛剧烈。直肠内触诊，可触摸到其阻塞部近端的输尿管显著紧张且膨胀。

膀胱结石时，可出现疼痛性尿频，排尿时患畜呻吟，腹壁抽缩。

尿道结石，公牛多发生于乙状弯曲或会阴部，公马多发生于尿道的骨盆中部。当尿道不完全阻塞时，患畜排尿痛苦且排尿时间延长，尿液呈滴状或线状流出，有时有血尿。当尿道完全被阻塞时，则出现尿闭或肾性腹痛现象，患畜频频举尾，屡做排尿动作，但无尿排出。尿路探诊可触及尿石所在部位，尿道外部触诊，患畜有疼痛感。直肠内触诊时，膀胱内尿液充满，体积增大。若长期尿闭，可引起尿毒症或发生膀胱破裂。

在结石未引起刺激和阻塞作用时，常不显任何临床症状。

【病理变化】

可在肾、输尿管、膀胱或尿道内发现结石，其大小不一，数量不等，有时附着于黏膜上。阻塞部黏膜出现损伤，炎症，出血乃至溃疡。当尿道破裂时，其周围组织出血和坏死，并且皮下组织被尿液浸润。在膀胱破裂的病例中，腹腔充满尿液。

【诊断与预后】

非完全阻塞性尿结石可能与肾盂炎或膀胱炎相混淆，只有通过直肠检查进行鉴别。犬、猫等小动物可借助 X 线影像显示相区别，对于大于 3 mm 的肾结石和输尿管结石应该用 X 线检查，若注入造影剂则更容易确诊。膀胱结石可进行膀胱充气造影，或采用 2.5% ~ 5% 泛影酸钠（natrii diatrizoas）阳性造影剂进行造影诊断。尿道探诊不仅可以确定是否有结石，还可判明尿石部位。在犬可用金属探针插入母犬的膀胱内，探针接触结石时，可听见"咯咯"声，用导尿管插入公犬的尿道探诊有助于利于诊断。超声检查有利于本病的诊断，运用物理（X 线衍射、能谱分析）、化学的方法对尿结石的成分进行分析，有利于本病的治疗和预防。还应注重饲料构成成分的调查，综合判断，做出确诊。

严重的肾结石或继发尿毒症或膀胱破裂，预后不良；尿路结石，若消除结石，并经适宜治疗，预后良好。

【治疗】

治疗原则：消除结石，控制感染和对症治疗。

（1）不完全阻塞 可选用利尿剂，如利尿素、乙酸钾、氨茶碱等；尿道消毒剂用乌洛托品等；防止和控制细菌感染可用抗生素，如青霉素类、头孢菌素类等；如出血不止，可肌内注射安络血；大量饮水，以增加尿量，降低尿液内盐类浓度，减少沉淀机会。

（2）完全阻塞 可选用保守疗法，如水冲洗法。导尿管插入尿道或膀胱，注入消毒液体，反复冲洗，适用于粉末状或沙粒状结石。结石较大的，肌内注射 2.5% 氯丙嗪溶液，牛、马 10 ~ 20 mL，猪、羊 2~4 mL，犬、猫 1~2 mL。保守治疗无效时，可实施手术切开，将尿石取出。

中兽医称尿路结石为砂石淋，一般用排石汤（石苇汤）。

【预防】

(1)预防地区性尿结石　应查清动物的饲料、饮水和尿结石成分，找出尿结石形成的原因，合理调配饲料，使饲料中的钙、磷比例保持在1.2∶1或者1.5∶1的水平。并注意饲喂维生素A丰富的饲料。

(2)及时治疗泌尿器官疾病　对家畜泌尿器官炎症性疾病应及时治疗，以免出现尿潴留。

(3)加强饲养管理　平时应适当增喂多汁饲料或在食物中添加一定量食盐增加饮水，以稀释尿液，减少对泌尿器官的刺激，并保持尿中胶体与晶体的平衡。

(4)补充氯化盐　在肥育犊牛和羔羊的日粮中加入4%氯化钠，对结石的发病有一定的预防作用。同样，在饲料中补充氯化铵，对预防磷酸盐结石有令人满意的效果。

（王希春　吴金节）

第五节　泌尿系统其他疾病

肾功能衰竭(renal failure)

肾功能衰竭是指各种原因引起肾功能严重障碍，出现包括多种代谢产物、药物和毒物在体内蓄积，水、电解质和酸碱平衡紊乱，尿液中毒素蓄积，贫血，肾性骨病，肾性高血压等一系列变化的病理过程。临床上以水肿、少尿、血尿和蛋白尿为特征。肾功能衰竭可分为急性肾功能衰竭和慢性肾功能衰竭，其结局都以尿毒症告终。

(一)急性肾功能衰竭

急性肾功能衰竭(acute renal failure，ARF)是指各种致病因素在短时间内(几小时至几天)引起肾脏泌尿功能急剧障碍，以致不能维持机体内环境稳定，从而引起水肿、电解质和酸碱平衡紊乱以及代谢废物蓄积的病理过程。临床上以少尿、无尿、高钾血症、水肿和代谢性酸中毒为特征。

【病因】

(1)肾前性因素　主要见于各种原因引起的心输出量和有效循环血量急剧减少，如急性失血、严重脱水、急性心力衰竭等。

(2)肾后性因素　主要是指肾盂以下尿路发生阻塞所引起的肾功能不全。

(3)肾性因素　肾性急性肾功能衰竭的原因复杂多样，概括起来主要有两大类：一类为肾小球、肾间质和肾血管疾病；另一类为急性肾小管坏死(acute tubular necrosis)，是引起肾功能不全的常见原因，临床上以蛋白尿、血尿和各种管型尿为特征。

【发病机理】

急性肾功能衰竭的发病机理至今尚不完全清楚。不同原因所导致的急性肾功能衰竭的发病机理不尽相同，但各种临床表现主要源于肾小球滤过率下降所导致的少尿或无尿。肾小球滤过率下降主要与肾血管、肾小球和肾小管因素有关。

(1)肾血管因素　急性肾功能衰竭初期就存在着肾血流量不足(肾缺血)和肾内血流分布异常现象。肾缺血和肾内血流异常分布的发生机制：①肾血管收缩。循环血量减少和肾毒物中毒，可引起持续性的肾血管收缩，使肾血流量减少，以皮质外层血流量减少最为明显，即出现肾脏血流的异常分布。肾皮质缺血和肾血流重新分布，往往引起肾小球滤过率下降，导致急性肾功能衰竭。②肾血管内皮细胞肿胀。肾缺血使肾血管内皮细胞营养障碍而发生变性肿胀，结果导致肾血管管腔变窄，血流阻力增加，肾血流量进一步减少。③肾血管内凝血。肾脏缺血，肾血管内皮细胞损伤，暴露出胶原纤维，从而启动内源性凝血系统，同时血液中纤维蛋白原和血小板增多，二者共同作用导致肾血管内凝血，使肾脏缺血进一步加重。

（2）肾小球因素 ①滤过膜通透性降低。缺血和肾中毒导致肾小球毛细血管内皮细胞和肾球囊上皮细胞肿胀，肾小球囊脏层上皮细胞相互融合，使正常的滤过缝隙变小甚至消失，从而使滤过膜的通透性降低，原尿生成减少。②滤过膜电荷屏障破坏。生理情况下，肾小球滤过膜富含带负电荷的糖胺多糖（黏多糖）。这种糖胺多糖依靠静电排斥作用，可以阻止许多带负电荷的血清蛋白（如白蛋白）随原尿滤过，这便是电荷屏障作用。当肾小球损伤时，滤过膜的糖胺多糖含量明显减少，从而使滤过膜负电荷量降低甚至消失，电荷屏障破坏，血清白蛋白和球蛋白等负电荷蛋白质即可随尿排出而形成肾小球性蛋白尿。

（3）肾小管因素 ①肾小管阻塞。肾小管上皮细胞对缺血、缺氧及肾毒性物质非常敏感。在这些因素作用下，肾小球上皮细胞变性肿胀，使管腔变窄。病程较久时，肿胀的上皮细胞坏死、脱落、破裂。脱落的细胞碎片可以和滤出的各种蛋白质结合凝固形成各种管型，阻塞肾小管管腔。一方面使阻塞近侧管内压升高，阻碍原尿的生成；另一方面阻碍原尿的排出，患畜呈现少尿。②肾小管内尿液反漏。肾小管上皮细胞变性、坏死、脱落，使肾小管壁的通透性增高，管腔内原尿可以通过损伤的肾小管壁向间质反漏。原尿反漏一方面可以直接使尿量减少，另一方面又可以形成肾间质水肿，使间质内压升高，压迫肾小管和肾小管周围的毛细血管。

【症状】

患畜表现为食欲减退、呕吐、腹泻及消化道出血等。随着病情的发展，其他系统会出现一系列症状，如呼吸困难、高血压、心力衰竭、抽搐、昏迷等，治疗不及时或治疗不当，最终会发展为尿毒症。

【诊断及预后】

依据病史和临床症状进行初步诊断，然后结合实验室检查进行确诊。尿液检查时，尿量减少、色深、浑浊，有少量蛋白、红细胞和白细胞，有时可见肾小管上皮细胞管型。血液学检查，血红蛋白含量减低，血清肌酐增高，血清钾浓度升高。

急性肾功能衰竭，若治疗及时，治疗方法得当，预后良好，否则易转化为慢性肾功能衰竭或尿毒症，预后不良。

【治疗】

治疗原则：控制原发病、利尿消肿以及对症治疗等。

（二）慢性肾功能衰竭

慢性肾功能衰竭（chronic renal failure，CRF）是指肾脏的各种慢性疾病引起肾实质的进行性破坏，如果残存的肾单位不足以代偿肾脏的全部功能，就会引起肾脏泌尿功能障碍，使机体内环境紊乱，表现为代谢产物、毒性物质在体内潴留，以及水、电解质和酸碱平衡紊乱，并伴有贫血、骨质疏松等一系列临床症状的综合征。

【病因】

凡能引起慢性肾实质进行性破坏的疾病都可引起慢性肾功能衰竭，如慢性肾小球肾炎、慢性间质性肾炎、慢性肾盂肾炎、多囊肾等。慢性肾功能衰竭也可继发于急性肾功能衰竭或慢性尿路阻塞。上述慢性肾脏疾病早期都有各自的临床特征，但到了晚期，其表现大致相同，这说明它们有共同的发病机制。因此，慢性肾功能衰竭是各种慢性肾脏疾病最后的共同结局。

【发病机理】

慢性肾功能衰竭是肾单位广泛破坏，具有功能活动的肾单位逐渐减少，并且病情呈进行性加重的过程。对这种进行性加重的原因和机理尚不十分清楚。目前，主要有以下4种学说予以解释。

(1)健存肾单位学说　虽然引起慢性肾损害的原因各不相同，但是最终都会造成病变肾单位的功能丧失，肾功能只能由未受损害的健存肾单位来代偿。肾单位功能丧失越多，健存的肾单位就越少，最后健存的肾单位少到不能维持正常的泌尿功能时，就会出现肾功能衰竭和尿毒症症状。健存肾单位的多少，是决定慢性肾功能衰竭发展的重要因素。

(2)矫枉失衡学说　是对健存肾单位学说的补充。该学说提出当肾单位和肾小球滤过率进行性减少时，体内某些溶质增多，为了排出体内过多的溶质，机体可通过分泌某些体液调节因子(如激素)来抑制健存肾小管对该溶质的重吸收，增加其排泄，从而维持内环境的稳定。这种调节因子虽然能使体内溶质的滞留得到"矫正"，但这种调节因子的过量增多又使机体其他器官系统的功能受到影响，从而使内环境发生另外一些"失衡"，即矫枉失衡。

(3)肾小球过度滤过学说　部分肾单位丧失功能后，健存肾单位的肾小球毛细血管内压和血流量增加，导致单个肾单位的肾小球滤过率升高(过度滤过)。在长期负荷过度的情况下，肾小球发生纤维性硬化，使肾功能进行性减退，从而促进肾功能不全的发生。

(4)肾小管高代谢学说　健存肾单位肾小管的高代谢状态是慢性肾功能衰竭的重要决定因素。部分肾单位功能丧失后，健存的肾小球发生过度滤过，由于原尿尿量增加、流速加快，钠离子滤过负荷增加，使肾小管上皮细胞酶活性升高而呈现高代谢状态。肾小管上皮长期高代谢状态导致肾小管明显肥大并伴发囊状扩张，到后期肥大扩张的肾小管又往往发生继发性萎缩，并有间质炎症和纤维化病变，即出现肾小管间质损害，导致慢性肾功能衰竭。

【症状】

(1)水、电解质及酸碱平衡　慢性肾功能衰竭患畜有轻度钠、水潴留，如果摄入过量的钠和水，易引起体液过多而发生水肿、高血压和心力衰竭。慢性肾功能衰竭发生时残余肾单位排钾增加，肠道也增加钾的排泄，因此可以出现低血钾症，但转为尿毒症时，又会出现高钾血症。此外，还会出现低血钙、高血磷和代谢性酸中毒，因此可能表现出比较复杂的症状。

(2)蛋白质、脂类、脂肪及维生素代谢紊乱　蛋白质代谢紊乱主要表现为蛋白质代谢产物引起氮质血症，同时血清白蛋白下降、血浆必需氨基酸水平下降等；这主要与蛋白质分解增多、合成减少、肾脏排出增多有关；若不及时纠正，可引起机体抵抗力明显下降。糖代谢异常主要表现为糖耐量减低和低血糖。脂代谢障碍主要表现为高脂血症。维生素代谢紊乱也相当常见，如维生素A水平增高，维生素B_6及叶酸缺乏等。

(3)各系统症状　慢性肾功能衰竭发生后对各系统均有不良影响，表现出相应的临床症状。其中，消化系统以食欲下降、呕吐及消化道出血等症状为主；神经系统主要表现为精神沉郁、兴奋、抽搐、昏迷及感觉过敏等症状；心血管系统可出现高血压和心力衰竭等疾病；呼吸系统主要表现为呼吸困难，其他系统也会表现不同程度的临床症状。

【诊断及预后】

本病可根据临床症状和病史进行初步诊断，然后结合实验室检查进行确诊。

(1)血液检查　血尿素氮和肌酐增高，血浆蛋白正常或降低，电解质紊乱。

(2)尿液检查　尿液常规改变可因病因不同而有所差异，可出现蛋白尿、红细胞、白细胞或管型，也可能改变不明显。

(3)其他检查　泌尿系统X线平片或造影有助于本病诊断。

慢性肾功能衰竭常常引起肾性骨病和尿毒症，使病情加重，预后不良。

【治疗】

治疗原则：纠正酸中毒、恢复水钠代谢平衡和预防高血钾等。

尿毒症（uremia）

尿毒症是指肾功能衰竭发展到严重阶段、代谢产物和毒性物质在体内蓄积而引起机体中毒的全身综合征候群。它不是一种独立的疾病，而是泌尿器官疾病晚期发生的临床综合征。临床上可出现神经、消化、血液、循环、呼吸、泌尿和骨骼等系统的一系列症状。各种动物均可发生。

【病因】

尿毒症为继发综合征，主要是各种原因引起的急性或慢性肾衰竭，或者是由慢性肾炎、慢性肾盂炎等各种肾脏疾患所引起。

【发病机理】

尿毒症是由于肾功能损伤后尿液成分进入血液而引起。尿毒症的发生不仅与有毒物质在体内蓄积有关，而且与水、电解质和酸碱平衡紊乱及某些内分泌功能失调有关。

（1）毒性物质蓄积 至今已研究发现血浆中有上百种蛋白质代谢产物的浓度明显增多，并已证明它们是有毒的，能引起尿毒症症状，归纳为5类。

①胍类化合物：是精氨酸的代谢产物，它们具有溶血，抑制红细胞内铁的转运，抑制脑组织转氨酶的活性，阻止血小板黏附、聚集和抑制血小板第三因子活性及淋巴细胞的转化作用，因而使病畜组织受损，出现贫血、皮肤瘙痒及意识障碍等。

②胺类物质：包括脂肪族胺、芳香族胺和多胺。高浓度的胺源物质能抑制琥珀酸氧化及谷氨酸脱羧酶、多巴羧化酶的活性，抑制脑内的代谢过程，引起尿毒症病畜肌肉的阵发性痉挛、震颤、厌食和呕吐等症状；还能促进红细胞溶解，抑制红细胞生成素的合成。多胺可使微循环血管通透性增加，促使尿毒症时出现腹水、急性脑水肿和肺水肿。

③酚类化合物：是芳香族氨基酸的代谢产物，主要是对中枢神经系统有抑制作用，还能抑制单胺氧化酶、乳酸脱氢酶及糖的无氧酵解酶的活性，也可抑制血小板聚集，与尿毒症病畜的出血倾向有关。

④中分子毒性物质：此类可能是多肽类物质。它们对机体内多种激素和酶的活性，对造血细胞的生成及血红蛋白的合成，以及淋巴细胞转化与玫瑰花环的形成均有抑制作用，并对葡萄糖的利用、成纤维细胞的增生、白细胞的吞噬及神经传导机能产生不同程度的影响。因此，此类毒性物质与尿毒症时出现的贫血、免疫功能下降、严重感染、营养不良及神经系统病变密切相关。

⑤大分子毒性物质：指相对分子质量大于5 000的多肽和小分子蛋白，如甲状旁腺素、生长激素、促肾上腺皮质激素、胰高糖素、胃泌素和胰岛素等激素，其水平在尿毒症时是升高的，对机体造成不同程度的损害。因此，在临床上尿毒症病畜出现贫血、肾小球损害、心肌损害、肾性骨营养不良等症状。

有人提出"膜功能紊乱"假说，试图将各种尿毒症毒性物质归为一种最终的共同损害途径，即尿毒症时的各种毒性物质都使细胞膜的结构和功能异常，从而造成一系列的临床症状，也就是说各种毒性物质均可通过不同方式影响膜功能。

（2）水、电解质代谢和酸碱平衡紊乱 机体内环境紊乱也是促使尿毒症症状发生的因素之一。尿毒症患畜常有钠、水潴留，代谢性酸中毒及低钠、低钙血症等。这些变化可造成神经系统功能紊乱，而且还可能抑制许多酶的活性而影响神经、肌肉及心脏功能。

总之，多种毒性物质的蓄积是尿毒症发生的主要因素，而机体内环境紊乱又促进了中毒症状的发展。

【症状】

兽医临床上将尿毒症分为真性尿毒症和假性尿毒症两种类型。

(1)真性尿毒症　主要是因含氮产物如胍类毒性物质在血液和组织内大量蓄积(氮质血症)。病畜表现精神沉郁、厌食、呕吐、意识障碍、嗜睡、昏迷、腹泻、胃肠炎、呼吸困难，严重时呈现陈-施二氏呼吸，呼出的气体有尿味，还可见到出血性素质、贫血和皮肤瘙痒现象。血液非蛋白氮显著升高。

(2)假性尿毒症　是由其他(如胺类、酚类等)毒性物质在血液内大量蓄积，使脑血管痉挛和由此引起的脑贫血所致，又称抽搐性尿毒症或肾性惊厥。临床上主要表现为突发性癫痫样抽搐及昏迷。病畜呕吐，流涎，厌食，瞳孔散大，反射增强，呼吸困难，并呈阵发性喘息，卧地不起，衰弱而死亡。

【病程和预后】

若治疗方法不当或不及时，预后不良。

【诊断】

可根据病史调查、血液和尿液的实验室生化检验结果，进行综合判断。

【治疗】

治疗原发病，加强饲养管理，减少日粮蛋白和氨基酸的含量，补充维生素是防止尿毒症进一步发展的重要措施。为缓解酸中毒，纠正酸碱失衡，可静脉注射碳酸氢钠，一次注射量，牛、马5~30 g，猪、羊2~6 g，犬、猫0.5~1.5 g。为纠正水与电解质紊乱，应及时静脉输液。为促进蛋白质合成，减轻氮质血症，可采用透析疗法，以清除体内毒性物质。此外，还可采用对症治疗。

猫下泌尿道疾病(feline lower rurinary tract disease)

猫下泌尿道疾病也称猫泌尿系统综合征(feline urologic syndrome，FUS)，是猫尿路存在结石、微结石或结晶以及塞子，刺激尿路黏膜发炎，造成尿路阻塞所引起的一种泌尿系统综合征。临床上以尿频、排尿困难、疼痛、少尿、血尿乃至无尿为特征。多发于2~6岁的猫，其中波斯猫的发病率较高。

【病因】

猫下泌尿道疾病病因复杂多样。

(1)感染因素　如病毒、细菌、支原体、真菌、寄生虫的感染，或医源性感染，如导尿、膀胱冲洗、手术后留置在尿道和膀胱中的导尿管或尿道造口手术等引起下泌尿道炎症，脱落的上皮细胞、血凝块等炎性产物促进结石的形成，阻塞尿道。

(2)日粮品质和饮水因素　如日粮营养不均衡，尤其是日粮中镁含量过高，导致尿液中镁的浓度升高，使尿结石形成的危险增大。尿结石的形成还与饮水量有关，饮水量小，尿液浓缩，排尿次数减少，结晶和结石成分在泌尿道内停留时间长，有助于结石和结晶的形成。

此外，也与膀胱、尿道和前列腺一些疾病有关，如膀胱的鳞状上皮癌、血管瘤、纤维瘤等，尿道狭窄、包茎等，前列腺肿大、前列腺癌等造成尿道狭窄、出血，甚至阻塞等。

长期采食干燥食物，过于肥胖，缺乏运动，尿液的酸化或碱化，以及应激状态等均可成为引发猫下泌尿道疾病的病因。

【发病机理】

猫的尿结石、微结石和结晶均由磷酸铵镁即鸟粪石组成。328 份自然发生的猫尿石成分分析表明，88%尿结石含磷酸铵镁 7.0%以上，68%尿结石含磷酸铵镁 100%。此外，还有磷酸钙、尿酸铵、尿酸、草酸钙等，偶有胱氨酸尿结石的报道。

主要发病环节是尿结石、微结石和结晶的形成及其所致的尿路炎症和阻塞。结石的形成需要3 个基本条件：尿液内结石组分有足够的浓度，尿液酸碱度适宜，尿液有足够长的停滞时间。此外，"核"的存在，也有助于结石形成。因此，凡助长上述条件的因素均能促进尿结石或结晶形成，而导致猫下泌尿道疾病的发生；相反，凡能遏制上述条件的因素，则具有预防本病的作用。

【症状】

依据结石存在的部位、大小以及是否造成阻塞而不同，结石通常呈沙粒样或为显微结晶，有的出现单个或几个大的结石，直径可达几厘米。结石可造成 3 种结果：无明显的临床症状，引起膀胱炎或尿道炎，尿道或输尿管不全或完全阻塞。

膀胱结石，表现滴点排尿或在不常排尿的地方排尿。排出的尿液常混有血液，带有强烈的氨味。如发生感染和组织坏死，则尿液混有脓、血，有腐败气味。下段泌尿道发生感染，一般不表现为发热，但排尿带痛，排尿后持续蹲伏或伸展腰背。结石滞留于尿道，即发生尿道阻塞。尿道完全阻塞可突然发生或于几周内逐渐形成，多见于公猫。最初，试图排尿，但仅见尿滴或呈细流状。以后完全阻塞，则无尿液排出，但频频呈现排尿姿势，病猫可能过分蹲伏、伸展，舐舔阴茎，腹围膨大，触诊摸到膨满的膀胱。伴发尿毒症时，则食欲缺乏或废绝、脱水、昏睡，偶尔呕吐或腹泻，通常于 72 h 内死亡。尿道完全阻塞时，膀胱积尿，极度膨胀，偶尔发生膀胱破裂。

【诊断】

根据临床症状和病史可做出初步诊断，导尿管探诊、X 线检查、尿液分析和血液学检查等有助于建立诊断。

一般情况下，猫排尿时间延长，尿液浓稠，即应怀疑本病。腹部触诊发现膀胱膨满、有痛感，按压时不能排出尿液，要考虑下段泌尿道阻塞。若触摸不到膀胱，腹腔内积有大量液体，应考虑膀胱破裂，可通过腹腔穿刺确诊。尿结石可通过腹壁触诊，配合肛门或阴道指诊确认，必要时可用导尿管插入，以确定尿道结石的位置。放射学检查，直径大于 3 mm 的结石，放射造影即可显示。猫尿结石多呈细沙粒样，应仔细观察，以免漏诊。必要时可辅以超声诊断。

【治疗】

治疗原则：疏通尿道，抗菌消炎和对症治疗。

(1)疏通尿道，排出结石、积尿　这是治疗本病的关键。如果尿道已经完全阻塞，首选的方法是进行尿道冲洗。冲洗前，先将患猫麻醉，用导尿管冲洗尿道，排出膀胱内潴留的尿液，导尿管应留置 1~3 d，以保持尿道畅通，避免复发。若无法进行尿道冲洗，则应立即进行外科手术治疗。也可进行膀胱穿刺，排出尿液后再根据病情进行适当的处置。

(2)药物或处方食品治疗　适用于尿道完全阻塞。如果阻塞物为结晶，应首先确定结晶的类型，再选择适当的治疗方案进行治疗。对猫来说，常见的结晶类型有磷酸铵镁和草酸钙，磷酸铵镁易在碱性尿液中形成，多发于青年猫；草酸钙易在酸性尿液中形成，多发于老年猫。临床上常用的酸性溶石剂有二盐酸乙二胺、消旋甲硫氨酸、抗坏血酸、氯化铵和酸性磷酸钠等。消旋甲硫氨酸的用量为每日 0.5~0.8 g，氯化铵每日 0.8~1.0 g，混入饲料中饲喂。

(3)抗菌消炎，防止感染　常选用青霉素、氨苄西林、头孢菌素等进行肌肉或静脉注射。若是由于尿道口狭窄，前列腺肥大或肿瘤引起，可进行适当手术或其他疗法。

(4)对症治疗　主要是及时补液、供给能量、调节机体酸碱平衡和电解质平衡，纠正尿毒症和肾衰。此外，应让患猫尽量多饮水，以冲洗尿道，如果患猫不愿饮水，可给予罐头等含水丰富的饮食。

【预防】

合理调制猫粮，减少镁盐的摄入，使尿中镁浓度降低。增加食物中甲硫氨酸的摄入，甲硫氨酸代谢产物SO_4^{2-}取代尿结石中的HSO_4^{2-}，使尿液酸化，添加适量的氯化铵。或同时应用碳酸钠，可抑制食后化潮，使尿液pH值降低，既能防止结石的形成，又能溶解已形成的结石。

供给清洁饮水，尽量使猫饮水增多，增加排尿频率，可预防尿结石的形成。在猫粮中每日添加$0.25\sim1.0$ g食盐，使饮水增多，而促进排尿，可降低尿结石的发病率。

此外，在管理上，应让猫多活动，防止肥胖，保持理想的体重，减少应激。或定期去动物医院检查，并根据兽医的建议进行饲喂。

肾性骨病(renal osteodystrophy)

肾性骨病又称肾性骨营养不良，是慢性肾衰竭的常见的并发症之一，是由于慢性肾小球衰竭或肾小管功能障碍引起的电解质代谢紊乱、酸碱平衡失调和内分泌腺的功能失常所造成的骨骼损害。本病的发生与钙磷代谢紊乱、活性维生素D_3缺乏，甲状旁腺素(parathyroid hormone，PTH)代谢异常、铝中毒等多因素有关。

【病因】

引起肾性骨病的原因很多，常见的原因有继发性甲状旁腺功能亢进、铝中毒、慢性代谢性酸中毒和慢性肾脏疾病等。此外，肾性骨病的形成与多种因子有关，如白细胞介素、内皮素、内皮细胞相关舒张因子、成纤维细胞生长因子和胰岛素样生长因子等。

【发病机理】

各种病因所致的慢性肾病，由于肾单位的破坏，使肾小球的滤过减少。特别是当肾功能不全时，为了维持磷的平衡，残存的有功能的肾单位必须代偿性地增加磷的排泄。肾单位数目的减少，使每个肾单位磷的排泄量增大。当肾小球滤过率低于25 mL/min，这种代偿性平衡就不复存在了。随之磷就滞留在血液内，出现高磷血症。一般来说，血磷本身不会影响PTH释放，但可以使钙离子浓度发生改变，即高血磷降低钙离子浓度，从而刺激PTH增多，导致继发性甲亢。

骨组织对抗PTH升血钙的作用还不完全清楚，但它与高血磷程度无关。PTH影响血钙是通过破骨细胞及骨细胞活性升高，加速溶骨的结果，也是PTH将骨组织中的钙动员到细胞外液的结果。

在肾功能不全初期，维生素D代谢出现异常，这种异常在肾性骨病的发病过程中起着重要作用。正常情况下，7-脱氢胆固醇在波长为$280\sim300$ nm紫外线照射下在皮下组织转化为维生素D_3，然后维生素D_3能够迅速地聚集在肝脏，在25-羟化酶的作用下和NADPH(烟酰胺腺苷二磷酸)、分子氧及镁离子参加下，维生素D_3转化为25-(OH)D_3。一般认为，生理水平的25-(OH)D_3不能直接作用在靶组织上，必须在肾细胞线粒体内，在1-羟化酶作用下形成$1,25-(OH)_2D_3$，才能在其靶细胞发挥正常的生理效应。

【症状】

主要表现为骨折、骨痛、皮肤瘙痒、软组织血管钙化、走路困难、心血管疾病等。此外，还可能出现生长迟缓、皮肤溃疡和组织坏死、软组织和血管迁移性钙化等症状。

【诊断】

主要依据临床症状进行初步诊断。此外，可结合实验室辅助检查及骨活组织检查进行确诊。

【治疗】

肾性骨病的治疗，目前较成熟的方法包括饮食控制，透析模式的调整，磷结合剂、活性维生素 D 类似物的应用，合理调整血钙、磷、PTH 水平、钙敏感受体激动剂的应用等方面。调整血钙和磷水平，使血钙、磷的水平保持在最佳水平是防治肾性骨病的基本措施。高磷和钙磷沉积的增加，可使心血管钙化和死亡率明显增加。在治疗继发性甲状旁腺功能亢进时，目前国内应用活性维生素 D₃ 治疗甲亢，取得了满意的效果。纠正酸中毒也是很重要的，慢性代谢性酸中毒使骨中磷灰石、钠和钾盐含量减少。酸中毒还可导致骨细胞功能发生改变，如与成骨细胞相关的基质基因表达被抑制，同时伴有破骨活性的增强。

服用磷结合剂以减少肠道的吸收，具体包括钙磷结合剂，如碳酸钙、醋酸钙、乳酸钙和枸橼酸钙等；含铝磷结合剂，如氢氧化铝凝胶；不含铝、磷的磷结合剂，如盐酸思维拉姆、碳酸镁、含铁磷结合剂和烟酸等。

红尿综合征（red urine syndrome）

红尿综合征是泛指兽医临床上尿液变红的一类症状，主要包括血尿（hematuria）和血红蛋白尿（hemoglobinuria）、肌红蛋白尿（myoglobinuria）、卟啉尿（porphyrnuria）和药物红尿等。红尿综合征表现多样，病因复杂，各种动物均可发生。

【病因】

（1）血尿　原因很多，包括：①肾性血尿，主要见于肾衰竭、急性肾盂肾炎、肾小球肾炎、免疫复合物性肾病、肾淀粉样变性、肾肿瘤、肾囊泡、肾虫病和血丝虫病等。②膀胱性血尿，主要见于细菌性膀胱炎、膀胱外伤、膀胱肿瘤和毛细线虫感染等。③尿道性血尿，主要见于尿道结石、尿道炎、尿道外伤和尿道肿瘤等。④尿路外出血性血尿，主要见于前列腺炎、前列腺肿瘤、前列腺囊泡、犬睾丸赛尔托利氏细胞瘤、阴茎外伤、转移性器官肿瘤以及母犬发情期和平滑肌瘤等。⑤全身疾病性血尿，主要见于血小板减少症、热射病、抗凝血类杀鼠药中毒、钩端螺旋体病、血友病、白血病、系统性红斑狼疮、严重脱水和各种休克。⑥药物与化学因素，主要见于磺胺类、消炎痛、汞制剂、甘露醇、抗凝剂和环磷酰胺等药物所致的泌尿器官或尿道损伤。

（2）血红蛋白尿　主要见于肾前性溶血，如自身免疫性溶血、输血反应、新生仔畜溶血、洋葱或大葱中毒、烧伤、葡萄糖-6-磷酸脱氢酶缺乏、巴贝斯虫病、巴尔通氏体病和钩端螺旋体病等。

（3）肌红蛋白尿　主要见于马肌红蛋白尿病、毒蛇咬伤、德国牧羊犬疲劳症、马地方性肌红蛋白尿和牛麻痹性肌红蛋白尿。

（4）卟啉尿　由于体内卟啉代谢紊乱，血红蛋白合成障碍，导致其衍生物卟啉在尿中含量增高，形成卟啉尿，尿液呈红葡萄酒色。

（5）药物红尿　主要见于内服或注射某些药物，经过体内代谢使其代谢物进入尿液，导致尿液变红，如大黄、芦荟、刚果红和吩噻嗪等。

【发病机理】

（1）血尿　①泌尿器官组织的损害，泌尿器官具有丰富的血管分布，许多致病因素如细菌或病毒感染、结石的机械性损伤及肿瘤时，由于组织的糜烂溃疡等均可引起。一些化学物质（汞制剂、抗凝剂等)、毒素(蕈毒、蛇毒等)和药物(磺胺类等)通过肾脏排泄时可直接引起泌尿器官组织的损害,破坏血管的完整性而发生血尿。外伤性损害,如插入导管时,也可引起血尿。②免疫复合物型变态反应,抗原与抗体相互作用而产生免疫复合物,通常它们及时地被网状内皮系统清除,而不影响机体的正常机能。但在某些状态下,免疫复合物产生过多,在肾小球局部组织沉淀过多,从而导致局部组织的损伤,血管通透性增强,血液从血管中漏出,形成血尿。见于溶血性链球菌感染所致的急性肾炎以及注射血清后引起的血清病。③急性或慢性血液循环障碍,大出血或严重脱水引起的血容量急剧减少、严重感染、创伤伴有休克或急性心力衰竭等,均可使肾血流量显著减少,肾小球动脉呈痉挛状态而使肾小球发生缺血,特别是肾小管上皮细胞因缺血严重而坏死,引起血尿、少尿和无尿。各种心脏病引起的慢性心力衰竭,由于心排出量减少,使肾血流量持续减少,肾小球灌注不足和肾淤血,久而久之,肾小球基底膜受损而引起血尿和蛋白尿。

(2)肌红蛋白尿　动物长期饲喂丰富的日粮,肌肉内储存的大量糖原得不到利用,一旦在使役或运动后,肌糖原迅速代谢为乳酸,大量乳酸凝集,引起肌肉凝固、变性,肌红蛋白释放,随血流入肾,进入尿中。毒蛇咬伤动物,其毒素破坏肌细胞后引起肌红蛋白尿。

(3)卟啉尿　原发性卟啉尿病,包括红细胞生成性卟啉病和红细胞生成性原卟啉病,是调控卟啉代谢和血红素合成的有关酶类先天性缺陷所致的一组遗传性卟啉代谢病。继发性卟啉病,主要是铅等重金属中毒以及某些重剧的肝脏疾病导致卟啉代谢障碍,最后经尿液排出。

(4)药物红尿　药物及其代谢产物具有红色素,经肾小球滤过混入原尿,使尿液变红。

【症状】

动物除排出颜色深浅不一的红尿外,还会出现其他症状,可因原发病的不同而呈现较大差异,如血小板减少症、白血病及全身性疾病和中毒等会出现黏膜出血,尿路阻塞性疾病会出现尿淋漓、排尿困难等症状,肾小球肾炎等会出现水肿、高血压及体温升高等。

【诊断及预后】

血尿、血红蛋白尿和肌红蛋白尿的颜色,因其在尿中含量的多少和尿液的酸碱度不同而异。当尿液呈酸性时,颜色深,呈棕色或暗黑色;当尿液呈碱性时,则呈红色。用显微镜观察尿中红细胞的形态,可鉴别肾小球源性血尿(变形红细胞)与非肾小球源性尿(正常形态红细胞)。另外,来自肾脏的血尿,在出血量不多时,一般呈暗红色或浓茶样,常不伴有血凝块。来自膀胱或尿道的血尿呈红色并常混有血凝块。在兽医临床上,可用3个容器分别接取排尿开始、中间和最后的尿液,比较其颜色,即"三杯实验法"。第1杯尿含血液,第2、3杯清亮不显红色,说明病变部位在尿道;第3杯含血液,第1、2杯不显红色,说明病变在膀胱基底部和后尿道等部位;若三杯均有血液,说明血液来自膀胱上皮部位。红尿的鉴别见表5-1所列。

表5-1　红尿的鉴别

鉴别要点	血尿	血红蛋白尿	肌红蛋白尿	卟啉尿	药物红尿
颜色和透明度	红色、暗红色或洗肉样,浑浊,振荡时呈云雾状	暗红、棕色或酱油色,透亮,振荡时不呈云雾状	暗红或棕色,透亮,振荡时不呈云雾状	琥珀色或红葡萄酒色	红色、透明
放置或离心	有沉淀物	无沉淀物	无沉淀物	无沉淀物	无沉淀物
尿血检验	阳性	阳性	阴性	阴性	阴性
超滤检验(9 nm)	不能通过滤器	不能通过滤器	能通过滤器	能通过滤器	能通过滤器
沉淀物显微镜观察	有大量红细胞和其他细胞	无细胞或偶尔有细胞	无细胞	无细胞	无细胞

预后依据原发病的严重程度进行判断，一般性的红尿经过合理治疗，预后良好；若病情严重，泌尿器官损伤严重，预后慎重或预后不良。

【治疗】

治疗原则：消除病因、止血、控制继发感染等。

治疗过程中以控制原发病为主，并辅以对症治疗。此外，可应用中药方剂，具有较好的效果：秦艽、蒲黄炭、瞿麦、当归、栀子、车前子、三七、地榆、竹叶、泽泻和甘草等，水煎内服，每日 2 剂，连服 3 d。若是药物性红尿，停药后就可恢复正常。

（韩　博　贺建忠）

第六节　泌尿系统疾病的特点及类症鉴别

一、泌尿系统疾病的特点

在正常状态下，泌尿器官特别是肾脏具有强大的代偿机能，但当发生超越泌尿器官或肾脏自身代偿能力的严重障碍或损伤时，则可引起泌尿器官的病理变化而发生泌尿系统疾病。泌尿系统疾病病因多种多样，症状错综复杂，泌尿系统各器官在解剖生理上密切联系，因而泌尿系统的疾病相互联系、相互继发、相互转化、互为因果。泌尿系统疾病并非泌尿系统某一器官单独的病变，而是机体全身性疾病的一种局部反应，如在肾脏疾病的过程中，可以引起心脏、肝脏、肺脏和胃肠道的机能紊乱，其原因在于肾机能不全，致其分泌机能障碍，有害代谢产物大量蓄积，对上述器官产生一系列的严重影响所致。同样，当上述任一器官罹病时，则病原菌及其毒素或各种病理产物，均能通过不同途径侵入肾脏，刺激肾脏和其他泌尿器官而引起发病。临床上，原发性泌尿系统疾病的发病率较低，尤其是肾脏疾病并不多见，而继发性肾脏疾病却屡见不鲜。因此，泌尿系统疾病应当引起一定的重视。

二、泌尿系统疾病的类症鉴别

（一）少尿或无尿

一昼夜内排尿次数减少，尿量也减少称为少尿（oliguria）。如果没有尿液排出，称为无尿（anuria）。主要是肾脏血流量不足或肾脏泌尿机能障碍，临床上表现为排尿次数和每次尿量均减少或甚至很久不排尿。此时，尿液变浓，尿密度增高，有大量沉积物。少尿和无尿是肾功能衰竭（肾功能不全）的表现，按发病原因的不同可分为以下 3 类。

1. 肾前性少尿或无尿

特点是尿量仅为轻度或中度减少，一般不会出现无尿，尿相对密度增高（>1.020），渗透压升高，无肾实质损伤。这类疾病具有休克、心功能不全、脱水与电解质紊乱等血容量不足的病因及相关的临床症状，一般血容量恢复正常后尿量可迅速增多。因此，临床上病畜有上述病史存在而出现尿少时，应考虑肾前性少尿的可能。肾前性少尿与肾性少尿的区别是尿常规检查一般正常，脱水者红细胞压积和血红蛋白含量显著升高。对于严重脱水或休克所致的少尿，应注意与急性肾衰竭相区别。因前者是急性肾衰竭的早期表现，如病情进一步发展，治疗不及时或不恰当，均可出现急性肾衰竭。

2. 肾性少尿或无尿

引起的原因很多，均导致急性或慢性肾实质损伤。全身感染引起的肾脏损伤有典型的相关症状，集约化养殖的动物易群发，可分离到相关病原，一般不难诊断。急性肾炎表现肾区疼痛，血尿，蛋白尿，尿液中有白细胞、上皮细胞和管型。急性肾功能衰竭的动物通常会突然出现精神沉郁、呕吐、食欲降低、烦渴、少尿，但在恢复期或初期也可表现多尿。慢性肾炎，表现浮肿、贫血、渐进性体重下降、蛋白尿等。

3. 肾后性少尿或无尿

少尿或无尿突然发生，有导致尿路阻塞的原发病(如结石、肿瘤、前列腺增生等)病史，可能伴有腹痛，特殊检查显示肾脏体积增大，肾盂和输尿管扩张、积液等，并可发现肿块、结石等病变。

(二)尿失禁

尿失禁(urinary incontinence)是动物对排尿失去控制，在未采取一定的准备动作和相应的排尿姿势时，尿液不自主地自行流出。通常是脊髓疾病而致交感神经调节机能丧失，或因膀胱内括约肌麻痹所引起，见于脊髓损伤、某些中毒性疾病、昏迷或长期躺卧的病畜。

1. 膀胱储尿功能障碍

引起膀胱储尿功能障碍的疾病主要包括生理结构和功能的异常。生理结构的异常见于膀胱炎、尿道关闭不全；功能异常分为神经性(如小脑疾病、膀胱反射等上运动神经元疾病)和非神经性(如肿瘤等浸润性疾病、慢性炎症、特发性逼尿肌收缩亢进等)。这类疾病的特点是在膀胱尿量少、压力低时出现不自主排尿，动物可在站立、叫喊、咳嗽、跳跃等时尿液漏出，尤其是犬、猫。尿失禁可能呈间歇性，膀胱受到刺激时可出现尿频。痛性尿淋漓和尿漏伴有膀胱充满与尿道阻塞有关，常见于尿道结石、尿道肿瘤和肉芽肿性尿道炎。主要通过神经系统、膀胱、尿道检查及尿液分析等进行鉴别诊断。

2. 尿道功能障碍

引起尿道功能障碍的疾病主要有输尿管异位、尿道发育不全、前列腺疾病、下运动神经元疾病导致括约肌紧张性降低或弛缓、尿道感染、激素反应性尿道功能不全、多尿或多饮等。这类尿失禁多呈持续性，有时也呈间歇性，尿失禁的严重程度与尿道紧张性丧失的程度有关。下位运动神经元性尿道功能障碍的特点是膀胱扩张、松软，内有大量的积尿，挤压膀胱可流出。尿道功能不全性尿失禁的特点是排尿方式正常，膀胱体积和收缩性正常，漏尿主要发生在休息或睡眠时。先天性尿失禁的特点是排尿方式正常，膀胱不扩张，膀胱内尿液潴留量正常，出生后即可发生尿失禁。

(三)尿痛

尿痛(odynuria)是指排尿时疼痛或排尿困难，有时尿液缓慢呈点滴状或细流状排出，并伴有疼痛表现，称为疼痛性尿淋漓(stranguria)。尿频、尿痛和痛性尿淋漓常常同时存在，是泌尿系统疾病的常见症状之一，各种动物均可发生，临床上犬、猫最常见。

尿痛主要由下泌尿道疾病所致，在确定尿痛的基础上，首先通过触诊膀胱、导尿管探诊判断尿路是否通畅，非阻塞性尿痛应通过尿沉渣检查确定是否由感染和炎症所致，然后结合X线检查、活检等确定疾病的部位和性质。尿路阻塞性疾病应通过血清学相关指标的测定，判断尿毒症的程度。临床尿痛的类症鉴别诊断思路如图5-1所示。

(四)红尿

红尿是泌尿系统疾病中最常见的病理性尿色，它是一个笼统的概念，根据发生的原因，分为血尿、血红蛋白尿、肌红蛋白尿、卟啉尿和药物性红尿五类。红尿可发生于各种动物，以马、牛、羊、猪等较为多见。

膀胱检查

空虚 → 猫下泌尿道疾病　　　公猫下泌尿道疾病 ← 膨胀

母畜　公畜　　　　　　　　　　　公畜　母畜

触诊前列腺　　　　　　　　触诊前列腺

正常　异常　　　　　异常　正常

尿液及精液检查

尿道炎、膀胱炎、膀胱肿瘤、膀胱结石、阴道炎、膀胱、尿道撕裂

有脓尿　　无脓尿

细菌感染、前列腺脓肿

前列腺良性增生、前列腺肿瘤、前列腺囊肿

导尿管排除尿道阻塞（膀胱括约肌痉挛、神经功能紊乱）

尿道结石、膀胱肿瘤、尿道狭窄

尿液理化检查、尿沉渣检查、阴道检查、活检、腹腔穿刺

精液培养、下泌尿道放射学检查

精液细胞学、活检、下泌尿道放射学检查

血清BUN、肌酐、K^+、总CO_2测定，下泌尿道放射学检查，活检

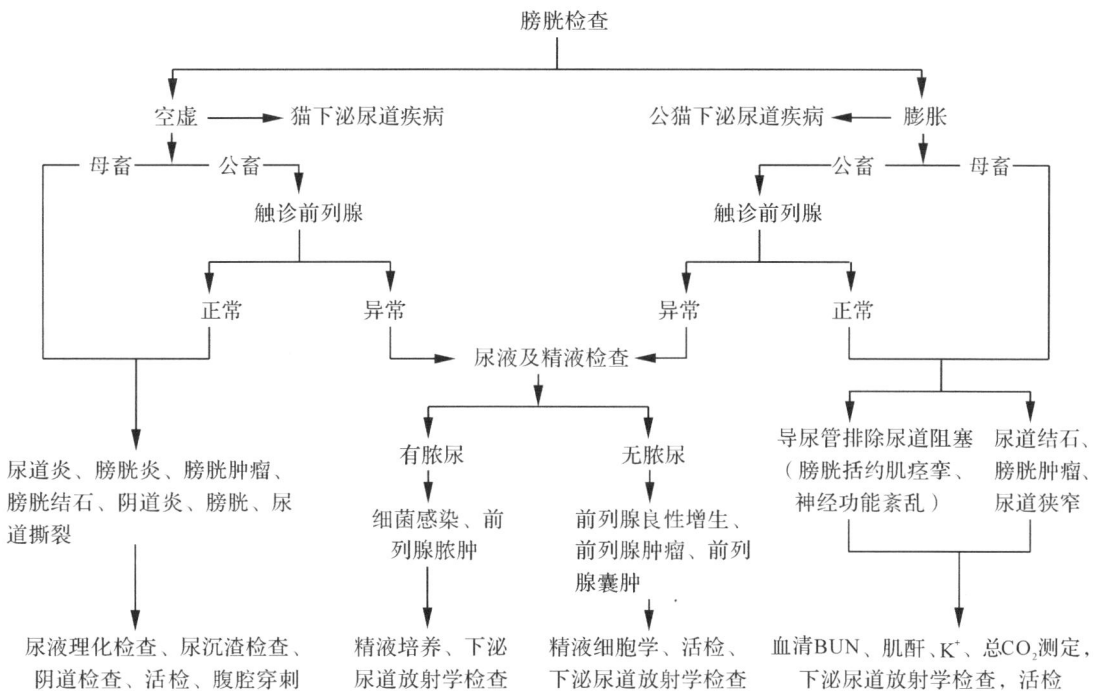

图 5-1　临床尿痛的类症鉴别诊断思路

1. 红尿特性及实验室检验

血尿，即尿液中混有多量红细胞。血尿的颜色因尿液的酸碱度和所含血量而不同。碱性血尿鲜红色，酸性血尿显棕色或暗黑色。尿液外观如洗肉水色或血样，放置或离心后红细胞沉于管底而上清红色消失的，称为眼观血尿；尿液眼观不红，尿沉渣镜检见有多量红细胞而联苯胺潜血试验阳性反应的，则称为显微镜血尿；尿液中混有多量脂肪、蛋白和血液的，显红色乳样外观，特称乳糜血尿。

血红蛋白尿，即尿中含有多量游离血红蛋白。血红蛋白尿的颜色，主要取决于所含血红蛋白的性质和血量。新鲜的血红蛋白尿，显红色、浅棕色或葡萄酒色；陈旧的血红蛋白尿，显棕褐色乃至黑褐色。血红蛋白尿外观清亮而不浑浊，放置后管底无红细胞沉淀，镜检没有或极少红细胞，联苯胺试验呈阳性反应。血红蛋白尿症常是血管内溶血的外在表现，常伴有血红蛋白血症。

肌红蛋白尿，即尿液中含有多量肌红蛋白。肌红蛋白尿显暗红、深褐乃至黑色，外观与血红蛋白尿相似，联苯胺试验也呈阳性反应。两者的简易区分在于，肌红蛋白尿不伴有血红蛋白血症，即血浆(清)中虽含有多量游离的肌红蛋白，但外观并不红染。临床检验鉴别常用盐析法，即取尿样 5 mL，加硫酸铵 2.5 g，充分混合后过滤，滤液仍呈淡玫瑰色的，为肌红蛋白尿；滤液红褐色消退的，为血红蛋白尿。

卟啉尿，即尿液中含有多量卟啉衍生物，主要是尿卟啉和粪卟啉。卟啉尿显深琥珀色或葡萄酒色，镜检无红细胞，联苯胺试验呈阴性反应。尿液原样或乙醚提取后在紫外线照射下发红色荧光。

药物性红尿，即因药物色素而染红的尿液。见于肌内注射红色素或内服硫化二苯胺、山道年、大黄之后的碱性尿液。药性红尿，镜检无红细胞，联苯胺试验呈阴性反应，紫外线照射不发红色

荧光,但尿样酸化后红色消退。

因此,临床上对上述红尿的鉴别诊断思路可按图5-1进行。

2. 血尿的类症鉴别

血尿的鉴别诊断,旨在寻找泌尿系统血液渗漏病灶的区段和部位(定位诊断),确认出血病变的本质(病性诊断),确定疾病的原因(病因诊断)。临床上可应用以下诊断思路和程序。

(1)鉴别尿路性或非尿路性血尿　可依据有无泌尿系统疼痛症状,尿沉渣中有无泌尿系统相应部位上皮细胞以及全身症状的轻重鉴别。若全身症状重剧,缺乏泌尿系统疼痛症状,沉渣中无尿路相应部位上皮细胞的,为非尿路性血尿,应进一步探讨其原发性病。反之,则为尿路性血尿,进一步确定出血的部位。

(2)确定尿路性血尿的出血部位　出现肾区疼痛症状,弓腰站立,尿液检查见血液和尿液均匀地混合,一次排出的尿液自始至终都呈深浅一致的红色,尿沉渣中有大量的红细胞、肾上皮细胞及管型的,为肾性血尿,是肾脏出血;出现蹲尻急走,排尿淋漓,尿液检查见血液和尿液不呈均匀地混合,在一次排尿过程中,开始红色不明显,仅最后一部分尿液呈现较深的红色,尿液中常有多量大小不一的血凝块和坏死组织片,尿沉渣中见多量膀胱上皮细胞及磷酸铵镁结晶的,为膀胱性血尿,是膀胱出血;出现排尿带痛,尿液检查见血液和尿液混合不均匀,在排尿过程中,仅最初一部分尿液红色较深,尿沉渣中有多量扁平上皮细胞及尾状上皮细胞的,为尿道性出血,是尿道出血。对单纯性真性血尿病畜,则可按表5-2的诊断思路寻找泌尿器官出血的区段和部位,做定位诊断。

表5-2　血尿定位诊断思路

尿流观察	三杯试验	膀胱冲洗	尿沉渣镜检	泌尿系统症状	提示部位
全程血尿	三杯均红	红-淡-红	肾上皮细胞、各种管型	肾区触诊疼痛、少尿	肾性血尿
终末血尿	末杯深红	红-红-红	膀胱上皮细胞、磷酸铵镁结晶	膀胱触诊疼痛、排尿异常	膀胱血尿
初始血尿	首杯深红	不红	脓细胞	尿频尿痛、刺激症状	尿道血尿

(3)确定引起血尿疾病的病性　是炎性、非炎性或传染性疾病。鉴别炎性或非炎性疾病引起的血尿,可根据血细胞和体温变化等全身性炎性反应来鉴别。凡伴有白细胞增多,核型左移,体温升高的,为炎性疾病。反之,白细胞和体温居正常范围的,为非炎性疾病。在炎性疾病中,凡属群发、有传染性、且能分离出特异病原体,或免疫反应诊断法获得相应变化,免疫预防接种即终止疾病发生的,则为传染病。

3. 血红蛋白尿的鉴别诊断

实质上是急性血管内溶血的病因诊断,旨在寻找造成急性血管内溶血而出现血红蛋白尿症的原发病。通常运用下列鉴别诊断思路(图5-2)。

对呈现流行发生,有传染性且伴有全身发热的,可考虑感染性血红蛋白尿,要进一步通过病原学检验,查明原发病是原虫性疾病(梨形虫病等)、细菌性疾病(钩端螺旋体病等)、病毒性疾病(马传贫等)。

对不呈流行性发生,无传染性,不伴有发热的,可考虑下列4种病因类型的血红蛋白尿。①其群发或单发,有毒物接触史的,要考虑中毒性血红蛋白尿,可经毒物检验,查明病因是动物

血红蛋白尿
- 传染、流行发热（感染性）
  - 原虫
    - 梨形虫病
    - 住白虫病
    - 锥虫病
  - 细菌
    - 钩虫病
    - 梭菌病
  - 病毒：马、猫、鸡传贫
- 不传染、不发热
  - 有毒物接触史（中毒性）
    - 动物毒（毒蛇咬伤等）
    - 植物毒（洋葱中毒、甘蓝中毒等）
    - 矿物毒（慢性铜中毒、铅中毒）
    - 药物毒（美蓝中毒、吩噻嗪中毒等）
  - 有家族发生史（遗传性）
    - 先非球溶
      - 葡萄糖-6-磷酸脱氢酶缺乏症等
      - 丙酮酸激酶缺乏症
      - 磷酸果糖激酶缺乏症
    - 先天性卟啉病（牛、猪、猫、狐、松鼠）
  - 地区性群发（理化性）：低磷酸盐血症
    - 水牛血红蛋白尿病
    - 乳牛产后血红蛋白尿病
  - 离乳大量饮水后（理化性）：水中毒（犊牛水中毒）
  - 新生畜吮初乳后（免疫性）：新生畜 IIHA
  - 输血后（免疫性）：不相合血过敏反应

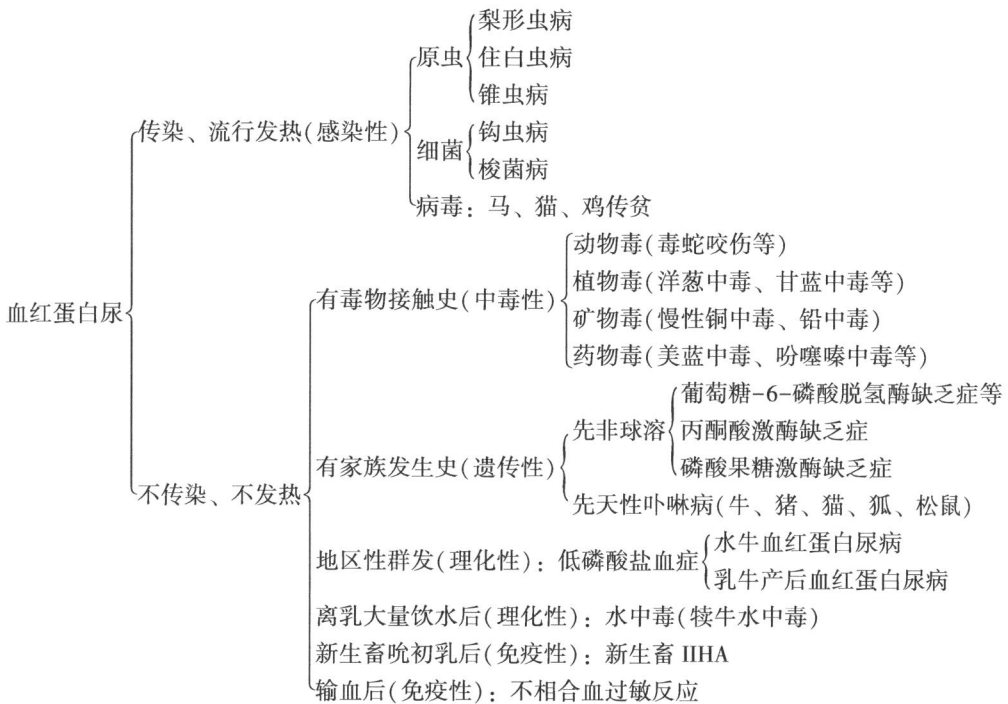

图 5-2　血红蛋白尿的类症鉴别

毒、植物毒、矿物毒，还是药物毒。②其有家族发生史的，要考虑遗传性血红蛋白尿，可通过血统调查，确定其遗传特性，并进行必要的红细胞酶检验，查明是哪种酶缺乏所致的先天性非球形细胞性溶血性贫血。对其中兼有血红蛋白尿症和卟啉症的，要考虑先天性卟啉病。③新生畜吮初乳后发生的，要考虑免疫性血红蛋白尿。输血后发生的，要考虑不相合血输注。④大量饮水后及特定地区牛产后发生的，要考虑犊牛水中毒和低磷酸盐血症。

4. 肌红蛋白尿的诊断思路

在兽医临床上，肌红蛋白尿病见于各种动物的硒/维生素 E 缺乏症（白肌病）和外伤性肌炎、马（牛、猪）麻痹性肌红蛋白尿病、野生动物的捕捉性肌病等。这些疾病可依据各自的发生情况、临床表现、病理特征、试验性防治效果及相关的实验室检测分析，做出具体诊断。

5. 卟啉尿的诊断思路

卟啉尿病包括红细胞生产性卟啉病和非红细胞生成性卟啉病，是调控卟啉代谢和血红素合成的有关酶类先天缺陷所致的一组遗传性卟啉代谢病，其临床特征表现为家族性发生，卟啉齿（红褐色），卟啉尿，贫血，光敏性鼻炎，腹痛和神经症状。临床可依据有无家族发生史，特征性临床表现和血、尿、粪内各卟啉衍生物的定量分析，做出诊断。

6. 药物红尿的诊断思路

药物红尿的共同特点是尿液经乙酸酸化后红色即行消退。关于红染尿液的具体药物，经询问用药史即可查明。

（贺建忠　韩　博）

第六章

神经系统疾病

第一节 脑及脑膜疾病

脑膜脑炎(meningoencephalitis)

脑膜脑炎是指软脑膜和脑实质发生的一种炎症性疾病。脑膜及脑实质主要受到传染性或中毒性因素的侵害,首先软脑膜及整个蛛网膜下腔发生炎症变化,继而通过血液和淋巴途径蔓延至脑实质,并引起脑实质的炎症反应,或者脑膜与脑实质同时发生炎症。在一般情况下,由于致病原因与蔓延的程度不同,有的病例只单独呈现脑膜炎的症状或脑炎的症状,但大多数病例呈现脑膜脑炎的症状。本病以伴有一般脑症状、局灶性脑症状和脑膜刺激症状为特征。本病主要发于马,牛、羊、猪也偶有发生。其他动物也有发生,但较为少见。主要发生在夏秋季节。

【病因】

脑膜脑炎由感染性和非感染性因素引起,又可分为原发性脑膜脑炎和继发性脑膜脑炎。有些病原菌可存在于健康家畜的体内,在病理的条件下,由于机体的抵抗力降低,使病原菌的毒性增强而导致本病。

(1)原发性脑膜脑炎

①病毒感染:病毒沿神经干或经血液循环进入神经中枢,引起非化脓性脑炎,如疱疹病毒(猪、马、牛)、虫媒病毒(犬)、肠病毒(猪)、恶性卡他热病毒(牛)、犬瘟热病毒和细小病毒、传染性腹膜炎病毒(猫)以及慢病毒(绵羊)等。

②细菌感染:细菌经血液转移引起继发性化脓性脑膜脑炎,如链球菌、葡萄球菌、肺炎球菌、大肠杆菌、巴氏杆菌、化脓杆菌、坏死杆菌、变形杆菌、化脓性棒杆菌、昏睡嗜血杆菌、猪副嗜血杆菌、马放线杆菌以及单核细胞增多性李斯特菌等。

③中毒:如铅中毒、猪食盐中毒、马驴霉玉米中毒及各种原因引起的严重自体中毒。

④原虫感染:在脑组织受到马蝇蛆,牛、羊脑包虫,羊鼻蝇蛆,马圆虫幼虫以及血液圆虫等的侵袭,即可导致脑膜脑炎的发生。

(2)继发性脑膜脑炎 多由脑部及邻近器官炎症的蔓延所引起,感染因素包括颗粒性脑膜脑炎、免疫性疾病、创伤、肿瘤、颅骨外伤、角坏死、龋齿、额窦炎、中耳炎、内耳炎、眼球炎、脊髓炎等,还可见于一些寄生虫病,如脑包虫病、脑脊髓丝虫病、普通圆线虫病等。

(3)诱发性因素 饲养管理不当、受寒感冒、过度使役、长途运输等凡能降低机体抵抗力的不良因素,均可促使本病的发生。

【发病机理】

脑膜脑炎不仅具有明显的炎症浸润和肿胀的现象，还伴有脊髓液分泌增多，导致颅内压增高，以及脑神经和脑组织的损害。故一般称为急性脑水肿或急性脑膜炎。

从本病的发病机理可以看出，各种微生物在病原中占着主要的地位，而这些病原菌可以通过各种途径侵入脑膜及脑实质。一般来说，病原微生物或有毒物质，经由外伤或邻接病变组织的蔓延，或沿血液循环及淋巴途径侵入脑膜及脑实质，引起软脑膜及大脑皮层表血管充血、渗出，蛛网膜下腔炎性渗出物积聚。炎症蔓延脑实质，引发脑实质出血、水肿，炎症进入脑室，发生脑室积水。由于蛛网膜下腔炎性渗出物积聚，脑水肿及脑室积液，导致颅内压升高，脑血液循环障碍，致使脑细胞缺血、缺氧和能量代谢障碍，最终导致脑机能障碍。当病原菌通过不同的途径侵入脑膜及脑实质以后，即引起动脉充血与浆液细胞浸润现象；尤其是血管周围细胞浸润现象，最为明显。

在脑膜脑炎的发生和发展过程中，由于颅内压升高及脑神经和脑组织受到侵害，因而引起一般脑症状。同时，由于炎症的性质及其病变发生的部位不同，则在临床上可呈现不同的各种局灶性症状。

【症状】

神经系统和其他系统有着密切的联系，神经系统可影响其他系统、器官的活动，同时炎症的部位、性质、持续时间、动物种类以及严重程度各有不同，因此，脑膜脑炎的临床症状较为复杂。除表现神经系统症状以外，临床上还表现出体温、呼吸、脉搏、食欲等方面，主要以一般脑症状、脑膜刺激症状和局灶性脑症状为特征。

（1）一般脑症状 脑膜、脑实质充血、水肿，神经系统兴奋和抑制过程破坏，表现为过度兴奋或过度抑制，或两种交替出现，以及采食、饮水等发生变化。病初，表现为兴奋、烦躁不安、惊恐、体温升高，感觉过敏，呼吸急促，脉搏增数。攀登饲槽，或冲撞墙壁或挣断缰绳，不顾障碍向前冲，或转圈运动。兴奋哞叫，频频从鼻喷气，口流泡沫，头部摇动，攻击人畜。抵角甩尾，跳跃，狂奔，其后站立不稳，倒地，眼球向上翻转呈惊厥状。捕捉时咬人，无目的地奔走，冲撞障碍物等。其后，病畜转入抑制，头下垂，眼半闭，反应迟钝，肌肉无力，甚至嗜睡、昏睡状态，瞳孔散大，视觉障碍，反射机能减退及消失，呼吸缓慢而深长。最后，常卧地不起，意识丧失，昏睡，出现陈—施二氏呼吸，部分病例四肢做游泳动作。

（2）脑膜刺激症状 是以脑膜炎为主的脑膜脑炎，常伴发前几段颈脊髓膜炎症，背部神经受到刺激，颈、背部敏感。轻微刺激或触摸该处，则有强烈的疼痛反应和肌肉强直痉挛。膝腱反射检查，可见膝腱反射亢进。随着病程的发展，脑膜刺激症状逐渐减弱或消失。

（3）局灶性脑症状 与炎性病变在脑组织中的位置有密切关系。由于脑组织的病变部位不同，特别是脑干受到侵害时，所表现的局灶性病变也是不一样的。主要表现为缺失性症状和释放性症状。缺失性症状包括以下几个方面：舌肌及咽麻痹，吞咽困难；面神经和三叉神经麻痹，唇歪向一侧或松缓下垂；眼肌和耳肌麻痹，斜视。上眼睑下垂，耳迟缓下垂；单瘫或偏瘫等。释放性症状包括以下几个方面：眼肌痉挛，眼球震颤，斜视，瞳孔反射功能消失；咬肌痉挛，牙齿紧闭，磨牙；唇、耳、鼻肌痉挛，收缩等。

（4）血液学变化 细菌性脑膜脑炎时，血液中白细胞总数增高，中性粒细胞比例升高，核左移；病毒性脑膜脑炎多出现白细胞总数降低，淋巴细胞比例升高；中毒性脑膜脑炎多出现白细胞总数降低，嗜酸性粒细胞减少。

（5）脑脊液变化 脊髓穿刺时，脑脊液增多、混浊、其中蛋白质和细胞成分增多。

【病理变化】

软脑膜小血管充血、淤血，软脑膜轻度水肿，部分病例有出血小点。蛛网膜下腔和脑室的脑脊液增多、混浊、含有蛋白质絮状物，脉络丛充血，灰质和白质充血，并有散在小出血点。慢性脑膜脑炎，有软脑膜增厚，并与大脑皮层密接。病毒性与中毒性的脑膜脑炎，其脑与脑膜血管周围有淋巴细胞浸润。有的病例，大脑皮质、基底质、丘脑、中脑、脑桥等部位，见有针尖大小至米粒大小的灰白色坏死灶，脑实质疏松软化。病毒性和中毒性的病例，脑组织与脑膜的血管周围有淋巴细胞浸润现象。结核性脑膜脑炎于脑底和脑膜，具有胶样或化脓性浸润。猪食盐中毒所导致的病例，脑组织血管周围有大量嗜酸性粒细胞浸润。慢性脑膜脑炎病例，软脑膜肥厚，呈乳白色，并与大脑皮质紧密连接，脑实质软化灶周围有星状胶质细胞浸润。

【病程和预后】

本病的病情发展急剧，病程长短不一，发病较急的病例可在24 h内死亡，病程缓慢的可持续3周以上。本病的死亡率较高，预后不良。部分病例可转为慢性脑积水。有些病例经过治疗，病情好转，但不能痊愈。常常留下慢性脑水肿、耳聋以及一定部位的肌肉麻痹等后遗症。

【诊断】

根据脑膜刺激症状、一般脑症状和局灶性脑症状，结合病史调查和病情发展过程分析，一般可做出诊断。若确诊困难时，可进行脑脊液检查。脑膜脑炎病例，其脑脊液中性粒细胞数和蛋白含量增加。必要时可进行脑组织切片检查。同时，应该注意与流行性乙型脑炎、狂犬病、牛恶性卡他热等病毒性脑炎、维生素A缺乏等代谢病、食盐中毒、铅中毒等疾病鉴别诊断。

(1)流行性乙型脑炎　具有明显的季节性，主要发生在夏季至初秋(7~9月)，且其症状除具有神经症状之外，还往往因肝受损而出现黄疸现象。

(2)狂犬病　具有咬伤病史，同时因咽部麻痹具有流涎症状。

(3)牛恶性卡他热　具有典型的口鼻黏膜的炎症和角膜、结膜的炎症的表现，流鼻涕、流涎、流泪、角膜浑浊、发热是牛恶性卡他热的主要临床症状。

(4)维生素A缺乏症　在幼年动物中可见中枢神经症状，但还具有颅骨发育异常的表现。

(5)食盐中毒　虽然可以见到中枢神经症状，但其典型症状是消化系统症状，并且具有过度食用食盐的病史。

(6)铅中毒　除表现兴奋不安外，还具有流涎、腹痛和贫血的表现。

【治疗】

治疗原则：加强护理、消除病因，抗菌消炎，降低颅内压，解毒和对症治疗。

(1)加强护理、消除病因　先将病畜放置在安静、通风的地方和避免光、声外界刺激。若病畜有体温升高、头部灼热时可采用冷敷头部的方法降温。根据发病情况，及时消除致病因素。

(2)抗菌消炎　选择能透过血脑屏障的抗菌药物，如磺胺类药物。在炎症时能够通过血脑屏障的药物包括青霉素类和头孢素类药物。青霉素4万 IU/kg 和庆大霉素 2~4 mg/kg，静脉注射，每日3次；头孢唑啉钠10~25 mg/kg，肌内或静脉注射，每日2次。磺胺嘧啶钠0.07~0.1 g/kg，静脉或深部肌内注射，每日2次。也可静脉注射林可霉素(10~15 mg/kg)，每日3次。

(3)降低颅内压　大动物可颈静脉放血视体质状况可先泻血1~3 L，再用等量的5%葡萄糖生理盐水1~3 L做静脉注射。冷水淋头促使血管收缩，降低颅内压。使用脱水剂和利尿剂，如25%山梨醇液和20%甘露醇，1~2 g/kg，静脉注射，应在30 min内注射完成。

(4)解毒　根据不同毒物及中毒时间进行正确地选择解毒方法。

(5)对症治疗　当病畜狂躁不安时应进行镇静，可用2.5%盐酸氯丙嗪10~20 mL肌内注射，或安溴注射液，马、牛 100~200 mL，猪、羊 50~100 mL，静脉注射，以调整中枢神经机能紊乱，增强大脑皮层保护性抑制作用。心功能不全时，可应用安钠咖和氧化樟脑等强心剂。地西泮，马、牛 100~150 mL，猪、羊 10~15 mg，内服，每日 3 次。

中兽医称脑膜脑炎为脑黄，方用镇心散和白虎汤加减。治疗可配合针刺鹊脉、太阳、舌底、耳尖、山根、膻中、蹄头等穴位效果更好。应用鲜地龙 250 g，洗净捣烂和水灌服治疗脑膜脑炎有效。

【预防】

加强平时饲养管理，注意防疫卫生，防止传染性与中毒性因素的侵害。当发生本病时，应隔离观察和治疗，防止传播。

脑脓肿（encephalopyosis）

脑脓肿是指化脓性细菌感染引起的化脓性脑炎、慢性肉芽肿及脑脓肿包膜形成，少部分也可是真菌及原虫侵入脑组织而致脑脓肿，是颅内一种严重的破坏性疾患。脑脓肿在任何年龄均可发病，以青壮年最常见。

【病因】

脑脓肿根据感染途径的不同，可分为耳源性脑脓肿、鼻源性脑脓肿、血源性脑脓肿、外伤性脑脓肿、隐源性脑脓肿。

（1）耳源性脑脓肿　最多见，约占脑脓肿的 2/3。其主要通过耳部途径扩散和蔓延至脑部所致。常见的继发于慢性化脓性中耳炎、内耳炎。耳源性脓肿多属以链球菌或变形杆菌为主的混合感染。

（2）鼻源性脑脓肿　主要通过鼻部途径感染脑部，常见于鼻炎及鼻旁窦炎等，鼻源性脑脓肿以链球菌和肺炎球菌为多见。

（3）血源性脑脓肿　约占脑脓肿的 1/4。多由于身体其他部位感染，细菌栓子经动脉血散播至脑内而形成脑脓肿。原发感染灶常见于肺、胸膜、支气管化脓性感染、细菌性心内膜炎、腹腔及盆腔脏器感染等。脑脓肿多分布于大脑中动脉供应区、额叶、顶叶，有的为多发性小脓肿。血源性脑脓肿取决于其原发病灶的致病菌，胸部感染多属混合性感染。

（4）外伤性脑脓肿　多继发于开放性脑损伤，尤其脑穿透性伤或清创手术不彻底者。创伤性脑脓肿多为金黄色葡萄球菌。不同种类的细菌产生不同性质的脓液，如链球菌感染产生黄白色稀薄的脓液，金黄色葡萄球菌为黄色黏稠状脓液，变形杆菌为灰白色、较稀薄、有恶臭的脓液，绿脓杆菌为绿色的有腥臭的脓液，大肠杆菌为有粪便样恶臭的脓液。

（5）隐源性脑脓肿　原发感染灶不明显或隐蔽，机体抵抗力弱时，脑实质内隐伏的细菌逐渐发展为脑脓肿。隐源性脑脓肿实质上是血源性脑脓肿的隐蔽型。随感染来源而异，常见的有链球菌、葡萄球菌、肺炎球菌、大肠杆菌、变形杆菌和绿脓杆菌等，也可为混合性感染。

（6）厌氧菌脑脓肿　该型发生率日益增多，其中以链球菌居多，其次为杆菌和其他球菌。除开放性颅脑损伤引起的脑脓肿外，大多数厌氧菌脑脓肿继发于慢性化脓性病灶，如中耳炎和胸腔化脓性病变等。寄生虫移行（脑棘球蚴、线虫、马蝇蛆幼虫等）及某些传染病（腺疫、鼻疽、结核、放线菌病等）等偶也可引起脑脓肿。

【发病机理】

耳源性脑脓肿感染经过两种途径：①炎症侵蚀鼓室盖、鼓室壁，通过硬脑膜血管、导血管扩延至脑内，常发生在颞叶，少数发生在顶叶或枕叶；②炎症经乳突小房顶部，岩骨后侧壁，穿过硬脑膜或侧窦血管侵入小脑。鼻源性脑脓肿由邻近鼻旁窦化脓性感染侵入颅内所致，如额窦炎、筛窦炎、上颌窦炎或蝶窦炎，感染经颅底导血管蔓延颅内，脓肿多发生于额叶前部或底部。血源性脑脓肿是由感染部位细菌栓子经动脉血流到脑内而形成的脑脓肿。外伤性脑脓肿致病菌经创口直接侵入或异物、碎骨片进入颅内而形成脑脓肿，可伤后早期发病，也可因致病菌毒力低，伤后数月、数年才出现脑脓肿的症状。

【症状】

脑脓肿的症状和体征差别很大，与原发病的病情，脑脓肿的病期、部位，病菌的数目、毒力，宿主的免疫状态均有关。

(1)原发病的变化 脑脓肿都是在常见原发病的基础上产生的，故在耳咽鼻喉、头面部、心、肺及其他部位的感染，或脓肿后出现脑膜刺激症状，就应提高警惕。特别应该引起重视的是原来流脓的中耳炎突然停止流脓，应注意发生有脓入颅内的可能性。

(2)基本症状 化脓菌侵入脑实质后，其基本症状为脑内占位性损伤综合征。病畜精神沉郁、姿势笨拙，头抵固定物体，失明；或兴奋或抑郁交替发生，兴奋期，狂躁不安，肌肉抽搐，强迫运动，体温轻度升高或正常；沉郁期，低头耷耳，眼半闭，呈嗜睡状。脑脊液检查，白细胞总数和蛋白质含量增加，可检出化脓菌。局部脑症状包括小脑性共济失调，头歪斜，圆圈运动，跌倒，偏瘫，一侧性单个或多个脑神经麻痹，后期视乳头水肿。大脑半球中央部脓肿时，头颈歪斜，圆圈运动，斜视，失眠，偏瘫。小脑脓肿时，共济失调，圆圈运动，突然跌倒。垂体脓肿时，精神沉郁，咽下困难，咀嚼障碍，流涎，口不能完全闭合，有时上眼睑下垂和舌脱垂，还可见有失明和瞳孔对光反射消失。有些病例全身感染症状不明显或没有明确感染史，仅表现颅内压增高症状，临床上常误诊为脑瘤等。有些病例合并脑膜炎，仅表现脑膜脑炎症状。

【病程和预后】

脑脓肿的发生率和死亡率仍较高，在抗生素应用前，死亡率高达60%~80%。本病的发病时间长短不一，急性脑膜炎发病较快为1 d，有的也可长达几周或更久才显现临床症状。各种疗法都有程度不等的后遗症，如偏瘫、癫痫、视野缺损、失语，精神意识改变，脑积水等。由于本病治疗困难，且易复发，预后不良。

【诊断】

临床特点依据病患的原发化脓感染病史，开放性颅脑损伤史，随后出现急性化脓性脑膜炎、脑炎症状及定位症状，伴呕吐或视乳头水肿，应考虑脑脓肿的存在。

(1)X线照片 X线平片可显示颅骨与鼻旁窦、乳突的感染灶。偶见脓肿壁的钙化或钙化松果体向对侧移位。外伤性脑脓肿可见颅内碎骨片和金属异物。

(2)超声检查 方法简便、无痛苦。幕上脓肿可有中线波向对侧移位，幕下脓肿常可测得脑室波扩大。

(3)电子计算机断层脑扫描(CT)及磁共振成像检查(MRI) CT及MRI也开始用于兽医临床方面，对颅内疾患，尤其占位病变的诊断有了重大突破。CT可显示脑脓肿周围高密度环形带和中心部的低密度改变。MRI对脓肿部位、大小、形态显示的图像信号更准确。由于MRI不受骨伪影的影响，对幕下病变检查的准确率优于CT。CT和MRI能精确地显示多发性和多房性脑脓肿及脓肿周围组织情况。

(4)实验室诊断 脓液应及时作细菌革兰染色涂片、普通和厌氧菌培养及药敏试验。有时脓液细菌培养阴性，是由于已应用过大量抗生素或脓液曾长时间暴露在空气，也可由于未做厌氧菌培养。

【治疗】

脑脓肿的处理原则：在脓肿尚未完全局限以前，应进行积极的抗炎症和控制脑水肿治疗。脓肿形成后，手术是唯一有效的治疗方法。

（1）抗感染 应针对不同种类脑脓肿的致病菌，选择相对应的细菌敏感的抗生素。原发灶细菌培养尚未检出或培养阴性者，则依据病情选用抗菌谱较广又易通过血脑屏障的抗生素。常用青霉素及庆大霉素等。应用抗生素要注意：①用药要及时，剂量要足。一旦诊断为化脓性脑膜脑炎或脑脓肿，即应全身给药。为提高抗生素有效浓度，必要时可鞘内或脑室内给药。②开始用药时要考虑到混合性细菌感染可能，选用抗菌谱广的药，通常用青霉素，以后根据细菌培养和药敏结果，改用敏感的抗生素。③持续用药时间要够长，必须体温正常，脑脊液和血常规正常后方可停药。在脑脓肿手术后应用抗生素，不应少于 2 周。青霉素 4 万 IU/kg，静脉注射，每日 3 次；磺胺嘧啶钠 0.07~0.1 g/kg，静脉注射，每日 2 次；头孢唑啉钠 10~25 mg/kg，肌内或静脉注射，每日 2 次。林可霉素 10~15 mg/kg，静脉注射，每日 3 次。

（2）降颅压 治疗因脑水肿引起颅内压增高，常采用甘露醇等高渗溶液快速、静脉滴注。激素应慎用，以免削弱机体免疫能力。

（3）手术

①穿刺抽脓术：此法简单易行，对脑组织损伤小，适用于脓肿较大，脓肿壁较薄，脓肿深在或位于脑重要功能区的患畜。

②导管持续引流术：为避免重复穿刺或炎症扩散，于首次穿刺脓肿时，脓腔内留置一内径为3~4 mm 软橡胶管，定时抽脓、冲洗、注入抗生素或造影剂，以了解脓腔缩小情况，一般留管 7~10 d。目前，CT 立体定向下穿刺抽脓或置导管引流技术更有优越性。

③切开引流术：外伤性脑脓肿、伤道感染、脓肿切除困难或颅内有异物存留，常于引流脓肿同时摘除异物。

④脓肿切除术：是最有效的手术方法，适用于对脓肿包膜形成完好，位于非重要功能区病例；多发性脑脓肿、外伤性脑脓肿含有异物或碎骨片者，均适于手术切除。脑脓肿切除术的操作方法与一般脑肿瘤切除术相似，术中要尽可能避免脓肿破溃，减少脓液污染。

【预防】

脑脓肿的处理应防重于治，并重视早期诊断和治疗。例如，重视对中耳炎、肺部感染及其他原发病灶的根治，以期防患于未然。

脑软化（encephalomalacia）

脑软化是脑灰质和脑白质变质性变化的统称。因脑组织需氧极高，一旦动脉受阻必然导致供应区域的软化，脑软化即其他器官的梗死。受影响区域大者为软化，小者为腔隙，多数腔隙称为腔隙状态。引起软化及腔隙状态的原因有栓塞、动脉血栓形成、动脉痉挛、循环功能不全等。软化区内的细胞已坏死，缺血性半暗带(半月区)的细胞凋亡或凋亡前状态，功能低下，可出现神经系统和运动系统功能障碍。各种动物均有发生，呈散发或群发，以幼龄动物多发。

【病因】

本病的原因较为复杂，主要与中毒因素和营养因素有关。

（1）中毒因素 马属动物霉玉米中毒，大脑白质、丘脑、脑桥及延髓发生大小不一的灰黄色液化坏死灶，常发生于一侧大脑半球白质。已分离到的真菌有茄病镰刀菌、串珠镰刀菌等。有人用茄病镰刀菌浸染豆荚饲料，产生新茄病镰刀菌烯醇而引起马匹中毒，故又称马豆荚中毒。马的蕨类植物中毒和草问荆中毒，由于继发维生素 B_1 缺乏，可引起脑灰质的变质性变化。此外，脑软化还见于砷、汞、铅及食盐中毒。

(2)营养因素　维生素 B、维生素 E 及铜缺乏是引发脑软化的常见因素。反刍动物瘤胃中的微生物具有合成硫胺的能力，瘤胃机能正常时一般不需要日粮中所提供的硫胺。但瘤胃内容物硫胺酶的活性较高，主要来自瘤胃内某些细菌或富含硫胺酶的植物，硫胺酶可降解瘤胃内容物中的硫胺，使机体可利用的硫胺减少，而引起脑软化。已证明，产芽孢梭状芽孢杆菌和芽孢杆菌属的细菌能产生硫胺酶。放牧牛采食含有硫胺酶的异叶猩猩木可发生脑灰质软化。抗球虫药氨丙嘧吡啶的化学结构与硫胺相似，能竞争性抑制硫胺的吸收。据报道，牛饲喂以糖蜜和尿素为主的饲料可引起群发性和实验性脑灰质软化。

【发病机理】

脑软化的发病机理至今尚未明确。一种机制认为出血性软化常由栓塞造成，由于软化骤然产生，周围血管易将血流于损害的血管以外。另一种形成的机制由 Adam 提出，栓子进入动脉阻塞了此动脉，不久此动脉因缺氧而松弛，栓子又被血流冲向远端，近侧段血运恢复后由于管壁受损及其周围组织的软化，引起大片出血。这样就形成一个出血性软化灶，又含有中间一个小的贫血性软化灶，因栓子进入远端动脉防止了出血。出血性软化大多数是由栓塞引起，而血栓形成则较少见。动脉出血性软化是由间歇性动脉受阻而形成，如一侧大脑半球肿胀在小脑幕切迹处出现海马沟回疝，大脑后动脉经过此处时受压，经过脱水，海马沟回疝消除，大脑后动脉血运又恢复。但经过几次疝的形成与缓解，大脑后动脉因缺氧而损坏，因而造成一侧枕叶内侧的出血性软化。这种改变为大片出血性，与普通出血性软化点状型不完全相同。

【症状】

病畜最初表现为食欲减退和精神沉郁，其后呈现共济失调，视力丧失，眼球斜视(上内侧)，重者卧地不起，昏迷，乃至死亡。常见症状还有头抵固体物质，眼球震颤，肌肉震颤，角弓反张。失明是弥漫性大脑皮质疾病的典型症状，即视力丧失，但瞳孔对光反应正常。病马突发采食或饮水障碍，口张开不全，舌回缩，盲目咀嚼，采食和饮水含于咽的后部而不能吞咽。面部肌肉紧张，表情呆板，呈睡眠状态，但不见面部肌肉松弛和步态异常的症状。最后大多死于饥饿或吸入性肺炎。

实验室检查，脑脊液蛋白含量正常或略有增加，白细胞总数正常。慢性病例，因发生脑坏死，脑脊液蛋白含量和白细胞数轻度增加。反刍动物在继发性硫胺缺乏时，血液转酮醇酶活性降低，丙酮酸和乳酸含量增加；粪便中硫胺酶活性升高。

【病理变化】

软化可分为贫血性及出血性两种，动脉阻塞多造成贫血性软化，也可为出血性软化，而静脉阻塞则几乎完全为出血性软化。贫血性软化的病变过程在大体上可分为 3 期：坏死期、软化期、修复期。

(1)坏死期　从脑表面观察与正常不易区别，坏死部分可略有肿胀，脑膜血管高度充血。切面略显隆起，可能较正常稍硬。

(2)软化期　数天后，病变区明显变软，切面淡黄色，灰质与白质界限不清。

(3)修复期　病变区往往呈现凹陷状，较大者常为囊肿样，囊壁可能光滑，含清亮或混浊液体，也可能为纵横、粗细不一的纤维囊束所横跨形成多房状。小者则为腔隙状。更小者可能为较硬的瘢痕组织。

显微镜下出血性软化与贫血性软化基本相同，前者可见大小不一的出血灶。随病程发展，可见格子细胞含有含铁血黄素。所以，在晚期的病灶虽在恢复期也可见到少数含铁血黄素的格子细胞，因而在大体检查时若遇到黄色囊壁或黄色液体，可以推测为出血性软化。

【病程和预后】

少数病例由于软化灶较广泛而在发病后 1 d 内死亡；部分因血栓蔓延，软化灶扩大而在 1~2 个月死亡；多数则因软化灶周围组织的充血、水肿消散而症状减轻，通过代偿作用，功能逐渐恢复；部分病例最后可能基本痊愈或只残存轻微的后遗症。有些病患因软化损害重要结构（如内囊），则留有严重的后遗症，如偏瘫、单瘫等。

【诊断】

根据病史、临床症状及剖检变化可以建立诊断。但鉴于本病的临床症状与诸多具有脑损伤的疾病非常相似，如铅、砷、汞等重金属中毒，肿瘤，脓肿等颅内占位性疾病，如肝脑病、神经性酮病及产气荚膜梭状芽孢杆菌 D 型肠毒血症等，应加以鉴别诊断。

【治疗】

首要是查清病因，除去致病因素。由于脑软化是不可逆的，治疗的重点应放在制止病变进一步蔓延扩大。对继发性硫胺缺乏的病例，应尽早肌内注射硫胺，起始剂量为 10 mg/kg，每日 2 次，连用 2~3 d。给药后 1~3 d 症状减轻；视力恢复往往需要 1~7 d。为消除脑水肿，可静脉注射地塞米松 1~2 mg/kg，或泼尼松龙 1~4 mg/kg。经 3~4 次治疗无效的病例，建议淘汰。

【预防】

加强平时饲养管理，注意防疫卫生，防止营养性与中毒性因素的侵害。当发生本病时，应紧急治疗。给予易消化的饲料，减轻病畜的使役，改善卫生环境，畜舍通风。

脑震荡及脑挫伤（concussion or contusion of brain）

脑震荡及脑挫伤是由于粗暴的外力作用于颅脑所引起的一种急性脑机能障碍或脑组织损伤。一般将脑组织损伤病理变化明显、能肉眼能观察到的称为脑挫伤，而病理变化不明显、缺乏形态学变化的称为脑震荡。本病的临床特征是，暴力作用后立即发生昏迷，反射机能减退或消失等脑机能障碍为特征。各种动物均可发病。

【病因】

引起本病的原因主要是粗暴的外力作用，如冲撞、蹴踢、角斗、跌落、摔倒、打击从高处摔下或交通意外等。在鸟类经常是由于在飞翔之际因碰撞于其他障碍物而发病。

【发病机理】

在动物颅脑部受到粗暴外力或冲击波强力冲击的作用下，可直接导致脑膜及脑实质的血管破裂，脑膜和脑实质出血或颅骨骨折引起骨的凹陷，骨片刺伤脑组织导致脑出血和脑组织的损伤，发生脑组织形态改变和机能变化。最常见的部位是蛛网膜下腔最狭窄的部位，此部位的脑组织与颅脑紧密相邻。脑挫伤时出现硬膜下血肿及蛛网膜下与脑实质出血，此外还常引起脑组织缺血、缺氧及水肿，致使脑机能紊乱，因而呈现嗜睡、昏迷、瞳孔对光反射消失及体温变化不定。脑挫伤严重时，动物可立即死亡。有时并不引起肉眼可见的病理变化，但在大脑皮质中出现脑震荡病灶，损伤程度较轻。

【症状】

本病的临床症状,一般而言,都具有一般脑症状,并且大多数在发病的同时立即出现,也有在发病后的几分钟至数小时出现的。局灶性脑症状则依据病情的严重程度、脑组织损伤部位和病变的不同而有很大的不同,有些病例甚至缺乏。

(1)一般脑症状　受伤后立即出现,若以脑出血为病理基础,可于数分钟至数小时以后发病。

①轻微病例:一旦受伤后,出现一时性知觉丧失,病畜站立不稳、跟跄倒地,短时间内又可从地上站起恢复到正常状态,或者可能于短时间乃至持续地呈现某些脑症状。

②中度病例:动物一时完全失神而长时间内倒地不起,陷于昏迷,意识丧失,知觉和反射减退或消失,瞳孔散大,呼吸变慢或不整,往往伴发喘鸣音,心动徐缓或加快,脉搏细数,节律不齐,粪尿失禁。当肉食类和杂食类动物(犬、猪等)发病时,常出现呕吐现象。症状持续几分钟至数小时后,反射功能逐渐恢复,与此同时全身各部的肌肉纤维收缩,引起痉挛,还出现眼球震颤,接着意识恢复,抬头环顾四周。数小时后,由于运动中枢神经未直接受到损伤,又可自动站立起来。

③严重病例:在头部受伤的同时昏倒在地,立即死亡,或者于数小时后呈现痉挛而死亡。

(2)局灶性脑症状　多种多样,与受损部位、严重程度密切相关,因脑组织受到不同程度的损伤,发生脑循环障碍,脑组织水肿,甚至出血,从而表现某些局部脑症状。包括病畜痉挛,抽搐,局部麻痹,瘫痪,视力丧失,口唇歪斜,吞咽障碍及舌脱出,间或呈癫痫发作,多呈交叉性偏瘫等症状。

【病理变化】

脑震荡时病理变化较轻。脑挫伤,则病变较为明显,主要呈现硬膜及蛛网膜下腔、脑室和脑实质,尤其是最狭窄部出血或血肿,甚至蔓延至脑室,也有颅底骨折的。即使不能见到肉眼可见的变化,也可见到大脑皮质中的震荡灶中存在神经组织的变性变化或者小出血点。

【病程和预后】

本病的病程及预后,应根据病情轻重而定。病情轻的,迅速康复。中度病例,经1周治疗,有的逐渐康复;有的长期躺卧,症状逐渐消失;但有的容易再发,或的伴发褥疮、出现败血症而死亡。严重病例,短期内死亡或留有严重的后遗症。

【诊断】

根据颅脑部有受暴力作用的病史,体温不高和程度不同的昏迷为主的中枢性休克症状,一般可做出诊断。脑震荡,一般根据一时性意识丧失,昏迷时间短、程度轻,多不伴有局部脑症状等临床特征做出诊断。对昏迷时间长,程度重,多呈现局部脑症状,死后剖检可见脑组织有形态变化等,可诊断为脑挫伤。

【治疗】

治疗原则:加强护理,控制出血,预防感染,防止和消除脑水肿以及对症治疗。本病多为突发,且病情发展急剧,应及时进行抢救。

(1)加强护理　保持安静,给发病动物充分休息。保持头部抬高,并对颅部进行冷敷,促进颅部血管收缩,控制出血程度。要经常翻身,防止压疮。为预防因舌根部麻痹闭塞后鼻孔而引起窒息死亡,可将舌稍向外牵出,但要防止舌被咬伤。并注意维持动物的营养,可给予麦麸粥等,必要时可静脉注射25%葡萄糖。

(2)控制出血　为防止颅内血管出血,应使用止血剂,如25%安络血溶液,马、牛10~20 mL,猪、羊1~2 mL,犬0.5~1 mL,肌内注射,每日2~3次;0.4%维生素 K_3 注射液,马、牛25~75 mL,

猪、羊5~15 mL，犬3~6 mL，肌内注射，每日2~3次；10%维生素C注射液，马10~20 mL、牛20~40 mL，猪、羊2~5 mL，犬1~5 mL。

（3）预防感染　应选择能透过血脑屏障的抗菌药物以使抗菌药物透过血脑屏障，防止脑部组织的感染。磺胺嘧啶钠0.07~0.1 g/kg，静脉或深部肌内注射，每日2次；阿莫西林10~30 mg/kg，肌内或静脉注射，每日1次；青霉素4万IU/kg，肌内或静脉注射，每日2次；头孢唑啉钠10~25 mg/kg，肌内或静脉注射，每日2次。

（4）防止脑水肿　应用脱水剂、利尿剂、强心剂等，降低颅内压，防止脑水肿，可使用20%甘露醇或25%山梨醇溶液，1~3 g/kg，静脉注射，应在30 min内注射完毕；配合使用地塞米松1 mg/kg，效果更佳。利尿素，马、牛5~10 g，猪、羊0.5~2 g，犬0.1~0.2 g，内服，每日2次，肾衰竭时慎用；螺内酯胶囊，每粒20 mg，0.5~1.5 mg/kg，每日3次；20%安钠咖，马、牛10~20 mL，猪、羊2~5 mL，犬0.5~1 mL，静脉、皮下或肌内注射；强尔心注射液（含维他康复0.5%），马、牛10~20 mL，猪、羊5~10 mL皮下或肌内注射。

（5）对症治疗　对兴奋不安的动物应进行镇静。水合氯醛，马、牛20~30 g，猪、羊2~5 g，内服，必要时使用；地西泮，马、牛100~150 mg，猪、羊10~15 mg，内服，每日3次；对过度神经抑制的动物应进行兴奋。20%安钠咖注射液，马、牛10~20 mL，猪、羊2~5 mL，犬0.5~2 mL，皮下、静脉或肌内注射，以病情需要决定给药次数，必要时每2~4 h重复给药；5%氨茶碱注射液，马、牛50~75 mL，猪、羊5~10 mL缓慢静脉注射或肌内注射，必要时使用；当呼吸衰竭时，可使用尼可刹米以兴奋呼吸中枢，25%尼可刹米注射液，马、牛10~20 mL，猪、羊1~2 mL，皮下、静脉或肌内注射，必要时每1~2 h重复注射1次。若病畜长时间处于昏迷状态，可肌内注射咖啡因（牛、马2~5 g，猪、羊0.5~2 g，小家畜0.1~0.3 g）和樟脑磺酸钠（牛、马1~2 g，猪、羊0.2~1 g，犬0.05~0.1 g）等兴奋中枢神经机能活动的药物。必要时，也可静脉注射高渗葡萄糖500 mL和ATP（牛、马0.05~0.1 g）激活脑组织功能，防止循环虚脱。

【预防】

平时加强饲养管理和日常护理，防止角斗、打击和意外事故的发生。减轻病畜的使役，改善卫生环境，畜舍通风凉爽。

慢性脑室积水（chronic hydrocephalus）

慢性脑室积水通常又称乏神症或眩晕症，是因脑脊液排除受阻或吸收障碍导致侧脑室蓄积大量的脑脊液，引起脑室扩张、颅内压升高的一种慢性脑病，可影响脑循环和脑的新陈代谢。其临床特征是，意识障碍明显，感觉和运动机能异常，且后期植物性神经机能紊乱。本病主要发生于马，特别是6~14岁的去势母马，颅骨和下颌狭窄，精神活泼，营养佳良以及挽曳强的马匹最为常见，并且多为闭塞性的慢性脑室积水。其他动物也有发生。

【病因】

慢性脑室积水，一般分为脑脊液排出障碍和吸收障碍两种。

（1）脑脊液排出障碍　通常出现在大脑导水管因存在畸形、狭窄等病理改变而发生完全或不完全阻塞，致使脑脊液排出受阻。此种大脑导水管闭塞性病变多为先天性，主要由遗传因素所致。可能是胚胎期受到母马体内各种传染性因素的侵害，患过脑膜炎的结果。在胚胎发育期间，母畜缺乏营养，特别是缺乏维生素A，往往引起先天性脑室积水。据报道，黑白花牛、爱尔夏牛和娟姗牛等品种发生的脑室积水可能具有染色体隐性遗传性状。患有脑室积水的短角牛，主要因大脑导水管先天性狭窄所致。大脑导水管闭塞还可以继发于脑炎、脑膜脑炎等颅内炎症性疾病，也可由脑干等部位肿瘤的压迫而发生导水管的狭窄和闭塞。此外，长期的劳役过度、过度兴奋，以及气候的剧烈变化，可持续地增强心脏的收缩功能，使颅内压升高，大脑的枕叶和脑的四叠体受到压迫，第三脑室及第四脑室之间的导水管发生狭窄或闭塞，脑脊液循环障碍，也可引起脑室积水。

(2)脑脊液吸收障碍　脑脊液吸收减少可引起脑室积水，见于犬瘟热、传染性脑炎、脑膜脑炎、蛛网膜下出血和维生素缺乏等病。脉络膜乳头瘤时，脑脊液分泌增多，也可导致脑室积水。

【发病机理】

在正常情况下，脑脊液是由后脑、间脑和前脑的脉络丛(脉络腺)所分泌的，由侧脑室间孔(Monro 氏孔)流进第三脑室，经大脑导水管进入第四脑室，然后通过第四脑室外侧孔(Luchka 氏孔)及其中央孔(Magendie 氏孔)流入脑干周围的大脑池中，再进入蛛网膜下腔，润覆全部脑脊髓的表面。继而经蛛网膜下腔中的毛细血管(绒毛膜突起)吸收进入静脉窦(主要为矢状窦)。由于脑脊液不断地分泌，又不断地被吸收，所以其总量始终保持着动态平衡。

在病理状态下，由于脑脊液排除和吸收障碍，导致脑脊液在脑室中大量蓄积，因而使脑室扩张，颅内压升高，脑组织受压。又因为颅内容积受到颅骨的限制，故脑室内的大量积水可使大脑半球被挤至小脑蒂的游离缘之下，枕叶的突出部可压在四叠体之上，以致位于四叠体上方的大脑导水管发生狭窄或闭塞，侧脑室和第三脑室内压增高。因脑室积水、内压增高，临床上病畜发生颅内压增高的综合病征。

至于脑肿瘤，寄生虫或脑室相互间的孔粘连，导致中脑导水管发生闭塞现象，也能引起闭塞性脑积水。此外，在极少数病例中，可能由于蛛网膜下腔扩张，脑脊髓液大量蓄积的结果，因而发生脑外积水现象。在此情况下，不但直接压迫中枢神经，还引起脑的血液循环发生障碍，影响脑的活动；能导致脑组织的其他病理变化过程，随即引起中枢神经的机能障碍。不过其机能障碍的程度，决定于病变的性质及其部位。因此，慢性脑积水的临床症状各不一样。

【症状】

后天性慢性脑室积水多发生于成年动物。病初，神情痴呆，目光凝滞，站立不动，头低耳耷，瞳孔有时缩小有时散大，故称乏神症。有时姿态反常，突然狂躁不安，甚至头撞墙壁，或抵于饲槽，有时盲目奔跑或前进。有时头高举，步伐不自然。随着病情进一步发展，病畜出现神情淡漠，双目无神，眼睑半闭，似睡非睡，垂头站立，听觉扰乱，耳不随意运动，常常转向声音来源相反的地方，或两耳分别转向不同的地方。虽然轻微声响不引起任何反应，但有较强声响时，如突然拍掌或关门，往往引起病畜高度恐慌和战栗。其症状主要分为以下几个方面：

(1)意识障碍　常见病畜中断采食或采食缓慢，或者采食急促；咀嚼无力，时而停止或饲草含在口中而不知咀嚼，有时饲料挂在口角；饮水时吸吮缓慢或将口鼻深浸在水中，做嚼水动作。又因呼吸受阻，突然将头举起，进行呼吸。

(2)皮肤和感觉机能障碍　病畜表现为皮肤敏感性降低，轻微针刺无反应，感觉异常。用指弹其前额、鼻端、上唇，或将手指插入其耳，或用力压迫其蹄冠，或搔抓其腹壁，甚至针刺。拔毛等都不能引起其反应；听觉障碍，对较强的声音刺激可发生惊恐不安；视觉障碍，瞳孔缩小或扩大，眼球震颤，眼底检查视乳头水肿。

(3)运动机能障碍　病畜做圆圈运动或无目的地向前冲撞，举止笨拙，运动反常，性情执拗，不服从驱使；在运动中，头低垂，抬肢过高，着地不稳，动作笨拙，容易跌倒。

病后期，心动徐缓，脉搏数减少至 20~30 次/min，呼吸缓慢，呼吸次数减少至 7~9 次/min，节律不齐，脑脊液压力升高。马由正常 1.19~2.4 kPa 增加至 4.7 kPa。脑电图描记，呈现高电压，慢波(1~6 Hz)，快波(10~20 Hz)，常与慢波重叠，严重病例以大慢波(1~4 Hz)为主。肠蠕动迟缓，常常发生便秘。X线检查，可见开放的骨缝，头骨变薄，颅穹隆呈毛玻璃样外观，蝶骨环向前移位、头部变薄。重症病例，有时呈现局灶性症状，上眼睑下垂，眼球震颤，甚至有时发生癫痫样惊厥。每当运动或使役后，病情加重。

【病理变化】

脑体积增大，脑室内积液增多，可达 40~140 mL(正常为 8~10 mL)。脑膜苍白，脑回平展、表面与切面湿润，侧脑室与第三脑室极度扩张，第三脑室底变薄。原发性脑室积液其液体透明，而继发者液体浑浊，呈白色，含有多量纤维蛋白絮状物。侧脑室与脉络丛的室管膜中，往往有炎性浸润现象，在室管膜下有小出血点及小化脓灶。四叠体、海马角与纹状体因受压迫而发生萎缩。在严重的病例，大脑皮层可能由于充满大量脑脊髓液而变得相当薄。当大脑导管闭塞时，即发生脑内积水。

【病程和预后】

病情发展缓慢，可持续数年，很少痊愈。随环境条件变化，常呈现周期性好转与恶化。如病情逐渐恶化，预后不良。

【诊断】

本病的诊断应根据病史及其病情发展过程所呈现的综合征为基础，不能单凭某些症状就做出诊断结果。先天性慢性脑室积水，可根据幼畜的头大小、额骨隆起、行为异常或癫痫样发作及脑电图高慢波等特征，一般可做出诊断。进一步诊断可进行头部 X 线检查。后天性脑室积水的诊断只有根据病史及特征性乏神症状。但须与慢性脑膜脑炎、亚急性病毒性脑炎及某些霉菌毒素中毒等疾病相鉴别。此外，鼻旁窦的炎症、牙齿的疾病、胃及肝的慢性疾病，以及发情时，虽然有时精神沉郁与狂躁不安，但只需注意临床检查与观察，则可与本病鉴别开。

【治疗】

慢性脑水肿尚无有效治疗方法。一般只能采取加强饲养和护理的原则，给予易消化的饲料，减轻病畜的使役，改善卫生环境，畜舍通风凉爽。降低颅内压，促进脑脊液吸收，缓解病情，清肠消导，调整胃肠机能，防止便秘与消化不良。

(1)降低颅内压 为促使脑脊液的吸收，降低颅内压，可静脉注射 20% 甘露醇或 25% 山梨醇，每 6~12 h 重复注射，但用量不宜过大。也可以反复应用少量的毛果芸香碱或槟榔碱，皮下注射；并用乌洛托品 8~10 mL，配成 10% 溶液，静脉注射，有时可以减轻病况的发展过程。若病畜兴奋发作，呈现狂躁不安状态时，则宜用溴化钠或溴化钾进行治疗。

(2)肾上腺皮质激素治疗 慢性脑室积水，可采用小剂量的肾上腺皮质激素治疗，疗效可达 60%，每日服用地塞米松 0.25 mg/kg，一般服药后 3 d，症状缓解，1 周后药量减半，第 3 周起，每隔 2 d 服药 1 次。对于发作的急性脑水肿，病畜的颅内压迅速升高，呈现明显的临床症状时，马可用 40%~50% 葡萄糖溶液 100~200 mL，静脉注射；同时应用 25% 硫酸镁溶液 20~40 mL，静脉注射。

(3)中兽医疗法 采用健脾燥湿、平肝息风为治疗原则，方为天麻散(经验方)加减，也可采用镇心散加减，或橘菊防晕汤加减。

(4)调整肠胃机能，防止便秘，减少肠道腐解产物的吸收 应用盐类泻剂或油类泻剂，调整胃肠机能，防止便秘，减少肠道腐解产物的吸收，缓和病情。此外，可考虑应用细胞色素 C 和辅酶 A 治疗，激活脑组织的生理功能，防止与减轻意识障碍，改善脑循环。此外，有必要时，也可使用外科手术进行穿刺，或应用 X 线进行治疗。

【预防】

加强平时饲养管理，注意营养搭配，防止营养性因素导致本病。当发生本病时，应紧急治疗。

遗传性牛小脑发育不全(bovine cerebellar hypoplasia)

遗传性的小脑发育不全是一种先天性的以共济失调为特征的遗传性疾病。常见于海福特牛、更赛牛、短角牛、爱尔夏牛和荷兰牛。呈常染色体隐性遗传。

【病因】

本病是由基因遗传引起的。

【症状】

大多数犊牛在出生时已经显现症状，症状的轻重由小脑发育障碍的程度决定，小脑机能障碍而表现出来的症状最引人注目。小脑发育障碍较轻时，精神十足，活泼爱动，与正常牛接近。但一般多处于不能行走的重症状态：一时性的反射消失和脊髓反射亢进，头部、躯干部及四肢的协同运动丧失，运动失调，头部颤抖，身体经常摆动，不能保持正常姿势，站立平衡维持困难(一般倒向一侧或后方，有时也倒向前方而折跟头)，点头运动(颈部肌肉的屈伸不协调所致)，辨距不良，划圈运动，痉挛发作，眼球震颤，角弓反张，不能站立或四肢叉开站立、蹒跚、跌倒，在人工辅助下能站立的病牛出现共济失调，很难接近乳头而无法吸吮乳汁，剪刀样步态，四肢异常运动，肌肉软弱无力等症状也常见。神志清醒，视觉和听觉一般不受损伤，但重症病牛可出现目盲和瞳孔散大，对光无反应。震颤、发抖、肌组织自发性收缩、虚脱。一般情况下，采食和咀嚼能够正常进行，但病情较重时，采食动作不能协调进行，身体逐渐消瘦。没有疼痛表现。

尸体剖检可见小脑萎缩，脑桥和视神经发育不全，枕叶皮质部分缺失或完全缺失，甚至没有小脑。病犊不可能治愈，但部分能饲养到肉用犊牛的体质量。

【诊断】

本病虽需与新生犊牛的头部外伤、脑积水以及脊髓缺损症相鉴别，但犊牛开始能行走时出现上述典型症状，应首先怀疑本病。肉眼观察，属于小脑发育不全的牛，在头部侧面X线摄影上虽可看到后颅窝的塌陷，但此特征并不总能看到。另外，病情的轻重并不一定与小脑的大小相平行。剖检时，肉眼可见不同程度的小脑萎缩(大脑和延髓正常大小)。组织学观察，具有特征性表现(小脑皮层的分子层细胞、浦肯野氏细胞以及颗粒层细胞显著减少乃至消失)，凭此可以确诊。从小脑组织中分离到病毒，荧光抗体法检测到病毒抗原(主要在浦肯野氏细胞中)，血中测到高滴度的病毒中和抗体也可帮助确诊。

【治疗】

目前，治疗本病没有推荐的疗法。病情较轻者，给予运动抑制剂有时可起一定作用。

【预防】

加强免疫预防、饲养管理和日常护理的原则，给予易消化的饲料，减轻病畜的使役，改善卫生环境，畜舍通风凉爽。

(尹志红)

第二节 脊髓疾病

脊髓炎及脊髓膜炎（myelitis and spinal meningitis）

脊髓炎及脊髓膜炎是脊髓实质、脊髓软膜及蛛网膜炎症的总称。脊髓炎及脊髓膜炎可同时发生，有时以脊髓实质炎症为主，炎症可蔓延至脊髓膜，而有的则以脊髓膜炎症为主，炎症也可蔓延至脊髓实质。本病在临床上以感觉、运动机能障碍和肌肉萎缩为特征。多发于马、羊和犬，其他动物也有发生。

【病因】

（1）感染性因素 主要继发于某些传染性疾病和寄生虫病，如马传染性脑脊髓炎、流行性感冒、胸疫、腺疫、媾疫、犬瘟热、狂犬病、伪狂犬病、脑脊髓线虫病等。

（2）中毒性因素 主要见于某些有毒植物和霉菌毒素中毒，如萱草根、山黧豆等有毒植物中毒、镰刀霉菌毒素、赤霉菌毒素、某些青霉菌毒素等中毒。

（3）外伤 椎骨骨折、脊髓挫伤及震荡、颈部或纵隔脓肿、断尾或咬尾均可引起脊髓及脊髓膜炎。另外，配种过度、受寒、过度劳役等因素可促进本病的发生。

【发病机理】

当病原微生物及有毒物质经血液循环或淋巴途径侵入脊髓膜及脊髓实质后，首先引起炎性充血和渗出，从而出现局部刺激症状。由于炎性渗出物及脊髓液的逐渐增多，加之化脓菌的侵入，形成大小不等的脓肿，因而压迫脊髓神经节及其神经元，造成脊髓的神经细胞变性和坏死，致使脊髓的感觉传导与运动传导受阻，引起相应的效应器官感觉障碍、运动机能障碍、反射机能亢进等临床表现。炎症部位不同，脊髓炎分为弥漫性、局限性、分散性和横贯性等类型。

【症状】

病畜食欲减退，以脊髓膜炎症为主的脊髓及脊髓膜炎，主要表现脊髓膜刺激症状。当脊髓背根受到刺激时，呈现体躯某一部位感觉过敏，当用手触摸被毛，病畜即表现骚动不安、呻吟及拱背等疼痛性反应。当脊髓腹根受刺激时，病畜则出现腰、背和四肢姿势改变，如头向后仰，曲背，四肢强直，运步强拘，步幅短缩；当沿脊柱叩诊或触摸四肢时，可引起肌肉痉挛性收缩。随着病情的发展，脊髓膜刺激症状逐渐减弱，表现感觉减弱或消失、麻痹等脊髓症状。如以脊髓实质炎症为主，病畜多表现精神不安，肌肉震颤，脊柱僵硬，运步强拘，易于疲劳和出汗。由于炎症的性质及程度不同，临床表现有一定差异。

（1）弥漫性脊髓炎 炎症多发生在脊髓的后段并迅速向前蔓延，病畜的后肢、臀部及尾的运动与感觉麻痹，反射机能消失，还常表现直肠括约肌麻痹，从而表现排粪排尿失常、直肠蓄粪和膀胱积尿等现象。

（2）局限性脊髓炎 一般只表现炎症，脊髓节段所支配的相应部位的皮肤感觉减退及局部肌肉发生营养性萎缩，对感觉刺激的反应消失。

（3）分散性脊髓炎 炎症主要发生在脊髓的灰质或白质。临床上见到的是个别脊髓传导受损伤，因此呈现相应部位的感觉消失，相应肌群的运动性麻痹。

（4）横贯性脊髓炎 病初出现不完全麻痹，随后逐渐发生完全麻痹，麻痹部肌肉萎缩。病畜站立不稳，双侧性轻瘫，皮肤和腱反射亢进，臀部拖曳，尚能勉强运动。因炎症发生部位及范围不同，临床表现也有差异。当颈部脊髓发炎时，引起前、后肢麻痹，后肢皮肤和腱反射亢进，膀胱与直肠括约肌障碍，瞳孔大小不等。当胸部脊髓发炎时引起后肢麻痹，膀胱与直肠括约肌麻痹，直肠蓄粪，膀胱积尿，腱反射亢进。当腰部脊髓发炎时引起坐骨神经麻痹，膀胱与直肠括约肌障碍。

【病理变化】

脊髓硬膜的血管明显扩张和充血，蛛网膜及软膜组织混浊，有小出血点。蛛网膜下腔充满浆液性、浆液纤维素性或化脓性渗出物，髓质外周有炎性浸润，甚至软化和水肿。慢性脊髓及脊髓膜炎，由于结缔组织增生，常发生局部性脊髓膜、脊神经和脊髓发生粘连以及硬膜肥厚。

【病程和预后】

本病病程与病变性质及部位有关。若病畜卧地不起，可在数天至数十天内死亡。部分病例即使未迅速死亡，病情逐渐恶化，预后不良。病情轻者，经适当治疗，可望痊愈，但病程较长，可持续数月，即使治愈也易留一定的后遗症。

【诊断】

根据病史，病畜感觉和运动机能障碍、肌肉萎缩，以及排粪排尿障碍等临床特征，可做出诊断。但须与下列疾病进行鉴别。

(1)脑膜脑炎　有明显的兴奋、沉郁、意识障碍等一般脑症状和有眼球震颤和瞳孔大小不等局部脑症状，但排粪排尿障碍不明显，在后期出现四肢瘫痪症状。

(2)脑脊髓丝虫病　多发生于盛夏至深秋季节，其特征是腰痿，后肢运动障碍，并时好时坏，但排粪、排尿障碍不明显。脊髓液检查，可检出微丝蚴。

【治疗】

治疗原则：主要采取加强护理，防止褥疮，控制感染等措施。

(1)加强护理，防止褥疮　病畜保持安静，不能站立者应多铺稻草，经常翻转，防止发生褥疮；给予易消化、富有营养的饲草料；排粪排尿障碍的病畜，应定期导尿和掏粪。四肢麻痹时，可进行按摩、针灸，或用感应电针穴位刺激治疗，并可用樟脑酒精涂擦皮肤，必要时交替肌内注射士的宁与藜芦碱液，促进局部血液循环，恢复神经机能。

(2)控制感染和兴奋神经　为了预防感染，应及时使用青霉素和磺胺类药物。镇痛可肌内注射安乃近(牛、马3~5 g，猪、羊1~3 g，犬、猫0.3~0.6 g)，同时配合应用巴比妥钠效果更好。静脉注射地塞米松(牛、马2.5~20 mg/d，猪、羊4~12 mg/d，犬、猫0.125~1 mg/d)，40%乌洛托品溶液20~40 mL，具有抑制炎症，减少渗出，缓解疼痛的作用。根据病情发展，可以皮下注射0.2%硝酸士的宁溶液，牛、马10~20 mL，猪、羊1~2 mL，兴奋中枢神经系统，增强脊髓反射机能。

(3)改善神经营养，恢复神经细胞功能　可使用维生素B_1(马、牛100~500 mg)、维生素B_2(马、牛100~150 mg)、辅酶A(马、牛1 000~1 500 U)、ATP(马、牛2~3 g)等药物。

(4)促进炎性渗出物的吸收　可用碘化钾或碘化钠，牛、马10~15 g，猪、羊1~2 g，犬、猫0.2~1 g，内服，每日1次，5~6 d为一疗程。

脊髓损伤(spinal cord injury)

脊髓损伤是指由于外界直接或间接因素导致脊柱骨折，或脊髓组织受到外伤，在损害的相应节段出现各种运动、感觉和括约肌功能障碍，排粪排尿障碍，肌张力异常及病理反射等。一般把脊髓具有肉眼及病理组织变化的损伤称为脊髓挫伤，缺乏形态学改变的损伤称为脊髓震荡。临床上多见的是腰脊髓损伤，使后躯瘫痪，所以也称截瘫。本病多发于役用家畜和幼畜。

【病因】

机械力的作用是本病的主要原因。临床上常见下列情况：

（1）机械性损伤 多为滑跌，跳跃闪伤，用绳索套马使力过猛，折伤颈部。山区及丘陵区，家畜放牧时突然滑跌、摔倒、跌落，或鞭赶跨越沟渠时跳跃闪伤，或因役用畜在超出其力所能及的负荷时，因急转弯使腰部扭伤，或因直接暴力作用，如配种时公牛个体过大或笨重物体击伤，或被车撞，或保定不当以及家畜之间相互踢蹴椎骨引起脱臼、碎裂或骨折等。

（2）内在因素 当动物患有骨软病、佝偻病、骨质疏松症和氟骨病时因骨质疏松，易发生椎骨骨折，因此在正常情况下也可引起脊髓损伤。

【发病机理】

在上述病因的作用下，脊髓受到损伤，或因出血、压迫使脊髓的一侧或个别神经乃至脊髓全横断，导致上行性或下行性神经传导中断，受损害部位的神经纤维与神经细胞的机能完全消失，其所支配的感觉机能障碍，运动机能发生麻痹，泌尿生殖器官和直肠机能也出现障碍，受腹角支配的效应区反射机能消失，肌肉发生变性和萎缩。

当脊髓与脊髓膜出血或椎骨变形时，脊髓组织及其神经可受到直接压迫与刺激，引起相应部位产生分离性感觉障碍，即表层组织的感觉及温觉障碍，而深层组织感觉机能保持正常。脊髓颈部出血时，前肢肌肉萎缩性麻痹，伴发分离性感觉障碍，而后肢发生痉挛或轻瘫。当脊髓膜出血使神经根受到刺激时即引起相应部位痉挛或疼痛。

【症状】

本病的临床症状取决于脊髓受损害的部位与严重程度。

脊髓全横径损伤时，其损伤节段后侧的中枢性瘫痪，双侧深、浅感觉障碍及植物神经机能异常。脊髓半横径损伤时，损伤部同侧深感觉障碍和运动障碍，对侧浅感觉障碍。脊髓灰质腹角损伤时，仅表现损伤部所支配区域的反射消失、运动麻痹和肌肉萎缩。

颈部脊髓节段受到损伤时，头、颈不能抬举而卧地，四肢麻痹而呈现瘫痪，膈神经与呼吸中枢联系中断而致呼吸停止，可立即死亡。如果部分损伤，前肢反射机能消失，全身肌肉抽搐或痉挛，粪尿失禁或便秘和尿闭，有时可引起延脑麻痹而致咽下障碍，脉搏徐缓，呼吸困难以及体温升高。

胸部脊髓节段受到损伤时，则损伤部位的后方麻痹或感觉消失，腱反射亢进，有时后肢发生痉挛性收缩。

腰部脊髓节段受到损伤时，若损伤发生在前部，则致臀部、后肢、尾的感觉和运动麻痹；损伤在中部，则股神经运动受到损害，故膝与腱反射消失，后肢麻痹不能站立；若损伤在后部，则坐骨神经所支配的区域、尾和后肢感觉及运动麻痹，肛门哆开，刺激其括约肌时不见收缩，粪尿失禁。

此外，在机械作用力损伤脊髓膜时，受损部位的后方发生一时性的肌肉痉挛，如果脊髓膜发生广泛性出血，其损害部位附近呈现持续或阵发性肌肉收缩，感觉过敏。若脊髓径受到损害，则躯干大部分和四肢的肌肉发生痉挛。椎骨骨折时，被动性运动增高，直肠检查可触摸到骨折部位。

【病程和预后】

一般病例，大家畜在1~2 d死亡，小家畜病程可延续数天，常因继发褥疮、败血症、肺炎或膀胱炎导致死亡。如果颈部脊髓受到损害，往往一瞬间呼吸停止而立即死亡。轻症病例，经适宜治疗，可望痊愈。

【诊断】

根据病畜感觉机能、运动机能障碍和排粪排尿异常，结合病史分析，可做出诊断，但须与下列疾病进行鉴别：

(1)麻痹性肌红蛋白尿　多发生于休闲的马在剧烈使役中突然发病。其特征是后躯运动障碍，尿中含有褐红色肌红蛋白。

(2)骨盆骨折　病畜皮肤感觉机能无变化，直肠与膀胱括约肌机能也无异常，通过直肠检查或射线透视可诊断受损害部位。

(3)肌肉风湿　病畜皮肤感觉机能无变化，运动之后症状有所缓和。

【治疗】

治疗原则：加强护理，防止椎骨及其碎片脱位或移位，防止褥疮，消炎止痛，兴奋脊髓。病畜疼痛明显时可应用镇静剂和止痛药，如水合氯醛、溴剂等。对脊柱损伤部位，初期可冷敷，或用松节油、樟脑酒精等涂擦。麻痹部位可施行按摩、直流电或感应电针疗法、碘离子透入疗法，或皮下注射硝酸士的宁，牛、马15~30 mL，猪、羊2~4 mL，犬、猫0.5~0.8 mL(一次量)。及时应用抗生素或磺胺类药物，以防止感染。

【预防】

预防原则：主要在于加强饲养管理，使役时严防暴力打击和跌、扑、闪伤，及时补充矿物质元素和维生素以防骨软症等。

(王宏伟　路　浩)

第三节　机能性神经病

癫痫(epilepsy)

癫痫是一种暂时性大脑皮层机能异常的神经机能性疾病。临床上以短暂反复发作、感觉障碍、肢体抽搐、意识丧失、行为障碍或植物性神经机能异常等为特征，俗称羊癫风或羊角风。各种动物均有本病发生，但多见于猪、羊、犬和犊牛。

【病因】

本病病因分原发性和继发性两种，临床上多见于继发性因素。

(1)原发性癫痫　又称真性癫痫(true epilepsy)或自发性癫痫(spoutaneously epilepsy)。其发生原因尚未完全阐明。一般认为病畜脑机能不稳定，脑组织代谢障碍，加之体内外的诱因存在时而诱发。有时虽然不存在明显的体内外诱因，但具有癫痫素质的动物也可发生癫痫。也有人认为本病的发生与遗传因素有关，瑞典红牛和瑞士褐牛的癫痫由常染色体控制，呈隐性或显性遗传；德国牧羊犬的癫痫由常染色体隐性遗传；美国可卡犬癫痫的发病率高。

(2)继发性癫痫　又称症候性癫痫(symptomatic epilepsy)。常继发于颅脑疾病(如脑膜脑炎、颅脑损伤、脑血管疾病、脑水肿、脑肿瘤或结核性赘生物等)，传染性和寄生虫疾病(如传染性牛鼻气管炎、伪狂犬病、犬瘟热、狂犬病、猫传染性腹膜炎、脑囊虫病及脑包虫病等)，某些营养缺乏病(如维生素A缺乏、维生素B缺乏、低血钙、低血糖、缺磷和缺硒等)和中毒(如铅、汞等重金属中毒及有机磷、有机氯等农药中毒等)。

【发病机理】

癫痫的发作需具备两个基本条件，即癫痫灶和癫痫灶异常活动并向周围脑组织异常放电。由于暂时性或持续性改变脑机能因素的作用，脑组织的神经元兴奋性增高，存在于大脑中的癫痫灶及其异常活动向脑的其他部位扩散，临床上出现癫痫发作。癫痫发作重剧的，则病畜发生昏迷，全身抽搐和惊厥。轻微的，病畜短时间内意识障碍、昏迷，而无抽搐和痉挛现象。研究表明，癫痫灶中神经元的特征是膜去极化大幅度延迟，并伴有高频率的尖峰，脑电图显示膜电位改变引起发作性放电。因此，癫痫性神经元的数目与癫痫发作的频率相关。

【症状】

癫痫的发作有 3 个显著的特点，即突发性、短暂性和反复性，发作时呈发作性痉挛与抽搐，意识障碍及植物神经机能异常，在发作的间歇期，病畜与健康时一样。临床上按临床症状分为大癫痫(大发作)、小癫痫(小发作)、局限性发作和神经运动性发作 4 种类型。

(1)大癫痫　又称强直-痉挛性癫痫发作，是动物最常见的一种发作类型。动物在癫痫发作前，表现为皮肤感觉过敏，摇头或点头，这种现象极短，不易察觉，随后病畜突然倒地，全身肌肉强直，头向后仰，四肢外伸，牙关紧闭，可视黏膜苍白，继而变成蓝紫色，瞳孔散大，眼球旋转，瞬膜突出，磨牙，口吐白沫，持续约 30 s，即变为阵挛，经一定时间而停止。发作停止后多恢复常态。

(2)小癫痫　即症状性癫痫，在动物较少见，其特征是一时性意识丧失和局部肌肉轻度痉挛，只见病畜头颈伸展，呆立不动，两眼凝视。

(3)局限性发作　肌肉痉挛仅限于身体的某一部分，如面部或一肢。由脑病引起的症状性癫痫，由于大脑皮层局部神经受到病理刺激所引起，常表现为皮肤感觉异常，局部肌肉痉挛，不伴有意识障碍。此种局限性发作，常指示对侧大脑皮质有局灶性病变。局限性发作可发展为大发作。

(4)神经运动性发作　以精神状态异常为突出表现，如流涎等。

【病程和预后】

本病多为慢性经过，可持续数年乃至终生，呈现周期性发作，间隔时间长短不一。原发性癫痫很难治愈，发作时因突然倒地而受伤，甚至导致死亡。继发性癫痫依原发病而不同，若原发病能治愈，癫痫可终止，否则预后不良。

【诊断】

本病的诊断主要是根据病史和临床特征。但要做出明确的病因学诊断，需进行全面系统的临床检查，包括对整个神经系统的仪器检查和实验室血、粪、尿及毒物检查。

【治疗】

由于本病病因尚不明确，治疗主要是减少发作次数，缩短发作时间，降低发作的严重性。对于易发生癫痫的动物，让动物保持安静，防止各种诱因的刺激和影响。发作时可选用苯巴比妥，按 30~50 mg/kg，每日 3 次。也可单独或联合用扑癫酮和苯妥英钠治疗，效果较好。内服丙戊酸钠片，每日 2 次，每次 1~2 片，维持服药 2~3 d，对犊牛癫痫或局限性发作的控制有效。治疗犬癫痫选用苯妥英钠 2~6 mg/kg、谷维素 10~30 mg、维生素 B_1 10~20 mg，混合灌服。生明矾 60 g，鸡蛋清 5 个，温水调灌，隔日 1 次，连灌 3~4 次，有控制癫痫的作用。

【预防】

癫痫发作期间停止使役，病畜拴于宽敞厩舍，厩舍垫以软草。有发病史的病畜不宜在山上、河边放牧，以防意外。凡是患有癫痫的动物不宜留作种用动物。

膈痉挛(phrenospasm)

膈痉挛又称"跳胘",是由于膈神经受到异常刺激,兴奋性增高,致使膈肌发生痉挛性收缩的一种疾病。临床上以腹部及躯干呈现有节律的振动,腹胁部一起一伏有节律的跳动,俯身于鼻孔附近可听到一种呃逆音,并伴有神情不安为特征。根据膈痉挛与心脏活动的关系,可分为同步性膈痉挛和非同步性膈痉挛,前者与心脏活动一致,而后者与心脏活动不相一致。临床上马、骡多见,也常发生于犬和猫。

【病因】

凡能使膈神经受到刺激的因素,都可引起膈痉挛。主要见于消化器官疾病,如胃肠过度膨满、胃肠炎症、消化不良、食管扩张等;急性呼吸系统疾病,如纤维素性肺炎、胸膜炎等;脑和脊髓的疾病,尤其是膈神经起始处的脊髓病;中毒性疾病,肠道内腐败发酵产生的有毒产物影响,蓖麻毒素中毒等都可引起膈痉挛。

长途运输、电解质紊乱、过劳等代谢性疾病以及肿瘤、主动脉瘤等的压迫等,也都可引起膈痉挛的发生。此外,膈神经与心脏位置的关系存在先天性异常,也是发生膈痉挛的一个原因。膈神经及其髓鞘病变,可引起慢性继发性膈痉挛。低血容量和低氯血症的病马,大量服用碳酸氢钠,可发生同步性膈痉挛。

【发病机理】

大多数动物的膈神经干径路靠近心房,左侧膈神经是在肺动脉的下方、经过动脉圆锥和左心耳,右侧膈神经在静脉下方经过右心房,因而膈痉挛与心房收缩可同时发生,当心房肌去极化时,电冲动刺激到靠近心房的膈神经而引起兴奋。此外,膈神经与交感神经干通过交通支有联系,交感神经兴奋也可引起膈痉挛。低钾血症和低氯血症,可改变膈神经的膜电位,兴奋阈值降低,致使膈神经容易受到心脏活动电冲动的影响而放电,引起膈痉挛性收缩。

【症状】

本病的主要特征是病畜腹部及躯干发生独特的节律性振动,尤其是腹胁部一起一伏有节律地跳动,所以俗称"跳胘"。同时,伴发急促的吸气,俯身鼻孔附近,可听到呃逆音。膈肌痉挛性收缩的强度和频率,与刺激的时间、性质、强度及神经敏感性不同而不同,有时比心搏动强,有时比心搏动弱。同步膈痉挛,腹部振动次数与心跳动相一致。非同步性膈痉挛,腹部振动次数少于心跳动。

在膈痉挛时,病畜不食不饮,神情不安,头颈伸张,流涎。膈痉挛典型的电解质紊乱和酸碱平衡失调是低氯性代谢性碱中毒,并伴有低钙血症、低钾血症和低氯血症。

【病程和预后】

膈痉挛的持续时间,一般为 5~30 min,乃至 12 h 以上。最长者有 3 周。如治疗及时,膈痉挛很快消失,预后良好。顽固性者,可死于膈肌麻痹。

【诊断】

根据病畜腹部与躯干有节律的振动,同时伴发短促的吸气与呃逆音,一般可做出诊断。但应注意与阵发性心悸相区别。

【治疗】

治疗原则:加强护理,消除病因,解痉镇静。

(1)加强护理,消除病因　加强饲养管理,保持动物安静,避免外界不良因素的刺激,一般轻者可不治而愈。对低血钙或低血钾病畜，可静脉注射 10% 葡萄糖酸钙 200~400 mL（牛、马），或 10% 氯化钾溶液 30~50 mL（牛、马），或 0.25% 普鲁卡因溶液 100~200 mL，缓慢静脉注射。

（2）解痉镇静　可采用 25% 硫酸镁溶液，牛、马 50~100 mL，犬 10 mL 缓慢静脉注射；溴化钠 30 g，水 300 mL，一次灌服；水合氯醛 20~30 g，淀粉 50 g，水 0.5~1 L（牛、马），混合灌服，或灌肠；0.25% 普鲁卡因溶液，马、牛 100~200 mL，缓慢静脉注射。

日射病及热射病（insolation or siriasis）

日射病是家畜在炎热的季节中，头部受到持续受到强烈的日光直射时引起脑及脑膜充血和脑实质的急性病变，而引起的中枢神经系统机能严重障碍性疾病。热射病则是家畜所处的外界环境气温高，湿度大，新陈代谢旺盛，产热多、散热少，体内积热，引起严重的中枢神经系统功能紊乱现象。临床上日射病和热射病统称为中暑（heat exhaustion，heatprostration）。本病在炎热的夏季多见，病情发展急剧，易造成迅速死亡。各种家畜均可发病，但牛、羊、马、犬和家禽多发。

【病因】

炎热季节的华北平原地区，西北地区戈壁草原，在高温天气和强烈阳光下，当家畜头部受到强烈阳光辐射，或在高温天气和强烈阳光下使役、驱赶和奔跑等常可引起日射病；圈舍拥挤，通风不良或在闷热（温度高、湿度大）的环境中长时间停留，或用密闭而闷热的车、船运输等也都可引起热射病；家畜体质衰弱，心脏功能、呼吸功能不全，代谢机能紊乱，家畜皮肤卫生不良，出汗过多，饮水不足，缺乏食盐，以及从北方引进到南方的家畜，适应性不强，耐热能力低，都易促进日射病或热射病的发生和发展。

【发病机理】

从发病学上分析，无论是热射病还是日射病，最终都会出现中枢神经系统紊乱，但是，其发病机理还是有一定差异的。

（1）日射病　因家畜头部持续受到强烈日光照射，日光中紫外线穿过颅骨而直接作用于脑膜及脑组织，引起头部微血管扩张，脑及脑膜充血，头部温度和体温迅速升高，导致神志异常。又因日光中紫外线的光化反应，引起脑神经细胞炎性反应和组织蛋白分解，从而导致脑脊液增多，颅内压增高，影响中枢神经调节功能，新陈代谢异常，导致自体中毒、心力衰竭、病畜卧地不起、痉挛、昏迷。

（2）热射病　由于外界环境温度过高，湿度大，家畜体温调节中枢的机能降低，出汗少，散热障碍，产热与散热不能保持相对平衡，产热大于散热，以致造成家畜机体过热，引起中枢神经机能紊乱，血液循环和呼吸机能障碍而发生本病。热射病发生后，机体温度高达 41~42℃，体内物质代谢加强，氧化产物大量蓄积，导致酸中毒；同时因热刺激，反射性地引起大量出汗，致使病畜脱水。由于脱水和水、盐代谢失调，组织缺氧，碱贮下降，脑脊髓与体液间的渗透压急剧变化，影响中枢神经系统对内脏的调节作用，心、肺等脏器代谢机能衰竭，最终导致窒息和心脏骤停。

【症状】

在临床实践中，日射病和热射病常同时存在，因而很难精确区分。

（1）日射病　常突然发生，病初表现为精神沉郁，四肢无力，步态不稳，共济失调，有时眩晕，突然倒地，四肢做游泳样运动。体温略有升高。呼吸急促而节律失调，结膜发绀，目光狞恶，眼球突出，神情恐惧，有时全身出汗。皮肤、角膜、肛门反射减退或消失，常发生剧烈的痉挛或抽搐而迅速死亡，或因呼吸麻痹而死亡。

(2)热射病　突然发病，体温急剧上升，高达41℃，皮温增高，甚至皮温烫手，病畜站立不动或倒地张口喘气，心跳加快，每分钟可达百次以上。眼结膜充血，瞳孔扩大或缩小。后期呈昏迷状态，意识丧失，四肢划动，呼吸浅而极速，心跳节律不齐，脉不感手，第一心音微弱，第二心音消失，血压下降。濒死前，多有体温下降，常因呼吸中枢麻痹而死亡。血液检查时，病畜红细胞压积升高，血清K^+、Na^+、Cl^-含量降低。

【病理变化】

日射病和热射病的共同病理变化为脑及脑膜高度淤血，并有出血点；脑组织水肿，肺充血、水肿，胸膜、心包膜及胃肠黏膜都有出血点和轻度炎症病变，血液暗红色且凝固不良。肝、肾变性，迅速发生尸僵和尸体腐败。

【病程和预后】

日射病和热射病，病情发展急剧，常常因来不及治疗而在数小时内死亡。早期采取急救措施可望痊愈，若伴发脑水肿和脑出血，多预后不良。

【诊断】

根据天气炎热，湿度较高病史和体温急剧升高，心肺机能障碍和倒地昏迷等临床特征，容易确诊。但应与肺水肿和充血、心力衰竭和脑充血等疾病相区别。

【治疗】

治疗原则：消除病因和加强护理，促进机体散热，缓解心肺机能障碍，防止脑水肿和对症治疗。

(1)消除病因和加强护理　应立即停止使役，将病畜移至阴凉通风处、凉爽的环境中，保持安静，供应充足的饮水。若病畜卧地不起，可就地搭起荫棚。

(2)促进机体散热　这是本病治疗的关键，可不断用冷水浇洒全身，或用冷水灌肠，内服1%冷盐水，可于头部放置冰袋，也可用乙醇擦拭体表。防止发生脑水肿，体质较好的大动物可放血1~2 L，同时静脉注射等量生理盐水，以促进机体散热。也可应用解热镇痛药物，使体温调定点复原，促进机体散热，复方氨基比林，马、牛20~50 mL，羊、猪5~10 mL，犬1~2 mL；安痛定，马、牛20~50 mL，羊、猪5~10 mL；安乃近，马、牛3~5 g，羊、猪1~3 g。

(3)缓解心肺机能障碍　对心功能不全者，可皮下注射20%安钠咖等强心剂10~20 mL。

(4)防止脑水肿和对症治疗　为防止肺水肿，静脉注射地塞米松1~2 g/kg。当病畜烦躁不安和出现痉挛时，可内服或直肠灌注水合氯醛黏浆剂或肌内注射2.5%氯丙嗪10~20 mL。若确诊病畜已出现酸中毒，可静脉注射5%碳酸氢钠0.5~1 L。

(路　浩)

第四节　神经系统疾病的特点及类症鉴别

一、神经系统疾病的特点

(一)神经系统疾病的病因

1. 外在性致病因素

(1)物理性因素　如电击、日射、过度疲劳、受寒、脑和脊髓的外伤、击伤等，可直接或间接引起神经系统的损伤，常伴发循环障碍，严重的脑挫伤和脑震荡可导致休克。

（2）化学因素 污染性饲料毒物能引发严重的神经疾病，如食盐中毒、有机农药中毒、重金属元素中毒等均能对神经系统产生毒性损害作用。如苯、苯胺、铅、士的宁、一氧化碳以及植物性饲料毒素等化学物质，都能引起神经系统疾病的发生。

（3）生物性因素 病原微生物及寄生虫的侵害是神经系统疾病中最常见的病因。各种嗜神经性病毒，衣原体与弓形虫引起的非化脓性脑脊髓炎。若干致病性微生物及其毒素引起的中枢与外周神经系统的损害；各种化脓性细菌引起的化脓性脑炎；多头绦虫的脑多头蚴，有钩绦虫与无钩绦虫的囊尾蚴寄生于脑可造成机械性压迫和损伤，使神经系统结构和完整性遭到破坏，从而导致严重的病理现象。新城疫病毒、犬瘟热病毒、链球菌、镰刀菌毒素、脑包虫等病毒、细菌、真菌毒素以及寄生虫均可导致神经系统结构的完整性或功能的破坏，引起神经系统疾病的发生。

2. 内在性致病因素

①毒性和代谢异常：体内产生的各种毒素和异常代谢可对中枢神经系统产生影响，破坏神经系统的正常生理活动功能。肺炎、肝疾病、自体中毒、内分泌功能紊乱以及新陈代谢障碍等过程中均可形成有害物质，如在肾炎时，由于肾的排泄功能降低，导致血液中非蛋白氮增高，导致神经系统的损伤。

②饲养管理：因饲养管理不良所致的营养障碍也能引起大脑皮质过度的紧张和抑制现象，从而导致疾病的发生。如维生素 B_1 缺乏引起的多发性神经炎，维生素 A、维生素 E、泛酸、吡哆醇缺乏时可分别出现神经细胞变性、神经细胞染色质溶解和坏死、脑软化、髓鞘脱失、视神经萎缩及失明等多种病理变化。

③脊髓的实质性炎症、肿瘤以及外周神经系统受到感染因素的侵害，直接导致神经系统疾病的发生。许多原发性或继发性肿瘤可生长于神经组织而造成压迫或损害，如生长于软脑膜的各种肉瘤、内皮瘤，生长于脑实质内的成神经细胞瘤、神经胶质细胞瘤、各种肉瘤，生长于外周神经的神经节细胞瘤等。例如，鸡的马立克氏病，瘤细胞常在坐骨神经丛和臂神经丛形成肿瘤性病灶而引起运动障碍。

④心血管疾病、血液循环障碍、变态反应等也能引起神经系统的病理过程。中枢神经系统，尤其是大脑皮层对氧十分敏感，因此各种原因导致的大脑缺血、脑血栓、脑充血和水肿以及脑出血等，都可引起脑部血液循环障碍而出现严重的神经症状，甚至引起死亡。

⑤遗传因素：在某些神经系统疾病的发生、发展过程中，遗传、品种、性别、年龄等因素在神经系统的某些疾病的发展过程中也具有一定的联系，如癫痫与遗传因素、年龄因素都有关系。

（二）神经系统疾病功能障碍的表现形式

1. 意识障碍

意识障碍表现为精神兴奋或精神抑制两种类型。

（1）精神兴奋 是中枢神经功能亢奋的结果。动物表现为狂暴性发作，对外来刺激感受性降低，出现不能自控的剧烈运动和攻击行为，呈现狂暴或冲撞。精神兴奋可发生于颅腔内压或脑内压突然升高、脑及脑膜充血、炎症、有机磷农药中毒、食盐中毒、急性铅中毒、某些植物中毒、神经型酮血病以及狂暴型狂犬病、脊髓炎早期。部分病畜甚至出现撞墙、抵栏和圆圈运动。

（2）精神抑制 是脑皮质机能受到不同程度的抑制的结果，是中枢功能障碍的另一种表现形式，多因神经组织的代谢障碍所致。常见于脑脊髓炎、颅内压升高、大脑缺氧、低血糖、脑出血、脑损伤、中毒、传染病、热射病、各种热性病等。依据精神抑制的程度，动物表现为沉郁、嗜睡、神志不清、昏睡、意识丧失、昏迷、昏厥、眩晕等。

2. 感觉障碍

感觉障碍可分为浅表感觉障碍和深部感觉障碍两种类型。

(1)浅表感觉障碍　是指痛觉、温觉、触觉、听觉、视觉、味觉和嗅觉这些感觉发生异常。浅表感觉障碍分为感觉减退、感觉过敏和感觉异常。

(2)深部感觉障碍　是指位于肌肉、骨、骨膜、韧带、腱、关节等深在部位的感觉神经的功能障碍。深部感觉障碍常伴有意识障碍。多见于大脑或脊髓的疾患。

3. 运动障碍

运动中枢和传导路径由椎体系统、椎体外系统和小脑系统三部分组成，彼此间密切联系，当这些部分遭受损伤之后，即可发生运动障碍。运动障碍可分为运动麻痹和异常运动；异常运动又分为共济失调、强迫运动和痉挛。

(1)运动麻痹　动物的随意运动减弱或消失称为麻痹。当运动中枢或者运动传导路径发生任何的障碍时，在其神经支配下的肌肉都无法接收兴奋信号或信号减弱，骨骼肌的随意运动消失或减弱，在临床上就会出现运动麻痹。运动麻痹根据临床表现可将其分为完全性麻痹和不完全性麻痹；根据致病原因分为器质性麻痹和功能性麻痹；根据病变部位可分为中枢性麻痹和末梢性麻痹。

(2)共济失调　是指动物的各个肌肉收缩力正常，而在站立或运动时各肌群运动相互不协调，导致动物体位和各种运动的异常。其原因是调节肌肉的收缩和肌群协调运动的神经系统受到损伤。共济失调分为体位平衡失调和运动失调。病畜主要表现为躯体的平衡失调，步态踉跄和动作不协调。

(3)强迫运动　是指动物不受意识支配和外界环境影响而出现的强迫发生的有规律的运动。临床表现为圆圈运动、盲目运动、暴进及暴退和滚转运动。强迫运动多因脑部病变引起。

(4)痉挛　是指在运动中枢或者运动神经的传导途径中存在异常刺激，引起其支配下的肌肉出现无意识地收缩运动。根据痉挛的性质可分为阵发性痉挛、强直性痉挛和癫痫。

4. 反射功能障碍

当反射弧的任何一部分发生异常时，都可使反射功能发生障碍，或是反射增强，或是反射减弱甚至消失。

(三)神经系统疾病的诊断

1. 病史的调查

通过畜主叙述了解病畜的临床行为变化、开始的方式、发生过程、发病情况等病史。

2. 临床检查

除了进行神经系统检查外，还要进行一般整体检查和相关系统检查，这样有利于全面收集资料，进行综合判断，分析病因、病性、严重程度和预后。一般检查病畜的步态、姿势、运动、触诊肌肉紧张度和针刺反应等。必要时可进行血液常规和生化检查，脑脊髓穿刺液和尿液的检查，脑、脊髓的X线检查、脑电图，甚至脑活组织检查等特殊诊断，做出进一步的确诊。

(四)神经系统疾病的治疗

治疗原则：消除和控制感染，治疗原发病，降低颅内压，使用中枢神经药物(镇静、解痉)，恢复神经系统的调节机能，以及对症治疗和加强饲养管理等。

二、神经系统疾病的类症鉴别

(一)脑及脑膜疾病的综合症候群及其诊断要点

兴奋、狂躁，沉郁、昏迷以及两者的交替出现，伴有盲目运动或共济失调现象，多为脑病综合症候群。

①脑的循环紊乱：可表现为脑贫血、脑充血或脑出血。病畜突然发生站立不稳、走路摇摆、共济失调，并进而倒地、昏迷，伴有痉挛现象，可提示急性脑贫血。以急性脑充血而致的兴奋、昏迷与共济失调；急性肺充血而致的呼吸困难；急性心力衰竭而致的心动急速等组成的综合征，兼有大量出汗、黏膜发绀、静脉充盈及高热等症状，宜注意日射病、热射病的可能。

②脑颅占位性病变：以慢性经过为主的、表现为某种盲目运动的反复出现，或在长期的病程经过中有反复出现的癫痫样发作的病理变化，提示脑颅占位性病变。

③脑与脑膜的炎症：多为兴奋、狂躁与昏迷的交替出现，并伴有某种盲目运动为主要症状；同时兼有体温变化、心动紊乱或心律不齐、呼吸活动与节律改变等伴随症状。

(二)脊髓疾病的综合症候群及其诊断要点

脊髓疾病一般以运动机能障碍及感觉、反射机能的失常为主要特征。应注意某些营养缺乏病与代谢紊乱性疾病，也可呈现类似后肢瘫痪的现象。

(三)外周神经疾病的综合症候群及其诊断要点

三叉神经、面神经的麻痹，以耳、上眼睑、鼻翼、口唇的单侧迟缓、下垂及头面部歪斜为特征。舌神经麻痹，主要表现为咀嚼、吞咽机能紊乱。四肢的外周神经麻痹，则表现为肢体运动机能障碍的特有症状——跛行。

（韩　博　赵宝玉）

第七章

内分泌系统疾病

第一节　下丘脑及垂体功能障碍

垂体性侏儒(pituitary dwarfism)

垂体性侏儒症通常由先天性生长激素缺乏引起，是一种常染色体隐性遗传病，引起腺垂体器官发育缺陷，最终导致犬生长迟缓、体型矮小、双侧对称性脱毛、毛发发质差、皮肤色素沉着异常和寿命缩短等。本病最常发生在德国牧羊犬，但据报道，在其他的品种，如狐狸犬、小型犬和卡累利阿熊犬等均可发病。

【病因】

垂体性侏儒症通常与 LHX 3 基因突变有关，引起生长激素、促甲状腺激素、催乳素和促性腺激素等激素的分泌不足，导致垂体发育不完全。第二个常见的原因是颅咽管瘤，它是颅咽管口咽部外胚层的一种良性肿瘤。相对于其他类型的垂体瘤，这类肿瘤往往发生在年轻的犬。颅咽管瘤导致生长激素的分泌低于健康犬，从而引发侏儒症。

【症状】

侏儒幼崽通常在2~4月龄时体型正常。与同窝出生的仔畜相比，生长速度较慢，毛发异常（幼犬毛发保留而缺乏次级毛发）、双侧对称性脱毛和皮肤色素过度沉着，许多垂体性侏儒犬出现继发性皮肤感染，随着年龄的增长这些症状逐渐明显。患垂体性侏儒症的德国牧羊犬长相与郊狼或狐狸相似，其体积小，毛皮柔软，随后两侧毛发逐渐出现对称性的脱毛，而头部和腿部的毛发通常保持完整。由于甲状腺激素和生长激素的分泌不足，恒牙迟萌或未萌，骨骼发育延迟，继而导致睾丸和阴茎发育不良，阴茎钙化延迟或不完整，阴茎鞘松弛。卵巢皮质发育不良，发情不规律或不存在。由此导致内分泌功能障碍，如甲状腺功能减退症和肾上腺皮质功能减退，寿命缩短。

【病理变化】

垂体性侏儒症患犬在无其他并发症和单纯性生长激素缺乏时，血常规、生化和尿检结果一般都正常。在并发促甲状腺激素(TSH)分泌不足时，可能伴发与甲状腺功能减退的相关临床病理学异常，如高胆固醇血症和贫血。由于生长激素(GH)、胰岛素样生长因子1(IGF-1)和 TSH 的缺乏，可能影响肾脏的发育与功能，继而引发氮质血症。

【诊断】

通过详细的病史、体格检查、常规实验室检查(包括 CBC、粪检、生化、血清 T4 浓度和尿检等)和影像学检查(包括 X 线、CT 以及 MRI)排除其他引起体型矮小的潜在原因后，可建立初步诊断。进一步确诊主要依据生长激素激发试验，判定生长激素储备功能是否正常。如前所述，患病犬的血浆生长激素浓度较低，对生长激素激发试验反应较弱。由于患犬常继发皮肤疾病，因此也可进行皮肤活检，通常可以观察到皮肤真皮层的胶原纤维和结构的损害，包括角化、毛囊角化、色素沉着、弹性纤维缺失等。

【防治】

垂体性侏儒症的治疗主要是给予 GH，但目前没有有效的 GH 产品用于犬。若能获得猪生长激素，推荐皮下注射 0.1~0.3 IU/kg，3 次/周，连用 4~6 周。由于 GH 和甲状腺激素对生长有协同作用，甲状腺激素浓度低于正常时，可能降低 GH 治疗的效果，因此对于怀疑 TSH 缺乏时，同时补充甲状腺素。由于该疾病有明显的家族遗传特征，因此具有垂体性侏儒症的患犬不能作为种犬繁殖后代。

肢端肥大症（acromegaly）

肢端肥大症是一种内分泌疾病，其特征是由于生长激素的分泌过多而导致骨骼和软组织过度生长，可影响成年和老年的犬、猫。

【病因】

猫科动物的肢端肥大症通常与垂体前叶生长激素细胞的肿瘤性或增生性转化有关，如垂体腺瘤。在猫科动物中，这类肿瘤通常只分泌生长激素，与其他垂体激素不同，生长激素具有不同的作用，主要包括分解代谢和合成代谢。分解代谢包括胰岛素抵抗，并通过肝脏中的生长调节素 C（IGF-1）的产生间接发生合成代谢作用；合成代谢则会诱导骨骼、软骨组织和软组织增殖，从而引起器官肿大。该病的病程发展缓慢，通常在临床症状出现之前，可能会潜伏很长一段时间。

【症状】

猫肢端肥大症的早期临床症状通常不易被察觉，本部分将从面部特征、四肢、骨骼特征、器官肿大、心血管和代谢合并症以及其他临床症状进行描述。患猫面部以头骨增宽、下颌畸形和牙间隙增加为特征，据报道高达37%的肢端肥大症的患猫具有类似的面部特征；患猫四肢肿大是肢端肥大症的一个关键特征，猫爪大而呈杵状，可继发关节软骨增生导致四肢增大，据报道10%患有肢端肥大症的猫会出现关节僵硬和疼痛等症状；患病猫的骨骼和软骨生长增生会导致关节病和脊柱畸形，虽然这类症状与骨关节炎相似，但患病猫不常出现跛行；由于生长激素水平的升高，导致患病猫出现肝肿大、脾肿大、肾肿大等；患病猫出现心血管和代谢合并症的症状，如心杂音、多饮、多尿和多食等；疾病发展到后期，可能会出现中枢神经系统功能障碍，而出现癫痫发作、失明、共济失调、四肢瘫痪等临床症状。本病常发生在 8~14 岁猫科动物，且较常见于雄性。

【病理变化】

对肢端肥大症的猫进行剖检可见膨大的垂体，左心室和室间隔肥厚的肥厚型心肌病或扩张型心肌病，肝肿大，肾肿大，退行性骨关节增生，脊椎畸形，中度肿大的甲状旁腺，肾上腺皮质增生，胰腺弥漫性肿大，多灶性结节性增生。病理组织学检查发现垂体嗜酸性腺瘤，甲状腺腺瘤样增生和结节性增生的肾上腺皮质，甲状旁腺、胰腺的内分泌腺体。

【诊断】

猫肢端肥大症的诊断依赖于血清 IGF-1 的检测。健康猫的血清 IGF-1 通常低于 600 ng/mL。据报道，当血清中 IGF-1 的浓度大于 1 000 ng/mL 时，患肢端肥大症的概率是 95%。此外，血清Ⅲ型胶原前肽对于肢端肥大症也有一定的诊断价值，且与血清 IGF-1 浓度正相关。除了血清学的检查外，还可进行影像学的诊断，运用计算机断层扫描垂体区域。据报道，大多数血清 IGF-1>1 000 ng/mL 患猫的计算机断层扫描垂体区域可见大于 4 mm 的垂体瘤。因此，结合临床症状和实验室检查建立肢端肥大症的诊断。

【治疗和预后】

垂体切除术被认为是治疗肢端肥大症的标准治疗方法，高达 85% 患病猫在接受垂体切除术后血清 IGF-1 浓度恢复到正常水平。由于条件限制或垂体腺肿瘤过大，也可以选择进行常规治疗，可采用卡麦角林和门冬氨酸帕瑞肽等药物进行治疗。除此以外，还可进行放射性治疗，对于部分肢端肥大症的患猫具有一定的治理效果。在无法进行垂体切除术或放射性治疗时，可以进行对症治疗，例如采用外源性胰岛素治疗糖尿病，对肥厚性心肌病、高血压以及关节疼痛进行相应的治疗等。早发现早诊断早治疗，预后良好。但若存在并发症(如糖尿病、充血性心力衰竭、慢性肾衰竭等)未得到及时的治疗时，预后谨慎。大多数的猫死于充血性心脏衰竭，慢性肾功能衰竭，或垂体扩张。

尿崩症(diabetes insipidus)

尿崩症主要是由于抗利尿激素(ADH)的分泌减少而引起的，即抗利尿激素缺乏症。按病因可以分为肾源性尿崩症和中枢性尿崩症。其在犬、猫和实验室小鼠中的发病率不高，在其他动物中的发病率更低。

【病因】

抗利尿激素在调节肾脏，对水重吸收、尿液生成和浓缩及水平衡方面具有重要作用。抗利尿激素合成于下丘脑的视上核和室旁核，贮存于垂体腺后叶。当血浆渗透压升高或细胞外液量减少时释放，作用于肾脏的远曲小管和集合管细胞，促进水重吸收并形成浓缩尿液。抗利尿激素合成或分泌障碍、肾小管对抗利尿激素的反应降低都会引起尿崩症。中枢性尿崩症是一种综合征，由机体抗利尿激素分泌不足导致尿液浓缩能力下降，进而导致机体丧失储水能力，引起多尿综合征。任何损伤下丘脑的疾病都能引起中枢性尿崩症，最常见的病因是头部损伤、肿瘤和下丘脑垂体畸形。肾源性尿崩症是一种多尿性疾病，它是肾单位对抗利尿激素反应性受损引起，多与遗传因素有关。

【症状】

多饮和多尿是尿崩症的标志性症状，日饮水量多于每千克体重 100 mL，日排尿量每千克体重大于 50 mL，尿相对密度小于 1.006。限制饮水后尿量不减，尿呈水样清亮透明，不含蛋白质。发病可急可缓，以突发性居多。初期肥胖，后期消瘦，生殖器官萎缩。

【病理变化】

肿瘤细胞破坏垂体后叶、漏斗状茎部和下丘脑，进而干扰髓鞘轴突从产生的地方到释放的地方抗利尿激素的运输。

【诊断】

尿崩症的诊断标准为每日摄入水分超过每千克体重 100 mL，排尿量每日超过每千克体重 90 mL，可确立诊断。也可肌内注射长效尿崩停 2.5~10 IU，如为尿崩症用药数小时内尿量迅速减少，尿相对密度升高至 1.040 以上，尿渗透压升高至正常。尿崩症也需要区别于其他疾病与多尿症，如应与糖尿病、慢性肾炎(蛋白尿、管型尿等)进行鉴别诊断。

【治疗】

合成抗利尿激素类似物（DDAVP）是治疗尿崩症的标准疗法，其抗利尿效果是抗利尿激素的 3 倍。初始剂量是应用于鼻黏膜或结膜 2 滴，逐渐增加用量，直到最小有效剂量确定。最大效应通常发生在 2~8 h，并持续 8 ~24 h。DDAVP 鼻滴剂的价格昂贵，且在用药过程中会因动物甩头或是主人不注意而导致药物浪费。因此在确诊后，推荐口服 DDAVP。体重<5 kg 的犬、猫，口服 DDAVP 初始用药剂量为 0.05 mg；5~20 kg 的犬，剂量为 0.1 mg；体重>20 kg，剂量为 0.2 mg。肾源性尿崩症一般疗效较差，可试用氢氯噻嗪，每千克体重 2~4 mg，口服，每日 2~3 次，同时配合低钠食物。

（孙卫东 赵宝玉）

第二节　甲状腺机能障碍

甲状腺机能亢进（hyperthyroidism）

甲状腺机能亢进又称甲状腺激素分泌过多，简称甲亢，是猫的一种常见内分泌疾病。中老年猫的发病率高，发病年龄为 12~13 岁，无性别和品种差异。

【病因】

甲状腺功能性腺瘤影响一叶或两叶腺体的功能是猫甲状腺机能亢进的常见病因，约占 98%，常为双侧性的。在犬类则甲状腺癌是常见病因，但很少是功能性的，并少见于猫。

【症状】

主要症状为进行性消瘦，伴有食欲旺盛，宠主容易误认为动物健康状况良好，直到发现体重减轻并伴有其他症状（如呕吐、腹泻）和行为改变（如多动、神经过敏、攻击行为等）。患猫常发现心脏异常，如心动过速，听诊有心脏收缩期杂音，某些严重病例发生充血性心力衰竭，包括肺水肿、胸腔积液或腹水引起的呼吸困难，这一般是甲状腺素过量继发病。虽然患病动物不表现皮肤损伤，但会发生被毛不整。在大多数病例中，出现一侧或两侧明显的甲状腺突出，一般难以触诊。

【诊断】

本病主要依据实验室诊断和甲状腺功能试验。实验室诊断采用血液和生化检测。最常见的血液变化时红细胞相对增多，表现为轻度或中度的红细胞数、PCV 和血红蛋白浓度增加。血清中 ALT、AST、AP、LDH 的活性增加。

甲状腺功能试验主要是甲状腺素浓度增加可以诊断为甲状腺机能亢进，大部分病例的血清中 T3 和 T4 浓度增加非常明显。

【治疗】

甲状腺机能亢进可以通过放射性碘治疗、抗甲状腺药物或甲状腺切除术来治疗。

（1）放射性碘治疗　提供了一种简单、有效、安全的治疗而被认为是治疗的首选。放射性碘主要集中在甲状腺肿瘤，它可有选择地破坏机能亢进甲状腺组织。

（2）抗甲状腺药物　如甲巯咪唑，是抑制甲状腺激素合成的药物，初始剂量是 1.25~2.5 mg，每日 2 次。甲亢平开始使用剂量为 5 mg/kg，口服，每日 3 次，3~15 d 后检测血液甲状腺素水平，调整治疗方案。通过剂量的调整，以维持循环甲状腺激素浓度在正常范围内。

（3）甲状腺切除术　也是一个有效地治疗甲状腺机能亢进症。原发性甲状腺瘤必须采用手术的方法摘除，但应注意手术过程中对甲状旁腺的保护以及并发症。

甲状腺机能减退（hypothyroidism）

甲状腺机能减退简称甲减，是指甲状腺激素合成和分泌不足引起的全身代谢减慢的症候群。临床上以易疲劳、嗜睡、畏寒、皮肤增厚、脱毛和繁殖机能障碍为特征。本病常见于犬，猫很少见。

【病因】

原发性甲状腺机能减退是由于淋巴细胞、浆细胞呈弥散性或结节样浸润到甲状腺组织，引起腺泡进行性破坏，被压迫而萎缩或消失。也可因甲状腺泡细胞自发性萎缩和消失引起，占整个甲状腺机能减退病例的90%。继发性甲状腺机能减退可因垂体受压迫而萎缩；或因垂体本身肿瘤，造成促甲状腺素分泌和排放不足；或因下丘脑病损，引起促甲状腺释放激素的分泌和排放不足，使垂体前叶的促甲状腺激素分泌减少，随之引起甲状腺机能减退。

【症状】

（1）原发性甲状腺机能减退　通常发生在中老年犬，患犬年龄一般为3~8岁，且多发于大中型的纯种犬。成年犬早期症状是脱毛，尾近端和远端背侧尤为明显。此外，还表现精神沉郁、嗜睡、耐力下降、怕冷、流产、不育、性欲减退、发情间期延长或发情期缩短。重症病例皮肤色素过度沉着。体重增加，四肢感觉异常，面神经或前庭神经麻痹，精神兴奋，有攻击行为。继发高血脂时，变性高血压性视网膜病、高血压性视网膜炎、角膜和周围巩膜环状脂浸润、癫痫、定向力障碍、圆圈运动等眼病和脑血管粥状硬化的症状。

（2）继发性甲状腺机能减退　除表现甲状腺机能减退外，还伴发促肾上腺激素过多或不足、继发性性腺机能减退、尿崩症和癫痫等中枢神经系统机能障碍。确定诊断的依据是甲状腺活体组织检查缺乏胶体空泡，颅窦静脉造影或颅体层影像（CT）腺垂体肿大。

【诊断】

根据全身发胖、躯干被毛稀少、嗜睡及不育等基本症状可建立初步诊断。确诊应依据实验室检查和诊断性试验。

（1）实验室检查　约60%病犬有高胆固醇血症，25%~30%病例呈现轻度正细胞正色素非再生性贫血，10%病例血清肌酸磷酸激酶活性升高。皮肤活检，表皮厚度减少1个或2个细胞层，滤泡角化过度，皮脂腺萎缩，非炎性细胞浸润。采用甲苯胺蓝可以确认黏液水肿。雄性动物精子减少。

（2）诊断性试验　T4含量正常范围是10~40 μg/L，低于10 μg/L即可诊断为甲状腺机能减退。对T4含量处于正常范围下限（<20 μg/L）的病犬，应行促甲状腺激素试验。体重5 kg以下和5 kg以上的犬、猫分别肌内或静脉注射5 IU、10 IU促甲状腺激素，8 h后血清T4含量<40 μg/L，即可诊断为甲状腺机能减退；对T4含量为40~50 μg/L的病例，应重复试验。继发性甲状腺机能减退，血清T4基线水平低，注射促甲状腺激素3~8 d后，其值达到或接近正常。

【治疗】

本病的治疗主要采用甲状腺素替代疗法。左旋甲状腺素钠0.02 mg/kg，内服，每日1次。或三碘甲状腺原氨酸5 μg/kg，内服，每日3次。如患畜伴发充血性心力衰竭、心律不齐及糖尿病，应逐渐增加用药剂量。对伴发有肾上腺机能减退的，需先实施类固醇激素替代疗法，后行甲状腺素疗法。一般治疗后6周内显效。判定疗效无须测定血清T4含量，可根据临床症状确定。疗效好坏的标志是精神良好，被毛再生，脂溢停止，血红蛋白、PCV、血清胆固醇和肌酸磷酸激酶恢复正常。

（赵宝玉 王建国）

第三节 甲状旁腺机能障碍

甲状旁腺机能亢进（hyperparathyroidism）

甲状旁腺机能亢进是指甲状旁腺分泌甲状旁腺激素过多而引起的病理过程。甲状旁腺自身发生病变，如过度增生、瘤变甚至癌变，或由于动物机体存在其他病症，如长期维生素 D 缺乏等也可能导致甲状旁腺机能亢进。临床特征主要为高钙血症、骨质疏松体征等。

【病因】

（1）原发性甲状旁腺机能亢进　甲状旁腺肿瘤或自发性增生所引起的甲状旁腺激素自发性分泌过多，主要发生于马和犬，人甲状旁腺增生多数是家族性的。常伴有肾上腺髓质和甲状腺旁滤泡细胞（parafollicular cells）肿瘤的，称为Ⅱ型多发性内分泌肿瘤。犬已有Ⅱ型多发性内分泌肿瘤的报道，如德国牧羊犬家族性甲状旁腺增生，可能是常染色体隐性遗传类型。

（2）继发性甲状旁腺机能亢进　营养性或肾性低钙血症或高磷血症所引起的甲状旁腺增生和甲状旁腺激素分泌过多。多发生于青年马，也见于牛、猪、犬、猫、实验动物和灵长类动物。营养性继发性甲状旁腺机能亢进，主要是由于饲料中钙、磷比例失调和维生素 D 缺乏；肾源性继发性甲状旁腺机能亢进，通常见于与肾脏功能衰竭有关的肾脏疾病，如慢性间质性肾炎、肾小球肾炎、肾硬化、肾淀粉样病变、先天性肾皮质发育不全、多囊肾及双侧肾盂积水等。

【症状和病理变化】

（1）原发性甲状旁腺机能亢进　主要表现甲状旁腺激素分泌过多、高钙血症、骨吸收和钙性肾病等。

①高钙血症体征：食欲减退、呕吐、便秘、肌肉无力、心动过缓和节律失常。精神沉郁乃至昏迷或癫痫发作，多尿、多饮、脱水、尿毒症及胃溃疡等症状。异常心电图、心动过缓、QR 间期缩短、PR 间期延长、ST 段升高及室性节律障碍。

②高甲状旁腺激素体征：骨质疏松、自发性骨折、颜面骨肥厚、牙齿松动或脱落、咀嚼疼痛、跛行、颈部疼痛、急性胰腺炎、体重减轻。

③钙性肾病所致尿毒症体征：精神沉郁、呕吐、腹泻、口腔溃疡、呼出气有尿臭味、贫血、脱水、代谢性酸中毒等。

④骨吸收体征：X 线检查显示骨软化症。

⑤实验室检查：持续性高钙血症，血清钙含量升高至 3.0~3.5 mmol/L。

（2）继发性甲状旁腺机能亢进　主要表现为骨骼肿胀变形，血清钙含量正常或低下。初期病畜不愿走动，喜卧，一肢或多肢跛行。四肢关节广泛触痛，牙齿松动，咀嚼困难或疼痛。腱附着部断裂，关节软骨小梁断裂所导致的关节软骨碎裂。后期，骨骼肿胀变形明显，上、下颌骨尤其明显。两侧面峰向上方和前方肿胀，颜面变宽，下颌骨边缘增厚，下颌间隙变窄。长骨变形，脊柱下凹，犬和猫的肋骨肋软骨结合部肿大，禽类的爪向内侧偏斜。

X 线检查显示骨质疏松、软化，局部骨膜撕脱，韧带和腱撕裂或分离，腕、跗、球关节肿大，常见有骨折。骨病的性质：草食动物为纤维性骨营养不良；杂食动物为纤维性骨肥厚性骨炎；肉食动物为骨软化症，即指骨病。

【治疗】

(1)原发性甲状旁腺机能亢进　根本性治疗措施是手术切除甲状旁腺肿瘤。如果4个甲状旁腺均肿大，则应保留1个前甲状旁腺的1/2。术后12~96 h，可能发生一时性重度低钙血症，残留甲状旁腺恢复正常分泌机能需1~3周。为使血清钙维持在1.9~2.3 mmol/L，应口服葡萄糖酸钙和维生素D。对血清钙低于1.9 mmol/L而无临床症状的，可每日分服葡萄糖酸钙，剂量为50~70 mg/kg。对伴有肌肉强直和癫痫发作的，应静脉注射10%葡萄糖酸钙，剂量为1 mL/kg。

(2)继发性甲状旁腺机能亢进　营养性的继发性甲状旁腺机能亢进，治疗原则和措施同纤维性骨营养不良。一般治疗后5 d左右，症状即可改善，而骨骼的恢复常需2~3个疗程。肾源性的继发性甲状旁腺机能亢进，则关键在于治疗原发病，同时日粮应适当降低磷含量而增加钙含量，使磷钙比例趋于平衡。

甲状旁腺机能减退(hypoparathyroidism)

甲状旁腺机能减退是一个代谢疾病，其特点是低钙血症和高磷血症，并伴随着短暂的或持久的甲状旁腺激素不足。

【病因】

在犬、猫的报道中，自发紊乱是很少见的。而医源性损伤或因甲状腺机能亢进时甲状腺切除术引起的，常见于猫；继发于因甲状旁腺肿瘤对甲状旁腺切除后可能导致剩余的腺体萎缩，此种情况多存在于猫或犬。

【症状】

甲状旁腺机能减退的症状取决于低钙血症的程度与持续时间。

临床表现首先可出现指端或嘴部麻木和刺痛，手足与面部肌肉痉挛，随即出现手足搐搦，典型症状为慢性双侧拇指强烈内收，掌指关节屈曲，指骨肩关节伸张，腕肘关节屈曲形成鹰爪状，部分病例双足呈强直性伸展，膝髋关节屈曲，发作时疼痛。

【诊断】

根据病史、临床表现、实验室表现表明低钙血症和高磷血症，排除其他原因造成的低钙血症(如低蛋白血症、吸收不良、胰腺炎、肾功能衰竭)，可做出诊断。如果怀疑是先天性的甲状旁腺机能减退，则需通过甲状旁腺的病理组织学检查，确定甲状旁腺萎缩或破坏。另外，测定血清中甲状旁腺激素的浓度也有助于诊断先天性的甲状旁腺机能减退。

【治疗】

治疗是针对恢复血清钙浓度至正常范围。对于医源性的或先天性形式的甲状旁腺机能减退，可以使用钙制剂和维生素D。为维护正常的血钙，口服钙与维生素D应该一起服用。甲状旁腺机能减退相关的主要并发症是高钙血症，主要是由于摄入过度钙和维生素D导致的。如果发生这种情况，钙和维生素D的摄入应该暂时停止；如果高钙血症严重的话，盐和速尿应该慎用(参照高钙血症的治疗原则)。对于先天性的甲状旁腺机能减退，长期摄入维生素D是必要的(不管有或没有补钙)。相比之下，先天性的甲状旁腺机能减退，甲状旁腺功能的自然恢复或缺乏甲状旁腺激素的钙调节机制，可能会在术后的3周到几个月后复发。

第四节 肾上腺机能障碍

肾上腺皮质机能亢进(hyperadrenocorticism)

肾上腺皮质机能亢进是一种或数种肾上腺皮质激素分泌过多，通常是指糖皮质激素皮质醇增多症，伴有肾上腺皮质机能亢进的垂体肿瘤，医学上称为库欣病或库欣综合征(Cushing's disease or syndrome)；在动物，则称为库欣样病或库欣样综合征(Cushing's-like disease or syndrome)。库欣样病或库欣样综合征是犬最常见的内分泌疾病之一，发病率高于人类，7~9岁的母犬居多；马和猫也有本病的发生。临床特征为多尿、多饮、垂腹、两侧性脱毛、伸肌强直等。

【病因】

(1)垂体依赖性因素 主要见于垂体肿瘤性肾上腺皮质增生，约占自发性库欣样综合征的80%；垂体肿瘤可分泌过量的促肾上腺皮质激素，使肾上腺皮质增生和皮质醇分泌亢进。

(2)促肾上腺皮质激素异位性分泌 非内分泌腺肿瘤或肾上腺以外的内分泌腺腺瘤可产生促肾上腺皮质激素或促肾上腺皮质激素样肽(ACTH-like peptide)。在犬可见于淋巴肉瘤和支气管癌。

(3)肾上腺皮质依赖性因素 一侧或两侧性肾上腺腺瘤或癌肿，常可分泌多量的糖皮质激素而不依赖促肾上腺皮质激素的分泌，占自发性库欣样综合征的10%~20%。

【症状和病理变化】

病畜表现肾上腺糖皮质激素过多的症状，也可兼有盐皮质激素和/或性腺激素过多的症状。按发生频率递减顺序依次是：多尿、多饮、垂腹、两侧性脱毛、肝大、食欲亢进、肌肉无力、萎缩、嗜睡、持续性发情间期或睾丸萎缩、皮肤色素过度沉着、皮肤钙质沉着、耐热力降低、阴蒂肥大、神经缺陷或抽搐。犬、猫表现为多尿、多饮、垂腹和两侧性脱毛。每日饮水量超过100 mL/kg、排尿量超过50 mL/kg。由于皮肤增厚，弹性减退，而形成皱襞。皮肤色素过度沉着多为斑块状，钙质沉着为奶油色斑块状，其周围为淡红色的红斑环。库欣样综合征病犬可发生肌肉强直或伪肌肉强直，叩诊患病肌群可产生肌强直性凹陷。由于伸肌强直，站立姿势酷似破伤风。肌肉强直通常先发生于一侧后肢，然后是另一后肢，最后扩展到两前肢。休息或在寒冷条件下，步态僵硬尤为明显。还表现精神抑郁或狂躁等神经症状。马症状与犬相似，但不发生脱毛，被毛粗长无光泽，犹如冬季被毛，故称多毛症(hirsutism)。食欲和饮欲亢进，每日饮水量超过30 L，多者可达100 L。体重减轻，肌肉萎缩，蹄叶炎，多汗，慢性感染，眶上脂肪垫增厚，血糖升高，偶见视神经受压而致失明。

实验室检查：常见有相对性或绝对性外周血液淋巴细胞减少，犬<$1.0×10^9$/L，猫<$1.5×10^9$/L；血清碱性磷酸酶活性升高；还见有中性粒细胞增多，嗜酸性粒细胞减少(<$1.0×10^8$/L)和单核细胞增多。10%~20%犬有明显的尿崩症。

【诊断】

根据多尿、多饮、垂腹及两侧性脱毛等症候群，可初步诊断为肾上腺皮质机能亢进。确定诊断应依据肾上腺皮质机能试验。肾上腺皮质机能试验，分筛选试验和特殊试验。

(1)筛选试验 包括血浆皮质醇含量测定、小剂量地塞米松抑制试验、促肾上腺皮质激素试验及高血糖素耐量试验。

①血浆皮质醇含量测定：正常犬、猫血浆皮质醇含量为10~40 μg/L，马为25~65 μg/L。半

数以上的库欣样综合征病犬血浆皮质醇含量处于正常范围，其诊断价值有限。

②小剂量地塞米松抑制试验：静脉注射地塞米松 0.01 mg/kg，于注射前及注射后 3 h，采血测定血浆皮质醇含量。肾上腺皮质机能正常时，其值低于 15 μg/L；若值大于 15 μg/L，即可诊断为肾上腺皮质机能亢进。

③促肾上腺皮质激素刺激试验：肌内注射促肾上腺皮质激素 2.2 IU/kg，于注射后 2 h 采血测定血浆皮质醇。其含量在 80~200 μg/L 为正常；在两侧性肾上腺皮质增生、肿瘤及某些非肾上腺皮质疾病时，其值超过 200 μg/L。肾上腺皮质癌肿时，血浆皮质醇含量升高幅度大于肾上腺皮质腺瘤。

④高血糖素耐量试验：静脉注射高血糖素 0.14 mg/kg，于 15~30 min 后采血测定血糖，正常犬仅达 11.2 mmol/L，90 min 后血糖恢复至正常水平。肾上腺皮质机能亢进时，注射后 30 min 血糖含量超过 16.8 mmol/L，高血糖持续时间也延长。

(2) 特殊试验 主要用来鉴别肾上腺皮质机能亢进的起因，常用大剂量地塞米松试验。静脉注射地塞米松 0.1 mg/kg，3 h 后采血测定血浆皮质醇。其值小于注射前含量 50% 的，指示垂体远端肿瘤或非垂体远端肿瘤引起的垂体依赖性肾上腺皮质机能亢进；其值大于注射前含量 50% 的，表明为肾上腺依赖性肾上腺皮质机能亢进(肾上腺皮质肿瘤)、垂体中间部肿瘤或促肾上腺皮质激素异位性分泌性疾病。

【治疗】

首选药物为二氯苯二氯乙烷，即杀虫药 DDD 的异构体，其作用机理可能在于阻断促肾上腺皮质激素刺激类固醇的合成，促进类固醇的分解，抑制外源性皮质醇的作用。犬日口服量 50 mg/kg，显效后每周服药 1 次。用药后约有 25% 病犬呈现暂时性食欲减退、虚弱、头晕等副作用，分次给药或采食的同时服药可缓解上述不良反应。猫对该药的毒副作用尤为敏感，不宜使用。此外，还可选用甲吡酮和氨基苯乙哌啶酮或手术切除肿瘤。

肾上腺皮质机能减退(hypoadrenocorticism)

肾上腺皮质机能减退又称阿狄森氏样病(Addison's-like disease)，是指一种、多种或各种肾上腺皮质激素的不足或缺乏。其中，全肾上腺皮质激素缺乏最为多见。肾上腺皮质机能减退，有原发性和继发性之分。原发性又可分为急性、慢性和非典型性 3 种类型。临床特征低血容量性休克症候群、肌肉无力、精神沉郁、胃肠机能紊乱等。

【病因】

原发性肾上腺皮质机能减退，常为双侧性肾上腺皮质的各种严重损坏(90% 以上)，全肾上腺皮质激素缺乏，在人类称为阿狄森氏病(Addison's disease)，在动物则称为阿狄森氏样病。2~5 岁犬多发，其中母犬的发病率是公犬的 3~4 倍，猫也有发生。非典型原发性肾上腺皮质机能减退有两种类型，即醛固酮过少和糖皮质激素缺乏。常见于钩端螺旋体病、子宫蓄脓、犬传染性肝炎、犬瘟热等传染性疾病和化脓性疾病，以及肉芽肿扩散、肿瘤转移、淀粉样变、出血、梗死、坏死等肾上腺皮质病变。据报道，约有 75% 病犬血中存在抗肾上腺皮质抗体，肾上腺皮质出现淋巴细胞浸润，这表明本病的发生还与自身免疫有关。选择性醛固酮过少，见于慢性肾小管间质性肾炎、18-羟皮质酮脱氧酶缺乏、持续性肝素治疗及铅中毒。糖皮质激素缺乏，见于各类型先天性肾上腺皮质增生所致的 11β- 或 17α-羟酶和 21-羟酶缺乏。

继发性肾上腺皮质机能减退，主要是由于促肾上腺皮质激素(ACTH)分泌减少所致，多不表现临床异常。

【症状】

(1)急性型 突出临床表现是低血容量性休克症候群，病畜大多陷于虚脱状态。慢性病程急性发作的兼有体重减轻、食欲减退、虚弱无力等慢性病症。

(2)慢性型 主要表现肌肉无力、精神沉郁、食欲减退、胃肠机能紊乱。常见外胚层体型(ectomorphy)，即瘦削、细长、虚弱、无力。

①临床症状发生频率的递减顺序是：精神沉郁、虚弱、食欲减退、周期性呕吐、周期性腹泻或便秘、体重减轻、多尿多饮、脱水、晕厥、兴奋不安、皮肤色素过度沉着、性欲减退、阳痿或持续性发情间期。

②心电图检查：T波升高、尖锐，P波振幅缩小或缺失，PR间期延长，QT延长，R波振幅变小，QRS间期增宽，房室传导阻滞或有异位起搏点。

③实验室检查：常见肾前性氮质血症(14.3~71.4 mmol/L)、低钠血症(<137 mmol/L)和高钾血症(>5.5 mmol/L)，血清钠钾比由正常的27：1~32：1降至23：1以下，尿钠升高、尿钾降低。可存在代谢性酸中毒、代偿性呼吸性碱中毒、低氯血症、高磷血症和高钙血症。

④X线检查：可见心脏体积小(microcardia)、肺血管系统缩小、后腔静脉缩小及食管扩张。

(3)非典型性 其醛固酮过少的，表现肌肉无力、心脏传导异常、精神沉郁、脱水、高钾血症、肾前性氮质血症、低钠血症、尿钠升高、尿钾降低。其糖皮质激素缺乏的，与典型原发性病例相似。

【诊断】

糖皮质激素缺乏的诊断常依赖于促肾上腺皮质激素试验：犬静脉注射促肾上腺皮质激素0.25 mg后1 h，血清或血浆皮质醇含量小于138 nmol/L，即可诊断为糖皮质激素缺乏，注射后4 h，中性粒细胞与淋巴细胞比值增加未超过基线水平30%或嗜酸性粒细胞绝对值减少未超过基线水平50%的，表示糖皮质激素缺乏。选择性醛固酮过少症的诊断：血浆皮质醇含量正常而醛固酮含量降低，血清钠含量也降低等。

【治疗】

治疗原则：纠正水、盐代谢紊乱，补充皮质类固醇激素。

(1)急性型 病情危笃，应及时抢救。具体措施依次如下：静脉注射生理盐水，补充有效循环血量，补充糖皮质激素，剂量为：琥珀酸钠皮质醇10 mg/kg，或琥珀酸钠强的松龙5 mg/kg，或磷酸钠地塞米松0.5 mg/kg。首次剂量的1/3静脉注射、1/3肌内注射、1/3以5%葡萄糖生理盐水稀释后静脉滴注；肌内注射醋酸脱氧皮质酮(油剂)0.1 mg/kg；静脉注射5%碳酸氢钠，纠正代谢性酸中毒；30 min后，病畜仍不见好转，可将2 mL去甲肾上腺素稀释在5%葡萄糖液中静脉滴注，并观察注射后脉搏及尿量的变化；肌内注射琥珀酸钠皮质醇11 mg/kg，每日3次，肌内注射醋酸脱氧皮质酮0.1 mg/kg，每日1次，直至病畜呕吐停止，自由采食，精神复活；按慢性型实施维持疗法。

(2)慢性型 肌内注射琥珀酸钠皮质醇11 mg/kg，每日3次；肌内注射醋酸脱氧皮质酮0.1 mg/kg，每日1次，至血清钠、钾恢复正常，呕吐停止，食欲恢复；口服氯化钠1~3 g(犬、猫)，连服1周。口服氢化考的松0.5 mg/kg，每日2次，连服1周，其后每日1次。每3~4周肌内注射新酸盐脱氧皮质酮2.5 mg/kg，或每日服用氟氢考的松0.1 mg/kg。

嗜铬细胞瘤(pheochromocytoma)

嗜铬细胞瘤是源于肾上腺髓质嗜铬细胞的一种分泌儿茶酚胺的肿瘤，在犬并不常见，罕见于猫。

【病因】

嗜铬细胞瘤通常是单个存在的肿瘤，直径有的小于0.5 cm、有的可超过10 cm。当肿瘤体积过小时，可侵入隔腹部静脉、后腔静脉和周围软组织等。嗜铬细胞瘤作为一种恶性细胞瘤，可发生转移，较远距离的转移包括转移到肝脏、肺脏、局部淋巴结、骨骼和中枢神经系统等。当嗜铬细胞瘤出现占位性、转移性损伤，过度分泌儿茶酚胺或腹腔肿瘤引发自发性出血时，就会出现临床症状。

【症状】

最常见的临床症状和体格检查异常与呼吸系统、心血管系统和骨骼肌肉系统有关，包括全身虚弱、阵发性晕厥、激动、不安、呼吸急促和心动过速等。由于其临床症状和体格检查结果通常是非特异性的，且易伴发其他疾病，因此只有在超声检查中观察到肾上腺肿瘤时才能将嗜铬细胞瘤纳入鉴别诊断中。

【诊断】

嗜铬细胞瘤患犬血液检查及尿液检查的异常，通常与并发症或高血压有关。病史通常有急性或阵发性晕厥，体格检查发现呼吸和心脏异常，全身性高血压。腹部超声检查时，观察到肾上腺肿大(肿瘤内存在低回声灶)，而对侧肾上腺形态大小正常是诊断嗜铬细胞瘤的一个重要线索。测定尿液中儿茶酚胺浓度及其代谢产物3-甲氧基肾上腺素和去甲肾上腺素可进一步诊断嗜铬细胞瘤。但这些试验都不常用于犬、猫，因此，犬、猫嗜铬细胞瘤的诊断通常依赖于手术切除肾上腺肿瘤后进行组织学检查。

【治疗】

手术切除肿瘤是治疗嗜铬细胞瘤的常见方法。控制嗜铬细胞瘤犬高血压的方法是术前使用酚苄明，术中使用酚妥拉明。酚苄明的初始剂量为0.5 mg/kg，每日2次，而后根据实际情况，酌情加减。其预后与肿瘤大小、是否发生转移或局部入侵邻近血管和组织，以及是否存在并发症有关。

(贺建忠)

第五节　胰腺机能障碍

糖尿病(diabetes mellitus)

糖尿病是由于胰岛素相对或绝对缺乏，而导致糖代谢紊乱的一种内分泌疾病。临床上以多尿、多食、多饮、体重减轻和血糖升高为主要特征。本病在老年犬、猫较为多发。其中，5岁以上的肥胖犬发病率较高，多见于腊肠犬、西摩族犬等犬种。

【病因】

本病病因复杂，在犬、猫糖尿病的诸多因素中，主要有胰岛β细胞损伤、遗传、肥胖、激素异常和应激等。

(1)胰岛β细胞损伤　是糖尿病发生的主要原因。主动免疫过程中胰岛β细胞被破坏，胰腺炎等疾病使胰岛素分泌减少而致，临床症状可在数月或数年后出现。此外，外伤、手术损伤和肿瘤等也可导致胰岛β细胞损伤，引发本病。

(2)遗传因素　犬糖尿病的发生与犬种有一定关系。临床上以腊肠犬、贵宾犬、小型雪纳瑞、比格犬、迷你杜宾犬、查理王小猎犬、罗威纳犬、凯恩梗犬等犬种高发。

（3）肥胖因素　长期营养过量、动物过度肥胖、血清甘油三酯含量升高、动脉粥样硬化等使胰岛素受体的敏感性降低，或可逆性胰岛素分泌减少是非胰岛素依赖型糖尿病发生的主要原因。

（4）药物　很多常用的药物，如利尿剂、皮质类固醇、糖皮质激素、孕激素类和肾上腺能药等，可通过不同的方式引发糖尿病。

（5）应激　创伤、感染、妊娠及各种急性病等应激也是引起糖尿病的主要原因。应激可使与胰岛素呈拮抗作用的激素，如皮质醇、胰高血糖素、生长激素和肾上腺素分泌机能增强，胰岛素分泌减少，从而使血糖升高。另外，内源性肾上腺皮质激素分泌过多与犬糖尿病发生有较大关系，但在猫很少发生。母犬发情时释放的雌激素和孕激素能降低胰岛素作用，因此，母犬发情期间可出现糖尿病。

【发病机理】

胰岛素相对或绝对减少是糖尿病发生的中心环节。当胰岛素减少时，机体从食物或从糖原异生作用获得的葡萄糖，不能正常地利用或转化，使血糖浓度升高，产生高糖血症。血糖过高，超过葡萄糖的肾阈值（犬为 9.8 mmol/L）时，大量的葡萄糖就从肾脏排出，便产生糖尿。糖尿除引起高渗性多尿和烦渴外，由于血糖、能量代谢紊乱，还可导致饥饿而表现为多食；当胰岛素缺乏时，动物体内蛋白质和脂肪的合成减少，分解加速，使体重减轻。糖尿病动物有"三多一少"临床症状，即多尿、多饮、多食和体重减轻。

糖尿病进一步发展，由于胰岛素减少，增加脂肪分解，血浆游离脂肪酸浓度升高。在正常情况下，脂肪酸进入肝脏，主要合成脂肪，少量进行 β-氧化生成乙酰辅酶 A。乙酰辅酶 A 难以进入三羧酸循环，也难以合成脂肪酸，于是大量乙酰辅酶 A 缩合成酮体，结果发生酮血病和酮尿病。酮体能降低血糖缓冲作用，引起血液中氢离子增多，碳酸氢盐减少，从而导致高糖血性酮酸中毒。患糖尿病时高渗性多尿，不仅丧失大量的水分和钠离子，而且使血液浓稠，发生肾前性尿毒症。

【症状】

糖尿病的典型症状是多尿、多饮、多食和体重减轻。早期的特征症状为多尿，进而引起脱水，发生代偿性的摄水增加。随着病情的发展，进入酮体时期，糖不能被充分利用，引起食欲亢进，采食量增加。由于糖代谢障碍，脂肪和蛋白质消耗增加，患病体重逐渐减轻，日趋消瘦，疲倦，乏力喜卧，不耐运动。为维持机体的代谢，需多进食，进而引起食欲增加。中期由于机体代谢性酸中毒和酮酸对神经系统的直接毒性作用，使患畜出现顽固性呕吐、脱水、食欲减退、呼吸急促。后期陷入昏迷。糖尿病患犬，通常肝肿大，由于高血糖可导致白内障。患犬、猫外伤难以愈合，膀胱易继发性感染。

【诊断】

根据"三多一少"的临床症状，病史和实验室检查，基本上可以确诊糖尿病。对于症状不明显的潜在性糖尿病，可以进行葡萄糖耐量试验。葡萄糖耐量试验：按 1.75 g/kg 的葡萄糖，配成25%的溶液内服，试验前饥饿 24 h，内服前和内服后 0.5 h、1 h、1.5 h、2 h 和 3 h，分别采血，测定血糖浓度。正常犬在内服葡萄糖 60~90 min 后，血糖恢复到正常范围，患糖尿病的犬、猫需要较长时间。

血糖升高达 8.4 mmol/L（正常 3.9~6.2 mmol/L），尿糖强阳性。血浆中甘油三酯、胆固醇、脂蛋白、游离脂肪酸和乳糜微粒增多，呈现脂血症。由于肝脂肪浸润，血清丙氨酸氨基转移酶和碱性磷酸酶活性增加，尿素氮浓度升高。磺溴酞钠（BSP）滞留时间延长。糖尿病常伴发感染，白细胞总数增多。尿中酮体检验阳性，血液酸碱平衡失调，碳酸氢盐浓度降低。

【治疗】

治疗原则：纠正机体异常代谢，使血糖恢复正常，消除症状，防止酮症酸中毒，防止或延缓血管及神经系统并发症。

犬、猫糖尿病通过注射胰岛素、适当运动和合理饮食能够控制。低精蛋白锌(NPH)胰岛素和精蛋白锌胰岛素(PZI)对治疗犬、猫糖尿病有良好的效果。皮下注射低精蛋白锌胰岛素后，1~3 h发挥作用，4~8 h血中浓度达高峰，作用时间为12~24 h；皮下注射精蛋白锌胰岛素后3~4 h发挥作用，14~20 h达高峰，作用时间为24~36 h。犬最初胰岛素剂量为0.5~1.0 IU/kg，猫对外源性胰岛素敏感，最初剂量为0.25 IU/kg。

为了补充丢失的液体，应进行补液。补液剂量应根据体液丢失量和维持需要量来计算。维持需要量根据尿量来调节，尿量少时维持需要量要加大，尿量大时维持需要量要减少。

当机体出现酮酸中毒时(血浆碳酸氢根<12 mmol/L)，可应用碳酸氢钠治疗。

(王宏伟)

胰岛细胞瘤(insulinomas)

最常见的胰岛瘤是一种由胰岛 β 细胞的胰岛细胞癌生成的。这些肿瘤常常是荷尔蒙活跃和分泌过多的胰岛素，从而导致低血糖。内分泌胰腺组织似乎出现于多功能导管上皮细胞，由此分化成几个细胞类型的一个小岛中。胃泌素、生长抑素、胰多肽、血管活性肠肽也可能产生并羁留在胰岛细胞瘤。胰岛细胞的 β 细胞肿瘤多见于5~12岁的犬，在猫和年长的牛中不常见。

【症状】

最初的症状包括运动后的疲劳、逐渐肌肉抽搐、共济失调、精神错乱、性格急躁。

随着疾病的发展，临床症状逐渐典型。低血糖可以通过运动、禁食等方式得到改善。反复长期发作和严重的低血糖症可能导致在整个大脑产生不可逆的神经变性。

【诊断】

对所有老龄犬应该定期做血糖测定。在中年犬中，空腹血糖过低(≤60 mg/dL)可以基本确定为胰岛细胞瘤。患有胰岛细胞瘤的动物血清胰岛素浓度会不定期地增加。对于低血糖的鉴别诊断包括肾上腺皮质功能减退、肝衰竭、败血症、红细胞增多症、胰岛素过量以及实验室的误差等。

【治疗】

尽管胰岛细胞瘤通常只发生在犬，但对整个胰腺应该仔细检查是否有肿瘤存在。完整切除肿瘤可以改善低血糖和相关的神经系统的症状，除非在中枢神经系统有不可逆转的变化。如果有肉眼无法看到的转移性肿瘤，那么低血糖术后还可能会持续。没有手术的犬每日需要饲喂多种食物，但是要限制糖皮质激素每日的摄入(0.5~1 mg/kg)。每日给予氯甲苯噻嗪(20~80 mg/kg，TID)也可能缓解临床症状。研究显示，化疗药、链脲霉素可以治疗犬胰岛细胞瘤，并一般用于术后的治疗。

(路 浩)

第八章

营养及代谢紊乱性疾病

第一节　概　述

物质代谢是生物体内部和外部之间营养物质通过一系列同化和异化、合成与分解代谢，实现生命活动的物质交换和能量转化的过程，营养物质是新陈代谢的物质基础。正常动物体内进行着合成代谢和分解代谢，一般处于动态平衡状态，以维持机体内环境的相对稳定，保证动物的健康和正常的生长发育。营养物质的绝对和相对缺乏、不足或过多，以及机体受内外环境因素的影响，都可引起营养物质的平衡失调，出现营养障碍和代谢紊乱，导致机体生长发育迟滞，生产性能下降，繁殖功能和抗病能力降低，甚至危及生命，统称营养代谢性疾病。

营养代谢性疾病是营养缺乏病和代谢障碍病的总称。营养缺乏病是指饲料中碳水化合物、蛋白质、脂肪、维生素、矿物质、微量元素等营养物质不足、缺乏或比例失调引起的疾病。代谢障碍病分先天性和后天性两种，在养殖业生产中，后者对动物的影响更严重。先天性代谢病见于犬和猫的某些罕见遗传性疾病，这类疾病主要影响中枢神经系统，导致它们的功能障碍而发病。后天性代谢病又称获得性代谢病，这类疾病绝大多数与生产或管理有关，使体内一个或多个代谢过程异常，导致内环境紊乱而引起疾病。实际上，代谢障碍病和营养缺乏病关系密切，二者之间没有明显的差异。一般认为，营养缺乏是长期的，而代谢障碍是急性状态。因此，不难看出营养代谢性疾病从病因上看，主要是饲料中营养物质不全、数量及其比例不当的问题，而从发病机理上看主要是代谢问题。

一、营养代谢性疾病的流行病学特点

营养代谢性疾病病因复杂，种类繁多，一般缺乏特征性的临床症状，但与其他疾病相比，具有以下显著特点。

1. 群发性

许多营养代谢性疾病在一个养殖场或某一地区大群发生，不同品种动物同时或相继发病，症状基本相同或相似。在养殖场常见于日粮配合不当，过量使用饲料添加剂，饲养管理粗放，导致机体吸收的营养物质不能满足动物生长发育和生产性能的需要，或引发体内某些代谢紊乱而发病。

2. 地方流行性

由于地球化学方面的原因，土壤中有些矿物元素的分布很不均衡，如远离海岸线的内陆地区和高原土壤、饲料及饮水中碘含量不足，而流行人类和动物的碘缺乏病；我国约有70%的县为低硒地区，动物硒缺乏病在这些地区呈地方性流行，同时人类的克山病也时有发生；我国北方省份大多处在低锌地区，以华北面积为最大，内蒙古某些牧区绵羊缺锌症的发病率达10%~30%。

3. 发病与生理阶段和生产性能有关

某些营养代谢性疾病发生在不同的生理阶段，如缺铁性贫血主要发生于仔猪，白肌病主要发生于幼龄动物，地方性共济失调仅侵害 1~2 月龄的羔羊，高产奶牛在产后容易发生低血钙性瘫痪、酮病等。

4. 病程较长，发病缓慢

营养代谢性疾病的发生，从病因作用到出现临床症状，往往需要数周、数月甚至更长时间，一般要经过体内代谢紊乱、组织器官机能紊乱或病理学改变，才出现临床症状。

5. 多数缺乏特征症状，主要表现生长缓慢和生产性能下降

许多营养代谢性疾病缺乏特征性的临床症状，主要表现精神沉郁、食欲不振、消化障碍、生长发育停滞、贫血、异嗜、生产性能下降、生殖机能紊乱等营养不良症候群，容易与一般的营养不良、慢性消耗性疾病相混淆。

6. 无传染性，发病动物体温偏低

虽然营养代谢性疾病在养殖场或一定区域大批发病，但不具传染性。病畜除继发感染外，体温一般在正常范围内或偏低，这是营养代谢性疾病早期群发时与传染性疾病的一个显著区别。

7. 早期诊断困难

营养代谢性疾病多数早期仅表现生长发育缓慢、生产性能降低等亚临床症状，缺乏特征性临床症状，不易发现。疾病发展到中后期，出现典型症状，容易诊断，但往往治愈率低，或即使治愈但生产性能不能恢复，最终淘汰，给临床早期确诊带来许多困难。

二、营养代谢性疾病的病因

动物有机体对各种营养物质均有一定的需要量、允许量和耐受量，如果外源性供给不足就可导致营养代谢性疾病，供给过多就会导致营养过多症(即中毒)。因此，营养代谢性疾病可因一种或多种营养物质不足、缺乏、比例不当或中间代谢中某一环节出现障碍而引起。

1. 营养物质摄入不足

营养物质摄入不足主要见于饲料品种单一、品质不良、营养配比不平衡及饲养不当等，使机体缺乏某种营养物质，如我国大面积土壤低硒、低铜、低锌，导致当地牧草硒、铜或锌含量不足而发生动物硒、铜及锌缺乏症等。

2. 营养物质摄入相对过剩

营养物质摄入相对过剩主要是以提高动物生产性能为目的，供给高营养的饲料，导致营养过剩而发生代谢性疾病，如奶牛干乳期饲喂高能饲料，可造成过度肥胖，这是导致酮病发生的主要原因之一；集约化养鸡场动物性饲料饲喂过多以及日粮高钙、高钠，都容易引起鸡痛风。

3. 营养物质消化、吸收障碍

营养物质消化、吸收障碍主要见于动物患某些影响消化吸收的慢性疾病，如慢性胃肠炎、肝脏疾病及胰腺疾病等。另外，日粮中某些物质过多或比例不当影响机体对另一些营养物质的吸收，如日粮中植酸过多，可与许多金属元素形成植酸盐，降低其吸收；日粮中钙、磷比例不当可导致骨营养不良；钙过多干扰碘、锌等元素的吸收。

4. 动物机体对营养物质的需要量增加

动物在妊娠、泌乳、产蛋和生长发育阶段对各种营养物质的需要量明显增加，若此时补充不足，即可导致代谢紊乱引起发病。

5. 饲料中存在抗营养因子

饲料中存在一些能使营养价值降低的物质称为抗营养因子。例如，豆科植物中的胰蛋白酶抑制因子，可与小肠中的胰蛋白酶结合，导致肠道对蛋白质的消化吸收障碍；游离棉酚与蛋白质结合成复合物，降低蛋白质的消化率；植物中的单宁与蛋白质、消化酶类形成复合物，影响能量、蛋白质和其他营养物质的消化利用率；植酸、草酸能与多种金属离子螯合，降低这些矿物元素的生物利用率；硫苷干扰甲状腺利用碘；硝酸盐和亚硝酸盐可氧化、破坏胡萝卜素；某些鱼、虾、蛤类及蕨类植物含有硫胺素酶能分解维生素 B_1。

6. 某些代谢疾病与遗传有关

营养代谢性疾病的易感性在品种、个体之间有一定的差异，如犬和猫可发生先天性代谢病，更赛牛容易发生酮病，而娟姗牛生产瘫痪的发病率明显高于其他品种，肉鸡腹水综合征多发于肉用仔鸡。有报道认为，这些可能与遗传因素有关。

三、营养代谢性疾病的诊断

营养代谢性疾病多呈慢性，早期缺乏特征性的临床症状，典型症状一般出现较晚，早期确诊困难。因此，营养代谢性疾病的诊断不能停留在临床症状和病理变化层面，必须通过详细的流行病学调查、饲料分析、临床检查、病理学变化、实验室相关指标的测定及预防和治疗试验等进行综合诊断。

1. 流行病学调查

着重调查疾病的发生情况，如发病季节、发病率、死亡率、发病年龄、生产性能、疫苗免疫、主要临床表现及病史等；饲养管理方式，如日粮配合及组成、饲料种类及质量、饲料添加剂种类及数量、饲养方法及程序等；环境状况，如土壤类型、水质情况及有无环境污染等。

2. 临床检查

通过全面系统的临床检查，搜集症状资料，了解疾病的主要损害部位和程度，确定疾病的性质，有些营养代谢性疾病有比较典型的临床症状，可初步诊断。例如，维生素 A 缺乏早期表现夜盲和干眼病；新生仔猪铁缺乏表现生长缓慢和贫血；奶牛酮病呼出气体有烂水果味；钙磷代谢障碍主要表现不明原因的跛行和骨骼变形；锌缺乏常发生皮肤角化不全和鳞屑；绵羊铜缺乏病呈现被毛褪色、后躯摇摆、骨骼异常等。

3. 病理学检查

部分营养代谢性疾病表现特征的病理变化，根据尸体剖检和组织学检查可初步确诊。例如，犊牛和羔羊硒缺乏主要表现骨骼肌颜色变淡，呈现水煮样或鱼肉样；鸡痛风内脏器官、输尿管及关节腔有尿酸盐沉积；皮肤角化不全和母畜所产幼畜脑室积水、先天性失明可能为维生素 A 缺乏所致；骨骼变软、骨质疏松主要是钙磷代谢障碍。

4. 饲料分析

进行饲料中营养成分的分析，并与动物营养标准比较，可作为营养代谢性疾病，特别是营养缺乏病病因学诊断的直接证据。分析测定结果时要注意与该物质有拮抗作用的其他物质的含量，以便做出准确的判断。例如，饲料钼和硫含量过多影响机体对铜的吸收；饲料中高钙高铁可显著影响铜吸收。

5. 实验室检查

实验室检查主要测定患病个体及发病畜群血液、乳汁、尿液、被毛及组织器官等样品中某些营养物质和相关生理生化指标及代谢产物(标志物)的含量，为早期诊断和确定诊断提供依据。动物营养代谢性疾病实验室测定指标见表8-1所列。

表8-1　动物营养代谢性疾病实验室测定指标

疾病名称	测定指标	疾病名称	测定指标
维生素A缺乏症	维生素A、脑脊髓液压力	硒缺乏症	硒、谷胱甘肽过氧化物酶
维生素B₁缺乏症	维生素B₁、丙酮酸、乳酸	锌缺乏症	锌、碱性磷酸酶、金属硫蛋白
佝偻病	钙、磷、维生素D	骨软病	钙、磷、维生素D、羟脯氨酸
奶牛酮病	血糖、血脂、酮体	铜缺乏症	铜、血浆铜蓝蛋白、超氧化物歧化酶
家禽痛风	尿酸、非蛋白氮	脂肪肝出血综合征	血脂、胆固醇、转氨酶

6. 防治试验

对某些营养缺乏性疾病,在疾病高发区选择一定数量的病畜和临床健康动物,通过补充缺乏的营养物质,观察治疗和预防效果,来验证初步诊断,可作为临床诊断营养代谢性疾病的主要手段和依据。

7. 动物试验

许多营养代谢性疾病病因复杂,为了确定疾病的病因、发病机理、检测指标等,可通过严格控制日粮中可疑营养物质含量、人工复制动物模型,证明其是否能够产生与自然病例相同的临床症状和病理变化,从而为建立诊断和综合防治提供可靠依据。有些动物试验需要经过较长的时间才能复制成功,有的在整个实验过程中会受到一些意想不到的因素影响,必须严格控制试验条件,才能确保试验成功。

四、营养代谢性疾病的防治

营养代谢性疾病防治的关键是预防,因此,要做好预防工作,应主要抓住以下环节。

首先应加强饲养管理,保证供给全价日粮,特别是高产动物在不同的生产阶段根据机体的生理需要,及时、准确、合理地调整日粮结构。同时,应定期对畜群进行营养代谢性疾病的监测,做到早期预测,为进一步采取措施提供依据。

对区域性矿物质代谢障碍性疾病,可采取综合防治措施,如改良土壤、植物喷洒、饲料调换、日粮添加等,提高饲草料中有关元素的含量。反刍动物微量元素缺乏病可通过投服微量元素缓释丸剂,在瘤胃和网胃中缓慢释放机体必需的微量元素而达到预防的目的。

(庞全海)

第二节　糖、脂肪、蛋白质代谢障碍疾病

奶牛酮病(ketosis in dairy cows)

奶牛酮病又称酮血症(ketonemia)、酮尿病(ketonuria),是由于高产奶牛产后因碳水化合物和挥发性脂肪酸代谢障碍所引起的一种代谢性疾病。实验室检验的特征变化为血、尿、乳中酮体含量异常升高,血糖浓度下降,消化机能紊乱,食欲减退,体重和产奶量下降,部分牛伴发神经症状。

本病在世界许多国家流行,已成为危害奶牛业发展的主要疾病之一。各胎龄母牛均可发生本

病，但多发于舍饲期间缺乏运动，且营养良好的 4~9 岁高产奶牛。在临床上，常发生于产后 2~6 周，在产后 3 周内多发。一般来说，当血酮含量在 200 mg/L 以上而血糖含量在 500 mg/L 以下，并呈现明显症状的称为临床酮病（clinical ketosis）。血酮含量在 100~200 mg/L，但无明显症状的，称为亚临床酮病（subclinical ketosis）。

【病因】

目前认为，能量代谢负平衡是引起奶牛酮病的根本原因。根据发病原因分为原发性和继发性两种。原发性奶牛酮病主要由饲料品质差，过量饲喂含丁酸含量高的青贮饲料，运动不足，分娩时过度肥胖，特种营养如丙酸、钴的缺乏，泌乳增速太快且产奶量过高等原因引起。继发性奶牛酮病主要由皱胃变位、创伤性网胃炎、乳房炎、子宫炎、生产瘫痪以及其他分娩后常见的疾病等引起的食欲减退引发。奶牛酮病的发生与多种因素密切相关，主要有以下几种：

（1）奶牛高产 高产奶牛产后 4~7 周出现泌乳高峰，而食欲高峰则在产后 8~12 周才出现。从分娩到泌乳高峰这一时期，奶牛从饲料中摄取的能量不能满足泌乳消耗的需要，加之奶牛食欲较差，很容易引起能量负平衡，导致发病。

（2）日粮中营养不平衡和供给不足 奶牛分娩后饲料供给不足，饲料品质低劣，日粮不平衡，或者精料过多，粗饲料不足，导致低级脂肪酸减少，血糖降低，进而引起继发性瘤胃机能减弱，食欲减退，营养的摄取减少，造成奶牛体内的能量负平衡而呈现酮病。

（3）产前过度肥胖 干奶期能量供给水平过高，母牛产前过度肥胖，严重影响产后采食量的恢复，同样会使机体的生糖物质缺乏，引起能量负平衡，进而引发酮病。

（4）季节和气候变化 本病在冬末和春初高发，而夏季较少。冬末春初，青黄不接，优质粗饲料的不足，过量采食丁酸含量高的青贮饲料，加之天气寒冷，奶牛运动不足，可成为发生本病的诱因。寒冷季节奶牛酮病以重症居多，而夏季发生本病多因牛舍高温潮湿，环境恶劣所致，且症状较轻。

（5）与分娩关系密切 约 80% 病例发生于分娩后 3 周内，且以 3~6 胎次的牛居多。目前，尚未见到不妊娠的青年母牛及公牛发生本病的确实证据，而且也未见到在一个泌乳期中间隔地先后发生 2 次以上的病例。

另外，本病的发生还与饲料中缺乏钴、碘、磷等矿物质及奶牛的遗传、品种密切相关。

【发病机理】

反刍动物与其他非反刍动物不同：非反刍动物机体能量代谢所需的葡萄糖，主要由日粮中摄入的碳水化合物供给；而反刍动物摄入的碳水化合物作为单糖（葡萄糖、半乳糖）且被吸收得很少，远不能满足机体能量代谢的需要，其葡萄糖主要由丙酸通过糖异生途径转化而来。糖异生先质主要有丙酸、生糖氨基酸、甘油和乳酸。在瘤胃消化过程中可产生丙酸，同时还产生乙酸和丁酸，三者统称挥发性脂肪酸。凡是能够导致瘤胃丙酸减少的因素，都可引起血糖浓度下降。当奶牛从摄入的饲料中经瘤胃降解而得不到足够的葡萄糖时，机体则必须动员肝糖原，随后则动员体脂肪和体蛋白来加速糖原异生作用以维持泌乳需要。奶牛产后泌乳需要大量葡萄糖来合成乳糖，导致血糖浓度下降，进而引起肝糖原储备减少，糖异生作用减弱，最终导致酮病的发生。

血糖浓度下降是发生酮病的中心环节，当血糖浓度下降时，机体就会动员脂肪。脂肪分解后产生甘油和脂肪酸，甘油可作为糖先质转化为葡萄糖，而脂肪酸则因脂肪组织中缺乏 α-磷酸甘油，不能重新合成脂肪。长时间血糖浓度下降，不仅引起脂肪组织大量分解，血液中游离脂肪酸浓度升高，还导致肝脏内 β-氧化加快，生成的乙酰辅酶 A 因得不到足够的草酰乙酸，不能进入三羧酸循环，沿着合成乙酰乙酰辅酶 A 途径，生成大量的酮体。在奶牛发生酮病时，病牛厌食或不食，由胃肠道吸收而合成的那些糖异生先质减少或中断，引起血糖含量异常下降，呈恶性循环。

从饲料中获得的乙酸和丁酸以及体脂动员产生的游离脂肪酸均为生酮先质，在肝脏内的去路有3种：一是以葡萄糖代谢为条件缩合为脂肪；二是消耗草酰乙酸进入三羧酸循环而供能；三是生成酮体。糖类和生糖氨基酸是草酰乙酸的唯一来源，当病牛厌食或不食时，糖类和生糖氨基酸摄入减少，组织中的生糖先质草酰乙酸浓度也变得很低。由于此时的葡萄糖和草酰乙酸缺乏，促使上述脂肪酸的代谢走向生酮途径。在健康奶牛，因食欲基本正常，葡萄糖供应基本充足，体内产生的一定量的酮体可被机体分解利用，因而健康奶牛的血糖和酮体含量都处在正常的生理范围内。在产后泌乳量上升期，有相当数量的奶牛会出现一时性血糖水平降低、酮体水平升高而无临床症状，此即亚临床酮病。此时若奶牛体内能量代谢负平衡加重，血糖水平进一步降低，酮体异常升高，则导致临床酮病。

【症状】

临床上，根据症状可分消化型和神经型，消化型病例占85%左右，但有些病牛消化症状和神经症状同时存在。

(1) 消化型　病初通常表现为反复无规律的、原因不明的消化紊乱。食欲降低、反刍减少、体重迅速下降、泌乳量减少；拒食精饲料、青贮饲料，只采食少量青干草，继而食欲废绝；反刍无力、瘤胃弛缓、有时发生间歇性瘤胃臌气；精神沉郁、对外界反应淡漠，目光呆滞，不愿走动；体重逐渐减轻、明显消瘦、被毛粗乱无光、皮下脂肪消失、皮肤弹性减退；有时伴发卡他性肠炎症状。随病程延长，病牛体温略有下降(37℃)，心率加快(100次/min)，心音模糊，脉搏细弱。粪便稍干、量少，尿量也减少，呈蛋黄色水样，易形成泡沫。食欲逐渐减退者产奶量也逐渐下降，食欲废绝者产奶量迅速下降或停止。病牛的呼出气、乳汁、尿液、汗液中散发有特殊的丙酮气味。

(2) 神经型　见于少数病牛。病初表现兴奋，精神高度紧张，不安。部分病牛目光怒视，横冲直撞、不可遏制，也有举尾于运动场内无目的的奔跑。部分病牛空口磨牙、流涎、感觉过敏，不断舌舐皮肤，吼叫。这种兴奋状态持续1~2 d就转入抑制期，患牛表情淡漠，反应迟钝，四肢叉开或交叉站立，呆立于槽前，低头耳聋，眼睑闭合、嗜睡，呈沉郁状，对外界刺激反应性下降。

临床实验室检验特征为低糖血症、高酮血症、高酮尿症、高酮乳症，部分病牛血浆游离脂肪酸增高。血糖含量从正常的2.8 mmol/L(500 mg/L)降至1.12~2.24 mmol/L(200~400 mg/L)；血液酮体含量从0~1.72 mmol/L(0~100 mg/L)升高至1.72~17.2 mmol/L(100~1 000 mg/L)，继发性酮病牛血酮含量多在8.6 mmol/L(500 mg/L)以下。尿液酮体含量因病牛饮水量而波动较大，但多在13.76~22.36 mmol/L(800~13 000 mg/L)，明显高于正常。乳酮含量可从正常时的0.516 mmol/L(30 mg/L)升高至6.88 mmol/L(400 mg/L)。一般来说，血酮在3.44 mmol/L(200 mg/L)时常伴有临床症状，为临床酮病的指标；在超过生理常值以上至3.44 mmol/L(200 mg/L)无显著的临床症状，为亚临床酮病的指标。因此，亚临床酮病只能用血酮、尿酮、乳酮的定性或定量检测来诊断。

生糖氨基酸如丙氨酸、脯氨酸、精氨酸、半胱氨酸等降低，而生酮氨基酸如亮氨酸、苯丙氨酸、赖氨酸、甘氨酸等增高。尿液检查，尿总氮、氨氮、氨基酸氮增高，尿素氮减少，尿pH值下降呈酸性。血液检查，嗜酸性粒细胞增多(15%~40%)，淋巴细胞增加(达60%~80%)，中性粒细胞减少(约10%)。严重的病例，血清转氨酶活性升高。

【诊断】

根据分娩后2~6周内发病的病史，食欲减退或废绝、前胃弛缓、产奶量减少、渐进性消瘦和呼出特殊丙酮气味的临床症状，在排除继发性酮病的基础上可做出初步诊断；确诊需要做实验室检查，测定血糖含量和血、尿、乳中酮含量。用亚硝基铁氰化钠、硫酸铵和无水碳酸钠按比例混合研细，对尿液和乳汁的定性检查可作为诊断参考。当奶牛患创伤性网胃炎、皱胃变胃及消化道阻塞性等疾病时易继发酮病，应注意鉴别诊断。

【治疗】

治疗原则：补糖抗酮，促进糖原异生，提高血糖含量，减少体脂动员。在临床上可通过增加碳水化合物饲料和优质草料，采用药物治疗和少挤奶相结合的方法取得良好疗效。最常用的3种治疗方法是静脉注射50%葡萄糖、促肾上腺皮质激素（ACTH）和内服丙二醇。具体措施如下：

（1）替代疗法　静脉注射50%葡萄糖注射液500 mL，每日2次，连用数日。这是提供葡萄糖的最快途径，对大多数母牛有效，但其缺点为注射后高血糖只是暂时性的，2 h后血糖又降低，故应反复用药。因此，最好是以50%葡萄糖注射液2 L，缓慢静脉滴注，只是在现场条件下难以实施。皮下注射葡萄糖可延长作用时间，但通常不主张使用，因为皮下注射能引起病牛产生不适之感，同时大剂量的葡萄糖进入皮下时，可引发皮下肿胀，造成局部不良反应。

如在静脉注射葡萄糖的同时，肌内注射胰岛素100~200 U，则效果更好。因为胰岛素既可促进葡萄糖进入细胞内，又可抑制肉毒碱脂酰转移酶Ⅱ的活性，使油酸成酮迅速减少，而转为脂肪合成，从而恢复了脂肪的正常代谢。

从理论上讲，内服丙酸钠、丙二醇、甘油也有较好的疗效。推荐剂量都是120~240 g，加等量水混合，每日2次。但丙二醇比丙酸钠和甘油更有效，因为它既能作为肝脏糖异生的先质也能免遭瘤胃发酵。甘油虽能在瘤胃内转变为丙酸，但也可转变为生酮脂肪酸。

（2）激素疗法　对于体质较好的患牛，肌内注射肾上腺皮质激素及促肾上腺皮质激素（ACTH）可取得良好的效果。其抗酮作用在于能促进机体糖原异生过程中一些关键酶（转氨酶、丙酮酸羧化酶、1,6-二磷酸果糖激酶）的合成，促进刺激糖异生而提高血糖水平。此法简单易行，且不需要同时给予葡萄糖或其先质。然而使用ACTH也有一些缺点，它是在消耗机体其他组织的同时刺激产生糖异生作用，可在移除过剩酮体的同时消耗草酰乙酸。同时，重复应用糖皮质激素治疗，可降低肾上腺皮质活性和对疾病的抵抗力。

肌内或静脉注射糖皮质激素的应用剂量建议相当于1 g可的松，如用ACTH，建议肌内注射200~800 IU。在单独注射1次适当剂量后约48 h，即能促进糖原异生作用。静脉注射0.5 g氢化可的松，或肌内注射1~1.5 g醋酸可的松，或皮下注射1.0 g促肾上腺皮质激素，或内服25 mg甲基强的松龙，每日1次，均可奏效。地塞米松作用较可的松强15倍，几乎没有钠的潴留，用量10~20 mg，肌内注射1次可取得较好的疗效。

（3）其他疗法　包括镇静、纠正酸中毒、健胃助消化、补充维生素等营养物质等。水合氯醛除具有镇静作用外，还能促进瘤胃中的淀粉分解，刺激葡萄糖的产生和吸收，同时可抑制发酵，减少甲烷的生成，使瘤胃中积聚氢，从而促进丙酮酸生成丙酸的过程。这种方法很早就在治疗奶牛酮病时得到应用，首次用量为30 g，加水灌服，继之再给予7 g，每日2次，连用几天。补充维生素 B_{12} 和钴制剂，也常用于酮病的治疗。及时适当地补充复合维生素制剂，也可加速酮病痊愈。因维生素A缺乏时，可抑制促肾上腺皮质激素的分泌；维生素 B_1 在各种糖代谢过程中起辅酶作用；维生素C参与皮质激素的分泌，维生素E作为抗氧化剂，可防止不饱和脂肪酸过氧化，从而可增加肝糖原，同时能使垂体前叶细胞活化，促进促肾上腺皮质激素分泌；为防止酸中毒，可静脉注射5%碳酸氢钠溶液0.5~1 L。

【预防】

本病的发生原因比较复杂，在生产中常采用综合预防措施才能收到良好的效果。最有效的预防措施是对妊娠牛和泌乳牛加强饲养管理，保证奶牛摄入充足的能量，且要防止在泌乳结束前牛体过度肥胖。预防酮病的饲养程序是产犊前，取中等水平的能量供给以满足其基本需要即可，如以粉碎的玉米和大麦片等为高能饲料，能很快提供可利用的葡萄糖。日粮中蛋白质含量应为16%；优质干草至少占日粮的1/3。产前4~5周到产犊和泌乳高峰期，应逐步增加能量供给。产犊后日粮应提供最多的生糖先质、最少的生酮先质，在保证不减少饲料摄入量的前提下提供最多的能量；在泌乳高峰后期，饲料中碳水化合物的来源可用大麦等代替玉米，最好不喂青贮料而代之饲喂1/3以上的优质青干草，也不宜突然更换日粮类型。质量差的青贮料因丁酸含量高，缺乏生糖先质，可直接导致酮体生成。

另外，在分娩后2~6周饲喂丙酸钠(每次120 g，每日2次)，也有较好的预防效果。

母牛肥胖综合征(fatty cow syndrome)

母牛肥胖综合征又称牛妊娠毒血症(pregnancy toxemia in cattle)或牛脂肪肝病(fatty liver disease of cattle)，是一种由于能量代谢障碍所致的母牛妊娠期过度肥胖，临床上以厌食、昏迷、喜卧、心率加快、严重的酮血症、高病死率等为主要特征的一种营养代谢性疾病。本病与母羊妊娠毒血症相类似，多发于围产期肥胖奶牛。乳牛常在分娩后，泌乳高峰期发病。肉用牛常在怀孕后期最后5周内发病，发病率为1%，有时高达3%~10%，死亡率达100%。

【病因】
妊娠母牛过度肥胖是本病发生的主要原因，具体可归纳为以下几点：

(1)饲养管理不当　在泌乳后期或干乳期饲喂高能量饲料，造成母牛怀孕后期过度肥胖，是本病发生的主要原因。如饲喂太多谷物或青贮玉米，或妊娠前期供应过多高能量饲料，使妊娠后期母牛过度肥胖，在分娩、产犊、泌乳、气候突变、饲料突然短缺或采食量锐减等应激条件下易发生本病。此外，分娩前停奶时间过早，干奶期拖得过长，或干乳期牛、妊娠后期牛未及时与泌乳期牛分群饲养，仍喂给泌乳期饲料等管理方面的不当，也是本病发生的重要因素。

(2)遗传因素　本病的发生与牛的品种密切相关。例如，娟姗牛发病率达60%~66%，其中87.5%呈中度或重度脂肪肝；中国黑白花牛发病率为45%~50%，其中40%呈中度或重度脂肪肝；更赛牛发病率为33%，役用黄牛发病率仅为6.6%。乳牛分娩后的泌乳高峰期发病，而肉牛常在妊娠期最后5周内发病。

(3)其他继发因素　毒羽扇豆、四氯化碳、四环素等损伤肝细胞；蛋氨酸和丝氨酸缺乏造成脂蛋白的合成减少；胆碱缺乏影响磷脂合成和脂肪运输等影响脂肪酸氧化或脂蛋白合成的因素均可加速脂肪在肝脏内蓄积，诱发脂肪肝的生成。此外，皱胃左方移位、前胃弛缓、创伤性网胃炎、生产瘫痪、大量内寄生虫感染及某些慢性传染病等影响食欲的疾病，可继发脂肪肝。

【发病机理】
妊娠期过度肥胖、分娩前后体脂消耗太多和肝细胞脂肪变性是构成本病发生的主要因素。肉用母牛在分娩前、或怀双胎母牛、或胎儿过大、或高产奶牛在产后4~7周时，对能量的需要量最大，而采食量却要在产后12周才能达到高峰。在这个能量短缺期，若母牛体脂沉积过多，再加上分娩、泌乳、气候突变等应激条件的刺激下，造成供给的能量不能满足机体的实际需求时，机体就会大量动员体脂，引起过多的游离脂肪酸从体内脂肪组织向肝、肾等器官组织转移。由于反刍动物肝脏缺乏足够的脂蛋白酯酶和肝酯酶，使脂肪很容易在肝脏沉着，引发肝细胞脂肪变性，肝功能障碍，肝糖原和脂蛋白的合成减少，使体脂分解进一步加剧，导致恶性循环，引发本病。

【症状】

奶牛常表现为异常肥胖，脊背展平，被毛光亮。产后几天内食欲废绝，产奶量下降，倒地不起，呈现严重的酮病症状，采取治疗酮病的措施也无效。患牛日渐虚弱，最后死亡。部分病牛有神经症状，表现为长时间凝视，头高抬，头颈部肌肉震颤，最后昏迷，心跳增速，多数患牛死亡，未死亡的牛常表现为休情期延长。肥胖母牛在临产前表现兴奋不安，易激动，具有攻击性，行走时步态不稳，共济失调，易跌倒，倒地后起立困难，粪便少而干，心动过速。如果在产前 2 个月发生脂肪肝，患牛常表现为拒食，精神萎靡沉郁，喜躺卧，且呈胸卧姿势，匍匐在地，呼吸加快，鼻镜龟裂，鼻腔分泌物增多，有清水样鼻液；后期排出腐臭的黄色恶臭稀粪，不久昏迷，在安静状态下死亡。病程 10~14 d。

实验室检查，患病母牛血清钙含量降至 1.5~2.0 mmol/L(60~80 mg/L)，血清无机磷含量可升高至 6.46 mmol/L(200 mg/L)，血镁正常，表现为低钙血症。患病后期呈高糖血症，血酮、游离脂肪酸、血浆胆红素(plasmabilirubin)含量升高；血清谷草转氨酶(SGOT 或 AST)、鸟氨酸氨甲酰基转移酶(OCT)、山梨醇脱氢酶(SDH)活性均升高；但血浆白蛋白、胆固醇和甘油三酯水平均降低。血常规检查，白细胞总数减少。尿液出现明显的酮体和蛋白。

【病理变化】

肝脏轻度肿大，呈灰黄色，质脆，切面油腻，肝细胞出现严重脂肪浸润。肾小管上皮脂肪沉着，肾上腺肿大，色黄。皱胃内常呈现寄生虫侵袭性炎症和霉菌性瘤胃炎等特征。

【诊断】

根据异常肥胖，肉牛于产前、奶牛于产后突然拒食、躺卧等临床特征可做出初步诊断。肝脏活检是肝脂肪含量的可靠方法。正常牛肝脏三酰甘油三酯含量为 10%~15%，产后 1 周甘油三酯含量超过 20% 判定为脂肪肝，超过 35% 即可表现临床症状。

本病必须与母牛产后发生的皱胃左方移位相鉴别：皱胃左方移位叩诊呈钢管音；产前饲喂高能量日粮和母牛过度肥胖是本病与生产瘫痪、倒地不起综合征等疾病相区别的主要依据。同时，肉牛肥胖综合征应与皱胃阻塞、迷走神经性消化不良及慢性腹膜炎相鉴别。

【治疗】

本病死亡率高，经济损失大，治疗效果不佳。完全拒食的患牛死亡率极高；对于尚能保持一定食欲的患牛，应采取综合防治措施，尽可能补充能量。例如，静脉反复注射 50% 葡萄糖、钙制剂、镁制剂；用糖皮质激素或促肾上腺皮质激素配合注射葡萄糖、维生素 B₁₂ 和钴盐，后期体况好转后注射丙酸睾丸素以促进同化作用；灌服 5~10 L 健康牛的瘤胃液或喂给健康牛反刍食团；多给优质干草和饮水，同时给予含钴盐砖；后期用胰岛素 200~300 IU 皮下注射，每日 2 次，可促进糖向外周组织转移；内服硒和维生素 E 制剂等，均有一定治疗作用。

【预防】

目前，本病主要以预防为主。较好的办法是防治妊娠期，特别是怀孕后期母牛过度肥胖。根据干奶牛的体型和膘情，对妊娠后期母牛进行分群饲养，避免日粮急剧变化及环境应激，可有效预防本病的发生。此外，经常监测血糖、血酮和血液挥发性脂肪酸或 β-羟丁酸的水平，具有重要参考意义。对于血液酮体含量增加、葡萄糖浓度下降的病牛，除注意酮病的治疗外，还应增进动物食欲，饲喂丙二醇，防止体脂的过多动用。如发生产后皱胃左方移位、子宫内膜炎、生产瘫痪、酮病等疾病时，应及时、适当地治疗。对于肥胖母牛，可于产前 20 d 在饲料中添加胆碱 50 g/d，直至分娩；也可于产前 3~5 d，静脉注射 25% 葡萄糖溶液 1.7~2 L，直至产犊。

高脂血症(hyperlipidemia)

血脂是指血浆或血清中所含的脂类。脂类主要包括胆固醇(CH)、甘油三酯(TG)、磷脂(PL)和游离脂肪酸(FFA)等。血脂与载脂蛋白相结合,形成脂蛋白溶于血浆进行转运与代谢。脂蛋白按其组成、密度和特性等差异,可将血脂蛋白分成乳糜微粒(CM,富含外源性甘油三酯)、极低密度脂蛋白(VLDL,富含内源性甘油三酯)、低密度脂蛋白(LDL,富含胆固醇和甘油三酯)和高密度脂蛋白(HDL,富含胆固醇及其酯)。

犬、猫血液中脂类主要有四类:游离脂肪酸、磷脂、胆固醇和甘油三酯。血液中的脂类,特别是胆固醇或甘油三酯及脂蛋白的浓度升高,就是高脂血症。

【病因】

高脂血症的病因分为原发性和继发性两种。原发性与先天性和遗传有关,是由于单基因缺陷或多基因缺陷,使参与脂蛋白转运和代谢的受体、酶或载脂蛋白异常所致,或由于环境因素(饮食、营养、药物)而致。原发性高脂血症见于自发性高脂蛋白血症(多见于迷你雪纳瑞犬)、自发性高乳糜微粒血症(见于犬和猫)、自发性脂蛋白酯酶缺乏症和自发性高胆固醇血症(见于猫)。继发性高脂血症多由内分泌和代谢性疾病引起,常见于糖尿病、甲状腺机能降低、肾上腺皮质机能亢进、胰腺炎、胆汁阻塞、肝功能降低、肾病综合征等。另外,糖皮质激素和醋酸甲地孕酮(见于猫)也能诱导高脂血症。犬、猫采食后可产生一过性高脂血症。

【症状】

多数高脂犬、猫临床症状不明显,而患病犬、猫的高脂血症常常是在进行有针对性的血液生化检验(测定血胆固醇和甘油三酯)时被发现的。脂血症是血液中甘油三酯浓度升高,同时CM或VLDL及CH也增多。在饥饿状态下,成年犬血清胆固醇和甘油三酯分别超过7.8 mmol/L和1.65 mmol/L,成年猫分别超过5.2 mmol/L和1.1 mmol/L,即可诊断为高脂血症。研究证实,犬、猫饥饿12 h,血浆或血清出现肉眼变化,如血清乳白色,即为血脂异常。临床评估血脂的一种有用的方法是将犬、猫禁食12 h后测定血浆TC、HDL-CH和TG水平,将标本放入4℃冰箱过夜,如果是VLDL,血清呈乳白色。单纯胆固醇血症,血清无肉眼异常变化,但仍是脂血症。高甘油三酯血症时,除甘油三酯浓度升高外,血清胆红素、总蛋白、白蛋白、钙、磷和血糖浓度出现假性升高,血清钠、钾、淀粉酶浓度出现假性降低,同时还可能发生溶血,影响多项生化指标检验值发生改变。

自发性高脂蛋白血症多发生在中老年迷你雪纳瑞犬,其他纯种和杂种犬也有发生。其病因可能与家族基因缺陷所致。临床表现腹痛、腹泻和骚动不安。血清呈乳白色、血脂变化特点为高甘油三酯血症,轻度高胆固醇血症,血清CM、VLDL和LDL浓度也升高。就TC和TG而言,每种脂蛋白类型都有固定的构成成分,两种大颗粒型的脂蛋白(乳糜微粒和VLDL)折射光而引起血浆浑浊,所以某一类型的高脂蛋白血症的分型可以通过观察4℃已放置了24 h后的血浆标本而定,然后更精确地测定TC和TG的值。如果血浆较混浊,则为VLDL增高,如果血浆较清,则TC升高是由LDL或HDL增高所致,如果有一层乳油状物形成,则是乳糜微粒升高的结果,不必再行载脂蛋白和电泳分析。

自发性高乳糜微粒血症发生于猫和犬,发病病因可能是由于脂蛋白酶活性低,不分解甘油三酯和从血清中清除乳糜微粒,猫可能还与常染色体有关。猫患此症多数无临床症状,如果出现症状为外周神经病,表现为皮肤黄瘤、脂血性视网膜炎和眼色素层炎。腹部触诊可摸到内脏器官上有脂肪瘤。血清呈乳白色，血脂变化特点为高甘油三酯血症，血清 VLDL 轻度增多，胆固醇正常或微增多。犬患此病除无临床症状外，其他和猫基本相同。

自发性高胆固醇溶血症多发生在多伯曼和罗特韦尔犬。病因不清，临床上除角膜脂肪营养不良外，无其他症状。血脂变化特点为高胆固醇血，血清 LDL 浓度也升高。

【治疗】

原发性和继发性高脂血症发病原因不同，防治方法也不同。

原发性自发性高脂血症主要采用饮食疗法，饲喂低脂肪和高纤维性食物。高脂血症应限制形成脂蛋白的长链脂肪酸，可以给予碳原子数在 6~10 中链脂肪酸，使其不形成脂蛋白，并且代谢良好。低密度脂蛋白血症需要限制胆固醇的摄取。

治疗以低脂低糖食物为主，经过 1~2 个月食物疗法不见效时，可适当加用一些降脂药物。血脂调节药品种很多，效果各异，但就其作用原理而言不外乎干扰脂质代谢过程中某一个或几个环节，如减少脂质吸收，加速脂质的分解或排泄，干扰肝内脂蛋白合成或阻止脂蛋白从肝内传送进入血浆等。常用降血脂药有烟酸，犬、猫 0.2~0.6 mg/kg，内服，每日 3 次。降胆灵内服 0.5~4 g/次，每日 3 次或 4 次。中药血脂康对治疗混合性高脂血症较好。犬内服或静脉注射巯丙酰甘氨酸 100~200 mg/d，连用 2 周。

继发性高胆固醇血症治疗应首先治疗原发病，同时适当配合饲喂低脂肪和高纤维性食物。

肥胖症（obesity）

肥胖症是指由于机体的总能量摄取超过消耗，剩余部分以脂肪的形式蓄积，导致脂肪组织增加、过剩的一种营养代谢病。犬、猫肥胖多数是由于过食引起的，其发病率远远高于各种营养缺乏症。一般认为体重超过正常值的 15%~30% 视为肥胖。主要发生于犬、猫。据调查，在发达国家和地区有 24%~44% 犬超重。以往认为，猫的肥胖病占 6%~12%，现在要更高。

【病因】

引起犬、猫肥胖症的原因复杂，主要原因是能量的摄入超过消耗。就成年动物而言，机体摄入的能量每超过消耗量 29.3~37.7 kJ（7~9 kcal），体重就会增加 1 g，按此计算，犬、猫能量摄入量每超过必需量的 1%，到中年就会超重 25%。具体可归纳为以下几点：

（1）营养过剩　随着犬、猫日粮适口性和种类的改善及自由采食法普及，其能量摄入很容易超过能量消耗，加之犬、猫户外运动不足，是导致犬、猫肥胖的主要因素。

（2）与年龄、性别和品种有关　随着年龄的增长，犬、猫更容易发生肥胖，且雌性比雄性多发；不同品种的犬，肥胖症的发生率也不同。大型长毛品种，如拉布拉多猎犬、巴赛特猎犬、长毛腊肠犬等易发生肥胖症。也有一些小型犬，如京巴、西施犬、巴哥等，也易出现肥胖，但有些品种不易出现肥胖问题，如美国灰狗和德国牧羊犬。对于猫，似乎没有品种易感相关报道。但阿比西尼亚猫不易出现肥胖症。患肥胖症的多为家养短毛猫。

（3）内分泌机能紊乱　肥胖症可能与绝育和一些内分泌性疾病有关。据报道绝育的母犬出现肥胖问题的概率为正常母犬的 2 倍。垂体肿瘤、肾上腺机能亢进、胰岛素分泌过剩、下丘脑机能减退、甲状腺机能减退等都有可能导致肥胖，至少有 40% 患上述疾病的犬只有肥胖问题。

（4）不良生活习惯与缺乏运动　缺乏运动是犬患肥胖症的一个基本因素，在长期坚持锻炼的犬群中，其肥胖症的发生率明显降低。

（5）遗传因素　某些基因缺陷或过表达也是犬、猫肥胖的一个主要原因。如肥胖症的犬、猫，其后代也容易发生肥胖。

(6)其他疾病 患有呼吸道疾病、肾病和心脏病的犬、猫也容易发病。

【症状】

患肥胖症的犬、猫体态丰满,皮下脂肪充盈,用手不易触摸到肋骨,尾根两侧及腰部脂肪隆起,腹部下垂或增宽;食欲亢进或减少,不耐热,不爱运动,行动缓慢,动作不灵活,走路摇摆,易疲劳,易喘,容易发生关节炎、椎间盘病、膝关节前十字韧带断裂等骨关节病;患心脏病、高血压、脂肪肝、糖尿病、胰腺炎、脂溢性皮炎、便秘、肚胀、溃疡、繁殖障碍的可能性加大,麻醉和手术危险增加;对传染病的抵抗力下降;寿命缩短。由内分泌和其他疾病继发的肥胖症,除上述肥胖的一般症状外,还有各种原发病的症状表现。如甲状腺机能减退和肾上腺皮质机能亢进引起的肥胖症有特征性的脱毛、掉皮屑和皮肤色素沉积的变化。血液检查发现,患肥胖症的犬、猫血液胆固醇和血脂升高。

【防治】

犬、猫肥胖症的防治应以预防为主。在治疗方面可以采取如下措施:

①减食疗法:制订限制食物供给的计划。首先是减少食物的供给,可以每日饲喂平时量的60%~70%,分3次或4次定时定量饲喂,其次是饲喂高纤维、低能量全价减肥处方食品。

②运动疗法:每日进行有规律的中等强度的户外运动。

③积极治疗引起肥胖的原发病。

④药物减肥:食疗无效时,可以使用缩胆囊素等食欲抑制剂、催吐剂、淀粉酶阻断剂等消化吸收抑制剂,使用甲状腺素、生长激素等提高代谢率。

新生仔猪低血糖病(hypoglycaemia of piglets)

新生仔猪低血糖病又称乳猪病(baby pig disease)或憔悴病(fading pig disease),是由于仔猪体内储备的糖原耗竭而引起的血糖显著降低的一种营养代谢性疾病。临床上以衰弱乏力、体温下降、运动障碍、昏睡,甚至痉挛、惊厥、衰竭死亡等为主要特征。多发生于1周龄以内的新生仔猪,病死率高达50%~100%。

【病因】

新生仔猪低血糖病的发病原因比较复杂,目前认为妊娠母猪营养不全,仔猪长时间饥饿及寒冷刺激是其发病的主要原因。

(1)妊娠母猪营养不足 本病多发于冬春季节,此时青绿饲料缺乏,饲料比较单一,蛋白质、矿物质和维生素等营养成分缺乏,妊娠母猪营养不良,导致胎儿发育不良,新生仔猪体弱,抵抗力下降。加之母猪营养状态差,产后奶少、奶稀或无奶,导致新生仔猪营养供给严重缺乏,引发本病。

(2)仔猪吮乳不足 新生仔猪吃不饱和饥饿时间过长是引起发病的直接原因。常见于同窝仔猪头数比母猪奶头数多,乳头和摄入量不能满足仔猪需要;或同窝仔猪个体差异较大,弱者吃不上奶;或两次喂奶的间隔时间过长等,或因母猪产后感染而发生子宫炎、乳房炎、传染性胃肠炎、链球菌感染、子宫炎-乳房炎-无乳综合征、麦角素中毒等引起缺奶或无奶;或乳猪患大肠杆菌病或患有先天性震颤、溶血症、脑室积水等影响吮奶,或猪栏设计不合理、仔猪拥挤等,都可引起仔猪吮奶不足,引发低糖血症。

(3)猪舍潮湿寒冷 冬春季节,猪舍温度低寒冷,空气湿度过高,机体热能需要量增加,体内糖原消耗增加，如不及时哺乳，就会诱发本病。

【发病机理】

仔猪在出生 7 日龄内，糖异生机制还不健全，不耐饥饿，不能通过体内蛋白质和脂肪的分解进行糖的异生，即使给其注射糖皮质激素也不能使血糖升高。此时，其血糖来源主要是靠肝糖原的储备和从母乳中获取乳糖。由于仔猪出生时，体内几乎无脂肪储备，肝糖原储备在出生后仅能维持 24 h，当仔猪吮乳不足，或能量过度消耗，储备的糖原迅速耗竭，血糖浓度急剧下降，严重时可低至 0.166~0.333 mmol/L（健康同龄仔猪血糖含量平均为 6.272 mmol/L）。低血糖可导致全身组织能量缺乏，当血糖低至 1.10 mmol/L 时，就会导致中枢神经系统功能障碍，出现昏迷、衰弱症状；当血糖低至 0.377 mmol/L 时，患猪很快死亡。低血糖和能量缺乏可引起蛋白质分解，使组织器官的结构受损，产生功能障碍，血清非蛋白氮含量升高，促使中枢神经系统功能紊乱，加速死亡。

【症状】

本病多发于出生后 1~3 d，个别仔猪在出生 1 周后发病。同窝仔猪出生后，开始个体较小体质较弱的一头或数头发病，随后患病仔猪数量逐渐增多。病初见有不安，不活泼，被毛逆立，四肢无力，尖叫，不愿吮乳，怕冷，喜钻母猪腹下或互相挤钻等症状；随后则离群伏卧，皮肤苍白、湿冷，体温下降，肌肉震颤，步态不稳；最后出现神经症状，卧地后呈角弓反张，四肢做游泳状划动，有的四肢僵直，发出微弱的怪叫声，也有的四肢向外叉开俯卧在地或如蛤蟆状，瞳孔散大，发呆，仍有角膜反射，口微动，口角流涎，此时感觉迟钝或消失，用针刺时除耳、蹄部稍有反射外，其他部位均无痛感，心跳缓慢，体温多降至常温以下，有的可降低至 36℃ 左右，皮肤冷厥，最后昏迷而死，大多数在几小时内死亡，病程一般不超过 36 h。死亡率可达 100%。

【病理变化】

剖检可见血液凝固不良，腭凹、颈和胸、腹下有不同程度水肿，严重时可连成一片，厚度 1~2 cm，水肿液透明无色；肝呈橘黄色，边缘锐利，质地像豆腐，稍碰即破；肾呈淡土黄色，有散在的红色出血点，髓质暗红；膀胱也有出血点；胆囊肿大，内充满半透明胆汁；脾呈樱桃红色；胃内积气，许多病例胃内仍有部分食物，少数仔猪胃内缺乏凝乳块。

【诊断】

根据新生仔猪有饥饿的病史，突然发生衰弱、昏迷的临床症状，血糖明显降低和葡萄糖注射疗效显著等即可确诊。本病应与新生仔猪的细菌性败血症、伪狂犬病、李斯特杆菌病、病毒性脑炎、链球菌感染等鉴别诊断。可根据患猪血糖和体温下降与之相区别。

【治疗】

本病具有发病快、病程长、死亡率高的特点，据报道，仔猪低血糖昏迷 4 h 可致大脑发生不可逆病理损伤，因此应及时补糖治疗。一般腹腔注射 10%~20% 葡萄糖液 15~20 mL，每日 3~4 次，连用 2~3 d，效果良好。也可内服 20% 葡萄糖水 10~20 mL，每日 4~5 次。同时，应将病仔猪移置于 16℃ 以上的温暖畜舍中，及时解除缺奶或无奶的病因。若是母猪营养不良引起的，要及时改善饲料确保母猪有足够的奶水；若是母猪因产后感染所致，则应用消炎药加以治疗。同时，要加强仔猪的护理。母乳不足的仔猪，给予人工哺乳。

【预防】

首先，应加强妊娠母猪的饲养管理与保健，供给全价饲料，确保妊娠期胎儿的正常发育和分娩后能提供足够的优质乳汁；其次，应精心照料新生仔猪，做到喂奶要早，间隔时间要短，对体弱或吮乳少的仔猪及时进行人工哺乳，对于已有低血糖症发生的同窝仔猪，应内服葡萄糖水或白糖水；最后，猪舍要保暖防寒，圈舍温度最后维持在 35℃左右，以防猪舍潮湿寒冷。

禽痛风(gout in poultry)

禽痛风又称尿酸盐沉积症，是由于禽尿酸产生过多或排泄障碍导致血液中尿酸含量显著升高，形成高尿酸血症(hyperuricaemia)，进而以尿酸盐沉积在关节囊、关节软骨、关节周围、胸腹腔及各种脏器表面和其他间质组织中的一种营养代谢障碍性疾病。

禽痛风在鸡场的疾病发生中占有相当高的比例。在一些鸡场，痛风占 16% ~ 50%。其病理学特征是血液中尿酸盐水平增高，剖检可见关节表面或内脏表面有大量白色的尿酸盐沉积。根据尿酸盐沉积的部分不同，可分为内脏型痛风(visceral gout)和关节型痛风(articular gout)两类。并认为关节型痛风相似于人类的痛风，而内脏型痛风则类似于人类的尿毒症。研究证实，禽内脏型痛风与除肾脏功能损伤有密切关系外，关节型痛风也是由于肾脏功能损伤所致。近年来本病发生有增多趋势，特别是集约化饲养的鸡群，饲料生产、饲养管理水平预示着许多可诱发禽痛风的因素，目前已成为常见禽病之一。

【病因】

可引起禽痛风的原因很多，凡能引起肾脏损伤和尿酸盐排泄障碍的因素都可导致痛风的发生。归纳起来可分为两类。

(1)体内尿酸生成过多 饲料中蛋白质含量过高，尤其是核蛋白和嘌呤碱含量过多时，可产生过多尿酸盐，如用动物的内脏(胸腺、肝、肾、脑、膜腺)、头肉、肉屑、鱼粉、大豆粉、豌豆等作为蛋白质来源，而且占的比例太高。有研究表明当饲料中鱼粉用量超过8%，饲料中粗蛋白含量超过28%时，核酸和嘌呤的代谢终产物尿酸就会生成太多，引起尿酸血症。禽痛风在有些品种鸡高发，说明本病与遗传有关。特别是关节型痛风与高蛋白饲料和遗传因素关系密切。有些学者甚至已选出了遗传性高尿酸血症系的鸡。高蛋白饲料对这类鸡痛风发生有促进作用。限制蛋白质供给，可延缓或防止鸡患关节型痛风。

(2)尿酸排泄障碍 引起尿酸排泄障碍的因素可分为传染性因素和非传染性因素两大类。在传染性因素中，有传染性支气管炎病毒，其中某些菌株有强嗜肾性，能引起肾炎、肾损伤造成尿酸盐排泄受阻，出现典型的痛风。凡具嗜肾性、能引起肾机能损伤的病原微生物，如传染性法氏囊病病毒、败血性支原体、雏白痢、艾美耳球虫都可引起痛风。

(3)非传染因素 包含中毒性和营养性因素两类。中毒性因素主要包括能对肾脏产生毒性作用的毒物、药物和霉菌毒素。草酸盐含量过多的饲料(如菠菜、莴苣、开花甘蓝、蘑菇和草类等)中草酸盐可堵塞肾小管或损伤肾小管；霉菌毒素如赭曲霉毒素(ochratoxins)、镰刀菌毒素(fusariumtoxin)和黄曲霉毒素(aflatoxin)、卵泡霉素(oosporein)等，都可直接损伤肾脏，引起肾机能障碍导致痛风。此外，饲料中某些重金属，如铬、铊、汞、铅等在肾脏内蓄积也引起肾损伤，进而引发痛风。

(4)其他 日粮中长期缺乏维生素 A 可导致肾小管、输尿管上皮代谢障碍，使尿酸排泄受阻。日粮中钙水平过高，机体吸收进入血液后发生高钙血症，可导致代谢性碱中毒，使血液中的阴阳离子比例增高，破坏尿酸盐胶体的稳定性，促进尿石症的产生。此外，高钙血症可引起甲状旁腺分泌增多，使肾小管上皮细胞内钙离子浓度升高并沉积，肾单位大量破坏，发生慢性肾功能不全，形成肾结石或积沙，使排尿不畅，最终因排泄障碍发生痛风。

此外，年老、纯系育种、运动不足、受凉、孵化时湿度太大，都可促使禽痛风生成，有时生活在卵壳内的幼雏就可能患内脏型痛风。

【发病机理】

就机体对蛋白质代谢产物的排泄而言，哺乳动物与家禽有明显的区别。哺乳动物蛋白质代谢的氮产物主要通过合成尿素，或通过谷氨酸携带经肾排出的。禽类由于缺乏尿素合成酶系（精氨酸酶）不能利用氨合成尿素，而且禽类肾脏中缺乏谷氨酰胺合成酶，氨不能由谷氨酰胺携带，禽类蛋白质代谢的氮产物通过嘌呤核苷酸合成及分解途径，以尿酸的形式排出。此外，肾脏是禽类体内尿酸代谢最重要、最关键的器官，它不仅是尿酸的生成场所，而且是尿酸唯一的排泄通道，因此，肾的结构和功能状况直接决定着禽类尿酸代谢是否正常。

目前，对禽痛风发病机理的研究表明，造成尿酸排泄障碍的机制是构成禽痛风发生的主要因素。关节型和内脏型痛风的病理学观察结果表明，肾脏的原发性损伤是痛风发生的物质和形态学基础，但并不是所有的肾脏损害都可以发生痛风。禽患肾小管疾病时可经常导致痛风，而肾小球肾炎、间质性肾炎则一般很少伴发痛风，这可能是由于肾小管主要负责尿酸转运和分泌的结果。

总之，当禽类饲料中蛋白质和核蛋白含量过多，或由于某些因素导致尿酸产生增多，或由于其他原因使肾脏结构受损，肾功能障碍，尿酸排泄障碍致体内尿酸大量蓄积，都可引发高尿酸血症，以尿酸盐形式在关节、软组织、软骨和内脏表面及皮下结缔组织等处沉积，引起禽痛风一系列临床症状和病理变化。

【症状】

内脏型痛风和关节型痛风在发病率、临床表现有较大的差异。实际生产中多以内脏型痛风多见，关节型痛风较少见。

（1）内脏型痛风　患禽的胃肠道紊乱症状明显，多为慢性经过。病初表现为消化紊乱和腹泻、厌食、鸡冠泛白、贫血、脱羽、生长缓慢、粪便呈白色稀水样等。

（2）关节型痛风　表现为腿、翅关节软性肿胀，特别是趾跖关节和翅关节肿胀、疼痛、运动迟缓肢行、不能站立，切开关节腔有稠厚的白色黏性液体流出，有时在脊柱，甚至肉垂皮肤中也可见到结节性肿胀。

因致病原因不同，原发性症状也不一样。由传染性支气管炎病毒引起者，有呼吸加快、咳嗽、打喷嚏等症状；维生素 A 缺乏所致者，伴有干眼、鼻孔易堵塞等症状；高锰、低磷引起者，还可出现骨代谢障碍。

【病理变化】

内脏型痛风最典型的症状是在心包膜、胸膜、腹膜、肝、脾、胃等器官表面覆盖一层白色、石灰样的尿酸盐沉淀物。肾脏肿大，色苍白，表面有雪花样花纹。肾小管上皮细胞肿胀、变性、坏死、脱落等肾病症状。管腔扩张，由细胞碎片和尿酸盐结晶形成管型，输尿管增粗，内有尿酸盐结晶，因此又称禽尿石症。

患关节型痛风的病鸡，切开患病关节腔内有膏状白色黏稠液体流出，关节周围软组织以至整个腿部肌肉组织中，都可见到白色尿酸盐沉着。因尿酸盐结晶有刺激性，常可引起关节面溃疡及关节囊坏死。

【诊断】

本病根据跛行、趾关节、肩关节软性肿胀，粪便色白而稀，可做出初步诊断。确诊需依赖血液尿酸和尿酸盐浓度升高，内脏表面有尿酸盐沉着，关节腔液呈白色浑浊及痛风石生成等特征性变化。

鉴别诊断应与关节型结核、沙门菌和小球菌引起的传染性滑膜炎区别。检查关节液中是否有针状和禾束状晶体或放射形晶粒可做出区别诊断。

【防治】

本病没有特效的治疗方法。据报道，别嘌呤醇(7-碳-8氮次黄嘌呤，Allopurinol)的化学结构与次黄嘌呤相似，是黄嘌呤氧化酶的竞争抑制剂。按10~30 mg/kg，每日内服2次能减少尿酸的形成；丙磺舒可促进尿酸盐的排泄，可用于治疗慢性痛风，但对急性痛风无效；辛可芬可用于急、慢性痛风；另外，双氢克尿噻、碳酸氢钠、乌洛托品和地塞米松等治疗痛风都有一定的效果。

由于本病的发生原因比较复杂，治疗效果较差，因而应以预防为主。由于痛风的发生大多与营养性因素有关，因此应根据鸡的品种和不同的生长发育阶段，合理配制全价饲料。首先蛋白质含量要适当，注意氨基酸平衡。其次确保日粮中各成分的比例，特别是钙、磷的含量。

注意防止饲料发霉变质和维生素A由于高温潮湿等因素被破坏。在鸡的管理方面应该按照鸡的不同生长阶段，确定合理的光照制度、适宜的环境温度和供给充足的饮水。保持禽舍清洁、通风，降低禽舍湿度。针对传染性因素，主要是严格免疫程序，做好环境清洁，定期消毒，减少与病原接触的机会。

马麻痹性肌红蛋白尿病(paralytic myoglobinuria of horse)

马麻痹性肌红蛋白尿病又称氮尿病(azoturia)、劳顿性横纹肌溶解病(exertional Rhab-domyolysis)、假日病或周一晨病(Monday morning disease)，是一种由于糖代谢障碍，在体内产生乳酸的大量堆积，进而引起骨骼肌发生麻痹，后肢运动障碍并排出褐色的肌红蛋白尿症。

【病因】

本病主要发生于营养良好的马，尤其以5~8岁的重型马常见，在长期饲喂富含碳水化合物日粮，并在休息一段时期而日粮并不减少时，突然强迫运动或重役后发生。马休闲时饲喂过量的富含碳水化合物的饲料，骨骼肌特别是后肢肌肉糖原大量蓄积，有时肌糖原含量比正常值高1~3倍。一旦重新恢复劳役或强迫运动时，由于氧供给不足，肌糖原主要依靠无氧酵解功能代谢，产生大量的乳酸而发病。临床上以后躯运动障碍，臀、股部肌肉肿胀、僵硬及排红褐色肌红蛋白尿为特征。

【发病机理】

一般认为，营养状况良好的马匹，在休息期间仍供给过多的高粱、玉米等富含碳水化合物饲料，使肌糖原蓄积增多，以活动量大和发达的臀、股部肌肉糖原蓄积最多。当突然恢复使役或强迫运动之后，肌糖原迅速分解为乳酸，乳酸产生的速度超过乳酸进入血液后转移的速度，造成乳酸在肌肉中大量堆积。同时，寒冷、紧张、突然使役等应激因子，引起交感神经高度活动，β-肾上腺素能受体额外兴奋，增强了肌糖原的分解和肌乳酸生成作用。乳酸在肌肉和血液中增高，除发生酸中毒外，还导致肌纤维凝固性坏死，使肌肉产生疼痛性肿胀，臀及腿部肌肉因含糖原最多，损伤也最严重。由于坏死肌纤维释放肌红蛋白，随后排出暗棕红色的尿液。

有人提出运动期间骨骼肌血液供应对本病的发生具有重要作用。其根据是，光镜下快收缩肌纤维的病理学改变比慢收缩肌纤维严重得多，快收缩肌纤维周围的毛细血管口径虽比慢收缩肌纤维大，但毛细血管的数量却少得多，可能是导致运动期间快收缩肌纤维血液供应不足，局部性缺氧和肌肉病变的根本原因。使役、训练、气候、饲料及其他饲料管理因素引起的体液和电解质异常也可影响骨骼肌的局部血液供应。

总之，本病发展严重的病例，肌损伤波及喉肌、咬肌、膈肌，甚至心肌变性，通常由于褥疮性败血症或肌红蛋白尿性肾病和尿毒症而引起死亡。若不死的病马，在损伤严重部位出现肌肉萎缩。

【症状】

马在休息 2~14 d，突然使役后 15~60 min 出现大量出汗，步态强拘，不愿移动。假如让病马立即完全休息，可在几小时症状消失，但通常则呈进行性发展，表现以下征候：

(1) 运动障碍　轻症病例，一侧或两侧后肢运动不灵活，步态僵硬，呈混合跛行；中等程度病例，肌肉震颤，负重困难，蹄尖着地，呈犬卧姿势；病情严重时，病马倒地不能站立，臀、股肌肉脓肿，僵硬触压或针刺反应迟钝，半个月后常可见患部肌肉萎缩，跛行可拖延数月乃至一年以上。

(2) 尿液变化　因为肌红蛋白的肾阈低，故在发病后很快出现红尿，但血清并不呈现樱红色。尿中存在蛋白质和尿圆柱，故密度高，可见明显的红细胞增多症。轻症病例尿色不一定发生改变。

(3) 实验室检查　血清中指示骨骼肌损伤的特殊性酶活性显著升高，肌酸磷酸激酶活性自发病后达到峰值，由 1 000 IU/L 增加至 40 万 IU/L，并于 2~3 d 恢复正常；天门冬氨酶活性于 24 h 内达到峰值，常大于 1 000 IU/L，7~14 d 恢复正常；乳酸脱氢酸活性于 12 h 达峰值，为正常值的 38 倍(5~88 倍)，7~10 d 或更长时间恢复正常。

病马血清中乳酸含量明显升高，可达正常值的 4 倍，血浆二氧化碳结合力下降，血清葡萄糖含量升高。耐力训练的马匹，可能存在脱水、碱中毒、低氯血症和低钙血症。尿液肌红蛋白定性试验呈阳性，定量试验肌红蛋白含量大于 0.4 g/L。

病变肌肉活体组织穿刺检查，在发病后 24 h，可见弥漫性间质水肿，肌纤维变性，肌节紊乱，肌内膜单核细胞积聚。

【诊断】

典型病例，根据病史、临床表现及实验室检查，不难做出诊断。应注意与蹄叶炎、纤维性骨营养不良、腰扭伤、马地方性肌红蛋白尿病、马地方性脊髓麻痹相鉴别。

【治疗】

治疗原则：制止进一步肌肉损伤，纠正水盐代谢紊乱及缓解肌肉疼痛。

(1) 制止进一步肌肉损伤　病马应避免进一步运动，保持安静。不能站立的，应垫厚褥草，勤翻马体，防止褥疮。能勉强站立的，应辅以吊马带，辅助站立。对没有并发肌肉痉挛的轻症病例，牵遛行走等轻度活动，可促进疾病恢复。

(2) 缓解肌肉疼痛　大剂量的非固醇抗炎药物，如保泰松、氟胺烟酸葡胺和甲氯灭酸等能有效地缓解症状。在重症病例，为减轻肌肉疼痛，可应用盐酸哌替啶、丁啡喃等强力止痛药，或应用乙酰普吗嗪和其他吩噻嗪衍生物等镇静药。这类药物一方面可缓解烦躁不安；另一方面还能阻断 α-肾上腺素能受体，改善外周循环，但对伴有循环障碍的病例禁用，可给予小剂量的二甲苯胺噻嗪或安定。皮质类固醇具有松弛毛细管括约肌，并兼有稳定细胞膜，制止或减缓持续性的肌肉损伤的效果，但只在发病初几小时内有效。

(3) 调整水盐代谢　静脉注射 5% 碳酸氢钠，以纠正乳酸血症和代谢性酸中毒。但近年来发现，本病的经过中通常伴有碱中毒，可静脉输注平衡电解质或林格氏液，也可采用内服补液。肌红蛋白对脱水的病马具有肾毒作用，在其尿液变透明之前，不宜中断液体疗法。

【预防】

预防本病主要是合理饲喂与使役。在马休息期间，减喂富含碳水化合物的谷物饲料，多喂优质干草，至恢复劳役期间，再逐渐恢复到原来水平。运动开始时，首先保持轻微的运动，以后逐渐增加运动量。

(姚　华)

鸡苍白综合征(the pale bird syndrome)

鸡苍白综合征别名较多,在各国的文献中还曾用过肉鸡传染性矮小综合征、营养吸收不良综合征、直升机病、骨质疏松病、骨脆病、传染性前胃炎或肉鸡矮小综合征(runting syndrome)等。1978年首次报道于荷兰,以后美国、澳大利亚等地也先后发现。本病对肉鸡饲养业的威胁较大,可造成严重的经济损失。

【病因】

本病于20世纪70年代末期在世界肉鸡业就有报道,尽管进行了大量研究,但目前仍未鉴别出导致本病的确切病原。有可能是一种或多种病毒性病原与环境、管理或营养性因素相互作用,产生协同效应,从而表现出本病症状。许多学者从病鸡的肠道和胰腺中分离出了呼肠孤病毒、细小病毒、轮状病毒及肠道病毒等多种病毒,这充分说明肉鸡矮小综合征的病因并非单一。

【流行病学】

本病无明显季节性特征,常随养殖条件、环境条件、雏鸡抗病能力、管理等因素的好坏而表现不同,条件越差则症状越重,死亡率也越高。除环境因素外,种蛋带毒是造成本病发生的直接原因。在这种情况下,种鸡场及孵化场管理不善、消毒不严更能促进本病的传播和流行。有些人为因素,如大棚饲养的密度大、湿度大、氨气浓度高、通风不畅、温度高,致使鸡停止生长。实践证明,肉仔鸡最易感染,蛋鸡也有发生,本病既能水平传播,也能垂直感染,发病率一般为5%~20%。有报道称,仔鸡早在4日龄就可发病,8~14日龄死亡率可达12%~15%。

【症状】

感染鸡在7~10日龄出现体重异常。发病率可达5%~10%,情况严重时,发病数量随年龄增长而上升,21日龄以上时有将近20%鸡表现矮小或发育障碍症状。除了增重抑制,还可能出现以下临床异常:大腿骨接近骨骺处骨皮质沉积减少,骨折引起腿跛(股骨头坏死);胫骨及喙部处的色素减少,颜色苍白(鸡苍白综合征);羽毛生长迟缓,保持在绒毛期,尤其是头部;大羽毛羽根扭曲或折断,导致典型的"直升机综合征";共济失调、一侧卧地,与维生素E过氧化物引起的脑软化病相似;腹部膨胀、腹泻,排出未消化饲料粒,以及粪便带有橙黄色黏液。由于水槽的升高,可能导致严重的矮小鸡在生长中期死亡。如果矮小鸡能喝到水也可能活到屠宰日龄,但体重仅有400~600 g。死亡一般是由脱水或受欺侮造成的,尤其是单侧腿骨骨折的小鸡。

【病理变化】

病死鸡外观羽毛蓬乱,瘦小,体重较轻,皮肤发干,体征与同龄鸡不相符。

嗉囊空虚无物或仅有少量黏液。脚趾和喙干缩,跛行。大腿骨骨质疏松,骨头坏死和断裂,骨质疏松,手折易断。皮下无脂肪积存,肌肉组织色淡。前胃增大、腺胃胀满而肌胃缩小,并有糜烂或溃疡。心肌变薄,心包积液增加。肠壁肿胀,黏膜出血,整个肠道表现出肠炎特征性变化,肠管后段充满橙红色黏液样内容物。部分病例肠壁变薄,肠黏膜脱落。肝脏轻度肿胀,胆汁稀薄。胰脏萎缩,胸腺萎缩,法氏囊萎缩。肾脏色深。

【诊断】

根据上述特征性症状,结合剖检变化,可以做出初步诊断。为了进一步确诊,可做病原分离和电镜检查。由于本病与传染性腺胃炎、腺胃型传支病情相似,所以有必要进行鉴别诊断:

（1）传染性腺胃炎　腺胃发炎，异常肿大，似乒乓球样，腺胃壁水肿增厚，乳头不清，按压有水样液体溢出。相似处在于肌胃相对变小，生长减缓，体重下降，胸腺及法氏囊萎缩。正因如此，往往造成误诊。

（2）腺胃型传支　肾脏肿大明显，色苍白，并有树枝状花纹，输尿管内有白色尿酸盐沉积；有明显的呼吸道症状。相似处在于皮肤发干，有脱水表现，腹泻，体重明显减轻。

【预防】

预防本病主要采取一般性的兽医卫生措施，如加强饲养管理，供足饲料，严格消毒，及时隔离、淘汰病鸡。一般来说，添加抗生素、维生素、矿物质并无效果，而且整群用药成本高。

对于肉种鸡饲养场，要严格执行肉种鸡免疫程序，要选用正规厂家生产的疫苗进行免疫。最大限度地净化种鸡群中传染性矮小综合征及其他病毒性、细菌性疾病，保证出场种蛋无毒无菌。

对于饲养环境、孵化室、孵化器等要进行严格的消毒，并做好种蛋的消毒和保存。雏鸡入舍前对育雏室进行彻底消毒，一般以福尔马林、高锰酸钾熏蒸为佳。可以按每立方米用福尔马林25 mL、水12.5 mL，倒入盛有12.5 g高锰酸钾的容器内，密封门窗16~24 h，之后打开门窗通风，1周后可以将鸡放入。雏鸡进舍后，初次饮水中加入高锰酸钾（0.02%）或抗毒威，饮水2~3 h。

国外有人曾用呼肠孤病毒C08株油佐剂灭活苗进行预防接种，但其免疫效果仍有待进一步证实。

淀粉样变（poultry amyloidosis）

淀粉样变是指淀粉样物质沉着于体内某些器官组织的网状纤维、血管壁和组织间隙的一种病理过程。Rokitansky于1842年首次报道了淀粉样变，几年后，Virchow根据其染色体特性与淀粉物质相似而正式命名为淀粉样物质。虽然淀粉样变的实际发病率还不清楚，但除人以外，见于孔雀、鹅、鸡、绒鸭、天鹅、火鸡、蜂鸟、鸽、麻雀、猫头鹰及其他鸟类，也见于仓鼠、鹿、犬、小鼠、马、天竺鼠、水貂、牛、猴、无尾猬、乌龟和蛇等动物。此外，在猪、羊、兔中也有报道。近年来，国内主要集中在鸭淀粉样变的报道。鸭淀粉样变又名"鸭大肝病"或"鸭水裆病"，是一种慢性疾病，是成年鸭死亡最常见的一种疾病。

【病因】

禽淀粉样变发生的确切原因尽管仍不明了，但似乎与年龄、遗传特点、饲养管理、恶劣的环境及气候等因素有关，而性别、慢性感染性疾病的存在对本病的发生上也可能有一定的意义。

【流行病学】

本病随着禽日龄增长，发病率也增高，甚至可高达45%，但主要发生于成年禽，并且母禽的发病率较公鸭高。适应性差和好斗的品种敏感性高，而本地的、适应性好和温顺的品种易感性低。其他激发因子，如各种慢性炎症和各种不良因素都能诱发本病的发生。饲养过程中投以过多饲料饲养的鸭（指填鸭）可发生全身性的淀粉样变。此外，恶劣的环境气候和高度密集的饲养也可引起禽淀粉样变发病率的增加。

【症状】

本病主要见于成年鸭，且以成年产蛋鸭为主，罕见于公鸭。鸭淀粉样变病初期症状不明显，不易察觉，仅见病鸭沉郁喜卧，不愿活动或行动迟缓，食欲正常或减少。部分病鸭腿脚肿胀，严重者跛行。病鸭不愿下水，如强迫下水则很快上岸卧地。鸭行走打晃，常见腹部因有腹水而膨大、下坠，故名"水裆病"。腹部触诊有多量液体，有时可摸到大而质硬的肝脏。部分病鸭呈企鹅式站立。病鸭死前看不出明显的挣扎症状。

【病理变化】

鸭淀粉样变病剖检后大部分病例发育正常，部分病例有腹水，浅黄色，透明。内脏器官表面粗糙，有纤维素。常有卵黄性腹膜炎。腹部因有腹水而增大，下垂。肝脏明显肿大1~3倍，故名"大肝病"，质地变硬，表面基本平滑，于正常色彩中隐约可见地图样的黄绿色病变区，严重者，病变可波及肝的各叶，甚至整个肝脏，色橘黄、橘红或棕红。肠道的色泽改变，肠壁增厚，呈橘黄-橘红色，质地较硬，横切可见一红色环带。脾脏也常肿大，可能较正常大10~15倍，质地硬实，包膜下及切面上分布有黄褐色斑点状病灶；少数病例，包膜可发生破裂及出血。

【诊断】

临床上主要见腿脚水肿、腹部肿大。当水肿和腹水显著时，病鸭衰弱，常有呼吸困难。进行腹部体征检查，一般易于在腹部摸到肿大而质地硬实的肝脏。

【防治】

一旦发生淀粉样物质沉着，通常是进行性的。目前，对本病仍无有效的治疗方法。淀粉样变病鸭可死于肝功能不足。鉴于本病发生的原因可能是多种因素作用的结果，发病机理还未完全了解，治疗没有实际意义，因此建议加强饲养管理，适当调整饲养密度，做好卫生防疫工作，提高鸭体健康水平，可能有助于降低其发病率。本病多发生于年龄较大的个体，因此适当控制种鸭群的利用年限，发挥其最大的经济效益在目前来说是可取的。

(孙卫东)

第三节　维生素及矿物质代谢障碍性疾病

维生素A缺乏症(vitamin A deficiency)

维生素A缺乏症是由维生素A或其前体胡萝卜素缺乏或不足所引起的一种营养代谢性疾病。临床上以生长缓慢、上皮角化、夜盲症、繁殖机能障碍以及机体免疫力低下等为特征。本病常见于犊牛、仔猪和幼禽，其他动物也可发生，但极少发生于马。

【病因】

饲料中维生素A或胡萝卜素长期缺乏或不足是原发性(外源性)病因。饲料收割加工、贮存不当，如在有氧条件下长时间高温处理或烈日暴晒饲料以及存放过久、陈旧变质，其中胡萝卜素受到(如黄玉米贮存6个月后，约60%胡萝卜素被破坏；颗粒料在加工过程中可使胡萝卜素丧失32%以上)，长期饲用便可致病。干旱年份和北方的冬季缺乏青绿饲料，又长期不补充维生素A时，易引起发病。幼龄动物，尤其是犊牛和仔猪在3周龄前，需自初乳或母乳中获取，如初乳或母乳中维生素A含量低下，以及使用代乳品饲喂幼畜，或是断奶过早，都易引起维生素A缺乏。

动物机体对维生素A或胡萝卜素的吸收、转化、贮存、利用发生障碍，是内源性(继发性)病因。动物罹患胃肠道或肝脏疾病致维生素A的吸收障碍，胡萝卜素的转化受阻，储存能力下降。饲料中缺乏脂肪，会影响维生素A或胡萝卜素在肠中的溶解和吸收。蛋白质缺乏，会使肠黏膜的酶类失去活性，影响运输维生素A类的载体蛋白的形成。

【发病机理】

维生素A是保持动物生长发育、正常视力和骨骼、上皮组织的正常生理功能所必需的一种营养物质。维生素 A 缺乏，可导致动物机体一系列病理变化。

维生素 A 在维持动物的视觉，特别是在暗适应能力方面起着极其重要的作用。正常动物视网膜中的维生素 A，在酶的作用下氧化，转变为视黄醛。牛和禽类的视网膜视细胞外段几乎都是视色素，其生色基团部分是视黄醛，蛋白质部分是视杆细胞视蛋白(牛)或视锥细胞视蛋白(禽类)，而视色素部分是视紫红质(牛)或视紫蓝质(禽类)。视细胞是一种暗光感受器，其中含有调节暗适应的感光物质——视色素。在强光时，视色素分解为视黄醛和视蛋白，在弱光时呈逆反应，再合成视色素。当维生素 A 缺乏或不足时，视黄醛的量势必减少，视紫红质或视紫蓝质的合成作用受到限制，因而引起动物在阴暗的光线中呈现视力减弱及夜盲。

维生素 A 缺乏导致所有上皮细胞萎缩，特别是具有分泌和覆盖机能上皮组织、皮肤、泪腺、呼吸、消化道及泌尿生殖器官上皮细胞，逐渐被层叠的角化上皮细胞代替，由于角化过度而丧失其分泌和覆盖作用。眼结膜上皮细胞角化，泪腺管被脱落的变性上皮细胞阻塞，分泌减少甚至停止，呈现眼干燥(干眼病)。进而引起角膜浑浊、溃疡、软化(角膜软化)，继则发生全眼球炎。呼吸道上皮角化可引起呼吸道感染。消化道上皮角化可引起生殖机能下降，胚胎生长发育受阻，胎儿成形不全或先天性缺损，尤以脑和眼的损害最为多见。

维生素 A 缺乏时，成骨细胞及破骨细胞正常位置发生改变，软骨的生长和骨骼的精细造型受到影响。由于颅骨变形致颅腔狭小，颅腔脑组织过度拥挤，导致脑扭转和脑疝，脑脊液压力增高，随后出现视乳头水肿、共济失调和昏厥等特征性神经症状。

【症状】

各种动物的临床症状基本上相似，在组织和器官的表现程度上有些差异。

(1)视力障碍　夜盲症是早期症状(猪除外)之一。特别在犊牛，早晨、傍晚或月夜中光线，朦胧时，盲目前进，行动迟缓，碰撞障碍物。"干眼病"是指角膜增厚及云雾状形成，见于犬和犊牛，而在其他动物，则见到眼分泌一种浆液性分泌物，随后角膜角化，形成云雾状，有时呈现溃疡和羞明。成年鸡严重缺乏时，鼻孔和眼可见水样排出物，上下眼睑往往被黏着在一起，进而眼睛中则有乳白色干酪样物质积聚，最后角膜软化，眼球下陷，甚至穿孔，在许多病例中出现失明。雏鸡急性维生素 A 缺乏时，可出现眼眶水肿，流泪，眼睑下有干酪样分泌物。

(2)皮肤病变　患病动物的皮脂腺和汗腺萎缩，皮肤干燥；被毛蓬乱乏光，掉毛、秃毛。蹄表干燥。牛的皮肤有麸皮样痂块。小鸡喙和小腿皮肤的黄色(来杭鸡)消失。

(3)繁殖力下降　公畜精小管生殖上皮变性，精子活力降低，青年公牛的睾丸显著地小于正常。母畜发情周期紊乱，受胎率下降。胎儿吸收、流产、早产、死产，所产仔畜生活力低下，体质孱弱，易死亡。胎儿发育不全，先天性缺陷或畸形。

(4)神经症状　患缺乏症的动物，还可呈现中枢神经损害的病征，如颅内压增高引起的脑病，视神经管缩小引起的目盲，以及外周神经根损伤引起的骨骼肌麻痹。

【病理变化】

患病动物结膜涂片中角化上皮细胞数量显著增多，如犊牛每个视野角化上皮细胞可由正常的 3 个以下增至 11 个以上。眼底检查，发现犊牛视网膜绿毯部由正常时的绿色至橙黄色变成苍白色。

【诊断】

根据饲养管理情况、病史和临床特征可做出初步诊断。在临床上，维生素 A 缺乏症引起的脑病与低镁血症性搐搦、脑灰质软化、D 型产气荚膜梭菌引起的肠毒血症有相似之处，应注意区别。至于与狂犬病和散发性牛脑脊髓炎的区别则根据前者伴有意识障碍和感觉消失，后者伴有高热和浆膜炎。许多中毒性疾病也有与维生素 A 缺乏症相似的临床病征，这些与维生素 A 缺乏症相似的中毒病在猪多于牛。但在猪的维生素 A 缺乏症中最常见的是后躯麻痹多于惊厥发作。

【治疗】

可用维生素 A 制剂和富含维生素 A 的鱼肝油。维生素 AD 滴剂：马、牛 5~10 mL；犊牛、猪、羊 2~4 mL；仔猪、羔羊 0.5~1 mL 内服。浓缩维生素 A 油剂：马、牛 15 万~30 万 IU；猪、羊、犊牛 5 万~10 万 IU；仔猪、羔羊 2 万~3 万 IU 内服或肌内注射，每日 1 次。维生素 A 胶丸：马、牛 500 IU/kg 体重；猪、羊 2.5 万~5 万 IU/头内服。鱼肝油内服，马、牛 20~60 mL，猪、羊 10~30 mL，驹、犊 1~2 mL，仔猪、羔羊 0.5~2 mL，禽 0.2~1 mL。禽类饲料中补加维生素 A，雏鸡按每千克饲料添加 1 200 IU，蛋鸡按 2 000 IU 计算。维生素 A 剂量过大或应用时间过长会引起中毒，应用时应予注意。

【预防】

保持饲料日粮的全价性，尤其维生素 A 和胡萝卜素含量一般最低需要量每日分别为 30IU/kg、75 IU/kg，最适摄入量分别为 65 IU/kg、155 IU/kg。孕畜和泌乳母畜还应增加 50%，可于产前 4~6 周给予鱼肝油或维生素 A 浓油剂：孕牛、马 60 万~80 万 IU，孕猪 25 万~35 万 IU，孕羊 15 万~20 万 IU，每周 1 次。日粮中应有足量的青绿饲料、优质干草、胡萝卜和块根类及黄玉米，必要时应给予鱼肝油或维生素 A 添加剂。饲料不宜储存过久，以免胡萝卜素破坏而降低维生素 A 效应，也不宜过早地将维生素 A 掺入饲料中作储备饲料，以免氧化破坏。舍饲期动物，冬季应保证舍外运动，夏季应进行放牧，以获得充足的维生素 A。

B 族维生素缺乏症(hypovitaminosis B)

B 族维生素是一组多种水溶性维生素，共 9 种，分别为维生素 B_1(硫胺素)、维生素 B_2(核黄素)、维生素 B_3(泛酸)、维生素 B_4(胆碱)、维生素 B_5(烟酸或尼克酸)、维生素 B_6(吡哆醇、吡哆醛、吡哆胺)、维生素 B_7 或维生素 H(生物素)、维生素 B_{11}(叶酸)、维生素 B_{12}(钴胺素)。B 族维生素在动物体内分布大体相同，在提取时常互相混合，在生物学上作为一种连锁反应的辅酶，故统称复合维生素 B。但它们的化学结构和生理功能都是互不相同的，主要是组成某些辅酶或辅基的成分。

由于 B 族维生素是水溶性维生素，因此在机体每日排出大量水分的同时，也使一定量的 B 族维生素被排出。且 B 族维生素不在机体内贮存，因此它们必须每日得到补充。B 族维生素的来源很广，在青绿饲料、酵母、麸皮、米糠及发芽的种子中含量极高，只有玉米中缺乏烟酸。此外，硫胺素、烟酸、核黄素、泛酸、吡哆醇、生物素和叶酸等都能通过动物消化道中的微生物来合成，如瘤胃健全的反刍动物基本上不存在 B 族维生素缺乏症。幼年犊牛和羔羊，由于瘤胃还处于不活动阶段，瘤胃功能不健全，如果这些维生素供给不足，可能发生 B 族维生素缺乏症，而母畜乳汁中含有丰富的 B 族维生素。报道表明，2 周龄的犊牛，能合成大量多种 B 族维生素，而禽、猪等动物由于肠道合成 B 族维生素的量不能满足机体的需要，应不断补充。

(一)维生素 B_1 缺乏症(vitamin B_1 deficiency)

维生素 B_1 又称硫胺素，广泛存在于各种植物性饲料中，稻麦类饲料中维生素 B_1 存在于外胚层，胚体含量较高，米糠、麸皮中含量较高，饲料酵母中含量最高。反刍动物瘤胃及马属动物盲肠内微生物可合成维生素 B_1，因此晒干的牛粪、马粪中维生素 B_1 含量丰富。动物性食物如乳、肉类、肝、肾中维生素 B_1 含量也很高，通常情况下不会出现维生素 B_1 缺乏症。但禽类及其他非草食动物或幼年动物饲料中缺乏维生素 B_1 或因维生素 B_1 拮抗成分太多，可引起缺乏症。临床上以神经机能障碍为特点。

【病因】

原发性缺乏症主要因饲料中维生素 B_1 供应不足。维生素 B_1 属水溶性且不耐高温，因此用水浸泡、高温焖煮，造成维生素 B_1 的缺乏。

继发性维生素 B_1 缺乏症是动物食入过多拮抗维生素 B_1 的物质，有以下 3 种原因：①马属动物采食蕨类植物及马尾草，引起神经症状，还有问荆木等植物中含硫胺素酶较多。猪也可因实验性饲喂蕨类植物而致病。马饲以大量芜菁，缺乏谷物时也可引起维生素 B_1 缺乏；②发酵饲料，其中蛋白质含量不足，糖类过剩时，可引起维生素 B_1 缺乏；③犬、猫饲料中含有过多的生鱼，因其中含硫胺素酶可破坏硫胺素。此外，动物胃肠机能紊乱，微生物菌系破坏，长期慢性腹泻，长期大量使用抗生素使共生正常菌生长受到抑制等均可产生维生素 B_1 缺乏症。幼龄动物的维生素 B_1 缺乏主要是由于母乳以及代乳品中维生素 B_1 含量不足。

【症状和病理变化】

硫胺素作为多种酶的辅酶，在丙酮酸的氧化脱羧及糖、脂代谢过程中起重要作用。当动物缺维生素 B_1 时糖代谢受阻，过多的丙酮酸和乳酶分解受阻，在组织内蓄积，引起皮质坏死而呈现痉挛、抽搐、麻痹等神经症状，且心肌弛缓，心力衰竭。同时，糖代谢紊乱进而影响脂代谢，导致中枢和外周神经鞘损伤，引起多发性神经炎。又因维生素 B_1 可促进乙酰胆碱合成。缺乏维生素 B_1 时，胆碱能神经传导障碍，致胃肠蠕动缓慢，消化液分泌减少、消化不良。不同动物具体表现如下。

（1）鸡　雏鸡对本病十分敏感，饲喂缺乏维生素 B_1 的饲粮后约 10 d 即可出现多发性神经炎症状。病雏突然发病，呈现"观星"姿势，头向背后极度弯曲呈角弓反张状，由于腿麻痹不能站立和行走，病鸡以跗关节和尾部着地，坐在地面或倒地侧卧，严重的衰竭死亡。成年鸡硫胺素缺乏约 3 周后才出现临床症状。病初食欲减退，生长缓慢，羽毛松乱无光泽，腿软无力、步态不稳。鸡冠常呈蓝紫色。以后神经症状逐渐明显，开始是脚趾的屈肌麻痹，接着向上发展，腿翅膀和颈部的伸肌明显地出现麻痹。部分病鸡出现贫血和拉稀。体温下降至 35.5℃，呼吸频率呈进行性降低，衰竭死亡。

（2）鸭　发病后常发生阵发性神经症状，头歪向一侧，或仰头转圈，随着病情发展，发作次数增多，并逐渐加重，全身抽搐或角弓反张而死亡。

（3）猪　因用生杂鱼或在海滩上放牧引起维生素 B_1 缺乏易发生呕吐、腹泻、后趾跛行、四肢肌肉病变造成步态不稳、痉挛、抽搐甚至瘫痪，间或出现强直、痉挛，最后麻痹，直到死亡。

（4）犬、猫　维生素 B_1 缺乏可引起对称性脑灰质软化症，小脑桥和大脑皮质损伤。猫对硫胺素的需要量比犬还多，猫主要因喂金鱼性食物，犬喂给熟肉而发生。表现为厌食，平衡失调，惊厥，呈现勾颈，头向腹侧弯，知觉过敏，瞳孔扩大，运动神经麻痹，四肢呈进行性瘫痪，最后呈半昏迷，四肢强直死亡。

（5）马属动物　因采食蕨类植物中毒而继发维生素 B_1 缺乏，可见咽麻痹，共济失调，阵挛或惊厥，昏迷死亡。

（6）其他动物　成年草食动物一般不会发生原发性硫胺素缺乏。犊牛、羔羊因瘤胃机能尚不健全，当母乳中维生素 B_1 缺乏时也可发生本病，以神经症状为主，起初表现兴奋，呈转圈，无目的地奔跑，惊厥，四肢抽搐，共济失调，最后倒地抽搐，昏迷死亡。

【诊断】

根据饲料成分分析，临床症状可做出诊断。实验室检查有助于确诊，检查项目为：血液丙酮酸浓度从正常时的 20~30 μg/L 升高至 60~80 μg/L，血浆硫胺素浓度从正常时的 80~100 μg/L 降至 25~30 μg/L，脑脊液中细胞数量由正常时 0~3 个/mL 增加至 25~100 个/mL。

本病的诊断应与雏鸡传染性脑脊髓炎相区别，一般鸡传染性脑脊髓炎有头颈震颤、晶状体震颤，但仅发生于雏鸡，成年鸡不发生是其特点。

【防治】

发病后应分析病因，立即采取相应措施。若为原发性缺乏症，草食动物应立即提供充足的富含维生素 B_1 的饲料，如优质草粉、麸皮、米糠和饲料酵母，犬、猫应增加肝、肉、乳的供给，幼畜和雏鸡应补充维生素 B_1，按 5~10 mg/kg 饲料计算，或按 30~60 μg/kg 计算。当饲料中含有磺胺或抗球虫药安丙嘧啶时，应多供给维生素 B_1，以防止拮抗作用。目前，普遍采用维生素 B 预防本病。

当严重维生素 B_1 缺乏症时，用盐酸硫胺素注射液，按 0.25~0.5 mg/kg 的剂量，肌内注射或静脉注射，但因维生素 B_1 代谢较快，应每 3 h 一次，连用 3~4 d，效果较好。但大剂量使用维生素 B_1 可引起乏力，呼吸困难，进而昏迷等不良反应，一旦出现上述反应，及早使用马来酸氯苯那敏、安钠咖和糖盐水抢救，大多能治愈。

(二)维生素 B_2 缺乏症(vitamin B_2 dificiency)

维生素 B_2 又称核黄素，广泛存在于植物组织、多叶蔬菜、鱼、肉等饲料中，许多动物自身及其体内微生物也可合成。与维生素 B_1 相比，它比较耐热，280℃开始熔化，分解，常温下热稳定，不受空气中氧的影响。通常成年草食性动物不易缺乏，主要发生于家禽、貂、猪等，幼年食草动物偶有发生。发病动物的生长阻滞，皮炎，禽类脚爪蜷缩，飞节着地等行为特征。

【病因和发病机理】

自然条件维生素 B_2 缺乏不多见，但当饲料中缺乏青绿植物或因胃、肝、肠、胰疾病，使维生素 B_2 消化吸收障碍，长期大量使用抗生素或其他抑菌药物，致使体内微生物关系破坏。禽类几乎不能合成维生素 B_2(仅幼鸡盲肠内可合成少量维生素 B_2)，而仅以稻谷饲喂时，更易引起维生素 B_2 缺乏。妊娠、哺乳动物、生长快速的肉鸡、肉仔鸭等对维生素 B_2 需要量较大，更易引起维生素 B_2 缺乏。

核黄素是黄素单核苷酸(FMN)和黄素腺嘌呤二核苷酸(FAD)辅酶的组成成分，参与细胞呼吸，又称黄素蛋白。催化蛋白质、脂肪、糖代谢，氧化-还原过程，因而可影响体内多种组织的代谢，特别是神经血管机能，也可影响上皮和黏膜的完整性。缺乏维生素 B_2，可引起上皮角质化，在人类引起糙皮病和鹅口疮、口角炎，在动物可引起角膜炎、皮肤增厚。不同动物发病临床表现各异。

【症状】

(1)禽 雏鸡在喂给缺乏维生素 B_2 日粮后，在 1~2 周可发生腹泻，虽食欲尚良好，但生长缓慢，消瘦衰弱。其特征性的症状是足趾向内蜷曲，不能行走，以跗关节着地，开展翅膀维持身体的平衡，两腿发生瘫痪。腿部肌肉萎缩和松弛，皮肤干而粗糙。病雏最后因吃不到食物而饿死。母鸡的产蛋量下降，蛋白稀薄，蛋的孵化率降低。母鸡日粮中核黄素的含量低，其所生蛋和出壳雏鸡的核黄素含量也就低。核黄素是胚胎正常发育和孵化所必需的物质。孵化蛋内的核黄素用完鸡胚就会死亡，死胚呈现皮肤结节状绒毛，颈部弯曲，躯体短小，关节变形，水肿，贫血和肾脏变性等病理变化。有时也能孵出雏，但多数带有先天性麻痹症状，体小，浮肿。

火鸡除发生上述症状外，脚、小腿、口角、眼睑等部位皮炎。雄火鸡生长缓慢，喙交叉，慢性者两肢发炎，腿关节水肿，有时皮下出血。

（2）猪 生长缓慢，经常腹泻，被毛粗乱无光，并有大量脂性渗出，鬃毛脱落，由于跛行，不愿行走，眼结膜损伤，眼睑肿胀，卡他性炎症，甚至晶体混浊、失明。怀孕母猪缺乏维生素B_2，仔猪出生后不久死亡。

（3）犊牛 厌食、生长不良、腹泻、流涎、流泪、掉毛、口角炎，口周炎，但眼疾不明显。

【症状和病理变化】

病死动物剖检可见病鸡坐骨神经及其分支的终板及肌肉本身变性，神经干肿胀，是正常鸡的4~5倍，色淡黄。神经鞘内有核原浆质块细胞（Schwall cell）增生，胫骨髓发育不良，有再生障碍性贫血倾向。皮肤角质肥厚，角化不全，棘层稍厚，表皮和真皮水肿，毛细血管和淋巴管增多扩大，皮肤萎缩。

【诊断】

根据病史及特征性临床表现，结合血液指标与日粮分析，不难做出诊断。维生素B_2缺乏时红细胞内维生素B_2下降，全血中维生素B_2含量低于0.039 9 μmol/L。本病的诊断应与禽类神经型马立克氏病相区别，同时还应与其他动物的维生素A缺乏相区别。

【防治】

健康草食动物一般不会缺乏维生素B_2，预防草食动物维生素B_2缺乏主要应从预防和治疗引起维生素B_2缺乏的原发性疾病入手。猪、禽类饲料中应含足量维生素B_2，饲料中配以含较高维生素B_2的带叶蔬菜、酵母粉、鱼粉、肉粉等，必要时可补充B族维生素制剂。

发病后，应用维生素B_2混于饲料中，雏禽饲料中应含4 mg/kg，产蛋禽给予5~6 mg/kg，鹅、鸭、大鸡给予6 mg/kg，仔猪5~6 mg/头，犊牛30~50 mg/头，大猪50~70 mg/头，连用8~15 d；也可补充饲用酵母，仔猪10~20 g/头，育成猪30~60 g/头，每日2次，连用7~15 d；犬5 mg/kg，猫8 mg/kg。

（三）泛酸缺乏症（panlothenic acid deficiency）

泛酸即维生素B_3，又称抗鸡皮炎因子。其广泛存在于动、植物组织中，如牛肉、猪肉、海鱼、蛋、牛奶、面粉、马铃薯、豌豆、水果等含量丰富，但玉米和蚕豆中含量较少。酵母中含量最丰富，为200 mg/kg，动物中泛酸缺乏者不常见。一旦发病，临床上以皮炎，眼周围形成暗棕色渗出性炎症和斑块状脱毛，走路时呈高抬腿运动为特征。

【病因和发病机理】

自然条件下仅见猪和鸡发病。当长期饲喂缺乏泛酸的饲料（如饲喂纯玉米日粮）、缺乏青绿饲料时可引起泛酸缺乏。泛酸对酸、碱、热均不稳定，在饲料加工不合理时易被破坏，另外，动物体内微生物可以合成泛酸，但水杨酸等与泛酸是拮抗的。当动物饲料中含拮抗物过多时可引起继发性泛酸缺乏症。

泛酸是以乙酰辅酶A形式参加代谢，对糖类、脂肪和蛋白质代谢过程中的乙酰基转移皆有重要作用。它可与草酰乙酸相结合形成柠檬酸，然后进入三羧酸循环。来自糖类、脂肪或许多氨基酸的乙酸就能经过三羧酸循环终末的共同代谢途径，被进一步裂解。活性乙酸也能与胆碱结合形成乙酰胆碱，乙酰胆碱是副交感神经和交感神经的节前纤维，副交感神经的节后纤维其末梢释放的介质，因而影响植物性神经的机能对心肌、平滑肌和腺体（消化腺、汗腺和部分内分泌腺）的活动。活性乙酸又是胆固醇合成的前体，因此也是固醇激素的前体。

【症状】

泛酸缺乏时，肾上腺功能也就不足，同时表现以下症状：

(1)禽 雏鸡泛酸缺乏时特征性表现为羽毛生长阻滞和松乱。病鸡头部羽毛脱落，头部、趾间和脚底皮肤发炎，表层皮肤有脱落现象，并产生裂隙，以致行走困难，有时可见脚部皮肤增生角化。雏鸡生长受阻、消瘦、眼睑常被黏液渗出物粘着，口角、泄殖腔周围有痂皮，口腔内有脓样物质。母鸡喂以泛酸含量低的饲料时，所产蛋多数在孵化第12~14天死亡，死亡鸡胚短小，皮下出血或严重水肿，肝脏有脂肪变性。即使在孵化过程中没有死亡，但因孵化受阻，鸡出壳后，有呼吸衰竭，不能站立，几天内死亡。

(2)猪 在用全玉米日粮时可自然产生泛酸缺乏症病例，典型症状是后腿踏步动作或呈正步走，高抬腿，鹅步，并常伴有眼、鼻周围痂状皮炎，斑块状秃毛，毛素减退呈灰色，严重者可发生皮肤溃疡，神经变性，并发生惊厥。渗出性鼻黏膜炎并发展到支气管肺炎，肝脂肪变性，腹泻，有时肠道有溃疡、结肠炎，并伴有神经鞘变性。肾上腺有出血性坏死，并伴有虚脱或脱水，低色素性贫血，可能与琥珀酰辅酶A合成受阻，不能合成血红素有关。有时会出现胎儿吸收、畸形、不育。

【诊断】

根据病史及临床症状，结合饲料分析可做出诊断。但在诊断中应与烟酸缺乏、生物素缺乏及维生素 B_2 缺乏相区别。维生素 B_2 缺乏也可引起皮炎，但维生素 B_2 缺乏有脚趾蜷缩现象。

【防治】

平时注意饲料中含有足够的泛酸，饲料中可添加富含泛酸食物，如酵母、干草粉、饴糖浆、花生粉等。对缺乏泛酸的母鸡所孵出的雏鸡，虽然极度衰弱，但立即腹腔注射200 µg泛酸，可以收到明显疗效。普遍应用泛酸钙进行治疗：猪500 µg/kg，饲料中按10~12 g/t添加；家禽出壳后1~6 d，雏鸡饲料中应含6~10 mg/kg，雏火鸡10.5 mg/kg，雏鸭11.0 mg/kg，野鸡10.0 mg/kg，产蛋鸡15.0 mg/kg，肉仔鸡6.5~8.0 mg/kg，成年火鸡16 mg/kg；犬、猫按50 mg/kg给予。

(四)胆碱缺乏症(choline deficiency)

临床上胆碱又称维生素 B_4，是抗脂肪肝因子。胆碱对禽类至关重要(哺乳动物能自身合成足够量的胆碱)。动物缺乏胆碱临床表现为发育受阻，肝、肾脂肪变性，消化不良，运动障碍，禽骨短粗等。

【病因和发病机理】

胆碱以磷酸酯或乙酰胆碱的形式广泛存在于自然界中，鱼粉、肉粉、骨粉、青绿植物及饼粕等含量均较高。谷物、蔬菜中约含1 g/kg。肝脏以蛋氨酸、丝氨酸和甜菜碱为原料，也可合成胆碱。因此，当饲料中缺乏蛋氨酸、丝氨酸时，胆碱合成不足。日粮中烟酸过多，通常以甲基烟酰胺形式自体内排出，使机体缺少为合成胆碱和其他化合物所必需的甲基族，可导致胆碱缺乏。

胆碱作为卵磷脂的成分参与脂肪代谢。当体内胆碱缺乏时，肝内卵磷脂不足，由于卵磷脂是成脂蛋白所必需的物质，肝内的脂肪是以脂蛋白的形式转运到肝外。所以，肝脂蛋白的形成受胆碱的影响，使肝内脂肪不能转运出肝外，积聚于肝细胞内，从而导致脂肪肝，肝细胞破坏，肝功能减退等一系列临床和病理变化。胆碱作为乙酰胆碱的成分则和神经冲动的传导有关，它存在于体内磷脂中的乙酰胆碱内。乙酰胆碱是副交感神经末梢受到刺激产生的化学物质，并引起心脏迷走神经的抑制等一系列症状。

产蛋母鸡对胆碱需要量很多，每产1个蛋约需500 mg以上的胆碱，蛋黄中胆碱含量特别丰富，超过17 g/kg。产蛋母鸡若不供给胆碱，就可因胆碱缺乏而产生脂肪肝综合征。此外，禽对胆碱的需要量与下列因素有关。

①日粮能量密度：低能量日粮喂鸡，不需额外补充胆碱，体内合成的量可满足需要。反之，目前集约化养殖，高能量，高脂肪日粮，胆碱需要量大，如不补充，很易发生脂肪综合征。

②蛋氨酸含量：饲料中胆碱不足时，需要消耗蛋氨酸合成胆碱；反之，蛋氨酸充足，合成胆碱原料充分，胆碱就不易缺乏。

③叶酸与维生素 B_{12}：叶酸和维生素 B_{12} 不足时，胆碱需要量增加。

④日龄：雏鸡合成胆碱能力远低于成鸡，因此对胆碱缺乏敏感。

【症状】

（1）禽　雏鸡和幼火鸡往往表现生长停滞，腱关节肿大，突出的症状是骨短粗症。跗关节初期轻度肿胀，后期转位，致胫跗关节变为平坦，严重时可与胫骨脱离，致双腿不能支撑体重。关节软骨移位，跟腱滑脱。即使饲料中有足量的生物素、叶酸和锰，但缺乏胆碱也可引起骨短粗。病情逐渐发展，个体较大的发病尤其多，肝脂肪变性和卵黄腹膜炎。青年鸡极易发生脂肪肝，因肝破裂致急性出血死亡。母鸡产蛋量减少，有时几乎不产蛋。蛋孵化率低下，即使出壳，也形成弱雏，关节韧带、肌腱往往发育不良。剖检病死鸡时可见肝脏肿大，色泽变黄，表面有出血点、质脆。有的肝被膜破裂，甚至发生肝破裂，肝表面和体腔中有凝血块。肾脏及其他器官有脂肪浸润和变性。雏鸡和生长期的火鸡在缺乏胆碱时，肉眼即可看到胫骨和跗骨变形，跟腱滑脱等病理变化。

（2）猪　仔猪表现生长发育缓慢，衰弱，被毛粗糙，腿关节屈曲不全，运动不协调，有的呈先天性八字形腿。常因肝脂肪变性引起消化不良，死亡率升高。

【诊断】

根据饲料中胆碱含量，临床表现及剖检变化可进行诊断。

【防治】

若动物发病后，应立即供给胆碱丰富的全价饲料。并供给含蛋氨酸、丝氨酸丰富的饲料，如骨粉、肉粉、鱼粉、麦麸、油料、豆粕、豆类及酵母等。平时饲料中胆碱一般应占 0.1%。通常用氯化胆碱，内服或拌入饲料中，按 0.15% 添加，同时加 0.1% 肌醇、维生素 E 10 IU/kg。

（五）烟酸缺乏症（nicotinic deficiency）

烟酸又称尼克酸，它与烟酰胺（尼克酰胺）均为吡啶衍生物，也有人把它定为维生素 B_5，属于维生素 PP（又称抗癞皮病维生素）。烟酸广泛存在于动物和植物类饲料中，肉、鱼、蛋、乳和乳酪中含量丰富，全麦粉、其他植物性饲料及水果、蔬菜中含量都很高。玉米中也含有烟酸，但量较少（与麦类相比）。其前体色氨酸含量也比较低，酵母、米糠中烟酸含量较高。烟酸对热稳定，对化学、空气、酸或碱也不敏感。反刍动物瘤胃微生物可以合成烟酸，即使犊牛也不致发生烟酸缺乏。猪、禽可见自然发生病例，临床上以皮肤和黏膜代谢障碍，消化功能紊乱，被毛粗糙，皮屑增多和神经症状为特征。

【病因】

草食动物瘤胃和盲肠中可合成足够的烟酸，所以在胃肠机能正常时不会引起缺乏。仔猪、家禽易患烟酸缺乏症，因体内合成量很少。家禽以玉米为主的日粮中缺乏色氨酸；或者缺乏维生素 B_2 和维生素 B_6 均可能引起烟酸缺乏症。玉米含烟酸量很低，并且所含的烟酸大部分是结合形式，未经分解释放而不能被禽体所利用；玉米中的蛋白质又缺乏色氨酸，不能满足体内合成烟酸的需要。

饲料中某些烟酸拮抗成分较多，如长期服用抗菌药物，干扰胃、肠内微生物区系的繁殖；

3-吡啶磺酸、磺胺吡啶、吲哚-3-乙酸(玉米中含量较高)、三乙酸吡啶、亮氨酸等与烟酸是拮抗的，用石灰水处理玉米后，烟酸效应提高。另外，动物患有热性病、寄生虫病、腹泻症、或消化道、肝和胰脏等机能障碍时，在病理状态下，营养消耗增多，或影响营养物质吸收，并且动物机体机能衰退，从而导致烟酸缺乏。

【发病机理】

烟酸在机体内易转变为烟酰胺，两者均为吡啶衍生物，具有相同活性。构成递氢辅酶Ⅰ(NAD)和辅酶Ⅱ(NADP)，参与氢传递和细胞呼吸，在代谢中起重要作用。大多数脱氢酶需要NAD和NADP作为辅酶，所催化的反应对正常组织的完整性，特别是皮肤、黏膜代谢和神经功能作用是重要的。此外，烟酸还可以扩张末梢血管，降低血清胆固醇含量。因此，缺乏烟酸时，由于可影响皮肤黏膜代谢，临床上可产生腹泻，皮肤角质化(糙皮)；影响神经功能，可表现痴呆。故称3D，即腹泻(diarrhea)、糙皮(dermatitis)和痴呆(dementia)。

【症状】

首先表现为黏膜功能紊乱，出现减食、厌食、消化不良、腹泻、消化道黏膜发炎，大肠和盲肠发生坏死，溃疡以至出血。动物皮毛粗糙，并形成鳞屑。睾丸上皮进行性变化，神经变性，运动失调，反射紊乱，麻痹和癫痫。

(1)禽　雏鸡、青年鸡、鸭均以生长停滞，发育不全及羽毛稀少为本病的特有症状。多见于幼禽发病。皮肤发炎，有化脓性结节，腿部关节肿大，骨短粗，腿骨弯曲，与滑腱症有些相似，不过其跟腱极少滑脱。雏鸡口腔黏膜发炎，消化不良和下痢。火鸡、鸭、鹅的腿关节韧带和腱松弛。成年鸭的腿呈弓形弯曲，严重时能致残。产蛋鸡引起脱毛，有时能看到足和皮肤有鳞状皮炎。严重病例的骨骼、肌肉及内分泌腺，可发生不同程度的病变以及许多器官发生明显的萎缩。皮肤角化过度而增厚，胃和小肠黏膜萎缩，盲肠和结肠黏膜上有豆腐渣样覆盖物，肠壁增厚而易碎。肝脏萎缩并有脂肪变性。

(2)猪　饲料中玉米成分过多可见自然缺乏的病例。但墨西哥人用石灰水处理玉米后则可避免发生此病。实验性诱导烟酸缺乏时，猪食欲下降，严重腹泻；皮屑增多性发炎，呈污秽黄色；后肢瘫痪；胃、十二指肠出血，大肠溃疡，与沙门菌性肠炎类似；回肠、结肠局部坏死，黏膜变性。用抗烟酰胺药产生的烟酸缺乏症，还出现平衡失调，四肢麻痹，脊髓的脊突、腰段腹角扩大，灰质损伤，软化，尤其是灰质间呈明显损伤。这些病变与自然发病一样。

(3)犬、猫　犬、猫烟酸缺乏症称为黑舌病，舌部开始是红色，后是蓝色素沉着，同时分泌发黏有臭味的唾液，口腔溃疡，拉稀。雄性生殖能力下降，表现为睾丸曲精小管上皮退行性变化，精子生成减少，活力下降。有神经症状，虚弱、惊厥、昏迷、神经变性。严重者可引起脱水，酸中毒，骨髓再生不良，红细胞发育停滞于成红细胞阶段，本病常伴发贫血，因烟酸可影响卟啉代谢，卟啉沉着，因而皮肤发红，对光反射敏感。用烟酸治疗后，尿中卟啉排泄增多。

【诊断】

根据发病经过、日粮的分析、临床特征性症状和病理变化综合分析后可做出诊断。

【防治】

针对发病原因采取相应的措施，调整日粮中玉米比例，添加色氨酸、啤酒酵母、米糠、麸皮、豆类、鱼粉等富含烟酸的饲料。鸡对烟酸的需要量为25~70 mg/kg饲料，猪生长期每日为0.6~1 mg/kg，维持量为0.1~0.4 mg/kg；犬25 mg/kg；猫60 mg/kg；兔50 mg/kg；貂、狐30 mg/kg。

猪、禽日粮中应经常添加烟酸，特别是以玉米为主食的动物。一般按每吨饲料中加10~20 g

烟酸。但烟酸过多后可出现脸、颈发红，对热敏感、头昏、眩晕、头疼、恶心、呕吐、短暂腹疼，甚至出现荨麻疹、心肌无力、心舒张增强、血管扩张等。

(六)维生素 B₆ 缺乏症(vitamin B₆ deficiency)

维生素 B₆ 是吡哆醇、吡哆醛和吡哆胺的合称。广泛存在于各种植物性食物中，如马铃薯、豌豆、蚕豆、菠菜、胡萝卜、橘子及主食玉米、面粉中，动物性食品中也有丰富的吡哆醛和吡哆胺，如牛奶、乳酪、蛋、肉类、鱼类等；胃肠道微生物可合成维生素 B₆。自然情况下很少见有本病发生。

【症状和病理变化】

维生素 B₆ 对体内的蛋白质代谢有着重要的影响，由于维生素 B₆ 参与氨基酸的转氨基反应。氨基酸在体内代谢时，主要通过转氨酶的催化作用，脱去氨基生成相应的 α-酮酸，或由 α-酮酸接受氨基而生成相应的氨基酸。在这种氨基转移反应中，需要磷酸吡哆醛。磷酸吡哆醛可由吡哆醇转变而得，磷酸哆吡醛与磷酸吡哆胺可以互变。磷酸吡哆醛或磷酸吡哆胺是转氨酶的辅酶，也是某些氨基酸脱羧酶及半胱氨酸脱硫酶等的辅酶。动物肥育时特别需要维生素 B₆，否则，影响肥育、增重等生产性能。磷酸吡哆醛又是某些氨基酸脱羧作用所必需的辅酶。氨基酸脱去羧基生成的 γ-氨基丁酸，与中枢神经系统的抑制过程有密切关系。当维生素 B₆ 缺乏时，由于 γ-氨基丁酸生成减少，中枢神经系统的兴奋性则异常增高，因而会表现特征性的神经症状。

(1)禽　饲料受碱、光线、紫外线照射而使维生素 B₆ 破坏。雏鸡维生素 B₆ 缺乏后表现食欲下降，生长不良，贫血及特征性的神经症状。病鸡双脚神经性的颤动，多以强烈痉挛抽搐而死亡。有些雏鸡发生惊厥时无目的地乱撞、翅膀扑击，倒向一侧或完全翻仰在地上，头和腿急剧摆动，这种强烈的活动使病鸡衰竭而死。另有些病鸡无神经症状而发生严重的骨短粗病。成年病鸡食欲减退，产蛋量和孵化率明显下降，由于体内氨基酸代谢障碍，蛋白质的沉积率降低，生长缓慢；甘氨酸和琥珀酰辅酶 A 缩合成卟啉基的作用受阻，对铁的吸收利用降低而发生贫血。死亡鸡只皮下水肿，内脏器官肿大，脊髓和外周神经变性，部分病死鸡出现肝变性。

(2)其他动物　只见试验性维生素 B₆ 缺乏病例。猪呈周期性癫痫样惊厥，呈小细胞性贫血和泛在性含铁血黄素沉着，骨髓增生，肝脂肪浸润。犊表现厌食，生长不良，被毛粗乱，掉毛，严重者呈致死性癫痫发作，异形红细胞增多性贫血。犬、猫呈小红细胞、低染性贫血，血液中铁浓度升高，含铁血黄素沉着。幼犬、幼猫有维生素 B₆ 缺乏症的记述，但尚缺乏必要的证据。

【防治】

动物饲料中应该满足需要量，各种动物对吡哆醇的需要量：雏鸡 6.2~8.2 mg/kg，青年鸡 4.5 mg/kg，育肥肉鸡 4.5 mg/kg，鸭 4.0 mg/kg，鹅 3.0 mg/kg，猪 1 mg/kg 饲料或 0.1 mg/kg，犬、猫 3~6 mg/kg，幼犬、幼猫加倍量。

(七)生物素缺乏症(biotin deficiency)

生物素又称维生素 H，广泛存在于动、植物组织中，尤其是肝脏、肾脏内含量更高，而且瘤胃、盲肠、大肠内细菌可以合成它。胃肠功能完好的成年草食动物一般不会发生本病。鸡、火鸡、猪、犊牛、羔羊、犬、猫可发生本病，临床上表现为皮炎、脱毛，蹄壳开裂等现象。

【病因和发病机理】

饲料中可利用生物素含量过少或因食物中含有生物素拮抗物质是发生本病的主要原因。有些饲料如大麦、麸皮、燕麦中生物素的可利用率很低，仅 10%~30%，有的甚至为 0，而有些饲料中生物素利用率达 100%，如鱼粉、油饼粕、黄豆粉、玉米粉等。生蛋清内含有抗生物素蛋白，称为 Aidin 或卵白素，可与生物素结合而抑制其活性，同时该结合物不被酶所消化。育雏时，如采用过多的生鸡蛋或给幼犬、幼猫用生鸡蛋拌食可导致生物素缺乏,但加热后可将抗生素蛋白破坏。生物素的某些衍生物也有拮抗生物素作用,持续饲喂磺胺类药物或抗生素,可导致生物素缺乏。另外,猪、鸡及部分毛皮动物肠道合成的生物素,不能被充分吸收,大多随粪便排出,也可造成缺乏症。生物素是生脂酶、羧化酶等多种酶的辅酶。有脱羧和固定二氧化碳的作用,参与脂肪蛋白质和糖的代谢。同时,生物素还可影响骨骼的发育,羽毛色素的形成,以及抗体的生成等。当生物素缺乏时,可使上述代谢改变,表现出相应的临床症状和病理变化。

【症状】

(1)禽　雏鸡表现生长迟缓,食欲不振,羽毛干燥、变脆、趾爪、喙底和眼睛周围皮肤发炎,以及骨粗短。成年鸡和火鸡则表现为蛋的孵化率降低,胚胎发生先天性骨短粗症。鸡胚骨骼变形,包括胫骨短和后屈,跗跖骨很短,翅短,颅骨短,肩胛骨前端短和弯曲。肉用仔鸡出生后10~20 d时发生脂肪肝和肾综合征,补充生物素后可大大减少发病率。

(2)猪　缺乏生物素时表现为口腔黏膜炎症、溃疡,耳、颈、肩部、尾巴等部位出现皮肤炎症、脱毛、蹄底蹄壳出现裂缝。据统计,国外集约化猪场中有蹄损伤的猪约占50%,按目前推荐的日粮中生物素含量,不能减少蹄损伤。建议饲料中应含 α-生物素200~400 mg/kg,才可减少损伤和减轻损伤程度。蹄损伤后添加生物素可加快其康复速度。另有试验表明,由于饲料中生物素不足,动物繁殖力不能达最高,补充生物素使母猪多生2%~14%仔猪。断乳后成活率增加3%~17%。

(3)犬、猫　用生鸡蛋饲喂时可产生生物素缺乏,表现紧张、无目的地行走,后肢痉挛和进行性瘫痪。皮肤炎症和骨骼变化与其他动物相似。

【诊断】

饲料中生物素的含量可作为重要参考,单种饲料中生物素的可利用率相差很多(0~100%)。因此,必须予以校正后才有价值,一般认为,饲料中有效生物素含量应在200 μg/kg以上,才能预防猪的蹄损伤和维持最高繁殖性能。鸡饲料中有效生物素含量应在150 μg/kg。血浆生物素浓度个体间差异很大,一般认为血浆生物素浓度低于600 ng/L时则应补充 α-生物素。

本病应与烟酸缺乏、锌缺乏或硫缺乏引起的掉羽或掉毛相区别。

【防治】

预防本病禁止用生蛋清饲喂动物,平时饲料中注意应有足够量的有效生物素。鸡应为150 μg/kg以上,猪200 μg/kg。有人建议雏鸡需350~500 μg/kg。饲料中含有富含生物素物质,如黄鱼粉、玉米粉、干乳清、啤酒酵母、鱼粉等。

(八)叶酸缺乏症(folic acid deficiency)

叶酸因其广泛存在于植物绿叶中而得名。叶酸广泛存在于所有绿叶蔬菜中,每千克内含10 mg,动物肝脏和蛋中含量比较丰富。当动物饲料中叶酸含量不足或缺乏时,就会出现叶酸缺乏症。临床上以生长缓慢,造血机能障碍,繁殖能力低下为特征。本病禽、猪多发。

【病因】

叶酸在中性和碱性溶液中稳定,在酸性液中不稳定,对光敏感,烹调可大大减少其含量。随饲料进入的叶酸以蝶酰多聚谷氨酸形式存在,被小肠黏膜分泌的解聚酶(γ-L-谷氨酸-羧基肽酶)水解成谷氨酸和叶酸,被吸收以后在叶酸还原酶作用下生成7,8-二氢叶酸,后者在二氢叶酸还原酶作用下生成5,6,7,8-四氢叶酸。同时,叶酸也可由消化道内细菌合成。在遇到下述情况之一时可产生叶酸缺乏症。

(1)饲料中叶酸不足　长期饲喂低绿叶植物,又未补充动物性食物(如鱼粉、肉骨粉、肝血粉等）。

（2）动物对叶酸的利用率降低　长期胃肠消化障碍，使饲料中含有叶酸不能很好地被吸收利用。

（3）胃肠微生物合成叶酸能力降低　长期大量使用抗菌药物，使体内微生物体系紊乱，尤其是饲料中添加磺胺药、扑痫酮等，它是叶酸的拮抗剂，结构与叶酸中的对氨基苯甲酸类似，可竞争性抑制菌体合成叶酸。

【发病机理】

叶酸与核酸合成有密切的关系，它参与碳基团的转移，使嘌呤胸腺嘧啶等甲基化合物合成和核酸合成。缺乏叶酸时因核酸合成障碍，导致细胞生长、增殖受阻、组织退化，特别是细胞生长迅速，组织退化快的消化道上皮、表皮、骨髓等处易损伤。动物生长发育缓慢，甚至停止，消化紊乱。由于胸腺嘧啶脱氧核糖核酸合成减少，使红细胞中 DNA 合成受阻，血细胞分裂增殖速度减慢，细胞体积增大，核内染色质疏松，引起巨幼红细胞性贫血。

【症状】

不同动物表现症状与病变各异。

（1）禽　雏鸡和雏火鸡叶酸缺乏症的特征是生长停滞、贫血、羽毛生长不良或色素缺乏。火鸡初表现特征性的伸颈麻痹。若不立即投给叶酸，在症状出现后 2 d 内便死亡。病雏有严重的巨幼红细胞性贫血或白细胞减少症，部分病例还出现腿软弱症或骨短粗症。种用成年鸡和火鸡日粮中缺乏叶酸，产蛋率明显下降，蛋的孵化率也降低。死亡的鸡胚嘴变形和跗骨弯曲。病死家禽的剖检可见肝、脾、肾贫血，腺胃有小点状出血，肠黏膜有出血性炎症。

（2）犬、猫　缺乏叶酸与缺乏维生素 B_{12} 相似，可引起贫血、厌食，幼仔脑水肿发生较多。在外周血液中可同时见到红细胞母细胞和髓母细胞，称为红白血病（erythro leukemia）和巨母红细胞（megaloblast）血症。

【诊断】

根据病史和特征性临床表现，配合临床治疗性试验可做出诊断。但叶酸缺乏和维生素 B_{12} 缺乏临床上无法区分。

【防治】

平时注意日粮中叶酸含量应满足动物需要量：1～60 日龄鸡 0.6～2.0 mg/kg 日粮，雏大鸡 0.8～2.0 mg/kg 日粮；蛋鸡 0.12～0.42 mg/kg 日粮；肉鸡 0.3～1.0 mg/kg 日粮；火鸡 0.4～0.7 mg/kg 饲料，犬、猫 0.3～0.4 mg/kg，貂、狐 0.6 mg/kg，赛马和赛犬 15 mg/kg，工作马 10 mg/kg。草食动物日粮中尽量增加多叶的蔬菜或青草粉，如苜蓿、豆谷或青绿饲料。

对于已出现叶酸缺乏症的动物，可用药物治疗。临床上使用叶酸制剂，猪 0.1～0.2 mg/kg，禽 10～150 μg/只，内服或 50～100 μg/只，肌内注射，每月 1 次。使用叶酸的同时给予维生素 B_{12} 效果更佳。

（九）维生素 B_{12} 缺乏症（vitamin B_{12} deficiency）

维生素 B_{12} 也称氰钴胺，是促红细胞生成因子，现定名钴胺素。猪、禽及其他鸟类容易缺乏，草食动物常因地方性缺钴而呈地区性流行，其他动物维生素 B_{12} 缺乏者少见。动物发病后临床上表现厌食、消瘦、造血机能障碍等特征。

【病因】

维生素 B_{12} 广泛存在于动物性饲料中，其中肝脏含量最丰富，其次是肾脏、心脏和鱼粉中，但植物性饲料中含量很低。另外，草饲家畜如反刍动物的瘤胃微生物及单胃动物的盲肠微生物都

可合成维生素 B_{12}。家禽及其他鸟类体内合成维生素 B_{12} 的能力较低，若动物性饲料不足时极易引起维生素 B_{12} 缺乏。

虽然草食动物胃肠道微生物有合成维生素 B_{12} 的能力，但这种能力的正常发挥受多种因素影响。

①当长期大量使用抗菌药物，引起消化道微生物区系紊乱，必然影响维生素 B_{12} 合成。

②维生素 B_{12} 合成需要有微量元素钴和蛋氨酸，当地方性缺钴或钴拮抗物过多使可利用钴不足时，可产生维生素 B_{12} 缺乏。

③维生素 B_{12} 与内源性因子即胃黏蛋白结合后进入回肠刷状缘，与特异性受体结合而吸收。内源性因子存在于胃贲门和胃底，当胃溃疡，胰腺功能不全，小肠炎症等内因子分泌减少，可影响维生素 B_{12} 吸收。

④经消化道吸收的维生素 B_{12} 进入肝脏后转化为具有高度生物活性的代谢产物——甲基钴胺，进而参与氨基酸、胆碱、核酸的生物合成。当肝脏损伤、肝功能障碍时，也可产生维生素 B_{12} 缺乏样症状。

【症状】

患病动物出现食欲减退或反常，生长缓慢，发育不良，可视黏膜苍白，皮肤湿疹，神经兴奋性增高，触觉过敏，共济失调，易发肺炎和胃肠炎等。

(1)禽　雏鸡缺乏表现生长缓慢，食欲降低，贫血。生长中的雏鸡和成年鸡缺维生素 B_{12} 时，不表现有特征症状。若同时饲料中缺乏作为甲基来源的胆碱、蛋氨酸，则可能出现骨短粗病。成年母鸡缺乏时产蛋量下降，肌胃糜烂，肾上腺扩大。种鸡缺乏维生素 B_{12} 时，种蛋孵化率降低，多在孵化到第 16~18 d 出现胚胎死亡高峰。特征性的病变是鸡胚生长缓慢，鸡胚体型缩小，皮肤呈现弥漫性水肿，肌肉萎缩，心脏扩大化并形态异常，甲状腺肿大，肝脏脂肪变性，心脏和肺脏等胚胎内脏均有广泛出血。

(2)猪　厌食，生长停滞，神经性障碍，应激增加，运动失调，以及后腿软弱，皮肤粗糙，背部有湿疹样皮炎，偶有局部皮炎，胸腺、脾脏以及肾上腺萎缩，肝脏和舌头常呈现肉芽瘤组织的增殖和肿大，开始发生典型的小红细胞性贫血(幼猪中偶有腹泻和呕吐)，成年猪繁殖机能紊乱，易发生流产、死胎、胎儿发育不全、畸形、产仔数减少，仔猪活力减弱，生后不久死亡。

(3)牛　成年牛很少发病，当给犊牛喂不含维生素 B_{12} 的牛乳，同时不能接触到牛粪便时，表现生长停止和神经疾病，如纵向不等同运动、行走时摇摆不稳、运动失调。

(4)犬、猫　维生素 B_{12} 缺乏可引起厌食，生长停滞，贫血。幼仔可发生脑水肿。在外周血液中可同时看到红细胞母细胞和髓母细胞，为红白血病和巨母红细胞血症。

【诊断】

根据病史，结合临床症状与血液检查，可做出初步诊断。确诊需对饲料中钴和维生素 B_{12} 含量测定。本病应与钴缺乏及泛酸、叶酸缺乏相区别。

【防治】

不同动物在发育的不同时期，根据饲养标准喂以营养平衡的全价饲料可预防本病的发生。发病后在查明原因的基础上，调整日粮组成，给予富含维生素 B_{12} 的饲料，如全乳、鱼粉、肉粉、大豆副产品，必要时添加药物。

药物通常用氰钴胺或羟钴胺治疗，猪日需量为 20~40 μg，治疗量为 300~400 μg。雏鸡 15~27 μg/kg 饲料，雏火鸡 2~10 μg/kg，蛋鸡 7 μg/kg，肉鸡 1~7 μg/kg，火鸡 10 μg/kg，鸭 10 μg/kg 饲料。犬、猫 0.2~0.3 mg/kg。反刍动物不需补加维生素 B_{12}，只要内服硫酸钴即可。实践证明硫酸钴经内服效果优于注射。另外，马、兔的食物性贫血也只要在食物中添加钴即可。

维生素 C 缺乏症（vitamin C deficiency）

维生素 C 即抗坏血酸（ascorbic acid），其缺乏症主要是由于体内抗坏血酸缺乏或不足所引起的一种以皮肤、内脏器官出血，贫血，齿龈溃疡、坏死和关节肿胀为主要特征的营养代谢病。

维生素 C 广泛地存在于青饲料、胡萝卜和新鲜乳汁中。动物可在肝和肾中利用单糖合成自身需要的维生素 C，因此畜禽发病较少，主要发生在生长期幼龄动物。另外，猪内源性合成的维生素 C 并不能满足机体需要，仍需从饲料摄取补充。

【病因】
①长期饲喂缺乏维生素 C 的饲料，如煮熟的粉料、阳光暴晒的干草、高温加工的饲料以及因储存过久而霉变的草料。
②幼畜的母乳中维生素 C 含量不足，幼畜（尤以仔猪、犊牛）在出生初期尚不能合成维生素 C。
③患胃肠或肝脏疾病，可造成维生素 C 吸收、合成、利用障碍，或患肺炎、慢性传染病或中毒病，体内维生素 C 大量消耗，引起相对缺乏。

【发病机理】
体内维生素 C 以还原型抗坏血酸形式存在，与脱氢抗坏血酸保持可逆的平衡状态，参与氨基酸、脂肪和糖的代谢；参与细胞间质中胶原和黏多糖的合成以及血液凝固性和细胞、组织的再生机能，调节造血机能及血管壁的通透性。维生素 C 缺乏可引起机体一系列代谢机能紊乱，特别是氧化还原反应障碍。

【症状】
病初，精神不振，食欲减退，幼畜生长发育缓慢，成畜生产性能下降。随病势发展，逐渐出现特征性的出血性素质征候：皮肤、口腔、牙龈、内脏均出现不同程度出血，关节肿胀、疼痛，活动困难，机体免疫力下降。

禽嗉囊可合成少量抗坏血酸，故较少发病。缺乏时，生长缓慢，产蛋量少，蛋壳变薄；犊牛还出现毛囊角化过度，表皮脱落形成结痂，秃毛，四肢关节增粗、疼痛，运动障碍；成年牛发生皮炎或结痂性皮肤病，泌乳量下降；猪的出血性素质严重，皮肤黏膜出血、坏死，口腔、齿龈、舌尤为明显，皮肤出血的部位被毛易脱落，新生仔猪常见脐管大出血，造成死亡。

【诊断】
根据饲养管理情况、临床症状（出血性素质）、病理解剖学变化（皮肤、黏膜、肌肉、内脏器官出血，齿龈肿胀、溃疡、坏死）以及实验室化验（血、尿、乳中维生素 C 含量低下）结果，进行综合分析，建立诊断。

【治疗】
维生素 C 注射液：马 1~4 g，猪、羊 0.2~0.5 g，每日 1 次，连用 7 d，皮下或静脉注射。维生素 C 片：马 0.5~2 g，牛 0.7~3 g，猪 0.5~1.0 g，仔猪 0.1~0.2 g，羊 0.2~0.5 g，内服或混饲，连用 15 d。

及时改善饲养管理，给予富含维生素 C 的新鲜青绿饲料，犬等肉食性动物供给鲜肉、肝脏或牛奶等。

【预防】
加强饲养管理，保证日粮组成的全价性，且含足量的维生素 C，夏季应进行放牧，舍饲期应补饲富含维生素 C 的青绿饲料。为防止新生仔猪脐管出血，可于产前 1 周给妊娠母猪补饲维生素 C。

维生素 K 缺乏症(vitamin K deficiency)

维生素 K 缺乏症是由于动物体内维生素 K 缺乏或不足引起的一种以凝血酶原和凝血因子减少，血液凝固过程发生障碍，凝血时间延长，以出血性素质为特征的营养代谢性疾病。

【病因】

正常条件下，畜禽极少发生本病。当畜禽长期笼养而青饲料供给不足时会发生原发性病例。而饲料中含有拮抗维生素 K 的物质(如霉菌毒素、水杨酸等)、肠道微生物合成维生素 K 的能力受抑制(如长期使用广谱抗生素)或肠道吸收维生素 K 的能力下降(如胆汁分泌不足、球虫病、长期服用矿物油等)会造成条件性病例。

【发病机理】

维生素 K 具有促进肝脏合成凝血酶原的作用，从而参与凝血过程。维生素 K 同时还调节凝血因子Ⅶ、Ⅸ、Ⅹ 的合成。当维生素 K 缺乏时，凝血时间明显延长或出现血流不止现象。

在家畜草木樨中毒时，由于草木樨中含有一种无毒的香豆素(coumarin)，在草木樨被霉菌感染后分解为有毒的双香豆素(dicoumarin)，严重地降低血液中凝血酶原的浓度，干扰凝血过程，导致血液凝固时间延长。这种情况与灭鼠药华法林中毒相似，而后者也是一种含有香豆素的抗凝剂，因此当草木樨和华法林中毒时，都可以采用维生素 K 来治疗。

【症状】

本病症状主要表现为感觉过敏，食欲不振，皮肤和黏膜出血，血液呈水样，凝血时间延长，黏膜苍白，心搏动加快。妊娠期发生维生素 K 缺乏时，发生新生幼畜死亡，并表现出贫血性素质。

产蛋鸡可见产蛋率下降、孵化时间降低，有死胚及鸡胚出血。马在长时间饲喂干燥发白的干草或青草后会出现维生素 K 缺乏症反应，且这种反应仅表现为一种亚临床缺乏症。牛等动物维生素 K 缺乏，常作为草木樨和华法林中毒的一个主要症状。

【病理变化】

发生本病后，血液凝固速度降低，凝血时间延长，发生皮下、肌肉或肠道出血。当对维生素 K 缺乏症动物实施手术或发生创伤时，常遇到血管出血不止的现象。

【诊断】

根据饲养管理状况、临床症状及病理剖检变化可做出初步诊断；测定饲料、血液和肝脏维生素 K 含量、血液凝固时间、凝血酶原测定均有助于诊断。试验性治疗可验证诊断。

【治疗】

查明病因，调整日粮，提供富含维生素 K 的饲料，或在日粮中添加维生素 K。常用维生素 K_1 和维生素 K_3 注射液，猪每头 10~30 mg/d，鸡每只 0.5~2.0 mg/d，皮下或肌内注射，连用 3~5 d。或按每千克饲料中添加 3~8 mg。当应用维生素 K_3 治疗时，最好同时给予钙剂。对吸收障碍的病例，在内服维生素 K 制剂的同时服用胆盐。

【预防】

加强饲养管理，保证日粮组成的全价性，供给动物富含维生素 K 的饲料，控制磺胺类和广谱抗生素的使用时间及用量，及时治疗胃肠道及肝胆疾病，在日粮中添加维生素 K 制剂。

硒/维生素 E 缺乏症(selenium and/or vitamin E deficiency)

硒/维生素 E 缺乏症主要是由于体内微量元素硒和维生素 E 缺乏或不足，而引起骨骼肌、心肌和肝脏组织变性、坏死为特征的疾病。

【病因及流行病学】

饲料中硒和维生素 E 含量不足，当饲料中的硒含量低于 0.05 mg/kg 以下，或饲料加工贮存不当，其中的氧化酶破坏维生素 E 时，就出现硒和维生素 E 缺乏症。饲料中含有大量不饱和脂肪酸，可促进维生素 E 的氧化。如鱼粉、猪油、亚麻油、豆油等作为添加剂掺入日粮中，当不饱和脂肪酸酸败时，可产生过氧化物，促进维生素 E 氧化。生长动物、妊娠母畜对维生素 E 的需要量增加，都将导致维生素 E 不足而发生本病。饲料中的硒来源土壤，当土壤中的硒低于 0.5 mg/kg 时即认为是贫硒土壤。因此，土壤低硒是硒缺乏症的根本原因，低硒饲料是致病的直接原因，水土食物链则是基本途径。

本病发生于各种动物，幼畜多见，具有明显的地区性，在我国有一条从东北经华北至西南的缺硒带，尤其是青海高原、宁夏、甘肃、山东、江苏等地均属贫硒地区。本病一年四季都可发生，但是在每年的冬末初春多发，2~5 月为发病高峰期，这可能与漫长的冬季舍饲状态下青绿饲料缺乏，某些营养物质不足有关。此外，春季正是畜禽集中产仔、孵化的旺季，而本病主要侵害幼龄畜禽，以至形成春季发病高峰。

【发病机理】

硒和维生素 E 是一种天然的抗氧化剂，目前的研究表明，维生素 E 的抗氧化作用是通过抑制多价不饱和脂肪酸产生的游离根对细胞膜的脂质过氧化，硒的抗氧化作用是通过谷胱甘肽过氧化物酶和清除不饱和脂肪酸实现的，谷胱甘肽过氧化物酶能清除体内产生的过氧化物和自由基，保护细胞膜免受损害。体内活性氧自由基主要包括超氧阴离子($O^{2-}\cdot$)、羟自由基($OH\cdot$)、无机的过氧化氢(H_2O_2)、有机的脂质过氧自由基($ROO\cdot$)等，它们在体内的主要代谢过程：正常生理情况下，机体内自由基不断生成，参与新陈代谢，贮能，防御解毒，转化废物，识别、破坏和清除癌细胞，又不断地被清除，其生成速度和清除速度保持相对平衡，因而显示不出自由基对机体的氧化损害或生理破坏作用。但在缺硒的作用下，当自由基的产生与清除失去了平衡和稳态时，产生过多。这些化学性质十分活泼的自由基对机体迅速作用，破坏蛋白质、核酸、碳水化合物和花生四烯酸的代谢，使丙二醛交联成 Schiff 碱，在细胞内堆积，促进细胞衰老，另外，自由基使细胞脂质过氧化链式反应发生，破坏细胞膜，造成细胞结构和功能损害，最后导致细胞死亡。临床上出现骨骼肌疾病(变性、坏死)，即运动姿势异常和运动障碍，心肌变性坏死，猪为桑葚心，禽类为渗出性素质等。

硒的生理功能：①抗氧化；②抗衰老；③防癌；④增强机体免疫功能；⑤调节甲状腺激素的代谢；⑥促生长；⑦拮抗某些重金属(汞)或非金属元素(氟)对动物的毒害作用。

【症状和病理变化】

硒和维生素 E 缺乏的共同症状包括：骨骼肌疾病所致的姿势异常及运动功能障碍；顽固性腹泻或下痢为主的消化功能紊乱；心肌病造成的心率加快、心律不齐及心功能不全；神经机能紊乱，以雏禽多见，尤其伴发维生素 E 缺乏时，由于脑软化所致明显的神经症状，如兴奋、抑郁、痉挛、抽搐、昏迷等。繁殖机能障碍，如公畜精液不良，母畜受胎率低下甚至不孕，孕畜流产、早产、死胎，产后胎衣不下，泌乳母畜产乳量减少，禽类产蛋量下降，蛋的孵化率低下；全身虚弱，发育不良，消瘦，贫血，可视黏膜苍白、黄染，雏鸡和仔猪见有出血性素质。不同畜禽及不同年龄的个体，各有其特征性的临床表现。

(1)反刍动物　犊牛表现为典型的白肌病症状群。病初症状是僵拘和衰弱，随后麻痹，呼吸紧迫，无力吃奶，消化紊乱，伴有顽固性腹泻、心率加快、心律不齐。发病犊牛一般是在3~7周龄，运动可促进病情加剧。有资料报道，成年母牛产后胎衣停滞与低硒有关。剖检可见肌肉变性程度不一致，轻者有沿着肌纤维的几条白条纹，重者肌肉或肌群呈现一种带白色的或半煮熟样的外观。心肌、膈肌和骨骼肌通常都发生变性。羊的硒和维生素E缺乏症主要分为急性和慢性。急性猝死的病羊，未发现任何症状就突然死亡；对于隐性障碍的病羊主要表现为共济失调，重症病羊后肢尚能站立，但前肢跪地前行，体温无明显上升。慢性病羊，体温正常，精神不振，身体消瘦，贫血，食欲下降，大多数病羊出现腹泻，按压背部有痛感。解剖病死羊主要病变症状有：腰、背、臀部及后肢肌肉颜色苍白，似煮熟肉样，呈现土黄色或黄白色的点状或索状。心肌扩张、变薄，质地脆弱，在心内膜及心外膜下有黄白色的与心肌纤维方向平行的条纹斑点，有的病变部位有出血点。肝脏肿胀，硬而脆，表面有米粒大小的灰黄色坏死灶，突出于肝表面，整个肝脏呈局灶性黄色变化。有的皱胃黏膜脱落，胃底有出血现象，小肠壁变薄，透明，黏膜有充血现象。

(2)猪　主要表现为肌营养不良(白肌病)、营养性肝病(肝营养不良)、桑葚心和渗出性素质等几种类型。

①营养性肌营养不良：一般多发生于20日龄左右的仔猪，成年猪少发。患病仔猪一般营养良好，在同窝仔猪中身体健壮而突然发病。体温一般无变化，食欲减退，精神不振，呼吸迫促，喜卧，常突然死亡。病程稍长者，后肢强硬，弓背，行走摇晃，肌肉发抖，步幅短而呈痛苦状，有时两前肢跪地移动，后躯麻痹。部分仔猪出现转圈运动或头向侧转。心跳加快，心律不齐，最后因呼吸困难、心脏衰弱而死亡。剖检可见骨骼肌、特别是后躯臀部肌肉和股部肌肉色淡，呈灰白色条纹，膈肌呈放射状条纹。切面粗糙不平，有坏死灶。心包积水，心肌色淡，尤以左心肌变性最为明显。

②营养性肝病：多见于3~4周龄的仔猪。急性者也多为体况良好、生长迅速的仔猪，常在没有先兆症状下而突然死亡。病程较长者，可出现抑郁，食欲减退，呕吐，腹泻症状。部分病例呼吸困难，耳及胸腹部皮肤发绀。病猪后肢衰弱，臀及腹部皮下水肿。病程长者，多有腹胀、黄疸和发育不良。剖检可见皮下组织和内脏黄染，急性病例的肝呈紫黑色，肿大1~2倍，质脆易碎，呈豆腐渣样。慢性病例的肝表面凹凸不平，正常肝小叶和坏死肝小叶混合存在，体积缩小，质地变硬。桑葚心，仔猪外观健康，但在几分钟内突然死亡。体温无变化，心跳加快，心律失常。部分病猪皮肤出现不规则的紫红色斑点，多见于两肢内侧，有时甚至遍及全身。剖检可见心肌斑点状出血，心肌红斑密集于心外膜和心内膜下层，使心脏在外观上呈紫红色的草莓或桑葚状。循环衰竭，肺水肿，胃肠壁水肿，体腔内积有大量易凝固的渗出液。胸腹水明显增多，透明，橙黄色。

(3)家禽　主要表现为脑软化症、渗出性素质、鸡营养不良、种鸡繁殖障碍。

①脑软化症：病雏表现运动共济失调，头向下挛缩或向一侧扭转，有的前冲后仰，或腿翅麻痹，最后衰竭死亡。病变主要在小脑，脑膜水肿，有点状出血，严重病例见小脑软化或青绿色坏死。

②渗出性素质：主要发生于肉鸡。病鸡生长发育停滞，羽毛生长不全，胸腹部皮肤青绿色浮肿。病鸡的特征病变是颈、胸部皮下青绿色，胶冻样水肿，胸脱和腿部肌肉充血、出血。

③肌营养不良(白肌病)：病鸡消瘦、无力，运动失调，剖检可见胸、腿肌肉及心肌有灰白色条纹状变性坏死。

④种鸡繁殖障碍：表现为种蛋受精率、孵化率明显下降，死胚、弱雏明显增多。

（4）马属动物　主要表现为心律不齐，第二心音变弱，呼吸急促，口干燥，口色发淡，肠音弱，肚胀，行走不稳，卧地不起。剖检可见肌肉肿胀，呈暗红色，表面有弥漫性出血点，切面有粗糙感，压之有大量红黄色液体外溢。腹膜有针尖大小的出血点或出血斑。肝脏肿大，色黄。脾脏质地松软，两肾肿大几乎一倍，被膜粘连不易剥脱，被膜下布满针尖大的出血点，皮质部水肿、淤血，呈黑紫色。肾上腺肿大、出血。心包积液呈污红色，心脏变大，心肌色淡、无光泽，心外膜出血，冠状沟、纵沟的脂肪呈胶冻样。

（5）经济动物　犬、水貂、狐、兔、鹿均可发病。

①仔鹿：病初仔鹿活动渐少，继而起立困难，甚至需要挣扎数次方能站立。站立时四肢叉开，头颈向前伸直或头下垂，脊背弯曲，腰部肌肉僵硬。全身肌肉紧张，步态蹒跚，多数跛行。

②貂：急性型发病急、病程短，通常未观察到任何明显症状就突然死亡；多数为慢性型，心跳快速，节律不齐或有缩期杂音，呼吸困难，肺泡音强盛。运动障碍为主要症状，轻者，喜卧，不愿运动，运动时步调强拘，后肢不灵活，步态跟跄；重者，四肢无力，甚至不能站立，独卧笼内一隅。驱赶时左右摇晃，四肢肌肉颤抖，常呈一侧或两侧后肢拖拽前进。

【诊断】

根据基本症状群（幼龄、地区性、群发性），结合临床症状（运动障碍、心脏衰竭、渗出性素质、神经机能紊乱），特征性病理变化（骨骼肌、心肌、肝脏、胃肠道、生殖器官见有典型的营养不良病变，雏禽脑膜水肿，脑软化），参考病史及流行病学特点，可以确诊。

对幼龄畜禽不明原因的群发性、顽固性、反复发作的腹泻，应进行补硒治疗性诊断。对于心猝死的病例，须经病理剖检而确诊。临床诊断不明确的情况下，可通过对病畜血液及某些组织的含硒量、谷胱甘肽过氧化物酶活性，血液和肝脏维生素 E 含量进行测定，同时测定周围的土壤、饲料硒含量，进行综合诊断。当肝组织硒含量低于 2 mg/kg，血硒含量低于 0.05 mg/kg，饲料硒含量低于 0.05 mg/kg，土壤硒含量低于 0.5 mg/kg，可诊断为硒缺乏症。

【治疗】

（1）反刍动物

①牛：0.1%亚硒酸钠肌内注射，配合维生素 E，效果确实。成年牛亚硒酸钠 15~20 mL，维生素 E 成年牛 5~20 mg/kg；犊牛亚硒酸钠 5 mL，维生素 E 犊牛 0.5~1.5 g/头，肌内注射。

②羊：对于亚急性运动有障碍的羔羊，肌内注射亚硒酸钠维生素 E 注射液 2 mL/只，静脉注射 25%葡萄糖 50 mL、生理盐水 50 mL、10%维生素 C 5 mL、25%维生素 B_1 5 mL、10%安钠咖 2 mL、葡萄糖酸钙 10 mL，每日 2 次，连用 3 d；对于慢性羔羊肌内注射亚硒酸钠维生素 E 2 mL/只，每日 2 次，连用 3 d。

（2）猪　对发病仔猪，肌内注射亚硒酸钠维生素 E 注射液 1~3 mL（每毫升含硒 1 mg，维生素 E 50 IU），也可用 0.1%亚硒酸钠溶液皮下或肌内注射，每次 2~4 mL，隔 20 d 再注射 1 次。配合肌内注射维生素 E 50~100 mg 效果更佳。对发病成年猪，肌内注射亚硒酸钠 10~20 mL，维生素 E 1.0 g/头。

（3）家禽

①雏禽脑软化症：鸡每日喂服维生素 E 5 IU/只，轻症者 1 次见效，连用 3~4 d，为一个疗程，同时日粮添加亚硒酸钠 0.05~0.1 mg/kg。

②雏禽渗出性素质及白肌病：每千克日粮添加维生素 E 20 IU 或植物油 5 g，亚硒酸钠 0.2 mg，蛋氨酸 2~3 mg，连用 2~3 周。

③亚硒酸钠：肌内注射，成年鸡1 mL，雏鸡、鸭0.3~0.5 mL，每2 d1次，连用10 d。同时，每千克日粮添加维生素E 10~20 IU、植物油5 g或大麦芽30~50 g，连用2~4周，并酌喂青绿饲料。

(4)马属动物　0.2%亚硒酸钠生理盐水溶液，20 mL/匹，深部肌内注射；对少数病马用醋酸维生素E注射液，1 500 mg/匹，肌内注射。

(5)经济动物　治疗原则为改善饲养管理，补充硒和维生素E，防止继续感染。

【预防】

加强饲养管理，饲喂富含硒和维生素E的饲料。在低硒地带饲养的畜禽或饲用由低硒地区运入的饲料、饲粮时必须补硒和维生素E。

补硒的方法：直接投服硒制剂，即将适量硒添加于饲料、饮水中喂饮；对饲用植物作植株叶面喷洒，以提高植株及籽实的含硒量；低硒土壤施用硒肥。目前，简便易行的方法是应用饲料硒添加剂，硒的添加剂量为0.1~0.3 mg/kg。妊娠母畜可肌内注射0.1%的亚硒酸钠，牛、马10~20 mL，猪、羊4~8 mL。对刚出生的动物可按上述量的1/5，补充硒和维生素E，可有效预防本病。

牧区牛补硒，可用硒金属颗粒(每粒约10 g，由铁粉与元素硒按9∶1压制而成)，投入瘤胃中缓释补硒。将硒颗粒(用亚硒酸钠20 mg与硬脂酸或硅胶结合制成)植入妊娠中后期母羊耳根后皮下可预防羔羊硒缺乏病。

(1)猪　仔猪日粮含硒量应达到0.3 mg/kg左右，妊娠及怀孕母猪日粮中含硒量应达到0.1 mg/kg以上。维生素E的需要量：4.5~14 kg的仔猪、妊娠母猪和泌乳母猪22 IU/kg，其他猪11 IU/kg。缺硒地区的妊娠母猪，产前15~25 d及仔猪生后第2天起，每30 d肌内注射0.1%亚硒酸钠1次，母猪3~5 mL，仔猪1 mL。另外，还要注意青饲料与精饲料的合理搭配，防止饲料发霉、变质。

(2)羊　亚硒酸钠维生素E注射液：2日龄羔羊1 mL/只，妊娠期和哺乳期母羊5 mL/只，肌内注射，每日1次，共注射3~4次。或者在饲料中添加亚硒酸钠维生素E粉，整个羊群挂舔食砖，任其自由采食。

(3)牛　谷粒种子(如小麦)和豆科牧草(如苜蓿)是牛补充维生素E的良好来源。母牛泌乳期补充维生素E饲料可提高产奶量，一般每日在饲料中混合，生育酚不少于1 g。

(4)家禽　维生素E在新鲜的青绿饲料和青干草中含量较多，籽实的胚芽和植物油等中含量丰富，鸡的日粮中如谷实类及油类饲料有一定比例，又有充足的青饲料时，一般不会发生维生素E缺乏症，但这种维生素E易被碱破坏，因此，多喂些青绿饲料、谷类可预防本病发生。

佝偻病(rickets)

佝偻病是快速生长的幼龄畜禽因维生素D缺乏及钙、磷代谢障碍所致的一种营养性骨病。临床上以消化机能紊乱，异嗜癖，骨骼变形，跛行及生长发育迟缓，四肢呈罗圈腿("O"型腿)或八字形("X"型腿)外展为重要特征。以成骨细胞钙化不良、软骨持久性肥大及骨骺增大的暂时钙化作用不全和骨骼变形为病理学特征。本病主要发生于6个月龄以内犊牛、2~3月龄仔猪和羔羊、2~3周龄的雏鸡，也见于野生动物和观赏动物。

【病因】

本病分原发性和继发性两种，其形成的主要原因是由幼龄畜禽因维生素D缺乏，或钙、磷缺乏，或钙、磷比例失调所致。一般分为原发性佝偻病和继发性佝偻病。

原发性佝偻病，主要是指妊娠畜体维生素D摄入不足，或因动物缺乏运动和阳光照射不足，影响胎儿的生长发育，幼畜出生后表现钙化不良的症状。

继发性佝偻病，主要见于动物患胃肠道疾病、肝胆疾病、长期拉稀，影响钙、磷和维生素 D 的吸收和利用；日粮中蛋白（或脂肪）性饲料过多，草酸及植酸过剩，代谢过程中形成大量酸类物质，在肠道内与钙形成不溶性钙盐，大量排出体外，导致钙相对缺乏；慢性肝、肾疾病或肾功能衰竭，影响维生素 D 活化；甲状旁腺机能代偿性亢进时，甲状旁腺激素大量分泌，大量的磷经肾脏排泄，引起低磷血症等。

【发病机理】

骨基质钙化不足是发生佝偻病的病理基础，而维生素 D 则是促进骨骼钙化作用的主要因子。幼畜维生素 D 主要来源母乳和饲料（麦角骨化醇），其次是通过阳光照射使皮肤中的 7-脱氢胆固醇（维生素 D_3 原）转化为胆骨化醇（维生素 D_3）。麦角骨化醇（维生素 D_2）和胆骨化醇（维生素 D_3）通过肝、肾的羟化作用转变成具有活性的 1,25-二羟维生素 $D[1,25-(OH)_2-D_3$，即 1,25-二羟胆骨化醇]。后者既能促进小肠对钙、磷的吸收，也促进破骨细胞区对钙、磷的吸收，使血钙和血磷浓度升高。因此，维生素 D 具有促进肠道中钙、磷的吸收，调节血液中钙、磷比例，刺激钙在软骨组织中沉着，提高骨骼的坚韧度等功能。幼龄畜禽对维生素 D 的缺乏极为敏感。当饲料中钙、磷比例平衡时，机体对维生素 D 的需要量很小，而当钙、磷比例不平衡时，机体对维生素 D 的需要量就会大幅度增加，引发体内维生素 D 的缺乏。维生素 D 缺乏时，钙、磷比例的不平衡，极易引起幼畜骨基质钙化不全，从而表现出骨骺肥大、长骨弯曲变形等一系列佝偻病典型症状。

一般来说，日粮中钙、磷含量充足，且比例适当，能保证机体钙磷正常代谢。长期饲喂乏钙、磷的饲料（如马铃薯、甜菜等块根类），或高磷、低钙谷类植物饲料（高粱、小麦、麦麸、米糠、豆饼等），因 PO_4^{3-} 易与 Ca^{2+} 结合形成难溶的磷酸钙 $Ca_3(PO_4)_2$ 复合物排出体外，易造成体内钙大量丧失；同样，长期饲以富含钙的干草类粗饲料时，则易引起体内磷的大量丧失。犊牛、羔羊佝偻病主要因原发性磷缺乏及舍饲中光照不足而引起，仔猪则主要因原发性磷过多而维生素 D 和钙缺乏而引起。

【症状】

骨骼发育不良、变形是本病的典型症状。病初患畜精神不振、食欲减退、消化不良、消瘦、发育停滞，喜舔食泥土和粪尿；牙齿出生延迟，齿面磨损不整，齿质钙化不足、凹凸不平，常有色素沉着；骨骼变化最为明显，面骨肿胀、突起，采食和咀嚼困难，站立时拱背，前肢腕关节屈曲，呈内弧形或罗圈形（也称"O"型腿）；后肢跗关节内收，呈八字形（也称"X"型腿），关节扩大，跛行或步态不稳。幼禽佝偻病可出现喙变形、易弯曲，俗称"橡皮喙"，胫骨易弯曲，胸骨-龙骨弯曲成弧形或呈 S 形，肋骨与肋软骨间，肋骨头与脊柱间出现球形扩大，排列成串珠状，腿行走无力，常以飞节着地，严重时瘫痪。血清碱性磷酸酶活性升高，无机磷浓度偏低（<30 mg/L）。

【诊断】

本病的早期诊断比较困难。一般可根据病史，动物日龄，日粮中维生素 D 缺乏，钙、磷比例不当，畜舍阳光照射不足做出初步诊断。临床症状观察，如厌食、异食、消化不良、生长发育缓慢、运动障碍，作为早期诊断的指标。

X 线检查发现关节扩大明显，骨密度下降，骨皮质变薄，长骨末端呈"蛾蚀状"外观状，可帮助确诊。血钙、无机磷含量降低，碱性磷酸酶活性升高；骨骼中无机物与有机物比例由正常的 3:2 降至 1:2 或 1:3，也是重要的诊断依据。

【防治】

防治本病的关键是保证机体获得充足的维生素 D 和确保日粮中钙、磷的含量及比例。哺乳母畜日粮中应按需要量补充维生素 D，保证冬季舍饲期得到足够的日光照射和喂饲经过太阳晒过的青干草。舍饲和笼养的畜禽场，可定期利用紫外线灯照射，照射距离为 1~1.5 m，每日照射约 20 min。补充矿物性饲料添加剂(骨粉、鱼粉、贝壳粉、钙制剂)及鱼肝油，日粮中钙、磷比例控制在 1.2∶1~2∶1。除幼驹外，都不应单纯补充南京石粉、蛋壳粉或贝壳粉(都不含磷)。

对未出现明显骨和关节变形的病畜，应尽早实施药物治疗。可选用维生素 D₂ 2~5 mL(或 80 万~100 万 IU)肌内注射；或维生素 D₃ 5 000~10 000 IU，每日 1 次，连用 1 个月或 8 万~20 万 IU，2~3 d 一次，连用 2~3 周；或胶性骨化醇钙注射液 1~4 mL，皮下或肌内注射。也可应用浓缩维生素 AD(浓缩鱼肝油)，犊、驹 2~4 mL，羔、仔猪 0.5~1 mL，肌内注射，或混于饲料中喂予。配合应用钙制剂：碳酸钙 5~10 g 或磷酸钙 2~5 g，乳酸钙 5~10 g 或甘油磷酸钙 2~5 g，内服。也可应用 10%~20% 氯化钙液或 10% 葡萄糖酸钙液 20~50 mL，静脉注射。

骨软症(osteomalacia)

骨软症是指成年动物由于饲料中钙、磷缺乏或两者比例不当，或维生素 D 缺乏而引起的一种骨营养不良性疾病。临床上以消化紊乱、异嗜癖、骨质疏松、骨骼变形和运动障碍为特征。本病主要发生于牛和绵羊，也见于猪、山羊、马属动物以及驯养的野生动物和禽类。

【病因】

骨软症的主要原因是日粮中钙、磷缺乏或两者比例不当，或维生素 D 含量不足。日粮中钙、磷比例不平衡是本病发生的根本原因。临床上所见的牛和绵羊的骨软病，主要由饲料中磷缺乏引起；猪和山羊的骨软病多由饲料中钙缺乏引起。

成年正常动物的骨骼中总矿物质含量约占 26%，其中由 36% 钙、17% 磷、0.8% 镁和其他物质组成，钙与磷的比例为 2.1∶1。因此，要求日粮中的钙、磷比例基本上与骨骼中的比例相适应。当然，不同动物在不同生理状态下，日粮中钙、磷比例的要求也不同，如黄牛为 2.5∶1，乳牛为 1.5∶1，泌乳牛为 0.8∶0.7，猪为 1∶1。当日粮中磷缺乏或钙过剩时，二者比例关系即发生改变。

麸皮、米糠、高粱、豆饼等含磷比较丰富，而谷草和红茅草则含钙比较丰富，青干草特别是豆科植物的秸秆中钙、磷含量都比较丰富。乳牛日粮低磷的主要原因是日粮中富含磷的麸皮以及优质干草供应受到季节和价格限制，造成日粮低磷。在日常生产中单纯性补钙，忽视补饲麸皮和米糠的做法，造成日粮中钙过剩而磷相对不足，比例严重失调，钙、磷比例有时高达 5.4∶1，导致奶牛群发本病。

饲草中磷含量，不仅与土壤中磷含量有关，而且受诸多因素的影响。长期干旱年份生长和在山地、丘陵地区生长的植物，从根部吸收的磷量都很低；而多雨、平原或低湿地区生长的植物，含磷量都较高。

日粮中维生素 D 不足，在动物骨软病的发生上可能起到促进作用。在高纬度地区，由于日照时间短，牧草中维生素 D₂ 含量偏低，钙和磷的吸收和利用率降低，可导致地区性发病。此外，诸如动物年龄、妊娠、泌乳、无机钙源的生物学效价，蛋白质和脂类缺乏或过剩，其他矿物质如锌、铜、钼、铁、镁、氟等缺乏或过剩，均可对本病的发生产生间接影响。

【发病机理】

在骨骼代谢过程中，骨骼中钙、磷与血液中钙、磷不断交换，并保持着动态平衡，即不断地进行着矿物质沉着的成骨过程与矿物质溶出的破骨过程。如果日粮中磷严重缺乏，血磷浓度显著下降，机体为保持钙、磷正常比例，以便满足生理需要，特别是保证妊娠、泌乳和内源性钙、磷的需要，甲状旁腺素大量分泌，致使骨盐溶解，破骨过程占优势，当骨骼中钙、磷溶解后，偏多的血钙可经尿液排泄，并随之带走部分磷，致骨盐进一步溶解，骨骼发生进行性脱钙，未钙化骨质过度生成，结果是骨骼变得疏松、脆弱，常常变形，易发病理性骨折。

起因于低钙日粮的骨软病，低血钙是最先出现的病理变化，低血钙促进骨溶，抑制成骨过程，进而出现病变。日粮维生素 D 缺乏时，肠道对钙、磷的吸收能力降低，血液中钙、磷水平下降，引起甲状旁腺素分泌增加，致使破骨细胞活性增强，使钙盐溶出，同时抑制肾小管对磷的重吸收，使尿磷增加、血磷减少，结果是钙、磷沉积减少，引起骨骼病变。

【症状】

病初以消化机能障碍和异食癖为主要症状。病畜食欲减退，咀嚼无力，消化不良。患牛常舔食墙壁、泥土，啃嚼砖瓦石块，采食被粪、尿污染的垫草。病猪除啃骨头、嚼瓦砾外，有时还吃食胎衣。由于吞食异物可造成食管阻塞、创伤性网胃炎等继发病。随后出现运动障碍，具体表现为腰腿僵硬，拱背站立，肘外展，后肢呈"X"形，运步强拘，单肢或数肢跛行，有时跛行交替出现，经常卧地而不愿起立。随着病情的发展，患畜逐渐消瘦，骨骼肿胀变形，四肢关节肿大、疼痛，肋骨与肋软骨结合部肿胀，尾椎骨移位变软，最后几个椎体常消失。骨盆变形，严重者可发生难产。易发生骨折和肌腱附着部撕脱。额骨穿刺阳性。猪和山羊头骨变形，上颌骨肿胀，易突发骨折。禽类表现异嗜癖，产蛋率下降，蛋破损率增加，站立困难或发生瘫痪，胸骨变形。

X 线检查显示，骨密度降低，皮质变薄，髓腔增宽，骨小梁结构紊乱，骨关节变形，尾椎骨椎体移位、萎缩，尾椎骨移位或椎体消失。

【诊断】

根据对饲养管理的充分调查与分析，结合临床上出现消化不良，异食癖，关节肿大，骨骼变形，尾椎骨消失，交替跛行；X 线检查显示骨质疏松，骨密度降低，血磷降低，血钙正常或升高等典型症状可以做出诊断。鉴别诊断要与氟骨症、风湿症、蹄病和低镁血症等相区别。

【防治】

在发病早期，针对日粮中钙、磷不足，可采取相应的补饲措施。对牛、羊可给予骨、贝壳、优质干草、青绿饲料等。对骨软病患猪，常采用骨粉、磷酸盐饲喂，结合维生素 D 制剂注射治疗。对于病禽常用维生素 D 制剂，并用矿物质添加剂调整日粮钙、磷含量与钙、磷比例。同时，给予适当的阳光照射。

因磷缺乏引起的重症骨软病患牛，可静脉注射 20% 磷酸二氢钠液 300~500 mL，每日 1 次，5~7 d 为 1 个疗程；或用 3% 次磷酸钙溶液 1 L 静脉注射，每日 1 次，连用 3~5 d，有较好的疗效；若同时使用维生素 D 400 万 U，肌内注射，每周 1 次，连用 2 周或 3 周，则效果更好。也可用磷酸二氢钠 100 g，内服，同时注射维生素 D。绵羊的用药量为牛的 1/5。

在预防上，应按动物饲养标准制订日粮中钙、磷含量，特别注意钙、磷的比例，定期对日粮组成成分进行饲料分析，加强饲养管理，多喂青绿饲料和优质青干草，增加日光照射。对于舍饲动物考虑到受日光照射不足的具体情况，注意添加适量维生素 D 制剂。

纤维性骨营养不良(osteodystrophia fibrosa)

家畜的纤维性骨营养不良主要见于马属动物,有时也见于山羊和猪。本病以消化不良,异食癖,跛行,拱背,面部和四肢关节增大及尿液澄清透明,体重减轻为特征。马属动物纤维素性骨营养不良常呈地方性流行,且在冬春季节高发。

【病因】

马属动物纤维性骨营养不良与日粮中磷过剩直接相关,因磷摄入过多而引起继发性脱钙。因此,高磷低钙日粮对马属动物危险性很大。一般来说,正常日粮中钙、磷比为1:1~2:1。对马而言,理想的钙、磷比为1.2:1。经常给马饲喂稻麸皮(钙、磷比为0.22:1.09)和米糠(钙、磷比为0.08:1.42)等高磷饲料,可引发本病。

日粮中磷摄入正常,但钙摄入不足,或钙、磷摄入量均不足,也可诱发本病。这种地区性发病,与土壤类型有一定的关系。在红壤、棕壤地区很少见到钙、磷不足性骨营养不良,而在黑壤地区就有本病的流行。

此外,本病也见于饲料中影响钙吸收的因素(草酸盐、植酸、脂肪过多),与肠道内钙结合形成不溶性钙,进而促进本病的发生。

【发病机理】

饲料钙不足或钙、磷比例不当而磷过剩,均可导致机体钙、磷代谢紊乱。血磷过高时,血钙浓度下降,甲状腺素分泌增加,骨骼中矿物盐释放。此时,在钙被动员的同时,磷酸盐也被溶出,进一步加重血磷浓度,而且磷的潴留又使血钙减少,加重了钙的负平衡,促进了骨骼钙的溶出,引发钙、磷代谢紊乱。

本病的骨组织进行性脱钙过程与骨软病相似,但也有本质的不同,骨软病是被未成钙化的成骨细胞缺乏的骨样组织所取代,而本病是被富含细胞的纤维组织所取代。因此,病变骨骼以骨质疏松、纤维化增大、肿胀为特征。

【症状】

马匹表现为消化紊乱,异食癖,跛行,拱背,面部和四肢关节增大及尿液澄清透明。由于消化紊乱,马喜食精料,排出的粪球表面带有大量的黏液,粪球落地即碎,可见大量未消化的粗糙渣滓。随着病情的发展,马粪球中的水分逐渐减少,在后期呈现便秘,粪球干而硬。在运动机能方面,开始时马有轻度的跛行,以后逐渐加重,四肢交替轮跛,当跛行加剧时,马经常卧地,呈现各种损伤,甚至引起骨折。椎骨增生变大,表现为背部疼痛,走路时拱背,转弯时呈直腰,腹部紧收,后肢前伸。面部下颌骨肥大,下颌支两端细而中央粗大、加之鼻甲骨隆起,使面部呈圆筒状。由于骨质疏松,臼齿发生活动、转位,在咀嚼较硬的饲草时使相互对应的臼齿陷入齿槽中,呈现吐草现象。马尿色澄清透明,当病情好转时尿色逐渐转为浑浊的乳白色。

猪患纤维性骨营养不良时,症状与马类似。猪表现为关节和面部增大,跛行,不愿站立,站立时腿弯曲,四肢扭曲,严重时不能站立和走路。额骨硬度下降,用骨穿刺针很容易穿入。X线检查发现尾椎骨皮质变薄,皮质与髓质界限模糊;颅骨表面不光滑,骨质密度不均匀。

【诊断】

马纤维性骨营养不良呈地方性流行,且有一定的季节性,诊断时结合临床症状和饲养上的问题一般不难做出诊断。通过测定血清碱性磷酸酶及其同工酶水平可判断破骨性活动的程度,而血钙和血磷水平的测定无特殊临床意义。

本病应注意鉴别风湿症、腱鞘炎、蹄病、外周神经麻痹及肢部、腰部挫伤、温和型肌红蛋白尿和硒缺乏症等引起跛行或运动失调的疾病。猪的诊断应排除锰缺乏和泛酸缺乏症。对于个别病例，应仔细检查，区别于慢性猪丹毒、冠尾线虫病、外伤性截瘫、氟中毒以及小猪萎缩性鼻炎等。

【治疗】

本病的治疗主要是以注意饲料搭配，减喂精料，调整日粮中的钙、磷比例。对于本病应用钙剂治疗，同时减少或除去日粮中的麸皮和米糠，增喂优质干草和青草，使钙、磷比例保持在1∶1~2∶1。补充钙剂常用石粉100~200 g，每日分2次混于饲料内给予。10%葡萄糖酸钙液200~500 mL，静脉注射，每日1次。钙化醇液10~15 mL，分点肌内注射，隔周注射1次。在猪，可按上述剂量的1/5用药。

【预防】

为预防本病，高钙日粮至关重要。马的日粮中钙、磷比例应接近1∶1，不应超过1∶1.4，其中以1.2∶1最为理想。在流行的地区，用石粉按一定的比例与精料混合，始终保持马尿液显示的黄白色。贝壳粉、蛋壳粉也有效果，但补充骨粉效果不明显。对猪在补充钙添加剂的同时，配合维生素D肌内注射，有明显的治疗作用。

犬猫低血钙性痉挛（spasm of deficient blood calcium）

犬猫低血钙性痉挛又称犬猫分娩前后的搐搦症，是指母犬因血钙降低和运动神经异常兴奋而引起的以肌肉强直性和阵发性痉挛、呼吸困难和体温升高为特征的营养代谢性疾病。

【病因】

日粮中缺少钙和维生素D。犬、猫妊娠，随着胎儿的发育、骨骼的形成，母体大量的钙被胎儿吸收；产后大量泌乳，体内钙的流失大于钙的摄入，超出母体的补偿能力，就会导致血液中钙含量相对降低，引起运动肌兴奋性增高，表现为震颤性痉挛、抽搐，运动肌强直等一系列症状。

本病具有一定的遗传倾向，主要多发于狮子犬、京巴犬、西施犬、贵宾犬、波斯猫和田园猫。产仔量也与发病有很大关系，产仔量越多，越容易发病，并且发病越早。产仔量低于2只的母犬，发病率低。天气突变、长途运输、受惊抓捕等应激因素也是发病的诱因。

【发病机理】

犬猫低血钙性痉挛是一种以低血钙为特征的一种营养代谢病，其发病机理尚不十分清楚。饲喂不当，营养缺乏，日粮钙、磷比例不当，机体缺乏户外运动都可导致本病发生。但妊娠和产后犬、猫钙流失过多是本病发生的主要原因。此外，激素分泌失调、低血糖和酮病也与本病密切相关。一般来说，体型较小的犬、猫，产仔和哺乳仔越多，血钙就越易流失。在怀孕过程中胎儿骨骼的形成和发育需要从母体摄取大量的钙，而产后又随乳汁排出部分钙，当母体犬、猫所需的钙不能得到及时补充时，就会导致血钙浓度下降，钙代谢失衡引起神经肌肉的兴奋性增高，进而导致肌肉的强直性收缩，发生痉挛。临床上产仔数多，泌乳量高的小型观赏犬、猫在春秋季节发病率高就是佐证。

【症状】

本病多发生于产后1~3周的母犬、猫，产前和断奶后很少发病。病前往往看不见任何前驱症状而突然发病，表现烦躁不安，头颈及全身肌肉强直性痉挛或肌肉震颤。病犬四肢僵直，或呈现游泳状划动，呼吸急促，舌被咬破出血，流涎不止。部分病例心悸亢进，心率高达150次/min。可视黏膜充血，眼球向上翻动，口角常附有白色泡沫。重者昏迷卧地，四肢划动，如游泳状，但患犬、猫神志清醒，主人呼唤尚有反应。体温升高达40℃，个别犬可达42℃。如不及时补充钙制剂，可在数小时内窒息死亡。部分犬、猫表现为食欲减少，后肢跳跃无力，步态僵直，呼吸频率逐渐增加，体温在38~39.5℃。病犬血钙含量在41.0~59.9 mg/L(正常值为93~117 mg/L)，患猫血钙在43~65 mg/L(正常值为73.7~90.9 mg/L)。补钙后症状很快减轻或消除是本病的一大特征。

【诊断】

通过问诊、临床症状并结合血钙检验，即可做出明确的判断。

临床上将患有上述症状怀疑为产后低钙血症的母犬，抽取血液进行检测，若血钙低于1.75 mmol/L，血磷也降低，血糖增高，中性粒细胞分叶核细胞增加，淋巴细胞和嗜酸性粒细胞减少，血清肌酸磷酸酶和血清谷-丙转氨酶增加，即可做出正确的诊断。鉴别诊断要与骨氟症、破伤风、狂犬病和鼠药中毒等相区别。

【治疗】

补充钙制剂是本病的特效疗法。临床上一旦确诊，应及早补钙，镇静解痉，防止呼吸道阻塞。所用处方为10%葡萄糖酸钙10~40 mL，10%葡萄糖100~150 mL，另加地塞米松磷酸钠2 mg缓慢静脉注射。对持续痉挛的犬，可用氯丙嗪或用25%硫酸镁5 mL肌内注射。一般输液1次症状就可缓解，精神和食欲恢复正常，但部分病例可在第2天或随后几天复发，复发后照上述办法再输液，即可恢复。

为加强疗效，防止复发，须将母犬与仔犬隔离，仔犬采取人工哺乳。加强母犬的营养，提高食物中蛋白质和能量水平。同时，应保证食物中含有足够的钙、磷，并且比例合适，必要时供给适量的维生素D，增加其对钙、磷的摄取。

(王宏伟)

趴卧母牛综合征(creeper cow syndrome)

趴卧母牛综合征又称"母牛卧倒不起"综合征(downer cow syndrome)，不是一种独立的疾病，而是某些疾病的一种临床综合征。广义地认为，凡是经1次或2次钙剂治疗无反应或反应不完全的倒地不起母牛，都可归属在这一综合征范畴内。这一概念似乎把生产瘫痪排除在外，但应注意到当生产瘫痪的原因不是单纯由于缺钙或有并发症时，用钙剂治疗也可能无效。

本病最常发生于产犊后2~3 d的高产母牛。据调查，多数病例与生产瘫痪同时发生，其中有代谢性并发症的占病例总数的7%~25%。

【病因】

关于引起这一综合征的原因，直至目前还在争论和探讨。一般认为，本病不是单纯或典型的低钙血症，因为动物对钙疗反应不完全，或全然没有反应。

矿物质代谢紊乱，尤其是低磷酸盐血症、低钾血症和低镁血症等代谢紊乱与该综合征有密切的关系。部分母牛作为生产瘫痪治疗，看起来对精神抑制和昏迷状态的情况已有所改善，但依然爬不起来，为此有人怀疑为低磷酸盐血症，否则就是钙疗的剂量和浓度不足。部分母牛经钙疗以后，精神抑制和昏迷状态不仅消失，且变得比较机敏，甚至开始有食欲，但依然爬不起来，这种爬不起来似乎由于肌肉无力，因此怀疑为伴有低钾血症。若爬不起来还伴有搐搦、感觉过敏、心搏动过速和冲击性心音，则可能伴有低镁血症，在钙疗中加入镁剂，可以证实诊断。

关于肾上腺皮质活动变化所导致者，能发现嗜酸性粒细胞减少症、淋巴细胞减少症和中性粒细胞增多症等血液指标作为参考。有人提出肾上腺脑垂体反应不完全，也可导致生产瘫痪的发生。

已经发现在有些低肾上腺活动状态中而产生脑水肿，但脑水肿也是一些生产瘫痪的病征。

肾脏血浆流动率和灌注率降低而同时存在心脏扩张和低血压，是分娩时出现的一种循环危象，会促使瘫痪发生。高产乳牛的乳房血流增加，会给循环系统带来威胁。部分卧倒爬不起来的母牛，伴有肾脏疾病并呈现蛋白尿或尿毒症。除上述原因外，胎儿过大、产道开张不全或助产粗鲁等，损伤了产道及周围神经，犊牛产出后，母牛发生趴卧不起。另外，酮病、脓毒性子宫炎、乳房炎、胎盘滞留、闭孔神经麻痹都可能与本病的发生有关。

此外，压力损伤与创伤性损伤也是引起该病的主要原因之一。如本来并无并发症的低钙血性生产瘫痪，由于未及时治疗，长时间躺卧（一般指超过 4~6 h），可因血液供应障碍引起局部缺血性坏死，尤其是在体重大的母牛长时间压迫其一条腿时。母牛在分娩前后由于站立不稳和不时地起卧容易引起创伤性损伤，如骨盆、椎体、四肢等的骨折。

【发病机理】

由于病原学上的复杂性，难以归纳出统一的病理发生机制。总体上，该病主要是在影响循环系统、神经系统、运动系统（包括肌肉和骨骼关节）的机能而发生的。虽然部分病例往往伴有低磷酸盐血症，并且应用磷酸二氢钠与钙治疗能提高病的痊愈率，但很显然卧倒爬不起来并不是低磷酸盐血症的一种特有病症，因为低磷酸盐血症会引发骨软病、血红蛋白尿病等。

很多患生产瘫痪和趴卧不起综合征的母牛，血浆中钾的含量减少，且低钾血症的程度与趴卧不起的持续时间有关。有人发现母牛睡倒不起 6 h，平均血浆钾为 4 mmol/L；而卧倒不起 16 h，平均血浆钾为 2~3 mmol/L。有学者认为产后低钙血症时的代谢并发症虽然可有低磷酸盐血症、高镁或低镁血症、高糖血症及低钾血症和细胞内变化，但与趴卧不起特别有关系的是低钾血症和细胞内低钾。根据卧倒不起的时间较长，血钾含量也较低，有人认为低钾血症是趴卧不起的结果，而不是趴卧不起的病因。

在趴卧不起综合征中，几乎 100% 病牛有局灶性心肌炎，造成心动过速、心律不齐，甚至静脉注射也反应迟钝。反复使用钙剂治疗，则可加重心肌炎症。另外，本病还伴有蛋白尿，这可能与肌肉损伤时肌蛋白释放有关。

【症状】

病牛在发病前，往往见不到症状。趴卧不起常发生于产犊过程或产犊后 48 h 内。病牛表现机敏，饮食欲基本正常，食量有时有所减少。体温正常或少有提高，心率增加到 80~100 次/min，脉搏微弱，但呼吸无变化。排粪和排尿正常。最初病牛常常很想爬起来，但其后肢不能充分伸展。在其他病例，病征可能更加明显，特别是头弯向后方，呈侧卧姿势，如果将其头部抬起予以扶持，则与正常牛无异。更为严重的病例，则呈现感觉过敏，并且在趴卧不起时呈现四肢搐搦、食欲消失。母牛趴卧不起综合征既可单独发生，也可发生于生产瘫痪治疗明显恢复之后而仍然继续卧地不起，这种情况一旦发现，事实上就表明属于本综合征。亚急性的病程 1~2 周，常常不能痊愈。更急性的病例，在 48~72 h 死亡。

由于大多数是生产瘫痪综合征，或是非生产瘫痪，故血浆钙水平通常在正常范围；血浆磷和血浆镁水平有时可在正常范围，但有时出现低磷酸盐血症、高镁或低镁血症、高糖血症及低钾血症。有时有中度的酮尿症。许多病例有明显的蛋白尿，也可在尿中出现一些透明圆柱和颗粒圆柱。有些病牛见有低血压和心电图异常。

【病程及预后】

急性病例可在 3~5 d 死亡，或者转入 2~8 周康复期。部分病例在肢体末端（趾、尾、耳和乳头等）出现皮肤坏疽。

【诊断】

根据钙疗无效,或治疗后精神状态好转,但依然爬不起来,以及病牛机敏、精神沉郁与昏迷的症状可以做出初步诊断。然而,对这一综合征的诊断关键要从病因上去分析,实验室检查结果有助于分析原因和确定治疗方案。

【治疗】

根据诊断分析的结果作为治疗依据,否则任意用药不仅无效,且可导致不良后果(如对心率高达80~100次/min的病例应用过量钙剂,显然会产生不良后果;钾的过量应用且注射速度过快,可致心脏停止)。

当怀疑伴有低磷酸盐血症时,可用20%磷酸二氢钠溶液300~500 mL静脉或皮下注射,即使在病性未定的情况下,用之也不致产生不良影响。应注意只给予磷酸钠盐,而不应给予磷酸钾盐。对疑为因低钾血症而引起的本综合征(母牛机敏、爬行和挣扎,但又不能站立起来),即称为"爬行的母牛",应用含钾5~10 g的溶液(氯化钾)治疗而有明显效果。在应用钾剂时,尤其是静脉注射时要注意控制剂量和速度。低血镁时,可静脉注射25%硼酸葡萄糖酸镁溶液400 mL,镁盐的应用要慎重,除非临床上确认伴有搐搦及感觉过敏。此外,也可应用皮质醇、兴奋剂、维生素B、维生素E和硒等药物进行治疗。

由于母牛体大过重,对卧地不起者,特别应防止肌肉损伤和褥疮形成,可适当给予垫草及定期翻身,或在可能情况下人工辅助站起,经常投予饲料和饮水,并可静脉补液和对症治疗,有助病牛的康复。

【预防】

合理调配日粮,定期做营养监测。分娩前第8天注射维生素D_3 1 000万IU,如8 d后未分娩,需要重复注射。预产前3~5 d静脉注射葡萄糖酸钙溶液500 mL,每日1次,连用3~5 d。母牛如有难产先兆,应及时检查胎儿、胎位。助产要小心,不要过度牵拉,防止产道损伤。产后牛一旦不愿站立,应立即静脉注射钙制剂,不可延误而酿成趴卧不起综合征。

生产搐搦(puerperal tetany)

生产搐搦又称产惊,大多见于生产过程中或产后不久,间或可见于产前。以低钙血症、肌肉阵发性痉挛、惊厥、甚至昏迷为其临床特征。临床常见于马、牛、猪、犬和猫等动物。

【病因】

不同动物的发病原因不尽相同。

(1)马　产驹前、分娩以后或泌乳期间,突然改变饲料,或突然关禁饲养,可诱发本病,多发生于产后10 d左右的泌乳母马,或停乳前1~2 d的母马,在新鲜幼嫩草地放牧、泌乳量高、服重役的、长途运输的马,容易发生搐搦症,也有原因不明的。

(2)牛　病因尚未充分阐明,多发生于第3、4胎产犊后营养优良的青年母牛。

(3)猪　主要因饲料单一,特别是以山芋、粉渣为主要食物时,同时缺乏钙、磷等矿物质补充物。分娩应激作用,引起体内代谢失调;血钙浓度下降,以致神经机能紊乱,并与产后轻瘫有关。

(4)犬、猫　本病可发生于产前、产中及产后,以产后1~4周居多。小型犬、猫,尤其以兴奋的、产仔多的品种多发。与日粮营养失衡、钙需要量增加(泌乳及胎儿生长)、钙的利用降低、泌乳应激及遗传因素有关。

【症状】

(1)马 精神沉郁，呼吸加快，鼻翼张开，甚至有吭吭声，可能与膈痉挛有关；全身大汗淋漓，步态僵硬，如踩高跷，或后肢共济失调；肌肉痉挛，颞肌、咬肌和臂三头肌尤为明显；牙关紧闭，咀嚼、吞咽障碍；心跳加快，心律不齐，体温升高。经24 h后，病马卧地不起，强制性抽搐，通常于发病后48 h内死亡。

(2)牛 首先表现为两耳竖直，耳肌痉挛，牙关紧闭和磨牙，随后痉挛扩散到颈部、体躯、四肢和尾部的肌肉，并按此顺序发生痉挛，颈项的痉挛发作比较剧烈，同时，由于眼肌痉挛可发生眼球震颤和斜视。血清无机磷浓度下降，血钙浓度基本正常。严重病例体温可升高达40℃，呼吸困难、脉搏快而弱，达90~100次/min，临死前发出惨叫。

(3)猪 表现后腿摇摆，驱赶、试图站立或行走时大声嚎叫，突然倒下，继以强制性痉挛，而后陷入昏迷；难产或泌乳停止。

(5)犬、猫 初期呈现不安、恐惧、焦虑、呜咽，呼吸加快。随着病程的发展，后肢僵硬，步态摇摆，体温升高。倒地不起的可伴有呼吸困难、脉搏加速、黏膜充血、流涎。肌肉纤维性震颤，继之以短暂的间歇之后，震颤进行性加重，以致短时间的惊厥发作。濒死期的动物处于休克状态，黏膜苍白、干燥、瞳孔散大。

【诊断】

结合病史，根据分娩前后突然出现痉挛、搐搦、甚至昏迷，明显的血钙浓度下降等特征进行诊断，但应与破伤风、生产瘫痪等疾病相区别。与破伤风鉴别诊断的要点是对声、光刺激不敏感，第三眼睑不突出；生产瘫痪早期表现与生产搐搦相似，血钙浓度也明显下降，但后期有躺卧、曲颈等特征，且施行钙治疗或乳房送风效果良好。

【治疗】

治疗原则：补钙、镇静、抗痉挛。

(1)补钙 10%葡萄糖酸钙溶液、10%硼酸葡萄糖酸钙溶液或10%氯化钙溶液，静脉注射，可迅速治愈。

(2)镇静 3%~5%戊巴比妥钠溶液或盐酸氯丙嗪，静脉注射。

(3)抗痉挛 对持续性痉挛病例，用上述药物疗效不明显时，用25%硫酸镁溶液，静脉注射，可以缓解和消除痉挛。若经过若干时间又复发，可用同样剂量重复注射。其他可根据病情进行对症治疗。

【预防】

饲料中适量增加钙、磷及维生素D的供给，可防止本病的复发，起到较好的预防作用。

（王希春 吴金节）

青草搐搦（grass tetany）

青草搐搦又称青草蹒跚（grass stagger），是反刍动物放牧于幼嫩的青草地或谷苗之后不久而突然发生的一种高度致死性疾病，以血镁浓度下降，常伴有血钙浓度下降为特点。临床上以兴奋不安、强直性和阵发性肌肉痉挛、惊厥、呼吸困难和急性死亡为特征。

本病见于奶牛、肉牛和绵羊，水牛也有发生。在大群放牧牛中，发病率可能只占0.5%~2%；但死亡率则可超过70%。冬季舍饲后的泌乳母牛转入丰盛的牧场放牧发病快，而营养差的肉牛发病慢。

【病因】

本病的发生与血镁浓度降低有直接的关系，而血镁浓度降低与牧草镁含量缺乏或存在干扰镁吸收的成分直接相关。

低镁的牧草主要来自低镁的土壤，土壤 pH 值太低或太高也影响植物对镁吸收的能力。另外，青草中含镁的数量又与植物生长季节有关，尤其是在夏季降雨之后生长的幼嫩和多汁的青草和谷草，通常含镁离子、钙离子、钠离子和糖分较低，而含钾离子和磷离子较高，含蛋白质也较高。禾本科植物镁含量低于豆科植物，幼嫩牧草低于成熟牧草。由于搐搦源性牧草中含钾离子较高，故以往曾有人误认为青草搐搦是一种高钾血症，但由于在搐搦源性牧草中和患病动物血浆中镁的含量都明显降低，并通过镁盐的治疗确能取得良好的疗效，才有力地证明它是一种低镁血症。当牧草大量使用氮肥、钾肥或者两者同时使用，也会使植物中镁含量减少。

有些低镁血症牛所采食的牧草中镁的含量并不低，甚至高于正常需要量，但其利用率较低。采食减少或腹泻可降低动物对镁的吸收能力。还有人认为在植物体内，钾和镁的被吸收存在竞争，食入高钾的牧草，也可使镁的吸收减少，有助于低镁血症的产生。饲料中蛋白质含量太高，瘤胃内氮浓度增加、硫酸盐含量过高等都会影响镁的吸收。饲料中过多供给长链脂肪酸，与镁产生皂化反应，也可影响镁的吸收。此外，激素分泌对镁的吸收也有明显影响。甲状旁腺切除的山羊，可诱发低镁血症。甲状腺素分泌过多，或用甲状腺组织蛋白饲喂，可减少血浆镁浓度。

在植物中镁是经常伴随钙的存在而存在，所以在低镁血症的同时常常伴有低钙血症。另外，由于牧草中高钾，使动物呈高钾血症，后者会使动物体内钙的排泄增加，也可能造成低钙血症。

许多应激因素可诱发本病，如兴奋、泌乳、不良气候及低钙血症等，都可能成为一种激发因素。因此有人提出，本病发生过程应有两个阶段：第一个阶段是产生低镁血症，第二个阶段是激发因子的作用，产生相应的临床症状。

【发病机理】

目前，关于本病的发病机制还不十分清楚。镁在体内的作用之一是抑制神经肌肉的兴奋性，缺乏时则出现神经肌肉兴奋性升高，表现为血管扩张和抽搐。动物体内的镁约70%沉积在骨骼中，由于骨骼中的镁是以硫酸镁和碳酸镁的形式存在，很难动员进入血液，组织中仅有4%镁可以进行交换。体内镁的稳态依赖于镁的生理需要和肠道吸收之间的动态平衡。当肠道吸收的镁低于需要量时，这种动态平衡被破坏，导致低镁血症的出现。血清镁浓度为 15 mg/L 有发病可疑，低于 10 mg/L 时，则可为低镁血症性搐搦的阳性病例。然而在惊厥阶段，病牛血清镁浓度几乎正常，血清钙浓度通常中度降低(50~80 mg/L)，但脑脊液中镁水平低，这被认为是特征性惊厥发作的原因。

在饲养或放牧时，若能调整钙、镁正常比，就有可能控制本病的发生。实践证明，当日粮中钙、镁比为5，则发生强烈搐搦，当钙、镁比为 7~10，则出现瘫痪症状。然而作为一种外源性因子的饲料钙、镁比的变化固然重要，但在危险期中病牛不能利用体内镁的储备以应付紧急状态，而在死亡的动物，又见不到肉眼损害，说明与一些内分泌机能障碍有重要的关系。虽然镁在动物体内只占钙的 1/35~1/30，并且在血液中也低于钙(正常乳牛血清镁浓度为 23.2 mg/L，血清钙浓度为 109.9 mg/L；正常水牛血清镁浓度为 25~30 mg/L，而血清钙浓度为 85~125 mg/L)，但区别在于镁离子大部分存在于血细胞内，而钙离子则主要存在于血浆中。当有限的血浆镁离子减少到正常量的 1/10 时，就可引发血管扩张及低镁血症性搐搦而死亡。

【症状】

(1)奶牛、肉牛 发病前吃草正常，急性突然甩头，吼叫，盲目奔跑，呈疯狂状态，倒地后四肢划动，惊厥，背、颈和四肢震颤，牙关紧闭，磨齿，头部尽量向一侧的后方伸张，直至全身阵发性痉挛，耳竖立，尾肌和四肢强直性痉挛，如破伤风样。惊厥呈间断性发作，通常在几小时内死亡。有些病例，未看到发病就死亡在牧场上。不严重的病例呈亚急性，步态强拘，对触诊和声音过敏，频频排尿，并可转为急性，惊厥期可长达 2~3 d。本病可并发生产瘫痪和酮病。其他临床特征有心音增强和心率加快。

　　（2）绵羊　发病的临床症状与牛相同。

　　（3）水牛　呈亚急性，病牛常卧地不起，颈部呈一定程度的"S"形扭转姿势。少数病例呈亚急性，表现高度兴奋和不安，发狂，向前冲或奔跑，眼充血并呈凶猛状，倒地后搐搦，伸舌和气喘，呼吸加深，流涎，体温正常（37.8℃），但心率加快，心音增强。

　　【实验室检验】

　　健康牛血清镁水平为 6.99~12.33 mmol/L（17~30 mg/L），而季节性亚临床症状病例虽不表现可见症状，但血清镁水平降低至 4.11~8.22 mmol/L（10~20 mg/L），直到 4.11 mmol/L 以下仍无搐搦症状，甚至低至 1.64 mmol/L（4 mg/L）还无症状。这种情况可能由于各种动物之间其总镁的离子程度不同所致，也可能由于强烈肌肉运动之后而使血镁浓度暂时升高所致。血清钙水平常降至 12.45~19.92 mmol/L（50~80 mg/L）时，对症状的发生有一定的重要作用；血钾浓度过高，对病的发生也有一定的重要意义。血清无机磷水平正常或偏低。类似变化发生于绵羊和泌乳搐搦。牛的麦草中毒也呈现低钙血症、低镁血症和高钾血症。急性搐搦，血清钾水平通常很高，这可能就是死亡率高的原因。如尿镁水平低，可推测患有低镁血症。脑脊液镁水平较血清镁水平与症状轻重有更密切的联系（脑脊液的采集在死后 12 h 都有用）。伴有低镁血症而发生搐搦的牛，脑脊液镁水平为 5.14 mmol/L（12.5 mg/L）（血清镁水平为 0.6~3.8 mmol/L），但伴有低镁血症而临床表现正常的牛，脑脊液镁水平 7.6 mmol/L，血清镁水平为 1.6 mmol/L。正常动物脑脊液镁水平与血清水平相同，即在 8.2 mmol/L 以上。

　　【诊断】

　　根据季节、放牧等病史及运动失调、感觉过敏和搐搦等症状不难诊断，并且泌乳动物似乎最易首先发病，临床血清镁、钙、钾水平测定可帮助诊断。本病须与牛的急性铅中毒、狂犬病、神经型酮病、麦角中毒等相区别：急性铅中毒常伴有目盲和疯狂，有接触铅的病史；狂犬病则精神紧张，上行性麻痹和感觉消失而无搐搦；神经型酮病通常不发生惊厥的搐搦，而有显著酮尿；麦角中毒时其综合征是一种典型的小脑共济失调。至于母马的泌乳搐搦（运动搐搦），则是一种与泌乳有关的低钙血症。乳牛生产瘫痪（急性低钙血症、乳热症）时可以伴有低镁血症，也呈现搐搦病症。母牛的运动搐搦则属于应激反应的疾病，且常并发低钙血症。

　　【治疗】

　　单独应用镁盐或配合钙盐治疗，治愈率可达 80%。常用的镁制剂有硫酸镁和氯化镁，多采用静脉缓慢注射。钙盐和镁盐合用时，一般先注射钙剂，成年牛用量为 25% 硫酸镁 50~100 mL、10% 氯化钙 100~150 mL，以 10% 葡萄糖溶液 1 L 稀释。也可将硼酸葡萄糖酸钙 250 g、硫酸镁 50 g 加蒸馏水至 1 L，制成注射液，牛 400~800 mL，静脉注射。绵羊和犊牛的用量为成年牛的 1/10 和 1/7。一般在注射 6 h 后，血清镁即恢复至注射前的水平，不会再度发生低血镁性搐搦。为了避免血镁下降过快，可皮下注射 25% 硫酸镁 200 mL，或在饲料中加入氯化镁 50 g，连喂 4~7 d。注射时应检查心跳节律、强度和频率，心跳过快时即停止注射。狂躁不安时，为防止引起外伤，可给予镇静药后再进行其他药物治疗。

　　【预防】

　　一般认为，在反刍动物正常的饲养和放牧中，镁是丰富的。但在肠道吸收镁的效力比较低和控制镁代谢稳定性的能力丧失时，加上青嫩多汁的牧草镁含量不足而钾含量很高，就有可能发生本病。合理调配日粮，以干物质计算，至少应含镁0.2%。母牛每日日粮中以补充镁40 g(相当于60 g氧化镁或120 g碳酸镁中的含镁量)为宜，过多地摄入镁，特别是硫酸镁，可引起腹泻。镁宜与谷类饲料混合饲喂。在发病季节，可在精饲料中补充氧化镁，牛60 g，绵羊10 g，也可将其加入蜜糖中作舔剂。对有易感性的牛，例如曾经发生过本病的牛，应限制放牧。

牛血红蛋白尿病(bovine haemoglobinuria)

牛血红蛋白尿病是由于低磷而引起牛的一种溶血性营养代谢病，通常包括母牛产后血红蛋白尿病(post parturient haemoglobinuria，PPH)和水牛血红蛋白尿病，临床上以低磷酸盐血症、急性溶血性贫血和血红蛋白尿为特征。

母牛产后血红蛋白尿病于1853年首次报道于苏格兰，以后在非洲、亚洲、大洋洲、欧洲、北美洲以及我国均有报道，分别称为产后血红蛋白尿、红水病或营养性血红蛋白尿等。通常发生于产后4 d至4周的3~6胎高产母牛，病死率高达50%，肉牛和3岁以下的奶牛极少发生。在我国华东地区(如苏南茅山地带、苏北洪泽湖沿岸及皖东滁县等)、埃及和印度水牛所发生的一种水牛血红蛋白尿病与动物采食十字花科植物有密切的关系，与母牛产后血红蛋白尿病是相似的，均伴有低磷酸盐血症，有相同的临床症状，又有共同的治疗方法，因此我们把这两种病统称为牛血红蛋白尿病。

【病因】

牧草、饲料中磷缺乏及日粮中钙、磷比例严重失调是本病发生的根本原因。美国曾在母牛第3次分娩时通过饲喂低磷饲料而试验性地产生母牛产后血红蛋白尿病。据认为有4种因子与产后血红蛋白尿病的发生有密切关系：第一是饲料中磷缺乏；第二是饲喂某些植物饲料，如甜菜块根和叶、青绿燕麦、多年生的黑麦草、埃及三叶草和苜蓿以及十字花科植物等，十字花科植物如油菜、甘蓝等，含有1种二甲基二硫化物，称为δ-甲基半胱氨酸二亚砜(SMCO)，能使红细胞中血红蛋白分子形成Heinz-Ehrlich小体，破坏红细胞引起血管内溶血性贫血；第三是近期分娩，一般发生于产后4 d至4周的3~6胎母牛；第四是母牛产奶量高。

此外，新西兰的研究者认为，本病的发生也可能与土壤缺铜有关，因铜是正常红细胞代谢所必需，当产后大量泌乳时，铜从体内大量丢失，当肝脏铜储备空虚时，发生巨细胞性低色素贫血。寒冷可能是重要的诱因。本病的发生常在冬季，因秋季长期干旱导致饲用植物磷的吸收减少。在埃及，水牛血红蛋白尿病被报道与温热环境有关。另外，高产、泌乳和分娩等也是重要的诱因。

【发病机理】

红细胞溶解破裂的最终机制是膜结构和功能的改变。糖无氧酵解是红细胞能量的唯一来源，而无机磷是红细胞无氧糖酵解过程中的一个必需因子。磷缺乏时，红细胞的无氧酵解则不能正常进行。作为无氧糖酵解正常产物的三磷酸腺苷及2,3-二磷酸甘油酸(2,3-DPG)均减少，而三磷酸腺苷在维持红细胞正常生理功能上起着重要作用，这一点在人医已经证实，当红细胞的三磷酸腺苷降低至正常值的15%，则红细胞膜变脆，变形性降低，而且细胞变圆。当红细胞的三磷酸腺苷下降到低于正常值的11%时，通过同位素^{51}Cr测定，红细胞的存活期只有正常的1/5。在病牛体内试验证实，病牛血磷和红细胞三磷酸腺苷值均显著降低，谷胱甘肽下降，高铁血红蛋白上升；当静脉注射磷制剂后，血磷和红细胞三磷酸腺苷值均上升，进一步证明磷缺乏使红细胞无氧糖酵解过程紊乱，三磷酸腺苷下降，从而造成溶血。

　　然而在临床上低磷酸盐血症是一种预置因子，病牛都表现低磷酸盐血症，但并非所有伴低磷酸盐血症的牛都会发生溶血而引起血红蛋白尿，其原因还有待进一步研究，很有可能还存些诱发（或激发）因子。另外，本病常发生于产后 4 d 至 4 周的 3~6 胎高产乳牛，肉用牛和 3 岁以下的奶牛极少发生。而在水牛，发病与年龄、分娩和泌乳关系不密切，其机制还不清楚。

【症状】

　　红尿是本病的突出病征，甚至是初期阶段的唯一病征。病牛尿液在最初 1~3 d 逐渐由淡红、红色、暗红色，直至紫红色和棕褐色，然后随症状减轻至痊愈时，又逐渐由深变淡，直至无色。由于血红蛋白对肾脏和膀胱产生刺激作用，使排尿次数增加，但每次排尿量相对减少。尿的潜血试验呈阳性反应，而尿沉渣中通常不发现红细胞。几乎所有病牛的体温、呼吸、食欲无明显的变化。至严重贫血时，食欲稍有下降，呼吸次数稍有增加，但这些变化都不明显，也极少出现胃肠道和肺的并发症。通常脉搏增数，心搏动加快加强，可发现颈静脉怒张及明显的颈静脉搏动。心脏听诊，偶尔发现贫血性杂音。伴随病的发展，贫血程度加剧。可视黏膜及皮肤（乳房、乳头、股内侧和腋下）变为淡红色或苍白色，黄染。血液稀薄，凝固性降低，血清呈樱红色。呼吸加快。水牛血红蛋白尿病的死亡率约 10%，但产后血红蛋白尿病达 50%。

【实验室检验】

　　血液稀薄、凝固不良，血清呈樱桃红色。由于溶血，红细胞压积、红细胞数、血红蛋白等红细胞参数值下降，出现少数幼稚型和网织红细胞，有的还出现海恩茨（Heinz-Ehrlich）小体。黄疸指数升高，血清胆红素间接反应呈强阳性，血清钾含量降低，血清尿素氮含量增高。血红蛋白值由正常的 50%~70% 降至 20%~40%，红细胞数由正常的 $5 \times 10^{12} \sim 6 \times 10^{12}/L$ 降低至 $1 \times 10^{12} \sim 2 \times 10^{12}/L$。血清无机磷含量由正常的 1.29~2.58 mmol/L 降至 0.13~0.48 mmol/L，个别严重的病牛甚至可降低至 0.06 mmol/L。血清钙水平保持正常（约 100 mg/L）。尿呈深棕红色，通常中度浑浊，其中含有血红蛋白、蛋白质、尿素氮、酮体、肾小管上皮细胞，有时有管型，无红细胞。新西兰记载，病牛血液和肝脏有低铜状态。

【诊断】

　　红尿是牛血红蛋白尿病的重要特征之一，但红尿也见于血尿疾病，因此应对血红蛋白尿和血尿做出区别诊断。前者由于红细胞大量被破坏所致，后者则由于泌尿系统某部位出血而出现。牛的血红蛋白尿还可由其他溶血性疾病所致，如细菌性血红蛋白尿、巴贝斯焦虫、钩端螺旋体病、慢性铜中毒、某些药物性红尿（吩噻嗪、大黄等）、洋葱中毒等，都应一一排除。至于犊牛水中毒引起的血红蛋白尿，是因脱水而又立即大量饮水所致，血尿在尿中有凝血块且尿沉渣中存在红细胞。蕨类植物中毒、地方性肾盂肾炎、急性肾小球肾炎、血栓性肾炎和肾梗死、出血性膀胱炎、尿石症、尿道出血及泌尿系肿瘤等，也都应首先从尿中是否存在红细胞而排除，详细鉴别诊断见泌尿系统疾病的类症鉴别。

【治疗】

　　治疗原则：消除病因和纠正低磷血症。

　　应用磷制剂有良好效果，同时应补充含磷丰富的饲料，如豆饼、花生饼、麸皮、米糠和骨粉。磷制剂主要是 20% 磷酸二氢钠溶液，每头牛 300~500 mL，静脉注射，12 h 后重复使用 1 次。一般在注射 1~2 次红尿消失，重症可连续治疗 2~3 次。也可静脉输入全血，内服骨粉（产后血红蛋白尿用 120 g/次，每日 2 次，水牛血红蛋白尿用 250 g/次，每日 1~2 次）。也可静脉注射 3% 次磷酸钙溶液 1 L，效果良好。但切勿用磷酸二氢钠、磷酸二氢钾和磷酸氢二钾等。

　　此外，应注意适当补充造血物质如叶酸、铜、铁和维生素 B_{12} 等。维持血容量和保证能量供应,常应用复方生理盐水、5%葡萄糖溶液、葡萄糖生理盐水注射液等,剂量为5~8 L。

【预防】

限制过多饲喂十字花科植物如甜菜、油菜、甘蓝等含磷少的饲料。有条件的可将这些饲料青贮以减少其中皂苷的含量,同时补给含磷高的饲料,如麸皮、米糠、骨粉等,特别是在泌乳和产犊前后,更需注意。

铜缺乏症(copper deficiency)

铜缺乏症主要是由于机体内微量元素铜缺乏或不足,而引起贫血、拉稀、被毛褪色、皮肤角化不全、共济失调、骨和关节肿大、生长受阻和繁殖障碍为特征的一种营养代谢病。各种动物均可发病,但主要发生于反刍动物,犬、猫也有发生。羔羊晃腰病(swayback)、牛的舔(盐)病(licking)或摔倒病(fallingdisease)、骆驼摇摆病和猪铜缺乏症都属于原发性缺铜症;泥炭泻样拉稀(peatscouring)、英国牛羊"晦气"病(teart)、犊牛消瘦病(unthriftiness)、牛的消耗病(wastingdisease)及羔羊地方性运动失调(enzooticataxia)等,属于条件性或继发性缺铜症;海岸病和盐病(salt-disease)属于缺铜又缺钴。本病在我国新疆、宁夏、吉林等地相继报道,主要见于牛、羊、鹿、骆驼等家畜。

【病因】

铜缺乏症的原因包括原发性和继发性两种。土壤中铜含量不足或存在拮抗植物吸收铜的物质而引起牧草和饲料中铜不足是导致动物铜缺乏的原发性因素。土壤中通常含铜18~22 mg/kg,植物中含铜11 mg/kg。但在缺乏有机质和高度风化的沙土地,以及沼泽地带的泥炭土和腐殖土含铜不足,土壤含铜量仅0.1~2 mg/kg。土壤铜含量低引起饲料铜含量太少,导致铜摄入不足,成为单纯性缺铜症。在这种土壤上生长的植物,其干物质中含铜量低于3 mg/kg(铜的临界值为3~5 mg/kg,适宜值10 mg/kg),导致铜摄入不足,引起动物发病。

继发性缺铜症是土壤和日粮中含有充足的铜,但动物对铜的吸收受到干扰,主要是饲料中干扰铜吸收利用的物质(如钼、硫等)含量太多,如采食高钼土壤上生长的植物(或牧草)或采食工矿钼污染的饲草,或饲喂硫酸钠、硫酸铵、蛋氨酸、胱氨酸等含硫过多的物质,经过瘤胃微生物作用均转化为硫化物,形成一种难溶解的铜硫钼酸盐复合物($CuMoS_4$),降低铜的利用。钼与铜具有拮抗作用,钼浓度为10~100 mg/kg(干物质计),Cu:Mo<5:1时,易产生继发性缺铜。无机硫含量>0.4%,即使钼含量正常,也可产生继发性低铜症。除此之外,铜的拮抗因子还有锌、铅、镉、银、镍、锰等。饲料中的植物酸盐过高、维生素C摄食量过多,都能干扰铜的吸收利用。即使铜含量正常,仍可造成铜摄入量不足、铜排泄量过多,引起铜缺乏症。与原发性缺铜症相比,继发性缺铜症发生年龄稍迟。

吮乳犊牛,2~3月龄后就可发生缺铜症。缺铜母羊所生的羊羔,生后不久就可产生先天性摇背症。用人工喂养的犊牛因可吃到含铜的饲料,不致发生铜缺乏症。一旦转入低铜草地,或高钼草地放牧,待体内铜耗竭时,很快产生缺铜症。1岁犊牛缺铜现象比2岁以上牛更严重。另外,有些犬可能因遗传基因缺陷,产生类似人的遗传病(Wilson病)样的铜中毒。

本病除冬天发生较少(因所饲精料中补充了铜)外,其他季节都可发生。春季,尤其是多雨、潮湿、施氮肥或掺入一定量钼肥的草场,发生本病的比例最高。

【发病机理】

铜是体内许多酶的组成成分或活性中心,如与铁的利用有关的铜蓝蛋白酶为含铜的核心酶,与色素代谢有关的酪氨酸酶，与结缔组织有关的单胺氧化酶，与软骨生成有关的赖氨酰氧化酶，与氧化作用有关的超氧化物歧化酶，与磷脂代谢有关的细胞色素氧化酶等。当机体缺铜时，这些酶活性下降，因而产生贫血、运动障碍、神经机能扰乱（神经脱髓鞘）、被毛褪色、关节变形、骨质疏松、血管壁弹性和繁殖力下降。

继发性缺铜症中，影响最大的是钼酸盐和硫。钼酸盐可以与铜形成钼酸铜或与硫化物形成硫化铜沉淀，影响铜的吸收；钼和可形成硫钼酸盐，特别是三硫钼酸盐和四硫钼酸盐，与瘤胃中可溶性蛋白质和铜形成复合物，降低了铜的可利用性。在含硫化物中，钼酸盐可抑制硫酸盐转化为硫化物，可缓解硫对铜吸收的干扰作用。但如果是含硫氨基酸，钼酸盐有促进蛋氨酸等分子中硫形成硫化铜，因而有促进铜缺乏的作用。四硫钼酸盐 pH<5 时，可还原为三硫钼酸盐。四硫钼酸盐与三硫钼酸盐在小肠内有封闭铜吸收部位的作用，可增加铜排泄，并使血铜浓度暂时升高。铜进入血液后，可与血液中白蛋白和硫钼酸盐形成 Cu-Mo-S 蛋白复合物，用三氯醋酸（TCA）可将这部分铜沉淀去除，构成 TCA 不溶性铜，其结果肝脏铜储备严重耗竭，肝铜含量降至 5 mg/kg 以下，血铜浓度从高于正常而逐渐降低至 0.5 mg/L 以下，并出现临床缺铜症。

体内缺铜使铜蓝蛋白酶活性下降，铁的利用受影响，引起低色素性贫血，酪氨酸酶活性下降，造成色素代谢障碍，引起被毛褐色，单胺氧化酶和细胞色素氧化酶活性下降，造成神经脱髓鞘作用和神经系统损伤，产生运动失调。由于体内二硫（—S—S）键合成障碍，造成毛内巯基键（—SH）过多，使毛失去弹性；由于赖氨酸氧化酶活性和单胺氧化酶活性下降，血管壁内锁链素和异锁链素增多，血管壁弹性下降，因而引起鸡动脉破裂及骨骼中胶原稳定性下降，骨端变形。

此外，铜缺乏时能引起心肌纤维变性，患病动物可突然死于类似于癫痫病的心力衰竭。

【症状】

原发性缺铜症患畜表现精神不振，产奶量下降和贫血。被毛无光泽、粗乱、由红色变为淡锈红色，以致黄色，黑色变成灰色，犊牛生长缓慢，腹泻，易骨折，特别是骨盆骨与四肢骨易骨折。驱赶运动时行动不稳，甚至呈犬坐姿势。稍作休息后，则恢复"正常"。有些牛有痒感和舔毛，间歇性腹泻，部分犊牛表现关节肿大，步态强拘，屈肌腱痉挛，行走时指尖着地，这些症状可以在出生时发生，或于断乳时发生，瘫痪和运动不协调等症状较少见。

继发性缺铜症其主要症状与原发性缺铜类似，但贫血少见，腹泻明显，这与某些"条件因子"减少铜的可利用性有关，腹泻严重程度与钼摄入量成正比。不同动物铜缺乏症还有其各自的临床特点。

（1）牛 突然伸颈，吼叫，跌倒，并迅速死亡为特征。病程多为 24 h。死因是心肌贫血、缺氧和传导阻滞所致。泥炭样腹泻出现在含高钼的泥炭地草场放牧数天后，拉稀呈水样。粪便无臭味，常不自主外排，随后出现后躯污秽，被毛粗乱，褪色为特点，铜制剂治疗明显。消瘦病呈慢性经过，开始表现为步态强拘，关节硬性肿大，屈腱挛缩，消瘦，虚弱，多于 4~5 个月死亡。被毛粗乱，褪色，仅少数病例表现拉稀。

（2）羊 原发性缺铜羊的被毛干燥、无弹性、绒化，卷曲消失，形成直毛或钢丝毛，毛纤维易断。但各品种羊对缺铜的敏感性不一样，如羔羊摇背症，见于 3~6 周龄，是先天性营养性缺铜症（也有人认为是遗传性缺铜），表现为生后即死，或不能站立，不能吮乳，运动不协调，或运动时后躯摇晃，故称摇背症。继发性缺铜的特征性表现为地方性运动失调，仅影响未断乳的羔羊，多发于 1~2 月龄，主要是运动不稳，尤其驱赶时，后躯倒地，持续 3~4 d 后，多数患羊可以存活，但易骨折，少数病例可表现下泻，如波及前肢，则动物卧地不起，但食欲正常。山羊缺铜与羔羊运动失调类似，但仅发生于幼羔至 32 月龄。

（3）梅花鹿　缺铜症与羔羊缺铜症类似，仅发生于年轻的未成年鹿，刚断乳或断乳小鹿，成年鹿发病少，表现运动不稳，后躯摇晃，呈犬坐姿势，脊髓神经脱髓鞘，中脑神经变性。

（4）猪　自然发生猪缺铜病例极少。病畜表现轻瘫，运动不稳，肝铜浓度降至 $3 \sim 14$ mg/kg，用低铜饲料实验性喂猪，可产生典型的运动失调，跗关节过度屈曲，呈犬坐姿势，补铜治疗，疗效显著。

（5）犬、猫　虽然不缺铁，但也表现出贫血症状。因缺铜造成含铜酶活性降低，导致骨骼胶原的强度下降，发生骨骼疾患，表现为骨骼弯曲、关节肿大、跛行，四肢易骨折。深色被毛的宠物，缺铜时易造成毛色变浅、变白，尤以眼睛周围为甚，状似戴白边眼镜，故有"铜眼镜"之称。

（6）鸡　自然发生的鸡缺铜症可有主动脉破裂，突然死亡。但发病率低，母鸡所产蛋的胚胎发育受阻，孵化 $72 \sim 96$ h，分别见有胚胎出血和单胺氧化酶活性降低。

【病理变化】

剖检可见病牛消瘦，贫血，肝、脾、肾内有过多的血铁黄蛋白沉着。犊牛原发性缺铜时，腕、跗关节囊纤维增生，骨骼疏松，骺端矿化作用延迟，羔羊地方性运动失调，尚有脱髓鞘，尤其是脊髓和脑室管道内脱髓鞘，大多数摇背症羊，还有急性脑水肿、脑白质破坏和空泡生成，但无血铁黄蛋白生成。牛的摔倒病，病牛心脏松弛、苍白、肌纤维萎缩，肝、脾肿大，静脉淤血。猪、犬、马驹和羔羊缺铜时，见有长骨弯曲，骨端肿大，关节肿胀，肋骨与肋软骨结合部肿大和骨质疏松等骨质变化。

【诊断】

根据病史，临床上出现的贫血，拉稀，消瘦，关节肿大，关节滑液囊增厚，肝、脾、肾内血铁黄蛋白沉着等特征性病变，补铜以后疗效显著，可做出初步诊断。确诊有待于对饲料、血液、肝脏等组织铜浓度和某些含铜酶活性的测定。如怀疑为继发性缺铜症，应测定钼和硫含量。

诊断中应区别寄生虫性拉稀，如肝片形吸虫、肠道寄生虫、球虫等，要根据粪便中虫卵及卵囊计数和对铜治疗效果而确定，还应与某些病毒性、细菌性和霉菌性拉稀，如病毒性腹泻、沙门菌、镰刀菌毒素等所致的拉稀相区别。羔羊摇背症和地方性运动失常与山黧豆属牧草中毒、羔羊白肌病、维生素 E 缺乏症所致脑软化症等混淆，后两者补硒有明显的疗效。牛的摔倒病以突然死亡为特征，生前常缺乏临床症状，应与炭疽、再生草热和某些急性中毒病相区别。

【实验室检验】

血红蛋白浓度降为 $50 \sim 80$ g/L，红细胞数降为 $2 \times 10^{12} \sim 4 \times 10^{12}$/L，相当多的红细胞内有 Heinz 小体，但无明显的血红蛋白尿现象，贫血程度与血铜浓度下降成正比。

牛血浆铜浓度从 $0.9 \sim 1.0$ mg/L 降至 0.7 mg/L 时，称为低铜血症。继续降至 0.5 mg/L 以下，则出现临床缺铜症。但继发性缺铜早期，可因高钼摄入而诱发血浆铜浓度升高，TCA 可溶性铜变化不大，现在把 TCA 不溶性铜浓度升高，TCA 可溶性铜与不可溶性铜间的比值下降，作为监测条件性缺铜的指标。

肝铜浓度变化非常显著，初生动物、幼畜肝铜浓度都较高，如牛达 380 mg/kg，羊为 430 mg/kg，猪为 233 mg/kg。动物生后不久因合成铜蓝蛋白，则肝铜浓度迅速下降，牛为 $8 \sim 109$ mg/kg，羔羊为 $4 \sim 34$ mg/kg。成年牛缺铜时，肝铜浓度从 100 mg/kg 降至 15 mg/kg，甚至仅 4 mg/kg。羊缺铜时肝铜浓度从 200 mg/kg 降至 25 mg/kg 以下。因此，当肝铜浓度(干物质)大于 100 mg/kg 为正常，肝铜浓度小于 30 mg/kg 时为缺乏。

缺铜使某些含铜酶活性改变，如血浆铜蓝蛋白活性下降，正常值为 $45 \sim 100$ mg/L 的，低于 30 mg/L 就是缺乏，缺乏程度与血浆铜浓度成比例。其他含铜酶(如细胞色素氧化酶、单胺氧化酶和超氧歧化酶)

活性下降，对慢性铜缺乏症有诊断意义。当铜浓度<0.4 mg/L，超氧歧化酶活性下降，可作为缺铜诊断的可靠指标。

【治疗】

治疗措施是补铜。犊牛从2~6月龄开始，每周补4 g，成年牛每周补8 g硫酸铜，连续3~5周，间隔3个月后再重复治疗1次，对原发性和继发性缺铜症都有较好的效果。动物饲料中应补充铜，或者直接加到矿物质补充剂中，牛、羊对铜的最小需要量是15~20 mg/kg（干物质），猪4~8 mg/kg，鸡5 mg/kg，食用全植物性饲料时为10~20 mg/kg，矿物质补充剂中应含3%~5%硫酸铜。50%钙和45%钴化盐及碘化盐加黏合剂制成的盐砖，供动物舔食，或将此混合盐按1%比例加入日粮中。如病畜已产生脱髓鞘作用，或心肌损伤，则难以恢复。

【预防】

在低铜草地上，如pH值偏低可施用含铜肥料，每公顷可施硫酸铜5~7 kg，几年内均可保持牧草铜含量。有试验证明，牧草铜从5.4 mg/kg提高至7.8 mg/kg，牛血铜浓度从0.24 mg/L升高至0.68 mg/L，肝铜从4.4 mg/L升高至28.6 mg/L，一次喷洒可保持3~4年。喷洒前需等降雨之后，或3周以后才能让牛、羊进入草地。碱性土壤不宜用此法补铜。

直接给动物补充铜。可在精料中按牛、羊对铜的需要量补给，或投放含铜盐砖，让牛自由舔食。内服硫酸铜溶液，按1%浓度，牛400 mL，羊150 mL，每周1次；妊娠母羊于妊娠期持续补铜，可防止羔羊地方性运动失调和摇摆症。羔羊出生后每2周1次，每次3~5 mL。预防性盐砖中含铜量，牛为2%，羊为0.25%~0.5%。用氧化铜装入胶囊投服，母羊4 g，牛8 g，用投药枪投入，可沉于网胃内而慢慢释放铜。用EDTA铜钙、甘氨酸铜或氨基乙酸铜与矿物质油混合做皮下注射，其中含铜剂量为牛400 mg，羊150 mg，羊每年1次，育成牛4个月1次，成年牛6个月1次，效果很好。另外，日粮添加蛋氨酸铜10 mg/kg也可预防铜缺乏。

铁缺乏症（iron deficiency）

饲料中铁缺乏或因某种原因造成铁摄入不足或铁从体内丢失过多，引起动物贫血、易疲劳、活力下降的现象，称为铁缺乏症。主要发生于幼龄动物，单纯依靠吮乳或代乳品，其中铁含量不足时而发生。多见于仔猪，其次为犊牛、羔羊和幼年犬、猫、禽等。

【病因】

原发性铁缺乏症，常发生于新生后3~6周仔猪；完全关禁饲养，并依靠饲喂牛乳和代乳品的犊牛、羔羊，乳中铁含量很少，每日仅获得2~4 mg铁，4个月龄内犊牛每日需铁约50 mg，如不在乳中加入可溶性铁强化，可出现贫血。

有人认为在生后几周死亡的仔猪，有30%与缺铁有关。初生仔猪并无贫血现象，但因体内储铁较少（一般50 mg），仔猪每增重1 kg，需21 mg铁，每日从乳汁中能获得1 mg铁，大约要动用6 mg储铁。因此，1~2周储铁就耗尽。生长越快的猪，储铁消耗越快。用水泥地面的圈舍饲养仔猪，更易患铁缺乏症，造成大批仔猪死亡，生活能力下降，产生很大的经济损失。

幼龄犬、猫，因生长发育迅速，靠母乳已不能满足对铁的需求，此时若不能从补饲饲料中获得足够的铁，就易患铁缺乏症。

继发性铁缺乏症见于大量吸血性内、外寄生虫（如虱子、圆线虫、球虫等），造成慢性失血，铁从体内、体表丢失。用高铜饲料喂猪，干扰铁的吸收。用尿素或棉籽饼作为动物蛋白来源，又未补充铁，或完全关禁饲养，都可引起铁缺乏症。产蛋率高的母鸡，每产一枚蛋，要消耗1 mg

铁，有时也可发生贫血。

【发病机理】

幼龄动物中除兔外，从母体内获得的铁都很少。动物体内有1/2以上的铁存在于血红蛋白中，以犬为例，血红蛋白铁占57%，肌红蛋白铁占7%，肝脏、脾脏储铁各占10%，肌肉铁占8%，骨骼铁占5%，其他器官和组织仅占2%。各种动物的血红蛋白铁含量在0.35%左右，所以每合成1 g血红蛋白，需要3.5 mg铁。此外，铁还与许多酶活性有关，如细胞色素氧化酶、过氧化氢酶。在三羧酸循环中，有1/2以上的酶含有铁，当机体缺乏铁时，首先影响血红蛋白、肌红蛋白及多种酶的合成和功能。随着体内储铁耗竭，出现血清铁浓度下降，肝、脾、肾中血铁黄蛋白铁含量减少，接着血红蛋白浓度下降。因动物品种不同，各种成分减少的程度也不同。猪除了血红蛋白浓度下降外，肌红蛋白含量减少，细胞色素C活性降低；犬则仅表现血红蛋白浓度降低，肌红蛋白、含铁酶活性变化不明显；鸡最早表现为血红蛋白减少，然后才有肌红蛋白、肝脏细胞色素C和琥珀酸脱氢酶活性的变化；而猪、犊牛及大鼠，过氧化氢酶活性均明显降低。血红蛋白降低25%以下，出现贫血。降低50%~60%，出现临床症状，如生长迟缓，可视黏膜淡染，易疲劳、易气喘、易受病原菌侵袭致病等，常因奔跑和激烈运动而猝死。

【症状】

幼畜缺铁的共同症状是贫血。临床表现为生长缓慢，食欲减退，异嗜，嗜睡，可视黏膜苍白，呼吸频率加快，抗病力弱，严重时死亡率高。

(1)贫血 常表现为低染性小红细胞性贫血，并伴有成红细胞性骨髓增生。血红蛋白降低，肝、脾、肾几乎没有血铁黄蛋白。血清铁、血清铁蛋白浓度低于正常，血清铁结合力增加，铁饱和度降低。

(2)血脂浓度升高 血清甘油三酯、脂质浓度升高，血清和组织中脂蛋白酶活性下降。

(3)肌红蛋白浓度下降 幼犬、仔猪、鸡和大鼠，实验性铁缺乏时，可表现为肌红蛋白浓度下降，骨骼肌比心肌、膈肌更敏感。

(4)含铁酶活性下降 缺铁的仔猪、犊牛、大鼠体内含铁酶如过氧化氢酶、细胞色素C活性下降明显。

仔猪铁缺乏症参见本书第三章第一节中"营养性贫血"。

【病理变化】

(1)犊牛、羔羊铁缺乏症 当大量吸血昆虫侵袭时，犊牛、羔羊可患缺铁性贫血。因铁丢失过多、铁补充不足，血红蛋白浓度下降，红细胞数减少，呈低染性小红细胞性贫血。血清铁浓度从正常时9.5 mmol/L降至3.7 mmol/L。

(2)犬、猫铁缺乏症 多因体内外寄生虫(如钩虫)和慢性出血等，或因消化道对铁吸收不足引起。单纯以吃奶为生的小崽，可出现生理性贫血。血球比容可降为出生时的25%~30%。犬、猫缺铁性贫血表现为小红细胞、低染性贫血。红细胞大小不均匀，异形性红细胞增多。骨髓中多染性细胞减少，网织红细胞消失。

【病程和预后】

缺铁性贫血的病程经过3~5周。治疗及时，多数病例能够康复。6周龄尚未好转的，预后多不良，往往死于腹泻、肺炎和贫血性心脏病等。

【诊断】

根据血液中血红蛋白、红细胞、血细胞压积(RCV)的测定值的变化情况及用铁制剂治疗的效果进行诊断。临床上应与自身免疫性贫血、猪附红细胞体病相区别：

自身免疫性贫血属溶血性贫血，常有血红蛋白尿和黄疸，而且发病年龄更早；猪附红细胞体病可发生于各种年龄猪，红细胞内可见到寄生原虫。另外，造成贫血的原因很少，如缺乏铜、钴、维生素 B_{12}、叶酸等，应注意区别。

【治疗】

补铁是本病治疗的关键措施，补铁可采用内服铁剂和注射铁剂。内服铁剂有 20 余种，如硫酸亚铁、延胡索酸铁、乳酸铁、山梨醇铁、枸橼酸铁等。其中，硫酸亚铁价廉、刺激性小、吸收率高，为首选药物，剂量为马、牛 2~10 g，羊、猪 0.5~3 g，犬 0.1~0.5 g，配成 0.2%~1% 水溶液内服，每日 1 次，连用 7~14 d。为促进铁的利用和吸收常配伍使用硫酸铜。

肌内注射的铁制剂有葡聚糖铁或右旋糖铁、氧化糖铁、胡精铁和葡聚糖铁钴等。兽医临床上常用的是葡聚糖铁和葡聚糖铁钴注射液。注射剂量以元素铁计算，仔猪为 200 mg，羔羊为 300 mg，一般不需重复注射。

继发性铁缺乏病，应积极治疗原发病。调整胃肠机能，补充营养，给予易消化富含营养的饲料。

【预防】

加强母畜的饲养管理，给予富含矿物质、蛋白质和维生素的全价饲料，保证母畜的充分运动。仔畜出生后 3~5 d 即开始补喂铁剂。补铁的方法有以下几种：①改善仔畜的饲养管理，让仔畜有机会接触外源性铁。如在仔猪舍添置土盘，以撒红黏土为最佳（富含氧化铁），1 月龄前的仔猪，每日啃食黏土 20~25 g，即可满足所需之铁。②内服含铁制剂。如仔猪每日给予 1.8% 硫酸亚铁4 mL，连续 7 d 内服，或于生后 12 h，一次内服葡聚糖铁或乳糖铁，以后 1 次/周，0.5~1.0 g/次，可充分防止贫血。犊牛每日内服 30 mg 铁，就能预防铁缺乏症。③肌内注射铁制剂，如右旋糖酐铁（以元素单位计算），仔猪 200 mg，羔羊为 300 mg，预防效果良好。

锌缺乏症（zinc deficiency）

锌缺乏症是由于饲料中锌含量绝对或相对不足所引起的一种营养缺乏症。临床上以生长缓慢、皮肤皲裂、皮屑增多、蹄壳变形、开裂，甚至磨穿、繁殖机能障碍及骨骼发育异常为特征。各种动物均可发生，猪、鸡、犊牛、羊等较为多见。有些皮毛动物因缺锌产生掉毛、消瘦而影响自身价值。

动物锌缺乏症在许多国家都有发生。据调查，美国 50 个州中有 39 个州土壤需要施锌肥，约有 400 万人患有不同程度的缺锌。我国北京、河北、湖南、江西、江苏、新疆、四川等地有30%~50% 土壤属缺锌土壤。有十几个省、市均报道了绵羊、猪、鸡等动物的锌缺乏症，以及补锌对动物生长发育和生产性能所起的良好效果。

【病因】

（1）原发性缺乏　主要是饲料中锌含量不足。一般蛋白质类食物中锌含量较高，海产品是锌的主要来源，奶类和蛋类次之，蔬菜和水果中锌含量少。长期以碳水化合物类饲料饲喂动物，易患本病。家畜对锌的需要量为 40 mg/kg，生长期幼畜、种公畜和繁殖母畜为 60~80 mg/kg，鸡对锌的需要量为 45~55 mg/kg。饲料锌水平和土壤锌水平密切相关，我国土壤锌含量变动在 10~300 mg/kg，平均为 100 mg/kg，总的趋势是南方的土壤锌高于北方，当土壤锌低于 10 mg/kg 时，极易引起动物发病。

（2）继发性缺乏　主要是饲料中存在干扰锌吸收利用的因素。已发现钙、磷、铜、铁、铬、碘、镉及钼等元素过多,可干扰锌的吸收。高钙日粮可降低锌的吸收,增加粪尿中锌的排泄量,减少锌在体内的沉积。饲料中钙：锌=(100~150)：1为宜,如饲料中钙达0.5%~1.5%,锌仅34~44 mg/kg,猪很易产生锌缺乏症。食物中高钙能减少犬对锌的吸收而造成锌缺乏症。饲料中植酸、维生素含量过高也干扰锌的吸收。

此外,消化机能障碍、慢性腹泻,可影响由胰腺分泌的"锌结合因子"(zinc binding factors)在肠腔内停留,而致锌摄入不足。某些遗传因素,如丹麦黑色花斑牛的遗传性锌缺乏症。

【发病机理】

锌参与多种酶、核酸及蛋白质的合成,锌有"生命的火花"之称。缺锌时,含锌酶的活性降低,胱氨酸、蛋氨酸代谢紊乱,谷胱甘肽、DNA、RNA合成减少,细胞分裂、生长受阻,动物生长停滞,增重缓慢。

锌是味觉素(gustin)的构成成分,每个味觉素内含2个锌原子,故缺锌会直接影响味觉和食欲。缺锌可造成食欲下降、异嗜和消化功能紊乱。锌参与激素合成,缺锌大鼠血中生长素含量减少,动物生长缓慢的原因之一。

锌可通过垂体—促性腺激素—性腺途径影响精子的生成、成活及发育。缺锌时性激素浓度下降,可引起公畜睾丸萎缩,生殖能力下降,顽固的夜盲症,补充锌则可很快治愈。缺锌可使母畜卵巢发育停滞,子宫上皮发育障碍,影响母畜繁殖机能。

锌作为碱性磷酸酶的成分,参与成骨过程。锌缺乏时,易得骨质疏松症。同时,缺锌使皮肤胶原合成减少,胶原交联异常,表皮角化障碍。胶原蛋白质减少,则细胞储水机制发生障碍,细胞结合水量明显减少,导致皮肤干燥而出现皱纹。

此外,锌还参与维生素A的代谢和免疫功能的维持,缺锌可以引起内源性维生素A的缺乏及免疫功能缺陷。

【症状】

锌缺乏可出现食欲减少,生长发育缓慢,生产性能减退,生殖机能下降,骨骼发育障碍,骨短、粗,长骨弯曲,关节僵硬,皮肤角化不全,皮肤增厚、皮屑增多、掉毛、擦痒,被毛、羽毛异常,免疫功能缺陷及胚胎畸形等。

(1)猪　食欲减退,生长缓慢。皮肤角化,腹部、大腿及背部等处皮肤出现红斑,然后转为丘疹,最后出现结痂、裂隙,形成薄片和鳞屑状,裂隙处有黏稠分泌物。蹄壳变薄甚至磨穿,在行走过程中留下血印。常见有呕吐和轻度腹泻。生长快速、饲料中添加促生长素的猪,断乳后7~10周龄最易发生,用干粉料饲喂的猪比用湿粉饲喂更易发生。病猪体增重减少,饲料报酬下降。母猪产仔减少,新生仔猪初生重降低。

(2)牛　犊牛食欲减退,生长缓慢,皮肤粗糙、增厚、起皱,甚至出现裂隙。皮肤角质化增生和掉毛,受影响体表可达40%,在嘴唇、阴户、肛门、尾端、耳郭、后跟的背侧、膝部、腹部、颈腹最明显。母牛健康不佳,生殖机能低下,产乳量减少,乳房皮肤角化不全,易发生感染。运步僵硬,蹄冠、关节、肘部、膝关节及腕部肿胀,膝关节软肿,患处掉毛。牙周出血,牙龈溃疡。

(3)绵羊　羊毛变直、变细,易脱落,皮肤增厚,皲裂。羔羊生长缓慢,流涎,跗关节肿胀,眼、蹄冠皮肤肿胀、皲裂。公羊羔睾丸萎缩,精子生成完全停止,当饲料中锌达32.4 mg/kg,可恢复精子生成。母羊缺锌时,繁殖力下降。

(4)山羊　实验性缺锌引起生长缓慢,摄食减少,睾丸萎缩,被毛粗乱,脱落,在后躯、阴囊、头、颈部出现皮肤角质化增生,四肢下部出现裂隙、渗出。

(5)家禽　鸡、火鸡最易缺锌,野鸡、鹌鹑也可发生。表现生长停滞,羽囊角化变性,羽毛稀疏，脚爪肿胀，关节肿胀，皮炎，皮肤鳞屑生成。仅以植物性饲料饲喂，可发生原发性缺锌，而加以大量钙、磷，可产生继发性缺锌。缺锌时，皮肤角化，表皮增厚，以翅、腿、趾部明显。长骨粗短，跗关节肿大，产蛋少，蛋壳薄，易碎，孵化率下降，胚胎畸形。躯干和肢体发育不全，有的脊柱弯曲缩短，肋骨发育不全或易产生胚胎死亡。

（6）犬、猫 生长发育缓慢，幼畜食欲减退、腹泻、消化紊乱、消瘦、发育停滞。先天性缺陷时，皮肤角化，皮屑增多，皮张质量下降。鼻、胸腹、颈部脱毛，身体上有色素沉着。结膜炎、角膜炎、腹部、肢端发炎。另外，公犬和公猫睾丸变小萎缩，母犬和母猫性周期紊乱，屡配不孕。有的发生骨骼变形。

【实验室检验】

绵羊和牛的血清锌正常值为 12.31~18.46 μmol/L，缺锌的犊牛和羔羊常降至 6.15 μmol/L 以下，仔猪由正常 15.08 μmol/L 可降至 3.38 μmol/L，血清碱性磷酸酶活性下降至正常时的 1/2。血清锌浓度下降至 0.3~0.4 mg/L 时，白蛋白下降，球蛋白增加。

【诊断】

根据特征性临床症状，如皮屑增多、掉毛、皮肤开裂、经久不愈，骨短粗等而做出初步诊断。补锌后经 1~3 周，临床异常迅速好转。血清、组织以及饲料中钙、磷、锌含量测定，钙、锌比的测定，可有助于诊断。

对临床上表现皮肤角化不全的病例，应注意与疥螨病、渗出性皮炎、烟酸缺乏症、湿疹、锰缺乏、维生素 A 缺乏、泛酸缺乏及必需脂肪酸缺乏等引起的皮肤病变相鉴别：疥螨病有奇痒，皮肤刮取物镜检能发现虫体，用杀虫剂有效；渗出性皮炎是湿润的脱屑性皮炎，而锌缺乏症为皮肤干燥、角化不全、痂皮易碎；烟酸缺乏症用烟酸治疗有效。

【治疗】

一旦出现本病，应迅速调整饲料中锌含量。按每千克饲料 0.3~0.5 mg 的剂量添加，连用 2~3 周，有很好的治疗效果。内服硫酸锌和碳酸锌，剂量为牛 0.5 g，绵羊 0.3 g，猪 0.2~0.5 g，驹（1~2 岁）0.2 g，加入水中或混于饲料中给予，每日 1 次，连用 3~4 周。或肌内注射碳酸锌，猪按 2~4 mg/kg，每日 1 次，连用 10 d；牛按 1 g/kg，1 次/周。或于皮肤患部涂布 10% 氧化锌软膏，也能奏效。

【预防】

应保证日粮中含有足够的锌，使钙、锌比为 100∶1。各种动物对锌的需要量一般在 35~45 mg/kg，但因饲料中干扰因素影响，常在此基础上再增加 50% 的量可防止锌缺乏症。如增加 1 倍量还可提高机体抵抗力，使增重加快。

在缺锌地区，饲料中应补加锌。常用效率高的碳酸锌或硫酸锌，而硫化锌利用效率较低。锌补加量按每吨饲料加碳酸锌 20~40 g 或硫酸锌 50~100 g，而美国的补加标准为 180 g。锌添加的安全范围很宽，加锌达 1 000 mg/kg 也无毒性反应。

地区性缺锌可施肥，每公顷施 7.5~22.5 kg 硫酸锌，或拌有机肥内施用，国外施用更大，此法对防治植物缺锌有效，但代价大。现在已有用锌和铁混在一起，制成锌铁丸，或把锌渗入可溶性玻璃内，投放入胃一次可持续 6~8 周，缺点是容易随粪排出，失去补锌作用。

锰缺乏症（manganese deficiency）

锰缺乏症是因饲料中锰含量绝对或相对不足的一种营养代谢病，临床上以骨骼畸形、繁殖机能障碍及新生畜运动失调为特征。畜禽表现为骨骼短粗，又称滑腱症，多呈地方性流行。各种动物均可发生，其中以家禽最易产生，鸡、火鸡、珍珠鸡、鸭、鹅，甚至野生禽如鹰、松鸡、鹌鹑等也有缺锰症报道。其次，是仔猪、犊牛、羔羊、绵羊、山羊、犬、猫等。

【病因】

原发性锰缺乏症是饲料锰含量不足。植物性饲料锰与土壤锰水平密切相关，沙土和泥炭土含锰不足，当土壤中锰含量低于 3 mg/kg，活性锰低于 0.1 mg/kg，即可视为锰缺乏。我国缺锰土壤多分布于北方地区，主要是质地松软的石灰石土壤，因为土壤 pH 值大于 6.5，锰以高价状态存在，不易被植物吸收。当饲料锰低于 20 mg/kg 时，母牛不发情，受胎率降低，公牛精液质量降低。NRC 规定动物对锰的需要量：牛 20 mg/kg，绵羊、山羊 20~40 mg/kg，猪 20 mg/kg。鸡的需要量变化较大，饲料含锰 30~35 mg/kg，可保证蛋鸡良好的体况和高产蛋量，要保持蛋壳品质，日粮锰含量应为 50~60 mg/kg。日粮中含锰 10~15 mg/kg，足以维持犊牛正常生长，但要满足繁殖和泌乳的需要，日粮锰含量应在 30 mg/kg 以上。各种植物中锰含量相差很大，白羽扁豆是高度锰富集植物，其中锰含量可达 817~3 397 mg/kg。大多数植物在 100~800 mg/kg，如小麦、燕麦、麸皮、米糠等，可满足动物生长需要。玉米、大麦、大豆含锰很低，分别为 5 mg/kg、25 mg/kg 和 29.8 mg/kg，畜禽若以其作为基础日粮可引起锰缺乏或锰不足。

继发性锰缺乏症是由于锰吸收障碍或需要过多引起。饲料中钙、磷、铁、钴元素可影响锰的吸收利用，饲料磷酸钙含量过高，可影响肠道对锰的吸收，用含钙 3%~6% 日粮饲喂蛋鸡，可明显降低组织器官、蛋鸡子代雏鸡体内锰的含量。锰与铁、钴在肠道内有共同的吸收部位，饲料中铁的含量过低，可竞争性地抑制锰的吸收。此外，饲料中胆碱、烟酸、生物素及维生素 B_2、维生素 B_{12}、维生素 D 等不足，机体对锰的需求量增多。

【发病机理】

锰是精氨酸酶、丙酮酸羧化酶、RNA 聚合酶、醛缩酶和超氧歧化酶等的组成成分，并参与三羧酸循环反应系统中许多酶的活化过程。锰还可以激活 DNA 聚合酶和 RNA 聚合酶，因此，对动物的发育、繁殖和内分泌机能必不可少；锰还是超氧化物歧化酶活性中心，与体内自由基清除关系密切；锰是正常骨骼形成所必需的元素，锰与黏多糖合成过程中所必需的多糖聚合酶和半乳糖转移酶的活性有关。锰缺乏时黏多糖合成障碍，软骨生长受阻，骨骼变形。胆固醇是合成性激素的原料，锰是胆固醇合成过程中二羟甲戊酸激酶的激活剂，锰缺乏时，该酶活性降低，胆固醇合成受阻，以致影响性激素的合成，引起生殖机能障碍。

【症状】

动物锰缺乏表现为生长受阻，骨骼短粗，骨重正常，腱容易从骨沟内滑脱，形成"滑腱症"。动物缺锰常引起繁殖机能障碍，母畜不发情，不排卵。公畜精子密度下降，精子活力减退。母鸡产蛋量减少，鸡胚易死亡等特征。

(1)禽类雏鸡　软骨生成有缺陷，关节肥大。主要是胫跗关节肥大，胫骨拧曲或弯曲，长骨增厚、变短、变粗。雏鸡懒于运动，强迫运动时，呈跗关节着地，并很快死亡。有些鸡胫骨、翅骨短粗，下颌骨缩短，呈鹦鹉喙，球形头。关节肿大和畸形的发病率达 30%~40%。两肢患病者，站立是腿呈"O"形或"X"形，一肢患病者，病肢短，悬垂，健肢着地。刚出壳鸡还显神经症状，如共济失调，呈观星姿势。雏火鸡、野鸡、松鸡、鹌鹑等均有发生。

8~20 日龄鸭最易出现临床症状。可有胫跗关节肿大，胫骨远端和跗骨扭曲，患鸭跛行，最后腓肠肌腱从跗部脱落，患肢完全残废，最终因采食困难而死。

成年母鸡产蛋减少，蛋受精率下降，鸡胚常于孵化至第 20、21 天死亡，死胚呈现软骨发育不良，腿短粗，翅、喙短小，头圆，肚大。75%鸡胚出现水肿，鸡蛋中锰含量降低。中雏受惊吓时，可表现神经症状，如惊厥、头向下、向上、甚至扭转向背部或勾入腹下，它们可以正常生长至成熟，但运动不稳，不可逆的步伐紊乱，与前庭平衡系统受损及耳生成有关。蛋壳易碎。有人用含6.5 mg/kg 和 100 mg/kg 锰的不同饲料喂鸡，前者产的蛋，其蛋壳破碎力为 3 kg，后者为 4.2 kg，而且蛋壳灰分中的锰增加，蛋壳不光滑。

重型鸡比轻型鸡更易患锰缺乏症。轻度缺锰鸡呈现典型的短腿、短翅、短身躯。

（2）反刍动物　犊牛的骨、关节先天性变形，生长不良，被毛干燥，褪色，钩爪，哞叫，肌肉震颤及至痉挛性收缩，关节扩大，腿拘曲，运动障碍。羔羊长骨变短，虚弱，关节疼痛，不愿移动，瘫痪。母羊、母牛繁殖性能下降，常有发情延迟，不能受孕，一侧或两侧性卵巢缩小。山羊发情不明显，妊娠期延长，流产、难产比率增多，常需多次配种或人工授精，约有 1/4 的羊在妊娠 3~5 个月流产。

（3）猪　锰缺乏时引起骨生长减慢，肌肉虚弱，肥胖，发情减少，无规律性，甚至不发情。胎儿吸收或产后不久死亡。腿虚弱，前肢弯曲，缩短。

（4）犬、猫　主要表现为骨骼畸形，腿短而弯曲、关节肿大、站立困难、不愿走动，有的表现为运动失调、抽搐。患病犬、猫往往生长停滞，生殖功能紊乱，发情延迟甚至不发情。

【诊断】

根据病史、临床症状和实验室检验即可确诊。如母畜繁殖机能下降，不孕，不发情，或屡配不孕；骨骼变形，短粗有滑腱表现，但骨骼灰分质量不变；新生仔畜常有关节肿大，骨骼变形，饲料锰常低于 40 mg/kg 等特点。测定土壤锰时，应注意土壤 pH 值的影响。血液、毛发的锰含量可作参考。

【实验室检验】

健康牛血液、肝脏、被毛锰含量分别为 0.18~0.19 mg/L、12 mg/kg、12 mg/kg，缺锰时则分别降至 0.05 mg/L、3 mg/kg、8 mg/kg，骨骼灰分及骨锰含量无明显下降。成年羊和羔羊毛锰为11.1 mg/kg 和 18.7 mg/kg，缺锰时仅为 3.5 mg/kg 和 6.1 mg/kg。

动物锰缺乏症与佝偻病症状类似，应注意鉴别。患佝偻病动物血中碱性磷酸酶活性增高，而锰缺乏时则降低，且补钙及维生素 D 后无疗效，可鉴别之。

【治疗】

禽患锰缺乏症，多把锰或锰的氧化物掺入矿物质补充剂中，或掺入粉碎的日粮内，所补充的锰很易进入鸡蛋内，改善鸡胚的发育，增加出壳率。同时，添加适量的胆碱和多种维生素，效果更好。锰的氧化物、过氧化物、氯化物、碳酸盐、硫酸盐等有同样的补锰效果。日粮锰的浓度至少为 40mg/kg。试验表明，当饲料锰含量在 100~200 mg/kg，饲料报酬高，腿病发病率最低（仅 2.5%~10%），雏鸡可用 1.0 g 高锰酸钾溶于 20 L 常水中饮用，每日 2 次，连用 2 d，间隔 2 d，再饮 1~2 d，可防治雏鸡后天性缺锰。

【预防】

猪日粮中锰含量一般能满足其需要，不再补充锰。牛、羊在低锰草地放牧时，犊牛每日给 2 g，成年牛每日给 4 g 硫酸锰，可防止牛的锰缺乏症。每公顷草地用 7.5 kg 硫酸锰，与其他肥料混施，可有效地防止锰缺乏症。

钴缺乏症（cobalt deficiency）

钴缺乏症是由于机体内钴不足引起的一种慢性消耗性营养代谢病。临床上以厌食、极度消瘦和贫血为特征。钴缺乏症以牛、羊等反刍动物多发，也可见于犬、马属动物和其他非反刍动物，即使限制在缺钴草场放牧，仍表现健康，生长正常。本病的发生不受品种、性别和年龄的限制，但以6~12月龄的生长羔羊最易感，绵羊比牛易感。本病一年四季均可发生，但在早春初夏多发。

【病因】

牧草低钴，牧草生长在风沙堆积性草场、砂质土、碎石或花岗岩石的土地，灰化土或是火山灰烬覆盖的地方，土壤钴含量低于0.11 mg/kg，易引起牧草钴缺乏症，但牧草钴与土壤钴含量二者的关系并不恒定。

饲草中钴含量不足是钴缺乏症的直接原因。牧草中钴含量与牧草种类、生长阶段和排水条件有关，如春季牧场速生的禾本科牧草含钴量低于豆科牧草，豆科牧草中钴含量较高，棉籽饼中钴含量可达2.0~2.1 mg/kg，普通牧草钴含量仅0.03~0.2 mg/kg；水稻中可溶性钴的比例随生长发育而逐渐减少，出穗期为60%，至黄熟期则减少至20%~25%。排水良好土壤上生长的牧草含钴量较高。因此，缺钴地区用干草和谷物饲喂动物，如不补充钴，容易产生钴缺乏症。有试验表明，当植物中钴含量低于0.01 mg/kg时，可发生严重的急性钴缺乏。牛、羊体况迅速下降，死亡率很高。钴含量为0.01~0.04 mg/kg，羊可表现急性钴缺乏，牛表现为消瘦病；含量为0.04~0.07mg/kg，羊可表现钴缺乏症，牛仅有全身体况下降；钴含量>0.07 mg/kg，小牛外观似乎健康，羊体况稍差；含量>0.1~0.3 mg/kg；牛、羊健康，繁殖能力良好。在加利福尼亚，牛吃了球茎草后，可患晕倒症，补充钴可预防，补充维生素B_{12}无效。

此外，土壤pH值、钙、镁、锰含量过高，可减少植物钴含量，易诱发本病。

【发病机理】

钴是动物必需微量元素，主要通过形成维生素B_{12}而发挥其生物学效应，无机钴盐也可直接发挥生化作用。

采食的钴约80%随粪便排出，反刍动物对可溶性钴的吸收比非反刍动物差。钴在体内储存量有限，只有在反刍动物的瘤胃中，钴才能发挥其生物学作用。这是因反刍动物瘤胃中的细菌生长、繁殖需要钴，饲料正常钴水平条件下，瘤胃微生物仅把3%左右的钴转变成维生素B_{12}，细菌在30~40 min可把瘤胃液中的钴转变为维生素B_{12}，维生素B_{12}不仅保证瘤胃原生动物的生长、繁衍，而且使纤维素的消化正常进行。如缺乏钴，则因维生素B_{12}合成不足，直接影响细菌及原生生物的生长、繁殖，也影响纤维素的消化。反刍动物缺乏钴，不仅对动物产生不利的影响，还影响细菌、纤毛虫等的生物活性，减少维生素B_{12}的体内合成，并由此而产生能量代谢障碍和造血功能降低。

反刍动物能量来源与非反刍动物不同，它主要由瘤胃产生的丙酸，通过糖的异生途径合成葡萄糖，并供给能量。在由丙酸转为葡萄糖的过程中，需要甲基丙二酸辅酶A变位酶参与。维生素B_{12}是该酶的辅酶，缺乏维生素B_{12}，产生反刍动物能量代谢障碍，引起消瘦、虚弱。

钴可加速体内储存铁的动员，使之容易进入骨髓。钴还抑制许多呼吸酶活性，引起细胞缺氧，刺激红细胞生成素的合成，代偿性促进造血功能。维生素B_{12}在由N'-5-甲基四氢叶酸转为有活性的四氢叶酸的过程中有重要作用，参与胸腺嘧啶核苷酸的合成。当缺乏维生素B_{12}时，胸腺嘧啶合成受阻，细胞分裂终止，导致巨细胞性贫血。

此外，钴能改善锌的吸收，锌与味觉素合成密切相关，缺钴时，食欲下降，出现异食癖。

【症状】

本病呈慢性经过，反刍动物饮食欲减退或废绝，异嗜，便秘，贫血，消瘦，被毛由黑变为棕黄色。羊毛、奶产量下降，毛脆而易断，易脱落，动物痒感明显，后期可有繁殖能力下降、拉稀、流泪，特别是绵羊，因流泪而使面部被毛潮湿，这是严重钴缺乏症的最明显特点。当牛、羊在缺钴草地放牧 6 个月内，这些症状日趋明显，症状出现后 3～12 个月可出现死亡。分娩或流产等应激作用下，可使病畜被迫淘汰。犬最突出的临床表现是可视黏膜苍白。

剖检可见病畜极度消瘦，肝、脾血铁黄素沉着，脾脏中更多。肝、脾铁含量升高。

【实验室检验】

钴缺乏动物常显贫血，红细胞数降至 $3.5×10^{12}$/L 以下，重症病例可降至 $2.0×10^{12}$/L 以下；血红蛋白含量降至 80 g/L 以下，红细胞压积减少至 25% 以下。红细胞大小不均，异形红细胞增多。

采集新鲜羊肝脏样品，测定钴含量，从正常的 0.2～0.3 mg/kg 降为 0.11～0.07 mg/kg；血液维生素 B$_{12}$ 可从 2.3 ng/mL 降低至 0.47 ng/mL；瘤胃中钴的浓度可从 1.3 mg/kg±0.9 mg/kg 降低至 0.09 mg/kg±0.06 mg/kg。

尿液中甲基丙二酸（MMA）和亚胺甲基谷氨酸（FIGLU）含量升高。健康动物尿液中这两种物质含量甚微，但当钴缺乏时，FIGLU 浓度可从 0.08 mmol/L 升高至 0.2 mmol/L，MMA 浓度可达 15 mmol/L 以上。尿液需静置 24 h 以上测定，应预先做酸化处理，以防 MMA 降解。补充钴或以后，尿液中几乎检测不出 FIGLU。测定 FIGLU 似乎比 MMA 更敏感。

此外，缺钴动物常可出现低糖血症（<3.33 mmol/L），碱性磷酸酶活性降低（<20 IU/L），经用钴治疗后，这些指标可迅速恢复正常。

【诊断】

当动物出现不明原因的消瘦、贫血、绵羊流泪，而反刍动物却不受影响时，可使用钴制剂治疗，观察动物采食量是否增加，体增重是否改善，可做出初步诊断。但确切诊断还需要进行土壤、饲料、血液和组织钴含量及其他生化指标的检测。

羊肝脏内维生素 B$_{12}$ 浓度<0.1 mg/kg 为钴缺乏，>0.3 mg/kg 为正常；肝脏钴浓度<0.07 mg/kg 为缺乏，>0.2 mg/kg 为正常。牛：血液钴<2～8 ng/mL 为钴缺乏，>10～30 ng/mL 为正常。

尿中甲基丙二酸<15 μmol/L 为亚临床缺乏，>15 μmol/L 为临床钴缺乏；尿液中亚胺甲基谷氨酸浓度从 0.08 mmol/L 升高至 0.2 mmol/L 时，为钴缺乏。

放牧动物，草场土壤钴含量在 3 mg/kg 以下，牧草钴浓度在 0.07 mg/kg 以下，均可作为诊断钴缺乏的指标。

在测试钴、维生素 B$_{12}$ 等指标时，要特别注意防止样品玷污。还应注意与寄生虫病、铜、硒和主要营养物质缺乏症相区别。

【治疗】

内服硫酸钴，每日每只羊 1 mg 钴，连服 7d，间隔 2 周重复用药；或每周 2 次，每次 2 mg 钴；或每周 1 次，每次 7 mg 钴；也有每月 1 次，每次 300 mg 钴，不仅可减少死亡，而且使动物生长改善。用药后 24 h，血清维生素 B$_{12}$ 升高。羔羊、犊牛在瘤胃未发育成熟之前，可用维生素 B$_{12}$ 注射，羊每次 100～300 μg，每周 1 次；或每次 1 mg 维生素 B$_{12}$ 注射，使吮乳羊在 40 周内、羔羊在 14 周内，免患钴缺乏症。试验证明，每 50 kg 体重给予 40～55 mg 钴，可使牛中毒，而羊、猪对钴的耐受性较大。

【预防】

预防本病可向饲料中直接添加钴盐，牛日粮中应含钴 0.06 mg/kg，羊日粮为 0.07 mg/kg 以上，最好在 0.1～0.3 mg/kg。放牧动物可在草场喷施含钴肥料，每公顷 405～600 kg 硫酸钴，或按 1.2～1.5 kg/hm^2 硫酸钴的量，每 3～4 年 1 次，也有较好预防作用。

在缺钴地区，用含 90% 氧化钴丸投入瘤胃内，羊 5 g，牛 20 g，最后沉入网胃，对防治钴缺乏是有效的。但年龄太小的犊牛或羔羊(2个月以内),效果不明显。因它们前胃发育不良,不能保留钴丸。给母畜补充钴,可提高乳中维生素 B_{12} 浓度,达到防止维生素 B_{12} 的作用。在草场上用含0.1%钴盐砖,让牛自由舔食,常年供给也有效地防止钴缺乏。

碘缺乏症(iodine deficiency)

碘缺乏症是由于动物机体内碘不足引起的一种慢性营养代谢病,又称甲状腺肿。临床上以繁殖障碍、黏液性水肿、脱毛、幼畜发育不良、流产和死产为特征,病理特征为甲状腺机能减退、甲状腺肿大。各种家畜、家禽均可发生。

本病世界各地均有发生,尤其是远离海岸线的内陆高原地带。在我国除了上海外,其他省区均有本病的发生。在缺碘地区,动物甲状腺肿的发病率相当高,如绵羊为60%、山羊为35%~70%、犊牛为70%~80%、猪为39%。

【病因】

原发性碘缺乏是因饲料和饮水中碘含量不足,动物碘摄入量不足引起。动物体内的碘来自饲料和饮水,而饲料和饮水中碘含量与土壤密切相关,土壤中碘含量因土壤类型而异。当土壤中碘含量低于0.2~2.5 mg/kg,饮水中碘低于5 μg/L,饲料碘低于0.3 mg/kg时,即可缺碘。

碘是植物的必需微量元素。碘缺少地区,植物中碘含量降低。不同品种的植物,碘含量不一样。海带中碘含量达4~6 g/kg,普通牧草碘含量仅0.06~0.5 mg/kg,除了沿海并经常用海藻作为饲料来源的地区外,许多地区如不补充碘则可酿成地区性缺碘。

继发性碘缺乏是因饲料中含有拮抗碘吸收和利用。有些植物中含有碘的拮抗剂,可干扰碘的吸收、利用,称为致甲状腺肿原食物。如硫氰酸盐、葡萄糖异硫氰酸盐、糖苷花生廿四烯苷,及含氰苷等降低甲状腺聚碘的作用。硫脲及硫脲嘧啶可干扰酪氨酸碘化过程,氨基水杨酸、硫脲类、磺胺类、保泰松等药物具有致甲状腺肿作用。包菜、白菜、甘蓝、油菜、菜籽饼、菜籽粉、花生粉甚至豆粉、芝麻饼、豌豆及三叶草等,其中甲状腺肿原性物质甲巯咪唑、甲硫脲含量较高。饲料中上述成分含量较多,容易引起碘缺乏,称为条件性碘缺乏症。

多年生草地被翻耕后,腐殖质中结合碘大量流失、降解,使本来已处于临界碘缺乏的地区,更易产生临床碘缺乏症。酸性土壤、用石灰改造后的土壤、饲料植物中钾离子含量太高等,可促进碘排泄,导致临床碘缺乏症的发生。此外,由于钙摄入过多干扰肠道对碘的吸收,抑制甲状腺内碘的有机化过程,加速肾脏的排碘作用,致甲状腺肿大。

【发病机理】

碘是动物必需的微量元素,甲状腺含碘最为丰富,体内70%~80%碘都集中在甲状腺中。甲状腺中的碘在氧化酶的催化下,转化为"活性碘",并与激活的酪氨酸结合生成一碘和二碘甲状腺原氨酸,最后生成甲状腺素,即三碘甲状腺原氨酸(T_3)和四碘甲状腺原氨酸(T_4),并与甲状腺球蛋白结合的 T_3、T_4 在溶酶体蛋白水解酶的作用下,生成游离 T_3、T_4 进入血液,到靶细胞发挥作用,真正发挥作用的是甲状腺素 T_3、T_4。

甲状腺素的排放是复杂的生物学过程,受下丘脑分泌的促甲状腺释放因子(TRF)和垂体分泌的促甲状腺素控制。甲状腺释放甲状腺素入血,并分布全身。当碘摄入不足或甲状腺聚碘障碍时,机体可利用碘缺乏,甲状腺合成和释放减少,血中甲状腺素浓度降低,对腺垂体的负反馈作用减弱,促甲状腺素释放激素和促甲状腺素分泌增多,甲状腺腺泡增生,目的在于加速甲状腺对碘的摄取、甲状腺素合成及排放。但因缺乏碘,甲状腺即使增生,仍不能满足动物的需要,因而形成促甲状腺素进一步分泌，甲状腺进一步增生的恶性循环，最终甲状腺肥大，形成甲状腺肿。体表触诊即可感知到肿大的甲状腺，严重时局部听诊可听到"嗡嗡声"的呼吸杂音。

低浓度的硫氰酸盐，可抑制甲状腺上皮代谢活性，限制腺体对碘的摄取。有些牧草、饲料性植物，如三叶草、油菜、甘蓝等，其中硫氰酸糖苷含量较高，甲状腺素的合成受到明显的影响。某些硫氧嘧啶类药物，对碘化酶、过氧化酶和脱碘酶有抑制作用，可干扰碘的代谢，最终导致甲状腺肿大。甲状腺具有调节物质代谢和维持生长发育的作用，缺碘时，由于甲状腺素合成和释放减少，幼畜生长发育停滞、全身脱毛，青年动物性成熟延迟，成年家畜生产、繁殖性能下降。胎儿发育不全，出现畸形。甲状腺素还可抑制肾小管对钠、水的重吸收。甲状腺机能减退时，水钠在皮下间质内潴留，并与黏多糖、硫酸软骨素和透明质酸的结合蛋白形成胶冻样黏液性水肿。给予甲状腺素后，黏蛋白被氧化和排出，同时水和盐排出增加，黏液性水肿消除。甲状腺素还加速骨溶解，使尿中钙、磷排出增多，并促进钾离子从细胞内释放排出。

【症状】

碘缺乏时，甲状腺激素合成受阻，致甲状腺组织增生，腺体明显肿大，生长发育缓慢、脱毛、消瘦、贫血、繁殖力下降。各种动物碘缺乏症的主要临床表现如下：

(1) 马 成年马繁殖障碍，公马性欲减退，母马不发情，妊娠期延长，常见死胎。新生驹体质弱，被毛生长正常，生后3周左右甲状腺稍肿大。多数不能独自站立，甚至不能吮乳，前肢下部过度屈曲，后肢下部过度伸展，中央及第三跗骨钙化缺陷，造成跛行和跗关节变形。严重缺碘地区，成年马甲状腺可明显增生、肥大，尤其是纯血品种和轻型马更敏感。

(2) 牛 成年牛甲状腺肿大，重达71 g，正常只有10 g左右。生殖力下降，公畜性欲减退，精液不良，母畜屡配不孕，性周期不正常。头日均产奶量下降1.0~2.7 kg，母牛妊娠率降低10.4%，配妊次数增加0.54次，一次情期受胎率降低8.9%，平均情期受胎率降低9.2%，产后配妊天数增加12.1 d，平均空怀天数增加23.2 d。流产，产死胎，弱犊，畸形胎儿。新生胎儿水肿，厚皮，被毛粗乱且稀少。犊牛生长缓慢，衰弱无力，全身或部分脱毛，骨骼发育不全，四肢骨弯曲变形致站立困难，严重者以腕关节触地，皮肤干燥、增厚粗糙。有时甲状腺肿大，可压迫喉部引起呼吸和吞咽困难，最终由于窒息死亡。死后剖检甲状腺重20~25 g，正常犊牛甲状腺重6.5~11 g。

(3) 羊 甲状腺肿大，流产，发情率与受胎率下降，其他症状不明显。新生羔羊表现虚弱，脱毛，不能吮乳，呼吸困难。触诊可见甲状腺增大为5.0~15 g，正常的甲状腺重1.3~2.0 g。皮下轻度水肿，四肢弯曲，站立困难，以致不能站立。山羊症状与绵羊症状类似，但山羊羔羊甲状腺肿大和脱毛更明显，脱毛可分为完全脱毛，周身被毛纤化，或外观基本正常3种类型。

(4) 猪 所生仔猪全身少毛、无毛，预产期推迟，体质极弱，生后1~3 d死亡，同时颈部皮肤黏液水肿，发亮。脱毛现象在四肢最明显，常于生后几个小时内死亡。存活仔猪，嗜睡，生长发育不良，由于关节、韧带软弱四肢无力，走路时躯体摇摆。

(5) 犬、猫 甲状腺肿大，甲状腺分泌不足。在犬、猫于喉后方及第3、4气管环内侧可触及肿大的甲状腺，通常比正常大2倍，肿大明显时，可见颈腹侧隆起，吞咽困难，呼吸困难，叫声异常，还伴有颈部血管受压的症状。由于甲状腺活力严重下降，可使正在生长发育的犬、猫发生呆小症，使成年犬、猫出现黏液水肿，临床上呈现被毛短而稀疏，皮肤硬厚脱屑，精神迟钝、呆板、嗜睡，钙代谢也发生异常。成年犬、猫发情不明显，甚至不发情，不易妊娠或胎儿被吸收；公犬、公猫睾丸缩小，精子缺失。

(6) 鸡 缺碘时，羽毛失去光泽，公鸡睾丸缩小，精子缺失。鸡冠缩小，性欲下降；母鸡实验性切除甲状腺后，产蛋量减少。母鸡对缺碘似乎能耐受，给予低碘饲料在相当长时间内没有产蛋减少和孵化率下降现象，有人用低碘饲料饲喂 35 周，而未影响孵化率和胚胎重。

(7)野生动物　啮齿类动物缺碘时，甲状腺肿大，生长停滞和死产；犬科动物缺碘时，甲状腺肿大，衰弱，死亡，新生动物胸腺和脾肿大，常伴有甲状腺癌；猫科动物缺碘时，生长停滞，被毛稀疏，皮肤增厚，头部增宽，腭裂。

【病理变化】

幼畜无毛，剖检可见甲状腺肿大、增生、掉毛及颈部黏液性水肿。新生犊牛的甲状腺重超过 13 g (正常 6.5~11.0 g)、新生羔的甲状腺重达 2.0~2.8 g(正常 1.3~2.0 g)。镜检可见甲状腺组织增生、肥大和新腺泡形成引起甲状腺肿大。大约有 50%病犬有高胆固醇血症，偶尔可有肌酸磷酸激酶活性升高，这可能与胆固醇或肌酸磷酸激酶在体内周转慢有关。血液中甘油三酯和脂蛋白含量增加。

【实验室检验】

健康反刍动物血清蛋白结合碘、尿碘、乳碘及甲状腺碘分别为 26~65 ng/mL、65~162 μg/L、20~90 μg/L 和 2~5 g/kg(干重)。缺碘时血清蛋白结合碘在 25 ng/mL 以下，乳碘为 10~30 μg/L，甲状腺碘在 1 200 mg/kg(干重)以下。犊牛 T_4 减少，低于 60 μg/L(正常 T_4 91.0 μg/L±56.0 μg/L)，T_3 增加，在 4.462 μmol/L 以上(正常 T_3 2.415 μmol/L±1.323 μmol/L)，T_4/T_3 减少(40 以下，正常 56±15)。

【诊断】

根据流行病学、临床症状(甲状腺肿大、被毛生长不良等)即可诊断。确诊要通过饮水、饲料、乳汁、尿液、血清蛋白结合碘(PBI)和血清 T_3、T_4 及甲状腺的称重检验。血液中 PBI 浓度明显低于 24 ng/mL，牛乳中低于 8 ng/mL，羊乳中低于 80 ng/mL，则碘缺乏。此外，缺碘母畜妊娠期延长，胎儿大多有脱毛现象。

测定已死的新生畜甲状腺重有诊断意义，羔羊新鲜甲状腺重在 1.3 g 以下为正常，1.3~2.8 g 为可疑，2.8 g 以上为甲状腺肿。腺体中碘的含量在 0.1%以下(干重)者为缺碘。

血清甲状腺素的浓度不太可靠，不仅因甲状腺浓度有季节性变化，而且受动物年龄、生理状态及肠道寄生虫等因素的影响。诊断中还应与传染性流产、遗传性甲状腺增生和马驹的无腺体增生性甲状腺肿大相区别。

【治疗】

碘缺乏症时应立即采取补碘措施。内服碘化钾或碘化钠，牛、马 2~10 g，猪、羊 0.5~2.0 g，犬 0.2~1.0 g，每日 1 次，连用数日。也可内服复方碘液(含碘 5%、碘化钾 10%)，10~12 滴/d，连用 20 d，间隔 2~3 个月可重复用药。还可饲喂碘盐(20 kg 食盐中加碘化钾 1 g)，采用这种含碘食盐对治疗动物碘缺乏症有良好的效果。

【预防】

通常情况下，动物对碘的需要量是：产乳牛(奶产量在 18 kg/d 以上)需 400~800 μg/d，干乳期牛 100~400 μg/d，绵羊 50~100 μg/d，猪 80~160 μg/d，鸡(2~2.5 kg)5~9 μg/d。使用含碘的盐砖让动物自由舔食，或者饲料中掺入海藻、海草类物质，或将碘化钾或碘酸钾与硬脂酸混合后，掺入饲料或盐砖内，浓度达 0.01%，能预防碘缺乏。

羔羊出生后 4 周，一次给予碘化钾 280 mg 或 360 mg 碘酸钾，妊娠 4 月龄或产羔前 2~3 周时，以同样剂量给母羊一次内服，可预防新生羔羊死亡。也有人主张在母畜怀孕后期，于饮水中加入 1~2 滴碘酊，产羔后用 3%碘酊涂擦乳头，让仔畜吮乳时吃进碘，也有较好的预防作用。

妊娠、泌乳牛饲料中应含 0.8~1.0 mg/kg(干重计)碘，空怀牛、犊牛饲料中应含 0.1~0.3 mg/kg 碘。或在肚皮、四肢间，每周 1 次涂擦碘酊(牛 4 mL，猪、羊 2 mL)，都有较好的预防作用。

另外，饲喂十字花科植物及其籽实副产品时，应加大补碘量，比正常补碘量增大 4 倍。

(尹志红　王金明)

第四节　其他代谢紊乱性疾病

营养性衰竭症(dietetic exhaustion)

营养性衰竭症是由于饲料中营养物质缺乏、摄入不足或机体能量消耗过多，机体能量代谢的异化作用加剧，造成体内脂肪、蛋白质和糖的加速分解和严重耗损，从而降低机体营养物质的储备而导致的一种慢性消耗性营养不良综合征，又称"瘦弱病"。临床上以体温下降、营养不良、肌肉萎缩、进行性消瘦、体质亏损、各器官功能下降为特征。

各种动物均可发生，但以马、牛尤其是水牛易患本病。老龄动物，重役牛，营养低劣、管理粗放的动物最常发生。放牧牛、羊在饲料短缺的冬春季节，可呈现群发性。目前，由于役用家畜减少和饲料工业的快速发展，这类疾病较少见。

【病因】

本病主要由于机体营养供给与消耗之间呈现负平衡所致。在营养不足的条件下，役用家畜由于过度劳累引起能量消耗增加；老龄家畜由于牙齿疾病、消化机能减退和吸收不良引起营养吸收减少；母畜由于快速重配、双胎及多胎妊娠和过度泌乳等引起营养消耗的增加；继发于某些传染病、寄生虫病的慢性消化紊乱、慢性消耗性疾病、慢性化脓性疾病等引起营养吸收减少或消耗增加，最终可引起贫血和恶病质，促使本病发生。

(1)马属动物　由于饲养管理及生活环境的改变，可发生营养性衰竭症。如蒙古马转迁到江南地区后，由原来放牧、不劳役改为舍内饲养、人工驾驭等；部分病马还由于过劳而兼有严重的寄生虫病(胃蝇蚴病、圆钱虫病、螨病等)、传染病(慢性鼻疽、恶性腺疫等)或化脓病(鬐甲瘘、额窦炎等)。

(2)役用耕牛　特别是水牛，秋季补料不足，冬季保膘不及时，加上劳役过重，或病牛患有慢性消耗性疾病(锥虫病、螨病、肝片吸虫病、血吸虫病等)和化脓病(肩峰瘘、创伤性网胃-腹膜炎等)。

(3)奶牛　主要是高产母牛，由于营养不足，或患有慢性消耗性疾病(结核病、布鲁菌病等)及慢性化脓病(脓毒性子宫炎和乳房炎、创伤性网胃腹膜炎、肾盂肾炎、肝脓肿、腐蹄病等)，以及球虫病、毛首线虫病、血孢子虫病等。

(4)猪　患慢性传染病(猪瘟、副伤寒、仔猪白痢、链球菌病等)，或伴有严重的寄生虫病(螨病、食管口线虫病、红色舌圆线虫病等)，或其他先天性和后天性营养不良和体重丧失，使其成为"僵猪"。

【发病机理】

由于动物饲料营养不足和劳役过重，引起体质营养供给和消耗之间的平衡失调，机体动员体内储备的糖原、脂肪和蛋白质分解供能。同时，由于消化机能障碍，摄取到的一些有限的营养物质也不能得到充分消化和吸收，致使营养得不到及时补充，加重了营养缺乏，引起营养不良。随着营养不良状态的发展,肝脏解毒机能降低,并在胃肠道有毒物质作用下,导致肝脏营养不良。特别是肌蛋白的自体分解,首先是骨骼肌,然后是心肌和胃肠道平滑肌,造成肝脏和肌肉中含氮、磷化合物严重消耗,热能反应降低,与糖代谢有关的葡萄糖磷酸激酶和肌凝蛋白所具有的三磷酸腺苷酶活性下降,从而产生营养性衰竭症的一系列临床反应,如渐进性消瘦、体温降低、心肌和胃肠道平滑肌菲薄、紧张度下降,导致胃肠道弛缓和充血性心力衰竭,以及免疫反应降低和低蛋白血症,最终导致机体营养衰竭。机体在营养不足时,首先动用体脂达90%,其次动用骨骼肌达30%。严重时,重要器官损耗达3%。

【症状】

进行性消瘦是本病的主要特征。动物被毛粗乱、无光泽、毛发逆立和脱落。皮肤枯干起皱、多屑,丧失固有弹性。黏膜呈淡红、苍白或灰暗不等,偶呈黄染。骨骼肌萎缩,肌腱紧张度下降,肌肉震颤,站立,无神。全身骨架显露,肋骨历历可数。通常有一定的食欲和饮欲,直至死前几天还能卧地采食,但食欲显著减少,咀嚼无力。后期由于心肌营养不良和心力衰竭死亡。

(1)体温 变动不大,有时偏低,皮温不整,末梢器官发冷。

(2)心血管系统 心力衰竭,心音亢进,可呈金属性,稍运动则见增快,脉搏衰弱,有时呈不感脉。

(3)呼吸系统 易疲劳,稍运动即见增数,甚至气喘,安静时呼吸缓慢而无力。

(4)消化系统 通常保留一定食欲和饮欲,但食量显著减少,通常到后期,食欲废绝,胃肠弛缓,或由便秘转变为腹泻。

(5)神经系统 精神沉郁,站立无力,头颈低垂,步态蹒跚,反射降低。

(6)血液 病程较长者有贫血现象,血液稀薄,色淡,或呈污秽的暗紫色。低蛋白血症,血凝固缓慢,红细胞和白细胞总数减少。

【病理变化】

以实质器官退行性营养不良和变性为病理特征。皮下脂肪及腹腔脂肪消失,皮下组织胶样浸润和肌腱坏死;肌肉和实质器官萎缩,黏膜、腹膜水肿、胶样浸润。瘤胃、盲肠容积缩小;肝脏稍肿大,呈土黄色,脂肪变性;肾大小正常,颜色变淡或呈土黄色;心肌色淡,菲薄,质地变脆,严重者出现如煮肉状条纹,冠状沟脂肪消失。

【诊断】

根据饲料状况,以及极度消瘦、久卧不起、体温下降、各器官功能障碍等特征性症状,可进行初步诊断。但应注意对原发性病因进行详细分析(如慢性传染病、寄生虫病等),方可做出病因学诊断。

【治疗】

治疗原则:维持水和电解质平衡,增加血容量,改善血浆内胶体渗透压,补充能量,促进机体同化作用,加强营养,改善管理。但本病治疗拖延时间较长,疗效不甚明显,死亡和淘汰率均比较高。

轻型病例经补糖、补钙和强心后,体况大多改善。中型病例首先用0.9%氯化钠注射液、5%葡萄糖注射液,纠正水与电解质不平衡。随后用10%~25%葡萄糖、维生素C,配合氯化钙5~10 g,慢速静脉滴注,当体况好转后可肌内注射三磷酸腺苷150~200 mg,以促进糖的利用。为纠正低蛋白血症,有条件的可静脉注射牛血浆1 500 mL,隔日1次,连续2~3次,或给予右旋糖酐2~3 L,复方氨基酸1 L静脉注射。待体质稳定后,可考虑用苯丙酸诺龙或丙酸睾丸酮,小量多次肌内注射,促进同化作用。前者80~120 mg,后者150~250 mg,间隔3~5 d1次。

加强护理，减少散热，体表盖以棉絮，注意厩舍保温，给予青绿多汁、易消化饲料，如胡萝卜、大白菜叶等，病牛不能起立时，应勤翻身，并垫以厚干草，或用吊器辅助站立，如能站立，则需人工辅助步行，活动筋骨，促进肢端以至全身血液循环。

对继发引起的营养衰竭症，则应针对原发性病因治疗，如驱虫、抗炎治疗等。

【预防】

加强饲养管理，保证动物的营养需要是预防本病的关键。在重役期合理补充高能日粮，并注意劳逸结合；秋冬季节注意复膘；外地购进动物，应了解当地饲养、使役习惯，逐步过渡；同时，应注意补充微量元素和维生素；定期驱虫，及时免疫，有计划地消除和预防慢性消耗性疾病发生。

异食癖（allotriophagia）

异食癖是指畜禽由于营养、内分泌、环境、心理和遗传等多种因素的改变，而引起一种以舐食、啃咬通常认为无营养价值而不应该采食的异物为特征的多种疾病综合征。临床上各种动物都可发生，以羊、猪、鸡、犬、狐狸等常见，且多发生在冬季和早春舍饲动物。羊主要表现食毛癖，猪表现咬尾咬耳症，禽类表现啄羽癖、啄头癖、啄肛癖、啄蛋癖、啄趾癖，毛皮动物表现自咬症等。

【病因】

引起本病的原因多种多样，一般认为与环境、营养和疾病因素有关。环境因素主要是指饲养密度过大，导致动物之间相互接触和冲突频繁，为争夺饲料和饮水位置，互相攻击咬斗，常易诱发恶癖；光照过强，光色不适，易导致禽啄癖；高温高湿，通风不良，圈舍空气中氨、硫化氢和二氧化碳等有害气体的刺激易使动物烦躁不安而引起啄癖。营养缺乏或配合不当等营养因素被认为是引起异食癖的主要原因。硫、钠、铜、钴、锰、钙、铁、磷、镁等矿物质不足，特别是钠盐的不足是常见原因；土壤钴含量为 1.5～2 mg/kg 时，该地区很易发生异食癖，若钴含量为 2.3～2.5 mg/kg 时，则不易发生异食癖；铜缺乏，钙、磷比例失调，以及长期饲喂过酸的饲料、硫及某些蛋白质与氨基酸的缺乏、某些维生素缺乏特别是 B 族维生素的缺乏等，均可导致体内代谢机能紊乱而诱发异食癖。一些临床或亚临床疾病也是引起异食癖发生的原因之一，如鸡白痢、球虫病、体内外寄生虫病、猪尾尖坏死、体表创伤等疾病本身不可能引起异食癖，但可产生应激作用而引起发病。

（1）食毛症　一般认为钙、磷、钠、铜、锰、钴等矿物元素缺乏，维生素和蛋白质供给不足是引起本病的基本原因，也有人认为饲料中硫及含硫氨基酸缺乏是主要原因。在低钴和低铜地区群发；在土壤、饲料和饮水中锌、钼含量高的地区，发病率较高。本病具有明显的季节性和区域性，发病仅局限于终年只在当地草场流行病区放牧的羊，特别是由于干旱缺水导致草场牧草匮乏时，给羊群补充高能量饲料（如玉米等）可立即促进发病。本病多发生在 11 月至翌年 5 月，1～4 月为高峰期，青草萌发并能供以饱食时即可停止。山羊发病率明显高于绵羊，其中以山羔羊发病率最高。

（2）禽啄食癖　在集约化饲养管理条件下，饲养密度过高造成的过度拥挤、舍内光照过强、过高的环境温度、不合理混养、饲槽或饮水器不足以及饲料单一、矿物质营养缺乏、体外寄生虫感染等均可引起发病。饲喂颗粒饲料、浓缩料、日粮中玉米比例过多或日粮高钙、低纤维也容易发病。饲料中的硫元素供应不足或含硫氨基酸缺乏也可诱发本病。

（3）猪咬尾咬耳症　任何引起不适的因素都可能引发猪咬尾咬耳症，如管理因素、疾病因素、环境因素、营养因素等应激刺激都可能是发病的原因。猪群饲养密度过大，饲料发霉变质，饲料异味或饥饿争食，或个别个体体表创伤出血等对猪有强烈的刺激作用，均可使猪相互攻击，群体内咬斗次数和强度明显增加；粪便堆积，通风不良，贼风侵袭，有害气体浓度增大；湿度过大，温度过高或过低，或温度骤变；光照太强或明暗明显不均也会诱发猪争斗行为。体内外寄生虫病、皮肤病等疾病因素引起行为异常也可能诱导本病。某种或某些营养素缺乏或过多，各种营养素之间平衡失调等均可诱发。

(4)毛皮动物自咬症　主要与营养性因素(如硒、锰、锌、铜、铁、硫、钴等元素缺乏)、体表寄生虫感染(如疥螨、痒螨、蚤等)、病毒性疾病以及其他疾病(如脑炎、肠炎、便秘等)有关。

【症状】

异食癖的共性表现，一般首先表现消化不良，出现味觉异常和异食症状。患畜舔食、啃咬、吞咽被粪便污染的饲草，舔食墙壁、食槽，啃吃墙土、砖瓦块、煤渣、破布等物。患畜易惊恐，对外界刺激敏感性增高，以后则反应迟钝。皮肤干燥，弹力减退，被毛松乱无光泽，拱腰，磨齿。先便秘，后下痢，或便秘下痢交替出现。贫血，渐进性消瘦，食欲进一步恶化，甚至发生衰竭而死亡。

(1)绵羊、山羊食毛症　病初，互相啃咬股、腹、尾等部位被粪便污染的被毛，或舔食散落在地面上的被毛。有的羔羊出生后即舔食母羊乳房周围的被毛，还常舔食土块、垫草、灰渣等异物。被啃食羊只，轻者被毛稀疏、重者大片皮肤裸露，甚至全身净光，最终因寒冷而死亡。病羊被毛粗乱、焦黄，大片脱毛，食欲减退，常伴有腹泻、消瘦和贫血。羔羊发生皱胃幽门或肠阻塞时，食欲废绝，排粪停止，肚腹膨大，磨牙空嚼，流涎，气喘，哞叫，摇尾，拱腰，回顾腹部，取伸展姿势。腹部触诊，有时可感到皱胃或肠道内有枣核至核桃大的圆形坚韧物。

(2)禽啄食癖　表现为啄羽癖、啄肛癖、啄趾癖、啄头癖、啄蛋癖不等。一旦在鸡群中发生，传播迅速，鸡只之间互相攻击和啄食，严重者可对某只鸡群起而攻之，造成死亡。啄羽癖家禽互相啄食彼此羽毛或啄食自身羽毛，或啄食脱落在地上的羽毛。开始时先从尾部、翅膀等部位啄起，以后扩展到全身羽毛，以致羽毛不整齐或全身无毛。被啄食家禽常常发生皮肤出血、感染。严重时，啄癖进一步发展为啄肛、啄趾、啄肉等，甚至导致死亡；啄肛癖是啄食肛门及肛门以下腹部的一种最严重的恶癖。啄肛癖在雏鸡患鸡白痢、球虫病时，肛门附有白色或血色粪便，而引起其他鸡的啄食。产蛋鸡由于产蛋体积过大，造成泄殖腔或输卵管外翻、肛门撕裂出血时，可引起追逐啄肛。严重时啄穿腹腔，并将内脏器官拉出，在肛门附近形成空洞，终因出血和休克死亡；啄趾癖最常见于圈养的雏鸡和幼龄斗鸡，因饥饿而诱发。生产中见于饲槽过高或远离热源使雏鸡找不到食物，也见于饲槽面积较小，部分弱小的雏鸡吃不到饲料。久而久之，就会啄自己或身旁雏鸡的脚趾。被啄的脚趾出血、肿胀，鸡行走困难呈现跛行，重者不能站立而蹲伏；啄头癖多见于笼养的断喙鸡群，即使分笼饲养，当鸡笼网眼过大时，鸡只仍然将头伸过铁丝笼的网眼，啄食临近笼中鸡的头部；啄蛋癖常见于产蛋高峰期母鸡，鸡只相互啄食彼此产的鸡蛋或自己所产鸡蛋，病鸡常把自己产的蛋啄食掉。

(3)猪咬尾咬耳症　被咬猪的尾巴和耳朵常出血。耳朵被咬时，容易反击，尾巴被咬时不容易反击，因此尾巴的伤害比耳朵严重。部分病例尾巴被咬至尾根部，严重者引起感染或败血症死亡。群体中一只猪被咬并处于弱势时，有时还可能被多只猪攻击，若未能及时发现和制止常造成严重的伤亡。

(4)毛皮动物自咬症　病前主要表现精神紧张，采食异常，易惊恐。发病时病兽咬自己的尾部、后肢、臀部或身体的其他部位，并发出刺耳尖叫声。轻者咬掉被毛、咬破皮肤，重者咬掉尾巴、咬透腹壁、拉出内脏。反复发作时，可因创伤感染而死亡。

【诊断】

根据特征性临床症状即可做出诊断，但要做出病因学或病原学诊断则十分困难。要进行病原学诊断，则须从病史调查、临床特征及实验室检查等方面具体分析，异食癖是多种疾病的一种临床综合征，只有进行病原学诊断，才能提出有效的防治措施。

【防治】

防治本病的关键是预防，要做好预防工作，首先必须确定病原或病因，在此基础上才能有的放矢地改善饲养管理。应根据动物不同生长阶段的营养需要，喂给全价配合饲料，当发现有异食癖时，可适当增加矿物质和复合维生素的添加量。对于有明显地区性的异食癖（如食毛癖）可根据土壤和饲料情况，缺什么补什么，对土壤中缺乏某种矿物质的牧场，要增施含该物质的肥料，并采取轮换放牧。在青草缺乏季节多喂优质青干草、青贮料，补饲麦芽、酵母等富含维生素的饲料。

（1）食毛症　在发病地区应对饲料的营养成分进行分析，有针对性地补饲所缺乏的物质。一般情况下，可用食盐40份、骨粉25份、碳酸钙35份、氯化钴0.05份混合，做成盐砖或营养缓释丸，任羊自由舔食或投服到瘤胃内缓慢释放。近年来，用硫化物主要是有机硫，尤其蛋氨酸等含巯基的氨基酸防治本病，效果良好。用硫酸铝、硫酸钙、硫酸亚铁、少量硫酸铜等含硫化合物治疗病羊可在短期内取得满意的疗效。在发病季节坚持补饲以上含硫化合物，硫元素用量可控制在饲料干物质的0.05%，或每只成年羊0.75~1.25 g/d，即能得到中长期预防和治疗效果，补饲方法以含硫化合物颗粒饲料为主。含硫颗粒饲料组方：硫酸铝143 kg、生石膏27.5 kg、硫酸铜5 kg、硫酸亚铁1 kg、玉米60 kg、黄豆65 kg、草粉950 kg，加水45 kg，制成直径为5 mm颗粒饲料，放牧羊20~30 g/d，也可盆饲或撒于草地上自由采食。

（2）禽啄食癖　鸡群中一旦发现有鸡被啄食，必须立即将被啄的鸡移出隔离饲养，如果多数鸡发生啄食，应将每个被啄鸡分开隔离饲养。具体应根据其发生的原因而采取相应的防治措施。及时断喙：实践证明，断喙是防止鸡群发生啄癖最经济最有效的方法，断喙时间最好选在5~9日龄进行。正确的断喙应在鼻孔前喙到嘴尖端的一半或鼻前喙的2 mm处，较理想的断喙应上喙比下喙短。掌握适宜的饲养密度：蛋雏鸡为1~3周龄25~35羽，4~6周龄12~18羽，育成鸡平养10~15羽，笼养不能超25羽（以上均为每平方米饲养量），一般养鸡场平面饲养每群为300~500羽。饲料配合要全价和平衡：饲料中应含有足够的优质蛋白质，尤其要含有一定数量动物蛋白、矿物质和各种维生素的含量要满足需要。同时，特别注意粗纤维、蛋氨酸、食盐、钙、磷及无机硫的供应。此外，经常饲喂一些沙粒，可有效地减少啄癖的发生。合理的光照：光照的强度以鸡可正常采食为原则，育雏鸡0~2周龄用20 lx，3周龄降至5~10 lx，育成鸡13~15 lx，产蛋鸡10~20 lx。应保持适宜的温度、湿度和通风：产蛋鸡的适宜温度15~25℃、相对湿度55%~65%，通风以能及时排除有害气体为宜。加强疾病控制：通过预防有效地控制肠道疾病和体表寄生虫病的发生，必要时采取药物治疗。加强管理：尽量减少应激转群、免疫等对鸡应激大的活动，应安排在晚上进行。经常巡视鸡群随时把被啄伤的鸡挑出来，如有饲养价值，可以在伤处涂些紫药水或碘酒，然后隔离饲养。据资料报道，鸡也可给予镇静药，使其精神安定，来预防恶癖发生。

（3）猪咬尾咬耳症　合理组群：应把来源、体重、体质、性情和采食习惯等方面近似的猪组群饲养，每一动物群的多少，应以圈舍设备、圈养密度以及饲养方式等因素而定。如猪在自然温度、自然通风的饲养管理条件下，每群以10~20头为宜，在工厂化养猪条件下，每群也不宜超过50头。同一猪群个体的体重相差不能太大，在小猪群内体重不宜超过4~5 kg，对于架子猪，不超过7~10 kg。饲养密度要适宜：以不影响动物正常的生长、发育、繁殖，又能合理利用栏舍面积为原则。在猪，一般3~4月龄每头需要栏舍面积以0.5~0.6 m² 为宜，4~6月龄以0.6~0.8 m² 为宜，7~8月龄和9~10月龄则分别为1 m²和1.2 m²；适时去势：对用于育肥的杂交仔猪，应在去势后育肥，既可提高育肥性能和胴体品质，又可防止咬尾的发生；仔猪及时断尾：是控制咬尾症的有效措施。方法是在仔猪生下的当天，在离尾根大约1 cm处，用钝口剪钳将尾巴剪掉，并涂上碘酊，或者仔猪生下后1~2 d结合打耳号，进行断尾。据资料报道，对出现咬尾现象的猪群采用饮水中添加安眠酮的办法，能迅速制止。具体做法是：约50 kg猪每头0.4 g，研碎后加入水中，饮水后10~30 min，咬尾行为完全消失，且不易复发。

（4）毛皮动物自咬症 建立种兽登记卡。记录种兽血缘关系、生产性能、生长发育，分析自咬症发病原因，对已发生自咬症的种兽公母及其家族彻底淘汰，不再留种用；保持饲养场肃静，减少环境噪声和剧烈的外界刺激，严禁吵闹喧哗；舍内光线要适宜，通风要好，尤其是在夏秋季节的自咬症易发生时期更应该注意，要给毛皮动物创造一个良好的外界环境条件；给种兽喂全价饲料，保证饲料质量好，不喂发霉变质的饲料，饲料要多样化，保证维生素B₁、维生素B₂、亚硒酸钠E粉、多种维生素和微量元素的供给量，动物性饲料占日粮的45%、玉米面45%、豆饼6%、酵母3%、维生素和微量元素1%，对自咬症有较好的预防作用。

牛、羊、猪猝死综合征(sudden death syndrome in cattle, sheep, and swine)

猝死综合征又称急性死亡综合征或暴死征，是指动物在临床上不出现明显症状而突然发生死亡的一类疾病总称，临床上具有发病急、病程短、死亡快、致死率高的特点。本病主要发生于牛、羊、猪，而马、兔、犬等也有发生，呈地方流行性或散发，冬春季节发病率高。

【病因】

引起本病的病因比较复杂，有传染性因素、中毒性因素、营养性因素、物理性因素以及各种应激刺激等。

（1）传染性因素 引起猝死综合征的传染性因素主要有细菌、病毒、寄生虫等，这些病原感染家畜后可导致败血症或毒血症，导致家畜急性死亡。细菌主要有炭疽杆菌、魏氏梭菌、腐败梭菌、溶血梭菌、多杀性巴氏杆菌、肺炎克雷伯氏菌、凝结芽孢杆菌、李斯特菌、大肠埃希菌、沙门菌和变形杆菌等。四川省从达州市达川区83头猝死耕牛中分离出多杀性巴氏杆菌、凝结牙杆菌、肺炎克雷伯氏杆菌亚种、李斯特菌、大肠埃希菌、沙门菌、变形杆菌等；河南省诊断为巴氏杆菌与魏氏梭菌混合感染；山东省对菏泽"猝死症"山羊进行病原学分离，鉴定为凝结芽孢杆菌和肺炎克雷伯氏杆菌亚种混合感染，并分离菌株制成蜂胶灭活苗，经试验使用山羊均获得了保护；江苏省从28头猝死牛、羊、猪、犬脏器中分离出魏氏梭菌、腐败梭菌、气肿疽梭菌、变形杆菌、沙门菌、溶血性巴杆菌和蜡样芽孢杆菌，并认为病原梭菌是家畜猝死的主要原因之一。近年来，魏氏梭菌是目前家畜猝死综合征报道最多、分离频率最高的病原(A型占优势，少数为B型、C型和D型)。多数与多杀性巴氏杆菌混合感染而猝死，少数与其他细菌混合感染如腐败梭菌、肺炎克雷伯氏菌。也有单独感染。由本病原引起动物猝死的地方有宁夏、青海、河北、四川、吉林、河南、福建等地。凡是能造成家畜机体抵抗力下降的因素均可导致魏氏梭菌大量增殖，产生毒素侵入血液造成中毒死亡。病毒主要有冠状病毒和黏膜病毒，目前很难断定这两种病毒尤其是冠状病毒的确切作用，但病料中冠状病毒的检出率较高，特别是心肌组织含毒量最高，用两种病毒培养物单独或联合对黄牛静脉注射，可使黄牛抵抗力降低。寄生虫有巴贝氏焦虫，常见于牛焦虫病引起急性猝死。

（2）中毒性因素 在放牧畜群中，猝死综合征可能是由于家畜摄入了某些有毒植物而引起急性膨胀、低镁血症、氰化物、亚硝酸盐及氟醋酸盐中毒；也可能是由于池塘和湖泊里的藻类中毒引起急性间质性肺炎；也可以是由某些植物引起，如夹竹桃、银合欢、野决明、乌头、毒芹等引起急性心肌病和心力衰竭。家畜误食被重金属元素（如砷、汞、铅）污染的饲料或饮水，引起急性中毒，严重者导致急性胃肠炎，内呼吸障碍，可因心房颤动而迅速死亡。牛、羊等反刍突然改食谷类或高糖日粮，在瘤胃中迅速形成大量乳酸导致乳酸中毒而引起急性死亡。家畜误食化学毒物诱饵剂或被污染的植物、谷物、饲料和饮水导致中毒，常见的有氟乙酰胺中毒、氰化物中毒、莫能菌素中毒、有机磷中毒等，特别是氟乙酰胺中毒无明显前驱症状，发病后家畜突然跌倒，剧烈抽搐、惊厥或角弓反张，迅速死亡。有的可暂时恢复，但心跳快，节律不齐，卧地战栗，又立即复发，终因循环衰竭而死亡。国内许多资料报道，导致我国家畜发生猝死的主要毒物是氟乙酰胺。松荣华（1996）采集了 10 例猝死症黄牛瘤胃内容物，均发现有氟乙酰胺存在，检出率为 100%。郭长明等（1997）对河南南阳 177 例猝死症家畜进行病因学分析，认为主要是有机氟中毒所致。

（3）营养性因素 硒是动物体营养代谢过程中必需的微量元素和重要的辅酶物质，直接参与蛋白质合成和细胞的抗氧化过程。血清中硒下降导致心肌损伤，脑软化，同时引起骨骼肌和肝、肾组织的变性坏死。如果饲料中硒或维生素 E 缺乏引起的家畜营养性心肌病，可导致心力衰竭而急性猝死。我国黑龙江、吉林、辽宁、内蒙古、河北、山东、山西、陕西、甘肃、河南、四川、贵州及云南等地普遍缺硒，在这些地区畜禽缺硒症较多见，常引起畜禽大批猝死。也有铜缺乏引起黄牛猝死的报道。

（4）物理性因素 各种物理性因素，如日射、雷电、电击、创伤、挫伤和震荡等可对大脑及神经组织直接造成损伤，引起严重的神经功能障碍和循环衰竭而死亡。如严重的创伤、挫伤或震荡可导致急性休克而猝死。

（5）各种应激刺激 导致肾上腺皮质机能障碍，引起急性心力衰竭突然死亡。耕牛猝死综合征发病的主要季节适值每年的春播及秋收之时，饲料突然改变，导致动物机体代谢障碍，同时家畜经长时间休闲后突然加大使役强度导致急性心力衰竭而猝死。用猪瘟疫苗预防注射时引起仔猪过敏反应，也可发生急性死亡。

（6）其他因素 牛急性心血管栓塞、马主动脉破裂或心房破裂或遗传性主动脉瘤或蠕虫性肠系膜动脉瘤、猪食管、胃溃疡或肠道出血性综合征、赛马由于训练而诱发剧烈的心力衰竭等，均可引起自发性内出血而急性猝死。也见于马胃肠破裂、牛皱胃破裂、膀胱破裂和产驹母马的结肠破裂时，由于大量的胃肠内容物进入腹膜腔而引起最急性型内源性毒血症。新生动物，尤其是驹暴发性传染病引起最急性型内源性毒血症。毒蛇、毒蜂、毒蜘蛛、蝎子等有毒动物咬伤、叮伤家畜引起最急性型外源性毒血症导致家畜猝死。对兴奋的牛静脉注射过量的钙盐溶液，或对患有肺水肿的动物输液太快，或静脉注射普鲁卡因青霉素悬浊液，或给马静脉注射一些过敏原，或胃导管灌药时灌入气管均可造成医源性猝死。

【症状】

最急性型无前驱症状，突然发病，常在使役中或休息时死亡；部分病例在采食中或食后一段时间，死前突然倒地，四肢痉挛、哞叫几声后迅速死亡，病程多在数分钟或 1 h 内。急性型病畜多数在休闲状态下，突然发生肩胛或后肢臀部肌肉震颤，耳鼻发凉，被毛逆立，有的口鼻流涎，可视黏膜发绀，继而后肢无力，倒地，抽搐，迅速死亡，病程为几小时。亚急性型，病初食欲减少或废绝，有腹痛表现，粪便稀，尿少、尿频，体温正常或偏低，心跳快，心音强，呼吸困难，精神沉郁，流涎，病畜呈阵发性不安，精神高度紧张，后肢蹒跚，肌肉震颤，病程 2~3 d 最终死亡。

【病理变化】

病理变化以组织广泛性出血为特征。可见胃肠黏膜脱落，消化道充血、出血；实质器官均有淤血、出血，肝、脾肿大或变性；心耳、心内膜有出血点或出血斑，有的心肌变性或出血性坏死；脑膜充血、出血，脑室微血管出血，延脑、脑桥有出血点或淤血灶。

【诊断】

根据病史及流行病学调查，以及病畜发病急、病程短、无明显症状、死亡率高等临床特点，可做出初步诊断。要做出病因学诊断十分困难，需采病畜内脏、淋巴结、胃肠道内容物等病料进行细菌学、病毒学及毒物学等方面的检查。

【防治】

关键在于查明病因，采取针对性地预防。魏氏梭菌引起的猝死综合征，目前尚无有效的治疗方法。急性型和亚急性型病畜主要采取对症疗法，肌内注射抗生素预防继发感染，同时通过强心、补液、补充维生素 C、B 族维生素等，促进病畜康复。氟乙酰胺引起的猝死综合征，病初可用 1∶5 000 高锰酸钾溶液或饱和石灰水洗胃，然后灌服氢氧化铝溶胶，最后用盐类泻剂清除消化道毒物。同时，肌内注射特效解毒药解氟灵。魏氏梭菌引起的牛羊猝死综合征，主要用菌苗进行预防，可以起到良好的预防效果，有羊快疫猝疽肠毒血症三联苗、魏氏梭菌多价浓缩灭活菌苗、魏氏梭菌病四联浓缩灭活菌苗。对于氟乙酰胺、有机磷、重金属元素等毒物引起的猝死综合征，平时要加强饲养管理，防止有毒有害物质污染饲料饮水，强化氟乙酰胺灭鼠药等使用登记制度，中毒死鼠及时深埋，以防误食。缺硒地区，通过在饲料中添加硒和维生素 E，来减少本病的发生。

母猪产仔性歇斯底里(farrowing hysteria in sow)

母猪产仔性歇斯底里是青年母猪产仔时经常发生的，以攻击仔猪、导致严重损伤，甚至致死的一种综合征。母猪食仔癖通常不是该综合征的特征。

【病因】

本病发病原因复杂，至今不清楚。可能与遗传因素、环境因素、母猪的行为学改变有关。

【症状】

患病母猪极度敏感和不安，对外界刺激高度敏感，当仔猪出生后初次吸吮母猪奶头时或者接近其头部时，母猪往往躲避，或攻击仔猪，甚至撕咬仔猪，造成仔猪受伤，严重者导致死亡。

【治疗】

母猪产仔时一旦出现该综合征的症状，可将刚出生仔猪及其余的仔猪转移到一个温暖安静的环境中。待分娩结束后，再检查该母猪是否能接受其所产的仔猪。如果仍不能接受，可给患病母猪使用安定类药物，保证仔猪能得到初次吸吮母猪奶头的机会。经过一段时间，患猪一般会接受自己的仔猪。

【预防】

如果母猪群有母猪产仔性歇斯底里的病史，为了防止本病的发生，母猪在生产时可根据情况适当使用镇静类药物预防。母猪可用苯二氮卓类药物，如地西泮注射液 1~7 mg/kg，肌内注射；也有人推荐用吩噻嗪类药物氯丙嗪，盐酸氯丙嗪注射液 1~3 mg/kg，肌内注射。另外，发现牙齿异常的仔猪应及时修剪，避免因吸吮奶头使母猪感到疼痛，继而促进本病的发生。

(蒋加进 孙卫东)

肉鸡腹水综合征(ascites syndrome in broilers)

肉鸡腹水综合征又称肺动脉高压综合征(pulmonary hypertension syndrome, PHS),或右心衰竭症(right heart failure, RHF)。因氧缺乏等多种因素引起,主要危害快速生长幼龄肉鸡,临床特征为浆液性液体在腹腔内积聚,右心扩张肥大,肺部淤血水肿和肝脏病变。本病已广泛分布于世界各地,与肉鸡猝死综合征和软腿病一起被称为危害肉鸡的三大疾病。

【病因】

肉鸡腹水综合征的病因较为复杂,包括遗传、营养、饲养管理、环境、孵化条件、应激、霉菌毒素、药物中毒和疾病等。归纳起来主要有遗传因素、原发因素和继发因素三大类。

(1)遗传因素 本病常见于快速生长型的肉鸡,如 AA 和艾维茵的腹水综合征发病率一般高于其他品种,且肉用公鸡的发病率较母鸡要高。这是长期以来育种学家不断追求肉鸡生产性能提高而进行遗传选育的结果。肉鸡快速生长,心肺解剖结构并未得同步发育,其功能也未得同步提高。随着体重的迅速增加,其心脏和肺脏重与体重的比值越来越小,供氧能力接近极限,超出肺系统发育与成熟的程度,形成异常的血压-血流动力系统。加上肉仔鸡前腔静脉、肺毛细血管发育不全,管腔狭窄,血流不畅,造成肺血管、特别是肺静脉乃至肝静脉淤血,大量液体通过肝脏渗出,进入腹腔而形成腹水。

(2)原发因素

①缺氧:高海拔地区的氧分压低,空气中氧气浓度低(高原性缺氧),低海拔或海平面地区肉鸡腹水综合征的发生则与未处理好保温和通风的关系等因素,如育雏期间只注意保温而紧闭鸡舍门窗;育雏设备简陋,用塑料(或尼龙)薄膜搭成小空间的棚舍,使育雏室内空气流通不良;采用煤炉或木屑炉保温,大大增加了鸡舍内的耗氧量;不及时更换垫料,舍内通风不良,一氧化碳、二氧化碳、氨气及尘埃含量升高,加之高密度饲养加剧了鸡舍小环境缺氧;肉鸡本身的快速生长和高代谢率对氧的需要增加,结果导致机体的相对缺氧。

②低温(寒冷):本病多发生于冬春季节,提示环境寒冷(低温)在腹水综合征的发生上起着重要作用,许多研究者模拟低温成功地诱发了本病。

③饲料和饮水:高能量、高蛋白日粮或颗粒(浓缩)饲料,均可增加肉鸡腹水综合征的发生,这是因为高能量和高营养饲料,可使肉鸡获得较高的生长速度。此外,日粮或饮水中高钠、高镍、高钴,日粮中使用含过量芥子酸的菜籽油、酸碱水平失衡,被浸提剂(己烷)、甲酸、巴豆、吡咯烷生物碱等污染均可易引发本病。

④孵化条件:种蛋的孵化过程实际上是鸡胚心、肺等器官的发育过程,胚体对孵化过程环境条件的变化异常敏感。任何导致孵化器内氧含量不足的情况均可使新生雏鸡腹水综合征发生率升高。

⑤其他:应激、肠道内的氨产生、内毒素也是腹水综合征的触发因子。高氨环境在腹水综合征发生中的确实作用尚未证实,是否与脲酶抑制剂应用有关,尚待研究。

(3)继发因素 根据试验研究和现场实际观察,肉鸡 AS 的继发性因素包括以下几个:

①病原微生物因素:如曲霉菌肺炎、大肠杆菌病、鸡白痢、肉鸡肾病型传染性支气管炎、衣原体病、新城疫、禽白血病、病毒性心肌炎等。

②中毒性因素:如黄曲霉毒素中毒、食盐中毒、离子载体球虫抑制剂中毒(如莫能菌素中毒)、磺胺类药物中毒、呋喃类药物中毒、消毒剂中毒(甲酚、煤焦油)等。

③营养代谢性因素：如硒和维生素 E 缺乏症、磷缺乏症等。

④先天性心脏疾病：如先天性心肌病、先天性心脏瓣膜损伤等。

这些因素可引起心、肝、肾、肺的原发性病变，严重影响心、肝和肺的机能，从而引起继发性腹水。此外，肉鸡腹水症的发生还与甲状腺素分泌不足，可的松浓度较高有关。

【发病机理】

研究者们通过不同角度对肉鸡腹水综合征的发病机理进行了大量研究，目前存在多种理论。有观点认为，在肉鸡腹水综合征的形成过程中一氧化氮参与了肉鸡肺血管重构，而肺血管结构重建被认为是持续性或慢性缺氧和高压因素协同作用导致肺血管的结构变化的结果：一方面，缺氧可直接诱导血管内皮细胞、平滑肌细胞和成纤维细胞增殖，使胶原等细胞外基质成分分泌增多，从而造成肺动脉壁增厚和顺应性降低；另一方面，高压时血流剪切力增高，通过内皮细胞的感受，诱导多种生长因子相关基因的转录和表达增多，介导肺动脉平滑肌细胞和成纤维细胞增殖，进而使大动脉收缩。阻力血管段即肌性动脉段中层肥大和微循环重构，非阻力血管段即部分肌性动脉段和非肌性动脉段管壁中的中间型细胞和周细胞转化为平滑肌细胞，使肌性动脉段增加，延长了阻力血管段。阻力血管段延长和管壁肥厚使血管阻力增大，肺动脉压升高，最终引起肺动脉高压（pulmonary hypertension，PH），右心肥大，最后形成腹水。另外，酸中毒论认为，当肉仔鸡电解质平衡失调时，局部氢离子浓度发生变化，产生酸中毒，引起血管收缩，尤其肺部血管收缩，导致肺动脉压升高，发生肺水肿，并产生腹水。

【症状】

绝大多数病鸡表现为生长迟缓，精神不振，羽毛松乱，食欲减少或废绝，垂翅喜卧，体温正常，有的排灰白色或黄绿色稀粪。腹部膨大，触之有波动感。腹腔穿刺，流出数量不等的淡黄色透明液体；病鸡不愿站立，常以腹部着地，呈"企鹅状"。冠和肉髯暗红或苍白皱缩。心跳加快，呼吸急促，部分病死鸡可见腹部皮肤发绀。腹水往往发展很快，且病死率很高，常在腹水出现后的 3~7 d 死亡。本病多发于 2~7 周龄快速生长期的肉用仔鸡。

【病理变化】

特征性的病理剖检变化为腹水，心脏及肺脏病变。腹腔见有数量不等的淡黄色清亮液体，几十到几百毫升不等，腹水中混有纤维素性半透明胶胨样凝块，无特殊臭味和腐败味。心包积有清亮液体，有时见心包膜增厚，心脏体积增大变圆，右心肥大，右心室扩张，心壁变薄，心肌柔软，心腔内常充满凝固的血液。肺严重淤血或水肿，小点出血，间有实变区。肺小叶间动、静脉充血，管壁结构疏松，有的出现空泡，血管周围见有水肿性"袖套"现象。副支气管管腔扩张或狭窄，充满浆液和红细胞，周围的平滑肌萎缩，黏膜单层上皮增生，部分病例可见结缔组织增生。此外，常可见肝脏表面附着有大量淡黄色胶胨状纤维蛋白凝块，肝肿大或萎缩，有的肝脏表面凹凸不平，色淡而质地变硬。肝静脉和肝门静脉怒张呈索状，充满血液。肠管管壁增厚、充血或水肿，肠系膜静脉淤血扩张呈树枝状。肾肿大淤血。法氏囊和胸腺不同程度萎缩。胸肌、腿肌不同程度淤血，色暗红。

【诊断】

根据病史、临床表现和典型的病理变化，不难做出初步诊断。可进一步测定红细胞压积、右心室和心室总质量的质量比（一般认为低于 0.25 为正常，在 0.25~0.299 可怀疑为中度右心室肥大，0.299 以上则为严重的右心室肥大信号）、动脉压指数（arteriole pressure index，API）、腹水心脏指数（ascites heart index，AHI）、血液中肌钙蛋白（Tn）含量（其临界值在 35~49 日龄的肉鸡为 0.25~0.30 ng/mL）以及实验室检验进行确诊。

【治疗】

肉鸡腹水综合征一旦出现临床症状，往往达不到理想治疗效果，应以预防为主，常用的防治方法有以下几种。

(1)腹腔抽液　在腹部消毒后用 12 号针头刺入腹腔抽出腹水，然后注入青霉素、链霉素各 2 万 IU(μg)或选择其他抗生素，经 2~4 次治疗，可使部分病鸡康复。

(2)利尿剂　双氢克尿噻 0.015%拌料，或口服，每只 50 mg，每日 2 次，连服 3 d；双氢氯噻嗪 10 mg/kg 拌料，也可口服 50%葡萄糖。

(3)碱化剂　碳酸氢钠(1%拌料)或大黄苏打片(20 日龄雏鸡每日每只 1 片，其他日龄的鸡酌情处理)。碳酸氢钾 1 g/kg 饮水，可降低肉鸡腹水综合征的发生率。

(4)抗氧化剂　在日粮中添加 500 mg/kg 的维生素 C，成功地降低了低温诱导的肉鸡腹水综合征的发病率。在饲料中添加 100 mg/kg 的维生素 E，选用硝酸盐、亚麻油、亚硒酸钠等抗氧化剂，也有一定的防治效果。

(5)脲酶抑制剂　用脲酶抑制剂除臭灵 125 mg/kg 或 120 mg/kg 拌料，可降低肉鸡腹水综合征的死亡率。

(6)支气管扩张剂　用支气管扩张剂二羟苯基异丙氨基乙醇(Metapro-terenol)给 1~10 日龄幼雏饮水投药(2 mg/kg)，可降低肉鸡腹水综合征的发生率。

(7)中草药防治　中兽医认为肉鸡腹水综合征宜采用宣降肺气，健脾利湿，理气活血，保肝利胆，清热退黄的方药进行防治，如苍苓商陆散、复方中药哈特维(腥水消)、运饮灵、腹水净、腹水康、术苓渗湿汤、苓桂术甘汤、十枣汤、冬瓜皮饮以及复方利水散、腹水灵、防腹散、去腹水散、科宝、肝宝、地奥心血康、茵陈蒿散、八正散加减联合组方、真武汤等。

【预防】

(1)抗病育种　重新考虑选育标准(如心血管健康和生长性能的生理学新指标)，选择出生产性能好且对肉鸡腹水综合征具有抗性的新品种。

(2)早期限饲　实行早期合理限饲是公认的预防肉鸡腹水综合征的有效措施。主要是由于限饲能减缓肉鸡早期的生长速度，使氧气的供需趋于平衡。然而，若限饲不当，会影响肉鸡随后的增重并降低抵抗其他疾病的能力，而降低出栏体重。限饲方法有多种，包括限量饲喂，如 10~30 日龄限制饲喂，每日只供给需要量的 1/2；隔日限饲、减量限饲，用粉料代替颗粒料，以低能量(如 0~3 周喂较低能量饲料，4 周至出售前改喂高能量饲料)和低蛋白的日粮代替高能量高蛋白日粮。对限饲开始的时间、限饲的程度、持续时间及其对肉鸡免疫力的影响等问题，仍需要进一步进行研究。

(3)控制光照　如采用 0~3 日龄 24 h 光照；4~21 日龄，6 h 光照、18 h 黑暗；22~28 日龄，8 h 光照；29~35 日龄，10 h 光照；35 日龄至上市，12 h 光照等。

(罗胜军)

禽脂肪肝综合征(fatty liver syndrome of poultry)

禽脂肪肝综合征又称脂肪肝出血综合征，是由于高能低蛋白日粮引起的以肝脏发生脂肪变性为特征的营养代谢性疾病。临床上以个体肥胖，产蛋量下降，个别病禽因肝脏破裂、出血而导致急性死亡为特征。本病主要发生于蛋鸡，特别是笼养蛋鸡的产蛋高峰期，平养肉用型种鸡也有发生。

1956 年，Couch 首次报道脂肪肝综合征，此后，因本病常伴有肝出血，在 1972 年由 Wolford 等更名为脂肪肝出血综合征并沿用至今。随着养禽业的快速发展，我国浙江、福建、江苏、安徽、河南、陕西、甘肃、青海等地陆续有鸡鸭发病的报道。据不完全统计，发病鸡群产蛋率下降 20%~30%，死亡率仅为 2%左右。

【病因】

引起家禽脂肪肝的病因比较复杂，主要包括遗传因素、饲养因素、药物和毒物的损伤、管理因素、激素的影响等。

(1)**遗传因素** 不同遗传背景家禽对脂肪肝的敏感性有差异，如肉用鸡比蛋鸡具有更高的发病率；为了提高产蛋性能而进行的遗传选育是脂肪肝综合征的诱因之一，高产常伴随雌激素水平升高，刺激肝脏脂肪合成，加速肝脏沉积脂肪。因此，通过育种获得的高产品系蛋鸡比一般品系蛋鸡更易发生脂肪肝。

(2)**饲料因素** 是导致发病的主要因素之一，主要包括以下几种。

①高能低蛋白日粮及其采食量过大：是发生本病的主要饲料因素。高能低蛋白日粮引起脂肪肝有两种可能：一方面，高能日粮加速乙酰辅酶 A 向脂肪转化；另一方面也可能由于低蛋白引起产蛋减少，使运往卵巢的脂肪减少，但合成脂肪的速度却不变，从而导致脂肪堆积引起脂肪肝。同样，采食量过大，过剩的能量转化为脂肪从而导致脂肪肝的发生。

②高蛋白低能饲料造成脂肪的蓄积：其原因可能是日粮中蛋白质能量比值大，相应的能量就偏小，一部分蛋白质及氨基酸脱出酰胺生成葡萄糖作为能源，脱氨后大量氨在肝内合成尿酸，增加了肝的代谢负担，以致诱发脂肪肝。

③胆碱、含硫氨基酸、维生素 B 和维生素 E 缺乏：磷脂酰胆碱是合成脂蛋白的必需原料之一，而合成磷脂需要脂肪酸和胆碱。胆碱可来自饲料或由甲硫氨酸、丝氨酸等体内合成，而维生素 B_{12}、叶酸、生物素、维生素 C 和维生素 E 都可参加这个过程。当这些物质缺乏时，肝内脂蛋白的合成和运输就发生障碍，大量的脂肪就会在肝脏沉积。

④维生素与微量元素等抗脂肪肝物质的缺乏可导致肝脏脂肪性：脂类过量的过氧化作用可能是脂肪肝出现肝脏出血的一个原因。维生素 C、维生素 E、B 族维生素、锌、硒、铜、铁、锰等影响自由基和抗氧化机制的平衡。特别是硒和维生素 E 被认为是天然的抗氧化剂，能清除体内过氧化物和自由基，防止对肝脏的损伤。因此，上述维生素及微量元素缺乏都可能和脂肪肝发生有关。

⑤饲料保存不当发霉变质产生霉菌毒素造成肝脏损伤：各种霉菌及其毒素，特别是黄曲霉毒素最易使肝受害而致肝功能障碍和脂蛋白的合成减少，从而导致肝代谢障碍和脂肪的沉积甚至引起肝出血。

(3)**药物和毒物的损伤** 某些药物、化学毒物、饲料毒物、植物毒素等能抑制肝内蛋白的合成，或降低肝内脂肪的氧化率，使肝内脂蛋白合成减少、甘油三酯增加，形成脂肪肝。如四环素、环己烷、硫葡萄苷、蓖麻碱、砷、汞、铅、镉等，均可通过抑制蛋白质的合成而导致脂肪肝。

(4)**管理因素** 饲养方式、环境温度、应激刺激、运动不足等管理因素的改变是引起脂肪肝的诱因。运动不足可促进脂肪的沉积而发生脂肪肝。如笼养鸡比平养鸡易发生脂肪肝，这是由于笼养母鸡活动受到限制，能量消耗减少，造成过多的能量转化为脂肪而在肝脏沉积；环境温度升高可使能量需要减少，进而脂肪分解减少，如果给予过高的能量饲料极易发生脂肪肝；各种应激刺激如高温、突然停电、惊吓、更换饲料、疾病等都诱发脂肪肝。应激可增加皮质酮的分泌，使生长减缓，刺激糖异生，促进脂肪合成。应激尽管会使体重下降，但会使脂肪沉积增加。

(5)**激素的影响** 雌激素、皮质醇、生长激素、胰高血糖素、胰岛素、甲状腺素等，可能通过改变能量代谢的来源，促使碳水化合物转变成脂肪，增加游离脂肪酸产生，抑制脂肪酸氧化，减少膜磷脂组成，增加对致病因素敏感性等来诱发脂肪肝的发生。

【发病机理】

肝脏在脂类的消化、吸收、分解、合成以及运输等代谢过程中都有重要的作用。肝细胞的特异性和非特异性损伤以及缺乏某些营养物质，可以影响内质网的蛋白质合成，因而脂肪不能结合成脂蛋白从肝细胞运出，使肝脏合成脂肪的速度超过肝脏排出脂肪的速度，造成脂肪在肝细胞内沉积，引起肝细胞变性、坏死，严重时肝血管壁破裂而发生出血。最近研究表明，脂肪肝的发生与肝细胞脂质过度氧化有关，机体通过酶系统和非酶系统产生氧自由基，后者能引起生物膜磷脂中所含的不饱和脂肪酸发生脂质过氧化反应，并由此形成了脂质过氧化物，而脂质过氧化物可使膜蛋白和酶分子聚合和交联，造成细胞代谢功能改变，使肝组织细胞受到损害。

【症状】

病初无特征性症状，只表现过度肥胖，其体重高出正常的 20%~25%，尤其是体况良好的鸡、鸭更易发病，常突然暴发死亡。发病鸡、鸭全群产蛋率减少，常由 80% 以上降低至 50% 左右，严重者下降至 30%~40%，甚至停止产蛋。病鸡喜卧，精神委顿，腹下软绵下垂，冠和肉髯褪色，甚至苍白。严重者嗜睡，瘫痪，体温 41.5~42.8℃，进而肉髯和冠及脚变冷，可在数小时内死亡。病鸡也可由于强烈的应激刺激（如拥挤、驱赶、捕捉或抓提方法不当等）导致突然死亡。病程一般是 1~2 d。

病禽血液化学检查，血清胆固醇增高达 15.73~29.85 mmol/L（正常为 2.91~8.22 mmol/L），血清钙含量高达 7.0~18.5 mmol/L（正常为 3.75~6.50 mmol/L），血浆雌激素高达 1019 μg/mL（正常为 305 μg/mL）。丙酮酸脱羧酶活性大大降低。

【病理变化】

病理剖检肝脏变化最为明显，病禽可见肝脏肿大，达正常的 2~4 倍，边缘钝圆、油腻、呈黄色，表面有出血点和白色坏死灶，质地变脆，易破碎如泥样，切面有脂肪滴附着。腹腔及肠系膜等处有大量脂肪沉积。肝破裂时，腹腔内有大量凝血块或在肝包膜下可见到小的出血区，也可见到较大的血肿。部分病禽心肌变性呈黄白色，肾脏略变黄，脾、心、肠有不同程度的出血点。组织学变化的典型特点是肝细胞脂肪变性。

【诊断】

根据饲料分析及病因调查、发病特点、临床症状，以及结合特征性病理变化，一般可做出诊断。鉴别诊断应注意与脂肪肝和肾综合征区别，后者主要发生于肉仔鸡，肝和肾均有肿胀，多死于突然嗜睡和麻痹。

【治疗】

本病无特效疗法，发病后一般在饲料中加入胆碱，剂量为 22~110 mg/kg，治疗 1 周，有一定效果。也可在每吨日粮中补加氯化胆碱 1 kg、维生素 E 10 000 IU、维生素 B_{12} 12 mg、肌醇 900 g，连续喂 10~15 d。

【预防】

关键在于预防，因此可采取以下防治措施。

①调整饲料结构，降低日粮中能量，增加蛋白质，特别是含硫氨基酸或通过限制饲养来控制家禽对能量的摄入量，以减少脂肪肝综合征。国外有资料报道，通过额外添加富含亚麻酸的花生油来减轻脂肪肝综合征。

②饲料中添加某些营养物质。有资料介绍，在饲料中添加胆碱、肌醇、甜菜碱、蛋氨酸、维

生素 E、维生素 B$_{12}$、锰和亚硒酸钠等对预防和控制脂肪肝综合征都有一定的作用。

③控制蛋鸡育成期的日增重。在 8 周龄时应严格控制体重，不可过肥。

④加强饲养管理，防止应激刺激。注意饲料保管，不喂发霉变质的饲料；适当控制光照时间，保持舍内环境安静，温度适宜，尽量减少噪声、捕捉等应激因素，对防止脂肪肝综合征也有较好的效果。

犬猫脂肪肝综合征(fatty liver syndrome of cats and dogs)

犬猫脂肪肝综合征是许多疾病的共同病理现象，临床上以个体肥胖，皮下脂肪过度蓄积，易于疲劳，消化不良为特征。多发于老龄犬、猫，或患有糖尿病的犬、猫。

【病因】

引起犬猫脂肪肝综合征的致病因素不十分清楚，可因身体过度肥胖、糖尿病或因长期摄入高脂、高能量、低蛋白日粮，后又因突然减食，甚至严重饥饿而引起。体内激素分泌障碍，或糖尿病猫、犬治疗不当也可导致本病。错误用药，如四环素、糖皮质激素使用过量或使用时间过长，均可引起本病的发生。

【发病机理】

在饥饿情况下，外周组织中脂肪水解为甘油和脂肪酸，在肝内或者被氧化、供能，或者与磷脂形成新的甘油三酯，被脂蛋白运到外周脂肪组织。当肝内脂肪生成速度大于运出速度时，脂肪逐渐在肝内沉积。某些营养成分，如胆碱、磷脂及其前体蛋氨酸、三甲基甘氨醛、酪蛋白等缺乏，可直接影响已合成的脂肪运出肝脏，并产生脂肪肝。

猫、犬糖尿病前期大多有过胖现象。一旦胰岛素分泌不足，可促使外周脂肪组织分解；相反，儿茶酚胺、生长素释放过多，有拮抗胰岛素作用，可促使外周脂肪组织分解，促进脂肪向肝脏沉积。许多糖尿病患犬血浆中甘油三酯和游离脂肪酸浓度升高，增加了脂肪肝生成的可能性。抑制肝脏中甘油三酯的再酯化，也可造成肝内脂肪沉积过多，产生脂肪肝综合征。四环素、某些细菌毒素、霉菌毒素、化学性毒物等药物或毒物损伤肝组织，干扰肝细胞对脂蛋白的合成，使肝内合成的脂肪无法运往肝外脂肪组织储存，蓄积在肝脏内。因此，凡是能造成损伤肝细胞的因素，可促使脂肪肝生成。但这种脂肪肝综合征是可逆的，停药或消除了有毒物质影响后，肝功能可恢复。

【症状】

特征性的表现为体躯肥胖、皮下脂肪丰富，容易疲劳，消化不良，有易患糖尿病的倾向。病犬、猫精神不振，食欲减退，偶有呕吐，腹胀，有时出现腹泻或与便秘交替出现。猫脂肪沉积症表现不吃东西或吃得少，黄疸严重，消瘦等。肝脏肿大，触诊肝脏无明显压痛。高度肥胖者，因心脏冠状动脉及心包周围有大量脂肪，动物表现呼吸困难，轻度运动即气喘，并导致多种器官功能障碍。

实验室检查，血糖浓度升高，血清甘油三酯升高，糖耐量试验降低，谷丙转氨正常或仅有轻微升高。

【诊断】

本病主要依据发病史、临床表现及实验室检查，一般不难诊断。有条件时，辅助进行超声检查即可确诊。超声可见肝脏体积增大、形态饱满、边缘角钝；肝区前段呈密集、点状回声，回声强度明显高于正常肝实质回声；肝区后段多有不同程度的回声，光点稀疏；重症后段肝实质及膈肌均显示不清；肝脏血管回声显示不清楚，门静脉管壁的强度回声不显示，肝静脉变细。

【防治】

用高蛋白、低脂肪、低碳水化合物饲喂，可防止猫、犬过胖；同时，定时、定量饲喂，是预防本病的有效措施。一旦出现脂肪肝综合征临床症状，治疗效果常不理想。

黄脂病（yellow fat disease）

黄脂病是一种以脂肪组织发生炎症和脂肪细胞内沉积蜡样物质为特征的营养代谢病，又称黄膘病。生前一般很难发现，多发现在屠宰过程中，病理学表现为脂肪组织发黄色，通常称作"黄膘"，并伴有鱼腥味或蛹臭味。

本病多发于猪，狐狸、水貂、猫、鼬鼠等也有发生。各种年龄的猪和水貂都可发生，水貂每年8~11月发病最多，幼龄、生长迅速的貂发病率高于成年貂。

【病因】

主要是由于饲料中不饱和脂肪酸含量过高，同时维生素 E 或其他抗氧化剂缺乏所致。猪用变质的鱼粉、鱼肝油等下脚料或鱼类加工时的废弃物及蚕蛹等饲喂，易发生黄脂病。饲喂比目鱼、鲑鱼、鲱鱼等副产品最危险，这些鱼类产品脂肪中80%是不饱和脂肪酸。饲喂含天然黄色素的饲料，如胡萝卜、黄玉米、南瓜等，有时也发生黄脂病。调查发现凡父本或母本屠宰时发现黄脂病的猪，所生后代中黄脂病发病率较高，可能与遗传因子有关。另外，过度肥胖的幼猫容易发病。

【发病机理】

脂肪组织中的不饱和脂肪酸易被氧化，形成脂质过氧化物，并与机体的某些蛋白质结合生成蜡样质色素沉积在脂肪细胞中。蜡样质是 2~40 μm 的棕色或黄色小滴，或不定型小体，不溶于有机溶剂，但抗酸染色呈现很深的复红色。蜡样质位于脂肪细胞外周或存于巨噬细胞内，使脂肪组织呈现黄色，并刺激引起脂肪组织发炎。维生素 E 是一种抗氧化剂，能阻止或延缓不饱和脂肪酸的氧化，促使脂肪细胞将不饱和脂肪酸转变为脂肪储存。当饲喂过量不饱和脂肪酸饲料或维生素 E 缺乏时，不饱和脂肪酸氧化增强，蜡样质在组织中积聚，使脂肪变黄。

【症状】

黄脂病生前很难判断。猪黄脂病一般呈现被毛粗乱、倦怠、衰弱，黏膜苍白，食欲减退，增重缓慢等不为人们所注意的症状，严重病例呈现低色素性贫血。水貂黄脂病生前精神委顿，目光呆滞，食欲下降，有时便秘或下痢，粪便逐渐由白色变成黄色以至黄褐色，被毛蓬松，不爱活动。有的表现特征性不稳定的单足跳，随后完全不能运动，严重时后肢瘫痪。如在产仔期常伴有流产、死胎，胎儿吸收和新生仔屠弱，易死亡。红细胞计数在正常范围以内，但在严重黄脂病的猪，血红蛋白水平降低，有低色素性贫血的倾向。

【病理变化】

剖开腹腔后可闻到一股腥臭味，有时猪肉加热时或炼油时异味更明显。体内脂肪呈黄色或淡黄褐色；骨骼肌和心肌呈灰白色，质地变脆；肝脏呈黄褐色，脂肪变性；肾脏呈灰红色，横断面发现髓质呈浅绿色；淋巴结肿胀、水肿，可有散在出血点；胃肠道黏膜充血。组织学检查，脂肪细胞变性坏死，细胞间充满蜡样质，脂肪中含有抗酸染色色素。

【诊断】

主要根据尸体剖检，皮下脂肪和腹腔脂肪呈典型的黄色或黄褐色，肝脏呈土黄色，有的表现脂肪坏死等病理特征不难诊断。再结合生前饲喂容易致病的饲料和临床症状将更有助于诊断建立。临床上应注意与黄疸、黄脂相区别。

黄疸不仅脂肪显黄色,且皮肤、黏膜、关节液均呈黄色。取脂肪少许,用50%乙醇振荡抽提后,在滤液中加10~20滴浓硫酸,如呈绿色,继续加热而呈蓝色者,是黄疸的特征。黄脂是指黄色素在脂肪组织中沉着,仅皮下、网膜、肠系膜、腹部脂肪呈黄色。置冰箱或入冷库后颜色消退,水煮后恢复为淡黄色,一般无异味。黄脂病一般都有鱼腥臭味,尤其用蚕蛹、鲜鱼饲喂的猪、水貂气味明显,加热后更明显,镜检可见脂肪组织间有蜡样沉着。

【防治】

黄膘病的防治原则是增加日粮中维生素E供给量,减少饲料中过多不饱和甘油酯和其他高油脂性的成分。调整日粮成分,日粮中富含不饱和脂肪酸的饲料应除去或限制在10%以内,并至少在宰前1个月停喂;禁喂鱼或蚕蛹,必要时每日饲喂500~700 mg的维生素E。日粮中维生素E添加量,猪500~700 mg/d,水貂0.25 mg/d,或加入6%干燥小麦芽、30%米糠,也有预防效果。

肉鸡猝死综合征(sudden death syndrome in broilers)

肉鸡猝死综合征(SDS)又称肉鸡急死综合征(acute death syndrome, ADS)或翻仰症(flipover),常见于快速生长肉鸡群中食欲和体况良好的雄性肉鸡,产蛋鸡、火鸡也有报道。患病肉鸡生前无任何明显临床症状,常常在食槽附近突然翻倒或仰卧,鸡翅扑打和两脚骚动几次后迅速死亡。本病21~28日龄高发,发病率为1.5%~2.5%。SDS在美国、英国、加拿大、澳大利亚和日本以及东欧等国家和地区广泛发生,据报道,本病是继马立克氏病和慢性呼吸道病控制后严重危害肉鸡养殖业的最严重疾病之一。

【病因】

本病病因复杂,至今仍不十分清楚。病因可能涉及遗传学、饲养环境、生理学和营养代谢等诸多方面,但多数学者认为本病是一种营养代谢性疾病。

(1)性别因素 SDS多发生在雄性仔鸡,通常在一个肉鸡群中,雄性SDS病鸡占整个SDS病鸡数的50%~80%。

(2)生长速度 快速生长肉鸡SDS发病率明显比生长缓慢肉鸡高,但生长速度降低10%时,几乎对SDS的发病率无明显影响,只有当生长速度降低40%时,其SDS发病率可几乎降到零。也有报道,认为SDS发病率与肉鸡增重无相关性。

(3)饲料因素

①日粮组成:低营养浓度日粮饲喂鸡群,SDS发病率显著下降。以玉米和黄豆为主的日粮与以小麦和黄豆为主的日粮饲喂肉鸡相比,前者SDS发病率较低。在日粮组成中应用不同种类的能量饲料对SDS发病率也有影响,Chung等(1993)报道,在日粮中分别用葵花油和动物脂肪作能量饲料的原料来配制,结果用前者饲喂肉鸡群中SDS发病率显著低于后者。

②日粮形态:饲喂颗粒饲料鸡群较饲喂粉状饲料或糊状饲料鸡群,SDS发病率较高。其原因不是鸡食颗粒料生长速度快所致,而可能是在颗粒料加工过程中,一些来源不明的蛋白质因素作用的结果。

③日粮中的营养成分:在肉鸡育肥饲料中分别加入19%和24%蛋白质,经4周饲喂后发现,饲喂高蛋白日粮鸡群SDS发病率显著低于低蛋白日粮鸡群。日粮中缺乏脂肪,SDS发病率增高。Rotter(1987)用玉米糊替代动物脂肪喂鸡,尽管生长速度降低,但SDS的发病率增高。Mollison(1984)用葵花油替代日粮中的动物脂肪,可显著降低肉鸡SDS发病率,其可能原因与葵花油中亚油酸降低了心脏对儿茶酚胺的敏感性有关。有人认为在日粮中添加维生素A、维生素D、维生素E

可降低 SDS 的发病率，饲喂高于饲养标准的维生素 B_1 和维生素 B，也可降低 SDS 的发病率。Summer 等(1987)报道，高葡萄糖日粮可增高 SDS 发病率，这可能与葡萄糖进入体内酵解成乳酸有关。

(4)其他因素　饲养密度过大、噪声、抓扑、高温高湿以及其他一些应激因素均可增高 SDS 的发病率。连续光照与限制光照相比，连续光照可提高 SDS 的发病率，其原因可能是连续光照使鸡群有最大限度的采食量，而达到最快的生长速度有关。

【发病机理】

SDS 发病机理至今尚无定论。Summer(1987)认为，肉鸡体内和血液中乳酸浓度升高，引起肉鸡体内酸碱平衡失调，使患鸡心脏功能紊乱，导致鸡只死亡。当电解质(钠-钾-氯)平衡低于每千克体重 200 mg 时，SDS 发病率增高。Chung(1990)认为，死于 SDS 鸡心肌的磷脂组成与正常对照鸡不同，这种差别可能会影响钙-镁-ATP 酶的活性，以及钙离子或其他离子的正常渗透性，从而使心肌功能紊乱而死亡。Olkowski(1998)认为，肉鸡群之所以有较高的 SDS 的发病率，是因为它们与其他禽类相比，对心律不齐有较高的易感性。心律不齐与较高的 SDS 的发病率相关联。Boulianne(1998)报道，运动对心输出量和其他心血管参数的影响及与 SDS 的相关性。血流动力学不足是 SDS 发病机理的一个主要部分。运动后所引起的心血管系统的变化足以导致病鸡死亡。

【症状】

患鸡发病前无任何明显的先兆症状。所有死于 SDS 的仔鸡都是突然发病，失去平衡，向前或向后跌倒，呈仰卧或俯卧，翅膀剧烈扑动，肌肉痉挛，大多数病鸡发出"嘎嘎"声。病鸡死后 80% 两脚朝天，15%侧卧，5%腹卧或腿和颈伸展。

实验室检验，SDS 死鸡血清总脂含量升高，血清钾离子、磷离子、镁离子和葡萄糖的浓度上升，而钠离子的浓度下降。而 Rotter(1980)报道，SDS 鸡心脏组织中钠离子的浓度高，而钾离子浓度低。

【病理变化】

剖检可见患鸡体格健壮，肌肉丰满，嗉囊及肠道内充满食糜；心房扩张，内有血凝块，心室紧缩呈长条状，质地坚硬，内无血液；肝脏稍肿，色淡，部分病鸡肝脏破裂；胆囊空虚或变小，胆汁少或无胆汁；肺充血、水肿；腹膜和肠系膜上血管充血，静脉怒张。

【诊断】

对患鸡进行广泛的细菌学和病毒学检查，均不能发现任何潜在的病原体，且以外观健康、生长发育良好的鸡多发。患鸡死后观察出现明显的仰卧姿势；嗉囊和胃肠道内食糜充盈；胆囊变小或空虚；肺淤血和水肿；心房扩张，心室紧缩，后腔静脉淤血、扩张等病理变化时，可诊断为肉鸡猝死综合征。

【防治】

SDS 病因复杂，必须采取综合性防治措施才能有效控制本病的发生。3~20 日龄仔鸡进行限制饲养，避开仔鸡最快生长时期，可降低生长速度，减少 SDS 发生；将鸡舍内持续光照变为间隙光照。在日粮添加牛磺酸、提高日粮中蛋白质水平、以葵花油替代动物脂肪、添加维生素 A、维生素 D、维生素 E、维生素 B_1、维生素 B_6 和硒等措施，用粉状饲料替代颗粒饲料。发现低钾血症患鸡后，可按 0.6 g/只剂量通过饮水投服碳酸氢钾，也可按每吨饲料搀入 3.6 kg 的碳酸氢钾后进行饲喂，可减少发病。

禽脂肪肝和肾综合征(fatty liver and kidney syndrome in chickens)

禽脂肪肝和肾综合征是肉仔鸡发生的一种以肝脏、肾脏肿胀，肝脏苍白，肾显各种色变，嗜睡，麻痹和突然死亡为特征的营养代谢障碍疾病。本病最早报道于丹麦，后来英国、美国、澳大利亚、加拿大等国家均有发病报道。多发生于肉用仔鸡，也可发生于后备肉用仔鸡，但以 3~4 周龄发病率最高。

【病因】

目前认为，生物素缺乏是本病发生的主要原因，尤其是在生物素不足时，伴有某些应激因素，如捕捉、惊吓、高温或寒冷、光照不足、噪声、断水或断料等可促使本病的发生。生物素缺乏主要与日粮组成有关，不同日粮成分中生物素的可利用率相差很大，如大豆粉、鱼粉中生物素可利用率较高(100%)，而小麦、大麦等饲料中生物素利用率 10%~20%。10 日龄以前的鸡不发病，可能与母源性生物素在雏鸡体内有一定储存有关。30 日龄后发病较少，主要是日粮中增加玉米、豆饼等可利用生物素含量较高的原料。营养代谢调节失调也可引起发病。通过饲喂一种含低脂肪和低蛋白粉碎的小麦基础日粮，能够复制出本病，并有 25% 死亡率。若日粮中蛋白质或脂肪含量增加，则死亡率减低；若将粉碎的小麦制成颗粒饲料，则死亡率增高。此外，某些应激因素，特别是当饲料中可利用生物素含量处于临界水平时，突然中断饲料供给，或因捕捉、雷电、惊吓、噪声、高温或寒冷、光照不足等因素可促使发病。

【发病机理】

大多数学者认为本病与生物素缺乏有密切关系。生物素是体内许多羧化酶的辅酶，如天门冬氨酸、苏氨酸、丝氨酸脱氢酶的辅酶。在丙酮酸转变为草酰乙酸、乙酰辅酶 A 转变为丙二酸单酰辅酶 A、丙酰辅酶 A 转变为甲基丙二酸单酰辅酶 A 等过程中都需要生物素作为辅酶的参与。因此，它对体内脂肪合成起重要作用。本病发生时，血糖浓度下降，血浆中丙酮酸和游离脂肪酸浓度升高，肝脏中肝糖原浓度下降，肝脏内生物素为辅酶的丙酮酸羧化酶、乙酰辅酶 A 羧化酶、ATP 枸橼酸裂解酶等脂肪、糖代谢中的限速酶活性均有降低。糖原异生作用降低，导致肝、肾细胞脂肪蓄积。

【症状】

本病一般在 10~30 日龄发生，病鸡突然表现嗜睡和麻痹。麻痹由胸部向颈部蔓延，几小时内死亡，死后头伸向前方，趴伏或躺卧将头弯向背侧，死亡率可达 6%~30%。部分病鸡出现生长缓慢，羽毛生长不良，干燥变脆，喙周围皮炎及足趾干裂等生物素缺乏的典型特征。血液学检查，呈现低糖；血清中生物素含量下降，丙酮酸羧化酶活性下降，丙酮酸、乳酸、游离脂肪酸含量增加。

【病理变化】

本病主要病理学变化在肝脏和肾脏。剖检可见肝脏苍白、肿胀，肝小叶外周表面有出血点；肾脏肿胀，呈多样颜色；脂肪内血管充血，脂肪组织呈淡粉红色；嗉囊、肌胃和十二指肠内有棕黑色出血性液体，恶臭；心脏呈苍白色。组织学检查，脂肪积累在肝小叶间及肾细胞(肾近曲小管上皮细胞)的胞质内，产生肝、肾细胞脂肪沉着症。由于脂蛋白酯酶被抑制，阻碍了脂肪从肝脏向外运输，低血糖和应激作用增加体脂动员，最终造成脂肪在肝肾内积累。除骨骼肌、心肌和神经系统外，全身还有广泛的脂肪浸润现象。

【诊断】

根据鸡群发病日龄、病史、症状及病理变化即可诊断。但应注意与包涵体肝炎、传染性法氏囊病相区别。

(1)包涵体肝炎　是由腺病毒引起的病毒性疾病，多发于 28~45 日龄，死亡前多数正常。剖检可见肝脏苍白、质脆、肿胀，肝脏和骨骼肌有点状或斑状出血，法氏囊萎缩。组织学变化，肝细胞核内可见明显的嗜碱性包涵体。

（2）传染性法氏囊病　是由法氏囊病毒引起的病毒性疾病，多发于10日龄以上鸡群。剖检可见胸、腿和股肌充血、出血；脾脏轻度肿大；肾脏苍白、肿胀，有多量尿酸盐沉积；法氏囊出血、水肿、坏死和萎缩。感染后3~4 d法氏囊肿胀、体积和质量明显增加，表面有胶冻样黄色的渗出液；第5天开始恢复正常，并逐渐变小，第8天时仅为正常的1/3。组织学变化，法氏囊淋巴滤泡的淋巴细胞发生坏死并有血液循环障碍和炎症。

【防治】

针对病因，调整饲料成分及比例。增加饲料中蛋白质或脂肪含量，给予生物素利用率高的玉米、豆饼之类的饲料，降低小麦的比例；禁止用生鸡蛋清拌饲料育雏。按0.05~0.10 mg/kg在基础饲料中补充生物素，或150 μg/kg饲料加入生物素，可有效地防治本病。

鸡胫骨软骨发育不良（tibial dyschondroplasia in chicken）

胫骨软骨发育不良（tibial dyschondroplasia，TD）是以软骨内骨化受阻和胫骨近端骺骨板、软骨发生的持续性增生、肥大，形成无血管的玉白色的"软骨楔"为特征的骨骼性疾病。病鸡临床上表现为运动障碍，采食受限，生长发育缓慢，增重明显下降，胫骨脆弱或骨折，种禽繁殖性能和商品肉禽肉品质均下降。本病发生于肉鸡、鸭和火鸡，发病率达10%~30%，是肉鸡最常见的腿病之一。1965年由Leach和Nesheim首次报道，1994年美国养禽业由于胫骨软骨发育不良造成的经济损失高达8 000万美元。随后，本病在世界范围内普遍流行，给肉鸡养殖业造成巨大损失。近年来，由于我国养禽业的迅速发展，本病的发病率也呈逐年上升趋势，引起了国内学者的广泛关注。

【病因】

本病发病原因比较复杂，还不十分清楚，可能与遗传因素、生长速度、饲料营养因素（如日粮电解质、钙、磷、镁、氯、铜、锌、维生素、含硫氨基酸等）、霉菌毒素污染、防霉剂使用、局部因子（如转化生长因子、胰岛素样生长因子、成纤维细胞生长因子）等多种因素有关。这些因素可使软骨细胞在肥大阶段衰竭，以致骨骺血管不能进入增生的软骨，软骨退化减慢，而使软骨发生持续性增生。

（1）遗传选育　Leach研究认为，TD是遗传选育的生理缺陷。在长期选育的过程中，高度重视肉鸡肌肉生长速率的选育，而忽视了作为肌肉支持结构的骨骼质量的同步选育，导致TD发病率大幅度提高。Praul也认为，由于长期的遗传选育，打破了肉鸡体肌肉组织和骨骼组织生长发育的原有平衡，从而引发肉鸡产生各种腿部疾病。

（2）生长速度　遗传选育和日常饲养管理的加强使肉鸡生长速度加快，但生长较快的是肌肉组织，而骨骼和内脏器官生长相对较慢，这就造成肉鸡整体与组织之间生长发育不均衡。研究证明，降低日粮中能量饲料或早期限饲，控制肉鸡生长速度，可以降低TD发病率。雄性肉鸡由于雄性激素的影响，使生长快的雄性肉鸡TD发生率明显高于雌性。Robinson等认为，2周龄鸡生长速度对TD发生意义重大，2周龄鸡生长速度过快时易发。罗兰报道，采食加氯日粮AA肉鸡在30日龄之前生长速度快，其TD发病率也高，之后随着生长速度减缓，TD发病率下降。

（3）日粮营养因素

①钙、磷水平　饲料中钙、磷水平是影响TD发生的主要营养因素。随着鸡日粮中钙与可利用磷的比例增加，TD发生率也会降低。高磷可破坏机体酸碱平衡，进而影响钙的代谢，如血浆钙和游

离钙的结合，PTH 与钙离子的调节，更重要的是肾脏 $25-(OH)_2D_3$ 转化为 $1,25-(OH)_2D_3$ 所需的 $\alpha-$ 羟化酶的活性受到干扰。幼雏日粮钙、磷比在 $1.88:1 \sim 1.91:1$，肥育鸡钙、磷比在 $2.51:1 \sim 2.53:1$ 时，鸡表现出最好的生产性能，但 TD 发病率增高；当钙、磷比提高为 $2.80:1 \sim 2.85:1$ 和 $3.37:1 \sim 3.38:1$ 时，TD 发病率最低，但生产性能会降低。有研究发现，含 0.75% 磷日粮中添加沸石，沸石能与磷结合降低磷的利用率，能明显降低 TD 发病率。

②镁、氯水平　研究表明，日粮中氯离子水平越高，TD 发病率和严重程度越高，而增加镁离子会使 TD 发病率下降。高镁能降低胫骨灰分，增加血中镁和磷的含量，并且通过促进骨中钙、磷的沉积和钙化，改变肉鸡体内的酸碱平衡来减少 TD 发生。汪尧春等认为，高镁对血液起到了碱化作用，可提高血清中羟脯氨酸、生长板酸性磷酸酶的活力，保护生长板破软骨细胞的功能，提高胶原蛋白的降解，阻止生长板软骨的滞留。

③铜、锌、锰铜　是构成赖氨酸氧化酶的辅助因子，这种酶对软骨合成起重要作用，此外鸡体内铜有促进血管生长的作用，铜缺乏时会破坏软骨的合成，尽管 TD 与缺铜症极为相似，但目前不能证明 TD 与铜代谢紊乱存在直接的因果关系。Becker 等(1966)发现锌缺乏会引起骨端生长板软骨细胞的紊乱。锌参与腔骨胶原酶的合成，该酶对肉鸡生长板软骨的胶原起着重要作用，锌缺乏时，此酶活力下降，骨胶原的合成和更新过程被破坏，从而可能使 TD 发病率增高。锰是体内多种酶(如精氨酸酶、半胱氨酸酶脱巯基酶、硫氨素酶等)的成分，这些酶参与体内营养物质的代谢，与肉鸡骨骼发育、生长等有关。

④日粮中蛋白质　日粮中蛋白质过高，特别是含硫氨基酸过高会诱发 TD 发生。含硫氨基酸对骨基质糖蛋白和骨胶原蛋白正常形成是必需的，保持适宜的含硫氨基酸水平对肉鸡正常骨营养代谢、降低 TD 发生至关重要。有试验表明，日粮中供给推荐量 1.5 倍的含硫氨基酸可降低肉鸡体重、饲料转化率、骨灰，增加胫骨长度，使 TD 发病率升高，TD 指数显著上升。

⑤日粮中维生素　最新研究表明，维生素 D_3 代谢物通过调控特定基因的表达，激发软骨细胞分化、成熟，形成肥大软骨细胞，是生长板正常发育所必需的调节激素。与维生素 D 的其他代谢物相比，$1,25-(OH)_2D_3$ 与 TD 的关系最为紧密，已证实 $1,25-(OH)_2D_3$ 能降低 TD 的发病率。因此，日粮维生素 D_3 缺乏，导致 $1,25-(OH)_2D_3$ 合成不足，使 TD 发病率提高。维生素 D_3 代谢产物 $1,25-(OH)_2D_3$ 的产生是一个发生于肾脏的羟化过程，需要维生素 C 参与，添加维生素 C 可防止 TD 的发生。日粮中维生素 A 与维生素 D_3 具有拮抗作用，过量的维生素 A 可能在消化物到达吸收部位前，破坏维生素 D_3 分子或占据肠黏膜维生素 D_3 结合位点，降低了维生素 D_3 的作用，而提高 TD 发病率。生物素为前列腺素生成所必需，前列腺素缺乏会改变软骨代谢，阻碍骨的形成，Juke 研究发现生物素可减轻 TD 病情。张晋辉等并建议在肉鸡日粮中添加 $150 \sim 300$ mg/kg 生物素，能有效防止肉鸡 TD 发生。胆碱是成禽软骨组织中磷脂的构成成分，它的缺乏会影响软骨的代谢。

(4)饲养管理因素　试验证实，肉鸡在精细饲养条件下，其 TD 发生率显著高于粗放环境中饲养的肉鸡；肉鸡在饲养密度低的环境中生长，其 TD 发病率高于饲养密度高的环境。原因是在上述环境中饲养，肉鸡胫骨在骨骼的发育成熟期生长过快，造成生长板的钙化出现紊乱，从而导致 TD 的发病率上升。如果降低日粮中能量水平或早期限饲，控制肉鸡生长速度，TD 发病率则显著下降。

(5)其他因素　饲料污染了真菌毒素，或饲料生产过程中喷洒杀灭真菌的药物(如二硫四甲基秋兰姆或其结构类似物)，可显著提高 TD 发病率。日粮中添加含有 $2\% \sim 5\%$ 玫瑰红镰刀菌污染的大米能导致肉仔鸡发生 TD。霉菌毒素、环境因素、大量的棉籽饼和菜籽饼等均可诱发 TD 的发生。二硫四甲秋兰姆也称福美双，广泛用于植物杀菌剂和橡胶工业中的促进剂，Rath、李家奎等研究表明，福美双能使 ROSS 肉鸡和艾维茵肉鸡 TD 发病率显著上升，但确切机理不明。

实际上，在生产实践中单因子发病不常见，是多影响因子的相互作用造成养分失衡所致。如钙离子、钠离子、钾离子、镁离子可减轻氯离子、磷离子、硫离子过多引起的 TD。高锰会加重因含硫氨基酸过多引起肉鸡 TD 的发生率，而高铜则不能。日粮中超量的铜、锌能减轻霉菌毒素引起的 TD。

【发病机理】

尽管 TD 原因十分复杂，但最终引起骨骺进入软骨的血管闭塞，病变软骨缺乏血供，发生软骨退行性病变，或多种因素抑制了软骨细胞钙化形成骨基质，同时抑制了血管在骨基质中形成，而软骨细胞会继续形成和分化，逐渐形成病变软骨区。最新研究表明，在生长板局部产生的生长因子对生长板的发育成熟起到重要的自分泌和旁分泌作用，这些因子中的任何一个发生功能障碍都会诱发 TD。转移生长因子是一种强烈的促进血管形成的细胞因子，存在于生长板的前肥大软骨细胞和肥大软骨细胞中，对软骨细胞分化具有重要的调节作用。Loveridge 等研究表明，在 TD 肉鸡胫骨过渡期软骨细胞转移生长因子的表达显著降低，病变软骨区损伤可随转移生长因子表达的升高而修复，证实了转移生长因子是调控软骨细胞分化、肥大和钙化的重要细胞因子之一。

【症状】

本病仅在生长板处于活动期的禽类中出现，鸡、鸭、火鸡等均有发病。多数病例呈慢性经过。初期症状不明显，而后患禽表现为运动不便，采食受限，生长发育缓慢，增重下降，不愿走动，步履蹒跚，步态蹒跚，双侧性股-胫关节肿大，并多伴有胫跗骨皮质前端肥大。由于软骨块的不断增生和形成，患禽双腿弯曲，胫骨骨密度和强度显著下降，跛行，胫骨发生骨折。跛行的比例可高达 40%。

【病理变化】

剖检可见胫骨近端肿大，增生的软骨占据整个干骺端或位于生长板的中后部。股骨的近端和远端、胫骨的远端、附跗骨和肱骨的近端有轻微病变。病理组织学以胫骨骺端软骨区不成熟的软骨细胞极度增生为特征。异常软骨内血管极少，有的血管被增生的软骨细胞挤压萎缩、变性和坏死。

【防治】

(1)加强遗传选育　早期对快速生长型肉鸡品种的选育，忽略了抗胫骨软骨发育不良等代谢性疾病的遗传选育，因此，今后在进行品种选育时，一定要早期剔除具有胫骨软骨发育不良遗传倾向的鸡只，以降低选育品种胫骨软骨发育不良的发生率。

(2)控制生长速度　加强饲养管理，降低日粮中能量水平或早期限饲，控制肉鸡生长速度，降低鸡胫骨软骨发育不良的发病率。

(3)调整日粮结构，保障全价营养　注意日粮中钙、磷水平和镁、氯水平，提高日粮钾、钠、镁、钙等阳离子水平，可减轻氯、磷、硫等阴离子水平过多引起的胫骨软骨发育不良。日粮中维生素特别是维生素 D 及其衍生物的添加，对预防发病有重要意义，可拌料或注射供给。同时，也要注意日粮中蛋白质水平和铜、锌、锰等微量元素的添加。

（罗胜军　高英杰）

第九章

中毒性疾病

第一节 概 述

一、毒物及中毒

毒物(toxicant, poison)是指通过与体表接触或通过呼吸道、消化道等途径侵入动物机体后，可与体液、组织发生生物物理或生物化学作用，损害组织，破坏神经及体液的调节机能，导致正常生理功能发生障碍，造成代谢紊乱，引起暂时性或永久性病理过程，甚至危及生命的物质；毒物通常是在一定条件下，较小剂量就能够对动物机体产生损害作用或使动物机体出现异常反应的外源化学物质。中毒(toxicosis, poison, toxication, intoxication, venenation)是指毒物进入体内，发生毒性作用，使组织细胞破坏、生理机能障碍、甚至引起死亡的现象。

(一)毒物的基本特征

①对机体有不同水平的有害性，但具备有害性特征的物质并不全是毒物，如单纯性粉尘。

②经过毒理学研究之后确定的。

③必须能够进入机体，与机体发生有害的相互作用。

具备上述三点才能称为毒物。

(二)毒物的毒性

1. 毒性剂量关系

毒性(toxicity, poisonousness)是指某种毒物引起机体损伤的能力，用来表示毒物剂量与反应之间的关系。毒性大小所用的单位一般以化学物质引起实验动物某种毒性反应所需要的剂量表示。气态毒物，以空气中该物质的浓度表示。所需剂量(浓度)越小，表示毒性越大。最通用的毒性反应是动物的死亡数。常用的评价指标有以下几种：

(1)绝对致死量或浓度(LD_{100} 或 LC_{100})　即染毒动物全部死亡的最小剂量或浓度。

(2)半致死量或浓度(LD_{50} 或 LC_{50})　即染毒动物半数死亡的剂量或浓度。这是将动物实验所得的数据经统计处理而得。

(3)最小致死量或浓度(MLD 或 MLC)　即染毒动物中个别动物死亡的剂量或浓度。

(4)最大耐受量或浓度(LD_0 或 LC_0)　即染毒动物全部存活的最大剂量或浓度。

实验动物染毒剂量采用 mg/kg、mg/m^3 表示。

2. 染毒期限

由于毒物进入机体的量和速度不同，中毒的发生有急、慢之分。毒物短时间内大量进入机体后而突然发病者，为急性中毒。毒物长期小量地进入机体，则有可能引起慢性中毒。根据染毒期限，毒性通常毒性也可以分为：

(1)急性毒性 指 24 h 内一次染毒或多次染毒的毒性结果。

(2)亚急性毒性 染毒期限少于 3 个月。

(3)亚慢性毒性 染毒期限为 3~6 个月。

(4)慢性毒性 染毒期限在 6 个月以上。

二、畜禽发生急性中毒的一般原因

(1)饲料中毒 常由于饲料品质不良，如长期或一次多量地用发霉的玉米、豆类、小麦、饼粕等饲喂畜禽，加工调制方法不当，对部分含有毒物质的饲料，如棉籽饼、菜籽饼、马铃薯、木薯等未做去毒处理，或饲喂方法不合理等所引起。

(2)有毒动植物中毒 在饲草缺乏季节，或因饲牧不及时，或由于割草时将夹杂在嫩草中间的有毒植物一起割回，家畜因误食有毒植物而中毒。此外，某些家畜对一些有毒植物具有异嗜习性，如牛喜食烟草、栎树叶，山羊喜食闹羊花等，也可引起中毒。在山区，畜禽可能被有毒动物咬伤而中毒，如毒蛇、斑蝥、蜈蚣、马蜂等咬伤(刺伤)所引起，或误食有毒昆虫如斑蝥、蚜虫、谷象等。

(3)药物中毒 治病或预防用药不合理，环境消毒时不执行制度或缺乏严格的科学管理等，也可造成中毒事故。

(4)农药、化肥及化学物质中毒 由于平时对毒剂的管理制度不严，农药和化肥等保管使用不当，或用运送过农药、化学药品、化肥等的运输工具，或盛放过上述物质的容器，未经清洗消毒，又用于运送或贮存饲料等，均可引起中毒。

(5)环境毒物中毒 如环境污染、自然地质环境中有毒有害物质引起的中毒。

(6)其他 如人为投毒、军用毒剂中毒等。

三、毒物对机体的毒害作用和影响毒物作用的因素

1. 毒物的性质

(1)化学结构 物质的毒性取决于它的化学结构。一般是低价化合物比高价化合物的毒性大，如三价砷的毒性比五价砷大，一氧化碳的毒性比二氧化碳大。

(2)性状 毒物越稀薄，溶解度越大，则越容易被吸收，故毒性较强。一般气体毒物比液体毒物易被吸收，固体毒物被吸收较慢。乙醇溶液在体内被吸收得最快，水溶液较慢，油溶液最慢。

(3)进入途径 毒物进入机体的途径不同，其毒力效应出现的快慢也不同。一般地，静脉注射>呼吸道吸入>腹腔注射>肌内注射>皮下注射>口服>直肠灌注。某些毒物因给药途径不同，其毒力效应也不一样，如蛇毒口服一定剂量无中毒反应，而皮下注射同一剂量则可出现剧烈中毒反应。

2. 毒物进入机体的量与速度

一般是毒物的进入量越大，中毒就越严重。同一种毒(药)物，因进入机体速度的不同，可以发生完全不同的结果。如钙剂、钾剂缓慢静脉滴注时可以治病，快速推入则可导致心搏停止。

3. 动物个体的特性和机能状态

同一种毒物或药剂其中毒反应的程度，可因动物的种属、年龄、体质和体内各器官及神经、内分泌、酶系统的机能状态与个体的耐受性的不同而有差异。例如，亚硝酸盐对人和大部分家畜均能引起血红蛋白变性，但对兔、小鼠和蛙等，则无此种反应。需要指出的是，在肝、肾机能减退时，可延长和加强毒物对机体的毒害。

四、畜禽急性中毒的一般症状

由于有毒物质种类繁多，程度也不能完全一样。所以，毒理不一，即使同一种毒物在不同的条件下，对机体的损害、临床表现，也是异常复杂多样的。现按系统做综合扼要介绍。

1. 呼吸系统

（1）窒息　可由于呼吸道机械性阻塞或呼吸中枢被抑制而发生。

（2）呼吸道炎症　吸入水溶性较大的刺激性气体可引起上呼吸道黏膜水肿、充血，而使病畜呈现流涕、喷嚏、咽部疼痛、甚至可引起中毒性肺炎。

（3）肺水肿　毒物可直接损害肺泡壁的毛细血管，引起血管扩张，渗透性增强。毒物导致机体缺氧，引起毛细血管痉挛，增加肺毛细血管的压力。尤其是中毒后病畜不安静，心搏加快，造成过多的静脉血回流，进一步使肺毛细血管压力上升，促进肺水肿的发生。中毒后腺体分泌增加，使包括支气管的黏液腺大量分泌，引起水肿。

2. 神经系统

毒物可直接损害神经细胞，引起脑水肿和中毒性脑病等。

3. 血液系统

（1）白细胞数变化　大多数急性中毒均呈现白细胞总数和中性粒细胞比例的增加。但苯、抗癫药物等急性中毒，可引起白细胞减少，甚至颗粒细胞缺乏症。

（2）血红蛋白变性　毒物引起的血红蛋白变性以高铁血红蛋白血症为最多。

4. 泌尿系统

有许多毒物可引起肾脏损害。

5. 循环系统

毒物可引起急性心肌炎、心律失常或心动过缓，甚至急性肺源性心脏病。

6. 消化系统

毒物可引起呕吐、腹泻、腹痛、急性肝功能损害等。

五、畜禽急性中毒的一般诊断方法

畜禽中毒的诊断，主要是根据病史、现场调查、临床及病理学检查、实验室检验、动物试验等进行综合分析，做出正确判断。

1. 病史

应详细听取畜主或管理人员介绍的发病情况，包括发病时间、地点、数量、死亡头数、病程经过、症状变化，发病后是否经过急救、效果如何，饲料来源、种类、调剂方法及饲料的更替、变换情况，最近是否用过驱虫、消毒、预防药物。在排除某些急性传染病的情况下，若没有特殊原因，畜（禽）群在饲喂后突然多数发病，且食欲越旺盛，体质越好而发病越严重者，可考虑为急性中毒。

2. 现场调查

应查清疾病的发生与周围环境和食物的有关联系，深入畜（禽）舍、运动场、饲料加工、调制现场进行观察，了解饲养管理情况、饲料品质、粪尿排泄及环境、器具等是否有污染现象。应注意畜舍，特别是饲料加工、调制场所附近是否存放过农药，空气中是否有特异气味，同时还应注意交通、水源、作物的保管和利用等情况，若发现可疑线索，应深入进行分析研究。

3. 临床及病理学检查

应特别注意某些毒物中毒时，在某些器官或系统中可能出现的特有的生前症状和死后的剖检变化。如牛的黑斑病甘薯中毒，往往可呈现典型的肺泡气肿和间质性肺水肿，而阿托品类、磷化锌中毒时，出现口干渴、皮肤无汗等。

4. 实验室检验

实验室检验要结合临床表现有目的地进行，并尽可能选用特异性强而又简便的检查方法。必要时可采取病畜(禽)的胃内容物、血液、内脏实质器官、排泄分泌物(尿、粪、唾液等)或有关饲料饮水等，送有关单位进行毒物分析。

5. 动物试验

将可疑毒物在易感动物进行试验，如出现特征症状或特异性病理变化，可以反证为该毒物。

六、畜禽急性中毒的处理

急性中毒发病迅速，症状比较严重，必须及时采取措施。处理一般分为 3 个步骤：即去除毒物以防止毒物的继续吸收，应用解毒剂，对症治疗。但三者次序的先后，应根据病情的变化，灵活掌握。

(一)迅速脱离有毒环境，除去毒物

①因化学药剂污染空气而引起中毒者，应迅速离开有毒地点。

②因被毒物污染体表皮肤者，无论其是否已被吸收，都应尽快处理表面毒物。

③因采食而发生的中毒，可在中毒发生不久而毒物尚未被吸收时，采用催吐(如猪、猫、犬等)或洗胃的方法排出毒物(腐蚀性毒物除外)。洗胃一般在毒物进入胃后 6 h 内效果较好。洗胃后可根据需要通过胃管灌入解毒剂、缓泻剂或胃肠保护剂。

(二)应用解毒药

1. 一般解毒药

一般解毒药通过与胃内存留的毒物起中和、氧化、沉淀等化学作用，来改变毒物的理化性质，使其失去毒性，或通过物理的吸附作用，阻止毒物被继续吸收。

(1)中和、吸收、保护剂　强酸中毒可采用弱碱或镁乳、肥皂水、氢氧化铝凝胶等，不要使用碳酸氢钠，因其遇酸后可生成二氧化碳，使胃肠膨胀。强碱可用弱酸中和，如稀醋、果汁等。为保护黏膜，可用牛奶、蛋清、面糊、植物油(但脂溶性毒物中毒禁用油剂)等。对重金属盐、苯酚、醇等中毒可用活性炭作吸附剂，而铅、汞中毒尚可用碘酊(猪)3～10 mL 加水 100～200 mL 口服。

(2)氧化解毒　氧化剂能将毒物氧化而破坏。常用的氧化剂是 0.01%～0.05%高锰酸钾溶液或 1%～2%过氧化氢溶液，它们对许多毒物(如生物碱、磷、亚硝酸盐等)有一定的破坏及解毒作用。

(3)沉淀解毒　大多数金属毒物(如铅、铜、汞、砷、磷等)或生物碱中毒时，可用含蛋白质较高的物质(如蛋清、牛奶、绿豆浆等)以及鞣酸或浓茶内服，使毒物沉淀。

2. 特效解毒药

例如，氰氢酸中毒用亚硝酸钠和硫代硫酸钠解毒；有机磷农药中毒可用阿托品、氯磷定、解磷定等解毒；亚硝酸盐中毒，可用美蓝或高渗葡萄糖液解毒等。一些金属及其化合物中毒，可用金属络合剂解毒。金属络合剂是一些能与多种金属离子结合成稳定络合物的有机化合物，如巯基络合物。

(三)促进毒物的尽快排泄

兽医临床上常用高渗葡萄糖、快速利尿剂(如速尿、利尿酸钠等)及脱水剂(如甘露醇、山梨醇等),以迅速增加尿量,促进毒物随尿排出。但应注意的是,反复使用利尿剂或脱水剂可引起电解质紊乱。某些毒物进入机体后,其代谢产物并不与组织相结合而潴留于血中者,对一些贵重种畜,可考虑采用换血疗法。或根据病畜的具体情况,适当放血,放血后(或同时)补液。

(四)支持疗法和对症处理

许多中毒并无特效的解毒剂,因而必须针对毒力效应采取相应措施,以纠正各种代谢紊乱,维持和保护重要器官的功能,增强机体的排毒解毒能力。

抢救中毒病畜,注意保持呼吸道的通畅及维持呼吸和循环系统的功能,是一个十分重要的环节。如迅速清除口、鼻腔内的痰液、胃内容物等,以保证呼吸通畅。有喉头痉挛或水肿,或支气管痉挛而引起呼吸道阻塞时,可用0.5%异丙肾上腺素加生理盐水(1∶2)或合并给地塞米松做雾化吸入;有窒息状态者,用山梗菜碱做皮下注射或静脉注射,以兴奋呼吸中枢,必要时可配合做人工呼吸;周围循环衰竭时,应保持病畜安静,针刺有关穴位,并应尽快静脉输液和给药,以便恢复循环血量等。

七、畜禽中毒性疾病的预防

建立健全防病防毒制度,采取领导、群众、技术人员三结合的方针,充分发动群众,制订切实可行的防病防毒制度,并有专人负责督促检查。

大型农牧场,应对饲料的来源、成分、加工等环节进行周密的检查、监督,供应力求合理,调配要符合科学性。

在牧区,应组织有关人员对有毒、有害植物的种类和分布进行详细调查,做到有计划地防止畜群采食。尽量避免到杂草丛生的地方去放牧。

在早春开始放牧前,应先用青、干草混饲一段时间后,再行放牧,以防一时贪青,采食了毒草。严禁用发霉、变质腐烂的干草、块根、菜叶、谷类及各种农副产品饲喂畜禽。对一些含毒的农副产品,如菜籽饼、棉籽饼、蓖麻子饼、山药蛋、木薯等用作饲料时,必须先做去毒处理。

严格遵守有关毒物、农药、化肥等的防护保管制度。喷洒过药剂的作物、牧草及经过药剂处理的谷物种子等,应严防畜禽采食。盛放过毒剂的容器、仓库、运输工具等,未做去毒处理者,严禁存放饲料。

工矿企业的废水、废气、废渣,应做妥善处理,以避免污染环境,减少公害。

提高警惕,严防坏人投毒和破坏。

(庞全海)

第二节　饲料中毒

亚硝酸盐中毒(nitrite poisoning)

亚硝酸盐中毒是动物摄入过量含有硝酸盐或亚硝酸盐的饲料或水,引起以皮肤黏膜发绀、血液褐变、呼吸困难等为特征的一种高铁血红蛋白症。因本病常导致皮肤、口腔黏膜呈青紫色,又称肠源性青紫症。多种畜禽均可发生，常见于猪和反刍动物，猪较敏感，其次为牛、羊、马和其他动物很少发生。猪常在饱腹后突然死亡，临床上猪的硝酸盐与亚硝酸盐中毒又称"饱潲症"。

【病因】

亚硝酸盐是饲料中的硝酸盐在硝酸盐还原菌的作用下生成的。因此，亚硝酸盐的发生和存在取决于饲料中硝酸盐的含量和硝酸盐还原菌的活力。富含硝酸盐的野生植物主要有苋属植物、向日葵、柳兰等；作物类植物包括燕麦草、白菜、油菜、甜菜、羽衣甘蓝、大麦、小麦、玉米等。此外，氮肥过量使用、除草剂和水应激(干旱或旱后降雨)都能导致植物中硝酸盐的含量增加。硝酸盐还原菌广泛分布于自然界，其活性受到温度、湿度的影响，其最适温度为 20~40℃。当青绿饲料和块茎饲料，经日晒雨淋、堆垛存放或用温水浸泡、文火焖煮和保温时，硝酸盐还原菌活性增强，使硝酸盐还原为亚硝酸盐，动物采食后即可引起中毒。亚硝酸盐是反刍动物瘤胃中硝酸盐还原成氨的中间产物，若反刍动物采食了大量含硝酸盐的青饲料，即使是新鲜的，也可发生亚硝酸盐中毒。饮水中硝酸盐含量超过 500 mg/L，也可引起急性中毒。

【毒理】

机体摄入亚硝酸盐并吸收入血后，同 Cl^- 交换进入红细胞，致血红蛋白(Hb)中的二价铁(Fe^{2+})转变为三价铁(Fe^{3+})，使含氧血红蛋白(HbO_2)迅速氧化为高铁血红蛋白(MtHb)，此时 Fe^{3+} 同羟基(—OH)稳定结合，不能还原为 Fe^{2+}，使血红蛋白丧失携氧的能力，其结果引起全身性缺氧。在缺氧过程中，中枢神经系统最为敏感，出现一系列神经症状，最终发生窒息，甚至死亡。

亚硝酸盐可松弛血管平滑肌、扩张血管，使血压降低，导致血管麻痹而使外周循环衰竭。此外，亚硝酸盐还有致癌和致畸作用。亚硝酸盐、氮氧化物、胺和其他含氮物质可合成强致癌物——亚硝胺，其不仅引起成年动物癌肿，还可透过胎盘屏障使子代动物致癌；亚硝酸盐可通过母乳和胎盘影响幼畜及胚胎，故常有死胎、流产和畸形。

一次性大量食入硝酸盐后，硝酸盐及其与胃酸释放的二氧化氮对消化道产生的腐蚀刺激作用，可直接引起胃肠炎。

【症状】

病畜常在采食后 15 min 至数小时内发病，最急性中毒无明显前驱症状，或仅稍显不安，站立不稳，短时间即倒地而死。急性型除不安外，还表现为严重的呼吸困难，脉搏疾速细弱，全身发绀，体温正常或偏低，躯体末梢部位厥冷，耳尖、尾端血管中血液量少而凝滞，呈黑褐红色。肌肉战栗或衰竭倒地，末期出现强直痉挛，最后窒息而死。慢性中毒时，表现发育不良、腹泻、维生素 A 及维生素 E 缺乏、甲状腺肿大等。

【病理变化】

亚硝酸盐中毒的特征性病理变化是血液呈咖啡色或黑红色、酱油色，凝固不良。其他表现有皮肤苍白、发绀，胃肠道黏膜充血，全身血管扩张，肺充血、水肿，肝、肾淤血，心外膜和心肌有出血斑点等。一次性过量硝酸盐中毒胃肠黏膜充血、出血，胃黏膜容易脱落或有溃疡变化，肠管充气，肠系膜充血。

【诊断】

亚硝酸盐急性中毒的潜伏期为 0.5~1 h，3 h 达到发病高峰，之后迅速减少，并不再有新病例出现。这一发病规律可结合病史调查，如饲料种类、质量、调制等资料，提出怀疑诊断。根据黏膜发绀、血液褐变、呼吸困难和实质脏器充血等主要临床症状和病理剖检变化可做出初步诊断。确诊需进行亚硝酸盐的鉴定和变性血红蛋白的检查。

【治疗】

一旦确诊后立即切断毒源,迅速进行治疗。

(1)特效疗法 通常用1%美蓝溶液(1 kg亚甲蓝加10 mL无水乙醇,然后加灭菌生理盐水至100 mL,猪的标准剂量是1~2 mg/kg,反刍动物为8 mg/kg)静脉注射。美蓝是一种氧化还原剂,在低浓度小剂量时,美蓝可被体内的还原型辅酶I(NADH)迅速还原成白色美蓝,白色美蓝有还原性,可使高铁血红蛋白变为亚铁血红蛋白,但高浓度大剂量时,过多的美蓝则发挥氧化作用,使病情加重。还可用5%甲苯胺蓝液按5 mg/kg静脉注射,也可肌内注射和腹腔注射。此外,大剂量抗坏血酸(维生素C,猪、羊0.5~1.0 g,牛、马5~10 g)用于亚硝酸盐中毒,疗效确切,但不及美蓝。葡萄糖对亚硝酸盐中毒也有一定的辅助疗效。

(2)辅助措施 根据病情特点,还可配合以催吐、下泄、促进胃肠蠕动和灌肠等排毒治疗措施;对于重症病畜还应采取强心、补液和兴奋中枢神经等支持疗法;急性硝酸盐中毒按急性肠胃炎治疗即可。另外,取耳尖、尾尖、蹄头等穴位适量放血的中兽医疗法也有一定效果。

【预防】

为防止饲用植物中硝酸盐蓄积,在收割前要控制无机氮肥的大量施用,可适当使用钼肥以促进植物氮代谢。青绿菜类饲料切忌堆积放置而发热变质,使亚硝酸盐含量增加,应采取青贮方法或摊开敞放可减少亚硝酸盐含量。

提倡生料喂猪,试验证明除黄豆和甘薯外,多数饲料经煮熟后营养价值降低,尤其是几种维生素被破坏,且增加燃料费。若要熟喂,青饲料在烧煮时宜大火快煮,并及时出锅冷却后再饲喂,切忌小火焖煮或煮后焖放过夜饲喂。对已经生成过量亚硝酸盐的饲料,或弃之不用,或以每15 kg猪潲加入碳酸氢铵15~18 g,据介绍可消除亚硝酸盐。牛羊可能接触或不得不饲喂含硝酸盐较高的饲料时,要保证适当的碳水化合物的饲料量,再加入四环素(30~40 mg/kg饲料),以提高对亚硝酸盐的耐受性和减少硝酸盐变成亚硝酸盐。

禁止饮用长期潴积污水、粪池与垃圾附近的积水和浅层井水,或浸泡过植物的池水与青贮饲料渗出液等,也不得用这些水调制饲料。

氢氰酸中毒(hydrocyanic acid poisoning)

氢氰酸中毒是由于动物采食含有氰苷或氰化物的饲料,经胃内酶和盐酸的作用水解,产生游离的氢氰酸,抑制细胞色素氧化酶活性,使血红蛋白携带的氧不能进入组织细胞,引起组织缺氧,导致呼吸发生窒息的一种急性中毒病。临床上以发病快、动物兴奋不安、流涎、腹痛、气胀、呼吸困难、呼出气有苦杏仁味、结膜鲜红、震颤、惊厥为特征。

【病因】

主要由于采食或误食富含氰苷或可产生氰苷的饲料所致,如木薯、高粱、玉米、马铃薯幼苗;误食氰化物农药污染的水或饲料;豆类海南刀豆、狗爪豆等都含有氰苷,如不预先经水浸泡和滤去浸液,即易引起中毒事故;蔷薇科植物桃、李、梅、杏、枇杷、樱桃等的叶和种子中也含有氰苷,当采食过量时可引起中毒。此外,还曾报道有马、牛等因内服中药桃仁、杏仁、李仁等的制剂过量而中毒的事故。

【毒理】

氰苷配糖体本身无毒,但当含有氰苷配糖体的植物,经动物采食、咀嚼时,在有水分和适宜的温度条件和在植物体内同时含有的脂解酶的作用下,即可产生氢氰酸。当大量的氢氰酸进入体内后，氰离子（CN⁻）能抑制细胞色素氧化酶、过氧化物酶、接触酶、脱羟酶、琥珀酸脱氢酶、乳酸脱氢酶等的活性，尤其细胞色素氧化酶的活性受到抑制最为明显。CN⁻与氧化型细胞色素氧化酶的 Fe^{3+} 结合，使其不能转变为具有 Fe^{2+} 辅基的还原型细胞色素氧化酶，从而丧失其传递电子、激活分子氧的作用，阻止组织对氧的吸收，破坏组织内的氧化过程，导致机体内的缺氧症。在此过程中，由于组织细胞不能从毛细血管的血液中摄取氧，静脉血中氧含量过高，使血液呈鲜红色。

由于中枢神经系统对缺氧特别敏感，而且氢氰酸在类脂质中溶解度较大，所以中枢神经系统首先受损害，尤以血管运动中枢和呼吸中枢为甚。

【症状】

当家畜采食多量含有氰苷的饲料后 15～20 min，即可能表现腹痛不安，呼吸快速而且困难，可视黏膜呈鲜红色，流出白色泡沫状唾液。整个病程最长不超过 30～40 min。

（1）最急性　突然极度不安，惨叫后倒地死亡。首先兴奋，但很快转为抑制。呼出气体常带有苦杏仁气味。随后呈现全身极度衰弱，行走不稳，很快倒地。体温下降，后肢麻痹，肌肉痉挛，瞳孔散大，反射机能减弱或消失，心动徐缓，呼吸浅表，脉搏细弱。最后陷于昏迷而死亡。

（2）急性　病初兴奋不安，呈现眼和上呼吸道刺激症状，呼出气带杏仁气味；流涎，呕吐，呕出物有杏仁气味，腹痛，气胀，腹泻，食欲废绝，心跳、呼吸加快，精神沉郁，衰弱，行走和呼吸困难，结膜鲜红，瞳孔散大。中毒病鸡呈现步态不稳、痉挛，继而昏迷，很快死亡。

【病理变化】

尸僵缓慢，尸体不易腐败，血液呈鲜红色，凝固不良。口腔有血色泡沫，喉头、气管和支气管黏膜有出血点，气管和支气管内有大量泡沫状液体。肺充血、出血和水肿，心内外膜有点状出血。胃肠黏膜充血和出血，胃内充满气体，有苦杏仁味。体腔有浆液性渗出液，实质器官变性。

【诊断】

根据病史、临床表现（中毒早期呼出气体或呕吐物中有苦杏仁味，皮肤、黏膜及静脉血呈鲜红色）剖检血液鲜红且凝固不良胃内容物有苦杏仁味，可做出初步诊断。根据血液呈鲜红色可与亚硝酸盐中毒（血液呈酱油色）相区别。但最终确诊，须通过毒物学检验。

【治疗】

由于本病的病程短促，一经发现，应及早诊断、及时治疗。

（1）特效疗法　确诊后立即用亚硝酸钠，配成 5% 溶液静脉注射（牛、马 0.5～2.0 g，猪、羊 0.1～0.2 g），或将亚硝酸异戊脂置于小块纱布让病畜吸入 15～30 s，可在数分钟内重复 1～2 次；随后再注射 5%～10% 硫代硫酸钠溶液（牛、马 100～200 mL，猪、羊 20～60 mL）。或用亚硝酸钠 3.0 g、硫代硫酸钠 15.0 g 及蒸馏水 200 mL，混合溶解后经滤过、消毒，给牛一次静脉注射；猪、羊可用亚硝酸钠 1.0 g、硫代硫酸钠 2.5 g 及蒸馏水 50 mL，静脉注射。也可用美蓝（亚甲蓝）与硫代硫酸钠二者配合使用，但其疗效不及上述用亚硝酸钠的确实。

（2）辅助措施　根据病情特点，还可选用或合用催吐、洗胃和内服中和、吸附剂来促进毒物排出与防止毒物吸入，以缓解病情，争取较充裕的抢救时机。呼吸急促时，可用尼可刹米，对心衰者可注射安纳咖，静脉注射大剂量的葡萄糖溶液，能在支持治疗的同时，使葡萄糖与 CN⁻ 结合生成低毒的腈类。

【预防】

尽量避免或不用氢氰酸含量高的植物饲喂动物，加强农药管理，严防误食。含有氰苷配糖体的饲料，可在其煮熟后添加醋以减少所含的 CN⁻，因氰苷在 40～60℃ 时易分解为氢氰酸，酸性环境中易挥发。或经过流水浸渍 24 h 以上或漂洗后，再加工利用。此外，不要在生长含氰苷配糖体植物的地方放牧，防止动物误食氰化物及玉米、高粱幼苗。

菜籽饼粕中毒(rape seed-cake poisoning)

菜籽饼粕中毒是其所含芥子苷可水解生成异硫氰酸烯酯和硫氰酸盐，畜禽采食过多时引起肺、肝、肾及甲状腺等多器官损害，临床上以急性胃肠炎、肺气肿、肺水肿和肾炎为特征的中毒性疾病。以猪、禽中毒多见，其次为羊、牛，马属动物较少发病。

【病因】

菜籽饼粕含有芥子苷或黑芥子酸钾、芥子酶、芥子酸、芥子碱等有毒成分，芥子苷在胃肠内一定温度和水分条件下，经芥子酶的作用可水解形成异硫氰酸丙烯酯或丙烯基芥子油以及硫酸氢钾等毒性物质。畜禽长期饲喂未去毒处理或脱毒不完全的菜籽饼，或突然大量饲喂未减毒的菜籽饼即可引起中毒。另外，家畜采食过量鲜油菜或芥菜，尤其开花结籽期的油菜或芥菜也可引起中毒。在大量种植油菜、甘蓝及其他十字花科植物的地区，以这些植物的根、茎、叶及其种子为饲料，或利用油菜种子的粉或饼作为动物饲料时，常成为本病的流行区。

【毒理】

高浓度的异硫氰酸丙烯酯对黏膜有强烈的穿透和刺激作用，与芥子酸和芥子碱等成分共同作用，引起胃肠炎、肾炎及支气管炎甚至肺水肿。异硫氰酸酯和硫氰酸酯中的硫氰离子是与碘离子相似的单价阴离子，在血液中与碘离子竞争，抑制甲状腺滤泡细胞聚集碘的能力，从而导致甲状腺的肿大。噁唑烷硫酮能抑制甲状腺内过氧化物酶的活性，从而影响甲状腺中碘的活化、酪氨酸的碘化和碘化酪氨酸的偶联等过程，甲状腺素(T_3和T_4)合成受阻，垂体促甲状腺素分泌增强，导致甲状腺肿大，故又称甲状腺肿因子或致甲状腺肿因子。异硫氰酸丙烯酯和噁唑烷硫酮经胃肠道吸收入血后，可扩张微血管，导致血容量下降，心率减慢，表现心力衰竭或休克。

【症状】

菜籽饼粕中毒一般表现为以下临床症状：

(1)消化型　以精神委顿，食欲减退或废绝，流涎，反刍停止，瘤胃蠕动减弱或停止，腹痛、腹胀，明显的便秘或腹泻，严重者便中带血为特征。

(2)呼吸型　以肺水肿和肺气肿为病理学特征，出现呼吸加快或困难，常伴发痉挛性咳嗽，鼻腔流出泡沫状液体。

(3)泌尿型　以排尿频率增加、血红蛋白尿、泡沫尿和贫血等溶血性贫血为特征。

(4)神经型　以失明("油菜目盲")、狂躁不安等神经症状为特征。神经系统兴奋，后期目盲，倦怠无力，全身衰竭，体温下降，往往因虚脱而死。

(5)抗甲状腺素型　幼龄动物生长缓慢，发育不良，甲状腺肿大。妊娠母畜妊娠期延长，所生仔畜脖子粗大、秃毛、死亡率升高。

(6)其他　由于感光过敏而表现背部、面部和体侧皮肤红斑、渗出及类湿疹样损害，动物因皮肤发痒而不安、摩擦，会导致进一步的感染和损伤。

【病理变化】

动物死后，尸僵不全，胃肠黏膜斑状充血、出血性炎症，内容物有菜籽饼残渣。血液稀薄、暗褐色，凝固不良，心内外膜出血。肺脏表现严重的破坏性气肿，伴有淤血和水肿。肝脏实质变性、斑状坏死。胆囊扩张，胆汁黏稠。肾脏点状出血，色变黑。组织学检查，肺泡广泛破裂，小叶间质和肺泡隔有水肿和气肿。肝小叶中心细胞广泛性坏死。

【诊断】

根据病史调查，采食过大量菜籽饼，结合尿频、血尿、咳嗽、呼吸困难、便秘和失明等临床症状或病理学变化即可初步诊断。确诊需进行异硫氰酸丙烯酯含量的测定。

本病的临床表现与许多疾病有相似之处，应注意鉴别诊断，如甲状腺肿大应与碘缺乏症、采食含少量氰苷的植物等相鉴别；腹泻应与砷中毒、沙门菌病、蕨类植物中毒等相鉴别；溶血性贫血应与牛产后血红蛋白尿、钩端螺旋体病、边虫病、巴贝斯血孢子虫病等相鉴别；急性肺水肿和肺气肿病牛要与牛再生草热、肺丝虫病、霉烂甘薯中毒等相鉴别；感光过敏性皮炎伴随肝损害病例应与其他光敏物质中毒、肝毒性植物中毒等相鉴别；神经型病例要与食盐中毒、有机磷中毒及其他具有神经症状的疾病相鉴别。

【治疗】

目前，本病尚无特效解毒药物。发现中毒病畜，立即停喂可疑饲料，尽早应用催吐、洗胃和下泻等排毒措施，常用硫酸铜催吐，高锰酸钾液洗胃，液体石蜡下泻。中毒初期，已出现腹泻时，用2%鞣酸洗胃，内服牛奶、蛋清或面粉糊以保护胃肠黏膜。甘草煎汁加食醋内服有一定解毒效果，甘草用量为猪20~30 g，牛200~300 g煎成汁；食醋用量为猪50~100 mL，牛0.5~1 L，混合一次灌服。出现肺水肿和肺气肿的病畜可应用抗组织胺药物和肾上腺皮质类固醇激素，如盐酸苯海拉明和地塞米松等肌内注射。发生溶血性贫血型病畜，应及早输血并补充铁制剂，以尽快恢复血容量。若病畜为产后伴有低磷酸血症，同时用20%磷酸二氢钠溶液，或用含3%次磷酸钙的10%葡萄糖溶液静脉注射，每日1次，连续3~4 d。对严重的中毒病畜还应采取包括强心、利尿、补液、平衡电解质等对症治疗措施。

【预防】

控制畜禽日粮中菜籽饼所占的比例，一般不应超过饲料总量的20%。对孕畜和仔畜最好不喂菜籽饼和油菜类饲料。即使控制用量的菜籽饼，也应去毒后再行饲喂，常用的去毒方法有以下几种：

（1）碱处理法　用15%石灰水喷洒浸湿粉碎的菜籽饼，焖盖3~5 h，再笼蒸40~50 min，然后取出炒散或晾散风干，此法可去毒85%~95%。

（2）坑埋法　将菜籽饼按1∶1比例加水泡软后，置入深宽相等、大小不等的干燥土坑上，上盖以干草并覆盖适量干土，待30~60 d后取出饲喂或晒干贮存。此法可去毒70%~98%。

（3）蒸煮法　将粉碎的菜籽饼用温水浸泡1昼夜，再蒸煮1 h以上，则可去毒。

棉籽饼粕中毒（cottonseed meal poisoning）

棉籽饼粕中毒是动物因过量饲喂棉籽饼或连续饲喂，造成有毒的棉酚在体内特别是在肝中蓄积，所引起的一种慢性中毒性疾病。临床上以全身水肿、出血性胃肠炎、血红蛋白尿、肺水肿、肝炎和酸中毒为主要特征。主要发生于犊牛、单胃动物及家禽，成年奶牛、肉牛和马较少发生。

【病因】

棉籽饼含粗蛋白质36%~42%，其必需氨基酸含量在植物中仅次于大豆粉，但其含有一种有毒的棉酚。棉酚与蛋白质、氨基酸、磷脂等结合而生成结合棉酚，毒性消失。未与上述物质结合的游离棉酚，因其具有活性羟基和醛基而呈现毒性作用。经过加工调制、加热、浸泡等处理，其毒性减小而变成无害。引起棉籽饼粕中毒的原因是：①长期饲喂未经加工调制的棉籽饼，棉酚在体内蓄积；②用未经去毒处理的新鲜棉叶或棉籽作饲料，长期饲喂猪、牛，或让放牧家畜过量采食也可发生中毒；③日粮中维生素和矿物质(尤其是维生素 A 及铁和钙)缺乏以及其他过度刺激时，动物均对棉酚的敏感性增加，可促使中毒发生或使病情加重。妊娠母畜和幼畜对棉酚比较敏感，幼畜也可能因哺乳而摄入棉酚，发生中毒。另外，棉籽油和棉籽饼残油中的环丙烯类脂肪酸也有一定的毒性。

反刍动物对棉酚有一定的耐受能力，可使游离棉酚与瘤胃中可溶性蛋白质结合而丧失毒性。一般情况下，棉籽饼不会引起成年牛中毒。非反刍动物及犊牛对棉籽饼的毒性敏感，成年反刍动物抵抗力较强。怀孕母猪和仔猪对棉酚特别敏感。

【毒理】

游离棉酚进入血液后，可降低血液携氧能力，加重呼吸循环器官的负担，以致产生被动性肺充血和水肿，引发心力衰竭肺和全身缺氧性变化。棉酚还能与铁结合，影响血红蛋白中铁的作用，引起缺铁性和溶血性贫血。棉酚对胸膜、腹膜和胃肠道有刺激作用，能引起这些组织发炎，增强血管壁的通透性，使受害组织发生浆液性浸润和出血性炎症。棉酚有极好的脂溶性，能在神经细胞积累，导致神经机能紊乱。同时，棉籽饼和棉籽缺乏维生素 A，故易导致多种器官上皮细胞的变性，而呈现维生素 A 缺乏症。

【症状】

家畜棉酚中毒极少发生，中毒多呈慢性经过，潜伏期较长，临床表现与蓄积采食量呈正相关。各种动物共同的表现为食欲减退和体重下降。猪中毒发病慢、病程长，表现为精神沉郁，低头拱背，后肢无力，走路摇晃。鼻孔流出浆液性液体，粪便黑带血，不断喝水，尿量少。严重时心跳快而弱，呼吸急促，最后因衰弱而死。母猪可引起流产。犊牛中毒时表现食欲反常，腹泻和呼吸困难以及视力障碍。小公牛还可出现尿结石。马以间歇性腹痛为主要症状，并常发生便秘，粪便上附有黏液或血液，尿液呈红色或暗红色，有典型的红细胞溶解现象。家禽表现为双肢乏力。蛋鸡产蛋变小，蛋黄膜增厚，蛋黄呈茶色或深绿色，蛋白呈粉红色，蛋孵化率降低。犬精神萎靡，发呆，厌食，呕吐，腹泻，体重减轻。后躯共济失调，心跳加快，心律不齐，呼吸困难，进而表现嗜睡和昏迷。最后因肺水肿、心衰和恶病质而死亡。

【病理变化】

全身皮下组织呈浆液性浸润，胸、腹腔和心包腔内有红色透明或混有纤维团块的液体。胃肠道黏膜充血、出血和水肿；肝肿大、淤血，呈黄色或土黄色，质脆，有时可见坏死；肺淤血、出血与水肿，气管、支气管充满泡沫样液体；肾脏肿大，实质变性，被膜散发点状出血；淋巴结和膀胱壁水肿、充血；鸡胆囊和胰腺增大，肝、脾和肠黏膜上有蜡质样色素沉着；心肌纤维排列紊乱，部分空泡变性和萎缩；红细胞数和血红蛋白减少，白细胞总数增加，其中中性粒细胞增多，核左移，淋巴细胞减少。

【诊断】

根据长时间大量饲喂未经任何加工处理的棉籽饼(皮)、棉叶的病史，结合呼吸困难、出血性胃肠炎和血红蛋白尿等症状和全身水肿、肝小叶中心性坏死、心肌变性坏死等病变可做出初步诊断。确诊需进行饲料中游离棉酚含量的测定。一般认为，猪和小于 4 月龄的反刍动物日粮中游离棉酚的含量高于 100 mg/kg，即可发生中毒，成年反刍动物对棉酚的耐受量较大，但日粮中游离棉酚的含量应小于 1 g/kg。

本病应注意与具有心脏毒性的离子载体类抗生素(如莫能菌素、拉沙里菌素)中毒、氨中毒、镰刀菌产生的霉菌毒素中毒、某些具有心脏毒性的植物中毒、硒缺乏、铜缺乏、肺气肿、肺腺瘤等疾病相鉴别。

【治疗】

目前，本病尚无特效疗法，主要采用消除致病因素、加速毒物的排除及对症疗法。首先应停止饲喂棉籽饼(皮)和棉叶。同时，用 0.03%~0.1% 高锰酸钾溶液或 5% 碳酸氢钠溶液、双氧水洗胃。若胃肠道内容物多，胃肠炎不严重时，可内服硫酸钠或硫酸镁进行缓泻，胃肠炎严重的，可用消炎剂、收敛剂，如磺胺脒、鞣酸蛋白。还可用藕粉、面糊等以保护肠黏膜，可与其他药物混合内服。

为了阻止渗出，增强心脏功能，补充营养和解毒，可内服硫酸亚铁(猪每次 1~2 g、牛每次 7~15 g)、枸橼酸铁铵等铁盐，并给予乳酸钙、碳酸钙、葡萄糖酸钙等钙盐制剂。静脉注射 10%~50% 高渗葡萄糖溶液，或 10% 葡萄糖氯化钙溶液与复方氯化钠溶液，配以 10%~20% 安钠咖、维生素 C、维生素 D 及维生素 A 等。

当病畜尚有食欲时，尽量多饲喂青绿饲料或青菜、胡萝卜等，并注意增加饲料里矿物质，特别是钙的含量。

【预防】

防止棉籽饼粕中毒，可采取以下措施：

(1)限制饲喂量　牛每日不超过 1~1.5kg，猪每日不超过 0.5kg，雏鸡不超过日粮的 2%~3%，成年鸡不超过 5%~7%。以间断饲喂为宜，如连续饲喂棉籽饼半个月后，应有半个月的停饲间歇期。怀孕母畜和幼畜最好不要喂。

(2)加热减毒处理　榨油时最好能经过炒、蒸，使游离的棉酚转变为结合的棉酚。生棉籽皮炒了再喂，棉渣必须加热蒸煮 1 h 后再喂；发酵过的棉叶用清水洗净，再用 5% 的石灰水浸泡 10 h，软化解毒后再喂猪。

(3)硫酸亚铁去毒　用 0.1%~0.2% 硫酸亚铁溶液浸泡棉籽饼，可使棉酚的破坏率达 80%。给喂棉籽饼的家畜同时喂硫酸亚铁，铁与棉酚(游离)之比为 1:1；但需注意应使铁与棉籽饼充分混合接触。猪饲料中的铁含量不得超过 500 mg/kg。

(4)增加日粮中蛋白质、维生素、矿物质和青绿饲料　若长期饲喂棉籽饼和棉籽时，应与其他优质饲草和饲料进行搭配供给和适当地补充含维生素 A 较高的饲料，同时补以骨粉、碳酸钙等含钙添加剂。饲料中蛋白质含量越低，中毒率越高。饲料里增加维生素(主要是胡萝卜素)、矿物质(主要是钙和食盐)、青绿饲料对预防棉籽饼中毒都有很好的作用。

蓖麻子中毒(castor poisoning)

蓖麻子中毒是动物误食蓖麻子实或饲喂未经处理的蓖麻子饼粕所引起的以呕吐、腹痛、排出血粪、血尿、出血性胃肠炎和神经系统障碍为主要特征的全身性中毒病。以牛、马、猪和鹅多见，马最敏感，其他动物尤其是绵羊和鸡的耐受性较大。

【病因】

蓖麻是大戟科植物，根叶有药用价值，蓖麻榨油后的饼含有丰富的粗蛋白和多种矿物质，可以用来饲喂动物。但蓖麻子含蓖麻毒素、蓖麻碱、蓖麻变应原和蓖麻血凝素 4 种毒素，其中蓖麻毒素毒性最强，是迄今所知毒性最强的植物蛋白，其毒力比士的宁、氢氰酸和砒霜还强，0.25 mg/kg 即可致死动物。蓖麻碱分子中含有氰基，可分解生成氢氰酸。未经处理的蓖麻子饼浸出液即使稀释 2 000 倍，仍能引起动物中毒。因此，必须经过加热去毒后才能饲喂动物。

【毒理】

蓖麻子中主要的有毒成分是蓖麻毒素，含量占籽重的1.0%~5.0%。蓖麻素为高分子蛋白质，由两条多肽链组成，分别为A链和B链，两链之间有一个二硫键连接，大部分经肠道吸收，能导致红细胞凝集和血液中纤维蛋白原变为纤维蛋白，在肠黏膜的血管内形成血栓，导致肠管壁出血、溃疡以至出血性胃肠炎。进入体循环后，则造成各器官组织，特别是心、肝、肾以及脑脊髓的血栓性血管病变，使之发生出血、变形乃至坏死，从而表现相应的器官机能障碍和严重的全身症状。并可使红细胞发生崩解，最后因呼吸、循环衰竭而死亡。另外，蓖麻毒素对所有哺乳动物的有核细胞都有毒害作用。研究表明，小剂量的蓖麻素可以诱导细胞因子产生，引起体内脂质过氧化损伤和诱导靶细胞凋亡；大剂量蓖麻毒素则以抑制蛋白质合成为主。蓖麻碱对小鼠的毒性比蓖麻毒素弱，但对家禽的毒性较强，当饲料中蓖麻碱的含量超过0.1%时，会导致鸡神经麻痹，甚至中毒死亡。变应原具有强烈的致敏性，对过敏体质的机体引起变态反应。蓖麻红细胞凝集素在体外对各种动物和人的红细胞、小肠黏膜细胞、干细胞及其他细胞组织悬液均有强烈的凝集作用。

【症状】

动物常在采食大量蓖麻子饼后15 min至2~3 h出现中毒症状，主要表现胃肠炎和神经系统机能紊乱，具体临床表现因动物品种不同而有一定差异。

(1)马　常在采食后数小时至几天内发病，呈进行性发展。初期精神沉郁、体温升高、口唇痉挛、头颈伸张、呼吸困难、心跳加快，可视黏膜潮红和黄染。继而出现腹痛、腹泻，运动失调，呼吸明显增加，脉象浅表，心动异常亢进，黏膜发绀。末期病马躺卧，血压下降，常无尿，因呼吸抑制而死亡。

(2)牛、羊　主要表现为出血性胃肠炎。精神沉郁，食欲废绝，体温无明显变化，呼吸、脉搏数增加。反刍减弱或消失，肠音亢进，水样粪便，恶臭。末期肠音消失，知觉丧失。鼻镜干燥，眼结膜潮红，腹泻，出现血痢(粪便恶臭、并带有黏膜)、血尿，肌肉震颤，运动失调，口吐白沫，继而昏迷，严重者死亡。

(3)猪　精神沉郁、呕吐、腹泻，伴有出血性肠炎，黄疸以及血红蛋白尿。严重者突然倒地，四肢痉挛，头向后仰，不停嘶叫，肌肉震颤，皮肤发绀，尿闭，便血，昏睡，体温降至37℃以下，最终死亡。

【病理变化】

主要表现出血性胃肠炎和各实质器官充血、出血、变性和坏死。血液黏稠且凝固不良。肝肿胀，有大量出血斑或脂肪变性。肾脏肿胀、出血。胃肠道黏膜广泛弥漫性出血，内容物混有血液。淋巴结肿大、出血。心内、外膜有出血点。支气管内充满气泡，肺充血。膀胱积尿。

【诊断】

依靠误食蓖麻子或大量饲喂蓖麻子饼的病史，结合临床表现即可初步诊断。确诊须进行胃内容物蓖麻素的实验室检测。

【治疗】

目前，本病尚无特效药，理想的治疗方法是采用抗蓖麻毒素免疫血清、尼可刹米、异丙肾上腺素。据报道，刀豆球蛋白A(concanavalin A, Con A)、霍乱毒素B(choleratoxin B)和麦芽凝集素均有抗蓖麻毒素的作用。如果没有抗蓖麻素免疫血清，应采用适宜的对症疗法迅速排出毒物，维护心血管功能。

(1)减少毒物吸收　尽早洗胃，催吐(饲喂时间仅1~2 h)，导泻(饲喂时间已超过2~3 h，但精神较好时采用，如已表现严重腹泻则不能导泻)，减少毒物继续吸收。

（2）保护胃黏膜　灌服蛋清、冷牛奶或米汤，必要时内服胃黏膜保护剂，以保护胃黏膜。

（3）应用对症及支持治疗　如维持水电酸碱平衡、应用保肝药物、抗休克等。必要时给予强心剂、镇静剂、氧气吸入等，暂时禁食脂肪及油类食物。

【预防】

加强对蓖麻子实的采收和保管，防止家畜误食；用蓖麻子饼饲喂家畜时，应做60℃以上的高温处理，并维持2 h以上；去毒后的蓖麻子饼也要严格控制饲喂量，一般饲喂量不宜超过日量的10%~20%，并采用由少量开始逐渐增加至计划饲喂量；中毒牛的乳汁含有蓖麻毒素，不可饲喂犊牛或饮用，以防中毒。

常见的用于蓖麻子饼脱毒的方法主要有以下几种：

（1）物理法　通过加热、加压、水洗等将毒素从蓖麻子饼中转移到水溶液中，再通过分离、洗涤将粗蛋白去除。常用的方法有沸水洗涤法、加压蒸煮法、热喷及膨爆法等。

（2）化学法　将水、蓖麻子饼和化学药剂按比例加入耐腐蚀的搅拌罐中，按照所需温度、压力，维持一定时间后，出料进行分离，将蓖麻子饼进行干燥冷却即可。化学法有酸处理法、碱处理法、石灰法、氨处理法等。

（3）微生物法　利用特定的微生物菌株对毒素进行分解从而达到解毒目的。

（罗胜军）

反刍动物过食综合征（engorgement syndrome in ruminants）

反刍动物过食综合征是反刍动物采食过多的富含碳水化合物的谷物饲料，在瘤胃内异常发酵产生大量乳酸，使胃内微生物群落的活性降低和严重消化不良的一种急性代谢酸中毒，又称反刍动物乳酸中毒（ruminant lactic acidosis）、急性碳水化合物过食（acute carbonhydrates engorgement）和瘤胃酸中毒（rumen acidosis）等。临床上以严重毒血症、脱水、pH值下降、瘤胃弛缓、精神兴奋或沉郁，后期躺卧和急性死亡为特征。各种反刍动物均可发生此病，主要见于奶牛、奶山羊、役用牛和肉牛，但高产乳牛，育肥牛群发病最多。

【病因】

突然大量采食富含碳水化合物的精料是本病的主要病因。谷物饲料（如大麦、燕麦、玉米、水稻、高粱、稻谷等）和块根饲料（如马铃薯、甘薯、饲用甜菜）、酿造副产品（如酒渣、豆腐渣、淀粉渣等）和水果类（如苹果、葡萄、梨等）等都是富含碳水化合物的谷物，如果家畜一次性或多次饲喂过量，或是对家畜管理不严，致使其偷食大量这类饲料，均可导致家畜发病。

本病常在过食后不久发生，但饲料种类、动物对谷物适应性、动物营养状况、菌丛的性质对疾病发生有一定影响。

【毒理】

大量富含碳水化合物的饲料使瘤胃中革兰阳性菌大量增多，碳水化合物异常发酵产生大量乳酸，致使瘤胃pH值降至5.0以下，瘤胃蠕动停止。同时，乳酸杆菌大量增殖，产生过多的乳酸，引起吸氧减少，细胞呼吸障碍，导致乳酸进一步增多。由于瘤胃内环境改变，正常微生物区系严重破坏，过多的酸性产物刺激胃肠黏膜，肥大细胞和血液内嗜碱性粒细胞释放有毒的胺（如组胺和酪胺），瘤胃内乳酸含量增高，达165 mmol/L。因而呈现毒血症，并发蹄叶炎、瘤胃炎等。尤其当家畜过食豆类饲料，使瘤胃内蛋白质在细菌分解下产生大量氨，当产氨速度超过了氨在体内转化为谷氨酰胺或尿素的速度或超过肝、肾对氨的解毒能力时，则可引起氨中毒。造成三羧酸循环不能正常进行(因 α-酮戊二酸大量耗竭转化为谷氨酰胺),ATP生成减少,糖的无氧酵解作用增强,乳酸及酮体产生增多,导致代谢性酸中毒。此外,大量氨可直接作用于中枢神经系统,引起脑血管充血、兴奋性增高、视觉扰乱和目盲。瘤胃内不仅乳酸增多,而且挥发性脂肪酸增多,氨增多的同时,氢、氮、对甲苯酚、酚、吲哚、粪臭素也增多,最终引起以酸中毒为主体的综合征。

【症状】

本病常呈急性经过,临床表现与饲料种类、性质及采食量有关。

(1)最急性型　常在没有任何前驱症状的情况下,于采食后3~5 h突然死亡;或发现时,已呈现行动不稳、呼吸急促、气喘、张口吐舌、口吐黏液等症状,心跳达100次/min,最后突然倒地,甩头蹬脚,很快死亡。

(2)急性型　一般在采食后4~8 h发病,食欲、反刍停止,脉搏、呼吸加快。瘤胃蠕动极弱,触之有水响音,腹部虚胀,病畜不断排出粥状或水样粪便,体温正常或略有升高。多数病例很快出现脱水症状,眼球下陷,皮肤缺乏弹力,尿少而黄。血液暗红、黏稠。瘤胃液pH值下降至5.0~6.0,重者甚至可达4.0。

(3)亚临床型　主要表现为食欲不振,体重下降,瘤胃蠕动弛缓,产奶量降低,腹泻等,全身症状比较轻微。

【病理变化】

剖检可见黏膜发绀,呼吸道充满黏液,肺充血、水肿。心内外膜出血。肾及膀胱有充血、出血,肾肿大。瘤胃内充满有强烈酸臭味的粥状内容物。瘤胃黏膜有不同程度充血、出血和水肿,有的黏膜坏死、脱落,严重时坏死时蔓延至黏膜深层形成溃疡。皱胃及肠黏膜充血、出血、坏死和溃疡。心内膜有出血点,右心扩张,心肌变性。肝脏淤血、肿大、脂肪变性。肾肿大,质地柔软。

【诊断】

根据发病时间,日粮组成,临床表现,结合瘤胃pH值和纤毛虫变化、二氧化碳结合力、尿液pH值以及血液乳酸含量测定等指标即可确诊。

【治疗】

确诊后可迅速采取下列方法进行治疗:

(1)纠正酸中毒　常用石灰水洗胃和灌服。取生石灰1 kg,加水5 L,充分搅拌后静置10 min,取上清液加入1~2倍清水适当稀释后,用胃管灌入胃内,反复冲洗,直至胃液接近中性,最后再灌入稀释的石灰水,牛1~2 L,羊0.5~1 L。也可内服氢氧化钙溶液

(2)补充体液　用5%葡萄糖溶液1 L加入5%碳酸氢钠1~2 L、10%安钠咖10~30 mL及适量氢化可的松,一次静脉注射。

(3)清理肠胃　可在灌服石灰水2 h后,投以油类泻剂或盐类泻剂,芒硝用量最大为1.5 kg,液体石蜡1 L,对贪食谷物者有一定效果。但对过食豆类食物者收效不明显。也可在次日用中药清肠饮:当归40 g、黄芩50 g、二花50 g、麦冬40 g、元参40 g、生地30 g、甘草30 g、郁金40 g、白芍40 g、陈皮40 g,水煎,1次灌服。

(4)对症治疗　为控制和消除炎症,可注射抗生素,如青霉素、链霉素四环素。当病畜不安,严重气喘或休克时,可静脉注射山梨醇或甘露醇,每日早晚各1次。当有神经症状时适当给予镇静剂如氯丙嗪肌内注射,1 mg/kg。病畜全身中毒减轻,脱水有所缓解,但仍卧地不起时,可适当注射水杨酸类和低浓度(5%以内)钙制剂。

(5)瘤胃切开术 可在动物精神状态良好时采用瘤胃切开手术，更换瘤胃内容物。或用铡碎的稻草经用 1% 热碳酸氢钠液浸泡 30 min，接种纤毛虫和瘤胃微生物，治愈率较高。

【预防】

主要加强管理，防止过食，乳牛和肉牛应控制精料供给量，并使增量有一过程，开始少给，逐日增多，防止酸中毒。

①加强饲养管理：实行饲养标准化，控制精料日粮标准，合理搭配精粗饲料比例，精料喂量不宜过多，一定要加喂适量优质干草。青贮饲料酸度过高时，要经过碱处理后再喂。饲料中精料较多时，可加入 2% 碳酸氢钠、0.8% 氧化镁或 2% 碳酸氢钠与 2% 硅酸钠（按混合饲料总量计量）。

②加强对围产期、母乳高峰期及产后期动物的健康检查：发现尿 pH 值下降、酮体阳性者，须及时治疗。

亚麻籽饼粕中毒（linseed meal poisoning）

亚麻籽饼粕中毒是动物误食过量亚麻籽饼粕，发生的以呼吸困难、肌肉震颤、惊厥等为主要特征的中毒病。各种动物均可发生，多见于猪、牛、羊和家禽。

【病因】

亚麻属（*Linum usitatissimum* L.）又称胡麻，分为油用、纤维用和兼用 3 种，是一年生草本植物。亚麻籽饼是一种仅次于豆饼、棉籽饼和菜籽饼的优质饲料，各种家畜都喜欢采食。但亚麻籽、叶甚至全株都含有一种有毒的生氰糖苷——亚麻苦苷，它在亚麻苦苷酶的作用下释放出氢氰酸（HCN）。在制备亚麻籽饼和榨油的过程中，用溶剂提取法或低温条件下进行机械冷榨时，亚麻籽中的亚麻苦苷和亚麻苦苷酶原封不动地残留在饼粕中，一旦条件适合就分解产生氢氰酸。相反，采用机械热榨油法前经过蒸炒，温度一般在 100℃ 以上，其亚麻苦苷和亚麻苦苷酶绝大部分遭到破坏，亚麻籽饼中氢氰酸含量很低。

【毒理】

亚麻籽及亚麻籽饼粕中主要含有生氰糖苷、抗维生素 B_6 因子和亚麻籽胶等有毒成分。

(1)生氰糖苷 在体内酶的催化下（适宜温度 40~50℃，pH 5 左右），可水解产生氢氰酸，氢氰酸在体内释放 CN^- 能迅速与氧化型细胞色素氧化酶中的 Fe^{2+} 结合，引起细胞窒息。另外，氰化物对中枢神经系统具有直接损伤作用。毒性数据表明氢氰酸是剧毒物质，内服致死量为 50~100 mg，空气中浓度为 200 mg/m³ 时，人吸入 10 min 即可致死。

(2)抗维生素 B_6 因子 化学名为 1-氨基-D-脯氨酸，对抗维生素 B_6 的作用约等于亚麻籽的 4 倍。维生素 B_6 经磷酸化转变为磷酸吡哆醛，可作为氨基酸代谢中的重要辅酶和合成神经递质的成分。1-氨基-D-脯氨酸可与磷酸吡哆醛结合，使后者失去生理作用，影响体内氨基酸代谢，引起中枢神经系统机能的紊乱。

(3)亚麻籽 胶是亚麻籽种皮中的天然胶质，干燥籽实中含量为 2%~7%，亚麻籽饼粕中含量为 3%~10%，是一种易溶于水的碳水化合物，遇水变得极黏稠，能被反刍动物瘤胃微生物所分解利用，但不能被单胃动物和禽类所利用。

【症状】

动物的亚麻籽饼粕急性中毒较少见。生产实践中多因长期大量饲喂而引起，其临床症状主要表现在 3 个方面：

(1)生氰糖苷中毒 主要表现呼吸困难、肌肉震颤、惊厥等氢氰酸中毒性症状。

（2）抗维生素 B_6 中毒　患畜精神沉郁，不安，呼吸困难而急速，脉搏快而微弱，剧烈腹痛和下痢，有时尿闭，肌肉震颤，尤其肘部和胸前肌肉更明显，步履蹒跚，呼吸极度困难时呈犬坐姿势，心跳急速，结膜发绀。重则卧地不起，四肢伸直，全身肌肉震颤，角弓反张，瞳孔散大，昏迷，心力衰竭，呼吸麻痹而死亡。

（3）亚麻籽胶中毒　亚麻籽胶虽然溶于水，但却不能被单胃动物和禽类消化利用，所以饲粮中亚麻籽胶含量太高会影响动物的食欲。饲喂幼禽时，胶能粘禽喙而发生畸形，影响采食。由于亚麻籽胶不能被消化利用而排出黏性粪便，黏附在畜禽肛门周围，或引起大肠或肛门梗阻。

【病理变化】

剖检可见血管充血，血液呈鲜红色且凝固不良，胃内充满气体，该气体有氢氰酸特有的苦杏仁味，胃肠黏膜充血或出血，肺水肿及充血，气管和支气管黏膜有出血点，胸腔、腹腔常有红色液体，尸体不易腐败，长时间呈鲜红色。

【诊断】

根据饲料饲喂情况和临床症状，可做出初步诊断。确诊需要对饲料、血液、胃内容物等进行氰化物分析。

【治疗】

发现中毒，病畜应立即停喂可疑饲料，尽早采用催吐、洗胃和下泻等排毒措施，尽快按照氢氰酸中毒方案进行解毒，并根据病畜的临床表现进行对症治疗。解毒发病后立即用亚硝酸钠，牛、马 2 g，猪、羊 0.1~0.2 g，配成 5% 的溶液，静脉注射。随后缓慢静脉注射 5%~10% 硫代硫酸钠溶液，牛、马 100~200 mL，猪、羊 20~60 mL。或用亚硝酸钠（牛 3 g，猪、羊 1 g）、硫代硫酸钠（牛 15 g，猪、羊 2.5 g）及蒸馏水（牛 200 mL，猪、羊 50 mL），混合溶解后经滤过，消毒后一次性静脉注射。也可用 1%~2% 亚甲蓝溶液，10~20 mg/kg 静脉注射。同时，静脉注射维生素 B_6，并采取强心、补液等对症治疗。

【预防】

①改进亚麻籽饼加工工艺和技术。

②亚麻籽饼粕去毒方法按处理后粕的质量、干物质损失等方面进行比较，按优劣顺序排列为：水煮法、湿热处理法、酸处理-湿热处理法、干热处理法。常用的是水煮法：首先把亚麻籽饼用水浸泡，再煮沸（打开锅盖）10 min，使氢氰酸挥发，消除其毒性，由于亚麻籽胶可溶于水，放用水处理（亚麻籽：水 =1：2）可将其除去。工厂化处理的工艺流程：脱脂粕→煮沸→冷却→加水→离心→沉淀→真空干燥→粉碎。

③控制亚麻籽饼饲喂量：畜禽饲养过程中亚麻籽饼一般应与其他饲料合理搭配，并严格控制用量。单胃动物和禽一般应低于饲料日粮的 20%，鸡、火鸡、幼禽饲粮中亚麻籽饼的用量以不超过 3% 为宜，且最好饲喂半个月后停喂一段时间。反刍动物，可适当增加亚麻籽饼粕的用量。

草酸盐中毒（oxalate poisoning）

草酸盐中毒是指家畜长期饲喂含有大量可溶性草酸盐的植物所引起的，以神经敏感、惊恐、抽搐、空嚼和流涎为主要特征的一种中毒病。本病主要见于羊，其次为牛和马。

【病因】

草酸（oxalate acid）在植物中主要以草酸盐的形式存在，且大部分是可溶性钾盐或钠盐。在幼嫩的植物生长叶中草酸盐含量最高，其次是花、果实和种子，茎中含量最少。生长阶段和栽培环境也是影响植物中草酸含量的重要因素。大多数生长阶段的植物中草酸钾的含量超过17%，而枯老干燥时不超过1%。草酸盐除来自植物外，还可来源微生物。研究发现，一些真菌（如曲霉属、青霉属、腐霉属、核盘菌属、栗疫壳菌属、丝核菌属、小核菌属等）可分泌草酸，因此，有些发霉的饲料及有真菌寄生的植物中也含有真菌产生的草酸盐。

动物发生草酸盐中毒主要是由于大量饲喂富含草酸盐的植物性饲料，或是放牧时在短时间内大量食入含草酸盐的牧草或野草而引起，特别是当动物饥饿时和新引进的动物更易发生中毒。此外，某些发霉饲料由于含有真菌产生的草酸盐，也可引起动物中毒。进入消化道的草酸盐大部分被分解，动物必须采食大量的有毒植物才能引起中毒。马内服450 g草酸钠可致死，牛摄入685 g草酸未出现损伤，绵羊在含2%可溶性草酸盐的草场放牧即可中毒死亡。

【毒理】

草酸盐在瘤胃中降解生成碳酸盐和碳酸氢盐，并且还能与瘤胃中的钙形成不可溶的草酸钙，降低了反刍动物对钙的吸收和利用。大量的草酸盐刺激胃肠黏膜，引起胃肠炎。草酸盐被吸收入血，迅速与血清钙、镁结合形成晶体，使血清钙、镁的含量降低。低血钙损害细胞膜功能，神经肌肉的兴奋性增强，导致虚脱或者死亡。血清钙浓度反馈调节导致甲状腺功能亢进，甲状旁腺激素（PTH）分泌增多。最终导致骨质脱钙、溶解、骨质疏松，继而使结缔组织增生而发展为纤维性骨营养不良。

肾脏是草酸排泄的唯一途径，不溶性的草酸盐晶体会造成肾小管阻塞、变性和坏死，引起肾功能障碍、肾结石等疾病。

【症状】

动物在大量采食含草酸盐的植物后2~6 h即可出现中毒症状。主要表现为食欲减退，呕吐，腹痛，腹泻，反刍动物出现瘤胃蠕动减少和轻度瘤胃嗳气。病畜不安，频繁起立与卧倒，肌无力，步态异常，心率加快，肌肉颤抖和抽搐。频频欲排尿，并偶尔排出棕红色尿液。呼吸急促困难，鼻流出带血的泡沫状液体。最后发生瘫痪，卧地不起，甚至昏迷。急性中毒多在中毒后9~11 h死亡。慢性中毒常表现为精神沉郁，肌无力，生长受阻，慢性胃肠炎。

反刍动物常发病迅速，以低血钙和草酸盐肾病为主。马和猪发病缓慢，呈现纤维性骨营养不良，以骨质疏松、变形和脆性增加为特征。病畜表现为异食，跛行，弓背，骨面及四肢关节增大。产蛋鸡的产蛋量下降，产薄壳蛋与软壳蛋。

【病理变化】

胃肠黏膜弥漫性出血，肠系膜淋巴结肿大，腹腔与胸腔积液，肺充血，支气管和细支气管内充满带血的泡沫，肾肿大，肾皮质可见黄色条纹，在皮质与髓质交界处尤为明显。镜检在肾小管、肾盂、输尿管可见草酸盐结晶沉积，此种结晶在瘤胃血管壁也可见到。

【诊断】

急性中毒根据大量采食草酸盐植物病史，结合心率加快、肌肉震颤、轻度瘫痪等低血钙症状，进行初步诊断。蛋白尿、血液尿素氮含量升高等实验室检查结果有助于本病的诊断。

【治疗】

目前，本病尚无特效疗法。静脉注射葡萄糖酸钙溶液可纠正低钙血症，但由于草酸盐干扰细胞能量代谢和引发肾病，钙制剂疗效不佳。内服石灰水可防止草酸盐进一步吸收。

【预防】

加强对草酸盐植物或饲料的管理，饲喂富含草酸盐的饲料、饲草时，要与其他饲料、饲草搭配，且要严格掌握饲喂量。一般家畜饲喂草酸盐的植物时应经过至少4 d逐渐加量的过程，饥饿和新进的动物应禁止饲喂。马属动物对草酸盐敏感，更要严格控制饲喂量。反刍动物的饲喂量可逐渐增加，以提高其对草酸盐的耐受力。与此同时，应注意不能在动物饥饿的情况下，在生长富含草酸盐植物的地区放牧。

添加富含草酸盐的饲料、饲草时，可向原饲料中添加钙剂(如磷酸氢钙、碳酸钙等)，以减少机体对草酸盐的吸收，并缓解草酸盐危害所引起的症状。通常 1 mg 钙可与 2.25 mg 草酸结合，故每摄入 100 mg 草酸盐，可补加 50~75 mg 钙。此外，也适当添加锌、镁、铁、铜等元素。青绿饲料用水浸泡或者热水浸烫，可去除大部分草酸盐，对于含草酸盐的稻草，还可用淡的碳酸钙或者氢氧化钙浸泡处理。

光敏性中毒(photosensitivity poisoning)

光敏性中毒是指动物采食了含有光敏物质或光能效应物质、光能剂的植物饲料后，体表浅色素部分对光线产生过敏反应，以容易受阳光照射部位的皮肤产生以红斑性炎症为其临床特征的中毒性疾病。本病又称原发性光敏性皮炎、光能效应物质中毒或含光敏性饲料中毒。主要发生于肤色浅、毛色淡的动物，如绵羊、山羊、白毛猪、白毛马等。

【病因】
许多植物富含有光能效应物质(又称光动力原性、光力子原性物质)，如金丝桃属植物、荞麦、多年生黑麦草、三叶草、苕子、燕麦、苜蓿，以及灰菜等野生植物。凡长期大量采食这类植物饲料，经过日光照射后皮肤或其他组织中的感光物质，吸收日光中某些波长的光，转变放射能为分子能，以分子氧化方式积聚于组织中，使皮肤表面发生局部炎症和坏死，导致动物体表表现感光过敏症状。特别在炎热的夏天日光直射或暴晒后，过敏反应会加重症。

还有一些植物本身所含光敏物质比较少，如黍、粟羽扇豆、野藜藜等，但某些真菌寄生可使其光敏作用增强，动物采食这些植物也可导致光敏性皮炎。某些蚜虫侵害过的植物也可产生光能效应物质，被放牧家畜采食后也可引起中毒，出现感光过敏性皮炎，特称其为蚜虫病。此外，饲料中添加的某些药物也可引起光过敏反应，如预防螨虫或锥虫病的吩噻嗪、菲啶等，被家畜采食后也可发病。

【毒理】
含有光力子原性或光敏物质的植物被家畜采食后，其所含光敏物质，随血液循环分布于全身，当流经皮肤内的这些光能剂达到一定浓度时，无色素或浅色素皮肤中的光能剂吸收太阳光能而被激活，进而活化组织分子(氨基酸等)，参与组织异常代谢，与组织小分子物质或氧形成游离的化学基团及过氧化物，从而损坏组织细胞的细胞膜和溶酶体膜，使细胞的结构受损而析出组胺。同时，细胞的通透性增高引起组织水肿，产生皮肤炎症。主要侵害皮肤色素较浅、被毛色白或较少且向阳部位。光敏反应中，常伴有神经症状，其发生与肝功能受损有关，即肝性脑病。

【症状】
表现为皮炎、湿疹。侵害部位因动物品种不同而有差异，白猪和绵羊常在口唇、鼻面、眼睑、耳郭、背部以至全身；牛多见于乳房及乳头；马则发生于头部和四肢。病情较轻者，仅见皮肤发红、肿胀、疼痛并瘙痒，2~3 d 消退，以后逐渐落屑痊愈。较严重的病例，可由初期的疹块迅速发展成为水疱性或脓疱性皮肤炎，患部肿胀和温热明显，痛觉和痒觉剧烈，出现大小不等的水疱，水疱破溃后流黄色或黄红色液体，以后形成溃疡并结痂，或坏死脱落。

本病常伴有口炎、结膜炎、化脓性全眼球炎、鼻炎、咽喉炎、阴道炎、膀胱炎等，病畜体温升高，全身症状比较明显。严重病例，除以上症状外，还表现黄疸、腹痛、腹泻等消化道症状和肝病症状，或者出现极度呼吸困难、流泡沫样鼻液等肺水肿症状。部分病畜还可出现神经症状，表现为兴奋不安、盲目奔走、共济失调、痉挛、昏睡以致麻痹等。

【诊断】

根据采食含光敏物质饲料的病史，结合浅色皮肤斑疹性皮炎、奇痒等临床表现，可做出初步诊断，确诊需进行光敏物质的分析鉴定。目前，除荞麦素、金丝桃素、黑麦草碱、叶红素等光敏物质可通过实验室检测检出外，还有一些光敏物质尚未明确，难以检验。

临床上本病还需与湿疹卟啉病、吩噻嗪中毒、肝病及猪的锌缺乏病等鉴别诊断。其中，卟啉病表现骨骼、牙齿内有红紫色的卟啉沉着；吩噻嗪驱虫时出现的中毒，除光敏反应外，还有红细胞溶解导致贫血、黄疸等；肝脏疾病引起继发性的感光过敏反应，同时有明显的肝功能损害症状；猪的锌缺乏病的皮肤病变部位主要在臀部、四肢，仅表现皮肤增厚、皲裂、皮屑增多，补锌有效。另外，本病与湿疹较易混淆，但湿疹病灶多局限于腹下、四肢内侧，皮肤大面积潮红，病灶较少有脓包，诊断时应注意区别。

【治疗】

目前，本病尚无特效解毒药，发现光敏物质中毒后，病畜应立即停喂可疑饲料，将病畜移至避光处进行护理与治疗。早期可用泻下与利胆药，以清除肠道中尚未吸收的光敏物质及进入肝脏中的毒物。皮肤红斑、水疱和脓疱，可用2%~3%明矾水早期冷敷，再用碘酊或龙胆紫涂擦。已破溃时用0.1%高锰酸钾液冲洗，溃疡面涂以消炎软膏或氧化锌软膏，也可用抗生素治疗，以防继发病原菌感染。对严重过敏的重症病畜，应以抗组胺药物治疗，常用马来酸氯苯那敏，牛50~80 mL，猪、羊10~15 mL，肌内注射，每日2~3次，或10%葡萄糖酸钙静脉注射，牛每日200~300 mL，猪、羊每日40~60 mL。也可用盐酸苯海拉明、盐酸异丙嗪等。中药治疗可选用清热解毒、散风止痒的药物，可选经典方剂祛风散。本病一般预后良好，经合理治疗，3~5 d即可痊愈。一旦出现肺水肿和神经症状时，则预后不良，常在24 h内死亡。

【预防】

呈地方性发病。盛产荞麦等光敏饲料的地区，应饲养被毛和皮肤为黑色或暗色的动物品种，以充分利用当地的含光敏物质饲料资源，可减少发病。禁用鲜荞麦的茎叶饲喂白色猪，白毛羊和黑白花牛不要在晴天放牧于密生荞麦、灰菜、藜藜、三叶草等草地，也不要到蚜虫大量寄生区放牧。

（高英杰 韩 博）

酒糟中毒（vinasse poisoning）

酒糟中毒是家畜长期采食酒糟而缺乏其他饲料搭配，或一次采食过量新鲜或酸败的酒糟，因其中所含的有毒成分引起的中毒现象。其主要临床症状有腹痛、腹泻、流涎等，主要发生于猪、牛和兔。

【病因】

酒糟（vinasse, spent grains, distiller's grain）是酿酒蒸馏提酒后的残渣，历来用作动物饲料，但因酿酒原料不同，酿酒工艺各异，其中所含有毒成分也各不相同。例如，用马铃薯制酒，因发芽后其中含有龙葵素；用甘薯干酿酒后因霉烂甘薯内含有甘薯酮；谷类作物酿酒时因混有麦角，内含麦角毒素和麦角胺。同理，还有一些用霉变谷物酿酒时，酒糟内甚至含有其他真菌毒素。此外，酒糟中仍含有部分残存的乙醇、甲醇、正丙醇、异丁醇、异戊醇等各种杂醇和乙酸、乳酸、酪酸等酸性有毒成分，当长期大量饲喂，或因对酒糟保管不严被猪、牛偷食，或饲喂严重霉败变质的酒糟时，都可引起动物中毒。

【毒理】

酒糟发酵酸败而形成多种游离酸，如乙酸、乳酸、杂醇油等有毒物质，引起中毒。新鲜酒糟中含有残余的醇类(乙醇、正丙醇、异丁醇、杂醇)和甲醛、酸类，酒糟霉败变质产生乙酸、乳酸及真菌毒素。其中的酸类物质一般不具有毒性，但大量的有机酸可提高胃肠道内容物的酸度，降低消化功能，促进钙的排泄，导致消化功能紊乱和骨骼营养不良，甚至造成乙酸中毒。乙醇可危害中枢神经系统，兴奋大脑皮层，抑制呼吸中枢和运动中枢，出现呼吸障碍和共济失调。甲醇在体内的氧化分解和排泄都缓慢，从而产生蓄积毒性作用，其主要麻醉神经系统，特别是对视神经和视网膜有特殊的选择作用，引起视神经萎缩，重者可致失明。另外，酒糟中的醛类(主要是甲醛、乙醛、糠醛、丁醛等)毒性比相应的醇强，其中甲醛是细胞质毒，在体内还能被还原成甲醇。

【症状】

急性中毒主要表现胃肠炎，食欲减退或废绝，初期体温升高，结膜潮红，流涎，腹痛，先便秘后下痢。严重的全身症状明显，如狂躁不安，呼吸困难、心跳急速、脉细弱、步态不稳或卧地不起、体温下降并死亡。牛中毒表现为前胃弛缓，后肢系部皮肤出现疹块或皮炎，严重者蔓延至跗关节。

慢性中毒主要表现为消化紊乱，便秘或腹泻，可视黏膜潮红、黄染，发生皮疹或皮炎，有时发生血尿。大量的酸性产物进入机体后，当矿物质供给不足时，可导致缺钙并出现骨质软化等缺钙现象。孕畜可能发生流产。

【病理变化】

剖检可见咽喉黏膜发炎，食管和胃肠黏膜充血、出血，胃内容物散发酒味和醋味，肠道内有血液或少量凝血块，小结肠出现纤维素性炎症，十二指肠和直肠黏膜部分脱落、出血、水肿，心内膜有出血点，肺充血、水肿，肝、肾肿胀，质地变脆。部分病例可见脑和脑膜充血，脑实质常有出血，心脏及皮下组织有出血斑。

【诊断】

根据有食用酒糟的病史，剖检胃黏膜充血、出血，胃内容物中有乙醇味，可见残存的酒糟，有腹痛、腹泻、流涎等中毒病的一般症状，可做出初步诊断，确诊应进行动物饲喂试验。

【治疗】

目前，本病尚无特效解毒药。一旦发现中毒，应立即停喂酒糟，并将病畜放置在干燥、通风良好的畜舍内，给予1%碳酸氢钠溶液内服或灌肠，同时静脉注射葡萄糖、生理盐水等。对便秘的可内服缓泻剂。胃肠炎严重的应消炎。兴奋不安的使用镇静剂，如静脉注射硫酸镁、水合氯醛、溴化钙。心跳加快者给予安钠咖强心，防止心功能衰竭。食欲废绝病畜可肌内注射维生素 B_6、维生素 C、维生素 K 注射液，每日 2 次，直至治愈；同时，用5%碳酸氢钠溶液静脉注射，以减轻酸中毒。

【预防】

酒糟应尽可能新鲜饲喂，且不得超过日粮的1/3，妊娠母畜应减少喂量。禁止饲喂发霉变质的酒糟。轻度酸败酒糟可加入石灰水，中和酸性物质。长期饲喂含酒糟的饲粮时，应适当补充含矿物质的饲料。同时，要注意酒糟的保管，防止酸败变质。

淀粉渣中毒（starch residue poisoning）

淀粉渣中毒是动物长期连续饲喂淀粉残渣，导致以消化机能紊乱、出血性胃肠炎、繁殖性能降低为主要特征的中毒性疾病。各种动物均可发病，猪和牛较多见。

【病因】

淀粉渣（浆）含有一定量的蛋白质、糖、脂肪等多种营养成分，而且质地疏松、柔软，适口性好，是一种较好的动物饲料。但淀粉渣（浆）在加工过程中，需要 $0.25\% \sim 0.3\%$ 亚硫酸浸泡，导致淀粉渣中含有一定量的亚硫酸，如果储存过久或者处理不当，其中酸性物质增多，动物长期饲喂后即可引起中毒。研究表明，当淀粉渣中的亚硫酸盐含量超过 140 mg/kg（湿重）时，母猪每日喂 $5 \sim 10$ kg，乳牛每日饲喂超过 $10 \sim 15$ kg，连续半个月以上，即可引起中毒。

【毒理】

当淀粉渣饲料量过大或饲喂时间过长时，大量的亚硫酸盐刺激腐蚀消化道，导致消化道黏膜发炎、坏死和脱落，表现出血性胃肠炎。亚硫酸还可引起瘤胃 pH 值下降，破坏微生物区系和瘤胃正常的消化代谢功能，导致胃肠道消化吸收和物质代谢紊乱，临床出现出血性胃肠炎，前胃弛缓和物质代谢障碍等综合征。亚硫酸在体内能破坏硫胺素，使动物发生维生素 B_1 缺乏，由于血液中硫胺素减少，进而引起糖代谢紊乱，严重时可发生脑灰质软化。

亚硫酸与饲料中钙离子结合成亚硫酸钙随粪便排出，造成机体钙的吸收减少，导致动物发生营养不良，特别是母乳高峰期的奶牛和妊娠动物表现更为严重。但这种结合是可逆的，在酸性环境中可分解，游离的亚硫酸又可直接刺激损伤胃肠黏膜。另外，亚硫酸盐可转化为硫化物，这是因为进入消化道的亚硫酸，有一半被氧化变成硫酸盐，在瘤胃细菌或消化道细菌的作用下，硫酸盐又还原成硫化物。特别是饲喂高精日粮，内环境 pH 值为 6.5 时，微生物的活性增强，硫酸盐还原成硫化物的数量增多，过量的硫化物对免疫器官与实质器官产生损害作用，如硫化氢、二氧化硫等可刺激呼吸道及胃肠黏膜，并损害大脑组织，引起咳嗽、流泪、呼吸困难、痉挛和意识障碍并伴有腹痛和下痢等现象。瘤胃中的硫化氢可与钼结合形成硫钼酸盐，遇到铜后进一步形成难溶的复合物，降低铜的吸收。少量硫钼酸盐能被机体吸收，形成铜-硫钼酸盐-白蛋白复合物，导致机体铜代谢紊乱。

【症状】

（1）牛 中毒较轻者，精神沉郁，采食量下降；反刍不规律，呈现周期性瘤胃消化紊乱，产奶量下降。中毒严重者，瘤胃蠕动微弱无力；有异食癖现象，如啃食泥土、舐食带有粪尿的垫圈草；个别有便秘现象，粪便干燥，呈深黑色；有的腹泻，排出大量棕褐色、稀粥样粪便；全身无力，步态强拘，运步时后躯摇摆、跛行；弓背似腹痛，卧地不起。母牛不发情或发情不明显，繁殖性能降低；妊娠母牛常引起流产或产弱仔，且多出现产后瘫痪。高产奶牛还可引发出血性乳房炎。新生犊牛因抗病能力低下，常继发其他疾病而导致死亡。

（2）猪 主要表现胃肠卡他，食欲减退，消化障碍，渐进性消瘦，母猪不育或流产。

【病理变化】

胃肠道尤其是胃底部、幽门、十二指肠、空肠前段、回肠后段、回盲瓣等部位发生程度不同的慢性增生性肠炎，表面黏膜呈脑回样突起，纵横交错，肠壁增厚，幽门及回盲口狭窄。脾脏有不同程度的萎缩，其余脏器无明显病变。组织学变化为消化道黏膜上皮大量坏死脱落，固有层腺体及结缔组织增生。

【诊断】

根据长期大量饲喂淀粉渣的病史，结合胃肠炎、繁殖障碍及剖检变化，可做出初步诊断。确诊需要进行亚硫酸盐含量分析，即动物试验。

【治疗】

目前，本病无特效解毒药。一旦发现动物中毒，应立即停止饲喂淀粉渣，并补充青绿饲料、维生素等，根据病情可采取一般的解毒排毒及对症治疗措施。

(1)急性中毒　①补碱抗酸 5%碳酸氢钠静脉注射；②解痉常用水合氯醛；③清理胃肠，减少吸收可内服硫酸镁或硫酸钠。

(2)慢性中毒　①更换饲料，停止饲喂可疑饲料，给新换饲料中加入适量碳酸氢钠、维生素 A、维生素 B、维生素 C、维生素 D 制剂，以及一定量的钙制剂；②便秘内服轻泻剂，并结合健胃灌肠等疗法；③中毒症状重剧者，可用 5%碳酸氢钠和 5%葡萄糖溶液静脉注射。

【预防】

淀粉渣应新鲜饲喂，并严格控制饲喂量，饲喂时间不宜过长，并搭配一定量的青绿饲料或优质干草，腐败变质或发霉变质的淀粉渣禁止饲喂。母猪以每日每头不超过 3~5 kg，乳牛以每日每头不超过 5~7 kg 为宜，且最好在饲喂 1 周后停喂一段时间再喂。同时，日粮中应适当添加钙及胡萝卜素，以减少亚硫酸对钙的消耗及胡萝卜素缺乏而引起硫在动物体内的蓄积所致的中毒现象。对育成猪日粮中淀粉渣的饲喂量不能超过 30%，肥育猪不能超过 50%。对于母猪和乳牛，最好饲喂经过去毒处理的淀粉渣。常用的去毒方法主要有：

(1)物理法　常用的是晒干法，亚硫酸是一种挥发性酸，淀粉渣晒干后亚硫酸量减少 1/2。也可用水浸法，一般用 2 倍量水浸泡淀粉渣 1 h，弃去浸泡水，亚硫酸含量即可减少 1/2，加水量多，效果更佳。

(2)化学法　可将淀粉渣和一定量 0.1%高锰酸钾溶液、过氧化氢水或石灰水溶液搅拌均匀，降低其亚硫酸含量后再饲喂。

(3)微生物发酵法　将淀粉渣经过多种菌联合发酵，既可降低其有毒成分，又可提高淀粉渣中生物活性蛋白的含量，增加其营养价值。

马铃薯中毒(solanum tuberosum poisoning)

马铃薯中毒是马铃薯素刺激消化道、损害中枢神经系统及红细胞，引起神经和消化机能紊乱为特征的中毒性疾病。此外，马铃薯茎叶所含硝酸盐和霉败马铃薯的腐败素也可引起亚硝酸盐和霉败素中毒。本病多见于猪，牛、羊、马也可发生。春末夏初多发。

【病因】

马铃薯属茄科，俗称土豆、洋芋或山药蛋，其茎叶及秆中含有马铃薯毒素[又称龙葵素或茄碱(solanine)]，是一种弱碱性含苷生物碱。马铃薯毒素含有 4 种茄碱，分别为茄边碱、茄解碱、茄微碱和茄达碱。一般成熟马铃薯的马铃薯毒素含量很少，不会引起中毒。但皮肉青紫发绿不成熟或贮藏不当导致发芽或部分变绿时，马铃薯毒素的量会显著增加，尤其发芽部位，烹调时又未能去除或破坏；发霉或腐烂的马铃薯，含毒量不仅增加，而且还含有一种腐败毒，也有毒害作用，动物过量食入后就容易引起中毒。一般认为龙葵碱含量达到 0.02%，便能引起中毒。马铃薯茎叶还含有亚硝酸盐，处置不当或过量摄入也可引起中毒。

【毒理】

马铃薯在胃肠道消化吸收过程中，其含苷生物碱——马铃薯毒素产生类似皂荚苷（saponin）的强刺激作用可引起消化道炎症，发生出血性胃肠炎；经肠道被吸收入血后，能破坏红细胞而出现溶血现象；随血液循环到达包括中枢神经系统，引起脑和脊髓的病理损伤，使感觉神经和运动神经末梢发生麻痹，严重时表现先兴奋后抑制的神经症状；经肾脏排泄时可造成肾脏的器质性损害，引起肾炎和尿毒症。大剂量时还会引起心脏骤停。另外，马铃薯毒素还有致畸作用，妊娠母猪饲喂发芽的马铃薯可导致仔猪畸形。长期少量吸收马铃薯毒素会引起动物消瘦、体重下降等慢性损害。马铃薯毒素的中毒剂量为 10~20 mg/kg，属剧毒类。

【症状】

各种动物中毒后的共同症状为食欲减退，体温下降，脉搏微弱，精神萎靡甚至昏迷。特征性症状有神经型、胃肠型和皮疹型 3 种类型。

（1）神经型　主要见于严重急性中毒，初期兴奋不安，烦躁或狂暴，伴随腹痛与呕吐。很快进入抑制状态，精神沉郁或呆滞，后肢软弱无力，共济失调，部分病例四肢麻痹，卧地不起。呼吸微弱，次数减少，黏膜发绀，瞳孔散大，最后因呼吸麻痹而死亡。

（2）胃肠型　主要见于轻度慢性中毒，病初食欲减退或废绝，口腔黏膜肿胀，流涎，呕吐，腹痛，腹胀和便秘。随着疾病的发生和发展，出现腹泻，粪便中混有血液，体温升高，少尿或排尿困难，严重者全身衰弱，嗜睡，孕畜发生流产。

（3）皮疹型　为猪和反刍动物所特有，在口唇周围、肛门、尾根、四肢系部，甚至母猪阴道和乳房发生湿疹或水疱性皮炎。病猪头、颈和眼睑部还出现捏粉样水肿。又称马铃薯斑疹。

牛、羊中毒时 3 种类型的症状均可出现，皮疹严重者可发展为皮肤坏疽。羊还常表现溶血性贫血和尿毒症。猪中毒以胃肠型和皮疹型为主，神经症状较轻微，怀孕母猪可产畸形仔猪，并且所生仔猪患严重的皮炎。

【病理变化】

胃肠黏膜发生卡他性和出血性炎症，黏膜上皮脱落。实质器官有散在出血点，心脏充满凝固不全的暗红色血液。肝肿大，淤血。脑充血、水肿。个别有肾炎变化。

【诊断】

根据病史，结合神经系统和消化道的典型症状，即可进行初步诊断，如需确诊须进行马铃薯素的定量分析。本病的胃肠型和皮疹型与口蹄疫有相似之处，应进行鉴别诊断。后者体温升高，传染性极强，口腔黏膜和趾间水疱病变，口蹄疫病毒抗原检测阳性。皮疹型还可与感光过敏相混淆，后者仅限于白色动物食入光敏原植物所致，如苜蓿、荞麦，表现奇痒。

【治疗】

目前，本病尚无特效解毒药，主要采取排毒和对症治疗。洗胃、催吐与泻下疗法适宜于中毒初期和轻症病例，尤其一次性采食大量马铃薯幼芽、绿变与霉败马铃薯的病畜。而对于多日或较长时间连续蓄积性中毒者，只能采取一般解毒或对症治疗。猪可内服 1% 硫酸铜 20~50 mL 催吐，洗胃可用 0.1%~0.5% 高锰酸钾或 0.5%~2% 鞣酸溶液。对胃肠炎尚不严重的病畜，内服硫酸钠、硫酸镁或液体石蜡等泻剂排出肠道中的残留毒物。对病情严重者，应采取补液、强心等措施改善机体状况，可静脉注射 10%~50% 葡萄糖、右旋葡萄糖酐、维生素 C 和 10%~20% 安钠咖等。其他对症治疗包括对神经症状的镇静安神，对皮疹的外科治疗，对胃肠炎的抗菌消炎、保护黏膜、健胃助消化等。严重急性中毒的神经型病例病程较短，一般预后不良，多在发病后 2~3 d 死亡。慢性胃肠型或皮疹型病程较长，通常在 1 周以上，甚至长达数周之久，除发生溶血性贫血和尿毒症外，其余类型预后良好。

【预防】

马铃薯收获后应及时窖藏贮存，切忌在地面随意堆积而使其发热、霉烂与腐败，或经受长时间风吹日晒而变绿产毒。已发芽的马铃薯，应较深地剔除薯芽，然后经蒸煮或加适量食醋后再行饲喂，可使马铃薯素分解或水解为无毒的糖而避免中毒。用保存完好的马铃薯饲喂家畜时，也不可单一饲喂，应搭配其他饲料，使其控制在日粮的50%以内。

(贺建忠)

食盐中毒(salt poisoning)

食盐(common salt)是高等动物，特别是草食动物日粮中不可缺少的营养成分，0.3~0.5 g/kg食盐可增进食欲，帮助消化，促进机体水盐代谢平衡。畜禽若摄入过量食盐、特别是限制饮水时，可发生中毒。猪、马、牛的中毒量为1~2 g/kg，羊3 g/kg，鸡1~1.5 g/kg。

本病临床上以神经症状和消化紊乱为特征，在猪还伴有脑膜脑炎和脑实质的嗜酸性粒细胞性浸润性脑膜脑炎，病理变化主要表现为消化道炎症、变性甚至坏死等。食盐中毒可发生于各种动物，临床上以猪、禽中毒为多见，其次为牛、羊和马。

【病因】

长期以咸酱渣、食堂残羹等喂饲家畜是常见的病因，饮水不足也有很大影响。许多慢性中毒的病例其日粮中食盐含量虽正常，但仍可因长期供水不足而发生中毒。不全价日粮尤其是日粮中钙、镁不足时，动物对食盐的敏感性增高，更易发生中毒。在治疗马疝痛时，若食盐或硫酸钠用量过大或浓度过高，可引起中毒。在维生素E或含硫氨基酸等营养成分缺乏时，猪对食盐的敏感性增高。

【症状】

(1)猪　突然拒食，在圈内表现为转圈、兴奋不安。随后，病猪体温39.2~39.5℃、拒食、饮水增加、兴奋不安、磨牙、口吐少许白沫、口角流涎、痉挛、抽搐；部分病猪前肢支撑前冲，后肢拖拽似截瘫状，呈犬坐姿势，继之后肢无力，呈阵发性；部分病猪运步失调，转圈运动，病状持续一会儿，逐渐缓解，倒地休息，后像正常猪一样站立行走。大约间隔10 min，又再次发作。

(2)反刍动物　中毒较重时，表现出过于兴奋，竖起两耳，双目瞪圆，目光惊惧，呼吸加速，呈现典型的腹式呼吸，有少量的清涕从鼻孔流出，口腔出现轻度流涎，体温基本正常，听诊发现心音高朗，心跳达到90~95次/min，没有杂音，节律整齐，瘤胃兴奋性增强，蠕动音高朗且延长。四肢肌肉颤抖，特别是股肌和臀肌比较明显。接着突然倒地呈半侧卧，首尾不顾，双目半闭半睁，陷入昏睡状。之后双耳直立，呼吸急促，明显惊惧，并将两后肢放在腹下，而两前肢呈八字样，并做游泳姿势划动，接着突然站起如初，如此经过数次反复。病牛中毒较轻时，所表现出的症状类似于肠痉挛，不安，经常起卧，前肢刨地，后肢踢腹，排尿量减少甚至无尿，口津滑利，容易受到惊吓，怕光，步态蹒跚，行走不稳，频繁摆尾。剖检可见，病死牛胃肠黏膜发生肿胀、出血，比较潮湿，严重时黏膜会发生脱落，肠道内存在暗红色的稀软粪便，这是由于其中混杂血液，进一步加重会发生纤维蛋白膜性肠炎。皮下发生水肿，心包积液，肺脏发生水肿、充血，膀胱黏膜变红。

(3)家禽　表现神经过敏、惊厥，头颈扭曲及腿麻痹，极度口渴，腹泻。小鸡可出现睾丸肿胀，嗉囊扩张，口鼻流出黏液性分泌物，并出现下痢、呼吸困难，最后因呼吸衰竭而死。

（4）马属动物　口渴，结膜潮红，齿龈燥红，肌肉痉挛，行走摇摆。严重时后肢不全或完全麻痹，甚至昏迷。

（5）犬　较其他动物少见。表现为运动失调，失明，惊厥或死亡。

【诊断】

根据采食过量食盐（或钠盐）或饮水不足的病史，体温无变化但有癫痫样发作等神经症状，以及脑水肿、变性、软化、坏死特别是脑部嗜酸性细胞管套等病理变化等，可做出初步诊断。应注意与狂犬病、病毒性非特异性脑脊髓炎、马属动物霉玉米中毒、日射病或日射病及其他损伤性脑炎鉴别。

【治疗】

目前，本病尚无特效解毒药。治疗原则：主要以稀释机体和血液内的食盐浓度，加速食盐的排出，促使血液中阳离子平衡，以及对症治疗。

在临床上，要根据食盐中毒的轻重程度以及临床症状，采取有针对性的解救措施。

（1）抑制食盐刺激胃肠黏膜刺激以及对钠的吸收　可采取洗胃，并配合少量多次供给清水，注意每次控制在 5 kg 以内。

（2）镇静解痉，减轻脑水肿和降低颅内压　若出现神经症状，如精神萎靡、眼球突出、意识障碍、大声哞叫、乱跑乱跳等，可以静脉注射山梨醇或者甘露醇，并配合静脉注射或者肌内注射25%硫酸镁。

（3）恢复血液中一价和二价阳离子平衡状态　可用 5% 葡萄糖酸钙或 10% 氯化钙，静脉注射。如果犊牛发生食盐中毒，要结合实际情况适当减少用量。猪可以 5% 氯化钙明胶溶液，0.2 g/kg，分点皮下注射，每点注射量不得超过 50 mL。

【预防】

合理补盐。补饲食盐主要是增强饲草饲料的适口性，促进采食，但在添加时要严格控制用量，同时供给足够的洁净饮水。日常要定期饲喂一定量的食盐，避免其一次性采食过多而引起中毒。食盐一般要先在水中溶解，然后添加在饲草饲料，均匀混合后才能够饲喂。补喂食盐的用量要逐渐增加，禁止从开始就大量补饲，要采取少量勤喂，从而能够避免发生食盐中毒。另外，还要注意充足饮水以及水盐代谢情况。

洋葱和大葱中毒（onion and welsh onion poisoning）

洋葱和大葱都属百合科葱属。犬、猫采食后易引起中毒，犬发病较多，猫少见。动物洋葱中毒世界各地均有报道，我国 1998 年首次报道了犬大葱中毒。临床特征为排红色或红棕色尿液。

【病因】

犬、猫采食了含有洋葱或大葱的食物后，如包子、饺子、铁板牛肉、大葱爆羊肉等，便可引起中毒。

【毒理】

洋葱和大葱中含有具有辛香味挥发油——N-丙基二硫化物或硫化丙烯，此类物质不易被蒸煮、烘干等加热破坏，越老的洋葱或大葱其含量越多。洋葱或大葱中含的 N-丙基二硫化物或硫化丙烯，能降低红细胞内葡萄糖-6-磷酸脱氢酶（G6PD）活性。G6PD 能保护红细胞内血红蛋白免受氧化变性破坏，如果 G6PD 活性减弱，氧化剂能使血红蛋白变性凝固，从而使红细胞快速溶解和海恩茨小体形成。衰老细胞含 G6PD 少，中毒后比幼龄红细胞更易氧化变性溶解，体弱动物红细胞也易溶解。红细胞溶解后，从尿中排出血红蛋白，使尿液变红，严重溶血时，尿液呈红棕色。

【症状和病理变化】

犬、猫采食洋葱或大葱中毒1~2 d后，最特征性表现为排红色或红棕色尿液。中毒轻者，症状不明显，有时精神欠佳，食欲差，排淡红色尿液。中毒较严重犬，表现精神沉郁，食欲不好或废绝，走路蹒跚，不愿活动，喜欢卧着，眼结膜或口腔黏膜发黄，心搏增快，气喘，虚弱，排深红色或红棕色尿液，体温正常或降低，严重中毒可导致死亡。

血液检验：血液随中毒程度轻重，逐渐变得稀薄，红细胞数、血细胞压积和血红蛋白减少，白细胞数增多，红细胞内或边缘上有海恩茨小体；生化检验：血清总蛋白、总胆红素、直接及间接胆红素、尿素氮和冬氨酸氨基转移酶活性均呈不同程度增加；尿液检验：尿液颜色呈红色或红棕色，密度增加，尿潜血、蛋白和尿血红蛋白检验阳性。尿沉渣中红细胞少见或没有。

【诊断】

根据有采食洋葱或大葱食物的病史和临床症状进行诊断，确诊要进行血液化验和尿液检查。尿液红色或红棕色，内含大量血红蛋白；红细胞内或边缘上有海恩茨小体；黄疸、呕吐、腹泻、呈红细胞再生血象。

【防治】

立即停止饲喂洋葱或大葱性食物；应用抗氧化剂维生素E，进行输液，补充营养；给适量利尿剂，促进体内血红蛋白排出；溶血引起严重贫血的犬、猫，可进行静脉输血治疗。

（胡国良）

犬巧克力中毒（canine chocolate poisoning）

【病因】

巧克力内含有大量黄嘌呤的衍生物，幼犬因过量投喂巧克力而呈现中毒反应，往往不会引起注意，贻误治疗时机造成死亡。

【症状】

幼犬高度兴奋、烦躁不安、呕吐腹泻、肌肉震颤、萎缩、多尿、重者引起死亡。

【诊断】

需详细分析病史，结合接触史，根据临床表现神经症状、肌肉萎缩和多尿可做出诊断。

【治疗】

(1)减缓毒物吸收　可口服氢氧化铝胶，5~10 mL/次。

(2)缓解中毒，加快毒物排出　可用5%葡萄糖氯化钠溶液，静脉注射，口服或静脉输液时加入维生素 B_1、维生素 B_6、维生素 C。

(3)调节电解质平衡　林格氏液，静脉滴注。

(4)调节呼吸功能　小剂量的安钠咖注射液，0.05~0.1 g/次。

(5)镇静　若出现神经症状，为减轻肌肉震颤症状，可用安定、盐酸氯丙嗪等注射液，皮下或肌内注射。

（尹志红）

第三节　有毒动植物中毒

栎树叶中毒（oak leaf poisoning）

栎树叶中毒是指动物采食大量栎树叶后，发生以前胃弛缓、便秘或下痢、胃肠炎、皮下水肿、体腔积水、血尿、蛋白尿、管型尿等肾病综合征为特征的中毒性疾病。栎树又称青冈树（oak），是壳斗科（Fagaceae）栎属（Quercus）植物，乔木。白栎如图 9-1 所示。栎树广泛分布于世界各地，约有 350 种，我国约 140 种，分布于华南、华中、西南、东北及陕西、甘肃、宁夏的部分地区。其茎、叶、子实均可引起家畜中毒，对牛羊危害最为严重，其子实引起的中毒，称为橡子中毒。

【病因】

本病主要发生于生长栎树的地区，尤其是乔木被砍伐后新生长的次生林带。据报道，牛采食栎叶数量占日粮的 50% 以上即可中毒，超过 75% 则会中毒死亡。也有的是由于采集栎树叶喂牛或垫圈而引起中毒的情况。尤其是前一年因旱、涝灾害造成草料缺乏或贮草不足，翌年春季干旱，其他牧草发芽生长较迟，而栎树返青早，被采食后常可引起大批动物发病死亡。

【毒理】

栎树的有毒成分是栎单宁（oaktannin），广泛分布于芽、蕾、花、叶、枝条和果实（橡子）中。史志诚等（1980）用皮粉法测定了 4～11 月栓皮栎叶中单宁的含量，分别为 10.85%、8.13%、7.78%、5.69%、11.54%、5.92%、7.88%、8.95%（干重），幼嫩橡子的单宁含量为 4.8%～9.4%，成熟橡子仅为 3%。

高分子栎叶单宁属水解类单宁，在胃肠道内可经微生物降解产生毒性更大的低分子多酚类化合物，能通过胃肠黏膜吸收进入血液循环并分布于全身器官组织，从而发生毒性作

1. 带果枝叶；2. 带花的幼嫩枝叶；
3. 果实。

图 9-1　白栎（栎属植物之一）

用。栎单宁的降解产物具有刺激作用，经胃肠道吸收时会导致胃肠道的出血性炎症，经肾脏排出时会导致以肾小管变性和坏死为特征的肾病，严重者导致动物因肾功能衰竭而死亡。栎树叶中毒的实质是酚类化合物中毒，即高分子栎单宁经瘤胃微生物降解产生的低分子酚类化合物导致动物中毒。

【症状】

自然中毒病例多在采食栎树叶 5～15 d 出现早期症状。人工发病试验中可在采食嫩叶后第 3 天出现症状。病初患畜表现精神沉郁，被毛竖立，食欲、反刍减少，喜食干草，瘤胃蠕动减弱，肠音低沉。继而发展为磨牙、不安、后退、后坐、回头顾腹及后肢踢腹等腹痛综合征。排粪迟滞，粪球干燥，色深，外表有大量黏液或纤维素性黏稠物，或混有血液。粪球干小常串联成念珠状；严重者排出焦黄色或黑红色糊状粪便。鼻镜多干燥，后期龟裂。

病初患畜排尿频繁，量多，尿液稀薄而清亮，严重者排血尿。随着病情加剧，饮欲逐渐减退

以至消失，尿量减少，甚至无尿。可在会阴、股内、腹下、胸前、肉垂等躯体下垂部位出现水肿、腹腔积水，腹围膨大而均匀下垂。体温正常或逐渐下降，心跳次数增加，有的心音亢进或节律不齐。病程后期，患畜虚弱，出现卧地不起、黄疸、血尿、脱水等症状，最终因肾功能衰竭而死亡。

【病理变化】

剖检患畜身体下垂部，如下颌、肉垂、胸腹下部多积聚有数量不等的淡黄色液体，脏器病变主要见于消化道和肾脏。

(1)消化道　口腔黏膜常见有黄豆大的浅溃疡灶，胃肠道有散在出血斑点。胃黏膜多有浅层溃疡，内容物干结。皱胃和小肠黏膜充血、水肿、出血和溃疡等，内容物混有黏膜和血液，呈暗红色或咖啡色。大肠黏膜充血、出血，内容物恶臭呈暗红色糊状。后段肠管内容物呈黑色干块状，其表面被覆黏液、血液或被褐黄色的伪膜所包裹。直肠近肛门处水肿，管腔变窄。肝脏偶见苍白色斑纹，轻度肿大，质脆。胆囊显著增大，胆汁黏稠，呈茶褐色如菜油状。脾脏边缘及表面有散在出血点。

(2)肾脏　肾脂肪囊显著水肿，多有斑点样出血；肾苍白、肿大，有散在性出血。切面有黄色浑浊条纹，皮质和髓质界限模糊不清，肾乳头显著水肿、充血、出血，个别病例的肾脏缩小，质地坚硬。膀胱多空虚。组织学变化，主要为肾曲小管的变性坏死，可见肾小球毛细血管管壁、包曼氏囊壁层及脏层部分细胞浓缩；近曲小管扩张，部分上皮细胞浑浊、肿胀、坏死，脱离基底膜掉入管腔，形成细胞管型和蛋白管型；部分上皮细胞变性、崩解、核消失；升降支上皮细胞浑浊、肿胀；肾间质水肿。肝细胞呈现不同程度变性、坏死。超微结构显示，肝细胞核变形，细胞质内出现空泡、溶酶体增加，线粒体肿胀，内质网扩张增生。肾小管内上皮细胞坏死脱落，有的脱离基底膜，核变形，线粒体肿胀。

(3)心肺　心包积水可达 500 mL，心外膜、心内膜均密布有出血斑点；心肌色淡、质脆，呈煮肉样。胸腔内因大量积水而致肺叶萎缩。

【实验室检验】

蛋白尿试验呈强阳性。镜检尿沉渣，可发现大量肾上皮细胞、白细胞及各种管型。尿液中游离酚含量升高，病初可达 30~100 mg/L。血液尿素氮(BUN)高达 14.28~89.25 mmol/L(参考值为 1.79~7.14 mmol/L)，血清磷酸盐含量升高(7.0~20.3 mmol/L)，血清钙含量降低(3.5~4.2 mmol/L)，挥发性游离酚可达 2.8~18.6 mg/L。血清丙氨酸氨基转移酶(ALT)、天冬氨酸氨基转移酶(AST)活性及肌酐、钾含量升高。

【诊断】

根据动物采食栎树叶或橡子的病史、发病的地区性和季节性，以及体腔和皮下水肿，肝、肾功能障碍，排粪迟滞，有时呈血性腹泻等症状可做出诊断。这些症状多数只在发病中后期表现出来，而中后期病例多预后不良。

【治疗】

目前，本病尚无特效解毒药。治疗原则：排出毒物、解毒及对症治疗。

(1)排出毒物　立即禁食栎树叶，促进胃肠道内容物的排出，可用 1%~3%食盐水 1~2 L 瓣胃注射，或用 10~20 个鸡蛋清、蜂蜜 250~500 g 混合，一次灌服；碱化尿液，用 5%碳酸氢钠溶液 300~500 mL，一次静脉注射。

(2)解毒　可用 8~15 g 硫代硫酸钠，配成 5%~10%溶液，一次静脉注射，每日 1 次，连用 2~3 d。对初中期病例有一定效果。

(3)对症治疗　对病情严重者应强心、补液，用 5%葡萄糖盐水 1 L、10%葡萄糖溶液 500 mL、复方氯化钠溶液 1 L、10%安钠咖注射液 20 mL，一次静脉注射。对出现水肿和腹腔积水症状的病牛，可用利尿剂，出现尿毒症的，还可采用透析疗法。对肠道有炎症的，可内服磺胺脒 30~50 g。根据病情选用解毒、利胆、生津、通二便的中药。

【预防】

常采用以下几种方法预防栎树叶中毒：

（1）"三不"措施　储足冬春饲草，在发病季节，不在栎树林放牧，不采集栎树叶喂牛，不采用栎树叶垫圈。

（2）日粮控制法　在发病季节，对耕牛采取半日舍饲半日放牧的办法，控制牛采食栎树叶的量（在日粮中占 50%以下）；缩短牛每日放牧时间，放牧前进行补饲或加喂夜草。补饲或加喂夜草的量应占日粮的 1/2 以上。

（3）高锰酸钾法　在发病季节，每日下午放牧后灌服 1 次高锰酸钾水。方法是称取高锰酸钾粉 2~3 g 于容器中，加清洁水 4 L，溶解后一次胃管灌服或饮用，坚持至发病季节终止为止，效果良好。

棘豆属和黄芪属植物中毒（*Oxytropis* and *Astragalus* poisoning）

棘豆属（*Oxytropis*）和黄芪属（*Astragalus*）植物的亲缘关系密切，形态特征颇为相似。兽医毒理学家认为，这两属的一些有毒植物对动物有着几乎相同的毒害作用，因此，将它们统称为疯草。临床上以精神沉郁、反应迟钝、头部水平震颤、步态蹒跚、后肢麻痹等神经症状为特征。发病动物主要是山羊、绵羊和马，牛的自然中毒较为少见。家兔等啮齿类动物有很大的耐受性。

棘豆属植物有 300 余种，是北半球温带高寒、干旱半干旱地区植物区系的重要组成部分，主要分布于北美，欧洲，亚洲中部、东部、西部及北部的高山区。我国主要分布于西北地区，西南及华北部分地区也有分布。常生长在高山、荒漠及半荒漠地区，约有 100 种。对家畜危害严重的有毒种主要是：小花棘豆（*Oxytropisglabra*）、黄花棘豆（*O. ochrocephala*）、甘肃棘豆（*O. kansuensis*）（图 9-2）、冰川棘豆（*O. glalialis*）、急弯棘豆（*O. deflexa*）及毛瓣棘豆（*O. sericopetala*）等。

黄芪属植物有 2 000 余种，除大洋洲外，世界各洲均有分布。我国约有 300 种，主要分布于西北、华北、东北及西南的高山地带。本属植物有些种无毒或低毒，可作饲草，如我国的沙打旺（*A. adsurgens*，也称直立黄芪）。而些则有毒，北美黄芪属植物中约有 50%有毒，美国约有

1. 植株；2. 花；3. 翼瓣；4. 旗瓣；
5. 龙骨瓣；6. 雄蕊展开；7. 果实。

图 9-2　甘肃棘豆

24 种有毒（属聚硒黄芪），我国现已报道的有毒种主要是有毒紫云英（*A. sinicus*）、变异黄芪（*A. variabilis*）（图 9-3）、茎直黄芪（*A. strictus*）、白花黄芪（*A. leucocephalus*）、丛生黄芪（*A. confertus*）、西藏黄芪（*A. tibetanus*）等。危害最为严重的是茎直黄芪和变异黄芪，前者主要分布于西藏，常引起大批家畜死亡，后者主要分布于内蒙古的鄂尔多斯市、巴彦淖尔市、阿拉善盟，甘肃的民勤及宁

夏的陶乐等地,可引起家畜严重中毒。

【病因】

本病多因在生长棘豆属或黄芪属有毒植物的草场上放牧所致。在适度放牧的草地上因其他牧草丰盛,本地动物并不会主动采食这类植物。但在过度放牧的情况下,草场退化、沙化,疯草群落的密度逐年增加,草场质量急剧下降,放牧动物因饥饿而被迫采食疯草,一旦采食便可成瘾,导致中毒发生。干旱年份,其他牧草特别是根系较浅的牧草,大多生长不良或枯死,而疯草根系发达,耐寒抗旱,生长相对旺盛,易被动物采食而发病。由外地引进品种,因对疯草的识别能力较差,容易误食而发病。一般认为,在大量采食疯草后2周可发生中毒,少量采食可在1~2月出现中毒。

多数学者认为,棘豆属和黄芪属植物的有毒成分属生物碱。Colegate(1979)首先从苦马豆中分离出吲哚兹啶生物碱——苦马豆素(swainsonine),Molyneux等(1982)从斑荚黄芪(*A. lentiginosus*)和绢毛棘豆(*O. sericea*)中也分离出苦马豆素,从而证明疯草的主要有毒成分就是苦马豆素(图9-4)和氧化氮苦马豆素(swainsonine N-oxide)。除此之外,杨桂云等(1989)还从小花棘豆中提取分离出臭豆碱(anagyrine,Ana)、黄花碱(thermopsine,TS)、*N*-甲基野靛碱(*N*-methylcytisine,N-MC)、鹰爪豆碱(sparteine,Spa)、野靛叶碱(baptifoline,Bap)和腺嘌呤(adenine,Ade)。研究证明,上述6种生物碱单体均有毒性作用。

【毒理】

初步研究认为,苦马豆素阳离子与体内甘露糖苷阳离子的空间结构极为相似,而且对甘露糖苷酶有高度的亲和性,从而竞争性抑制溶酶体中的 α-甘露糖苷酶,造成甘露糖苷酶蓄积,同时又抑制糖蛋白的合成,结果导致大量的低聚糖不能代谢而积累在溶酶体内,最终出现一些实质器官细胞空泡变性,功能紊乱,特别是神经细胞功能紊乱等一系列神经症状。中毒动物尿液中的低聚糖排泄量增多。致流产作用:可能是毒素引起黄体发生空泡变性,干扰孕酮的产生,从而影响妊娠。对动物繁殖能力的影响:损害母畜的卵子和公畜的精囊、附睾,导致母畜卵子的发生停止,公畜精母细胞空泡化,精子的形成减少。有关疯草中毒的致畸机理,毒素在体内的分布、转化与排泄尚需进一步研究。

【症状】

自然条件下,疯草中毒主要表现慢性经过。采食疯草的初期,动物体重增加较快,持续采食,体重反而下降,约经半个月后出现以运动机能障碍为特征的神经症状。初期表现精神沉郁,反应迟钝,行走步态不稳,后肢拖地或向两侧摇摆。病情严重时,眼半闭,头颈部不断地做水平摆动,以致不能吃草。安静时呆立,走路时颈部及四肢僵硬,容易跌倒。此外,随着机体衰竭程度的逐渐加重,病畜还表现贫血、水肿、心脏衰竭和消瘦。中毒母畜不发情,公畜没有性行为,孕畜发病后多流产、畸胎、弱胎,流产率与中毒严重程度有关,任何孕期的母畜采食疯草都可引起流产。胎儿畸形表现为前肢侧弯,腱挛缩,跗关节前曲和过度松弛以及腕关节屈曲等。病程通常2~3个

1. 植株;2. 雌蕊;3. 龙骨瓣;4. 翼瓣;
5. 旗瓣;6. 雄蕊展开;7. 花萼展开。

图9-3　变异黄芪

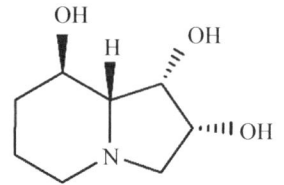

图9-4　苦马豆素结构

月，如果采食疯草数量较大，也可在1~2个月死亡。动物的种类不同，症状表现也不完全一致。

(1)山羊 病初，目光呆滞，食欲下降，精神沉郁，常拱背呆立，对外界反应冷漠、迟钝。中期，头部呈水平震颤或摇动，呆立时仰头缩颈，行走时后躯摇摆，步态蹒跚，追赶时极易摔倒，放牧时不能跟群，被毛逆立，失去光泽。后期，发生腹泻甚至脱水，被毛粗乱，腹下被毛手抓易脱，后躯麻痹，卧地不起。多伴发心律不齐和心杂音。最后衰竭死亡。

(2)绵羊 症状与山羊相似，只是症状出现较晚。中毒症状尚未明显时，用手提绵羊的一只耳朵，便可产生应激作用。棘豆中毒的绵羊则表现转圈、摇头，甚至卧地等症状，怀孕母羊多流产，或产仔孱弱，常有畸形。

(3)马 病初行动缓慢，不愿走动，离群站立。食欲正常。以后腰背僵硬，行动困难，易惊。后期则头颈僵直，视力减退，步态蹒跚，容易摔倒，转弯困难。最后，采食饮水困难，后肢麻痹，卧地，衰竭而死。

(4)牛 主要表现视力减退、水肿及腹水，使役不灵活，牛对棘豆草的敏感性较低，中毒较少发生，症状也较轻。

【病理变化】

剖检可见中毒羊极度消瘦，口腔及咽部有溃疡灶，皮下及小肠黏膜有出血点，胃及脾与横膈膜粘连，肾呈土黄、灰白相间，腹腔有多量积液。

(1)组织学变化 主要以组织细胞空泡变性，特别是神经细胞广泛空泡变性为特征。肝细胞肿胀，胞质出现空泡，有些肝细胞破裂，核溶解或消失，间质结缔组织增生。肾小球肿大、充血。肾小管上皮细胞颗粒变性，有的胞质出现空泡，有些呈坏死性变化。大脑和小脑软脑膜轻度充血，神经细胞肿胀，尼氏体溶解。小脑蒲肯野氏细胞核溶解或消失，胞质出现大小不等的空泡。神经胶质细胞增生，有卫星化或噬神经现象。脑毛细血管扩张充血，内皮细胞肿胀。脊髓运动神经细胞核大部分变性，有的胞核溶解、消失。心脏纤维横纹消失，混浊肿胀，肌浆有空泡变化。肾上腺皮质部细胞胀大，胞质出现大小不等的空泡，髓质部细胞普遍肿胀。胰脏腺泡细胞出现明显的空泡变性。皱胃黏膜呈亚急性、慢性炎性变化。

(2)超微结构 脑和脊髓神经细胞变性、坏死，核消失，细胞器消失，呈均质状结构。有髓神经纤维之间距离增大，水肿，轴索变性。肾小管上皮细胞排列紊乱，呈多形性，内质网扩张呈空泡化。

【实验室检验】

血液学检验，呈贫血征象，血色素指数基本正常，血液指数分析呈大红细胞性贫血。血清碱性磷酸酶、谷草转氨酶、天冬氨酸氨基转移酶、乳酸脱氢酶及其同工酶、肌酸磷酸激酶、精氨酸酶活性和尿素氮含量明显升高，血清 α-甘露糖苷酶活性、蛋白质和甲状腺素(T3、T4)含量降低。尿液低聚糖含量增加，尿低聚糖中的甘露糖也明显升高。

【诊断】

主要依据疯草中毒的特有临床症状，如后躯麻痹、行走摇摆、头部呈水平震颤等，结合放牧采食疯草的病史，即可做出诊断。对中毒症状尚不明显的绵羊，可采用手提羊耳朵致应激作用，根据羊的表现做出初步诊断。确诊需进行实验室相关指标的检测。

【治疗】

目前，本病尚无特效疗法。可用10%硫代硫酸钠等渗葡萄糖溶液，1 mL/kg，静脉注射，有一定的疗效。

在尚无特效的情况下，应及时发现中毒病畜，远离有棘豆和黄芪生长的草场。调整日粮，加强补饲，同时配合对治疗法，一般早、中期中毒病畜可以逐渐恢复健康。

【预防】

（1）围栏轮牧　根据苦马豆素在动物体内的转运和代谢速度，可采用间歇式放牧，实践证明，间歇期以15 d为宜。在棘豆生长茂密的牧场，限制放牧易感的山羊、绵羊及马，而代之以放牧对棘豆迟钝的家畜(如牛)，也可用来饲养对棘豆草有很强耐受性的家兔。

（2）化学防除　可用2,4-D丁酯除棘豆，西北高寒牧区用量为3~4.5 kg/hm²，兑水25 kg，用药期以花前期为最佳，选择日光好的天气用药，防效可达95%。但该药不能使根部坏死，用药后翌年仍可复发，需坚持每年用药，可以逐步控制棘豆的生长蔓延。中国科学院寒区旱区环境与工程研究所研制的"棘豆清"新型杀毒草剂，对甘肃棘豆、小叶棘豆等的杀灭率在98%左右，且对动物和环境无任何毒副作用。宁夏农林科学院植保所与西北农林科技大学合作筛选出的使他隆(starane)，按660 mg/L浓度喷洒，灭除效果可达100%。

（3）日粮控制法　疯草中毒主要发生在冬季枯草季节，由于青干草储备不足，天然草场可食草很少，家畜因饥饿被迫采食疯草而发病。因此，冬季应备足草料，加强补饲，以减少本病的发生。

（4）其他方法　如免疫预防法、生物防除法等。

蕨中毒(bracken poisoning)

蕨中毒是动物采食大量蕨属植物所引起的急性或慢性中毒性疾病。牛、羊及单胃动物均可发病，临床上因动物种属不同表现形式有很大差异。反刍动物急性中毒以骨髓损害和再生障碍性贫血为特征，单胃动物可引起硫胺素缺乏症，羊可发生视网膜退化和失明(retinal degeneration and blindness)及脑灰质软化(polioencephalomalacia)，牛慢性中毒主要表现地方性血尿症(enzootic hematuria)或膀胱肿瘤。并已证实蕨对多种实验动物有致癌性。

【病因】

蕨(bracken；*Pteridium aquilinum*)又名蕨菜，是蕨科蕨属植物(图9-5)。春季萌发的蕨基苔或蕨菜经沸水烫洗后，可供食用。放牧饲养或靠收割山野杂草饲养的牛、马，经过冬季的枯草期后，每年早春其他牧草尚未返青之时，蕨类植物已大量萌发并茂盛生长，短时期内成为放牧草场上仅有的鲜嫩食物，家畜在放牧中采食蕨(尤其是毛叶蕨)的嫩叶导致蕨中毒。放牧牛在春季大量采食后常常在春夏之交发病，犊牛、育成牛更敏感。马采食占日粮3%~5%的蕨，30 d即可发病。

1. 叶；2. 芽；3. 地下根茎。

图9-5　蕨

【毒理】

蕨含有多种化合物，其中包括有机酸、黄酮类化合物、儿茶酚胺等。目前，发现的有毒成分主要有硫胺酶(thiaminase)、异槲皮苷(isoquercitrin)、紫云英苷(astragalin)、蕨素(pterosin)、蕨苷(pteroside)和原蕨苷(ptaquiloside)等。

蕨叶及其根状茎中含有大量的硫胺酶是导致单胃动物蕨中毒的主要原因。单胃动物可能是硫胺素在盲肠合成，吸收较少，需不断从饲料中得到硫胺素补充。当采食大量蕨属植物后，蕨中的硫胺酶可使其体内的硫胺素大量分解破坏而导致硫胺素缺乏症。硫胺素为α-酮酸氧化脱羧酶的辅酶，缺乏时丙酮酸不能进入三羧酸循环充分氧化，造成组织中丙酮酸及乳酸堆积，能量供应减少，影响神经组织和心脏的代谢与功能。动物可出现多发性神经炎及其他相关病变。

蕨能导致反刍动物骨髓的类放射性损伤（radiomimetic），其损伤因子及机理仍不十分清楚。Niwa 等（1983）从蕨中分离到一种正倍半萜糖苷（norsesquiterpeneglucoside），命名为原蕨苷（ptaquiloside）。Smith 等（1994）测定了全球 77 个蕨属植物样品中原蕨苷的含量，43% 超过 1 g/kg，澳大利亚的样品含量高达 12 g/kg。实验证实，原蕨苷与饲喂含蕨饲料一样可成功地诱发大鼠回肠、膀胱及乳腺的肿瘤，也可使犊牛出现类似蕨中毒的骨髓损伤。由此可见，原蕨苷被认为既是蕨的毒性因子又是致癌因子。牛在短时间大量采食发生再生障碍性贫血，主要损害骨髓，并导致血小板和粒细胞严重减少，骨髓中的红细胞系只在最后阶段才受害，骨髓受损可引起血小板减少症。消化道黏膜或黏膜下层出血，局部发生溃疡，细菌侵入小血管造成菌血症，可能引起肝脏梗死，或者细菌进入血液循环，引起其他器官，包括肾、肺和心肌梗死。有人认为，毛细血管脆性增加，肠溃疡或发生喉水肿是组织肥大细胞受损并释放组胺所致。原蕨苷可通过乳房屏障进入乳汁，危害幼畜和人类健康。

【症状】

动物蕨中毒因品种不同，临床症状有很大差异。

（1）反刍动物　急性中毒时，一般在采食后 2~6 周出现出血性综合征，常见于牛。病初表现为精神沉郁，食欲下降，粪便稀软，呈渐进性消瘦，步态蹒跚，可视黏膜苍白或黄染，喜卧，放牧中常掉队或离群站立。病情急剧恶化时，体温突然升高，可达 40.5~43℃，瘤胃蠕动减弱或消失，粪便干燥，呈暗褐红色或黑色，腹痛。后期，病牛呈不自然伏卧，回头顾腹或用后肢踢腹，阵发性努责，排出稀软红色粪便。严重者仅排出少量红黄色黏液或凝血块，呈里急后重。犊牛因咽喉肿胀、麻痹而伴发呼吸困难，甚至窒息死亡。

慢性中毒时，主要因膀胱肿瘤，表现长期间歇性血尿。尿液淡红色或鲜红色，严重时可见絮片状血凝块。有时尿液颜色转为正常，但显微镜检查仍有多量红细胞，重役、妊娠及分娩等应激因素刺激可重新出现或加重血尿。长期血尿导致病牛贫血，虚弱，渐进性消瘦，泌乳量下降。后期呈恶病质状态。

（2）马　在采食蕨 1~2 个月后出现中毒症状，临床上以明显的共济失调为特征，又称蕨蹒跚（brackenstaggers）。表现消瘦，四肢运动不协调，前肢或后肢交叉。站立时四肢外展，低头拱背。心率缓慢，心律不齐。严重时肌肉震颤，皮肤感觉过敏。后期站立不稳，昏睡，阵挛性惊厥，角弓反张，体温升高，严重的病例 2~10 d 死亡。

（3）猪　表现食欲减退，消瘦，肌肉无力，体温下降，呼吸、心率缓慢，有的呕吐和便秘，最终因心力衰竭而死亡。

（4）绵羊　采食蕨可发生"亮盲"或"睁眼瞎"（bright blindness）。表现永久性失明，瞳孔散大，对光反射减弱或消失。病羊经常抬头保持警觉姿势。主要是视网膜变性和萎缩，血管狭窄。澳大利亚还发现绵羊采食蕨，因硫胺素酶破坏体内硫胺素导致脑灰质软化，表现无目的行走，有时转圈或站立不动，失明，卧地不起，角弓反张，四肢伸直，眼球震颤，周期性强直性惊厥。

【病理变化】

（1）牛急性蕨中毒　主要病理学变化为全身广泛性出血，浆膜、黏膜、皮下、肌肉、脂肪及心脏、肝脏、脾脏、肺脏、肾脏等实质器官均可见明显的出血。肝、肾、肺可见到有淤血性梗死引起的坏死区。消化道黏膜的出血处可见坏死和脱落。左心内膜及膀胱黏膜的出血比较严重，肌肉间出血可形成大的血肿。疏松结缔组织和脂肪组织呈胶冻样水肿。四肢长骨的黄骨髓严重胶样化和出血，红骨髓部分或全部被黄骨髓替代。组织学变化为骨髓造血组织萎缩，呈岛屿状分布，粒细胞系和巨核细胞系减少或消失,仅有少量幼红细胞集聚。

(2)牛慢性蕨中毒　主要是膀胱肿瘤,同时伴有炎症性及出血性变化,多数病例呈不同程度的贫血及全身营养不良。膀胱肿瘤向腔内生长时,呈乳头状、息肉状、花椰菜状、珊瑚状或结节状等;肿瘤大小由粟粒大到充满膀胱腔。肿瘤颜色各不相同,肌肉肿瘤色淡红,似息肉,较坚实;乳头状瘤色灰白,柔软易断;血管肿瘤色鲜红或暗红,柔软或较坚实;纤维瘤色灰白,致密坚硬;移行细胞癌或腺癌色灰白,坚实。蕨中毒引起的膀胱肿瘤绝大多数为恶性肿瘤,但转移相对较少。

(3)中毒马　可见典型的多发性外周神经炎及神经纤维变性,尤以坐骨神经及臂神经丛最为显著。

【实验室检验】

(1)牛　急性中毒主要表现再生障碍性贫血。白细胞数减少($<5.0×10^9$/L),中性粒细胞极度减少(<20%),淋巴细胞相对增多;血小板减少($<2.0×10^{10}$/L);红细胞数减少($<3.0×10^{12}$/L),大小不均,脆性增加;血红蛋白含量降低;凝血时间延长,血块收缩不良。骨髓象变化为骨髓增生减弱,红系、粒系和巨核细胞系均受损害;病牛体温升高时,骨髓细胞总数显著减少,提示严重的再生障碍性贫血。

(2)马　病马血液中丙酮酸含量升高至60~80 μg/L(正常为20~30 μg/L),而维生素 B_1 含量降低至23~30 μg/L(正常为80~100 μg/L)。血液学检查可见淋巴细胞比例减少,中性粒细胞比例增加。

【诊断】

根据采食蕨属植物的病史,结合典型的临床症状、血液与病理学变化,即可诊断。本病应与牛炭疽、血孢子虫病、败血型巴氏杆菌病、钩端螺旋体病、草木樨中毒、霉菌毒素中毒、痢特灵中毒、三氯乙烯中毒等进行鉴别诊断。

【治疗】

目前,反刍动物蕨中毒尚无特效疗法。首先应立即停止采食蕨类植物,给刺激骨髓的药物 DL-鲨肝醇(batylalcohol),对早期病例有一定效果。牛用 1 g 鲨肝醇溶于 10 mL 橄榄油内,皮下注射,连续 5 d。如果骨髓尚可恢复再生能力(白细胞数高于 $2.0×10^9$/L,血小板不低于 $50×10^9$~$100×10^9$/L)可采用鲨肝醇-抗生素疗法。鲨肝醇可刺激骨髓,活化造血功能,而抗生素可预防由于白细胞减少及溃疡所造成的继发感染。有条件的可进行输血治疗,每日 4.5 L,同时静脉注射 1%硫酸鱼精蛋白(肝素拮抗剂)10 mL,疗效显著。配合肌内注射 B 族维生素,可提高疗效。

马蕨中毒早期用盐类泻剂和活性炭,每日皮下注射 50~100 mg 硫胺素,同时配合必要的对症治疗措施,可望获得满意的疗效。

【预防】

加强饲养管理,减少接触蕨的机会是预防动物蕨中毒的重要措施。如放牧前补饲,避免到蕨属植物繁密区放牧(特别是春季蕨叶萌发时期),缩短放牧时间,剔除混入饲草中的蕨叶等。对有限牧地上蕨属植物的控制和防除可采用化学除草剂,用黄草灵(asulam)较为理想,因其安全、稳定、经济、高效及高选择性而成为那些以蕨为主或某些有价值植物需要保留区域的首选除草剂。

闹羊花中毒(Chinese azalea poisoning)

闹羊花中毒是由于家畜误食杜鹃花属植物而引起的以泡沫性流涎、呕吐、鼓胀,全身皮温冷热不均,站立不稳,走路形似酒醉为特征。本病多发生于羊和役用牛,其他家畜间或发生。

闹羊花又称羊踯躅（*Rhododendronmolle*），别名黄花草、黄杜鹃、映山黄等，属杜鹃花科植物（图9-6），全株有毒，花和果实毒性最大。分布于江苏、浙江、江西、福建、湖南、湖北、河南、四川、贵州等地，主要生长在山坡、石缝、草地及灌木丛中。

图9-6 闹羊花

【病因】

中毒的主要原因是早春季节青草不足，放牧动物误食所致。反刍动物较为敏感，其中水牛比黄牛更敏感。对自然病例的病史调查发现，牛一次采食5个嫩叶丛即可出现明显的中毒症状。给体重250 kg的母黄牛一次饲喂鲜嫩叶0.35 kg，山羊按1.0 g/kg饲喂干鲜叶粉，均可引起严重的中毒。

【毒理】

闹羊花的叶和花中含有毒成分是一类由 C_5-C_7-C_6-C_5 四环骈合而成的 Andromedene 母核的四环二萜类化合物，但因所含官能团不同，构成了许多单体，其毒素 Ⅱ（rhododendrotoxin Ⅱ）与日本杜鹃素（rhododendrin）极相似，在细胞内稳定电压敏感的钠通道，使神经细胞钠通道缓慢打开和关闭，影响细胞内钠离子的浓度；对心脏的影响与洋地黄相似，抑制细胞膜 Na^+-K^+-ATP 酶系统的活性；从而发挥减慢心率、降低血压、全身麻醉和致呕吐的作用。

【症状】

（1）牛　自然中毒病例，一般在采食后3~5 h发病，人工饲喂诱发的病例3~7 h出现中毒症状。病牛流涎或口吐泡沫，伴有呕吐或喷射性呕吐，皮温降低，水牛全身皮肤厥冷，呈铁青色，以背部两侧最为明显；行走步态蹒跚，形似酒醉，乱冲乱撞，腹痛不安。多数病例体温下降0.5~1℃，心率减慢，心跳30~50 次/min，节律不齐，瞳孔缩小。初期瘤胃蠕动次数增多，以后减少、减弱；有的呈现轻度臌气，肠蠕动音增强，腹泻。重症病例卧地不起，四肢麻痹，昏迷并死亡。

（2）猪　在采食4~5 h发病，表现呕吐，磨牙，行走时后肢张开、跟跄。严重时全身痉挛，后肢瘫痪，叫声嘶哑，眼结膜充血。

（3）羊　人工诱发闹羊花中毒的山羊，以流涎，磨牙，呕吐，四肢张开，步态不稳，频尿为特征。重剧的出现喷射性呕吐，四肢麻痹，卧地，昏睡，体温降低，因呼吸中枢麻痹而死亡。

【病理变化】

剖检变化为胃肠道黏膜广泛性充血、出血，黏膜极易脱落；心脏扩张，质地柔软；肾脏肿大；肺脏充血，部分病例因吸入呕吐物或药物表现吸入性肺炎。组织学变化为肝脏、心脏细胞颗粒变性，肾小管上皮细胞核消失，胞膜破裂，胞质流入管腔。肾小球毛细血管淤血。

【诊断】

根据发病季节，闹羊花生长区放牧史，放牧区能找到家畜采食后残留的闹羊花枝叶，病畜出现流涎或口吐泡沫，行走步态蹒跚，皮温、体温降低等症状可以确诊。

【治疗】

目前，本病尚无特效疗法。治疗原则：促进毒物排出、强心、补液和对症治疗。如果大量采食应采取催吐、洗胃、下泻等措施促进毒物尽快排出；反刍动物还可采取瘤胃切开术取出胃内容物。早期可内服活性炭，每次间隔3 h，连用4次。牛用硫酸阿托品注射液10~20 mg和10%樟脑磺酸钠注射液15~20 mg，分别皮下注射，每日2次，效果较好。严重病例配合输液和静脉注射氯化钙，可以提高疗效。

【预防】

禁止在生长闹羊花的草地放牧是预防本病的关键。在无法避免动物采食杜鹃花属植物时，可在每日放牧前灌服活性炭 5~10 g/头，可大大降低发病率。

苦楝子中毒(melia fruit poisoning)

苦楝子中毒是动物采食苦楝树的果实所致的以腹痛、抽搐为特征的中毒性疾病。各种动物均可发病，但主要发生于猪。

图9-7　苦楝

苦楝(*Melia azedarach*)属楝科(Meliaceae)植物(图9-7)，我国还有其同属植物川楝(*Melia toosendan*)，均为高大乔木，生长在黄河及长江流域山林地带，村宅旁多有栽培。其根、皮、果实均可用作灭癣或驱虫药，茎、叶可用作农药杀虫剂。每年4~5月开淡紫色花，10~11月结成圆形的浆果或蒴果，成熟后果皮呈黄色有光泽。

【病因】

苦楝全株有毒，以苦楝子毒性最强，楝皮次之，楝叶较弱。果肉多汁而带甜味，故楝子落地后常被猪采食而引起中毒。用苦楝子或根、皮驱虫时，也可能因用量过大而引起中毒。

苦楝的浆果中含苦楝子酮(melianone，$C_{30}H_{46}O_4$)、苦楝子醇(melianol，$C_{30}H_{38}O_4$)、苦楝三醇(melianotriol，$C_{30}H_{50}O_5$)以及有毒生物碱苦楝毒碱(azaridine)等；另在种子中还含有脂肪油及楝脂苦素(slannine)等多种苦味素。在其根、皮还含有川楝素(toosendanin，$C_{30}H_{38}O_{11}$)及其水溶性川楝素(hydrolytictoosendanin，$C_{31}H_{40}O_{12}$)，三萜类化合物川楝酮(kulinone)，生物碱苦楝碱(margosine)以及正三十烷，β-谷甾醇等许多成分。

【毒理】

本病的中毒机理仍不十分清楚，仅知川楝素对消化道具有刺激性，有毒成分经吸收后会损害肝脏，并使血液的凝固性降低，血管壁的通透性升高，进而导致内脏出血以及血压降低，致使动物因循环衰竭而死亡。

【症状】

猪采食苦楝子后几小时内可出现中毒症状，初期表现精神沉郁，流涎，嘶叫，口吐白沫或呕吐，腹痛。很快发展为全身痉挛，行走时四肢颤抖，体温下降；后期全身发绀，心动加速，呼吸困难，严重时站立不稳，终至死亡。据报道，急性苦楝子中毒的病猪，于采食后10~15 min发病，表现为全身肌肉松弛，反射消失，口鼻流白沫，终因呼吸麻痹而死亡。

【病理变化】

猪剖检可见，皮肤呈紫红色，血液呈暗红色而不凝固；腹水增多，色黄、浑浊而黏稠；胃肠黏膜高度充血、脱落，并有针尖状出血点；肝脏稍肿大，有灶性坏死；肺水肿、气肿，喉头、气管和支气管内充满白色泡沫；心脏有出血斑；肾脏充血、出血；脑膜充血，并伴有血样脑脊髓液。

组织学变化为肝脏、肾脏和心肌细胞浑浊肿胀、脂肪变性和凝固性坏死，肝小叶间隔和门静脉周围有中性粒细胞、嗜酸性粒细胞或单核细胞浸润，肾小管有嗜酸性粒细胞性尿圆柱或团块，肺泡水肿、充血和出血，肠上皮充血、出血和细胞变性。

【诊断】

根据采食苦楝树叶、皮及苦楝子的病史，结合四肢无力、卧地不起、全身肌肉震颤、口吐泡沫、剧烈腹痛、呼吸困难、呕吐物中有苦楝子残渣等临床症状，即可确诊。

【治疗】

目前，本病尚无特效解毒疗法。治疗原则：促进毒物排出，强心、保肝及对症治疗。

病初，可内服硫酸镁或硫酸钠30~80 g，以催吐、导泻，排出胃内有毒物质；也可用0.1%高锰酸钾溶液500~700 mL，或食醋200~400 mL，加水适量洗胃，以中和毒素，阻止毒物吸收。解毒可用硫代硫酸钠1~3 g、25%葡萄糖溶液100 mL静脉注射，也可肌肉或皮下注射维生素B_1、维生素B_{12}、维生素C、肝泰乐等，以保肝解毒。强心、补液可静脉注射5%葡萄糖注射液0.5~1 mL、10%安钠咖5~10 mL、樟脑磺酸钠2~5 mL。必要时静脉滴注肾上腺素。解痉、镇静可肌内注射盐酸氯丙嗪1~2 mg/kg或苯巴比妥钠0.25~1.0 g。加强护理，气温较低时应采取必要的保温措施。

【预防】

注意采收苦楝子，避免其自然散落地面，诱使猪只采食。在猪场周围不宜种植苦楝树。

凡医药或农业方面使用苦楝时，都应注意用法和用量，以确保猪只安全。猪的内服剂量应控制在：苦楝子5~10 g，苦楝皮5~15 g。

醉马草中毒 (*Achnatherum inebrians* poisoning)

醉马草中毒是马属动物采食醉马草后引起的以心率加快、步态蹒跚如酒醉状为特征的急性中毒性疾病。马属动物对醉马草最为敏感，反刍动物有很强的耐受性。

醉马草 (*Achnatherum inebrians*) 又名醉马芨芨、醉针茅、醉针草等，是禾本科芨芨草属的多年生草本植物 (图9-8)。须根柔韧，茎实心，平滑，高60~100 cm，通常3~4节，节下贴生微毛，基部具鳞芽。花序狭长，花梗短于小穗，小穗呈圆柱形，灰绿色，成熟后变褐铜色或带紫色，外穗厚韧，具芒刺长约10 mm，花果期7~9月。醉马草多生长在高海拔草原(1 700~4 200 m)，大片聚生于气候较暖和的河流两岸、山脚、草原的低山坡、干枯的河床以及过度放牧的高山草原和亚高山草原的较干燥地域。在我国主要分布于新疆、内蒙古、青海、甘肃、宁夏、陕西、四川、西藏等地。

1. 小穗；2. 植株；3. 颖；
4. 花序；5. 小花。
图9-8 醉马草

【病因】

醉马草是我国北方尤其是西北草原上主要的毒草之一。当地动物一般能识别醉马草，正常情况下不采食。中毒的主要原因是外来及路过动物，或初次放牧的幼龄马驹，因不能识别而大量采食；也见于草场退化、牧草缺乏时，因饥饿而大量采食。

【毒理】

醉马草的主要有毒成分为醉马草毒素(stipatoxin)，其易溶于水，经胃肠黏膜吸收后，主要由肾脏经尿液排出体外，不会在体内发生蓄积。醉马草中毒机理至今尚未彻底阐明，根据动物醉马草中毒时的临床表现，可推测醉马草毒素是一种类似肌肉松弛剂(二烷双胺的化学结构，同肌肉松弛剂十烷双胺非常相似),能选择性地作用于运动神经末梢与骨骼肌的接触部位(即运动终板处),干扰神经递质的正常传递而表现肌肉松弛、运动障碍、呼吸功能衰竭、血压下降、弥漫性血管内凝血(DIC)以及继发性脑病等。

【症状】

马属动物采食 30~60 min 后出现中毒症状。表现精神沉郁,食欲减退,口吐白沫,头低耳耷,闭眼流泪,行走摇晃,蹒跚如醉。有时狂暴发作,知觉过敏,起卧不安。有时突然倒地昏睡,类似脑炎症状。心跳加快(可达 90~110 次/min),呼吸迫促,鼻翼扩张,结膜潮红或发绀,不断伸颈、摇头,尾巴翘起,肌肉震颤,全身出汗,频频排粪、排尿,体温正常。严重病例还可出现腹痛、腹胀、鼻出血及急性胃肠炎等。本病多呈良性经过,预后良好,很少发生死亡。病畜停止采食醉马草后 6~12 h 症状逐渐缓解,24 h 后症状完全消失,而呈现一过性中毒。

【病理变化】

病理剖检可见胃肠道黏膜轻度出血,小肠前段轻度水肿,肠内充满淡黄色的黏液。心脏内膜有散在的出血点,肝脏表面出血,肾脏表面有针尖大小的出血点。

组织学变化为心肌纤维内出现多量红色小颗粒,间质毛细血管扩张充血。肝细胞肿大、淡染,胞质呈细丝状或红色颗粒状,窦状隙扩张,可见有散在的中性粒细胞,中央静脉和小叶间静脉扩张。肺毛细血管扩张充血。肾小管上皮细胞肿胀,胞质内有多量红色颗粒,肾小球毛细血管肿大、充血。肾上腺皮质和髓质上皮细胞肿大,胞质内有多量淡红色颗粒。小脑浦肯野氏细胞尼氏小体溶解,胞核深染。大脑神经细胞肿大、淡染,个别神经细胞出现卫星化和噬神经现象。

【诊断】

根据采食醉马草的病史,结合口吐白沫、肌肉震颤、心跳加快、行如酒醉等特征症状,即可做出诊断。

【治疗】

目前,本病尚无特效解毒疗法。应尽早采取酸类药物中和解毒,并进行对症治疗。可用乙酸 30 mL,或乳酸 15 mL,加水灌服;也可灌服食醋或酸牛奶 0.5~1 mL。还可试用 11.2% 乳酸钠溶液 60 mL,一次静脉注射。同时,根据病情进行强心、补液等支持疗法。

一般来说,马属动物的醉马草中毒致死率不高。只要尽早发现,立即使病畜脱离有醉马草的牧场,防止继续采食醉马草,使家畜保持安静,多饮微温盐水,促进毒物及早排出,在症状减轻有食欲时,给予优质青干草,不经治疗可自行恢复。

【预防】

从外地购进的马属动物要严加管理,严格禁止到醉马草生长繁茂的草地放牧。鉴于醉马草对羊不引起中毒,为了充分利用草地资源和防止其他动物中毒,可考虑在生长有醉马草的春季草场上放牧羊只。

萱草根中毒(hemerocallis root poisoning)

萱草根中毒是由于动物采食有毒的萱草属植物的根而引起以双目失明、瞳孔散大和全身瘫痪为特征的中毒性疾病,临床上有"瞎眼病"之称。本病主要发生于放牧绵羊和山羊,也有牛发病的报道。

萱草(*Hemerocallis*)又名黄花菜、金针菜,为百合科萱草属多年生草本植物。本属约有 14 种,主要分布于亚洲温带至亚热带地区,少数生长于欧洲。我国有 11 种,栽培或野生于全国各地,其中一些品种的根具有毒性，家畜采食后可引起中毒。现已确定的有毒品种包括北萱草（*H. esculenta*）（图 9-9）、北黄花菜（*H. lilioasphodelusl*）、小黄花菜（*H. minor*）、野黄花菜（*H. altissima*）。萱草根中毒最早在我国甘肃和陕西的部分地区发现，呈地方流行性。近年来，在宁夏、青海、甘肃、贵州、陕西、山西、河南、浙江、安徽、福建、内蒙古、辽宁等地都有因动物采食有毒萱草根而中毒的报道。

图 9-9　北萱草

【病因】

自然中毒主要见于放牧的绵羊和山羊，偶尔发生于牛和其他动物，无年龄、性别和品种差异。发病有明显的季节性与地方性。每年 12 月至翌年 4 月的冬末春初枯草季节，牧草缺乏，特别是表层土壤解冻，草场上的萱草根已经开始萌发，并且适口性很好，放牧羊很容易用前蹄刨食，以 2~3 月发病率最高。另外，春秋季节，在移栽萱草属植物时，因对根苗或摘掉的老根随意抛弃或保管处理不当，被动物采食引起萱草根中毒。

【毒理】

萱草根的毒性主要集中在根皮部，有毒成分是萱草根素（hemerocallin），萱草根素的毒性机理仍不十分清楚。萱草根素对全身各器官均有毒害作用，但以神经系统、泌尿系统、实质器官和消化系统的损害较为明显。视觉传导径（尤其是视神经和视网膜）对萱草根素的毒害作用尤为敏感。视神经出现双侧性全神经性神经纤维断裂、崩解、脱髓鞘和坏死，神经结构完全破坏，视觉传导完全断绝。同时，由于萱草根素直接作用于血管壁的神经和平滑肌，使神经受损，平滑肌松弛，血管壁的紧张度降低，导致视网膜血液循环障碍，视觉细胞坏死，视觉功能丧失，导致双侧失明。另外，萱草根素可引起脑水肿和脑积液增多，造成颅内压升高，然后通过脑脊液传递到视神经蛛网膜下腔，使视神经蛛网膜下腔扩张和中央静脉受压，进一步导致视网膜血管淤血和视乳头水肿。由于视神经本身的结构特点，损伤不易再生修复，造成不可逆性失明。脑脊髓运动神经和植物性神经的损害，会导致全身瘫痪和膀胱麻痹等症状。

【症状】

采食萱草根的数量不同，症状出现的时间和严重程度有很大差异。

轻度中毒病羊，由于采食萱草根数量较少，一般 2~4 d 后发病。初期食欲减少，精神沉郁，目光呆滞，对光反射迟钝，离群不愿活动，磨牙，很快表现食欲、反刍废绝，瞳孔散大，双目失明，盲目行走，易惊恐，步态不稳，四肢不灵活。

严重中毒的病羊，由于采食萱草根数量较多，发病十分迅速。表现全身轻度颤抖，呻吟，低头呆立，或头抵墙壁，排尿频数，胃肠蠕动增强。常在 1~2 d 瞳孔散大，双目失明，眼球水平震颤，部分病例伴有缓慢上升和迅速下降的动作。失明初期不安，易惊恐，盲目乱走乱撞，或行动谨慎，部分病羊则低头不停转圈，很快出现行走无力，四肢麻痹，卧地不起，有的四肢不断划动，多在 2~4 d 因昏迷而死亡。大量采食而发生急性中毒者，可在 12 h 内出现瞳孔散大，双目失明，四肢瘫痪，很快死亡。

牛采食大量萱草根，在 2 d 后出现卧地，全身震颤，两眼瞳孔散大，视神经乳头水肿，视网膜有出血斑。胃肠蠕动废绝，鼻镜干燥，粪便干结呈算盘珠样。

【病理变化】

剖检变化为胸腔、心包腔和腹水。心脏扩大、质软，心内、外膜有出血斑点，心肌出血。肝脏淤血，胆囊肿大，内充满胆汁。肾脏肿大、色黄、质软，肾门和肾盂水肿。膀胱胀大，潴留大量黄色或橘黄色尿液，膀胱黏膜充血、出血。脑、脊髓膜血管扩张，常有出血点。脑室扩张、积液，大脑角和视交叉有出血，脊髓液增多。视网膜血管扩张，视神经乳头水肿、突出，视神经的任何一段均可能受损，尤其在视孔局部的变化最为明显，表现为局部质软色暗，稍变细，或局部完全萎缩，呈断裂状，仅以少量结缔组织连接断段，或整段神经变软，粗细不均，切面色暗。有时视神经外观似无变化，但切面色暗，并可从切面挤出糊状物。

组织学变化为整个视觉传导径均受损害，以视神经和视网膜最为严重。视神经损害为双侧性。病变轻微时仅部分神经纤维断裂崩解，纤维束中有不均匀的空洞；严重时几乎全部纤维崩解、脱髓鞘，有明显的网孔形成，甚至神经组织变为无结构的物质或仅存留束间结缔组织。后期，视神经中的神经纤维完全消失，而由纤维结缔组织所取代，故眼观视神经局部变细或消失。视乳头充血、水肿或出血，局部组织疏松呈网孔状，视乳头周围视网膜神经节细胞层疏松增宽，球后视神经纤维肿胀、变性，或断裂、崩解、脱髓鞘。视网膜常发生严重出血，细胞层次不清，细胞散乱。大脑、小脑、延髓和脊髓充血、出血，白质结构异常疏松，并出现大量空洞，呈软化现象。灰质可见噬神经细胞及卫星现象，神经元多数核溶解或浓缩。小脑胶质细胞增生。肝脏细胞颗粒样变性，细胞质内出现空泡。肾上皮细胞肿胀、变性，有的脱落于管腔中。膀胱黏膜和肌肉层水肿，并有出血灶和炎性细胞浸润。

【实验室检验】

白细胞数轻度增多。尿液呈浑浊的深黄色或茶褐色，含少量蛋白，尿糖升高，可达 2.5 g/L 或更高。尿沉渣中有肾上皮细胞、膀胱上皮细胞、血细胞、少量管型及磷酸铵镁结晶。血清生化检验表明，黄疸指数、直接和间接胆色素含量增高；丙氨酸转氨酶、天冬氨酸转氨酶、乳酸脱氢酶及其同工酶活性均明显升高。尿中胆红素和尿胆素原呈阳性反应。脑脊液中葡萄糖含量及天冬氨酸转氨酶、乳酸脱氢酶、胆碱酯酶和肌酸磷酸激酶活性均明显升高。

【诊断】

根据动物在萱草根开始萌芽的草场、山坡放牧的病史，结合突然瞳孔散大、双目失明、瘫痪等特征症状，即可做出诊断。视神经变性、坏死，视乳头与视网膜充血、出血、水肿，脑和脊髓的白质呈海绵状变性等病理学变化有助于本病的诊断。必要时可进行毒物分析，最简单的方法是用薄层层析法进行萱草根素的定性检验。

【治疗】

目前，本病尚无有效治疗方法。对中毒较轻的病畜，应及时清理胃肠道毒物，对症治疗，精心护理，可以恢复。本病的失明呈不可逆性，因此应及早淘汰。

【预防】

本病重在预防。每年枯草季节，应做好宣传工作，禁止在密生萱草属植物的地区放牧，可大大降低发病率。在有毒萱草零星生长的地区，可实行人工挖除的方法除去毒草，或变毒草为药材收集和出售。另外，应储备足够的冬草补饲，以便在草枯季节，限制放牧时间；或出牧前应先补饲一定的储备干草，以减少对萱草根的刨食。

草木樨中毒(sweet clover poisoning)

草木樨中毒是由于草木樨储存与保管不当，发霉后产生的双香豆素(dicoumarol)被动物采食后导致动物血凝障碍，引起以广泛出血为特征的中毒性疾病。各种草食动物均可发病，主要见于牛，其次为羊和猪，马很少发病，幼龄动物易感性高于成年动物。

【病因】

草木樨含有香豆素（coumarin），是一种芳香成分，本身并无毒性，但当草木樨干草或青贮料感染霉菌（主要是青霉属、曲霉属和毛霉菌属）后，在霉菌的作用下可将香豆素转化为具有毒性的双香豆素（图9-10）。动物采食含有双香豆素的草木樨后可发生急性或慢性中毒。

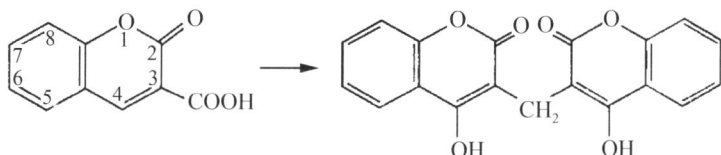

图9-10 香豆素转化为双香豆素示意

【毒理】

双香豆素的主要毒性是具有抗凝血作用，它不直接作用于血液中的凝血酶原，而是干扰肝脏合成凝血酶原。这是由于双香豆素与维生素K具有相似的化学结构，可与维生素K发生竞争性拮抗作用。阻碍凝血酶原和第Ⅶ、Ⅸ、Ⅹ等维生素K依赖性凝血因子在肝细胞内的合成，导致内在和外在凝血途径障碍，使血小板血栓得不到纤维蛋白血栓的加固，造成各组织器官出血。此外，双香豆素还能扩张毛细血管并增加血管的通透性，从而加剧出血性素质。

【症状】

病初仅表现精神沉郁和疲乏。皮下肿胀、鼻腔出血和粪便颜色发黑。病畜意外创伤、外伤处理、分娩等常引起严重出血。通常在动物较常活动和卧地受压力最大的部位，如关节周围、躯干、颈部和肢体等处的皮下组织和肌肉中发生弥漫性出血或形成血肿，慢性病例的肿胀压迫时形成凹陷，急性则有波动感，无热痛反应。由于大面积肌肉出血，腿肿胀，出现跛行。胃肠道出血，使粪便呈煤焦油色或红色。肠系膜发生血肿可引起腹痛。有的动物可突然出现鼻腔、口腔、尿道、阴道黏膜出血，乳汁中也带有血液，公牛可发生阴鞘出血。有时胸腔、肺、心包、纵隔等部位出血，引起呼吸困难。妊娠母牛可发生流产，并因母牛中毒可使新生犊牛或哺乳犊牛出血。

失血严重时，动物常表现贫血症状，可视黏膜苍白，软弱无力，步态不稳，心跳加快，呼吸急促，脉搏细弱。运动后心悸、气短更加明显，严重的病畜体温降低。

【病理变化】

剖检可见病畜皮下、结缔组织、浆膜及血管周围广泛出血，主要在关节周围、胸廓、腹部以及胃肠道等部位发生弥漫性出血或血肿，部分病例在腰肌、肾周围以及瘤胃腹膜面出血。肺脏、肾脏和肾上腺一般不出血。组织学变化为肝细胞脂肪变性和颗粒变性，肾脏和心脏发生实质细胞变性。长期饲喂草木樨但未出现中毒症状的猪，表现肺水肿和慢性滤泡性胆囊炎的变化。

【实验室检验】

血浆凝血酶原时间（prothrombin time）超过40 s是血液凝固能力降低的标志。草木樨中毒时，凝血酶原时间、活化的部分凝血活酶时间（activated partial thromboplastin time）和血凝时间（clotting time）分别由正常参考值的9 s、30 s和3 min增加至12 s、45 s和15 min以上。红细胞数可下降至1.2×10^{12}/L，血红蛋白含量和红细胞压积容量均降低。

【诊断】

根据长期饲喂霉败草木樨的病史，结合广泛性的出血和特征性的病理变化，即可初步诊断。

实验室检验的变化为凝血酶原时间、活化的部分凝血活酶时间和血凝时间明显延长，血浆中凝血因子数量减少，红细胞数和血红蛋白含量降低。饲料中双香豆素含量的分析，可为本病的确诊提供依据。

【治疗】

关键在于立即停止饲喂发霉干草或青贮，并大量补给凝血因子和维生素 K。对于重症病畜，应立即实施输血疗法。天然的维生素 K(维生素 K_1)是双香豆素的最佳拮抗剂，牛、猪按 1 mg/kg 的剂量静脉注射或肌内注射，每日 2~3 次，连用 2 d，疗效显著。合成的维生素 K(维生素 K_3)奏效慢，对急性重症病例不宜应用，但对恢复期病畜，可按 5 mg/kg 的剂量内服，连续 7~10 d，以巩固疗效。

【预防】

草木樨的合理加工、储藏和防止霉变是预防中毒的关键。因产生双香豆素的霉菌需要氧，草木樨青贮时双香豆素的含量最低。发霉的草木樨同清水按 1∶8 比例浸泡 24 h 后，可使草木樨中的香豆素含量降低 84.47%，双香豆素降低 41.01%，可有效预防猪中毒。也可用间断饲喂法，即 3 份青干草加 1 份草木樨饲喂 2 周后，再用其他饲料饲喂 2 周，这种交替饲喂法可预防中毒。

猪屎豆中毒(striped crotalaria herb poisoning)

猪屎豆中毒是家畜采食猪屎豆全草或种子后引起的以兴奋、痉挛、黄疸和腹水为特征的中毒性疾病。本病主要发生于牛和猪。猪屎豆又称响铃豆、野黄豆，是一种豆科绿肥用植物，一年生或多年生(图 9-11)，全世界有 600 余种，我国有 28 种，主要分布于华南、西南及东南各地，其茎叶和种子均能引起中毒。

【病因】

本病主要是由于牛、猪误食猪屎豆，尤其是混入饲料中的猪屎豆而引起中毒。

1. 雄蕊；2. 旗瓣；3. 翼瓣；4. 龙骨瓣；
5. 雌蕊；6. 花枝；7. 花；8. 果实；9. 种子。

图 9-11　猪屎豆

【毒理】

猪屎豆所含有毒成分为双稠吡咯啶类生物碱，其中主要是单猪屎豆碱。双稠吡咯啶生物碱属于肝毒性生物碱，主要损害肝脏，对肾脏和中枢神经也有损害，可引起中枢神经麻痹。

【症状】

(1)牛　多为慢性中毒，患牛病初精神沉郁，消化不良，逐渐消瘦。随后，食欲废绝，反刍停止，瘤胃蠕动消失，呈中度瘤胃臌气，呼吸增数，可视黏膜发绀略带黄染，肝肿大，有腹水。部分病牛狂躁不安，向前猛冲或做圆圈运动，无目的地徘徊；部分病牛突然倒地，痉挛抽搐。

(2)猪　急性中毒病猪，表现呕吐、下痢并混有黏液和血液，兴奋不安，痉挛抽搐，口吐白沫，迅速死亡；慢性中毒多数死亡。母猪产死胎或弱仔。

【病理变化】

病猪腹腔淋巴结肿大出血，肠系膜淋巴结表面紫色，肺充血和出血，心冠及心内膜出血，肝肿胀变硬并充血。胃黏膜易剥离，肾脏和膀胱苍白，膀胱、肠黏膜及全身淋巴结出血。

【诊断】

根据动物有接触或采食猪屎豆的病史，结合临床症状、病理剖检变化可确诊。

【治疗】

目前，本病尚无特效疗法。可用 50% 葡萄糖溶液 100~200 mL 或用硫代硫酸钠 1~3 g 配成 20% 溶液，加入葡萄糖生理盐水 0.5~1 L，静脉注射。也可用杉木炭 100 g、鲜乌蕨和鲜车前草各 150 g，混合后捣碎，兑冷水内服，隔 2~3 h 服 1 次，连服 2~3 次。同时，用维生素 B_{12} 1~2 mL 肌内注射。必要时配合应用镇静药、强心药和利尿药。

【预防】

勿用猪屎豆种子及混有猪屎豆种子的饲料喂牛或猪。

（莫重辉 洪 金）

狼毒中毒（stellera chamaejasme poisoning）

狼毒中毒是动物采食大量瑞香科狼毒所引起的以消化机能紊乱为主要特征的中毒性疾病。各种动物均可发生，主要见于放牧的牛和羊。

狼毒（*Stellera chamaejasme*）是瑞香科（*Thymelaeaceae*）狼毒属（*Stellera*）的多年生草本植物（图 9-12），又称瑞香狼毒，别名有断肠草、红狼毒、红火柴头花、打碗花、山丹花等。主要分布于亚洲北部、中部至印度。我国主要分布于西北、东北、华北、西南等地区，尤其是青海、甘肃、宁夏、陕西、新疆、西藏、内蒙古等地有广泛分布，多生于草原、草甸草原、沙地、山地和丘陵，在退化草场上可成为优势毒草，在一般草原群落中为伴生种。

【病因】

狼毒全草有毒且味劣，动物一般不采食，但春季幼苗期，牛、羊等动物因贪青或处于饥饿状态误食而发生中毒。5~8 月狼毒开花，动物呼吸道吸入花粉或冬季牧草严重缺乏时，特别是草场载畜量增加情况下，动物被迫采食干枯狼毒茎叶也可发生中毒。从外地引进的动物对狼毒的鉴别能力差，也会误食中毒。

【毒理】

动物狼毒中毒的毒理仍不十分清楚。已从狼毒植物中分离出 10 多个黄酮类化合物，总黄酮含量可达 1.17%，主要是狼毒素（chamaejasmine）及其衍生物，如异狼毒素（isochamaejasmin）、

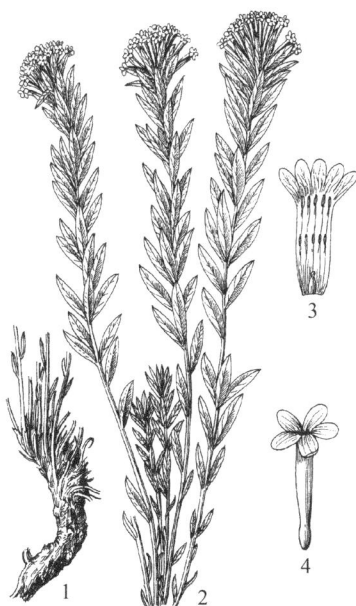

1. 根；2. 植株；
3. 花冠纵剖面；4. 花。

图 9-12 狼毒

狼毒素 A（chamaejasmin A）、狼毒素 B（chamaejasmin B）、狼毒素 C（chamaejasmin C）、新狼毒素 A（neochamaej-amin A）、新狼毒素 B（neochamaejasmin B）、7-甲基狼毒素（7-methylchamaejasmin）等，其中狼毒素是主要有毒成分。狼毒所含的黄酮类化合物易溶于水，进入消化道后，首先对胃肠道黏膜产生直接刺激作用，引起胃肠道黏膜的急性炎症，吸收后对心脏、肝脏、肺脏、肾脏等实质器官产生损伤，破坏组织器官结构而出现功能异常。毒素主要影响植物性神经系统，引起胃肠功

能的紊乱。

狼毒根、茎、叶中含有白色乳汁样物质,动物接触时能引起过敏性皮炎。

【症状】

主要表现精神沉郁,流涎,呕吐,腹痛,腹泻,粪便带血,呼吸迫促,心悸,全身痉挛,严重者甚至死亡等。牛、羊中毒时食欲废绝,鼻镜干燥,结膜充血或发绀,卧地不起,腹围增大,粪便带黏液或血液,肌肉震颤,回头顾腹,全身痉挛。马中毒时精神萎靡,食欲废绝,腹泻,腹痛,呈间歇性起卧,排尿困难,下唇松弛。

皮肤接触毒汁后,可引起皮炎而瘙痒。毒汁与眼接触可引起畏光、流泪、红肿,甚至失明;根粉对鼻、咽喉有强烈而持久的辛辣性刺激。人内服中毒后可引起恶心、呕吐、腹部剧痛、腹泻、里急后重,甚至便血、流产等,因此有"断肠草"之称。也见头痛、头晕、视物模糊、面色潮红、严重者出现惊厥、狂躁、痉挛或神志不清、冷汗、尿闭、休克、心肌麻痹而死亡。

【病理变化】

剖检变化以各脏器淤血、胃肠道出血为特征。胃肠黏膜极度充血、脱落,严重者出血;心外膜、心内膜有散在性小出血点,心肌松软,心脏扩张;肺气肿;肝脏肿大。组织学变化为实质器官组织细胞发生颗粒变性。

【诊断】

根据动物有接触或采食狼毒的病史,结合临床症状、病理剖检变化可确诊。

【治疗】

目前,本病尚无特效治疗方法,主要采用对症疗法和支持疗法。中毒后可用0.1%~0.5%高锰酸钾溶液洗胃,内服活性炭或内服蛋清,也可用5%葡萄糖生理盐水,或复方生理盐水及大剂量维生素C等静脉注射。消化道症状明显者,可用新斯的明或阿托品,惊厥者给予镇静剂。

【预防】

预防本病的根本措施是防止动物接触狼毒。目前,天然草场上对动物狼毒中毒的预防方法主要是防除,如化学防除、人工挖除等。化学灭除的药剂有2,4-D丁酯乳油、草甘膦、百草敌和"灭狼毒"等。中国科学院寒区旱区环境与工程研究所研制发明的除草剂"灭狼毒"对狼毒的杀灭率在98%以上,对禾本科、莎草科和蓼科的珠芽蓼等牧草无害,并且具有低剂量、低浓度、原液喷施、操作简便等特点。人工挖除是斩草除根的好方法,在挖除的同时,还可人工补播优良牧草。

乌头中毒(*aconite* poisoning)

乌头中毒是指动物过量采食乌头后,引起以流涎、呕吐、腹泻、心律失常、视觉和听觉减弱、肌肉强直、运动障碍为主要特征的中毒性疾病。各种动物均可发病,牛有一定的耐受性。

乌头(*Aconitum carmichaeli*)是毛茛科乌头属多年生草本植物(图9-13)。乌头属植物约有350种,分布于亚洲、欧洲和北美洲。我国约有167种,除海南外,分布于全国各地,其中有36种可供药用。常见的品种除乌头外,还有北乌头(*A. kusnezoffii*)、短柄乌头(*A. brachypodum*)、铁棒槌(*A. pendμLum*)、黄花乌头(*A. coreanum*)等。

【病因】

乌头属植物含有近70种生物碱,主要有乌头碱(aconitine,$C_{34}H_{47}O_{11}H$)、次乌头碱(hypaconitine,$C_{33}H_{45}O_{10}N$)、中乌头碱(mesaconitine,$C_{33}H_{45}O_{11}N$)等剧毒成分。毒性筛选试验证明,在上述众多生物碱中以乌头碱毒性最强,但其性质不稳定,加热水解可产生苯酰乌头原碱(benzoylaconine）和乌头原碱，毒性作用大为降低。

乌头全株有毒，以块根毒性最大，枝叶枯萎后的块根有剧毒，种子次之，叶子毒性较小。乌头引起动物中毒的原因主要是误食和药用不当。在乌头生长茂盛的地区，误食是引起中毒的主要原因。一般来说，本地动物有识别能力，且乌头对口腔黏膜有强烈刺激作用，不会主动采食，但当优良牧草缺乏时可被迫采食引起中毒。外地引进动物由于缺乏对毒草的识别能力，可主动采食而中毒。乌头是本属植物中我国最早作为药用的品种，在四川一带栽培已有近千年历史。在药用时如果未经煎煮或煎煮时间不够，药量过大或连续服用即可引起中毒，体弱家畜或妊娠母畜更易引起中毒。

【毒理】

乌头类生物碱主要侵害神经系统和心脏。中毒时使迷走神经高度兴奋，并直接作用于心肌，引起阵发性心动过速，早搏，传导延缓和阻滞，心室颤动，终因心肌无力收缩而停止搏动。同时，乌头碱能引起呼吸中枢抑制，导致呼吸变慢变深，呼吸困难，甚至呼吸衰竭。此外，乌头碱对局部皮肤黏膜也有强烈的刺激作用，使感觉神经末梢先兴奋后麻痹，局部先有烧灼感，感觉过敏，随后变为麻木、知觉丧失。

图 9-13　乌头

【症状】

本病多呈急性经过。初期口干舌燥，其后空嚼，流涎，甚至呕吐。肠蠕动增强，腹痛，腹泻，排尿次数增多，可视黏膜淤血和黄染。心悸，脉搏频数，心房颤动，心律不齐。呼吸急促或呼吸困难。后期，呼吸、脉搏徐缓，视觉和听觉丧失，瞳孔散大，血压下降，体温降低，全身衰竭。颈部和腹部皮肤与肌肉过敏，感觉疼痛，面部和四肢肌肉痉挛，后肢肌肉强直，步态蹒跚，甚至瘫痪。最终因呼吸中枢、运动中枢和感觉麻痹，嗜睡、昏迷而死亡。

【病理变化】

剖检可见消化道黏膜充血、出血，黏膜脱落；肺脏极度充血；肾脏实质变性；心内膜、胸膜和腹膜淤血、出血；脑及脑膜充血、淤血。

【诊断】

根据误食乌头或过量使用含乌头药剂的病史，结合流涎、呕吐、腹泻、心律失常、视觉和听觉减弱、肌肉强直、运动障碍的临床症状，即可做出诊断。必要时进行乌头碱分析及动物试验。

【治疗】

目前，本病尚无特效解毒疗法，一般采取对症治疗。

病初用 0.1% 高锰酸钾溶液或 0.5% 鞣酸溶液反复洗胃。洗胃后灌服活性炭和氧化镁的混合物（活性炭 2 份、氧化镁 1 份），牛、马 200～300 g，羊、猪 50～100 g，加水内服，促进乌头碱结合沉淀，减少吸收，最后用泻剂以排出毒物。当呈现副交感神经兴奋时，可用阿托品肌内注射，解痉，改善微循环，防止虚脱。若后躯麻痹、呼吸衰竭时，可用硝酸士的宁皮下注射，牛、马 0.015～0.05 g，猪、羊 0.002～0.004 g。此外，应注意及时强心、输液和补充营养。

【预防】

在春季青饲料缺乏时，严禁在乌头植物的生长地放牧，可有效预防中毒的发生。乌头有剧毒，用浸泡、蒸煮及高压等方法炮制后作为药用，可使其毒性降低。

白苏中毒(*Perilla frutescens* poisoning)

白苏中毒是动物采食大量白苏茎叶所致的以急性肺水肿和肺气肿为特征的中毒性疾病。主要发生水牛和黄牛,其他动物少见,死亡率高。

白苏(*Perilla frutescens*)是唇形科紫苏属一年生芳香草本植物(图9-14),又名玉苏子,高50~100 cm,茎叶为绿色,多野生于田埂、池沼、溪边、村前、屋后树林等潮湿背阴地带。广泛分布于我国河北、江苏、安徽、浙江、福建、湖北、四川、云南、贵州等地。

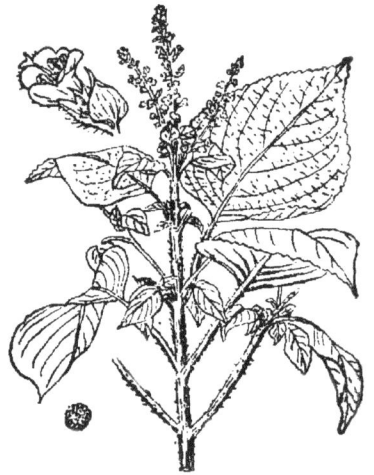

图9-14 白苏

【病因】

白苏中毒主要发生于水牛。在潮湿的地区,夏季白苏丛生,芳香、鲜嫩,动物可大量采食而引起中毒。白苏的茎叶含有挥发油,其主要化学成分为紫苏酮(perillaketone)、β-去氢香薷酮(β-dehydroelscholtzione, noginataketone)以及三甲氧基苯丙烯(elemicin)等物质。白苏中毒仅在夏季发生,有很强的季节性。可能与水牛汗腺不发达,天气炎热,气温高,湿度大,此时正值夏种时节,水牛劳役强度大,青壮年水牛食欲旺盛,大量的采食白苏,其中的挥发性油在消化道吸收,刺激中枢神经系统有关。

【毒理】

白苏的中毒机理仍不十分清楚。白苏所含的挥发油能扩张毛细血管,刺激汗腺发汗,减少支气管黏膜分泌。被机体吸收后,首先侵害中枢神经系统,引起外周毛细血管扩张,脑及脑膜充血,脑细胞代谢发生紊乱,延脑呼吸中枢和血管运动中枢陷于麻痹。肺脏的毛细血管也处于高度的扩张和充血状态,挥发油经呼吸排出时还可对肺组织产生直接刺激作用。结果导致急性肺水肿和间质性肺气肿的发生,引起呼吸机能极度障碍,微循环衰竭,口色乌紫,皮肤发绀,皮温下降,四肢冰凉,流涎、呕吐等症状,终因发生窒息和心力衰竭而迅速死亡。

【症状】

多为突然发病,病牛呼吸次数增多,吸气用力,鼻翼开张,出现明显的湿咳;1~2 h后,病情迅速增重,呼吸急促而用力,头颈伸展,腹式呼吸明显。频发深长的湿咳,口、鼻流出多量白色泡沫状液体;胸部听诊,初期有干啰音,继而出现湿啰音;呼吸极度困难,心搏动疾速,体温正常;后期病牛极度苦闷,间断呼吸,张口伸舌,眼球突出,可视黏膜发绀,终因心脏骤停和窒息而死亡,病程多为2~6 h。

【病理变化】

剖检可见气管和支气管内充满白色泡沫和透明浆液,肺脏极度膨胀,心脏体积增大,肝脏肿大。胃肠道及其他各实质器官都有不同程度的水肿和出血变化。脑及脑膜毛细血管扩张、淤血,脑实质水肿。

组织学变化为心脏间质淤血较明显,伴有弥漫性出血,心脏水肿、变性,部分胞核消失。两肺严重淤血,肺水肿。脑组织淤血及轻度水肿,神经元部分变性、坏死,表现为胞质尼氏体消失,细胞核模糊不清,以延脑和小脑最为明显。肝细胞轻度浊肿。

【诊断】

根据采食大量白苏的病史，结合青壮年水牛发病突然、潮湿闷热的夏季等流行病学，高度呼吸困难、啰音及循环虚脱等临床特征，急性肺水肿和气肿的病理变化，可做出诊断。必要时可进行动物试验。

【治疗】

目前，本病尚无特效疗法。首先应将病畜置于阴凉通风的地方，避免兴奋和刺激。主要采取降低颅内压，缓解呼吸困难，促进毒物排出及改善机体状况等治疗措施。

病初用0.5%高锰酸钾溶液4~5 L或10%硫酸钠溶液1.4~1.8 L一次灌服，静脉注射安溴注射液100~150 mL。必要时，先大量放血，再用复方氯化钠溶液或5%葡萄糖生理盐水2~3 mL，20%安钠咖溶液10~20 mL，另加维生素C 1~2 g，静脉注射。降低颅内压，可用甘露醇静脉注射。微循环衰竭时，可用较大剂量硫酸阿托品注射液，皮下注射。兴奋呼吸中枢，缓解呼吸困难，可用25%尼可刹米溶液10~20 mL，皮下注射。同时，配合使用氨茶碱、氢化可的松、维生素 B_1、肌苷、三磷酸腺苷、辅酶 A 等，以促进脑组织代谢。为防止继发感染，可应用抗生素或磺胺类药物。

【预防】

在白苏生长茂盛地区，应大力宣传白苏对水牛的严重危害性。每年夏季本病流行季节，加强饲养管理，严禁采刈白苏喂牛或在有白苏的地区放牧，以杜绝本病的发生。当潮湿、闷热天气水牛出现闷呛、皱鼻、神情异常时，即应将病牛牵至通风凉爽地方，采取必要的治疗措施。

毒芹中毒（cowbane poisoning）

毒芹中毒是动物采食毒芹根茎或幼苗后，引起以肌肉痉挛、麻痹、呼吸困难、心力衰竭等为特征的中毒性疾病。主要发生于牛、羊，马、猪也偶有发生。

毒芹（*Cicutavirosa*）为伞形科毒芹属多年生草本植物（图9-15），又名走马芹、野芹菜、斑毒芹、毒人参等。本属植物约有10种，主要分布于朝鲜、日本以及西伯利亚、欧洲和北美洲地区。我国只有1个种，分布在东北、华北和西北等地，主要生长在河边、沼泽、低洼的潮湿地和水沟旁。

【病因】

早春时节，毒芹较其他植物发芽早，动物因饥饿采食而中毒。毒芹果实在8~9月成熟，其毒性也大，同时秋季因毒芹根茎生长肥嫩，且大部分露在地面之上，其根甘甜，动物（尤其牛）多喜采食，容易发生中毒。因此，毒芹中毒多发生在春秋季。夏季因毒芹气味发臭，故动物拒绝采食而较少中毒。

图9-15 毒芹

【毒理】

毒芹的有毒成分为毒芹素（cicutoxin）通过胃肠道黏膜吸收后，侵害中枢神经系统（脑和脊髓）。首先神经兴奋性升高，引起肌肉痉挛和抽搐。同时，刺激呼吸中枢、血管中枢及植物性神经，导致呼吸、心脏和内脏器官的功能障碍。继而抑制运动神经，导致骨骼肌麻痹。最后破坏延脑的生命中枢，动物因呼吸中枢麻痹和窒息而死亡。

【症状】

(1)牛、羊　采食毒芹后在1.5~3 h出现中毒症状,初期表现兴奋不安,狂跑吼叫,跳跃,瘤胃臌气,出现强直性或阵发性痉挛,突然倒地,头颈后仰,四肢强直,牙关紧闭,瞳孔散大;病至后期,体温下降,步态不稳或卧地不起,四肢不断做游泳样动作,知觉消失,末梢冰凉,多于1~2 h死亡。

(2)马　轻者口吐泡沫,脉搏增数,瞳孔散大,肩、颈部肌肉痉挛。严重的病例,腹痛,腹泻,口角充满白色泡沫。强直痉挛,各种反射减弱或消失。体温下降,呼吸困难,脉搏加快,牙关紧闭,常常倒地,头后仰,最终因呼吸中枢麻痹而死亡。

(3)猪　主要表现为兴奋不安,运动失调,全身抽搐,呼吸迫促,不能起立。并且出现右侧横卧的麻痹状态,若使其左侧横卧时,则尖叫不止,若恢复右侧卧即安静。在1~2 d因呼吸衰竭而死亡。妊娠母猪中毒,所产的仔猪表现全身震颤,后肢站立不稳,多在1周内死亡。

中毒动物血清乳酸脱氢酶、天冬氨酸转氨酶和肌酸激酶活性明显升高。

【病理变化】

主要表现皮下结缔组织出血,血液色暗而稀薄。腹部明显膨胀,胃肠内容物发酵,充满大量气体,胃肠黏膜充血、出血、肿胀。肾脏实质和膀胱黏膜出血,心包膜和心内膜出血,肺脏充血、水肿。脑及脑膜充血、淤血和水肿。

【诊断】

根据接触和采食毒芹的病史,结合急性发作的癫痫样神经症状和瘤胃臌气等特征性症状,即可做出初步诊断。病理剖检表现的内脏器官广泛充血、出血、水肿等变化,特别是胃肠中发现未消化的毒芹根茎与叶等,有助于诊断。

采集瘤胃内容物进行毒芹生物碱的定性试验,可为诊断提供依据。也可取瘤胃内容物残渣15 mg以上,制成注射液给青蛙皮下注射,如毒物为毒芹时,则青蛙发生特异的四肢麻痹现象,症状可持续几小时。中毒严重的则立即死亡。

【治疗】

本病尚无特效解毒药,且病程短往往来不及救治。若早期发现中毒时,对胃肠道中的毒芹碱可用沉淀、中和法解毒,同时采取促进毒物迅速排出、解痉、镇静等对症治疗,并配合强心静脉注射等支持疗法。

(1)洗胃　中毒后立即用0.5%~1.0%鞣酸溶液或5%~10%活性炭溶液洗胃。然后,灌服稀碘溶液(碘1 g、碘化钾2 g、常水1 500 mL)沉淀生物碱,马、牛200~500 mL,猪、羊100~200 mL。同时,可内服活性炭、鲜牛奶或豆浆等。随后,再内服油类泻剂。对中毒严重的反刍动物,可通过瘤胃切开术,取出含有毒芹的胃内容物。

(2)解痉、镇静　首选苯巴比妥钠,按照25 mg/kg,静脉或肌内注射。或用水合氯醛内服,马、牛10~15 g,猪、羊2~4 g。也可用盐酸氯丙嗪,按照1~2 mg/kg,肌内注射。

(3)辅助治疗　以强心、补液为主,可配合应用维生素B_1、维生素C、乌洛托品等。

【预防】

禁止在毒芹生长地带,如沼泽、低洼潮湿的草地、河边、沟旁等处放牧动物。禁用刈割的毒芹青、干草饲喂动物,并及时剔除混在饲草饲料中的毒芹。有条件的可应用除草剂灭除毒芹。

夹竹桃中毒（*oleander* poisoning）

夹竹桃（*Neriury oleander*）是一种四季常青、花色鲜艳、抗虫害、受人喜爱的庭院观赏植物（图9-16），多产于热带及亚热带地区。夹竹桃中毒是动物采食夹竹桃所引起的以急性出血性胃肠炎和重剧的心律不齐及心力衰竭为特征的中毒性疾病。本病多发生于牛和羊，猪和马也有发生。

【病因】

夹竹桃的叶、茎皮、根及种子含有多种强心苷，属剧毒。在树皮及树根中含有7种强心苷，即夹竹桃苷A、B、D、E、G、H、K（oleandroside A，B，D，E，G，H，K）；在叶中含有夹竹桃素（oleandren，$C_{30}H_{40}O_9$），其作用类似毛地黄苷。

一般情况下，家畜不主动采食，主要由于在夹竹桃树下割草做饲料时，将夹竹桃叶片混于杂草中，误喂家畜而发病；也有树旁放牧时家畜误食或夹竹桃树上拴系的牲畜啃食树皮引起中毒的病例。

据国内资料报道，引起中毒的主要为红花夹竹桃，马和牛的中毒量为体重的0.005%，羊和猪为0.015%，即牛和马误食夹竹桃叶10~20片（15~25 g），羊和猪2~4片（3~5 g），可引起中毒。

1. 植株；2. 植株上部及花；
3. 毛种子；4. 种子荚。

图9-16　夹竹桃

【毒理】

夹竹桃苷的毒理作用与洋地黄苷类似。在胃肠道内，对黏膜有强烈的刺激作用，并损伤肠壁微血管，导致出血性胃肠炎。吸收后夹竹桃苷能直接作用于心肌，高度抑制心肌细胞膜上Na^+-K^+-ATP酶系统的活性，使钠钾泵功能发生障碍，造成Na^+、K^+在主动运转过程的能量供应停止，阻止了Na^+的细胞外流和K^+的细胞内流，因而导致心肌细胞内K^+浓度降低，而Na^+浓度升高，同时大量的Ca^{2+}进入胞内造成胞内钙超载，使心肌挛缩、断裂，收缩性减弱。缺钾可使心肌的自律性增高，引起心律失常，如过早收缩、异位搏动、异位心律、阵发性心动过速，甚至发生心室纤维性颤动等。同时，大量的强心苷还能直接抑制心脏传导系统，兴奋支配心脏的迷走神经，心冲动传导发生部分或完全阻滞，出现心动过缓，脱逸性心律，甚至心动停顿。

【症状】

病畜食欲减退或废绝，牛则反刍停止，瘤胃蠕动减弱，腹痛不安，后肢踢腹，拱背、起卧不安。开始时粪便稀软，糊状乃至水样，恶臭，混有黏液和血液，后期只排出胶冻样黏液及凝血块，腥臭难闻。体温常在38℃以下，鼻镜湿润但不成珠，皮温降低，耳、鼻及四肢末端厥冷，消瘦，迅速陷于脱水状态。瞳孔散大，奶牛泌乳量减少或停止。

出现消化道症状之前或同时，心脏活动明显异常，心动徐缓（40次/min）或心动过速（超过100次/min），经过1 d后出现间歇，有时搏动2~3次就出现间歇，间歇时间最长可达7~15 s，随着心搏动减弱，出现心音减弱及浑浊，尤以第二心音减弱明显，相应出现速脉或迟脉、二联脉或三联脉。病畜常在24 h内因心脏严重受损而死亡。

心电图检查，除显示传导阻滞、期前收缩、心动过速，甚至纤颤等心律失常外，还出现特征性的洋地黄型ST-T改变，即在大多数导联中，S-T段下垂，并与T波的前肢融合，成为一个向下斜行的直线,结果融合波倒置,波形不对称,其前支较长,斜直向下,后支较短,突然向上升起。

患畜呼吸困难,常表现为呼吸加深,鼻翼扇动。胸部听诊,肺区上部的肺泡音粗粝。

【实验室检验】

急性中毒时,血清钾含量显著升高;出现临界性低钙血症,低血糖。慢性中毒时,血清乳酸脱氢酶、天冬氨酸转氨酶活性及胆红素、胆固醇和尿素含量升高,血清总蛋白和白蛋白含量降低;可发生贫血和白细胞减少。

【病理变化】

各组织器官以出血为主要特征。心包增厚,心外膜和心内膜密布斑点状出血,左心室更为明显,严重者心内膜下血肿,心肌呈点状或出血斑,质地脆弱,如煮肉样。组织学检查有明显的颗粒变性;胃肠道有出血性炎症,其中小肠较轻,结肠中等,直肠最为严重;肝脏淤血,胆囊肿大,胆汁颜色较深,肺脏有出血点。多数病例的胃内可找到夹竹桃叶的碎片。

【诊断】

根据采食夹竹桃的病史,结合心脏节律不齐、出血性胃肠炎和突然死亡的典型症状,心电图检查出现特征性的洋地黄型 ST-T 改变(近期未使用过洋地黄类药物),可做出初步诊断。剖检胃内容物中找出夹竹桃叶碎片及毒物分析时强心苷为阳性可确诊。

【治疗】

本病尚无特效治疗方法。治疗原则:保护心脏功能,清理胃肠,消炎止血和对症治疗。内服活性炭防止毒物继续吸收,牛、马 2~5 g/kg。反刍动物可通过瘤胃切开术,取出摄入的夹竹桃。心律不齐可选用氯化钾、普鲁卡因酰胺、利多卡因、依地酸二钠、硫酸阿托品等。特别是依地酸二钠通过增加细胞膜的通透性,降低细胞内 Ca^{2+} 水平,使 K^+ 重新进入心肌细胞。抗心律不齐药硫酸阿托品(0.5 mg/kg)和治疗心动过速药心得宁(5 mg/kg)配合应用疗效显著。由于病畜呈高钾血症,应避免静脉注射钾溶液。

另外,内服氧化剂可破坏胃肠道内的毒物,通常用 0.1%~0.2% 高锰酸钾溶液 2~3 L 灌服(牛、马),而后内服液体石蜡以清理胃肠,促进毒物排出。最后内服磺胺类药物,应用收敛止血剂及黏浆剂,以保护胃肠黏膜,并大量输液,以纠正脱水状态。如条件许可,可进行输氧,则效果较佳。

【预防】

在夹竹桃栽植地区,做好宣传。避免在夹竹桃生长的地区及周围放牧或割草,尽量不用夹竹桃做篱墙及畜舍围栏,也不要将动物拴在夹竹桃树上以防采食。

蛇毒中毒(snake venom poisoning)

蛇毒中毒是由于动物被毒蛇咬伤,毒汁通过伤口进入动物体内引起以溶血、感觉神经末梢麻痹和休克为特征的急性中毒性疾病。各种动物均可发生,常见于放牧动物和犬。

【病因】

我国蛇类较多,主要分布于长江以南各地区,毒蛇的毒腺分泌毒素,家畜在放牧时易被毒蛇咬伤,毒液进入机体,随着血液和淋巴循环散布全身,主要损害神经系统和心血管系统,造成动物中毒死亡。

【毒理】

蛇毒中的有毒成分是蛇毒对机体产生毒理作用的物质基础。由于各种蛇毒中含有的有毒成分相当复杂，其毒理作用也有一定差异，但主要包括对伤口局部的作用和对全身的作用。

（1）对伤口局部的作用 蛇毒中的神经毒引起伤口局部组织水肿、炎性反应及剧烈疼痛。蛇毒中的透明质酸酶使局部炎症进一步扩展；蛋白水解酶破坏血管壁，引起出血，损害组织，甚至导致大面积的深部组织坏死。

（2）对全身的作用 蛇毒对全身的损害作用主要因所含的成分不同而有很大差异。主要表现为对神经系统和心血管系统的毒性作用。前者主要抑制呼吸中枢，导致呼吸衰竭；后者主要是血压下降及凝血障碍等。

【症状】

因蛇毒成分、咬伤部位、伤势程度及家畜种类不同，主要症状有所差异。

（1）局部症状 蛇咬伤的局部红肿、疼痛、出血。咬伤头部时，口唇、鼻端、颊部及颌下腺极度肿胀，动物不安，结膜潮红。严重时上下唇不能闭合，鼻黏膜肿胀，鼻道狭窄，呼吸困难，结膜肿胀。咬伤四肢时，局部肿胀、热痛，患肢不能负重，站立时以蹄尖着地，甚至将病肢提起，运动时跛行，有时卧地不起。

（2）全身症状 神经毒主要影响乙酰胆碱的合成与释放，并抑制呼吸中枢，表现四肢麻痹，呼吸困难，血压下降，休克以至昏迷，终因呼吸肌麻痹和循环衰竭而死亡。血液循环毒主要侵害心血管系统，具有溶血作用，患畜表现为全身颤抖，继而发热，心动过速，心律失常，血压下降，黄疸，皮肤和黏膜出血，血尿，因心脏骤停而死亡。

【病理变化】

剖检可见咬伤部位肿胀，在肿胀的中心部位才能发现蛇咬的牙痕，皮下浆液性浸润，附近肌肉呈煮肉状。如为血液循环毒素致死者，多见皮肤、黏膜及内脏出血。心肌出血、坏死。

【诊断】

根据毒蛇咬伤的病史，结合伤口有2个针尖大的毒牙痕，局部水肿、渗血、坏死和全身症状，即可诊断。

【治疗】

毒蛇咬伤后应采取急救措施。治疗原则：防止蛇毒扩散，尽快施行排毒和解毒，并配合对症治疗。

（1）防止毒素吸收和促使毒素排出 立即在伤口的上方2~10 cm处结扎。结扎后每隔一定时间要放松一次，以免造成组织坏死。用冷的肥皂水、2%高锰酸钾溶液等冲洗伤口。肿胀处剪毛，涂以碘酒，施行深部穿刺排毒。然后在结扎的上方用0.25%~0.5%盐酸普鲁卡因溶液加青霉素或地塞米松、氢化可的松等进行深部环状封闭。

（2）破坏毒素 抗蛇毒血清是中和蛇毒的特效解毒药，有条件的应尽早使用，在20~30 min静脉注射最好。也可缓慢静脉注射2%高锰酸钾溶液50 mL，咬伤局部注射1%高锰酸钾溶液，以氧化蛇毒。另外，也可烧烙咬伤部位。

（3）对症治疗 有全身症状时，配合补液、强心、解毒、防止休克等对症疗法。有窒息危险时，应及时施行气管切开术。

（4）中药治疗 用特效中草药独角莲（鬼臼根）根切碎捣烂加适量食醋和白酒调敷，每日更换2次，可消肿驱毒，2~4 d可愈。也可用白芷、百草霜各100 g，雄黄30 g，碾成细末，加人乳或牛乳调成糊状，敷于伤口周围，每日更换2~3次，有良好效果。

【预防】

大力宣传普及防治毒蛇咬伤的知识，掌握毒蛇的活动规律及其特性，及时清理饲养场周围的杂草、乱石，使蛇无藏身之地。动物避免在毒蛇活动的时间放牧。

(赵宝玉　王建国)

蜂毒中毒(bee venom poisoning)

蜂毒中毒是蜂类蜇伤动物皮肤时，蜂尾部毒囊分泌的毒液注入动物体内而引起的中毒性疾病。临床上以局部疼痛及水肿、血压下降、呼吸困难等为主要特征。马、鸭、鹅等对蜂的敏感性最高，其次为绵羊和山羊。

【病因】

蜂不主动袭击动物。当人或动物触动了蜂巢，群蜂即倾巢飞出袭击人和动物，而使被蜇人和动物发病。家禽有时捕食蜂而引起中毒。

【毒理】

蜂毒尤其是大黄蜂的蜂毒中含有乙酰胆碱，可使平滑肌收缩，运动麻痹，血压下降。此外，黄蜂及大黄蜂的毒液中还含有组胺及5-羟色胺、透明质酸酶及磷脂酶A，可引起平滑肌收缩，血压下降，呼吸困难，局部疼痛、淤血及水肿等。

【症状】

动物被蜂蜇伤多发生在头面部。病初蜇伤部位及周围皮下组织迅速出现热痛、淤血及肿胀，针刺肿胀部位流出黄红色渗出液。随后病畜兴奋、体温升高。有的出现荨麻疹，严重时可发生过敏性休克。后期因溶血而使可视黏膜苍白、黄染，血红蛋白尿，血压下降、心律不齐，呼吸困难等，最后因呼吸麻痹而死亡。

【病理变化】

蜇伤后短时间内死亡的动物常有喉头水肿，各实质器官淤血，皮下及心内膜有出血斑，脾脏肿大，肝脏柔软变性，肌肉变软呈煮肉样。

【诊断】

根据被蜂蜇伤的病史，体表皮肤热痛、肿胀，且肿胀中央部流黄红色渗出液，有的能发现蜂类螫针，结合其他临床症状，即可诊断。

【治疗】

若尚有毒刺残留时，应立即拔出毒刺。局部用2%~3%高锰酸钾溶液、3%氨水、2%碳酸氢钠溶液或肥皂水冲洗，并用0.25%盐酸普鲁卡因加适量青霉素封闭。肌内注射苯海拉明0.1~0.5 g以脱敏、抗休克，还可用地塞米松或肾上腺素等。同时，静脉滴注10%葡萄糖溶液、5%碳酸氢钠溶液、40%乌洛托品溶液、10%葡萄糖酸钙溶液及维生素B_1、维生素C等，以促进保肝解毒。

【预防】

在放牧时，应避免碰撞蜂窝，特别是不要在有野蜂经常出没的树丛附近放牧，以免惊扰蜂群而使动物遭受袭击。拉运蜜蜂时，应在箱口处装上纱罩，防止蜜蜂飞出蜇伤人畜。

蜈蚣毒中毒(centipede venom poisoning)

蜈蚣毒中毒是动物被蜈蚣蜇伤，毒液进入机体引起的急性中毒性疾病。临床上以局部红肿、坏死及淋巴结炎、淋巴管炎为主要特征。多发生于炎热夏季放牧的家畜。

【病因】

蜈蚣俗称百足虫，主要分布在热带、亚热带和温带地区，生活在土壤、腐烂木材、落叶及石块下的潮湿地区。昼伏夜出，我国南方分布较多。动物在运动或采食时可能被蜈蚣咬伤，蜈蚣毒腺分泌出大量毒液，顺腭牙的毒腺口注入被咬动物皮下，而致中毒。当动物厩舍内潮湿和不清洁，也会有蜈蚣潜入，咬伤动物而致中毒。蜈蚣作为药用时用量过大，也可引起中毒。

【毒理】

蜈蚣的毒液含有组胺类物质和溶血蛋白，蜈蚣咬伤后动物常出现过敏反应和溶血现象。组胺物质能使平滑肌痉挛，毛细血管扩张及通透性增加，同时还有致敏作用。溶血蛋白质可致溶血外，其溶血作用可直接引起急性肾皮质坏死，造成急性肾小管损伤，导致肾功能衰竭。

【症状】

动物被蜈蚣咬伤后，表现不安，局部疼痛，烧灼感，红肿，坏死及淋巴结炎，淋巴管炎，周围淋巴结肿大。个别严重者出现发热，呕吐，昏迷，抽搐、休克等症状，甚至出现过敏性休克。

【诊断】

根据咬伤局部有2个针刺样创口，或做药用时剂量过大的病史，结合临床症状，即可诊断。

【治疗】

本病尚无特效解毒药，局部用3%氨水、5%碳酸氢钠溶液、肥皂水等清洗伤口；也可局部冷敷，并涂皮质类固醇软膏。还可选用鲜桑叶、鲜扁豆叶、鱼腥草和鲜蒲公英等任选一种捣碎外敷。剧烈疼痛时，在伤口周围用0.25%~0.5%盐酸普鲁卡因局部封闭。有过敏反应时，可用抗组胺药物，如苯海拉明、异丙嗪等。休克时应立即注射肾上腺素，配合应用肾上腺皮质激素制剂治疗。

【预防】

经常打扫厩舍周围环境，清除室内外碎石、废物、垃圾，保持室内干燥，防止蜈蚣栖居。蜈蚣作为药用时要严格控制剂量，以免中毒。

蜘蛛毒中毒（spider venom poisoning）

蜘蛛毒中毒是蜘蛛蜇伤动物，毒液进入体内所引起的以局部红肿疼痛为主要特征的中毒性疾病。各种动物均可发病，主要见于放牧动物。

【病因】

我国分布的毒蜘蛛主要有捕鸟蜘蛛、穴居狼蛛和绰号"黑寡妇"的间斑寇蛛等。这些蜘蛛多生活在森林、农田、草丛、水边和乱石堆中。当牛、羊在草地放牧时，常触动蜘蛛由洞内拉出的丝，蜘蛛跳出将其咬伤，并将毒腺分泌的毒液注入伤口而使动物中毒。

【毒理】

蜘蛛毒液的成分因蜘蛛品种不同而有很大差异，其中最主要的是神经毒素，按其化学结构分为多肽类和多胺类，能作用于脊椎动物神经突触，引起神经递质去甲肾上腺素和乙酰胆碱的大量释放，导致运动中枢麻痹，使肌肉强直、疼痛。有的毒液具有收缩血管、血栓形成、溶血和组织坏死的特性。

【症状】

蜘蛛蜇伤主要表现局部症状，全身反应轻微。伤口处可呈苍白色、周围以红晕渗血或出现荨麻疹，局部迅速肿胀、疼痛，渐渐发生缺血性坏死。全身症状为呼吸困难，脉搏减慢，心律不齐，烦躁不安，乱奔跑，卧地打滚(马、驼)，部分病畜呕吐，大汗淋漓，口渴喜饮。部分病畜表现腹肌痉挛，抽搐，发热。严重病例血压先升高后降低，偶有溶血现象。后期四肢无力，运步失调，卧地不起，昏迷，多因窒息和心脏骤停而死亡。

【诊断】

根据动物被蜘蛛蜇伤的病史，结合局部及全身临床症状，即可诊断。

【治疗】

本病尚无特效解毒药，被咬肢体近心端立即扎上止血带，以免毒素扩散。伤口局部用0.1%高锰酸钾溶液或肥皂水冲洗，并尽量挤出毒液，涂5%碘酒。病情较重者可同时服用季德胜蛇药，10%葡萄糖酸钙溶液300~500 mL、地塞米松200 mg、10%葡萄糖溶液500 mL等静脉滴注。

【预防】

蜘蛛是农林害虫的天敌，应避免在毒性较大的毒蜘蛛活动的地区放牧。

海洋动物毒素中毒(marine animals toxins poisoning)

海洋动物毒素中毒是人和其他动物误食海洋动物或被其刺伤所引起的，以局部红肿疼痛为主要特征的中毒性疾病。本病最常见于人，也见于犬、猫等食肉的宠物。其中，以河豚毒素中毒最为常见。

海洋动物毒素资源丰富、分布广、种类多，已报道的有1 000多种，确定结构的有数十种。如海绵(其毒素主要包括皮海绵毒素、蜂海绵毒素、聚醚类海绵毒素、大环内酯类海绵毒素和核苷类海绵毒素)，海葵(其毒素包括Anemone Sulcata毒素、Actiniaequina毒素、Anthopleurin毒素)，水母(水母毒素)，芋螺(芋螺毒素)，海兔(海兔毒素)，海蛇(海蛇毒素)，珊瑚礁毒鱼(其毒素主要包括西加毒素、岗比毒素、鹦嘴鱼毒素、刺尾鱼毒素和拟珊瑚礁鱼毒素)，河豚(河豚毒素)等，结构类型包括生物碱、聚醚、肽类、皂苷、大环内酯类等(表9-1)。

表9-1　重要海洋动物毒素

结构类型	毒素名称	来源	毒理作用
胍胺类	河豚毒素	东方鲀；弧菌、假单胞菌	Na^+通道阻滞剂
	石房蛤毒素	双壳类；膝沟藻	Na^+通道阻滞剂
聚醚类	岩沙海葵毒素	岩沙海葵	神经毒；细胞毒
	西加毒素	珊瑚礁毒鱼；岗比毒甲藻	神经毒
	刺尾鱼毒素	珊瑚礁毒鱼；岗比毒甲藻	Ca^{2+}通道活化剂
肽类	芋螺毒素	芋螺	离子通道；受体
	海葵毒素	海葵	心脏毒和神经毒
	海蛇毒素	海蛇	神经毒和肌肉毒
大环内酯类	苔藓虫素	草苔虫	细胞毒
皂苷	海参毒素	海参	神经-毒

【病因】

本病主要是由于人误食河豚、珊瑚礁毒鱼而发生中毒，也见于人将河豚鱼卵巢、肝脏、肠、血液和皮肤等处置不当，被犬、猫等食肉动物采食而引起中毒。沿海地区贩运、宰杀海蛇时遭其咬伤发生中毒；有毒芋螺可通过其鱼叉样小毒箭蜇伤与其接触的裸潜人员、捕捞人员、游泳者及其他海洋作业人员，造成局部皮肤损伤，毒素吸收后导致全身中毒。海葵触手含有丰富的肽类珊神经毒素和细胞毒素。接触有毒海葵可能遭蜇伤，摄食有毒海葵，特别在未煮熟的情况下，也会发生全身中毒，严重者偶可致死。海绵不能食用，通常是在海中遇到海绵刺伤皮肤而发生中毒。水母的口腕部上有许多小触手，其上密布多达数十万个刺丝囊。当触手触及人或其他动物时，立即卷绕受害者，发射刺丝穿入人体皮肤或小动物体内，同时释放毒液而导致中毒。

【毒理】

不同海洋动物，因其所含毒素不同，其毒理学作用也有所不同。目前，研究比较清楚的有以下几类毒素：

（1）河豚毒素　是高度特异性 Na^+ 通道阻滞剂，对神经、心肌、骨骼肌 Na^+ 通道均有不同程度影响，所致呼吸麻痹是最主要的死亡原因，对心血管、平滑肌和腺体也有影响。河豚毒素还可直接作用于胃、肠黏膜，引起胃肠炎症状。

（2）海蛇毒素　与陆地毒蛇毒素类似，也是多种蛋白质的混合物，其中主要成分是神经毒素和各种酶蛋白，它们作用于神经系统和运动系统导致神经传导阻滞和肌肉溶解。α 神经毒素与骨骼肌运动终板部位的烟碱型乙酰胆碱受体结合，阻断骨骼肌的神经肌肉接头传递，因此中毒的人和动物出现肌肉麻痹，多以呼吸肌麻痹导致窒息死亡。

（3）芋螺毒素　毒理作用类似于河豚毒素，其毒素的主要毒理作用靶部位是神经肌肉接头部位，即阻断突触部位的传导。它们与神经末梢突触前部位或者与突触后部位离子通道（如 Na^+ 通道、Ca^{2+} 通道）或受体（乙酰胆碱受体）结合。

（4）海葵毒素　多数毒素与电压依赖性 Na^+ 通道结合，减慢 Na^+ 通道的失活过程，在哺乳动物主要表现为心脏毒性。毒素可延长心肌细胞动作电位时程，可引起平台期膜电位振荡，导致致死性室性心动过速等。动作电位时程延长使 Ca^{2+} 通道开放时间延长，Ca^{2+} 内流增加，导致心肌收缩力增强。

【症状】

不同海洋动物毒素中毒所表现的临床症状不尽相同。

（1）河豚毒素　一般潜伏期短，绝大多数在食后 10~45 min 发病，初期主要表现口唇、舌尖麻木，有蚁走感和辛辣感，恶心，呕吐，腹泻，上腹部疼痛，呼吸浅表迫促、鼻孔搧动，心律失常、血压下降，瞳孔先收缩后散大。后期全身麻木，肌肉颤搐，共济失调，四肢瘫痪，便血，全身可视黏膜发绀，眼球固定、瞳孔和角膜反射消失，最终因呼吸和循环衰竭而死亡。

（2）海蛇毒素　通常在被海蛇咬伤后 0.5~1 h 出现运动功能障碍，初期表现四肢沉重，全身无力，呼吸浅表短促，随后全身肌肉疼痛，四肢麻木，张口困难，嗜睡，呼吸困难，可视黏膜发绀，最终因窒息死亡。

（3）芋螺毒素　通常中毒后 5~30 min 发病，主要表现精神紧张，肌肉无力，震颤，痉挛，恶心，呕吐，流泪，下咽困难，呼吸困难，共济失调，全身肌肉麻痹，最终因呼吸和循环衰竭而死亡。

（4）水母毒素　通常中毒后几分钟至几小时即可出现症状，主要表现为运动失调，痉挛，溶血，心率减慢，血压下降，羞明、流泪，全身肌肉疼痛，恶心，呕吐，腹泻，唾液分泌增加等，最终因循环虚脱或休克死亡。

（5）海葵毒素　中毒后主要表现流涎，口唇、舌尖麻木，神经过敏，疲倦，严重者腹痛，心绞痛，全身肌肉疼痛，平衡失调，呼吸困难等。

【诊断】

详细询问病史，包括是否与有毒鱼种接触史，发病前是否有食入史及方式等，再结合临床症状表现可初步做出诊断。另外，对有些海洋动物毒素中毒（如水母毒素等）也可采集蜇伤部位留下的组织碎片，镜下观察看能否发现水母刺丝囊等有助于诊断。

【治疗】

目前，绝大多数海洋动物毒素中毒尚无特效解毒剂，一般采用综合对症治疗措施。可用1%硫酸铜催吐，再用0.02%高锰酸钾溶液或0.2%活性悬浮液洗胃，同时配合静脉注射高渗或等渗葡萄糖溶液，以促进毒素尽快排泄，必要时也可辅以轻泻剂或灌肠。呼吸困难时给予吸氧、呼吸兴奋剂等，肌肉麻痹者可肌内注射2 mL 1%盐酸士的宁及维生素 B_1、维生素 B_6、维生素 B_{12} 等。有过敏反应的可肌内注射肾上腺皮质激素。

【预防】

①对于像海绵、水母、海葵、海蛇等海洋动物中毒，主要发生于裸潜人员、捕捞人员、游泳者及其他海洋作业人员。去海滨游泳时应遵守当地的安全告示。另外，平时应加强安全教育，提高对海洋动物毒素中毒的认识，遇到海洋动物时不要用手直接抓或捞取，以免发生刺伤而中毒。

②对于河豚及珊瑚礁毒鱼等鱼类中毒，主要是误食所致。因此，加强卫生宣传教育，普及有毒鱼类中毒知识，提高对有毒鱼类危害性认识，是预防有毒鱼类中毒的关键。另外，在食用有毒鱼类时必须掌握科学方法，要去除所有鱼头、皮肤、内脏、血液而仅食肉，且肉要切成小块，至少在水中浸泡3~4 h，并多次换水，将内脏等废弃物和漂洗的水要统一处理，以免误食中毒，也不可用来饲喂牲畜。

（曹华斌）

第四节　霉菌毒素中毒

霉菌毒素中毒(mycotoxicosis)是指动物采食被霉菌污染的饲料后，发生的一种急性或慢性中毒性疾病。霉菌毒素的产生需要适宜的基质、温度、湿度、通风和透气条件。霉菌毒素中毒病具有以下特点：①饲料相关性；②可诱发复制性；③地区性和季节性；④群发性和不传染性、无免疫性；⑤症状复杂多样性；⑥治疗困难。

黄曲霉毒素中毒(aflatoxicosis)

黄曲霉毒素(aflatoxin，AFT)中毒是动物采食被黄曲霉污染的饲料而引起的以全身出血、消化机能紊乱、腹水、神经症状等为特征的中毒性疾病。主要的病理变化是肝细胞变性、坏死、出血、胆管和肝细胞增生。本病为人畜共患病，各种动物都可发生。长期大剂量摄入，有致癌作用。

本病1960年发生于苏格兰，当时称"火鸡X病"，后在美国、巴西及南非等多个国家报道。黄曲霉主要污染玉米、花生、豆类、棉籽、麦类、秸秆及其副产品，如酒糟、豆粕、酱油等。黄曲霉毒素根据其在荧光灯下的颜色可分为B族和G族。发蓝紫色荧光的为B族毒素有 $AFTB_1$、$AFTB_2$；发黄绿色荧光的为G族毒素有 $AFTG_1$、$AFTG_2$，其中 $AFTB_1$ 的毒性及致癌性最强。$AFTB_1$ 的毒性为氰化钾的10倍，砒霜的68倍，而且能耐200℃高温，耐强酸，遇碱分解，遇酸还原。幼龄动物和雄性动物易感，雏鸭最易感，其次为雏鸡、兔、猫、仔猪、犊牛、成年牛和育肥猪。通常基质水分16%以上，相对湿度80%以上，温度25~32℃最易产毒。

【病因】

黄曲霉毒素中毒主要是因为动物采食了被黄曲霉毒素污染的饲料所致，本病一年四季都有发生，但多雨季节或具有霉菌产毒的适宜条件下更容易发生。

【毒理】

黄曲霉毒素被动物摄入后，可迅速经胃肠道吸收，随门静脉进入肝脏，经代谢而转化为有毒代谢产物，然后大部分经胆汁入肠道，随粪便排出；少部分经肾脏、呼吸和乳腺等排泄。吸收的黄曲霉毒素主要分布在肝脏，肝脏含量可比其他组织器官高 5~10 倍，血液中含量极微。肌肉中一般不能检出。毒素吸收约 1 周后，绝大部分随呼吸、尿液、粪便及乳汁排出体外。

黄曲霉毒素及其代谢产物在动物体内残留，部分以 $AFTM_1$ 形式随乳汁排出，这对食品卫生检验具有实际意义。动物摄入 $AFTB_1$ 后，在肝、肾、肌肉、血、乳汁以及鸡蛋中可查出 $AFTB_1$ 及其代谢产物，因而可能造成动物性食品的污染。

黄曲霉毒素 B_1 在体内的主要代谢途径是在细胞内微粒体混合功能氧化酶催化下，进行羟化、脱甲基和环氧化反应。这些酶主要存在于肝脏、肾脏、肺脏、皮肤，其他器官中也有少量存在。黄曲霉毒素 B_1 有 4 个代谢途径，脱甲基形成 $AFTP_1$，环氧化形成 $AFTB_1-8,9-$环氧化物，酮还原为黄曲霉毒醇（AFT latoxicol），羟化为 $AFTML$、$AFTQ_1$；其中，环氧化物具有急性毒性、诱变性和致癌性，而 $AFTML$ 具有急性毒性。环氧化后形成的环氧化物能与细胞内大分子物质 DNA、RNA 和蛋白质共价结合，从而对机体细胞或组织产生危害。其形成过程是 $AFTB_1-8,9-$环氧化物本身先形成 $2,3-$二羟基黄曲霉毒素 B_1，随后氧化成二醛酚盐，再与赖氨酸上的 $\varepsilon-$氨基缩合形成 $AFTB_1-$赖氨酸，黄曲霉毒素长期摄入时形成的这种 $AFTB_1-$白蛋白加合物可在体内蓄积，测定其含量能反映较长时间的接触情况。

黄曲霉毒素是目前已知的较强致癌物，肝脏是主要的靶器官，长期持续摄入较低剂量的黄曲霉毒素或短时间较大剂量的黄曲霉毒素，都可诱发原发性肝细胞癌。研究发现，$AFTB_1$ 有很强的基因毒性，在肝细胞经 P_{450} 活化，形成 $AFTB_1-8,9-$环氧化物，能与 DNA 上的鸟嘌呤结合形成 DNA 加合物，从而导致基因突变，包括使 $p53$ 基因第 249 密码子 AGG 置换为 AGT，引起 $p53$ 基因的功能损伤。目前认为，AFTB 的活化产物与 DNA 形成的加合物主要是亲电性攻击 DNA 的 $N'-$鸟嘌呤位置，G-C 碱基对是形成 $AFTB_1-$DNA 加合物的唯一位点。$AFTB_1-$DNA 加合物的形成不仅具有器官特异性和剂量依赖关系，而且与动物对 AFTB 致癌的敏感性密切相关，以及与 $AFTB_1$ 诱发的突变和若干遗传毒性（如染色体畸变、姊妹染色体交换和染色体重排等）密切相关。

黄曲霉毒素抑制 DNA、RNA 和蛋白质的合成。黄曲霉毒素可直接作用于核酸合成酶而具有抑制信使核糖核酸（mRNA）的合成作用，并进一步抑制 DNA 合成，而且对 DNA 合成所依赖的 RNA 聚合酶也有抑制作用；黄曲霉毒素可与 DNA 结合，改变 DNA 的模板结构，干扰 RNA 转录；黄曲霉毒素还可改变溶酶体膜的结构、使 RNA 酶从溶酶体释放，从而增加了 RNA 的分解速率；也可刺激 RNA 甲基化酶而促进 RNA 的烷基化作用；因而使蛋白质、脂肪的合成和代谢障碍，线粒体代谢以及溶酶体的结构和功能发生变化。电子显微镜观察发现，在给予黄曲霉毒素后 30 min 内，最初的细胞变化发生在核仁内，使核仁的内含物重新分配：细胞质中的核糖、核蛋白体减少和解聚，内质网增生，糖原损失和线粒体退化。该毒素的靶器官是肝脏，因而肝脏毒急性中毒时，肝实质细胞变性坏死，胆管上皮细胞增生慢性中毒时。动物生长缓慢，生产性能降低，肝功能和组织结构发生变化，肝脂肪增多，可发生肝硬化和肝癌。黄曲霉毒素也可作用于血管，使血管通透性增加，血管变脆并破裂而发生出血。另外，黄曲霉毒素通过改变维生素 D 代谢和甲状旁腺激素的作用而影响钙、磷代谢。黄曲霉毒素中毒影响繁殖和产蛋，由于采食量减少，可间接导致成熟的公鸡精液量减少、睾丸重减轻、睾酮含量下降；母鸡降低饲料报酬，产蛋量降低，因胚胎死亡而使孵化率下降；青年家禽性成熟期延迟。

【症状】

动物中毒以后以肝脏损害为主,同时伴随血管通透性破坏和中枢神经损害等。临床上主要表现为黄疸、出血、水肿和神经症状。由于品种、性别、年龄、营养状况和中毒程度的不同,临床症状有明显差异。

【病理变化】

黄曲霉毒素中毒主要损害肝脏,可引发肝炎、肝硬化和肝癌,其组织学变化为肝细胞的颗粒变性、脂肪变性和空泡变性。

【诊断】

根据病史,结合临床症状和病理变化可初步诊断,确诊需对可疑饲料进行分离培养及饲料中黄曲霉素测定。

【治疗】

治疗首先要停喂霉败饲料,改喂青绿饲料和高蛋白饲料,减少或不喂含脂肪过多的饲料。然后通过投服硫酸钠、人工盐等导泻,加快毒素的排泄。同时,进行保肝止血及对症治疗。

杂色曲霉毒素中毒(sterigmatocystin poisoning)

杂色曲霉毒素中毒是由于家畜采食被杂色曲霉毒素(sterigmatocystin, ST)污染的饲草料,引起以肝脏和全身黄染为主要特征的中毒性疾病。本病主要发生于马属动物、羊、家禽及实验动物。

【病因】

杂色曲霉毒素又称柄曲霉毒素,最初报道于日本,之后从非洲的谷物和豆类中分离出杂色曲霉、构巢曲霉,并提取出杂色曲霉毒素。杂色曲霉毒素主要由杂色曲霉、构巢曲霉和离蠕孢霉3种霉菌产生,以杂色曲霉菌的产毒量最高,构巢曲霉和离蠕孢霉的产毒量分别约为前者的1/2。杂色曲霉菌普遍存在于土壤、农作物、食品和水果中,如小麦、大米、玉米、花生、面粉、火腿、干酪、黄油和动物的饲草、饲料中,动物食入含杂色曲霉毒素的饲草或饲料即可引起中毒。

本病的主要发生原因是给家畜饲喂被杂色曲霉毒素污染的饲草。

【毒理】

杂色曲霉毒素具有肝毒性,中毒机理尚不十分清楚。研究认为,杂色曲霉毒素可引起细胞核仁分裂,抑制DNA的合成。据报道,动物急性中毒病变以肝、肾坏死为主,肝小叶坏死部位因染毒途径不同而异,口服染毒后主要表现肝小叶中央部位坏死,腹腔染毒后出现肝小叶周围坏死。

【病理变化】

马属动物以肝脏病变为主要特征,表现为肝脏肿大,呈黄绿色,表面不平,呈花斑样色彩。病理组织学变化可见肝细胞严重空泡化和脂肪变性,肝细胞间纤维组织增生形成假小叶结构。羊的特征性剖检变化是皮肤和内脏器官高度黄染。此外,其他组织器官也会出现黄染及水肿等病变。

【诊断】

根据采食霉败饲草的病史、症状和特征性的病理剖检变化可以做出初步诊断。要确诊必须进行样品中产毒霉菌的分离培养和杂色曲霉毒素含量测定,一般饲草、饲料中杂色曲霉毒素含量达0.2 mg/kg以上时即可引起中毒。

【治疗】

本病无特效疗法,一般采取对症疗法。

【预防】

防止饲草、饲料发霉，杜绝发生本病的根本措施是已发霉的饲草、饲料不作为家畜饲料。

单端孢霉毒素中毒（trichothecin poisoning）

单端孢霉毒素中毒是由于家畜采食被单端孢霉毒素污染的饲草饲料，引起以呕吐、下痢等消化机能障碍为特征的中毒性疾病。此外，尚可能出现皮肤过敏、厌食和流产等症状。

单端孢霉毒素（trichothecin）又称单端孢霉烯族化合物（trichothenes），属于镰刀菌毒族。这类毒素包括40多种结构类似的化合物，但由自然产物提纯鉴定的只有20种。在兽医临床上能引起动物中毒的毒素主要有 T-2 毒素、二醋酸藨草镰刀菌烯醇、新茄病镰刀烯醇和雪腐镰刀菌烯醇。这里主要介绍 T-2 毒素中毒。

T-2 毒素中毒是由于家畜采食被单端孢霉烯族化合物中的 T-2 毒素污染的饲草、饲料引起的，以拒食、呕吐、腹泻及诸多脏器出血等为特征的中毒性疾病。本病为人畜共患病，在动物中以猪多发，家禽次之，牛、羊等反刍动物较少发生。

【病因】

T-2 毒素主要是由三隔镰刀菌、拟枝孢镰刀菌、梨孢镰刀菌、茄病镰刀菌、木贼镰刀菌、粉红镰刀菌和禾谷镰刀菌等产生。本病的发生原因是畜禽采食被 T-2 毒素污染的玉米、麦类等饲料所致。T-2 毒素可在饲料中无限期地持续存在。

【毒理】

T-2 毒素的主要靶器官是肝脏和肾脏，此外对皮肤和黏膜具有直接刺激作用，对造血器官、凝血功能、免疫功能及胎儿发育等均会产生不良影响。

【症状】

病初表现厌食，体温下降，胃肠机能障碍，腹泻，生长停滞，消瘦。随着病情的发展，后期由于各脏器发生广泛性出血，可能伴有血便和血尿。T-2 毒素可抑制动物免疫机能，易继发其他疾病。由于畜禽种类、年龄和毒素剂量的不同，其临床症状也有差异。

【病理变化】

T-2 毒素中毒的病变多为营养不良性消瘦和恶病质。猪、牛可见口腔、食道和胃肠黏膜发炎、出血和坏死，瘤胃乳头脱落，胃壁糜烂性溃疡和真胃炎。肝、脾肿大、出血，心肌出血，脑实质出血和软化。骨髓和脾脏等造血机能衰退。病理组织学变化可见肝细胞坏死，心肌纤维变性，骨髓细胞萎缩，细胞核崩解。禽类可见内脏器官广泛性出血和损害。

【诊断】

根据流行病学调查、临床症状、病理变化可做出初步诊断。确诊必须进行饲料中产毒霉菌的分离培养和饲料中 T-2 毒素的分析测定。要注意 T-2 毒素中毒需与黄曲霉毒素中毒的鉴别诊断：T-2 毒素可引起黏膜和表皮脱落特征性病变，而黄曲霉毒素及红色青霉毒素则无这种变化。

【治疗】

本病无特效解毒疗法，只能遵循一般的毒物排出之法，并结合对症治疗。

【预防】

一是做好饲料、饲草防霉措施；二是对发霉的饲草料进行去毒处理。

玉米赤霉烯酮中毒(zearalenone poisoning)

玉米赤霉烯酮中毒是指动物采食了被玉米赤霉烯酮污染的饲料而引起的以会阴部潮红和水肿为特征的一种中毒性疾病。各种动物均可发生，主要见于猪。

【病因】

玉米赤霉烯酮又称 F-2 毒素，是由镰刀菌属的若干菌种产生的有毒代谢产物，具有强雌激素效应。主要通过污染玉米、大麦、小麦、高粱、大米和小米等引起动物发病。适宜产毒条件为基质水分 22%~45%，相对湿度 45%，温度 24~27℃，77 d 可达产毒高峰。玉米赤霉烯酮受热可失去活性。

【毒理】

玉米赤霉烯酮主要发挥雌激素效应，能与 17β-雌二醇竞争性结合胞质雌激素受体(estrogen receptor，ER)，且甾体类抗雌激素能抑制玉米赤霉烯酮的作用，这说明玉米赤霉烯酮发挥雌激素作用可能是由雌激素受体所介导。玉米赤霉烯酮与子宫雌激素受体的结合亲和力是雌二醇的 1/10。玉米赤霉烯酮在 1~10 nmol/L 能刺激雌激素受体。雌激素受体 α 和 β 的转录活性，是雌激素受体 α 的完全激动剂，但对雌激素受体 β 则发挥激动-拮抗剂的作用。玉米赤霉烯酮可导致多种动物的激素过多症，以青年母猪最敏感。它可使性未成熟母猪外阴水肿，子宫增大，乳腺增生，甚至直肠和阴道脱出；使性成熟母猪发生多种生殖功能失调，引起怀孕母猪流产、死胎、新生仔猪死亡和尸僵等；使泌乳母猪发情抑制、卵巢萎缩，导致断乳至发情的间隔变长。另外，玉米赤霉烯酮和 17β-雌二醇都可引起雌性大鼠的无卵性不育，但 17β-雌二醇的作用能被雌激素结合蛋白——甲胎蛋白所阻断，而玉米赤霉烯酮则不受甲胎蛋白影响，说明两者的作用机制可能不完全相同。

玉米赤霉烯酮能够诱导雄鼠生殖细胞凋亡。对公猪则表现为睾丸和附睾重下降，性欲降低，血液睾丸酮浓度下降，甚至可以中断精子生成。据报道，给公猪饲喂含玉米赤霉烯酮 0.57 mg/kg 的饲料，3 d 后射精量比对照组减少了 41%，再饲喂正常饲料 1 周后恢复。

玉米赤霉烯酮具有细胞毒性，并呈现明显的量效关系，且毒素含量越高，对细胞毒性越大。在大鼠肝细胞体外培养液中加入玉米赤霉烯酮 0.5~15.0 mg/mL，可使培养液中白蛋白及细胞内 DNA 含量下降，表明玉米赤霉烯酮对大鼠肝细胞有损伤作用。玉米赤霉烯酮还能抑制蛋白质和 DNA 的合成，从而导致细胞周期紊乱，使丙二醛的浓度增加；维生素 E 可减弱玉米赤霉烯酮所致的 DNA 断裂和凋亡小体形成，还能减轻对非洲绿猴肾细胞和鼠骨髓细胞造成的基因毒性、肝毒性及肾毒性；据推测玉米赤霉烯酮的细胞毒性和氧化损伤是引起中毒的机理之一。玉米赤霉烯酮通过抑制激素敏感性脂肪酶活性，对肾上腺素诱导的脂肪分解有明显的抑制作用。

玉米赤霉烯酮还具有免疫毒性和遗传毒性。体外研究证明，玉米赤霉烯酮可提高牛外周血淋巴细胞染色体畸变和姊妹染色单体交换率，使有丝分裂指数下降，导致淋巴细胞增殖能力下降，诱导淋巴细胞凋亡；玉米赤霉烯酮能抑制植物血凝素刺激人外周血淋巴细胞增殖，还能抑制刀豆素 A 和美洲商陆有丝分裂原刺激 B 细胞和 T 细胞形成；玉米赤霉烯酮可显著降低小鼠对李斯特杆菌的抵抗力。另外，玉米赤霉烯酮可引起雌性小鼠肝细胞腺瘤发生率增加，对猪和大鼠有弱的致畸作用。

【症状】

牛表现为食欲下降，体重减轻，兴奋不安、敏感。慕雄狂，阴户肿胀，阴道黏膜潮红，流出黏液，屡取排尿姿势，子宫肥大，奶牛产奶量减少，青年牛乳腺增大，繁殖机能障碍。

绵羊表现繁殖力下降，可降低排卵率和怀孕率，有活力的卵子数减少，发情期延长，流产、早产。

性成熟前的小母猪表现阴部充血和外阴肿大，向后方突出，甚至阴门哆开；乳腺增大，子宫增大、水肿，卵巢萎缩，阴门外流出稀薄的卡他性渗出液，严重的病例阴道突出；部分母猪不断努责，直肠脱出。经产母猪表现繁殖力降低，不发情，胚胎数减少，胚胎吸收。青年公猪可见有睾丸炎，睾丸萎缩，性欲降低。

【病理变化】

主要是阴道、子宫和卵巢的病变。

【诊断】

根据动物采食发霉饲料的病史，结合会阴部充血和肿胀及乳房增大等症状，更换污染饲料后发病停止，病情逐渐减轻，可做出初步诊断。确诊必须进行玉米赤霉烯酮含量的测定。

【治疗】

一般情况下，停喂霉变饲料，供给青绿多汁饲料，7~15 d 可恢复。若毒素已经吸收，可用活性炭或盐类泻剂。

【预防】

妥善贮藏，严防受潮而使霉菌污染。一旦霉变，去毒处理后方可饲喂。

丁烯酸内酯中毒（butenolide poisoning）

丁烯酸内酯中毒又称霉稻草中毒（mouldy straw poisoning），是指由于牛采食发霉稻草或苇状茅草所致的一种以耳尖、尾端干性坏疽、蹄腿肿烂至蹄匣和趾（指）骨脱落为特征的中毒性疾病。主要发生于舍饲耕牛，尤其是水牛，其次为黄牛、奶牛、绵羊、山羊和兔等。国内俗称牛"蹄腿肿烂病""肿脚病""烂蹄病"和"肿脚烂蹄病"等，国外称牛"烂蹄病""牛烂蹄坏尾病""羊茅草烂蹄病"或"羊茅草跛行"等。

【病因】

本病于 1939 年发生于巴基斯坦，随后在美国、新西兰等国相继报道。20 世纪 60~70 年代，本病在我国西南、华南、华中等地流行。本病在我国主要多发于水稻主产区，于 10 月中旬开始，11~12 月达到高峰，3~4 月停止。产毒菌主要是三线镰刀菌、拟枝孢镰刀菌、梨孢镰刀菌和弯角镰刀菌等。主要毒素为丁烯酸内酯，毒性较为稳定，加热 100℃ 30 min，毒力不减。在实验室条件下，6~7 年不失毒力。产毒适宜条件：相对湿度 85%~90%，温度 7~15℃。

【毒理】

本病的发生机理仍不十分清楚。丁烯酸内酯被机体吸收进入血液，主要的毒害作用是引起动物末梢血液循环障碍。毒素作用于外周血管，使局部血管发生痉挛性收缩，并损害血管内皮细胞，以致血管增厚，管腔狭窄，血流缓慢和血栓形成，进而发生血管炎。由于局部血液循环障碍，引起局部组织淤血、水肿、出血和坏死。因皮肤屏障机能破坏，继发细菌感染，使病情恶化，严重者球关节以下部分发生腐败或脱落。环境低温是牛霉稻草中毒发生的重要促发因素。低温有利于镰刀菌产生丁烯酸内酯，可使牛远端体表末梢血管收缩，血流缓慢，这更增强了毒物的作用，促使疾病的发生。

大鼠经口灌服丁烯酸内酯 193 mg/kg，中毒 4 h 后，肝脏脂质过氧化产物丙二醛（MDA）含量有所升高，非蛋白巯基含量降低；在体外，丁烯酸内酯也可以诱发脂质过氧化反应，肝匀浆丙二醛含量随剂量增加而显著升高，呈明显的剂量效应关系；总巯基和非蛋白巯基含量随剂量增加而明显降低，剂量与效应呈负相关，表明丁烯酸内酯的过氧化作用在疾病发生上产生一定的影响。

丁烯酸内酯的结构有 N-乙酰氨基，可使血红蛋白变成高铁血红蛋白，体外试验证实 1~2 mg/kg 的丁烯酸内酯能使血红蛋白的正常功能受到破坏。研究发现，丁烯酸内酯可以引起人红细胞溶解。丁烯酸内酯使红细胞膜蛋白内源荧光降低，呈现明显的剂量效应关系，表明红细胞膜结构变化导致荧光淬灭，进一步说明红细胞溶解与细胞膜被破坏有关，是丁烯酸内酯对机体产生氧化作用的结果。

【症状和病理变化】

蹄、腿、耳、尾干性坏死。主要病变在四肢，患肢肿胀部切面流出多量淡黄色透明液体，皮下组织因水肿液积聚而疏松。组织学变化为皮下肌肉均质红染，排列疏松呈网状。

【诊断】

根据明显的季节性、地区性和采食霉稻草的病史，结合耳尖、尾尖坏死，蹄腿肿烂及蹄匣脱落等症状，可初步诊断。确诊需要进行饲草真菌分离、鉴定、丁烯酸内酯含量的测定及动物试验。

【治疗】

本病无特效疗法，主要采取对症治疗。若肿胀部发生溃烂并伴有感染，用抗生素或磺胺类药物。

【预防】

新鲜稻草防止霉变，霉变稻草饲喂前要去毒。

麦角生物碱中毒(ergot alkaloid poisoning)

麦角生物碱中毒是由于畜禽采食被麦角菌寄生的禾本科牧草引起的以中枢神经系统机能紊乱和末梢组织坏疽为特征的中毒性疾病。本病是人们最早认识的霉菌毒素中毒，多见于我国东北和西北的一些省区。各种畜禽均可发生，但以牛、猪和家禽多发，马属动物由于抵抗力较强，发病较少。

【病因】

麦角菌属于麦角菌属，主要寄生在麦类(大麦、黑麦、燕麦和小麦等)的子穗和水稻、黑麦草、杂草及其他禾本科牧草的子房内，在其中萌发为菌丝，并形成稠密组织，即呈黑紫色的角状或瘤状物——麦角。麦角菌在潮湿、多雨和气候温暖的季节里容易生长，新鲜的麦角菌比干陈麦角菌毒性大，其毒素具有较强的抵抗力，不易被高温破坏，毒性保存数年也不受影响。

当畜禽误食麦角寄生的禾本科牧草，或采食被麦角菌污染的糠及谷物饲料后，便出现中毒症状。若饲料中混入 0.5% 麦角，动物采食后即可出现中毒症状，若混入 7% 麦角即可致死。麦角有毒成分为麦角生物碱，含量约为 0.4%。麦角生物碱是麦角酸或异麦角碱的酰胺衍生物，主要有毒成分是麦角毒碱、麦角胺或麦角新碱。前两种毒性较强，不溶于水，后一种毒性较弱，易溶于水。研究表明，麦角毒碱是麦角克碱、麦角卡里碱和麦角克宁碱的混合物。

【毒理】

麦角生物碱中毒的机理，目前尚不十分清楚。一般认为麦角生物碱除对胃肠黏膜具有较强的刺激作用外，还能兴奋中枢神经系统，表现神经毒作用；也可使子宫和血管平滑肌发生强直性收缩，血压升高，反射性引起心跳减慢，表现子宫毒和血管毒作用。慢性麦角生物碱中毒，由于血管平滑肌持久性痉挛收缩，血管内皮细胞变性而引起血流停滞，血栓形成，导致血管完全闭塞，而呈现末梢组织坏死。

【症状】

根据临床特点可分为中枢神经系统兴奋型和末梢组织坏疽型，根据病程可分为急性型和慢性型两种。急性型多属神经兴奋型，慢性型多属末梢组织坏疽型，但在临床上以慢性中毒较为常见。急性中枢神经系统兴奋型主要表现为神经机能紊乱，患畜发生无规则的阵发性惊厥，如精神沉郁、嗜睡等。同时，步态蹒跚，运动不协调，站立不稳，似醉酒状。慢性末梢组织坏疽型病变部位多在末梢组织，特别是后肢的下部，如飞节、球节、尾部及耳尖等。起初局部发生红肿。变冷和感觉消失，皮肤干燥，并与健康组织分离剥脱，病理损伤处无疼痛，病牛早期出现跛行。然后发生脓疱性口炎及腹泻、腹痛、食欲废绝等胃肠炎症状。妊娠母羊还可发生流产。母猪表现乳房停止发育和无乳等症状。家禽麦角中毒，多见冠和肉垂发绀、变冷，最后变成干性坏死。

【病理变化】

主要是末梢组织坏疽。在其病变附近可见小动脉痉挛性收缩和毛细血管内皮变性，消化道黏膜充血、出血，严重时出现溃疡和坏死。急性中毒时，脑脊液可能增多，可见尸僵不全及动脉空虚。

【诊断】

根据采食麦角菌污染饲草、饲料的病史和临床症状，必要时还可采样进行麦角生物碱的分析，即可做出诊断。鉴别诊断应注意与冻伤、牛霉稻草中毒及坏死杆菌病等进行区别。

【治疗】

本病无特效解毒疗法，发现中毒后，应立即停喂被麦角生物碱污染的饲草、饲料，给予良好饲料，并将病畜转移到温暖的环境，同时进行排毒治疗和对症治疗。促进排毒，可用水洗胃和内服盐类泻剂等，还可内服 1%~2% 鞣酸溶液或 0.1%~0.5% 高锰酸钾溶液。舒张血管，促进末梢循环，可用亚硝酸异戊酯或 5% 亚硝酸钠注射液静脉注射，马、牛 40~60 mL。也可用乙醇擦拭四肢下部、耳尖等部位。若皮肤发生坏死，先用 0.5% 高锰酸钾溶液洗涤后，涂布磺胺软膏，防止继发细菌感染。

【预防】

防止本病的发生，应采取下列预防措施：凡污染麦角菌的草场，应在牧草子穗割除以后放牧，以免家畜采食被麦角菌污染的子穗而发生中毒；对已污染的饲用谷物应摘除麦角菌污染的谷粒，或将污染有麦角菌的饲料用 25% 浓食盐水浸泡、搅拌、漂洗，如此重复 2~3 次，至漂洗液澄清为止，将成点的饲料滤出，晾干即可饲喂家畜；对可疑的粉状饲料，应进行毒物的检验，如确定混匀后麦角生物碱，要立即停止饲喂。

（曹华斌　胡国良）

赭曲霉毒素 A 中毒（ochratoxins A poisoning）

赭曲霉毒素 A 中毒是畜禽采食被赭曲霉毒素 A（ochratoxins A，OA）污染的饲料，引起以消化功能紊乱、腹泻、多尿、烦渴为临床特征的中毒性疾病。病理变化主要表现为脱水、肠炎、全身性水肿、肾功能障碍、肾肿大为。猪、山羊、禽类最易感，犊牛和马也可发病。

【病因】

赭曲霉毒素主要由赭曲霉、纯绿色青霉和鲜绿青霉产生。这些霉菌在自然界中广泛分布，极易污染畜禽饲料（谷类、豆类饲料及其副产品），在温度和湿度适宜时产生大量赭曲霉毒素，被畜禽采食后而引起中毒。赭曲霉毒素是异香豆素的一系列衍生物，包括赭曲霉毒素 A、B、C、D，4

种化合物，其中产毒量最高、对农作物的污染最重、分布最广、毒性最大的是赭曲霉毒素 A，是一种特殊的肾毒素，会导致肾脏损伤。赭曲霉素 A 耐热性较强，普通加工调制温度，仅有 20% 的毒素可损失，150~160℃ 可破坏。赭曲霉素 B 是赭曲霉素 A 的水解产物，毒性较弱，在干燥谷物和 20% 乙酸溶液中易被破坏。

【毒理】

赭曲霉素 A 的中毒病理，目前尚不十分清楚。现已证明，赭曲霉素 A 的靶器官为肝和肾，引起肝细胞透明变性、液化坏死和肾近曲小管上皮损伤，从而引起严重的全身功能异常。

【症状】

不同品种和年龄的动物在临床表现上存在一定差异。家禽幼禽较为敏感。雏鸡和肉用仔鸡表现精神沉郁，生长发育缓慢，消瘦，厌食、喜饮，排粪频繁，粪稀呈绿色或白色，腹泻，脱水。严重者出现神经症状，血液循环障碍以及产蛋减少、蛋壳变软变形等。血液生化检验，血清总蛋白、清蛋白、球蛋白、胆固醇含量减少，而尿酸含量增加。此外，赭曲霉毒素 A 对鸡胚有明显的毒作用。猪常呈地方流行性，主要呈现肾功能障碍。犊牛常表现为神经症状、泌尿系统损害和消化功能紊乱。

【病理变化】

主要表现肝和肾病变。肝细胞变性坏死，肾实质坏死，肾小管上皮细胞玻璃样退行性变性，严重者肾小管坏死，广泛生成结缔组织和囊肿。皮下及腔体内见有水肿。

【诊断】

根据畜禽饲喂霉变饲料的病史，呈地方流行性，结合典型的病理变化(特别是肾病变)可做出初步诊断。确诊需对可疑饲料做真菌培养、分离和鉴定及对病死动物肾和血液中的毒素测定。

【防治】

关键在于防止谷物饲料发霉，应保持饲料干燥，使其水分含量在 12% 以下，储存时适当添加防霉剂，防止饲料霉变，减少毒素产生，通常使用丙酸及其盐类(丙酸钠、丙酸钙、丙酸铵和二丙酸铵)，富马酸和富马酸二甲酯，山梨酸和山梨酸钾等。已中毒的家畜应立即更换新饲料，并酌情选用人工盐、植物油等泻剂，也可内服活性炭等吸附剂。同时，给予易消化、富含维生素的青绿饲料，保证充分饮水。

青霉毒素类中毒(penicillin-toxin poisoning)

由青霉素引起的中毒病称为青霉毒素类中毒，而青霉毒素(penicillin-toxin)是指青霉属和曲霉属的某些菌株产生的有毒代谢产物的总称。到目前为止，已经发现的青霉毒素有黄绿青霉毒素、岛青霉毒素类、橘青霉毒素、红青霉毒素、展青霉毒素、青霉震颤毒素和葡萄状穗霉素等。

(1) 黄绿青霉毒素(citreoviridin toxin)　主要由黄绿青霉产生。纯品为深黄色针状结晶，分子式为 $C_{23}H_{30}O_6$。易溶于乙醇、丙酮、苯和氯仿，不溶于水。加热至 270℃ 失去毒性，紫外线照射 2 h，大部分可被破坏。该毒素对小鼠的 LD_{50} 口服为 30 mg/kg，皮下注射为 10 mg/kg，腹腔注射为 8 mg/kg。黄绿青霉毒素为神经毒素，主要毒性作用是选择性地抑制脊髓运动神经元、联络神经元和延髓运动神经元。急性中毒的主要特征是上行性脊髓进行性麻痹，病初后肢和尾部麻痹，逐渐发展到前肢和全身，最后因胸肌、膈肌、心脏及全身麻痹导致呼吸、循环衰竭而死亡。

(2) 岛青霉毒素类(islanditoxin)　是岛青霉产生的多种有毒代谢产物的总称，主要包括岛青霉毒素、黄天精(黄米毒素)、红天精和环氯素等。岛青霉毒素为含氯多肽化合物，易溶于水，属于肝脏毒，对小鼠的 LD_{50} 口服为 6.55 mg/kg，皮下注射为 0.475 mg/kg，静脉注射为 0.338 mg/kg。急性中毒症状以循环、呼吸系统障碍为主，伴发肝性昏迷，慢性中毒发生肝纤维化、肝硬化或肝肿瘤。黄天精纯品为黄色六面体针状结晶，易溶于水、甲醇、乙醚等，对光敏感，对小鼠的 LD_{50} 口服为 211 mg/kg，皮下注射为 147 mg/kg，腹腔注射为 40.8 mg/kg，静脉注射为 6.65 mg/kg。

岛青霉毒素为脂溶性肝脏毒，可引起动物急性肝脏病变，肝脏黄染、变软、质脆，出现肝小叶中心坏死和脂肪变性，长期口服可诱发肝癌。其中，环氯素也属含氯多肽类化合物，是这类毒素中毒性最强的化合物，纯品为白色针状结晶，溶于水、甲醇、乙醚、正丁醇等。该毒素是作用迅速的肝脏毒，能加速肝糖原分解代谢，同时又阻止其合成。对肝脏的损害主要是引起肝细胞空泡变性、坏死、出血，并导致肝硬化、纤维化及肝肿瘤。也可引起动物呼吸和循环系统机能障碍。对小鼠的 LD_{50} 静脉注射为 0.338 mg/kg。

(3)橘青霉毒素(citrinin toxin) 由橘青霉、鲜绿青霉、纠缠青霉、扩展青霉、铅色青霉等多种青霉及曲霉(雪白曲霉、亮白曲霉、土曲霉)产生。纯品为黄色三棱状结晶，能溶于绝大多数有机溶剂、低浓度的氢氧化钠、碳酸钠和乙酸钠溶液，极难溶于水。在酸性及碱性溶液中皆可分解。对动物的 LD_{50}：大鼠为 50 mg/kg(口服)、67 mg/kg(皮下，腹腔)；小鼠为 112 mg/kg(口服)、35~60 mg/kg(皮下)、35~52 mg/kg(腹腔)、38 mg/kg(静脉)；家兔为 19 mg/kg(静脉)；豚鼠 37 mg/kg(皮下)。橘青霉毒素属肾脏毒，中毒后呈现急性和慢性肾病的典型症状。病理学变化为肾肿大，肾小管上皮细胞混浊肿胀、变性和坏死。除肾脏损害外，橘青霉毒素还具有拟胆碱作用，可使血管扩张，支气管收缩和肌肉紧张度增加等。

(4)红青霉毒素(rubratoxin) 由红色青霉和产紫青霉产生，包括红青霉毒素 A 和红青霉毒素 B 两种。红青霉毒素 B 是主要的毒素，其毒性较大。这两种毒素易溶于丙酮、醇类和酯类，而不溶于水。该毒素对猪、牛、羊、马、禽类等都有毒性，以猪最敏感，主要呈现肝毒性和肾毒性，还能引起家禽出血和血凝时间延长。有报道认为，红青霉毒素 B 还有致突变性、致畸性及胚胎毒性。

(5)展青霉毒素(patulin toxin) 主要由扩展青霉、荨麻青霉、展青霉、棒形青霉、岛青霉以及棒曲霉、土曲霉等产生。由于产毒菌种不同，毒素的名称也不统一，如棒曲霉毒素、扩展青霉毒素等，经研究鉴定实属同一化合物，现统称展青霉毒素，纯品为无色结晶，易溶于水、乙醇、丙酮、氯仿和乙酸乙酯，不溶于石油醚。在碱性溶液中可丧失生物活性，但在酸性溶液中较稳定。展青霉素对小鼠的 LD_{50} 为 15~35 mg/kg(经口)、10 mg/kg(腹腔)；大鼠为 30 mg/kg(经口)。主要病变为肺水肿和肺出血，神经组织水肿、充血和出血。

(6)青霉震颤毒素(penitrem toxin) 由圆弧青霉和软毛青霉产生。按其化学结构的不同，青霉震颤毒素可分为 A、B、C、3 种，其中以青霉震颤毒素 A 的毒性最强。该毒素属于神经毒，中毒的主要症状为感觉过敏、共济失调、震颤、抽搐和角弓反张等。

(7)葡萄状穗霉毒素(stachybotryotoxin) 是葡萄状穗霉属真菌所产毒素，主要侵害神经系统。马对本病最为敏感，牛和兔有较强抵抗力。此外，羊、猪、鸡、犬、小鼠等动物均可感染此病。

本病具有明显的季节性和地区性。一般秋季开始发病，冬季病例增加，至翌年 2~4 月发病达到高峰期。本病较少发生。

【病因】

葡萄状穗霉菌属共有 8 个种，其中黑葡萄穗霉是主要产毒菌，所产毒素为黑葡萄穗霉毒素(satratoxin)。该毒素属于 D 型单端孢霉烯族化合物，有 C、D、F、G 和 H 共 5 种同系物，属于神经毒素。黑葡萄穗霉分布很广，在相对湿度 30%、温度 2~40℃状态下均能发育，其中在相对湿度

25%~30%，温度22~25℃环境下发育最好。浸湿的谷壳、甘草，收割后的残株及凋零后野草的茎和根均是该菌良好的生长基质。

【毒理】

毒理至今尚未阐明。

【症状】

典型病例可出现3期症状，第1期以消化系统症状为主，表现为口炎、口腔黏膜坏死等；第2期主要表现为神经症状及全身症状，如胃肠道卡他、高热、食欲废绝、嗜睡及全身衰弱等；第3期全身症状进一步加剧，呈高热稽留，白细胞和血小板减少，血糖降低。不典型病例主要表现为休克症状，如肺部啰音、呼吸困难、肺水肿、黏膜发绀、心动障碍等。

【病理变化】

主要病理特征为广泛性出血和坏死。剖解可见所有消化道黏膜和实质器官出血与坏死。坏死灶的周围没有明显的界线，组织呈一种无反应的状态。镜检时各脏器的上皮和毛细血管里可见到一种多形小体。

【诊断】

根据病史、临床症状及病理变化可做出初步诊断，确诊需进行毒素的测定。

【治疗】

本病无特效疗法。治疗时首先停喂霉变饲草料，轻症可用强心、补液等对症疗法，重症者淘汰。

【预防】

饲草保持干燥，防止霉菌生长，发霉干草不作饲用。

(王建国　韩　博)

霉饲料中毒(mildew feed poisoning)

霉饲料中毒是动物采食了发霉饲料而引起的中毒性疾病，临床上以神经症状为特征。以猪多发生，仔猪、妊娠母猪及鸭、犬敏感，犊牛次之。牛、绵羊、幼禽也有发生。

【病因】

自然环境中存在许多霉菌，常寄生于最易感霉菌的一些植物种子上，如花生、玉米、黄豆、棉籽、稻米及麦粒等。如果温度(28℃左右)和相对湿度(80%~100%)适宜，就会大量生长繁殖，有些霉菌在生长繁殖过程中，能产生有毒物质。目前，已知的霉菌毒素有100种以上，最常见的有黄曲霉毒素、镰刀菌毒素和赤霉菌毒素。此外，棕曲霉毒素、黄绿青霉素、红色青霉素酸以及黑穗病、麦角病、锈病的霉菌等，都可以引起动物中毒，特别是猪更易中毒。发霉饲料中毒的病例，临床上常难以肯定为何种霉菌毒素中毒，往往是几种霉菌毒素协同作用的结果。

【症状】

(1)仔猪　常呈急性发作，出现中枢神经症状，头弯向一侧，头顶墙壁，数天内死亡。大猪病程较长，一般体温正常，初期食欲减退。白猪的嘴、耳、四肢内侧和腹部皮肤出现红斑。后期停食，腹痛，下痢，被毛粗乱，迅速消瘦，生长迟缓等。妊娠母猪常引起流产和死胎。

(2)牛　多呈慢性经过，少食或厌食，消瘦，呆立，神情淡漠，反应迟钝，一侧或两侧角膜浑浊，尤其是犊牛。任何年龄的牛都出现腹痛、腹泻。产乳量下降，间发流产。呼吸困难，触及皮肤时颇为敏感；部分牛后坐张嘴呼吸，伴有间歇性腹泻，或腹泻和便秘交替出现；部分牛颌下、胸、腹部水肿，肌肉震颤。少数出现兴奋不安、圆圈运动等。

（3）幼禽 多为急性中毒，发生于2~6周龄的雏鸡。食欲不振，发育不良，贫血，排血便。脱毛，鸣叫，步态不稳，严重跛行。死时头颈角弓反张，死亡率极高。成年鸭耐受性较雏鸡强，急性中毒症状与雏鸡相似，慢性中毒症状不明显。

【病理变化】

主要为肝脏实质变性。肝色淡黄，显著肿大，质脆。淋巴结水肿。病程较长的病例，皮下组织黄染，胸腹膜、肾、胃肠道常出血。急性病例胆囊黏膜下层严重水肿。

【诊断】

根据调查了解饲喂发霉饲料的情况，并对现场饲料样品进行检查，结合临床症状综合分析，可做出诊断。

【防治】

主要是对症治疗。发现急性中毒，需立即停用霉变饲料，用0.1%高锰酸钾、温生理盐水或2%碳酸氢钠液进行灌肠、洗胃后，猪可内服硫酸钠30~50 g，牛可用人工盐加水内服或用硫酸镁等导泻。配合静脉注射5%葡萄糖生理盐水、40%乌洛托品，也可皮下注射20%安钠咖5~10 mL，以增强动物抗病力，促进毒素排出。护理上应增加青绿饲料的饲喂量，提供充足的饮用水，饮水中加上生物脱霉剂益溶酶。

预防本病的根本措施是防止饲料霉败，对轻微发霉的饲料，必须经过去霉处理后，限量饲喂；对发霉严重的饲料，严禁饲喂牲畜。防霉的关键是控制水分和温度，饲料干燥后，置于干燥、低温及通风处储存。对轻微发霉饲料，可用1.5%碳酸钠液或3%石灰水浸泡处理，或用清水多次淘洗至无色为止。对去霉饲料，仍应限量饲喂。

黑斑病甘薯中毒（mouldy sweet potato poisoning）

本病是由于动物食入了一定量的黑斑病甘薯或黑斑病甘薯的秧苗而引起的中毒。主要发生于牛，猪也有发生，牛在临床上的主要特征是呼吸困难，急性肺水肿和间质气肿，后期出现皮下气肿。

黑斑病的有毒成分是耐高温物质，如甘薯酮、甘薯醇、甘薯宁和羟甘薯宁等毒素，经煮、蒸、烤等高温处理，也不被破坏，因此甘薯黑斑病病薯经切片、晒干、磨粉及酿酒后的副产品中仍含有一定量的毒素，饲喂动物，仍可发生中毒。本病多发于10月至翌年5月，尤以2~3月发生较多。

【病因】

甘薯也称红薯、白薯或地瓜，储存不当时，常污染甘薯黑斑病真菌，甘薯霉烂变质，产生甘薯酮、甘薯醇、甘薯宁和羟甘薯宁等毒素，牛、猪采食了这些霉烂的甘薯，即可发生中毒。

【症状和病理变化】

（1）牛 病初精神沉郁，食欲减退，呈轻度前胃弛缓症状。继而食欲废绝，反刍停止，瘤胃蠕动音减弱，内容物黏硬，粪便干硬色暗，附有黏液和血液。很快出现高度呼吸困难，呼吸浅表疾速，呈冲突状呼吸。头颈伸展，眼球突出，鼻翼扇动，张口大喘，肷肋起伏。胸部听诊可听到各种啰音。肩胛部、颈部、肘部、背部乃至全身皮下气肿，触压呈捻发音。严重病例2~3 d死亡。

症状出现的快慢和程度，可按饲喂黑斑病病甘薯的量、毒性大小和牛个体体质状态等不同而有所差别。牛尤其是耕牛在采食后24 h以内突然发病。一般采食量少且霉烂程度轻的甘薯，症状常不明显，病程虽较长，但易于耐过康复；反之，采食量多且霉烂严重的甘薯，于短时间内发病，症状明显，较快窒息(死亡)。多数病牛的突出症状是呼吸困难，往往将精神沉郁、食欲不振和反刍减退等症状遮盖。呼吸次数增多，呼吸音粗而强烈，如拉风箱音响。呼气时鼻翼向后上方抽缩，吸气时鼻孔扩大。流黏液性鼻涕。病初由于支气管和肺泡充血及渗出液的蓄积，可听到啰音。后来由于肺泡壁弹性减弱，导致呼气性呼吸困难。并由于肺泡内残余气体相对增多，加之强大腹肌收缩，使肺泡壁破裂，气体窜入肺间质中造成间质性肺泡气肿。这时听诊肺区有破裂音或摩擦音。后期还发生皮下气肿，触诊胸前、背两侧上方处有捻发音。病牛多张口伸舌，头颈伸展，长期站立，不愿卧地。眼球突出，瞳孔散大，呈现窒息状态。急型重症病例，在发病后1~3 d可能死亡。泌乳性能好的奶牛，在发病后，尤其出现呼吸困难症状后，奶量大减以至停止泌乳，妊娠母牛往往发生早产或流产。病牛伴发前胃弛缓，间或瘤胃臌气和出血性胃肠炎。心脏功能衰弱，脉搏增数(可达100次/min)。可视黏膜发绀，颈静脉怒张，四肢末梢冷凉。体温多正常。

特征性病理变化在肺脏，肺显著肿胀，比正常肺大1~3倍。轻型病例出现肺水肿。伴发间质性肺泡气肿，肺间质增宽，灰白色透明而清亮。有时肺间质内形成鸡蛋大小的空泡，在肺膜下可聚集3~5个成群的气泡。严重病例在肺的表面还可见到若干大小不等的球状气囊，肺表面的胸膜脏层透明发亮，呈现类似白色塑料薄膜在浸水后的外观。肺切面有大量血水及泡沫状液体流出，肺小叶间隙及支气管腔常有黄色透明的胶样渗出物。非特征性病理变化有胃肠出血性炎症，胰脏出血、坏死，胆囊及肝脏肿大，脾、肾脏有出血点，心脏扩张有出血点。血液呈暗红色。

(2)猪　中毒的症状与个体大小和食入量有关。幼龄猪发病多，症状严重，成年猪多呈慢性经过，症状轻微。往往在喂食甘薯次日发病，病猪精神沉郁，食欲废绝，呼吸急促，90~100次/min，呈腹式呼吸，体温在38.5~39.5℃，病猪后期体温下降至37℃以下，肠蠕动减弱，腹部膨胀，大便秘结，小便茶黄，心音不齐，心跳加快，四肢、耳尖发冷、皮温不均，眼反射减退或完全消失，倒地痉挛死亡，个别中毒轻者，持续痉挛2~3 h后，痉挛消失，全身症状减轻，经1~2 d恢复食欲，50 kg以上大猪多呈慢性经过，3~4 d后常自愈。

剖检可见，肺脏膨起，有水肿和块状出血，并可见间质性气肿，切开后流出多量带血的液体及泡沫。心冠沟有出血点。胃肠道有出血性炎症。

【诊断】

有饲喂黑斑病甘薯或其加工副产品的病史，冬春季群发，以食欲旺盛者发病严重，有群发性，发病突然。以呼吸道变化为主要特征，鼻翼扇动明显。若胃检发现黑斑病薯渣即可确诊。一般体温不增高，在牛应注意与牛出败和牛肺疫区别。

【防治】

治疗原则：排出牛吃入的毒物，解毒和缓解呼吸困难，减少牛的活动，对症治疗。

①排出毒物：当食入的毒物尚停留在瘤胃时，可采用洗胃方法将其洗出，必要可行瘤胃切开术取出食入的毒物。也可内服氧化剂，如1%高锰酸钾1.5~2 L，或1%过氧化氢0.5~1 L，1次灌服，当毒物已进入肠道时，可内服硫酸镁500~700 g，口服输补液盐200~300 g，常水6~7 L；混合后1次灌服，以促使牛排泻出毒物。内服泻剂和防腐剂，促进毒物排出和制止异常发酵。也可灌服豆浆、蛋清水或牛奶等。

②缓解呼吸困难，保护大脑皮质，恢复中枢神经调节功能，可用3%过氧化氢牛125~250 mL、猪10~30 mL，生理盐水400~500 mL，混合后缓慢静脉注射。也可用5%~20%硫代硫酸钠2~300 mL，维生素C 1~3 g，加入3倍以上的5%葡萄糖生理盐水溶液，混合后缓慢静脉注射。或用安溴合剂静脉注射(即10%溴化钠注10~20 mL、10%安钠咖2~5 mL)。酸中毒时，可注射5%碳酸氢

钠液，或5%~20%硫代硫酸钠静脉注射。猪还可静脉注射5%~20%硫代硫酸钠注射液20~50 mL，或40%乌洛托品10~20 mL；或可用生绿豆粉250 g、甘草末30 g、蜂蜜250 g，1次内服。

③减轻肺水肿：用10%氯化钙100~150 mL、50%葡萄糖500 mL、20%安钠咖注射液10 mL，混合后静脉注射。

预防注意禁止用霉烂甘薯喂牛。黑斑病的甘薯，应集中处理，防止被牛采食。为防止甘薯患黑斑病，在收获甘薯时，应尽量不擦伤表皮；贮藏甘薯时，地窖应干燥密封，温度控制在11~15℃。清理苗床旁和地头的甘薯废物，以防牛误食中毒。

（蒋加进）

第五节 农药中毒

有机磷杀虫剂中毒（organophosphorus insecticides poisoning）

有机磷杀虫剂中毒是由于动物接触、吸入或采食有机磷化合物，进入动物体内，抑制胆碱酯酶的活性，导致乙酰胆碱大量积聚，从而导致神经机能紊乱为特征的中毒性疾病。临床上主要表现为流涎、腹泻和肌肉痉挛等症状。有机磷杀虫剂按其大白鼠经口的急性半数致死量（LD_{50}），可分为剧毒（$LD_{50} < 10$ mg/kg）、强毒（LD_{50} 10~100 mg/kg）及弱毒（LD_{50} 1 000~5 000 mg/kg）等。

本病在各种动物均可发生。

【病因】
引起有机磷农药中毒的常见原因，主要有以下方面：

①保管和使用农药不当：如在保管、购销或运输中对包装破损未加安全处理，或对农药和饲料未加严格分隔储存，致使毒物散落或通过运输工具和农具间接沾染饲料；或误用盛装过农药的容器盛装饲料或饮水，引起动物中毒；或误饲撒布有机磷农药后，采食尚未超过危险期的田间杂草、牧草、农作物以及蔬菜等而发生中毒；或误用拌过有机磷农药的谷物种子造成中毒。

②不按规定使用农药：驱除内外寄生虫等不按规定使用农药导致中毒发生。

③人为投毒。

【毒理】
正常情况下，胆碱能神经末梢所释放的乙酰胆碱，在胆碱酯酶的作用下被分解。胆碱酯酶在分解乙酰胆碱的过程中，先脱下胆碱并生成乙酰化胆碱酯酶的中间产物，继而水解，迅速分离出乙酸，使胆碱酯酶又恢复其正常生理活性。有机磷农药进入动物体内后，与胆碱酯酶结合，产生对位硝基酚和磷酰化胆碱酯酶。前者为除草剂，对机体具有毒性，但可转化成对氨基酚，并与葡萄糖醛酸相结合而经由泌尿道排出；而磷酰化胆碱酯酶则为较稳定的化合物，使胆碱酯酶失去分解乙酰胆碱的能力，导致体内大量乙酰胆碱积聚，引起神经传导功能紊乱，出现胆碱能神经的过度兴奋现象。但由于健康机体中一般都储备有充足的胆碱酯酶，故少量摄入有机磷化合物时，尽管部分胆碱酯酶受抑制，但仍不显临床症状。

【症状】
有机磷农药中毒时，因制剂的化学特性、病畜种类，及造成中毒的具体情况等不同。其所表现的症状及程度差异极大，但都表现为胆碱能神经受乙酰胆碱的过度刺激而引起过度兴奋的现象，临床上将这些症状归纳为3类症候群：

（1）毒蕈碱样症状　当机体受毒蕈碱作用时，可引起副交感神经的节前和节后纤维，以及分布在汗腺的交感神经节后纤维等胆碱能神经发生兴奋，表现为食欲不振、流涎、呕吐、腹泻、腹痛、多汗、尿失禁、瞳孔缩小、可视黏膜苍白、呼吸困难、支气管分泌增多、肺水肿等。

（2）烟碱样症状　当机体受烟碱作用时，可引起支配横纹肌的运动神经末梢和交感神经节前纤维（包括支配肾上腺髓质的交感神经）等胆碱能神经发生兴奋；但乙酰胆碱蓄积过多时，则将转为麻痹，表现为肌纤维性震颤、血压上升、肌紧张度减退（特别是呼吸肌）、脉搏频数等。

（3）中枢神经系统症状　这是病畜脑组织内的胆碱酯酶受抑制后，使中枢神经细胞之间的兴奋传递发生障碍，造成中枢神经系统的机能紊乱，表现为病畜兴奋不安、体温升高、搐搦、甚至陷于昏睡等。

当然，并非每一病例都表现所有上述症状，不同种畜，会有某些症状特别明显。临床根据病情程度可分为以下3种。

①轻度中毒：病畜精神沉郁或不安，食欲减退或废绝，猪、犬等单胃动物恶心呕吐，牛、羊等反刍动物反刍停止，流涎，微出汗，肠音亢进，粪便稀薄。全血胆碱酯酶活力为正常的70%左右。

②中度中毒：除上述症状更为严重外，瞳孔缩小，腹痛，腹泻，骨骼肌纤维震颤，严重时全身抽搐、痉挛，继而发展为肢体麻痹，最后因呼吸肌麻痹而窒息死亡。

③重度中毒：以神经症状为主，表现体温升高，全身震颤、抽搐，大小便失禁，继而突然倒地、四肢做游泳状划动，随后瞳孔缩小，心动过速，很快死亡。

【诊断】

根据流涎、瞳孔缩小、肌纤维震颤、呼吸困难、血压升高等症状进行诊断。在检查病畜存在有机磷农药接触史的同时，应采集病料测定其胆碱酯酶活性和毒物鉴定，以此确诊。同时，还应根据本病的病史、症状、胆碱酯酶活性降低等变化同其他可疑病相区别。

【治疗】

立即停止使用含有机磷农药的饲料或饮水。因外用敌百虫等制剂过量所致的中毒，应充分水洗用药部位（勿用碱性药剂），以免继续吸收。同时，应用生理拮抗剂和特效解毒药物。

阿托品为乙酰胆碱的生理拮抗剂，可迅速使病情缓解，但仅能解除毒蕈碱样症状，须有胆碱酯酶复活剂的协同作用。阿托品应用剂量为牛、马10~50 mg，猪、羊5~10 mg，首次用药后，经1 h以上仍未见病情消减时，可适量重复用药。同时，密切注意病畜反应，当出现瞳孔散大，停止流涎或出汗，脉数加速等现象时，即不再加药，而按正常的每隔4~5 h给予维持量，持续1 d或2 d。

常用的胆碱酯酶复活剂有解磷定、氯磷定、双复磷等。解磷定按20~50 mg/kg，溶于葡萄糖溶液或生理盐水100 mL中，静脉注射或皮下注射或注入腹腔。氯磷定可做肌内注射或静脉注射，剂量同解磷定。双复磷的作用强而持久，能通过血脑屏障，对中枢神经系统症状有明显的缓解作用，因双复磷水溶性较高，可供皮下、肌肉或静脉注射用。

对症治疗，以消除肺水肿、兴奋呼吸中枢、输入高渗葡萄糖溶液等，提高疗效。

【预防】

健全对农药的购销、保管和使用制度，落实专人负责，严防动物中毒。平时加强宣传工作，严防动物食入喷洒过有机磷杀虫剂的青草和农作物。用有机磷杀虫剂驱除家畜内外寄生虫时，严格按正常剂量应用，不得滥用或过量使用。

有机氟化物中毒(organofluorous compounds poisoning)

有机氟化物中毒是指动物误食氟乙酰胺、氟乙酸钠等有机氟杀鼠药后,通过渗入作用干扰三羧酸循环引起的中毒。临床上以发生呼吸困难、抽搐、惊厥、心律失常、口吐白沫为特征。

有机氟化合物对不同动物的毒性差异较大,其易感顺序是犬、猫、羊、牛、猪、兔、马和蛙,鸟类和灵长类易感性最低。

【病因】

有机氟化合物是高效、剧毒、内吸性杀虫与杀鼠剂,常用的有机氟制剂有氟乙酰胺(fluoroacetamide,FAA,敌蚜螨)、氟乙酸钠(sodium fluoro acetate,sodium monofluor acetate,SFA,1080)和甘氟(gliftor)、N-甲基-N-萘基氟乙酸盐(nisol,MNFA,氟蚜螨或果乃胺)、氟乙酰苯胺(fluoro cetanilide,1082,灭蚜螨)和氟乙酸(fluoroacetic acid,Baran)。

有机氟中毒中以误食氟乙酰胺中毒的老鼠而发生中毒者为多,肉食动物和禽类因采食被有机氟毒死的动物尸体,造成间接中毒死亡;畜禽常因误食毒饵,或误食、误饮被有机氟制剂处理或污染的植物、饲料或饮水而引起中毒。

【毒理】

有机氟化合物在机体组织内活化为氟乙酸,经过一系列渗入作用使三羧酸循环中断,组织细胞失去能量供给而发生损害。

各种有机氟化合物经过消化道、呼吸道或破损皮肤被机体吸收后,经由血液运送到全身,在组织液中各种有机氟化物先进行活化,形成具有毒性的氟乙酸,如氟乙酰胺脱胺、氟乙酸钠水解形成氟乙酸(CH_3FCO_2)。活化生成的氟乙酸与乙酸结构相似,进入细胞后,在脂肪酰辅酶 A 合成酶的作用下,代替乙酸与辅酶 A 缩合为氟乙酰辅酶 A。而氟乙酰辅酶 A 又与乙酰辅酶 A 结构相似,在柠檬酸缩合酶的作用下,进一步与草酰乙酸形成氟柠檬酸。氟柠檬酸的结构与柠檬酸相似,是柠檬酸的拮抗物,和柠檬酸竞争三羧酸循环中的顺乌头酸酶,从而抑制顺乌头酸酶的活性,阻止柠檬酸代谢,使三羧酸循环由此中断,造成柠檬酸在组织与血液中蓄积。由于柠檬酸不能进一步氧化、放能和形成高能键物质 ATP,从而破坏细胞的呼吸功能。这种作用发生于所有的细胞中,但以心、脑组织受害最为严重。氟柠檬酸对中枢神经可能还有一定的直接刺激性毒害。有机氟化合物在机体内代谢、分解和排泄较慢,可引起蓄积中毒,并可在相当长的时间内引起其他肉食动物发生二次中毒。

氟乙酰胺对动物组织的毒害作用因动物品种不同而有一定的差异,草食动物主要对心脏毒害最严重,导致心肌抑制、心律不齐、心室纤维性颤动和循环衰竭。对肉食动物主要毒害中枢神经系统,导致痉挛死亡。对杂食动物主要毒害心脏和神经系统。

【症状】

有机氟化物进入动物机体后,需经活化、渗透、假合成等过程,因此动物摄入毒物后经过一定的潜伏期才出现临床症状,马中毒症状出现的时间较快,牛、羊较长。当动物出现中毒症状后,很快在短时间内病情加重,临床上主要表现中枢神经系统和心血管系统损害的症状,因动物品种不同,症状有一定的差异。

(1)牛、羊 主要表现心血管症状。急性型无前驱症状,摄入有机氟化物 9~18 h,突然倒地,剧烈抽搐,惊厥或角弓反张,迅速死亡。有的病例由于心动过速,心律不齐,卧地颤抖,口吐白沫而死亡。慢性型一般在摄入毒物 5~7 d 后发病,初期食欲下降,反刍停止,离群或单独倚墙而立或卧地，肘肌震颤，有时轻微腹痛，个别病畜排恶臭稀粪，心率 60~120 次/min，节律不齐，心房纤颤。有些病例在外界刺激或无明外因而突然发生惊恐，全身震颤，吼叫，狂奔，呼吸急促，头颈伸直或屈曲于胸部，持续 3~6 min 后逐渐缓解，但又可重复发作，往往在抽搐中，因呼吸抑制、循环衰竭而死亡，死前四肢痉挛，角弓反张，口吐白沫，瞳孔散大，呻吟。

(2)猪 在摄入毒物后数小时发作，初期狂奔乱冲，不避障碍，或跳高转圈，随后倒地痉挛、抽搐，尖声吼叫，流涎，呕吐，呼吸急促，心动过速，瞳孔散大，很快导致死亡。

(3)犬、猫 直接摄入有机氟化合物后 30 min 出现症状，吞食鼠尸或其他动物尸体后一般在 4~10 h 发作，表现兴奋，狂奔，嚎叫，喜钻往暗处，心动过速，强直性痉挛。瞳孔持续性散大，排粪、排尿频繁，猫有时出现心室纤维性颤动。后期对外界刺激反应迟钝，呼吸困难，在症状出现后数小时因循环和呼吸衰竭而死亡。

(4)马 主要表现精神沉郁，黏膜发绀，呼吸急促，心率 80~140 次/min，心律失常，肢端发凉，肌肉震颤。有时表现轻度腹痛，最后惊恐，鸣叫，倒地抽搐，很快死亡。

【诊断】
根据突然发病、症状可初步诊断。确诊需测定血液柠檬酸含量和可疑样品的毒物定性分析。

【治疗】
对中毒动物及时采取清除毒物和应用特效解毒药相结合的治疗方法。

(1)清除毒物 及时通过催吐、洗胃、缓泻以减少毒物的吸收。犬、猫和猪使用硫酸铜催吐，牛可用 0.05%~0.1% 高锰酸钾洗胃，再灌服蛋清，最后用硫酸镁导泻。其他动物则用硫酸钠、液体石蜡下泻治疗。经皮肤染毒者，尽快用温水彻底清洗。

(2)特效解毒 解氟灵(50%乙酰胺)，按 0.1~0.3 g/kg 的剂量，肌内注射，首次用量加倍，每隔 4 h 注射 1 次。直到抽搐现象消失为止，可重复用药。也可应用乙二醇乙酸酯(醋精)，100 mL 溶于 500 mL 水中内服，也可按 0.125 mL/kg 肌内注射。95%乙醇 100~200 mL，加适量常水，每日 1 次内服，或用 5%乙醇和 5%乙酸，按 2 mL/kg 内服。

(3)对症治疗 解除肌肉痉挛，可用葡萄糖酸钙或柠檬酸钙静脉注射。镇静用巴比妥、水合氯醛内服或氯丙嗪肌内注射。兴奋呼吸可用盐酸洛贝林、尼可刹米解除呼吸抑制。所有中毒动物均可用 10%葡萄糖、维生素 B_1 0.025 g、辅酶 A 200 U、ATP 40 mg、维生素 C 3~5 g，1 次静脉滴注。昏迷抽搐的患犬常规应用 20%甘露醇以控制脑水肿。地塞米松 2~10 mg/只，肌内注射，以防感染。中毒严重的动物可适量肌内注射硫酸镁 0.5~1 g，同时静脉注射 50%葡萄糖适量，以强心利尿，促进毒物排出。

【预防】
严加管理剧毒有机氟农药的生产和经销、保管和使用。喷洒过有机氟化合物的农作物，从施药到收割期必须经 60 d 以上的残毒排除时间，方可作饲料用，禁止饲喂刚喷洒过农药的植物叶、瓜果以及被污染的饲草饲料。有机氟化合物中毒死亡的动物尸体应该深埋，以防其他动物食入。

氨基甲酸酯类杀虫剂中毒(carbamate insecticides poisoning)

氨基甲酸酯类杀虫剂中毒是因该类药物进入动物机体后抑制胆碱酯酶的活性，而出现以胆碱能神经兴奋为主要症状的中毒性疾病。

自从第一个氨基甲酸酯类杀虫剂——西维因问世以来，至今合成的氨基甲酸酯类杀虫剂已有百余种，成为杀虫剂新型替代产品而为人们所重视。该类杀虫剂的优点是选择性强，对害虫药效较高、作用迅速，对人和动物则毒性较低、无明显蓄积性。常用的制剂有西维因、速灭威、害扑威等，均为中、低毒类农药，在土壤中的残留期为 1~5 周。

【病因】

氨基甲酸酯类杀虫剂较多，常用的有呋喃丹、西维因、速灭威、害灭威、残杀威、灭扑威、扑杀威、灭杀威等。当动物在喷洒过氨基甲酸酯类的地方放牧，或被动物误食、偷食，易引起中毒。氨基甲酸酯类杀虫剂生产和管理不严及使用不当，造成环境污染，在 1~5 周的半衰期中也可引起畜禽中毒。在兽医临床上用作杀虫剂治疗动物体内外寄生虫疾病时，由于滥用或过量应用，或人为蓄意破坏性投毒。

【毒理】

氨基甲酸酯类杀虫剂可经呼吸道、消化道及皮肤吸收，经皮肤吸收的毒性比其他途径低。吸收后随血液循环主要分布于肝脏、肾脏、脂肪和肌肉组织中，其他组织中含量较低。氨基甲酸酯类杀虫剂主要在肝脏内代谢，一部分经水解、氧化或与葡萄糖醛酸结合而解毒，另一部分以原形或其代谢产物迅速由肾脏排泄，24 h 可排出 90% 以上。

由于氨基甲酸酯类杀虫剂的立体结构与乙酰胆碱结构相似，可与胆碱酯酶（chE）阴离子部位和酯解部位结合，形成可逆性氨基甲酰化胆碱酯酶复合物，从而抑制胆碱酯酶活性，造成乙酰胆碱在体内蓄积，引起胆碱能神经兴奋，出现与有机磷中毒相似的临床症状。但氨基甲酸酯类杀虫剂与有机磷杀虫剂相比，氨基甲酸酯对胆碱酯酶的结合力比较弱，而且极不稳定，形成的氨基甲酰化胆碱酯酶复合物容易水解，从而使胆碱酯酶活性在 4 h 左右自动恢复，所以氨基甲酸酯类杀虫剂中毒后临床症状比有机磷中毒轻，且恢复较快。但呋喃丹与胆碱酯酶结合较牢固，呈现不可逆性，故而中毒症状较重。

【症状】

氨基甲酸酯类杀虫剂中毒症状出现的时间及轻重程度，与毒物进入机体的途径和剂量密切相关。经皮肤接触或呼吸道吸入者，一般在 2~6 h 发病。经消化道食入者，在进食后 10~30 min 即可出现症状。

急性中毒的症状与有机磷农药中毒相似，以毒蕈碱样症状为主，表现食欲减退，流涎，呕吐，胃肠运动功能增强引起腹痛腹泻，多汗，排尿失禁，瞳孔缩小，可视黏膜苍白，呼吸困难，肌肉震颤。严重者还表现肌肉震颤、浅昏迷等烟碱样症状，病畜发生强直痉挛，共济失调，后期肌肉无力，麻痹。气管平滑肌痉挛导致缺氧，可在 30 min 左右因窒息而死亡。经皮肤接触中毒的，在接触毒物的皮肤局部发生接触性皮炎。鱼表现身体失去平衡，侧卧于水底，其尾部弯曲并有明显的出血点。

【病理变化】

经皮肤接触中毒的有局部接触性皮炎。内脏器官剖检变化仅限于肺脏、肾脏的局部充血和水肿，胃黏膜点状出血。慢性中毒时见到神经肌肉损害。组织学检查可见局部贫血性肌变性，透明或空泡性肌变性。小脑、脑干和上部脊髓中的有鞘神经发生水肿，并伴有空泡变性。

【诊断】

根据患畜有接触或吸入氨基甲酸酯类农药，或有食入含有氨基甲酸酯类农药的草料的病史，出现胆碱能神经兴奋的症状，一般可以做出初步诊断。可疑饲草料、饮水和胃肠内容物中氨基甲酸酯类杀虫剂的定性和定量分析以及全血胆碱酯酶活性测定，可做出确诊。由于氨基甲酸酯类杀虫剂和有机磷杀虫剂中毒都导致胆碱酯酶活性降低，因此氨基甲酸酯类杀虫剂中毒采血后，应立即置冰箱内冷藏，并尽可能在短时间内测定胆碱酯酶活性，测定时血样不需要进行稀释，以免氨基甲酸-胆碱酯酶复合物释出具有活性的胆碱酯酶，造成误诊。

【治疗】

发现氨基甲酸酯类杀虫剂中毒后，应立即脱离现场，停喂可疑饲料和饮水。本病发病较急，需要采取急救和特效解毒的治疗措施。

急救措施与有机磷中毒相同，注射硫酸阿托品，使胆碱酯酶活性恢复，注射剂量和间隔时间依照病情而定，一般犬、猫为0.2~2 mg/kg，牛、绵羊0.6~1.0 mg/kg，马、猪0.1~0.2 mg/kg，一般1/4量静脉注射，其余皮下注射，必要时可重复给药。还可用氢溴酸东莨菪碱、氢氯噻嗪、安钠咖、维生素、葡萄糖等进行治疗。但由于胆碱酯酶复活剂对氨基甲酸酯类中毒病无效，有时还有加重病情的副作用，故在治疗氨基甲酸酯类中毒时，禁用胆碱酯酶复活剂类药物。

【预防】

严禁在刚刚喷洒过氨基甲酸酯类农药的田地、牧草和涂抹农药的墙壁附近放牧，以免误食中毒。用氨基甲酸酯类农药治疗畜禽外寄生虫时，谨防过量和被动物舔食中毒。杀灭蚊蝇的毒饵，必须妥善处理和安置，以防被动物啄食。另外，应提高警惕，防止人为投毒。

尿素中毒(carbamide poisoning)

尿素是动物体内蛋白质分解并经鸟氨酸循环转化的终末产物，随尿液排出体外。尿素在农业上广泛用作肥料，后来人们将适量尿素或铵盐加入日粮中以代替蛋白质来饲喂牛、羊等反刍动物。将尿素作为反刍动物饲料来添加当补饲不当或过量即可发生中毒。

本病多发生于牛、羊，其他动物偶有发生。

【病因】

(1)补饲不当　在饲料中加入尿素补饲时，没有一个逐渐增量的过程，初次就突然按规定量饲喂，或在饲喂尿素过程中，不按规定控制用量，易导致尿素中毒。将尿素添加饲料中时，尿素同饲料混合不匀，或将尿素溶于水而大量饲喂，均可引起中毒。一般认为，尿素的饲用量，应控制在全部饲料总干物质量的1%以下，或精饲料的3%以下，成年牛以每日200~300 g，羊以每日20~30 g为宜。

(2)诱因　补饲尿素的同时，饲喂大豆饼或蚕豆饼等富含脲酶的饲料，可增加中毒的危险性；动物饮水不足、体温升高、肝机能障碍、瘤胃pH值升高以及动物处于应激状态等，都可能增加动物对尿素中毒的易感性。

(3)其他　家禽对尿素非常敏感，饲喂被尿素污染的饲料易发生中毒；曾有牛、羊饮服大量新鲜人尿而发生急性中毒死亡的报道。个别情况下，人尿中含有尿素约在3%，故可能引起尿素的中毒；尿素保管不善，被动物误食或偷食。

【毒理】

尿素进入牛、羊瘤胃内后，瘤胃微生物借助脲酶将尿素分解为二氧化碳和氨，再氨化酮酸形成菌体蛋白，被动物吸收利用。氨的释放与摄入的尿素量、脲酶活性和瘤胃pH值有关，当瘤胃内容物的pH值在8左右时，脲酶的作用最为旺盛，可使多量的尿素在短时间内被分解形成氨，由于氨是可溶性的，容易通过瘤胃壁被吸收进入血液，并进入肝脏。如果进入肝脏的氨超过了肝脏的解毒能力，则氨进入外周血液中。当血液中氨超过20 mg/L时，即出现明显的中毒症状，达到5 020 mg/L可引起死亡。氨中毒的主要机理可能与抑制柠檬酸循环有关，使糖原无氧酵解，使血糖和血液中乳酸增加，出现酸中毒。

【症状】

牛、羊在食入中毒量尿素后 $30 \sim 60$ min 即可出现症状。初期表现沉郁和呆痴，随后出现不安，呻吟，反刍停止，瘤胃臌气，肌肉抽搐，步态不稳。继而反复发作强直性痉挛，同时呼吸困难，口、鼻流出泡沫状的液体，心跳加快，脉数增至 100 次/min。后期出汗，瞳孔散大，肛门松弛。急性中毒病例，在 $1 \sim 2$ h 窒息死亡。如延长至 1 d 左右，则可能发生后躯不全麻痹。

马尿素中毒以中枢神经系统机能紊乱为主要特征。表现精神沉郁，低头耷耳，口色鲜红，气喘。随后盲目徘徊，共济失调，头抵于障碍物，站立不动或卧地不起。随后瞳孔散大，眼睑、角膜反射消失，呼吸变慢，心搏加快，节律不齐。严重者在症状发作后 $30 \sim 90$ min 死亡。

【诊断】

采食尿素史、临床症状和血氨值升高对本病有确诊意义。由于本病的病情急剧，对误饲或偷吃尿素等偶然因素所致的中毒病例，救治工作常措手不及，多遭死亡。而在饲用尿素饲料的畜群，如能早期发现中毒病例，及时救治，一般均可获得满意的疗效。

本病与有机磷中毒的症状有相似之处，但有机磷中毒以副交感神经症状为主，注射阿托品后症状减轻。

【治疗】

本病无特效疗法，当发现中毒后，早期可灌服大量的食醋等弱酸类，以抑制瘤胃中脲酶的活力，并中和尿素分解产生的氨，减少氨的吸收。成年牛灌服 1%乙酸溶液 1 L、糖 $0.5 \sim 1$ kg 和水 1 L。

甲醛能与胺结合形成乌洛托品而随尿排出而解毒，因此可灌服 1%甲醛 $1.5 \sim 5$ L。也可应用谷氨酸钠或精制食用味精，因氨在谷氨酸胺合成酶的催化下与谷氨酸合成无毒的谷氨酰胺，再随尿液经肾脏排出而解毒。用法是将谷氨酸钠或精制食用味精 $50 \sim 100$ 溶于 5%葡萄糖注射液 $500 \sim 100$ mL，再加维生素 C $4 \sim 5$ g、氢化可的松 $0.4 \sim 0.5$ g，一次静脉注射。

用苯巴比妥抑制痉挛，也可用硫代硫酸钠溶液静脉注射以解毒。有人不主张用葡萄糖液和钙制剂，认为葡萄糖可加剧高血糖，而钙制剂加重心律不齐。

【预防】

必须严格保管尿素，不能将尿素肥料同饲料混杂堆放，以免误用。在畜舍内尤其应避免放置尿素肥料，以免家畜偷吃。饲用尿素饲料的牛、羊，要控制尿素的用量及同其他饲料的配合比例。将尿素添加到饲料中后必须搅拌均匀，同时饲喂富含碳水化合物的饲料，以保证瘤胃微生物生命活动的需要。严禁将尿素溶在水中饲喂。

氨中毒（ammoniacal fertilizers poisoning）

氨肥是极有价值的氮质肥料，其中铵态氮和硝态氮是农作物吸收利用最好的形态。在作物体中，这两种形态氮的转化过程为：硝态氮→铵态氮→氨基酸→蛋白质。氨肥对动物的毒性与氮含量密切相关，含氨量越高、挥发性越大，则对家畜的毒性也越大。不同动物的敏感性有一定的差异，一般单胃动物比反刍动物敏感。

【病因】

①在使用氨水过程中，如将氨水桶散置于田间地头，耕牛在口渴时往往可能误饮而中毒，或因误饮刚经施用氨肥的田水，造成中毒，沙土地的沟水尤有危险性。

②硝铵、硫铵、碳铵及氯化铵等为白色或结晶状，在外观上易同硫酸钠、食盐等混淆，在缺乏严密保管的情况下，有时会被人误用或被家畜误食而引起中毒。

③氨水散发的氨气具有强烈的刺激性，空气中的最大允许浓度为 30 mg/m³，如达到 70 mg/m³ 时，或较低浓度经过较长时间，也可发生毒害作用。故在氮肥厂或氨水池密闭不严时，其所散逸的氨气可使邻近畜禽中毒。鸡舍用氨气作为熏蒸杀菌剂熏蒸后，舍内未经充分换气，过早地放入家禽，极易发生家禽氨气中毒。厩舍及粪尿池如不及时清理，会在厩、圈内因发酵产生氨而积蓄高浓度氨气，也可使家畜发生氨中毒。

【毒理】

氨对接触的部位产生强烈的刺激作用，低浓度的氨气引起眼结膜、角膜和上呼吸道充血、水肿和分泌物增加。高浓度的氨对所接触的局部组织碱性化学灼伤，从而使组织溶解性坏死；进入消化道后，氨水解释放出的氨气或饮入的氨水直接刺激黏膜，引起口膜炎、咽炎和咽水肿、胃肠炎等；经呼吸道吸入时，刺激呼吸道黏膜，引起喉炎、喉水肿和喉痉挛，以及气管、支气管、肺的炎症和肺水肿等。皮肤和外黏膜接触不同形态的氨时，可引起皮肤充血、水疱、结膜炎、角膜炎，甚至角膜溃疡。

氨被吸收入血后，损害中枢神经系统、心血管系统和实质器官，引起中枢神经的抑制，表现神经兴奋和机能障碍的症状，血氨还可通过神经-肾上腺素能因子，引起肺部毛细血管的通透性增加，造成肺水肿，严重时出现窒息。血氨还能引起心肌变性、中毒性肝病、肾间质性炎症等一系列病变。

有报道认为，氨可抑制柠檬酸循环，使糖无氧酵解加强，血糖和血乳酸增加，动物表现酸中毒，以及其他组织超微结构的损害。

【症状】

饮入氨水或含氮肥的田水所致的中毒病例，首先出现严重的口炎，口腔黏膜红肿，甚至发生水疱，糜烂，出血，整个口唇周围都沾满唾液泡沫。病畜吞咽困难，声音嘶哑，剧烈咳嗽。中毒时精神委顿，食欲废绝，瘤胃臌气，腹痛，胃肠蠕动减缓或废绝，呻吟，随即出现神经症状，表现为步态蹒跚，肌肉震颤，逐渐衰弱无力，易跌倒，体温下降，昏睡，常突然死亡。部分病例在濒死期狂暴不安，大声吼叫。

吸入氨气往往表现为急性中毒，有呼吸道的刺激症状或上呼吸道感染。吸入量少、时间短时仅引起轻度中毒，表现流泪，浆液性或脓性鼻液，吞咽困难，结膜充血、水肿，肺部可听到干啰音。大量吸入可致重度中毒，可因反射性的喉头痉挛或呼吸停止而迅速死亡。病畜很快发生肺水肿，表现剧烈咳嗽，呼吸困难。听诊肺部有明显的湿啰音，并可因窒息而死。

皮肤和眼接触性损伤时，皮肤可发生红、肿、充血，甚至红斑、水疱和坏死。眼内溅入氨水或强浓度氨气刺激后，可发生眼睑水肿，结膜充血、水肿，角膜浑浊，甚至溃疡、穿孔而失明。

【病理变化】

食入氨中毒死亡的动物，口腔黏膜充血，出血，肿胀及糜烂。胃肠黏膜水肿、出血和坏死，胃肠内容物有氨味；吸入氨气中毒死亡的动物，鼻、气管、支气管黏膜充血、出血，管腔内有炎性渗出液，肺充血、出血和水肿；血液稀薄而色淡，肝、脾脏肿大，有出血点；肾脏有出血和坏死灶，肾小管混浊肿胀；心包和心外膜点状出血，心肌色淡。

【诊断】

根据食入、吸入或皮肤接触氨肥的病史，结合临床症状和病理变化，即可做出初步诊断。实验室血氨氮值的测定可为确诊提供依据。

【治疗】

氨中毒动物应立即转移到空气新鲜的场所，轻者可自愈。

内服氨肥时，初期灌服稀盐酸、稀醋酸等酸性药液以中和解毒，同时灌服淀粉糊等黏浆剂，保护胃肠黏膜，并灌服大量水和植物油促进肠道内容物的排泄。腹痛时肌内注射30%安乃近，或10%水合氯醛静脉注射(发生肺水肿时则禁用)。瘤胃臌气时，内服鱼石脂、甲醛溶液等。

吸入中毒者，出现咳嗽、呼吸困难等症状时，内服氯化铵、远志末等镇咳祛痰药。肌内注射尼可刹米、盐酸洛贝林等兴奋呼吸。气管注射0.25%普鲁卡因与青霉素，以缓解支气管痉挛和消炎。喉水肿、肺水肿时，可静脉注射葡萄糖酸钙、高渗葡萄糖、肾上腺皮质激素等。

皮肤与眼部灼伤，可用3%硼酸水冲洗，涂敷考的松和红霉素眼药膏等，防止激发感染。

【预防】

注意化肥的保管和使用，特别是氨水池的构筑必须符合密闭要求，确保人、畜安全。装运氨水的容器必须确保密闭，氨水储存应远离住宅和厩舍，避免在田间地头、路边放置敞露的氨水桶，以防动物饮用而造成中毒。禁止饮用刚施氨肥的田水或下流沟水。及时清除厩肥，注意厩舍经常通风换气。

灭鼠药中毒(rodenticide poisoning)

(一)安妥中毒

安妥中毒(antu poisoning)是由于安妥进入动物体内后，其主要有毒成分萘硫脲导致毛细血管壁通透性增强，造成机体肺水肿和胸腔积液，引起以呼吸困难为特征的一种中毒性疾病。各种动物均可发病，但犬、猫和猪常见。

【病因】

主要是安妥或毒饵保管使用不当、污染饲料或误食而引起中毒，也常见于犬、猫食入中毒鼠尸体而发生二次中毒。

【毒理】

安妥对各种动物的毒性差异很大。对鼠类的毒性较大，对人畜毒性较小。反刍动物对安妥有较大耐受性。动物的年龄、胃充满程度、安妥颗粒大小等因素都可影响安妥的毒性。

安妥经胃肠道吸收，主要分布于肺、肝、肾和神经系统组织中，通过肾脏排出体外。安妥分子结构中的硫脲部分在组织中水解成二氧化碳、氨和硫化氢等，对局部组织具有刺激作用。但主要毒性作用是通过交感神经系统阻断血管收缩神经，使肺部毛细血管壁的通透性增加，大量的血浆渗入肺组织和胸腔，造成肺水肿和胸腔积液，从而引起严重的呼吸障碍。此外，安妥还具有抑制维生素K依赖性凝血因子的生成，从而呈现抗维生素K的作用，使血液凝固性下降，引起各组织器官出血。

【症状】

一般摄入安妥后15 min至数小时出现中毒症状，主要表现呼吸迫促，口吐白沫，流涎，肠蠕动音增强，犬、猫、猪多伴有呕吐现象。随后出现肺水肿和渗出性胸膜炎症状，表现为咳嗽，听诊肺部时有明显的广泛性湿啰音，可视黏膜发绀、鼻孔流出泡沫血色黏液。心跳加快，脉搏弱而快。后期中毒动物张口呼吸，骚动不安，肌肉强直性痉挛，伴有怪声嚎叫，呕吐物含有血液，昏迷，最终在12 h内因窒息和循环衰竭而死亡，如耐过者则可恢复。

【病理变化】

剖检可见肺水肿，肺脏呈暗红色，极度肿大，有许多出血斑，切开后流出大量暗红色带泡沫样液体，气管和支气管内充满泡沫样液体，气管黏膜充血；胸腔内充满无色或浅红色液体。心包积水，肝脏、脾脏和肾脏充血，呈暗红色，表面有出血斑。胃肠道和膀胱有卡他性炎症。

【诊断】

根据病史、症状和剖检可见胃肠道、呼吸道充血，呼吸道内充满带血性泡沫，肺水肿和胸腔积液等变化，可做出初步诊断。胃内容物和残剩饲料中检出安妥，即可确诊。

【治疗】

本病无特效解毒药，中毒不久给予催吐剂，如硫酸铜；给予镇静剂(如巴比妥)以减少对氧的需要，有条件可以输氧；投予阿托品、地塞米松、维生素C等药，减少支气管分泌物，增强抗休克作用，给予渗透性利尿剂(如50%葡萄糖溶液和甘露醇溶液)以解除肺水肿和胸膜渗出，也可静脉注射10%硫代硫酸钠溶液。也可采取强心，保肝等措施。

(二)抗凝血类灭鼠药中毒

抗凝血类灭鼠药(anticoagulant rodenticide)中毒是由于抗凝血类灭鼠药进入机体后，干扰肝脏对维生素K的利用，影响凝血酶原合成，抑制凝血因子的产生，使机体凝血时间延长，导致全身组织器官出血为特征的中毒性疾病。各种动物均可中毒，但常见犬、猫、猪和家禽。

【病因】

抗凝血类灭鼠药按化学结构分为两类：一类为香豆素类，常见的有华法林、杀鼠醚(coumatetralyl)、氯杀鼠灵(dicoumarol，比猫灵)等；另一类为茚满二酮类，常见的有敌鼠钠(diphacinone)、氯鼠酮(chlorphacinone)等。这类灭鼠药为单剂量灭鼠剂，多次摄入后在鼠类体内蓄积而中毒死亡。引起抗凝血类灭鼠药中毒主要是动物误食毒饵，或被灭鼠灵毒死的死鼠而发生中毒。

【毒理】

抗凝血类灭鼠药共有的香豆素或茚满二酮基核，是抗维生素K作用而导致凝血障碍的结构基础。在正常生理条件下，凝血酶原和维生素K依赖性凝血因子(因子Ⅶ、因子Ⅸ、因子Ⅹ)，在肝细胞核糖体内合成后，其谷氨酸残基需在维生素K的参与下羧化，才能成为具有功能活性的凝血蛋白。而维生素K在羧化过程中变为环氧化型维生素K，然后在还原酶的作用下还原为维生素K。抗凝血类灭鼠药进入体内后，干扰维生素K的氧化还原循环，特异性抑制氧化型维生素K的还原，当活化的维生素K耗尽时，凝血酶原和维生素K依赖性凝血因子的谷氨酸残基未经羧化，不能与钙离子、磷脂结合，失去凝血功能活性，导致出血倾向。抗凝血类灭鼠药仅影响维生素K依赖性凝血因子的生成，而血浆中已形成的维生素K依赖性凝血因子不受影响。因此，只有当血浆中现存的维生素K依赖性凝血因子随其半衰期逐渐降低而达到一定限度时，才出现凝血障碍。另外，有些抗凝血类灭鼠药还能扩张毛细血管并使血管内皮细胞的基底物质和细胞器丢失，血管平滑肌和弹力纤维变性，增加血管通透性，加剧出血倾向。

【症状】

华法林急性中毒常无明显的前驱症状突然死亡，尤其脑血管、心包、纵隔或胸腔内发生大出血时，即可死亡。亚急性中毒时，表现为吐血，可视黏膜苍白，呼吸困难，鼻出血和便血。体表发生大面积的皮下血肿，特别在易受创伤部位最明显。此外，部分病例在巩膜、结膜、眼内出血。出血严重时，动物十分虚弱，呼吸困难，心搏减弱，心律不齐，关节软弱、肿胀，步态蹒跚，共济失调，卧地不起。如出血发生在脑脊髓、硬膜间隙或蛛网膜时，则表现轻瘫、痉挛而急性死亡。时间较长时则可能出现黄疸。反刍动物耐受性较大，但可引起流产。

敌鼠钠中毒潜伏期较长，一般在摄入后3 d左右出现中毒症状，主要表现为鼻出血、血尿、粪便带血，注射和手术部位易肿胀、出血不止、凝血时间延长。呼吸困难，常有不同程度的神经症状。

【病理变化】

华法林中毒主要以全身各组织器官广泛性出血为特征。在胸腔、纵隔间隙、血管外周组织、皮下组织、脑膜下、脊髓、胃肠和腹腔等处普遍出血。心脏松软，心内外膜出血，肝小叶中心坏死。

敌鼠钠中毒可见天然孔出血，血液凝固不良，全身皮下及肌肉间有出血斑。心包、心耳和心内膜有出血点，心腔内血液稀薄、呈煤焦油色或鲜红色。实质器官有不同程度的出血点。腹腔内有大量血样液体。胃肠黏膜脱落、出血。

【诊断】

根据接触抗凝血灭鼠药的病史和广泛出血等症状进行初步诊断。确诊须采取呕吐物、胃内容物、残留饲料及肝肾组织中毒物检测。

【治疗】

一旦发现中毒立刻停喂可疑饲料，清除毒饵，保持动物安静，避免受伤、出血。迅速用小号注射针头肌内注射维生素 K 制剂，猫每次 2.5~5 mg/kg，犬 5 mg/kg。连用 5~7 d 后，改为内服。出血严重者，可进行输血 20~30 mL/kg，以增加血容量和增强止血功能。此外，应进行对症疗法。

(三)磷化锌中毒

磷化锌(zinc phosphide)是一种强力、价廉的灭鼠药，动物误食后主要引起以中枢神经和消化系统功能紊乱为特征的中毒性疾病。各种动物均可发病，常见于犬、猫、家禽和猪。

【病因】

猫、犬常由于误食毒饵或毒死的老鼠等引起中毒，放牧马、牛、羊主要误食草原灭鼠时投放的毒饵而引起中毒。

【毒理】

磷化锌在胃内遇酸分解产生剧毒的磷化氢和氯化锌。磷化氢吸收后分布于肝、心、肾和骨骼肌等组织器官，抑制所在组织的细胞色素氧化酶，影响细胞内代谢过程，造成细胞内窒息，使组织细胞发生变性、坏死，肝脏和血管受到损害，引起全身泛发性出血。中枢神经系统受损害，出现痉挛、昏迷等表现。氯化锌具有剧烈的腐蚀性，能刺激胃黏膜，引起急性炎性充血、出血和溃疡。

【症状】

磷化锌是一种胃毒剂，一般在摄入后 15~240 min 出现中毒症状，个别可达 18 h。摄入剂量过大可在 3~5 h 死亡。动物磷化锌中毒后表现为食欲减退，继而呕吐不止，呕吐物(在暗处可发出磷光)或呼出气体有蒜味或乙炔气味，腹痛不安。呼吸加快加深，发生肺水肿。初期过度兴奋甚至惊厥、后期昏迷嗜睡，最后因缺氧、抽搐、衰竭、昏迷而死亡；此外，还伴有腹泻，粪便中混有血液等症状。

【病理变化】

剖检时可见口腔、咽以及胃肠黏膜潮红、肿胀、出血甚至糜烂或溃疡，胃内容物有大蒜味，在暗处发磷光。肝、肾肿大，质地脆软。心脏扩张，心肌变性。肺淤血、水肿、灶状出血，气管内充满泡沫样液体。脑组织水肿、充血和出血。部分病例有皮下组织水肿以及浆膜点状出血。有时在犬、猫胃内发现未消化的鼠尸残骸。

【诊断】

根据病史，流涎、呕吐、腹痛和腹泻等临床症状，呕吐物带大蒜臭，在暗处呈现磷光等，以及剖检变化和胃肠内容物的蒜臭味可做出诊断。确诊需检测呕吐物、胃内容物中的磷化锌。

【治疗】

本病尚无特效药物，在早期病初可灌服 0.2%～0.5%硫酸铜，一方面硫酸铜与磷化锌形成不溶性的磷化铜，阻滞磷化锌吸收而降低毒性；另一方面可促使患病动物呕吐，排出一部分毒物。也可用 0.1%高锰酸钾洗胃，使磷化锌变为毒性较低的磷酸盐。5%碳酸氢钠溶液洗胃，以延缓磷化锌分解为磷化氢。泻下可用硫酸钠或液体石蜡，但禁用硫酸镁，以防硫酸镁和氯化锌形成毒性更大的氯化镁。为防止酸中毒，可静脉注射葡萄糖酸钙或乳酸钠溶液。发生痉挛时，给予镇静和解痉药对症治疗。

(四)毒鼠强中毒

毒鼠强(tetramine)中毒是动物摄入毒鼠强而引起的以中枢神经兴奋为主的中毒性疾病。各种动物均可发病，常见于犬、猫。

【病因】

毒鼠强又称没鼠命、四二四、一扫光、王中王、三步倒等，化学名为四亚甲基二砜四胺，是一类剧烈神经毒性灭鼠药，我国虽已禁止使用，但屡禁不止。动物毒鼠强中毒主要是由于误食灭鼠毒饵而引起。食肉动物采食中毒鼠尸或其排泄物后，引起二次中毒。另外，人为投毒或滥用毒鼠强灭鼠造成农作物、饲草、饲料及饮水污染等均可引起动物中毒。

【毒理】

毒鼠强可经消化道和呼吸道黏膜迅速吸收，也可经破伤的皮肤吸收，通过血液进入中枢神经系统发生毒性作用。由于毒鼠强的性质稳定，以原形从尿液和粪便中排泄，易污染环境、饮水等。

毒鼠强是一种中枢神经系统刺激剂，或运动神经兴奋剂，具有强烈的脑干刺激作用和致惊厥作用，其机理是拮抗 γ-氨基丁酸(γ-aminobutyricacid，GABA)的结果。GABA 是脊椎动物中枢神经系统的抑制物质，对中枢神经系统有强而广泛的抑制作用。当毒鼠强竞争性抑制 GABA 的作用后，中枢神经过度兴奋而呈现惊厥状态，这种作用是可逆的。也有人认为，毒鼠强可直接作用于交感神经，导致肾上腺素能神经兴奋症状及抑制体内某些酶的活性，如单胺氧化酶和儿茶酚胺氧位甲基移位酶，使其失去灭活肾上腺素和去甲肾上腺素的作用，导致兴奋性增强，同时，毒鼠强本身有类似酪氨酸衍生物胺类的作用，使肾上腺素的作用增强。

【症状】

(1)最急性 突然倒地挣扎死亡，往往来不及抢救。

(2)急性 多于食后数分钟至 1 h 内突然发病，若不及时抢救，多于 0.5～2 h 死亡。有的有短期的前驱症状，频频惊叫，烦躁不安，盲目乱冲乱撞，头晕转圈。而后恶心呕吐，严重者呕血、腹泻、形如酒醉、后躯无力。很快跌倒在地，呈癫痫样发作。有的无前驱症状，突然晕倒，频频惊叫，呈癫痫样大发作。发作时，全身抽搐，口吐白沫，牙关紧闭，头向后勾，角弓反张，全身阵发痉挛，惊厥，四肢呈强直性抽搐，呼吸困难，意识丧失，反射消失，小便失禁。发作期多数为几分钟，最短为几秒。发作过后，自动停止，自行起立，意识恢复正常，但有头晕、乏力、腹痛等症状。间隔一段时间后再次发作，间歇期多数为十几分钟，最短为几分钟。反复发作，病情越来越严重，发作期越来越长，间歇期越来越短，发作次数越来越多，最后导致呼吸衰竭而死亡。

(3)亚急性 于食后数小时至十几小时内突然发病，症状同急性型，只是病情稍缓。发作期最长的可达几十分钟，间歇期最长的可达几小时。若不及时治疗多于数日内死亡。

【病理变化】

急性死亡的病例变化不明显，病程稍长的消化道和呼吸道黏膜有不同程度的充血、淤血、出血，心肌缺血或梗死，肝肿大、淤血、出血，脑和脑膜水肿、充血或有小点出血。

【诊断】

根据患病动物有误食毒鼠强污染的草料或毒饵、鼠尸、虫体或饮入被污染的饮水的病史，以及临床症状和病理变化，可做出初步诊断。必要时，可采取灭鼠毒饵、呕吐物、胃内容物、剩余草料以及中毒动物的血、尿等进行毒鼠强定性检验。

【治疗】

目前，毒鼠强中毒尚无特效解毒药，发现中毒首先应立即催吐、洗胃、灌肠、泻下，然后内服活性炭、氧化镁、鞣酸溶液等。预防或抗惊厥应尽早选用苯巴比妥钠、安定、氯丙嗪(慎用)等静脉滴注或肌内注射，必要时可重复用药。可推迟死亡时间，降低死亡率。同时，配合对症和支持疗法。

【预防】

毒鼠强对所有温血动物都有剧毒，其化学性质稳定。在植物体内毒性作用可长期残留，对生态环境造成长期污染，被动物食入后可以原毒物形式滞留在体内或排泄，从而导致二次中毒现象。应加强对农民的宣传教育工作，严禁非法生产、买卖和使用毒鼠强，才能彻底切断毒鼠强中毒的源头。

五氯酚钠中毒(sodium pentachlorophenol poisoning)

五氯酚钠($C_6C_{15}ONa$)中毒是由于五氯酚钠进入动物机体后，作为氧化磷酸化过程的强解偶联剂，使机体内代谢过程旺盛，ADP转化为ATP过程受阻，从而使机体能量供应中断，引起以神经机能紊乱、体温升高、呼吸困难、呕吐和后躯麻痹为主要临床特征的一种中毒性疾病。各种动物均可中毒。

【病因】

动物直接舔食用五氯酚钠处理过的木材，或由皮肤、黏膜直接接触五氯酚钠溶液，吸入五氯酚钠的粉末、喷雾、蒸气等均可引起中毒。采食或饮用被五氯酚钠玷污的饲料或饮水也可引起中毒。

【毒理】

五氯酚钠对皮肤和黏膜具有强烈的刺激作用，可损伤其所接触的皮肤、黏膜，引起炎症和坏死。经呼吸道吸入时，引起肺充血、出血和上皮脱落。内服时可使消化道黏膜发生充血、出血、水肿和坏死。和皮肤接触后可引起接触性皮炎、坏死。机体吸收后，对氧化磷酸化过程产生强大的解偶联作用。正常情况下，细胞呼吸链中质子(H^+)在细胞色素链中传递时，H^+从线粒体内膜泵到内外膜之间，构成质子梯度，促进黄素ATP酶活性。当五氯酚钠进入细胞的线粒体后，H^+在运送过程中五氯酚钠可使二聚体($2H^+$)转变为单体，破坏了质子梯度，不能促进黄素ATP酶的活性，引起氧化磷酸化过程失调。五氯酚钠也可抑制细胞激酶、脱氢酶和还原酶的活性。表现为细胞的摄氧量增多，细胞的呼吸控制失常，ATP的活性增强，组织内高能磷酸物质减少，从而导致机体的基础代谢过程异常旺盛，细胞氧化过程中所产生的大量二磷酸腺苷(ADP)，ADP不能经由磷酸化作用转化为ATP而储存，而以热量的形式散发。同时，大量的ADP刺激细胞呼吸作用，耗氧量增加，氧化过程中释放的能量不能被机体有效利用，使组织、器官，特别是肌肉活动的能量供应中断，肌肉收缩无力，甚至完全抑制。五氯酚钠又可使大脑发生充血、水肿和神经节细胞核发生凝固、萎缩，造成体温调节中枢紊乱，导致高热、基础代谢率增强、大量出汗和水盐代谢紊乱以及心跳加快等一系列的中毒病状。

【症状】

动物一次性摄入大量的五氯酚钠，一般无任何前驱症状而突然死亡。

经内服中毒的动物表现为精神沉郁，黏膜发绀，流泪，流涎，步态不稳，吼叫，肌肉震颤，呼吸困难。部分病畜时起时卧，兴奋不安，做转圈或突进运动，视力迅速减退，体温升高，大量出汗，脱水。病畜翘唇皱鼻，咬肌痉挛，咽下困难。胃肠蠕动微弱，排稀软便且夹杂多量黏液。严重中毒者，心动快速，病牛脉数可增至 110 次/min 以上，后躯麻痹，卧地不起。

经吸气雾中毒者，眼结合膜潮红、流泪，有浆液性鼻涕和咳嗽，呈明显的呼吸困难，并伴有肺部啰音。

经皮肤接触染毒者，由于五氯酚钠的刺激作用，引起皮肤发炎、坏死等接触性皮肤炎症症状。严重者几天后接触部位发泡和脱皮。

【诊断】

根据接触史及临床特征可初步诊断，确诊可检查血液、尿和组织中五氯酚钠的含量。一般认为当血液中五氯酚钠达到 40~80 mg/L 时即可出现中毒症状，五氯酚钠在组织和血液中分别达 200 mg/kg 和 100 mg/L 时即可引起死亡。

【治疗】

本病无特效疗法，主要是加强护理和对症治疗。

发现动物中毒后，立即切断毒源，将病畜置于温暖环境，以减少其体热散失，并饲喂高糖低蛋白日粮，以补给热源物质。皮肤接触中毒者，用 2% 碳酸氢钠溶液或肥皂水清洗皮肤，如已发炎，可涂布红霉素软膏。经口中毒者，用 5% 碳酸氢钠溶液洗胃，同时内服盐类泻剂，呼吸困难者输氧。病畜高热时可采用物理降温法，或肌内注射氯丙嗪，有利于降温和减少组织对羊的需要量，当病畜严重抑制和昏迷时禁用氯丙嗪。对于肾功能紊乱者，忌大量静脉注射，异常兴奋时用镇静剂。给予 ATP、辅酶 A 等能量合剂进行辅助治疗，注意补充血容量和纠正电解质紊乱。有人主张试用硫代硫酸钠溶液为解毒剂，也可试用葡萄糖酸钙溶液静脉注入。

病畜在治疗过程中禁用阿托品和巴比妥类药物，阿托品具有抑制机体散热和出汗作用，导致体温升高，而巴比妥类药物具有促进五氯酚钠毒性的作用。

【预防】

加强对五氯酚钠的保管和使用，严禁使用刚用五氯酚钠处理过的木材修建圈舍或饲槽。含有五氯酚钠的农药必须按严格的防治要求用药，喷洒过农药的农作物和牧草须经 10 d 后才能饲喂或放牧。不得在家畜的饮水处及其水源撒布或喷洒五氯酚钠。

有机硫杀虫剂中毒(organosulphurous fungicides poisoning)

有机硫杀虫剂中毒是有机硫制剂经消化道和皮肤进入机体，引起以呕吐、腹泻、惊厥、呼吸抑制、血压下降等为特征的中毒性疾病。有机硫杀菌剂是近年来农业生产中铜、汞等农药的新型替代产品，因其大部分具有高效低毒的特点，故发展较快，在防治农业病虫害方面应用较为广泛。我国常用的有机硫杀菌剂主要有代森类、福美类和敌克松等制剂，其中代森环(milneb，$C_4H_{14}N_2S_4$)、代森铵(ambam，$C_4H_{14}N_4S_4$)、福美双(thiram，$C_6H_{12}N_2S_4$)和敌克松(dexon，$C_8H_{10}N_3NaO_3S$)为高毒类外，其余大部分是低毒类。各种动物均可中毒。

【病因】

主要是由于农药管理和使用不当，家畜有机会接触或采食喷洒过有机硫杀菌剂的农作物、蔬菜等，一旦大量摄入即可发生中毒。二硫化碳、二氧化硫、石油醚等有机硫杀虫剂的溶剂或载体也有毒，当畜禽接触这类化合物时而引起中毒。偶尔见于人为蓄意投毒，造成中毒事件。

【毒理】

这类杀菌剂进入机体的主要途径为消化道和皮肤，由于其具有强烈的刺激作用，经消化道时刺激胃肠黏膜，发生不同程度的炎症。皮肤染毒时，可引起局部皮肤红肿、疱疹。

有机硫杀菌剂的化学结构中有二硫化碳基团，其具有一定的毒性，同时代森类在分解过程中，释放出的异硫代氰酸酯毒性更大，当达到一定剂量时，可影响组织细胞的氧化还原功能，干扰组织细胞的新陈代谢过程。中毒后主要侵害中枢神经系统，出现先兴奋、后抑制的神经症状，严重时使呼吸、循环抑制和衰竭。此外，对肝肾等实质器官也有一定的损害。

含金属的有机硫杀菌剂还对甲状腺产生慢性损伤。研究表明，小剂量饲喂大鼠或犬 30 d 至 2 年，可引起甲状腺增生，并使碘含量减少。

【症状】

经消化道进入体内引起的中毒表现为呕吐、腹痛、腹泻等症状。经皮肤接触而引起中毒的，皮肤红肿、水疱，在鼻、咽、喉、眼结膜等处也出现接触性炎症的变化。初期中毒动物表现短时间的兴奋不安，敏感和惊厥。随后转入抑制状态，病畜嗜睡、昏迷，严重的可引起呼吸、循环功能衰竭，血压下降，呼吸抑制。后期可引起肝、肾功能障碍，因全身衰竭和窒息而死亡。其他症状包括母鸡生产软壳蛋，雏鸡软腿病，雏鹅体重减轻、腿畸形，母羊流产等。

【诊断】

根据动物有接触或食入含有机硫杀虫剂的草料或蔬菜的病史，结合腹痛、腹泻、神经症状及局部有接触性皮炎等症状，可做出初步诊断。确诊时需要对可疑草料或蔬菜、呕吐物、胃内容物等进行毒物分析。

【治疗】

目前，本病尚无特效解毒剂。治疗原则：阻止毒物吸收和促进未吸收的毒物尽快排出，同时采取对症和支持疗法。

发现有机硫中毒后，应立即脱离现场，停喂可疑饲料和饮水。皮肤染毒时，立即用大量温水清洗皮肤。经消化道中毒时，用温水或 0.05% 高锰酸钾溶液反复冲洗和导出胃内容物，再灌服硫酸钠或硫酸镁泻剂，以促进毒物排出，切忌应用油类泻剂，特别禁用植物油，以防提高溶解度而加快吸收。

心力衰竭的应用强心药物，呼吸抑制的可应用兴奋呼吸中枢的药物进行治疗。

【预防】

预防本病的关键是切实执行农药的保管和使用制度，严禁滥用农药。加强畜禽的饲养管理，严禁在刚喷洒过有机硫农药的地方放牧，严防动物接触或误食、偷食被有机硫农药污染的农作物或蔬菜。

（顾小龙　杨亮宇）

第六节　矿物质及环境污染物所致的中毒

汞中毒(mercury poisoning)

汞中毒是动物吸收汞化合物后，释放汞离子，刺激局部组织并与多种含巯基的酶蛋白结合，阻碍细胞正常代谢，引起以消化、呼吸、泌尿等系统急慢性炎症及神经系统损害为特征的疾病。

各种动物均可发生汞中毒，但家畜对汞制剂的敏感性差异较大，其中牛、羊最为敏感，马和禽类次之，猪几乎不发生中毒。

【病因】

(1)无机汞化合物　黄氧化汞(HgO)、红碘化汞(HgI_2)、硝酸汞[$Hg(NO_3)_2 \cdot 2H_2O$]等无机汞作为各种杀寄生虫和抗刺激软膏的成分，氯化汞($HgCl$)和氯化汞($HgCl_2$)用作防腐剂。这些汞制剂及无机化合物制剂长期在动物上使用，如果误用或用量过大而引起中毒。

(2)有机汞制剂　汞溴红、硫柳汞、醋酸苯汞、硝酸苯基汞及汞撒利等在医药上用作防腐剂和利尿剂；西力生(氯化乙基汞)、赛力散(醋酸苯汞)、谷仁乐生(磷酸乙基汞)及磺胺苯汞等在农业上用作杀有害细菌及真菌制剂。当这些有机汞制剂使用不当，用量过大或长期使用，也可引起汞中毒。

(3)汞制剂污染用具、饮水　有机汞和无机汞保管和使用不当，易造成散毒和直接污染饲料、饮水和器具等，被畜禽误食、舔吮或接触皮肤、黏膜而引起中毒；用有机汞农药拌过的种子，被家畜误食、偷食而发生中毒。

(4)汞蒸气　汞在常温下容易蒸发，当环境温度过高，特别在密闭不良、浸种、撒粉或喷洒过程中都可形成汞蒸气，由于汞蒸气比空气相对密度大7倍，所以常沉积于地面附近空间，容易被动物吸入而发生中毒。

(5)环境污染　大气中的汞主要来源工业在炼汞时高温分解为金属汞，以气态进入大气，被动物吸入中毒。水域中的汞主要来自一些生产汞制剂工厂排放的废水，这些废水流入江河湖海后，沉降于水底淤泥中，无机汞经厌氧作用转化为毒性更大的甲基汞，在鱼体内富集，当人及食肉动物(如猫)食用这类鱼易引起中毒。轰动世界一时的日本"水俣病"，就是当地居民食用此海域被汞污染的鱼、贝类海产品后引起中毒。

【毒理】

无机汞化合物的毒性因动物不同而有差异。各种汞化合物中，甲基汞毒性最大，其次是乙基汞、苯基汞和无机汞。甲基汞具有胚胎毒性和致畸作用，通过胎盘屏障可引起死胎、吸收胎、胎儿发育不良及畸胎(常见腭裂畸形)。

金属汞和汞化合物均能被机体迅速吸收，甚至能通过完整的皮肤吸收，可溶性汞盐可经消化道迅速吸收。汞蒸气可随动物呼吸进入肺部。无机汞及其化合物被机体吸收入血后，多与血浆蛋白结合，少部分与红细胞内血红蛋白结合。通过血液循环分布于全身各组织器官中，转化为毒性较大的甲基汞，甲基汞可通过血脑屏障进入脑组织，中枢神经系统直接受到损害，引起神经功能障碍。

当汞制剂直接接触皮肤和黏膜(消化道、呼吸道)时，汞制剂容易和蛋白质结合，形成的蛋白质化合物易溶于富含蛋白质和氯化钠的组织液中，释放出汞离子，对局部组织产生刺激、腐蚀作用，从而导致接触部位发生腐蚀性病变。进入体内的汞离子可和多种酶(如吡啶核苷酸酶、细胞色素氧化酶、黄酶、还原酶等)中的巯基结合而抑制其活性，细胞的呼吸功能受到抑制并导致组织器官功能损害。此外，汞还可以与组织中的官能团(氨基、巯基、磷酰基、羧基等)结合，改变细胞膜的通透性，进而影响细胞功能。体内的汞主要通过肾脏随尿液排出，约占总排泄量的70%，经消化道排出约占20%，其余可经唾液及乳、蛋排出。当体内的汞经肾脏、乳腺、唾液等排泄时，与硫化合形成硫化汞沉积于黏膜，刺激黏膜发生炎症和溃疡。

【症状】

(1)急性中毒 主要表现消化道症状，引起剧烈的胃肠炎和腹泻，未发生突然死亡者，1~2 d后出现口膜炎和急性肾炎，伴有消化功能紊乱。当动物误食大量的汞化合物时，动物表现呕吐(猪)、流涎、反刍停止(牛、羊)、腹痛、腹泻等临床表现，在粪便内混有血液、黏液和伪膜。当动物吸入高浓度汞蒸气时，主要表现呼吸困难、咳嗽、流鼻液等症状，肺部听诊有广泛性的捻发音和啰音。当汞进入中枢神经系统后，导致神经机能紊乱，病畜表现为肌肉震颤，共济失调，视力减退或失明(猪)。当经过肾脏排泄时，由于对泌尿系统的损伤，病畜出现少尿量，尿液中有大量蛋白质、肾上皮细胞和管型，严重者出现血尿。同时，病畜在发病过程中出现心跳加快、节律不齐、严重脱水、黏膜出血、循环障碍等症状，最终因休克而死亡。

(2)慢性中毒 主要见于动物长期摄入少量的汞化合物，或多次少量吸入汞蒸气而引起的中毒。主要影响中枢神经系统，病畜表现为流涎、兴奋、痉挛、肌肉震颤，有的咽麻痹引起吞咽困难。随后发生抑制，对周围事物反应迟钝，共济失调，后肢轻瘫，甚至最终呈麻痹状态，卧地不起，全身抽搐，在昏迷中死亡。口腔变化主要表现为齿龈红肿甚至出血，口腔黏膜溃疡，牙齿松动易脱落，同时表现食欲减退、逐渐消瘦、站立不稳等全身症状。汞蒸气吸入所致的中毒，可引起支气管炎或支气管肺炎，病畜表现咳嗽、流鼻、呼吸困难、流泪、体温升高等症状。

无论是急性中毒还是慢性中毒，病畜皮肤往往表现瘙痒症状，由于皮肤瘙痒，病畜对瘙痒部位啃咬或摩擦，使局部皮肤出血、渗出，形成疱疹或痂皮，或感染形成脓疱。同时，皮肤增厚、脱毛，出现鳞屑。

【诊断】

根据病史(汞制剂、汞蒸气的接触史及环境污染情况)，结合临床症状可做出初步诊断。必要时对可疑样品，如胃肠内容物、肝、尿液等进行毒物分析，可为本病的诊断提供依据。一般认为，饲料和动物组织中汞含量应低于 1 mg/kg。

【治疗】

(1)脱离毒源 首先让动物脱离毒源(含汞废水、汞农药、汞蒸气等)，停喂可疑饲料和饮水。若为涂用汞软膏所致中毒，则应停止涂药，并用肥皂水清洗皮肤。同时加强护理，让病畜安静休息，给予无盐饲料。

(2)排出毒物 为了减少汞及其制剂在消化道的吸收，可灌服浓茶、豆浆、蛋清或牛奶，使汞离子与蛋白质结合，有助于延缓吸收，减轻局部刺激。同时，采用温水、饱和碳酸氢钠溶液、2%氧化镁或 0.2%~0.5%活性炭悬浮液洗胃，给予硫酸镁导泻，促使胃肠毒物排出。猪和犬可内服硫酸铜催吐。

(3)驱汞疗法 目前，常用二巯基丙磺酸钠、二巯基丁二酸钠、依地酸钙及硫代硫酸钠等。

①二巯基丙磺酸钠注射液：为5%水溶液制剂，以 5~8 mg/kg 皮下、肌肉、静脉注射，第1天可每隔6~12 h用药1次，次日起逐日延长用药间隔时间，7 d 为一疗程。本品是砷、汞、铬、铋及其他金属化合物的有效解毒剂，尤其是对砷、汞的解毒效果更好。它可以与机体内的汞或其他

金属元素结合形成络合物,甚至可以夺取与巯基酶结合的汞等重金属毒物,从而恢复巯基酶的活性。

②二巯基丁二酸钠粉针剂:对汞、锑、铜、砷、锌等中毒具有良好的解毒作用,对镉、钴、镍、银等中毒也有疗效,毒性小,副作用小。临用时以5%葡萄糖溶液溶解(不宜加热)后,缓慢静脉注射,牛3~4 mg/kg,猪3~5 mg/kg。

③依地酸钙钠注射液:本品能与各种重金属离子(铅、汞等)络合,经肾排出。临用前与5%葡萄糖溶液混合,稀释成约0.5%浓度缓慢静脉注射。牛、马3~6 g,羊、猪1~2 g,根据病情1 d可注射1~2次。

④硫代硫酸钠:效果不如巯基络合剂和依地酸钙钠。可配成5%~20%溶液静脉或肌内注射,马、牛5~10 g,羊、猪1~3 g。

(4)对症疗法　驱汞治疗的同时配合以强心、补液,镇静等对症疗法,也可用维生素B、维生素C、细胞色素和辅酶A等药物,有助于提高疗效。

钼中毒(molybdenum poisoning)

钼中毒是由于动物摄入过量钼而引起的以持续性腹泻、贫血、消瘦和被毛褪色为特征的继发性铜缺乏症。钼中毒主要发生于反刍动物,其他畜禽也可发生。牛、羊最为易感,幼龄动物更易发生,猪、马及家禽危害较轻。

【病因】

(1)自然钼中毒　常因采食生长在高钼土壤的高钼植物引起,见于腐殖土和泥炭土。植物中的钼含量还与土壤的酸碱度有关,碱性土壤中可溶性钼较多,容易被植物吸收,在强酸性富钼土壤上生长的牧草,钼含量则较低。另外,应用过量钼肥及石灰可增加植物对钼的吸收,动物容易发生与高钼有关的铜缺乏。

(2)工业污染　在钼、钨、铅、铁矿及其冶炼厂排放的废水中含大量钼,使流经的地区饮水及灌溉的农田形成高钼土壤,造成当地饮水、牧草和农作物钼含量超过动物的需要量而直接或间接地引起动物中毒。

(3)日粮中铜、钼比例失调　饲料中铜钼的适宜比例为6:1~10:1,若铜钼比小于2:1,即可导致钼中毒。

(4)含钼肥料过量使用或管理不当　钼酸铵、钼酸钠、三氧化钼等过量使用或管理不当,导致动物误食中毒。

【毒理】

钼是动物、植物、甚至微生物的必需微量元素,是黄嘌呤氧化酶、醛氧化酶、过氧化物酶、亚硫酸盐氧化酶的构成成分。动物对钼的需要量很少,一般日粮中的钼均可满足机体生长发育和生产性能的需要。一般认为,土壤中钼含量为10~100 mg/kg,饲草含钼量为3~10 mg/kg,即可引起中毒。

钼吸收后,随血流分布到全身,主要分布于骨髓、肾及肝脏。反刍动物钼中毒主要是由于钼干扰机体内铜的吸收和代谢。饲料在瘤胃中发酵产生硫化氢,与钼酸盐作用形成硫钼酸盐,并与饲料中铜形成Cu-Mo-S-蛋白质复合物,妨碍铜的吸收,硫钼酸盐还可封闭小肠内铜吸收部位,并在肠道形成硫钼酸铜,使铜的吸收率明显下降。当钼酸盐被吸收后,可激活血浆白蛋白上铜结合簇,使铜、钼、硫和血浆白蛋白间紧密结合,一方面可使血浆铜水平上升,另一方面妨碍了肝脏对铜的利用。硫钼酸盐被吸收入血后，其中一部分到达肝脏，进入肝细胞核、线粒体及细胞质，与细胞质内蛋白质结合，特别是它可影响和金属硫蛋白结合的铜、镉，使它们从金属硫蛋白上剥离下来，被剥离后的铜一部分可进入血液，增加了血浆蛋白结合铜的浓度，另一部分可直接进入胆汁增加从粪便中的排泄量，久之使体内铜逐渐耗竭，产生慢性铜缺乏症。铜缺乏所致的含铜酶活性降低是本病发生的基础。

高浓度钼还能抑制琥珀酸氧化酶、硫化物氧化酶、谷氨酰胺酶、胆碱酯酶及细胞色素氧化酶的活性，从而影响细胞的正常代谢。钼可影响磷的代谢，降低磷的吸收利用，从而导致骨代谢障碍，影响动物发育。过多的钼还能损害睾丸，影响繁殖能力。

【症状】

动物采食高钼饲草料1~2周即可出现中毒症状，牛钼中毒的特征是严重的持续性腹泻，粪便稀薄并带有气泡。同时，表现生长发育不良，贫血，消瘦，关节痛(跛腿)，骨质疏松，被毛和皮肤褪色。在黑色皮毛动物，特别是眼睛周围褪色最为明显，外观似戴了白框眼镜，以后逐渐扩及全身，呈散在性褪色。中毒牛皮肤发红，伴有轻度水肿，主要见于水牛，多从头部开始，逐渐蔓延至躯干，停喂高钼饲料或内服硫酸铜后，皮肤发红现象消失。公母牛性欲减退，繁殖力下降。绵羊毛失去卷曲度，变成直线状，抗拉力减弱，容易折断。幼龄羔羊，表现出背部和腿僵硬，不愿抬腿。幼畜发育迟缓，常出现佝偻病。

健康牛血液铜和钼含量分别为0.75~1.3 mg/L和0.05 mg/L，肝脏铜含量为30~140 mg/kg(湿重)，钼含量低于3~4 mg/kg，乳汁钼含量为0.03~0.05mg/L。钼中毒时，早期血液铜含量明显升高，后期低于0.6 mg/L，钼含量高于0.1 mg/L，各种含铜酶活性下降。肝脏铜含量低于10~30 mg/kg，钼含量高于5 mg/kg，乳汁钼浓度可达0.3 mg/L。

【病理变化】

尸体消瘦，全身脂肪呈胶冻状，内脏器官色淡。骨质疏松，肋骨呈念珠状，关节肿胀。病理组织学变化，羔羊大脑白质液化，脊髓运动神经束变性，常见神经元变性和脱髓鞘。公牛睾丸有病理损害。

【诊断】

根据流行区域、发病动物(常见牛)持续性腹泻、消瘦、贫血、被毛褪色、皮肤发红等临床症状可做出初步诊断。用硫酸铜治疗是一种简便的确诊手段。饲料及动物组织钼、铜测定也可确诊，特别是饲草料中铜与钼含量的比例有直接意义。

【治疗】

注射和服用铜制剂是最有效的疗法。因钼中毒而发生腹泻的牛，可在饲料或矿物质添加剂中加入适量的硫酸铜，或根据饲料中含钼量加入1%~5%硫酸铜。也可直接内服硫酸铜溶液，成年母牛按每50 kg体重1 g硫酸铜溶于水内服，夏季每周1~2次，其他季节每周1次或隔周1次。小牛每日内服硫酸铜2 g，配成7%溶液内服。连服4 d为一个疗程。成年羊每只每日1 g，连服数日。也可用长效铜制剂(如甘氨酸铜)肌肉或皮下注射，成年牛120 mg，犊牛60 mg，有效期为3~4个月，每季度重复1次效果更佳。

【预防】

在工业污染区，应积极治理污染源，避免土壤、牧草和水源的污染。改良高钼土壤可施以硫酸铵化肥，可以降低植物中钼的含量。给牧草喷洒铜盐可预防钼中毒。钼污染地区的耕牛，定期内服硫酸铜或在矿物质盐中加入1%硫酸铜可有效地控制钼中毒，也可制成舔砖让其自由舔食。

铜中毒（copper poisoning）

铜中毒是动物长期多次或一次大量食入的铜而发生的，以腹痛腹泻、肝和肾功能异常，以及贫血为特征的中毒性疾病。铜中毒以羊最易感，尤其是绵羊最为易感，其次为牛。猪、鸡和马等对铜有较大的耐受量，这种差异与单胃动物和反刍动物对硫代谢的不同有关。

【病因】

（1）农业和医药使用铜盐不当　用波尔多液、氧化铜、硫酸铜、王铜等作杀真菌剂，其中波尔多液常用于果树、蔬菜等喷洒，动物在喷过农药的果园放牧，铜盐用作浸种剂或采食喷过药的蔬菜后会引起中毒；兽医临床上常用硫酸铜驱除牛、羊莫尼茨绦虫时，剂量过大可引起中毒，一般绵羊、犊牛内服铜 20~110 mg/kg，成年牛摄入铜 200~800 mg/kg，即可产生急性中毒；铜灭螺时引起水污染等都可引动物急性中毒。

（2）牧草中含铜量过高　大型铜矿附近"三废"污染土壤或饮水，或高铜土壤上生长的牧草含铜量高，动物长期采食可引起中毒。一般正常牧草含铜量为 8~10 mg/kg，如达 15~20 mg/kg，即可导致牛、羊中毒。某些牧草通过促进铜的吸收和滞留，使体内铜水平超过动物体的需要而发生慢性铜中毒，如动物采食白车轴草，使体内矿物质平衡失调，导致过多的铜在体内潴留；天芥菜或千里光属植物含有铜潴留性肝毒生物碱，长期采食可发生肝源性慢性铜中毒。

（3）饲草（料）中铜、钼比例失调或添加过量　钼含量低于 0.1~0.2 mg/kg 时可继发慢性铜中毒。另外，日粮高锌可降低铜的毒性，锌含量 100 mg/kg 可降低肝脏铜储备。日粮中影响动物生长的铜最大耐受量分别为：羊 25 mg/kg，牛 100 mg/kg，猪 250 mg/kg，马 800 mg/kg，鸡 300 mg/kg，家兔 200 mg/kg。随着年龄增大，动物的铜耐受量越高。

【毒理】

铜剂主要随饲草料而进入消化道。急性中毒对胃肠的损害主要由于动物在短时间内摄入大量的铜盐，铜盐的腐蚀作用对胃肠黏膜产生直接刺激、腐蚀和凝固性坏死，造成急性胃肠炎。

饲草料中的大部分铜是以复合物形式被吸收，仅小部分是以离子状态吸收。单胃动物主要由胃和小肠吸收，反刍动物也可由大肠吸收。消化道吸收铜盐的能力很小，仅有 5%~10% 被吸收。约 90% 随粪便排出。铜被吸收入血后，运送到肝脏，与肝中的 α_2-球蛋白牢固结合，形成铜蓝蛋白。铜主要分布并储存于肝脏（占机体总铜的 72%~79%），其次为肾、脑、心肌和毛。

动物长期摄入过量铜，大量铜在肝中蓄积，当超过肝脏储存铜的能力时，可损伤细胞核、线粒体、内质网、高尔基体等亚细胞结构，导致肝功能障碍，并引起肝坏死，使细胞内乳酸脱氢酶、天冬氨酸转氨酶、丙氨酸转氨酶、精氨酸酶以及血浆胆红素释放进入血液。当肝铜蓄积到一定程度时，肝脏释放大量的铜进入血液，使血浆铜水平大幅度升高，直接与红细胞表面的蛋白质作用，引起红细胞膜变性，并在红细胞中保持高浓度的铜，使红细胞体积增加，PCV 明显增高，在红细胞内生成海因茨小体，最终造成红细胞破裂而发生溶血。在溶血危象发生前，红细胞中还原型谷胱甘肽的浓度突然降低，这可能是红细胞膜变得极为脆弱的原因。溶血后大量血红蛋白被释放，出现血红蛋白尿，由于血红蛋白充满肾小管以及铜对肾脏的毒性，引起肾小管和肾小球的变性、坏死，出现少尿，尿闭，尿毒症而导致昏迷甚至死亡。另外，溶血时释放出的某些因子及缺氧致使骨骼肌受损害，使血浆内肌酸磷酸激酶浓度升高。

【症状】

急性中毒呈现严重的胃肠炎，表现食欲下降或废绝，呕吐，流涎，腹痛，腹泻，脱水，粪便稀并混有黏液，呈深绿色。心动过速，脉搏微弱，惊厥、麻痹，甚至休克，一般在 24~48 h 虚脱而死。如果动物未死于胃肠炎，3 d 后则出现溶血、黄疸和血红蛋白尿。发生溶血和血红蛋白尿。

慢性铜中毒常见于牛、羊。在出现溶血前临床症状不明显，血液化学检测 ALT、AST 等酶活性升高，发生溶血后表现乏力、发抖、厌食、精神沉郁、消瘦、贫血、可视黏膜苍白带黄、气喘、呼吸困难和休克。血液稀薄，红细胞数、血红蛋白含量和 PCV 明显降低，红细胞内产生海因茨小体。血沉加快，血清胆红素间接反应阳性。尿液呈红色或暗红色乃至咖啡色，潜血试验阳性。中毒动物常在 1~2 d 因贫血和肝脏功能不全而死亡。存活的动物多死于尿毒症。

铜中毒动物肾脏铜含量高于 15 mg/kg（湿重）和 80~130 mg/kg（干重），粪便铜含量可达 8~10 g/kg，消化道食糜呈蓝绿色。慢性铜中毒溶血期间，血液铜水平由正常的低于 1 mg/L 升高至 5~20 mg/L，绵羊肝脏铜含量超过 150 mg/kg（湿重）和 500 mg/kg（干重）。猪铜中毒肝脏铜含量可达 750~6 000 mg/kg（干重）。

【病理变化】

急性病例以胃肠型为主，即胃肠黏膜充血、水肿、溃疡，肝、脾、肾充血，肝肾脂肪变性和坏死。慢性中毒主要是全身性黄疸，肝肿大，色黄质脆；胆囊增大且含有浓绿胆汁，肾脏显著肿大，被膜下有出血斑，质脆；脾也肿大，心外膜出血，血液稀薄呈巧克力色。肝细胞肿胀坏死，细胞质内有空泡形成。肾小球及肾小管细胞变性和坏死，肾小管腔充满血红蛋白。脾脏内充满破碎的红细胞。脑呈现海绵样变性及星形细胞损伤。

【诊断】

根据动物铜盐接触史，结合临床症状（如动物突然发生的血红蛋白尿，黄疸，急性腹痛、腹泻，粪便呈绿色）可怀疑为铜中毒。剖检变化及血、尿化验可协助诊断。铜中毒的确诊需做饲草料、发病动物肝、肾和血液铜的测定。应注意与钩端螺旋体病、产后血红蛋白尿病、急性巴氏杆菌病、巴贝西虫病等鉴别诊断。这些疾病都具有溶血性疾病的表现，临床上有黄疸和血红蛋白尿。

①产后血红蛋白尿病：常发生在第 3~6 胎高产母牛，一般在产后 4 d 至 4 周内发生，除黄疸和血红蛋白尿外，呼吸及食欲无明显变化。

②钩端螺旋体病和急性巴氏杆菌病：均为细菌性传染病，都有高热反应，同时出现黄疸和血红蛋白尿，确诊需要做微生物学和血清学诊断。

③巴贝斯虫病：主要症状是高热、黄疸和血红蛋白尿，病原体是双芽巴贝斯虫，虫体寄生于红细胞内，通过血液涂片染色后镜检，以发现病原体作为确诊依据。

【治疗】

发现动物铜中毒首先应停止铜供给，采食容易消化的优质牧草。急性中毒者，可用 0.1% 亚铁氰化钾（黄血盐）溶液或硫代硫酸钠溶液洗胃，使形成不溶性亚铁氰化铜沉淀而不被吸收。也可服用氧化镁、蛋清、牛乳、豆浆或活性炭以保护肠黏膜，并减少铜的吸收。

静脉注射三硫钼酸钠，不仅可预防大剂量铜的中毒，而且可治疗急性铜中毒，剂量为 0.5 mg/kg 体重，稀释为 100 mL。3 h 后根据病情可再注射 1 次，可促进铜通过胆汁排入肠道。对亚临床中毒及经抢救脱险的动物，每日在日粮中补充 100 mg 钼酸铵和 1 g 硫酸钠，减少死亡。

【预防】

临床应用铜制剂治疗或在饲料添加时用量要合理，切勿用量过大。定期监测牧草或饲料中铜含量，超过动物的耐受量时，可喷洒磷钼酸盐或在饲料中添加少量钼、锌、硫等，预防铜中毒，且有利于被毛生长。

无机氟中毒(inorganic fluoride poisoning)

氟中毒也称氟病(fluorosis)，是指无机氟经饲料或饮水连续摄入，在体内长期蓄积所引起的全身器官和组织的毒性损害。其特征是由于钙代谢障碍造成的釉斑齿、过度磨损以及骨脆症、骨赘等牙齿和骨骼病变。牛羊对氟最敏感，特别是奶牛，其次是马，猪较少发生氟中毒。

【病因】

(1)自然原因　①局部地区土壤中含氟量高：在我国，有一条从东北经华北至西北的高氟地带，由于土壤中的含氟量高，致使饮水、牧草中的含氟量也高。某些地区的井水、泉水的含氟量高达1.6~10 mg/L，个别地区可达10~20 mg/L或更高。②工业污染：利用含氟矿石作为原料或催化剂的工厂(磷肥厂、炼铝厂、陶瓷厂、玻璃厂、氟化物厂等)未采取除氟措施，随"三废"排出的氟化物(氟化氢和四氟化硅)污染周围的空气、土壤、牧草及地表水，其中含氟废气与粉尘污染较广，危害较大。

(2)人为因素　某些磷缺乏地区，常以过磷酸钙、天然磷灰石等作为饲料添加剂，其中含氟量很高，有的可达3%~4%，往往引起慢性氟中毒。采食大量的过磷酸盐或用氟化钠驱虫时用量过大，可引起动物急性无机氟中毒。

【毒理】

氟是一种对细胞有毒害作用的原生质毒物。过量进入体内，除引起骨骼和牙齿的严重损伤外，导致机体各个组织器官结构和功能的改变。

(1)氟对骨骼的影响　摄入的氟很快被吸收转移到血液中，与钙反应形成氟化钙，进入硬组织中并取代表面阴离子，使骨盐的羟基磷灰石结晶变成更加坚硬且不易溶解的氟磷灰石结晶。由于氟与钙有很强的亲和力，当较多的氟在骨骼中沉积时，骨盐的稳定性增加，并且氟能激活某些酶使造骨活跃，导致血清中离子钙降低，进而刺激甲状旁腺导致继发性甲状旁腺机能亢进，甲状旁腺激素和降钙素分泌增多，一方面加速骨的吸收，另一方面抑制肾小管对磷的再吸收，导致尿磷增高，影响钙、磷代谢，从而使骨骼中不断释放钙，引起机体骨质疏松，易于骨折。氟化钙大部分沉积在骨组织中，使骨质硬化，密度增高。因此，氟对骨的双向作用使人和动物氟中毒时骨质出现硬化、疏松或两者共存一体。对软骨细胞的毒害影响了软骨的成骨过程，严重者生长发育受阻。对骨膜、骨内膜的刺激常导致骨膜、骨内膜增生和新骨形成，发生骨骼形态和功能的改变。

(2)氟对牙齿的影响　氟主要损害发育期的恒牙。在牙胚发育期间，过量的氟使造釉母细胞受毒害，造釉细胞发育和功能受影响，阻碍牙釉质的发育和矿化，导致釉质失去正常结构，引起原发性牙釉质缺损。表现为釉柱排列紊乱、松散，中间出现空隙，釉柱及其基质中矿物晶体的形态、大小和排列异常，釉面失去正常光学特性。同时，牙本质矿化也受影响，牙小管发育不良，牙齿脆弱、易磨损，形成波状齿或阶状齿，影响动物采食和咀嚼。严重中毒时，成釉质细胞坏死，造釉停止，导致釉质缺损，形成发育不全的斑釉(氟斑牙)。

(3)氟对肝和肾的损害　一方面可使肝脏组织结构和功能出现异常，如血清白蛋白含量降低，球蛋白含量和转氨酶活性升高，肝细胞脂肪变性，甚至灶性坏死，间质炎性细胞浸润，纤维结缔组织增生；另一方面还可导致肝脏内许多酶系统的变化。肾脏是机体的主要排泄器官，又是氟蓄积量较高的脏器，当氟经肾脏排泄或在肾脏内蓄积时可引起肾脏结构和功能的变化。

【症状】

(1)急性中毒　实质上是一系列腐蚀性的中毒表现，多在食入过量的氟化物30 min以后出现临床症状。一般表现为厌食，流涎，恶心呕吐，腹痛，腹泻，食欲废绝，多数家畜感觉过敏，出现不断咀嚼动作，肌肉震颤，严重时阵发性或强直性痉挛，瞳孔散大，最后极度衰弱，在数小时内死亡。有时动物粪便中带有血液和黏液。

（2）慢性中毒　最为常见，可发生于所有动物，常呈地方流行性。哺乳幼畜不发病，断奶放牧 3~5 个月后，即可出现生长发育缓慢或停止，异嗜，被毛粗乱，牙齿和骨骼的损伤，随年龄的增长日趋严重，呈现未老先衰。

牙齿的损伤是本病较早出现的症状和早期特征之一，一般乳齿变化不明显，在恒牙时牙齿在形态、大小、颜色和结构方面都发生改变。切齿齿面粗糙，少光泽，呈白垩状，釉质失去正常的光泽，出现黄褐色的条纹，并形成凹痕，甚至于牙龈磨平。臼齿普遍有牙垢，并且过度磨损、破裂，有些动物齿冠破坏，形成两侧对称的波状齿和阶状齿，下前臼齿往往异常突起，甚至刺破上腭黏膜形成口腔黏膜溃烂，咀嚼困难，不愿采食，病畜日见消瘦，最终衰竭而死亡。有些动物因饲草料塞入齿缝中而继发齿槽炎或齿槽脓肿，严重者可发展为骨脓肿。当恒齿一旦完全形成和长出，其结构受高氟的影响较轻。

骨骼的变化随着动物体内氟蓄积而逐渐明显，颌骨、掌骨、跖骨和肋骨呈对称性的肥厚，并有骨赘。关节囊和肌腱附着处钙化，关节硬肿，导致关节强直，特别是体重较大的动物出现明显的跛行。严重的病例脊柱和四肢僵硬，腰椎及骨盆变形，重症卧地不起。

X 线检查，病牛骨氟高于 4 g/kg 时可见明显变化。骨质密度增大或异常多孔，骨髓腔变窄，骨外膜呈羽状增厚，骨小梁形成增多，有的病例有外生骨疣，长骨端骨质疏松。

动物氟中毒时肝脏、肾脏碱性磷酸酶和酸性磷酸酶活性降低，三磷酸腺苷活性升高，血清钙水平降低，血清及骨骼中碱性磷酸酶活性升高明显。

【病理变化】

氟中毒动物表现消瘦，头骨（主要是颌骨）、肋骨、桡骨、腕骨和掌骨受损呈白垩状，粗糙，多孔。肋骨易发骨折，常有数量不等的膨大，形成骨赘。腕关节骨质增生，母畜骨盆及腰椎变形。骨磨片可见骨质增生，成骨细胞集聚，骨单位形状不规则，甚至模糊不成形，哈氏管扩张，骨细胞分布紊乱，骨膜增厚。心脏、肝脏、肾脏、肾上腺等有变性变化。牙齿磨损不整，变色，有氟斑，甚至脱落等特殊变化。

【诊断】

急性氟中毒主要根据病史及胃肠炎等表现而诊断。慢性氟中毒则根据地方性群发、牙齿的损伤、骨骼变形及跛行等特征症状，结合牧草、骨骼、尿液等氟含量的分析即可确诊。

【治疗】

急性氟中毒应立即抢救，小型家畜可灌服催吐剂，内服蛋清、牛奶、浓茶等。可用 0.5% 氯化钙或石灰水洗胃，或内服硫酸铝 30~50 g，也可内服 1%~2% 乳酸钙、硫酸钙或葡萄糖酸钙，以便形成难溶的氟化钙而被排出。同时，马、牛可静脉注射 10% 氯化钙 100~200 mL，或 10% 葡萄糖酸钙 300~500 mL，补充体内钙的不足，配合维生素 D、维生素 B_1 和维生素 C 治疗。

目前，慢性氟中毒尚无有效治疗方法，应尽快使病畜脱离病区，供给低氟饲草料和饮水。一般治疗骨营养不良的方法都有一定的效果，如在饲料中添加骨粉或补充钙制剂。每日供给硫酸铝、氯化铝或硫酸钙等，可减少中毒动物骨氟含量。但牙齿和骨骼的损伤无法恢复。

【预防】

用磷酸盐补饲时应尽可能脱氟，不脱氟磷酸盐氟含量不应超过 1 000 μg/g，且在日粮中的比例应低于 2%；高氟区应避免放牧，或低氟牧场与高氟牧场轮换放牧；在工业污染区短时间内不能完全消除污染的可采取综合预防措施；饲草料中供给充足的钙、磷。

(孙子龙　王宏伟)

铅中毒(lead poisoning)

铅中毒是动物直接或间接食入含铅化合物，引起的以流涎、腹痛、神经机能紊乱、共济失调和贫血为特征的中毒性疾病。铅为蓄积性毒物，小剂量持续地进入体内能逐渐积累而呈现毒害作用。各种动物均可发生，反刍动物最为易感，特别是幼畜和怀孕动物更易发生，猪和鸡对铅的耐受性大。

【病因】

铅广泛存在于自然界和应用于工业、汽油等中，在工业生产或应用中，容易引起铅的环境污染。如汽车排放的废气造成公路周围及城市中大气铅污染，公路旁的牧草铅含量可达 $255\sim500$ μg/g(饲草料中铅含量为 $3\sim7$ μg/g)，并且公路上交通量与周围土壤中铅含量高度相关($r=0.941$)。一些铅锌矿或冶炼厂排放的工业"三废"往往污染周围的农田、土壤、饮水和牧草，动物长期在这些环境中放牧可引起慢性铅中毒。硫酸铅、磷酸铅和硬脂酸铅用作聚氯乙烯塑料的稳定剂，这种塑料就有铅毒性。另外，汽油中添加四乙基铅作为防爆剂，略有甜味，机油、润滑油中也含有一定量的铅，动物喜欢舔食，极易中毒。油漆、颜料、蓄电池中含铅量较高，动物摄入后常引起急性铅中毒。

【毒理】

铅主要从消化道吸收，吸收率与铅化合物的溶解度有关。空气中细小的铅尘和含铅烟气通过呼吸道吸入，沉积于肺，并迅速吸收。吸收入血的铅，可以与红细胞中的血红蛋白结合，在血浆中与转铁蛋白结合。另外，还可以与磷酸根结合成磷酸氢铅($PbHPO_4$)、甘油磷酸化合物和蛋白复合物，或呈铅离子状态参与循环。体内的铅 90% 以上存在于骨内。铅对机体各组织器官均有一定的毒性作用，主要损害造血系统、神经系统和泌尿系统。

(1)对造血系统的影响　大部分铅载附于红细胞膜上，对红细胞膜及其酶有直接的损害作用，使红细胞脆性增加，寿命缩短，导致成熟的红细胞溶血。另外，铅与蛋白质上的巯基(—SH)有高度的亲和力，在血红素生物合成过程中能抑制各种含巯基的酶，特别是 δ-氨基-γ-酮戊酸合成酶(delta-amino levulinic acid synthetase，ALAS)、δ-氨基-γ-酮戊酸脱水酶(delta-amino levulinic acid dehydratase，ALAD)和血红素合成酶(亚铁螯合酶)。这些酶活性抑制后，δ-氨基-γ-酮戊酸(ALA)形成胆色素原的过程受阻，从而导致中毒动物贫血。慢性和急性中毒都可引起贫血，出现幼稚红细胞增多，如网织红细胞、有核红细胞、多染红细胞，并可见多染有核红细胞和网织红细胞中有嗜碱性点彩。同时，铅中毒使红细胞寿命缩短，并可使红细胞发生崩解。

(2)对神经系统的损害　主要是小脑和大脑皮质细胞，干扰脑细胞的代谢、引起脑内毛细血管内皮细胞肿胀，脑血流量减少，毛细管通透性增强，发生脑水肿。外周神经因节段性脱髓鞘(segmental demyelination)而妨碍神经传导和肌肉活动，导致运动失调。过量的铅引起神经介质及神经传导有关的酶活性的改变，表现一系列神经症状。

(3)对肾脏的毒性作用　主要是导致慢性肾炎，引起肾小管上皮细胞变性、坏死，使肾小管重吸收功能发生障碍。同时，肾脏合成 1,25-二羟维生素 D_3 的能力降低，同时抑制肾素-血管紧张素系统。此期这些功能的变化是可逆的。

【症状】

动物铅中毒主要表现兴奋不安、肌肉震颤、失明、运动障碍、麻痹、胃肠炎及贫血等，因动物品种不同，临床症状有一定差异。

(1)急性中毒 主要见于犊牛和马。犊牛常突然发生，食入铅化合物后12~24 h发作，有时尚未表现明显症状已经死亡，有些病例表现明显的神经症状，犊牛狂躁不安，惊恐，吼叫，不避障碍物，有的头抵障碍物不动，视力下降或失明。兴奋期头部的肌肉震颤，甚至有时出现阵发性痉挛，牙关紧闭，癫痫样发作，口吐白沫，有的角弓反张。触觉、听觉过敏，如发生惊厥常为预后不良之兆。步态蹒跚或僵硬，呼吸、心跳加快。病程较短，一般为12~36 h，因呼吸衰竭而死亡。马多表现为外周神经症状，肌肉乏力，关节强拘，拱背。因喉返神经麻痹而发生吸气性呼吸困难和"喘鸣"，伴有支气管水泡音，呼吸困难。同时，伴有咽麻痹而发生周期性食管阻塞，有时食物吸入气管而发生肺坏疽。

(2)亚急性中毒 主要见于成年牛和羊。牛表现精神沉郁、呆滞、食欲废绝，进行性消瘦。失明，步态异常。肌肉战栗，感觉过敏。流涎、磨牙、腹痛。早期便秘，后期腹泻，粪便稀臭，饮食欲废绝，长期站立不动，有些病畜卧地不起，症状出现后3~5 d可死亡。羊亚急性铅中毒与牛相似，神经症状较轻。

(3)慢性中毒 多表现为消化道症状。精神沉郁，食欲废绝，便秘，进行性消瘦。牛瘤胃活动减弱或消失，伴有腹痛、磨牙、空口咀嚼。马常可在齿龈上见到蓝黑色的"铅线"，反刍动物不常见。羊慢性中毒主要表现精神沉郁，逐渐消瘦，视力下降，贫血，运动障碍，后肢轻瘫或麻痹。犬和猫铅中毒表现厌食，呕吐，腹痛，腹泻或便秘，咬肌麻痹，有的流涎，狂叫，呈癫痫样惊厥，共济失调等神经症状。猪和家禽对铅的耐受性大，发生中毒较少。

动物摄入过量铅后血液、被毛和组织中铅含量均可发生一定的变化。但由于动物品种或个体不同，铅中毒引起机体的损伤有差异，导致中毒动物体内铅含量变动范围较大。铅中毒的早期检测指标主要是测定血液中ALAD活性，牛日粮铅含量为15 μg/g时，该酶活性即可下降，同时尿液中ALA含量明显升高。血液学检查可出现低色素小红细胞性或正色素正红细胞性贫血。血液中出现大量的有核红细胞，网织红细胞明显增多，红细胞中可见嗜碱性彩点。

【病理变化】

剖检常可在胃内容物中发现小铅块或铅片、油漆残片、黑色机油或其他含铅异物。急性者常有胃肠炎和严重肾损害(羊)，肝脏色淡及肾充血(牛)。脑脊液增多，脑软膜充血、出血，脑回变平、水肿。肌肉苍白如水煮样，皮肤和气管出血，膀胱炎，角膜炎和眼球出血，脂肪肝。

组织学变化可见肝小叶中心坏死，一些肝细胞内有嗜酸性包涵体。脑组织水肿，大脑皮层充血，斑状出血；慢性病例可见大脑皮质坏死，内皮和星形细胞增生，小神经胶质细胞聚集；软脑膜部分嗜伊红细胞浸润，核内有嗜酸性包涵体。肾上皮嗜酸性细胞核内有明显的包涵体，肾小管上皮细胞出现颗粒变性和坏死，坏死脱落的上皮细胞堵塞管腔。

【诊断】

根据动物有长期或短期接触铅或含铅日粮的病史，结合临床症状即可做出初步诊断。饲草料、血液、被毛、肝脏、肾脏和骨骼铅含量的分析为本病的诊断提供依据。血液中ALAD活性以及尿液ALA、锌原卟啉(马)、血卟啉(山羊)含量测定对本病诊断具有一定的意义。

本病有明显的失明、腹痛及神经症状，应与维生素A缺乏症、脑灰质软化、低镁血搐搦、神经性酮病、脑炎及其他重金属中毒相鉴别。

【治疗】

本病的治疗应立即远离毒源，清除胃肠毒物，解毒及对症疗法。

急性中毒立即采取催吐、洗胃等措施，或内服6%~7%硫酸镁下泻，促使形成不溶性硫酸铅，并加速排出。同时，静脉注射10%葡萄糖酸钙溶液，可促使血铅回到骨骼以稳定病情。慢性中毒静脉注射特效解毒药依地酸二钠钙（CaNa$_2$EDTA）、d-青霉胺（d-penicillamine）、二巯基丙醇（BAL）等制剂，加速体内铅的排出。如腹痛和兴奋不安时，可给吗啡、水合氯醛或溴制剂等。高度呼吸困难时（马），可行气管切开术。

【预防】

禁止在铅矿及其冶炼厂污染地区或交通频繁的公路两侧放牧。同时，在工业环境铅污染区应改善设备，加大治理污染的力度，减少工业生产向环境中铅的排放。饲槽、圈舍周围动物能舔食到的栏杆、门窗等物体，不用含铅油漆及颜料。圈舍及放牧地区，不要堆放或乱扔铅皮、铅粒、旧电池极板、油毛毡、机油等含铅垃圾。铅污染区土壤，可施用石灰、磷肥等，以降低土壤中铅的活性，减少作物对铅的吸收，对羔羊经常补喂少量硫酸钠和硒，猪补充钙有一定的预防效果。

镉中毒（cadmium poisoning）

镉中毒是动物长期摄入大量的镉而引起的以贫血、消瘦、生长发育缓慢、肝脏和肾脏机能障碍、骨齿损害和骨痛骨骼损伤为特征的中毒性疾病。动物镉中毒主要发生在镉污染地区，各种动物均可中毒，牛易感性最高，马、羊次之，猪、鸭、鸡易感性低。

【病因】

①冶炼厂或工业"三废"排放：在矿山开采及冶炼过程中常伴随着镉的扩散，或"三废"污染水及土壤，造成该地区饮水、粮食及牧草中含镉增高，最终通过食物链造成对动物的危害。

②镀镉器具引起的动物镉中毒：使用表面镀镉处理的饲料加工设备、饲用器具、酸性饲料可溶出镉，造成饲料镉污染而导致动物中毒。

③一些含镉农药和医药使用不当或过量。

【毒理】

动物品种不同，对镉的耐受量有一定差异。单胃动物日粮或饮水镉含量1.0 mg/kg即可发生高血压、肾脏锰含量降低和肠道绒毛的退行性损伤。日粮镉含量5 mg/kg以上对所有动物产生影响，日粮镉含量0.5 mg/kg为临界值。

镉经口摄入后，有5%~11%被消化道吸收，其吸收率因镉化合物种类不同而异，易溶于水的镉化合物易被吸收。进入体内的镉首先储存在肝脏，然后与肝脏的金属硫蛋白（MT）结合成Cd-MT复合物向肾脏转移。镉长期作用可引起肝组织坏死，在肾脏Cd-MT只存在于细胞内，一旦到达细胞外液，即可被肾小管腔膜吞饮吸收，Cd-MT在与细胞膜结合时即造成细胞膜的损伤。镉离子能与红细胞中的血红蛋白结合，也能与组织蛋白中的巯基形成稳定的金属硫醇盐，使组织酶系统功能受损。镉也可干扰铜、铁、锌、钴的代谢，抑制骨髓血红蛋白的合成，因而可引起贫血。进入骨骼和牙齿的镉可置换骨质中的钙，导致骨质疏松。镉对睾丸的损害作用是干扰睾丸的血液供应，引起组织坏死，同时抑制睾丸GSH-Px活性，使脂质过氧化物堆积，造成细胞膜的脂质过氧损伤。镉抑制精子能量代谢酶的活性，影响精子的生成和发育。镉对中枢神经系统的毒性主要是抑制一些含巯基酶的活性及影响中枢神经递质含量。长期低浓度、慢性接触镉，可导致去甲肾上腺素、5-羟色胺、乙酰胆碱水平下降，对脑代谢产生不利的影响。中枢神经系统对镉的敏感性随着脑组织发育的成熟而降低。

镉对人和动物具有胚胎毒和致突变效应。镉可蓄积于胎盘和胎儿，造成胚胎死亡率增加，胎儿发育和骨骼骨化障碍，增加了胎儿和体细胞的突变数。镉可与DNA共价结合，引起遗传密码的改变，因此镉被认为是一种遗传毒物。

【症状】

当动物一次摄入大量镉时，对胃肠道具有强烈的刺激作用，动物表现呕吐、腹痛、腹泻等症状，严重时血压下降，虚脱而死。慢性中毒一般无特征性的临床症状，并且因动物品种不同而有一定差异。绵羊主要表现精神沉郁，被毛蓬松无光泽，食欲下降，黏膜苍白，随着病情的发展，极度消瘦，走路摇摆，严重者下颌间隙及颈部水肿，血液稀薄，最终因贫血而死亡。猪先出现精神沉郁，食欲减退，生长缓慢，皮肤及黏膜苍白，寒战，痛苦呻吟，运动失调，逐渐发展为昏睡，重者死亡。水牛钼镉中毒时，表现贫血，消瘦，皮肤发红。马精神沉郁，渐进性消瘦，易疲劳出汗，突然呼吸困难，喘息。另外，镉中毒动物繁殖功能障碍，公畜睾丸缩小，精子生成受损，母畜不孕或出现死胎。

动物中镉毒时组织镉含量显著升高，同时影响机体对铁、铜等代谢。镉中毒动物血液稀薄，红细胞数、血红蛋白含量和红细胞压积显著降低，红细胞变形和脆性增大。尿液中出现蛋白质。血清尿素氮、总蛋白、白蛋白和铜蓝蛋白含量下降。

【病理变化】

动物镉中毒剖检可见消瘦，牙齿出现色泽不深的黄色环，心肌柔软，肺呈广泛性灰白色、质硬，胃底区黏膜呈腐蚀性溃疡，肠黏膜充血。

组织学变化主要表现为全身许多器官小血管壁变厚，细胞变性甚至玻璃样变，肺脏表现严重的支气管和血管周围炎，肺泡壁增厚，肺泡间隔充血、水肿。肝细胞颗粒变性、坏死，细胞质溶解呈细网状，汇管区淤血、出血及炎性细胞浸润。肾脏为典型的中毒性肾病，并有亚急性肾小球肾炎和间质性肾炎，肾皮质多处呈大范围坏死，坏死区附近的肾小管上皮细胞颗粒变性，管腔内有透明管型。小脑浦肯野氏细胞和大脑神经细胞变性。心肌细胞轻度变性，有时出现局灶性坏死。骨组织疏松，骨小梁排列紊乱。

【诊断】

本病主要发生在工业生产造成的镉污染地区，结合主要症状和病理变化可做出初步诊断。确诊需做病区环境（水、土、草、料）和发病动物血、毛镉含量测定。当饲料和牧草中镉含量在 2.5 mg/kg 以上时，即有镉中毒的危险。

【防治】

镉中毒可应用氨羧络合剂，如依地酸二钠钙，具有良好的排镉效果。也可采用巯基络合剂，如二巯基丙磺酸钠、二巯基丁二酸钠等。

镉是蓄积性毒物，小剂量长期摄入可在体内蓄积而呈现毒性作用。因此，在工业镉污染区应严格控制工业"三废"中镉的排放。已经污染的土壤，可施用石灰或磷酸盐类肥料，可使土壤 pH 值升高至 7.0 以上，使镉呈难溶态磷酸盐而固定，以减少植物对镉的吸收。同时，日粮中增加蛋白质、钙、锌含量可减轻镉对动物的损害。动物补硒和铜能有效预防镉中毒临床症状的出现，减轻镉对组织器官的损伤。

硒中毒（selenium poisoning）

硒中毒是动物采食大量含硒牧草、饲料或补硒过多动物摄入过量的硒而发生的急性或慢性中毒性疾病。急性中毒以腹痛、呼吸困难和运动失调为特征，慢性中毒主要表现脱毛、蹄壳变形和脱落等。各种动物均可发生，但常见于高硒地区放牧的牛、羊和马，其次为猪。

【病因】

(1)土壤含硒量高，该土地生长的粮食含硒量高　一般认为土壤和饲料中硒含量分别达 1~6 mg/kg、3~4 mg/kg 时，即可引起动物中毒。如我国湖北的恩施县和陕西的紫阳县土壤含硒分别高达 7.1~45.5 mg/kg 和 2.22~27.92 mg/kg，恩施县产的玉米含硒量为 3.35~29.42 mg/kg，紫阳县双安乡蚕豆含硒量高达 42.44 mg/kg，这些高硒地区的动物常发生硒中毒。

(2)某些牧草具有聚积硒而引起中毒　不同植物对硒吸收能力是不同的，一些植物属专性聚硒植物(obligate selenium accumolator)或称硒指示植物(indicator plants)，如豆科的黄芪属中某些植物的含硒量可高达 1 000~15 000 mg/kg。

(3)人为因素　防治动物硒缺乏症时，用量过大或在饲料中添加混合不均，易引起动物中毒。

【毒理】

关于硒的毒性，研究发现日粮中硒含量达 5 mg/kg 时即可出现明显的中毒症状，2 mg/kg 时出现可疑的表现，从而认为动物对硒的最大耐受量为 2 mg/kg。同时，动物对硒的最大耐受量与元素的化学形式、动物摄入的持续时间和日粮的成分密切相关，高蛋白日粮、亚麻籽饼可降低硒的毒性，饲料中汞、铜、镉在消化道内可与硒形成无毒化合物，亚砷酸钠或砷酸钠可减轻或预防猪、鸡、犬、牛硒中毒。

硒易于从胃肠道吸收，尤其是小肠，吸收后主要与白蛋白结合，迅速分布于全身，一部分在肝脏、肾脏和被毛沉积，其余部分在红细胞和肝脏内经还原和甲基化，生成二甲基硒随呼吸排出体外，或生成三甲基硒随尿液排出。体内过量的硒通过抑制氧化-还原酶而发挥其毒性作用。慢性中毒则大量分布于毛和蹄内。硒还可以通过胎盘，造成胎儿畸形，也可进入鸡蛋。

硒进入动物体内后与硫竞争，取代正常代谢中的硫，形成硒醇基，从而抑制了体内许多含硫氨基酸酶(如琥珀酸脱氢酶等)，使机体氧化过程失调，干扰细胞中间代谢。此外，硒还能与体内游离的氨基酸以及含巯基蛋白结合，使血液中硫化物(如胱氨酸、甲硫氨酸、谷胱甘肽等)减少，影响蛋白质合成。硒还能影响维生素 C、维生素 K 的代谢，造成血管系统损害。硒中毒可以影响胚胎发育，造成先天性畸形。

【症状】

硒中毒在临床上主要表现急性、亚急性和慢性 3 种形式，取决于摄入硒的剂量、类型及接触时间。

(1)急性中毒　多发生于牛和绵羊。多由于采食多量高硒植物或使用亚硒酸钠过量所致。主要表现为精神沉郁，运动失调，盲目徘徊，不避障碍或呆立，肌肉震颤，腹痛，胃肠臌气。体温升高，呼吸困难，鼻孔有泡沫，瞳孔散大，黏膜苍白或发绀，呼出气体有明显大蒜味，最终因呼吸衰竭而死亡。严重病例在几小时内即可死亡。

(2)亚急性中毒　俗称"瞎撞病"(blind stagger)或"蹒跚病"。在高硒牧场放牧的牛、羊常见，一般连续采食高硒牧草几周或几个月而发生中毒。中毒动物一旦症状出现可于数日内死亡。中毒动物初期食欲降低，视力下降，盲目游荡，不避障碍物，随后消瘦，被毛粗乱，离群徘徊，视力进一步减弱，步态蹒跚，到处瞎撞。进而失明，转圈，流涎，流泪，腹痛，喉和舌麻痹，吞咽障碍，最后因呼吸衰竭而死亡。

(3)慢性硒中毒　又称"碱病"(alkali disease)，主要见于动物采食硒含量在 5~40 mg/kg 的天然富硒饲料和牧草，常发生于牛、羊、猪和马。在马属动物初期出现鬃毛及尾毛脱落，随后蹄冠裂开，蹄冠肿胀，蹄壳变形或脱落。牛表现蹄过度生长及变形，有的长 15~18 cm，末端向前卷起。猪表现全身被毛脱落，皮肤发红，蹄过度生长或蹄壳脱落，母猪受孕率降低，新生仔猪常发生先天性蹄变形，死亡率升高。上述中毒动物由于蹄裂或蹄变形而引起疼痛，不愿行走，驱赶时步态蹒跚，甚至腕关节跪地。家禽常不受其直接影响，但禽孵化率降低，雏鸡多有畸形，活力降低。

【病理变化】

急性中毒表现全身出血，肝脏、肺脏和心肌广泛损伤，肺充血、水肿，胸腔积液。肝脏充血、坏死，心外膜有出血点。亚急性中毒动物可见各脏器均有变性，肝脏及脾脏损害严重。肝脏萎缩、变性、坏死和硬化。脾脏肿大并有局灶性出血，多有腹水，脑充血、出血、水肿。慢性主要表现营养不良和贫血，腹腔有多量淡红色液体。心肌萎缩，心脏扩张，肝硬化和萎缩，并有胃肠炎和肾炎变化，蹄变形。

【诊断】

动物硒中毒的诊断并不困难。主要根据高硒地区放牧或采食高硒饲料的病史，结合临床症状和血液学变化，可初步诊断。确诊时可采集牧草、饲料，发病动物毛、血、肝或尿液做硒含量测定。

【治疗】

目前，急性硒中毒尚无特疗效法。慢性硒中毒可用砷制剂进行治疗。对氨基苯胂酸按 10 mg/kg 混饲，可以减少硒吸收，并促进硒排出。10%~20% 硫代硫酸钠以 0.5 mL/kg 静脉注射，有助于减轻刺激症状。新胂凡纳明按 0.01 g/kg，静脉注射，对马的硒中毒有较好的疗效，仔猪急性亚硒酸钠中毒时按 10.0 mg/kg，肌内注射。萘和对溴苯化合物与硒结合形成硫醚氨酸，可缓解牛和马的关节僵直，每日内服 4~5 g，连用 5 d，间隔 5 d 后重复应用。

【预防】

①在高硒牧场上，给土壤加施氯化钡或硫酸钙，能使植物吸收硒量降低 90% 以上。多施酸性肥料，也可减少植物对硒的吸收。

②高蛋白饲料对硒中毒有保护作用，如亚麻籽油饼含酪蛋白量较多，可减轻中毒，或者饲喂富含硫酸盐的饲料或加入维生素 B_1、维生素 E 及一些含硫氨基酸，或加入砷、汞和铜等硒拮抗物，可减轻或预防慢性硒中毒。

③日粮添加硒时，一定要根据机体的需要，控制在安全范围内，并且混合均匀。在治疗动物硒缺乏症时，要严格掌握用量和浓度，以免发生中毒。

砷中毒(arsenic poisoning)

砷中毒是指有机砷和无机砷化合物进入动物机体后释放砷离子，通过对局部组织刺激、与多种酶蛋白的巯基结合使酶失去活性，影响细胞呼吸和正常代谢，从而引起消化功能紊乱、实质性脏器和神经系统损害的一种中毒性疾病。临床上以口腔有蒜臭味、腹痛、腹泻及神经症状为临床特征。

【病因】

(1)含砷杀虫剂或农药的误用　用含砷制剂的杀虫剂或农药处理过种子、喷洒过农作物、污染饲料和饮水时，被动物误食而引起中毒；误食毒鼠的含砷毒饵引起急性中毒。

(2)含砷药物或生长促进剂的不当使用　作为药物或添加剂时，使用不当或过量时可引起中毒，如新胂凡纳明(914)、硫胂凡纳明(606)、氧化砷等砷制剂作为药物应用；某些砷制剂用作动物生长促进剂，可促进猪、鸡的生长，提高饲料的利用率和预防肠道感染等。

（3）工业污染　砷矿及其冶炼厂、生产含砷农药、医药与化学制剂的工厂等排放的"三废"污染当地水源、农作物和牧草，常常引起附近放牧的动物中毒。

【毒理】

砷化物对动物的毒性与砷制剂的种类、性质、侵入机体的途径以及动物个体因素等有密切关系。经常接触砷化物可增加动物的耐受性，经伤口染毒要比内服的毒性大数倍到10倍之多。一般无机砷化物毒性比有机砷化物毒性大。

无机砷及其化合物主要在胃肠道吸收，可溶性砷化物也可透过未损伤的皮肤吸收，砷化氢可经呼吸道吸收，同时对黏膜具有腐蚀、刺激和损伤作用。砷被吸收后随血液循环聚集在肝脏，作用于肝细胞线粒体，可引起肝损害，随后分布于全身组织。砷为一种细胞原浆毒，与机体内多种巯基酶，特别是丙酮酸氧化酶相结合，使这些酶失去活性。可使细胞的生物氧化、细胞的分裂等过程发生障碍，磷酸酯酶抑制后可发生紊乱。砷还可以使血管平滑肌麻痹，毛细血管扩张，使血管通透性增加，破坏血管机能。

目前，关于砷的致癌机理还不清楚，可能是在致癌诱发阶段阻止了DNA的修复作用，故认为砷是一种辅助致癌物。

【症状】

（1）最急性中毒　病畜突然剧烈腹痛，站立不稳，虚脱，瘫痪甚至见不到症状即可迅速死亡。

（2）急性中毒　多在采食数小时后突然发病，病初表现为胃肠炎症状，猪、犬和猫呕吐，马和牛剧烈腹痛，水样腹泻，粪便中混有黏液和血液。随后出现神经症状，表现为呻吟或哞叫（牛）、流涎、口腔黏膜潮红肿胀、口渴喜饮、呼吸迫促，呼出气体有蒜臭味（砷化氢），肌肉震颤、站立不稳，甚至后肢瘫痪，卧地不起，可在1~2 d因全身抽搐和心力衰竭而死亡。

（3）亚急性中毒　动物可存活2~7 d，主要以胃肠炎为主，病畜食欲减退或废绝，逐渐消瘦，腹痛，口渴喜饮，稀便或水样便，粪便带血或有黏膜碎片。初期尿多，后期无尿，出现血尿或蛋白尿。病畜先兴奋不安，后转为沉郁。体温偏低，四肢末梢冰凉，站立不动，虚弱无力，肌肉震颤，后肢麻痹，后期昏迷，瞳孔散大，最后因呼吸循环衰竭而死。

（4）慢性中毒　主要表现为消化机能紊乱及神经功能障碍，病程可长达1~2年之久。病畜食欲、反刍减退，前胃弛缓（牛、羊），腹痛，腹泻，或腹泻与便秘交替出现，粪便带血，生长发育停止，渐进性消瘦，被毛粗乱无光泽、局部容易脱落。黏膜及皮肤发红发炎，结膜与眼睑浮肿，鼻唇及口腔黏膜溃疡（砷毒性口炎），并长期不愈。大多数病例伴有神经麻痹症状，而且以感觉神经麻痹为主。

【诊断】

根据砷接触史，结合消化功能紊乱和神经功能障碍等症状，可疑为砷中毒。确诊需进行毒物定性分析，检验材料主要采集饲料、饮水、被毛、尿液、胃肠内容物及有关脏器组织。

【治疗】

（1）阻止毒物的吸收　经消化道吸收引起急性中毒时，尽早应用2%氧化镁溶液、0.1%高锰酸钾溶液或5%~10%的药用炭溶液洗胃，也可内服牛奶、鸡蛋清、豆浆或木炭末。有人报道硫酸亚铁100 g、氧化镁15 g分别加常水250 mL，临用时混合振荡成粥状后内服，猪30~60 mL，马、牛250~1 000 mL，每隔4 h重复给药1次。硫酸亚铁和氧化镁溶液混合后生成氢氧化铁，与可溶性砷化物结合，生成不溶性亚砷酸铁沉淀，防止或减少吸收。对于有呕吐能力的动物给予催吐剂或活性炭后，再给硫酸钠导泻。

（2）特效解毒疗法　常用的有巯基络合剂（二巯基丙磺酸钠或二巯基丁二酸钠）和硫代硫酸钠

（详见汞中毒）。

（3）对症治疗 纠正脱水和电解质紊乱可静脉注射生理盐水，或10%~25%葡萄糖注射液，同时配合应用维生素C制剂；当病畜腹痛不安时，注射30%安乃近注射液或内服水合氯醛，对肌肉强直性痉挛、震颤的病畜可静脉注射10%葡萄糖酸钙溶液；出现麻痹时注射维生素B$_1$；特别强调砷化物中毒时，忌用碱性药剂及含钾制剂，以避免形成易溶性亚砷酸盐，提高吸收率，加剧中毒症状。

（莫重辉）

第七节 其他中毒病

二噁英中毒（dioxin poisoning）

二噁英中毒是动物长期摄取微量二噁英类化合物引起以皮肤、肝脏疾病、生殖障碍和癌症等为特征的一种中毒性疾病。二噁英是一种毒性很大并且具有较强的脂溶性的含氯污染物，是在纸浆漂白、垃圾焚烧以及生产以氯苯为母体的化工产品（如落叶剂酚、除草剂2,3,5-涕）过程中所产生的副产品。二噁英易残留于动物脂肪和乳汁中，禽、蛋、乳、肉、鱼是最易被污染。由于二噁英对人和动物危害极大，俗称"世纪之毒"，1997年WTO将其列为第一类致癌物质，并于1998年提出建议限量标准为1×10^{-12}~4×10^{-12} g/kg。

【病因】

二噁英类化合物分为两大类：一类是呋喃环结构，化学名为2,3,7,8-四氯二苯呋喃，有135种同系物；另一类是多氯联苯，化学名为3,3',4,4',5,5'-六氯二苯，有209种同系物。在这些同系物中，只有30种被认为具有二噁英样作用，其中毒性最大、致癌作用最强的是2,3,7,8-四氯-二苯基-对二噁英（2,3,7,8-tetrachlorodibenzo-p-dioxin，TCDD）。

二噁英类毒物广泛存在于卫生纸、纸巾等纸制品、化工产品、土壤、空气以及海产品中，但一般情况下含量较低。焚烧垃圾、工业废品、医院废物、森林火灾和柴油燃烧等都可产生二噁英，释放出来后悬浮于空气中，下雨时随雨水落到地面或庄稼表面，植物或动物吸收后被污染。另外，在杀虫剂、除草剂、防腐剂和油漆添加剂以及冶炼、合成、热处理和造纸等均含有或排出TCDD，动物长期接触被TCDD污染的垫料、土壤和饲料后引起中毒。

【毒理】

二噁英类毒物毒性较大，其毒作用大小受动物种属、品系以及年龄影响，其中豚鼠及幼龄动物最为敏感。二噁英的性质稳定，对理化因素和生物降解都有抵抗作用，同时具有较强的脂溶性，进入体内后主要停留于脂肪组织内，机体对其代谢非常缓慢，消除半衰期达8年，毒性比氰化钾还要强50~100倍。

二噁英具有三甲基胆蒽类酶诱导作用，可明显诱导鸟氨酸脱羧酶、细胞色素P450氧化酶、谷胱甘肽硫转移酶等酶的活性。另外，还可抑制免疫系统，导致对感染和癌症的抵抗力下降。根据对大鼠的研究结果表明，以每日1 000~20 000 pg/kg的剂量给药，可以导致10%~20%的大鼠诱发癌症。二噁英及其类似物可以引起腭裂、肾盂积水膨出、先天性输尿管阻塞，还可通过引起雄性激素缺乏，睾丸素合成减少，从而影响雄性的繁育功能。目前，TCDD的毒性作用机理尚不完全明确，但可以肯定地认为TCDD的急性毒性、致癌性和致畸性等绝大部分作用是由Ah受体（Aryl hydrocarbon receptor）介导的。Ah受体是一种特异性的胞内TCDD结合蛋白，一旦与TCDD结合后，可以在转录水平上控制基因表达,引起动物体发生畸形、癌症及突变。此外,TCDD的毒性作用还可能与其他(如肝细胞膜等)靶组织的上皮生长因子(EGF)受体竞争性结合,改变蛋白激酶的活性,改变包括变形生长因子和干扰素在内的多个特异基因表达,以及升高血浆游离色氨酸水平,并进一步增强5-HT代谢有非常密切的关系。

【症状】

从隐性期到出现症状5~10 d。动物中毒后表现为生长缓慢,进行性体重降低,脱毛,腹侧和四肢水肿,贫血,黏膜黄疸,消化紊乱,肠绞痛等症状。皮肤及其衍生物损害(结膜炎、角化过度症、秃毛、鳗状疹、皮肤溃疡)。母鸡产蛋率急剧降低,蛋壳坚硬,孵化后的小鸡难以破壳,肉鸡精神委顿,生长缓慢。

血液学变化可见初期外周血红细胞数、血红蛋白含量和红细胞压积增高,随后降低,血凝系统抑制,血液再生障碍;中性粒细胞、吞噬细胞活性和溶菌酶、T淋巴细胞和B淋巴细胞以及有效的玫瑰花环形成的T细胞数量减少;与自溶红细胞有联系的淋巴细胞数增多;血清免疫球蛋白含量降低,T淋巴细胞效应降低,发生继发性免疫缺陷。血清α-氨基-酮戊酸合成酶活性增高,胆固醇、总蛋白、白蛋白、尿素氮含量增加,细胞色素P-488附属物微粒体酶活性增高。

【病理变化】

主要病理变化为动物胴体消瘦,皮下水肿,结膜黄染,贫血,胸腹腔、心包积有浆性液体,脾萎缩,肾小管上皮坏死,血管球性肾炎,肝营养不良等变化。

【诊断】

根据临床症状和病理变化,结合流行病学调查,可做出初步诊断,确诊需进行饲料、动物组织中二噁英及其类似物的分析,常用的检测方法为高分辨率色谱-质谱联用法(HRGC-HRMS)。

【防治】

本病尚无特效疗法,主要采取预防措施。

(1)重视二噁英的危害性,控制和消除发生源　二噁英污染是全球性的,直接危害人类和动物界的生存。"二噁英事件"的发生,是现代工业发展造成环境污染对人类的又一次惩罚。应吸取教训,切实加强食品安全体系建设,要特别警惕含氯化合物的产生。农药的使用、垃圾的焚烧等均要符合环保的要求。

(2)加强对二噁英的监控　加强对环境、食品、饲料中二噁类含量的监测,以确保安全可靠。同时,加强海关检疫,严防国外二噁英类污染物潜入我国市场。加强对畜禽健康状况进行监控,定期对畜禽血、尿、乳、毛、蛋以及某些组织或器官中的二噁英含量进行监测。

【预防】

二噁英对人类的威胁并不是新近的事情。二噁英在人类的工业活动中随地可能产生,因此,最主要的预防方法就是控制好二噁英的生产源。从政府角度来看,应该严格抓紧立法,强制性规定水、空气、食品中的二噁英限量标准,并执行严格的监督检查。严格控制生产含氯化合物的化工企业以及使用含氯化合物造纸的企业,做好废气、废水、废物的处理;高度重视垃圾焚烧技术,治理环境污染,走可持续发展道路。

一氧化碳中毒(carbon monoxide poisoning)

一氧化碳中毒俗称煤气中毒,是大量的一氧化碳经呼吸道吸入后,进入血液与红细胞的血红蛋白结合成稳定的碳氧血红蛋白(carboxyhemoglobin, CoHb),使血液携带氧的功能发生障碍,导致全身性组织缺氧为特征的中毒性疾病。各种动物均可发病，主要见于幼畜，在冬季多发。

【病因】

一氧化碳是一种无色、无味、无刺激的气体，比空气略轻，在空气中很稳定。大气中的一氧化碳主要来源汽车尾气排放（6%～10%或更多）、工业厂房排放气、火山气体、沼泽气、煤矿天然气及森林火灾（现场一氧化碳浓度可达10%）等，当空气中一氧化碳浓度达到0.1%～0.2%时，动物吸入这种空气后即可引起中毒。

冬季在产羔房、母猪产仔房和育雏室等通风不良或无通风设备情况下，生火取暖；使用小型供热器或煤炉等供暖设备时，易产生大量的一氧化碳，幼畜禽吸入后即可引起中毒。

【毒理】

一氧化碳经呼吸进入肺泡内后，通过气体交换进入血液，大部分和红细胞内的血红蛋白结合，形成稳定、鲜红色的CoHb，血液、可视黏膜和各内脏器官呈现樱桃红色。由于CoHb没有携氧能力，从而使机体供氧能力下降，导致机体全身性缺氧。高浓度的一氧化碳还可和含Fe^{2+}的肌球蛋白、还原型细胞色素氧化酶的Fe^{2+}结合，影响氧从毛细血管弥散到细胞内的线粒体和细胞呼吸、氧化过程，阻碍组织细胞对氧的利用。

神经系统对缺氧较敏感。缺氧使血管内皮细胞发生肿胀而影响脑部血液循环，大脑组织缺氧，同时脑内因缺氧而产生酸性物质，使大脑内血管通透性增加，形成脑细胞间质水肿，临床上表现出一系列神经功能障碍的症状。由于机体缺氧，体内无氧酵解作用加强，产生大量的酸性代谢产物，引起机体发生自体酸中毒。

一般认为，组织缺氧程度与血液中CoHb占血红蛋白的比例呈正相关性。CoHb含量低于10%时不表现任何临床症状，当含量在10%～20%时，动物适当运动时可引起呼吸急促，轻度的呼吸困难，当含量达到30%时动物表现为运动失调、恶心和呕吐，超过40%时意识障碍、虚脱甚至昏迷，50%～60%时呼吸衰竭，死亡，在濒死期出现惊厥。

【症状】

血内含有30%碳氧血红蛋白时，动物即可出现轻度中毒症状，表现羞明流泪，呕吐，咳嗽，心跳加快，呼吸困难。此时如能及时发现脱离现场，经过治疗或不经任何治疗很快可以得到恢复。

严重中毒动物迅速出现走路不稳，昏迷，知觉障碍，反射消失，后躯麻痹，四肢厥冷。可视黏膜呈红色，也有呈苍白或发绀，全身大汗，体温升高。呼吸急促，脉细弱，四肢瘫痪或出现阵发性肌肉强直或抽搐。最后陷于极度昏迷，意识丧失，排尿失禁，呼吸和心肌麻痹而死亡。

【病理变化】

急性中毒死亡的动物，可见血管和各内脏器官内血液呈鲜红色，各脏器表面有鲜红色出血斑点。慢性中毒动物肝脏、肾脏和脾脏肿大，有时可见心肌坏死。大脑水肿、出血，组织学观察可见大脑和脑干白质软化，皮质和海马体坏死。

【诊断】

本病根据病畜有吸入一氧化碳的病史，结合临床表现可做出初步诊断，必要时可测定空气中一氧化碳和血液中COHb含量。

【防治】

发现一氧化碳中毒，应立即将病畜转移到空气新鲜的地方，同时注意人的安全。有条件时，立即输氧，输氧量以5～7 L/min为宜，也可静脉注射0.24%双氧水，牛、马每次0.5～1 L，中小型动物可酌情减量，必要时可输血。或对病畜进行放血，马、牛静脉放血，猪实行剪耳尖、尾尖放血，放血后静脉注射25%～50%葡萄糖和维生素C。当动物窒息时，用盐酸山梗菜碱注射液皮下注射或静脉注射。

有脑水肿现象时，可应用20%甘露醇、25%山梨醇、高渗葡萄糖等溶液交替静脉注射，同时利用利尿剂和地塞米松。当脑水肿控制并稳定后，应用细胞色素C、辅酶A、ATP和大剂量的维生素C等药物促进细胞机能的恢复。也可选用低分子或中分子的右旋糖酐扩张血管，改善脑循环。出现肺炎时，可应用抗生素药物。

【预防】

加强预防一氧化碳中毒的宣传，在每年入冬以前，应对采暖、饲料加温等设备进行检修，防止漏烟、倒烟，避免一氧化碳中毒。无通风设备的畜禽舍应及时设置风斗、通风孔、换气等设备，保持圈舍通风。

水中毒(water poisoning)

水中毒是指动物因各种原因引起暴饮而使血浆渗透压下降、红细胞溶解、表现血红蛋白尿和神经症状为特征的一种中毒性疾病。水中毒常见于被长途运输的马、牛、猪。有时可见于兔、猫、鼠、豚鼠、火鸡等，以幼龄动物多见。

【病因】

主要见于动物长时间处于缺水状态，然后暴饮而发生水中毒。如当动物长途运输过程中，饮水不足或无法饮水，到达目的地后，突然大量饮水，或因长时间劳役，出汗过多，又突然大量饮水。动物长期饮用劣质水，更换优质水后造成暴饮，或饮用大量冷水；或在高温季节，大量饮用缺盐水；更有甚者，有些不法商贩在出售前大量灌水等均可引起水中毒。

【毒理】

当动物在短时间内超常饮水后，会使胃、小肠的张力突然剧增，导致胃肠蠕动无力，同时胃肠内分泌物被水稀释，内分泌减少，胃蛋白酶的活性降低，引起粗蛋白在胃里的初步消化障碍。另外，小肠黏膜分泌胃肠激素的功能减弱，直接影响胃液、胰液和胆汁的分泌排出。因此，动物迅速出现消化紊乱。当水分被大量吸收后，不可能使动物从少尿或无尿转入多尿，过多水分潴留在组织，发生细胞水合作用，尤其是红细胞和脑细胞最为明显。最终出现红细胞破裂导致溶血性红蛋白尿和神经症状。

当大量饮用冰凉水以后，临床症状更加严重，腹疼剧烈，体力消耗更大，如当奶牛饮0℃的水100 kg后，要使这些冷水的温度达到体温，需要消耗1 040 g的可消化氮，大约相当于维持饲料量的40%。再加上过度饮水后，消化机能紊乱，能量转化受阻，只能消耗体脂肪、体蛋白来维持新陈代谢。

【症状】

水中毒的共同症状是久渴狂饮，排红尿，尿少而频，伴有嗜睡、震颤。

犊牛长时间饮水不足，一次可暴饮超30 L水，瘤胃臌胀，1 h后即可出现阵发性红色尿，四肢骚动，目直视，上下牙磕碰有声；脉搏达110次/min，肺呈啰音，流涎，拉水样粪便。肌肉无力、震颤，不安，共济失调，惊厥，昏迷等。

马在长途运输后，突然暴饮可致大批发病和死亡，或因挣脱缰绳，长途奔跑，大汗淋漓、暴饮后5~7 min即可表现全身颤抖，头颈背仰，喘促，腹胀，啰音，衰竭，死亡等。

猪被长途运输，或胃大量灌水后，不到1 h即可出现中毒症状，饮食欲完全废绝，腹围增大呈圆鼓状，四肢无力，行动迟缓，呕吐，呼吸急促，随病情发展而肌肉痉挛，四肢呈游泳状，并逐渐昏迷。

鸡因气温太高，饲养密度过大，奇渴暴饮，常出现饮水后突然死亡，病情较轻者两肢软瘫，昏睡，有些在昏睡中渐渐死亡。

【诊断】

本病诊断主要根据突然大量饮水后出现血红蛋白尿，并伴有神经症状为主要依据。但诊断中应与肾及尿道疾病、钩端螺旋体病、焦虫病、麻痹性肌红蛋白尿和药物(如磺胺药、庆大霉素类)中毒等引起的血红蛋白尿相区别。同时，还应与脑水肿和肺水肿相区别。

【防治】

发现动物水中毒后，立即限制其饮水，配合对症治疗，如强心、利尿，可用25%葡萄糖、10%苯甲酸钠咖啡因。牛、马25%葡萄糖1 L，安钠咖2.0~4.0 g。调整晶体渗透压浓度，可静脉注射10%氯化钠溶液300 mL，并配合维生素C。例如，缓解脑水肿可用20%甘露醇或山梨醇等利尿剂进行利尿。

预防主要是禁止让动物久渴、暴饮，当运输到达目的地后，应少量多次给予饮水，或在饮水中适当加点盐。夏季在禽舍、猪舍中应保证有足够的饮水，以防动物暴饮而发生中毒。

呋喃唑酮中毒(furazolidone poisoning)

呋喃唑酮是一种广谱硝基呋喃类抗生素，曾广泛应用于畜禽及水产养殖业。其对常见细菌有抑制作用，常用于治疗细菌和原虫引起的痢疾、肠炎、胃溃疡等胃肠道感染。由于其毒副作用较大且无有效的拮抗剂，用量过大或长期使用或混合不均匀时常发生中毒，可引起溶血性贫血、多发性神经炎、眼部损伤等。临床上经常出现有关猪、鸡、鸭、羊、鸽子、鹌鹑等呋喃唑酮中毒。

【病因】

养殖环节用药不当是造成呋喃唑酮中毒的最主要原因，大致会有以下几个方面：不遵守休药期，超量用药，不按标签规定，屠宰前用药等。由于其治疗量与中毒量十分接近，故在实际应用中用量不易掌控。如果呋喃唑酮混料不均，用量过大或连续使用时间过长时，可引起动物中毒。呋喃唑酮对动物的肝、肾、心脏、下丘脑及生殖系统等都有不同程度的毒副作用，严重会导致动物死亡。其对中枢神经系统与造血系统能造成不可逆的损伤。

【毒理】

呋喃唑酮为硝基呋喃类抗菌药。其作用机制为干扰细菌氧化还原酶从而阻断细菌的正常代谢。含酪胺成分的物质进入机体内一般能被肝细胞中线粒体的单胺氧化酶氧化，呋喃唑酮及其代谢产物可抑制单胺氧化酶，使酪胺在体内代谢减少，引起双硫仑样反应。

(1)对中枢神经系统的影响　药物进入机体后能破坏机体的某些系统，阻止丙酮酸的氧化过程。而丙酮酸对促进乙酰胆碱合成的胆碱乙酰酶的活性具有抑制作用，所以当丙酮酸的量增高时，机体内借助乙酰胆碱实现神经冲动的传导过程就会发生障碍。随着用药时间延长与用药剂量的增加，会发生不可逆的多发性神经炎，可能还会引发精神障碍。

(2)对造血系统的影响　呋喃唑酮会造成溶血性贫血，可能与红细胞葡萄糖-6-磷酸脱氢酶(G-6-PD)缺乏有关。呋喃唑酮为单胺氧化酶抑制剂，有抑制乙酰脱氢酶的作用，对G-6-PD可能也有同样抑制作用，使还原性辅酶Ⅱ、谷胱甘肽生成减少而致溶血。

(3)对消化及免疫系统的影响　过量使用呋喃唑酮可能会导致胃肠道反应(如恶心、呕吐、厌食、腹泻，一般反应较轻)。过敏反应也常见，主要表现为皮疹(多为荨麻疹)、药物热、哮喘。

【症状】

(1)急性中毒　如果畜禽药物用量过大，连续用药时间过长都能引起急性严重中毒，病畜表现为精神萎靡或狂躁不安，四肢无力，步态蹒跚或丧失平衡，食欲减退，皮温降低，口吐白沫，反射迟缓，昏迷，肌肉震颤。或出现高度兴奋，张口尖叫，乱蹦乱跳或就地打滚打转，瞳孔缩小，体温下降，继而转入沉郁，最后痉挛抽搐而死。禽类主要表现为呼吸急促，可视黏膜黄疸，贫血，冠髯青紫，翅下有皮疹，粪便呈酱油色，有时呈灰白色。蛋鸡产蛋量急剧下降，出现软壳蛋，部分鸡死亡。

(2)慢性中毒　发生在拌喂呋喃唑酮后的一段时间内，表现为食欲锐减，甚至废绝，烦渴，精神萎靡，呼吸减慢，运动失调，个别头部肿大，有时腹泻，最终造成畜禽生长发育受阻。

【病理变化】

急性中毒死亡的禽类全身淤血，口腔、嗉囊和胃中有黄色黏液，其他无变化；严重病例中肠道炎症明显，黏膜充血、出血，肠腔有黄色带血黏液；肝脏变黄或红黄色，色泽不匀，质脆；心肌变性；皮下水肿；脑膜充血。

急性中毒死亡的猪剖检可见胃底黏膜重度炎症，严重出血。从幽门经胃底至贲门可见带状发炎区，并有大小不等的出血点；肠内容物呈金黄色；肝表现有细微的黄白色网状条纹。急性中毒死亡的病犊牛心脏扩张，心肌弛缓，冠状沟有许多出血点；肝脏肿大并充血；胃肠内充气，肠黏膜充血、肿胀；两侧肾脏有弥漫性针尖状出血点。急性中毒死亡山羊尸僵完全，血液褐黑色，结膜苍白，胃肠内容物为黄色液体。胃肠黏膜呈块状脱离。胃肠破裂，肾、脾、胰明显肿大并有出血现象；心冠部脂肪出血；肝有灰白色坏死灶，质地变脆；胆囊肿大明显；肺高度水肿，心包积液，腹腔积水。

【诊断】

问询畜主，了解病史，根据呋喃唑酮的使用情况，以及突然发病和临床表现的神经症状结合病理变化进行诊断，一般即可确诊。

【治疗】

立即停喂掺入呋喃唑酮药粉的饲料或饮水，清洗食槽，投喂大量清洁饮水。皮下注射阿朴吗啡或内服1%硫酸铜溶液催吐，或用硫酸钠口服导泻，使毒物排出体外。可用高渗葡萄糖液，配合一定量维生素B或维生素C，内服或腹腔注射。对精神过度兴奋、狂躁不安、痉挛性抽搐的病畜，应使用2.5%硫喷妥钠，同时配合肌内注射盐酸硫胺素。若出现代谢性碱中毒，可在静脉注射10%~25%葡萄糖液时，加入10%~15%氯化钾溶液。

【预防】

用药时要谨遵医嘱或严格按照说明书用量，不可随意增加剂量。为了预防中毒，1个疗程最多不超过1周。拌于饲料中使用时，要注意搅拌均匀。拌料方法：将呋喃唑酮磨成细粉，先与少量饲料搅匀，再用部分饲料拌匀，最后拌入全部饲料中搅匀后饲喂。若动物年龄、体重不均，则应分批用药，避免个体摄入量不均。

(孙子龙　王宏伟)

第十章

其他内科病及不明原因的疾病

家禽的胚胎病（poultry embryo disease）

家禽的胚胎病是指家禽胚胎感染各种病原体，或是种母禽光照、营养不足、饲养管理不当以及种蛋保存、运输、孵化技术的错误等引起死胎、孵化率降低等胚胎病。

【病因】

（1）传染性胚胎病　由传染性疾病引起，如副伤寒、曲霉菌、化脓性球菌、大肠杆菌等。

（2）营养性胚胎病　由于种母禽患维生素缺乏病，如维生素 A 缺乏病、维生素 E 缺乏病及维生素 D 缺乏病等。

（3）孵化技术不当　由于未严格按照科学孵化技术引起的胚胎病。

【症状和病理变化】

（1）传染性胚胎病

①胚胎副伤寒：剖检死胎，肝有灰白色的小点，脾肿大，胆囊充满胆汁，死胚率可达 85%~90%。

②曲霉菌病：胚胎水肿、出血，肺、肝、心表面有浅灰色结节。孵化后期，种蛋有时会破裂，污染其他种蛋而扩大传染。

③脐炎：多由化脓性球菌、大肠杆菌、伤寒杆菌污染脐部而发病，胚体表现脐环发炎、水肿，出壳后雏禽卵黄吸收不良，腹部膨胀而下垂。

（2）营养性胚胎病　种母禽患维生素缺乏病时，所生种蛋都可发生胚胎病，种母禽多表现维生素 A 缺乏、维生素 D 缺乏、维生素 E 缺乏的相应症状。

（3）孵化技术不当引起的胚胎病

①温度过高：发生"血圈蛋"。胚膜皱缩，常与脑膜连接在一起，呈现头部畸形。有时造成胚胎异位，内脏外翻，腹腔不能愈合。

②温度过低：心脏扩张，肠内充满卵黄物质和胎粪，胚胎颈部呈现黏液性水肿。胚胎发育缓慢，出雏推迟。

③湿度过大或过小：相对湿度过大，黏稠的胚胎液体形成凝固的薄膜，使幼雏不能呼吸而窒息死亡。相对湿度过小，胚胎生长不良，胚胎与胚膜粘连，出雏困难，幼稚瘦小，绒毛枯而短。

④翻蛋不当：不定时翻蛋，蛋黄很容易因上浮与蛋壳粘连，造成胚胎发育不良或死胎；当蛋的倾斜角度不够，垂直进行孵化时，也会引起胚胎死亡。

【预防】

（1）严格执行孵化制度　按胚施温，按胚施湿。掌握好翻蛋通气技术，使蛋内受温均匀，获得充足的新鲜空气，促进胚胎健康发育。

（2）禁止使用患传染病种禽所产的种蛋孵化　种蛋入孵前要储存好，保存时间越短，孵化率越高。春、秋季保存时间不宜超过 5~7 d，夏季保存时间不宜超过 3~5 d，冬季不宜超过 10 d。

（3）做好消毒工作　做好孵房、孵化器及一切孵化用具的消毒工作。种蛋入孵前要严格消毒，消毒方法：甲醛烟熏消毒；1∶1 000 的新洁尔灭溶液喷雾种蛋表面；1∶1 000 的高锰酸钾溶液浸泡 1~2 min。

（4）提高种蛋的质量　是防止胚胎病发生的极为重要的环节。平常要加强种禽的饲养管理，保证种禽饲料中含有足量的各种营养成分。

遗传性先天性卟啉症和原卟啉症(inherited congenital porphyria and protoporphyria)

遗传性先天性卟啉症和原卟啉症过去曾被称作紫质病(porphyria)，又称红齿病(pink tooth disease)、骨血色病(osteohemochromatosis)、褐黄病(ochronosis)或血卟啉尿病(hematoporphyrinuria)等，是与血红素合成缺陷有关的先天性代谢紊乱，过量卟啉代谢副产物在骨骼、牙齿、皮肤等组织内沉积，随粪和尿排泄。其遗传特性，属常染色体隐性或显性类型。牛较多发，如短角牛、荷兰牛、丹麦黑白花牛、爱尔兰牛等，在猪、猫中也有报道。临床特征表现卟啉(红褐)齿、卟啉(红褐)骨、卟啉(红褐)尿以及贫血、光敏性皮炎、腹痛或神经症状等。

【病因】

大多数牛的卟啉症属常染色体隐性遗传，杂合子个体在临床上表现正常。遗传方式上没有严格的性连锁，但母牛的发病率比公牛高，猪的遗传方式还不清楚，但可能是由于一个或一个以上的显性基因所致。原卟啉症则属常染色体显性遗传。

【发病机理】

卟啉是一种能吸收可见光并引起光敏性的芳香族复合物。发生本病时，这种色素在血液、尿和粪中的浓度高于正常。这种代谢性缺陷是在吡咯族转化为卟啉Ⅲ族时，由于尿卟啉原Ⅰ合成酶和尿卟啉原Ⅲ辅酶合成酶机能不全，引起血红素合成的中间产物贮积和血红素缺乏，使动物发生感光过敏和溶血性贫血。原卟啉症是亚铁螯合酶缺乏活性，导致生成过多的原卟啉，在红细胞和粪中含量升高。

【症状和病理变化】

病牛由于卟啉含量高，排出的尿呈琥珀色至葡萄酒色，牙齿和骨呈现淡红色至棕色，并出现严重的感光过敏反应。面部、眼眶周围、鼻镜、耳背部、头后部、鬐甲部和会阴部的皮肤出现红斑、水肿和溃疡。病牛黏膜苍白和生长停滞。病猪一般表现正常，不发生感光过敏，但牙齿和骨骼呈现红棕色，甚至在仔猪初生时即可辨认。本病在猫中也有报道，但较罕见，症状也较轻。不同动物对本病的易感性存在很大差异，有一种松鼠毛皮狐，它的尿卟啉原Ⅲ合成酶的活性相当低，但既不表现光敏性，也不表现溶血性贫血，这表明它有某些抑制低活性尿卟啉原Ⅲ合成酶的生理机制。

原卟啉症的唯一异常是光敏性发炎，病牛不表现牙齿和骨骼的红斑，尿液也不着色。在人类，患者在日光暴晒后会出现急性荨麻疹或慢性红斑，部分病例无症状，呈隐匿型。病畜尿和粪中出现过多的卟啉物质，尿卟啉可达 5~10 mg/L，粪卟啉可达 3.56~15.30 mg/L，当曝光后，颜色变为暗黑色至棕色。要证实尿中色素是卟啉，须进行光谱学分析。红细胞的生存时间明显缩短，出现巨红细胞正色素性贫血，其严重程度与红细胞中的尿卟啉含量有关，并产生溶血性贫血。红细胞中尿卟啉含量最高的牛，对日光也最敏感。病畜的牙齿和骨骼呈棕色或紫红色，色素主要见于牙齿的牙基质和骨骼的致密层。当紫外线照射病骨和病齿时，呈现出红色荧光。

【诊断】

对病牛、病猪，可根据出生时牙齿变色和贫血症来判断，测定杂合子个体（隐性基因携带者），可用生化检测粪卟啉、尿卟啉，成纤维细胞亚铁螯合酶活性或红细胞内尿卟啉含量，再结合测交试验，进行光谱分析，即可准确地区分出正常牛、杂合子牛和病牛。此外，本病必须与其他原因引起的感光过敏和肝功能不全所致的症状性卟啉症相区别。

【防治】

对感光过敏若有需要可用非特异性疗法，病牛应进行舍饲，尽可能避免日光照射。唯一采取的预防措施是从育种计划中剔除隐性基因携带者，在发生本病的品种中，用作人工授精的公牛定期检查尿和粪便，以观察尿卟啉、粪卟啉是否过量。

母猪乳腺炎子宫炎无乳综合征(mastitis-metritis-agalactia in sow)

母猪乳腺炎子宫炎无乳综合征(MMA)是母猪产后的常发病之一，其特征是在母猪产后 1~3 d 逐渐表现少乳或无乳、厌食、便秘、对仔猪淡漠等。仔猪由于得不到充足的母乳而变得瘦弱，易发病，死亡率较高，给养殖业造成严重的损失。临床特征食欲不振，嗜睡，一个或多个乳腺肿胀、变硬、触摸敏感，不给仔猪哺乳，体温升高，阴道流出脓性分泌物，在病理学上有不同程度的乳房炎。有的学者认为母猪乳腺炎子宫炎无乳综合征不应作为一种单一的疾病。

【病因】

(1)病原微生物感染　母猪分娩时产道损伤，母猪产后虚弱，生理机能未恢复正常，抵抗力、机体免疫力下降，大肠杆菌、克雷伯杆菌、葡萄球菌、绿脓杆菌、支原体等侵入母猪体内，产生毒素而致病。环境卫生差、人工授精消毒不严格、初产母猪早配等也都能引起本病的发生。

(2)营养障碍、代谢紊乱

①母猪分娩前后饲喂大量发酵饲料或过食，泌乳过多，易引起乳腺炎。

②饲料质量差、霉菌及霉菌毒素含量高，引起母猪生殖系统紊乱，影响胚胎发育。饲料中维生素 E、维生素 A、维生素 D 及硒、磷、钙等微量元素不平衡或不足，降低机体免疫力，母猪抗应激能力下降，产后体质虚弱，而容易产生母猪乳腺炎子宫炎无乳综合征。另外，还有报道指出维生素 E 具有抗应激作用。

③妊娠期间母猪甲状腺机能异常，催乳激素分泌缺乏等。

(3)环境应激　妊娠母猪群养而分娩母猪单独饲养，母猪未能适应新环境而造成应激；噪声、惊厥、扰乱等均能引发本病。

(4)与遗传因素有关　也有报道指出本病还受遗传的影响，某些品系种猪更易发生本病。

【发病机理】

当母猪摄入含霉菌的饲料时，会刺激丘脑下部释放激素的分泌，影响体内促卵泡素(FSH)、促黄体素(LH)、促黄体分泌素(LTH)、促乳素(Pr)等激素不平衡，甚至紊乱，影响母猪正常性机能、乳腺发育不全、母猪不发情、胎儿畸形等，免疫力减弱从而诱发乳腺炎。

【症状】

(1)急性型　母猪产后食欲下降或废绝，精神萎靡，体温升高，呼吸急促，频频排尿，时常努责，阴门红肿，阴道内流出污红色或脓性分泌物，乳房潮红、肿胀、发热、变硬、有疼痛感，母猪呈伏卧姿势，拒绝仔猪哺乳。仔猪比较吵闹，啃咬其他仔猪，甚至可因饥饿和低血糖而死亡。

（2）亚临床型　母猪食欲无明显改变或减退，体温正常或略微升高，阴道内不见或周期性排出少量污红色或脓性的黏液，乳房苍白扁平，少乳或无乳，仔猪不断用力拱撞或频繁更换乳房吃奶，食后下痢、消瘦。症状不明显，而容易被忽视。

【诊断】

常发生在夏季刚开始的时候，尤其是5~6月，非常普遍。根据症状不难做出正确的诊断。

【治疗】

卡那霉素或阿莫西林(10 mg/kg)在一侧颈部，磺胺和甲氧苄啶(2.5 g/头母猪)在另一侧颈部注射3 d。阿莫西林200 mg和地塞米松12 mg溶于水后经乳头管注入乳房，每日1~2次，连用3~5 d。生理盐水、0.2%新洁尔灭、1%碳酸氢钠溶液、0.1%高锰酸钾溶液等冲洗子宫，但冲洗后要及时注射垂体后叶素20万~40万IU，促进子宫内炎性分泌物排出，然后用20~40 mL注射用水稀释青链霉素各200万IU或强效阿莫西林4支，注入子宫，或放入10片土霉素。注意如出现全身性感染时禁忌冲洗子宫。

【预防】

做好饲养管理，减少应激反应；做好分娩舍的卫生消毒；加强种猪配种工作的管理；产前产后1周采用平衡的限制性饲料饲喂，预防便秘可加一定量的麦麸。另外，注意母猪应多运动防止体重过肥；产后注意观察，发现异常应及时治疗，也可在母猪产前7 d和产后7 d饲料内加入支原净200 mg/kg或盐酸多西环素400 mg/kg，可使母猪发病率明显下降。

(胡国良)

湿疹(eczema)

湿疹是表皮和真皮上皮（乳头层）由致敏物质所引起的一种过敏性炎症反应。临床特征患部皮肤发生红斑、丘疹、水疱、脓疱、糜烂、结痂及鳞屑等皮损，并伴有热、痛、痒症状。各种家畜都能发生，一般多发生在春、夏季节。

【病因】

（1）外界因素

①机械性刺激：如持续性的摩擦，特别是玩具的压迫和摩擦、啃咬和昆虫的叮咬等。

②物理性刺激：皮肤不洁，污垢在被毛间蓄积，使皮肤受到直接刺激，或在阴雨连绵的季节中放牧，由于潮湿使皮肤的角质层软化，生存于皮肤表面的裂殖菌及各种分解产物进入生发层细胞中。此外，家畜长期处于阴暗潮湿的畜舍和畜床上或烈日暴晒，久之使皮肤的抵抗力降低，极易引起湿疹。

③化学性刺激：主要是使用化学药品不当，如滥用强烈刺激药涂擦皮肤，或用浓碱性肥皂水洗刷局部，均可引起湿疹。长时间被脓汁或病理分泌物污染的皮肤，也可发生本病。

（2）内在原因　外界各种刺激因素，虽然是引起湿疹的重要因素，但是否发生湿疹，取决于家畜的自身状态。

①变态反应：这种反应在湿疹的发病机制上占重要地位。引起变态反应的因子，可能是内在的，如家畜患消化道疾病（胃肠卡他、胃肠炎、肠便秘）并伴有腐败分解产物吸收，由于摄取致敏性饲料、病灶感染、细菌毒素，或者由于患畜自身的组织蛋白在体内或体表经过一系列复杂过程，使患畜皮肤发生变态反应等。在患病过程中，患畜对各种刺激物的感受，往往日益增长，这

样就促使湿疹的恶化和发展。

②其他：由于营养失调、维生素缺乏、新陈代谢紊乱、慢性肾病、内分泌机能障碍等可使皮肤抵抗力降低，而导致湿疹的发生。

【发病机理】

一般认为神经系统在湿疹的发生上起着重要作用。湿疹的发生是由于皮肤经常受到外界不良因素的刺激，在变态反应的基础上，通过组胺等化合物的作用引起毛细血管扩张和渗透性增高。因此，渗出液和组织液使生发层细胞之间的空隙逐渐增大。由于组织液被含类脂质的粒层所阻拦，生发层的上部比较潮湿，细胞发生膨胀，而导致湿疹的发生。湿疹的发生，固然起因于内、外因素的刺激，但变态反应则为本病最重要的原因。

【症状】

原发性湿疹的病理变化为表层的水肿，角化不全和棘层肥厚，真皮中的血管扩张、水肿和细胞浸润。继发性病变包括表皮的结痂、脱屑及真皮的乳头层肥大和胶原纤维变性。

（1）急性湿疹　按病性及经过不同分为以下几期：

①红斑期：病初由于患部充血，无色素皮肤可见大小不一的红斑，并有轻微肿胀，指压褪色，称为红斑性湿疹。

②丘疹期：若炎症进一步发展，皮肤乳头层被血管渗出的浆液性浸润，形成界限分明的粟粒到豌豆大小的隆起，触诊发硬，称为丘疹性湿疹。

③水疱期：当丘疹的炎性渗出物增多时，皮肤角质层分离，在表皮下形成含有透明的浆液性水疱，称为水疱性湿疹。

④脓疱期：在水疱期有化脓感染时，水疱变成小脓疱，称为脓疱性湿疹。

⑤糜烂期：小脓疱或小水疱破裂后，露出鲜红色糜烂面，并有脓性渗出物，创面湿润，称为糜烂性湿疹或湿润性湿疹。

⑥结痂期：糜烂面上的渗出物凝固干燥后，形成黄色或褐色痂皮，称为结痂性湿疹。

⑦鳞屑期：湿疹末期痂皮脱落，新生上皮增生角化并脱落，呈糠秕状，称为鳞屑性湿疹。急性湿疹有时某一期占优势，而其他各期不明显，甚至某一期停止发展，病变部结痂或脱屑后痊愈。

（2）慢性湿疹　病程与急性湿疹大致相同，其特点是病程较长，易于复发。病期界限不明显，渗出物少，患部皮肤干燥增厚。由于患畜的种类、致病病因不同，发生湿疹的部位和性状也不同。

①马：常于系凹部、腕关节的后面与跗关节的前面，发生结节或水疱，后转为慢性湿疹。发病后不久，见有瘙痒、摩擦、皮肤增厚。此病常在春天开始发生，春末及夏季增多，病变一般为局限性，很少波及全身，皮肤干燥，长毛处往往积聚皮屑。由于剧痒，不断啃咬、摩擦，故有脱毛或擦伤。

②牛：大多数发生于前额、颈部、尾根，甚至背腰部、后肢系凹部，病初皮肤略红、发热，继而形成小圆形水疱，小的如针尖，大的如蚕豆以后破裂，有的因化脓而形成脓疱。由于病变部奇痒而摩擦，使皮肤脱毛、出血，病变范围逐渐扩大。牛的乳房由于与后肢内侧经常摩擦并积聚污垢，而易发湿疹。牛的慢性湿疹，通常是由急性泛发性湿疹转变而来，或为再发性湿疹。由于病变部位发生奇痒，常常摩擦，皮肤变厚，粗糙或形成裂创，并有血痕出现。

③羊：临床症状与牛相同。多于天热出汗和雨淋之后，因湿热而发生急性湿疹。多发生于背部和臀部，较少发生于头部、颈部和肩部。皮肤发红，有浆液渗出，形成结痂，被毛脱落，继而皮肤变厚，发硬，甚至发生龟裂。因病羊瘙痒，易误诊为螨病。绵羊的日光疹（太阳疹）：绵羊在

剪毛后，由于日光长时间照射，可引起皮肤充血、肿胀，并发生热、痛性水肿，以后迅速消失，结痂痊愈。

④猪：常称沥青癞（煤烟疹、痂疹）。主要发生于饲养管理不当，或患有寄生虫病及内科病（如卡他性肺炎、佝偻病等）的瘦弱贫血的仔猪。最初为被毛失去光泽，多发生于全身各处，尤其是股、胸壁、腹下等处发生脓疱性湿疹。脓疱破溃后，形成大量黑色结痂，奇痒。因此，使患猪呈现疲惫状态，并逐渐消瘦。

【病程和预后】

急性的病期常在 3 周以上，如转为慢性，可经数月，不易痊愈。

【诊断】

根据皮肤特异性变化和比较明显的临床症状，容易诊断。判定病因和病性时，应考虑是否由于外寄生虫而应用过驱虫药(喷雾和药浴)，皮肤上是否用过擦剂，是否患过慢性疾病。根据病史调查、饲料检查、内部器官状态、神经系统机能的状态，进行具体分析，方能做出正确判断。

本病与螨病、霉菌性皮炎、皮肤瘙痒症等鉴别要点：疥螨病是由于疥螨侵袭所致，瘙痒显著，病变部刮削物镜检时，可发现疥螨虫体；霉菌性皮炎除具有传染性外，易查出霉菌孢子；皮肤瘙痒症皮肤虽瘙痒，但皮肤完整无损；皮炎主要表现皮肤的红、肿、热、痛，多不瘙痒。

【治疗】

治疗原则：去除病因，脱敏，消炎。

(1)去除病因　为了去除病因，应保持皮肤清洁、干燥，厩舍要通风良好，使患畜适当运动，并给予一定时间的日光浴，防止强刺激性药物刺激，饲喂富有营养而易消化的饲料。一旦发病，应及时进行合理治疗。在用药之前，清除皮肤一切污垢、汗液、痂皮、分泌物等。为此，可用温水或有收敛、消毒的溶液，如 1%~2% 鞣酸溶液、3% 硼酸溶液洗涤。

(2)消炎　根据湿疹的各个时期，应用不同的药物。

①红斑性、丘疹性湿疹：为避免刺激，宜用等量混合的胡麻油和石灰水，涂于患部。

②水疱性、脓疱性、糜烂性湿疹：先剪除患部被毛，用上述消毒溶液洗涤患部，然后涂布 3%~5% 龙胆紫，5% 美蓝溶液或 2% 硝酸银溶液，或撒布氧化锌滑石粉 (1:1)，碘仿鞣酸粉(1:9)等，以防腐、收敛和制止渗出。随着渗出的减少，可涂布氧化锌软膏或水杨酸氧化锌软膏(氧化锌软膏 100 g、水杨酸 4 g)等。

炎症呈慢性经过时，涂布氢化可的松软膏或碘仿鞣酸软膏（碘仿 10 g、鞣酸 5 g、凡士林100 g）。此外，对全身也可以应用 10% 氯化钙溶液，静脉注射（马、牛 100~150 mL；猪、羊20~50 mL），隔日注射 1 次，连续应用。也可应用输血疗法，内服或静脉注射维生素 B_1、维生素 C，久治无效者，可用红、紫外线照射。

(3)脱敏　多用苯海拉明（马、牛 0.1~0.5 g，猪、羊 0.04~0.06 g），或用异丙嗪（马、牛0.25~0.5 g，猪、羊 0.05~0.1 g），肌内注射，每日 1~2 次，宜配合普鲁卡因疗法。患畜出现剧痒不安时，可用 1%~2% 石炭酸酒精液涂擦患部止痒。

(4)中药疗法

①急性者应用下列处方。

处方一：茵陈 75 g、生地 50 g、金银花 50 g、黄芩 25 g、栀子 25 g、蒲公英 50 g、苦参 40 g、苍术 50 g、泽泻 40 g、车前子 40 g、剧痒者加蝉蜕 25 g、白蒺藜 40 g，共为细末，水冲服，马、牛1 次灌服。

处方二：寒水石、石膏、冰片、赤石脂、炉甘石各等份，共为细末，撒布患部或用水调涂。

②慢性者宜用下列处方。

处方一：当归50 g、生地50 g、白癣皮50 g、地肤子40 g、白芍40 g、何首乌50 g、薏苡仁50 g、丹皮50 g、蝉蜕30 g、荆芥30 g，共为细末，开水冲，马、牛1次灌服。

处方二：雌黄50 g、白及50 g、白敛50 g、龙骨50 g、大黄50 g、黄柏50 g，共为细末，水调成糊，涂抹患部，隔日涂1次，连续3次奏效。

荨麻疹（urticaria）

荨麻疹俗称风团或风疹块，是皮肤乳头层和棘状层浆液性浸润所表现的一种扁平疹，属Ⅰ型超敏反应性免疫病。各种动物均可发生。常见于马和牛，猪和犬次之，其他动物少见。

【病因】

荨麻疹的变应原相当复杂。依据其常见的病因，可做如下归类：

（1）外源性荨麻疹　其变应原包括某些动植物毒，如蚊、蚋、虻、蝇、蚁等昆虫的刺螫，荨麻毒毛的刺激（因此得名）；某些药剂，如青霉素、磺胺类；生物制品，如血清注射和疫苗接种；石炭酸、松节油、芥子泥等刺激剂的涂擦；劳役后感受寒冷或凉风（故名风疹块），或经受抓搔及磨蹭等物理刺激。

（2）内源性荨麻疹　采食变质或霉败饲料，其中某些异常成分被吸收；胃肠消化紊乱，微生态异常（肠内菌群失调），某些消化不全产物或菌体成分被吸收；饲料质地虽完好，而畜体对其有特异敏感性。如马采食野燕麦、白三叶草和紫苜蓿，牛突然更换高蛋白饲料，猪饲喂鱼粉和紫苜蓿，犬吃入鱼、肉、蛋、奶等；胃蝇蛆、蛔虫、绦虫寄生，其虫体成分及代谢产物被吸收；乳腺内滞留乳汁的再吸收或牛皮蝇蛆因囊壁破溃而后吸收等。

（3）感染性荨麻疹　在腺疫、流感、胸疫、猪丹毒、犬瘟热等传染病和侵袭病的经过中或痊愈后。由于病毒、细菌、原虫等病原体对畜体的持续作用而致敏，再次接触该病原体时即感染而发病。

【毒理】

诱发荨麻疹的变应原，分子质量常较小，多为半抗原。与体组织蛋白结合后才具有免疫原作用，皮肤和黏膜为其主要靶器官。肥大细胞释放的组胺等活性递质，可使毛细血管和淋巴管扩张，渗出血浆和淋巴液，发生皮肤扁平丘疹和（或）黏膜水肿，血管和淋巴管周围见有嗜酸性粒细胞浸润。严重的常波及全身，伴有或继发过敏性休克。

【症状】

除马、牛有时表现消化紊乱、倦怠和发热（荨麻疹热）外，通常无前躯症状而在再次接触变应原的数分钟至数小时内突然起病，发生丘疹。马多见于颈侧、躯干和臀股部；牛多见于颈、肩、躯干、眼周、鼻镜、外阴和乳房；猪多见于颈、背、腹部和股内。丘疹扁平状或呈半球状，豌豆至核桃大。数量迅速增多，有时遍布全身，甚至互相融合而形成大面积肿胀。白色皮肤处的丘疹，周围显现红晕。偶见丘疹的顶端变成浆液性水疱，并逐渐破溃，形成痂皮。丘疹的痒觉取决于病因：外源性荨麻疹，剧烈发痒，病畜站立不安。常使劲磨蹭，以致皮肤破溃，浆液外溢，被毛纠集，状似湿疹（湿性荨麻疹）；内源性和感染性荨麻疹，痒觉轻微或几乎不认痒觉。部分病例，眼结膜、口腔黏膜、鼻黏膜及膣黏膜也发疹块或水疱，伴有口炎、鼻炎和结膜炎。个别重剧病例，伴有胸下浮肿。通常呈急性经过，病程数小时至数日，预后良好。部分病例呈慢性经过（慢性荨麻疹），迁延数周乃至数月，反复发作，常遗留湿疹，顽固难治。

【治疗】

(1)急性荨麻疹与治疗原则　多于短期内自愈,无须治疗。

(2)慢性荨麻疹的治疗原则　消除致敏因素,缓解过敏反应和防止皮肤感染。

①消除致敏因素:很关键但常常达不到理想疗效,通常只能做到停止饲喂霉败饲料。驱除胃肠道寄生虫,灌服缓泻制酵剂,以清理胃肠,排出异常内容物等。

②缓解致敏反应:常使用抗组胺类药和拟交感神经药,如盐酸苯海拉明肌内注射,马、牛0.1~0.5 g,猪、羊0.04~0.06 g;盐酸异丙嗪肌内注射,马、牛0.25~0.5 g,猪、羊0.05~0.1 g。可供使用的拟交感神经药,有肾上腺素或异丙肾上腺素或氨茶碱等。0.1%盐酸肾上腺素液皮下注射,马、牛2~5 mL,猪、羊0.2~0.5 mL。硫酸异丙肾上腺素,马、牛1~4 mg,猪、羊0.2~0.4 mg,混入5%葡萄糖注射液500 mL中,缓慢静脉注射。氨茶碱,马、牛1~2 g,猪、羊0.25~0.5 g,静脉或肌内注射。

③防止皮肤感染:对湿性荨麻疹或后遗的湿疹,要经常彻底清洗皮肤,涂抹防腐消炎的各种擦剂。剧痒不安的,可用普鲁卡因液或安溴液静脉注射,必要时用石炭酸2 mL、水合氯醛5 g、乙醇200 mL混合后涂擦患部。

皮肤瘙痒症(cutaneous pruritus)

瘙痒只是一个症状,而不是独立特异性疾病。瘙痒症一词仅限于皮肤有瘙痒,并不一定有病理组织学变化,仅以皮肤瘙痒为主症。本症可分局限性和全身性两种,各种家畜均可发生。

【病因】

肛门瘙痒多因蛔虫、马蝇蛆、蛲虫等刺激而引起;鼻部瘙痒是由鼻蝇蛆和舌形虫的刺激以及渗出物等引起。局限性瘙痒可因感觉异常所致,如狂犬病犬咬伤处、伪狂犬病的感染处等。全身性瘙痒通常见于中枢神经系统疾病、慢性肾炎、慢性消化不良、黄疸、糖尿病、酮病、维生素缺乏症、饲料性过敏、霉菌毒素中毒、猪旋毛虫病、伪狂犬病等,这是由于神经系统的机能障碍,而伴发皮肤的瘙痒。

【症状】

主要症状是阵发性瘙痒,持续时间长短不一,有的可延长数小时,瘙痒程度轻重不同。患畜咬、啃、舔、擦发痒的局部,甚至部分患畜连未发生病变部位的皮肤也受到损伤。由于经常搔擦,全身各处常有擦痕、皮肤剥脱、破裂、潮红、湿润和血痂等。

【治疗】

临床上一般查不出具体病因,为了减轻瘙痒症状,可采取如下疗法:

(1)局部疗法　用冷水或乙醇涂擦,也可以用乙醇加1%~3%薄荷脑,或用乙醇、热水绷带包扎,或用乙醚湿润发痒局部。通常应用木馏油、水杨酸、石炭酸、麝香草酚及樟脑制剂涂擦皮肤。最好应用石炭酸1 mL、薄荷脑1 g、水杨酸2 g、80%乙醇100 mL,溶解后涂擦于皮肤瘙痒部位,每日数次。局部瘙痒症,尚可外用皮质类固醇激素软膏,如可的松软膏,0.1%~0.25%醋酸氢化可的松软膏及0.025%地塞米松软膏等,每日2~4次,涂于患部。肛门瘙痒时,用0.1%高锰酸钾溶液洗涤。蛲虫所引起的肛门瘙痒,可涂1%龙胆紫溶液。对顽固性病例,可用1%普鲁卡因溶液封闭。对小动物可用脱毛剂量的X线以及水银石英灯照射,解除皮肤瘙痒。

(2)全身疗法　除去一切可能的病因,消化不良引起的瘙痒,用缓下剂和健胃剂,减轻瘙痒。剧烈瘙痒时,可口服或静脉注射止痒药剂,如抗组胺药(异丙嗪、苯海拉明、溴化钙等)。也可用柳酸制剂内服或静脉注射。维生素缺乏引起的瘙痒，用鱼肝油或维生素制剂。

过敏性休克（anaphylactic shock）

过敏性休克包括大量异种血清注射所致的血清性休克（serum shock），是一种急性、危及生命的临床症候群，是由于已致敏的机体接触相应的过敏物质后短时间内发生的一种急性全身性过敏反应，属Ⅰ型超敏反应性免疫病。各种动物均可发生，犬和猫比较多见。有报道，鳕鱼（codfish）可引发接触性荨麻疹和过敏性休克。临床特征为突然发病，显现不安、肌颤、出汗、流涎、呼吸急促、心搏过速、血压下降、昏迷、抽搐，于短时间内死亡或经数小时后康复等。

【病因】

动物的过敏性休克，绝大多数起因于注射防治，偶尔发生于昆虫(毒蜂等)叮咬。

可引发全身性过敏反应的主要病因包括：异种血清，如用马制备的破伤风抗毒素；疫苗，如布氏杆菌菌苗、口蹄疫和狂犬病疫苗、破伤风类毒素；生物抽提物，如用动物腺体制备的促肾上腺皮质激素、甲状旁腺素、胰岛素、垂体后叶素等性激素以及各种酶类；非蛋白药物，如青霉素、链霉素、四环素、磺胺、普鲁卡因、硫喷妥钠、葡聚糖、维生素 B 等；某些病毒，如猪瘟和猪流感病毒，可通过胎盘进入并附着于胎儿组织内，仔猪生后吸吮初乳（含相应抗体）即发病；某些寄生虫，如腹内寄生的棘球蚴破裂，含强抗原性蛋白的液体经腹膜吸收，或皮下寄生的牛皮蝇蛆被捏碎，蛆内液体被吸收，引起过敏反应以至过敏性休克。内分泌激素(胰岛素、加压素)、酶(糜蛋白酶、青霉素酶)、花粉浸液(豚草、树)、蜂类毒素等。本病最早发现于事先用海葵毒素接种的犬，当再次注射比最小致死剂量小得多的微量海葵毒素时，出现严重的休克并死亡。此后的大量研究证实，各种动物均可诱发过敏性休克。如注射卵白蛋白给豚鼠，10~21 d 后再次注射，导致过敏性休克。动物第一次接触抗原后，约需 10 d 才被致敏。这种致敏状态可持续数月或数年之久。急性过敏反应是抗原与循环抗体或细胞结合抗体发生的反应，基本病理过程是平滑肌收缩和毛细血管通透性增高。

各种动物急性全身性过敏反应的主要免疫递质、休克器官和病理变化有所不同。

（1）马　免疫递质是组胺、5-羟色胺和缓激肽，休克器官是呼吸道和肠管，病理变化是肺气肿和肠出血。

（2）牛、羊　免疫递质是 5-羟色胺、慢反应物质、组胺和缓激肽。休克器官是呼吸道，病理变化是肺水肿、气肿和出血。

（3）猪　免疫递质是组胺，休克器官是呼吸道和肠管。病理变化是全身性血管扩张和低血压。

（4）犬　免疫递质是组胺，休克器官是肝脏，休克组织是肝静脉。特征性病理变化是肝静脉系统收缩所致的肝充血(可达全血量的 6%)和肠出血。

（5）猫　免疫递质也是组胺。但休克器官是呼吸道和肠管，病理变化是肺水肿和肠水肿。

（6）兔　主要病理变化是肺毛细血管被白细胞一血小板栓子所栓塞，以致肺动脉高压、右心衰竭、肝和肠淤血。

（7）豚鼠　急性过敏性反应病理类似于人，主要靶组织是支气管平滑肌；支气管痉挛和肺气肿可迅速造成窒息死亡。

【发病机理】

由于已致敏的机体接触相应的过敏物质后，肥大细胞和嗜碱性粒细胞迅速释放大量的组胺、缓激肽、血小板活化因子等炎性介质，导致全身毛细血管扩张和通透性增加，血浆外渗，有效血容量下降所致。过敏性休克的表现与程度，依机体反应性、抗原进入量及途径等而有很大差别。通常突然发生且很剧烈，若不及时处理，常可危及生命。

【症状和病理变化】

过敏性休克的基本临床表现：在再次接触(大多为注射)过敏原的数分钟至数十分钟内突然发病，显现不安、肌颤、出汗、流涎、呼吸急促、心搏过速、血压下降、昏迷、抽搐，于短时间内死亡或经数小时后康复。不同动物的过敏反应综合征各具特点。

(1)马　表现呼吸困难，心动过速，结膜发绀，全身出汗，倒地惊厥，常于1 h内死亡。病程拖延的，则肠音高朗连绵。频频水样腹泻。

(2)牛、羊　表现严重的呼吸困难，目光惊惧，全身肌颤，听诊肺泡音粗糙(肺充血)和两侧肺区听有大、中、小水泡音，由鼻孔流奶油状带细泡沫的鼻液。如短时间内不虚脱死亡，则通常于2 h内康复。继发肺气肿的，呼吸困难持续存在。

(3)猪　表现虚脱，步态蹒跚，倒地抽搐，多于数分钟内死亡。

(4)犬　表现兴奋不安，随即呕吐，频频排血性粪便，继而肌肉松弛，呼吸抑制，陷入昏迷惊厥状态，大多于数小时内死亡。

(5)猫　表现呼吸困难，流涎，呕吐，全身瘫软，以至昏迷，于数小时内死亡或康复。

剖检可见急性肺淤血与过度充气、喉头水肿、内脏充血、肺间质水肿与出血。气道黏膜下极度水肿，小气道内分泌物增加，支气管及肺间质血管充血伴嗜酸性粒细胞浸润。约80%死亡病例并有心肌的灶性坏死或病变，脾、肝与肠系膜血管也多充血伴有嗜酸性粒细胞浸润。少数病例还可有消化道出血等。

【诊断】

本病发生很快，因此必须及时做出诊断。凡在接受(尤其是注射)抗原性物质或某种药物，或蜂类叮咬后立即发生全身反应，而又难以药品本身的药理作用解释时，就应马上考虑本病菌的可能性，故在诊断上一般困难不大。

【治疗】

过敏性休克属于临床急诊，必须当机立断，不失时机地积极处理。立即脱离或停止进入可疑的过敏物质。在注射或虫咬部位以上的肢体进行结扎(必须10~15 min放松一次，以免组织缺血)，也可在注射或叮咬的局部用0.1%肾上腺素，如配合抗组胺类药物，则疗效尤佳。0.1%肾上腺素注射液，皮下或肌内注射，马、牛2~5 mL，猪、羊0.2~1.0 mL，犬0.1~0.5 mL，猫0.1~0.2 mL。静脉(腹腔)注射，马、牛1~3 mL，猪、羊0.2~0.6 mL，犬0.1~0.3 mL。

常使用的抗过敏药物是马来酸氯苯那敏，肌内注射，马、牛0.5~1.1 mg/kg，羊、猪0.04~0.06 mg/kg。盐酸异丙嗪注射液，肌内注射，马、牛0.25~0.5 g，羊、猪0.05~0.1 g，犬0.025~0.1 g。

【预防】

明确致病的过敏原并进行有效地防避是最有效的预防办法。

应激综合征(stress syndrome)

应激综合征是动物遭受各种不良因素或应激原的刺激时，表现出生长发育缓慢、生产性能和产品质量降低、免疫力下降，严重者引起死亡的一种非特异性反应。各种动物(包括野生动物)均可发生，常见于家禽、猪和牛。

生命机体通过极复杂的神经体液机制，保持体内生理生化反应的协调和平衡或内在环境的稳定，而动物生存的环境无时不对机体产生影响。精神上或心理上，生物和理化方面的应激源有时干扰机体内环境的平衡，此时通过神经体液调节机制来重建体内的稳态，这些反应称为应激或应激反应。

【病因】

生产中引起应激的原因很多，主要指环境中导致动物处于危难状态的那些因素。

在集约化养殖业中，影响动物正常生理活动的应激原，如温度变化、电离辐射、精神刺激、过度疲劳、畜舍通风不良及有害气体的蓄积、日粮成分和饲养制度的改变、动物分群、断奶、驱赶、捕捉、运输、剪毛、采血、去势、修蹄、检疫、预防接种等。

在我国大部分地区，夏季出现持续性的高温天气，动物的热应激反应比较普遍。一般认为，动物最适的环境温度为 18~24℃，超过 32℃ 即可发病。热应激对家禽的危害最为严重，产蛋鸡适宜温度为 13~27℃，最大饲料效率的温度为 27~29℃；而肉鸡最大增长速度的温度为 10~22℃，最佳饲料效率的温度为 27℃。

猪在保定、运输、配种、兴奋或运动等应激因素的作用下可发生猪肉变性，表现苍白、松软、渗出性猪肉（pale soft exudative，PSE），干燥、坚硬、色暗的猪肉（dry firm dark，DFD）和成年猪背肌坏死（back muscle necrobiosis，BMN）为特征的综合征，与野生动物捕捉性肌病（capture myopathy in wild animals）极为相似，瘦肉型、肌肉发达、生长快的品种最为易感。

吸入麻醉剂（如氟烷、氯仿等）和使用去极化肌松药（如琥珀酰胆碱及肾上腺素能的激动剂）也可诱发本病。研究表明本病与遗传有关，导致骨骼肌钙动力的异常，主要是常染色体隐性遗传，已鉴定出多种不同的表现型，其遗传特征在品系甚至群体之间有差异。

【发病机理】

应激反应的机理十分复杂，目前仍不完全清楚。应激反应涉及神经系统、内分泌系统及免疫系统的一系列活动，并主要通过神经-内分泌途径几乎动员机体所有器官和组织来对付应激原的刺激，其中中枢神经系统特别是大脑皮质起整合调节作用。应激原的作用经下丘脑-垂体-肾上腺皮质轴，促使糖皮质激素分泌，从而抑制机体的体液免疫和细胞免疫，降低对某些疾病的抵抗力，其机制为：①降低巨噬细胞的吞噬机能，抑制对已吞噬物质在细胞内的消化；②有溶解 B 细胞的作用，从而减少细胞的数量；③引起 T-协助细胞分泌的细胞再生因子即白介素（IL-2）和淋巴细胞活素（lymphokine）减少，从而抑制浆细胞产生抗体的作用；④抑制免疫细胞对葡萄糖的摄取以及细胞内蛋白质的合成；⑤抑制淋巴细胞游走及摄取异物的能力，并使细胞数量减少；⑥抑制胸腺内淋巴细胞的有丝分裂，抑制淋巴细胞的 DNA 合成，影响小淋巴细胞向 T 细胞转化；⑦抑制 T 细胞向抗原沉积处移行；⑧阻止致敏的 T 细胞释放淋巴细胞活素；⑨抑制中性粒细胞释放溶酶体。另外，应激还可使体内自由基产量增加，也导致消耗抗氧化剂——生育酚，进一步影响机体内维生素 E 的含量，使机体的抗病能力降低。可见，应激时神经-内分泌-免疫系统发生了一系列变化。

【症状】

动物受到应激原作用后，免疫力下降，对某些传染病和寄生虫病的易感性增加，降低预防接种的效果。同时，机体动员大量的能量来对付应激原的刺激，使机体分解代谢增强，合成代谢降低，糖皮质激素分泌增加，导致畜禽生长停滞，泌乳量减少，饲料转化率降低，运输过程中及屠宰期间严重掉膘，幼畜死亡率增加。临床表现因动物品种不同有一定差异，常分为猝死型、神经型、恶性高热型、胃肠型等类型。不同动物的临床表现如下：

(1)猪 初期表现尾、四肢及背部肌肉轻微震颤，很快发展为强直性痉挛，运步困难。由于外周血管收缩，白猪皮肤出现苍白、红斑及发绀。心动过速（约200次/min），心律不齐，呼吸困难，甚至张口呼吸，口吐白沫，体温升高(5~7 min升高1℃，死前可达45℃)。若不及时治疗，即可出现昏迷、休克、死亡。死后几分钟内发生尸僵，肌肉温度升高，高浓度的乳酸降低了肌肉的pH值(≤5)。当尸体冷却后，肌肉pH值迅速上升，背部、股部、腰部和肩部肌肉最常受害，Ⅱ型纤维比例高的肌肉(如半腱肌和腰肌)受害最严重。急性死亡的病猪，受害肌肉在死后15~30 h呈现苍白、柔软、湿润，甚至流出渗出液，即PSE。反复发作而死亡的病猪，可能在腿肌和背肌出现深色而干硬的猪肉。肌肉的组织学变化无特异性，主要表现肌肉纤维横断面直径的变化和玻璃样变性。

(2)家禽 在生产中常发生热应激，主要由环境温度和湿度过高共同作用而产生的非特异性应答反应。热应激可导致行为异常，出现翅膀下垂，张口呼吸，饮水量增加，活动量减少，常寻找阴凉、通风或潮湿的地方伏卧。同时，引起食欲下降和多种代谢异常(如体温升高，电解质、酸碱和激素平衡失调，组织损伤)，鸡在高温环境中1 h即可出现代谢性碱中毒。肉鸡生长缓慢，饲料报酬降低。母鸡产蛋量和蛋壳质量下降，蛋壳表面粗糙变薄、变脆、破蛋率上升。热应激不仅发生于高温和潮湿的热带地区，而且也发生于温带地区，夏季在隔热良好的禽舍中也可发生热应激。另外，鸡热应激时抑制免疫机能，对疾病的抵抗力降低，容易继发呼吸道疾病和溃疡性肠炎，并易遭受葡萄球菌、大肠杆菌、绿脓杆菌的侵袭，对新城疫、传染性喉气管炎及禽出败的易感性增加。

(3)野生动物 被捕获管束之后常发生捕捉性肌病综合征，表现为出汗，肌肉震颤，运动强拘，四肢屈曲和伸展困难，行走后躯摇摆，最后四肢麻痹，不能站立，卧地不起，有肌红蛋白尿。主要因乳酸中毒而急性死亡或肌肉僵硬。主要的病变在骨骼肌，表现为出血，纤维肿胀，横纹消失，嗜酸性粒细胞增多，透明变性或颗粒变性，严重者肌纤维断裂、坏死，并有多形核白细胞浸润。

【病理变化】

应激使内分泌激素发生变化：猪和母羊运输应激后30 min，血浆皮质醇浓度即达峰值，运输结束后迅速下降到基值。应激使畜禽血浆肾上腺素浓度迅速升高，而血浆去甲肾上腺素浓度变化不大。应激还可引起血浆中甲状腺素(T4)和三碘甲腺原氨酸(T3)水平增高，其中，T4于运输开始后10 min达峰值，T3于15~20 min达峰值；而生长调节素水平下降。动物患应激综合征时，血清中肌酸磷酸激酶、天门冬酸转氨酶、乳酸脱氢酶等活性均有不同程度的升高，而β-羟丁酸脱氢酶活性降低，其中肌酸磷酸激酶是肌细胞特异酶，肌酸磷酸激酶活性显著升高是肌细胞膜系统受损的一个重要指标。应激还使血液pH值降低(<6)，血液乳酸盐和丙酮酸盐含量增加。动脉血二氧化碳分压升高，氧消耗量增加，血浆儿茶酚胺、钾、磷浓度增加。鸡热应激时，血糖、血清总蛋白和白蛋白含量显著下降。

【诊断】

根据遭受应激的病史，结合遗传易感性和休克样临床症状，如肌肉震颤、体温快速升高、呼吸急促、强直性痉挛等即可初步诊断。血液有关指标测定可提供辅助诊断手段。本病应与高热环境中强迫运动所致的中暑或剧烈运动后引起的肌红蛋白尿相鉴别。

【治疗】

首先应消除应激原，注射镇静剂，大剂量静脉补液，配合5%碳酸氢钠溶液纠正酸中毒；同时，可采取体表降温等措施，有条件的可输氧。

日粮中添加抗应激药物是消除或缓解应激对畜禽危害的有效途径。国内外研制的抗应激添加剂主要有：①缓解酸中毒和维持酸碱平衡的物质（$NaHCO_3$、NH_4Cl、KCl 等）；②维生素（如维生素 C、维生素 E）；③微量元素（锌、硒、铬）；④药物，如安定止痛剂（氯丙嗪、哌唑嗪、三氟拉嗪、氟哌啶醇）、安定剂（氯二氢甲基苯并二氮杂卓酮、溴氯苯基二氢苯并二氮杂卓酮）和镇静剂（苯纳嗪、溴化钠、盐酸地巴唑）；⑤参与糖类代谢的物质，如琥珀酸、苹果酸、延胡索酸、柠檬酸等。由于应激对动物的影响是多方面的，应针对不同应激原、抗应激剂的配伍组合，发挥综合抗应激效果比较可靠。一些特异性受体阻断剂或激动剂，如糖皮质激素受体阻断剂、中枢受体激动剂及多巴胺受体阻断剂等的发现将为抗应激剂研究开辟新的方向。

【预防】

加强饲养管理，改善卫生条件，改善鸡群的环境和营养，减少热应激的影响。如增加空气流动以促进热散失，用开边笼饲养，在封闭式鸡舍增加通风或使用蒸发式冷却系统和降低饲养密度。营养改善包括优化日粮以满足应激鸡对能量和蛋白质的不同需要。尽量减少运输中各种应激原的刺激，选择适当的运输季节，装卸动物时尽量避免追赶、捕捉；编组时尽量把来自同一畜舍或养殖场的畜禽编到一起，避免任意混群，以减少畜间争斗；运输途中要创造条件保证畜禽的饮水供应；炎热夏季运输时，应改善运输工具的通风换气条件，加强防暑降温措施，妥善安排起运时间；为减轻噪声刺激，可以给被运输的家畜两耳内放入脱脂棉制成的耳塞；对运输司机和押运人员加强管理，尽量减少对畜禽的不良刺激等。注意选种育种工作，动物对应激的敏感性因遗传基因不同而有一定差异，利用育种的方法选育抗应激动物，淘汰应激敏感动物，可以逐步建立抗应激动物种群，以从根本上解决畜禽的应激问题。

羊和牛脑灰质软化（polioencephalomalacia of sheep and cattle）

羊和牛脑灰质软化又称灰质炎或大脑皮质坏死症，常呈层状分布，是因瘤胃内环境的改变，使正常的微生物群的活动受到抑制，可能导致硫胺素生成减少、缺乏而引起的神经系统疾病，常为致死性的。临床特征失明、沉郁和运动失调等。

【病因】

病因尚不明确，常出现在饲养条件较好，但饲养方法不当的地方。常因为精料饲喂量过多，而含粗纤维的料饲喂量过少而造成。营养代谢性紊乱而导致的硫胺素（维生素 B_1）缺乏而引发本病，发生硫胺素缺乏的机理尚不清楚。继发性的硫胺素缺乏症是由于硫胺素酶的破坏而发生的，瘤胃中某些细菌（如梭状芽孢杆菌）或者植物大量产生硫胺素酶，但硫胺素酶可引起瘤胃内容物中的硫胺减少，以致机体内可利用的硫胺随之减少，而引发本病。如肠毒血症、有机汞化合物中毒等。

【发病机理】

饲喂过多精料（如谷物饲料等）可降低瘤胃的 pH 值，影响胃内正常微生物群的活动，进而影响硫胺或硫胺素酶的存在；另外，饲喂霉变的饲料、过量使用抗球虫药、含糖分高的饲料、某些蕨类植物、突然变更饲料、断奶阶段造成的采食结构变化及对噻苯达唑类驱虫药物的反应等，均能干扰维生素 B_1 的形成，甚至可使胃内的微生物群受到破坏而导致硫胺的缺乏，动物脑细胞就会死亡，严重的神经症状就会表现出来。

【症状】

病畜临床特征为失明、沉郁和运动失调，多见于 2~4 月龄的羔羊及肥育牛，脑灰质软化症的临床表现主要为兴奋性增强、沉郁，两眼发呆、眼球颤抖、双目失明，角弓反张，肌肉震颤，走路摇晃，运动失调，转圈，腹泻等。早期症状与肠毒血症极为相似，因为肠毒血症也与肠胃的正常微生物群受到损害有关。

(1)羊　多见于断奶及青年山羊，常分为急性型和亚急性型：

①急性型：在发现时羊已经死亡或已衰竭。未死亡动物，出现昏迷，可能有感觉过敏，一些肌肉发生不随意收缩、四肢运动以及痉挛性发作。1~2 d后出现死亡。

②亚急性型：患羊失明，运动失调和虚弱。早期可见离群、难以与畜群一道奔跑和行走。患羊可能出现肌肉收缩和震颤，并跌倒卧地。失明的羔羊则无目的地移动，有时做圆圈运动，头高举，凝视上方。常在6~12 h后通常转为衰竭，出现角弓反张，仅在扶助时才能站起。体温和眼反射正常。可能因为咽肌麻痹而口流涎。

(2)肥育牛　常表现为双目失明，耳颤抖，角弓反张，运动失调，脑脊液压力升高等；犊牛表现为衰弱、共济失调及惊厥，有时发生腹泻、厌食及脱水。

【诊断】

根据临床表现很难做出确诊，可通过实验室检查，根据其病理学变化——坏死灶做出进一步的诊断。但应区分于局灶性对称性脑软化和李斯特菌病，局灶性对称性脑软化出现与脑灰质软化相似的症状，但在丘脑或中脑内两侧对称的有时带有出血的坏死区。而李斯特菌病，病羊常出现单侧性颜面神经麻痹，而且病程短，易死亡。若病畜抗病能力较强、存活时间较久，其皮质几乎完全消失，在光镜下皮质的神经细胞变性以缺血性变化为特征。

【治疗】

一旦确诊本病，饲料中应添加硫胺制剂。对发病动物应尽早静脉注射盐酸硫胺，24 h内每6 h给药1次，剂量为10 mg/kg，后可肌内注射，每日2次，连用2~3 d。给药后1~3 d症状减轻，但视力恢复往往需要1~7 d。同时，应用长效抗生素，以预防脑膜炎和并发症。还应注意病畜给药后应补充优质的粗纤维等富含活微生物的饲料。

【预防】

加强饲养管理，减少谷物的饲喂量，增加粗纤维饲料，不喂霉变的和含糖量过高的饲料。另外，要注意早发现早治疗一般都能达到满意的疗效。

猪胃食道区溃疡病(gastric-oesophago ulcer of swine)

胃食道区溃疡又称胃溃疡综合征(gastric ulcer syndrome)，是特发于猪的一种以胃食道区局限性溃疡为病理特征的胃病。本病为养猪业的一种常见多发病，多见于圈养的猪群，大量采食谷类饲料、生长迅速、瘦肉率高、体重45~90 kg的猪尤多发生。

【病因】

本病病因尚不明确。有研究报道胃食道区溃疡病有高度的遗传性，以生长速度快、背膘薄的猪种比较易发。另外，饲养管理不当也是造成发生本病的重要原因，如日粮中缺乏足够量的纤维素，在谷类日粮中混合大量的有刺激性的矿物质添加剂，饲料中含糖高，助长能溶解角质的真菌腐蚀胃黏膜，噪声、圈舍拥挤等应激因素(应激所致的胃酸过多)等。

【症状和病理变化】

一般不表现明显的临床症状。多数病猪因急性胃内出血而死，剖检后才被发现。亚急性胃内出血病例，有时表现精神沉郁，可视黏膜明显苍白，衰弱，厌食，粪便呈柏油样糊状，含大量血液和黏液，通常在 1~2 d 死亡。慢性胃出血和伴有慢性腹膜炎的病猪，不易发现，仔细观察可发现食欲减退，可视黏膜苍白以及粪便变黑。剖检可见胃黏膜出血、糜烂、坏死溃疡，猪胃食道区常散有数量不等、大小不一、形态不同的糜烂或溃疡。严重的病例，胃及十二指肠内有大量的黑色的液体，有的凝集成块，肌肉苍白，呈现出血性贫血变化。

【诊断】

本病诊断极为困难，除亚急性胃内出血和继发急性穿孔性腹膜炎的病猪外，多在尸检时发现，可根据粪便呈黑色、尸体苍白等特征初步诊断，X 线检查可进一步确诊猪胃食道区溃疡。急性死亡的病例剖检可做出诊断。

【防治】

活体诊断较困难，目前也没有有效疗法，所以本病应以预防为主。预防要点是改善饲养和管理；防止或减少饲喂、驱赶和运输过程中应激状态的发生；减少日粮中的玉米数量，尽量饲喂粉料减少颗粒饲料；增加日粮中的纤维量和粗磨成分等。有报道，在玉米日粮中保证有 25%粗磨的燕麦，并加上 5%~10%磨得粗糙的大麦秸和(或)燕麦壳，有很好的预防效果；甲腈咪胍(cimetidine)300 mg 内服，每日 2 次，对早期病猪有较好的疗效。

瘦母猪综合征(thin sow syndrome)

瘦母猪综合征主要是由于处在妊娠和哺乳期母猪的营养不良和营养不均衡及饲养管理不当所致，同时也可能是由于寄生虫病或者是慢性传染病而继发导致。

【病因】

引起本病的主要原因是提前断乳，过早、过重配种。另外，饲养管理不当也可引发本病，如饲喂营养不均衡的粗饲料，使母猪出现代谢紊乱，机体营养供给与消耗之间呈现负平衡从而引起本病的发生。空气寒冷、温度波动较大、产房温度过高、为避免肥胖而进行低水平喂养、潮湿的垫草、饮水不足，都可能使本病发生。某些寄生虫病(如食道口线虫和猪圆形线虫)，也会导致本病的发生。

【症状】

瘦母猪综合征的潜伏期需要 1~2 个怀孕周期，猪群的健康水平逐渐下降 20%~30%。在临床上母猪异常表现不明显，但是仔猪断奶后的体重增长很慢，尤其是在第 1 次产仔之后更加明显。仔猪断奶后的第 2 周是母猪体重减轻最关键的时期，被影响的母猪经常表现出不愿进食，异食癖和过度饮水，食欲废绝，贫血，骨架显露，被毛粗乱易脱落，眼黏膜苍白，站立无神，皮温不整，特别是末梢器官发冷，极易疲劳，安静时呼吸慢而无力，体温下降，心跳微弱，患猪常卧地不起，强迫运动后心跳增快，气喘，后期出现衰竭等。

【治疗】

本病治疗以补充营养、提高能量代谢为主，辅以强心、补血剂。50%葡萄糖、维生素 C、维生素 B_1 等，静脉注射，每日 1 次；三磷酸腺苷 100 mg，肌内注射，每日 1 次，但对于食欲完全废绝的病猪不宜使用。对于体温下降病猪可使用阿托品，也可采用中药疗法，内服温补气血、健脾养胃的中药，常用八珍汤加减，有较好的疗效。另外，每年母猪都需要进行 1~2 次驱虫，防止寄生虫继发感染。

【预防】

加强饲养管理，对怀孕母猪要制订营养均衡的日粮，添加适量的维生素 A、维生素 D_3、维生素E及亚硒酸钠等,应定量饲喂不宜过量喂食。为了防止群体喂养时一些胆小瘦弱的母猪可能会被欺负,而得不到身体所需要摄入的食物量,建议单圈饲养。哺乳期间,在母猪产仔后的前几天应限制食物的摄取量,逐渐增加精料,如豆饼、鱼粉等蛋白质含量高的饲料,以促进哺乳后期母猪更好地摄取饲料。同时,确保水的供应,在哺乳期采用分阶段多次喂食。

衰弱犊牛综合征(weak calf syndrome)

衰弱犊牛综合征是指犊牛衰弱无力、生活力低下的一种先天性发育不良疾病。临床特征为疲乏、沮丧、虚弱、体温多变、变红有壳的鼻口、跛行、不愿站立、腕骨和跗骨连接的关节囊肿大和关节周围皮下水肿,站立后弓背,腹泻,高死亡率。犊牛多于出生后10 d内发病,多发于早春季节。

【病因】

主要是由于怀孕期母畜营养不足导致的发育低下,如蛋白质、维生素(尤其维生素A、维生素B_2、维生素E)、矿物质(主要是铁、钙、钴、磷)和微量元素(硒、锌、碘、锰)等缺乏。孕畜患妊娠毒血症、产前截瘫、慢性胃肠病和某些传染病、近期胚胎感染(如钩端螺旋体感染)、延长分娩造成缺氧、胎盘功能不全、早产、近亲繁殖或双胎、难产和助产过程中过度用力造成的损伤等,都能引发本病。

【症状与病理变化】

畜衰弱无力,肌肉松弛,动作不协调,站立困难或卧地不起。对外界刺激反应迟钝,不会自找奶头,吮乳反射很弱或消失。体温低下,耳、鼻、唇及四肢末梢冷凉。脉搏快而弱,呼吸浅表而不规则,且易发生窒息。

剖检可见皮下组织出血和水肿超过了跗骨和腕骨连接处和远侧的延伸。滑液有血液的颜色,包含有纤维蛋白凝聚物。前胃和皱胃经常出现糜烂性和出血性损伤,内脏出血点、胸腺退化和骨骼肌出血都可出现。

【诊断】

显著的临床特征为不协调运动综合征,呼吸困难和吮吸失败,犊牛出生时就虚弱、甚至在出生后10~20 min死亡等,从以上症状可做出基本判断,如果需进一步做出更准确的诊断可做剖检。

【治疗】

首先应把仔畜放在温暖的屋子里,室温应保持在25~30℃,必要时用覆盖物盖好。冻僵的假死仔畜,将头部以下泡在45℃的温水中,可以救活过来。

为了供给养分及补氧,可静脉注射10%葡萄糖500 mL,加入过氧化氢30~40 mL。也可用5%葡萄糖500 mL、10%葡萄糖酸钙40~100 mL、维生素C 10 mL、10%安钠咖5~10 mL,一次静脉注射。

根据病情还可应用维生素A、维生素D、B族维生素等制剂和能量药物(如三磷酸腺苷、辅酶A、细胞色素C等)。

【预防】

对衰弱仔畜的护理十分重要,注意加强保暖,要定时实行人工哺乳,最好喂母畜初乳。仔畜如不能站立,应勤翻动,防止发生褥疮。预防母牛早产,母牛妊娠期有妊娠毒血症时,要及早治疗。

断奶绵羊健康不佳（unthriftiness in weaner sheep）

断奶绵羊健康不佳是指羔羊在断奶时，尽管产后绵羊有充足的饲料，但断奶羔羊体重减轻，不能达到正常体重，本病常呈散发。对养羊业有很大的影响，特别在南半球。

【病因】

饲料的品质较差或有真菌感染的牧草均能引发本病。另外，在一些疾病中，包括肠道寄生虫感染、球虫病、隐孢子虫病、霉浆菌感染、附红细胞体病、微量元素的缺乏(如铜、钴、硒、锌等缺乏，维生素 A、维生素 B$_1$、维生素 D 缺乏等)，也会引发本病。本病与羊的品系、牧场的种群密度有关。

【症状和病理变化】

本病以全身性疾病为特征，断奶羊身体憔悴，贫血，腹泻。小肠的组织学观察中发现绒毛萎缩，这是区别于其他疾病的决定性因素。

【防治】

加强饲养管理，禁喂发霉变质饲料，在饲料中补充足量蛋白与微量元素，做好种羊的驱虫保健工作。

（王希春　吴金节）

仔猪肺炎（pneumonia of young pigs）

仔猪肺炎是小猪因饲养和管理不善或微生物传染等因素的刺激而引起的肺炎症，表现为肺泡渗出物增加，呼吸机能障碍。饲养管理不当、微生物感染、天气温差大等均可引起仔猪的肺炎，仔猪肺炎的主要特征为小叶性肺炎和大叶性肺炎。

【病因】

(1)饲养管理不当　猪圈环境潮湿，饲料发霉等多种因素导致仔猪免疫力下降，使病原体侵入体内，从而导致肺炎的发生。

(2)微生物感染　猪肺炎支原体是引起仔猪肺炎的主要病原，同时还有猪肺炎放线杆菌等。

(3)环境因素　天气温差较大，天气潮湿，易于病原菌繁殖。

(4)继发于传染病　猪丹毒、猪瘟、流感等。

【症状】

(1)急性型　病猪精神沉郁、食欲减退、喜卧、腹式呼吸，体温升高至41℃、呈弛张热，流出浆液性、铁锈色鼻液，表现为大叶性肺炎，治疗不及时会出现死亡。

(2)慢性型　病猪精神沉郁，呼吸困难，结膜呈红色或蓝紫色，流出浆液性、黏液性、脓性鼻液，表现出小叶性肺炎的症状，呈现间断性呼吸，早期干咳后期湿咳，预后不良。

【病理变化】

肺尖及心叶位置存在明显的"虾肉样变"现象，病变灶出现具有明显界限的半透明区域。而在病情进一步加剧、病情延长的情况下，颜色会向着胰腺方向发展，部分病猪的肺门位置也将出现灰白色，在边缘位置将出现轻微充血，后期可能出现组织坏死。同急性型病症相比，慢性型仔猪肺炎的症状相对较轻，在剖检中可以发现肺部有组织硬化以及肺小叶结缔组织增生，同时，肺门与淋巴结也将出现水肿情况。

病理组织学检查，无菌取得病死仔猪的肺部组织，剪碎后用甲醇进行固定，用磷酸盐缓冲液冲洗，姬姆萨染液进行染色处理。镜检可见轮状、两端深紫色的球状物，即表明病猪患有猪肺炎。

【诊断】

根据受冷感冒的病史、典型的临床症状(高热、咳嗽、呼吸困难、听诊肺部呼吸音减弱或增强)和典型的病理变化(肺组织实变、间质扩张、肝变期有大理石状花纹)，可以做出初步诊断。应注意与支气管炎相鉴别：单纯支气管炎咳嗽明显(即短咳、痛咳)，全身症状较轻，呼吸、脉搏稍增数，体温正常或升高0.5~1℃，一般持续2~3 d后即能下降。胸部听诊，肺泡呼吸音普遍增强，可听到各种啰音，但无捻发音。

确诊可进行微量间接血凝检测，如检测为阳性即确诊。

【治疗】

对于发病的仔猪，可以用阿莫西林、链霉素，肌内注射。对于发病突然的仔猪可采取对症治疗，内服祛痰剂、氯化钙、碳酸氢钠，体质较弱的仔猪，可补充25%葡萄糖注射液进行静脉注射。

【预防】

注意气候的变化，在寒冷季节时，做好防寒保暖工作，改善饲养管理，仔猪补充维生素，饲喂新鲜饲料。保持猪舍通风良好、透光、保持干燥。对猪群及时观察，做好疫苗预防，防止传染病暴发。

(王金明　尹志红)

参考文献

高得仪, 2001. 犬猫疾病学[M]. 2 版. 北京: 中国农业大学出版社.

郭定宗, 2016. 兽医内科学[M]. 3 版. 北京: 高等教育出版社.

韩博, 2011. 犬猫疾病学[M]. 3 版. 北京: 中国农业大学出版社.

黄克和, 2020. 兽医内科学[M]. 2 版. 北京: 中国农业大学出版社.

黄有德, 刘宗平, 2001. 动物中毒与营养代谢病学[M]. 兰州: 甘肃科学技术出版社.

姜国均, 2008. 家畜内科学[M]. 北京: 中国农业科学技术出版社.

李毓义, 张乃生, 2003. 动物群体病症状鉴别诊断学[M]. 北京: 中国农业出版社.

林曦, 1999. 家畜内科学[M]. 3 版. 北京: 中国农业大学出版社.

刘宗平, 2008. 兽医临床症状鉴别诊断学[M]. 北京: 中国农业出版社.

刘宗平, 赵宝玉, 2021. 兽医内科学(精简版)[M]. 北京: 中国农业出版社.

倪有煌, 李毓义, 1996. 兽医内科学[M]. 北京: 中国农业出版社.

庞全海, 2012. 兽医大意[M]. 北京: 中国农业大学出版社.

谭学诗, 1999. 动物疾病诊疗[M]. 太原: 山西科学技术出版社.

王春璈, 2007. 奶牛临床疾病学[M]. 北京: 中国农业科学技术出版社.

王建华, 2010. 兽医内科学[M]. 4 版. 北京: 中国农业出版社.

魏锁成, 2001. 牛病手术治疗学[M]. 兰州: 甘肃科学技术出版社.

威廉·C. 雷布汉, 1999. 奶牛疾病学[M]. 赵德明, 沈建忠, 译. 北京: 中国农业大学出版社.

辛朝安, 2003. 禽病学[M]. 2 版. 北京: 中国农业出版社.

徐福深, 范吉善, 宫明财, 1982. 马腹股沟管肠嵌闭的临床诊断[J]. 中国兽医杂志(10): 33.

徐世文, 唐兆新, 2010. 兽医内科学[M]. 北京: 科学出版社.

张道永, 2001. 兽医手册[M]. 成都: 四川科学技术出版社.

张乃生, 李毓义, 2011. 动物普通病学[M]. 2 版. 北京: 中国农业出版社.

中国农业百科全书编辑部, 1993. 中国农业百科全书: 兽医卷[M]. 北京: 中国农业出版社.

B·W·卡尔尼克, 2012. 禽病学[M]. 12 版. 苏敬良, 高福, 索勋, 译. 北京: 中国农业出版社.

DIVERS T J, PEEK S F, 2009. 奶牛疾病学[M]. 2 版. 赵德明, 沈建忠, 译. 北京: 中国农业大学出版社.

KAHN C M, LINE S, 2015. 默克兽医手册[M]. 10 版. 张仲秋, 丁伯良, 译. 北京: 中国农业出版社.

ROSE R J, HODGSON D R, 2008. 马兽医手册[M]. 2 版. 汤小朋, 齐长明, 译. 北京: 中国农业出版社.

ANDERSON J G, PERALTA S, KOL A, et al., 2017. Clinical and histopathologic characterization of canine chronic ulcerative stomatitis[J]. Vet Pathol, 54(3): 511-519.

BIRKMANN K, JUNGE H K, MAISCHBERGER E, et al., 2014. Efficacy of omeprazole powder paste or enteric-coated formulation in healing of gastric ulcers in horses[J]. J Vet Intern Med, 28(3): 925-933.

GALLAGHER A, 2011. Leptospirosis in a dog with uveitis and presumed cholecystitis[J]. J Am Anim Hosp Assoc, 47(6): e162-167.

OTTE C M, PENNING L C, ROTHUIZEN J, et al., 2011. Cholangitis in cats: symptoms, cause, diagnosis, treatment, and prognosis[J]. Tijdschr Diergeneeskd, 136(5): 332-338.

RADOSTITS O M, BLOOD D C, GAY C C, 2005. Veterinary medicine[M]. 9th edition. Edinburgh: WB. Saunders Com Dany Ltd.

RADOSTITS O M, GAY C C, HINCHCLIFF K W, et al. , 2007. Veterinary medicine：A textbook of the diseases of cattle, horses, sheep, pigs and goats[M]. 10th edition. New York：Elsevier Saunders.

SYKES B W, HEWETSON M, HEPBURN R J, et al. , 2015. European college of equine internal medicine consensus statement-equine gastric ulcer syndrome in adult horses[J]. J Vet Intern Med, 29(5)：1288-1299.

VOKES J, LOVETT A, SYKES B, 2023. Equine gastric ulcer syndrome：An update on current knowledge[J]. Animals (Basel), 13(7)：1261.

ZAVOSHTI F R, ANDREWS F M, 2017. Therapeutics for equine gastric ulcer syndrome[J]. Vet Clin North Am Equine Pract, 33(1)：141-162.